The Essentials of
Computer Organization And Architecture
4e

計算機組織與結構

Linda Null
Julia Lobur
鍾崇斌　譯

東華書局

國家圖書館出版品預行編目資料

計算機組織與結構 / Linda Null, Julia Lobur著 ； 鍾崇斌編譯. -- 1 版. -- 臺北市：臺灣東華, Jones & Bartlett, 2017.06

808 面 ；19x26 公分

ISBN 978-957-483-894-3（平裝）

1. 電腦結構

312.122　　106007914

計算機組織與結構

原　　著　Linda Null, Julia Lobur
譯　　者　鍾崇斌
合作出版　Jones & Bartlett Learning
臺灣東華書局股份有限公司
地址 / 台北市重慶南路一段 147 號 3 樓
電話 / 02-2311-4027
傳真 / 02-2311-6615
網址 / www.tunghua.com.tw
E-mail / service@tunghua.com.tw

I S B N　978-957-483-894-3
2025 24 23 22 21 HJ 6 5 4 3 2

前言

給各位同學

這是一本關於計算機組織與架構的書。本書主要著重在以數位形式處理資訊的各種組件所需具備的功能與設計。我們以一序列的階層來介紹計算機系統，始於低階的硬體而漸進到較高階的軟體，包括組譯器與作業系統的。這些層級組成一套不同層次的虛擬機器。計算機組織專注在這種階層上，以及如何劃分階層與每一層級應如何實際製作。計算機架構則專注在硬體與軟體間的介面，並強調系統的結構與行為。書中主要是說明計算機硬體、計算機組織與架構，以及它們與軟體效能間的關係。

同學們總是會問：「如果我是計算機科學領域的學生，為什麼一定要學習計算機硬體？那不是計算機工程師的事嗎？為什麼我需要在意計算機的內部是怎樣的？」身為計算機的使用者，我們可能不需要關心這些事情，就好比我們並不需要知道汽車的引擎蓋下面是怎麼回事才能開車。我們當然可以寫高階語言程式而不需要瞭解這些程式如何執行；我們可以不必瞭解它們實際上如何運作而使用各種應用套件，但是如果我們寫的這些程式必須執行得更快而且更有效率，或是我們使用的應用程式並非完全如我們所希望的呢？身為計算機科學家，我們需要具備對計算機系統的基本瞭解才能改善這些問題。

在計算機系統中，計算機硬體與編程以及各種軟體組件的許多面向都有關聯。要想寫出好的軟體，對計算機系統的整體瞭解非常的重要。對硬體的瞭解有助於理解那些不時會莫名其妙出現在你的程式中的奇怪錯誤，例如惡名昭彰的分段錯誤 (segmentation fault) 或匯流排錯誤 (bus error)。高階程式師對計算機組織與架構必須具備多少知識的程度取決於他所需完成的工作是什麼。

例如，要寫作編譯器的話，你一定需要瞭解你要編譯來執行於其上的那個特定硬體。硬體設計上使用的一些想法（譬如管道化處理）可以列入編譯技術的考慮上，如此將能使得編譯器更快以及更有效率。如果要處理的是龐大、複雜且真實的系統，那你一定要瞭解浮點算術應該如何以及實際上是如何運作的（這兩件事不一定相同）。

如果要為視訊、磁碟機或其他輸出入 (I/O) 周邊撰寫驅動程式，你需要具有很好的 I/O 介面以及計算機架構的廣泛瞭解。如果你要從事嵌入式系統的研究，它們通常是資源非常受限的，那你就需要知道所有有關時間、空間以及價格間的取捨。如果你要在硬體系統、網路或者特定的演算法上作研究或有所建議，你就必須瞭解如何以測試程式進行測試，以及如何將效能的結果適當地表達出來。在購買硬體前，你需要瞭解以測試程式進行測試的方式以及所有其他人可能用來操弄效能結果來「證明」某些系統優於其他產品的手段。不論你的專業領域是什麼，身為計算機科學家，瞭解硬體如何與軟體互動是有絕對必要的。

你也可能疑惑為什麼一本在它的書名中標示著「不可或缺（*essential*，亦作本質的、必備的）」的書為什麼這麼厚。原因有兩個：第一，計算機組織這個主題包含非常廣泛並且每一天都在繼續成長。第二，在這個萌芽中卻已形同茫茫大海的資訊領域裡，大家對於哪些題目是真的基本而不可或缺以及哪些題目只是有幫助仍少有共識。對於本書的寫作，其中一個目的是提供一本簡要的且符合由 Association for Computing Machinery (ACM) 與 Institute of Electrical and Electronic Engineers (IEEE) 共同提出的計算機架構課程規劃指引的教科書。這些指引涵蓋了專家們所公認是組成了與計算機組織及架構這個主題相關的「不可或缺的」知識核心體的各種題目。

我們對 ACM/IEEE 的建議作了擴充與增補：加入即使不是不可或缺也是我們覺得有助於你進行計算機科學研讀以及專業上進步的主題，這些主題包括：作業系統、編譯器、資料庫管理與數據通訊。還有一些其他主題也涵蓋進來，因為它們也將有助於你瞭解真實的系統在現實生活中如何運作。

我們希望你會發現閱讀這本書是一個愉快的經驗，也希望你願意花時間來更深入研讀一些我們所介紹的與內容相關的資料。我們的目的是這一本書在你正式修完課程以後還能夠長時間成為一本有用的參考書。雖然我們提供給你很大量的資訊，它卻只是足以讓你能在未來的學習與事業中發展其他知識與技能的基礎而已。成功的計算機領域專業人士會持續地充實他們有關計算機如何運作的知識。歡迎你展開這個旅途！

給授課教師

這本書是開授在 Penn State Harrisburg 的兩門計算機科學類組織與架構課程的產出結果。隨著計算機科學課程的演進，我們注意到不但需要修改課程中教授的內容，同時也需要將課程從兩學期的系列濃縮成三個學分的一學期的課程。許多其他學校也意識到需要將內容濃縮來容納更多新興的議題。這門新課程以及這一本教科書主要是給計算機科學科系的學生使用，目的是談論計算機科學科系學生一定要熟悉的計算機組織與架構相關的題目。這本書不但整合了這些領域的基礎原則，也介紹並希望促進相關議題的進展，為主修生提供所需的寬廣知識，也提供想在計算機科學方面繼續研習所需的深度知識。

我們寫作這本書的主要目的是想要改變一般的計算機組織與架構的教學方式。計算機科學主修生在學完計算機組織與架構課程後，不但需要具備數位計算機基礎中重要的一般性概念的瞭解，也需要具備這些概念如何在真實世界中應用的理解。這些概念應不侷限於供應商使用的特定語彙與設計；事實上，學生應能在這些特定的事件上看出背後的概念，並從而掌握這個概念具有的通用性，或是反之亦然。而且，學生也要建立札實的基礎以便未來深入鑽研主修的專業。

本書的名稱「計算機組織與架構不可或缺的知識」(*The Essentials of Computer Organization and Architecture*) 希望傳達的是：書中介紹的主題都是每一個計算機科學主修生應該涉獵、熟習、甚或專精的。我們不奢望使用這本書的學生都能全然專精書中介紹過的主題，但是我們深信有一些主題學生一定要能專精；另有一些主題學生也一定要能真正的熟習；還有一些主題僅需作簡要的介紹與涉獵即已足夠。

我們不認為對各項概念充分且深入的瞭解可以只透過對一般性原則個別的瞭解就學得會。因此我們以完整的全面解決方式介紹這些主題，而非僅一套個別獨立的片斷資訊。我們認為我們的說明、範例、習題、教案與模擬器都能全部統合起來，來給予學生以恰當的面向解釋目前數位計算機內部運作的全面學習的感受。

我們以不太中規中矩的方式書寫這本教本，省略不必要的特殊專用術語，求其清晰扼要，並且避免不必要的抽象化，以求提高學生的學習興趣。我們也擴充主題的範圍來涵蓋一般不會在初級架構書籍中見到的系統軟體、簡要的作業系統導讀、效能議題、各式架構以及簡要的網路介紹，因為這些主題與計算機硬體密切相關。與大部分的書一樣，我們也選擇了一個架構的模型，不過那是我們在求其簡單易行的考量下設計的。

與 CS2013 的關聯性

在 2013 年 10 月，ACM/IEEE 的共同工作小組提出了 2013 計算機科學的全部課程的規則 (Computer Science Curricula 2013, CS2013)。雖然我們主要關心的是計算機架構的知識領域，這些新的指引顯示應透過這個課程規則來整合各種核心知識。因此我們也需注意到本書中提到的架構以外的各個知識領域。

CS2013 是 CS2008 的更完整版本，主要是在注意到計算機科學的課程安排中各種必備的概念時，還要考慮不同學術單位間有不同需要時兼顧彈性。這些指引中除了選修的科目外，使用了核心第一層與核心第二層的課程這種概念。核心第一層的科目是所有計算機科學課程安排中都應該要包含的。核心第二層的科目則是符合所有計算機科學課程安排中，應該要包含其中的 90-100%。選修的科目可以使課程安排能更具廣度與深度。每一個科目建議的涵蓋面則表示在授課時數中。

架構與組織 (AR) 知識領域從 CS2008 到 CS2013 的主要改變在於將授課時數從 36 降為 16；不過一個稱為系統基礎 (System Fundamentals, SF) 的新領域已被提出，其中涵蓋一些之前包含於 AR 模組中的概念（包括硬體構建模組與架構組織）。有興趣的讀者可參考 CS2013 指引 (http://www.acm.org/education/curricula-recommendations) 來取得更多個別知識領域包含哪些內容的資訊。

我們很高興第四版的「計算機組織與架構必備的知識」與 ACM/IEEE CS2013 對計算機組織與架構的指引直接吻合，並額外整合入更多知識單元的內容。表 P.1 表示本書哪些章吻合 AR(Architecture) 知識領域中列出的八個主題。對其他知識領域則只列出涵蓋於本書內容中的主題。

表 P.1 本書包含的 ACM/IEEE CS2013 中的主題

AR – 架構	**核心層級 1 小時數**	**核心層級 2 小時數**	**包含選修課程**	**相關各章**
數位邏輯與數位系統		3	N	1, 3, 4
數據的機器層級表示法		3	N	1, 2
組合語言層級機器組織		6	N	1, 4, 5, 7, 8, 9
記憶體系統組織與架構		3	N	2, 6, 7, 13
介面與通訊		1	N	4, 7, 12
功能上的組織			Y	4, 5
多工處理與其他可能架構			Y	9
效能提升的方法			Y	9, 11
NC – 聯網與通訊	**核心層級 1 小時數**	**核心層級 2 小時數**	**包含選修課程**	**相關各章**
介紹	1.5		N	12
網路的應用	1.5		N	12
可靠的數據遞送		2	N	12
尋徑與前送		1.5	N	12
OS – 作業系統	**核心層級 1 小時數**	**核心層級 2 小時數**	**包含選修課程**	**相關各章**
作業系統的概觀	2		N	8
記憶體管理		3	N	6
虛擬機器			Y	8
檔案系統			Y	7
即時與嵌入式系統			Y	10
系統效能評估			Y	6, 11
PD – 平行與分散計算	**核心層級 1 小時數**	**核心層級 2 小時數**	**包含選修課程**	**相關各章**
平行架構	1	1	N	9
分散式系統			Y	9
雲計算			Y	1, 9, 13
SF – 系統基礎	**核心層級 1 小時數**	**核心層級 2 小時數**	**包含選修課程**	**相關各章**
計算的典範樣式	3		N	3, 4, 9
狀態與狀態機	6		N	3
平行性	3		N	9
評估	3		N	11
時間與空間的鄰近性		3	N	6
SP – 社會議題與專業實踐	**核心層級 1 小時數**	**核心層級 2 小時數**	**包含選修課程**	**相關各章**
歷史			Y	1

為什麼還要有這本教科書？

沒有人可以否認市面上已經有太多用於教授計算機組織與架構的教科書。在我們教授這種課程超過的 35 年過程中，我們也用過很多很好的教科書。不過每次我們教這門課時，相關內容已有演進，因此我們始終發現我們都在加入非常多課堂筆記來彌補課本中的內容與我們認為需要在課堂中介紹的內容間的差距。我們覺得我們的課程內容已漸漸由以計算機工程的角度來探討組織與架構轉向為以計算機科學的角度來探討。在作成合併組織的課程與架構的課程為一門課程的決定時，我們就是沒辦法找到一本涵蓋我們認為計算機科學學生該學習的內容、以計算機科學的觀點、不使用屬於特定機器的用語以及設計成在探討各個主題之前先引發學習動機而寫作的教科書。

在這本教科書中，我們希望傳達在現代計算系統發展中的各項重要設計精神，以及這會如何影響計算機科學的學生。然而學生一定要先有堅實的基本觀念的瞭解，才可能理解並欣賞一些模糊不易理解的設計方向。大部分組織與架構教科書都介紹那些類似的有關基礎瞭解的技術內容。不過我們特別注意應該涵蓋的資訊層次，並以適合計算機科學學生的方式介紹這些資訊。例如，在整本書中，當需要有具體的範例時，我們對個人電腦、企業級系統與大型計算機提供範例，因為這些都是我們最可能經驗到的系統類型。我們避免大部分同類書籍中的「PC 偏執」，希望學生能夠體會各類型平台間的不同點、相似點以及在今天的自動化基礎架構中各自的角色。教科書經常都會忘記激發動機可能是唯一最重要的學習關鍵。關於這點，我們加入許多真實世界的例證，同時嘗試維持理論與應用間的平衡。

各項特色

我們在這本教科書中加入許多特色來強調計算機組織與架構中的各項觀念，並讓學生很容易取得這些材料。下列是本書所涵蓋的一些重要特色：

- 邊註欄。這些邊註欄包括本章主題之上的有趣的資訊相關花架，希望讀者對內容作進一步思考。

- 真實世界範例。我們也在教科書中涵蓋了真實生活中的例子，來提供學生對科技與技術如何和真正的需求結合更真切的瞭解。
- 每一章的總結。這些節的內容說明各章簡要而綜合性的主要觀點。
- 進一步閱讀。這些節為有興趣對任何題目作更深入研究的讀者列出更多的有關文獻，並包含與本章主題相關的最可靠文獻與書籍。
- 複習性的問題。每一章都有一組設計來確保讀者已經明確掌握相關內容的複習性的問題。
- 該章習題。每一章都有廣泛的精選習題來加強介紹的觀念。較有深度的習題以星號標註。
- 挑選的習題的解答。為了確保學生方向正確，我們在每一章中對有代表性的問題提供解答。在書末附有解答的習題以鑽石記號標示。
- 特別的「專論」節。這些節對想要教授某些觀念，譬如 Kmap 與數據壓縮，的教師提供較詳細的額外教材，同時也提供了額外的習題。
- 附錄。附錄提供資料結構簡要的介紹或回顧，內容包括例如堆疊、鏈結串列與樹等主題。

關於作者們

我們帶給這本教科書的不只是超過 35 年的教學經驗，也是超過 30 年的業界經驗。因此我們共同的努力目標是強調計算機組織與架構本質上的原則以及這些主題實際上如何相關。我們納入實際生活的例子來幫助學生體會這些基礎觀念如何應用到計算的世界中。

Linda Null 取得 Iowa State University 的計算機科學哲學博士學位、Iowa State University 的計算機科學碩士學位、Northwest Missouri State University 的計算機科學教育碩士學位、Northwest Missouri State University 的數學教育碩士學位以及 Northwest Missouri State University 的數學與英語學士學位。她教授數學與計算機科學超過 35 年而且從 1995 年就在 Pennsylvania State University Harrisburg 校區計算機科學研究所擔任教職，現在是研究所學程召集人以及學程副主席。她曾獲包括 Penn State 的 Teaching Fellow Award 與 Teaching Excellence

Award 等許多教學獎。她的研究領域包括計算機組織與架構、作業系統、計算機科學教育與計算機安全。

Julia Lobur 在計算機工業中從業已超過 30 年。她擔任過系統顧問、程式師／分析師、系統與網路設計師、軟體開發經理與專案經理，以及兼任的教學任務。Julia 取得計算機科學碩士並且是 IEEE 認證的軟體開發專業人士。

先備知識

使用這本教科書的學生需要的背景知識包括一年的使用高階程序式語言的程式撰寫經驗。學生也應該修過了一年的大學程度的數學（微積分或離散數學），因為這本教科書假設了也用到了相關的數學觀念。這本書並不要求事先具備計算機硬體的知識。

計算機組織與架構課程常常是大學程度作業系統課程 [學生一定要知道記憶體階層、並行處理、例外與插斷）、編譯器（學生一定要知道指令集、記憶體定址與聯結 (linking)]、網路（學生一定要瞭解系統的硬體才能進一步瞭解將這些組件聯結在一起的網路）以及任何進階的架構課程的先修課。

大概的結構與涵蓋範圍

我們在這本教科書中介紹各項觀念的方式，是希望以簡要但是完整的氣氛涵蓋我們認為對計算機科學主修生必備的各項主題。我們不認為做這件事最好的方法是將各個主題分別地敘述；因此我們選擇了一個結構式同時也具整體性的方法，以整個計算機系統作背景來介紹每個主題。

與許多好的教科書一樣，我們採取由下而上的方式，以數位邏輯階層開始，逐漸建構至學生應該在這門課程開始前就已經熟悉的應用階層。教科書的內容仔細地建構以求讀者在瞭解一個階層後才繼續邁向下一個。在讀者碰觸到應用階層時，所有必須的計算機組織與架構觀念都將已經介紹過。我們的目的是要讓學生將本書涵蓋的硬體知識與在介紹性程式編寫課程裡所學的觀念聯結，形成完整且透澈的硬體與軟體如何互相配合的理解。總之，對硬體的充分瞭解將會大大影響軟體的設計與導致的效能。一旦學生可以擁有紮實的硬體基本知識基礎，這將深遠地有助於他們成為更好的計算機科學家。

計算機組織與架構中的觀念對計算機專業人士每天從事的許多工作而言不可或缺。為了要指出計算機專業人士需要被教育的許多領域，我們以高階的眼光探討計算機架構，並且只有在認為必要瞭解一些特定的觀念時才作低階的詳細介紹。例如，當討論 ISA 時，許多硬體相關的議題就是以不同案例探討的方式介紹來分辨並同時加深瞭解 ISA 設計中相關的各種考慮。

本書內含十三章與一個附錄如下（按：中譯本省略了其中第十一至十三章）：

- **第一章**提供廣泛的計算歷史概覽，指出許多計算系統發展中的里程碑，並且讓讀者瞭解我們如何達到目前計算科技的水準。本章介紹必須的專用術語、計算機系統中的基本組件、計算機系統的各種邏輯階層以及馮紐曼計算機模型。其提供計算機系統的高階概觀，以及進一步研讀的動機與必須的觀念。
- **第二章**提供計算機用以表示數字與字元符號資訊的各種方法的完整內容。在讀者接觸到數字基底與典型的數字表示技術如一的補數、二的補數與 BCD 之後，接著介紹加減乘除法。另外，還討論到 EBCDIC、ASCII 與統一碼這些字元符號表示法。也介紹了定點與浮點表示法。並簡短地討論到數據記錄以及錯誤偵測與更正。數據傳輸與記錄使用的碼則說明於「專論」節中。
- **第三章**是典型的數位邏輯介紹以及它如何與布林代數相關。本章涵蓋組合與循序兩種邏輯的相當細節，以求讀者瞭解如何組成更複雜的 MSI（中型積體）電路（譬如解碼器）。更複雜的電路如匯流排與記憶體亦均有涵蓋。我們將最佳化與卡諾圖置於特別的「專論」節中。
- **第四章**說明基本計算機組織並介紹許多基本觀念，包括擷取 - 解碼 - 執行週期、數據通道、時脈與匯流排、暫存器傳遞表示法以及 CPU。在此介紹一個非常簡單的架構 MARIE 與它的 ISA 來讓讀者獲得程式執行相關的基本架構組織的充分瞭解。MARIE 是典型馮紐曼設計，包含程式計數器、累加暫存器、指令暫存器、4096 位元組的記憶體與兩個定址模式。也介紹組合語言編程來加深之前說明的指令格式、指令模式、數據格式與控制的觀念。這不是一本組合語言的課本，也不是設計來作為實用的組合語言編程課程。介紹組合語言的主要目的是要加深一般性計算機架構的瞭解。我們也提供 MARIE 的模擬器以便利組合語言程式在 MARIE 架構上的編撰、組譯與執行。控制的兩種設計方向——硬連線方法以及微程式控制也於本章中介紹並作比較。最後，我們比較 Intel 與 MIPS 架構來強化本章中各項觀念。

- **第五章**提供更深入的指令集架構探討，包括指令格式、指令型態與定址模式。指令階層管道化處理也在此介紹。真實世界的 ISAs（包括 Intel®、MIPS® Technologies、ARM 與 Java™）也在此介紹來強化本章中介紹的各項觀念。
- **第六章**涵蓋如 RAM 以及各種記憶體裝置等基本記憶體觀念，並論及包括快取記憶體與虛擬記憶體等較進階的觀念。本章完整介紹快取中的直接對映、關聯式對映與集合關聯式對映技術。它也提供頁處理與區段處理、TLBs 與各種互相關聯的演算法與裝置。本章相關的教材與模擬器可於本書網站中取得。
- **第七章**提供詳細的 I/O 基礎、匯流排通訊與協定以及典型外部儲存體裝置如磁碟與光碟，還有每一種設備的不同格式等的概論。DMA、程式驅動式 I/O 與插斷亦有介紹。另外也介紹了設備間交換資訊的各種技術。RAID 架構有詳細的說明。各種數據壓縮格式則可見於「專論」節中。
- **第八章**討論各種可用的編程工具（譬如編譯器與組譯器）以及它們與你所使用機器的架構間的關係。本章目的是將程式師對計算機系統的觀點與所使用機器真實的硬體和架構結合。另外也介紹作業系統，但是只包括與系統的架構和組織相關的細節（例如資源使用與保護、設陷阱捕捉與插斷，以及各種其他的服務）。
- **第九章**提供近年出現的各種不同架構的概觀。RISC、Flynn 的分類法、平行處理器、指令階層平行度、多處理器、互相聯結網路、共用記憶體系統、快取一致性，記憶體模型、超純量機器、神經網路、心跳架構、數據流計算機、量子計算與分散式架構均有論及。我們在本章的主要目的是讓讀者瞭解我們並不侷限於馮紐曼架構中，並且要求讀者思考效能議題，來為下一章作準備。

- **第十章**涵蓋之前各章中不曾提到的嵌入式系統中有意義的觀念與主題。尤其是，本章專注於嵌入式硬體與組件、嵌入式系統設計的相關主題、嵌入式軟體建構的基礎與嵌入式作業系統的特性。
- **附錄 A** 是有關資料結構的簡短附錄，為的是滿足學生可能需要簡要介紹或複習諸如堆疊、貯列與鏈結串列等內容的情況。

各章順序的安排是希望它們可以以相關順序教授。不過教師也可依課程安排而視情況更動次序。圖 P.1 表示各章中知識內涵的依存關係。

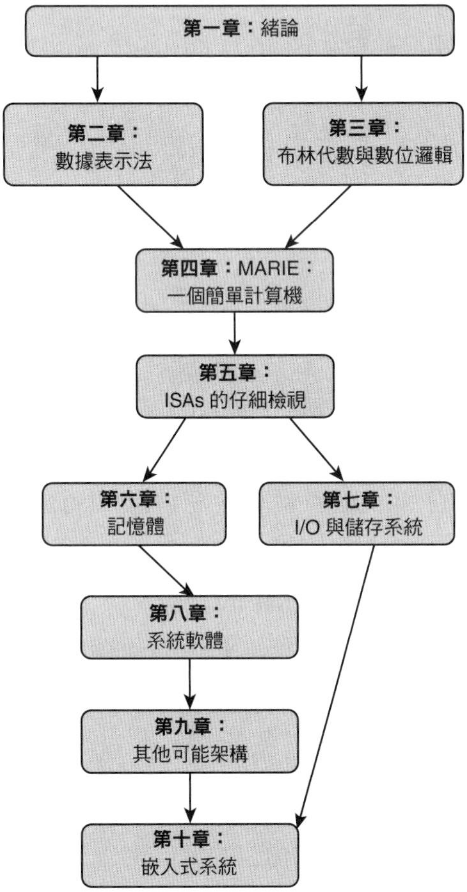

圖 P.1 各章之間先備知識的關係

第四版中有什麼新內容

在第三版出刊後的這些年裡，計算機架構領域持續進步。在第四版中，我們除了繼續擴充已在前三版中存在的主題，也納入許多新的變遷。我們在第四版中的目的是更新內容與參考資料、加入新素材、依據讀者意見擴充既有內容，並在所有核心章節中增加習題。雖然不容易細數這版本中所有的改變，以下條列已足以勾勒出讀者應該會在意的主要變更：

- **第一章**中增加了新範例與圖示、平版計算機、計算即服務（雲計算）與感知計算。硬體概覽作了更新與擴增（特別是移除了對 CRTs 的討論而增加了圖形卡的討論），以及增加了更多邊註欄。非馮紐曼節已作更新，並新增平行性相關的節。章末的習題數增加了 26%。
- **第二章**中有一超 -M 表示法的新節。該簡單模型已改為使用標準格式，並有更多範例。本章的習題數有 44% 的增加。
- **第三章**中改為使用「'」而非頂上的線來表示 NOT 運作。在循序電路中加入時序圖以助說明其運作。擴充了 FSMs 節的內容，並加入了更多習題。
- **第四章**中包括對記憶體組織（含記憶體位址交錯）的更多討論，以及新增的範例與習題。我們開始使用「0x」號來表示十六進數字。對硬連線與微程式控制的討論加入了更多細節，也更新了 MARIE 的硬連線控制單元邏輯圖與微運作時序圖。
- **第五章**中包含對大的與小的端位元組放置法更多的討論與額外的範例與習題，以及一個有關 ARM 處理器的新節。
- **第六章**中有更新過的圖、更多關聯性記憶體的討論與為了清楚認識快取記憶體的額外的範例以及討論。所有範例都改為使用十六進位址而非十進位址。本章現在比第三版中多出 20% 的習題。
- **第七章**中已擴大涵蓋固態硬碟與新出現的數據儲存設備（譬如奈米碳管與憶阻器，memristers），以及更多 RAID 的內容。還有一個有關 MP3 壓縮的新節與增加了 20% 的習題。
- **第八章**中為了反映系統軟體領域的進展而作了更新。
- **第九章**中有擴充了的 RISC 與 CISC 的比較（並將這種辯論帶入行動裝置的競技場）以及量子計算，包括科技上奇特事情的討論。
- **第十章**中包含更新了的嵌入式作業系統內容。

目標讀者群

這本書原本是寫給大學部計算機科學科系學生的計算機組織與架構課程使用。雖然是特別為計算機科學科系學生所寫，這本書也可以用於資訊科學與資訊科技的科系。

本書的內容超過一般一學期課程（14 週、42 小時授課）所需；然而一般程度的學生不可能在一學期的課程中專精書中所有內容。如果教師計畫詳細教授所有主題，兩個學期的系列課程將最為合適。編寫的方式是便於教師依據學生程度與需要，而能以不同的深入程度來介紹各個主要的主題領域。表 P.2 提供教師介紹每個主題所需時間的參考，同時列出學習每一章後應該獲得的知識程度。

我們的期望是即使在正式修完課程很久之後，這本書還能作為有用的參考資料。

表 P.2 簡易的授課時數

	一學期（42 小時）		二學期（84 小時）	
章別	講授時數	期望程度	講授時數	期望程度
1	3	專精	3	專精
2	6	專精	6	專精
3	6	專精	6	專精
4	8	專精	8	專精
5	4	熟悉	6	專精
6	3	熟悉	8	專精
7	2	熟悉	6	專精
8	2	有瞭解	7	專精
9	2	熟悉	7	專精
10	1	有瞭解	5	熟悉
11	2	有瞭解	9	專精
12	2	有瞭解	7	專精
13	1	有瞭解	6	專精

MARIE：一個教學用的模型

在一本計算機組織與架構的書中，架構模型的選擇將影響教師以及學生。如果模型太複雜，教師與學生可能會被與教學內容的觀念無重大關聯的細節所困擾。真正的架構雖然有趣，卻往往有過多的瑣碎使得它們在介紹性的課程中失去作用。更讓人困擾的是真實的架構隨時在改變。另外也很難找到一本書介紹的模型與該組織內實際使用的計算平台相符，特別是要注意到該平台也會逐年改變。

要減少這種困擾，我們設計了 MARIE，我們自己的教學用的簡單架構。MARIE (Machine Architecture that is Really Intuitive and Easy) 能夠讓學生學習到計算機組織與架構必備的觀念，包括組合語言，而不至於被不必要的擾人的真實架構中的細節所困。縱使相當簡單，它反映一個實際可運作的系統。MARIE 機器的模擬器 MarieSim 有一個友善的 GUI 可讓學生 (1) 創作與編輯源碼，(2) 將源碼組譯成機器目的碼，(3) 執行機器碼，以及 (4) 對程式除錯。

具體地說，MarieSim 具有下列特性：

- 支援第四章中介紹的 MARIE 組合語言
- 可撰寫與修改程式的完整的文字編輯器
- 十六進制機器語言目的碼
- 完整的逐步模式、斷點、暫停、重啟與暫存器與記憶體循跡的除錯器
- 可顯示 MARIE 中 4096 個位址內容的圖形式記憶體監測器
- MARIE 暫存器的圖形顯示
- 程式執行中可強調出指令
- 使用者控制的執行速度
- 狀態訊息
- 使用者可見的各符號表
- 互動式的可讓使用者更正錯誤並自動重新組譯而不需改變環境的組譯器
- 線上協助
- 可選擇的核心傾印 (core dump)，使用者可指定記憶體範圍
- 使用者可修改大小的各個框 (frames)
- 簡短的學習過程，讓學生很快學會這個系統

MarieSim 以 Java 語言寫成，以便該系統具備在任何有 Java 虛擬機器 (JVM) 的平台上均可運作的可攜性。懂得 Java 的學生可能希望閱讀模擬器的源碼，甚至可能幫助改善或強化它的簡單功能。

圖 P.2 是 MARIE 機器模擬器 MarieSim 的圖示環境說明。螢幕包含四個部分：功能選單、中央監控區、記憶體監視器與訊息區。

功能選單的選項讓使用者可以控制 MARIE 模擬器系統的動作與行為。選項包括對 MARIE 組合語言編寫的程式作載入、啟動、停止、設定斷點與暫停程式。

MARIE 模擬器可在一個簡單環境中顯示組合語言的處理、載入與執行。使用者可直接從他們的程式中觀察組合語言的敘述句併同對應的等效（十六進）機器碼。這些指令的位址也會顯示出來，使用者還可以在任何時間觀察記憶體的任何區域。強調功能除了用於表示程式運作時正在執行的指令的位址，還可以表示程式的開始載入位址。暫存器與記憶體的圖示功能讓學生更容易看懂指令如何改變暫存器與記憶體中的值。

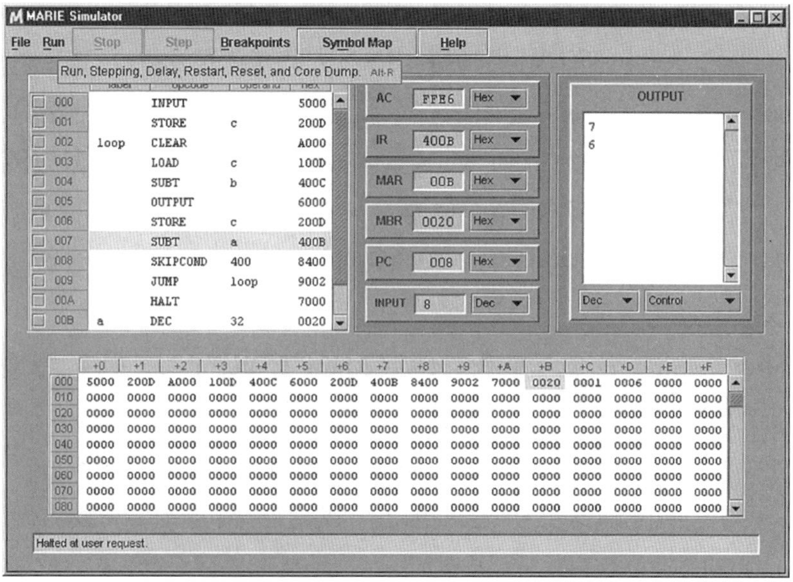

圖 P.2 MarieSim 的圖形化使用環境

貢獻與誌謝

少有書籍是完全由一、二人之力不假外援而能完成，本書也不例外。我們瞭解寫作一本書是慎重的工作且非多人合作難竟全功，不過我們也發現要恰當地對本書的完成作出貢獻的人致謝幾不可能。萬一，在以下誌謝中我們不慎遺漏任何一位，我們惶恐地致歉。

為數不少的人對本書的第四版作出貢獻。我們謹首先對各位審閱人的仔細評估了之前各版以及提供周詳的書面評語致謝。同時，我們也很感謝許多以電子郵件提供我們有用的想法與好的建議的讀者。雖然這次我們無法提及每一位的芳名，我們特別要感謝兩位提供非常嚴謹審閱與無數批評與建議的 John MacCormick (Dickson College) 與 Jacqueline Jones (Brooklyn College)。我們也特別對 Karishma Rao 與 Sean Willeford 致上對他們製作高品質的記憶體軟體模組所耗費的時間與努力的謝意。

我們也要謝謝 Jones & Bartlett Learning 中許多與我們密切合作來完成這個第四版的各位。我們非常感謝 Tiffany Silter、Laura Pagluica 與 Amy Rose 在第四版產出過程中的專業度、投入以及努力工作。

我，Linda Null，個人要謝謝我的丈夫 Tim Wahls，他持續很有耐心地第四次生活得像是因為書本而成為的鰥夫、對本書內容與修改細心傾聽與真誠評述，同時擔負起所有烹煮這類的額外工作，以及忍受幾乎每天因為我寫作本書而必須做的妥協——包括錯過我們每年搭機去釣魚的假期以及造成我們的馬匹變成久置在牧場上的裝飾品這種情況。我感覺與這麼好的人結婚真是太幸運了。我還要從心底感謝我的導師 Merry McDonald，她教導我學習與授課的價值與快樂，並且要將教與學作完整的結合。最後我還要表達對 Julia Lobur 最深的感激，因為如果沒有她，這本書以及相關的軟體不可能完成。與她共事既愉快更是榮幸。

我，Julia Lobur，衷心感激我的伴侶 Marla Cattermole，她無視於這本書加在我們身上的壓力仍然與我成婚。她以她的寬容忍耐與精確盡責使得這件工作得以完成。她以烹飪美食來滋養我的身體以及她的思考智慧滋養我的精神。她在自己的事業上非常認真工作之餘也陪伴我度過休閒時間。我也要表達我對 Linda Null 深深的感激：第一、因為她對計算機科學教育領域以及對她學生的無比的投入，以及第二、讓我有機會與她分享她難以言喻的教科書寫作經驗。

目錄

第四章 MARIE：一個簡單計算機的介紹 241

第五章 指令集架構的仔細檢視 329

第一章

緒論

「計算談的已不再是計算機本身。它所談的是生活⋯⋯。我們已經看到了計算機從巨大的空調房間裡移到了櫥櫃中、之後到了桌上、現在已經到了我們的膝蓋上與口袋中。但是事情還在演進⋯⋯。就像自然界演進的力量一樣，數位的時代已經不容忽視或者停止⋯⋯。資訊的超級高速公路在今天可能還算是誇張的說法，但是到了明天它一定已經不須再被強調。它將會變成超過我們所有人最大膽的想像⋯⋯。我們並不只是等待創新發明的發生。它們很多都已經發生了。地點就在這裡。時間就在現在。這些事情幾乎就像基因遺傳一樣，未來的每一個世代都會比前一個世代更為數位化。」

——Nicholas Negroponte, MIT 的媒體技術教授

1.1 概論

Negroponte 博士是許多認為計算機相關的各種快速進步造成了一股猶如自然界的推力的人之一。這股推力足以把人類帶往它的數位化境界，使我們克服許多世紀以來無法解決的問題，以及我們在解決這些問題的過程中出現的更多問題。計算機已經把我們從單調繁雜的日常工作中解救出來了，給予我們更多發揮創造力的空間，讓我們能夠，當然是，構建出更大更好的計算機。

當我們觀察計算機帶給我們巨大的科學與社會變遷時，一定會被它的複雜多樣而感到困擾。然而這些複雜性其實都來自非常單純的基本觀念，這些簡單的觀念造就了我們今天的生活方式，同時也是未來計算機的基礎。它們未來將會如何被應用可以充滿想像，但是今天，就如我們所知的，它們是計算機科學一切所需的基礎。

計算機科學家通常比較關心如何寫出複雜的程式演算法，而較不關心如何設計出計算機硬體。不過如果我們要讓演算法有意義，最終還是要靠計算機來執行。有些演算法太過複雜，以致於在今天的系統上執行耗時太久。這類演算法被視為**計算上不可行** (computationally infeasible)。當然，以目前創新的速度來看，某些今天認為不可行的事情未來也許可行，但是似乎不管未來的計算機變成多大或者多快，總有人可以想出一些問題來難倒這些機器。

要瞭解為什麼一個演算法不可行、或者為什麼一個可行的演算法實際執行起來卻太慢，你一定要能夠從計算機的角度來觀察一個程式。在你優化程式之前，你必須要瞭解執行它的計算機系統是如何運作的。不先瞭解計算機系統就嘗試去優化它，就好比把救命仙丹倒進你的油箱來嘗試調校你的汽車一樣；這樣做之後如果它還能跑就已經夠幸運了。

程式優化與系統調校也許是瞭解計算機如何運作的最重要動機，然而還有許多其他的理由。例如，如果你要寫作編譯器，就一定要瞭解與所編譯程式相關的硬體環境。最好的編譯器能夠利用特定的硬體特性（譬如管道化處理）來發揮最大的速度與效率。

如果你必須對大型、複雜的真實世界系統建模的話，你就需要知道浮點算術應該如何運作以及它到底是怎麼在計算機中運作。如果你希望設計周邊設備或者是驅動周邊設備的軟體，你就必須知道一個特定計算機如何處理它的輸入／輸出 (I/O) 的所有細節。如果你的工作牽涉到嵌入式系統，你就需要知道這些系統常常只能使用有限的資源。你對時間、空間，還有價格方面的權衡，以及各種 I/O 架構，對你的工作都有絕對必要。

所有計算機的專業人士都應該對測試機器的觀念非常熟悉，並且能夠解釋和介紹以測試程式測試系統的結果。研究內容與硬體系統、網路或者是演算法相關的人都知道，以測試程式作測試的技術對他們的日常工作極為重要。負責採購硬體的技術經理也會瞭解，各種測試效能的程式是可以被操弄來產出對某些特定系統有利的數據，進而使用測試程式來幫助他們在一定金額內購得最佳系統。

前述的例子說明了在計算機硬體與編程以及計算機系統中的軟體組件間，在許多方面都存在基本的關聯性這個概念。因此無論你的專業領域是什麼，身為計算機科學家，瞭解硬體如何與軟體互動是極為緊要的。我們一定要熟知各種電路與元件如何搭配以構成計算機系統。我們經由研習**計算機組織** (computer organization) 來得到相關知識。計算機組織探討控制訊號（計算機如何被控制）、訊號傳遞方式與記憶體型態等議題。其包含計算機系統所有物理相關的面向。它讓我們瞭解計算機如何運作。

另一方面，研習**計算機架構** (computer architecture) 注重的是計算機系統的結構與行為，並且以程式師的觀點來觀察系統製作上的邏輯與抽象的層面。計算機架構的內容包含指令集與格式、運作碼、數據型態、暫存器的數量與型態、定址模式、主記憶體存取方法與各種 I/O 機制等元素。系統的架構直接影響程式的合理執行。研讀計算機架構，讓我們瞭解如何設計計算機。

對某一計算機而言，計算機架構是其硬體組件與**指令集架構** (instruction set architecture, ISA) 的組合。ISA 是所有執行於機器上的軟體與執行這些軟體的硬體間協議而得的介面。ISA 讓你能夠與機器溝通。

計算機組織與計算機架構間的差異並不明確。計算機科學與計算機工程的人們之間對於到底有哪些觀念適用於計算機組織，以及哪些適用於計算機架構有各種不同的意見。其實不論計算機組織或計算機架構都不能單獨存在。兩者互相關聯、相互倚賴。只有在兩者都懂了之後，才會真正瞭解其中任何一個。唯有瞭解計算機組織與架構，才能真正更深入瞭解計算機科學的中心以及精義：計算機與計算。

1.2 計算機的主要組件

要分辨哪些概念與計算機組織或計算機架構有關並不容易，但是如果要清楚劃分出硬體與軟體的界限則完全不可能。計算機科學家設計出的演算法一般是經由以某些如 Java 或 C++ 等計算機語言寫作的程式來呈現。但是真正使這些演算法運作的是什麼？當然就是另外一個演算法！然後又是另外一個演算法來運作這個演算法，依此類推，直到接觸到機器本身為止，而機器則可視為以電子裝置來實現執行能力的一個演算法。因此，今天的計算機實際上就是實現執行其他演算法的那個演算法的型態。這個巢狀的一串演算法的實踐方式，使我們領悟出下述原則：

> **硬體與軟體等效原則** (Principle of Equivalence of Hardware and Software)：任何以軟體完成的工作亦可以硬體完成，且任何直接以硬體執行的運作亦可以軟體完成。[1]

特殊用途的計算機可以設計來執行任何工作，譬如文字處理、預算分析或者玩親切的俄羅斯方塊遊戲 Tetris（按：此處指的是純粹以硬體來完成這類工作）。相對地，也可以用寫作程式的方式來完成這些特殊用途計算機——譬如適用於汽車或微波爐中的嵌入式系統——的功能。有時簡單的嵌入式系統能提供比複雜的計算機程式更佳的效能，有時軟體方式也會是個較好的選擇。硬體與軟體等效原則指出我們是可以有選擇的。計算機組織與架構的知識將會幫助我們做

1 這個原則沒有提到的是，同樣的工作以不同方式完成時速度的差異。硬體的作法幾乎總是較快。

出最佳選擇。

我們以檢視建構計算機系統所必要的元件來展開對計算機硬體的討論。在最簡單的形式中，計算機是包含三個組件的裝置：

1. 一個處理器來解讀並執行程式
2. 一個記憶體來儲存數據以及程式
3. 一個機制來與外界做數據進出的傳輸

我們在接下來的各章中詳細討論這三個組件在計算機硬體中的角色。

在你瞭解計算機包含哪些元件後，你應該就能瞭解系統任何時間在做什麼事，以及如果希望改變系統的行為時該如何做。你甚至可能會覺得你跟它有些相似的地方。這個看法並非那麼無稽：看看一個坐在課堂裡的學生如何表現得像是具備計算機的這三個元件：學生的大腦像是處理器，所做的筆記代表記憶體，而記筆記的筆是 I/O 機制。但要記住：你的能力遠遠超過現在的任何計算機，甚至任何在可見的未來所建造的機器。

1.3 範例系統：熟悉計算機術語

本節將介紹一些計算機專用的詞彙。這些專用術語可能難懂、不精確，還會令人害怕。我們相信只要稍加解釋，就不難清楚瞭解它們。

為了便於討論，我們使用一個摹本的計算機廣告（見圖 1.1）。這則廣告很典型，以類似「32GB DDR3 SDRAM」、「PCIe 音效卡」與「128KB L1 快取」等詞語轟炸讀者。如果不能瞭解這類專門術語，你就無法判斷這個系統是否很值得購買，或甚至能否達到你的需求。在閱讀這段文字之後，你就會瞭解這些名詞的意義。

但是在我們說明這個廣告之前，我們需要解釋一些更基本的東西：在學習計算機時會使用到的各種量測用的專門術語。

每一個領域似乎都有它自己測量事物的方式。計算機領域也是這樣。對於

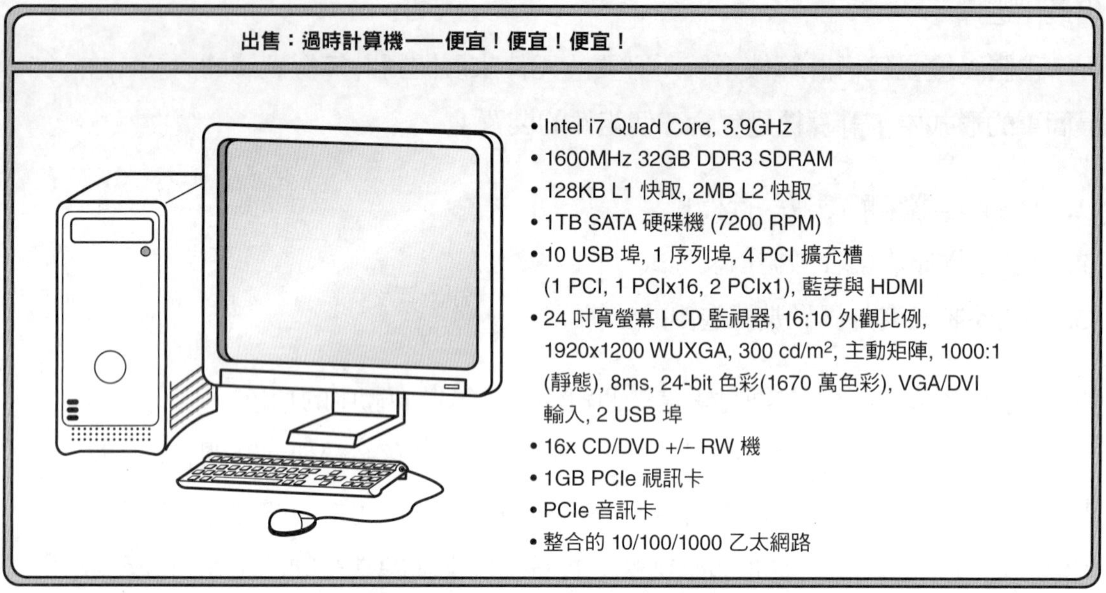
出售：過時計算機——便宜！便宜！便宜！
• Intel i7 Quad Core, 3.9GHz
• 1600MHz 32GB DDR3 SDRAM
• 128KB L1 快取, 2MB L2 快取
• 1TB SATA 硬碟機 (7200 RPM)
• 10 USB 埠, 1 序列埠, 4 PCI 擴充槽 (1 PCI, 1 PCIx16, 2 PCIx1), 藍芽與 HDMI
• 24 吋寬螢幕 LCD 監視器, 16:10 外觀比例, 1920x1200 WUXGA, 300 cd/m2, 主動矩陣, 1000:1 (靜態), 8ms, 24-bit 色彩(1670 萬色彩), VGA/DVI 輸入, 2 USB 埠
• 16x CD/DVD +/– RW 機
• 1GB PCIe 視訊卡
• PCIe 音訊卡
• 整合的 10/100/1000 乙太網路

圖 1.1 典型的出售計算機廣告

身為計算機領域的人，彼此在談到大小、速度等時，就必須使用相同的量度單位。計算機常用的英文字首 (prefixes) 表示於表 1.1 中。在 1960 年代有人認為因為 2 的冪次方與 10 的冪次方差異不大，而對兩者都使用了相同的一套字首。例如 2^{10} 與 10^3 接近，所以兩者均可以「kilo（千）」表示。結果非常混亂：某個字首代表的到底是 10 的次方或 2 的次方？ kilo 表示的是 10^3 個還是 2^{10} 個？雖然沒有正式的答案，但仍是存在可接受的「標準用法」。10 的次方字首一般用於功率、伏特、頻率（例如計算機時脈速度）與位元的數量（例如以位元數每秒表示的數據速度）。如果你的古董數據機以 28.8kb/s 的速度傳輸，則它每

表 1.1 與計算機組織及架構相關的常用字首

字首	符號	10 的次方	2 的次方	字首	符號	10 的次方	2 的次方
Kilo	K	1 thousand = 10^3	2^{10} = 1024	Milli	m	1 thousandth = 10^{-3}	2^{-10}
Mega	M	1 million = 10^6	2^{20}	Micro	μ	1 millionth = 10^{-6}	2^{-20}
Giga	G	1 billion = 10^9	230	Nano	n	1 billionth = 10^{-9}	2^{-30}
Tera	T	1 trillion = 10^{12}	240	Pico	p	1 trillionth = 10^{-12}	2^{-40}
Peta	P	1 quadrillion = 10^{15}	250	Femto	f	1 quadrillionth = 10^{-15}	2^{-50}
Exa	E	1 quintillion = 10^{18}	260	Atto	a	1 quintillionth = 10^{-18}	2^{-60}
Zetta	Z	1 sextillion = 10^{21}	270	Zepto	z	1 sextillionth = 10^{-21}	2^{-70}
Yotta	Y	1 septillion = 10^{24}	280	Yocto	y	1 septillionth = 10^{-24}	2^{-80}

秒可傳輸 28,800 個位元（或 28.8×10^3）。注意：其中小寫的「k」表示 10^3，小寫的「b」代表位元。大寫的「K」用來作為 2 的次方的字首或 1024。若稱一檔案大小為 2KB，則其代表 2×2^{10} 或 2048 個位元組。注意大寫「B」代表位元組。若碟片可儲存 1MB，則其可儲存 2^{20} 個位元組（或 1 megabyte）的資訊。

不確定某特定字首代表的是 2 的次方或 10 的次方，有可能造成很大混淆。由於這個原因，International Electrotechnical Commission 在 National Institute of Standards and Technology 的協助之下，制定了二進制字首的標準名稱與符號，以便與十進位的字首有所區別。每個字首來自於表 1.1 中並加上「i」。例如 2^{10} 被重新命名為「kibi」（意為 kilobinary）並以符號 Ki 表示。類推之，2^{20} 是 mebi 或 Mi，之後是 gibi (Gi)、tebi (Ti)、pebi (Pi)、exbi (Ei) 等等。因此，表示 2^{20} 個位元組的 mebibyte 將取代傳統所使用的 megabyte。

使用這種新字首的人還不多。這樣並不恰當，因為身為計算機使用者，瞭解真正的字首意義相當重要。kilobyte 的記憶體是 1024 位元組，而非 1000 位元組的記憶體容量。但是 1GB 的磁碟機可能真正代表 10 億個位元組而非 2^{30}（表示你有的儲存量比你以為的少）。所有的軟碟都聲稱可以儲存 1.44MB 的數據，然而它的真正儲存量是 1440KB（或 $1440 \times 2^{10} = 1474560$ 個位元組）。如果要確認，你應該閱讀製造商的詳細說明，來瞭解到底 1K、1KB 或 1G 代表了什麼。閱讀下方「當 Gigabyte 不完全是……」邊註欄中的說明文字，就可以瞭解為什麼這件事是如此的重要。

究竟有誰會用到 Zetta bytes（10^{21}）個位元組和 Yotta bytes（10^{24}）個位元組？

The National Security Agency (NSA) 是在美國的一個收集智慧的組織，它在 Utah 州 Bluffdale 新成立的 Intelligence Community Comprehensive National Cybersecurity Initiative Data Center（智慧社群完全國家網路安全新創數據中心）已於 2013 年的十月啟動。這個建築中有將近 100,000 平方呎用於安置數據中心，其他超過 900,000 平方呎則容納了技術支援以及行政管理的人員。這個新成立的數據中心將協助 NSA 監測網際網路上龐大的數據流量。

估計 NSA 每小時將收集約略 2 百萬 gigabytes 的數據，每天 24 小時、每週七天不間斷。這些數據包含國外以及本地的電子郵件、手機通話、網路搜尋、各種網購，以及其他形式的數位資料。為這個新數據中心負責分析該等數據的計算機是 Titan 超級計算機，一個水冷式可以運作於 100 petaflops（或是每秒 100,000 兆個計算）的機器。一個 PRISM（資源整合、同步與管理的規劃工具，Planning Tool for Resource Integration, Synchronization, and Management）的監視程式會整理、處理，並追蹤所有蒐集到的數據。

雖然我們在為個人電腦和其他設備購置儲存體時，一般會以 gigabytes 與 terabytes 為單位，NSA 資料中心儲存體的容量卻是以 zettabytes 為單位（並且許多人認為應該以多少千個 zettabytes，或是 yottabytes 作為單位）。依此恰當地推算，在 2003 年 University of California at Berkeley 所作的研究中，其估計在 2002 年中新產出的數據約有 5EB。更早的 UC Berkeley 研究估計到 1999 年末，人類所產出的，包括聲音與視訊的總資訊量，約為 12EB。在 2006 年，全世界所有計算機硬碟的總儲存量估計約為 160EB；在 2009 年，整個網際網路約含共計 500 exabytes，或 0.5 zettabytes 的資料。美國一家網路硬體製造公司 Cisco 就曾估計至 2016 年，在網際網路上數據的總量將達 1.3ZB，而美國的硬碟機製造公司 Seagate Technology 曾估計在 2020 年總儲存量的需求將達 7ZB。

NSA 並不是唯一需要使用比一般 giga 與 tera 更高的單位來表示數據量的單位。估計 Facebook 一天蒐集的新內容達 500TB；YouTube 觀測到每四分鐘約 1TB 的新視訊；CERN 的大強子碰撞每秒產生 1PB 的數據；以及一具新型波音噴射引擎的感測器每小時產生 20TB 的數據。雖然並不是上述的所有例子都需要永久保存它們所產生／處理的數據，然而它們的確指出我們每天要面對的可觀數據量。這巨大的數據量正是促成 IBM 公司在 2011 年發展，並公布其新的 120-PB、一個包含 200,000 個傳統硬碟機、將之聯結在一起，使之如同一個整體單元運作的儲存體叢集的硬碟機的因素。如果你在 MP3 播放機中插入這樣的硬碟機，你就會擁有約 20 億小時的音樂！

在這個智慧手機、平板電腦、雲計算以及其他電子裝置的時代，我們必然會不斷地聽到人們談論 petabytes、exabytes 和 zettabytes（而就 NSA 而言，甚至於 yottabytes）。但是，當我們又超過了 yottabytes，會怎樣呢？在追趕資訊量天文數字成長的努力以及描述更大量的數據中，不久的未來數量的字首非常可能包括 10^{27} 的 brontobyte 和 10^{30} 的 gegobyte（雖然有人認為後者應稱為 geobyte 或 geopbyte）。雖然這些詞還不是國際普遍接受的字首單位，如果歷史可資借鑑，我們很快就必須使用它們了。

當 Gigabyte 不完全是……

一旦你確認了你的技術需求（例如磁碟傳輸率、介面型態等等），購買新的磁碟機陣列就應該是相對單純的事情。現在你應該能夠根據簡單的價格容量比——例如每塊錢有多少 gigabyte——做出決定，你的工作就結束了，然而並非那麼簡單。

在直接進行分析時遇到的第一個困難是，你一定要確認你所比較的各磁碟機是以格式化之前還是之後的位元組數量來表示它們的容量。格式化的過程中多達 16% 的磁碟機空間會被耗用。[有些廠商以「可用容量」(usable capacity) 來說明這個數字。] 當然，以格式化前的位元組數目來說明價格容量比好看多了，雖然對你更有用的是知道磁碟具有的可用容量。

比較磁碟大小的下一個困難是，確認容量使用的基底數字是否是一致的。越來越多的磁碟容量以 10 進制而非 2 進制來表示。所以 1GB 的磁碟機容量是 $10^9 = 1{,}000{,}000{,}000$ 個位元組而非 $2^{30} = 1{,}073{,}741{,}824$ 個位元組，少了大概 7%。在購買多個 gigabyte 的企業級儲存系統時這點會造成巨大的差異。

以一個實際的例子來說明，假設你購買磁碟陣列時正在考慮兩個頂尖製造商。製造商 x 宣稱 \$20,000 的陣列中包含 12 個 250 GB 的磁碟。製造商 y 提供 \$21,000 的包含 12 個 212.5GB 磁碟的陣列。在所有其他條件都一樣的情況下，價格的比較大大有利於製造商 x：

製造商 x：$\$20{,}000 \div (12 \times 250\text{GB}) \cong$ 每 GB \$6.67
製造商 y：$\$21{,}000 \div (12 \times 212.5\text{GB}) \cong$ 每 GB \$8.24

因為覺得有點奇怪，你打了幾個電話，然後發現製造商 x 引用的是未格式化的 10 進制的 gigabytes 容量，而製造商 y 引用的是格式化後的 2 進制的 gigabytes 容量。這些事實顯示這個問題可以有非常不同的回答：首先，製造商 x 的磁碟並不是我們通常以為的 250GB。它大約只是 2 進制中的 232.8 gigabytes。在格式化之後，這個數字甚至減少到大約 197.9GB。因此比較過真正的花費，事實上是：

製造商 x：$\$20{,}000 \div (12 \times 197.9\text{GB}) \cong$ 每 GB \$8.42
製造商 y：$\$21{,}000 \div (12 \times 212.5\text{GB}) \cong$ 每 GB \$8.24

的確，有些製造商會嚴謹地誠實揭露他們設備的容量，不幸地，卻有很多其他的製造商只有在被直接詢問到的時候才說出事實。身為受過教育的專業人員，你的責任是提出正確的疑問。

當我們要談論計算機速度有多快時，我們會用到秒的多少分之一——通常會使用千分之一、百萬分之一、十億分之一或者兆分之一。這類衡量標準的字首可見於表 1.1 中的右方。通常負的指數表示 10 的幾次方而不是 2 的幾次方。所以新的 2 進制字首標準並不納入任何負值指數的新名稱。注意分數的字首具有表中左側字首的倒數所形成的指數。因此如果有人告訴你一個運作需要 microsecond 來完成，你也應該瞭解一百萬個這種運作可以在一秒之內完成。當你需要以多少件這種事情可以在一秒內發生，你應該會使用字首 *mega-*。當你需要以這個運作可以多快完成，你應該會使用字首 *micro-*。

現在開始說明這則廣告。廣告中的微處理器是一個 Intel i7 Quad Core（四核）處理器（意謂其本質上是四個處理器），屬於稱為多核處理器的類別（1.10 節有更多關於多核處理器的資訊）。這裡使用的處理器以 3.9GHz 運作。每台計算機系統都使用一個時脈訊號來保持系統處於同步中。時脈訊號送出電脈衝同時到達所有的主要組件中，以確保數據與指令在恰當的時機出現在恰當的地點。時脈訊號每秒送出的脈衝數稱為頻率。時脈訊號的頻率以每秒的週期數或**赫茲** (hertz) 來表示。如果計算機系統的時脈每秒產生數百萬個脈衝，我們稱其為在**百萬赫茲** (megahertz, MHz) 等級運作。現在的計算機大部分在**十億赫茲** (gigahertz, GMz) 範圍運作，也就是每秒發出數十億個時脈脈衝。因為微處理器不運作時，在計算機系統中並沒有多少事情可以進行，所以微處理器的運作頻率對整體系統速度非常關鍵。在廣告中系統的微處理器以 3.9 個每秒十億週期的速度運作，因此銷售者說的是它以 3.9GHz 運作。

雖然這個微處理器以 3.9GHz 運作，但這並不代表它每秒能執行 39 億道指令，或每道指令需時 0.039 nanoseconds 來執行。在本書稍後你會瞭解每道計算機指令都需要某固定數目的週期來完成。有些指令需要一個時脈週期；大部分指令需要多於一個週期。微處理器每秒能執行的指令數與它的時脈速度成正比（按：本敘述僅約略正確）。完成任何一道機器指令需要的時脈週期數是這個機器的組織以及架構的函數。

我們注意到廣告中下一件事情是「1600MHz 32GB DDR3 SDRAM」。1600MHz 說的是系統**匯流排** (bus) 的速度，這是指在計算機中將數據與指令傳輸到不同地方去的一組電線。如同微處理器一般，匯流排的速度也是以 MHz 或 GHz 來表示。很多計算機具有能夠支援非常快速數據傳輸速度（例如視訊中所需）的特殊區域匯流排。這個區域匯流排是直接連結記憶體與處理器的高速通道。匯流排的速度決定了系統的資訊承載能力的上限。

我們廣告中的系統也宣稱具有 32GB 或者大約 320 億個字元符號的記憶體容量。記憶體容量不但決定了可執行程式的大小，也決定了同時可以執行多少程式而不會拖慢系統。你的應用程式或作業系統製造商通常會建議執行他們產品時會需要多少記憶體（有時這些建議可能保守得太荒唐，所以小心思考該不該相信它！）。

除了記憶體容量，廣告中的系統也說明它的記憶體型態屬 **SDRAM**，這是**同步動態隨機存取記憶體** (synchronous dynamic random access memory) 的簡稱。SDRAM 由於能夠與微處理器的匯流排同步而遠比傳統（非同步的）記憶體快速。廣告中的系統具有 **DDR3 SDRAM**，或**雙數據速率型態三** (double data rate type three) 的 SDRAM（請見第六章中有關不同型態記憶體的更多資訊）。

檢視計算機內部

你曾經好奇計算機的內部到底是怎樣的嗎？本節上例中的計算機提供目前 PC 內部元件一個很好的概觀。然而即使你已經熟悉內部的元件與它們的功用，打開計算機並嘗試指出各個不同的元件可能並不容易。

如果你打開計算機的蓋子，你首先一定會注意到一個有風扇的大金屬盒。這是電源供應器。你也會看到各種驅動機制，包括硬碟機與 DVD 機（或許還有老式的軟碟或 CD 機）。還有許多積體電路——上面有許多接腳的小小黑色長方形物體。你也會在系統中注意到電訊號的通道或是匯流排。還有一些印刷電路板（擴充版）插在母版的插座上；母板是標準桌上型或直立型、迷你直立型 PC 裡頭下方或者側邊的大電路板。母板是計算機中聯結包括 CPU、RAM、ROM 以及一些其他必要元件的印刷電路板。母板上的元件可能很多樣化。下頁圖中是一個標示了較重要元件的 Acer E360 母板。

稱為 Southbridge（南橋）的控制硬碟機與 I/O（包括音訊與視訊卡）的積體電路，是聯結較慢的 I/O 裝置到系統匯流排的轉接點。這些顯示在板子下方的裝

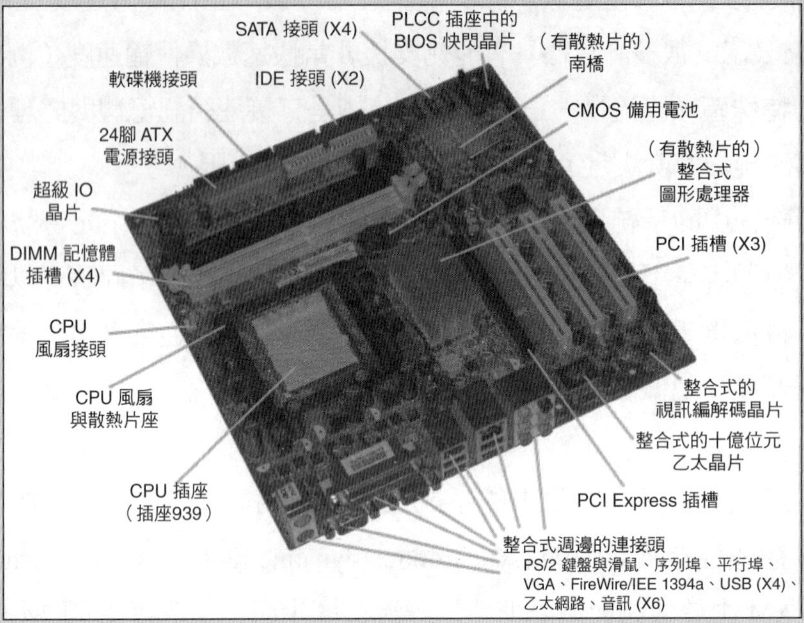

照片由 en.wikipedia（網址是 http://commons.wikimedia.org/wiki/file:Acer_E360_socket_939_motherboard_by_Foxconn.svg）的 Moxfyre 惠予提供。

置經由 I/O 埠作連接。各 PCI 槽可用於聯結各種 PCI 裝置的擴充板。該母板也具備 PS/2 和 Firewire 的接頭。它除了四個 USB 埠，還有串列與平行埠。該母板含有二個 IDE 接頭槽、四個 SATA 接頭槽以及一個軟碟控制器。超級 I/O 晶片是一種可控制軟碟、平行以及串列埠，和鍵盤以及滑鼠的控制器。母板上也有整合型的音效晶片，以及整合型的乙太網路晶片和整合型的圖形處理器。具有四個 RAM 記憶體排。母板上目前沒有插入處理器，然而可看見置入 CPU 用的插座。所有計算機都有一個內建電池，可見於圖中上方中間。電源供應器聯結於電源插頭。BIOS 的快閃晶片中的 ROM 含有計算機開機時使用的那些指令。

檢視機器內部時需要注意：打開機器時有許多攸關你以及計算機安全的事項應特別注意，以便將風險降到最低。首先也是最重要的，確認計算機已經關機。讓它仍舊連在電源上通常比較好，因為這樣子可對它持續供電。在打開計算機並接觸內部任何東西之前，要確認你已恰當地接地，免得靜電破壞任何元件。在機殼與電路板的許多邊緣可能非常銳利，所以處理它們時要小心。把沒對準插孔的擴充卡用力塞進去可能會傷害卡片與母板，所以插入新板或者移除、重新插入原有的擴充板時需要小心。

廣告中的下一行「128KB L1 快取，2MB L2 快取」也提到一種型態的記憶體。在第六章中你會瞭解，不論匯流排有多快，還是會需要「一些時間」將資料從記憶體傳送至處理器。為了提供對數據更快的存取，許多系統使用了稱為**快取** (cache) 的特殊記憶體。廣告中的系統有兩種快取：第一層快取 (L1) 是一個建構在微處理器晶片中的小且快的快取，用於加速常用數據的存取。第二層快取 (L2) 由一群記憶體晶片組成、位於微處理器與主記憶體間。注意這個系統中的快取容量以 kilobytes (KB) 論，遠小於主記憶體。在第六章中你會學到快取如何運作，以及較大的快取並不一定較好。

另一方面，所有人都同意更大的磁碟容量是好的。廣告中的系統有 1TB 的硬碟，屬於目前的標準平均容量。然而固定（或硬）碟的儲存容量並不是唯一的考慮。一個很大的硬碟如果對主系統而言太慢，則並不是很有幫助。廣告中的計算機硬碟以每分鐘 7200 圈 (RPM) 旋轉。對熟知的讀者來說這是一個相當快（但是並沒有直接說明出來）的機器。一般而言，除了它旋轉得有多快以外，磁碟速度也會以存取其上數據所需的（平均）毫秒數來說明。

旋轉速度只是決定磁碟整體效能的因素之一。其如何連接到或**介接** (interface) 到系統的其他部分也很重要。廣告中的系統使用 **SATA**（**序列進階技術聯結**，serial advanced technology attachment 或 serial ATA）磁碟介面。這是一個革命性的儲存體介面並且取代了**整合式機制電子介面** (integrated drive electronics, IDE)。另一個常用的介面是 **EIDE** [**加強型** (enhanced) integrated drive electronics]，一種適用於高容量儲存裝置的高成本效益硬體介面。EIDE 包含可提高計算機聯結能力、速度與記憶體能力的特殊線路。大多數 ATA、IDE 與 EIDE 系統和處理器及記憶體共用主要的系統匯流排，因此數據在磁碟的進出情形與系統匯流排的速度有關。

系統匯流排負責計算機內部所有數據的移動，而**埠** (ports) 則讓數據可以從外部的裝置進出計算機。廣告在這行文字「10 USB 埠，1 序列埠」中提到兩個不同的埠。序列埠在 1 或 2 條數據線上傳送一序列的電氣脈衝以傳輸數據。另一種是平行埠，是有些計算機會具有的埠。平行埠使用至少 8 條數據線來同時傳輸數據。許多新的計算機不再提供序列或平行埠而只使用 USB 埠。**通用序列**

匯流排 (universal serial bus, USB) 是一種常見的能支援**隨插即用** (Plug-and-Play) 裝置（自動調整目前裝置組態的能力）與**熱插拔**（hot plugging，在計算機運行中加入與移除裝置的能力）的外部匯流排。

擴充槽 (expansion slots) 是母板上一些可用於插上各種板子的插槽，用以增加計算機新功能。這些插槽可用於譬如額外的記憶體、視訊卡、音效卡、網路卡與數據機。有些系統以這些擴充槽來為其主要匯流排增加專用的 I/O 匯流排。**周邊元件聯結** (Peripheral Component Interconnect, PCI) 即為這種 I/O 匯流排的標準之一。由 Intel 公司所開發的 PCI 以高速運作且亦支援隨插即用。

PCI 是一個較早的標準（它於 1993 開始被使用），並且已於 2004 年被 PCI-x 取代。基本上，PCI-x 將既有 PCI 的頻寬加倍。PCI 與 PCI-x 二者均以平行的方式運作。在 2004 年，PCI express (PCIe) 取代了 PCI-x。PCIe 以串列方式運作並且是現今計算機中的一個標準。在廣告中，我們看到該計算機有一個 PCI 插槽，一個 PCI x 16 插槽，和兩個 PCI x 1 插槽。該計算機也有藍芽（一種允許短距離資訊傳輸的無線技術）和一個用於傳輸音訊與視訊的高定義多媒體介面 (High-Definition Multimedia Interface, HDMI) 埠。

PCIe 不僅取代了 PCI 和 PCI-x，也在圖學世界中漸漸取代 Intel 特別為 3D 圖形設計的 **AGP** (accelerated graphics port) 圖學介面。廣告中的計算機有一個具有 1GB 記憶容量的 PCIe 視訊卡。該記憶量專供卡上一個特別的**圖學處理單元** (graphics processing unit) 使用。這個處理器負責處理圖形顯像以免主處理器需要做這些事。該計算機也具有一片 PCIe 的音效卡；音效卡包含了系統的立體喇叭和麥克風所需的元件。

該廣告除了告訴我們系統中的各個埠與擴充槽，也提供 **LCD** (liquid crystal display) 監視器，或「薄型面板」的資訊。監視器與計算機系統的速度或效率關係極微，然而其與使用者的感受有重大關聯。該 LCD 規格如下：24 吋、1920 × 1200 WUXGA、300 cd/m^2、主動矩陣式、1000：1（靜態）、8 ms、24-bit 色彩（1670 萬種顏色）、VGA/DVI 輸入與 2 個 USB 埠。LCD 是以兩片極化的玻璃夾住的液晶物質形成。電流會造成液晶物質移動，以允許不同程度的光線通過，在螢幕上形成文字、顏色和圖形。這是透過打開／關上螢幕上不同的**像素** (pixels)，亦即微小「圖像元素」或點來達成。監視器一般具有數百萬個像素，安排成許多列與行。該監視器具有 1920 × 1200（多於百萬）個像素。

目前生產的大部分 LCDs 使用主動式矩陣技術，而例如計算器與時鐘上的小尺寸顯示器則仍使用被動式的技術。**主動式矩陣** (active matrix) 技術是每一個像素使用一個電晶體；**被動式矩陣** (passive matrix) 技術則使用能致動整個列或行的電晶體。雖然被動式技術較便宜，但主動式技術因為對每一個像素個別驅動而有較佳的影像。

廣告中的 LCD 監視器是 24 吋，其是以對角線作測量。這個量度與監視器的**外觀比例** (aspect ratio)——監視器能顯示的水平像素數與垂直像素數的比例——有關。傳統上這個比例是 4:3，然而較新的寬螢幕監視器採用 16:10 或 16:9 的比例，極寬的監視器則使用 3:1 或 2:1 等更高的比例。

當討論 LCDs 的解析度時，應注意 LCDs 具有本質上的**解析度** (native resolution)；亦即 LCDs 是為特定解析度（通常以水平像素乘以垂直像素表示）來進行設計。雖然使用上你可以改變解析度的設定，如此卻會影響影像的品質。解析度與外觀比例密切相關。在標示 LCDs 的解析度時，製造商通常使用以下縮寫標示：XGA（extended graphics array，擴充的圖形陣列）；XGA+ (extended graphics array plus)；SXGA (super XGA)；UXGA (ultra XGA)；W 前置標示 (wide)；以及 WVA（wide viewing angle，寬視角）。視角是以幾度表示的角度，表示在螢幕的什麼角度內使用者仍可觀看螢幕；通常的視角介於 120 至 170 度之間。標準 4:3 螢幕的本質解析度有一些實例，如 XGA (1024 × 768)、SXGA (1280 × 1024)、SXGA+ (1400 × 1050) 與 UXGA (1600 × 1200)。常見的 16:9 與 16:10 螢幕解析度則有 WXGA (1280 × 800)、WXGA+ (1440 × 900)、WSXGA+ (1680 × 1050) 與 WUXGA (1920 × 1200)。

LCD 監視器規格中經常也會列出**回應時間** (response time)，表示像素多快能改變顏色。若這個速度太慢，就可能出現鬼影及模糊。廣告中的 LCD 監視器的回應時間是 8ms。傳統上，回應速率以由黑到白再回到黑的時間測得。許多製造商現在標示的是由灰到灰變化的回應時間（一般都會較短）。由於製作商一般不會標註所測量的是哪種轉換，因此不易作不同監視器間的客觀比較：

某製造商也許標示其監視器的回應時間為 2ms（並且測量的是由灰到灰），而另一製造商也許標示其監視器的回應速率是 5ms（測量的卻是由黑到白再到黑）。事實上回應速率是 5ms 的監視器也許真的整體上較快。

繼續討論這個廣告：我們看到該 LCD 監視器有一項規格是 300 cd/m^2，其表示的是亮度。**亮度**（luminance，或稱影像明亮度）是 LCD 監視器能發出的光度的量度。這個量度一般以每平方公尺的燭光數 (cd/m^2) 表示。購買監視器時，亮度應至少達 250（且越高越好）；計算機螢幕平均是 200 至 300 cd/m^2。亮度與監視器是否容易觀看有關，特別是在暗或亮的環境中。

亮度指出光亮的程度，而**對比率** (contrast ratio) 則指出亮的白色與暗的黑色間強度的差異。對比率可以是**靜態**（static，指在某一時刻監視器上最亮的點與最暗的點的比率）或**動態**（dynamic，指在不同時刻監視器上不同影像中最暗點與最亮點間的比率）。一般是靜態量度較具參考性。低的靜態比率（譬如 300:1）使得影像不易辨識；好一些的靜態比率則是 500:1（而範圍包含 400:1 到 3000:1）。廣告中監視器的靜態對比率是 1000:1。LCD 監視器可以具有 12,000,000:1 或更高的動態比率，但是高的動態比率並不就表示該監視器比具有很低靜態比率的監視器好。

廣告中 LCD 監視器的下一項規格是**色彩深度** (color depth)。該數字表示同時能在螢幕上顯示的色彩數量。常見的深度有 8- 位元、16- 位元、24- 位元以及 32- 位元。廣告中的 LCD 監視器可以顯示 2^{24}，或約有 1670 萬種色彩。

LCD 監視器還有許多功能選項。有些具有 USB 埠（例如在這個廣告中）以及／或是擴音器。有許多可符合 HDCP（high bandwidth digital content protection，高頻寬數位內容保護）（意思是可用於觀賞經過 HDCP 加密的內容，例如 Blu-ray 碟片）。LCD 監視器也可能具有 VGA (video graphics array) 和 DVI (digital video interface) 這兩種聯結的能力（如廣告中所示）。VGI 能將計算機中的訊號經過數位至類比的轉換，以類比訊號傳送給監視器；DVI 的訊號格式已經是數位式，因此不需轉換，使得訊號更乾淨，影像也更清晰。雖然 LCD 使用 DVI 時一般會得到較好的影像，同時因其具有兩種接頭將使其能和更多既有系統組件聯結。

在討論完 LCD 監視器如何運作以及瞭解像素的觀念後，我們再回頭來仔細討論圖形卡（也稱為視訊卡）。由於螢幕上有數以百萬的像素，決定哪些不發亮、哪些要以什麼顏色呈現多亮，極具難度。圖形卡的責任就是由計算機取得二進制的數據並將之「翻譯」成控制所有監視器像素的訊號；該卡因此扮演有如計算機和監視器之間的「中間人」。前已提及，有些計算機具有整合型的圖形能力，意即計算機的處理器也負責這項翻譯，致使其工作負擔極大；因此許多計算機提供圖形卡的插槽，使這些卡上的處理器 [稱為**圖形處理單元** (graphics processing unit)，或 **GPU**] 能夠接手執行這項翻譯工作。

GPU 非一般處理器；它主要目的在於用最有效率地進行顯像所需的複雜計算，並具有可使其有效執行這項工作的各種特殊程式。圖形卡一般含有它們專用的 RAM，可用來存放暫時的結果和資訊，包括螢幕上每一像素的位置和色彩。**畫面緩衝器**（frame buffer，RAM 中的一部分）用於存放成像後的影像直到這些影像可被顯示為止。圖形卡上的記憶體連接到**數位至類比轉換器** (digital-to-analog converter, DAC)，這是一種將數位式影像轉換至監視器可接受的類比訊號並將之經電纜傳送給監視器的設備。目前大部分的圖形卡具有兩種監視器接頭：LCD 螢幕用的 DVI 和老式 CRT（陰極射線管，cathode ray tube）螢幕用的 VGA。

大部分圖形卡是插在計算機母板的插槽上，所以也由計算機負責供電；然而也有一些功能強大的圖形卡需要直接和計算機的電源供應器連接。這種高階圖形卡一般可見於處理例如圖形編輯和高階遊戲的大量影像處理的應用中。

繼續看這個廣告，可知所推銷的系統具有 16x 的 DVD 及 RW 機。這表示其為可讀寫的 DVD 及 CD 片。「16x」是表示該機制可以進行讀寫的速度。第七章中將會進一步討論 DVD 及 CD。

如果計算機能與外界的世界溝通，其用途將會更廣。有一種溝通方法是透過網際網路服務商與數據機。廣告中並未提及該計算機的數據機，因為很多桌上型計算機使用者都使用他們的網際網路服務商所提供的外接式數據機（電話用的、電視用的或衛星用的等等）。不過使用 USB 與 PCI 介面的兩種數據機都有，可讓你的計算機透過電話線連接上網際網路；許多種聯結也讓你可以將計算機當作傳真機使用。一般性的 I/O 與 I/O 匯流排將於第七章中討論。

計算機也能直接連接到網路上。聯網讓計算機能夠共享檔案與周邊裝置。計算機能夠透過有線或無線的技術聯網。有線聯網的計算機使用一種國際標準聯網技術稱為**乙太網路** (Ethernet) 技術，並有兩種聯結的選項：第一種使用**網路介面卡** (network interface card, NIC) 透過 PCI 插座聯結到母板。NICs 一般支援 10/100 Ethernet（速度為 10Mbps 的 Ethernet 與 100Mbps 的快速 Ethernet）或 10/100/1000（再加上 1,000Mbps 的 Ethernet）。另一種有線網路能力的選項是經過整合的乙太網，意為母板本身包含了支援 10/100 乙太網的所有必要元件，因此不需要用到 PCI 插座。無線聯網有兩個相同的選項。有多家廠商提供無線的 NIC 卡，且具有桌上型以及膝上型使用的兩種型式。在桌上型機器中的裝置非常可能是具有小型天線的內部卡。膝上型通常使用擴充槽 (PCMCIA) 來連接無線網路卡，製造商也開始將天線整合到螢幕後面的背板內。整合的無線技術（例如 Intel Centrino 無線技術）免除了纜線與電路板的麻煩。廣告中的系統使用了整合的乙太網。注意：除了整合的乙太網外，目前還有很多新的計算機可能具有整合的圖形與／或整合的音訊能力。

雖然我們不能深入討論所有的特殊品牌元件，在讀完這段文字之後，你應該已經瞭解大部分計算機系統如何運作。這個瞭解對一般使用者以及熟練的程式師都很重要。身為使用者，你需要知道計算機系統的強處與限制，以便對其應用作出有根據的決定而更有效率地使用你的系統。身為程式師，你需要明確知道你的系統硬體如何運作，以便寫出符合效能並且有效率的程式。舉例來說，簡單如硬體所用來對映主記憶體到快取的演算法，以及記憶體交錯的方法，對你以列為主或以行為主 (row versus column-major) 的次序存取陣列元素的決定具有巨大的影響。

文章中將探討大型以及小型的計算機。大型計算機包括大型主機、企業級伺服器與超級計算機。小型計算機包括個人系統、工作站與手持裝置。我們會說明不論它們用來執行日常工作或處理複雜的科學運算，這些系統中的元件都非常類似。我們也會介紹一些目前主流計算方式以外的架構。我們希望你從本書獲得的知識，最後能夠成為你繼續研習計算機組織與架構這廣泛且令人興奮的領域的跳板。

平板電腦

Digital Equipment Corporation 的創立人 Ken Olsen 曾經不恰當地嘲笑說：「任何人沒有理由在家中擁有一台計算機。」他在 1977 年作如是說，當時「計算機」這個詞會使人聯想到他的公司生產的那種機器：價格不菲且需特殊技術人員才能操作的冰箱大小的巨大機器。當時的確是應該可以很有把握地說沒有人——也許除了計算機工程師以外——曾經在其家中放置過這種機器。

前已述及，在 1980 年代展開的「個人計算」浪潮已於 1990 年代隨全球資訊網 (World Wide Web) 的建立而爆發。到了 2010 年，十年期的調查統計資料顯示，美國有 68% 的家戶宣稱擁有個人電腦。然而已有跡證顯示這種浪潮已達高峰並開始衰退，主要的原因在於智慧型手機和平板電腦的廣泛使用。根據一些預測，美國有高達 65% 的網際網路使用者只透過行動裝置進行聯網。這個趨勢的主要肇因當然是這類產品迷人的使用特性。

我們遨遊網路和讀取電子郵件、聆聽音樂時並不真正需要用到桌上型計算機的能力。遠為經濟、輕巧的平板電腦以其易於使用的形式滿足我們真正的所需。其類似書本的外觀，更使人覺得平板就是完美的「可攜式計算機」。

下面的圖片中是一台分解了的 Pandigital Novel 平板電腦，其中已標示出許多平板中共通的元件。mini USB 埠可用以存取其內部儲存體與可插拔的 SD 卡。幾乎所有平板均有提供網際網路的 Wi-Fi 連接，有些還支援 2G、3G 與 4G 的手機協定。電池續航力在最有效率的高階平板中可高達 14 小時。大部分平板至少還會一個有 Pandigital 所沒有的可拍攝靜態照片和影片的照相機。

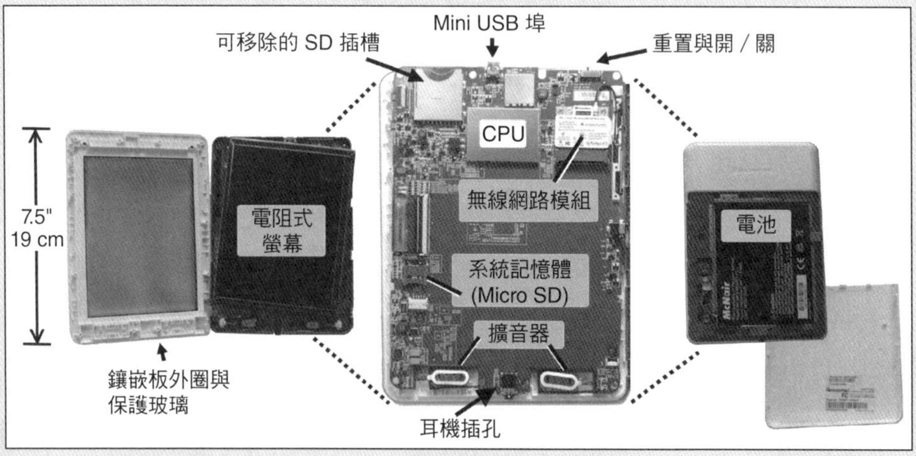

拆解了的平板電腦由 Julia Lobur 惠予提供

觸控螢幕占據所有可攜裝置的大部分面積。就一般平板與手機而言，觸控螢幕概分兩大類：電阻式與電容式。**電阻式** (resistive) 觸控螢幕對指尖或觸筆作反應。**電容式** (capacitive) 觸控螢幕對人類皮膚的電性作反應。電阻式螢幕不如電容式般敏感，然而其解析度較高。電容式螢幕與電阻式螢幕不同的是，其可以支援多點觸控，具有偵測同時的二或多點接觸的能力。

軍事或醫事用途的計算機觸控螢幕必須比消費性用途的螢幕更為耐用。兩種分別稱為**表面音波接觸感測** (surface acoustic wave touch sense) 與**紅外線接觸感測** (infrared touch sense) 的技術，在強化的觸控螢幕上以超音波或紅外線波掃過，波訊號形成的矩陣在手指接觸螢幕表面時可得知接觸位置。

手機的 CPU 技術因為其高效能而被平板的平台採用。在移動計算領域中目前以 ARM 晶片為主流，不過 Intel 與 AMD 也逐漸取得市占率。這些設備的作業系統包括 Google 提出的 Android 的各種變形以及 Apple 的 iOS。Microsoft 的採用 Windows 8 的 Surface 平板則可執行 Microsoft Office suite 的各種產品。

在平板電腦逐漸取代桌上型系統時，它們也在不適用傳統計算機——甚至是膝上型（按：亦包括筆記型電腦）——的場合派上用場。所有的平台都可使用數以千計的免費以及便宜的應用程式，使得人們對於平板電腦的需求更高。教育用途的應用也大量存在。平板電腦由於其大小、形狀與重量都與書本類似，因此在美國一些學校也正逐步取代紙本的教科書。因此，感謝平板電腦使困難的「每個學生一台計算機」的夢想終能實現。在 1985 年大家已經在譏笑 Olsen 的「家用電腦」推論。如果他預測的是每個背包中都有一台計算機，那時候同樣的一批人會不會也給予譏諷呢？

1.4 標準組織

假設你想要擁有一個精巧好用的新型的 LCD 寬螢幕監視器，你認為你可以稍作比較來找到最好的價格，因此你打了幾個電話、瀏覽網頁，也四處逛逛直到你找到最划算的商品。根據你的經驗，你知道可以隨處買到監視器而且它應該在你的系統上恰當運作。你可以這樣猜想，是因為計算機設備製造商知道要生產符合政府與業界組織所提出的幾個聯結能力與運作規格的產品。

這些制定標準的組織是由企業領導人們專門設立的貿易協會或聯盟。製造商們知道對特定類型的設備制定共同的準則，會比他們使用不同——並且可能不相容——的規格，更能對更多的群眾銷售他們的產品。

有些標準組織具有正式的組織章程，並且在某些電子與計算機領域中被國際認可具權威性。在你繼續研讀計算機組織與架構時，你會見到這些團體所制定的規格，因此你應該知道關於它們的一些事。

電機與電子工程師學會 (Institute of Electrical and Electronics Engineers, IEEE) 是致力於推動電子與計算機工程專業的組織。IEEE 透過刊行一系列技術文獻，來積極提升全世界工程界關切的議題。IEEE 也訂定各種計算機元件、訊號協定與數據表示法的標準，而這也不過是少數幾個它涉及的領域。IEEE 採用一種雖然不太有效率但是民主的過程來建立新的標準。它的定稿文件極受重視，並且通常經過多年之後才需要修訂。

國際電信聯盟 (International Telecommunications Union, ITU) 總部設於瑞士日內瓦。ITU 的前身是 Comité Consultatif International Télégraphique et Téléphonique 或 International Consultative Committee on Telephony and Telegraphy。如其名稱所指，ITU 關心的是電信系統，包括電話、電報與數據通訊系統的可互通性。ITU 的電信分組 ITU-T 訂定了你會在文獻中看到的許多標準。你會看到這些標準被冠以字首 ITU-T 或該團體之前名稱的第一個字母組合 **CCITT**。

包括歐盟在內的許多國家，都委託它的代表組織在各種國際團體中發表意見。代表美國的是**美國國家標準局** (American National Standards Institute, ANSI)。大英國協除了在**歐洲標準化委員會** (Comité Européen de Normalisation, CEN) 中具有發言權外，還有**不列顛標準局** (British Standards Institution, BSI)。

國際標準組織 (International Organization for Standardization, ISO) 是協調全世界標準發展的單位，包括 ANSI 與 BSI 之間，以及其他的活動。ISO 並不是來自其英文名稱的第一個字母，而是來自於希臘字 isos，意思是「平等」。ISO 中有超過 2800 個技術委員會，每一個委員會都負責一些全球標準制定的議案。它的範圍涵蓋照相底片的特性、到螺絲紋的間隔、到計算機工程這樣的複雜領域。全球貿易的大量增長受惠於 ISO。今天，ISO 影響到我們生活的幾乎每一方面。

全書中，我們在恰當處都會提到正式的標準名稱。有關許多這些標準的正式且深入的資訊都可在負責建立該標準的組織的網站中找到。不但如此，許多標準還包含提供標準相關領域的背景知識的「正規的」與非正式的參考資料。

1.5 歷史發展

在計算機六十年的發展期間，它們已經成為現代生活便利器具的最佳範例。生活記憶中已經很難回想起一群速記員、複寫紙與油印機的日子了。這些奇妙的計算機器有時候看起來似乎是突然之間就發展成我們今天熟悉的樣子；然而計算機的發展路程中其實充滿了意外的發現、商業的推動力與異想天開的結果。而且有時候計算機也經由扎實的工程實務而改善！儘管有這麼多的周折與技術上的難題，計算機仍然以超乎想像的速度演進。只有在瞭解這個發展過程後，我們才能充分體會今天的成就。

在下節中，我們將計算機的演進劃分成不同的世代，每一世代依建構機器所使用的技術而劃分。我們說明每一世代大約的時期以供參考。你也會發現專家們對每一種技術，使用時期的開始與結束時間少有共識。

每一種發明都反映了它所發生的時代的現況，所以你可能懷疑如果它是在 1990 年代晚期發明出來的話，會不會稱它為計算機？我們到底清不清楚在我們桌上或桌邊的神奇盒子做出了多少運算？不久之前計算機還只是幫助我們進行令人費神的數學運算；今天的計算機不再只是被穿白袍的科學家使用，它可以幫助我們製作文件與任何地方的人保持聯繫，並且做日常採購。現在的商用計算機只用極少一部分的時間進行會計運算。它們的主要功能是提供使用者大量的策略情報以提升競爭優勢。今天計算機是不是一個錯誤的用詞？過氣的稱呼？那，如果不是計算機，我們應該叫它什麼？

我們無法以寥寥數頁介紹完整的計算歷史。很多著作講述這個主題，而且即使是它們也無法滿足讀者對所有細節的好奇。如果我們讓你的好奇得不到解答，請參考本章所附參考文獻中的幾本著作。

1.5.1 第 0 世代：機械式計算機器 (1642–1945)

在 1500 年代之前，有一個普通的歐洲商人使用算盤來計算並且以羅馬數字記錄其結果。在十進數字系統終於取代了羅馬數字之後，一些人發明了使十進計算更快也更準確的裝置。Wilhelm Schickard (1592-1635) 被認為是第一個機械計算器 Calculating Clock（確實日期軼失）的發明人。這個裝置可以加減多達六個位數的數字。1642 年 Blaise Pascal (1623-1662) 做出了一個稱為 Pascaline 的機械計算器以幫助其父親處理稅務工作。Pascaline 可處理加法（含進位）與減法。這可能是第一個作為實際用途的機械加法裝置。事實上，Pascaline 的設計恰當，因此其基本設計在廿世紀初期仍被用於如 1908 年的 Lightning Portable Adder 與 1920 年的 Addometer 中。著名的數學家 Gottfried Wilhelm von Leibniz (1646-1716) 發明了一個可以加減乘除稱為 Stepped Reckoner 的計算器。這些裝置都無法編程或具有記憶，計算過程中每一步驟都需要人工操作。

雖然像 Pascaline 這些機器到廿世紀還在使用，十九世紀中新的計算器設計已逐漸出現。在功能最強的這些新設計中有一個是 Charles Babbage (1791-1871) 的 Difference Engine（差分引擎）。有些人稱 Babbage 為「計算之父」。從各方面來看，他是一位發明萬能鑰匙與捕牛器（一種能夠把火車頭行經路徑上的牛和其他可移除的障礙物推開的裝置）與許多其他事物的特異天才。

Babbage 在 1822 年做出差分引擎。差分引擎因使用稱為**差分法** (method of difference) 的計算方法而得名。該機器的設計主要是用來使求解多項式函數的過程得以機械化，但是仍舊是個計算器而非計算機。Babbage 在 1833 年也設計了一個稱為分析引擎 (Analytical Engine) 的一般用途機器。雖然 Babbage 在完成它之前去世，但分析引擎的設計確實比之前的差分引擎有更多的功能，應該可以執行任何數學運算。它包含許多現代計算機使用的元件：一個執行計算的算術處理單元 (Babbage 稱之為 **mill**)、一個記憶體（稱之為 **store**）與輸入輸出裝置。Babbage 還加入了條件式分支運作，讓下一道執行的指令由前一道指令的結果來決定。Lovelace 伯爵夫人也是詩人 Byron 勳爵的女兒 Ada 建議 Babbage 寫一份機器如何計算數字的計畫，Ada 也被認為是第一位計算機程式師。據說她也建議採用二進數字系統而非十進數字系統來儲存數據。

長久以來困擾機器設計者的一個問題是如何將數據放進機器中。Babbage 將分析引擎設計成使用一種打洞的卡來輸入以及編程。使用卡片來控制機器的行為並不是 Babbage 第一個想到，而是他的朋友 Joseph-Marie Jacquard (1752-1834)。在 1801 年，Jacquard 發明了可編程的織布機，可以在布料中產生細緻的花樣。Jacquard 給了 Babbage 一塊使用了 10,000 張以上的打孔卡在這種織布機上織出來的織錦。對 Babbage 的意義是，如果織布機可以用這種卡來控制，那他的分析引擎當然也可以。Ada 透過以下想法表示她的興奮：「分析引擎編織算術的花樣就如同織布機編織花朵與樹葉」。

打孔卡被證明是最經得起考驗的計算機系統輸入方法。鍵盤的數據輸入一直等到計算機器有了根本不同的建構方式之後才得以實現。在十九世紀的後半大部分機器使用難以與早期鍵盤結合（包含槓桿）的輪狀機制。然而使用槓桿的裝置很容易在卡片打孔而且輪狀的裝置也方便閱讀它們，因此很多裝置被發明用來編碼並且表列以卡片打孔方式來表示數據。十九世紀晚期最重要的列表機器是由 Herman Hollerith (1860-1929) 所發明。Hollerith 的機器是用於編碼與整理 1890 年的人口普查資料。這次調查在破記錄的時間內完成，也大大增加了 Hollerith 的財產與這項發明的名聲。Hollerith 不久之後成立了現在 IBM 前身的公司。他的 80 行的打孔卡，**Hollerith** 卡，是接下來 50 年以上自動數據處理的重要的數據輸入形式。

現代化前的「計算機」騙局

十六世紀的後半適逢第一次工業革命的開始。紡織機使得紡織工得以完成 20 倍的工作量，而蒸氣引擎可發出數百匹馬的力量。我們未曾中止的著迷於將一切事務機械化的情形於焉展開。如果能將面對的問題以正確的技巧處理，人類對機器的使用似乎可以不受限約！

精緻的時鐘在 1700 年代開始出現，並以複雜且華麗的型式妝點著大教堂與市政廳。這些齒輪發條機制之後轉變成稱為 **automata**（意為自動操作的機械裝置）的機器人，其中常見的型式還會演奏如長笛與鍵盤等樂器。在 1700 年代中期，這種裝置中那些最精妙的發明甚至還成為歐洲各地的皇室家族的娛樂。還有些裝置靠著詐騙的花招來娛樂觀眾；很快地如何破解這類瞞騙方法成為風潮。奧匈帝國的 Marie-Therese 皇后依賴一位富有的侍臣也是白鐵補鍋匠的 Wolfgang von Kempelen 來為她拆穿這些奇觀異象。某日，在某一個非常動人的展演之後，Marie-Therese 要求 von Kempelen 是否能設計出一個超越所有曾經呈現過在她眼前各種把戲的機器人。

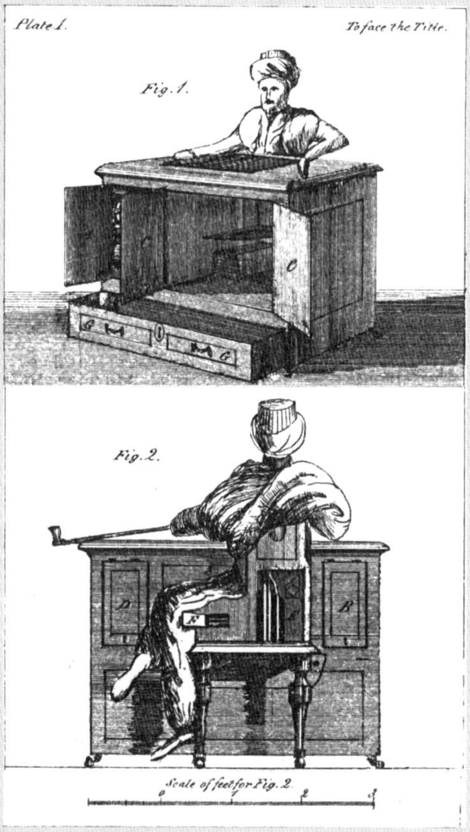

機械的 Turk
複製自 Robert Willis 所著，倫敦 JK Booth 於 1824 年出版的 *An attempt to Analyse the Automaton Chess Player of Mr. de Kempelen*。

von Kempelen 接受了這個挑戰，在經過數個月的工作之後，他完成了一個戴著穆斯林頭巾帽、抽著長菸斗、下著棋的機器人。不論怎麼看，「Turk」（意為土耳其人，或頑皮鬼）都是當日所有參展者中最難纏的對手。為了增加它的有趣性，這個機器具有一組反射音板讓它可以在恰當時聒噪地嚷道「差勁！」。這個機器是這麼吸引人，因此長達 84 個年頭它吸引了大批歐洲和美國的觀眾。

當然和所有機器人一樣，von Kempelen 的 Turk 是靠著機巧來做出令人驚異的表現。姑且不論一些敏銳的揭密者能否正確推論它的運作方式，Turk 的秘密從未被揭露：一個真人棋手巧妙地隱身箧中。因此 Turk 算是科技史上那些最早且最動人的成功的「計算機」騙局之一。可能還需要再過 200 年，一個真的機器才能在不造假的情況下和 Turk 一樣厲害。

1.5.2 第一世代：真空管計算機 (1945–1953)

雖然 Babbage 常常被稱為「計算之父」，但他的機器是機械式而非電器或電子式的。在 1930 年代，Konrad Zuse (1910-1995) 延續 Babbage 的工作，在 Babbage 的設計中加入電器技術與其他改善。稱為 Z1 的 Zuse 計算機使用電機械的繼電器而不是 Babbage 的手搖運作。Z1 可以編程並且具有記憶體、算術單元與控制單元。由於戰時的德國資金與資源短缺，Zuse 使用廢棄的電影膠片而不是打孔卡來做輸入。雖然他的機器設計應該是使用真空管，但是在他自己建造他的機器時卻負擔不起真空管的費用。所以雖然它使用的不是真空管，Z1 的確是屬於第一代的計算機。

Zuse 在德國與歐洲大部分其他國家開戰時在他父母柏林住處的客廳建造 Z1。還好當時他無法說服納粹購買他的機器；他們並不瞭解這樣一個裝置可以帶給他們在戰略上的優勢。聯軍的轟炸毀掉了 Zuse 所有三個最早的系統 Z1、Z2 和 Z3。Zuse 直到戰後才有機會再改進那些可貴的機器，但是最後它們還是成為計算機歷史上另一個「演化的盡頭」。

我們今天熟悉的數位計算機是在 1930 與 1940 年代許多人努力的成果。Pascal 的基本機械式計算器同時被許多人持續進行設計與改善；現代化的電子式計算機其實也是如此。雖然誰最先進行工作仍有爭議，但是提到現代計算機的發明人卻可以明確地指出三個人：John Atanasoff、John Mauchly 與 J. Presper Eckert。

第一台完全電子化的計算機的構建歸功於 John Atanasoff (1904-1995)。ABC (Atanasoff Berry Computer) 是以真空管建造出來的二進制機器。由於這個系統是特別為了求解線性方程式的系統而構建，因此我們不能稱之為一般用途計算機。不過 ABC 的一些特性與幾年之後發明的一般用途 ENIAC (Electronic Numerical Integrator and Computer) 有許多共通處。這些共通的特性造成誰應該得到發明電子數位計算機的榮耀（以及專利權）產生極大爭議（有興趣的讀者可以參考有點冗長的 Mollenhoff [1988] 有關 Atanasoff 與 ABC 的訴訟案以得知更多詳情）。

John Mauchly (1907-1980) 與 J. Presper Eckert (1929-1995) 是 1946 年公諸於世的 ENIAC 的兩位主要發明者。ENIAC 是公認的第一台全電子式一般用途數位計算機。該機器使用 17,468 個真空管，占地 1,800 平方呎，重達 30 噸，並消耗 174 千瓦的電力。ENIAC 具有大約 1000 個資訊位元（約為 20 個 10 位數的十進數字）並使用打孔卡來儲存數據。

John Mauchly 對電子計算機器的眼光萌芽於他畢生以數學方式預測天氣的興趣。在擔任 Philadelphia 鄰近 Ursinus College 的物理系教授時，Mauchly 僱用數十個學生操作員使用數十個加法機器來處理好幾堆他相信可以揭露天氣型態的數學推導關係的數據。他認為如果他再有多一點計算的能量，就可達成已經快要達到的目的。因應盟軍戰爭的需要以及他自己內心對瞭解電子計算的渴望，Mauchly 主動在 University of Pennsylvania 的 Moore School of Engineering 電機系開設了一門課程。在計畫完成後，Mauchly 接受了 Moore School 的教職，在那裡他教過一位聰明的年輕學生 J. Presper Eckert。Mauchly 與 Eckert 都對建造電子計算設備感興趣。為了得到所需經費來建造他們的機器，他們寫了一份正式規劃送給學校審查。他們盡可能保守地描述這個機器，宣稱其為「自動計算器」。雖然 Mauchly 與 Eckert 可能知道計算機使用二進位數字系統會運作得最有效率，為了讓他們看起來像是要建造一個龐大的電子式加法機器，他們將系統設計成使用十進位的數字。當年學校拒絕了 Mauchly 與 Eckert 的提案，不過幸好 U.S. Army 對此感興趣。

在第二次世界大戰期間，美國陸軍在計算新的彈道武器發射軌跡方面有無窮的需求。數千個人類「計算機」日夜不停地進行這些發射圖表所需要的算術運算。在瞭解了電子裝置可以將彈道表單的計算從數日縮短到數分鐘內完成之後，美國陸軍資助了 ENIAC 計畫。ENIAC 也的確將計算表單的時間從 20 小時縮短到 30 秒。可惜這個機器在戰爭結束前都尚未完備。然而 ENIAC 證明了真空管計算機是快速且可行的。接下來的十年中真空管的系統持續改善並成功地商品化。

美國陸軍的 ENIAC 能在
不到一秒給你答案！

覺得這個問題很困難嗎？你應該看看 ENIAC 處理的一些問題！在紙張上無法容納甚至還要超出範圍的很多惱人的問題……加法、減法、乘法、除法——平方根、三方根、任何次方根，通通都被一個電路包含 18,000 個電子管、重達三十噸且難以置信的複雜系統解決了！

ENIAC 是陸軍很多能夠給予你光明前途並提供令人驚異的設備中的代表。新時代的正規陸軍需要具有天賦的人從事科學研究，而作為戰後時期首先受訓的人員，你可以取得扎實並從事前所未有重要工作的良機。

最吸引人的職位正在快速被填滿。趁形勢還未改變時請趕快來參與！ 1½、2 和 3 年的正規陸軍募兵正在對 18 到 34 歲（17 歲者需取得父母同意）有企圖心以及符合相關條件的青年開放。如果你應徵三年的役期，你可以選擇仍有空缺的兵科。你可以向你最近的陸軍招募地點取得完整詳情。

你的正規陸軍為國家與人類服務，
不論在戰時或平時

你的一份好職業
美國陸軍
現在就選擇這個好的專業！

美國陸軍，1946

究竟真空管是什麼？

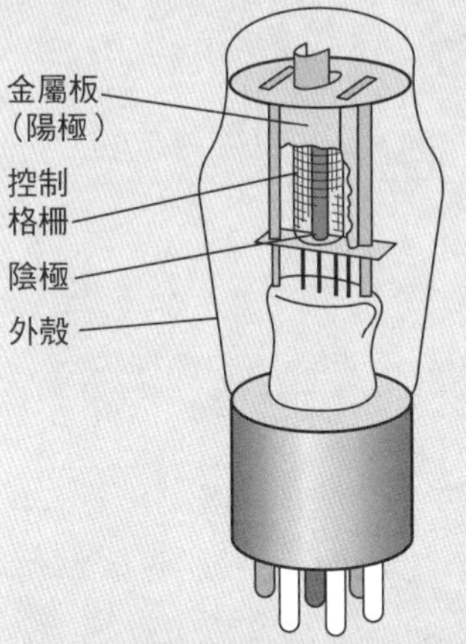

我們今天所知的有線世界肇始於一個重要的發明，那就是美國人稱之為**真空管** (vacuum tube)，或更恰當地是英國人稱之為**閥** (valve) 的電子裝置。真空管應稱為閥，因為它們有如水管系統中的閥控制水的流動般來控制電器系統中電子的流動。事實上，一些廿世紀中期的這種電子管並非真空，而是充滿譬如水銀蒸氣的導電氣體來產生所需的電氣特性。

讓這些管子運作的電器現象是 Thomas A. Edison 在 1883 年所發現的，當時他嘗試尋找讓燈泡的燈絲不致在通電後數分鐘內燒燬或氧化的方法。Edison 正確地預料到防止燈絲氧化的一個方法是將燈絲置於真空環境，但他卻未立刻想到空氣不但幫助燃燒，也是良好絕緣體。當他把連接鎢絲的電極通電，鎢絲很快變熱然後像之前的物質一樣燒燬；但是這次 Edison 注意到在燈泡內電流繼續從熱的負極流向冷的正極。1911 年 Owen Willans Richardson 分析了這個現象：他判斷當帶負電的燈絲加熱後，電子會像水分子一樣被「煮沸」而產生蒸氣。他稱這個現象為**熱離子發射** (thermionic emission)。

如同 Edison 所記錄的，對很多人而言，熱離子發射不過是個有趣的電氣現象。但是在 1905 年，Edison 的一位英國籍前助理 John A. Fleming 看出 Edison 的發現並非只是新奇，他知道熱離子發射只會讓電子流在一個方向上發生：從帶負電的**陰極** (cathode) 流往帶正電的**陽極** (anode)，或稱**極板** (plate)。他瞭解到這個行為可以改正交流電流（意即整流）。也就是它可以把交流電流變成操作電報設備必須使用的直流電流。Fleming 以他這個觀念發明了一個稱為**二極管** (diode tube) 或**整流器** (rectifier) 的電子閥。

二極體很適合用於將交流電轉為直流電，但是這個電子管最大的用途還沒被發現。1907 年，美國人 Lee DeForester 加入了稱為**控制柵** (control grid) 的第三個部分：當控制柵帶負電的時候可以壓抑或防止二極體中的電子流從陰極流向陽極。

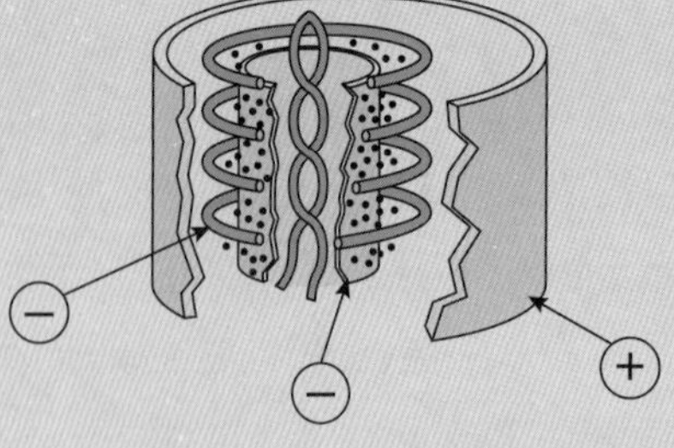

負電荷在陰極與控制格柵上；正電荷在陽極上。電子停留在靠近陰極處。

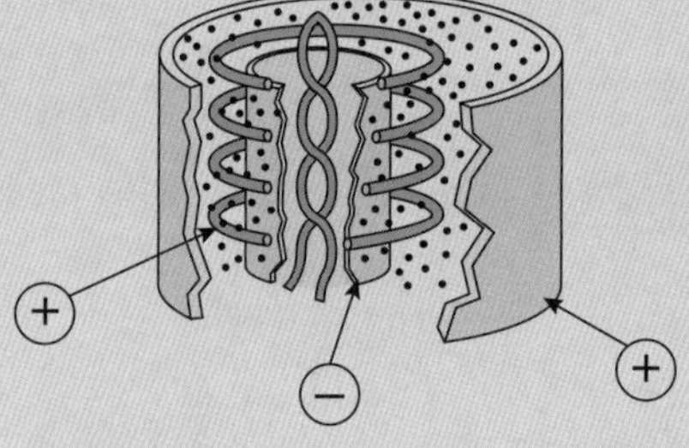

負電荷在陰極上；正電荷在控制格柵與陽極上。電子由陰極流向陽極。

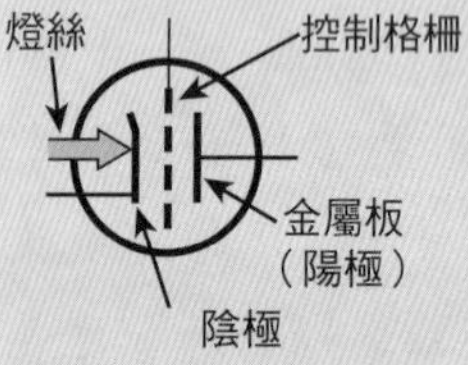

當 DeForester 為他的裝置申請專利時，他稱之為**三極管** (audion tube)；其之後通常稱為 **triode**（意為三個電極）。三極管的圖像符號示於左方。

三極管可如開關或放大器般運作。在控制柵上只要有些許電量的變化就可以造成陰極與陽極間電子流上很大的改變，因此柵上細微的訊號都會造成極板輸出上非常大的訊號；加諸於柵極上足夠大的負電荷即可阻止所有電子離開陰極。

在三極管中加入更多控制柵可達到更精確的電子流控制。兩個柵極的管稱為**四極管** (tetrodes)；三個柵極的管稱為**五極管** (pentrodes)。三極管與五極管是通訊與計算機應用中最常見的形式。經常會將兩到三個三極管或五極管放在同一個構裝內以便共用一個加熱器，降低裝置的耗電。這些較晚出現的裝置因為大都只有兩吋高與半吋的直徑而被稱為「迷你型」的管。對應的全尺寸二極體、三極管與五極管大概比家用燈泡稍小。

真空管並不很適合用來建造計算機。即使是最簡單的真空管計算機系統也需要用到數千個真空管。加熱這些裝置的負極需要非常大量的電耗，這種熱又必須儘快從系統中移走以防止物體融化。降低陰極加熱器的電耗可以減少電力消耗與散熱，但是這樣會使得真空管已經不快的切換速度更形降低。儘管耗電很高又有這些缺點，以真空管建造的類比與數位計算機系統仍恰當地運作了許多年，並為所有現代計算機系統立下了架構的基礎。

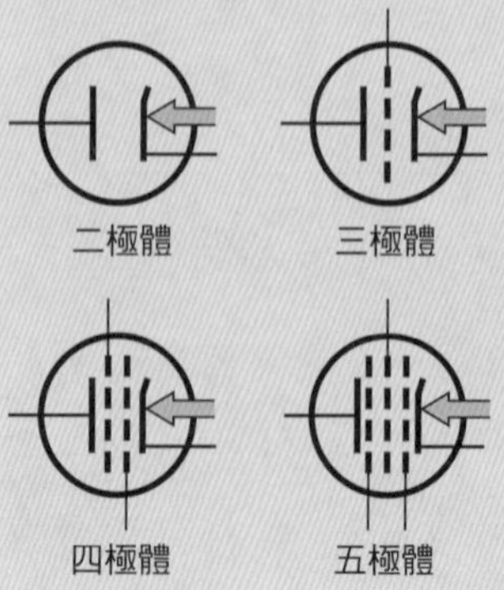

雖然距離最後一台真空管計算機的完成已有數十年，真空管仍被用於音訊放大器中。這些「高階」放大器深受某些音樂家所喜愛，他們相信真空管可提供固態元件所無法提供的共振與愉悅的音韻。

1.5.3 第二世代：電晶體計算機 (1954–1965)

第一世代使用的真空管技術並不是很可靠。事實上有些批評 ENIAC 的人相信系統因為真空管燒毀的速度比替換的速度還快。雖然系統可靠度不像這些悲觀的預測所說的那麼差，真空管系統的確在損壞的時間上比運行的時間還多。

在 1948 年 Bell Laboratories 的三個研究員 John Bardeen、Walter Brattain 與 William Shockley 發明了電晶體。這個新技術不只造成例如電視與收音機等設備的改革，並且將計算機工業推進一個新的世代。因為電晶體比真空管耗電較少、體積較小、動作更可靠，計算機裡的電路也因此縮小而且更可靠了。即使使用了電晶體，這個世代的計算機仍然龐大且昂貴，一般只有大學、政府機構與大型企業可以負擔這種費用。然而在這個世代有過多的計算機製造商出現，其中 IBM、DEC (Digital Equipment Corporation) 與 Univac（現在的 Unisys）主導了這個產業。IBM 對科學應用以銷售 7094 為主，而在商業應用則以銷售 1401 為主。DEC 忙於生產 PDP-1。Mauchly 與 Eckert 成立（又很快出售）的公司建造的是 Univac 系統。這個世代裡最成功的 Unisys 系統是 1100 系列的機型。另一個在 Seymour Cray 主導下的公司 Control Data Corporation (CDC) 做出了世界上第一台超級計算機 CDC 6600。這台價值美金一千萬的 CDC 6600 每秒可執行 1 千萬道指令，採用 60- 位元字組長度，並有驚人的 12 萬 8 千字組的主記憶體。

電晶體是什麼？

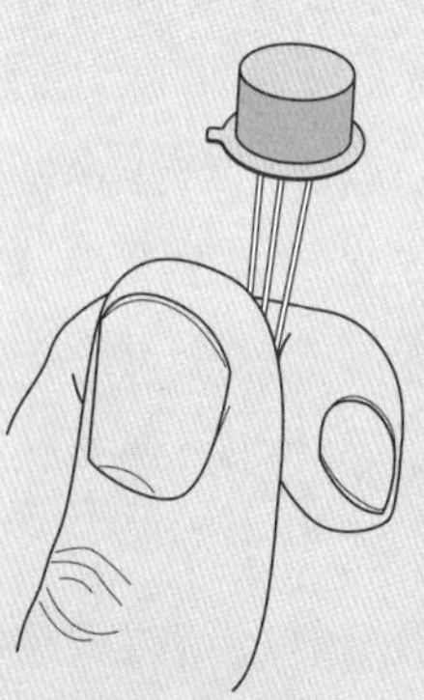

電晶體（transistor——**transfer resistor** 縮短的寫法）是三極管的固態（按：指半導體）形式。四極管與五極管則並沒有固態的形式。由於電子的行為在固體媒介裡比在真空管的空間中易於控制，因此不需要額外使用控制柵。鍺或矽都可作為這類固態元件的基礎固體。純粹的這些物質並非電的良導體，然而在它們加入少量元素週期表中鄰近的元素時，它們即可易於控制地有效導電。

在週期表中硼、鋁、鎵位於矽與鍺的左側，它們的最外層電子軌道中比矽與鍺少一個電子，或少一**價** (valence)。因此如果你在矽中加

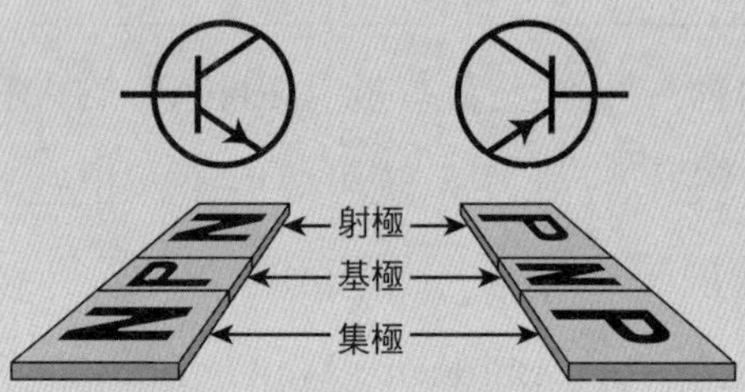

入少量的鋁，晶體中有些原子的最外層電子軌道會略為失衡，以致會吸引任何帶負電（表示有過量的電子）的電極中的電子。如果以這個方式改變（或摻入於）物質（中），矽或鍺則成為 **P- 型** (P-type) 物質。

同樣地，如果在矽中加入少量的硼、砷或鎵，將會在矽晶體中的共價鍵產生額外的電子，如此即產生 **N- 型** (N-type) 物質。一旦給予這些不太受約束的電子些微的驅動力，N-型物質中就會產生少許電流。亦即如果我們加正電壓於 N-型物質上，電子會從負極流向正極。如果改變電壓方向，亦即如果將負電壓加諸 N-物質且正電壓加諸 P-型物質，則不會產生電流（按：原作者在這裡並沒有清楚描述電路構造；此處提到的已是二極體的電路）。這表示我們可以用簡單的 P-型與 N-型物質的介面做成固態的**二極體** (diode)。

固態的三極體 (triode)——電晶體包含三層半導體物質：一種是一層 P-型物質夾在兩個 N-型物質之間，另一種則是一層 N-型物質夾在兩個 P-型物質之間。兩者分別稱為 NPN 或 PNP 型電晶體。電晶體中間的那層稱為基極 (base)；其他兩層稱為集極 (collector) 與射極 (emitter)。

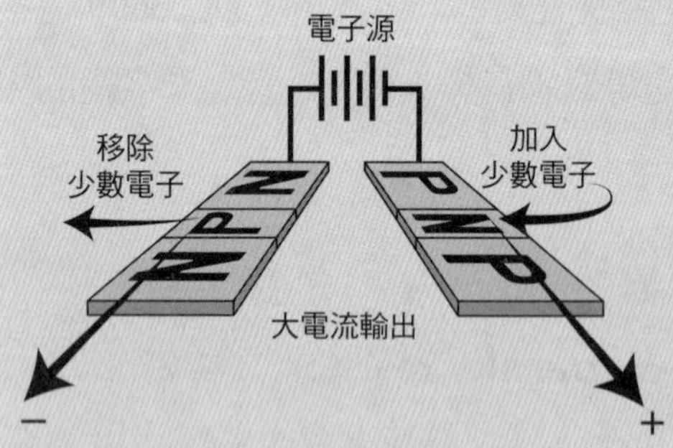

左圖說明電流如何流過 NPN 與 PNP 電晶體。電晶體中的基極作用如同三極管中的控制柵：基極中少量電流的變化導致射極至集極中有大量的電子流動。

以「TO-50」封裝的**單體元件** (discrete-component) 形式電晶體表示於本邊註欄最前面的左圖中。使用時只需以三條線來將電晶體的基極、射極與集極連接至線路。電晶體不但比真空管小，也更不發熱以及更加可靠。真空管的燈絲像燈泡的燈絲一樣會發熱且最終燒毀。使用電晶體元件的計算機當然會比它們使用真空管的前身更小且更不發熱。但是最終的小型化並不是靠著將每一個三極管換成單體電晶體，而是將整個電路縮小放置在一片矽晶片上。

積體電路或稱**晶片** (chips) 包含數百到數十億個極小的電晶體。製造積體電路有許多不同的技術，其中一種最簡單的方法是以可以形成晶片的矽晶中各層的圖

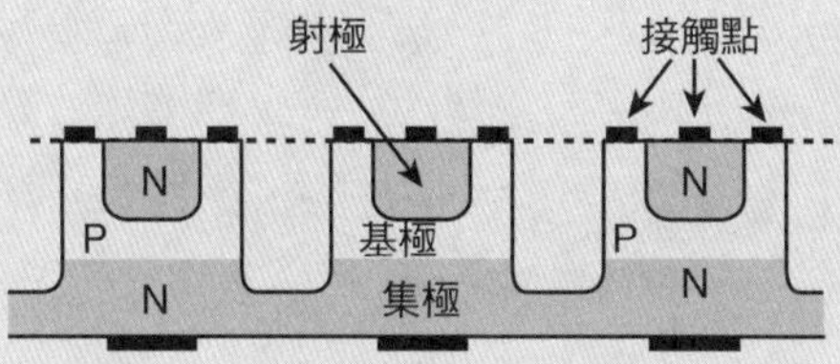

樣的電腦輔助設計軟體來產生電路：每一個圖樣都如同照相底片般，讓塗布在晶片表面的光阻物質因為光照產生物質變化，以便能分區並使得被化學藥劑洗去的部分暴露出來而產生與電路相關的精緻圖樣。這項技術稱為**光學微影技術** (photomicrolithography)。完成蝕刻後，則可在晶片不平坦的表面上產生一個包含 N- 型或 P- 型物質的層。之後再在這一層上如前所述般塗布光阻物質、曝光、蝕刻。產生的高聳的或低陷的 P- 與 N- 型物質形成極微小的電子元件，包括可如單體元件般運作但卻快上許多也省電很多的電晶體。

1.5.4 第三世代：積體電路計算機 (1965–1980)

對計算機使用的真正爆發發生在積體電路世代。Jack Kilby 發明了以鍺製作的積體電路 (IC) 或稱**微晶片** (microchip)。六個月後，（也已經在研究積體電路設計的）Robert Noyce 做出了使用矽而非鍺的類似裝置。而計算機工業的發展就是奠基於這種矽片上。早期的 ICs 能夠將數十個電晶體放在比一個獨立的電晶體元件還小的矽晶片上。計算機變得更快、更小、也更便宜，帶來處理能力的巨大提升。IBM System/360 家族的計算機是最早期完全使用固態元件製造的商品化系統裡的一群。360 產品系列也是 IBM 的，在該家族中所有機型都相容，表示它們都使用同樣的組合語言的第一次商品規劃。較小機器的使用者可以不必重寫他們所有的軟體即可升級到較大的系統；在當時這是一個革命性的新觀念。

在 IC 世代中也出現了分時 (time-sharing) 與多工程式 (multiprogramming)（可以多人同時使用計算機的能力）。多工程式又因此造成這些計算機需要有新的作業系統。分時的迷你計算機如 DEC 的 PDP-8 與 PDP-11 使得更多小型企業與大學都負擔得起使用計算機。IC 技術也促進更強大的超級計算機的發展。Seymour Cray 以他的所學進行 CDC 6600 的建造並且創立了他自己的公司，the Cray Research Corporation。這家公司自 1976 年起以 8 百萬 8 千美元的 Cray-1 開始生產了許多超級計算機。相較於 CDC 6600，Cray-1 具有每秒可執行 1 億

圖 1.2 計算機元件的比較
由上方開始順時針方向：
1) 真空管
2) 電晶體
3) 內有 3200 個 2 輸入閘的晶片
4) 積體電路封裝（左下角的小小銀色方型物體是一個積體電路）
由 Linda Null 惠予提供。

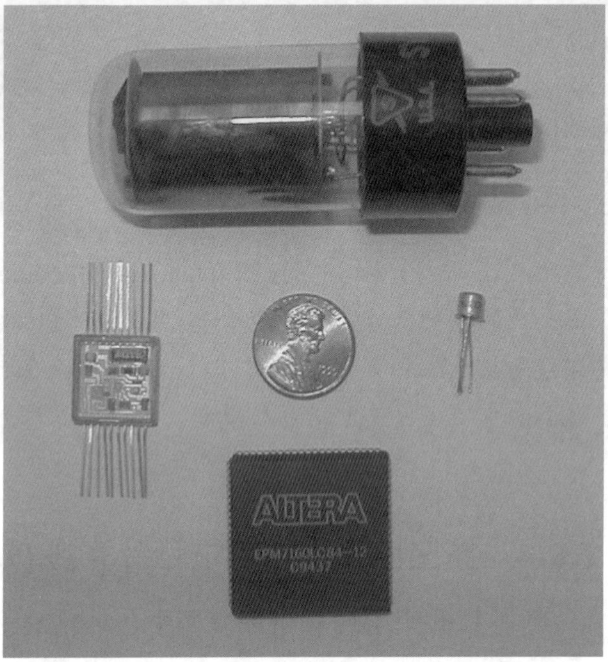

6 千萬道指令以及支援 8MB 記憶體的優越表現。真空管、電晶體與積體電路大小的比較可見於圖 1.2 中。

1.5.5 第四世代：超大型積體電路計算機 (1980–???)

在第三世代的電子技術演進中，多個電晶體已經能夠集積到一個晶片上。隨著製造技術與晶片技術的進步，更多的電晶體可被置入晶片中。目前已有不同程度的集積：晶片中包含 10 到 100 個元件的小型積體電路 (small-scale integration, SSI)；晶片中包含 100 到 1000 個元件的中型積體電路 (medium-scale integration, MSI)；晶片中包含 1000 到 10,000 個元件的大型積體電路 (large-scale integration, LSI)；然後最後，晶片中包含比 10,000 還多個元件的超大型積體電路 (very-large-scale integration, VLSI)。最後的這種 VLSI 也代表了計算機第四個世代的開始。積體電路的複雜度不斷提高，更多的電晶體也不斷被加進來。ULSI (ultra-large-scale integration) 這個詞曾被提出以代表包含百萬個電晶體以上的積體電路。到了 2005 年，晶片上已可容納數十億個電晶體。其他有用的專有名詞包含：(1) WSI（wafer-scale integration，晶圓型積體，以整個晶圓來製造超晶片的 IC）；(2) 3D-IC（three-dimensional integrated circuit，三維 IC）；與 (3) SOC（system-on-a-chip，單晶片系統），包含整部計算機所有必需組件的 IC。

為了說明這些數字的意義，讓我們來看看晶片上的 ENIAC (ENIAC-on-a-chip) 計畫。在 1997 年，為了紀念它第一次公開展演的五十週年，一群 University of Pennsylvania 的學生在一個晶片上做出了與 ENIAC 相同的電路。這台 1,800 平方呎、30 噸重、開機後每分鐘可吞噬 174 瓩電力的怪獸被縮小到一片指甲大小的晶片上（按：應該包含封裝才會有這麼大）。該晶片上有 174,569 個電晶體——比 1990 年代末期在同樣大小矽晶片上包含的元件數目少了十倍上下。

VLSl 使得 Intel 得以在 1971 年做出世界上第一個微處理器 4004，這是一個功能完整、4 位元、以 108KHz 時脈速率運作的機器（按：一般認為 VLSl 開始的年代是 1980 年代早期；將 4004 的面世歸功於積體電路技術的進展即可）。Intel 也推出了隨機存取記憶體 (random access memory, RAM) 晶片，在單一晶片上能容納四千個位元的記憶容量。這使得第四世代計算機可以比它們的固態前期機器更小而且更快。

VLSl 技術以及它難以置信的縮小電路開啟了微計算機的發展。這些系統夠小也夠便宜，使得一般大眾都負擔得起使用計算機。最早的微計算機是 Altair 8800，在 1975 年由 Micro Instrumentation and Telemetry (MITS) 公司推出。很快地 Apple I 與 Apple II，以及 Commodore 的 PET 與 Vic 20 也跟著 Altair 8800 上市。終於，在 1981 年，IBM 推出了它的 PC（Personal Computer，個人電腦）。

個人電腦是 IBM 製造「進階」計算機系統的第三次嘗試。它之前的 Datamaster 還有 5100 系列桌上型計算機在市場上慘遭覆沒。即便有這些早期的失敗，IBM 的 John Opel 還是說服了他的主管進行再次嘗試。他建議在遠離 New York Armonk IBM 總部的 Florida Boca Raton 地方成立一個相當自主的「獨立事業單位」。Opel 挑選了充滿精力又有實力的工程師 Don Estrige 來協助開發代號 Acorn 的新系統。記取 IBM 過去在小型系統領域的失敗，公司管理階層嚴格管控 Acorn 的時程與經費。Opel 好不容易在答應一年內完成專案——幾乎是不可能達成的業績——之後才終於使計畫啟動。

Estridge 知道要在十二個月內交差的唯一方法應該是打破 IBM 傳統，轉而盡可能使用最多的現成商品化 (“off-the-shelf”) 零件。因此從一開始 IBM PC 就被設想為是一個「開放」的架構。雖然 IBM 中有些人可能在稍後對這個讓 PC 的架構成為盡可能非 IBM 自有的決定感到後悔，這項非常開放的作法卻造成 IBM 在這個工業中訂定了標準。正當 IBM 的競爭者忙於控告其他公司抄襲他們的系統設計的時候，「IBM 相容」的微計算機價格已經低廉到幾乎每一家小公司都可以擁有。同時也由於出現許多製造複製品的公司，這種系統很快就在人們的家中成為真正的「個人使用」的系統了。

IBM 最後還是喪失了它在微計算機市場的主導地位，但是這個精靈已經從瓶子裡被釋放出來了。不管是好是壞，IBM 架構繼續成為微計算機的業界實際標準，每一年也都有更大與更快的系統推出。今天，一般桌上型計算機已擁有 1960 年代大型主機數倍的計算能力。

自 1960 年代開始，大型主機式計算機也因為 VLSI 而有了驚人的價格效能比的改善。雖然 IBM System/360 是一個完全使用固態電子的系統，它仍然是水冷式、極為耗電的龐然大物。它每秒卻只能執行大約五萬道指令、並且只支援 16MB 的記憶體（但通常只有安裝數千個位元組的實體記憶體）。這些系統非常昂貴，只有最大的企業與大學才有能力購買或租用一台。今天的大型主機——現在稱為企業級伺服器——價格仍舊是數百萬美元，不過他們的處理能力已經成長數千倍以上，超越了 1990 年代締造的每秒十億道指令這種指標。這些經常用作網際網路伺服器的系統常態性地進行著每分鐘數十萬筆的交易。

VLSI 帶來的處理能力對超級計算機的影響令人難以想像。第一部超級計算機 CDC 6600 每秒可處理一千萬道指令並擁有 128 KB 的主記憶體。反觀今天的超級計算機含有數千個處理器、可定址數十億個位元 (terabytes) 的記憶體、而且很快就可以處理每秒千兆 (quadrillion) 道指令。

什麼技術會開啟第五個世代？有人說第五個世代的表徵將會是平行處理、使用網路與個人使用者工作站的普及。許多人相信我們已經跨入了這個世代。

有人相信它會是量子計算。有人說第五個世代的徵兆會是神經網路、DNA 或光計算系統的世代。可能在我們前進到第六或第七個世代之前，我們都無法定義第五個世代是什麼，以及這些時代會帶給我們什麼。

積體電路與它的製作

積體電路可見於生活中各處，從計算機到汽車到冰箱到手機中。最先進的電路在拇指指甲大小的面積中有數億（甚至數十億）個元件。這些先進電路中的電晶體可以小到 45nm，或 0.000045 毫米 (millimeter) 的大小。數千個這種大小的電晶體可以放進人髮直徑的圓圈中（按：台積電、Intel、Samsung 於 2016 年均計畫推出 10nm 製程；16nm 與 14nm 技術則早已量產）。

這種線路如何製成？它們是在半導體製作設施中產製的。由於元件是如此的細小，所有的細節都不可忽略，以確保一個潔淨的、沒有任何微塵的環境，使製造能在「潔淨室」中進行。那裡不可以有灰塵、不可以有膚屑、不可以有煙霧——甚至不可以有細菌。工作人員必須穿著俗稱「兔子裝」的無塵衣來保證即使最小的微粒也不會逸入空氣中。

處理過程由晶片設計開始，其最終產出的是包含電路圖樣的模板或藍圖。接著以一層絕緣的氧化物覆蓋在矽晶圓上，再於其上塗布一層稱為光阻劑的光感物質薄膜。在紫外光照射下某些區域的光阻劑將受破壞而其他區域則不受影響。紫外光於是透過光罩照在光阻劑上，此過程稱為光蝕刻 (photolithography)。裸露出的氧化物出現於紫外光照射下光阻劑被破壞的區域。之後以化學藥劑來「侵蝕 (etch)」，亦即溶解掉裸露的氧化物層以及剩餘的未受紫外光影響的光阻劑。接著「加入雜質 (doping)」的過程於未受覆蓋保護的矽中嵌入若干量可以改變其電氣特性的雜質。此時基本上電晶體就已經產生了。這晶片之後又被覆以絕緣的氧化層和光阻劑，整個過程重複百遍以上，每一次重複都在晶片上產生新的一層。以相同的處理過程使用不同的光罩就可以產生用來聯結晶片上不同元件的接線。電路最終會以用來保護的塑膠外殼包裝起來，經過測試之後出貨。

在元件日漸小型化的同時，用以製作它們的設備也必須要有不斷提高的品質。這使得製作 IC 的成本逐年不斷劇烈增加。在 1980 年代初期，建立一座 IC 工廠的成本約為一千萬美元。到了 1980 年代末期，該成本已提高到二億美元，而 1990 年代末期已約略到了 10 億美元。在 2005 年，Intel 花了近 20 億美元來建立一座生產工廠，並在 2007 年花費 70 億美元來改善三座工廠以生產更精緻的處理器。在 2009 年，AMD 開始在紐約州北部建造一座 42 億美元的晶片製造工廠。

製造 IC 時製造設備並不是唯一的高支出項目。設計晶片與產出光罩的成本可以高達一百萬至三百萬美元——解析度大的較便宜而解析度小的較貴。想到這些晶片設計和製造相關的高昂成本，現在當我們走進街上的計算機商店卻只要花上大約一百美元就能買個新的 Intel i3 微處理器晶片真的很神奇。

1.5.6 摩爾定律

它到底幾時會失效？我們可以把電晶體做到多小？晶片可以放置得多緊密？沒有人可以說得明確。每一年科學家都持續推翻預言家對積體電路極限的定義。事實上，當 1965 年 Intel 創辦人 Gordon Moore 敘述：「積體電路中的電晶體密度每年會倍增」時，許多人都表示懷疑。這個預測目前常看到的說法是：「矽晶片上的密度每十八個月會倍增。」這個主張稱為**摩爾定律** (Moore's Law)。Moore 只希望這個假設能維持十年。然而由於晶片製造過程的進步，使得這個主張維持了幾乎四十年（而且很多人相信它會繼續成立到 2010 年代結束）（按：是的，時至 2016 年這個定律仍然成立）。

不過如果單純繼續使用目前的技術，摩爾定律不可能永久成立。我們始終一定會遭遇到物理與財務的極限。以目前微小化的速度來看，約略五百年之後我們就可以把整個太陽系統放到一個晶片上！顯然地在此之前一定會遭遇極限，而成本可能是最重要的限制。由早期 Intel 投資者 Arthur Rock 提出的 **Rock 定律**指出摩爾定律的必然結果：「製造半導體的資財設備成本每四年將倍增。」Rock 定律源於一個財務專家的觀察，他注意到新晶片製造設備的價格從 1968 年的大約 12,000 美元飆漲到 1990 年中期的 1,200 萬美元。到了 2005 年，建造新晶片廠房的成本已經接近 30 億美元。按照這種速度，到了 2035 年，不但記憶體元件的大小會比原子還小，也必須集合全世界的財富才能做出一個晶片！所以就算我們把晶片做得更小更快，最終的問題還是我們能不能負擔得起製造的費用。

不可避免地，如果摩爾定律會持續，Rock 定律就一定要失敗。顯然地如果這兩件事都要成立，則計算機一定要使用非常不一樣的科技。過去五年來，嘗試發掘新計算方式的研究如火如荼地進行著。採用有機計算、超導、分子物理與量子計算的實驗室原型機都已經出現。利用量子力學中的不確定性來處理計算問題特別令人興奮。量子系統不但能計算得比任何之前使用的方法快上指數倍，它們也會完全改變我們定義計算問題的方式。今天我們認為無法解決的問題，在下一世代學童的眼中可能可以輕易掌握。這些學童可能還會取笑我們使用的是「原始」的系統，就像我們取笑 ENIAC 一樣。

1.6 計算機階層

如果想要一部機器能夠解決很大範圍的問題，那它一定要能夠執行以不同語言——從 Fortran 與 C 到 Lisp 與 Prolog——所撰寫的程式。我們將在第三章中看到，我們只不過是在電線與邏輯閘這些實體元件上工作。在這些實體元件與如 C++ 等高階語言之間存在一個極大的彈性空間——稱為**語義上的差距** (semantic gap)。一個系統如果要有實用價值，對系統大部分使用者來說必須要感覺不出來這種語義上的差距。

撰寫程式的經驗告訴我們：當要處理的問題很大的時候，我們應該以「分而處理之」（分裂後再個別征服，divide and conquer）的方式進行。在編程中，我們將問題分成各個模組然後分別設計每個模組。每個模組執行特定工作，模組間則只需要知道如何與其他模組介接來共同完成工作。

組織計算機系統時也可以用類似的方式進行。透過抽象原則，我們可以把機器想像成以不同的階層構成，其中每個階層具有特定的功能並以其獨特的假想機器形態呈現。我們稱在每一個階層的假想計算機為**虛擬機器** (virtual machine)。每一個階層的虛擬機器執行它自己的一套特別的指令，並在必要時呼叫較低階層的機器來執行工作。研讀計算機組織，你就會瞭解階層式分割的基本原理以及各個階層如何製作並且與其他階層介接。圖 1.3 表示普遍被接受

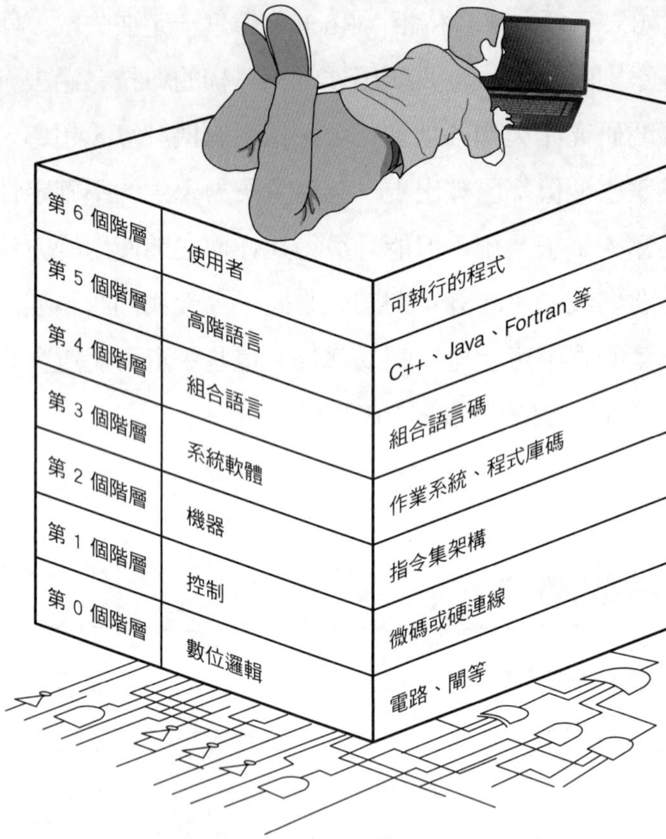

圖 1.3 現代計算系統的各抽象階層

且代表各個抽象機器的階層。

第 6 個階層，使用者階層，是由應用程式組成，也是每一個人最熟悉的階層。在這個階層中，我們執行例如文字處理、圖學套件或遊戲等程式。在使用者階層中，幾乎不會感覺到較低的各個階層。

第 5 個階層，高階語言階層，包含譬如 C、C++、Fortran、Lisp、Pascal 與 Prolog 等語言。這些語言需要被翻譯（使用編譯器或解譯器）成機器能夠瞭解的語言。程式在編譯後被翻譯成組合語言程式，之後再被組譯成機器碼（它們不斷被翻譯成下一階層中的語言）。這個階層中的使用者不太看得到之下階層中發生的事。雖然程式師一定要知道數據有不同型態以及不同型態所能運用的指令，他們卻不必知道這些型態如何實際運作。

第 4 個階層，組合語言階層，包含某種組合語言。如前所述，編譯後的高階語言程式被翻譯成組合語言程式，之後再直接翻譯成機器語言程式。組合語言指令到機器語言指令的翻譯是一對一，意思是一道組合語言指令會被翻譯成正好一道機器語言指令（按：這句話並不正確：實際上一道組合語言指令可以被翻譯成從 0 到很大數量的機器語言指令）。使用這種階層式的方式，我們逐層縮減譬如 C++ 等高階語言與實際的機器語言（其中只包含 0 與 1）間語義上的差距。

第 3 個階層，系統軟體階層，處理作業系統的指令。這個階層負責多工編程、保護記憶體、同步各個程序，以及其他各種重要的功能。通常從組合語言形式翻譯成機器語言形式的指令可以不經修改地通過這個階層。

第 2 個階層，指令集架構 (Instruction Set Architecture, ISA) 或機器階層，由可以被計算機系統的特定架構所辨識的機器語言構成。在硬連線的計算機（hardwired computer，將於下一段文字中說明）上，以計算機的真實機器語言撰寫的程式可以不經任何解譯器、翻譯器或編譯器而直接執行於電子電路上。我們將於第四、五章中深入研讀 ISAs。

第 1 個階層，控制階層，是**控制單元** (control unit) 確認指令恰當地解碼與執行，以及數據在恰當的時間做恰當的移動的地方。控制單元一次一道地解讀從上方階層傳送過來的機器指令，並觸發需要的動作。

控制單元可以用兩種方式設計。它可以是**硬連線** (hardwired) 或**微程式控制** (microprogrammed)。在硬連線的控制單元中，控制訊號由數位邏輯組件中產生。這些訊號導引所有數據以及指令流動到系統中恰當位置。硬連線的控制單元本身就是實體組件，因此一般速度很快。不過一旦完成製造，由於它們是電路實體，因此非常難以再更動。

另一個控制方式是透過微程式來執行指令。微程式是以低階語言撰寫並直接以硬體執行的一種程式。第二個階層中產生的機器指令被送往這個微程式，即以驅動適於執行該機器指令的硬體的方式完成該指令。一道機器指令通常轉換成好幾道微碼指令。這並不像存在於組合語言與機器語言間的一對一對應關係。微程式因為能夠使得控制相對容易作更動而受到採用。它的缺點當然就是多了一層的翻譯，造成指令的執行較慢。

第 0 個階層，數位邏輯階層，是計算機系統的實體組件：閘與電線之所在。這些包括所有計算機共同需要的基礎建構元件、實現數學與邏輯的電路。第三章詳細介紹數位邏輯階層。

1.7 雲計算：計算即服務

我們一定不能忘記任何一個計算機系統的最根本目的就是將功能提供給使用者。計算機使用者通常並不在意是不是有十億位元組的儲存容量或是十億赫茲的處理器速度。事實上許多公司與政府組織已經完全地將它們的數據中心委外給第三方的專業人士來「脫離技術性事務」。這些委外合約可能非常複雜並且規定了硬體組態的所有面向。與這個詳細的硬體規格一起存在的還有一份**服務水準合約** (service-level agreement, SLA)，其中會說明某些系統效能的參數與可用度沒有達到時的相關罰則。合約雙方僱用專員，他的主要職責就是執行合約、計算費用、並在必要時判斷 SLA 罰則應該如何執行。所以考慮這些增加的行政負擔，對想要避免技術管理困擾的公司而言，將數據中心委外並不是一個便宜或簡單的解決方法。

一個比較簡單的方法可能存在雲計算這個正在成形的領域中。**雲計算** (cloud computing) 是對任何型態的透過網際網路來提供的虛擬計算平台的一般性稱呼。一個雲計算平台是以它提供的服務而非它的實體組態來定義。其名稱來自於在圖形中代表了網際網路的雲狀圖像符號。但是這種隱喻很恰當地反映真實的雲基礎架構，因為計算機的意義已更應該是個概念而不必注重其實體。「計算機」與「儲存體」在雲中對使用者而言似為同一件事，而實際上通常牽涉多部伺服器。儲存體通常位於並不直接接在特定伺服器上的整個陣列的磁碟上。系統軟體會設計成將這樣的組態看成是一個整體系統；所以我們說它是以**虛擬機器** (virtual machine) 的形式呈現在使用者面前。

雲計算服務依據如圖 1.4 所示的計算機階層中所處的層級，而有數種定義與提供的方式。在階層的頂層，也就是可執行程式所在的層級中，雲服務

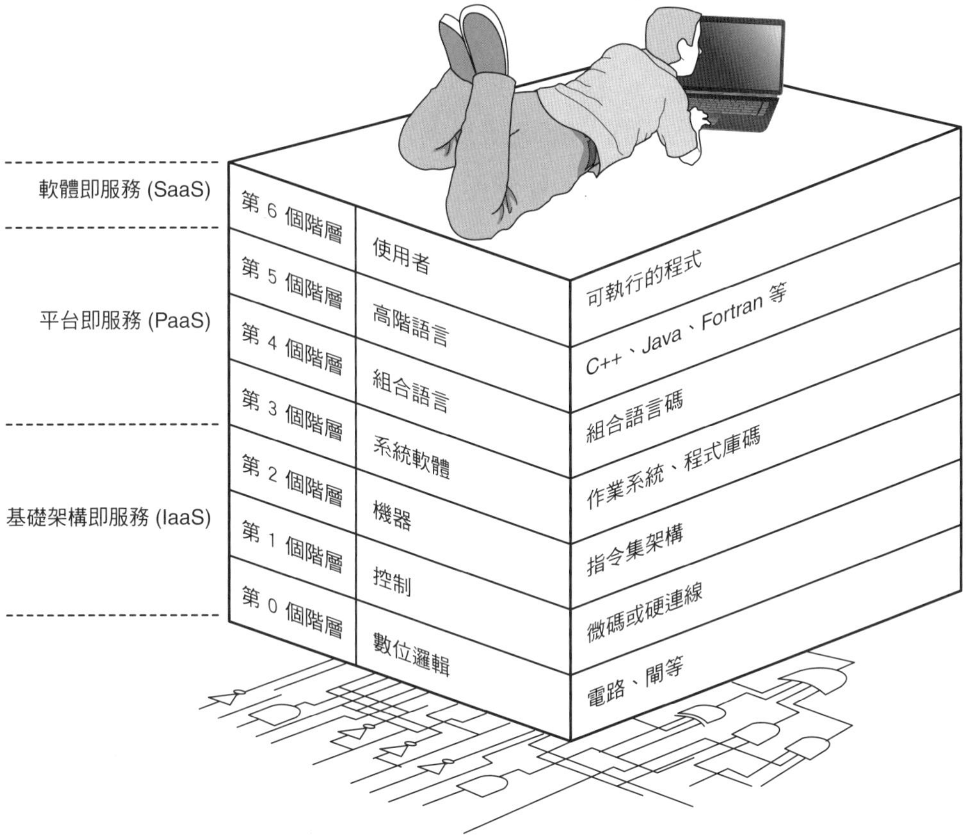

圖 1.4 計算即服務的各個階層

供應商可以透過網際網路提供整個應用而不需在使用者端安裝任何組件。這種形式稱為**軟體即服務** (Software as a Service, SaaS)。這種服務的消費者不需要維護應用程式或關心任何基本架構相關的事。SaaS 應用程式偏向於專注在範圍較明確、非關鍵商業應用的程式。常見的應用例子有 Gmail、Dropbox、GoToMeeting 與 Netflix。也有特殊的產品，其中一些如退稅準備、薪資造冊、車隊管理與案件管理等。Salesforce.com 是一個設計來作為顧客關係管理的前驅且面向完整的 SaaS 商品。收費的 SaaS 一般是根據使用者的人數按月收費，有時候還會再加上每筆交易的額外費用。

SaaS 的一個重大缺失是顧客少有控制商品行為的能力。這在公司想要對它的處理流程或策略作重大改變以便能使用 SaaS 時，就會產生疑慮。對那些想要對它們的應用程式有更大的控制能力，或需要使用到 SaaS 所沒有的應用程式的公司，可能因而需要選擇稱為**平台即服務** (Platform as a Service, PaaS) 的雲環境來建構它們自己的應用程式。PaaS 提供伺服器硬體、作業系統、資料庫服務、資安組件與備援及回復的服務。PaaS 服務商管理這個環境中的效能與可用度，而顧客則需負責在 PaaS 雲上的各種應用。對顧客的收費一般是根據每個月每百萬位元組儲存量、處理器利用度，與百萬位元組的數據傳輸量。知名的 PaaS 服務商包括 Google App Engine 與 Microsoft Windows Azure Cloud Services [還有 Force.com（其 PaaS 由 Salesforce.com 提供）]。

PaaS 對系統組態需要頻繁改變的情況並不是很適用。如果公司的主要業務是軟體研發時，情形應該就是如此。對運作良好的 PaaS 服務，改變流程所需的正式手續 [會造成公司需遵守服務提供商的規定而] 將妨礙軟體的快速推出。的確，對任何內部人員即足以維護作業系統與資料庫軟體的公司而言，**基礎架構即服務** (Infrastructure as a Service, IaaS) 的雲服務模式可能是最好的選擇。IaaS（這種雲服務模式中最基本的形態）只提供伺服器硬體、對伺服器安全的網路存取與備援以及回復的服務。顧客需自行負責包括作業系統與資料庫的所有系統軟體。IaaS 一般是以使用的虛擬機器數目、儲存體的百萬位元組數目，以及數據傳輸的百萬位元組數目收費，不過費率比 PaaS 便宜。IaaS 領域最有名的商家包括 Amazon EC2、Google Compute Engine、Microsoft Azure Services Platform 與 HP Cloud。

PaaS 與 IaaS 不但免除顧客管理數據中心的困擾，它們也提供了**彈性** (elasticity)：依據需求加入或移除資源的能力。顧客只需對所需的基礎架構規模來付費。因此如果一個商家有淡旺季，則只需在旺季期間配置額外的容量。這種彈性在公司的計算需求變化很大時可以節省大量的金錢。

雲儲存 (cloud storage) 是 IaaS 的一種限縮了的形式。一般大眾可以廉價地從譬如 Dropbox、Google Drive 與 Amazon.com 的 Cloud Drive 等非常多的供應商那裡取得少量的雲儲存空間。Google、Amazon、HP、IBM 與 Microsoft 是許多對企業提供雲儲存的廠商中的一些公司。就像雲計算一樣，企業等級的雲儲存也需要謹慎的效能與可用度管理。

所以有可能用到雲計算的客戶都一定要問他們自己的一個問題是：營運自

己的數據中心或購買雲服務——包括考慮旺季需求——哪一種比較經濟？另外，和所有的傳統外購一樣，雲計算也會牽涉雙方繁雜的合約商議與管理。SLA（服務水準協議）管理仍然是服務提供者與服務使用者關係中重要的活動。還有，一旦企業將它的資產配置移向使用雲端服務，日後即使有必要，可能也很難再轉而回到建置自有的資料中心了。因此，任何將資產配置移向雲端的想法都應謹慎思量，清楚瞭解其中的風險。

雲計算也帶給計算機科學家許多挑戰。首先也是最重要的是如何建構資料中心。其基礎架構需能提供不間斷的服務，即便是在維護期間。它一定要容許應急的容量配置給需要的地方而不妨礙其他的服務。該基礎架構的效能必須受仔細的監控，且一旦效能低於特定的界限時能作出補救；否則即可能導致 SLA 方面的罰款。

在雲的顧客端，軟體架構師與程式師必須瞭解資源耗用的情況，因為雲模式中的收費是與資源的使用成比例的。資源包括通訊頻寬、處理器週期數與儲存量。因此要節省費用，應用程式就必須設計成減少網路上的通訊、節省機器週期數，並降低儲存量。在推出一個程式到雲端之前仔細的測試至關重要：一個會耗費資源的模組，譬如無限迴圈，會造成月底收到嚇人的雲計算賬單。

隨著數據中心的成本與複雜度不斷上升而且看不到盡頭，雲計算幾乎一定會成為中小型企業對平台的選擇。但是選擇雲計算後並非毫無顧慮。一家公司可能為了避免經營數據中心的技術困難而反而帶來更讓人困擾的和雲計算供應商間的交涉。

1.8 馮紐曼 (von Neumann) 模型

最早期以電子方式進行運算的機器中，編撰程式的方法就像是把電線接來接去。那時候沒有階層式的架構，因此讓一個計算機運作除了是演算法的設計外，也是電機工程的技術。在 John W. Mauchly 與 J. Presper Eckert 完成他們 ENIAC 的工作之前，想出了一個改變計算機器行為的簡單方法。他們預料水銀延遲線形式的記憶體裝置可以成為儲存程式指令的方式。這個方式會永久終結系統重新接線的過程，就不需要在每一次要計算新問題或改正舊問題時，還要經過冗長而無聊的過程將系統重新接線。Mauchly 與 Eckert 將他們的想法寫成文件，建議以這種方式作為他們下一個計算機 EDVAC 的設計基礎。不幸地，當他們在世界二次大戰中進行極機密的 ENIAC 計畫時，來不及立刻發布他們的洞見。

但是有一些 ENIAC 計畫相關的工作人員就不至於如此地分身乏術。其中有一個人是有名的匈牙利數學家 John von Neumann。von Neumann 在閱讀了 Mauckly 與 Eckert 對 EDVAC 的建議之後，發表了並推廣這個想法。他在傳達這個概念上是如此地有效率，以致於歷史上都將這個創見歸功於他。所有內儲式的計算機就都變成稱為使用**馮紐曼架構** (von Neumann architecture) 的**馮紐曼系統** (von Neumann systems)。雖然我們受迫於傳統說法，但是卻不可以忘記對它的真正發明者 John W. Mauchly 與 J. Presper Eckert 致上敬意。

目前形式的內儲程式機器架構至少具備下列特點：

- 包含三個硬體系統：一個**中央處理單元** (central processing unit, CPU)，中有一個控制單元 (control unit)、一個**算術邏輯單元** (arithmetic logic unit, ALU)、一些**暫存器** (registers) 與**程式計數器** (program counter)；一個內有控制計算機運作的程式的**主記憶體系統** (main memory system)；以及一個**輸出入系統** (I/O system)。
- 能夠進行循序的指令處理。
- 於主記憶體系統與 CPU 的控制單元之間存在一個不論是實體或邏輯上的單一通道，推動指令與執行的週期交互向前。這個單一的通道通常稱為**馮紐曼瓶頸** (von Neumann bottleneck)。

圖 1.5 表示這些功能在現代計算機系統中如何一起工作。注意圖中所示的系統中所有的 I/O 都經過算術邏輯單元 [事實上它經過的是累積暫存器 (accumulator)，其為 ALU 的一個部分]。這個架構以「馮紐曼執行週期」(von Neumann execution cycle) 亦稱**擷取 - 解碼 - 執行週期** (fetch-decode-execute

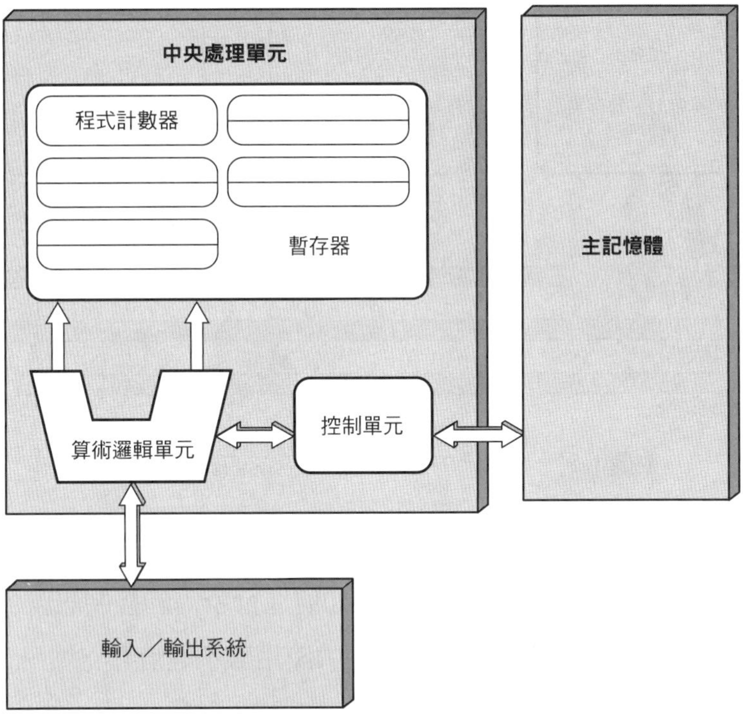

圖 1.5 馮紐曼架構

cycle)，其主要用來描述機器如何工作的方式執行程式中的一道道指令。週期中的一次過程如下：

1. 控制單元透過程式計數器判斷指令位置來從記憶體中擷取程式中下一道指令。
2. 指令被解碼成 ALU 能夠瞭解的語言形式。
3. 所有需要用來執行該指令的數據運算元從記憶體中被擷取並置入 CPU 的暫存器中。
4. ALU 執行該指令並將結果置入暫存器或記憶體。

馮紐曼架構中的想法已經被延伸為儲存於存取速度慢的儲存媒體（譬如硬碟）中的程式與數據，可以在執行開始之前先複製到可快速存取、揮發性的儲存媒體譬如 RAM 之中。這個架構也已經被調整成目前稱為**系統匯流排模型** (system bus model) 的樣式，如圖 1.6 中所示。數據匯流排將數據從記憶體中搬

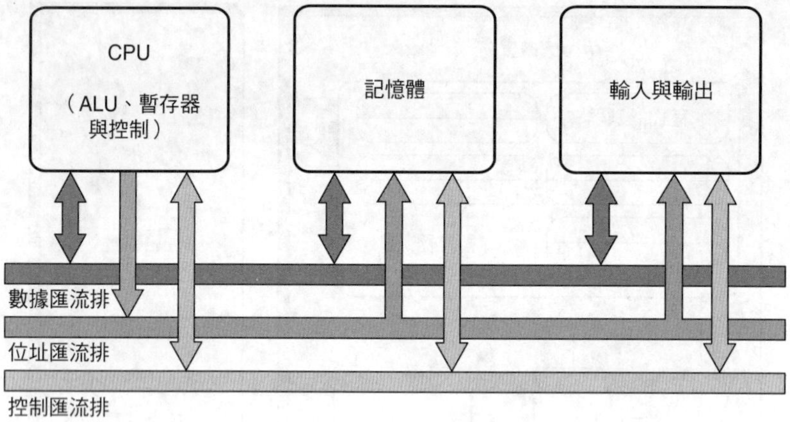

圖 1.6 修改過的加入系統匯流排的馮紐曼架構

移至 CPU 暫存器中（或反之）。位址匯流排表示數據匯流排上正在傳送的數據的位址。控制匯流排傳送指出資訊傳遞應如何進行所需的控制訊號。

其他對馮紐曼架構的改進包括於定址中使用索引暫存器、加入浮點數據、使用插斷與非同步 I/O、加入虛擬記憶體與加入通用暫存器。在以下各章中你將學到有關這些改進的許多知識。

計算機的飛躍進步：我們可以變多小？

VLSI 技術使得我們可以將數十億個電晶體放在一個晶片上，但是以目前的電晶體技術，對於線路可以變多小仍有極限。在 University of New South Wales 的 Center for Quantum Computer Technology 與 University of Wisconsin-Madison 的研究者已經把「小」的意義推進到全新的境界。在 2010 年五月，他們宣布了七個原子寬的電晶體，這是一個嵌入在矽中只有七個原子大小的電晶體。大小只有一個原子、允許電子流動的電晶體曾早在 2002 年就被報導過，不過現在說的這個電晶體能夠提供我們今日所知的電晶體的所有功能，因此是不一樣的。

七個原子寬的電晶體以人工利用掃描隧通式顯微鏡作成。它距離量產還很早，但是研究者希望它可以在 2015 年達成商用（按：目前尚未聽聞相關報導，研究者顯然期望過高了！）。這微小的電晶體大小意謂著更小但是更強大的計算機：專家預估其能縮小晶片 100 倍並能帶來處理速度的指數成長，意思是計算機將會是 100 倍小但是同時是 100 倍快。

除了取代傳統的電晶體之外，這個發明在以矽材質建構量子計算機的努力中可能是重要的基礎。量子計算是計算機科技中眾所期待的下一個重要的飛躍進步。能以現有計算機的數百萬倍速度計算的小型量子計算機已經存在，但是它們的規模目前還太小，沒什麼實際用途。一個大型的可運作的量子計算機將可讓我們處理目前的計算機超過 130 億年才能處理的問題，這將會改變我們對世界的看法。舉例來說，在這種計算能力面前現今使用的加密演算法都將失效。另一方面，使用量子技術將使極度安全的通訊成為可能。

量子計算機極具潛力。包括電影特效、密碼、在大檔案中搜尋、大數值的因數分解、模擬各種系統（例如核子爆炸與氣候模式）、軍事與情報搜集和高度耗時的計算（例如天文、物理、化學的計算）等這類應用在使用量子計算後都將得到極大的效能提升。我們還沒有注意到的新應用也很可能會因此浮現。

除了我們已經知道的改變計算世界的潛力外，這個新的七個原子寬的電晶體之所以重要還有其他原因。回想摩爾定律，它並不是自然界的定律，而是對創新的期望以及推動晶片設計的重要力量。摩爾定律從 1965 年就成立，但是要想繼續維持它，晶片製造商必須不斷創新技術。Gordon Moore 自己也預測如果只使用矽材質的 CMOS，他的定律將在大約 2020 年失效。七個原子寬的電晶體的發現給了摩爾定律新的生命——我們猜想 Gordon Moore 也會因為這個發明而鬆了一口氣。不過著名的物理學家 Stephen Hawking 也曾說明晶片製造商在追求維繫摩爾定律上必然受到兩個基本限制的約束：光的速度以及物質由原子構成的本質，表示不論技術如何改變，摩爾定律終將失效。

1.9 非馮紐曼模型

直到最近，幾乎所有通用型計算機都遵循馮紐曼的設計方式。也就是架構中包含 CPU、記憶體與 I/O 設備，指令與數據也使用單一的儲存體，以及透過一條匯流排來擷取指令與傳送數據。馮紐曼計算機循序地執行指令，因此非常適於循序的處理。不過馮紐曼瓶頸持續困擾著那些想要找到方法來建造不昂貴且相容於絕大部分商用軟體快速系統的工程師們。

不受限於需要維持與馮紐曼系統相容，工程師們可以自由地使用許多不同的計算模型，非馮紐曼架構指的是那些計算模式不同於馮紐曼架構所具有者。

例如，不將程式與數據儲存於記憶體中或不循序地執行程式者都歸類為非馮紐曼機器。另外，擁有兩條匯流排——一條用於數據而另外一條用於指令——的計算機也應視為非馮紐曼機器。基於**哈佛架構** (Harvard architecture) 設計的計算機具有兩條匯流排，可讓數據與指令同時傳送，但也需具有分別的數據與指令儲存體。許多新近的通用型計算機使用修改版的哈佛架構，具有分別的數據與指令通道，但是並不使用分別的儲存體。純粹的哈佛架構一般用於微控制器（整個計算機系統都在一個晶片上），譬如用於家電、玩具與汽車中等的嵌入式系統。

許多非馮紐曼機器是為特殊目的而設計。第一個明確的非馮紐曼處理晶片是專為影像處理設計的。另外一個例子是**歸納化簡機器** (reduction machine)（用以經由圖形化簡進行組合邏輯計算）。其他非馮紐曼計算機還有**數位訊號處理器** (digital signal processors, DSPs) 與**媒體處理器** (media processors)，它們能以一道指令對多個數據作處理（而非對每一個數據執行一道指令）。

非馮紐曼類別下還有許多子分類，包括以矽製作的**類神經網路** (neural networks)（運用大腦模型的觀念作為計算方式）、**網格自動機** (cellular automata)、**感知計算機**（cognitive computers，從經驗學習而非透過撰寫程式的機器，包括 IBM 模擬人腦的 SyNAPSE 計算機）、**量子計算**（quantum computation，是計算與量子物理的綜合）、**數據流計算** (dataflow computation) 與**平行計算機** (parallel computers)。這些機器都有一些共通點——計算工作分散在能夠平行運作的不同處理單元上。它們之間的差異則在於不同元件間的聯結有多緊密。這些形式中目前最受矚目的是平行計算。

1.10 平行處理器與平行計算

今天，平行處理解決了當前一些最大型的問題，這個方法以非常類似早期西部拓荒者使用很多頭牛的方法解決了當時的問題。如果他們想以一頭牛來搬動一棵樹但是這隻牛不夠龐大或強壯，他們一定不會試著去養出更巨大的牛——他們會用兩頭牛。如果我們的計算機不夠快或強大，與其嘗試設計出更快更強大的計算機，為什麼不用更多台計算機呢？這個方法的確就是平行計算中所採取的方式。最早的平行處理系統建構於 1960 年代晚期，當時只使用兩個處理器。1970 年代開始出現了多達 32 個處理器的超級計算機，到了 1980 年代開始有了包含多於 1000 個處理器的系統。終於在 1999 年，IBM 宣布投資開發一個稱為**深藍基因** (Blue Gene) 系列的超級計算機架構。這個系列中的第一台計算機 **Blue Gene/L** 是一個包含 131,000 個雙核處理器，每個都有它自有專用記憶體的大量平行計算機。該機器除了讓研究人員（透過各種大型模擬）研究蛋白質扭曲的行為外，也可以讓研究人員探索關於平行架構以及該類架構使用的軟體的各種新觀念。IBM 持續在這個系列中開發新機型。在 2007 年面世的 **Blue Gene/P** 使用四核的處理器。該系列中最新設計的計算機 **Blue Gene/Q** 使用 16 核的處理器、每機架有 1024 個計算節點、可擴充到 512 個機架。安裝了 Blue Gene/Q 計算機的地方包括 Nostromo（在波蘭用於生醫數據處理）、Sequoia（在 Lawrence Livermore National Laboratory 用於核子模擬與科學研究）與 Mira（用於 Argonne National Laboratory）。

雙核與四核（或更多，如我們在 Blue Gene/Q 中所見者）處理器是**多核處理器** (multicore processors) 的例子。但是什麼是多核處理器？本質上，它是平行處理器的一種特殊型態。平行處理器一般被分類為「共用記憶體」處理器 ("shared memory" processors)（它的處理器全部共用一個全域 global 記憶體），或是「分散記憶體」計算機 ("distributed memory" computers)（它的每一個處理器有其自己的私有記憶體）。第九章將詳細探討平行處理器。以下討論僅適用於共用記憶體多核架構——也就是使用於個人電腦中的那一種類型。

多核架構 (multicore architectures) 是容許多個處理單元（通常稱為**核**，cores）存在單一晶片上的平行處理機器。雙核意思是兩個核；四核機器有四個核等等。但是核是什麼？積體電路中不只有單一處理單元（如一般馮紐曼機器中所見者），可以置入個別獨立的多個核並且讓它們平行運作。每個處理單元都有它自己的 ALU 與一套暫存器，但是所有處理器共用記憶體與其他資源。「雙核」不同於「雙處理器」。舉例來說，雙處理器機器有兩個處理器，但是每個處理器分別插在母板上。要注意的重要差異是在多核機器中所有的核都集積在同一個的晶片上。這表示你可以把計算機中譬如一個單核（單處理器）晶片換成譬如雙核的處理器晶片（假設你的計算機中具有這個新晶片的恰當插槽）。現在許多計算機都宣稱它具有雙核、四核或更多核。一般認為雙核是目前計算機的標準。雖然大部分桌上型與膝上型計算機的核數有限（少於八個），具有數百個核的計算機已經可以用恰當價格買到。

即使你的計算機具有多個核，並不表示它會執行得更快。應用程式（包括作業系統）一定要寫成能發揮多個處理單元的好處（這個說法對所有的平行處理都適用）。多核計算機對**多工處理** (multitasking)——計算機同時處理多件工作——非常有助益。例如，你可能正在同時讀取電子郵件、聆聽音樂、瀏覽網頁與燒錄 DVD。如果作業系統能夠同時處理許多件工作，那麼這些「多件工作」就可以被指派到不同的處理器上並且平行地進行。

除了多工處理，**多緒處理** (multithreading) 也可以提升許多具有平行性的應用的效能。有些程式可被分成許多可以想像成小型程序的**緒** (threads)。例如網頁瀏覽器就是多緒的；一個緒可以下載文章、而另有多個影像都可由不同的緒來控制與下載。如果應用程式是多緒的，不同的緒可以平行地執行於不同的處理單元上。要注意即使在單處理器上，多緒處理也能改善效能；但是這個討論最好另外再談。更多相關資訊可見於 Stallings (2012)。

概言之，平行處理的範疇包含各種不同的架構，從多個個別的計算機共同工作、到多個共用記憶體的處理器、到多個核整合在同一片晶片上。多處理器因為並不以循序的方式處理指令，技術上並不歸類為馮紐曼機器。不過許多人認為平行處理計算機包含 CPUs、使用程式計數器，並將程式與數據儲存於主記憶體中，在在都使得它們比較像是馮紐曼架構的延伸而非有別於該架構；這些人把平行處理中的計算機視為一組合作中的個別馮紐曼機器。以這個觀點而言，也許說平行處理顯現出了一些「非馮紐曼特性」更為恰當。不論平行處理器如何被歸類，平行計算讓我們得以進行多工處理並且求解更大與更複雜的問題，也推動了各種軟體工具與編程方法的新研究。

不過平行計算也有它的限制。隨著處理器的數目增加，管理各項工作如何分配到這些處理器上的額外負擔也增加了。有些平行處理系統需要使用額外的處理器來管理其餘的處理器以及指派給它們的資源。不論我們在系統裡放進多少處理器，或者提供多少資源給它們，總之瓶頸會在某處形成。但是我們僅能做的只是確保系統中最慢的部分也應會是最少用到的部分。這就是**安朵定律** (Amdahl's Law) 所指出的概念。這個定律敘述某項改善所能提供的效能提升受限於被改善的部分所占的比例。根本的前提是所有演算法都會有其循序的部分，而這部分最終會限制住多處理器機器所能帶來的加速。

如果平行機器與其他非馮紐曼架構提供這麼巨大的處理速度與功能提升，那為什麼不是每個人都可使用它？答案在於它的可編程性。作業系統在善用多個核方面的進展已經使得這些晶片出現在我們可以購得的膝上型與桌上型計算機中；但是真正的多處理器編程遠較單處理器與多核編程複雜，並且需要我們用不同的方式思考問題以及採用新的演算法與編程工具。

這些編程工具之一是一些新的程式語言。大部分的程式語言是為馮紐曼架構而創造的馮紐曼語言。許多常用語言已被延伸成具有特別的程式庫來作平行編程，也有許多新的語言是特別為平行編程環境設計的。只有很少的程式語言是為了在其餘的（非平行）非馮紐曼平台上使用，而能真正瞭解如何在這些環境中有效率地撰寫程式的人更少。非馮紐曼語言的例子包括（為了數據流處理的）Lucid 與（量子計算語言）QCL，以及（用於編程 FPGAs 的語言）VHDL 或 Verilog。即使對平行機器編程有這麼多困難，我們在下節中會看到這方面已有重要的進展。

1.11 平行性：機器智慧的推動因素——Deep Blue 與 Watson

從我們那則機械 Turk 的花邊小故事可明顯看出，下棋一直以來都是會思考機器的最主要展現方式。棋盤就是人類與機器在約略平等的條件下遭遇的戰場——而當然人類一向占有優勢。真正的下棋計算機自從 1950 年代後期就開始出現。幾十年下來，它們逐漸改善硬體與軟體而終於成為具有相當功力棋手難纏的對手。在冠軍棋賽方面，長久以來一直就被認為是很困難的，以致於很多人相信機器永遠不能打敗人類的最高段棋手。在 1997 年 5 月 11 日，一個稱為 Deep Blue 的機器就辦到了。

Deep Blue 的主要設計者是 IBM 研究人員許峰雄 (Feng-Hsiung Hsu)、Thomas Anantharaman 與 Murray Campbell。據稱耗資超過 600 萬美元並且耗時六年來建構的 Deep Blue 是一個包含 30 個基於 RS/6000 並輔以 480 個晶片的節點的大量平行性系統，這是特別為了下棋而設計的系統。Deep Blue 含有一個擁有 700,000 完整棋局的資料庫，並且有分別的起手與殘局系統。它每秒平均可以評估 2 億個落點。這使得 Deep Blue 得以往前預估到十二步棋。

世界西洋棋冠軍 Garry Kasparov 在扎實地打敗了 Deep Blue 的一個早期版本之後，又在 1997 年 5 月 3 日的複賽中大大被看好。在五場比賽之後，Kasparov 與 Deep Blue 取得 2 比 2 的平手。之後 Deep Blue 在第六場比賽中很快掌握到 Kasparov 稍早犯下的一個錯誤。Kasparov 除了認輸別無選擇，讓 Deep Blue 成為有史以來第一個打敗人類最高段棋手的機器。

繼 Deep Blue 勝過 Kasparov 這個駭人的光榮記錄之後，IBM 的研究經理 Charles Lickle 開始尋找新的挑戰。2004 年中，Lickle 是沉迷於 Ken Jennings 的 74 項遊戲競賽系列美國考題節目 *Jeopardy!* 獲勝記錄的數百萬人之一。當他看到 Jennings 在一場一場競賽中獲勝，Lickel 大膽地認為建造一台機器來在 *Jeopardy!* 中贏得比賽是可行的。他也認為 IBM Research 有能力造出這樣的機器。他指派了 David Ferrucci 博士來主持這項工作。

IBM 的科學家們並不急著加入 Lickel 這個大膽的計畫。他們合理地懷疑著這樣的機器是否能夠做得出來。畢竟做出 Deep Blue 已經是夠困難的了。參加 *Jeopardy!* 比起下棋更是大大地不容易。在棋賽中問題的範圍明確且有固定而清晰的規則，並且有（雖然很大但是）有限的解答空間。然而另一方面，*Jeopardy!* 的問題涵蓋了幾乎無限的問題空間，還要加上難以預測的人類語言、不同觀念間的奇特關聯性、各種雙關語，與極為大量的缺乏結構的片段資訊等的複雜性。例如，一個 *Jeopardy!* 的類別可能稱為「Doody Twos（一對好東西）」並且與一位非洲領袖、一篇與穿著有關的文章、一首 Al Jolson 的歌，以及彈藥的規格都有關聯（Benjamin Tutu、短蓬裙、「Toot Toot Tootsie」歌，以及 0.22 口徑）。雖然人類並不難辨認這些關聯性（特別是在答案公布之後），計算機卻會徹底地困惑。

為了使比賽公平，Watson（該機器的名字）必須盡可能地模仿真人參賽者的行為。任何對網際網路或其他計算機的聯線都不允許，而且 Watson 需要實際按一個活塞來發出聲響表示搶答並提出答案。但是 Watson 並沒有設計成具有處理聲音或圖像的能力，因此視覺以及完全是聲音的提示——譬如音樂的選播——在比賽中都不會使用。

一旦讀取到一個提示，Watson 就啟動好幾個平行的程序。每一個程序檢視提示中的不同面向，收斂解答空間，並擬定一個關於答案的假設。這個假設包含了答案可能正確的機率。Watson 會選擇最可能的假想答案，或者如果所有假想答案的正確機率都達不到一個預設的臨界點的話就都不選取。Watson 的設計者認為如果 Watson 只嘗試 70% 的問題並且只答對其中的 85%，就足以贏得比賽。還沒有人類的參賽者可以做得這麼好。

使用 Waston 的演算法的話，一般的桌上型計算機將需要兩個小時來得到好的假想答案。Watson 必須要在少於三秒的時間內完成這件工作。它透過稱為 **DeepQA** (Deep Question and Answer) 的大量平行的架構來達到這個水準。系統使用了 90 個 IBM POWER 750 伺服器，每個伺服器配備有四個 POWER7 處理器，每個 POWER7 處理器有八個核，因此總共有 2880 個處理器核。在進行 *Jeopardy!* 遊戲時，每個核可存取 16TB 的主記憶體與 4TB 的叢集儲存。

和 Deep Blue 不同的是，Watson 不能被編程成以暴力法來解決問題，因為問題的空間範圍實在是太大了。因此 Watson 的設計者用人類會採用的方法來處理這個情況：Watson 透過吸收上千則的新聞、期刊與書本中數兆個位元組的毫無結構的資料來做學習。DeepQA 的演算法使得 Watson 從這些原始資料的範圍中像人類般地具有合成資訊的能力。Watson 從具體的事實與不完整的資訊作出推論並作成假設。Watson 可以從文章脈絡中推敲資訊：同樣的問題處於不同脈絡的文字中可能會產生不同的答案。

在它參賽的第三天 2011 年 2 月 16 日，扎實地擊敗了 *Jeopardy!* 當時的兩位冠軍 Ken Jennings 與 Brad Rutter 而震驚世界。Watson 的獎金捐給了慈善機構，但是 Watson 對人類的服務才剛剛要開始。Watson 能從大量缺乏結構的數據中吸收資訊並做出推論的能力對醫學院極為有價值。從 2011 年開始，IBM、WellPoint 與 Memorial Sloan-Kettering Cancer Center 讓 Watson 從超過 600,000 件醫學證據和來自 42 種醫學期刊與腫瘤學研究文獻的兩百萬頁文字吸收知識。Watson 的文獻吸收還輔以 14,700 個小時的由 WellPoint 護士們提供的實際訓練。之後 Watson 再接受 25,000 個測試案例的情境以及 1,500 個真實案例，並從而表現出它已具有從山一樣高的複雜醫學資料來推演出意義的能力，其中有一些是以非正式的自然語言——例如醫師的手稿、病歷表、相關的加註的意見，以及臨床的回饋意見來呈現。繼 Watson 在 *Jeopardy!* 的成功，現在它又有了在醫學方面等量齊觀的成功。基於 Watson 技術的商用產品，包括「Interactive Care Insights for Oncology」與「Interactive Care Reviewer」現在都已推出。它們提供癌症病患醫療照護上改善速度與準確性的保證。

雖然 Watson 的用途與能力持續成長，它對資源的使用量卻在降低。在數年之間，系統效能改善了 240% 而資源耗費降低了 75%。現在 Watson 可以在一個 POWER 750 伺服器上執行，使得有些人宣稱「單晶片 Watson」也快要可以實現了。

從 Watson 中我們不僅只看到神奇的 *Jeopardy!* 參賽者或是能解決腫瘤問題，我們真正看到的是計算的未來。應該不是訓練人來使用計算機，而應該是計算機會從所有模糊不清與不完整的資訊訓練它們自己來與人互動。未來的系統會以人類的方式與人類見面。如 Ferrucci 博士所說的，計算機除了變成好像 Watson 一樣，真的是沒有其他的未來出路了。

本章總結

在本章中，我們介紹了計算機組織和計算機架構的簡要概觀並且說明它們的差異。我們也介紹了文中一個虛構的計算機廣告相關的專用術語。這些術語大部分都會在以後各章中再作詳細說明。

從歷史觀點來看，計算機不過是用來計算的機器。當計算機變得越來越複雜，它們成為一般用途的機器，每一個系統於是應該被視為具有階層式的構造而不只是一個巨大的機器。階層中的每一層都有它特定的目的，所有層次結合起來可以有效彌合高階程式語言或者是應用，以及以邏輯閘與線路做成的實體硬體之間的語義（意即表現方式）差異。影響身為程式師的我們最重要的計算方面的發展就是馮紐曼機器中內儲程式概念的提出。雖然還是有其他的架構模型，馮紐曼架構是目前一般用途計算機所最廣為採用的模型。

進一步閱讀

我們鼓勵你在我們簡要的計算機歷史介紹中建立基礎。我們相信你會覺得這個主題非常有趣，因為它與人們的關係和與機器的關係同樣緊密。你可以在 Mollenhoff (1988) 的文獻中讀到有關「被遺忘的計算機之父——John Atanasoff」的介紹。這本書記錄了 Atanasoff 與 John Mauchly 兩人間的奇特關係，並記錄了兩個龐大計算機公司 Honeywell 與 Sperry Rand 間的公開法庭辯論。這個審判終於還給 Atanasoff 他應得的名聲。

想要比較容易地認識計算機歷史的話，可以嘗試 Rochester 與 Gantz (1983) 的書。Augarten (1985) 的圖解計算機歷史讀之令人愉快，並包含了數百張不容易找到的早期計算機與計算裝置的圖片。如果想知道計算機發展歷史的完整討論，則可以參考 Cortada (1987) 的三冊大典。Ceruzzi (1998) 的文獻中有特別詳盡的計算歷史。如果你對非常好的一套有關歷史上計算機的專案探討有興趣，可以看 Blaauw 與 Brooks (1997) 的書。

閱讀 McCartney (1999) 有關 ENIAC 的書、Chopsky 與 Leonsis (1988) 有關 IBM PC 發展的記述和 Toole (1998) 的 Lovelace 伯爵夫人 Ada 的傳記，都會獲益良多。Polachek (1997) 的文章生動表達計算彈道發射表的複雜度；看完這篇

文章後，你就會瞭解為什麼美國陸軍會願意不惜任何代價希望使這個過程更快或更精確的原因。Maxfield 與 Brown (1997) 的書包含精彩的計算起源與歷史的介紹，以及深入的計算機如何運作的解說。

有關摩爾定律的更多資訊可以參考 Schaller (1997) 的書。關於早期計算機以及工業先驅們的背景與回憶的詳細描述，可以參考每季出刊的 *IEEE Annals of the History of Computing*。在 www.computerhistory.com 可以線上找到 the Computer Museum History Center，其中可以找到各種展品、研究、時間表與收藏。現在很多城市已經有計算機博物館並且允許訪客使用一些較早期的計算機。

在本章中討論到的標準制定組織相關的豐富資訊可以在它們的網站（以及很多不曾提及的網站）中找到。IEEE 可見於 www.ieee.org；ANSI 可見於 www.ansi.org；ISO 可見於 www.iso.ch；BSI 可見於 www.bsi-global.com；及 ITU-T 可見於 www.itu.int。ISO 的網站提供大量資訊與標準的參考資料。在 www.cs.wisc.edu/~arch/www/ 的 WWW Computer Architecture Home Page 內有完整的對計算機架構相關資訊的索引。許多 USENET 的新聞群組如 comp.arch 與 com.arch.storage 也專門探討這些題目。

MIT 的 *Technology Review* 雜誌 2000 年五、六月的期刊全部都討論可能成為未來計算機基礎的架構形式。撥出時間來閱讀這本期刊應該會很值得。事實上我們對它每一期的刊物都可以這麼說。

想要看非常獨特的人類計算機的說明的話，我們邀請你閱讀 Grier 的 *When Computers Were Human*。除了其他方面，他介紹了一個激勵人心的 Depression-era Works Progress Administration (WPA) 的人類計算機推動了數學表計畫的說明。這些「數學表工廠」的貢獻對美國二戰的勝利極為重要。這項努力的簡短說明亦可見於 Grier 發表在 *IEEE Annals of History of Computing* 中的文章。

IBM Journal of Research and Development 2012 年五、六月的期刊全部都討論 Watson 的建造。Ferrucci 與 Lewis 的兩篇文章非常深入探討這個具開創性的機器的困難與成就。IBM 的白皮書「Watson—A System Designed for Answers」裡面有 Watson 硬體架構很好的綜合整理。許峰雄在 *Behind Deep Blue: Building the Computer that Defeated the World Chess Champion* 中提供建造 Deep Blue 的第一手說明。對機械 Turk 有興趣的讀者可以在 Tom Standage 所著同樣書名（按：書名為“The Turk: The Life and Times of the Famous Eighteenth-Century Chess-Playing Machine”）的書中取得更多資訊。

參考資料

Augarten, S. *Bit by Bit: An Illustrated History of Computers.* London: Unwin Paperbacks, 1985.

Blaauw, G., & Brooks, F. *Computer Architecture: Concepts and Evolution*. Reading, MA: Addison-Wesley, 1997.

Ceruzzi, P. E. *A History of Modern Computing.* Cambridge, MA: MIT Press, 1998.

Chopsky, J., & Leonsis, T. *Blue Magic: The People, Power and Politics Behind the IBM Personal Computer.* New York: Facts on File Publications, 1988.

Cortada, J. W. *Historical Dictionary of Data Processing*, Volume 1: *Biographies*; Volume 2: *Organization*; Volume 3: *Technology*. Westport, CT: Greenwood Press, 1987.

Ferrucci, D. A., “Introduction to ‘This is Watson.’” *IBM Journal of Research and Development 56*:3/4, May-June 2012, pp. 1:1-1:15.

Grier, D. A. “The Math Tables Project of the Work Projects Administration: The Reluctant Start of the Computing Era.” *IEEE Annals of the History of Computing 20*:3, July-Sept. 1998, pp. 33-50.

Grier, D. A. *When Computers Were Human.* Princeton, NJ: Princeton University Press, 2007.

Hsu, F.-h. *Behind Deep Blue: Building the Computer that Defeated the World Chess Champion.* Princeton, NJ: Princeton University Press, 2006.

IBM. “Watson—A System Designed for Answers: The future of workload optimized systems design.” February 2011. ftp://public.dhe.ibm.com/common/ssi/ecm/en/pow03061usen/POW-03061USEN.PDF. Retrieved June 4, 2013.

Lewis, B. L. “In the game: The interface between Watson and *Jeopardy!*” *IBM Journal of Research and Development* 56:3/4, May-June 2012, pp. 17:1-17:6.

Maguire, Y., Boyden III, E. S., & Gershenfeld, N. “Toward a Table-Top Quantum Computer.” *IBM Systems Journal 39*:3/4, June 2000, pp. 823-839.

Maxfield, C., & Brown, A. *Bebop BYTES Back* (*An Unconventional Guide to Computers*). Madison, AL: Doone Publications, 1997.

McCartney, S. *ENIAC: The Triumphs and Tragedies of the World's First Computer*. New York: Walker and Company, 1999.

Mollenhoff, C. R. *Atanasoff: The Forgotten Father of the Computer*. Ames, IA: Iowa State University Press, 1988.

Polachek, H. "Before the ENIAC." *IEEE Annals of the History of Computing 19*:2, June 1997, pp. 25-30.

Rochester, J. B., & Gantz, J. *The Naked Computer: A Layperson's Almanac of Computer Lore, Wizardry, Personalities, Memorabilia, World Records, Mindblowers, and Tomfoolery*. New York: William A. Morrow, 1983.

Schaller, R. "Moore's Law: Past, Present, and Future." *IEEE Spectrum*, June 1997, pp. 52-59.

Stallings, W. *Operating Systems: Internals and Design Principles,* 7th ed. Upper Saddle River, NJ: Prentice Hall, 2012.

Standage, T. *The Turk: The Life and Times of the Famous Eighteenth-Century Chess-Playing Machine*. New York: Berkley Trade, 2003.

Tanenbaum, A. *Structured Computer Organization*, 6th ed. Upper Saddle River, NJ: Prentice Hall, 2013.

Toole, B. A. *Ada, the Enchantress of Numbers: Prophet of the Computer Age*. Mill Valley, CA: Strawberry Press, 1998.

Waldrop, M. M. "Quantum Computing." *MIT Technology Review 103*:3, May/June 2000, pp. 60-66.

必要名詞與概念的檢視

1. 計算機組織與計算機架構的不同為何？

2. 什麼是 ISA ？

3. 硬體與軟體等效的原則重要性為何？

4. 指出三個每一台計算機都有的基本組件。

5. Giga 指的是十的幾次方？（大約）等於二的幾次方？

6. Micro 指的是十的幾次方？（大約）等於二的幾次方？

7. 一般使用什麼單位來量測計算機的時脈速度？

8. 平板電腦的特殊屬性有哪些？

9. 說出兩種型態的計算機記憶體。

10. IEEE 的任務為何？
11. 開頭是 ISO 的組織其全名為何？ ISO 是否是英文字首縮寫？
12. ANSI 是哪一個組織使用的英文字首縮寫？
13. 一個致力於電話、電訊與數位通訊相關事物的瑞士組織其名稱為何？
14. 是誰被尊稱為計算機之父，以及為什麼？
15. 打孔卡的重要性是什麼？
16. 指出兩項計算機發展的驅動因素。
17. 電晶體的什麼特性使得它相對於真空管而言成為一個這麼重大的改善？
18. 積體電路與電晶體有何不同？
19. 說明 SSI、MSI、LSI 與 VLSI 間的差異。
20. 哪一種技術促進了微計算機的發展？為什麼？
21. 「開放式架構」是什麼意思？
22. 敘述摩爾定律。
23. Rock 定律與摩爾定律有什麼關聯性？
24. 指出並說明計算機階層架構裡一般人認同的七個階層。這種安排方式如何能幫助我們瞭解計算機系統？
25. 抽象化方法 (abstraction) 這個詞要怎麼應用在計算機組織和架構上？
26. 馮紐曼架構中的哪一項特色使得它與之前計算機的架構方式有區別？
27. 指出馮紐曼架構中的各項特色。
28. 擷取—解碼—執行這種週期如何作用？
29. 多核處理器是什麼？
30. 雲計算的關鍵特性有哪些？
31. 雲計算的平台有哪三類？
32. 從服務提供者的觀點與客戶的觀點來看，雲計算的主要挑戰分別是什麼？
33. 服務導向計算的優勢與劣勢各有哪些？
34. 平行計算機指的是什麼？
35. 安朵定律根據的假設是什麼？
36. 是什麼使得 Watson 與傳統計算機這麼不同？

習題

◆**1.** 硬體與軟體在哪些方面不同？在哪些方面相同？

2. a) 一秒中有多少毫秒 (ms)？

b) 一秒中有多少微秒 (μs)？

c) 一毫秒中有多少奈秒 (ns)？

d) 一毫秒中有多少微秒？

e) 一微秒中有多少奈秒？

f) 一 GB 中有多少 KB？

g) 一 MB 中有多少 KB？

h) 一 GB 中有多少 MB？

i) 20MB 中有多少位元組？

j) 2GB 中有多少 KB？

◆**3.** 以奈秒速率執行的某事物較以毫秒執行者快上約十的多少次方倍？

4. 假設你正要去購買一台個人使用的計算機。首先，看看不同雜誌與報紙裡的廣告並列出你不十分瞭解的名詞。查詢這些名詞並寫下簡要說明。哪些因素對你決定購買哪一台計算機是很重要的，請將它們表列。在選定想要購買的系統後，指出哪些名稱指的是硬體，以及哪些指的是軟體。

5. 平板電腦的製造者持續在成本、耗能、重量與電池續航力的嚴苛限制下作設計。說說看你認為的完美平板電腦是怎樣。螢幕應該多大？你願意有更長的電池續航力、即使會使它的重量增加嗎？多重叫做太重？你希望價格下降或者效能更高？電池應不應該可以自行替換？

6. 以你喜歡的計算機語言寫出一個小程式。在編譯這個程式後，看看你能不能判斷源碼中的指令數與編譯器產出的機器語言指令數的比例。如果你在源碼中加入一行，這會如何影響機器語言程式？嘗試加入不同的源碼指令，譬如「加之後乘」。

7. 說出你對 1.5 節介紹的觀念：「若是現在才發明的話，你會如何稱呼計算機？」的反應。對你的回答提出至少一個好的理由。

8. 簡要說明計算的歷史中兩個突破性的進展。
9. 今天是不是還可能用一個像機械 Turk 的機器人來愚弄大眾？如果你現在要嘗試創造一個 Turk，它與 18 世紀的那一個版本會如何不同？
◆10. 假設在積體電路晶片上一個電晶體的大小是 2 微米。根據摩爾定律電晶體在兩年後會是多大？摩爾定律對程式師的關係為何？
11. 什麼情境幫助 IBM PC 變得如此風行？
12. 列出個人電腦的五種應用。計算機的應用有否極限？你預見了近期會有什麼巨大的不同且令人興奮的應用嗎？
13. 在馮紐曼模型中，解釋下列各單元的目的：
    a) 處理單元
    b) 程式計數器
14. 在馮紐曼架構中，程式與它的數據都儲存於記憶體中。於是有可能程式會認為一個記憶體位置中存放的程式指令是一項數據，而不小心（或有意地）修改了它自己。如果你是程式師，這對你的啟示是什麼？
15. 說明為什麼現代的計算機包含多個層次的虛擬機器。
16. 說明雲計算平台的三個主要類型。
17. 組織想要將計算移置到雲平台上將會面臨哪些挑戰？有哪些危險與好處？
18. 雲計算能夠將一個組織對它的計算基礎結構相關的所有顧慮都消除嗎？
19. 說明擷取一道指令的意義與動作。
20. 閱讀一份受歡迎的本地報紙來查看求才的機會（你也可以檢閱一些受歡迎的線上求才網站）。什麼工作需要具備特定的硬體知識？什麼工作表示要有計算機硬體知識？需要具備的硬體知識與公司或公司所在地點間是否有關聯性？
21. 列出並說明計算機在商業用途與社會上其他領域中一些常見的用途與一些並不常見的用途。
22. 技術人員對摩爾定律的理解是晶片上的電晶體數目約每 18 個月會倍增。1990 年代摩爾定律開始被敘述成微處理器效能每 18 個月會倍增。已知摩爾定律的這個新解釋，回答下列問題：

a) 在順利完成你的計算機組織與架構課程後，你有了一個可以讓處理器比今天市面上最快的產品加速六倍的新晶片設計的聰明點子。不過這需要耗費你四年半來存錢、做出原型機、然後建造最後產品。如果摩爾定律成立，那麼你應該將你的錢花在發展與製造你的晶片，或是以其他方式投資？

b) 假設有一個問題以目前的科技需要 100,000 小時的計算機時間來求解。下列何者會讓我們更快求得答案：(1) 使用不同的兩倍快的演算法並以現在的科技來執行程式，或是 (2) 等三年，假設摩爾定律能夠將計算機效能每 18 個月倍增，屆時以現在的演算法使用新科技來求解？

23. 什麼是摩爾定律的限制？為什麼這個定律不能永久成立？試說明之。

24. 摩爾定律對技術的意涵（implication，或作隱喻或啟示）是什麼？它對你的未來有什麼影響？

25. 你同意 Ferrucci 博士關於所有計算機始終都會變成像 Watson 那樣的看法嗎？如果你有一台平板大小的 Watson，你會用它來做什麼？

第二章

計算機系統中的數據表示法

「世界上有 10 種人——瞭解二進制的人與不瞭解的人。」

——佚名

2.1 緒論

任何計算機的組織與它如何表達數字、字元符號以及控制訊息有很大的關係。反之亦成立：多年以來建立的各項標準與慣例影響了計算機組織的某些方面。本章說明計算機用以儲存與處理數字和字元符號的各種方法。以下各節介紹的觀念將奠定瞭解各種類型數位系統的組織與功能的基礎。

數位計算機中資訊最基本的單位稱為**位元** (bit)，也就是**二進位數字** (binary digit) 取首尾字母的縮寫。具體而言，位元不過是計算機電路中「開」或「關」（或「高」或「低」）的狀態。1964 年中，IBM System/360 大型主機計算機的設計師們建立了 8 位元為一組作為計算機儲存體中可定址的基本單元的慣例。他們稱呼這樣的一組 8 個位元為**位元組** (byte)。

計算機的**字組** (words) 含有一或多個緊鄰且有時會一起被存取但幾乎永遠一起被運算的位元組。**字組大小** (word size) 表示特定計算機處理起來最有效率的數據大小。字組可以是 16 位元、32 位元、64 位元，或任何計算機組織的環境下有道理的其他大小（包括不是八倍數的大小）。8 位元的位元組可再區分成兩個 4 位元的 **4 位元組** (nibbles 或 nybbles)。由於在以位置表示的數字系統裡，位元組中每個位元有其比重，因此包含比重最低的位元的 4 位元組即稱為低位序 4 位元組，另一個稱為高位序 4 位元組。

2.2 以位置表示的數字系統

在十六世紀中期某個時間，歐洲採行了阿拉伯人和印度人已經用了將近千年的十進制（或以 10 為基底的）數字系統。今天我們將 243 表示兩個百加上四個十加上三個一視為當然。儘管零代表「沒有」，幾乎任何人都知道 1 和 10 之間的差異很大。

以位置表示的數字系統 (positional numbering system) 其數值是由**基數**或基底 (radix 或 base) 遞增的指數次方來表示。這是由於每個位置都有一個基數的整數次方的權重，因此也經常被稱為**有權重的數字系統** (weighted numbering system)。

在以位置表示的數字系統中，有效數字形成的集合其大小等於該系統基數的大小。例如，十進位系統中有 0 到 9 共 10 個數字，三進位系統中有 0、1 與 2 三個數字。最大的有效數字是比基數小 1 的數字，所以譬如 8 不可以是任何基數小於 9 的數字系統中的有效數字。為了能分辨用於不同基數的數字，我們將基數作為下標，譬如以 33_{10} 表示十進位數字 33（在本書中，沒有標示基數下標的數字則應假設為十進數字）。任何十進制整數均可以準確地在其他整數基數系統中表示（見範例 2.1）（按：不同基底的數字系統間小數部分往往無法準確地表示）。

範例 2.1　以下是三個以基數的次方表示的數字：

$$243.51_{10} = 2 \times 10^2 + 4 \times 10^1 + 3 \times 10^0 + 5 \times 10^{-1} + 1 \times 10^{-2}$$

$$212_3 = 2 \times 3^2 + 1 \times 3^1 + 2 \times 3^0 = 23_{10}$$

$$10110_2 = 1 \times 2^4 + 0 \times 2^3 + 1 \times 2^2 + 1 \times 2^1 + 0 \times 2^0 = 22_{10}$$

計算機科學中最重要的兩個基數是二進（基底為 2）與十六進（基底為 16）。另一有用的基數是八進（基底為 8）。二進系統只使用數字 0 與 1；八進系統為 0 至 7。十六進系統除了 0 到 9 這些數字外亦使用 A、B、C、D、E、F 來代表 10 到 15 對應的數字。表 2.1 表示一些基數的例子。

2.3 在基底間作轉換

Gottfried Leibniz (1646-1716) 是第一位將（以位置表示的）十進位系統的觀念推廣到其他基數上的人。Leibniz 是一位有虔誠信仰的人，也對二進系統添加了神聖的意義。他將任何整數都可以一系列的 1 與 0 表示這件事與上帝（以 1 代表）從虛無（以 0 代表）中創造宇宙這件事作聯想。直到 1940 年代末期第一

表 2.1 應記憶的一些數字

二的次方
$2^{-2} = \frac{1}{4} = 0.25$
$2^{-1} = \frac{1}{2} = 0.5$
$2^0 = 1$
$2^1 = 2$
$2^2 = 4$
$2^3 = 8$
$2^4 = 16$
$2^5 = 32$
$2^6 = 64$
$2^7 = 128$
$2^8 = 256$
$2^9 = 512$
$2^{10} = 1024$
$2^{15} = 32,768$
$2^{16} = 65,536$

十進位數字	4 位元二進數字	十六進數字
0	0000	0
1	0001	1
2	0010	2
3	0011	3
4	0100	4
5	0101	5
6	0110	6
7	0111	7
8	1000	8
9	1001	9
10	1010	A
11	1011	B
12	1100	C
13	1101	D
14	1110	E
15	1111	F

批二進制數位計算機建造完成之前，二進制系統一直都只是數學上一件好玩的事，今天它已成為幾乎每一個以數位形式運作的電子裝置的核心。由於它的簡單，二進制數字系統可輕易以電子電路處理，這些電子電路也容易讓人瞭解。有經驗的計算機專業人員可一眼就辨認較小的二進位數字（如表 2.1 所示），不過作較大的值或小數的轉換時就往往需要用到計算器或紙筆了，還好只要稍作練習即可熟練轉換方法。下列各小節中將說明一些較簡單的方法。

2.3.1 轉換無號整數

先看看無號數字的基底轉換。有號數字（數字可以是正數或負數）的轉換較為複雜，且在作有號數字的轉換前應先行瞭解轉換的基本技術。

基底系統間作轉換的方法可以是重複的減法或是除法－取餘數。減法的方法笨拙且需熟記所使用的基數的各種次方值。然而因為它是兩種方法中較直覺的，因此先作介紹。

先舉一例，將 104_{10} 以基底 3 的形式表示。由於 $3^4 = 81$ 是小於 104 的最大的 3 的次方值，這個以 3 為基底的數字應具有 5 個位數（每一位數代表一個基數的 0 到 4 的次方值）。記下 104 中會有一個 81 並將之減去，得差值 23。下一個 3 的次方值是 $3^3 = 27$，大於 23，於是記錄一個 0 應處於下一位置並檢查 $3^2 = 9$ 可從 23 中減去幾次。23 可減 9 二次並得差值 5，其中又能再減去 $3^1 = 3$ 一次並得差值 2，亦即 2×3^0。這些步驟示於範例 2.2 中。

範例 2.2　以減法將 104_{10} 以基底 3 形式表示。

$$
\begin{array}{rl}
104 & \\
\underline{-81} & = 3^4 \times 1 \\
23 & \\
\underline{-0} & = 3^3 \times 0 \\
23 & \\
\underline{-18} & = 3^2 \times 2 \\
5 & \\
\underline{-3} & = 3^1 \times 1 \\
2 & \\
\underline{-2} & = 3^0 \times 2 \\
0 & \qquad\qquad 104_{10} = 10212_3
\end{array}
$$

除法—取餘數方法較重複的減法更快且較容易。這個方法的觀念是以基底作連續的除，其實就等於對基底的不同次方值從最小值開始做連續的減。在以基底作連續除法的過程中，每一步得到的餘數也就是結果中的一個位數，最先得到的是個位數並依序向左放置。這個方法示於範例 2.3 中。

範例 2.3　以除法—取餘數方法將 104_{10} 以基底 3 形式表示。

$$
\begin{array}{r|lcl}
3 & 104 & 2 & \text{3 除 104 得 34 且餘數為 2} \\
3 & 34 & 1 & \text{3 除 34 得 11 且餘數為 1} \\
3 & 11 & 2 & \text{3 除 11 得 3 且餘數為 2} \\
3 & 3 & 0 & \text{3 除 3 得 1 且餘數為 0} \\
3 & 1 & 1 & \text{3 除 1 得 0 且餘數為 1} \\
 & 0 & &
\end{array}
$$

由最下方開始取餘數作各個位數，可得 $104_{10} = 10212_3$。

這個方法適用於任何基底，且由於過程簡單，因此廣受採用。範例 2.4 表示十進制到二進制數字的轉換。

範例 2.4　將 147_{10} 以二進制形式表示。

2 | 147	1	2 除 147 得 73 且餘數為 1
2 | 73	1	2 除 73 得 36 且餘數為 1
2 | 36	0	2 除 36 得 18 且餘數為 0
2 | 18	0	2 除 18 得 9 且餘數為 0
2 | 9	1	2 除 9 得 4 且餘數為 1
2 | 4	0	2 除 4 得 2 且餘數為 0
2 | 2	0	2 除 2 得 1 且餘數為 0
2 | 1	1	2 除 1 得 0 且餘數為 1
0		

由最下方開始取餘數作各個位數，可得 $104_{10} = 10010011_2$。

具有 N 位元的二進數字可表示由 0 至 $2^N - 1$ 的無號整數。例如，4 個位元可表示十進數值 0 至 15，而 8 個位元可表示 0 至 255。在以二進數字作算術運算時給定的位元數目所能表示的數值範圍非常重要。思考二進數字的長度只有 4 位元，而我們要加總 1111_2 (15_{10}) 與 1111_2 的情況。15 + 15 = 30，但 30 無法只以 4 個位元表示。這是稱為**滿溢** (overflow) 這種情況的一例，在算術運算的結果超出某一數量的位元所能表示的無號二進表示法精確度的範圍時就會發生。我們在 2.4 節討論有號數字時會更詳細研讀滿溢。

2.3.2 轉換小數

在任何基底系統中的小數可以在其他基底系統中以基數負次方對應的各個位數逼近地表示。**基數點**（radix point，即相當我們慣稱的小數點）將一數值的整數部分與小數部分區隔開。在十進系統中基數點稱為十進數小數點。二進數的小數則有二進數小數點。

在一基底系統中在小數點右側含有一串循環位數的小數在其他基底系統中不一定也有循環的位數。例如 $\frac{2}{3}$ 是十進制中的循環小數，但是在三進系統中則為 0.2_3（因 $2 \times 3^{-1} = 2 \times \frac{1}{3}$）。

不同基底間的小數轉換可使用類似用於整數轉換的重複減法與除法—取餘數的方法。範例 2.5 說明如何使用重複的減法將十進數小數轉換為基底為 5 的形式。

範例 2.5　將 0.4304_{10} 以五進制形式表示。

$$\begin{array}{rl} & 0.4304 \\ & \underline{-0.4000} = 5^{-1} \times 2 \\ & 0.0304 \\ & \underline{-0.0000} = 5^{-2} \times 0 \qquad \text{（也需占用一個位數）} \\ & 0.0304 \\ & \underline{-0.0240} = 5^{-3} \times 3 \\ & 0.0064 \\ & \underline{-0.0064} = 5^{-4} \times 4 \\ & 0.0000 \end{array}$$

由最上方開始取各個位數，可得 $0.4304_{10} = 0.2034_5$。

在整數的數系轉換中由於各個位數需乘以基數的次方的權重，故可採用取餘數的方法；因此在小數的數系轉換中，由於各個位數是乘以基數的負次方的權重，理應可以採用乘法。然而不同於在整數方法中我們取用餘數，此處在乘以基數之後我們擷取乘積中的整數部分。結果則是由上方開始讀取至最底下而非由下方向上。範例 2.6 表示這種過程。

範例 2.6 將 0.4304_{10} 以五進制形式表示。

$$\begin{array}{r} .4304 \\ \times \quad 5 \\ \hline 2.1520 \end{array}$$ 整數部分是 2。在之後的乘法中忽略它。

$$\begin{array}{r} .1520 \\ \times \quad 5 \\ \hline 0.7600 \end{array}$$ 整數部分是 0。需要它來占用一個位數。

$$\begin{array}{r} .7600 \\ \times \quad 5 \\ \hline 3.8000 \end{array}$$ 整數部分是 3。在之後的乘法中忽略它。

$$\begin{array}{r} .8000 \\ \times \quad 5 \\ \hline 4.0000 \end{array}$$ 小數部分已為 0，故已完成。

由最上方開始取各個位數，可得 $0.4304_{10} = 0.2034_5$。

這個範例是刻意設計成整個過程會在幾個步驟後結束。事情發展往往並不那麼盡如人意，結果我們得到的是循環小數。大部分計算機會使用特定的進位 (rounding) 演算法，以提供可知範圍內的準確度。然而為了明確，我們在答案到達所欲的準確度後即丟棄（或截去）更低位置的位數，如範例 2.7 中所示。

範例 2.7 將 0.34375_{10} 以小數點之後 4 個位元的二進制形式表示。

$$\begin{array}{r} .34375 \\ \times \quad 2 \\ \hline 0.68750 \end{array}$$ （又一個占位的位元）

$$\begin{array}{r} .68750 \\ \times \quad 2 \\ \hline 1.37500 \end{array}$$

$$\begin{array}{r} .37500 \\ \times \quad 2 \\ \hline 0.75000 \end{array}$$

$$\begin{array}{r} .75000 \\ \times \quad 2 \\ \hline 1.50000 \end{array}$$ （這是第四個位元，我們在這裡停止。）

由最上方開始取各個位數，可得小數點後 4 個位元的 $0.34375_{10} = 0.0101_2$。

上述方法可作任意基底的數字至其他基底（譬如基底 4 至基底 3）的直接轉換（如範例 2.8 中所示）。然而在大部分情形下，你可能更習於先求得十進制表示式再轉換至目標基底的表示法，並因此得到更精確的結果。這種間接轉換中的一個例外是當你作基底均為 2（按：或其他數字）的指數的數字系統轉換時，如下節中所示。

範例 2.8　將 3121_4 以三進制形式表示。

首先轉換至十進制形式：

$$\begin{aligned} 3121_4 &= 3 \times 4^3 + 1 \times 4^2 + 2 \times 4^1 + 1 \times 4^0 \\ &= 3 \times 64 + 1 \times 16 + 2 \times 4 + 1 = 217_{10} \end{aligned}$$

然後轉換成三進制：

$$\begin{array}{r|l l} 3 & 217 & 1 \\ 3 & 72 & 0 \\ 3 & 24 & 0 \\ 3 & 8 & 2 \\ 3 & 2 & 2 \\ & 0 & \end{array}$$

可得 $3121_4 = 22001_3$。

2.3.3　在 2 的次方基底間作轉換

二進制數字經常以十六進——有時是八進——的形式表示，以增加易讀性。由於 $16 = 2^4$，一組 4 個位元 [稱為**十六進位的位數** (hextet)] 可簡便地表以一個十六進位的位數。類似地，$8 = 2^3$，一組 3 個位元 [稱為**八進位的位數** (octet)] 可表以一個八進位的位數。利用這些關係即可將二進位數字輕易轉換成八進或十六進形式。

範例 2.9 將 110010011101_2 以八進制與十六進制形式表示。

110	010	011	101
6	2	3	5

轉換至八進制時將位元由小數點起分成 3 位元一組。

$110010011101_2 = 6235_8$

1100	1001	1101
C	9	D

轉換至十六進制時將位元由小數點起分成 4 位元一組。

$110010011101_2 = C9D_{16}$

若位元數不足，則可於前方加入 0。

2.4 有號整數表示法

我們已知如何將無號整數由一種基底的表示法轉換為另一種基底表示法。對於有號整數則有額外的注意事項。當程式中宣告一整數變數時，很多程式語言即在儲存區中自動地配置一個以其中第一位元為符號位元的儲存位置。習慣上這個最高位位元中以「1」表示該數為負數。這個儲存位置依語言與計算機系統的不同可以小至一個位元組，大至數個字組（符號位元之後的）。其他位元則用以表示數值本身。

有號數字的表示法有很多種，其中常用的有三種。最直覺的符號-大小表示法以符號以外的位元表示數字的絕對值。這個方法以及其他兩個應用**補數** (complements) 觀念的方法將於以下各節中介紹。

2.4.1 符號-大小

直到目前我們尚未討論到如何以二進形式表示負數。正與負整數的集合稱為**有號整數** (signed integers) 集合。以二進形式表示有號整數的關鍵在於正負符號：我們應如何編碼這個符號？**符號-大小表示法** (sign-magnitude representation) 是其中一種解決的方法。如其名所指，一個以符號-大小表示的數字以其最左方位元（亦稱最高序位位元或最有意義位元）作為符號而其他位元表示該數的大小（或絕對值）。例如在 8 位元字組中，−1 表為 1000 0001 而 +1 表為 0000 0001。在使用符號-大小表示法且以 8 個位元存放整數的計算機系統中，有 7 個位元可用以表示數字的大小。因此其可以表示的最大整數是 $2^7 - 1$ 或 127（最高位元為 0，後接 7 個 1）。最小的整數 −127 則以 8 個 1 表示。因此 N 個位元可表示 $-(2^{(N-1)} - 1)$ 至 $(2^{(N-1)} - 1)$ 各值。

計算機必須能對以這種方式表示的整數作算術運算。符號-大小的算術基本上以與人們使用紙筆相同的方法進行，但是也會有許多困擾。譬如以加法的規則為例：(1) 若二數符號相同，則將大小相加且結果應沿用該符號；(2) 若符號相異，則需先判斷何者絕對值較大，然後將較小的值從較大的值中減去，並使用原來的絕對值較大的該數的符號。仔細思考這些規則，它們其實就是你手算時使用的方法。

因此我們依運算元的符號異同以及絕對值大小關係決定它們的運算方式，先不看符號來做恰當運算，再適當地選用符號。當應用這個方法在 8 位元數字上時，注意結果中的大小應僅有 7 位元，若有從最高位元產生的進位則逕予捨去。

範例 2.10　以符號-大小算術將 01001111_2 與 00100011_2 相加。

```
        1 1 1 1      ⇐ 進位
0     1 0 0 1 1 1 1      (79)
0 +   0 1 0 0 0 1 1    + (35)
      -------------    ------
0     1 1 1 0 0 1 0     (114)
```

算術過程包括進位方式與在十進制中者相同，直到得出由右側算起的 7 個位元的結果。若有從最高位產生的進位，則發生了滿溢且進位無法表示，因此和不正確。本例中未發生滿溢。

因此可得符號-大小表示法的 $01001111_2 + 00100011_2 = 01110010_2$。

因為符號僅在加法結束後才有意義，因此要分開處理。在本例中我們例舉二個正數，故其和亦為正。**滿溢** (overflow)（表示得到錯誤的結果）在有號數的算術中當進位使得結果的符號不正確時發生。

在符號-大小表示法中，符號位元僅用於表示符號，因此我們不能「進位到它的位置」。若有由第 7 個位元產生的進位，則這種情形的溢位造成結果被部分截掉，使得結果不正確（範例 2.11 中將說明這種狀況）。謹慎的程式師在任何可能發生滿溢時會小心處理以避免造成昂貴的代價。若不捨棄該溢位，則其將進位至符號的位置，造成兩正數相加其和為負的古怪且不合理的結果（想像程式中下一步驟是對該數求開平方或求對數值時會發生什麼情況！）。

範例 2.11 將 01001111_2 與 01100011_2 以符號-大小算術相加。

最後有進位，表示滿溢且應捨棄。

1 ←	1 1 1 1	⇐ 各個進位	
0	1 0 0 1 1 1 1		(79)
0 +	1 1 0 0 0 1 1		+ (99)
0	0 1 1 0 0 1 0		(50)

得到 79+99 = 50 的錯誤結果。

以加倍的方式逐位數處理

二進制數字轉換為十進制表示法中最快的方法稱為**以加倍的方式逐位數處理** (double-dabble 或 double-dibble)。該方法根據的是二進數字中再上一個位數的權重是這個位置權重的兩倍。處理過程始於最左方位元並向右直到最右方位元。第一個位元乘以 2 後加到第二個位元上；接著和再乘以 2 後又加到下一個位元上。過程重複直到最右方位元也做完加法為止（按：該法的原則對不同基底的數字系統均適用；原有基底若為 2 則乘數為 2，亦稱加倍；原基底不為 2 則加倍二字需更改）。

範例 1

將 10010011_2 以十進制表示。

步驟 1：寫出二進制數字，並於位元間留出足夠空間。

1 0 0 1 0 0 1 1

步驟 2：將最高位位元乘以 2 後置於下一位元下方。

$$\begin{array}{cccccccc} 1 & 0 & 0 & 1 & 0 & 0 & 1 & 1 \\ & 2 & & & & & & \\ \underline{\times 2} & & & & & & & \\ 2 & & & & & & & \end{array}$$

步驟 3：加上該位元並將和乘以 2 後置於下一位元下方。

1	0	0	1	0	0	1	1
	2	4					
	+0						
	2						
×2	×2						
2	4						

步驟 4：重複第三步直至處理完所有位元。

1	0	0	1	0	0	1	1	
	2	4	8	18	36	72	146	
	+0	+0	+1	+0	+0	+1	+1	
	2	4	9	18	36	73	147	⇐ 答案是：$10010011_2 = 147_{10}$
×2	×2	×2	×2	×2	×2	×2		
2	4	8	18	36	72	146		

若將 4 位元一組的十六進位位數結合加倍的方式逐位數處理，可輕易將十六進制表示法轉換為十進位形式。

範例 2

將 $02CA_{16}$ 以十進制的形式表示。

首先將各個十六進位的位數以二進制形式表示：

0	2	C	A
0000	0010	1100	1010

• • •

然後應用以加倍的方式逐位數處理於二進制形式的數字上：

1	0	1	1	0	0	1	0	1	0
	2	4	10	22	44	88	178	356	714
	+0	+1	+1	+0	+0	+1	+0	+1	+0
	2	5	11	22	44	89	178	357	714
×2	×2	×2	×2	×2	×2	×2	×2	×2	
2	4	10	22	44	88	178	356	714	

$02CA_{16} = 1011001010_2 = 714_{10}$

符號-大小的減法如同其加法般是以類似十進制算術中的紙筆法進行，過程中也許會用到對**被減數** (minuend) 各個位數的借位。

範例 2.12 以符號-大小算術將 01001111_2 自 01100011_2 中減去。

```
        0 1 1 2         ⇐ 各個借位
0     1 1 0 0 0 1 1        (99)
0 −   1 0 0 1 1 1 1      − (79)
0     0 0 1 0 1 0 0        (20)
```

於是符號-大小形式的運算結果是 $01100011_2 - 01001111_2 = 00010100_2$。

範例 2.13 以符號-大小算術將 01100011_2 (99) 自 01001111_2 (79) 中減去。

經由觀察可知減數 01100011 較被減數 01001111 大。由範例 2.12 可知二者差值為 0010100_2。因為減數大於被減數，因此結果的符號應與範例 2.12 中者不同。故符號-大小中的 $01001111_2 - 01100011_2 = 10010100_2$。

減法也就是「加上相反的數」，等於取欲減去的數的負值而來作加法（這通常較在減法中一再處理是否要借位容易得多；在二進制系統中尤其如此）。因此我們需要檢視一些包含正或負數的例子才能真正瞭解。回憶加法的規則：(1) 若二數符號相同，則將大小相加且結果應沿用該符號；(2) 若符號相異，則需先判斷何者大小較大，然後將較小的值從較大的值中減去（不是加上），並使用原來的值較大的該數的符號。

範例 2.14 以符號-大小算術將 10010011_2 (−19) 與 00001101_2 (+13) 相加。

第一個數字（被加數）的符號是 1 故為負。第二個數字（加數）為正。真正需要的運算是減法。我們先要決定二數中何者的大小為大並將之作為被加數，並以該數的符號作為結果的符號。

```
          0 1 2        ⇐ 各個借位
1     0 0 1 0 0 1 1       (−19)
0 −   0 0 0 1 1 0 1     + (13)
1     0 0 0 0 1 1 0       (−6)
```

再將符號也放入則得符號-大小表示式中的 $10010011_2 - 00001101_2 = 10000110_2$。

範例 2.15 以符號-大小算術將 10011000_2 (−24) 自 10101011_2 (−43) 中減去。

我們可先取 −24 的負值、亦即 24，來將減法轉變成加法，亦即問題成為 −43 + 24 = ? 根據前述的加法規則，由於二數符號不同，因此應將較小的大小自較大者中減去（將 24 自 43 中減去）並表示結果為負數（因為 43 大於 24）。

$$
\begin{array}{cccccccc@{\qquad}r}
 & & 0 & 2 & & & & & \\
 & 0 & \not{1} & 0 & 1 & 0 & 1 & 1 & (43) \\
- & 0 & 0 & 1 & 1 & 0 & 0 & 0 & -\ (24) \\
\hline
 & 0 & 0 & 1 & 0 & 0 & 1 & 1 & (19)
\end{array}
$$

注意：我們在完成減法之前不需有符號方面的顧慮。結果一定會是負值。因此可得符號-大小表示式中的 $10101011_2 - 10011000_2 = 10010011_2$。

在閱讀前述範例時，回想有多少個問題需要注意：何數的大小較大？所欲減的數是否為負？要由被減數借位幾次？設計成以這個方式作算術運算的計算機也需要作出所有這麼多的決定（雖然速度快上許多）。邏輯（與線路）由於符號-大小表示法中有 10000000 與 00000000 兩個零的表示式而更形複雜（以數學眼光觀之此事根本不應容許！）。更簡易的表示有號數的方法可能也會導致運算上更簡單的電路設計。這些較簡單方法使用的是（不同基數的）補數系統。

2.4.2 補數系統

數字理論的學者數百年前就已知道：在十進制中將一數自另一數中減去的方法可以是加上減數與所有位數均為 9 的數字的差值、並將最高位的進位位元置於最低位數處加回來。這個過程稱為取減數的九的補數，或更正式地稱為取減數的**縮減的基數的補數** (diminished radix complement)。譬如欲計算 167 − 52。52 與 999 的差是 947，因此在九的補數算術中 167 − 52 = 167 + 947 = 1114。由本例中最高位數百位數產生的「進位」應加回到個位數位置，於是得出正確的 167 − 52 = 115。這個方法一般稱為「從那些 9 中趕出來」，並已沿用至二進系統運算中以簡化計算機算術。補數系統相較於符號-大小系統的好處是不必額外處理符號位元，且仍然可由數字的高位序位元輕易看出其符號。

另一種說明補數系統的方式可以參考單車上的里程表。與汽車上的里程表不同的是當單車倒退的時候，里程表也會倒退。假設里程表有三個位數，如果開始時的讀數是 0 且結束時是 700，我們無法得知單車是前行了 700 哩還是倒行了 300 哩！解決這個困擾的最簡單方法就是將數字範圍分成 001–500 的表示前行與 501–999 的表示倒退的兩半。這作法實質上也將里程表能測量的距離降低了。不過現在如果顯示的讀數是 997，則我們確知單車是倒退了 3 哩而非前進了 997 哩。數字 501–999 代表示數字 001–500 的基數的補數 (radix complements)（以下將介紹的二種方法中的第二種），也是最適於代表負距離的。

一的補數

如前所示，十進制中一數字縮減的基數補數的各個位數是基底減 1（亦即 9）再減去減數的對應位數。更明確地說，已知基底為 r 且位數為 d 的數字 N，其縮減的基數的補數定義是 $(r^d - 1) - N$。十進制數字的 $r = 10$，而其縮減的基數是 10 − 1 = 9。例如，2468 的 9 的補數是 9999 − 2468 = 7531。在二進制中相同的運算是由基底 (2) 少 1 的值、亦即 1 中減去該數字的位數。例如 0101_2 的 1 的補數是 $1111_2 - 0101_2 = 1010_2$。雖然可以瑣碎地在減的過程慢慢地借位，不過少少的實驗即可讓你瞭解求得二進數字的 1 的補數只不過需要將該數字中的所有 1 換為 0、0 換為 1 即可。這樣的位元翻轉在計算機硬體中極易辦到。

介紹到這裡各位要注意：雖然我們已能算出任意十進位數字的九的補數或是任意二進位數字的一的補數，我們最在意的是以補數形式來表示負數。已知減法如 10 − 7 也可視為「加上相反的數」而進行 10 + (−7)。補數表示法使我們可將減法簡化成加法，也給予我們表示負數的方法。由於我們不希望（如同在符號-大小表示法中）使用特別的位元來代表符號，則在數字為負時，應將其轉換成補數的形式呈現。轉換的結果其最左位元應為 1 以表示該數為負。

雖然技術上一數字的 1 的補數是以一個大的 2 的指數值減去該數而得，我們慣稱以 1 的補數形式表示負值的計算機為 1 的補數系統，或使用 1 的補數算術的計算機。這稱呼會有點誤導，因為正數不必再取補數；只有負數需取其補數來使其具有計算機可輕易處理的形式。範例 2.16 說明這些觀念。

範例 2.16 在使用一的補數的計算機中將 23_{10} 與 -9_{10} 以 8 位元表示。

$$23_{10} = +(00010111_2) = 00010111_2$$
$$-9_{10} = -(00001001_2) = 11110110_2$$

一的補數系統的加法與符號-大小算術中不同的是不需要對符號位元作特別的處理。符號位元在運算過程中會順勢完成。這點可由比較範例 2.17 與範例 2.10 得知。

範例 2.17 以 1 的補數加法將 01001111_2 與 00100011_2 相加。

```
      1 1 1 1    ⇐各個進位
  0 1 0 0 1 1 1 1       (79)
+ 0 0 1 0 0 0 1 1     + (35)
  ---------------     ------
  0 1 1 1 0 0 1 0      (114)
```

假設欲將 9 自 23 中減去。欲進行一的補數減法，則應先取減數 (9) 的一的補數，再將之加至被減數 (23) 中；實質上現在在做的是 23 + (−9)。從最高位元產生的進位可能是 1 或 0，且會被加回到和的低位序位元位置 [這個過程肇因於使用了縮減的基數的補數，稱為端迴進位 (end carry-around)]。

範例 2.18 以 1 的補數加法將 23_{10} 加到 -9_{10} 中。

$$
\begin{array}{lrr}
 & 1 \leftarrow 1\,1\,1\;\;\;1\,1 & \Leftarrow \text{各個進位} \\
 & 0\,0\,0\,1\,0\,1\,1\,1 & (23) \\
 & +\,1\,1\,1\,1\,0\,1\,1\,0 & +(-9) \\
\hline
\text{最後的進位} & 0\,0\,0\,0\,1\,1\,0\,1 & \\
 & +\,1 & \\
\hline
\text{加到和中。} & 0\,0\,0\,0\,1\,1\,1\,0 & 14_{10}
\end{array}
$$

範例 2.19 以 1 的補數加法將 9_{10} 加到 -23_{10} 中。

$$
\begin{array}{lrr}
\text{最後的進位是 0} & 0 \leftarrow 0\,0\,0\,0\,1\,0\,0\,1 & (9) \\
\text{因此運算已完成。} & +\,1\,1\,1\,0\,1\,0\,0\,0 & +(-23) \\
\hline
 & 1\,1\,1\,1\,0\,0\,0\,1 & -14_{10}
\end{array}
$$

我們怎麼知道 11110001_2 真的代表 -14_{10}？僅需取該數的一的補數（並記得其符號表示其為負數）檢視即可知。11110001_2 的一的補數是 00001110_2，亦即 14。

一的補數系統主要問題在於其亦有兩個 0 的表示形式：00000000 與 11111111。因此也由於其他原因，計算機工程師早已基於 2 的補數表示法對二進系統更有效率而停止使用一的補數表示法。

二的補數

二的補數是基數的補數中的一例。已知基底為 r 且位數為 d 的數字 N，其基數的補數定義當 $N \neq 0$ 時是 $r^d - N$，$N = 0$ 時則是 0。基數的補數一般較縮減的基數的補數更為直覺。在前述里程表的例子中，向前走了 2 哩的十的補數是 $10^3 - 2 = 998$，並已瞭解其代表負（倒退）的距離。同樣地，在二進制中，4 位元數字 0011_2 的二的補數是 $2^4 - 0011_2 = 10000_2 - 0011_2 = 1101_2$。

更仔細檢視之下可發現二的補數就是一的補數再加 1。欲求二進數字的二的補數時，只需反轉所有位元並加上 1 即可。這簡化了加法以及減法：由於減數（那個取補數後做加法的數）一開始已經加 1，因此不再需要作端迴進位處理，任何最高序位位元處的進位直接捨棄即可。如同在一的補數中一樣，二的補數指的是一數字的補數，而使用這種表示法來表示負數的計算機則稱為二的補數系統，或使用二的補數算術。如前所述，正數不需特別處理；只需對負數將其轉換為二的補數形式。範例 2.20 說明這些觀念。

範例 2.20 假設計算機使用二的補數表示法，將 23_{10}、-23_{10} 與 -9_{10} 以 8 位元的二進位形式表示。

$$23_{10} = +(00010111_2) = 00010111_2$$
$$-23_{10} = -(00010111_2) = 11101000_2 + 1 = 11101001_2$$
$$-9_{10} = -(00001001_2) = 11110110_2 + 1 = 11110111_2$$

由於正數的表示法在一的補數與二的補數（以及符號-大小）形式中相同，因此將兩正數相加的方式也相同。可將範例 2.21 與範例 2.17、範例 2.10 作對比。

範例 2.21 以二的補數加法作 01001111_2 與 00100011_2 相加。

```
      1 1 1 1      ⇐ 各個進位
  0 1 0 0 1 1 1 1        (79)
  0 0 1 0 0 0 1 1      + (35)
+ 0 1 1 1 0 0 1 0       (114)
```

假設欲將某表示形式中的二進制數字轉換成十進的形式。這對正數很容易，例如轉換二的補數形式 00010111_2 到十進形式時，答案即為 23。然而轉換二的補數形式的負數時則需用到類似由十進形式轉為二進形式的倒反的過程，例如欲將二的補數二進數字 11110111_2 轉換為十進形式：由形式可知此數字為負數，但需謹記所用的形式是二的補數形式，因此我們先翻轉所有位元然後將結果再加 1（求其對應的一的補數形式正數再加 1），結果是 $00001000_2 + 1 = 00001001_2$，十進制的對應值是 9；不過記得該值原為負數，因此得 -9 即為 11110111_2 的對應值。

以下二例說明如何在二的補數形式中作加法運算（因此也包括減法，因為減法是以加上減數的相反值來達成的）。

範例 2.22 以二的補數加法作 9_{10} 與 -23_{10} 相加。

$$\begin{array}{rr} 0\,0\,0\,0\,1\,0\,0\,1 & (9) \\ +\underline{1\,1\,1\,0\,1\,0\,0\,1} & +\underline{(-23)} \\ 1\,1\,1\,1\,0\,0\,1\,0 & -14_{10} \end{array}$$

驗證 11110010_2 是否代表 -14_{10} 的二的補數形式將留作習題。

範例 2.23 以二的補數算術將 23_{10} 與 -9_{10} 相加。

捨棄進位。

$$\begin{array}{rr} 1 \leftarrow 1\,1\,1\quad 1\,1\,1\quad & \Leftarrow \text{各個進位} \\ 0\,0\,0\,1\,0\,1\,1\,1 & (23) \\ +\underline{1\,1\,1\,1\,0\,1\,1\,1} & \underline{+(-9)} \\ 0\,0\,0\,0\,1\,1\,1\,0 & 14_{10} \end{array}$$

在二的補數中，二負數相加亦將產生負值。

範例 2.24 以二的補數加法求 $11101001_2\ (-23)$ 與 $11110111_2\ (-9)$ 的和。

捨棄進位。

$$\begin{array}{rr} 1 \leftarrow 1\,1\,1\,1\,1\,1\,1\quad & \Leftarrow \text{各個進位} \\ 1\,1\,1\,0\,1\,0\,0\,1 & (-23) \\ +\underline{1\,1\,1\,1\,0\,1\,1\,1} & \underline{+(-9)} \\ 1\,1\,1\,0\,0\,0\,0\,0 & (-32) \end{array}$$

注意：在範例 2.23 與 2.24 中捨棄的進位並不會造成錯誤。滿溢在二正數相加而結果為負，或二負數相加而結果為正時發生。在二的補數形式中正負數相加時滿溢不可能發生。

簡單的電路即可根據一個容易記憶的規則輕易偵測滿溢狀況。你會注意到在範例 2.23 與 2.24 中進入符號位元位置的進位（1 由前一個位元位置進位至符號位元位置）與符號位元位置產生的進位（1 進位出去並且被捨棄）相同。當這兩個進位相同，則不發生滿溢；當它們不同，在算術邏輯單元中可以用一個滿溢指示位元將其設定來表示結果並不正確。

對有符號的數字偵測滿溢狀態的簡單規則：若進入符號位元位置的進位與該位置產生的進位相同，則無滿溢發生。若進入符號位元位置的進位與該位置產生的進位不同，則滿溢（也因此錯誤）就已經發生。

如何能確保程式師（或編譯器）會嚴密檢視滿溢狀態並不容易。範例 2.25 說明因為進入符號位元位置的進位（是一個 1）與該位置產生的進位（是一個 0）不同而發生滿溢。

範例 2.25 以二的補數算術求 126_{10} 與 8_{10} 的和。

	0 ← 1 1 1 1		⇐ 各個進位
捨棄最後的	0 1 1 1 1 1 1 0	(126)	
進位。	+ 0 0 0 0 1 0 0 0	+ (8)	
	1 0 0 0 0 1 1 0	(−122???)	

一個 1 進位到最左方位元中，然而一個 0 由此進位出去。由於這兩個進位不同，表示發生了滿溢。（我們可清楚看出二正數相加卻得到負值的結果。）我們會在 2.4.6 節中再探討這個題目。

二的補數是最常用來表示有號數字的形式。其所對應的加、減演算法很簡單，且具有表示 0 最好的方法（所有位元均為 0），同時可輕易取補數和易於應用在更多位元的數字上。最大的缺陷是固定位元數能代表的正、負數字值域不對稱。例如在符號-大小表示法中，4 位元可表示 −7 至 +7 各值。然而使用二的補數可代表的數值是 −8 至 +7，經常使學習補數表示法的人困惑。要瞭解為何 +7 是 4 位元二的補數表示法所能表示的最大數字，只需記得因為正數的第一個位元必須為 0。若所有其他位元均為 1（來表示可能的最大大小），即 0111_2，表示值為 7。一個立即反應是那最小的值就應該是 1111_2 了，但 1111_2 實際上代表的是 −1（將 1 中所有位元翻轉、加上 1，即得 −1 的表示法）。那我們又怎麼以 4 位元的二的補數方式表示 −8 呢？結果是 1000_2。首先可知其為一負數。若翻轉所有位元（得 0111）、加 1（得 1000，亦即 8）並解讀為負數，即得 −8。

整數的乘法與除法

乘法與除法除非使用了精巧的演算法，否則一般都會耗費很多的計算過程才能得出結果。我們在此只討論最直接的乘除法。在真實的系統中會使用專用的硬體、有時還會平行地處理一些計算，來提高運算量。有興趣的讀者可以參考本章最末所附參考文獻表列中一些進階的方法。

計算機中最單純的乘法演算法與人類使用的傳統紙筆法類似。二進制的乘法表再簡單不過了：零乘以任何數結果為零，一乘以任何數結果為該數本身。

要說明簡單的計算機乘法，則先將被乘數與乘數分別寫入儲存位置中。另外還要有一個存放乘積的位置。有一指標從最低位元位置起指向乘數。被乘數在乘的過程中不斷「左移」至乘數中每一對應位元的位置；若指到的乘數位元為 1，則移至對應位置的被乘數應加至部分積目前的總和中。由於被乘數對應於乘數中每一位元均需左移一位，乘積的位元數應為被乘數或乘數中位元數的兩倍。

二進制的除法有二簡單方式：可重複地由被除數中減去除數，或可應用中小學學到的長除法。如在乘法討論中所述，更有效率的二進制除法非屬本書範圍，並可在本章最末所附參考文獻表列中找到參考資料。

不論除法中所採用的演算法效率如何，其都可能會造成計算機無法得出正確結果；在除以零或兩數的大小差異太大時尤其容易如此。當除數遠小於被除數

2.4.3 有號數字的超-M 表示法

回憶我們在介紹補數系統時提到的單車例子。我們選擇了一個特定數字 (500) 作為正向哩數的界限，並指定 501 至 999 作為負向哩數。由於使用了範圍來表示里程的正負而不需要用到符號。**超-M 表示法**（excess-M representation，亦稱**補償的二進制**表示法，offset binary representation）的作法很類似：以無號的二進制值來代表有號的值。然而超-M 表示法較之符號-大小表示法或補數編碼更易掌握，因為全為 0 的位元串就代表最小的數，而全為 1 就是最大的值；亦即位元編碼的樣式代表了值的大小關係。

整數 M（稱為偏移值 bias）的無號二進表示法代表 0 這個值，而全為 0 的位元樣式代表整數 −M。基本上，一個十進的整數會（如在單車例中）「對

時，計算機會出現無法表示結果的現象，如同除以 0 般的情況，稱為**除法中出現短值** (divide underflow)。

計算機對整數與浮點數的除法並不相同。整數除法的結果包含商與餘數兩部分。浮點數除法的結果以二進位分數的形式表示，包含有效位數與小數點位置兩部分。這兩種除法相當不同，因此應該各自使用其特殊的電路。浮點計算以專用的電路進行，稱為**浮點單元** (floating-point units) 或 FPUs。

範例 求 00000110_2 與 00001011_2 的乘積。

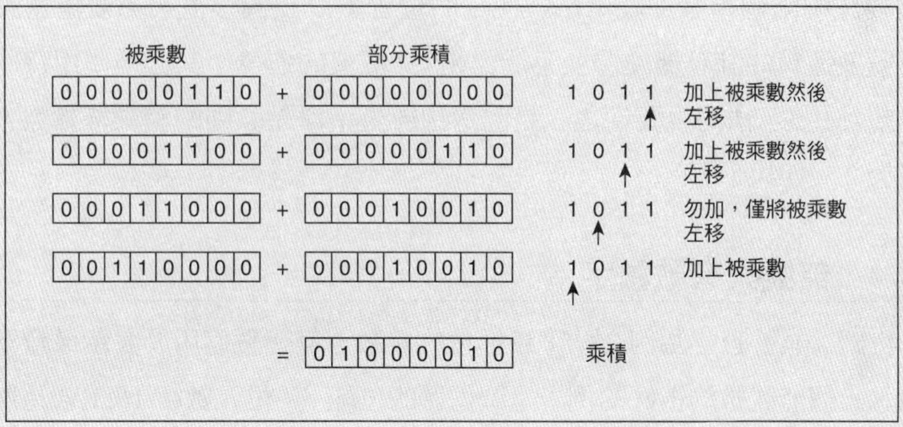

應」到一個無號的二進整數，並且依其所處的範圍而代表某正數或負數。若在二進表示法中使用 n 個位元，我們一般會選用一個能將整個範圍等分為正負兩部分的偏移值，這個值通常就是 $2^{n-1}-1$。例如若使用 4 位元表示法，則偏移值應為 $2^{4-1}-1=7$。如同符號-大小、一的補數、二的補數般，n 個位元能表示的值的範圍是特定的。

一個有號整數使用超-M 表示法時的無號二進值就是該數加 M。例如，設採用超-7（按：這個-是標點符號，不是正負號）表示法，則整數 0_{10} 將表為 $0+7=7_{10}=0111_2$；整數 3_{10} 將表為 $3+7=10_{10}=1010_2$；而整數 -7_{10} 將表為 $-7+7=0_{10}=0000_2$。使用超-7 表示法且設有二進數 1111_2，欲求其所代表的十進值，只需將其減 7：$1111_2=15_{10}$，且 $15-7=8$；故二進數 1111_2 在超-7 表示法中代表的值是 $+8_{10}$。

假設使用 8 位元的數字，我們比較已學過的編碼方法如下：

整數		代表有號整數的位元串			
十進數	二進數（僅絕對值）	符號-大小	一的補數	二的補數	超-127
2	00000010	00000010	00000010	00000010	10000001
−2	00000010	10000010	11111101	11111110	01111101
100	01100100	01100100	01100100	01100100	11100011
−100	01100100	11100100	10011011	10011100	00011011

超-M 表示法讓我們可以使用無號數值代表有號整數；但是注意在這方法中需要註明兩個參數：表示法中使用的位元數以及偏移值。另需注意設計來作無號數運算的計算機硬體並不能作超-M 數值的運算；其必須使用特殊的電路。超-M 表示法的重要性之一是它適用於表示浮點數中的整數冪指數，如我們將於 2.5 節中所見。

2.4.4 無號與有號數字

我們以無號數字為例介紹了二進位的整數。無號數適用於表示保證不為負的值。一個無號數的很好的例子是記憶體的位址。4 位元數字 1101 若為無號數則其代表十進值 13，若為有號的二的補數則代表 −3。有號數字則用於代表可為正或負的數字。

計算機程式師必須能夠處理有號的或無號的數字，因此程式師需先指明某數值是有號或無號。此可經由設定數值的型態達成，例如，C 程式語言對整數變數分別有 int 與 unsigned int 可將之定義為有號或無號整數兩種可能型態。除了使用不同的型態宣告，許多語言也有用於有號數字或無號數字的不同算術運算，譬如語言中可以同時存在用於有號數字的減法指令以及另一道用於無號數字的減法指令。在大部分組合語言中，程式師可選用有號數比較運算或是無號數比較運算。

當我們將數值儲存於較所需位元數為小的空間內時，需瞭解這對無號數以及有號數分別會有什麼影響。以加法過程中發生的事實為例說明之，對無號數就是反捲回來從新由 0 開始。例如，若以 4 位元無號數而言，將 1111 加上 1，則得 0000。這種「回到零」的反捲回來並不少見——你或許見過高里程數的車中的里程表跳回到零。然而有號數在可表示的範圍內將一半用於表示正數而另一半用於負數。若將 1 加至 4 位元二的補數中最大的（正）值 0111 (+7)，得出的是 1000 (−8)。這個連帶有意外變化的反捲可能對缺少經驗的程式師造成困擾，使他們花費數小時以上來除錯。好的程式師則會瞭解這情況並妥為因應。

2.4.5 計算機、算術運算與布氏演算法

本章中介紹的計算機算術似乎很簡單直接，不過它是計算機架構中重要的研讀領域。基本的重點是算術功能的實作，其可以是軟體、韌體或硬體的方式。該領域的研究人員正致力於設計優越的中央處理器 (CPUs)、發展高效能算術運算電路與推動嵌入式系統的特定應用電路領域。他們研究演算法與快速加減乘除的新硬體設計以及快速浮點運算。研究人員尋找使用例如**快速進位前瞻** (fast carry-lookahead) 原理、**餘數算術** (residue arithmetic) 與**布氏演算法** (Booth's algorithm) 等非傳統方式的方法。布氏演算法是這類方法中一個好例子，在此並以有號二的補數數字為例介紹，讓讀者知道簡單的算術運算如何透過聰明的演算法加速。

雖然布氏演算法在作二的補數乘法時一般能夠提升效能，介紹這個演算法還有另外一個原因。在 2.4.2 節中曾介紹二的補數加法並瞭解運算元可被視為無號數字。如下例所示我們僅需進行「一般的」加法：

$$
\begin{array}{rrl}
 & 1001 & (-7) \\
+ & 0011 & (+3) \\
\hline
 & 1100 & (-4)
\end{array}
$$

對二的補數減法也是一樣。不過考慮標準的紙筆法在乘以下二數時：

$$
\begin{array}{rl}
1011 & (-5) \\
\times\ \ 1100 & (-4) \\
\hline
0000 & \\
0000 & \\
1011 & \\
1011 & \\
\hline
10000100 & (-124)
\end{array}
$$

「一般的」乘法顯然產生錯誤結果。這個問題有多種解法，譬如將二數轉換為正值、進行傳統乘法、然後決定結果的正負號並設定之。布氏演算法不但解決了這些困擾，還能在乘法過程中加速。

布氏演算法的概念是當乘數中有連續的 0 或連續的 1 時，在乘法中會加速。連續的 0 有助於加速極易理解，例如如果我們使用嘗試並成功這種形式的紙筆算法作 978 × 1001，會比做 978 × 999 容易很多，因為 1001 中有兩個 0。然而如果我們將該二乘法寫成：

$$978 \times 1001 = 978 \times (1000 + 1) = 978 \times 1000 + 978$$

$$978 \times 999 = 978 \times (1000 - 1) = 978 \times 1000 - 978$$

則可知兩個運算的困難度事實上相同。

我們的目標是在二進制數字中遇到一連串的 1 時，能夠利用並提供與遇到一串 0 非常類似的好處。可參考上述重寫運算式的想法：例如二進數 0110 可表示為 1000 − 0010 = −0010 + 1000；原有的兩個 1 已被一個「減」（減數即位於 1 的位元串中最右方的一個 1）接著一個「加」（加數即位於 1 的位元串中最左方位置的再左一位的一個 1）取代。

觀察以下標準乘法的例子：

```
       0011
     ×0110
   ---------
     +0000    （乘數中對應位元是 0 表示僅需對好位置）
    +0011     （乘數中對應位元是 1 表示加上被乘數並對好位置）
   +0011      （乘數中對應位元是 1 表示加上被乘數並對好位置）
  +0000       （乘數中對應位元是 0 表示僅需對好位置）
   ---------
   00010010
```

布氏演算法的想法是將乘數中的連續 1 在最右側 1 的位置改換成一個開始的減（亦即減 0011），然後在最左側 1 的更高一位改換成加（亦即加 0011000）；在其間我們現在則僅需作移位：

```
      0011
    ×0110
  --------
    +0000    （乘數中對應位元是 0 表示僅需對好位置）
   -0011     （乘數中遇到第一個 1 表示減去被乘數並對好位置）
  +0000      （仍在連續的 1 中表示僅需對好位置）
 +0011       （上一步已遇到最後一個 1 表示加上被乘數並對好位置）
  --------
  00010010
```

在布氏演算法中，若被乘數與乘數是 n-位元的二的補數，結果應是 $2n$-位元的二的補數數值。因此在計算過程中，應將各個 n-位元數字擴充為 $2n$-位元。在擴充負值時，應以延伸符號為之（按：對正數亦同）。例如數字 1000 (−8) 擴充為 8 位元時成為 11111000。我們持續檢視乘數中的位元，並於**每個步驟之後作移位** (shifting each time we complete a step)。在過程中我們要注意的是乘數中相鄰的一對對位元，並依下列規則作處理：

1. 若（按：由最右側開始逐位元往左方檢視）目前的乘數位元是 1 且其前一位元是 0，則遇到了連續 1 的開頭，故由乘積中減去被乘數（或加上被乘數的負值）。
2. 若目前的乘數位元是 0 且前一位元是 1，則正在走出連續的 1，故將被乘數加至乘積中。
3. 若目前是一對 0 或一對 1（表示正處於 0 位元串或 1 位元串中），則不作任何算術運算而僅需位移。該演算法的好處在這個步驟中顯現：在一連串 1 中可以如同在一連串 0 中一樣僅作位移。

注意：在開始檢視第一對乘法位元時，需假設有一虛構的位元位於最低位元的右側作為其「前一」位元。選取下一對位元時，則僅向左移動一個位元位置。

範例 2.26 說明布氏演算法如何以有號 4-位元二的補數作 -3×5。

範例 2.26 −3 在 4-位元二的補數中是 1101。擴充為 8 位元時則為 11111101。其補數是 00000011。乘數中最右側的 1 是一串 1 的開始，因此可視之為位元串 10：

```
        1101    （若要作減法，則可加上 −3 的補數或 00000011）
       ×0101
------------
   +00000011    （10 = 減 1101 = 加 00000011）
  +11111101     （01 = 加 11111101 至積中——注意符號延伸）
 +00000011      （10 = 減 1101 = 加 00000011）
+11111101       （01 = 加 11111101 至積中）
------------
100111110001    （使用最右方 8 個位元，得 −3 × 5 = −15）
```

忽略延伸而超過 2n 數量的位元。

範例 2.27 試試看更大的例子 53 × 126：

```
          00110101    （若需減，可作加 53 的補數 11001011）
      ×   01111110
------------------
+ 0000000000000000    （00 = 僅作移位）
+ 111111111001011     （10 = 減 = 加 11001011）
+ 00000000000000      （11 = 僅作移位）
+ 0000000000000       （11 = 僅作移位）
+ 000000000000        （11 = 僅作移位）
+ 00000000000         （11 = 僅作移位）
+ 0000000000          （11 = 僅作移位）
+ 000110101           （01 = 加）
------------------
  10001101000010110  (53 × 126 = 6678)
```

注意：我們並沒有表示出超出我們所需的延伸符號位元，而只使用最右方 16 個位元。乘數中整串的 1 被一個減法（加 11001011）以及之後一個加法取代，之間所有的工作僅為移位——其對計算機而言極為容易（說明於第三章中）。若計算機中執行加法的時間明顯大於移位，則布氏演算法可大大提升效能。這事情當然多少也與乘數的形式有關：若乘數中有成串的 0 與／或成串的 1，則演算法可大有助益；若乘數中 0 與 1 交替出現（最糟的情況），使用布氏演算法很可能較諸標準作法需要更多運算。

計算機以對儲存於暫存器中的值累加及移位來實現布氏演算法。移位需要用到稱為**算術移位** (arithmetic shift) 的特殊型態來維持符號位元不變。許多書籍只以算術移位與加法作用於暫存器上來介紹布氏演算法，看起來也許與上述方法非常不同。我們介紹布氏演算法的方式是盡量使它看起來像我們都熟悉的紙筆方式。

已有許多能加快乘法的演算法，不過很多不能應用於有號數。布氏演算法不但在大部分情形下可加速乘法，而且還有可用於有號數的額外好處。

2.4.6 進位與滿溢

前節中提及的（按：指最終進位位元）繞回其實就是滿溢。多數 CPUs 中具有用於表示進位與滿溢的旗標。其中滿溢旗標僅用於有號數字而對無號數字的環境並不具任何意義；無號數字運算中的滿溢偵測使用的是進位旗標。若進位（指的是由最左側位元位置產出的進位）於無號數字運算中發生，表示發生了滿溢（處理的結果太大而無法於所給的位元數中儲存），但此時滿溢位元卻並不在設定的狀態（按：不一定。大部分計算機以既有電路決定滿溢旗標結果，並聲明此結果不能代表無號數字的滿溢而請使用者忽略之）。進位在有號數字的運算中也會發生；但是在有號數的情形下進位並非滿溢的充分或必要條件。已知有號數字的滿溢可由對最左方（亦即符號）位元的進入的進位與產出的進位不相等而得知。而在無號運算中由最左位元產出的進位則一定代表滿溢。

為了說明這些觀念，姑且以 4-位元的無號與有號數為例。若將二無號數 0111 (7) 與 0001 (1) 相加，可得 1000 (8)，並無進位產生，因此結果無誤。然而若將無號數 0111 (7) 與 1011 (11) 相加，得到 0010 與進位，顯示有誤（的確

表 2.2 有號數字中進位與滿溢的一些例子

計算式	結果	進位？	滿溢？	正確結果？
0100(+4)+0010(+2)	0110(+6)	否	否	是
0100(+4)+0110(+6)	1010(−6)	否	是	否
1100(−4)+1110(−2)	1010(−6)	是	否	是
1100(−4)+1010(−6)	0110(+6)	是	是	否

7+11 並非 2）。這種繞回可以造成 CPU 中的進位旗標被設定。基本上，進位在無號數字環境中表示滿溢已發生，即使滿溢旗標並非處於設定的狀態。

已知在有號數的情形下進位並非滿溢的充分或必要條件。若將二的補數整數 0101 (+5) 與 0011 (+3) 相加，結果是 1000 (−8)，顯然不對。問題出在進位進入符號位元，但並不進位出去，表示滿溢發生（因此進位旗標並不能代表滿溢）。不過如果我們將 0111 (+7) 與 1011 (−5) 相加，所得結果正確：0010 (+2)；進位至符號位元與由符號位元出來的進位都存在，因此並無錯誤（因此進位旗標並不能代表滿溢）：進位旗標會被設定，然而滿溢旗標並不被設定。因此進位旗標在有號數運算中不論是否設定都並不一定代表結果是錯誤的。

綜合言之，經驗告訴我們進位旗標是否表示錯誤端視處理的數字是否有符號而定。對無號數而言，（由最左方位元）產生的進位表示位元的數量不足以容納結果值，因此發生滿溢。對有號數而言，如果由最左方位元產生的進位與進入該位元的進位不同，則發生滿溢。滿溢旗標在有號數運算中只會在滿溢發生時被設定。

進位與滿溢各自獨立地發生。在二的補數環境中的一些例證列示於表 2.2 中。另外，表中並不表出進入符號位元位置的進位。

2.4.7 以移位作二進制乘法與除法

對一個二進數字做移位只不過表示將其位元向左方或右方移動特定的位置數。例如，二進數值 00001111 向左移位一位即得 00011110（如果我們在右端補入 0 的話）。原先的值等於十進制的 15；之後的值等於十進制的 30，正好是原先值的兩倍。這並非巧合！

當使用 2 的補數數值時，我們可以使用稱為算術移位的特定移位法來很快且容易地執行乘以／除以 2。回想在 2 的補數數字中最左側的位元表示符號，而且乘以或除以 2 不應該改變一個數字的符號，所以對數字作移位時我們一定要小心不要改變了符號。

我們可以作算術左移（也就是將數值乘以 2）或算術右移（也就是將數值除以 2）。想像位元從 0 開始由右向左編號，則可以得到以下對算術左移以及右移的定義。

算術左移 (left arithmetic shift) 在 b_0 位置插入 0，並將所有位元左移一位，使得位元 b_{n-1} 被位元 b_{n-2} 取代。由於位元 b_{n-1} 是符號位元，若其值改變，則該運作導致滿溢。乘以 2 永遠得到最右方位元為 0 的數值，該值為偶數，也說明了為什麼我們在右方補上 0。考慮下列各範例：

範例 2.28 將數值 11（以 8 個位元的 2 的補數表示）乘以 2。

11 的二進制表示式是：

$$00001011$$

左移一個位置得出

$$00010110$$

亦即十進制的 $22 = 11 \times 2$。沒有發生滿溢，因此該值正確。

範例 2.29 將數值 12（以 8 個位元的 2 的補數表示）乘以 4。

12 的二進制表示式是：

$$00001100$$

左移二個位置（每移一位即等於乘以 2，所以移位兩位等於乘以 4）得出

$$00110000$$

亦即十進制的 $48 = 12 \times 4$。沒有發生滿溢，因此該值正確。

範例 2.30 將數值 66（以 8 個位元的 2 的補數表示）乘以 2。

66 的二進制表示式是：

01000010

左移一個位置導致

10000100

符號位元就已經改變了，所以滿溢已經發生（66 × 2 = 132，已經太大無法以 8 位元的 2 的補數表示）。

算術右移 (right arithmetic shift) 將所有位元右移一位，然而對 b_{n-2} 則代入（複製）b_{n-1}（按：而且 b_{n-1} 維持不變）。由於我們逐步由左至右複製符號位元，因此不會發生滿溢。然而除以 2 可能會產生餘數 1；使用這個方式的除法是整數除法，所以如果有餘數也不會以任何方式儲存。考慮下列各範例：

範例 2.31 將數值 12（以 8 個位元的 2 的補數表示）除以 2。

12 的二進制表示式是：

00001100

右移一個位置並複製符號位元 0 得出

00000110

亦即十進制的 6 = 12 ÷ 2。

範例 2.32 將數值 12（以 8 個位元的 2 的補數表示）除以 4。

12 的二進制表示式是：

00001100

右移二個位置並複製符號位元 0 得出

00000011

亦即十進制的 3 = 12 ÷ 4。

範例 2.33 將數值 −14（以 8 個位元的 2 的補數表示）除以 2。

−14 的二進制 2 的補數表示式是：

11110010

右移一個位置（對符號位元亦一視同仁）得出

11111001

亦即十進制的 −7 = −14 ÷ 2。

注意：如果我們將 −15 除以 2（如範例 2.33 中），結果將會是 11110001 右移一位而得到 11111000，表示 −8。因為我們做的是整數除法，−15 除以 2 的確等於 −8。

2.5 浮點表示法

建造真實的計算機時，前述的所有整數表示法均可使用。我們將任選一種並使用它來繼續進行設計。下一步驟應是決定系統的字組大小。如果希望系統的造價很低，則應會選取小的例如 16 位元的字組大小。如果扣除一個符號位元，字組能表示的最大整數是 32,767，那如果有客戶需要得到一整年的各項職業運動賽事中觀眾人數的累計，我們要怎麼容納這種數字？這數目當然大於 32,767。沒問題的，我們只需把字組變大。32 個位元應足以應付。這樣的字組對幾乎所有人想要計算的所有事都已經夠大。不過如果這位客戶也需要知道比賽過程中每一位觀眾每分鐘的花費呢？這樣的數字應該是個分數 (fraction)，這下我們沒輒了。

面對這個困難最簡單又低成本的方法是沿用原本的 16 位元系統並宣稱：「嘿，我們有很便宜的系統。如果你想在它上面做特別的事，得找個好的程式師。」雖然這樣的說法以今日的科技進展觀之似乎太過離譜，它在計算機早期的發展史中每一個世代卻都發生過。在很多最早的大型或微型計算機中根本就沒有浮點單元這種東西。好多年以來，靠的都是聰明的程式方法，才使得這些整數的系統能處理浮點數的問題。

如果你瞭解科學表示法，你可能已經在思考如何在整數的系統中處理浮點運算——你如何做**浮點的模仿** (floating-point emulation)。在科學表示法中，數字以兩個部分表示：一個小數部分與一個表示這個小數應該乘以十的幾次方才正確反映我們所欲的值的指數部分。因此以科學表示法表示 32,767，則為 3.2767×10^4。科學表示法簡化了牽涉到極大與極小數字的紙筆計算。它也是現今數位計算機中浮點計算的基礎。

2.5.1 簡單模型

在數位計算機中，浮點數字包含三個部分：符號位元、指數部分（以 2 的指數次方表示）與小數部分（其稱呼是否適當曾引發很大爭論）。**尾數** (mantissa) 一詞曾在表示該小數部分時被廣泛使用。不過很多人因為它也用於表示對數中的小數部分、而這個小數與浮點數中的小數並不相同而僻解這個名詞。電機與電子工程師學會 (the Institute of Electrical and Electronics Engineers, IEEE) 提出**有效數字** (significand) 這個名詞來代表浮點數字的小數部分以及隱含的小數點與整數 1（將於本節末說明）。可惜的是，即使尾數與有效數字這兩個詞意義並不全然相同，當提到浮點數的小數部分時它們卻可任意混用。全書中我們採用有效數字一詞來代表小數部分，不論其是否應包括 IEEE 所想要包括的 1。

指數與有效數字各應使用多少個位元，端視我們多重視可表示的範圍（反映於指數的位元數多寡）或是可表示的精確度（反映於有效數字的位元數多寡）（更多有關範圍與精確度的討論見於 2.5.7 節中）。本節中我們使用 14 位元的浮點模型，其中指數欄位有 5 個位元、有效數字 8 個位元，以及 1 個符號位元（見圖 2.1）。更通用的形式將於 2.5.2 節中述及。

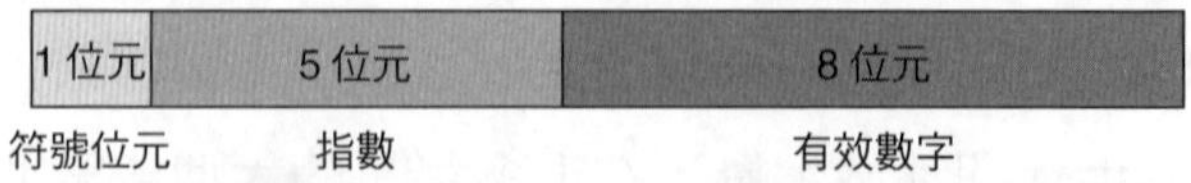

圖 2.1 浮點數字表示法的簡單模型

假設欲以這個模型儲存十進數字 17。已知 $17 = 17.0 \times 10^0 = 1.7 \times 10^1 = 0.17 \times 10^2$。類似地，在二進制中，$17_{10} = 10001_2 \times 2^0 = 1000.1_2 \times 2^1 = 100.01_2 \times 2^2 = 10.001_2 \times 2^3 = 1.0001_2 \times 2^4 = 0.10001_2 \times 2^5$。若使用最後一種形式，則小數部分將是 10001000 且指數部分將是 00101，如下所示：

0	0	0	1	0	1	1	0	0	0	1	0	0	0

使用這種形式，我們可以儲存遠較使用**定點** (fixed-point) 表示法時 14 位元可儲存的數值（使用所有 14 個二進位數以及小數點）大小為大的數字。若欲以此模型表示 $65536 = 0.1_2 \times 2^{17}$，則得：

0	1	0	0	0	1	1	0	0	0	0	0	0	0

這模型一個明顯的問題是無法提供負的指數。若欲儲存 0.25，則因 0.25 等於 2^{-2} 但無法表示指數為 -2 而無法辦到。解決的辦法之一是於指數欄位中指定一符號位元，不過使用**偏移的** (biased) 指數更好，因為如此則我們在比較浮點數的大小時可以使用更簡單的用於無號數處理的整數電路。

在 2.4.3 節中曾提到使用偏移的表示法的用意是將所欲表示的數值範圍全部化成非負整數型態，並以二進數值的形式儲存。作法則是在所欲的指數範圍中的所有整數指數值先全部加上偏移值。偏移值是在我們所希望表示的所有可能數值的約略在中間的那個用於表示 0 的數值（按：且其會使得允許的最負指數加上此偏移值後成為非負值，一般即為 0）。在上述情況下我們會選擇位於 0 與 31 之間的 15 作為偏移值（該指數欄位含 5 個位元，可表示 $2^5 = 32$ 個值）。指數欄位中任何大於 15 的數表示正值，小於 15 者則表示負值。這方式由於我們需要將欄位中的值減去 15 以得知真正的值而稱為**超 -15** (excess-15) 表示法。注意：全為 0 或全為 1 的指數通常是保留來表示特殊的值（例如零或無限大）。不過在上述簡單模型中，我們並不作任何特殊用法的規定。

回到儲存 17 的例子，$17_{10} = 0.10001_2 \times 2^5$。則偏移的指數是 $15 + 5 = 20$：

0	1	0	1	0	0	1	0	0	0	1	0	0	0

若欲儲存 $0.25 = 0.1 \times 2^{-1}$，則成為：

0	0	1	1	1	0	1	0	0	0	0	0	0	0

這個系統還有一個不小的問題：每一個數字並無唯一的表示法。下列各形式均表示同一個值：

0	1	0	1	0	1	1	0	0	0	1	0	0	0	=
0	1	0	1	1	0	0	1	0	0	0	1	0	0	=
0	1	0	1	1	1	0	0	1	0	0	0	1	0	=
0	1	1	0	0	0	0	0	0	1	0	0	0	1	

由於像這樣同義的不同形式既增加數位計算機處理的麻煩又浪費位元樣式，因此我們規定浮點數的表示式必需是**正規化的** (normalized)——亦即其有效數字的第一個位元必需為 1。達成的過程稱為**正規化** (normalization)。這項慣例另有額外優點，就是若將這個第一個 1 位元當成必然而不需表示出來的，則等於多出一個在有效數字中可用的位元。正規化除了 0 以外對所有數字都沒問題，但是 0 中本來就沒有任何位數是 1。因此所有用於表示浮點數的模型都必須視零為特例。下節中將談到 IEEE-754 浮點標準在正規化規則中的例外。

範例 2.34　以上述簡單模型並採用超-15 的偏移值來寫出 0.03125_{10} 正規化的浮點形式。

$0.03125_{10} = 0.00001_2 \times 2^0 = 0.0001 \times 2^{-1} = 0.001 \times 2^{-2} = 0.01 \times 2^{-3} = 0.1 \times 2^{-4}$。

考慮偏移值，則指數欄位是 $15-4 = 11$。

0	0	1	0	1	1	1	0	0	0	0	0	0	0

注意：在這個簡單模型中，我們在正規化表示法中並未用上第 2.5.4 節中會介紹的隱喻的 1 來表示數字。

2.5.2 浮點算術

若欲將二個以科學表示法表示的十進數字相加，例如 $1.5 \times 10^2 + 3.5 \times 10^3$，我們會改變其中一者的表示式來讓二數的指數都一樣。在本例中，$1.5 \times 10^2 + 3.5 \times 10^3 = 0.15 \times 10^3 + 3.5 \times 10^3 = 3.65 \times 10^3$。浮點加法與減法的方式相同，如下例所示。

範例 2.35 將下方二個以上述簡單模型、偏移值為 15、未正規化 14-位元表示的二進數字相加。

0	1 0 0 0 1	1 1 0 0 1 0 0 0

+

0	0 1 1 1 1	1 0 0 1 1 0 1 0

加數（上方的數字）的真正指數是 2 且被加數的指數是 0。將二個運算數以小數點對齊的話：

$$
\begin{array}{r}
11.001000 \\
+\ 0.10011010 \\
\hline
11.10111010
\end{array}
$$

重作正規化時，保留較大的指數值並將有效數字的多餘低位元捨去，故得：

0	1 0 0 0 1	1 1 1 0 1 1 1 0

不過這個簡單模型要求所有有效數字都必須是正規化的形式，因此無法表示 0 值。這個問題只要允許表示法中全為 0 的形式（符號為 0、指數為 0、有效數字為 0）代表 0 值即可輕易修正。下一節中可見到 IEEE-754 也保留了某些位元樣式來直接給予它們特殊的意義。

在乘法與除法的指數處理中使用與十進算術相同的規則，譬如 $2^{-3} \times 2^4 = 2^1$。

範例 2.36 假設偏移值是 15，將二數相乘：

	0	1	0	0	1	0	1	1	0	0	1	0	0	0	$= 0.11001000 \times 2^3$
×	0	1	0	0	0	0	1	0	0	1	1	0	1	0	$= 0.10011010 \times 2^1$

0.11001000 乘以 0.10011010 得出乘積 0.0111100001010000，然後再乘上 $2^3 \times 2^1 = 2^4$ 則得 111.10000101。重新（將有效數字）正規化並調整指數，得浮點乘積：

0	1	0	0	1	0	1	1	1	1	0	0	0	0

2.5.3 浮點誤差

在使用紙筆解三角問題或計算投資獲利時，我們自然瞭解所處理的數字型態是實數。我們知道這個數字系統的元素無限多，因為任二實數間永遠可以存在另一實數。

計算機算術與我們熟悉的數學並不相同，其所能具有的狀態與儲存的空間都是有限的。在使用計算機進行浮點計算時，我們其實是在一個有限的整數系統中模仿無限的實數系統。我們真正做到的是實數系統的近似。使用越多位元、近似效果越好。可是不論使用多少位元，這個方法誤差的因素永遠存在。

浮點誤差可能顯而易見、隱晦甚至未被注意到。顯而易見的誤差如數值滿溢或短值指的是會造成程式錯誤的那些。隱晦的誤差可能導致失控的錯誤結果，但是在它們造成真正的問題前經常難以察覺；例如在上述簡單模型中，可表示的正規化數字的範圍在 $-.11111111_2 \times 2^{16}$ 至 $+.11111111_2 \times 2^{16}$ 之間。顯然 2^{-19} 或 2^{128} 不在範圍內；但是無法精確地表示明明在範圍內的 128.5 這件事就不是那麼明顯了。將 128.5 轉為二進形式是 9 個位元的 10000000.1，但模型中有效數字僅有 8 位元。一般過多的低位元會被捨去或向上進位，但是不論作法為何，誤差已經出現了。

表 2.3 在 14 位元浮點數字中的誤差傳遞擴散

乘數		被乘數	14 位元的乘積	真實乘積	誤差
10000.001 (16.125)	×	0.11101000 = (0.90625)	1110.1001 (14.5625)	14.7784	1.46%
1110.1001 (14.5625)	×	0.11101000 =	1101.0011 (13.1885)	13.4483	1.94%
1101.0011 (13.1885)	×	0.11101000 =	1011.1111 (11.9375)	12.2380	2.46%
1011.1111 (11.9375)	×	0.11101000 =	1010.1101 (10.8125)	11.1366	2.91%
1010.1101 (10.8125)	×	0.11101000 =	1001.1100 (9.75)	10.1343	3.79%
1001.1100 (9.75)	×	0.11101000 =	1000.1101 (8.8125)	8.3922	4.44%

一個表示法的相對誤差可以用誤差的絕對值相對於數字真正值的比例來表示。以 128.5 為例：

$$\frac{128.5-128}{128.5}=0.00389105 \fallingdotseq 0.39\%$$

若不謹慎，這種誤差會在冗長運算中傳遞擴散，嚴重影響精確度。表 2.3 說明使用我們的 14-位元模型來將 16.24 重複乘以 0.91 時誤差變化的情形。可看出將這些數字以 8-位元有效數字表示時，一開始就已經有了相當的誤差。

在六次乘法後，乘積中誤差已不止原先的三倍大。如此繼續下去，由於乘積最後會變成 0，誤差終至 100%。雖然 14-位元的模型過小以致於會誇大了誤差，所有浮點系統都免不了這種困擾：在有限的系統中不論系統做得多大，表示實數時總有產生一些誤差的時候；即使最微小的誤差也可能造成慘重後果，特別是在計算機用於管控例如軍事與醫護等用途的真實系統時。計算機科學家的任務是在效能與經濟條件的限制下提出將這種誤差控制在特定範圍內的演算法。

2.5.4 IEEE-754 浮點標準

我們在本節中使用的浮點數表示法模型其目的在於簡單易於瞭解，擴充之亦足以表示出更大更精確的浮點數範圍。直至 1980 年代各種擴充的作法並不一致，在不同廠商的各種系統中產生許多不相容的表示法。在 1985 年 IEEE 提出單精確度與雙精確度浮點數的浮點標準。這項標準的正式名稱是 IEEE-754 (1985)，其中包含二種格式：**單精確度** (single precision) 與**雙精確度** (double precision)。IEEE-754 標準不但定義出二進制浮點表示法，也說明了各基本運作、例外情形、轉換方式與計算方法。另一 IEEE 854-1987 標準對十進制的算術提出相似的規格。2008 年中 IEEE 更新 754 標準，稱為 IEEE 754-2008。其沿襲 754 中的單、雙精確度表示法，並加入相關的十進制算術與格式，來取代 754 和 854。我們在此只對浮點數的單與雙精確表示法作討論。

IEEE-754 單精確度標準使用超 127 這個偏移值的 8 - 位元指數。23 位元的有效數字則假設了一個位於小數點左側的 1。這個假設的 1 稱為**隱藏的位元** (hidden bit) 或**隱藏的 1** (hidden 1) 並使得有效數字實質上等於有 23 + 1 = 24 個位元。加上符號位元，總共的字組大小是 32 個位元，如圖 2.2 所示。

前曾提及 IEEE-754 中存在關於使用正規化表示法這種規定的例外表示法。因為標準中假設存在一個位於小數點左側的隱含的 1，所以有效數字中的第一個位元真的可以是 0。例如，數字 $5.5 = 101.1 = .1011 \times 2^3$。IEEE-754 假設了小數點左側有一個隱含的 1，因此將 5.5 表為 1.011×2^2。既然最左方的 1 是隱含的，是故有效數字表為 011 而並不以 1 開頭。

表 2.4 列出七個浮點數字 —— 包括一些特別的數字 —— 的單精確度表示法。注意：0 無法直接依格式的規定表示，因為有效數字總是會有個隱含的 1，因此 0 是一個以指數中全含 0 以及有效數字中全含 0 來表示的特殊數字。IEEE-754 中的確允許 −0 與 +0，雖然它們表示相同的值。因此之故，程式師應在檢查浮點數是否為 0 時特別注意。

若指數是 255，則所表示的數值（當有效數字欄位為 0 時）是 ± 無限大或（當有效數字欄位為非 0 時）「不是數字 (not a number, NaN)」。「不是數

圖 2.2 IEEE-754 單精確度浮點表示法

表 2.4 一些 IEEE-754 單精確度浮點數字的例子

浮點數字	單精確度表示法
1.0	0 01111111 00000000000000000000000
0.5	0 01111110 00000000000000000000000
19.5	0 10000011 00111000000000000000000
-3.75	1 10000000 11100000000000000000000
零	0 00000000 00000000000000000000000
± 無限大	0/1 11111111 00000000000000000000000
NaN	0/1 11111111 任何非零的有效數字
未正規化的數字	0/1 00000000 任何非零的有效數字

字」用於表示非實數的值（例如負數的平方根）或是指出錯誤（例如除以 0 的錯誤）。

在 IEEE-754 標準中，大部分數值都可正規化因而具有隱含的有效數字中的第一個 1（且假設其位於小數點左側）。另一個重要的規則是如果指數中位元全為 0 而有效數字不為 0，表示這是一個**非正規化** (denormalized) 的數值且並沒有隱含的 1 存在。

單精確度浮點格式可以表示的數值其最大大小（先不考慮符號）是 $2^{127} \times 1.1111\ 1111\ 1111\ 1111\ 1111\ 111_2$（稱此值為最大值 MAX）；位元全為 1 的指數已保留來表示 NaN，因此不能再用來表示數值。可以表示的數值其最小大小是 $2^{-127} \times .0000\ 0000\ 0000\ 0000\ 0000\ 001_2$（稱此值為最小值 MIN）；因為有效數字不為 0（該值現在是 2^{-23}），因此指數的位元可以全為 0（表示代表的數字是非正規化的）。根據前述各種特別數字加上位元數的限制，單精確度浮點表示法無法表示出下列四個數字範圍：小於 -MAX 的負數（會造成負數滿溢）；大於 −MIN 的負數（會造成負數短值）；小於 +MIN 的正數（會造成正數短值）；以及大於 +MAX 的正數（會造成正數滿溢）。

雙精確度數字格式使用有號的 64 位元字組，其中包含 11 位元的指數欄位和 52 位元的有效數字欄位。指數偏移值是 1023。IEEE-754 雙精確度模型可以表示的數值範圍表示於圖 2.3 中。指數欄位是 2047 時代表 NaN。零與無限大的表示法規則與單精確度模型中相同。

大部分 FPUs 僅使用 64-位元的模型，因此只需要為它設計實作一套特殊的

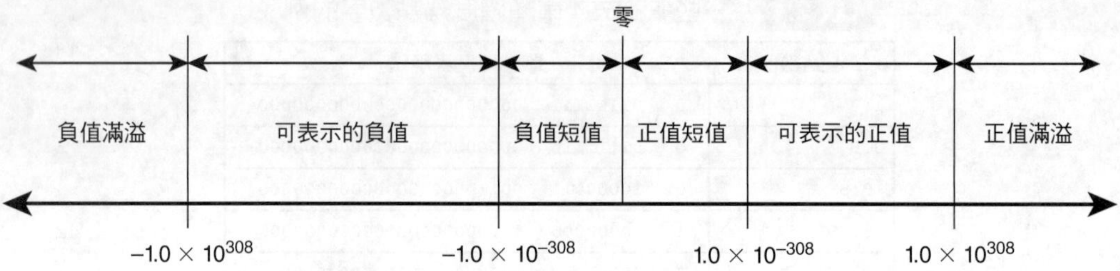

圖 2.3 IEEE-754 雙精確度數字的範圍

電路，如此造成的效能減損也將微乎其微。

幾乎所有近期設計的計算機系統都採用 IEEE-754 浮點模型。但是在這個標準提出前，許多大型計算機系統都已經建立了自己的浮點系統。對於成熟的架構如 IBM 大型主機，轉換到更新的系統花了數十年功夫；現在它們已能支援自有的傳統浮點系統以及 IEEE-754；不過在 1998 年之前，IBM 系統用的還是它原先在 1964 年 System/360 中浮點算術一樣的架構。可預期這兩種系統都會持續被支援，因為還有極多較早期的軟體在這些系統上執行。

2.5.5 範圍、精確度與準確度

在討論浮點數字時，瞭解範圍 (range)、精確度 (precision) 與準確度 (accuracy) 這些名詞是非常重要的。範圍很容易瞭解，它表示格式規定所能表示的最小值到最大值的區間；例如，16 位元二的補數整數的範圍是 −32768 至 +32767。IEEE-754 雙精確度浮點數字的範圍示於圖 2.3 中。縱使在這麼大的範圍中，也會有無限多個不在這個範圍中的數字。浮點數字表示法還能應用於此的原因是在其範圍中總能找到一個和所欲表達的數字夠接近的表達方式。

瞭解範圍並不難，但是準確度與精確度卻經常彼此混淆。準確度的意義是數字與真正欲表示的值多接近；例如我們無法於二進制浮點數中表示 0.1，不過還是可以在允許的表示範圍內挑選一個夠接近 0.1，或是還算準確的數字。而精確度說的是我們能夠得到多少表示一個數值的資料量，或是使用多少資料量來表示這個數值。1.666 是具四個十進位元精確度的數字；1.6660 是該數字在五個十進位數精確度的表示式。第二個數字（按：因為多了一個位數，故具較高精確度，但是）表示的結果並不一定比第一個數字準確（按：這句話不一定正確，端視浮點表示法相關的假設或規定而定。由於位數有限的浮點表示法先天上就不能保證能表示真正的值，因此表示法可能可以規定第一個不能表示的位數應假設其為 5、亦即取 0 至 9 的平均，來希望提高精確度與準確度；或是 0，來簡化處理。上例中我們應說：第一個數字一定不會比第二個數字「更」準確。IEEE-754 的進位規則中做了相關的考慮與設計）。

使用浮點數表示法時一定要考慮準確度——你一定要知道能多近似地表示任意的所欲「真實值」。我們不能僅由數字具有更多位數的精確度而斷定其必然更準確。

精確度與準確度雖不同卻相關。較高的精確度往往能更準確地表達數值，但並非一定如此。例如，我們可以將數值 1 以整數、單精確度浮點或雙精確度浮點表示，不過各種方式都一樣地（完全地）準確。另舉一例，看看 pi 的近似值 3.13333。其使用 6 位元精確度，不過只有兩位元是準確的。加入更多精確度無助提高準確度（按：請存疑並以一般情形思考之）。

另一方面，若計算 0.4×0.3，則準確度有賴精確度。若僅有一位數的精確度，則得 0.1（接近，但並不等於乘積）。若有二位數的精確度，則得準確表示結果的 0.12。

2.5.6 浮點數字的其他問題

已知計算機浮點數表示法會產生滿溢與短值。另外浮點表示法也未必能準確表示某一數值，如前在以二進浮點數表示 0.1 時進位誤差所致。我們也已知進位誤差會散播傳遞，形成嚴重問題。

我們雖不願遇到進位需求，卻也知道其有助益。除了上述的進位誤差問題，計算機浮點算術與真實數字的算術還有兩個相當擾人且不見得明顯的差異。第一，計算機浮點算術並不一定具有同樣的結合性：設有三浮點數 a、b 及 c，

$$(a + b) + c \neq a + (b + c)$$

在乘法中亦是如此。雖然很多時候式子的左側會等於右側，但並非一定。第二，計算機浮點算術也並不一定具有同樣的分配性：

$$a \times (b + c) \neq ab + ac$$

雖然隨著編譯器不同，結果也可能互異（我們用的是 Gnu C），以雙精確度來宣告變數 $a = 0.1$、$b = 0.2$、$c = 0.3$ 可清楚造成上述的不相等。試試找出其他三個浮點數來指出計算機浮點算術既不具結合性也不具分配性。

這對程式師有什麼意義呢？程式師在書寫等式時需格外小心。這也表示在控制迴圈類的結構如 `do...while` 或 `for` 等迴圈時應避免使用浮點等式。恰當的作法是譬如宣告「對 x 足夠接近」的變數 `epsilon`（例如 `epsilon` $= 1.0 \times 10^{-20}$）來對絕對值作檢視。

例如與其作：

```
if x = 2 then...
```

較好的作法是：

```
if (abs (x-2)<epsilon)then...\\ 若 epsilon 的定義恰當，則值已夠接近！
```

浮點運作 (Ops) 還是浮點 Oops（唉呀）？

本章中，我們介紹了浮點數字與計算機表示浮點的方法。我們談到了浮點進位誤差（數值分析研究中有相關的更深入內容）以及浮點數字並不具備標準結合性與分配性的事實。但是這些事項有多嚴肅？要回答這個問題，先看看三個有關浮點系統的嚴重錯誤。

1994 年，當 Intel 推出 Pentium 微處理器時，全世界專門處理數字的人注意到（這處理器上）發生了一些古怪的事。有關雙精確度除法以及某些位元樣式的計算會造成結果不正確。雖然這個有瑕疵的晶片對某些數字僅是略為不準確，有些情況卻可能嚴重。例如，若 $x = 4{,}195{,}835$ 且 $y = 3{,}145{,}727$，計算 $z = x - (x/y) \times y$ 應得到 $z = 0$。Intel 286、386 和 486 晶片都會得出 0。即使加上浮點進位誤差的可能性，z 值也應該只有 9.3×10^{-10} 左右。但是在新的 Pentium 上 z 等於 256！

2.6.1 二進編碼的十進數 (BCD)

對許多應用而言，需要能夠精準地以二進位形式表示十進位數值，意謂需要一種對個別十進位數編碼的方法。這正是許多處理金錢的商業應用中所必需的——在金融交易中不能容許任何實數到浮點表示法轉換時的進位誤差！

以**二進編碼的十進數** (binary-coded decimal, BCD) 在電子設備上十分常見，特別是那些會顯示數字的設備如鬧鐘和計算器等。BCD 將每個十進數字的位數編碼成 4 位元的二進形式。每個十進位數都被轉換成如表 2.5 所示的對應二進碼。例如，編碼 146 時，其中的每一個十進位數分別會被 0001、0100、0110 取代。

由於大部分計算機以位元組作為最小的存取單元，大部分數值均以 8 位元而非 4 位元來儲存。這使得我們必須面對兩種儲存 4 位元 BCD 位數的選擇。我們可以不在意浪費額外的位元而將高位序位的 4 位元組全補 0（或 1），對每一個十進位元都以 8 位元取代。但這樣做而且選擇補 0 的話，146 將成為 00000001 00000100 00000110。顯然這方式很浪費資源。第二種方式稱為**打包的 BCD** (packed BCD)，是將二個十進位數的編碼儲存在一個位元組中。打包的十進位數形式可表示正負號，不過正負號是放在數字最後而非最前面。標準的「正負號位數」編碼是以 1100 代表 +、1101 代表 −、1111 表示無號數字（見表 2.5）。使用打包的 BCD 形式時，+146 成為 00010100 01101100。在偶數個位數時補位元仍屬必要。注意：若在數字中有小數點（如同在一般金額中），其並不在 BCD 表示法中呈現而是要由程式來表達。

一種 BCD 的衍生形式稱為**區域式十進制格式** (zoned decimal format)。區域式十進制表示法完全像不打包的格式般將十進位數存於每個位元組的低位序 4 位元組中。不過對高位序 4 位元組則置入一個特殊樣式而非補零。在稱為數字區 (zone) 的高位序 4 位元組中有兩種選擇：**延伸的 BCD 區域式十進位格式** (EBCDIC zoned decimal format) 規定該區全部包含 1（十六進制的 F）。**美國標準資訊交換碼區域式十進位格式** (ASCII zoned decimal format) 規定該區全部包含 0011（十六進制的 3）（EBCDIC 與 ASCII 的詳細解釋見以下二節）。兩種格式都（經由使用表 2.5 中的正負號位數而）可表示有號數字並都將正負號置

表 2.5　二進編碼的十進數

位數值	BCD
0	0000
1	0001
2	0010
3	0011
4	0100
5	0101
6	0110
7	0111
8	1000
9	1001
各區域	
1111	Unsigned
1100	Positive
1101	Negative

於最低位元組的高位序 4 位元組中（即便是正負號本身占用了整個位元組）。例如，+146 在 EBCDIC 區域式十進制格式中是 11110001 11110100 11000110（注意：最後一個位元組中的高位序 4 位元組是正負號）。在 ASCII 區域式十進制格式中 +146 則是 00110001 00110100 11000110。

注意：由表 2.5 中可知有六種可能的二進碼——1010 至 1111——未被使用。雖然看似有 40% 的編碼浪費了，卻可得到準確度上很大的好處。例如，數字 0.3 在以二進形式表示時是個循環小數。截斷成 8 位元的小數時，轉換回十進位則成為 0.296875，誤差約為 1.05%。在 EBCDIC 的區域式十進制 BCD 中，該數直接表為 1111 0011（假設小數點由數據格式設定），沒有任何誤差。

範例 2.37　以打包的 BCD 與 EBCDIC 區域式十進制表示 −1265。

1265 的 4-位元 BCD 表示法是：

0001 0010 0110 0101

在低位序位數後加上正負號並在空出來的高位序位元中補上 0000，則得：

0000	0001	0010	0110	0101	1101

EBCDIC 區域式十進制表示法需要 4 個位元組：

1111	0001	1111	0010	1111	0110	1101	0101

在兩種表示法中正負號位元皆以灰色表示。

2.6.2 EBCDIC（延伸的 BCD 交換碼）

在 IBM System/360 開發之前，IBM 使用 6-位元的 BCD 變體來表示字元符號與數字。這種編碼大大地限制了表示方式以及處理數據的能力；事實上，小寫字母並不在它表示的範圍中。System/360 的設計師需要高一些的資訊處理能力和數字與其他數據一致的表達方式。為了與之前的計算機和周邊設備保持相容，IBM 的工程師決定單純地將 BCD 由 6 個位元延伸到 8 個位元。因此這種新的碼稱為**延伸的二進制編碼的十進數交換碼** (Extended Binary Coded Decimal Interchange Code, EBCDIC)。IBM 在其大型主機與中階計算機中持續使用 EBCDIC；不過 IBM 的 AIX 作業系統（用於 RS/6000 和它的後續機種上）還有 IBM PC 的作業系統則使用 ASCII。EBCDIC 碼以區域一位數形式示於表 2.6 中。字元符號以在區域位元後附加位數位元來表示。例如在 EBCDIC 中字母 *a* 是 1000 0001 而數字 3 是 1111 0011。注意：大小寫字母間唯一的不同只在左側第二個位元，因此大小寫字母的轉換僅需翻轉該位元即可。區域位元也讓程式師更易於檢查輸入數據是否有效。

2.6.3 ASCII

正當 IBM 忙於發展其與眾不同的 System/360 時，眾多設備製造商則正在嘗試設計在系統間傳送數據的更好方法。**美國標準資訊交換碼** (American Standard Code for Information Interchange, ASCII) 就是這些努力的成果之一。ASCII 是數十年來電傳打字機（電報）設備使用的編碼方式的直接後代。這些設備使用由 1880 年代發明的 Baudot 碼發展出來的 5 位元 (Murray) 碼。在 1960 年代早期，5 位元碼的受限已經很明顯。國際標準組織 (the International Standard

表 2.6 EBCDIC 碼（各項數值以二進的區域－位數格式表示）

位數

區域	0000	0001	0010	0011	0100	0101	0110	0111	1000	1001	1010	1011	1100	1101	1110	1111
0000	NUL	SOH	STX	ETX	PF	HT	LC	DEL		RLF	SMM	VT	FF	CR	SO	SI
0001	DLE	DC1	DC2	TM	RES	NL	BS	IL	CAN	EM	CC	CU1	IFS	IGS	IRS	IUS
0010	DS	SOS	FS		BYP	LF	ETB	ESC			SM	CU2		ENQ	ACK	BEL
0011			SYN		PN	RS	UC	EOT				CU3	DC4	NAK		SUB
0100	SP										[	.	<	(	+	!
0101	&										]	$	*	)	;	^
0110	–	/									|	,	%	_	>	?
0111										'	:	#	@	'	=	"
1000		a	b	c	d	e	f	g	h	i						
1001		j	k	l	m	n	o	p	q	r						
1010		~	s	t	u	v	w	x	y	z						
1011																
1100	{	A	B	C	D	E	F	G	H	I						
1101	}	J	K	L	M	N	O	P	Q	R						
1110	\		S	T	U	V	W	X	Y	Z						
1111	0	1	2	3	4	5	6	7	8	9						

各種縮寫

NUL	Null	TM	Tape mark	ETB	End of transmission block
SOH	Start of heading	RES	Restore	ESC	Escape
STX	Start of text	NL	New line	SM	Set mode
ETX	End of text	BS	Backspace	CU2	Customer use 2
PF	Punch off	IL	Idle	ENQ	Enquiry
HT	Horizontal tab	CAN	Cancel	ACK	Acknowledge
LC	Lowercase	EM	End of medium	BEL	Ring the bell (beep)
DEL	Delete	CC	Cursor control	SYN	Synchronous idle
RLF	Reverse linefeed	CU1	Customer use 1	PN	Punch on
SMM	Start manual message	IFS	Interchange file separator	RS	Record separator
VT	Vertical tab	IGS	Interchange group separator	UC	Uppercase
FF	Form feed	IRS	Interchange record separator	EOT	End of transmission
CR	Carriage return	IUS	Interchange unit separator	CU3	Customer use 3
SO	Shift out	DS	Digit select	DC4	Device control 4
SI	Shift in	SOS	Start of significance	NAK	Negative acknowledgment
DLE	Data link escape	FS	Field separator	SUB	Substitute
DC1	Device control 1	BYP	Bypass	SP	Space
DC2	Device control 2	LF	Line feed		

Organization) 設計了它稱為國際字母 5 號 (International Alphabet Number 5) 的 7 位元編碼方式。在 1967 年，這個編碼的一個衍生物成為我們現在稱為 ASCII 的正式標準。

如表 2.7 所示，ASCII 定義了 32 個控制字元、10 個數字、52 個（大小寫）字母、32 個特殊字元（例如 $ 與 #）與空白字元。最高（第八個）位元則擬用於同位元。

同位 (parity) 是錯誤偵測方法中最基本者。它很容易應用在如電傳打字的簡單設備中。同位位元可根據位元組中其他位元的 0 與 1 數量而設成「on」或「off」。例如，若採用偶同位且正在傳送 ASCII 的 *A*，低位的 7 個位元是 100 0001；因為位元為 1 的總數是 2，同位位元會被設為 *off*，因而會以 0100 0001

表 2.7 ASCII 碼（各項數值以十進制表示）

0	NUL	16	DLE	32		48	0	64	@	80	P	96	`	112	p
1	SOH	17	DC1	33	!	49	1	65	A	81	Q	97	a	113	q
2	STX	18	DC2	34	"	50	2	66	B	82	R	98	b	114	r
3	ETX	19	DC3	35	#	51	3	67	C	83	S	99	c	115	s
4	EOT	20	DC4	36	$	52	4	68	D	84	T	100	d	116	t
5	ENQ	21	NAK	37	%	53	5	69	E	85	U	101	e	117	u
6	ACK	22	SYN	38	&	54	6	70	F	86	V	102	f	118	v
7	BEL	23	ETB	39	'	55	7	71	G	87	W	103	g	119	w
8	BS	24	CAN	40	(	56	8	72	H	88	X	104	h	120	x
9	HT	25	EM	41	)	57	9	73	I	89	Y	105	i	121	y
10	LF	26	SUB	42	*	58	:	74	J	90	Z	106	j	122	z
11	VT	27	ESC	43	+	59	;	75	K	91	[	107	k	123	{
12	FF	28	FS	44	,	60	<	76	L	92	\	108	l	124	|
13	CR	29	GS	45	-	61	=	77	M	93	]	109	m	125	}
14	SO	30	RS	46	.	62	>	78	N	94	^	110	n	126	~
15	SI	31	US	47	/	63	?	79	O	95	_	111	o	127	DEL

各種縮寫

NUL	Null	DLE	Data link escape
SOH	Start of heading	DC1	Device control 1
STX	Start of text	DC2	Device control 2
ETX	End of text	DC3	Device control 3
EOT	End of transmission	DC4	Device control 4
ENQ	Enquiry	NAK	Negative acknowledge
ACK	Acknowledge	SYN	Synchronous idle
BEL	Bell (beep)	ETB	End of transmission block
BS	Backspace	CAN	Cancel
HT	Horizontal tab	EM	End of medium
LF	Line feed, new line	SUB	Substitute
VT	Vertical tab	ESC	Escape
FF	Form feed, new page	FS	File separator
CR	Carriage return	GS	Group separator
SO	Shift out	RS	Record separator
SI	Shift in	US	Unit separator
		DEL	Delete/idle

傳送。類似地，若傳送的是 *C*，亦即 100 0011，同位位元會被設為 *on* 來以 1100 0011 的位元組傳送。同位可用於偵測只有 1（按：應是任意奇數）個位元的錯誤。更繁複的錯誤偵測方法將於 2.7 節中討論。

為了與電信設備相容，計算機製造商傾向於採用 ASCII 碼。然而隨著計算機硬體更為可靠，對同位位元的需求漸低。在 1980 年代早期，微計算機與相關周邊的製造商開始利用同位位元來為 128_{10} 到 255_{10} 提供「延伸」的字元符號集。

不同的製造商將這些更大數值代表的字元符號用於從數學符號到外國文字符號邊上譬如 ñ 的符號。不幸地，還沒有任何聰明的作法能使得 ASCII 成為真正的國際交換碼。

2.6.4 Unicode（統一的字元編碼）

EBCDIC 與 ASCII 兩者都是依據拉丁字母來設計，因此它們在世界上大部分人口使用的非拉丁字母的數據表達能力上仍有不足。在所有國家都開始使用計算機後，每一國家都在設計最能表示其母語的編碼。這些編碼都不必考慮任何其他編碼的相容性，造成另一個發展全球經濟之路的障礙。

1991 年，在事情太過失控前，由工業界與公民領袖組成的一個協會要來建立一個稱為**統一碼** (Unicode) 的新的國際資訊交換碼。這個團體因此適切地被稱為統一碼協會。

統一碼是一組以 16-位元編碼且可以向下與 ASCII 及 Latin-1 字元符號集相容的字母集。它遵守 ISO/IEC 10646-1 國際字母的規則。因為統一碼的基礎編碼使用 16 個位元，它有足夠容量來編碼世界上每一種語言中使用的大部分字元符號。如果這樣還不夠，統一碼也定義了可以再多編碼一百萬個字元符號的延伸機制。這已經足以提供文明發展以來每一種書寫語言的編碼空間。

統一碼的編碼空間包含五個部分，如表 2.8 所示。完全符合統一碼的系統也能允許個別碼共同形成的組合字元符號，像是結合 ´ 與 A 來形成 Á。組合字元符號所用的各種演算法以及統一碼延伸可在本章末的參考文獻中找到。

雖然統一碼尚未成為美國計算機使用的唯一字母集，但大部分的製造商已

表 2.8 統一碼的編碼空間

字元符號類型	字元符號集說明	字元符號數量	十六進數值
字母	拉丁、斯拉夫、希臘等	8192	0000 至 1FFF
符號	雜錦字體、數學類等	4096	2000 至 2FFF
CJK	中、日、韓注音與標點	4096	3000 至 3FFF
漢	統一的中、日、韓文	40,960	4000 至 DFFF
	漢類型擴充或溢出用	4096	E000 至 EFFF
由使用者定義		4095	F000 至 FFFE

經在其系統中加入對它的某種程度的支援。統一碼是目前 Java 程式語言預設的字元符號集。統一碼最終是否會被所有製造商接受將端視他們多積極想成為國際廠商，以及能容忍兩倍於 ASCII 及 EBCDIC 碼儲存量需求的磁碟機變得多廉價而定。

2.7 錯誤偵測與更正

沒有任何通訊頻道或是儲存媒體是完全沒有錯誤的，這是物理上的不可能性。隨著傳輸速率提升，傳送位元的節奏更緊湊了；隨著儲存體在每平方毫米中擠進更多位元，磁通密度更高了。錯誤率直接正比於每秒傳輸的（位元）量，或磁性儲存體每平方毫米的（位元）量。

在 2.6.3 節中曾提及可在 ASCII 的位元組中加進同位位元，以便協助判斷是否有位元在傳輸過程中損毀。這個錯誤偵測方法效果有限：只用同位就只能偵測一群位元中的奇數個錯誤。若有兩個錯誤出現，就完全無法偵知，同時攪亂的數據可能會被當成正確的來傳遞，這情形若發生在傳送財務資訊或程式碼等等時，可能會有慘重影響。

在閱讀以下各節時，請記得猶如不可能製造出不會有錯誤的媒體，因此也不可能 100% 偵測出並修正所有可能在媒體中出現的錯誤。錯誤偵測與修正（按：指其成本與效果）是另一項設計計算機時我們一定要面對的權衡。一個恰當構建的錯誤控管系統應該是一個能夠在「合理的」經濟範圍內有「合理」

數量的錯誤可以「合理地」被偵測或修正的系統。（注意：所謂合理與否與製作方式有關。）

2.7.1 循環冗餘檢查

檢查和 (checksum) 廣泛用於從條碼到國際標準書籍編碼等各種編碼系統中。這些都是能夠快速指出相關數字是否錯誤的自我檢查碼。**循環冗餘檢查** (cyclic redundancy check, CRC) 是一種主要用於數據傳輸來判斷大區塊或連續流動的位元組資訊中是否出現了錯誤。被檢查的區塊越大，則檢查和也必須更大以提供恰當保障。檢查和與 CRCs 屬**系統性錯誤偵測** (systematic error detection) 類的方法，意為錯誤檢查位元是附加於原始資訊的位元組之後。該群錯誤檢查位元稱為**綜合症狀** (syndrome)。加上錯誤檢查位元並不致改變原始資訊的位元組。

循環冗餘檢查名稱中*循環*這個字指的是這個錯誤控管系統背後使用的抽象數學理論。雖然這個理論的內容不屬本書範圍，我們可以說明這方法的功用來幫助瞭解它簡潔地偵測傳輸錯誤的能力。

算術模數 2 (modulo 2)（按：意為取 2 的餘數）

你可能熟悉整數算術中取模數的餘數這個運算。12 小時的時間顯示是每天看時間時用到的模數 12 的系統；11:00 再加兩小時則成為 1:00。模數 2 算術使用兩個二進位運算元且不須在意進位或借位。結果同樣是二進數並且也是模數 2 系統中的元素。基於加法中的封閉性以及存在基本元素，數學家稱這個模數 2 系統形成一個**代數的場** (algebraic field)。

加法規則如下：

$$0 + 0 = 0$$

$$0 + 1 = 1$$

$$1 + 0 = 1$$

$$1 + 1 = 0$$

範例 2.38 求 1011_2 與 110_2 模數 2 的和。

$$\begin{array}{r} 1011 \\ +110 \\ \hline 1101_2 \end{array}\text{（模數 2）}$$

和只在模數 2 中有意義。

模數 2 除法包含連續的依據模數 2 加法規則得到的部分和。範例 2.39 說明其過程。

範例 2.39 求 1001011_2 除以 1011_2 的商與餘數。

```
1011)1001011
     1011
     ----
     0010

     001001
       1011
       ----
       0010
       00101
```

1. 直接在被除數左側第一個位元下放置除數。
2. 以模數 2 將二數相加。
3. 從被除數中移下更多位元直至差值中最左側位元可以與除數中第一個 1 位元對齊。
4. 如第一步中放置除數。
5. 如第二步中相加。
6. 再移下最後的被除數位元。
7. 101_2 不可除以 1011_2，故此即為餘數。

商是 1010_2。

在模數 2 的代數場中，算術運算具有類似於整數場中多項式的對應多項式。我們已知以位置表示的數字系統如何以漸增的基底的次方表示數字，例如，

$$1011_2 = 1 \times 2^3 + 0 \times 2^2 + 1 \times 2^1 + 1 \times 2^0$$

令 $X = 2$，則二進數字 1011^2 成為多項式

$$1 \times X^3 + 0 \times X^2 + 1 \times X^1 + 1 \times X^0$$

的簡略表示式。範例 2.39 中的除法於是成為下列多項式運算：

$$\frac{X^6 + X^3 + X + 1}{X^3 + X + 1}$$

計算與使用 CRCs

在這麼多介紹之後，我們開始說明 CRCs 如何求得。以範例說明如下：

1. 令所處理的位元組 $I = 1001011_2$（可包含任意數目的位元組形成訊息區塊）。
2. 傳送方與接收方議定使用一任選位元樣式，設為 $P = 1011_2$（樣式的第一個及最後一個位元是 1 時效果最好）。
3. 將 I 向左移位比 P 中位元數少 1 的位移量，得到新的 $I = 1001011000_2$。
4. 以 I 為被除數、P 為除數進行模數 2 的除法（如範例 2.39 中所示）。忽略商並得餘數 100_2。餘數即為真正的 CRC 檢查和。
5. 將餘數加至 1 中，得訊息 M：

   $1001011000_2 + 100_2 = 1001011100_2$
6. 訊息接收端以相反的過程解碼 M 並檢視之。現在 P 可以正好整除 M：

```
            1010100
1011 ) 1001011100
          1011
          001001
              1011
              0010
              001011
                  1011
                  0000
```

注意：相反的過程應包括附上餘數。

得出非零的餘數即表示傳送 M 時出現了錯誤。這方法對大質數的多項式最為有效。為了這個目的的最廣為採用的多項式有四個標準形式：

- CRC-CCITT (ITU-T)：$X^{16}+X^{12}+X^5+1$
- CRC-12：$X^{12}+X^{11}+X^3+X^2+X+1$

- CRC-16 (ANSI)：$X^{16}+X^{15}+X^{2}+1$
- CRC-32：$X^{32}+X^{26}+X^{23}+X^{22}+X^{16}+X^{12}+X^{11}+X^{10}+X^{8}+X^{7}+X^{5}+X^{4}+X+1$

CRC-CCITT、CRC-12 與 CRC-16 用於一對對位元組上；CRC-32 使用四個位元組，適用於以 32 位元的字組運作的系統。已經證明了使用這些多項式的 CRCs 可偵得 99.8% 的單一位元錯誤。

CRCs 可有效地使用查表方式而非採用對每一位元組計算其餘數的方式製作。每一種可能的位元組樣式產生的餘數可直接「燒錄」在通訊與儲存的電子裝置中。餘數於是可經由一週期的查表時間而不必經由 16 或 32 個週期的除法運算來取得。明顯地，取捨的考慮是在速度與較複雜的控制電路成本之間。

2.7.2 漢明 (Hamming) 碼

數據通訊通道相較於磁碟系統，一方面更容易出錯，另一方面又更能容忍錯誤。在數據通訊中，僅需具備偵錯能力即已足夠。若通訊裝置判斷訊息中含有一個錯誤的位元，則僅需要求重新傳送。儲存系統與記憶體就不能這樣做。磁碟可能是一筆金融交易或是其他一組無法重製的即時數據的唯一存放處。因此儲存裝置與記憶體必須具有不只是偵測的能力，同時還要能更正一定數量的錯誤。

具錯誤回復能力的編碼已在上個世紀即被深入研究。最有效的編碼之一——也是最早的——就是漢明碼。**漢明碼** (Hamming codes) 採用同位的觀念，其偵錯與改錯的能力隨資訊字組中使用的同位位元數增加而提高。漢明碼用於隨機錯誤可能發生的情況中。隨機的錯誤代表的是每個位元的錯誤都有一定的發生機率，且與其他位元是否錯誤無關。計算機記憶體往往表現出這種錯誤行為，因此在以下討論中，我們以記憶體位元錯誤與更正為背景來說明漢明碼。

我們曾提到漢明碼使用稱為**檢查位元** (check bits) 或**冗餘位元** (redundant bits) 的同位位元。假設記憶體字組本身具有 m 個位元，且用了 r 個冗餘位元來作錯誤偵測與／或更正。因此所得的**編碼字組** (code word) 是一個包含 m 個數

據位元與 r 個檢查位元的 n-位元單元。因此對每一個數據字組存在唯一的包含 $n = m+r$ 個位元的編碼字組如下：

m 位元	r 位元

兩個編碼字組（按：任何等長的位元串均可適用）間同樣位置而位元不同的數目稱為兩個編碼字組的**漢明距離** (Hamming distance)。例如，若有以下二編碼字組：

```
1 0 0 0 1 0 0 1
1 0 1 1 0 0 0 1
    * * *
```

可見到有三個位置上的位元不同（如 * 處所示），故其漢明距離為 3（注意：我們尚未討論如何產生編碼字組；這點將於稍後討論）。

兩個編碼字組間的漢明距離在錯誤更正上很重要。若兩個編碼字組的漢明距離是 d，表示要存在 d 個單一位元的錯誤才能將一個編碼字組轉換成另一個，意思是這種錯誤無法偵知。因此如欲設計能保證偵得所有單一位元錯誤（只有一個位元有錯）的編碼，錯誤以及它的相對正確的編碼字組必須要有至少 2 的漢明距離。若一個 n-位元的字組不是合法的編碼字組，則表示有了錯誤。

若已知計算檢查位元的演算法，則可以表列出所有合法的編碼字組。所有編碼字組間最小的漢明距離稱為這種碼的**最小漢明距離** (minimum Hamming distance)。經常以 **D(min)** 代表的碼的最小漢明距離決定了該碼的錯誤偵測與更正能力。簡而言之，若任何編碼字組 X 被接收到時卻成為另一合法字組 Y，則至少有 $D(min)$ 個錯誤發生在 X 上。因此若欲偵知 k（或更少）個單一位元的錯誤，編碼中的最小漢明距離需為 $D(min) = k + 1$。漢明碼保證可以偵測 $D(min) - 1$ 個錯誤並更正 $\lfloor D(min) - 1/2 \rfloor$ 個錯誤。[1] 因此編碼的漢明距離必須至少是 $2k + 1$ 才足以更正 k 個錯誤。

編碼字組由資訊字組加上 r 個同位位元構成。繼續討論錯誤偵測與更正之

[1] 括號 $\lfloor\,\rfloor$ 指的是取小於等於的整數值的函數，該整數是小於或等於所包含數值的最大整數。例如，$\lfloor 8.3 \rfloor = 8$, $\lfloor 8.9 \rfloor = 8$。

前，先看一個例子：最普通的錯誤偵測使用附加於數據上的單一同位位元（回想在 ASCII 字元符號表示法中的討論）。編碼字組中任何單一位元的錯誤都會導致同位出錯。

範例 2.40 設有使用偶同位（編碼字組中 1 的數量必須為偶數）的記憶體具有 2 個數據位元與一個（附於編碼字組最末的）同位位元。2 個數據位元表示可能的數據有 4 種字組。下表列出每一種的數據字組、對應的同位位元與形成的編碼字組：

數據字組	同位位元	編碼字組
00	0	000
01	1	011
10	1	101
11	0	110

形成的編碼字組具有 3 個位元。然而 3 個位元可形成 8 種不同樣式如下（其中有效編碼字組以 * 標示：

000*	100
001	101*
010	110*
011*	111

若得到編碼字組 001，其非有效，表示編碼字組中某處發生了錯誤。例如，假設記憶體中欲儲存的正確編碼字組是 011，然而錯誤使之成為 001。這個錯誤可以偵知，但無從更正。這方式不可能確知到底有多少位元被翻轉了，以及到底是哪些個出錯了。錯誤更正碼需要多於一個同位位元，原因說明於下列討論中。

在上例中若有效編碼字組中出現了兩位元的錯誤又將如何？例如編碼字組 011 被變成 000。這個錯誤無法偵知。檢視上例中的編碼，可知 $D(min)$ 是 2，表示該碼僅能保證偵測單一位元的錯誤。

前已說明編碼的錯誤偵測與更正的能力與 $D(min)$ 有關，而且由錯誤偵測的觀點而言，這個關係已表現於範例 2.40 中。要做到錯誤更正必須在編碼中加入額外冗餘位元來保證最小漢明距離 $D(min) = 2k + 1$，方能使編碼偵測出並更正 k 個錯誤。這樣的漢明距離保證所有合法編碼字組彼此分開得夠遠，足以在 k 個錯誤之下，得到的錯誤編碼字組還是比較靠近唯一的一個有效編碼字組。這個重要性在於錯誤更正所用的方法是將錯誤的編碼字組改成與它的位元差異數最少的有效編碼字組。範例 2.41 說明這個涵意：

範例 2.41　設有下列編碼（暫勿考慮該編碼如何導出；我們不久即將說明之）：

0 0 0 0 0
0 1 0 1 1
1 0 1 1 0
1 1 1 0 1

首先決定 $D(min)$。檢視所有可能的兩兩編碼字組可知最小漢明距離是 $D(min) = 3$。因此該編碼可偵知多達二個錯誤並更正一個位元的錯誤。如何做更正？假設讀入了不正確編碼字組 10000。因為其不同於所有有效編碼字組，表示其中至少有一個錯誤。接著計算所得編碼字組與所有有效編碼字組間的漢明距離：其與第一個編碼字組有一個位元不同，與第二個編碼字組有 4 個不同，與第三個有 2 個不同，與第四個有 3 個不同，得出**差異向量** (difference vector) [1,4,2,3]。要使用這個編碼作錯誤更正的話，則應將所得的編碼字組更正為最接近的有效編碼字組，故得 00000。注意：這個「更正」並非保證正確！我們作了僅有最少數、也就是 1 個、的錯誤發生的假設。若發生了兩個錯誤，可能原來的編碼字組應是 10110 但是被改成了 10000。

假設真的發生了兩個錯誤。例如，讀到的不正確編碼字組是 11000。若計算得到距離向量 [2,3,3,2]，可知並無唯一的「最接近」編碼字組，因而無法作更正。最小為 3 的漢明距離僅允許更正一個錯誤，且如有多於一個錯誤發生了，則不保證更正的結果，有如本例中所指出的。

截至目前的討論中，我們只說明有各種編碼，但是還沒說明這些碼究竟是如何產生出來的。編碼的方法有很多；最易於瞭解的方法之一可能是以下將介紹的漢明演算法。在說明演算法的過程前，先來瞭解一些背景。

假設要設計出一個字組中包含 m 個數據位元與 r 個檢查位元，並可更正一個位元錯誤的編碼。這表示共有 2^m 個有效編碼字組，每一個都有特有的檢查位元組合。由於我們只在意單一位元的錯誤，因此在此只檢視與有效編碼字組距離為 1 的無效編碼字組。

每一有效編碼字組具有 n 個位元，且錯誤可能在這 n 個位置中的任何地方發生。因此每一有效編碼字組會有 n 個與它距離為 1 的無效編碼字組；因此如果我們在意的是每一個有效的編碼字組以及每一個含有一個錯誤的無效編碼字組，則每一個編碼字組會有 $n + 1$ 個與它有關的位元樣式（一個有效字組和 n 個無效字組）。由於每一個編碼字組包含 n 個位元，$n = m + r$，故共有 2^n 種可能位元樣式。這形成以下不等式：

$$(n + 1) \times 2^m \leq 2^n$$

其中 $n + 1$ 是每個編碼字組相關的位元樣式的數量，2^m 是有效編碼字組的總數，而 2^n 是所有可能的位元樣式。因為 $n = m + n$，上述不等式可寫成：

$$(m + r + 1) \times 2^m \leq 2^{m+r}$$

或

$$(m + r + 1) \leq 2^r$$

這不等式很重要，它指出構成能夠更正所有單一位元錯誤的 m 個數據位元與 r 個檢查位元的編碼中，所需檢查位元的最低數量（我們總是會盡量少用檢查位元）。

假設數據字組的長度 $m = 4$。則

$$(4 + r + 1) \leq 2^r$$

表示 r 需大於等於 3。選擇 $r = 3$。這表示要對 4 個位元的數據構成能夠更正一個位元錯誤的編碼，至少需使用 3 個檢查位元。

漢明演算法

漢明演算法是一個設計編碼來更正單一位元錯誤的簡捷方法。要設計用於任何記憶體字組大小的錯誤更正碼，應遵循下列步驟：

1. 決定編碼必需的檢查位元數，r，然後將 n（$n = m + r$）個位元位置由右至左從 1（不是 0）開始編號。

2. 每一個位元編號是 2 的次方的位元即為同位位元；其他的是數據位元。

3. 以下述方式將同位位元置入檢查位元位置：若位元 $b = b_1 + b_2 + . . . + b_j$（其中「+」是模數 2 的加），則其會被同位位元 b_1、b_2、. . .、b_j 檢查。

以下範例說明這些步驟以及錯誤更正的過程。

範例 2.42 以上述漢明碼以及偶同位編碼 8-位元的 ASCII 字元符號 K。（設其高位序位元為 0。）假設任意一個位元的錯誤然後說明如何指出錯誤。

先找出 K 的編碼字組，之後：

步驟 1. 決定所需的檢查位元數，將該等位元與數據位元放在一起，並對所有 n 個位元編號。

因為 $m = 8$，可得 $(8 + r + 1) \le 2^r$，表示 r 需大於等於 4。選擇 $r = 4$。

步驟 2. 由右至左對 n 個位元由 1 開始編號，可得：

_	_	_	_	□	_	_	_	□	_	□	□
12	11	10	9	8	7	6	5	4	3	2	1

同位位元以方框標示。

步驟 3. 設定同位位元來檢查不同位置的位元。

做這個步驟時，先以 2 的次方值的和的形式表出所有位置：

$1 = 1$	$5 = 1 + 4$	$9 = 1 + 8$
$2 = 2$	$6 = 2 + 4$	$10 = 2 + 8$
$3 = 1 + 2$	$7 = 1 + 2 + 4$	$11 = 1 + 2 + 8$
$4 = 4$	$8 = 8$	$12 = 4 + 8$

位於位置 1 代表值為 1 的同位位元，與 1、3、5、7、9、11 的二進表示式有關，因此位置 1 處的同位位元表示這些位元的同位。以此類推，位置 2 處代表值為 2 的同位位元，且與 2、3、6、7、10、11 位置的位元有關，因此位置 2 處的同位位元表示這些位元的同位；位元 4 表示 4、5、6、7、12 的同位；而位元 8 表示 8、9、10、11、12 的同位。先將數據位元寫入沒有方框的位置，再恰當填入同位位元，則得下列編碼字組：

0	1	0	0	[1]	1	0	1	[0]	1	[1]	[0]
12	11	10	9	8	7	6	5	4	3	2	1

故 K 的編碼字組是 010011010110。

假設位置 b_9 的位元錯了，使得編碼字組成為 010111010110。在使用同位位元檢查各組位元時，得到：

位元 1 檢查位元 1、3、5、7、9 與 11：偶同位指出有錯誤。

位元 2 檢查位元 2、3、6、7、10 與 11：沒有錯誤。

位元 4 檢查位元 4、5、6、7 與 12：沒有錯誤。

位元 8 檢查位元 8、9、10、11 與 12：有錯誤。

同位位元 1 與 8 指出有錯誤。這兩個同位位元同時檢查 9 與 11，因此這單一的位元錯誤一定是在位元 9 或 11 上。然而因為同位位元 2 檢查過包括 11 的一組位元並且沒發現錯誤，則錯誤一定發生在位元 9 上（我們加入的錯誤我們自己當然知道；不過請注意：即使我們原本不知道錯誤所在，透過這個方法也足以判斷錯誤的位置並且僅需翻轉該位元來更正之）。

因為這種放置同位位元的方式，使它成為一種比較簡單的偵測並更正錯誤位元的方法。我們知道同位位元 1 與 8 指出有錯誤，而 $1 + 8 = 9$，那正是錯誤發生的位置。

範例 2.43 在奇同位時利用漢明演算法來求 3 - 位元記憶體字組的所有編碼字組。

可能的字組有 8：000、001、010、011、100、101、110 與 111。首先決定所需的檢查位元數量：因為 $m = 3$，則 $(3+r+1) \leqq 2^r$，表示 r 必須大於等於 3。取 $r = 3$。故每一編碼字組有 6 位元，且檢查位元位於位置 1、2 與 4，如下所示：

_	_	□	_	□	□
6	5	4	3	2	1

由之前的範例可知：

- 位元 1 檢查位元 1、3 與 5 的同位
- 位元 2 檢查位元 2、3 與 6 的同位
- 位元 4 檢查位元 4、5 與 6 的同位

因此每一可能記憶體字組的編碼字組是：

記憶體字組	編碼字組（位元位置）	6	5	4	3	2	1
000	位元位置	0	0	[1]	0	[1]	[1]
001	位元位置	0	0	[1]	1	[0]	[0]
010	位元位置	0	1	[0]	0	[1]	[0]
011	位元位置	0	1	[0]	1	[0]	[1]
100	位元位置	1	0	[0]	0	[0]	[1]
101	位元位置	1	0	[0]	1	[1]	[0]
110	位元位置	1	1	[1]	0	[0]	[0]
111	位元位置	1	1	[1]	1	[1]	[1]

所得的全部編碼字組是 001011、001100、010010、010101、100001、100110、111000 與 111111。若這些字組中有任一位元翻轉了，均可明確判斷是哪一個並更正之。例如，若欲傳送 111，則會送出編碼字組 111111。若收到的是 110111，同位位元 1（其檢查位元 1、3 與 5）沒問題，同位位元 2（其檢查位元 2、3 與 6）也沒問題，但是同位位元 4 指稱有錯誤，因為只有位元 5 和 6 是 1，違反奇同位要求。位元 5 不可能不正確，因為同位位元 1 的檢查通過了，位元 6 不可能不正確，因為同位位元 2 的檢查也通過了；因此一定是位元 4 錯了，所以它被從 0 改成 1，得到正確的編碼字組 111111。

下一章中會提到使用簡單的二進電路來製作漢明碼有多麼簡單。由於它的簡單，漢明碼提供的保護可輕易地應用且對效能的影響極低。

2.7.3 瑞德 - 所羅門

漢明碼在錯誤相對很少發生的情況下可以達到良好效果。固定式磁碟機具有每 100 百萬位元僅一位元的額定錯誤值，之前討論的 3 - 位元漢明碼可輕易更正這類錯誤。然而在可能有多個連續位元受損的情況下，漢明碼就不適用了。這些類型的錯誤稱為**密集**（或**爆量**）**錯誤** (burst errors)。可攜式媒體裝置如磁帶與行動硬碟往往曝露於不當的對待與嚴苛的環境中，密集錯誤經常發生。

若預期錯誤成群發生，則理當採用適用於整群層級的錯誤更正碼，而非適用於位元層級的漢明碼。**瑞德 - 所羅門** (Reed-Solomon, RS) 碼可想成是適用於整群字元符號的資訊中而非僅數個位元上的 CRC。如同 CRCs，RS 碼也有它的系統性：同位位元附加於資訊位元組的區塊上。RS (n, k) 碼由下列參數定義：

- s = 一個字元符號（或「符號」）中的位元數。
- k = 組成區塊的 s 位元字元符號的數量。
- n = 編碼字組中的位元組數量。

RS (n, k) 可在 k 個資訊位元組中更正 $(n - k)/2$ 個錯誤。

常用的 RS (255, 223) 碼使用 223 個 8 位元的資訊位元組與 32 個症候位元組，形成 255 個位元組的編碼字組。它能夠在資訊區塊中更正多達 16 個錯誤的位元組。

產生 RS 編碼的多項式來自於一個稱為 **Galois 場**的抽象數學結構中的多項式（有關 Galois 數學詳細的探討不屬本書範圍。相關資料可參見章末的參考文獻）。產生 RS 的多項式是：

$$g(x) = (x - a^i)(x - a^{i+1}) \ldots (x - a^{i+2t})$$

其中 $t = n - k$，x 是整個位元組（或符號），且 $g(x)$ 在 $GF(2^s)$ 場中運算。（注意：該多項式在與一般代數中的整數場有很大差異的 Galois 場中依然有效。）

n 個位元組的 RS 編碼字組由下列計算式求得：

$$c(x) = g(x) \times i(x)$$

其中 $i(x)$ 是資訊區塊。

縱使使用了相當繁複的代數，RS 錯誤更正演算法卻相當適合製作於計算機硬體中。它們已使用於大型計算機的高效能磁碟機中以及儲存音樂和數據的光碟中。這些製作方式將於第七章中介紹。

本章總結

我們已介紹了數位計算機中數據表示法與數值運算的基礎知識。你應能熟習基底轉換的技術與記得較小的十六進與二進數字。這些知識當能幫助你在本書之後的學習。十六進制編碼的知識能幫助你在系統當機時讀懂核心（記憶體）傾印的資料，或在數據通訊領域從事任何嚴肅的工作時也會有幫助。

你也看到浮點數字在重複處理的過程中若未能防止少許誤差累積擴大時將會產生明顯的誤差。有很多種數值技術可以用於控制這種誤差。這些技術應予仔細研讀但並非本書的範圍。

你學到了大部分計算機使用 ASCII 與 EBCDIC 來表示字元符號。記得任何一種這些編碼的全部內容並無意義，但是如果你經常使用它們，難免會記得一些「關鍵編碼值」，而且不難從而推算出需要知道的其他編碼。

統一碼是 Java 與新近版本的 Windows 預設使用的字元符號集。它可能會取代 EBCDIC 與 ASCII 成為計算機系統中基本的字元符號表示方式；不過由於這些早期編碼方式的經濟性與普遍性，它們仍會在可見的將來存在。

錯誤偵測與更正碼用於幾乎所有計算技術相關的面向中。當有需要時，對各種錯誤控制方法的瞭解，將有助於你對各種可行選項作出有根據的選擇。選擇的方法應該基於如計算的額外負擔和儲存與傳輸媒體容量等相關的各項因素。

進一步閱讀

西方文明中早期數學的簡要敘述可見於 Bunt et al. (1988) 中。

Knuth (1988) 在他的計算機演算法叢書第二冊中介紹了數字系統，並提出了計算機算術演進易讀又完整的討論（每一位計算機科學家都應該要有 Knuth 的這套書）。

浮點算術最明確的解釋可見於 Goldberg (1991)。Schwartz et al. (1999) 說明 IBM System/390 如何處理以較早期形式以及 IEEE 標準表達的浮點數的運算。Soderquist 與 Leeser (1996) 提供了有關浮點除法與開平方問題的很好且深入的討論。

統一碼相關的資訊可見於統一碼協會 Unicode Consortium 的網站 www.unicode.org 與統一碼標準 4.0 版 Unicode Standard, Version 4.0 (2003) 中。

國際標準組織 International Standards Organization 的網站是 www.iso.ch。你會驚訝於這個團體的影響之廣。類似的珍貴資訊可見於美國國家標準局網站：www.ansi.org。

在專精了布林代數與數位邏輯的觀念之後，你將能享受閱讀 Arazi 的書籍

(1988) 之樂。這本寫得很好的書說明錯誤偵測與更正如何以簡單的數位電路實現。Arazi 的附錄有極為清晰的關於用於瑞德—所羅門編碼的 Galoid 場算術的討論。

如果你想深入廣泛地研讀錯誤更正理論，Pretzel 的 (1992) 書本是非常好的第一本書。這本書不難取得，寫得很好，而且內容完整。

詳細的 Galois 場討論可見於（不貴的！）Artin (1998) 與 Warner (1990) 書中。Warner 的桌上很多的書是文字清晰的對抽象代數觀念的完整介紹。如果你想深入研究數學密碼學——計算機科學的一個受關注的快速成長中的領域，研讀抽象代數將有助益。

參考資料

Arazi, B. *A Commonsense Approach to the Theory of Error Correcting Codes*. Cambridge, MA: The MIT Press, 1988.

Artin, E. *Galois Theory*. New York: Dover Publications, 1998.

Bunt, L. N. H., Jones, P. S., & Bedient, J. D. *The Historical Roots of Elementary Mathematics.* New York: Dover Publications, 1988.

Goldberg, D. "What Every Computer Scientist Should Know about Floating-Point Arithmetic." *ACM Computing Surveys* 23:1, March 1991, pp. 5-47.

Knuth, D. E. *The Art of Computer Programming*, 3rd ed. Reading, MA: Addison-Wesley, 1998.

Pretzel, O. *Error-Correcting Codes and Finite Fields*. New York: Oxford University Press, 1992.

Schwartz, E. M., Smith, R. M., & Krygowski, C. A. "The S/390 G5 Floating-Point Unit Supporting Hex and Binary Architectures." *IEEE Proceedings from the 14th Symposium on Computer Arithmetic*, 1999, pp. 258-265.

Soderquist, P., & Leeser, M. "Area and Performance Tradeoffs in Floating-Point Divide and Square-Root Implementations." *ACM Computing Surveys* 28:3, September 1996, pp. 518-564.

The Unicode Consortium. *The Unicode Standard, Version* 4.0. Reading, MA: Addison-Wesley, 2003.

Warner, S. *Modern Algebra*. New York: Dover Publications, 1990.

必要名詞與概念的檢視

1. 名詞 bit 是哪兩個字的縮寫？
2. 說明名詞位元、位元組、4 位元組與字組如何相關。
3. 為何二進數與十進數是以位置表示的數字系統？
4. 說明基底 2、基底 8 與基底 16 如何相關。
5. 什麼是基數？
6. 在表 2.1 中（所有基底）的「應記得的數字」中你能記得幾個？
7. 滿溢在無號數字的情況中，表示什麼？
8. 說出在數位計算機中四種有號整數的表示法，並解釋它們的不同點。
9. 四種有號整數表示法中哪一個最常被數位計算機系統採用？
10. 補數系統如何與單車上的里程表類似？
11. 你認為以加倍的方式逐位數處理比本章中談到的其他二進數到十進數轉換方法更簡單嗎？為什麼？
12. 參考前述問題，其他兩種轉換方法有何缺點？
13. 什麼是滿溢，以及其如何被偵知？滿溢在無號數與有號數中有何不同？
14. 如果計算機只能處理以及儲存整數，會給它們自己帶來什麼困難？這些困難是如何克服的？
15. 布氏演算法的目標是什麼？
16. 進位與滿溢有何不同？
17. 什麼是算術移位？
18. 浮點數字中的三個組成部分是什麼？
19. 什麼是偏移值，以及它能帶來什麼效能？
20. 什麼是正規化，以及它為何必要？
21. 在二進制計算機中處理浮點算術時為什麼總是有一些程度的誤差？
22. 在 IEEE-754 浮點標準中雙精確度數字有幾個位元？
23. 什麼是 EBCDIC，以及它如何與 BCD 有關？

24. 什麼是 ASCII，以及它的起源為何？

25. 說明 ASCII 與統一碼的不同。

26. 統一碼中一個字母符號需要使用多少個位元？

27. 為什麼要設計統一碼？

28. 循環冗餘檢查如何作用？

29. 什麼是系統性的錯誤偵測？

30. 什麼是漢明碼？

31. 漢明距離的意思是什麼，以及它為什麼重要？最小漢明距離是什麼意思？

32. 所需冗餘位元的數量在編碼中如何與數據位元的數量相關？

33. 什麼是密集（爆量）錯誤？

34. 說出一種可以補救密集（爆量）錯誤的錯誤更正方法。

習題

◆**1.** 以減法或除法取餘數法作下列的基底轉換：

◆**a)** $458_{10} = \_\_\_\_\_\__{3}$

◆**b)** $677_{10} = \_\_\_\_\_\__{5}$

◆**c)** $1518_{10} = \_\_\_\_\_\__{7}$

◆**d)** $4401_{10} = \_\_\_\_\_\__{9}$

2. 以減法或除法取餘數法作下列的基底轉換：

a) $588_{10} = \_\_\_\_\_\__{3}$

b) $2254_{10} = \_\_\_\_\_\__{5}$

c) $652_{10} = \_\_\_\_\_\__{7}$

d) $3104_{10} = \_\_\_\_\_\__{9}$

3. 以減法或除法取餘數法作下列的基底轉換：

a) $137_{10} = \_\_\_\_\_\__{3}$

b) $248_{10} = \_\_\_\_\_\__{5}$

c) 387_{10} = ________ $_7$

d) 633_{10} = ________ $_9$

4. 作下列的基底轉換：

a) 20101_3 = ________ $_{10}$

b) 2302_5 = ________ $_{10}$

c) 1605_7 = ________ $_{10}$

d) 687_9 = ________ $_{10}$

5. 作下列的基底轉換：

a) 20012_3 = ________ $_{10}$

b) 4103_5 = ________ $_{10}$

c) 3236_7 = ________ $_{10}$

d) 1378_9 = ________ $_{10}$

6. 作下列的基底轉換：

a) 21200_3 = ________ $_{10}$

b) 3244_5 = ________ $_{10}$

c) 3402_7 = ________ $_{10}$

d) 7657_9 = ________ $_{10}$

◆**7.** 將下列十進制分數轉換為小數點之後至多有六位數字的二進制形式：

◆**a)** 26.78125

◆**b)** 194.03125

◆**c)** 298.796875

◆**d)** 16.1240234375

8. 將下列十進制分數轉換為小數點之後至多有六位數字的二進制形式：

a) 25.84375

b) 57.55

c) 80.90625

d) 84.874023

9. 將下列十進制分數轉換為小數點之後至多有六位數字的二進制形式：

a) 27.59375

b) 105.59375

c) 241.53125

d) 327.78125

10. 將下列二進制分數轉換為十進制形式：

a) 10111.1101

b) 100011.10011

c) 1010011.10001

d) 11000010.111

11. 將下列二進制分數轉換為十進制形式：

a) 100001.111

b) 111111.10011

c) 1001100.1011

d) 10001001.0111

12. 將下列二進制分數轉換為十進制形式：

a) 110001.10101

b) 111001.001011

c) 1001001.10101

d) 11101001.110001

13. 將十六進數字 $AC12_{16}$ 轉換為二進制形式。

14. 將十六進數字 $7A01_{16}$ 轉換為二進制形式。

15. 將十六進數字 DEAD $BEEF_{16}$ 轉換為二進制形式。

16. 以二進制 8-位元符號-大小、一的補數、二的補數與超 -127 表示法表示下列十進位數字：

◆**a)** 77

◆**b)** −42

c) 119

d) −107

17. 以二進制 8-位元符號-大小、一的補數、二的補數與超 -127 表示法表示下列十進位數字：

a) 60

b) −60

c) 20

d) −20

18. 以二進制 8-位元符號-大小、一的補數、二的補數與超 -127 表示法表示下列十進位數字：

a) 97

b) −97

c) 44

d) −44

19. 以二進制 8-位元符號-大小、一的補數、二的補數與超 -127 表示法表示下列十進位數字：

a) 89

b) −89

c) 66

d) −66

20. 若 8-位元二進數字 10011110 是以下列方式表示，其十進制的值為何？

a) 以無號格式解讀

b) 在使用符號-大小表示法的計算機中

c) 在使用一的補數表示法的計算機中

d) 在使用二的補數表示法的計算機中

e) 在使用超 -127 表示法的計算機中

21. 若 8-位元二進數字 00010001 是以下列方式表示，其十進制的值為何？

a) 以無號格式解讀

b) 在使用符號-大小表示法的計算機中

c) 在使用一的補數表示法的計算機中

d) 在使用二的補數表示法的計算機中

e) 在使用超 -127 表示法的計算機中

22. 若 8-位元二進數字 10110100 是以下列方式表示，其十進制的值為何？

a) 以無號格式解讀

b) 在使用符號-大小表示法的計算機中

c) 在使用一的補數表示法的計算機中

d) 在使用二的補數表示法的計算機中

e) 在使用超 -127 表示法的計算機中

23. 已知下列二個二進數字：11111100 與 01110000：

a) 二者中何者是較大的無號二進數字？

b) 在使用二的補數表示法的計算機中，二者中何者較大？

c) 在使用符號-大小表示法的計算機中，二者中何者較小？

24. 使用 3 個位元的「字組」，列出下列方式可以表示的所有可能有號二進數字以及它們對應的十進數字：

a) 符號-大小

b) 一的補數

c) 二的補數

25. 使用 4 個位元的「字組」，列出下列方式可以表示的所有可能有號二進數字以及它們對應的十進數字：

a) 符號-大小

b) 一的補數

c) 二的補數

26. 由以上二題的結果，列出使用下列表示法時 x 個位元可表示的數值範圍（以十進數表示）的通則：

a) 符號-大小

b) 一的補數

c) 二的補數

27. 在下表中填入各種格式下二進位元樣式代表的值：

無號整數	4-位元二進值	符號-大小	一的補數	二的補數	超-7
0	0000				
1	0001				
2	0010				
3	0011				
4	0100				
5	0101				
6	0110				
7	0111				
8	1000				
9	1001				
10	1010				
11	1011				
12	1100				
13	1101				
14	1110				
15	1111				

28. 已知一（很小的）計算機具有 6-位元的字組大小，該計算機在下列的表示法中能表示的最小的負數與最大的正數各為何？

◆**a)** 一的補數

b) 二的補數

29. 求兩個二的補數數字的和時，什麼一定為真？

30. 在大部分的計算機中儲存有號整數最常用的表示法是哪種以及為什麼？

31. 你在航行世界時遇到了未知的文明：自稱為斑馬人 (Zebronians) 的人種以 40 個不同的字母符號做數學（可能因為斑馬身上有四十條條紋）。他們很想使用計算機，但是需要計算機能夠做斑馬數學，意思是計算機要能表示所有四十個字母符號。你是一個計算機設計師並且決定幫助他們。你判斷最好使用 BCZ，Binary-Coded-Zabronian（其類似 BCD，只不過編碼對象是 Zabronian 而非 Decimal）。則至少需要多少個位元才足以表示所有的字母符號？

◆**32.** 計算下列所示無號二進數的加法：

a) $01110101 + 00111011$　**b)** $00010101 + 00011011$　**c)** $01101111 + 00010001$

33. 計算下列所示無號二進數的加法：

a) $01000100 + 10111011$　**b)** $01011011 + 00011111$　**c)** $10101100 + 00100100$

◆**34.** 計算下列所示使用二的補數算術的有號二進數的減法：

a) $01110101 - 00111011$　**b)** $00110101 - 00001011$　**c)** $01101111 - 00010001$

35. 計算下列所示使用二的補數算術的有號二進數的減法：

a) $11000100 - 00111011$　**b)** $01011011 - 00011111$　**c)** $10101100 - 00100100$

36. 以無號整數算術做下列二進數字乘法：

◆**a)** 1100×101　**b)** 10101×111　**c)** 11010×1100

37. 以無號整數算術做下列二進數字乘法：

◆**a)** 1011×101　**b)** 10011×1011　**c)** 11010×1011

38. 以無號整數算術做下列二進數字除法：

◆**a)** 101101 ÷ 101

b) 10000001 ÷ 101

c) 1001010010 ÷ 1011

39. 以無號整數算術做下列二進數字除法：

a) 11111101 ÷ 1011

b) 110010101 ÷ 1001

c) 1001111100 ÷ 1100

◆**40.** 使用以加倍的方式逐位數處理的方法直接轉換 10212_3 為十進的形式（提示：需改變乘數）。

41. 以符號-大小表示法完成下列運算：

$$+0 + (-0) =$$
$$(-0) + 0 =$$
$$0 + 0 =$$
$$(-0) + (-0) =$$

◆**42.** 假設計算機使用 4-位元一的補數表示法。若忽略滿溢，在下列虛擬碼程序結束後，變數 *j* 中儲存的值為何？

```
0 → j    // 儲存 0 於 j 中
-3 → k   // 儲存 -3 於 k 中
while k ≠ 0
  j = j + 1
  k = k - 1
end while
```

43. 對有號二的補數整數以布氏演算法作下列二進數字乘法：

◆**a)** 1011×0101　　**b)** 0011×1011　　**c)** 1011×1100

44. 以算術移位做以下運算：

a) 將值 00010101_2 加倍

b) 將值 01110111_2 變為四倍

c) 將值 11001010_2 變為一半

45. 若某系統中浮點數字表示法含有符號位元、3-位元的指數與 4-位元的有效數字：

a) 若對儲存的數字作正規化，這個系統能儲存的最大正數以及最小正數各為何？（假設沒有隱含的位元、沒有偏移值、指數使用二的補數表示法以及指數中位元全為 0 或全為 1 都是允許的。）

b) 如果希望指數都是非負的值，應該使用怎樣的偏移值？你為什麼想使用這樣的偏移值？

◆**46.** 使用上題中的模型以及你選擇的偏移值，將下列浮點數字相加，並將答案以與被加數和加數同樣的表示法表示：

0	1	1	1	1	0	0	0
0	1	0	1	1	0	0	1

計算答案的相對誤差。

47. 假設我們使用課本中的浮點數表示法簡單模型（數字的表示法使用 14 位元的格式，5 位元作為偏移值為 15 的指數，8 位元的正規化了的尾數，並有一個符號位元）：

a) 使用這個浮點格式的計算機會如何表示數字 100.0 與 0.25

b) 計算機會如何將 a 部分中的兩個浮點數字改變其中之一的表示法，以使它們使用相同的 2 的次方表示後予以相加？

c) 說明計算機如何使用這種浮點表示法來表示 b 部分中求得的和。計算機實際儲存的和其十進值為何？並說明之

48. 什麼會造成除法的短值，以及該如何處理之？

49. 浮點數字為什麼通常會以正規化的形式儲存？使用偏移值而不在指數欄位中指定符號位元的好處又在哪裡？

50. 令 $a = 1.0 \times 2^9$，$b = -1.0 \times 2^9$ 且 $c = 1.0 \times 2^1$。使用課本中的浮點數表示法簡單模型（數字的表示法使用 14-位元的格式，5 位元作為偏移值為 15 的指數，8 位元的正規化了的尾數，並有一個符號位元）進行下列計算，並注意運算的次序。你對這個有限的模型在浮點算術代數上的特性有什麼看法？這種代數上的異常現象在乘法中也和在加法中一樣會存在嗎？

$$b + (a + c) =$$

$$(b + a) + c =$$

51. 說明下列浮點數值在 IEEE-754 單精確度格式中的表示法（確實指出符號位元、指數與有效數字的欄位）。

a) 12.5　　**b)** −1.5　　**c)** 0.75　　**d)** 26.625

52. 說明下列浮點數值在 IEEE-754 雙精確度格式中的表示法（確實指出符號位元、指數與有效數字的欄位）。

a) 12.5　　**b)** −1.5　　**c)** 0.75　　**d)** 26.625

53. 假設我們才剛發現還有一種浮點數字的表示法：在這種表示法中，12-位元的浮點數字有 1 個位元用於表示數字的符號、4 個位元用於指數、7 個位元用於如同在簡單模型中正規化了的尾數，因此小數點右側第一個位元必然為 1。指數以二的補數表示法呈現，沒有使用偏移值，也沒有隱含的位元。使用下列格式表示這個機器能表達的最小正數（直接填入下方方格中）。這個數值的十進制數字是什麼？

符號	指數				尾數						

54. 以三個實際浮點數值來說明浮點加法不具結合律。（你應該需要在有特定編譯器的特定硬體上來執行一個程式。）

55. a) 已知 *A* 的 ASCII 編碼是 1000001，則 *J* 的 ASCII 編碼是什麼？

b) 已知 *A* 的 EBCDIC 編碼是 11000001，則 *J* 的 EBCDIC 編碼是什麼？

56. a) 字母 *A* 的 ASCII 編碼是 1000001，且字母 *a* 的 ASCII 編碼是 1100001。若知字母 *G* 的 ASCII 編碼是 1000111，如果不檢視表 2.7，字母 *g* 的 ASCII 編碼會是什麼？

b) 字母 *A* 的 EBCDIC 編碼是 1100 0001，且字母 *a* 的 EBCDIC 編碼是 1000 0001。若知字母 *G* 的 EBCDIC 編碼是 1100 0111，如果不檢視表 2.6，字母 g 的 EBCDIC 編碼會是什麼？

c) 字母 *A* 的 ASCII 編碼是 1000001，且字母 *a* 的 ASCII 編碼是 1100001。若知字母 *Q* 的 ASCII 編碼是 1010001，如果不檢視表 2.7，字母 *q* 的 ASCII 編碼會是什麼？

d) 字母 *J* 的 EBCDIC 編碼是 1101 0001，且字母 *j* 的 EBCDIC 編碼是 1001 0001。若知字母 *Q* 的 EBCDIC 編碼是 1101 1000，如果不檢視表 2.6，字

母 *q* 的 EBCDIC 編碼會是什麼？

e) 一般而言，若要寫出將大寫 ASCII 字母轉換成小寫的程式，應如何進行？看看表 2.6，是否能用相同的演算法將大寫 EBCDIC 的字母轉換成小寫？

f) 若被賦予將 EBCDIC 系統的計算機與 ASCII 或統一碼系統的計算機介接的任務，將 EBCDIC 字元符號碼轉換為 ASCII 字元符號碼的最適當方法為何？

◆**57.** 設計算機的字組長 24-位元。以這 24 個位元，我們希望表達值 295。

◆**a)** 計算機會如何表示十進值 295 ？

◆**b)** 若計算機使用 8-位元的 ASCII 與偶同位，其如何表示 295 的位元串？

◆**c)** 若計算機使用打包的 BCD 且對空位補 0，其如何表示數字 +295 ？

58. 解碼下列 ASCII 訊息，設其為 7-位元 ASCII 字元符號且不做同位：

1001010 1001111 1001000 1001110 0100000 1000100 1001111 1000101

59. 為什麼系統設計師會希望以統一碼作為他們新系統預設的字元符號集？你可以想到哪些理由不應以統一碼作預設碼嗎？（提示：想想語言相容性與儲存空間的關聯性。）

60. 若欲設計一具有 3 個資訊位元與 1 個奇同位位元（附著於後）的編碼。列出碼中所有有效字組。該碼的漢明距離為何？

61. 設有下列 7-位元記憶體字組與一個同位位元的編碼字組部分集合：11100110, 00001000, 10101011 與 11111110。這編碼用的是奇或偶位元？試說明之。

62. 具錯誤更正能力的漢明碼是否具系統性？試說明之。

63. 計算下列編碼的漢明距離：

0011010010111100

0000011110001111

0010010110101101

0001011010011110

64. 計算下列編碼的漢明距離：

0000000101111111

0000001010111111

0000010011011111

0000100011101111

0001000011110111

0010000011111011

0100000011111101

1000000011111110

65. 定義編碼的漢明距離時，應取任二編碼樣式間的最小（漢明）距離。說明為什麼採用最大或平均距離不會更恰當。

66. 設欲求得對 10 位元的記憶體字組可更正任何單一位元錯誤的錯誤更正碼。

a) 需要多少同位位元？

b) 設以本章介紹的漢明演算法設計此錯誤更正碼，找出代表此 10 位元資訊字組：1001100110 的編碼字組

67. 設欲求得對 12 位元的記憶體字組可更正任何單一位元錯誤的錯誤更正碼。

a) 需要多少同位位元？

b) 設以本章介紹的漢明演算法設計此錯誤更正碼，找出代表此 12-位元資訊字組：100100011010 的編碼字組。

◆**68.** 設有對 7 位元記憶體字組可更正所有單一位元錯誤的錯誤更正碼。已知需用 4 個檢查位元，且編碼字組長度為 11。編碼字組是依據本章介紹的漢明演算法產出。今收到編碼字組 10101011110，設使用偶同位，則此編碼字組是否有效？若否，錯誤在何處？

69. 以下列編碼字組重做習題 68：

01111010101

70. 設有對 12 位元記憶體字組可更正所有單一位元錯誤的錯誤更正碼。已知需用 5 個檢查位元，且編碼字組長度為 17。編碼字組是依據本章介紹的漢明演算法產出。今收到編碼字組 01100101001001001，設使用偶同位，則此編碼字組是否有效？若否，錯誤在何處？

71. 指出瑞德－所羅門碼與漢明碼的兩個不同處。

72. 什麼情況下應採用 CRC 碼而非漢明碼？什麼情況下反之？

◆**73.** 以模數 2 除法求下列各商數及餘數：

◆ **a)** $1010111_2 \div 1101_2$

◆ **b)** $1011111_2 \div 11101_2$

◆ **c)** $1011001101_2 \div 10101_2$

◆ **d)** $111010111_2 \div 10111_2$

74. 以模數 2 除法求下列各商數及餘數：

a) $1111010_2 \div 1011_2$

b) $1010101_2 \div 1100_2$

c) $1101101011_2 \div 10101_2$

d) $1111101011_2 \div 101101_2$

75. 以模數 2 除法求下列各商數及餘數：

a) $11001001_2 \div 1101_2$

b) $1011000_2 \div 10011_2$

c) $11101011_2 \div 10111_2$

d) $111110001_2 \div 1001_2$

76. 以模數 2 除法求下列各商數及餘數：

a) $1001111_2 \div 1101_2$

b) $1011110_2 \div 1100_2$

c) $1001101110_2 \div 11001_2$

d) $111101010_2 \div 10011_2$

◆**77.** 使用 CRC 多項式 1011，對資訊字元 1011001 計算其 CRC 編碼字組。檢查接收端所做的除法。

78. 使用 CRC 多項式 1101，對資訊字元 01001101 計算其 CRC 編碼字組。檢查接收端所做的除法。

79. 使用 CRC 多項式 1101，對資訊字元 1100011 計算其 CRC 編碼字組。檢查接收端所做的除法。

80. 使用 CRC 多項式 1101，對資訊字元 01011101 計算其 CRC 編碼字組。檢查接收端所做的除法。

81. 選擇一種架構（例如 80486、Pentium、Pentium IV、SPARC、Alpha 或 MIPS）。研究並找出該架構對本章介紹的各種概念分別採取何種應對。例如，它對負值採用何種表示法？支援哪些字元符號編碼？

82. 已知浮點算術既不具結合性也不具分配性。你為什麼認為如此？

專論記錄與傳輸數據的碼

ASCII、EBCDIC 與統一碼均可在計算機記憶體中明確地表達（第三章說明如何以二進數位裝置達成這些功能）。譬如用在記憶體中的數位式開關會處於「關」或「開」的狀態並且沒有其他可能。然而當數據寫入某些記錄媒體（如磁帶或磁碟）中，或經由長距離傳送時，二進的訊號可能變模糊，特別是當訊號包含很長的位元串時。這種模糊一部分來自傳送端與接收端間時序訊號的漂移。磁性物質如磁帶與磁碟也會因為自身材質的電性而不易同步。數位訊號只有在「高」與「低」的準位間轉換的工作方式有助於在數據記錄與通訊裝置間維持同步。為此目的，ASCII、EBCDIC 與統一碼在傳送或記錄之前會被轉換成其他形式的碼。轉換的工作由數據記錄與通訊裝置中的控制電子電路執行；使用者與主機計算機都不會需要知道這種轉換的發生。

位元組由通訊設備在傳輸媒體（如銅線）中以「高」或「低」的脈衝進行傳送與接收。磁性儲存裝置以稱為**磁通逆轉** (flux reversal) 的磁場極性改變來記錄數據。某些編碼方式較之用於數據儲存更適用於數據通訊。新的編碼也不斷發明出來以適應進展中的記錄方法與傳輸與記錄媒體。我們會檢視一些常見的記錄與傳輸碼來說明該領域中一些困難是如何解決的。為求簡潔，我們將以**數據編碼** (data encoding) 表示轉換如 ASCII 這種簡單的字元符號碼到其他更適合儲存或傳輸的碼的過程。**編碼後的數據** (encoded data) 則將用於因此而編碼出來的字元符號碼。

2A.1 不歸零碼

最簡單的數據編碼方法是**不歸零** (non-return-to-zero, NRZ) 碼。當我們以「高」與「低」代表 1 與 0 時，我們已經暗示使用的是這種碼：1 通常是高電壓，而 0 是低電壓。一般高電壓是正 3 或 5 伏特；低電壓是負 3 或 5 伏特（反

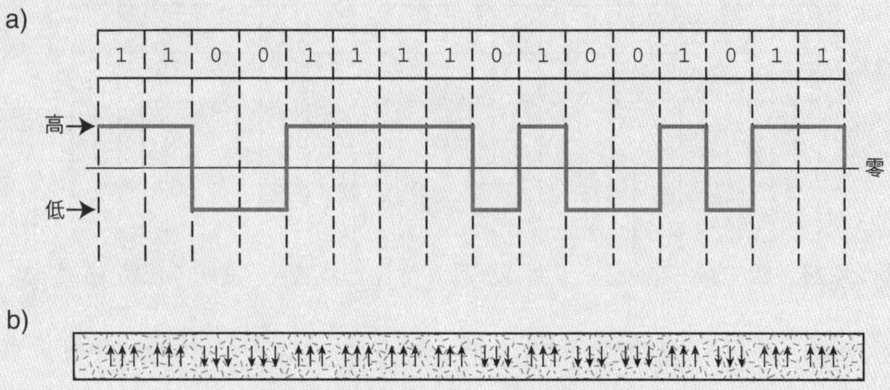

圖 2A.1 OK 的 NRZ 編碼的 a) 傳輸波型；b) 磁通樣式（箭頭方向表示磁場極性）

過來的話，邏輯上也是等效的）。

例如，英文 *OK* 的 ASCII 碼在偶同位時是 11001111 01001011。圖 2A.1 表示這樣式在 NRZ 碼中的訊號型態以及磁通形態。每一位元占用傳輸媒介中的一段時間或磁碟等媒體中的一小區域。這些時間段或小區域稱為**位元細胞** (bit cells)。

有圖中可看出在 ASCII O 中有一長串的 1。如果傳送 *OK* 的較長形式 *OKAY*，則會有長串的 0 以及長串的 1：11001111 01001011 01000001 01011001。除非接收端與傳送端準確地同步，否則各方都無法確知每一位元細胞的訊號確實的時間長短。接收端中過慢或偏離相位的時間訊號可能導致 *OKAY* 的位元序接收成 10011 0100101 010001 0101001，解讀之後成為 ASCII 的 *<ETX>()*，完全不像傳送出來的資訊（*<ETX>* 表示一個 ASCII 文字結束 End-of-Text 字母符號，十進值是 26）。

透過這個例子所做的小小實驗可以說明：如果在 NRZ 碼中一個位元錯了，整個訊息就可能錯亂。

2A.2 不歸零反相碼

不歸零反相 (non-return-to-zero-invert, NRZI) 法欲解決的是失去同步的部分

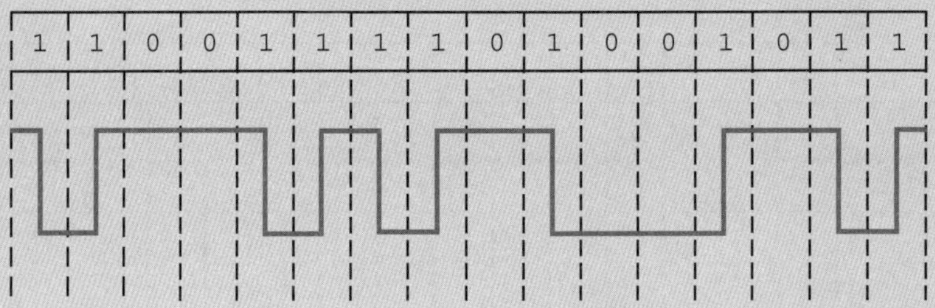

圖 2A.2 *OK* 的 NRZ 編碼：a) 傳輸波型；b) 磁通樣式（箭頭方向表示磁場極性）

問題。NRZl 對所傳送數據中的每一個 1 作高低切換——不論是高到低或低到高，而對數據中的 0 不作切換。NRZl 對 *OK* 的編碼（使用偶同位時）示於圖 2A.2 中。

雖然 NRZI 解決了遺漏 1 位元的問題，仍有長串 0 位元造成接收端或解讀器偏離相位、可能在過程中會遺漏位元的問題。

解決這個問題的簡單方法是在傳送的波形中，在維持訊息內容不變的前提下，置入足夠多的訊號變換來保持傳送端與接收端同步。這也是今天所有儲存與傳輸數據的編碼方法中基本的觀念。

2A.3 相位調變（曼徹斯特碼）

一般稱為**相位調變** (phase modulation, PM) 或是**曼徹斯特編碼** (Manchester coding) 的編碼方法直接處理同步的問題。PM 對每一位元不論它是 1 或 0 都作一次訊號切換。PM 中每一個 1 位元以「向上」的切換代表，0 位元以「向下」的切換代表。需要多用到的切換就放在位元細胞的邊緣上。*OK* 這個字的 PM 編碼示於圖 2A.3 中。

相位調變經常用於如區域網路等數據傳輸中，但用於數據儲存時則並無效率：若 PM 用於磁帶或磁碟，將較 NRZ 需要用到兩倍的位元密度（按：即數量）（每半個位元細胞需要一個磁通切換，如圖 2A.3b 所示）。不過我們才看過 NRZ 可能導致不可接受的高錯誤率；因此我們可以將一個「好的」編碼方法定義成最經濟取得「額外」儲存量需求與「額外」錯誤率平衡的方法。有許多

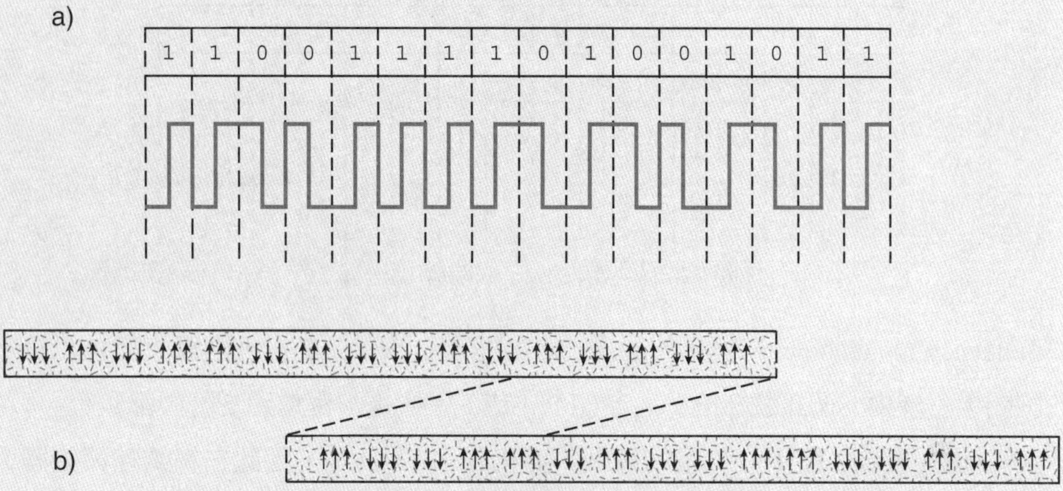

圖 2A.3 *OK* 的相位調變（曼徹斯特編碼）：a) 傳輸波型；b) 磁通樣式

碼就是設計來試圖自行定位在這種適當的位置。

2A.4 頻率調變

用於數位應用中時，**頻率調變** (frequency modulation, FM) 與相位調變同樣都對每個位元細胞提供至少一次訊號切換。這種同步的切換在每個位元細胞的開始處發生。編碼位元 1 時，則在位元細胞的（時間）中間點再作出一次切換。FM 對 *OK* 的編碼示於圖 2A.4 中。

圖中清楚可見 FM 較 PM 在儲存需求上僅略勝一籌。不過 FM 是為了一個只對連續的 0 之間作位元細胞邊界切換，稱為**修改的頻率調變** (modified

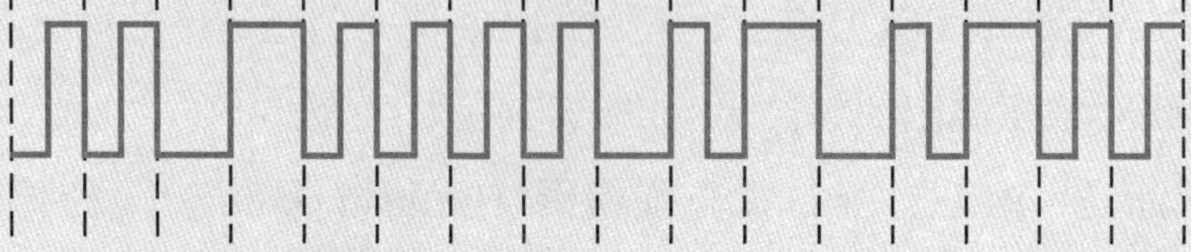

圖 2A.4 *OK* 的頻率調變編碼

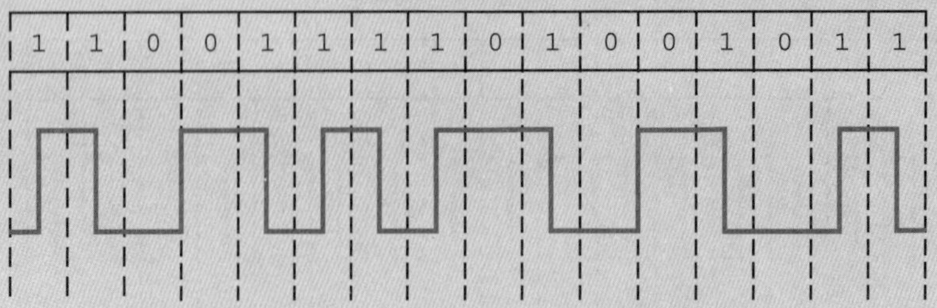

圖 2A.5　*OK* 的修改的頻率調變編碼

frequency modulation, MFM) 的編碼方法而設計；使用 MFM，則每一對位元細胞間會有至少一個訊號切換，而非如 PM 或 FM 中每一個位元細胞中都會有。

MFM 較 PM 使用較少量的切換，而仍較 NRZ 為多，因此在經濟性與錯誤控制能力上是非常有效的碼。有很長一段時間 MFM 幾乎是硬碟儲存裝置中唯一的編碼方法。MFM 對 *OK* 的編碼示於圖 2A.5 中。

2A.5　長度受限碼

長度受限 (run-length-limited, RLL) 是對一群 ASCII 或 EBCDIC 字元符號的編碼字組所使用的編碼方法，此方法是將它們轉換成特別設計來限制編碼中連續出現 0 的數目的編碼字組。一個 RLL (d, k) 碼可允許在兩個 1 之間至少 d 個 0，至多 k 個連續的 0。

顯然地，RLL 編碼字組一定會比原始字元符號碼有更多位元。不過由於 RLL 是以磁碟中的 NRZI 編碼，RLL 編碼後的數據實際上會因為比較少數的磁通變換而在磁性媒體上占用較少空間。RLL 使用的編碼字組是設計成能夠避免在使用「平坦無變化」的 NRZI 碼時磁碟會失去同步的問題。

在許多變形的作法中，RLL (2, 7) 是磁碟系統使用的最主要的碼。技術上它是 8-位元的 ASCII 或 EBCDIC 字元符號的 16-位元對應碼。然而它在磁通逆轉方面較之 MFM 效率高出 50%（這一點的證明留作習題）。

理論上而言，RLL 是稱為**霍夫曼編碼** (Huffman coding)（將於第七章中討論）的數據壓縮的一種形式，其方式是將最常出現的位元碼樣式以最短的編碼

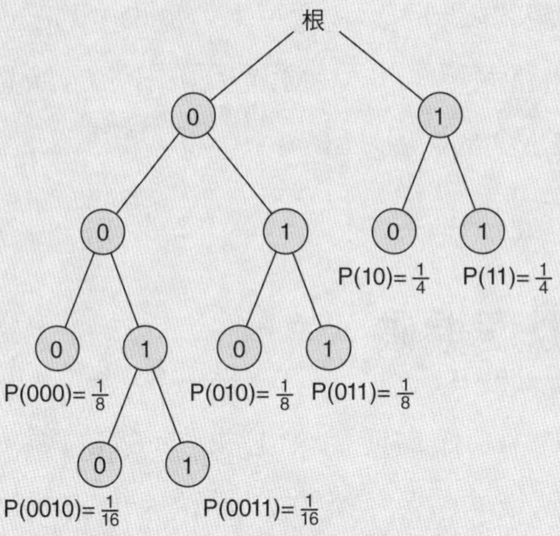

圖 2A.6 RLL(2, 7) 編碼的機率樹

表 2A.1 RLL(2, 7) 編碼

字元符號的位元樣式	RLL(2, 7) 碼
10	0100
11	1000
000	000100
010	100100
011	001000
0010	00100100
0011	00001000

字組位元樣式代表（在我們的情況中，表示最少數的磁通逆轉）。該理論是基於任何位元細胞中存有 1 或 0 的機率相等的假設，基於這個假設即可推論樣式 10 存在任二相鄰位元細胞中的機率是 0.25（$P\ (b_i = 1) = 1/2$；$P\ (b_j = 0) = 1/2$；$\Rightarrow P\ (b_ib_j = 10) = 1/2 \times 1/2 = 1/4$）。類推之，位元樣式 011 存在的機率是 0.125。圖 2A.6 表示用於 RLL (2, 7) 的位元樣式機率樹。表 2A.1 列出 RLL (2, 7) 使用的各種樣式。

從該表可看出，不可能有多於 7 個連續的 0 出現，另外任何可能的位元組合中至少會含有兩個 0。

圖 2A.7 比較 *OK* 在 MFM 與 RLL(2, 7) NRZI 中的編碼。MFM 中有 12 個磁

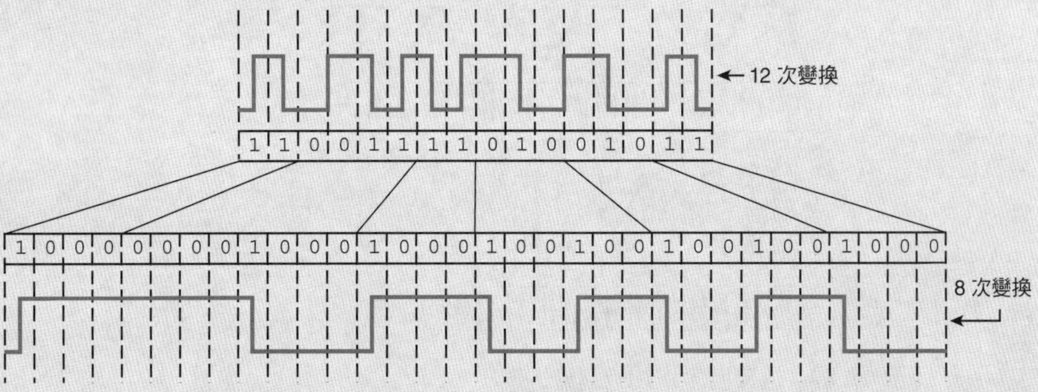

圖 2A.7 OK 的 MFM（上方）與 RLL(2, 7) 編碼（下方）

通變換而 RLL 中有 8 個。如果磁碟設計中的限制因素包含每平方毫米中的磁通變換，則可在使用 RLL 時於相同的磁物質面積中較 MFM 置入多出 50% 數量的 *OK*。因為這個原因，高容量磁碟機幾乎全部採用 RLL。

2A.6 部分反應最大相似度編碼

在今日的超高容量磁碟與磁帶媒體中，僅僅使用 RLL 來作可靠的編碼已不敷所需。隨著數據密度增加，編碼後的位元一定會以更緊密的方式儲存。這意味要以更少量的磁性粒子來編碼每一位元，造成磁訊號強度下降。隨著訊號強度下降，鄰近區域的磁通逆轉開始互相干擾。這個現象稱為**重疊** (superpositioning) 現象，其特性顯示於圖 2A.8 中，圖中可看出一個清晰且易於判讀的磁性訊號，其波形漸漸因靠攏而開始變得像是煮過頭的義大利麵條。

縱使外觀扭曲，重疊的波形仍是明確易懂的。不過不像傳統的訊號波型，這種波形的特性不能由單純的對每一位元細胞作一次量測的波峰偵測器測得；

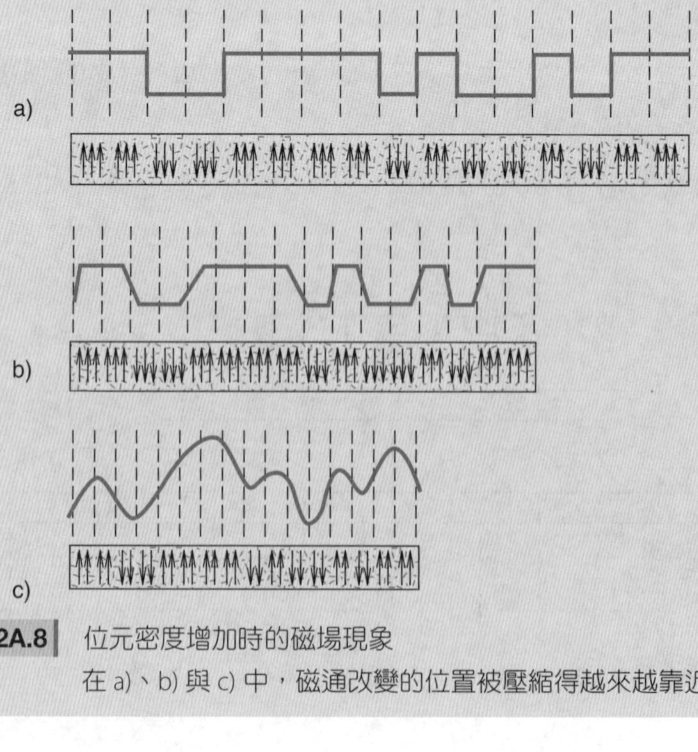

圖 2A.8 位元密度增加時的磁場現象
在 a)、b) 與 c) 中，磁通改變的位置被壓縮得越來越靠近。

它們需要對多個位元細胞的波形作多次採樣，以使偵測電路獲取「部分反應」的樣式。偵測電路，例如維特比 (Viterbi) 偵測器，接著將取得的部分反應樣式與一小組可能的反應樣式作比對，並將最接近的可能樣式（具有成為正確的「最大相似度」的可能樣式）傳送給數位解碼器。因此這個編碼方式稱為**部分反應最大相似度** (partial response maximum likelihood, PRML)（在研讀第三章後，將可瞭解維特比偵測器如何判斷哪一個樣式是最相似的）。

PRML 是一個編碼方法系列的通用名稱，系列中各方法僅在每位元細胞的採樣數有所差異。比較密集的採樣當然可提高數據密度。隨著磁頭技術的改進，PRML 自 2000 年來已成為磁碟與磁帶密度呈幾何級數增加的最基本推手，而且非常可能這個技術還沒有完全發揮力量。

2A.7 總結

對位元組如何儲存於磁碟與磁帶上的知識將有助於瞭解許多數據儲存相關的概念與問題。對錯誤／誤差控制方法的熟稔將有助於研讀數據儲存與數據通訊。對磁性儲存體的數據編碼最有關的資訊可見於電機類叢書中，它們涵蓋極佳的有關實際媒介的行為以及這些行為如何應用於各種編碼方法中的豐富資訊。在第七章中將可學到更多數據儲存的知識。

習題

1. 為什麼要在寫入數據於磁碟中時避免使用不歸零編碼方法？

2. 為什麼曼徹斯特編碼並非寫入數據於磁碟中的好選項？

3. 說明為什麼連續長度受限編碼法有效。

4. 以下列各種編碼方式寫出字元符號 *4* 的 7-位元 ASCII 碼：

a) 不歸零碼

b) 不歸零反相碼

c) 曼徹斯特碼

d) 頻率調變

e) 修改的頻率調變

f) 長度受限碼

（假設 1 為「高」而 0 為「低」）

第三章

布林代數與數位邏輯

「我一直愛著布林 (Boolean) 這個字。」

——Claude Shannon

3.1 緒論

George Boole 於十九世紀前半居住在英格蘭。Boole 是一位補鞋匠的長子，自學希臘文、拉丁文、法文、德文與數學。他在即將 16 歲時接受一間小型 Methodist 教會學校的教職，提供了家庭亟需的收入。19 歲時 Boole 回到位於英格蘭 Lincoln 的家，並創立一間寄宿學校，以提供他的家庭更好的收入。一直到他成為位於愛爾蘭 Cork 的 Queen's College 的數學教授為止，他一共經營了這間學校 15 年。即使他寫作了為數十多篇極受重視的文獻與協定，但身為商賈之子的社會地位卻使他無法受聘到更有聲望的大學。他最著名的專題論文「思考的定律 (The Laws of Thought)」於 1854 年出版，此論文形成了數學上一個稱為**符號邏輯** (symbolic logic) 或是**布林代數** (Boolean algebra) 的分支。

將近 85 年之後，John Vincent Atanasoff 將布林代數應用在計算上。他曾對 Linda Null 說到他當時的深刻體認。當時 Atanasoff 嘗試使用與 Pascal 以及 Babbage 曾使用的相同技術來建造計算的機器。他的目標是以這台機器來求解線性方程式的系統。經過多次的努力與失敗之後，Atanasoff 感到非常沮喪並且決定開車兜兜風。當時他住在 Iowa 州的 Ames，卻突然發現他已經開了不知多久、驅車 200 多哩進入 Illinois 州了。

Atanasoff 並沒有想要開那麼遠，但是既然已經到了可以合法在酒館買酒喝的 Illinois 州，他就坐下來點了一杯 bourbon 威士忌。他發現自己開了這麼遠的車只為了來喝杯酒時不禁輕笑起來；更好笑的是他其實根本沒碰那杯酒。他感覺需要清晰的頭腦來記錄下這段漫長而無目的的旅途中想到的一些事情和啟示：運用他在物理與數學的基礎並且專心思考之前在他的計算機器上出現的錯誤，他在機器的新設計上作出四個重要的突破：

1. 他將借助電力而非機械的作動（真空管可以讓他這樣做）。
2. 因為他運用的是電力，他將使用二進制數字而非十進制（這一點與開關的狀態就是「開」或「關」直接有關），導致機器將是數位化而非類比式的。

3. 他將使用電容製作記憶體，因為電容以可再生的方式儲存電荷，可以避免功率消耗。
4. 計算將以 Atanasoff 稱之為「直接邏輯動作」（基本上就等於是布林代數）而非如同所有之前的計算機器所作的逐步推算的方式完成。

注意：在那個時候，Atanasoff 並沒有注意到他已經把布林代數應用到他的計算問題上，他只不過是經過錯誤與嘗試之後設計出他自己的直接邏輯動作；他當時並不知道在 1938 年 Claude Shannon 就證明了兩值的布林代數可用於描述兩值的電性切換電路的運作。如今我們已經瞭解布林代數應用在現代計算系統設計中的重要性。基於這個原因，我們以一整章來討論布林邏輯以及它與數位計算機間的關係。

這一章包含了邏輯設計基礎的簡要介紹。其中提供了至少需涵蓋的布林代數以及其與邏輯間和基本數位電路間的關係。從之前編程的經驗你可能已經熟知基本的布林運作，於是自然地你會好奇為什麼你需要更深入學習這些知識。如你將於本章中看到的，布林邏輯與任何一種計算機系統中真實物理元件間的關係非常緊密。身為計算機科學家，你也許永遠不需要從事數位電路或其他物理元件的設計——事實上本章也不會訓練你設計這些東西；它只是提供你足夠的基礎知識來瞭解計算機設計與製作上的基本原則。瞭解布林邏輯如何影響計算機系統中各個組件的設計將會使你在編程的時候能更有效率地使用任何計算機系統。如果你有興趣更深入研究，本章最後列出了許多有用的資訊來讓你更深入探討這些主題。

3.2 布林代數

布林代數是一種對具有兩種值的物件作運算的代數，這兩種值一般是以真與偽表示，雖然它們也可以是任意的兩種相對值。因為計算機是以一群或者處於「開」或者是「關」的開關所構成，布林代數成為代表數位資訊的一種很自然的方法。實際上數位電路使用的是低與高的電壓，不過以我們需要的理解程度而言，0 與 1 即足以代表。一般我們將數位值 0 解讀為偽 (false) 以及數位值 1 為真 (true)。

3.2.1 布林表示式

除了二進位的物件，布林代數還有對這些物件或稱變數作處理的運作。結合這些變數與運算子則可組成**布林表示式** (Boolean expressions)。**布林函數** (Boolean function) 一般具有一或多個輸入值，並根據輸入值產出一個屬於集合 {0，1} 的結果值。

三個常見的布林運算子是**且** (AND)、**或** (OR) 與**反之** (NOT)。為了更瞭解這些運算子，我們需要一些機制來讓我們檢視它們的行為：一個布林運算子可以使用一個可列出所有輸入、這些輸入的可能值的所有組合，以及運作後的相對應結果值的表來完整描述它。這樣的表稱為**真值表** (truth table)。真值表以表列的方式表示出特定布林運算或函數對輸入變數的值與運算結果間的關係。讓我們以 AND、OR、NOT 這些布林運算子來看看如何用布林代數與真值表來表示它們。

邏輯運算子 AND 一般以圓點或不使用任何符號來代表。例如，布林表示式 $x \cdot y$ 即稱為**布林乘積** (Boolean product)。這個運算子的行為以表 3.1 中的真值表描述。

表示式 xy 的結果僅在兩個輸入均為 1 時方為 1，餘均為 0。表中每列均代表一個不同布林表示式，且表中的所有列表示了 x、y 值的所有可能組合。

布林運算子 OR 一般以加號代表，因此表示式 $x + y$ 唸作「x or y」。$x + y$ 的結果僅在兩個輸入均為 0 時方為 0。$x + y$ 表示式一般稱為**布林和** (Boolean sum)。OR 的真值表列示於表 3.2 中。

另一個布林運算子 NOT 一般以符號上方的線 (overscore) 或右上角的一撇 (prime) 代表。因此 $\bar{x}$ 與 x' 均唸作「not x」。NOT 的真值表如表 3.3 中所示。

我們現在知道布林代數處理二進制變數與對這些變數的邏輯運算。整合這兩個概念，我們就能夠檢視包含布林變數與多個邏輯運算子的布林表示式。例

表 3.1 AND 的真值表

輸入		輸出
x	y	xy
0	0	0
0	1	0
1	0	0
1	1	1

表 3.2 OR 的真值表

輸入		輸出
x	y	x + y
0	0	0
0	1	1
1	0	1
1	1	1

表 3.3 NOT 的真值表

輸入	輸出
x	x′
0	1
1	0

如下列布林函數

$$F(x,y,z) = x + y'z$$

是一個包含三個布林變數 x、y、z 與邏輯運算子 OR、NOT、AND 的布林表示式。我們如何知道先執行哪一個運算子？布林運算子的優先順序規則賦予 NOT 最高優先權，之後是 AND，之後是 OR。前述的函數 F，我們會先取 y 的負值，之後運算 y' 與 z 的 AND，最後將其結果與 x 作 OR。

我們也可以用真值表來代表該表示式。當製作一個此種複雜函數的真值表時，逐欄建立函數中各部分的中間值以推導出最終結果，將較為清晰容易。該函數的真值表示於表 3.4 中。

真值表中最後一欄表示所有可能 x、y、z 組合對應的函數值。注意：該函數真正的真值表僅需包含前三欄以及最後一欄；灰色的欄位表示的是推導出最終結果的中間步驟。以這個方式製作真值表來推算所有輸入值組合造成的函數

表 3.4 $F(x,y,z)=x+y'z$ 的真值表

輸入			輸出
xyz	y'	$y'z$	$x + y'z = F$
000	1	0	0
001	1	1	1
010	0	0	0
011	0	0	0
100	1	0	1
101	1	1	1
110	0	0	1
111	0	0	1

輸出，將更為方便。

3.2.2 布林恆等式

布林表示式經常不是以它最簡的形式呈現。回想在代數中表示式如 $2x + 6x$ 也不是最簡的形式；它可以被縮減（以更少或更簡單的項次來代表）成 $8x$。布林表示式也能被化簡，不過我們需要新的**恆等式** (identities) 或定律，以便用於布林代數而非傳統代數。這些可以應用於單一布林變數以及布林表示式的特性列於表 3.5 中。注意：除了最後一個，其他每一種關係都具有 AND（或乘）的形式以及 OR（或加）的形式。這就是習知的**對偶原則** (duality principle)。

恆等律 (Identity Law) 說明任何布林變數與 1 作 AND 或與 0 作 OR 的結果即為其原來值（1 是 AND 的恆等元素；0 是 OR 的恆等元素）。無效律 (Null Law) 說明任何布林變數與 0 作 AND 結果必為 0 而與 1 作 OR 結果必為 1。等效律 (Idempotent Law) 說明變數與自身 AND 或 OR 仍等於該變數。反轉律 (Inverse Law) 說明變數與自身的補數作 AND 或 OR 會得出該運算的相對運算的恆等元素。布林變數的位置可以改變（可交換，commuted）、運算的順序也可以改變（可結合，associated）而不影響運算結果。你應能從代數學的角度知道這些就是交換 (Commutative) 律與結合 (Associative) 律。分配律 (Distributive Law) 說明 OR 如何分配進 AND 運算中以及相反的方式。

表 3.5 布林代數的基本恆等式

恆等式名稱	AND 形式	OR 形式
恆等律	$1x = x$	$0 + x = x$
無效（或支配）律	$0x = 0$	$1 + x = 1$
等效律	$xx = x$	$x + x = x$
反轉律	$xx' = 0$	$x + x' = 1$
交換律	$xy = yx$	$x + y = y + x$
結合律	$(xy)z = x(yz)$	$(x + y) + z = x + (y + z)$
分配律	$x + (yz) = (x + y)(x + z)$	$x(y + z) = xy + xz$
吸收律	$x(x + y) = x$	$x + xy = x$
笛摩根律	$(xy)' = x' + y'$	$(x + y)' = x'y'$
雙重取補數律	$x'' = x$	

表 3.6 笛摩根律的 AND 形式的真值表

x	y	(xy)	$(xy)'$	x'	y'	$x' + y'$
0	0	0	1	1	1	1
0	1	0	1	1	0	1
1	0	0	1	0	1	1
1	1	1	0	0	0	0

吸收律 (Absorption Law) 與笛摩根律 (DeMorgan's Law) 並不是那麼直覺地可以看出來，然而我們可對各表示式透過真值表證明這些恆等式：若等號左側與右側相等，則兩側的表示式代表相等的函數且可以得出相等的真值表。表 3.6 列出對 AND 形式的笛摩根律中等號兩側函數的真值表。其他各項定律的證明留作本章的習題，特別是 OR 形式的笛摩根律以及吸收律兩種形式。

雙重取補數律 (Double Complement Law) 表達了取負值兩次的觀念，這使人想起高中英文教師對我們做過的糾正：雙重取補數律對數位電路以及你的生活都可以有幫助，例如，令 $x = 1$ 表示你擁有數目為正的現金；若你沒有現金，表示你有 x'。要是有一位不可靠的熟人要求借些錢時，你可以很誠實地說「you don't have no money」，意即：$x = (x)''$。

初學者作布林邏輯推導時最常犯的錯誤之一就是作了下列假設：$(xy)' = x'y'$。**注意這不是有效的等式！**笛摩根律清楚指出上列敘述不正確；應該是 $(xy)' = x' + y'$。這是個很容易犯的錯，應該小心避免。對其他包含有取負值的表示式也應小心推導。

3.2.3 布林表示式的化簡

我們在代數課程中習得的代數等式讓我們能將代數式（例如 $10x + 2y - x + 3y$）簡化成它的最簡形式 $(9x + 5y)$。布林恆等式也能以類似方式應用於化簡布林表示式。我們將於下述各範例中應用這些恆等式：

範例 3.1 設有函數 $F(x,y) = xy + xy$。使用 OR 形式的等效律並視 xy 如同一個布林變數，可將該表示式簡化成 xy。故 $F(x,y) = xy + xy = xy$。

範例 3.2　已知函數 $F(x,y,z) = x'yz + x'yz' + xz$，可將之化簡如下：

$$F(x,y,z) = x'yz + x'yz' + xz$$
$$= x'y(z + z') + xz \quad \text{（分配）}$$
$$= x'y(1) + xz \quad \text{（反轉：反元素作或）}$$
$$= x'y + xz \quad \text{（恆等元素）}$$

範例 3.3　已知函數 $F(x,y) = y + (xy)'$，可將之化簡如下：

$$F(x,y) = y + (xy)'$$
$$= y + (x' + y') \quad \text{（笛摩根）}$$
$$= y + (y' + x') \quad \text{（交換）}$$
$$= (y + y') + x' \quad \text{（結合）}$$
$$= 1 + x' \quad \text{（反轉）}$$
$$= 1 \quad \text{（無效）}$$

範例 3.4　已知函數 $F(x,y) = (xy)'(x' + y)(y' + y)$，可將之化簡如下：

$$F(x,y) = (xy)'(x' + y)(y' + y)$$
$$= (xy)'(x' + y)(1) \quad \text{（反轉）}$$
$$= (xy)'(x' + y) \quad \text{（恆等元素）}$$
$$= (x' + y')(x' + y) \quad \text{（笛摩根）}$$
$$= x' + y'y \quad \text{（對 AND 分配）}$$
$$= x' + 0 \quad \text{（反轉：反元素作且）}$$
$$= x' \quad \text{（等效）}$$

有時化簡的方式可以輕易看出，如前述範例所示。然而恆等式的運用也許並不容易，如以下二範例所示。

範例 3.5　已知函數 $F(x,y) = x'(x + y) + (y + x)(x + y')$，可將之化簡如下：

$F(x,y,z) = x'(x + y) + (y + x)(x + y')$	
$= x'(x + y) + (x + y)(x + y')$	（交換）
$= x'(x + y) + (x + yy')$	（對 AND 分配）
$= x'(x + y) + (x + 0)$	（反轉）
$= x'(x + y) + x$	（恆等元素）
$= x'x + x'y + x$	（分配）
$= 0 + x'y + x$	（反轉）
$= x'y + x$	（恆等元素）
$= x + x'y$	（交換）
$= (x + x')(x + y)$	（對 AND 分配）
$= 1(x + y)$	（反轉）
$= x + y$	（恆等元素）

範例 3.6　已知函數 $F(x,y,z) = xy + x'z + yz$，可將之化簡如下：

$F(x,y,z) = xy + x'z + yz$	
$= xy + x'z + yz(1)$	（恆等元素）
$= xy + x'z + yz(x + x')$	（反轉）
$= xy + x'z + (yz)x + (yz)x'$	（分配）
$= xy + x'z + x(yz) + x'(zy)$	（交換）
$= xy + x'z + (xy)z + (x'z)y$	（結合兩次）
$= xy + (xy)z + x'z + (x'z)y$	（交換）
$= xy\,(1 + z) + x'z\,(1 + y)$	（分配）
$= xy(1) + x'z(1)$	（無效兩次）
$= xy + x'z$	（恆等元素）

範例 3.6 中表示了所謂的**共識定理** (Consensus Theorem)。

我們怎麼知道要在範例 3.6 中加入額外的項來化簡該函數？不幸的是，並沒有一套利用這種恆等元素來化簡布林表示式的規則可供遵循；這是從經驗才能得知的作法。還有可用以化簡布林表示式的其他方法；我們會在本節稍晚再提到它們。

我們也能利用這些恆等式來證明布林表示式是相等的，如範例 3.7 所示：

範例 3.7　證明 $(x + y)(x' + y) = y$：

$(x + y)(x' + y)$	$= xx' + xy + yx' + yy$	（分配）
	$= 0 + xy + yx' + yy$	（反轉）
	$= 0 + xy + yx' + y$	（等效）
	$= xy + yx' + y$	（恆等元素）
	$= yx + yx' + y$	（交換）
	$= y(x + x') + y$	（分配）
	$= y(1) + y$	（反轉）
	$= y + y$	（恆等元素）
	$= y$	（等效）

要證明兩個布林表示式相等時，也能透過製作二者的真值表來作比較：若二真值表相等，則二表示式相等。我們將範例 3.7 的真值表證明方式留作習題。

3.2.4 補式

如範例 3.1 所示，布林恆等式可用於布林表示式中，而非僅用於布林變數上（例如我們可將 xy 當成布林變數並對它應用等效律），這種作法對布林運算子也成立。應用於複雜布林表示式最常見的布林運算子是 NOT，可得出該表示式的**補式** (Complement)。根據補式來製作一個函數可能會比直接使用該函數更便宜且簡單。若依據補式來製作，則我們必須將最終輸出反轉，以得出原始函數；而這僅需一個簡單的 NOT 動作。因此補式相當有用。

想要求得一個布林函數的補式時，可使用笛摩根律。該定律的 OR 形式指稱 $(x + y)' = x'y'$。我們可輕易擴充之，以便處理三個或更多變數如下：

已知函數：

$F(x,y,z) = (x + y + z)$。則 $F'(x,y,z) = (x + y + z)'$

令 $w = (x + y)$。則 $F'(x,y,z) = (w + z)' = w'z'$

接著再次運用笛摩根律，可得：

$w'z' = (x + y)'z' = x'y'z' = F'(x,y,z)$

故若 $F(x,y,z) = (x + y + z)$，則 $F'(x,y,z) = x'y'z'$。根據對偶原則，可知 $(xyz) = x' + y' + z'$。

似乎在欲得某布林函數的補式時，我們僅需將各變數替換成其補數形式 (x 被取代成 x')，並將 AND 與 OR 互換。事實上，這正是笛摩根律告訴我們的作法：例如 $x' + yz'$ 的補式是 $x(y' + z)$。注意：須恰當使用括號以確保正確的運算次序。

你可以經由檢視一個表示式以及其補式的真值表，來驗證這簡單的求布林表示式補式的經驗法則是否正確。以真值表表示任一表示式的補式時，在原始函數的輸出為 1 的位置上其輸出應為 0，反之則應為 1。表 3.7 表出函數 $F(x,y,z) = x' + yz'$ 與其補式 $F'(x,y,z) = x(y' + z)$ 的真值表。表中陰影部分表示 F 與 F' 的最終結果。

表 3.7 函數與其反函數的真值表表示法

x	y	z	yz'	$x' + yz'$	$y' + z$	$x(y' + z)$
0	0	0	0	1	1	0
0	0	1	0	1	1	0
0	1	0	1	1	0	0
0	1	1	0	1	1	0
1	0	0	0	0	1	1
1	0	1	0	0	1	1
1	1	0	1	1	0	0
1	1	1	0	0	1	1

3.2.5 表示布林函數

我們已知表示一已知布林函數的形式可有多種，例如使用真值表或各種不同的布林表示式。的確，**邏輯上等效** (logically equivalent) 的布林表示式可有無限多個。可以用同一個真值表代表的兩個表示式即可稱為邏輯上等效（見範例 3.8）。

> **範例 3.8** 設 $F(x,y,z) = x + xy'$。我們也能以 $F(x,y,z) = x + x + xy'$ 代表 F，這是因為等效律指出這兩個表示式是相同的。我們也可根據分配律以 $F(x,y,z) = x(1 + y')$ 表示 F。

為了降低混淆，邏輯設計師會以**正規的** (canonical) 或**標準的** (standardized) 形式來表示布林函數。對任意已知布林函數，最好只使用一種標準的表示形式。不過設計師使用的「標準」可以有多種；兩種最常用的則是積之和 (sum-of-products) 與和之積 (product-of-sums)。

積之和形式 (sum-of-products form) 規定表示式中是一群 OR 在一起的變數間的 AND 項（或稱積項）。函數 $F_1(x,y,z) = xy + yz' + xyz$ 即是積之和形式。而 $F_2(x,y,z) = xy' + x(y + z')$ 則非積之和形式。應用分配律來分配 F_2 中的 x 變數可得 $xy' + xy + xz'$，則成為積之和形式。

以**和之積形式** (product-of-sums form) 表示的布林表示式包含 AND 在一起的變數間的 OR 項（或稱和項）。函數 $F_1(x,y,z) = (x + y)(x + z')(y + z')(y + z)$ 即是和之積形式。當布林表示式運算的結果會產生較多為真的情形而少有為偽的情形時，使用和之積來表示可能較為恰當；F_1 並非如此，因此較適合以積之和表示。另外，積之和的形式一般較易於處理以及化簡；因此我們於之後各節僅使用這種形式。

任何布林表示式均能以積之和形式表示。由於任何布林表示式也能以真值表表示，我們推論任何真值表也能以積之和形式表示。範例 3.9 顯示將真值表轉換為積之和形式是件簡單的事。

範例 3.9 思考簡單的取多數函數。這是一個如果具有三個輸入，則在輸入少於一半是 1 時則輸出 0、而輸入等於或多於一半是 1 時則輸出 1 的函數。表 3.8 顯示這種取多數函數在具有三個輸入時的真值表。

欲將真值表以積之和形式表示時，則可先逆向推想這個問題：若希望 $x + y = 1$，則 x 或 y（或二者）需為 1。若希望 $xy + yz = 1$，則 $xy = 1$ 或 $yz = 1$（或均為 1）。

使用這種逆向的邏輯推導並將之應用於取多數函數，可知當 $x = 0$、$y = 1$ 且 $z = 1$ 時函數必輸出 1；符合這情況的積項是 $x'yz$（顯然地，當 $x = 0$、$y = 1$ 且 $z = 1$ 時該項等於 1）。第二次出現輸出值為 1 是當 $x = 1$、$y = 0$ 且 $z = 1$ 時；保證此時輸出為 1 的積項則是 $xy'z$。所需的第三個積項是 xyz'，而最後一個則是 xyz。總之，要對任何布林表示式由真值表求其積之和表示式時，則需對輸出變數欄中其值為 1 的每一列寫出對應的輸入變數的積項，並對積項中該列變數值為 0 的變數取其補數。

於是多數決函數可表為積之和的形式 $F(x,y,z) = x'yz + xy'z + xyz' + xyz$。

表 3.8 多數決函數的真值表表示法

x	y	z	F
0	0	0	0
0	0	1	0
0	1	0	0
0	1	1	1
1	0	0	0
1	0	1	1
1	1	0	1
1	1	1	1

注意：在範例 3.9 中的多數函數表示式未必是最簡的形式；我們只保證它是一個標準形式。積之和與和之積這兩種標準形式是表示布林函數的等效方式；任一種形式可經由布林等式的推導轉換成另一種形式。不論使用積之和或和之積，表示式最後終應被轉換成它的最簡形式，意謂將表示式中所具有的項數降至最低。為什麼要將表示式化簡？如下節中所示，布林表示式與其電路的

實作間存在一對一的關係。表示式中不必要的項次將導致實際線路中不必要的元件，因而造成未臻最佳化的電路。

3.3 邏輯閘

在真值表與布林表示式的呈現方式中，我們概念性地僅使用到已討論過的邏輯運算子 AND、OR 與 NOT。在計算機中譬如進行算術運算或做選擇的真實物理組件中，也就是**數位電路** (digital circuits) 中，是由多種稱為**閘** (gates) 的基礎元件所構成。閘實作出我們熟悉的每一種基本邏輯功能。這些閘就是數位設計中的基本建構元件。正式地說，閘是一個能夠計算雙值訊號相關的各種函數的小型電子裝置；簡單地說，閘執行簡單布林函數。要實際做出一個閘，使用不同製作技術時需用到一至六個甚至更多電晶體（如第一章所述）。總結上述，計算機使用的基本物理元件是電晶體；基本邏輯元件則是閘。

3.3.1 邏輯閘的符號

我們先檢視三種最簡單的閘，它們所對應的邏輯運算子是 AND、OR 與 NOT，每一種的功能行為均已論及。圖 3.1 繪出對應每一個運算子的圖示。

注意：位於 NOT 閘輸出位置的圓圈。一般該圓代表補數運算。

另一個常見的閘是互斥 -OR(XOR)，以布林表示式 $x \oplus y$ 表示。XOR 在兩個輸入的值相等時為偽，反之為真。圖 3.2 表示 XOR 的真值表以及代表它的邏輯圖形符號。

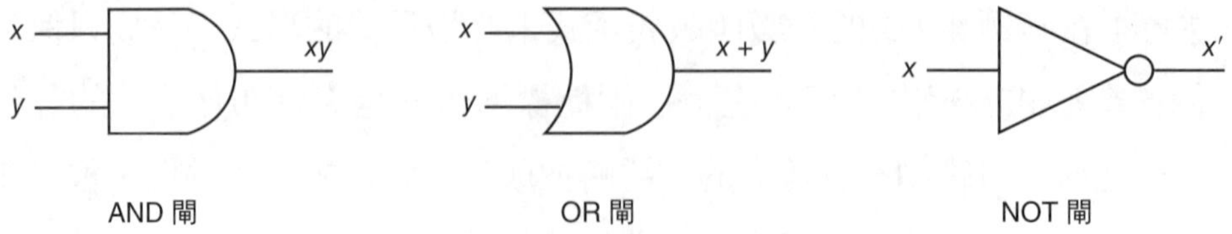

圖 3.1 三個基本閘

x	*y*	*x* XOR *y*
0	0	0
0	1	1
1	0	1
1	1	0

a)

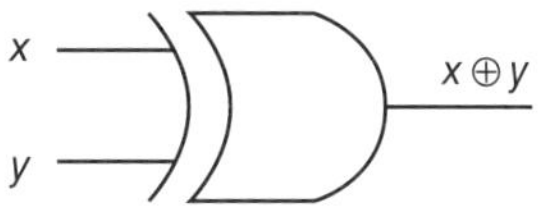

b)

圖 3.2 a) XOR 的真值表；b) XOR 的邏輯符號

3.3.2 通用閘

另兩個常見的閘是 NAND 與 NOR，它們分別會產出 AND 與 OR 的互補輸出。每一個閘都可以用兩種不同的邏輯圖示來代表（這兩個邏輯圖示全等性的證明將留作習題。提示：使用笛摩根律）。圖 3.3 與圖 3.4 表示 NAND 與 NOR 的邏輯圖示以及說明各閘二種等效圖示函數行為的真值表。

由於任何電子電路均可僅使用 NAND 閘來建構出來，因此亦可稱之為**通用閘** (universal gate)。如欲證明這點，圖 3.5 表示僅使用 NAND 閘即可作出 AND、OR 與 NOT 功能。

x	y	x NAND y
0	0	1
0	1	1
1	0	1
1	1	0

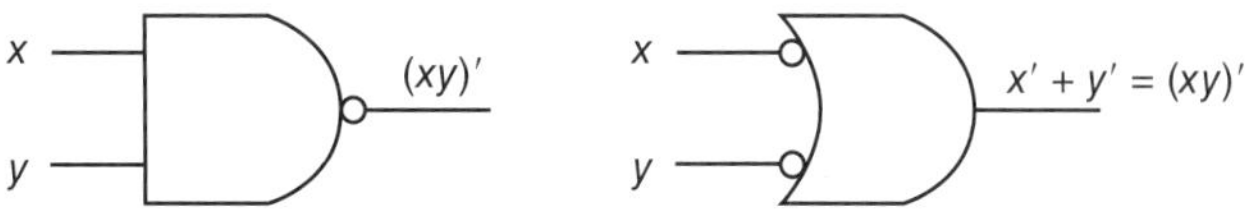

圖 3.3 NAND 的真值表與邏輯符號

x	y	x NOR y
0	0	1
0	1	0
1	0	0
1	1	0

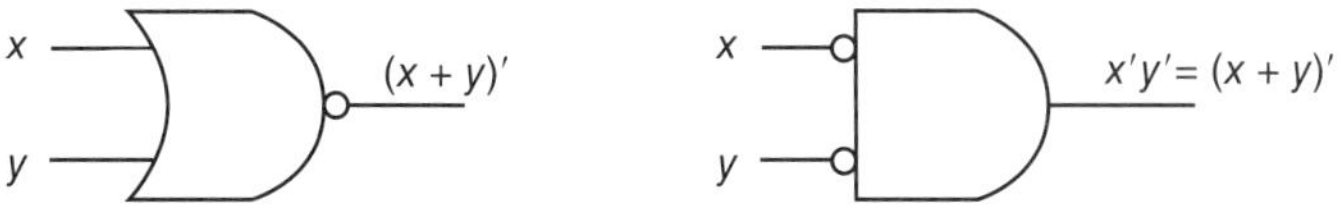

圖 3.4 NOR 的真值表與邏輯符號

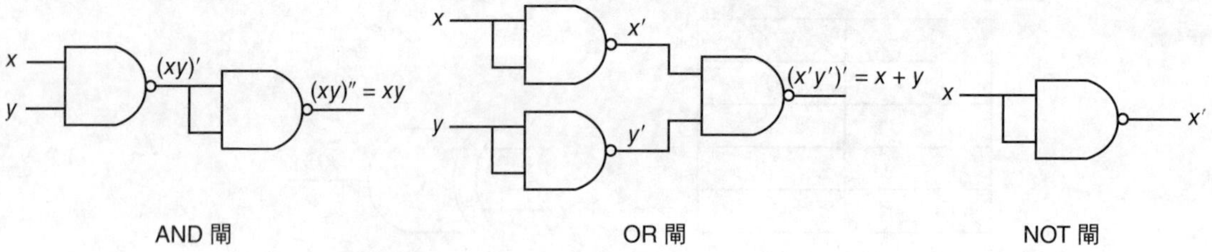

圖 3.5 僅以 NAND 閘構成的三個電路

為何不直接使用我們已知的 AND、OR 與 NOT 閘？僅使用 NAND 閘來建構電路的原因有二：其一，NAND 閘的電路較簡單。其二，建構複雜電路（將於下列各節論及）時僅使用一種基本建構元件（即僅多個 NAND 閘）較使用一群不同的基本建構元件（即多個 AND、OR 與 NOT 閘）更為容易。

注意：對偶原則也適用於通用性。你也可僅使用 NOR 閘來建構任何電路。NAND 與 NOR 間的關係與積之和形式及和之積形式間的關係非常類似。我們傾向使用 NAND 來製作以積之和形式表示的式子，而對和之積的形式則傾向使用 NOR。

3.3.3 多輸入閘

到現在為止的例子中，所有閘都僅有二個輸入（按：NOT 除外）。不過閘並不只限於具有兩個輸入。不同的閘在輸入與輸出的數量與形態上可以有很多不同。例如，我們可以用單一三個輸入的 OR 閘來代表式子 $x + y + z$，如圖 3.6 所示。圖 3.7 中的閘則代表 $xy'z$。

本章中稍後將看到，有時如圖 3.8 中般將閘的輸出表為 Q 以及它的補數 Q' 會有用處。注意：Q 總是代表實際的輸出。

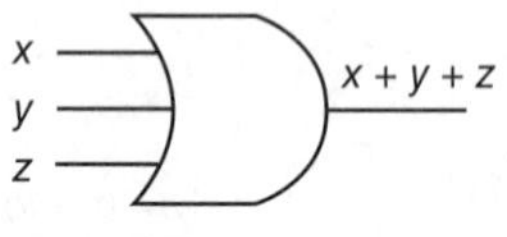

圖 3.6 表示 $x + y + z$ 的三輸入 OR 閘

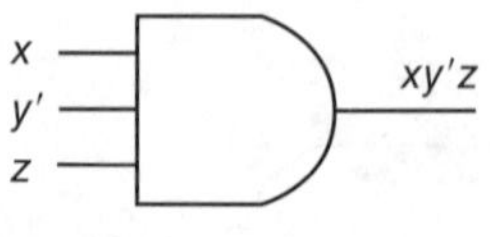

圖 3.7 表示 $xy'z$ 的三輸入 AND 閘

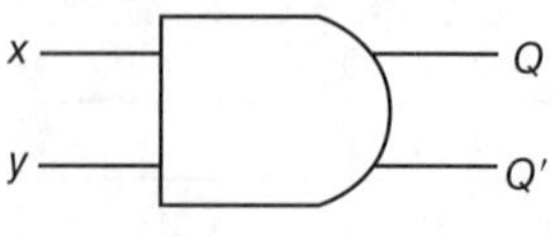

圖 3.8 具有二個輸入與二個輸出的 AND 閘

3.4 數位元件

在打開一台計算機往裡看時，你會發現其中有許多組成這個系統的數位組件需要進一步瞭解。每一台計算機都是由許多閘經由作為訊號通路的電線連接而成。這些閘一般都很特定，也形成了可用以建構整個計算機系統的一組建構元件。令人意外的是，這些建構元件都僅是以基本的 AND、OR 與 NOT 運作做出來的。在以下數節中，我們討論數位電路、它們與布林代數的關係、標準建構元件，以及使用這些標準建構元件組成的兩類數位電路——組合邏輯與循序邏輯——的一些範例。

3.4.1 數位電路及其與布林代數的關係

布林函數與數位電路間有何關聯？我們已經知道簡單布林運作（如 AND 或 OR）可以用簡單的邏輯閘來表示。較複雜的布林表示式可以用 AND、OR 與 NOT 閘來組成，並形成可代表整個表示式的邏輯圖。這個邏輯圖就代表了該表示式的真正製作方式或真實的數位電路。參考函數 $F(x,y,z) = x + y'z$（之前已見過）；圖 3.9 表示實作該函數的邏輯圖。

回想之前我們對積之和形式的討論。這個形式很適於數位電路的實作。例如，參考函數 $F(x,y,z) = xy + yz' + xyz$。每一項次相當於是一個 AND 閘，且單一 OR 閘即可達成和的功能，因此得出下列電路：

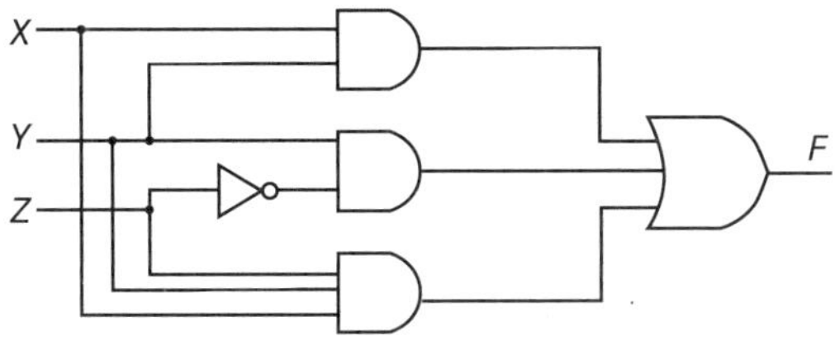

我們可對任何布林表示式建構各式邏輯圖（並可據以導出數位電路）。在設計的不同層次上，計算機執行的每個動作都相當於布林表示式的執行。由於高階程式語言層次與布林邏輯層次間的語意差異如此的大，這對高階語言的程式師也許並不明顯。更貼近硬體的組合語言程式師則往往利用布林方面的技巧

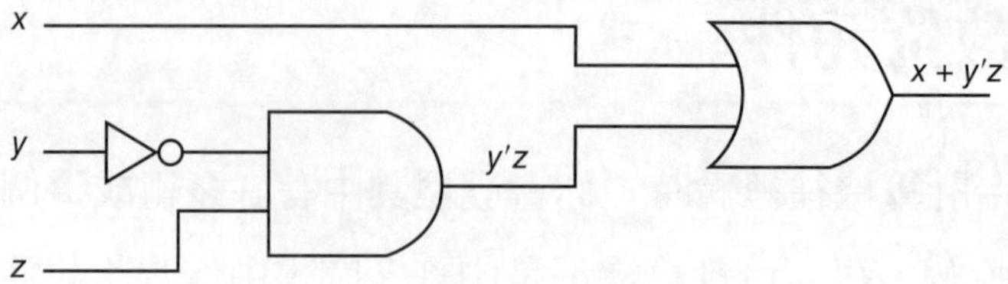

圖 3.9 $F(x,y,a)=x+y'z$ 的邏輯圖

來提升程式效能。一個好例子是以 XOR 運算子來作 A XOR A，以將儲存位置清空（按：意謂歸零）。XOR 運算子也可用於交換兩個儲存位置的內容：將 XOR 動作對兩個變數（例如 A 與 B）進行三次，即可互換它們的內容：

$$A = A \text{ XOR } B$$
$$B = A \text{ XOR } B$$
$$A = A \text{ XOR } B$$

有一個幾乎不可能在高階語言層次執行的動作是，依據特定樣式將位元組中個別位元清除（設為 0）的位元遮罩 (bit masking)。在布林運算中處理位元組內個別位元的位元遮罩動作是必不可少的。例如，假設我們欲得知位元組內第四個位元是否為 1，則可以將該位元組與 08_{16}（按：原英文版本所稱 04_{16} 有誤）做 AND。若結果為非零，則該位元為 1。位元遮罩可清除任意的位元樣式：在遮罩中於每一個你欲保留位元之處置放 1，並將其他遮罩位元設為 0；則 AND 運作會僅留下你想知道其狀態的位元位置的值。

布林代數可用於分析及設計數位電路。基於布林代數與邏輯設計圖間的關聯性，我們可透過化簡布林表示式來化簡電路。數位電路雖是以邏輯閘構成，然而在設計階段閘或邏輯圖並非代表數位電路的最便利形式。此時布林表示式由於其便於推導及化簡的特性而更為適用。

代表布林函數的表示式其複雜性直接反映其所推導出的數位電路的複雜性：表示式越複雜，導出的電路也越複雜。我們應先說明，我們一般並不運用布林恆等式來化簡電路；我們已經知道這樣做有時會相當困難且耗時。設計師一般會採用一種更自動化（按：意為易於操作）的方法。該方法使用到**卡諾圖** (Karnaugh maps, Kmaps)。參考本章最末的專論來瞭解如何運用 Kmaps 以化簡數位電路。

3.4.2 積體電路

計算機是以透過電線連接的各種數位組件來構成。如同一個好的程式般，計算機中實際的硬體以一群閘組成具有各種功能的各種更大的模組。作成這些「建構元件」所需的閘的數量與所採用的製作技術有關。由於電路製作技術並非本書涵蓋的範圍，你可以從本章最末所列的閱讀資料中得到更多這方面的資訊。

一般情形是閘無法以單獨存在的形式取得；它們存在稱為**積體電路** (integrated circuits, ICs) 的形式中。一個晶片（chip，矽半導體晶體）是包含形成各種閘的必要電子元件（電晶體、電阻與電容）的小型電子裝置。如前所述，元件是直接蝕刻於晶片上，以求其較使用獨立元件組成的形式更微小且運作起來更省電（按：以及更快速）。然後將該晶片固著於具有對外接腳的陶瓷或塑膠封裝內。必要的接線從晶片焊接至對外接腳以形成 IC。最早的 ICs 包含極少數電晶體。如我們所知，最早的 ICs 稱為 SSI 晶片且晶片中僅包含至多 100 個電子元件。現在已有每晶片包含多於百萬個電子元件的極大型積體電路 (ultra-large-scale integration, ULSI)。[按：自 1980 年代初期即已有這種規模且稱為超大型積體 (very-large-scale integration, VLSI) 的晶片出現，且該名稱已沿用至今未變；ULSI 是於稍後出現、應指更多於數百萬電子元件的晶片；然而這個名稱始終未能普及。] 圖 3.10 表示一個簡單的 SSI IC。

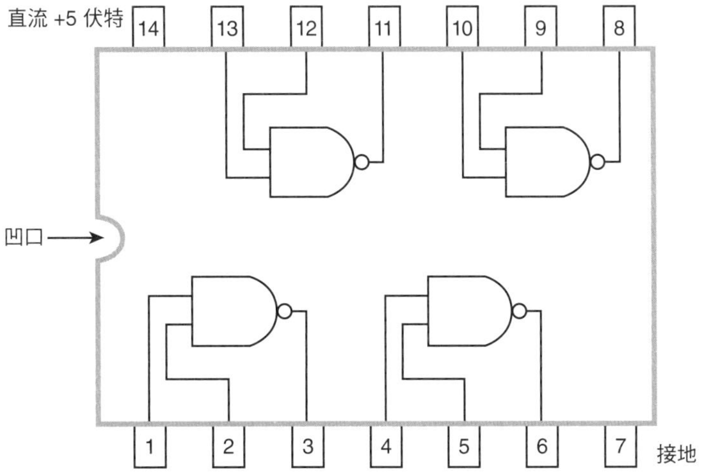

圖 3.10 簡單的 SSI 積體電路

我們已知一個布林函數可用 (1) 真值表，(2)（如積之和形式的）布林表示式，或 (3) 以各種閘形成的邏輯圖來表示。參考以下列真值表來表示的函數：

x	y	z	F
0	0	0	0
0	0	1	0
0	1	0	1
0	1	1	1
1	0	0	0
1	0	1	0
1	1	0	0
1	1	1	0

該函數的積之和形式是 $F(x,y,z) = x'yz' + x'yz$。其可化簡為 $F(x,y,z) = x'y$（化簡過程留作習題）。於是其亦可以下方的邏輯圖代表：

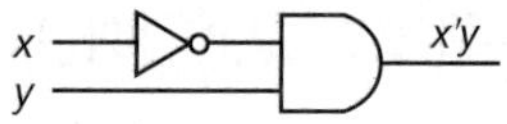

若僅使用 NAND 閘，邏輯圖可重繪如下：

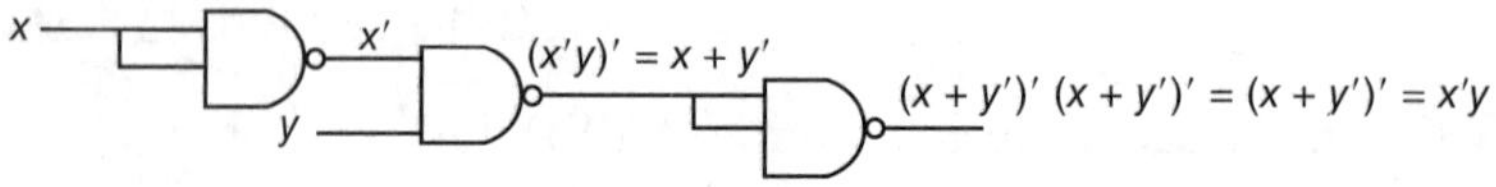

我們可使用圖 3.10 中的 SSI（小型積體）電路製作該函數的硬體如下：

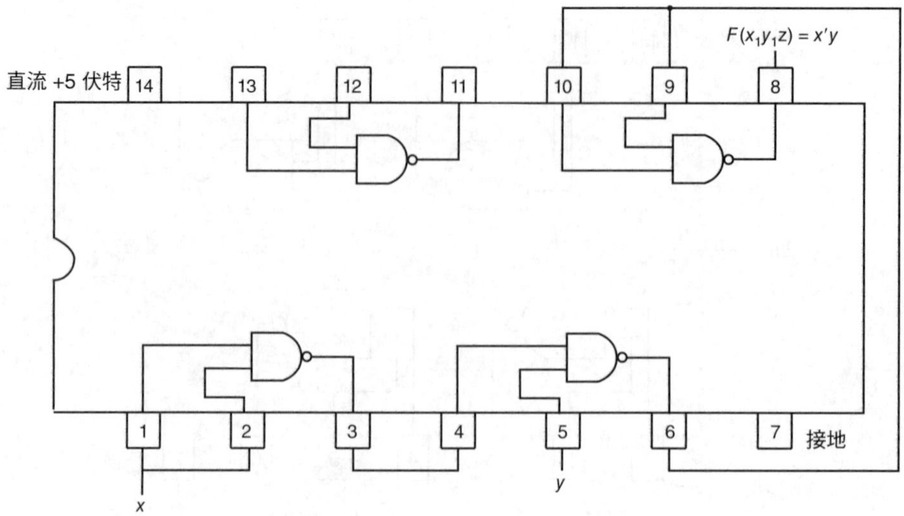

3.4.3 綜合整理：從問題敘述到電路

我們已經瞭解如何以布林表示式代表一個函數，如何化簡布林表示式，以及如何以邏輯圖示代表布林表示式。讓我們整合這些技能來從頭至尾設計一個電路。

範例 3.10 假設我們要設計一邏輯電路，以便決定何時是花園中種植花卉的最佳時機。我們探討三個可能因素：(1) 時辰，以 0 代表白天而 1 代表晚上；(2) 月相，以 0 代表有虧而 1 代表滿盈；與 (3) 溫度，以 0 代表 45 °F或以下，而 1 代表 45 °F以上。這三個項目即為輸入。在充分研究後，我們發現栽植花卉的最佳時機是在滿月的晚上（溫度似乎無關）。這反映於以下的真值表中：

時辰 (*x*)	月相 (*y*)	溫度 (*z*)	種植？
0	0	0	0
0	0	1	0
0	1	0	0
0	1	1	0
1	0	0	0
1	0	1	0
1	1	0	1
1	1	1	1

每當輸入顯示「晚上」且「月圓」時在輸出欄置入 1，反之則為 0。將該真值表轉換為布林函數 F，則得 $F(x,y,z) = xyz' + xyz$（處理的方式與範例 3.9 中所示者類似：將結果為 1 的項次納入表示式中）。接著化簡 F：

$$F(x,y,z) = xyz' + xyz$$
$$= xy \text{（應用吸收律）}$$

因此函數可透過以 x 及 y 作為輸入的 AND 閘達成。

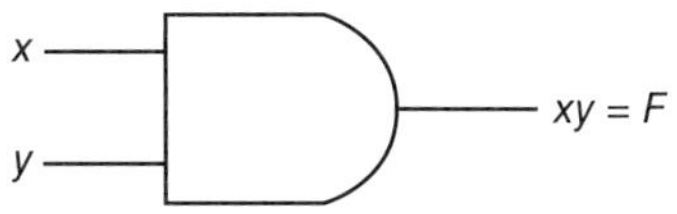

設計布林電路的步驟如下：(1) 仔細思考問題以決定各輸入與輸出的值；(2) 建立真值表以表示對應所有可能輸入情形的輸出值；(3) 將真值表轉換為布林表示式；然後 (4) 化簡布林表示式。

範例 3.11 假設你正負責設計一個電路，以便幫助你的校長決定是否需要因應天候關閉校園。若高速公路管理單位未在區域路面灑鹽且路面有結冰，則應關閉校園。不論路上是否有冰或鹽，只要積雪超過 8 吋，則應關閉校園。所有其他情況下校園應維持開放。

輸入共有三項：結冰（或沒有冰）、鹽（或沒有鹽），以及道路有 8 吋以上的積雪（或沒有），可得出下列真值表：

冰 (x)	鹽 (y)	雪 (z)	關閉？
0	0	0	0
0	0	1	1
0	1	0	0
0	1	1	1
1	0	0	1
1	0	1	1
1	1	0	0
1	1	1	1

真值表對應的布林表示式是 $F(x,y,z) = x'y'z + x'yz + xy'z' + xy'z + xyz$。此表示式可運用布林恆等式化簡如下：

$$
\begin{aligned}
F(x,y,z) &= x'y'z + x'yz + xy'z' + xy'z + xyz \\
&= x'y'z + x'yz + xy'z + xyz + xy'z' && \text{（交換）} \\
&= x'(y'z + yz) + x(y'z + yz) + xy'z' && \text{（分配} \times 2\text{）} \\
&= (x' + x)(y'z + yz) + xy'z' && \text{（分配）} \\
&= (y'z + yz) + xy'z' && \text{（反轉／恆等元素）} \\
&= (y' + y)z + xy'z' && \text{（分配）} \\
&= z + xy'z' && \text{（反轉／恆等元素）}
\end{aligned}
$$

讀者可自行繪製對應於 $z + xy'z'$ 的邏輯圖。一旦完成電路的硬體製作，校長僅需依現有情況設定輸入，輸出即可顯示是否應關閉校園。

3.5 組合電路

經由聯結數位邏輯晶片即可作出各種有用的電路。這些邏輯電路可歸類為**組合邏輯** (combinational logic) 或**循序邏輯** (sequential logic)。本節介紹組合邏輯。循序邏輯將於 3.6 節中介紹。

3.5.1 基本概念

組合邏輯用於建構包含基本布林運算子、輸入以及輸出的電路。辨認組合電路的關鍵特性在於其輸出完全取決於目前的輸入（如我們在範例 3.10 及 3.11 中所見）。因此，組合電路的輸出是其輸入的函數，在任何時刻都完全取決於當時的輸入值。一個組合電路可具有多個輸出。若然，則每一個輸出也都可以用一個獨立的布林函數來代表。

3.5.2 典型組合電路範例

我們可由一個稱為**半加器** (half-adder) 且相當簡單的組合電路談起。

範例 3.12 思考將兩個二進位元相加的問題。僅需記得三件事：$0 + 0 = 0$、$0 + 1 = 1 + 0 = 1$ 與 $1 + 1 = 10$。電路的這些行為可透過真值表正式地呈現。這裡需要兩個輸出而非僅一個，因為需表示的除了和還有進位。半加器的真值表示於表 3.9 中。

仔細觀察可知和 (Sum) 可由 XOR 求得。進位 (Carry) 輸出則經由 AND 得知。使用一個 XOR 閘與一個 AND 閘即可得如圖 3.11 所示的半加器邏輯圖。

表 3.9 半加器的真值表

輸入		輸出	
x	*y*	和	進位
0	0	0	0
0	1	1	0
1	0	1	0
1	1	0	1

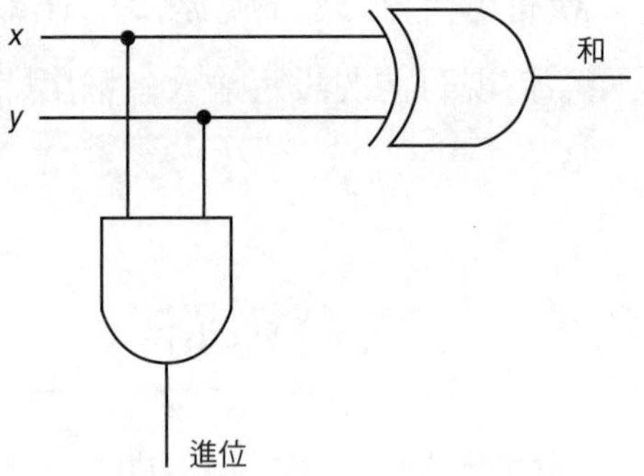

圖 3.11 半加器的邏輯圖

半加器相當簡單，但由於它只能將兩個位元相加，因而並不怎麼有用。然而我們可擴充之以設計出可將較大的二進數字相加的電路。回想你如何加十進數字：先將最右方的個位數相加，記下該個位數的值、並視結果進位至十位數。如此逐步向左方位數相加並加上對應的進位值。二進數字也是以同樣方式相加。而我們需要一個可接受三個輸入 [*x*、*y* 及進位輸入 (Carry In)] 並產生二個輸出 [和 (Sum) 及進位輸出 (Carry Out)] 的電路。圖 3.12 表示這個**全加器** (full-adder) 的真值表以及對應的邏輯圖。注意：這個全加器是以兩個半加器與一個 OR 閘所組成。

輸入			輸出	
x	*y*	進入的進位	和	送出的進位
0	0	0	0	0
0	0	1	1	0
0	1	0	1	0
0	1	1	0	1
1	0	0	1	0
1	0	1	0	1
1	1	0	0	1
1	1	1	1	1

a)

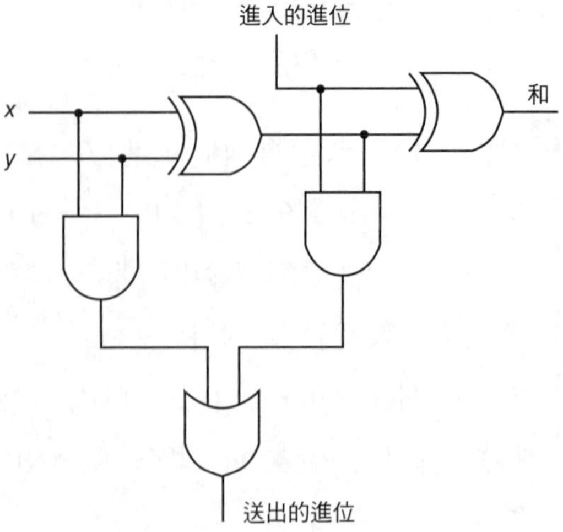

b)

圖 3.12 a）全加器的真值表；b) 全加器的邏輯圖

圖 3.13 漣波進位加法器的邏輯圖

有了這個全加器後，我們思考如何以該電路將二進數字相加；它也不過只能加總三個位元。答案是光使用一個全加器還辦不到。然而我們可以使用譬如 16 個這種電路，將每個電路的進位輸出接到其左側電路的進位輸入，來做出能將兩個 16 位元的數字相加的加法器。圖 3.13 表示了這種作法。這種構造的電路因為進位的循序性而產生猶如「漣漪」傳遞過加法器中各級的現象而被稱為**漣波進位加法器** (ripple-carry adder)。注意：我們使用一種**黑箱** (black box) 方式來描繪這個加法器而不必畫出構成全加器的所有閘。黑箱方式讓我們能略過真實電路的細節；我們僅需在意電路的輸入與輸出。大部分線路如解碼器 (decoders)、多工器 (multiplexers) 與加法器一般都以這種方式表示，如我們即將看到的。

這種加法器非常緩慢，因此一般並不實用。它的作用主要是易於幫助瞭解較大數字的加法如何可以達成。對加法器設計的改進造成了進位前瞻加法器 (carry look-ahead adder)、進位選擇加法器 (carry-select adder)、進位保存加法器 (carry-save adder)（按：這個加法器的設計目的不同、也並不會真正產出和），以及一些其他設計的出現，每一種都以額外硬體來希望縮短加的時間。這些改良的加法器以平行進行加法及縮短最長進位路徑的手段而可較漣波進位加法器獲得 40-90% 的加速（按：應是節省 40-90% 的時間之誤）。加法器是一種很重要的電路——計算機如果不能做加法也不會有什麼用處了。

另一個同等重要且所有計算機都經常用到的運作是將 n 個二進輸入解碼成多至 2^n 個輸出。**解碼器** (decoder) 根據輸入選定一個特定的輸出線。「選擇一個輸出線」是什麼意思？它單純地就是說有一個獨特的輸出線是被設定的 (asserted)，即被設為 1，而所有其他輸出線都被設為 0。解碼器一般是以輸入的數目以及輸出的數目表示。例如具有 3 個輸入與 8 個輸出的解碼器即稱為

3-至-8 解碼器。

前面說到解碼器是計算機常用的電路。現在你也許可以指出許多計算機必須能夠執行的算術運算，但是你也許對舉出解碼器應用的例子仍有困難。若是如此，那是因為你仍未瞭解計算機如何存取記憶體。

計算機中所有記憶體位址均以二進數字表示。當處理記憶體位址時（不論是為了讀或寫），計算機首先需決定真正的位址為何。這件工作即是以解碼器完成。範例 3.13 應可釐清解碼器如何工作以及如何應用的問題。

範例 3.13 3-至-8 解碼器電路

設想包含 8 晶片的記憶體，每晶片內有 8K 位元組。令晶片 0 內含有記憶體位置 0-8191（或十六進制 1FFF）、晶片 1 內含有記憶體位置 8192-16,383（或十六進制 2000-3FFF）、依此類推。總共的位置數是 8K × 8 或 64K(65,536)。我們不會以二進形式個別寫出所有 64K 個位址；然而寫出少許二進形式的位址（將如以下數段文字所述）將有助於說明解碼器為何必要。

因為 $64 = 2^6$ 而 $1\text{K} = 2^{10}$，故 $64\text{K} = 2^6 \times 2^{10} = 2^{16}$，表示需要 16 個位元來代表每一個位址。你若仍未瞭解這點，不妨以少量的位置試試看。例如如果位置數為四——位置 0、1、2 與 3，則位址的二進形式是 00、01、10 與 11，需以二個位元表示。$2^2 = 4$。接著看看八個位置。必須表示的位址由 0 至 7 且為二進的形式。這又需要多少個位元？答案是 3。你可將它們全數列出來驗證，或僅需瞭解 $8 = 2^3$。該冪指數即指出表示這些位址所需的最少位元數（我們在本章稍後以及第四章與第六章中會再論及這個概念）。

晶片 0 內的位址均具 000*xxxxxxxxxxxxx* 的形式。因其包含位址 0–8191，這些位址的二進形式值均位在 0000000000000000 至 0001111111111111 之間。類推之，晶片 1 內的位址均具 001*xxxxxxxxxxxxx* 形式等等。位址中最左方 3 個位元指出該位址位於哪個晶片中。完整位址需使用 16 個位元，然而在每一晶片中僅有 2^{13} 個位置，因此定位任何晶片中的位置僅需 13 個位元。右方的 13 位元即是用以定位這個位置。

當計算機面對這個位址時，其首先需決定使用哪個晶片；之後必需在該晶片中找出確實位址。在本例中，計算機會以最左方三位元選擇晶片，然後以其餘 13 個位元作為晶片中位址。這三個位址中的高位元其實就是作為解碼器的輸入，來讓計算機決定讀寫時要驅動的晶片。若其為 000，則使用晶片 0；若其為 111，則使用晶片 7；若其為 010，則將使用哪個晶片呢？晶片 2。將晶片上某條訊號線作設定即可致動該晶片。解碼器解碼位址時其輸出即是用於致動一個、而且只有一個晶片。

圖 3.14 表示解碼器中的實際構造以及常用以代表它的圖形符號。我們將於 3.6 節中看到解碼器在記憶體中的作用。

另一個常見的組合電路是**多工器** (multiplexer)。這種電路從許多輸入中選出其一並將之送至唯一的輸出端。輸入的選擇以一組控制線來控制。任何時候只有被選到的輸入可經由電路送往輸出端。所有其他輸入均被擋下。每當控制線改變，被選送至輸出端的輸入亦隨之改變。圖 3.15 表示多工器中的實際構造以及常用的圖形符號。S_0 與 S_1 是控制線；I_0-I_3 則為輸入。

另外一組要介紹的組合電路是同位元產生器與同位元檢查器（回憶我們曾在第二章中談到同位元）。**同位元產生器** (parity generator) 是對一字組產生所需

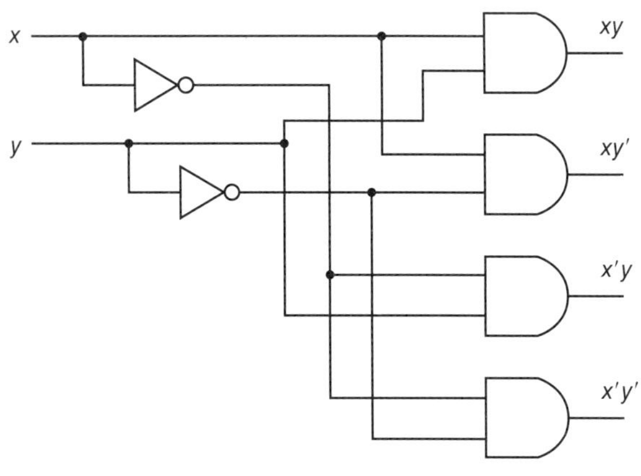

圖 3.14 a) 解碼器的內部構造；b) 解碼器的符號

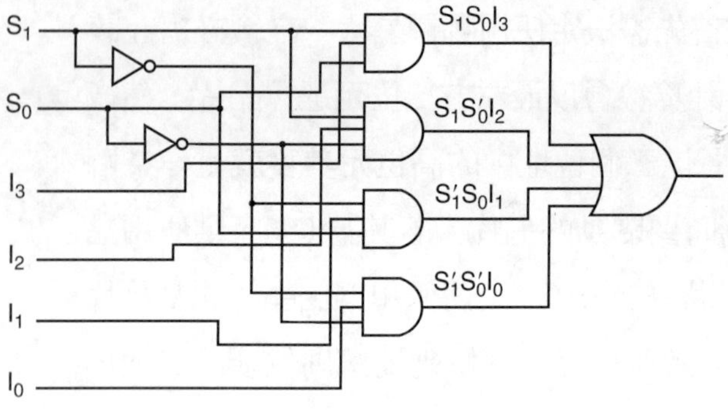

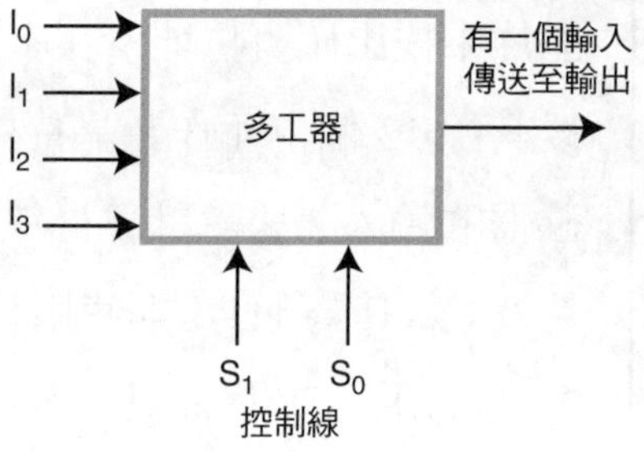

圖 3.15 a) 多工器的內部構造；b) 多工器的符號

同位元的電路；**同位元檢查器** (parity checker) 進行檢查以確認字組中的同位情況（奇或偶）是否恰當，以偵測錯誤。

同位元產生器與同位元檢查器一般以 XOR 功能構成。以奇同位為例，3 位元字組的同位元產生情形示於表 3.10 中。用於 3 個資訊位元、1 個同位元的 4-位元字組的同位元檢查器真值表則示於表 3.11 中。同位元檢查器在測得錯誤時

表 3.10 同位產生器

x	*y*	*z*	同位位元
0	0	0	1
0	0	1	0
0	1	0	0
0	1	1	1
1	0	0	0
1	0	1	1
1	1	0	1
1	1	1	0

表 3.11 同位檢查器

x	*y*	*z*	*p*	偵得錯誤？
0	0	0	0	1
0	0	0	1	0
0	0	1	0	0
0	0	1	1	1
0	1	0	0	0
0	1	0	1	1
0	1	1	0	1
0	1	1	1	0
1	0	0	0	0
1	0	0	1	1
1	0	1	0	1
1	0	1	1	0
1	1	0	0	1
1	1	0	1	0
1	1	1	0	0
1	1	1	1	1

輸出 1，反之則輸出 0。如何繪製同位元產生器與同位元檢查器的邏輯圖則留作習題。

將字組或位元組等位元串向左或右平移一個位置的**位元移位** (bit shifting) 是個很有用的運作。將位元左移會使它位於下一個較高的 2 的次方位置。當無號整數的位元都左移一位，就等同於將該數乘以 2，並且可以少用很多個機器週期即得以完成。左移或右移後，原來最左側或最右側的位元就不見了。對 4 位元組（稱為 nibble）1101 左移可得 1010，右移之則得 0110。有些緩衝電路與編碼器藉助移位器將位元組轉換成位元串流，以便循序處理每一個位元。圖 3.16 顯示一個 4 位元的移位器。當控制線 S 為低電壓（設表示 0）時輸入的每一個位元（標示為 I_0 至 I_3）左移一位成為輸出（標示為 O_0 至 O_3）。當控制線為高電壓，即作右移。該移位器可輕易擴充來處理任何數量的位元，或加上記憶體來作成移位暫存器。

組合電路的種類太多了，無法一一在本章中介紹。本章最末處的參考文獻中提供了較書中更多的組合電路相關資訊。然而在結束組合邏輯這個主題前，還有一個組合電路需要介紹：我們已經介紹完所有構成**算術邏輯單元**

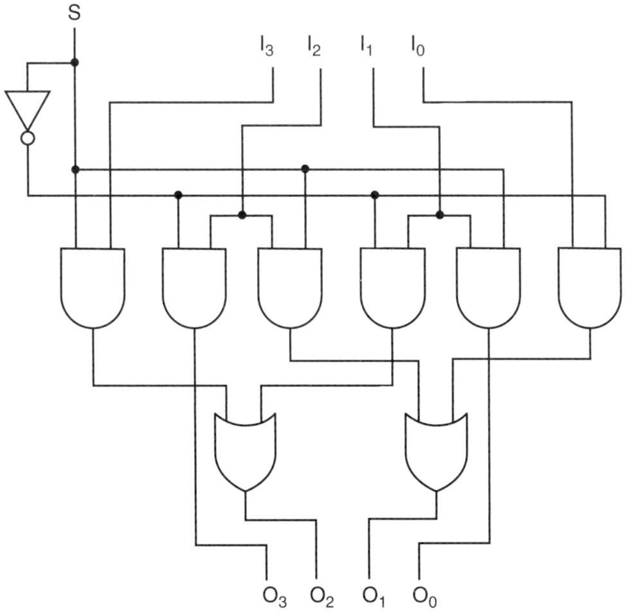

圖 3.16 4 位元移位器

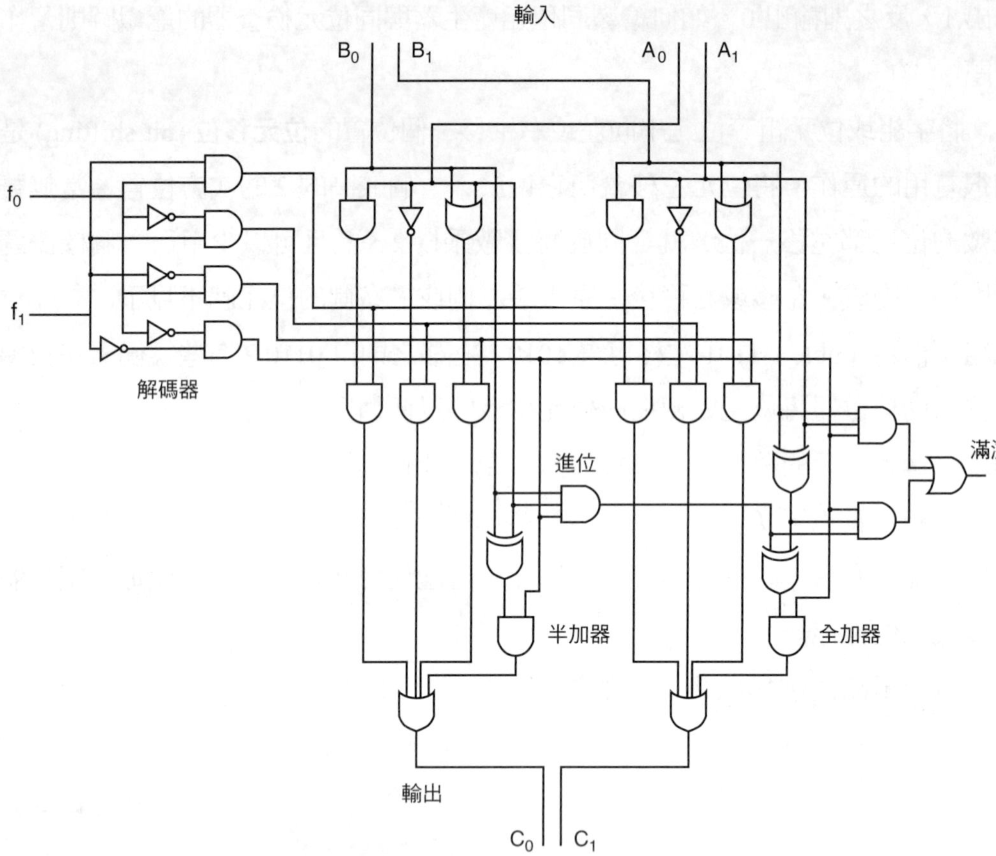

圖 3.17 簡單的 2 位元 ALU

(arithmetic logic unit, ALU) 所需的組成部分；圖 3.17 顯示具有能對兩個各有 2 位元的字組進行四種基本運作——AND、OR、NOT 與加的簡單 ALU。控制線 f_0 及 f_1 決定 ALU 要進行的運作為何：00 表示加法 $(A + B)$；01 表示 NOT A；10 表示 A OR B；11 表示 A AND B。輸入線 A_0 與 A_1 表示一字組，B_0 與 B_1 表示另一字組。C_0 與 C_1 則為輸出線。

3.6 循序電路

上節中我們研讀組合邏輯。我們以檢視布林函數的變數、變數的值以及函數的輸出是否僅完全取決於函數輸入值的角度進行研讀；若改變任一輸入的值，立即就會直接影響輸出的值是否改變。組合電路的主要不足是其不具儲存能力——它們沒有記憶力。這會造成困難：計算機一定需要有記憶數值的方法。思考一台飲料機就會需要的很簡單的數位電路：當你投入金額，機器隨時需要記得已投入的金額；如果沒有記憶的功能，機器將非常難以使用。飲料機無法僅使用組合電路作成。要瞭解飲料機如何運作，特別是最終計算機如何運作，則一定要瞭解循序邏輯。

3.6.1 基本概念

循序電路依據其目前的輸入與之前的輸入的函數決定其輸出，因此其輸出與過去的輸入有關。要記得之前的輸入，循序電路必須要有某種儲存元素。我們一般稱這種儲存元素為**正反器** (flip-flop)。正反器的狀態是電路之前輸入的函數，因此處理中的輸出與目前的輸入以及電路目前的狀態有關。如同組合電路是閘的更廣泛形式，循序電路也是正反器的更廣泛形式。

3.6.2 時脈

在討論循序邏輯之前，先介紹一種使事件先後發生的方法（循序電路根據過去的輸入來決定現在的輸出這個事實來說明事情的發生一定有個順序）。有些循序電路是**非同步** (asynchronous) 的，意指它們在任何輸入值變動時即動作。**同步** (synchronous) 的循序電路以時脈訊號來控制事件的發生時間。**時脈** (clock) 是一個發出具有精確脈衝寬度與脈衝間距的一系列脈衝 (pulses) 的電路。脈衝間距稱為**時脈週期時間** (clock cycle time)。時脈速度一般以百萬赫茲 (gigahertz) 或十億赫茲 (gigahertz) 作單位。

循序電路中的所有記憶元件利用共同的時脈來決定何時更新線路的狀態（亦即何時「目前」的輸入變成「過去」的輸入）（按：同步與非同步循序電路的定義與說明遠較此處的定義和說明更為細緻且複雜，請授課講師仔細補充）。這表示線路的輸入僅能在特定、不連續的時間點上影響儲存元素。本章中，我們檢視同步與非同步循序電路中相對較易瞭解的同步電路。之後當我們提到「循序電路」指的就是「同步循序電路」。大部分循序電路是（由時脈

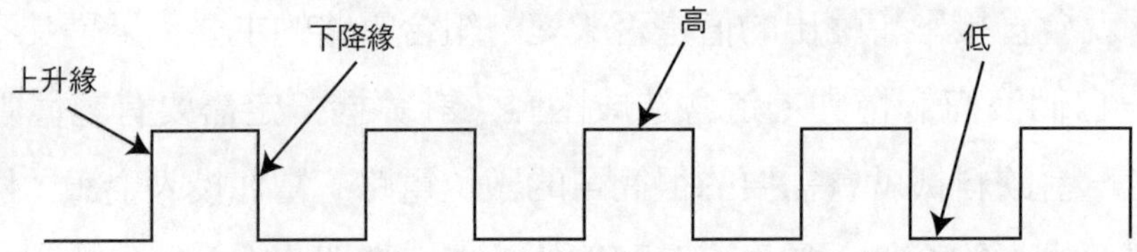

圖 3.18 表示出不同時間點的時脈訊號

以）邊緣觸發 (edge triggered)（而非採相對的位準觸發）式的。這表示它們可以在時脈訊號上升或下降的時間點改變狀態，如圖 3.18 所示。

3.6.3 正反器

位準觸發的電路可在時脈訊號為高或低時改變狀態。許多人將閂鎖 (latch) 與正反器這兩個名詞混用。技術上而言，閂鎖是位準觸發而正反器是邊緣觸發。本書中我們採用**正反器** (flip-flop) 這個名詞。William Eccles 與 F. W. Jordan 於 1918 年發明了第一個（使用真空管的）正反器，因此這種電路已經存在一陣子了。然而它們並非一直稱為正反器。如同許多其他的發明，它們最早是以發明者命名而稱為 Eccles-Jordan 觸發電路。那「正反器」這個名稱是從何而來的呢？有人說這是該電路被觸發而運作時（當揚聲器接在電路中一個元件的情形下）發出來的聲音；也有人認為其來自電路可以來回由一個狀態翻轉成另一個狀態的能力。

要「記住」過去的狀態，循序電路需倚賴稱為「**反饋** (feed-back)」的觀念；這只不過是指電路中有些輸出被反饋回來作為電路輸入的方式（按：上述的輸出入可以是電路中任何中間的輸出入，不一定要是最終的輸出或最開頭的輸入）。一種非常簡單的反饋電路僅含兩個 NOT 閘，如圖 3.19 所示。圖中若 Q 為 0，則其恆為 0；若 Q 為 1，則其恆為 1。這並不是個很有趣或有用的電路，只不過便於讓我們瞭解反饋如何作用。

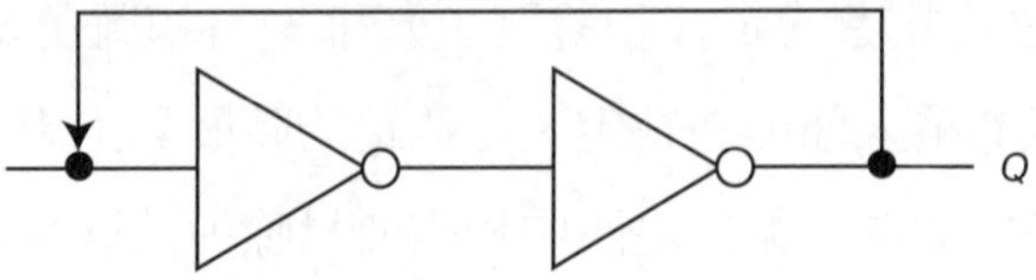

圖 3.19 簡單的反饋例子

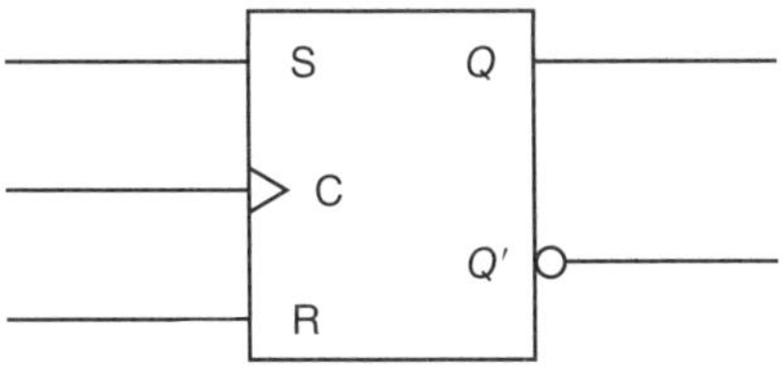

圖 3.20 SR 正反器邏輯圖

一個較有用的反饋電路是由兩個 NOR 閘組成的最基本的記憶單元，稱為 **SR 正反器** (SR flip-flop)。SR 代表「設定／重置 (set/reset)」。SR 正反器的邏輯圖示於圖 3.20 中。

我們可以使用表示下一狀態與輸入及目前狀態 Q 之間關係的特性表 (characteristic table) 來描述任何正反器。符號 $Q(t)$ 代表目前狀態，$Q(t+1)$ 則代表下一狀態，亦即時脈觸動之後正反器應進入的狀態。我們亦可繪出表示訊號與時脈間的關係直到正反器的輸出產生變化的時序圖。圖 3.21a 表示 SR 循序電路的實際作法；圖 3.21b 對正反器加上一個時脈訊號；圖 3.21c 說明其特性表；而圖 3.21d 表示時序圖的一例。我們之後只會討論具有時脈的正反器。

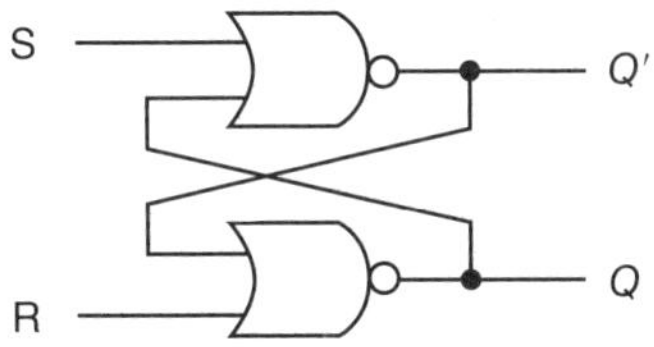

a)

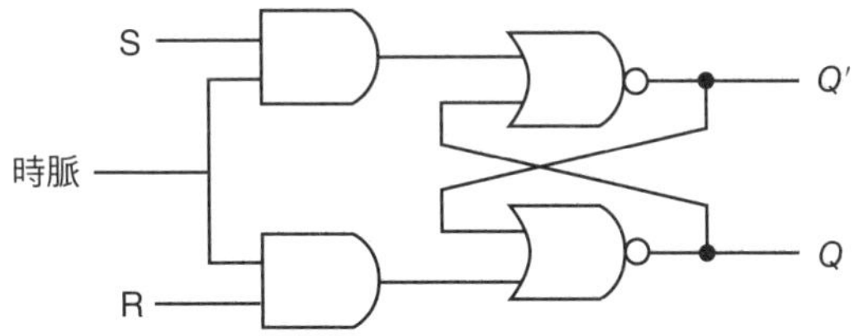

b)

S	R	Q(t +1)
0	0	Q(t)（不改變）
0	1	0（重置至 0）
1	0	1（設定至 1）
1	1	未定義

c)

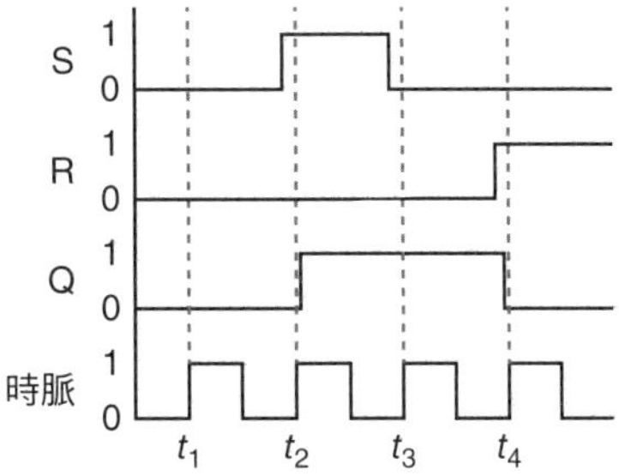

d)

圖 3.21 a) SR 正反器；b) 以時脈推動的 SR 正反器；c) SR 正反器的特性表；d) SR 正反器的時序圖（假設 Q 的初始狀態是 0）

表 3.12 SR 正反器的真值表

S	R	目前狀態 Q(t)	下一狀態 Q(t+1)
0	0	0	0
0	0	1	1
0	1	0	0
0	1	1	0
1	0	0	1
1	0	1	1
1	1	0	未定義
1	1	1	未定義

SR 正反器表現出有趣的行為。輸入有三個：S、R 與目前的輸出 $Q(t)$。我們以表 3.12 的真值表進一步表示該電路如何運作。

例如，若 S 為 0 且 R 為 0，且目前狀態 $Q(t)$ 為 0，則下一狀態 $Q(t + 1)$ 亦為 0。若 S 為 0 且 R 為 0，且目前狀態 $Q(t)$ 為 1，則 $Q(t + 1)$ 亦設定 (set) 為 1；亦即真正的輸入 (S, R) 為 (0, 0) 時，當時脈觸發後並不會發生任何改變。依此推論，可知 $(S, R) = (0, 1)$ 時不論目前的狀態為何，均強制下一狀態 $Q(t + 1)$ 成為 0，亦即強制電路的輸出被**重置** (reset)；當 $(S, R) = (1, 0)$ 時，電路輸出被**設定** (set) 為 1。

觀察圖 3.21d 中的時序圖例，可知在 t_1 處時脈變動，然由於 $S = R = 0$，故 Q 不變。在 t_2 處 S 已變為 1 且 R 仍為 0，因此當時脈變高時 Q 被設定 (set) 成 1。在 t_3 處 $S = R = 0$，故 Q 不變。到了 t_4 由於 R 變為 1 了，當時脈出現時 $S = 0$ 且 $R = 1$，故 Q 被**重置** (reset) 成 0。

這個特定的正反器有一個怪異處。若 S 與 R 同時設定為 1 會發生什麼事？檢視圖 3.21a 中無時脈的正反器，可知其結果狀態會被設定成 Q 與 Q' 均為 0，但是為什麼會這樣？讓我們透過圖 3.21b 具有時脈的正反器看看 $S = R = 1$ 時會怎樣：當時脈脈衝發生時，S 與 R 的值可傳入正反器中，並使得 Q 與 Q' 均成為 0。當時脈脈衝結束時，正反器的最終狀態無法確知，這是因為當時脈脈衝結束後，S 與 R 輸入均無法影響正反器，所以最後造成的狀態取決於 S 與 R 中誰先被 AND 禁止，這種情況一般稱為「賽跑情形 (race condition)」。因此在

SR 中這種輸入組合的情形是不應允許的。

我們可以在 SR 正反器中加入一些條件式的邏輯來確保不會有不恰當的運作——我們僅對 SR 正反器作如圖 3.22 的修改。這電路即為 **JK 正反器** (JK flip-flop)。JK 正反器基本上與 SR 正反器相同，只是當兩個輸入均為 1 時會將目前的狀態反轉。圖 3.22d 中的時序圖顯示電路如何動作：在 t_1 時 $J = K = 0$，故 Q 維持不變。在 t_2 時 $J = 1$ 且 $K = 0$，故 Q 成為 1。在 t_3 時 $K = J = 1$，使得 Q 值反轉，即由 1 變成 0。在 t_4 時，K = 0 且 $J = 1$，迫使 Q 被設定成 1。

「JK」名稱表何意義的看法很分歧。有人認為它是以積體電路的發明人 Jack Kilby 而命名，也有人認為是以它的發明人 John Kardash（如在他的公司網頁上其生平事略中所述）而命名。還有人認為它是由 Hughes Aircraft 工作人員以字母標記電路輸入時，正好輪到使用 JK（如 1968 年一封投稿至電子專業雜誌 EDN 的信中所述）而得名。

SR 正反器的另一衍生是 **D 正反器** (data flip-flop)。D 正反器最能代表真實的計算機記憶元件。該循序電路儲存一位元的資訊。若輸入線 D 設為 1 且有時

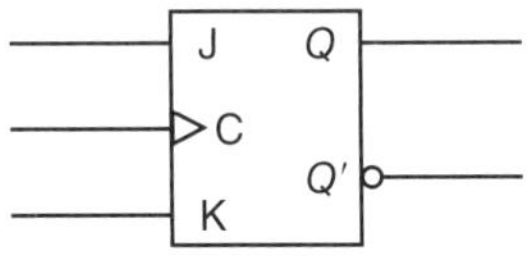

a)

J	K	Q(t +1)
0	0	Q(t)（不改變）
0	1	0（重置至 0）
1	0	1（設定至 1）
1	1	Q9(t)

b)

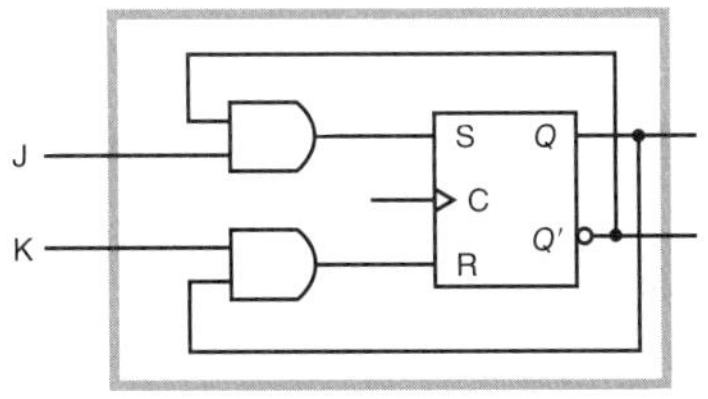

c)

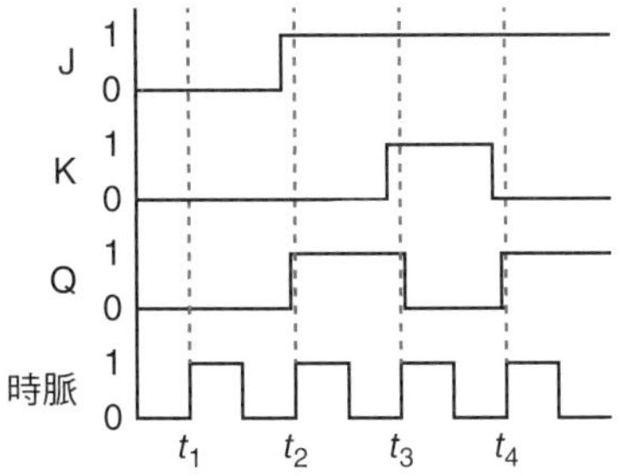

d)

圖 3.22 a) JK 正反器；b) JK 正反器的特性表； c) 以修改 SR 正反器作成的 JK 正反器； d) JK 正反器的時序圖（假設 Q 的初始狀態是 0）

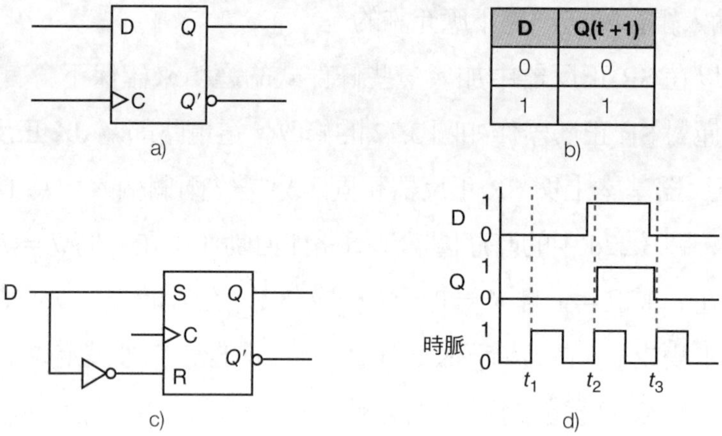

圖 3.23 a) D 正反器；b) D 正反器的特性表；c) 以修改 SR 正反器做成的 D 正反器；d) D 正反器的時序圖

脈脈衝發生，輸出線 Q 亦成為 1。若輸入線 D 設為 0 且有時脈脈衝發生，輸出線 Q 亦成為 0。記得輸出 Q 代表電路的目前狀態。因此輸出值即代表電路目前「儲存」的值。圖 3.23 表示 D 正反器，並列出其特性表及時序圖，同時說明 D 正反器即為修改過的 SR 正反器。

3.6.4 有限狀態機

特性表與時序圖方便我們說明正反器與循序電路的行為；**有限狀態機** (finite-state machine, FSM) 則是一種等效的圖形表示法。有限狀態機一般以圓圈代表機器狀態，並以有向弧線代表狀態間的轉換。每一圓圈標以其所代表的狀態，而每一弧線標以造成該狀態轉換的輸入與相應的輸出。FSMs 任何時刻只能處於一種狀態之下。以下我們只討論同步的 FSMs（僅能依據時脈訊號改變狀態的那一類）。

真實世界中一個可以用狀態機來建模的例子是常見的交通號誌。它具有三種狀態：綠燈、黃燈和紅燈，狀態間的轉換受硬體中的計時器控制。該交通號誌的 FSM 如下所示：

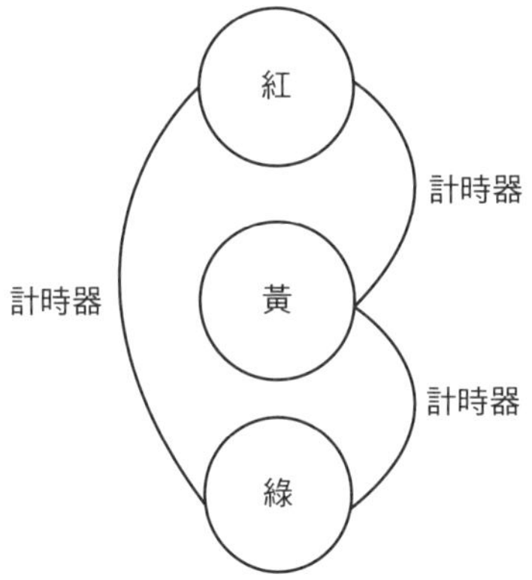

有限狀態機有不同的種類，各適用於不同的目的。圖 3.24 顯示 JK 正反器的**摩爾機器** (Moore machine) 表示法（按：摩爾機器意為同步的有限狀態機）。標示為 A、B 的兩個圓圈代表正反器的兩個狀態。輸出 Q 以角括號表示，而弧線指出狀態間的轉換。由圖中可明確看出 JK 正反器如何在 $J = 1$ 且 $K = 0$ 或是 $J = K = 1$ 時由狀態 0 成為狀態 1，以及在 $J = K = 1$ 或是 $J = 0$ 且 $K = 1$ 時由狀態 1 成為狀態 0。該有限狀態機的狀態決定了輸出為何，因此稱之為摩爾型式的機器。事實上，圖中指回自己的弧線是不需要的，因為輸出僅在狀態變換時才有改變的可能，而指回自己的弧線不造成狀態改變。因此我們可繪製簡化的摩爾機器（如圖 3.25）。摩爾機器的命名是用以紀念在 1956 年發明這類 FSM 的 Edward F. Moore。

與 Edward Moore 同時代的 George H. Mealy 發明了另一種形態且亦是以其發明人命名的 FSM。**米利機器** (Mealy machine) 如同摩爾機器般以每個圓圈代表一個狀態，並以弧線代表每個狀態轉換來將圓圈連起來。與摩爾機器將輸出與各個狀態聯結在一起（如摩爾機器例中將輸出放在方括號中）不同的是：米

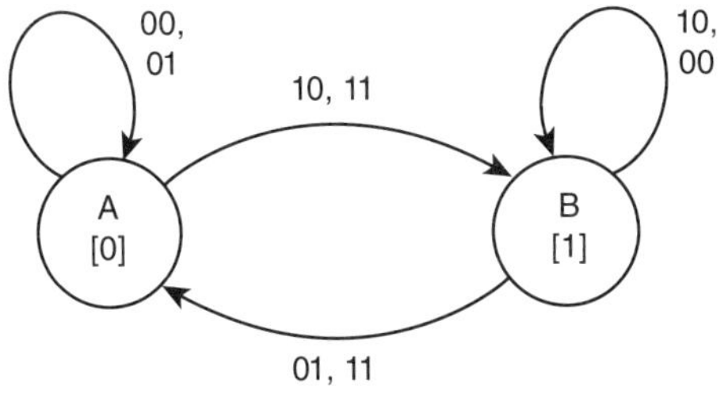

圖 3.24 以摩爾機器表示的 JK 正反器

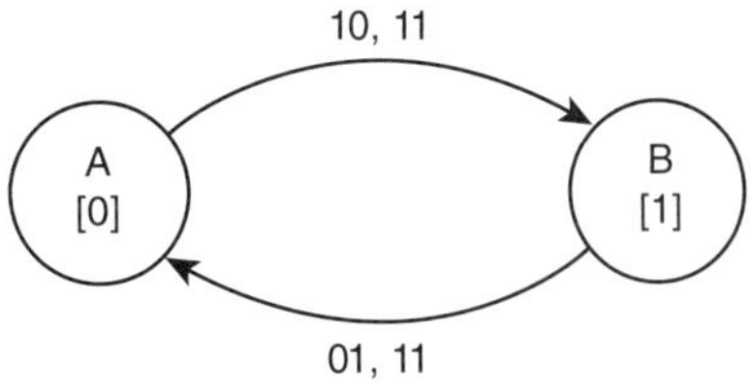

圖 3.25 簡化的 JK 正反器摩爾機器

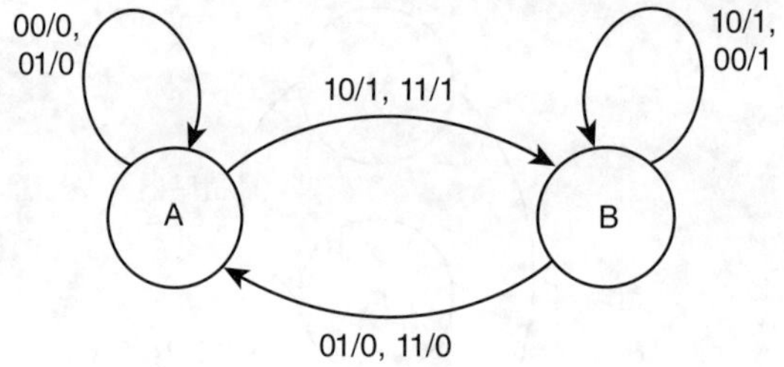

圖 3.26　以米利機器表示的 JK 正反器

利機器將輸出與狀態轉換聯結，其意義是米利機器的輸出是其目前狀態與輸入的函數，而摩爾機器的輸出僅是其目前狀態的函數。每個轉換狀態的弧線均標上以一撇分開的輸入條件與所致的輸出。米利機器中指回自己的弧線因需標示對應的輸出而不再可省略。圖 3.26 顯示 JK 正反器的米利機器（按：摩爾與米利應是指出該類機器的特性，而非發明。且圖 3.22a 的 JK 正反器應歸類為摩爾機器，實不宜以圖 3.26 表之；圖 3.26 應代表除了一個 JK 正反器還另有其他邏輯元件）。

在摩爾或米利機器的實際製作中需要有兩種要件：儲存目前狀態的記憶體（暫存器），與控制輸出及狀態轉換的組合邏輯。圖 3.27 說明對兩種機器的這個觀念。

以圖形模型與方塊圖來表示摩爾與米利機器是為了方便將電路行為作高階概念的建模。然而在電路的複雜度到達某個程度時，摩爾與米利機變得龐大且不易由這些表示型式中得知實作的細節。以微波爐為例，其只有在門關上、

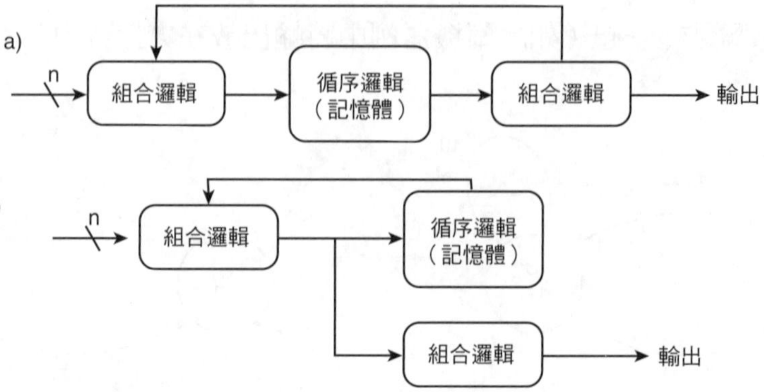

圖 3.27　a) 摩爾機器方塊圖；b) 米利機器方塊圖

控制盤設為「加熱」或「除霜」，且計時器設有時間時才可能處於「on」狀態。「on」狀態表示磁電管正在產生微波、爐內燈光亮起且轉盤旋轉。若時間結束、爐門開啟或控制盤調為「off」，則爐子進入「off」狀態。計時器所能具有的值加上各種與狀態相關的訊號並不容易在摩爾或米利模型中表示。為了克服這種困難，Christopher R. Clare 發明了**演算法則狀態機** (algorithmic state machine, ASM)。如其名所示，演算法則狀態機適用於表現將 FSM 逐步推動的演算法。

演算法則狀態機包含數個內有一個狀態方塊、一個標籤，與可能也含有的條件及輸出方塊的區塊（見圖 3.28）。每一個 ASM 區塊具有單一的進入點及至少一個離開點。摩爾型式的輸出表示於狀態方塊內；米利型式的輸出則表示於橢圓輸出圖形內。若訊號是在「high」時表示被設定，則冠以前置的字母 *H*；否則冠以 *L*。若訊號的設定可立即發生（按：指不必受時脈的同步），則亦冠以前置字母 *I*；否則訊號需待時脈致動方能被設定。導致狀態改變的輸入情況（這就是演算法則相關的部分）以稱為情況方塊、拉長的六邊型表示。ASM 區塊中可有任意數量的情況方塊，而與它們出現的次序並無關聯。微波爐對應的 ASM 示於圖 3.29 中。

ASM 的設計已使它可以表達摩爾以及米利機器的行為。摩爾與米利機器多少可視為等效並可取代彼此。但是在不同的應用中，有時使用其中的某一種會

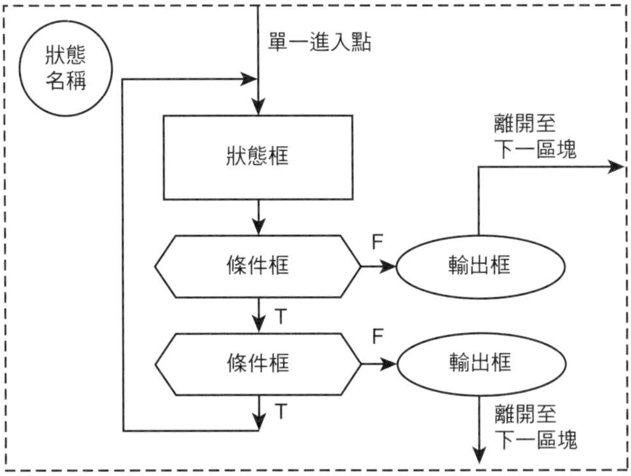

圖 3.28 演算法狀態機中的元件

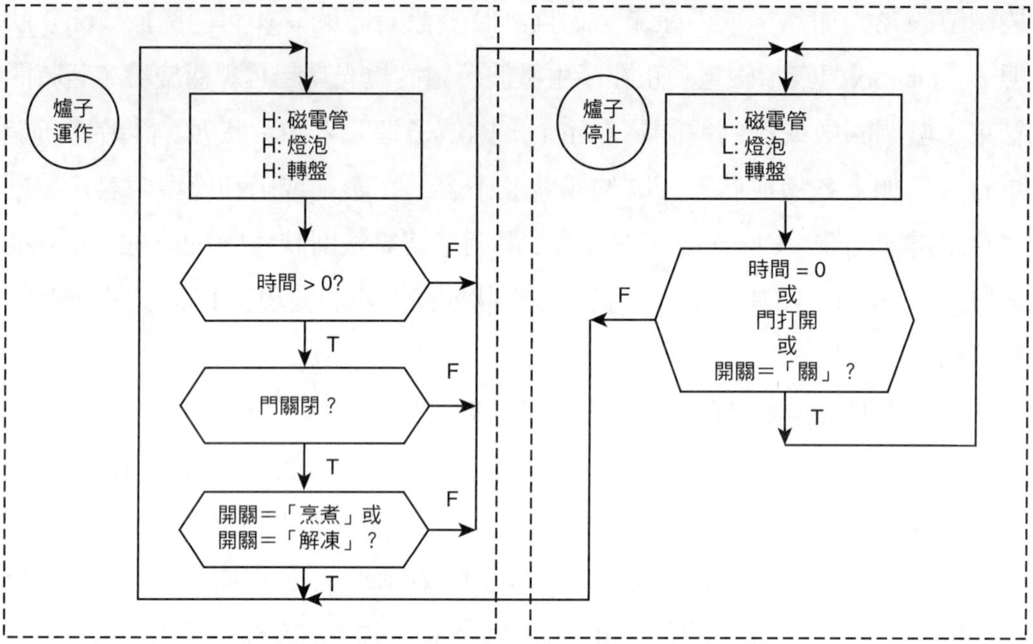

圖 3.29 微波爐的演算法狀態機

較容易。在大部分情形下，摩爾機器比起米利機器因為會有較少的狀態轉換而需要用到較多個狀態（亦即較多記憶體），然而電路卻較簡單。

無硬體機器

摩爾與米利機器不過是在計算機科學文獻裡眾多不同類型有限狀態機中的兩種。瞭解 FSMs 對學習程式語言、編譯器、計算理論以及自動機理論均不可或缺。我們稱這個抽象概念為機器，因為機器原本就是會依據過去事件的結果（即現在的狀態）來對一些激發的因素（事件）作出可預知的反應（動作）的裝置。其中最重要的類型之一是**具確定性的有限自動機** (deterministic finite automata, DFA) 這個計算模型。正式地說，一個 DFA，M，可以用一組的五個元素 $M = (Q, S, \Sigma, \delta, F)$ 來充分描述，其中

- Q 是一個可以代表該機器所有可能組態的狀態所形成的有限集合；
- S 是 Q 中代表啟始狀態（也就是未接受任何輸入前的最初狀態）的元素；
- Σ 是機器可接受的全套的輸入字母或事件；
- δ 是能夠將 Q 中一個狀態與全套輸入字母中一個字母對映至 Q 中另一個（有可能仍為同一個）狀態的轉換函數；以及

• F 是一組指定作為最終（或可接受）狀態（Q 中的元素）的集合。

DFAs 對程式語言的學習特具重要性；它們可用於瞭解文法以及語言。使用 DFA 的方式是由其啟始狀態開始，一次一個字元符號地接受一串輸入訊號，並據以逐次作狀態改變。在處理完整串輸入訊號後，若機器處於最終的可接受狀態，則可知一合法的輸入串已被該 DFA「接受」。否則這個輸入串則會被拒絕（按：意為錯誤）。

我們可以用這樣的 DFA 定義來描述一個機器，譬如在編譯器中，如何從源碼檔案中辨識出變數的名稱（形式是一個字元符號串）。假設該計算機語言接受的變數名稱必須始於一個字母，之後可接續任意數目的字母或數字，且在遇到空白的字元符號（包含 tab、空格、換行等）時即結束。變數名稱的啟始狀態代表空字串，此時未讀取到任何輸入。啟始狀態以附加一個顯眼的箭頭如下圖中所示來表示（另有其他幾種標示方式）。一旦機器得到一個字母的輸入，即進入狀態 I，並在之後的輸入為字母或數字時均停留在該狀態中。當遇到空白的字元符號，機器即轉換為其最終的接受輸入的狀態 A，其為在圖中以雙圈表示者。若遇到任何非字母、非數字或非空白的字元符號時，則機器進入表示錯誤的狀態，其在圖中亦以雙圈及 E 表示，是一個拒絕輸入字串的最終狀態。

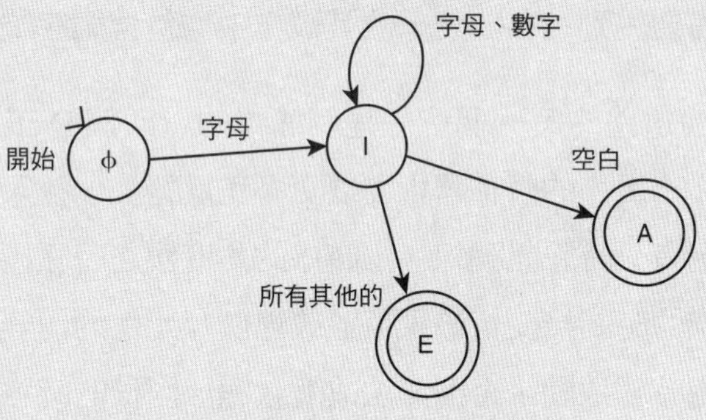

檢查並接受變數名稱的有限狀態機

（由於我們討論的是硬體，）我們更想瞭解的是有關 DFAs 與具有輸出狀態的摩爾及米利 FSMs 之間的關聯。這兩種 FSMs 與 DFAs 的基本差異在於：除了狀態間變換的轉換函數外，摩爾與米利機器還會產生輸出。此外，由於這兩種電路並不會考慮所謂的結束運作或接受輸入訊號串，因此並不會去定義最終狀態；它們卻會產生輸出。摩爾與米利機器 M 都可以用一組的五個元素 $M = (Q, S, \Sigma, \Gamma, \delta)$ 來充分描述，其中

- Q 是一個可以代表該機器所有組態的狀態所形成的有限集合；
- S 是 Q 中代表啟始狀態（也就是未接受任何輸入前的最初狀態）的元素；
- Σ 是機器可接受的全套的輸入字母或事件；
- Γ 是有限的可作為輸出的字母；以及
- δ 是能夠將 Q 中一個狀態與全套輸入字母 Σ 中一個字母對映至 Q 中一個狀態的轉換函數。

注意：輸入與輸出的字母集通常完全一樣，雖然並不需要如此。摩爾與米利機器的差異即在於兩者產生輸出的方式。是故摩爾機器的輸出函數包含於其 S 的定義中，而米利機器的輸出函數則包含於其轉換函數 δ 中。

若以上敘述有太抽象處，那就記得計算機可被視為一個廣泛通用的有限狀態機，其可接受一篇對某種機器的描述以及輸入，並據以產生（通常是）預期的輸出。有限狀態機不過是看待計算機或是計算工作的另一種方式。

3.6.5 循序電路範例

閂鎖與正反器可用於製作更繁複的循序電路。暫存器、計數器、記憶體與移位暫存器全都需要用到儲存能力，故其製作中均包含循序電路。

範例 3.14 循序電路的第一個例子是個簡單的以四個 D 正反器製成的 4 位元暫存器（要作出更大的暫存器則需要更多正反器）。輸入線有四根，輸出線亦為四根，另有一時脈訊號線。由時序的角度觀之時脈極為重要；所有暫存器都應在同樣的時間接受新輸入值並改變儲存元件的內容。請記得：除非同步循序電路有時脈致動，否則無法改變狀態。同樣的時脈訊號接至所有四個正反器上，因此它們同時動作。圖 3.30 畫出此 4 位元暫存器以及其代表的方塊圖。真正的電路中各元件還有未表出的電源、地線、清除線（提供各正反器使整個暫存器重置為零的能力）。不過本書擬將這些事項留給計算機工程師，而僅關注在電路中的數位邏輯部分。

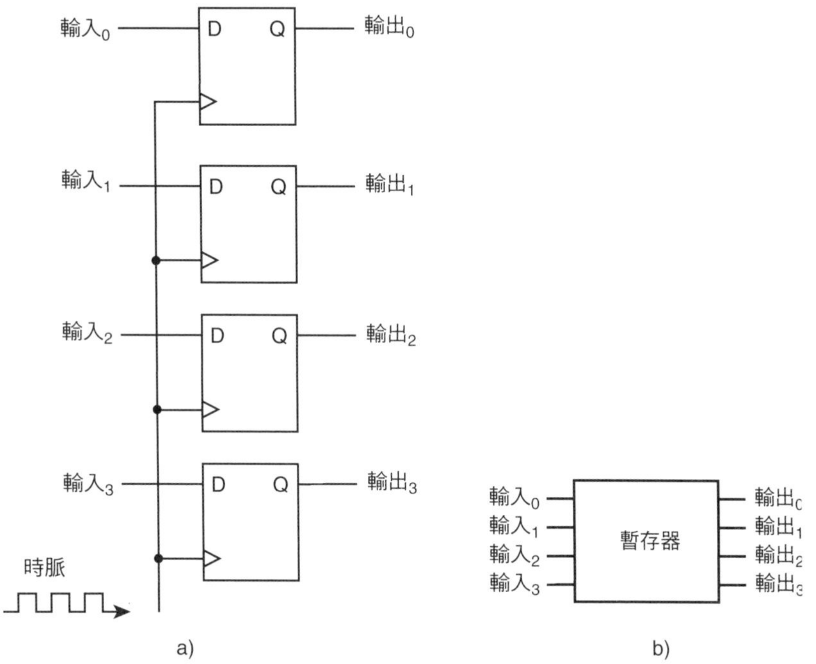

圖 3.30 a) 4 位元暫存器；b) 4 位元暫存器的方塊圖

範例 3.15 另一個有用的循序電路是能在時脈致動時循著既定的順序計數的二進計數器。在單純的二進計數器中，此順序即是指數字的次序。當我們以二進制的 000、001、010、011…計數時，會看到當數字變化時，最低位元每次都改變。又每當該位元由 1 變 0 時，其左方的位元亦隨之改變。其他位元也是會在所有右側位元均為 1 且時脈再次致動時改變。基於這個取狀態的互補形式的概念，該二進計數器最適於以 JK 正反器製作（回憶當 JK 均為 1 時，正反器改變其狀態）。其採用了一條接到所有正反器的計數致能線 (count enable line)，而沒有使用對個別正反器的獨立輸入。線路只有在時脈致動且計數致能線設為 1 時才會計數。若計數致能線設為 0 且時脈致動，線路並不會改變狀態。請仔細檢視圖 3.31，嘗試以各種輸入追查線路，以確認你瞭解該線路如何由 0000 到 1111 以二進計數。注意：B_0、B_1、B_2、B_3 是線路的輸出，且不論時脈訊號及計數致能線的狀態為何，均隨時可被讀取。也試著查查看狀態 1111 再數下去的下一狀態是什麼。

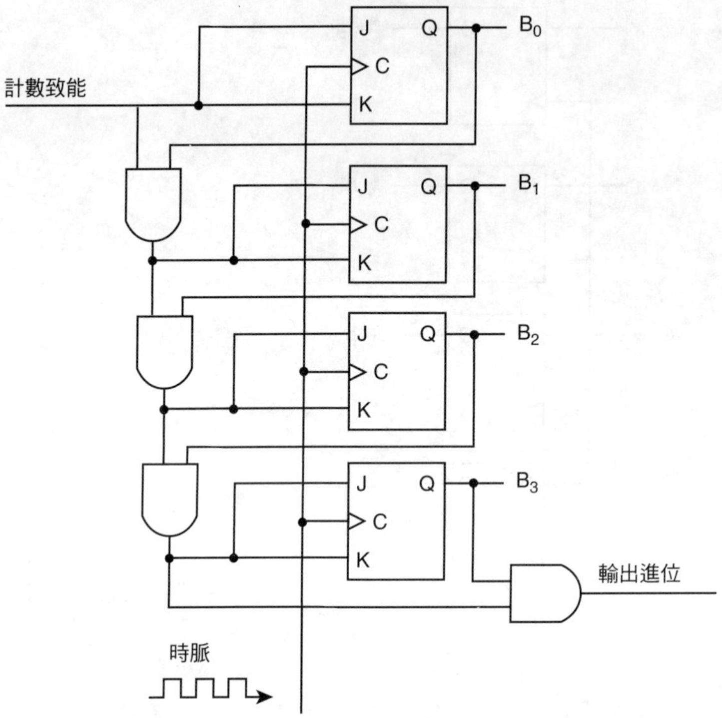

圖 3.31 以 JK 正反器作成的 4 位元同步計數器

我們已檢視簡單的暫存器與二進計數器。之後我們要檢視一個很簡單的記憶體線路。

範例 3.16 圖 3.32 所示的記憶體可保存四個 3 位元的字組（通常以 4 × 3 的記憶體表示之）。電路中的每一行是一個 3 位元的字組。注意：每個字組中儲存這些位元的正反器會經由時脈訊號作同步，因此讀或寫動作會讀或寫完整的一個字組。輸入 In_0、In_1 與 In_2 是用以儲存（或稱寫 3 位元字組）進記憶體的線。訊號線 S_0 與 S_1 是用於選擇記憶體中被指到的字組的線（注意 S_0 與 S_1 是負責選取記憶體中正確字組的 2- 到 -4 解碼器的輸入線）。三條輸出線 Out_0、Out_1 與 Out_2 用於從記憶體讀取字組。

也注意另有一條控制線：寫入致能 (write enable) 控制線表示我們正在做讀取或寫入。注意：在該晶片中我們分別使用了個別的輸入與輸出線以便於瞭解。真實情況中輸入與輸出會是同一組線。

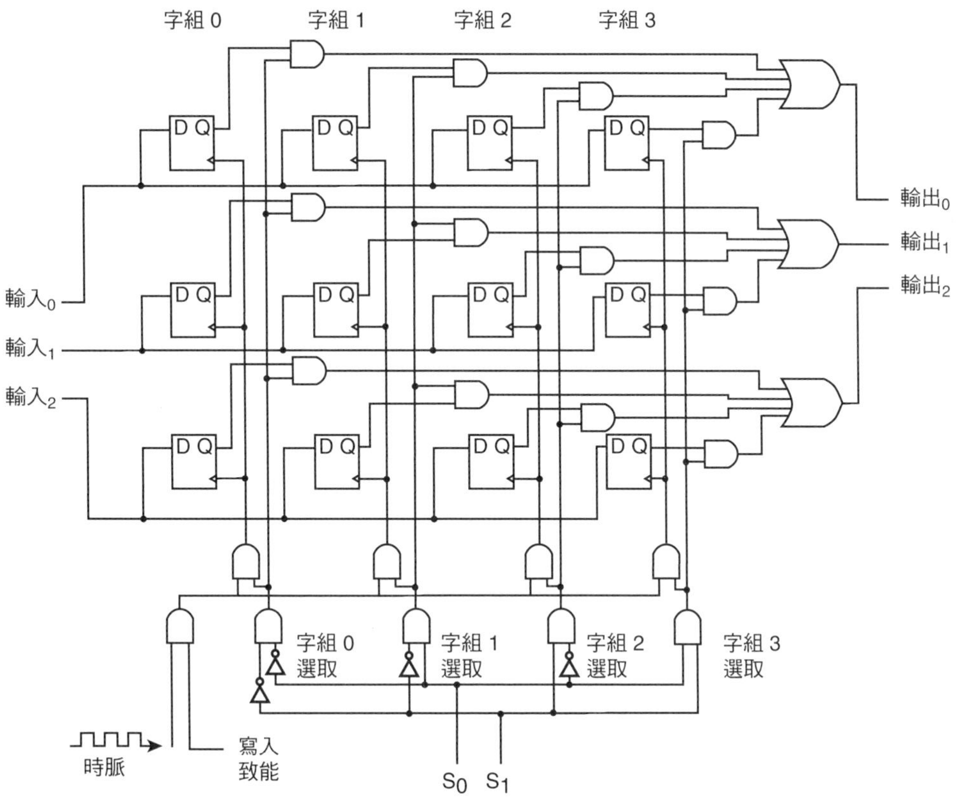

圖 3.32 4 × 3 的記憶體

總結對這個記憶體電路的討論，將一個字組寫入記憶體的步驟包括：

1. 將位址設定於 S_0 及 S_1 上。
2. 將寫入致能 (write enable, WE) 設為高。
3. 解碼器依據 S_0 及 S_1 而致動一個 AND 閘，因而只對記憶體中一個字組送出選取訊號。
4. 步驟 3 中選出的線合併時脈與寫入致能而選出唯一的字組。
5. 步驟 4 中被致動的寫入閘，於是在被選取字組中各 D 正反器的時脈輸入時觸發。
6. 當這些正反器的時脈輸入觸發時，在輸入線上的字組內容就載入各該記憶體字組的正反器中了。

（按：此處在原文中說明不清，姑且部分採用譯者自己的文字以說明之。）

如何以類似步驟進行該記憶體中的字組讀取則留作習題。另一個有意義的習題是分析這個電路，以決定需加入哪些組件才足以將譬如 4 × 3 的記憶體擴展成 8 × 3 或 4 × 8 的記憶體。

邏輯上來說，線路是如何工作的？

我們在本章中介紹了各種邏輯閘，但是這些閘中到底是怎麼動作來作出這些邏輯功能的？它們實際上如何運作？是該打開蓋子看看數位邏輯閘內部組成的時候了。

邏輯閘的製作可以使用不同製造技術所產生的不同類型的邏輯裝置來完成。這些裝置經常被歸屬到不同的**邏輯家族** (logic families) 中。每一個家族各有其優劣勢，也各具不同的長處與限制。目前值得關注的邏輯家族計有 TTL、NMOS/PMOS、CMOS 與 ECL。

電晶體 - 電晶體邏輯 (transistor-transistor logic, TTL) 將原有可見於積體電路中的二極體全部以雙極性 (bipolar) 電晶體取代（更多詳情可參考第一章中有關電晶體的邊註欄）。TTL 將二進制中的值定義如下：0 至 0.8V 為低電壓，而 2 至 5V 為高電壓。實際上任何閘均能以 TTL 製作。TTL 不但提供最多的邏輯閘種類（從各種標準的組合及循序邏輯閘到記憶體），該技術也具有超高的運作速度。這類相對便宜的積體電路的問題在於它們相當耗電。

TTL 用於最早的大量銷售的積體電路中。不過目前積體電路中最常用的電晶體類型是**金氧半導體場效電晶體** (metal-oxide semiconductor field effect transistor, MOSFET)。**場效電晶體** (field effect transistors, FETs) 不過就是輸出受控於一個可變電場的電晶體。金氧半導體 (metal-oxide semiconductor) 這個稱呼來自製造這種晶片的過程，而且即使許久以來我們已開始使用多晶矽 (polysilicon) 來取代金屬，這個名稱仍沿用至今（按：由於運作速度的考慮，我們又於 20 年前開始採用銅製程的閘極）。

N 型金氧半導體 (N-type metal-oxide semiconductor，N 指負，negative) 與 **P 型金氧半導體** (P-type metal-oxide semiconductor，P 指正，positive) 是 MOS 電晶體的兩個基本型態。NMOS 電晶體較 PMOS 電晶體快速，然而其較之 PMOS 真正的優勢在於更高的元件密度（單個晶片上可放進更多 NMOS 電晶體）。NMOS 電路較它們的雙極性親戚們耗電為少。NMOS 技術的主要問題是它對電擊的敏感。此外，NMOS 中可用的閘設計數量也少於 TTL 者。雖然 NMOS 電路較相對的 TTL 電路省電，更高的電路密度會使耗電問題再度浮現。

互補金氧半導體 (complementary metal-oxide semiconductor, CMOS) 晶片是為改善 TTL 與 NMOS 耗電問題而設計，且提供了比 NMOS 更多的 TTL 中的等效電路。該技術並不使用雙極性電晶體，其使用的是一對互補的 FETs——一個 NMOS 與一個 PMOS FET（故得「互補」這個名稱）。CMOS 不同於 NMOS 的是當閘處於靜態時，其幾乎完全不耗電，只有在閘轉換狀態時電路才會耗電。低電耗也表示低的散熱。

基於省電的原因，CMOS 大量應用於各種計算機系統中。除了省電，CMOS 的晶片也可在很大範圍的供應電壓（一般是 3 至 15 伏特）下運作——不像 TTL 僅能容忍上下 0.5 伏特的電壓變動。但是 CMOS 技術對靜電極為敏感，因此處理電路時亦需極為小心。雖然 CMOS 提供比 NMOS 更多的閘種類，但是還是沒有雙極性 TTL 能提供的多。

射極耦合邏輯 (emitter-coupled logic, ECL) 閘用於需要極高速時。相對於 TTL 與 MOS 將電晶體當作數位式的開關（電晶體僅處於飽和或截斷的情況），ECL 以電晶體引導閘中的電流，以致於電晶體永遠都不會完全地截斷或完全地飽和。由於電晶體永遠處於動作區中，它們可以很快地改變狀態。不過高速的代價是很高的耗電，是故 ECL 僅偶爾用於特定的應用中。

邏輯家族中還有一個合併使用雙極性與 CMOS 技術的新成員稱為**雙極性 CMOS** (bipolar CMOS, BiCMOS) 積體電路。雖然 BiCMOS 邏輯較 TTL 還耗電，它也顯著較快。雖然目前還未在量產中使用，BiCMOS 似乎深具潛力。

（按：此部分內容、特別是有關 ECL 者，需具備電子知識背景才能真正瞭解。而瞭解此部分才能真正瞭解計算機發展的歷史與未來趨勢。）

3.6.6 循序邏輯的應用：捲積編碼和維特比偵測

資料儲存與通訊中會使用好幾種編碼的方法。其中一種是部分回應最大相似性 (partial response maximum likelihood, PRML) 編碼方法。之前的討論（不過並非瞭解本節中內容的必要基礎）與 PRML 中的「部分回應」的內涵相關。「最大相似性」則來自位元編碼與解碼的方式。解碼過程中最特別的是只有某些位元樣式是有效的。這些樣式經由使用捲積 (convolutional) 碼來產出。**維特比解碼器** (Viterbi decoder) 可讀取捲積編碼器輸出的位元並將之與一組「可能的」符號串作比較。這些符號串中差異最少的即被選作輸出。我們介紹這個題目是因為它的內容結合了本章以及第二章的好幾個觀念。我們由編碼的過程談起。

第二章中介紹到的漢明碼是一種使用數據中各區域（或區塊編碼）來導出必須的冗餘位元的前推式錯誤更正方式。在有些應用中則需要有可用於譬如衛星電視傳送器送來的連續數據流的編碼技術。**捲積編碼** (convolutional coding) 是一種對以序列式來到的位元流產生一連串可更正錯誤的編碼過的（包含冗餘位元的）輸出位元流的方法；其根據輸入以及一些先前收到的位元來產生輸出。因此輸入會與自己重疊 (overlap) 或捲積 (convolute) 來產生輸出結果；也就是說捲積碼建立一個可精確解碼其輸出的環境。捲積編碼配合維特比解碼已成為編解碼儲存中或是在不完美（有**雜訊**）媒介上傳送的數據常用的工業標準。

圖 3.33 顯示用於 PRML 中的捲積編碼機制。仔細檢視該電路可知每一輸入位元會產出兩個位元的結果：第一個輸出位元是輸入位元與其之前第二個輸入位元的函數：*A* XOR *C*。第二個位元是輸入位元與其之前兩個輸入位元的函數：*A* XOR *C* XOR *B*。圖中右側的兩個 AND 閘隨時脈脈衝交替地選擇該二函數之一作為輸出。輸入於每兩個時脈脈衝在 D 正反器中向前移動。注意：最左側的正反器只是作為輸入的緩衝器，並非絕對必須。

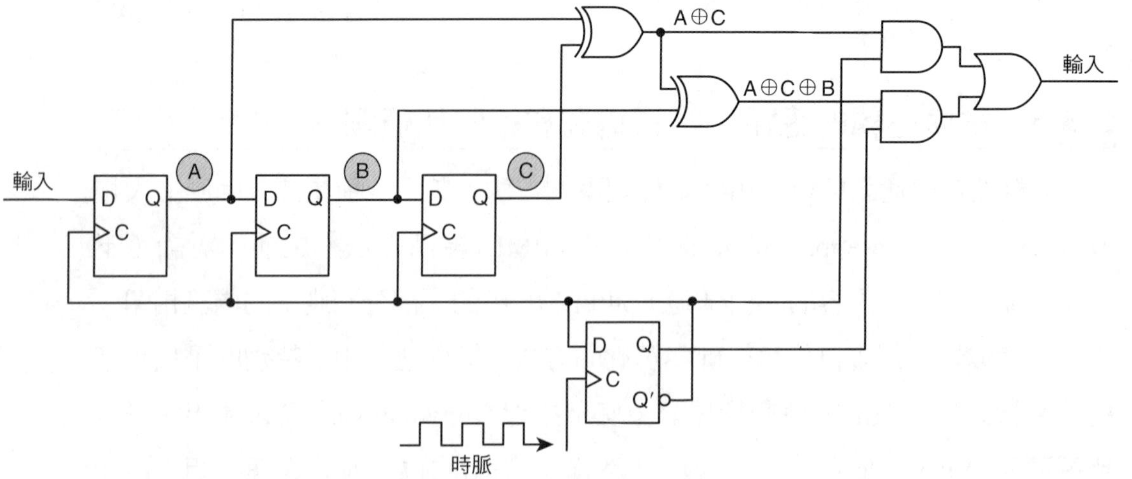

圖 3.33 PRML 的捲積編碼器

乍看之下並不容易看出該編碼器如何對每一輸入位元產出兩個輸出位元。巧妙處在於位居時脈與線路其他部分間的正反器。當正反器反相的輸出回饋至其輸入時，正反器就會交替地處於 0 與 1 狀態間。因此輸出在每兩個時脈週期後會變為高一次，對兩個 AND 閘分別在每週期做致能或禁制。

我們逐時脈週期檢視圖 3.34。假設編碼器的初始狀態是標示為 *A*、*B*、*C* 的正反器均內含 0。要有好幾個時脈週期才能將第一個輸入放進 A 正反器（緩衝器）中，此時編碼器輸出兩個 0。圖 3.34a 表示編碼器以及第一個輸入（是一個 1）已傳送到正反器 A 的輸出，此時可看到在正反器 *A*、*B* 與 *C* 的時脈以及高處的 AND 閘都已經被致能了的，因此函數 *A* XOR *C* 的結果被送往輸出。在下一時脈週期（圖 3.34b）低處的 AND 閘被致能，於是將 *A* XOR *C* XOR *B* 送往輸出。然而由於正反器 *A*、*B*、*C* 上的時脈不致動它們，是以輸入位元並不會由 *A* 正反器傳送至 *B* 正反器。這點在產生第二個輸出時可防止第二個輸入位元進入線路。在時脈週期 3 時（圖 3.34c），輸入位元傳送入正反器 *A*，且 *A* 中原有位元傳送入正反器 *B*。輸出位置高處的 AND 閘被致能，因此函數 *A* XOR *C* 被送往輸出。

此電路的特性表以表 3.13 表示。任舉一例，設輸入位元串是 1101 0010。編碼器一開始內含值均為 0，故 $B = 0$ 且 $C = 0$，稱此情形為編碼器處於狀態 0 (00_2)。當輸入位元串中最前面的 1 離開緩衝器 *A*，此時 $B = 0$ 且 $C = 0$，得出 (*A* XOR *C* XOR *B*) = 1 且 (*A* XOR *C*) = 1；輸出為 11 且編碼器進入狀態 2 (10_2)。下個輸入位元是 1，且此時 $B = 1$ 且 $C = 0$（在狀態 2 中），得出 (*A* XOR *C* XOR *B*) = 0 且 (*A* XOR *C*) = 1；輸出為 01 且編碼器進入狀態 1 (01_2)。對其餘六個位元做相同推導，可得全部函數結果：

$$F(1101\ 0010) = 11\ 01\ 01\ 00\ 10\ 11\ 11\ 10$$

編碼的過程透過米利機器來表示更易釐清（見圖 3.35）。這個圖讓我們一眼可看出哪些狀態轉換是可能的而哪些不可能。圖 3.35 的機器與特性表間的對應關係，可透過查看該表找出圖中對應弧線或反之來看出。如何規定其僅能作哪些有限制的狀態轉換將會對該碼的錯誤可更正特性，以及負責正確解碼這個

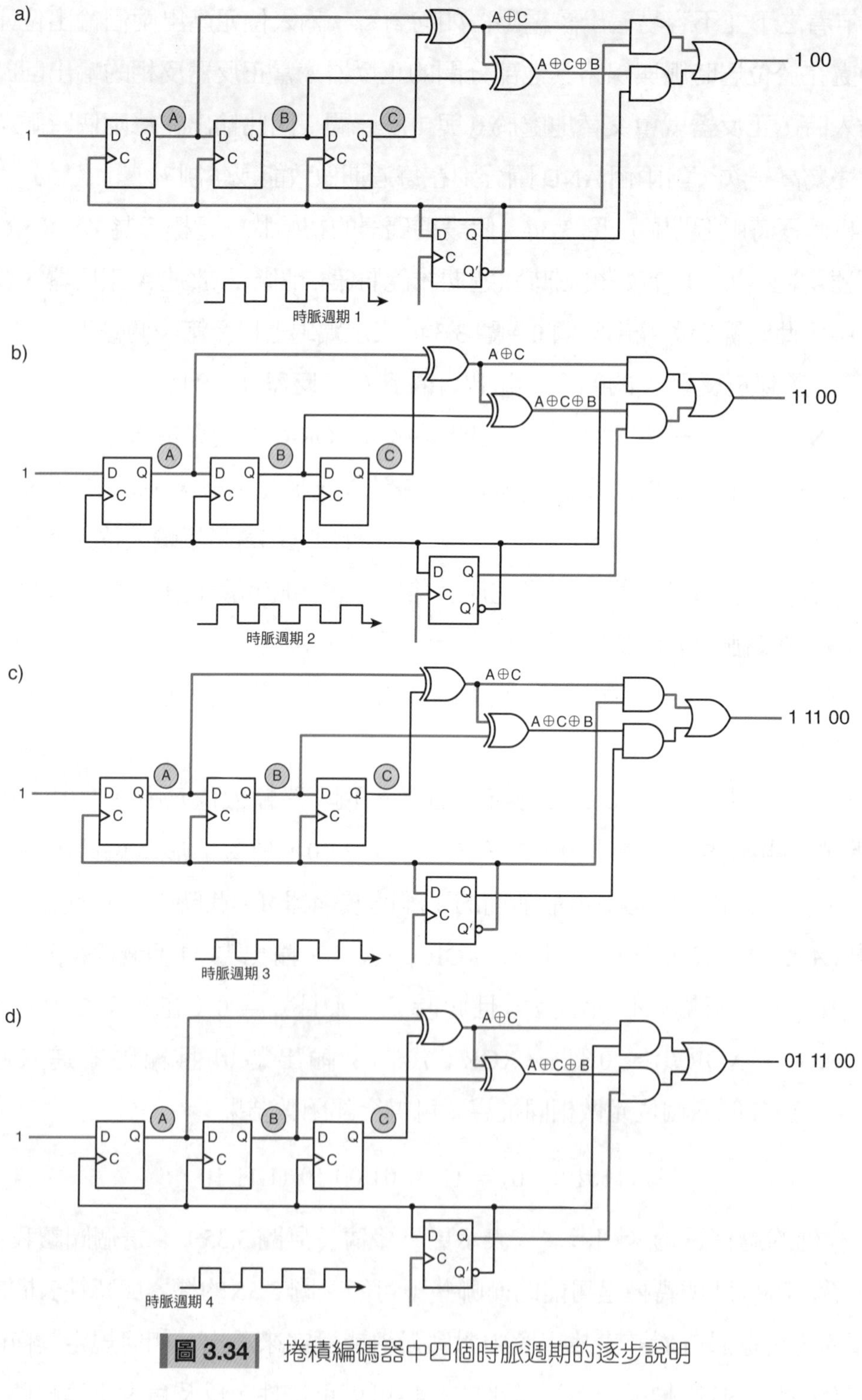

圖 3.34 捲積編碼器中四個時脈週期的逐步說明

表 3.13 圖 3.33 中捲積編碼器的特性表

輸入 *A*	目前狀態 *B C*	下一狀態 *B C*	輸出
0	00	00	00
1	00	10	11
0	01	00	11
1	01	10	00
0	10	01	10
1	10	11	01
0	11	01	01
1	11	11	10

位元串的維特比解碼器應該如何運作都非常重要。如圖 3.36 中所示，將弧線上的輸入與輸出互換，我們即已對所有可能的解碼時的輸入作了限制。

例如，假設解碼器處於狀態 1 且正接受樣式 00 01。解碼得出的位元值是 1 1，且解碼器停止在狀態 3 中（經過的路徑是 1 → 2 → 3）。而如果解碼器處於狀態 2 且正接受樣式 00 11，則因為狀態 2 並無以 00 來對外作轉換的路徑，故知曾有錯誤發生過；狀態 2 對外的轉換條件是 01 與 10，此兩者與 00 間的漢明距離均為 1。若我們循此二（具同樣可能性的）路徑離開狀態 2，解碼器則會進入狀態 1 或狀態 3。然而狀態 3 並沒有對之後兩個位元是 11 的對外路徑；每條狀態 3 對外路徑的兩個位元與 11 間的漢明距離都是 1。這形成兩條路徑：2 → 3 → 1 與 2 → 3 → 2 的累計漢明距離均為 2。然而狀態 1 對 11 具有允許的轉換。依循路徑 2 → 1 → 0，累計的誤差僅為 1，故知此即最大相似性的位元順

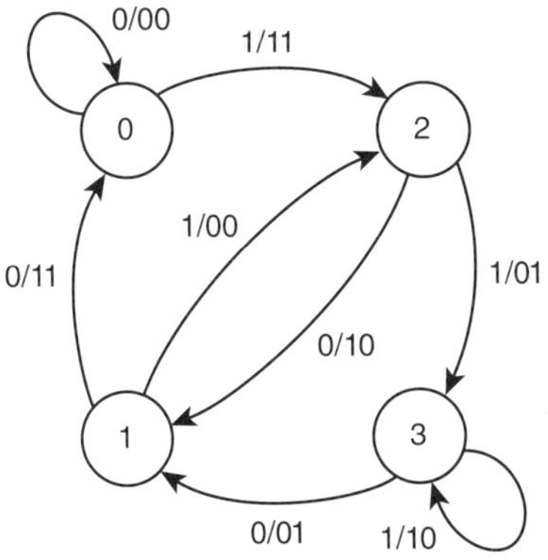

圖 3.35 圖 3.33 中捲積編碼器的米利機器

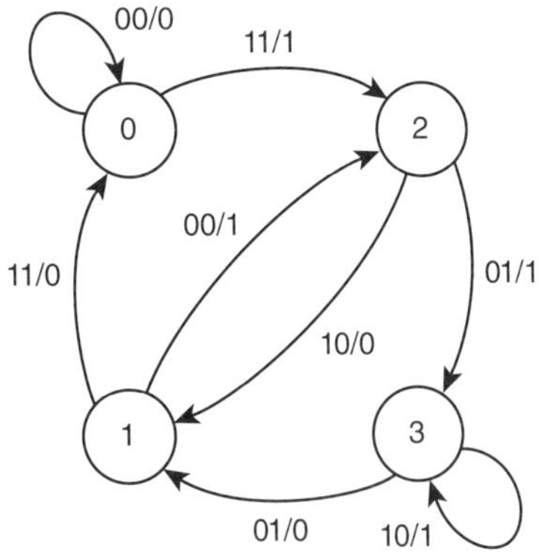

圖 3.36 捲積解碼器的米利機器

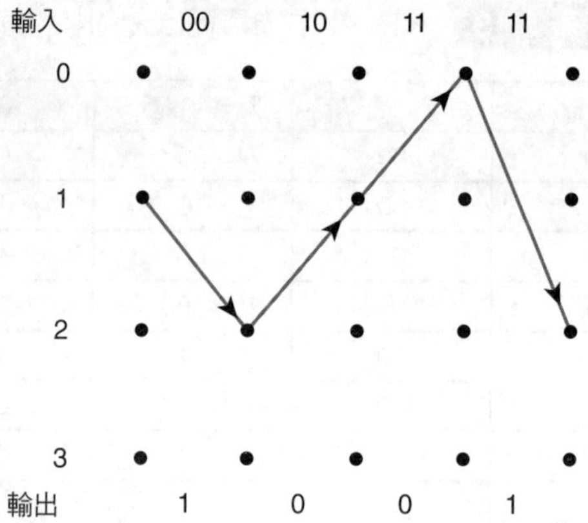

圖 3.37 表示序列 00 10 11 11 的狀態轉換的棚架圖

序。輸入因此解碼為具**最大相似性** (maximum likelihood) 的 00。

說明這個觀念的一個等效（且可能更清楚）的方式是透過圖 3.37 所示的棚架 (trellis) 圖。四個狀態表示於圖中左側，轉換（或時間）則由左向右進行。捲積碼中每一個字碼相當於圖中一條特定路徑。維特比偵測器以圖中各路徑對應的邏輯意義來決定最相似的位元樣式。在圖 3.37 中我們表示了當偵測得到輸入序列是 00 10 11 11 且編碼器原本位於狀態 1 時發生的狀態轉換。可將棚架圖中的轉換與圖 3.36 的米利圖中的轉換作一對照。

假設我們在輸入的第一對位元中置入一個錯誤來使得錯的序列成為 10 10 11 11。讓解碼器的原本狀態仍為 1，圖 3.38 指出棚架中可能的路徑；每條代表轉換的弧線上標註了累計的漢明距離。正確地假設該串列應為 00 10 11 11 的正

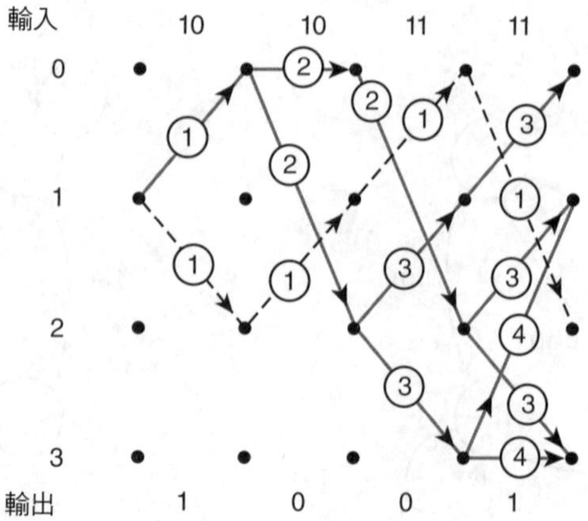

圖 3.38 表示序列 00 10 11 11 的漢明誤差棚架圖

確路徑即是具有最小累計誤差的那條，因此被接受為正確的序列。

在應用維特比解碼器的大部分情況中，僅提供一層的錯誤更正。額外的例如循環冗餘檢查與 Reed-Solomon 編碼（於第二章中述及）等錯誤更正碼可應用在維特比演算法之後，以有助於產出一串沒有錯誤的符號。所有這些演算法一般都使用本章所述的數位建構方塊，透過硬體製作以求得最高速度。

希望本節內容有助於讀者瞭解數位邏輯與錯誤更正演算法如何結合在一起。同樣的效果對任何可以用任一種有限狀態機來表示的演算法都有效。其實前述的捲積碼由於每一符號的輸入產出二個符號，因而也可稱為 (2,1) 捲積碼。另有捲積碼可提供更深入的錯誤更正，但是太過複雜則無法以合理的硬體實現。

3.7 設計電路

在前面各節中，已介紹過用於計算機中的許多不同組成部分。我們沒有辦法提供足夠的細節讓你著手設計出電路或系統。從事邏輯設計不僅需熟習數位邏輯，也要能熟習**數位分析**（digital analysis，分析輸入與輸出間的關係）、**數位合成**（digital synthesis，由真值表開始來導出製作該邏輯功能的邏輯圖）與如何使用計算機輔助設計 (computer-aided design, CAD) 軟體。回憶在之前討論中曾提及設計電路要非常用心來確認電路已被最簡化。電路設計師需要面對好多問題，包括推導有效率的布林函數、使用最少量的閘、採取廉價的閘組合方式（按：例如多用 NAND、NOR、通用閘等）、在電路板上作元件安排時使用最少面積及最少功耗，並且嘗試使用一套標準的元件模組來從事製作。除了這麼多考量，我們還沒有討論到諸如訊號傳遞、扇出、各種同步議題與對外界做介面等，你也應該可以瞭解數位電路設計是相當繁複的。

目前為止，已論及的有如何設計暫存器、計數器、記憶體與一些其他數位構建組件。一旦有了這些元件，電路設計師即可將各種演算法以硬體實作（回憶第一章中介紹的硬體與軟體相等原則）。在你的編程中其實就是設定一連串的布林表示式。一般而言，寫作程式比設計出實現程式中演算法所需的硬體更為容易，然而許多情況下硬體的實現方式更佳（譬如在即時系統中，硬體作法較快，且較快一定是較佳）；不過也有些情形下軟體作法較佳。有時候我們希望將稱之為**嵌入式系統** (embedded system) 的其中許多不同數位組件代以單一的程式化的微處理器晶片。微波爐和汽車中都非常可能含有嵌入式系統。這麼做是為了把可能造成問題的多個硬體構造簡化。對這些嵌入式系統編程需要設計出可以讀取輸入變數值並送出輸出訊號以完成譬如開關燈光、產生嗶嗶聲、發出警報或打開門扇等工作。寫作這類軟體需要瞭解布林函數如何運作。

本章總結

本章主要目的是讓讀者熟習邏輯設計的基礎觀念，同時建立對建構計算機系統所需的各種基本電路結構的一般性瞭解。這種程度的熟習並不足以進行該等元件的設計；它提供的是對以下各章所涉及的架構觀念更清楚的瞭解。

本章中檢視了標準邏輯運算子 AND、OR、NOT 以及實作這些運算的邏輯閘。任何布林函數均可表以真值表，再將之轉換為可顯示該函數在數位電路實作中所需各種元件的邏輯圖。因此真值表是一個可表示布林函數以及邏輯電路功能的方式。這些單純的邏輯電路可組合成譬如加法器、ALUs、解碼器、多工器、暫存器與記憶體等組件。

布林函數與其數位形態表示法間存在一對一的對映關係（按：此敘述並不精確也不重要）。布林恆等式有助於簡化布林表示式，並因此簡化組合式或循序式的電路。在電路設計中做最簡化極端重要：由晶片設計師觀之，最重要的兩大因素不出速度與成本；將電路最簡化既可降低成本又可提升效能。

數位邏輯可區分為兩大類別：組合邏輯與循序邏輯。組合邏輯裝置如加法器、解碼器及多工器等僅只根據目前輸入來產生輸出。AND、OR 與 NOT 閘是組合邏輯（按：循序邏輯亦同）電路的建構元件，不過通用閘如 NAND、NOR 等亦可勝任。循序邏輯裝置如暫存器、計數器及記憶體等則根據目前輸入以及電路目前狀態兩者來產生輸出。這類電路一般使用到 SR、D、JK 等正反器。

循序電路可以數種不同方式表示，端視我們重視的角度為何。摩爾、米利與演算法則狀態機都能清晰表示對應的電路，格子狀的圖表則可表示隨著時間發生的狀態轉換。這類有限狀態機與 DFAs 的不同在於它們的功能在於產出結果而不是處理串列式的數據，因此並不會有最終狀態。

這些邏輯電路是計算機系統必需的建構元件。在第四章中，我們會把這些區塊組織在一起並仔細檢視計算機實際上如何運作。

如欲更深入學習卡諾圖，本章最末在習題之後另有一專節強調這個主題。

進一步閱讀

大多數計算機組織與架構書籍會包含簡要的數位邏輯與布林代數內容。Stallings (2013)、Tanenbaum (2012) 與 Patterson and Hennessy (2011) 等書都有很好的數位邏輯概覽。Mano (1993) 書中對卡諾圖在電路化簡（亦見於本章專節中）與可程式化邏輯裝置、還有各種電路技術的介紹都有很好的內容。更深入的數位邏輯內容可見於 Wakerly (2000)、Katz (1994) 或 Hayes (1993) 等書中。

Davis (2000) 在他的 *Universal Computer* 書中追溯了計算機理論的歷史，並包含所有重要思想家的介紹。該書讀之引人入勝。有關布林代數非專業角度的討論，可參考 Gregg (1998) 的書籍。Maxfield (1995) 的書絕對精采，包含布林邏輯非正式與複雜的觀念，以及許多有趣且具啟發性的瑣碎（包括好棒的海鮮濃湯食譜）。如果是閘與正反器（包括計算機是什麼與如何運作得很好的說明）直接又易讀的書，請見 Petzold (1989)。Davidson (1979) 介紹了解析 NAND 構成的電路的方法（重要性來自 NAND 是通用閘）。

摩爾、米利與演算法則狀態機最先見於 Moore (1956)、Mealy (1955) 與 Clare (1973) 的文章中。Cohen (1991) 的計算機理論一書是這個主題上最易瞭解的，其中有摩爾、米利與有限狀態機通用性的介紹，也涉及 DFAs。Forney (1973) 在一篇名為維特比演算法的文獻中寫得很好的教案說明了這個捲積解碼器的觀念與背後使用的數學。Fisher (1996) 的文章說明 PRML 如何應用於硬碟機中。

如果你有意真正設計電路，有好幾個很好的模擬器可以免費使用。有一套稱為 Chipmunk System 的工具，其具有非常多種功能，包括電子電路模擬、圖形編輯與曲線繪製。它包含四項主要工具，其中 Log 是電路模擬所需的程式。Log 中的 Diglog 部分可用於產生並實際測試數位電路。若有意下載該等程式以執行於自己的電腦上，可取得 Chipmunk 的網站是 www.cs.berkeley.edu/~lazzaro/chipmunk/。發行的軟體可執行於許多種平台（包括 PC 與 Unix 機器）上。

另一個很好的套件是 Softronix 的 Multimedia Logic (MMLogic)，其目前只能應用於 Windows 平台上。全功能的套件具有 GUI 與拖放能力以及完備的線上協助，其不但包括標準的常用裝置（如 ANDs、ORs、NANDs、NORs、各種加法器與計數器等），也包括特殊的多媒體裝置（如位元圖 bitmap、機器人、網路與蜂鳴器裝置等），因此可作出邏輯電路且將它們介接到真的裝置（鍵盤、螢幕、串列埠等）或其他計算機上。該套裝軟體宣稱適合初學者使用，但也允許使用者構建相當複雜的設計（例如在網際網路上進行的遊戲）。MMLogic 可在 www.softronix.com/logic.html 上找到，該軟體不只包含可執行的套裝軟體，也包含源碼讓使用者能修改或擴充其功能。

第三個數位邏輯模擬器是可於 http://ozark.hendrix.edu/~burch/logisim/ 取得的開放源碼軟體套件 Logisim。該軟體小巧、易於安裝且易於使用，其只需裝設有 Java 5 或更近的版本即可；因此可用於 Windows、Mac 及 Linux 平台上。Logisim 的介面甚為直覺，而且不同於大部分模擬器，它允許使用者在模擬過程中修改電路。這項應用讓使用者可以從小的部分開始建構大型電路、一個滑鼠動作畫出一組多個位元的線，並以樹狀方式查看產生電路時能使用的元件庫。和 MMLogic 一樣，這個套件是設計來作為教育用的工具，以幫助初學者進行數位邏輯線路實驗，然而它也可以用於建構相當複雜的電路。

任何一個這類的模擬器都足以用來作出第四章中會探討的 MARIE 架構。

參考資料

Clare, C. R. *Designing Logic Systems Using State Machines*. New York: McGraw-Hill, 1973.

Cohen, D. I. A. *Introduction to Computer Theory*, 2nd ed. New York: John Wiley & Sons, 1991.

Davidson, E. S. "An Algorithm for NAND Decomposition under Network Constraints." *IEEE Transactions on Computing C-18*, 1979, p. 1098.

Davis, M. *The Universal Computer: The Road from Leibniz to Turing*. New York: W. W. Norton, 2000.

Fisher, K. D., Abbott, W. L., Sonntag, J. L., & Nesin, R. "PRML Detection Boosts Hard-Disk Drive Capacity." *IEEE Spectrum*, November 1996, pp. 70-76.

Forney, G. D. "The Viterbi Algorithm." *Proceedings of the IEEE 61*, March 1973, pp. 268-278.

Gregg, J. *Ones and Zeros: Understanding Boolean Algebra, Digital Circuits, and the Logic of Sets*. New York: IEEE Press, 1998.

Hayes, J. P. *Digital Logic Design*. Reading, MA: Addison-Wesley, 1993.

Katz, R. H. *Contemporary Logic Design*. Redwood City, CA: Benjamin Cummings, 1994.

Mano, M. M. *Computer System Architecture*, 3rd ed. Englewood Cliffs, NJ: Prentice Hall, 1993.

Maxfield, C. *Bebop to the Boolean Boogie.* Solana Beach, CA: High Text Publications, 1995.

Mealy, G. H. "A Method for Synthesizing Sequential Circuits." *Bell System Technical Journal 34*, September 1955, pp. 1045-1079.

Moore, E. F. "Gedanken Experiments on Sequential Machines," in *Automata Studies*, edited by C. E. Shannon and John McCarthy. Princeton, NJ: Princeton University Press, 1956, pp. 129-153.

Patterson, D. A., & Hennessy, J. L. *Computer Organization and Design, The Hardware/Software Interface*, 4th ed. San Mateo, CA: Morgan Kaufmann, 2011.

Petzold, C. *Code*: *The Hidden Language of Computer Hardware and Software*. Redmond, WA: Microsoft Press, 1989.

Stallings, W. *Computer Organization and Architecture,* 9th ed. Upper Saddle River, MJ: Prentice Hall, 2013.

Tanenbaum, A. *Structured Computer Organization*, 6th ed. Upper Saddle River, NJ: Prentice Hall, 2012.

Wakerly, J. F. *Digital Design Principles and Practices*. Upper Saddle River, NJ: Prentice Hall, 2000.

必要名詞與觀念的檢視

1. 為什麼對計算機科學家而言瞭解布林代數很重要？
2. 布林運算中何者被視為布林乘法？
3. 布林運算中何者被視為布林加法？
4. 作出布林運算子 OR、AND 與 NOT 的真值表。
5. 布林對偶原則內容為何？
6. 在數位電路設計中將布林表示式最簡化這件事為何很重要？
7. 電晶體和閘的關係如何？
8. 閘和電路的差異是什麼？
9. 列舉四個基本邏輯閘。
10. 本章中敘述的兩個通用閘是哪兩個？這些通用閘為何重要？
11. 說明數位邏輯晶片的基本構造。
12. 說明漣波進位加法器的動作。為何現在大部分計算機不採用漣波進位加法器？
13. 可用來表示布林函數邏輯行為的三種方法是什麼？
14. 從問題的敘述來設計邏輯電路必須經過的步驟有哪些？
15. 半加器與全加器有何不同？
16. 我們怎麼稱呼接受數個輸入並根據它們的值來選擇一條特定輸出線的電路？指出這種裝置的一個重要應用。
17. 哪一種電路從許多輸入線中選擇其中之一並將其導往唯一的輸出線？
18. 循序電路如何與組合電路不同？
19. 循序電路的基本元件是什麼？
20. 當我們說循序電路是邊緣觸發而非位準觸發時，指的是什麼？
21. 在數位電路的用語中，反饋是什麼？
22. JK 正反器如何與 SR 正反器相關？
23. 為何 JK 正反器往往較 SR 正反器好用？
24. 何種正反器最能真正代表計算機記憶體？

25. 米利機器與摩爾機器如何不同？

26. 演算法狀態機提供了哪些功能是摩爾或米利機器所沒有的？

習題

◆**1.** 對下列各表示式製作其真值表：

◆**a)** $yz + z(xy)'$

◆**b)** $x(y' + z) + xyz$

c) $(x + y)(x' + y)$（提示：本小題摘自範例 3.7）

2. 對下列各表示式製作其真值表：

a) $xyz + x(yz)' + x'(y + z) + (xyz)'$

b) $(x + y')(x'z')(y' + z')$

◆**3.** 利用笛摩根定律，求 $F(x,y,z) = xy'(x + z)$ 的補式的表示式。

4. 利用笛摩根定律，求 $F(x,y,z) = (x' + y)(x + z)(y' + z)'$ 的補式的表示式。

◆**5.** 利用笛摩根定律，求 $F(w,x,y,z) = xz'(x'yz + x) + y(w'z + x')$ 的補式的表示式。

6. 利用笛摩根定律，求 $F(x,y,z) = xz'(xy + xz) + xy'(wz + y)$ 的補式的表示式。

（按：$F(x,y,z)$ 應為 $F(w,x,y,z)$ 之誤）

7. 證明笛摩根定律有效。

◆**8.** 下列的分配律有效或無效？證明你的答案。

9. 下述為真或偽？證明你的答案。

10. 以下列方式證明 $x = xy + xy'$：

a) 使用真值表

b) 使用布林恆等式

11. 僅使用布林恆等式中的前七條來證明吸收率。

12. 以下列方式證明 $xz = (x + y)(x + y')(x' + z)$：

a) 使用真值表

b) 使用布林恆等式

13. 以任何方法證明下列式子為真或偽。

$$xz + x'y + y'z' = xz \times y'$$

14. 以布林代數與其恆等式化簡下列函數表示式，並於每一步驟中列出使用的恆等式。

a) $F(x,y,z) = y(x' + (x + y)')$

b) $F(x,y,z) = x'yz + xz$

c) $F(x,y,z) = (x' + y + z')' + xy'z' + yz + xyz$

◆**15.** 以布林代數與其恆等式化簡下列函數表示式，並於每一步驟中列出使用的恆等式。

a) $x(yz + y'z) + xy + x'y + xz$

b) $xyz'' + (y + z)' + x'yz$

c) $z(xy' + z)(x + y')$

16. 以布林代數與其恆等式化簡下列函數表示式，並於每一步驟中列出使用的恆等式。

a) $z(w + x)' + w'xz + wxyz' + wx'yz'$

b) $y'(x'z' + xz) + z(x + y)'$

c) $x(yz' + x)(y' + z)$

17. 以布林代數與其恆等式化簡下列函數表示式，並於每一步驟中列出使用的恆等式。

◆**a)** $x(y + z)(x' + z')$

b) $xy + xyz + xy'z + x'y'z$

c) $xy'z + x(y + z')' + xy'z'$

18. 以布林代數與其恆等式化簡下列函數表示式，並於每一步驟中列出使用的恆等式。

a) $y(xz' + x'z) + y'(xz' + x'z)$

b) $x(y'z + y) + x'(y + z')'$

c) $x[y'z + (y + z')'](x'y + z)$

◆**19.** 使用布林代數基本恆等式證明

$$x(x' + y) = xy$$

***20.** 使用布林代數基本恆等式證明

$$x + x'y = x + y$$

21. 使用布林代數基本恆等式證明

$$xy + x'z + yz = xy + x'z$$

◆**22.** 某布林表示式的真值表如下所示。以積之和形式列出該布林表示式。

x	*y*	*z*	*F*
0	0	0	1
0	0	1	0
0	1	0	1
0	1	1	0
1	0	0	0
1	0	1	1
1	1	0	1
1	1	1	1

23. 某布林表示式的真值表如下所示。以積之和形式列出該布林表示式。

x	*y*	*z*	*F*
0	0	0	1
0	0	1	1
0	1	0	1
0	1	1	0
1	0	0	1
1	0	1	1
1	1	0	0
1	1	1	0

24. 下列布林表示式中何者與其餘均無邏輯等效性？

a) $wx' + wy' + wz$

b) $w + x' + y' + z$

c) $w(x' + y' + z)$

d) $wx'yz' + wx'y' + wy'z' + wz$

◆**25.** 對下列表示式作出其真值表，並以二個積項之和的補式表示之：

$$xy' + x'y + xz + y'z$$

26. 已知布林函數 $F(x,y,z) = x'y + xyz'$

a) 求 F 反函數的代數表示式，以積之和形式表示

b) 證明 $FF' = 0$

c) 證明 $F + F' = 1$

27. 已知函數 $F(x,y,z) = y(x'z + xz') + x(yz + yz')$

a) 列出 F 的真值表

b) 以原來的布林表示式畫出邏輯圖

c) 以布林代數與恆等式化簡表示式

d) 為 c 中答案列出真值表

e) 以化簡的布林表示式畫出邏輯圖

28. 僅以 AND、OR、NOT 閘建構 XOR 電路。

29. 僅以 NAND 閘建構 XOR 電路。

提示：$x \text{ XOR } y = ((x'y)'(xy')')'$

30. 僅以 NAND 閘建構半加器。

31. 僅以 NAND 閘建構全加器。

32. 設計一個以三個輸入 x、y、z 代表二進數字中位元，同時也代表二進數字中位元的三個輸出 (a, b, c)。當輸入為 0、1、6 或 7 時，輸出應為輸入的 01 互換。當輸入為 2、3、4 或 5 時，輸出應為輸入向左旋轉（例如 $3 = 011_2$ 輸出 110；$4 = 100_2$ 輸出 001）。表示真值表、化簡時的所有計算過程與最後的電路。

◆**33.** 畫出直接實作下列布林表示式的組合電路：

$$F(x,y,z) = xyz + (y' + z)$$

34. 畫出直接實作下列布林表示式的組合電路：

$$F(x,y,z) = x + xy + y'z$$

35. 畫出直接實作下列布林表示式的組合電路：

$$F(x,y,z) = (x(y \text{ XOR } z)) + (xz)'$$

◆**36.** 列出表示下列電路的真值表：

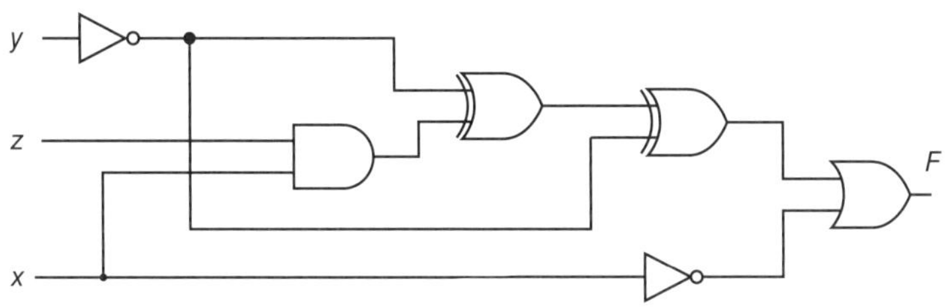

37. 列出表示下列電路的真值表：

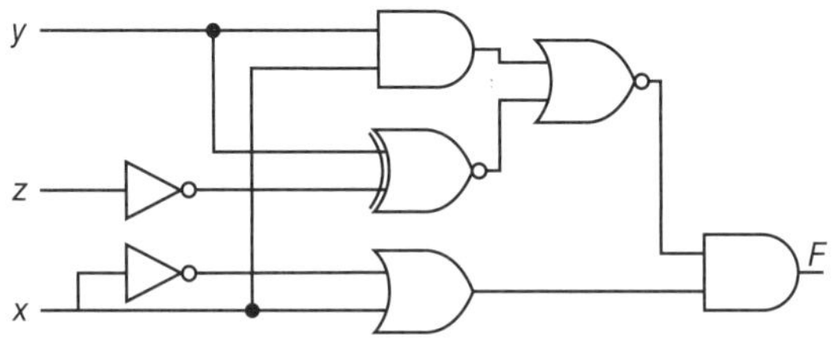

38. 列出表示下列電路的真值表：

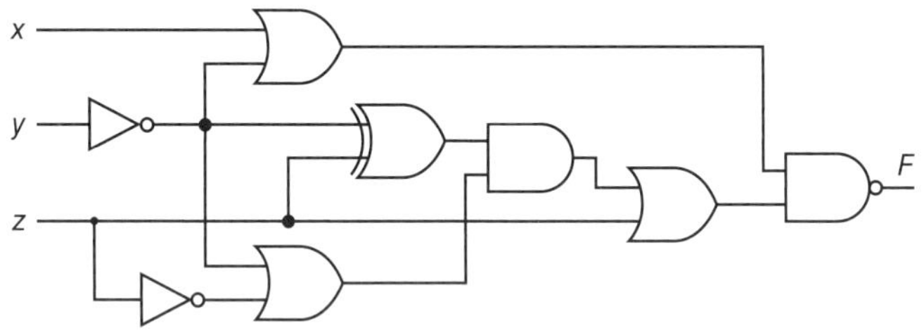

39. 若解碼器有 64 個輸出，則應有輸入若干？

40. 若多工器有 32 個輸入，則應有控制線若干？

41. 分別畫出實作表 3.10 與表 3.11 中同位產生器與同位檢查器的電路。

42. 設有下列對函數 $F_1(x,y,z)$ 與 $F_2(x,y,z)$ 的真值表：

a) 以積之和表示 F_1 與 F_2

b) 化簡各函數

c) 以一個邏輯電路實現上述二函數

x	**y**	**z**	F_1	F_2
0	0	0	1	0
0	0	1	1	0
0	1	0	1	1
0	1	1	0	1
1	0	0	0	0
1	0	1	0	0
1	1	0	0	1
1	1	1	0	1

43. 設有下列對函數 $F_1(w,x,y,z)$ 與 $F_2(w,x,y,z)$ 的真值表：

a) 以積之和表示 F_1 與 F_2

b) 化簡各函數

c) 以一個邏輯電路實現上述二函數

w	*x*	*y*	*z*	F_1	F_2
0	0	0	0	0	0
0	0	0	1	1	1
0	0	1	0	0	0
0	0	1	1	1	1
0	1	0	0	0	0
0	1	0	1	0	0
0	1	1	0	0	0
0	1	1	1	0	0
1	0	0	0	0	0
1	0	0	1	1	0
1	0	1	0	0	0
1	0	1	1	1	0
1	1	0	0	1	1
1	1	0	1	1	1
1	1	1	0	1	1
1	1	1	1	1	1

44. 設計能偵測十進位數編碼成 BCD 時是否有錯誤的電路的真值表（該電路在輸入為六種用不到的 BCD 組合時應輸出一個 1）。

45. 化簡習題 44 中的函數並畫出其邏輯圖。

46. 說明下述各種電路如何工作並指出其典型輸入與輸出。同時對每一個電路畫出仔細標示的「黑盒子」圖。

a) 解碼器

b) 多工器

47. 小蘇西想訓練她的新小狗。她想知道什麼時候應該以狗餅乾獎賞小狗。她已確知下面事項：

1. 在小狗坐下、搖尾而不吠時給牠一塊餅乾

2. 在小狗吠、搖尾而不坐下時給牠一塊餅乾

3. 在小狗坐下、而不搖尾或吠時給牠一塊餅乾

4. 在小狗坐下、搖尾與吠時給牠一塊餅乾

5. 否則不給小狗獎賞。

使用下述變數：

S：坐下（0 表不是坐下；1 表坐下）

W：搖尾（0 表不是搖尾；1 表搖尾）

B：吠（0 表不是吠；1 表吠）

F：給餅乾函數（0 表不給小狗餅乾；1 表給小狗餅乾）

建構該真值表並找出最簡的布林函數來實作邏輯告知蘇西什麼時候給她的小狗餅乾。

48. Tyrone Shoelaces 投入了大量金錢於股市中並且不相信隨便的人給他的買賣資訊。在買任何股票前，他一定會向三個來源打探消息：他的第一個來源是 Pain Webster，一位有名的股票經紀人；第二個來源是 Meg A. Cash，一位在股市中白手起家的百萬富翁；第三個來源是 Madame LaZora，一位世界知名的靈媒。在數個月接受他們的忠告之後，他得到下列結論：

a) 若 Pain 與 Meg 都說買而靈媒說不買，則買

b) 若靈媒說買則買

c) 其餘情況皆不買

建構該真值表並找出最簡的布林函數來實作邏輯告知 Tyrone 何時該買。

◆***49.** 一間很小的公司僱用你來裝設安全系統。你安裝的系統廠牌是根據進出公司內某些區域的感應卡上編碼的位元數來定價。當然這間小公司想要使用最少的位元數（動支最少的費用）並且同時符合所有的安全需求。你要做的第一件事是決定每張卡需要多少個位元。接著你需要對每個讀卡機編程來讓它們對每一張掃描到的卡做適當的反應。

這家公司有四種身分的雇員以及五個他們希望對某些雇員限制出入的區域。雇員的身分與公司的限制如下：

a) 大老闆需要進出主管休息室與主管洗手間

b) 大老闆的秘書需要進出儲藏間、雇員休息室與主管休息室

c) 計算機室雇員需要進出伺服器間與雇員休息室

d) 工友需要進出工作場所任何區域

判斷每一種雇員應該怎麼樣在他們的卡片上編碼，並對五個限制區域的讀卡機繪製邏輯圖。

◆**50.** 完成下列循序電路的真值表：

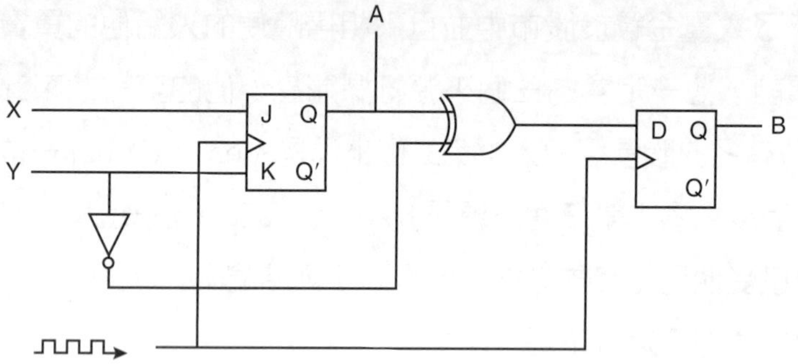

			下一狀態	
X	**Y**	**A**	**A**	**B**
0	0	0		
0	0	1		
0	1	0		
0	1	1		
1	0	0		
1	0	1		
1	1	0		
1	1	1		

51. 完成下列循序電路的真值表：

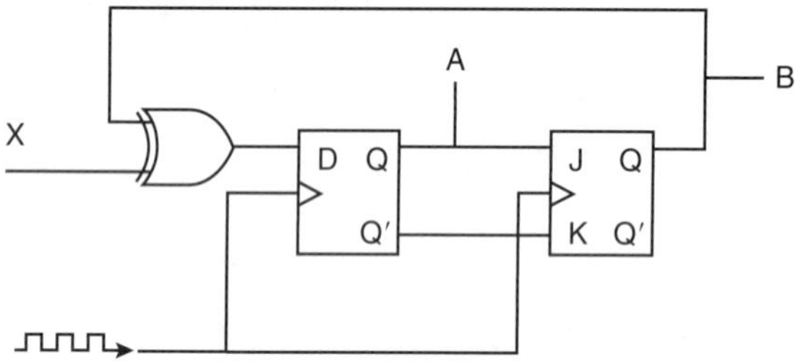

			下一狀態	
A	**B**	**X**	**A**	**B**
0	0	0		
0	0	1		
0	1	0		
0	1	1		
1	0	0		
1	0	1		
1	1	0		
1	1	1		

52. 完成下列循序電路的真值表：

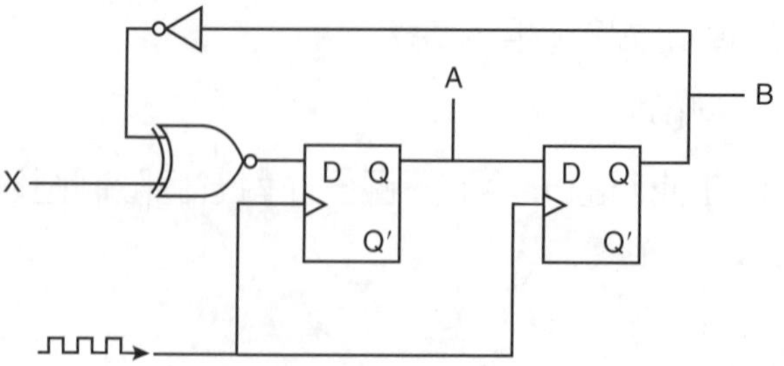

			下一狀態	
A	**B**	**X**	**A**	**B**
0	0	0		
0	0	1		
0	1	0		
0	1	1		
1	0	0		
1	0	1		
1	1	0		
1	1	1		

53. 完成下列循序電路的真值表：

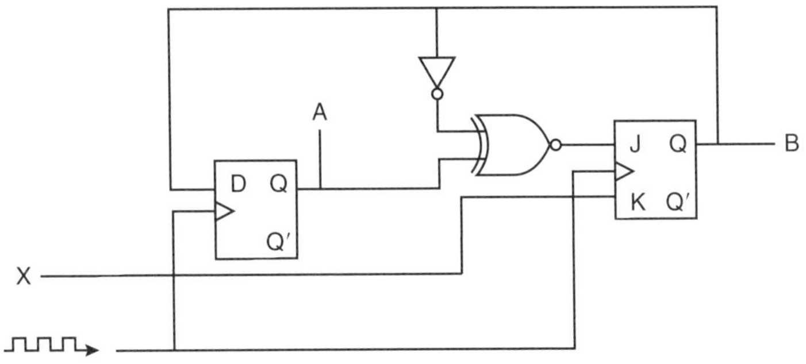

			下一狀態	
A	***B***	***X***	**A**	**B**
0	0	0		
0	0	1		
0	1	0		
0	1	1		
1	0	0		
1	0	1		
1	1	0		
1	1	1		

◆**54.** 完成下列循序電路的真值表：

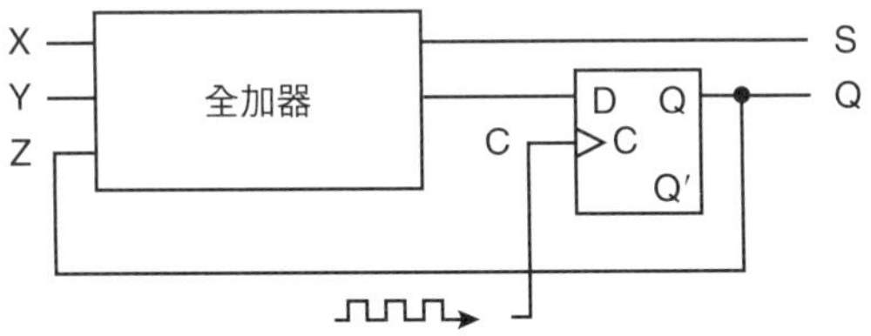

			下一狀態	
X	***Y***	***Z***	***S***	***Q***
0	0	0		
0	0	1		
0	1	0		
0	1	1		
1	0	0		
1	0	1		
1	1	0		
1	1	1		

55. 循序電路中有一個正反器；兩個輸入 *X* 與 *Y*；及一個輸出 *S*。在表中填入下個狀態與輸出欄位來完成這個循序電路的真值表。

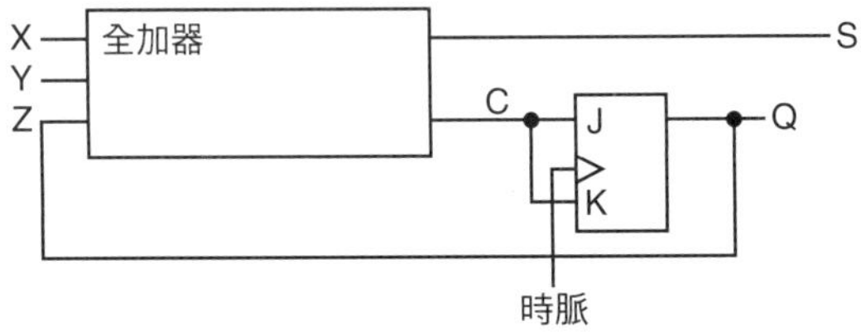

目前狀態 ***Q(t)***	輸入 ***X***	***Y***	下一狀態 ***Q(t+1)***	輸出 ***S***
0	0	0		
0	0	1		
0	1	0		
0	1	1		
1	0	0		
1	0	1		
1	1	0		
1	1	1		

56. 真或偽：當 JK 正反器由 SR 正反器構成時，$S = JQ'$ 且 $R = KQ$。

◆***57.** 研究下列電路的動作。假設初始狀態是 0000。追蹤時脈跳動時的輸出（即各 Q 值）並判斷電路的功能。答案中需表示追蹤到的輸出。

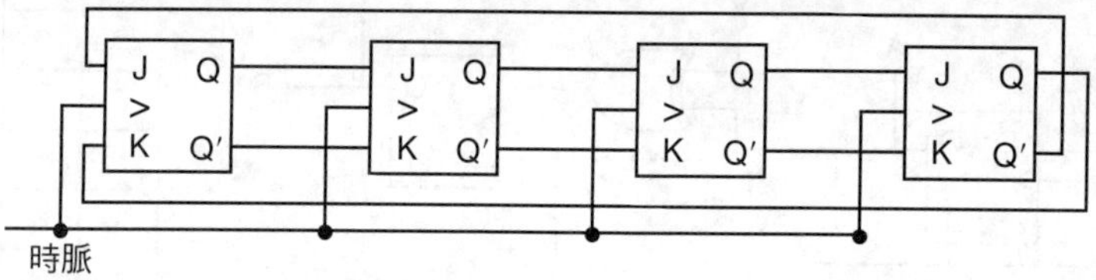

58. Null-Lobur（按：本書二位作者）正反器（NL 正反器）行為如下：若 $N = 0$，正反器不改變狀態。若 N = 1，正反器的下一狀態等於 L。

a) 推導 NL 正反器的特性表。

b) 表示 SR 正反器如何能加上邏輯閘來成為 NL 正反器（提示：當 $N = 1$ 時 S 與 R 的值應為何方可設定或重置正反器？當 N = 0 時如何防止正反器變化？）。

***59.** Mux-Not 正反器（MN 正反器）行為如下：若 $M = 1$，正反器反轉目前狀態。若 $M = 0$，正反器的下一狀態等於 N。

a) 推導正反器的特性表

b) 表示 JK 正反器如何能加上邏輯閘來成為 MN 正反器

60. 列出從圖 3.32 所示 4 × 3 記憶體電路中讀出一個字組的所需步驟。

61. 建構能將輸入反轉的摩爾與米利機器。

62. 建構以模數 5 計數的摩爾機器。

63. 分別以摩爾與米利機器建構同位檢查器。

64. 利用「兩個 FSMs 若且唯若對相同的輸入位元串列產出相同的輸出，則它們等效」的輔助定理，證明摩爾與米利機器等效。

65. 利用本章中描述的捲積碼與維特比演算法，假設編碼器與解碼器總是由狀態 0 開始，判斷下列事項：

a) 對輸入 10010110 產出的輸出串列

b) 在讀入 a 部分的序列後編碼器處於何種狀態中？

c) 在串列 11 01 10 11 11 11 10 中哪一個位元有誤？串列可能的值為何？

66. 重複第 65 題來判斷下列事項：

a) 對輸入 00101101 產出的輸出串列

b) 在讀入 a 部分的序列後編碼器處於何種狀態中？

c) 在串列 00 01 10 11 00 11 00 中哪一個位元有誤？串列可能的值為何？

67. 重複第 65 題來判斷下列事項：

a) 對輸入 10101010 產出的輸出串列

b) 在讀入 a 部分的序列後編碼器處於何種狀態中？

c) 在串列 11 10 01 00 00 11 01 中哪一個位元有誤？串列可能的值為何？

68. 重複第 65 題來判斷下列事項：

a) 對輸入 01000111 產出的輸出串列

b) 在讀入 a 部分的序列後編碼器處於何種狀態中？

c) 在串列 11 01 10 11 01 00 01 中哪一個位元有誤？串列可能的值為何？

專論卡諾圖 (Karnaugh Maps)

3A.1 緒論

本章中，我們專注在布林表示式和它們與數位電路的關係。對這些電路作最簡化有助於減少實際製作中的電路組件。使用較少組件可以讓這些電路運作得更快（按：以及更廉價、更輕巧、更省電也更可靠）。

化簡布林表示式可以透過布林恆等式的使用；不過使用恆等式時因為沒有如何以及何時引用它們的明確規則而相當困難，也沒有一套清楚定義的步驟可供遵循。在某方面化簡布林表示式非常像是在做一個證明：你清楚自己的方向是對的，但是要到達目的地有時會令人洩氣且耗時。在這個專論的章節中，我們介紹一個化簡布林表示式的系統化方法。

3A.2 卡諾圖與術語的說明

卡諾圖 (Karnaugh maps, Kmaps) 是表示布林函數的圖形方式。這種圖就是一個根據不同數目的輸入羅列布林表示式中所有可能值的表。圖中的列與行對應函數輸入的可能值的組合。每一格代表函數對這些可能輸入的對應輸出。

如果一個積項包含所有的變數，不論其是否為補數形態，則這個積項稱為**最小項** (minterm)。例如，若有二個輸入變數 x 與 y，則最小項有四：$x'y'$、$x'y$、xy' 與 xy，代表了函數所有可能的輸入組合。若輸入變數是 x、y 與 z，則最小項有八：$x'y'z'$、$x'y'z$、$x'yz'$、$x'yz$、$xy'z'$、$xy'z$、xyz' 與 xyz。

例如，考慮布林函數 $F(x,y) = xy + x'y$。x、y 的可能輸入表於圖 3A.1 中。最小項 $x'y'$ 代表輸入情形 (0, 0)。類似地，最小項 $x'y$ 代表 (0, 1)，最小項 xy' 代表 (1, 0)，而 xy 代表 (1, 1)。

三個變數的所有最小項以及它們代表的輸入值組合表示於圖 3A.2 中。

最小項	*x*	*y*
$x'y'$	0	0
$x'y$	0	1
xy'	1	0
xy	1	1

圖 3A.1 兩個變數的最小項

最小項	*x*	*y*	*z*
$x'y'z'$	0	0	0
$x'y'z$	0	0	1
$x'yz'$	0	1	0
$x'yz$	0	1	1
$xy'z'$	1	0	0
$xy'z$	1	0	1
xyz'	1	1	0
xyz	1	1	1

圖 3A.2 三個變數的最小項

卡諾圖是對每一最小項有一格子的表，也就是對函數真值表中的每一行都有一個格子。看看範例 3A.1 中的函數 $F(x,y) = xy$ 與其真值表。

範例 3A.1 $F(x,y) = xy$

x	*y*	*xy*
0	0	0
0	1	0
1	0	0
1	1	1

對應的卡諾圖是

x \ *y*	0	1
0	0	0
1	0	1

注意：圖中唯一有值為 1 的格子對應於 $x = 1$ 與 $y = 1$，亦即 $xy = 1$。再看另一例子 $F(x,y) = x + y$。

範例 3A.2 $F(x,y) = x + y$

x	*y*	*x + y*
0	0	0
0	1	1
1	0	1
1	1	1

x \ *y*	0	1
0	0	1
1	1	1

範例 3A.2 中有三個最小項的值為 1，恰好是那些輸入造成函數輸出為 1 的最小項。要在卡諾圖中填入 1，只需在真值表中找出對應的 1 來填入。函數 $F(x,y) = x + y$ 可表為所有最小項的值為 1 的邏輯 OR。因此 $F(x,y)$ 可表為表示式 $x'y + xy' + xy$。顯然這表示式並未最簡化（已知函數即 $x + y$）。我們可利用布林恆等式來作最簡化。

$$
\begin{aligned}
F(x,y) &= x'y + xy' + xy \\
&= x'y + xy + xy' + xy \qquad \text{（記得，} xy + xy = xy\text{）} \\
&= y(x' + x) + x(y' + y) \\
&= y + x \\
&= x + y
\end{aligned}
$$

我們怎麼知道要加上額外的 xy 項？利用布林恆等式的代數化簡可能不容易，這時卡諾圖也許會有幫助。

3A.3 二個變數的卡諾圖化簡

在之前化簡函數 $F(x,y)$ 時，目的是集合項次來提出變數。我們加入 xy 來與 $x'y$ 配對，如此可提出 y，留下 $x' + x$，而這個即等於 1。不過在卡諾圖化簡中則不需考量要加入哪些項次以及使用哪條布林恆等式；圖形會幫我們處理。

再透過圖 3A.3 看看 $F(x,y) = x + y$ 的卡諾圖。在利用這個圖來化簡布林函數時，僅需圈選出一組組的 1。圈選的方式與我們使用布林恆等式化簡時集合項次的作法很類似，不過這時需遵守一些特定的規則。第一、只圈選 1 形成的組。第二、只能將同列或（按：應為「以及」）同行、但不是在對角線上的 1（亦即這些 1 必須在相鄰的格子中）圈選在同一組中。第三、只在 1 的總數是

x \ y	0	1
0	0	1
1	1	1

圖 3A.3 $F(x,y) = x+y$ 的卡諾圖

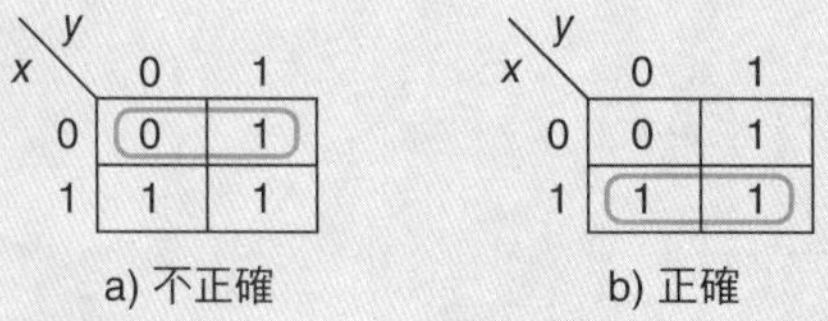

圖 3A.4 群組中只能包含 1

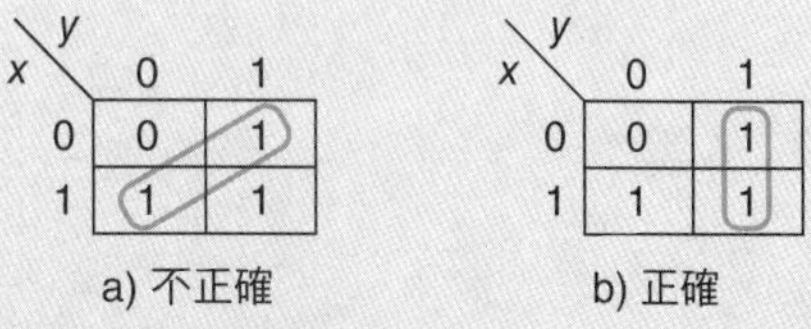

圖 3A.5 群組的形狀不可以是對角方向的

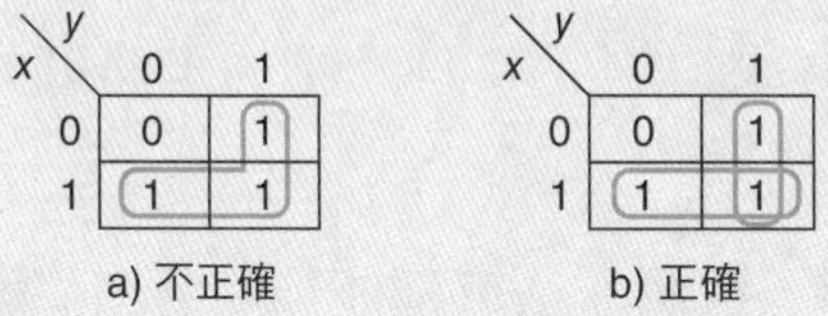

圖 3A.6 群組的大小必須是 2 的次方

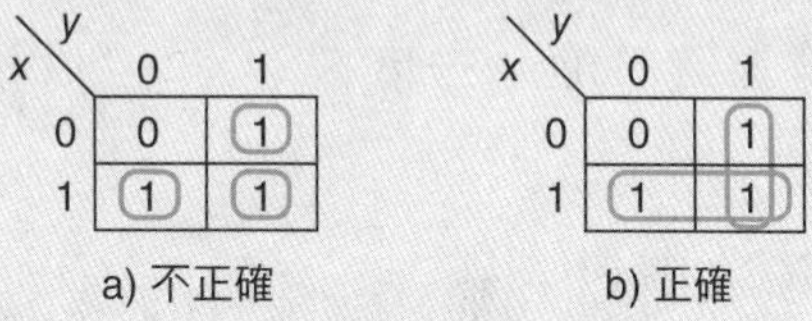

圖 3A.7 群組必須要盡量大

2 的次方時才能圈選。第四條規則指出圈選的組必須盡量地大。第五、也是最後一條規則，是所有 1 都需被圈選過（即使有些 1 在僅有一個 1 的組中）。讓我們檢視一些允許與不允許的圈選，如圖 3A.4 至圖 3A.7 所示。

注意：在圖 3A.6b 與圖 3A.7b 中有一個 1 分屬兩個組。這個等同於我們利用恆等式化簡時在布林函數中加入額外 xy 項，是在卡諾圖中的等效作法：圖中的 xy 項在化簡過程中被利用了兩次。

使用卡諾圖化簡時，首先根據上述規則圈選出各組。找出所有的組後，檢查所有的組來消去每一個組中出現過不同形式的變數。例如，圖 3A.7b 表示 $F(x,y) = x + y$ 的正確圈選結果。首先看看第二列（即 $x = 1$）中表示的組：兩個最小項是 xy' 與 xy，這個組代表該二項的邏輯 OR，$xy' + xy$；該二項中的 y 形式不同，故可消去 y，只留下 x（若使用布林恆等式化簡，也會得到相同的結果。卡諾圖讓我們簡捷且自然地消去恰當的變數）。第二組代表的是 $x'y + xy$。該二項中 x 的形式不同，故可消去 x，只留下 y。將第一組與第二組的化簡結果作 OR，得到 $x + y$，即為原先函數 F 的恰當化簡。

3A.4 三個變數的卡諾圖化簡

卡諾圖可應用於多於兩個變數的表示式。在這個專論章節中，我們說明三

x \ yz	00	01	11	10
0	$X'Y'Z'$	$X'Y'Z$	$X'YZ$	$X'YZ'$
1	$XY'Z'$	$XY'Z$	XYZ	XYZ'

圖 3A.8 三個變數的最小項與卡諾圖

個與四個變數的卡諾圖。這種方式可以延伸來處理五個或更多變數的情形。請參閱本章「進一步閱讀」中的 Maxfield (1995) 來得到完整且易讀的卡諾圖知識。

已知如何建構兩個變數的表示式的卡諾圖。這個作法可延伸到涵蓋三個變數，如圖 3A.8 所示。注意到第一個不同出現在兩個變數 y 與 z 被放置在圖表中同一側。第二個不同是行的編號不是順序的。行的編號不是（一般的漸增二進數）00、01、10、11，而是標註成 00、01、11、10。卡諾圖中輸入的值必須要安排成每個最小項與其鄰近項都僅有一個變數（的形式）不同：使用這種順序（例如 01 之後是 11），對應的最小項 $x'y'z$ 與 $x'yz$ 中僅變數 y 不同。記得，化簡時，要消去的是形式不同的那些個變數，因此我們必須確保每一組二個最小項中僅有一變數形式不同。

在之前二個變數範例中找出的最大組包含的 1 數目是 2。組的大小可以是 4 甚至 8，端視函數而定。以下檢視對三個變數的表示式幾個圖形化簡的範例。

範例 3A.3 $F(x,y,z) = x'y'z + x'yz + xy'z + xyz$

x \ yz	00	01	11	10
0	0	1	1	0
1	0	1	1	0

再次依據形成組的規則：可形成兩個 1 一組的方式有好幾種，不過規則要求我們必須形成最大的大小是 2 的次方的組。有一組的大小是 4，因此我們形成下列的組：

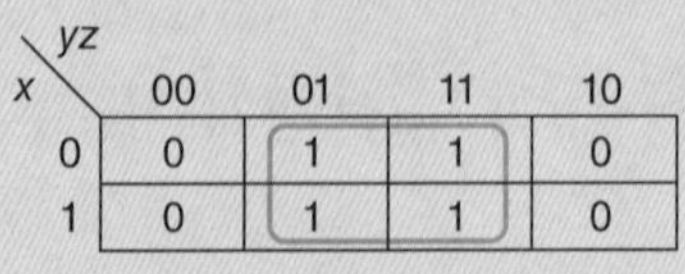

作出額外的兩個最小項一組是沒有必要的；組數越少，結果中的項數越少。記得我們要簡化表示式，而所有需要做的是保證每一個 1 都包含於某個組中。

當我們有四個 1 的一組時，應該如何作簡化呢？兩個 1 在一組中可以消去一個變數；四個 1 在一組中則可以消去二個變數：在四個項中形式都不同的那兩個變數。在上例大小為四的組中，包含下列各最小項：$x'y'z$、$x'yz$、$xy'z$ 與 xyz，這些項同樣都有 z，但 x、y 的形式各不相同，因此可消去 x 與 y，只留下 $F(x,y,z) = z$ 作為最後化簡的結果。要瞭解這個為何與布林恆等式化簡相同，可試求使用恆等式的化簡結果。注意：該函數原先是以輸出為 1 的最小項的邏輯 OR 表示。

$$
\begin{aligned}
F(x,y,z) &= x'y'z + x'yz + xy'z + xyz \\
&= x'(y'z + yz) + x(y'z + yz) \\
&= (x' + x)(y'z + yz) \\
&= y'z + yz \\
&= (y' + y)z \\
&= z
\end{aligned}
$$

使用布林恆等式化簡的最終結果與使用圖形化簡的結果完全相同。

有時圈選組的過程可能有點困難。下面是一個需要多些仔細觀察的範例。

範例 3A.4 $F(x,y,z) = x'y'z' + x'y'z + x'yz + x'yz' + xy'z' + xyz'$

x \ yz	00	01	11	10
0	1	1	1	1
1	1	0	0	1

兩個原因使得這個問題困難：有重疊的組，以及有「繞回來」的組。在最左側第一行中的兩個 1 可以與最右側最後一行的兩個 1 放在一起，因為第一與最後一行在邏輯上是相鄰的（可將圖看成是畫在一個圓柱面上）。卡諾圖中第一與最後一列在邏輯上也是相鄰的，這點在我們看到下一節中四個變數的圖時就很清楚了。

恰當的圈選組的方式如下：

x \ yz	00	01	11	10
0	1	1	1	1
1	1	0	0	1

第一組化簡成 x（這是組中四項唯一共有的變數），而第二組化簡成 z，故最終的最簡函數是 $F(x,y,z) = x' + z$。

範例 3A.5 設有內容全為 1 的卡諾圖：

x \ yz	00	01	11	10
0	1	1	1	1
1	1	1	1	1

可找到的最大一組 1 是八個一組，且可將所有 1 放入同一組中。如何簡化這個布林函數？就照著我們遵循的規則來作吧：記得，兩個一組可以讓我們消去一個變數，四個一組則可以讓我們消去兩個變數；因此八個一組應該可以讓我們消去三個變數。但是我們也只有三個！若消去所有變數，就剩下 $F(x,y,z) = 1$。檢視該函數的真值表，可知我們真的有了一個正確的化簡。

3A.5 四個變數的卡諾圖化簡

我們現在繼續探討四個變數的圖形化簡技術。四個變數會有 16 個最小項，如圖 3A.9 所示。注意 01 之後是 11、11 之後跟著是 10 的特殊順序對列與行都是如此。

範例 3A.6 說明對四個變數的函數的表示法與化簡。我們只針對為 1 的項作化簡，因此並不在圖中輸入 0。

wx \ yz	00	01	11	10
00	W′X′Y′Z′	W′X′Y′Z	W′X′YZ	W′X′YZ′
01	W′XY′Z′	W′XY′Z	W′XYZ	W′XYZ′
11	WXY′Z′	WXY′Z	WXYZ	WXYZ′
10	WX′Y′Z′	WX′Y′Z	WX′YZ	WX′YZ′

圖 3A.9 四個變數的最小項與卡諾圖

範例 3A.6 $F(\mathrm{w},x,y,z) = w'x'y'z' + w'x'y'z + w'x'yz' + w'xyz' + wx'y'z' + wx'y'z + wx'yz'$

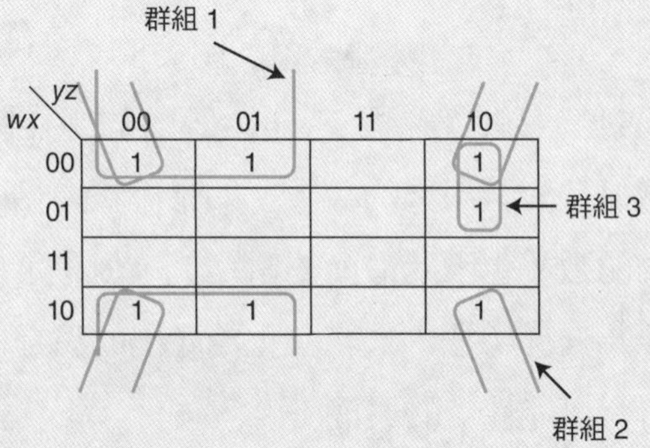

組 1 是個「繞回」的組，如前述及。組 3 不難辨認。組 2 是最極端的繞回的組：它包含在四個角落的 1。記得，這四個角落在邏輯上是相鄰的。最後的結果是 F 簡化為這三個組代表的三個項：代表組 1 的 $x'y'$、組 2 的 $x'z'$ 與組 3 的 $w'yz'$。於是 F 最後化簡成 $F(w,x,y,z) = x'y' + x'z' + w'yz'$。

在圖形化簡中往往需要做選擇。考慮範例 3A.7。

範例 3A.7 選組時的選擇

wx \ yz	00	01	11	10
00	1		1	
01	1		1	1
11	1			
10	1			

第一行明確地應該被圈成一組。另外 $w'x'yz$ 與 $w'xyz$ 兩項也該成為一組。不過如何對 $w'xyz'$ 項組成組則有選擇：它可與 $w'xyz$ 或 $w'xy'z'$（以繞回的方式）成為一組。兩種解答如下所示：

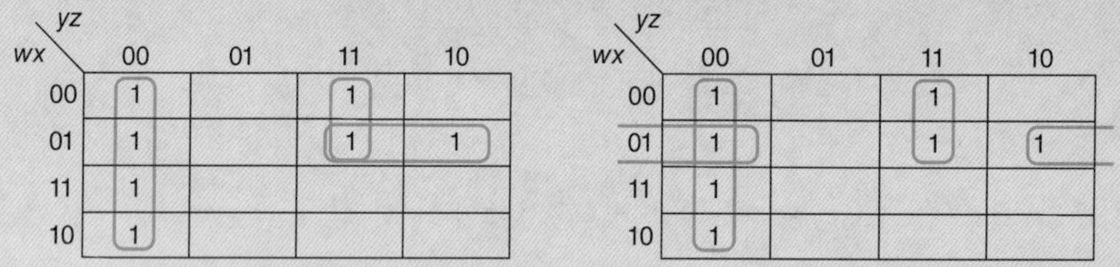

第一張圖簡化成 $F(w,x,y,z) = F_1 = y'z' + w'yz + w'xy$，第二張圖則簡化成 $F(w,x,y,z) = F_2 = y'z' + w'yz + w'xz'$，兩者的最後一項並不相同，而 F_1 與 F_2 卻等效。以真值表確認 F_1 與 F_2 是否等效的工作將留給讀者。它們二者都有相同的項數以及變數出現的次數。如果確實遵循前述規則，卡諾圖簡化法會產出最簡的函數（也因此最簡的電路），但是這些最簡的函數在表示的形式上並不需要為唯一（按：卡諾圖化簡產出的只是二階邏輯中最簡的形式，但是並不是所有可能性中的最簡）。

在進入下一節之前，再次列出卡諾圖化簡的規則：

1. 各組只能包含 1，不能包含 0（按：或反之亦可，則得到的化簡結果會是和之積的形式）。
2. 只有相鄰的格子中的 1 可以被圈成組；對角線的圈法不受允許。
3. 一組中 1 個數量必須為 2 的次方個。
4. 在遵循其他規則的條件下，各組的大小一定要盡可能地大。
5. 所有的 1 一定要屬於一個組，即便這個組的大小是 1。
6. 組與組之間有重疊是允許的。
7. 繞回是允許的（按：應該說是正常的並請注意不要忽略了它們）。
8. 盡可能以最少量的組來涵蓋所有的 1。

遵循這些規則，讓我們再來完成一個四變數函數的範例：範例 3A.8 中包含了多次不同規則的運用。

範例 3A.8 $F(w,x,y,z) = w'x'y'z' + w'x'yz + w'xy'z + w'xyz + wxy'z + wxyz + wx'yz + wx'yz'$

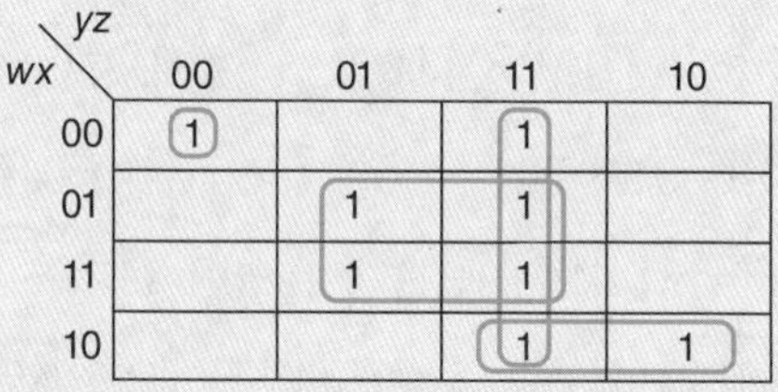

在此例中，有一組只包含一個 1。注意遵循這些規則之下這個項次無法與其他的項形成一組。卡諾圖代表的這個函數於是化簡為 $F(w,x,y,z) = yz + xz + w'x'y'z' + wx'y$。

即使函數不是以最小項的和的形式呈現，仍可利用卡諾圖來幫助最簡化該函數。不過可能要先經過類似化簡的相反動作來建立卡諾圖之後才能開始化簡。範例 3A.9 說明這樣的過程。

範例 3A.9 有關非以最小項之和表示的函數

已知函數 $F(w,x,y,z) = w'xy + w'x'yz + w'x'yz'$。最後二項為最小項，因此我們可輕易將對應的 1 置入卡諾圖恰當格子中。然而項次 $w'xy$ 並非最小項。假設這個項是之前曾於卡諾圖中圈組所得的結果。項次中被捨棄的變數是 z，表示該項等效於 $w'xyz' + w'xyz$。因為這二項已是最小項的形式，於是可應用這二項於卡諾圖中。則可得下列卡諾圖：

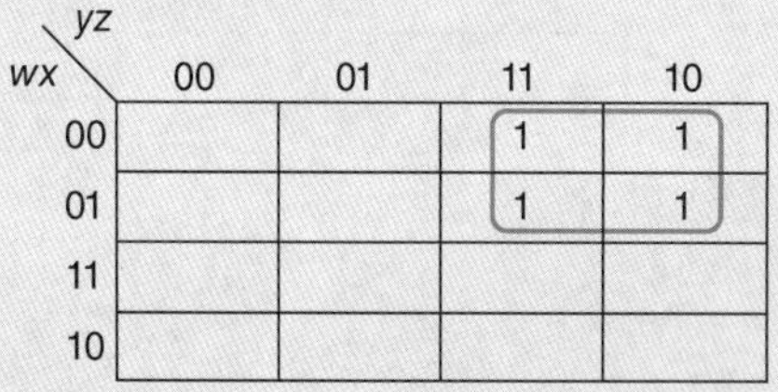

由是可知函數 $F(w,x,y,z) = w'xy + w'x'yz + w'x'yz'$ 可簡化成 $F(w,x,y,z) = w'y$。

3A.6 無所謂的情況

在有些情況下函數可能不會被完整規範，意思是該函數並未對有些輸入條件作定義。例如，思考具四個輸入且能以二進制由 0 至 10 計數的函數。使用到的位元組合是 0000、0001、0010、0011、0100、0101、0110、0111、1000、1001 與 1010。不過我們沒有用到 1011、1100、1101、1110 與 1111 這些組合。後面列出的這種輸入是無效的，表示如果以真值表來看，這些輸入對應的輸出應該是 0 或 1 並無所謂。它們根本不應出現在真值表中。

在卡諾圖化簡中我們可以善用這些**無所謂** (don′t care) 的輸入情況：由於它們是無關緊要（而且不應出現）的輸入值，故可任令對應輸出為 0 或 1，端視何者最有助化簡而定。基本的想法是將這些無所謂輸入的對應輸出設成可形成更大的組，或至少不形成額外的組。範例 3A.10 說明這個觀念。

範例 3A.10 無所謂的情況

無所謂的輸出一般是於對應格子中表以「X」。下列卡諾圖表示如何利用這些無所謂的情況幫忙最簡化。我們視第一列中的無所謂值為 1 以助形成大小為四的組。01 與 11 列中的無所謂值則視為 0。如此可將函數化簡為 $F_1(w,x,y,z) = w'x' + yz$。

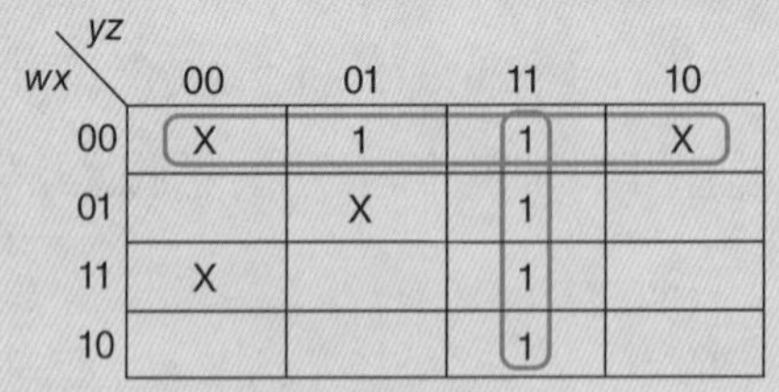

這些 1 另可形成各組如下：

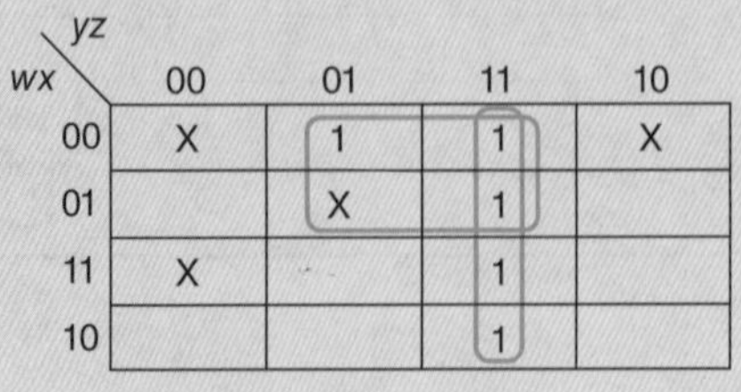

使用這種分組，則得化簡結果 $F_2(w,x,y,z) = w'z + yz$。注意：在這個情況下 F_1 與 F_2 並不相等；不過如果分別作出它們的真值表，則可知它們僅在那些「無所謂」的輸入情況下作不同反應。

3A.7 總結

本節中簡要介紹了卡諾圖與圖形的化簡法。以布林恆等式作化簡並不自然而且可能非常困難。而卡諾圖則指出一套明確的步驟可以遵循來導出函數的最簡（按：的二階的）表示式，以及函數所代表的最簡電路。

習題

1. 對以下各卡諾圖中定義的布林函數求其簡化的表示式：

◆**a)**

x \ yz	00	01	11	10
0	0	1	1	0
1	1	0	0	1

◆**b)**

x \ yz	00	01	11	10
0	0	1	1	1
1	1	0	0	0

c)

x \ yz	00	01	11	10
0	1	1	1	0
1	1	1	1	1

2. 對以下各卡諾圖中定義的布林函數求其簡化的表示式：

a)

x \ yz	00	01	11	10
0	1	1	1	1
1	1	0	0	0

b)

x \ yz	00	01	11	10
0	1	0	0	1
1	1	0	0	0

c)

x \ yz	00	01	11	10
0	1	0	0	1
1	1	0	1	1

3. 對以下各函數求其卡諾圖並簡化之：

a) $F(x,y,z) = x'y'z' + x'yz + x'yz'$

b) $F(x,y,z) = x'y'z' + x'yz' + xy'z' + xyz'$

c) $F(x,y,z) = y'z' + y'z + xyz'$

4. 對以下各卡諾圖中定義的布林函數求其簡化的表示式：

◆**a)**

wx \ yz	00	01	11	10
00	1	0	0	1
01	1	0	0	1
11	0	0	1	0
10	1	0	1	0

◆**b)**

wx \ yz	00	01	11	10
00	1	1	1	1
01	0	0	1	1
11	1	1	1	1
10	1	0	0	1

c)

wx \ yz	00	01	11	10
00	0	1	0	1
01	0	1	1	1
11	1	1	0	0
10	1	1	0	1

5. 對以下各卡諾圖中定義的布林函數求其簡化的表示式（維持在積之和的形式）：

a)

wx \ yz	00	01	11	10
00	1	1	0	1
01	1	1	0	1
11	0	0	0	0
10	1	1	1	1

b)

wx \ yz	00	01	11	10
00	0	1	1	0
01	1	1	1	1
11	0	0	1	1
10	0	1	1	0

c)

wx \ yz	00	01	11	10
00	0	1	0	0
01	1	1	1	1
11	1	1	1	1
10	0	1	0	1

6. 對以下各函數求其卡諾圖並簡化之（維持在積之和的形式）：

◆**a)** $F(w,x,y,z) = w'x'y'z + w'x'yz' + w'xy'z + w'xyz + w'xyz' + wx'y'z' + wx'yz'$

◆**b)** $F(w,x,y,z) = w'x'y'z' + w'x'y'z + wx'y'z + wx'yz' + wx'y'z'$

c) $F(w,x,y,z) = y'z + wy' + w'xy + w'x'yz' + wx'yz'$

7. 對以下各函數求其卡諾圖並簡化之（維持在積之和的形式）：

a) $F(w,x,y,zz) = w'x'y'z + w'x'yz' + w'xy'z + w'xyz + w'xyz' + wxy'z + wxyz + wx'y'z$

b) $F(w,x,y,z) = w'x'y'z' + w'z + w'x'yz' + w'xy'z' + wx'y$

c) $F(w,x,y,z) = w'x'y' + w'xz + wxz + wx'y'z'$

◆**8.** 已知下列卡諾圖，以代數方式（利用布林恆等式）表示四個最小項如何縮減為一項。

x \ yz	00	01	11	10
0	0	1	1	0
1	0	1	1	0

◆**9.** 對以下各卡諾圖中定義的布林函數求其簡化的表示式：

a)

x \ yz	00	01	11	10
0	1	1	0	X
1	1	1	1	1

b)

wx \ yz	00	01	11	10
00	1	1	1	1
01	0	X	1	X
11	0	0	X	0
10	1	0	X	1

10. 對以下各卡諾圖中定義的布林函數求其簡化的表示式：

a)

x \ yz	00	01	11	10
0	X	0	0	1
1	1	1	X	1

b)

wx \ yz	00	01	11	10
00	1	1	1	1
01	X	0	1	X
11	0	0	0	0
10	0	1	X	0

11. 對以下各卡諾圖中定義的布林函數求其簡化的表示式：

a)

x \ yz	00	01	11	10
0	1	X	0	1
1	0	0	1	1

b)

wx \ yz	00	01	11	10
00	0	0	1	0
01	X	0	0	X
11	X	1	0	0
10	1	X	0	0

12. 對以下各真值表中定義的函數求其最簡的布林表示式：

a)

x	*y*	*z*	*F*
0	0	0	X
0	0	1	X
0	1	0	1
0	1	1	0
1	0	0	0
1	0	1	1
1	1	0	0
1	1	1	1

b)

w	*x*	*y*	*z*	*F*
0	0	0	0	0
0	0	0	1	1
0	0	1	0	0
0	0	1	1	0
0	1	0	0	X
0	1	0	1	0
0	1	1	0	X
0	1	1	1	0
1	0	0	0	1
1	0	0	1	X
1	0	1	0	X
1	0	1	1	X
1	1	0	0	X
1	1	0	1	1
1	1	1	0	X
1	1	1	1	X

MARIE：一個簡單計算機的介紹

「當你想以使用工具的方式來做事時，不要讓自己把事情變複雜了。」

——Leonardo da Vinci

4.1 緒論

今天，設計計算機的工作是有充分訓練的計算機工程師的事。在一本像這樣的介紹性教科書（以及一門計算機組織與架構的介紹性課程）中不可能介紹到設計與建造一台像我們現在可以買到已可工作的計算機所有需要的知識。不過在本章中我們先來看看一台非常簡單的稱為 MARIE：a **M**achine **Ar**chitecture that is **R**eally **I**ntuitive and **E**asy 的計算機。我們接著敘述 Intel 與 MIPS 機器，兩個廣受採用且分別反映出 CISC 與 RISC 設計原理的架構的簡要概觀。本章的目的是為了讓你瞭解計算機如何發揮功能。我們因此遵循 Leonardo da Vinci 的提醒，盡量以最簡單的方式介紹架構。

4.2 CPU（中央處理單元）的基礎與組織

由第二章的數據表示法中，我們學到計算機處理的是二進編碼的數據。由第三章中我們也學到記憶體用於儲存數據以及程式（同樣是以二進制的形式表示）。不論如何，程式一定要正確執行、數據也一定要正確處理。**中央處理單元** (central processing unit, CPU) 負責擷取程式指令、解碼擷取到的指令、並對恰當的數據執行應該的一序列運作。要瞭解計算機如何運作，首先需熟悉它們的各種組件，以及組件間如何互動。在介紹下節中的簡單架構前，我們先大致檢視目前計算機在控制層次上顯現的微架構。

所有計算機都有一個內含兩部分的 CPU：第一部分是**數據通道** (datapath)，是以匯流排聯結而交織在一起的儲存單元（暫存器）與算術邏輯單元（用於對數據執行各種運算），其間的時序以時脈訊號控制。第二個 CPU 的部分是負責使運作依序發生並確保恰當數據在恰當時間會處於恰當位置的**控制單元** (control unit)。這兩個組件共同執行 CPU 的工作：擷取指令、解碼指令、最終執行應該的一序列運作。機器的效能直接受到數據通道與控制單元設計的影響，因此我們在以下各小節中詳細討論 CPU 中的這些組件。

4.2.1 暫存器

暫存器在計算機系統中是用以儲存各種不同數據，例如位址、程式計數器以及程式執行所需數據的一些地方。簡言之，**暫存器** (register) 是存放二進數據的硬體裝置。暫存器位於處理器中，因此其中資料可被快速存取。第三章中曾提及 D 正反器可用於製作暫存器。一個 D 正反器等同於一個 1 位元的暫存器，因此儲存多位元數據時需用到多個 D 正反器，例如建構 16 位元的暫存器需要將 16 個 D 正反器連接起來。從第三章中二進計數器的圖可知這些正反器需同時被時脈觸發來工作。暫存器在每一時脈脈衝接受輸入且直至下個時脈脈衝前不得作變化（輸入於是被儲存）。

計算機中的數據處理一般在儲存於暫存器中固定大小的二進字組上進行，因此大部分計算機使用特定大小的暫存器，常見的大小有 16、32 與 64 位元。機器中暫存器的數量隨架構而異，不過一般均為 2 的次方並以 16、32 與 64 個最常見。暫存器內含數據、位址或控制的資訊。有些暫存器被指定作「特定目的」且只存放數據、只存放位址或只存放控制資訊；其他暫存器較通用而可在不同情況下存放數據、位址或控制資訊。

資料可寫入暫存器、由暫存器讀出以及在暫存器間傳遞。暫存器與記憶體的定址方式不同（回想記憶體中每一字組有從 0 開始的一個特定二進位址）。暫存器由控制單元定址及操作。

在現在的計算機系統中有許多形態的特殊化暫存器：儲存資訊者、對數值作移位者、比較數值者與計數者。也有儲存暫時值的「草算 (scratchpad)」暫存器、控制迴圈的索引暫存器、管理堆疊中的資訊處理的堆疊指標暫存器、存放狀態（如滿溢、進位或等於 0 狀態）或運作模式（按：如系統、使用者、或插斷致能）的狀態暫存器，以及程式師可以視需要來使用的一般用途暫存器。多數計算機具有數個暫存器集，每一套集合用於特定用途；例如 Pentium 架構中有一數據暫存器集與一位址暫存器集。某些架構中還含有具備相當新穎用途的一些很大的暫存器集（我們在第九章中介紹進階的架構時會討論這個主題）。

4.2.2 ALU（算術邏輯單元）

算術邏輯單元 (arithmetic logic unit, ALU) 執行程式執行中所需的邏輯運算（如比較二值）與算術運算（如加或乘）。第三章中已介紹一簡單的 ALU 例。ALU 一般具有二個數據輸入與一個數據輸出。在 ALU 中執行的運作往往會影響狀態暫存器中的位元（依據譬如滿溢有否發生等來設定該位元的值）。ALU 受控於控制單元產生的訊號並執行因應的運作。

4.2.3 控制單元

控制單元 (control unit) 是 CPU 中的「警察」或「交管員」，它監控所有指令與資訊傳輸的動作。控制單元由記憶體提取指令、解碼該等指令、確保數據在適當時間處於適當位置、告知 ALU 應使用哪些暫存器、是否發生要求服務的插斷，並啟動恰當的 ALU 線路來執行所需運作。控制單元使用**程式計數器** (program counter) 暫存器來提取要執行的下一道指令，以及狀態暫存器來追蹤滿溢、進位、借位等等。4.13 節會更深入討論控制單元。

4.3 匯流排

CPU 透過匯流排與其他組件通訊。**匯流排** (bus) 是形成用來聯結系統中多個子系統的共用且共通的數據傳輸通道的一組導線。它含有多條線，可供多個位元同時移動。匯流排成本低廉然用途多樣，且易於讓新的裝置彼此連接或連接至系統中。任何時刻僅有一個裝置（可以是一個暫存器、ALU、記憶體或一些其他組件）可使用匯流排；不過這樣的共用易於形成通訊的瓶頸。匯流排的速度受其長度以及共用它的裝置的數量影響。裝置經常被區分成**主動** (master) 與**被動** (slave) 兩類；主動裝置是可發起動作者而被動者是回應主動者請求的裝置。

匯流排可以是連接兩個特定組件的**點對點** (point-to-point) 型（如圖 4.1a 所示）或是連接數個裝置彼此必須共用之的**共通的通道** (common pathway) 型，又

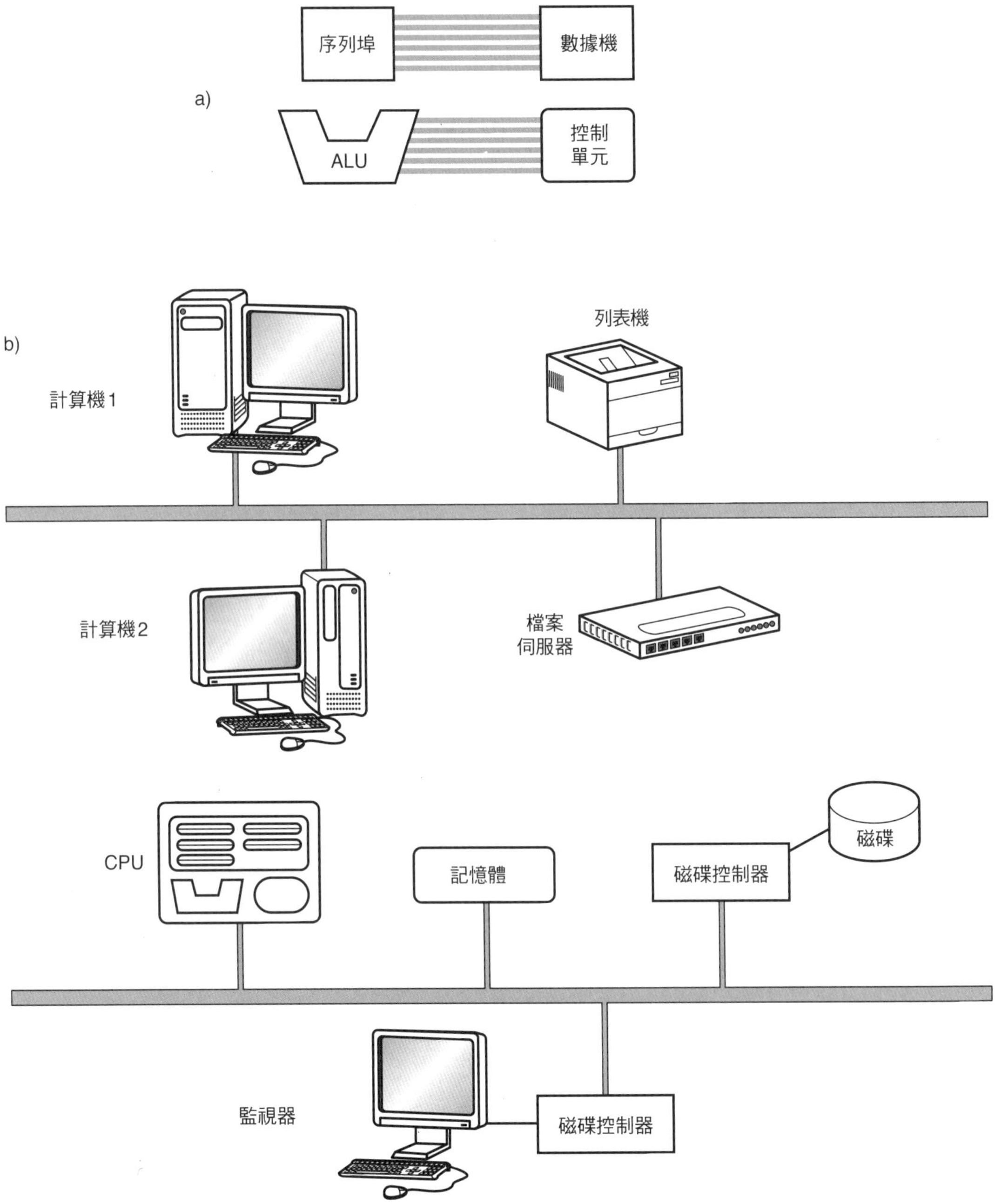

圖 4.1 a) 點對點匯流排；b) 多點匯流排

稱為多點 (multipoint) 匯流排並示於圖 4.1b 中。

在共享的情況中**匯流排協定**（bus protocol，一套使用規則）很重要。圖 4.2 表示典型的包括數據線、位址線、控制線與電源線的匯流排。往往匯流排中專

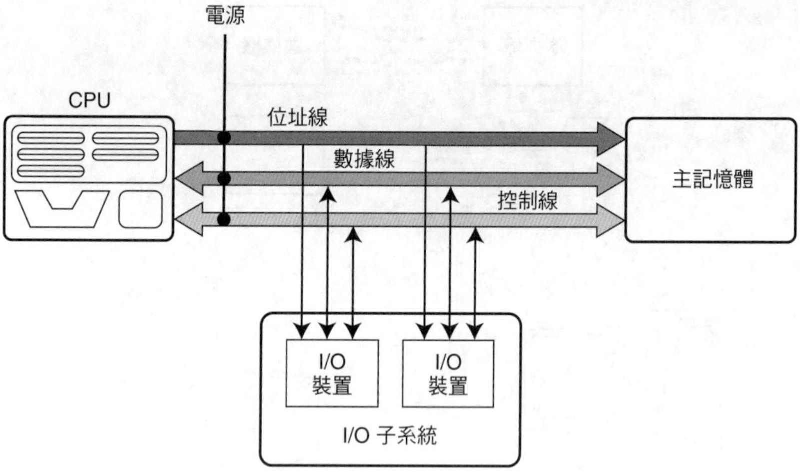

圖 4.2 典型匯流排中的元件

用於傳送數據的線統稱為**數據匯流排** (data bus)。這些數據線上流動的是需要從一處傳送至另一處的真正資訊。各**控制線** (control lines) 指出哪個裝置被允許使用匯流排以及使用的目的（譬如從記憶體或 I/O 設備中讀或寫）。控制線也對要使用匯流排的請求、插斷請求與時脈同步訊號傳送已收悉的回覆。**位址線** (address lines) 指出（譬如在記憶體中的）數據應被讀出或寫入的位置。**電源線** (power lines) 提供所需電力。典型匯流排傳輸過程包括送出（讀或寫的）位址、（讀的情形下）將數據從記憶體傳送至暫存器或（寫的情形下）將數據從暫存器傳送至記憶體。另外，匯流排也可用於對周邊設備作 I/O 讀寫。每一種類型的傳輸都在一個**匯流排週期** (bus cycle)——亦即兩個匯流排時脈滴答間——發生（按：實際上為便於實作，匯流排週期往往被設定為固定時間的，而不同類型的傳輸可能需要不同數目的匯流排週期）。

根據匯流排傳送不同類型的資訊以及使用匯流排的各種設備，匯流排可分為不同類型。**處理器 - 記憶體匯流排** (processor-memory buses) 是短而高速的仔細配合機器內記憶體系統，以求盡可能提高頻寬（指單位時間內能傳送的數據）且多屬特殊設計的匯流排。**I/O 匯流排** (I/O buses) 一般較處理器—記憶體匯流排長，且可配合許多種類的不同頻寬的設備；這類匯流排與許多不同架構可相容。**背板匯流排** (backplane bus)（圖 4.3）真的是做在機器的底板上來連接處理器、I/O 設備與記憶體（因此所有設備共用一條匯流排）。許多計算機中

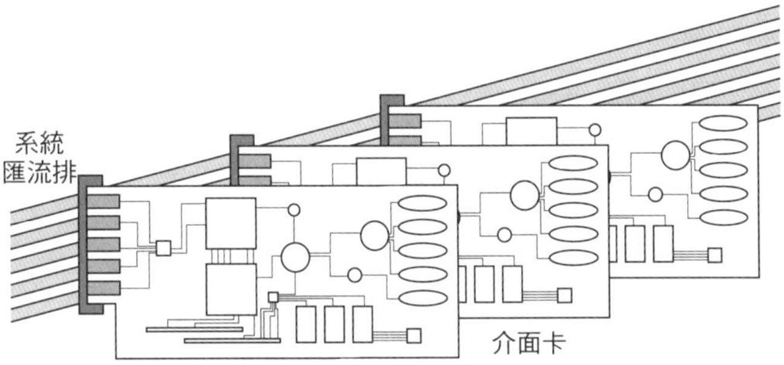

圖 4.3 背板匯流排

具有階層式的匯流排，因此同時有兩條匯流排（例如一條處理器—記憶體匯流排與一條 I/O 匯流排）甚至更多也並非罕見。高效能系統往往使用所有三種匯流排。

談到匯流排時，個人電腦有它們自己的專用術語。它們有一個聯結 CPU、記憶體與所有其他內部組件的內部匯流排（稱為**系統匯流排**，system bus）。外部匯流排（有時稱為**延伸匯流排**，expansion buses）連接外部裝置、周邊、擴充槽與聯結計算機外面其他部分的 I/O 埠。大部分 PCs 也有**區域匯流排** (local buses)，是那些連接周邊裝置到 CPU 的數據匯流排。這些高速匯流排只能用於連接有限數量的類似裝置。擴充匯流排較慢，然而允許更一般性的聯結。第七章會非常深入地討論這些主題。

匯流排實際上只不過是一組電線，不過它們有特定的接頭、時序與訊號規格標準，以及明確的使用協定。**同步匯流排** (synchronous buses) 具有時脈訊號，事件只有在時脈變動時發生（因此一系列的事件受時脈控制），每一個裝置都隨著時脈變動的速率，稱**時脈速率** (clock rate)，而同步。之前提到的匯流排的週期時間是匯流排時脈速率的倒數，例如如果匯流排時脈速率是 133MHz，則匯流排週期的長度是 1/133,000,000 或 7.52 奈秒 (ns)。因為時脈控制各種變化，任何**時脈偏斜** (clock skew)（不同位置上看到的時脈間的漂移）可能會造成問題，表示匯流排必須保持越短越好，以免時脈飄移過大。另外匯流排週期時間一定不可以短於資訊在匯流排上傳遞所需的時間，因此匯流排的長度會造成對匯流排時脈速率以及匯流排週期時間兩者的限制。

在**非同步匯流排** (asynchronous buses) 中，控制訊號協調各項運作，並且需要使用複雜的**握手協定** (handshaking protocol) 來確保時序。舉例來說，要從記憶體讀出一個字組的數據，協定會要求如下的步驟：

1. `ReqREAD`：這條匯流排控制線被致動，同時數據的記憶體位址被放到恰當的匯流排線組上。
2. `ReadyDATA`：這條控制線在記憶體系統已經把所需的數據放上匯流排的一組數據線時被設定。
3. `ACK`：這條控制線是對方用於表示 ReqREAD 或 ReadyDATA 已經被對方知悉。

使用非同步協定而不是時脈來協調變動表示非同步匯流排可以隨技術的不同而作規模上的變化，以及可支援更多類型的裝置。

裝置要使用匯流排時必須先預約它，因為同一時間只有一個裝置可以使用匯流排。如前所述，匯流排上的主動裝置是被允許啟動資訊傳輸的裝置，匯流排上的被動裝置是被主動裝置致動而回應要求來讀或寫數據的模組（因此只有主動裝置可以提出匯流排的預約）。雙方依據通訊協定來使用匯流排，並在非常明確的時序規定下運作。在非常簡單的系統中（如我們將於下節中介紹者）處理器是唯一可能的匯流排主動裝置，這對避免混亂是好的，但是缺點是處理器必須在使用匯流排的每一個過程裡牽涉其中。

在多於一個主動裝置的系統中則需要作匯流排仲裁 (bus arbitration)。匯流排仲裁方法一定要賦予各個主動裝置優先權，同時確保不具最高優先權的設備不至於餓死（表示永久等待下去）。匯流排仲裁方法可分為四大類：

1. **雛菊鏈仲裁** (daisy chain arbitration)：這個方法使用了一條從最高優先權裝置逐漸向最低優先權裝置傳遞下去的「同意授予匯流排」控制線（不具有公平性，而且最低優先權的裝置可能會永遠無法使用匯流排而餓死）。這個方法簡單但不公平。
2. **集中式平行仲裁** (centralized parallel arbitration)：每個裝置在匯流排中有一條請求用的控制線，一個集中式的仲裁器選擇其中哪一個可以使用匯流排。使用這一種仲裁方式可能會有瓶頸形成。

3. **使用自我選擇的分散式仲裁** (distributed arbitration using self-selection)：這方法與集中式仲裁類似，但是並非由集中式管理機構選擇誰能使用匯流排，而是由各裝置自行決定誰有最高的優先權來取得匯流排。
4. **使用碰撞偵測的分散式仲裁** (distributed arbitration using collision detection)：每個裝置都可以請求使用匯流排。如果匯流排偵測到碰撞（多個同時的請求），則各裝置需要再送出請求（乙太網路使用這一種仲裁方式）。

第七章中有更詳細的匯流排與相關協定的資訊。

4.4 時脈

每一部計算機都包含一個控管指令能夠以何種速度執行的內部時脈。時脈訊號也將系統內所有的組件同步。每當時脈訊號變換，它像是節拍器或交響樂團指揮般決定了系統中所有事情發生的步調。CPU 使用這個時脈來查看那些速度被設計成可以配合得上的數位邏輯閘，以控管它的進度。CPU 執行每一道指令都需要用到特定數量的時脈變換，因此指令執行時間往往以**時脈週期數** (clock cycles) 而非多少秒來表示。**時脈頻率** (clock freqency)（亦稱時脈速率或時脈速度）以百萬赫茲 (MHz) 或十億赫茲 (GHz) 為單位，如第一章中所示。**時脈週期時間** (clock cycle time) 或時脈週期不過是時脈頻率的倒數，例如 800MHz 機器的時脈週期是 1/800,000,000 或 1.25ns；若機器的週期時間是 2ns，則其為 500MHz 的機器。

大部分的機器是同步的：具有一個主控且以規律週期滴答運行（週而復始由 0 變 1 再變回 0）的時脈訊號。暫存器必須等時脈訊號變換才能載入新數據。看起來如果我們提高時脈速度，機器就會跑得更快是合理的，不過我們能把時脈週期變得多短是有極限的：當時脈變換、新數據載入暫存器，暫存器的輸出也將更新；改變後的輸出值必須傳遞經過機器中所有的線路直到它們抵達要被儲存於其中的下一批暫存器的輸入為止。時脈週期必須長到足以讓這些發生的改變抵達下一批暫存器；若時脈週期太短，最終有些變化可能還未抵達下一批暫存器，如此可能造成機器中的情況與應該發生的事情不同，這是我們一定要避免的。因此最小的時脈週期時間一定要至少與從各個暫存器輸出到暫存器輸入間線路中最大的傳遞延遲一樣大。如果我們想縮短暫存器間的距離來縮短傳遞延遲的話可以怎麼做呢？我們可以在從暫存器輸出到對應的暫存器輸入這條路徑的中間加入額外的暫存器；但是記得除非時脈變換否則暫存器不能儲存新值，因此我們實際上已經必須使用更多個時脈週期。例如，原來需要兩個時脈週期的指令現在可能需要三或四（或更多，視我們加入的暫存器位置與數量而定）個。

大部分機器指令需要一或兩個時脈週期，然而有些可能用到 35 或更多個。我們以下列式子來說明秒數與週期數的關係：

$$\text{CPU 時間} = \frac{\text{秒數}}{\text{程式}} = \frac{\text{指令數}}{\text{程式}} \times \frac{\text{平均週期數}}{\text{指令}} \times \frac{\text{秒數}}{\text{週期}}$$

注意：機器的架構大大影響其效能。兩個時脈速率相同的機器並不一定以相同週期數執行各指令。例如，乘的運算在較早的 Intel 286 機器上需要 20 個週期，而在新的 Pentium 上可於一個週期中完成，表示即使二者時脈速率相同，新機器也會比 286 快上 20 倍。一般而言，乘較加為耗時，浮點運作較整數者耗時，存取記憶體也較存取暫存器耗時。

通常當我們提到**時脈** (clock)，意思指的是管控 CPU 與其他組件的**系統時脈** (system clock) 或主控時脈。不過有些匯流排也有它們自己的時脈訊號。**匯流排時脈** (bus clock) 通常較 CPU 時脈緩慢，因而易造成瓶頸問題。

系統組件有天生的效能限制，意思是組件在執行它們的功能時有所需的最少時間。製造商保證他們的組件在最極端的情況下也能夠在這種限制內完成工作。當我們將這些組件串列聯結，意思是一個組件必須完成它的工作後另外一個才能恰當運轉，如此則需非常注意這些效能限制才能夠將組件恰當地同步。不過許多人試圖將某些系統組件的限制降低以求提升系統效能；**超頻** (overclocking) 是人們追求這個目標使用的一個方法。

雖然有許多組件都可能適用這個方法，當中最常被拿來超頻的組件是CPU。基本的想法是將 CPU 以超過製造商標示的時脈頻率與／或匯流排速度的上限來運作。雖然這樣做可以提升系統效能，但是一定要小心不要造成系統時序的錯誤或更糟的是 CPU 過熱。系統匯流排也能超頻，這會使得所有透過匯流排作通訊的各種組件都需超頻。對系統匯流排做超頻可以有效提升效能，但是也可能造成使用匯流排的組件損壞或不可靠。

4.5 輸入／輸出 (I/O) 子系統

輸入與輸出設備 (input and output, I/O, devices) 使我們可以與計算機系統通訊。I/O 指的是在主記憶體與各種輸出入周邊裝置間作數據傳遞。輸入裝置如鍵盤、滑鼠、讀卡機、掃描機、語音辨識系統與觸控螢幕讓我們得以對計算機輸入數據。輸出裝置如螢幕、印表機、製圖機與揚聲器讓我們得以從計算機獲得資訊。

這些裝置並不直接連結至 CPU，而是由一個**介面** (interface) 來處理數據的傳輸，該介面將系統匯流排的訊號來回轉換成周邊設備也能瞭解的形式。CPU 經由 I/O 暫存器與這些外部裝置通訊。數據交換的方式有兩種：在**記憶體映射 I/O** (memory-mapped I/O) 中，介面中的暫存器被定址於計算機的記憶體空間中，因此存取記憶體與存取 I/O 設備的方式並無不同；顯然地，從速度的觀點這樣做有好處，但是它會用掉系統中的記憶體空間。而在**根據指令的 I/O** (instruction-based I/O) 中，CPU 使用特殊的指令來進行輸入與輸出；雖然這樣並不會用到記憶體空間，但是它需要特殊的 I/O 指令，表示這種方法只能被可以執行這些特定指令的 CPU 使用。插斷在 I/O 中占有重要的角色，因為它們是通知 CPU 已經可以進行輸入與輸出的有效方式。第七章中將詳細討論這些 I/O 方法。

4.6 記憶體組織與定址

第三章中曾出現過一個相當小的記憶體的例子。本章中我們繼續採用非常小的記憶體（小到任何人都會覺得它們在任何計算裝置中都小得荒唐的地步）。不過小的記憶體可以使用容易處理的小的位址，然而本章中討論的原則對小或大的記憶體都同樣適用。這些原則包括記憶體如何組成以及它如何被定址。在繼續其他的學習前，清楚暸解這些觀念非常重要。

記憶體可視為位元所組成的矩陣。每一列如同一個暫存器，其長度一般就代表機器中可定址單元的大小。每一個暫存器（更常被稱為一個**記憶體位置**，momory location）有特定的位址；記憶體位址通常由 0 開始往上排列。圖 4.4 表示這個觀念。

位址一般以無號整數表示。回憶在第二章中 4 個位元是一個 4 位元組而 8 個位元是一個位元組。通常記憶體是**以位元組為可定址單位**（稱 byte addressable），表示每一個位元組都有一個位址。有些機器可能使用大於一個位元組的記憶體字組大小，例如計算機可能處理 32 位元的字組（這表示它的各種指令可以同時處理 32 個位元以及它使用 32 位元的暫存器）但是仍舊採用位元組可定址的記憶體架構。在這情形下，當一個字組內含多個位元組時，最低位址的位元組決定了整個字組的位址。也可能計算機是**以字組為可定址單位** (word addressable)，表示每個字組（不必然是每個位元組）有它自己的位址，但是絕大部分現在的機器都採用位元組定址（即便它們有 32 位元或更大的字組大小）。一個記憶體位址通常儲存於一個機器字組內。

如果上述這些機器使用位元組定址而且字組的大小又不一樣的說明讓你困

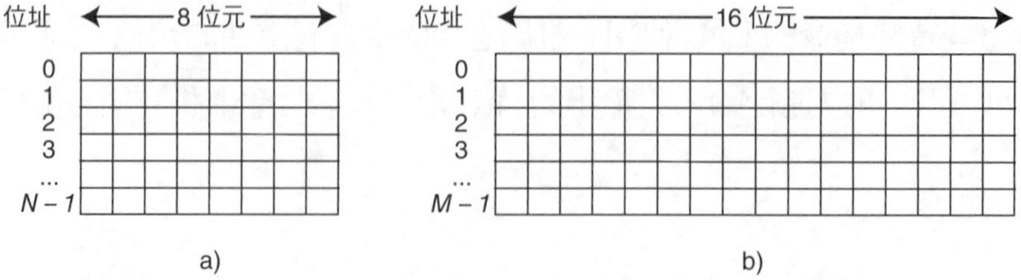

圖 4.4 a) N 個 8 位元記憶體的位置；b) M 個 16 位元記憶體的位置

惑，下述的比擬可能會有幫助。記憶體像是一條蓋滿了公寓建築物的街道，每一棟建築物（字組）有多間公寓（位元組），而且每一間公寓有它自己的地址；所有的公寓都從 0 到整個設施的公寓數減 1 循序編號（定址）（按：公寓中的各個房間等於位元組中的各個位元）。建築物將許多公寓置於其中（按：如同字組中有許多位元組）。在計算機中字組也做同樣的事。在許多種指令中，字組是大小的基本單位，例如即使在位元組定址的機器中，你還是會說對記憶體做一個字組的讀或寫。

如果架構是位元組定址而指令集架構中字組大於一個位元組，則必須考慮**對齊** (alignment) 這件事。例如如果我們希望在以位元組定址的機器上讀取 32 位元的字組，我們必須確認 (1) 字組儲存於自然的對齊邊界上，與 (2) 存取是從該邊界開始。在 32 位元字組的情形中，這些是以要求位址為 4 的倍數來達成。有些架構允許某些指令執行非對齊的存取，即所欲位址不一定要始於自然邊界。

記憶體由隨機存取記憶體 (random access memory, RAM) 晶片構成（第六章將詳細討論記憶體）。記憶體通常以長 × 寬 (L × W) 來標註，例如，4M × 8 表示記憶體是 4M 長（其有 $4M = 2^2 \times 2^{20} = 2^{22}$ 個項次）且每個項次有 8 位元寬（表示每個項次是一個位元組）。要對這個記憶體（設為以位元組定址）定址，則需能夠個別指出 2^{22} 個項次，意為需要 2^{22} 個不同位址。由於位址是無號二進數字，我們需要以二進數字從 0 數到 $(2^{22} - 1)$；這需要多少個位元？以二進制從 0 數到 3（共有 4 個項次）要使用 2 個位元，以二進制從 0 數到 7（共有 8 個項次）要使用 3 個位元，以二進制從 0 數到 15（共有 16 個項次）要使用 4 個位元；看到規則出現了沒？可以在表 4.1 中填入恰當數字了嗎？

表中少了的數字正確答案是 5 個位元。在計算記憶體位址需要有多少個位

表 4.1 計算所需的位址位元數

總項次數	2	4	8	16	32
以 2 的次方表示總數	2^1	2^2	2^3	2^4	2^5
位址位元數	1	2	3	4	??

元時，真正重要的是可被定址的單元的數量，而不是可被定址的單元中的位元數。4M 記憶體定址所需的位元數是 22。因為大部分記憶體是位元組可定址，我們會說需要 N 個位元來唯一地指出每個位元組的位址。通常當計算機的記憶體含有 2^N 個可定址的單元，則需 N 個位元來唯一地定址每個單元。

為了更清楚表示字組與位元組的差異，假設之前例子中的 4M × 8 記憶體是以字組定址而非以位元組定址，字組的長度為 16 位元。位元組數量是 2^{22}，表示有 $2^{22} \div 2 = 2^{21}$ 個字組，因此位址中需要 21 而非 22 個位元。每一字組有兩個位元組，不過（按：如果想像以位元組定址的話），我們以低位元組的位址作為字組位址。

雖然絕大部分記憶體是以位元組定址，但是記憶體的寬度可有變化。例如，2K × 16 記憶體中含有 $2^{11} = 2048$ 個 16 位元的項次。這種記憶體一般就會用於 16 位元字組且以字組定址的架構中。

主記憶體的大小一般會大於單一 RAM 晶片，因此多個這種晶片會被組成所需容量的一個整體記憶體。例如，所需的是 32K × 8 以位元組定址的記憶體而手上的 RAM 晶片是 2K × 8 的，則可以將 16 個這種晶片成列連接如圖 4.5 所示：每一晶片中可定址 2K 個位元組，記憶體的位址則需有 15 個位元（有 $32K = 2^5 \times 2^{10}$ 個位元組需存取），但每一晶片僅需 11 條位址線（每晶片中僅有 2^{11} 個位元組）。在此情況下，需有解碼器來解碼位址中或是最左或是最右（按：或是任意）的 4 個位元來判斷含有該位址的晶片。一旦找到該晶片，其餘的 11 個位元即可用於判斷位址在該晶片中的位移量（按：意思就是所欲位址

圖 4.5　一組 RAM 晶片組成的記憶體

位於開頭位置向後位移多少的地方）。選用了哪 4 個位元來解碼以選擇晶片決定了記憶體中的位址如何交錯（interleaved，或稱穿插）（注意：我們也能以 8 列的 2 個 RAM 晶片建構 16K × 16 的記憶體。假設是 16 位元的字組而且記憶體是以字組定址，則機器使用的位址只會有 14 個位元）。

對單一記憶體模組僅能循序地作存取（同一時間只能作一個記憶體存取）。**記憶體交錯** (memory interleaving) 中記憶體內含多個記憶體模組（或稱排，banks），此時各模組可同時作存取，有助提高整體存取速度。排的數量與可定址項次的數量有關，而無關乎每個項次的大小；每個排在被存取時會回以該架構中可定址單元大小的字組。若記憶體是 **8 路交錯** (8-way interleaved)，則其是以 8 個模組作成，並由 0 至 7 編號。若為**低序交錯** (low-order interleaved)，則會以位址中的低序位元選擇所欲的排；若為**高序交錯** (high-order interleaved)，則使用位址中的高序位元。

假設有一以位元組定址、內含 8 個模組、每模組中有 4 位元組、共有 32 位元組的記憶體，則需用 5 個位元來分別選擇每一個位元組，其中 3 個位元選定模組（因有 $2^3 = 8$ 個模組）、其餘 2 個位元用於判斷模組中位元組的位移值。高序交錯是最直覺的方式，分派位址的方式是使模組內包含的位元組其位址均連續，如 32 個位址時圖 4.6a 所示：模組 0 含有儲存於位址 0、1、2、3 中的數據；模組 1 含有儲存於位址 4、5、6、7 中的數據；依此類推。在該記憶體使用高序交錯時一個位址的構造（按：或解讀的方式）如圖 4.6b 所示。該圖指出位址中高序的三位元應作選擇記憶體模組之用，而其餘二位元表示模組中的位移值。圖 4.6c 表示該記憶體在高序交錯時前兩個模組中的內容。思考位址 3，其二進值（使用 5 個位元時）是 00011。高序交錯以最左方位元 (000) 選擇模組（故位置 3 的數據位於模組 0 中），其餘二位元 (11) 指出所欲數據位於位移 3（11_2 是十進值 3）個位置處，亦即模組中最後一個位置。

低序交錯記憶體將連續的記憶體位置置於不同記憶體模組中。圖 4.7 表示 32 個位址的低序交錯。該使用低序交錯的記憶體位址的構造示於圖 4.7b 中，記憶體前兩個模組的內容則示於圖 4.7c 中。圖中可見模組 0 現在包含位址 0、8、16、24 的數據。要找出位址 3 (00011) 的位置的話，低序交錯以最右側 3 位元

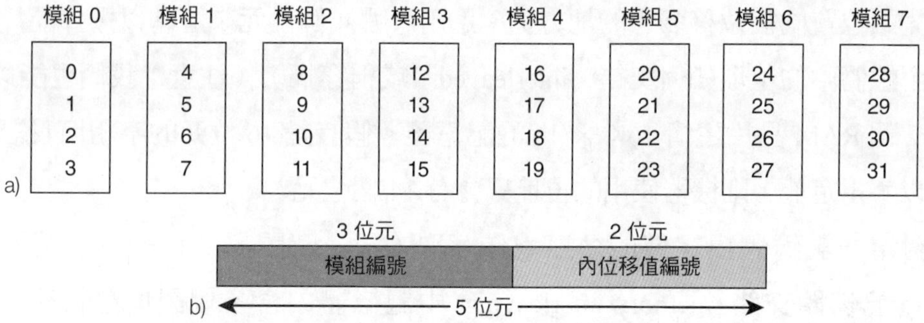

c)

模組	十進位字組位址	二進位位址	構造中的位址劃分	模組編號	模組內位移值
模組 0	0	00000	000 00	0	0
	1	00001	000 01	0	1
	2	00010	000 10	0	2
	3	00011	000 11	0	3
模組 1	4	00100	001 00	1	0
	5	00101	001 01	1	1
	6	00110	001 10	1	2
	7	00111	001 11	1	3

圖 4.6 a) 高序位記憶體交錯；b) 位址構造；c) 前兩個模組

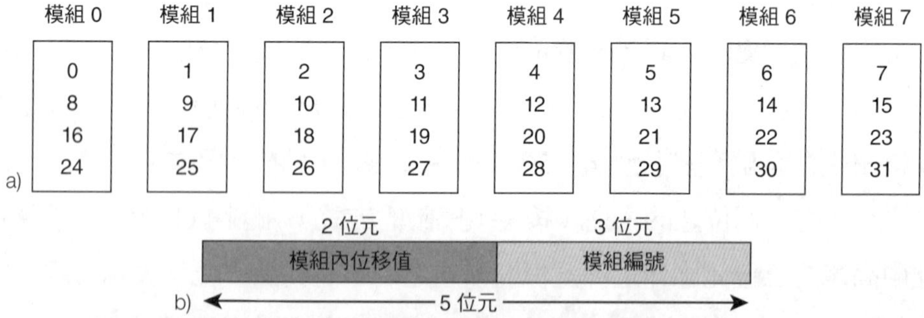

c)

模組	十進位字組位址	二進位位址	構造中的位址劃分	模組內位移值	模組編號
模組 0	0	00000	00 000	0	0
	8	01000	01 000	1	0
	16	10000	10 000	2	0
	24	11000	11 000	3	0
模組 1	1	00001	00 001	0	1
	9	01001	01 001	1	1
	17	10001	10 001	2	1
	25	11001	11 001	3	1

圖 4.7 a) 低序位記憶體交錯；b) 位址構造；c) 前兩個模組

決定模組（其指向模組 3），且其餘 2 位元 00 表示模組中的位移值是 0。圖 4.7 中的模組 3 就是包含位址 3 的模組。

對低序與高序交錯而言，k（用於選擇模組的位元數）與交錯的程度相關：4 路交錯的 $k = 2$；8 路交錯的 $k = 3$；16 路交錯的 $k = 4$；一般而言，若為 n-路交錯，$n = 2^k$（這個關係會在第六章中再度提到）。

在低序交錯中若恰當安排匯流排，對某模組的讀寫可以在其他模組實際完成工作前就先開始（讀與寫的動作可以重疊）。例如，若長度為 4 的陣列儲存於高序交錯的記憶體中（儲存於位址 0、1、2、3 中），因為整個陣列都儲存於一個模組中，則不得不循序存取各個陣列元素。然而如果使用低序交錯（且陣列儲存於模組 0、1、2、3 中的位移值為 0 位置處），則因每一陣列元素均處於不同模組中而可平行地存取。

範例 4.1 設有 128 字組、8 路低序交錯的記憶體（注意字組大小在本例中無關緊要），表示其具有 8 個記憶體排；$8 = 2^3$，因此應使用低序的 3 個位元來辨認排。128 個字組共需 7 個位元來定址 ($128 = 2^7$)。因此該記憶體的位址應作如下解讀：

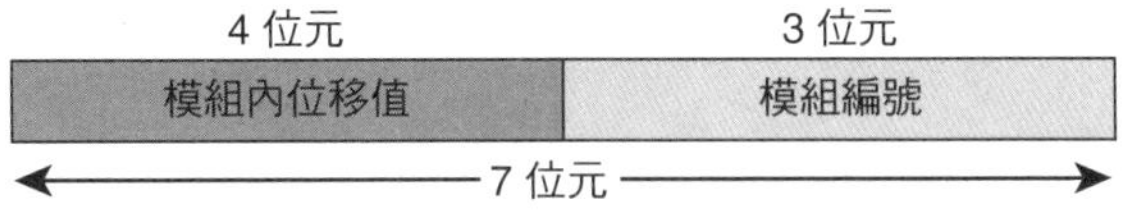

注意：每個模組的大小必需是 2^4。兩個方向可以看出這個事實：第一，如果記憶體有 128 個字組並有 8 個模組，則 $128/8 = 2^7/2^3 = 2^4$（每模組中有 16 個字組）。或是，從位址構造可知模組中的位移值需要 4 位元，可允許模組中有 $2^4 = 16$ 個字組。

若例題改採高序交錯則會有什麼改變呢？這件事將留作習題。

回顧圖 4.5 中的內含 16 個 2K × 8 大小的晶片（模組）的 32K × 8 記憶體：記憶體中有 $32K = 2^5 \times 2^{10} = 2^{15}$ 個可定址的單元（在本例中即為位元組），表示位址有 15 個位元；每一晶片內有 $2K = 2^{11}$ 個位元組，故需 11 個位元來表示晶片中位置的位移量；共有 $16 = 2^4$ 個晶片，故需 4 個位元來選擇晶片。嘗試位址 001000000100111。在高序交錯中，最左 4 個位元用於選擇晶片，其餘 11 個位元則作為位移值：

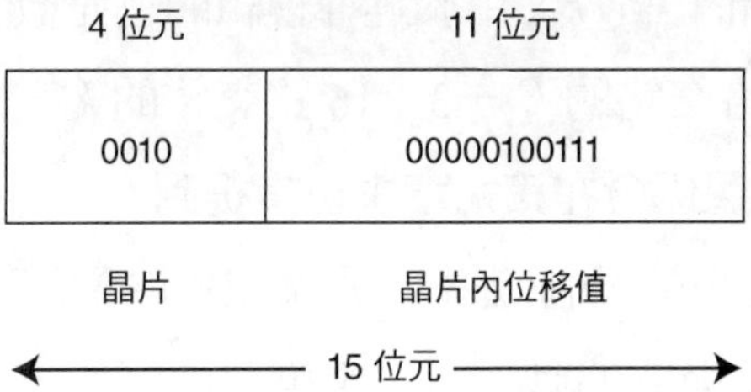

位址 001000000100111 中的數據儲存於晶片 2 (0010_2) 中的位移值為 39 (00000100111_2) 的位置中。若為低序交錯，則最右側的 4 個位元用於選擇晶片：

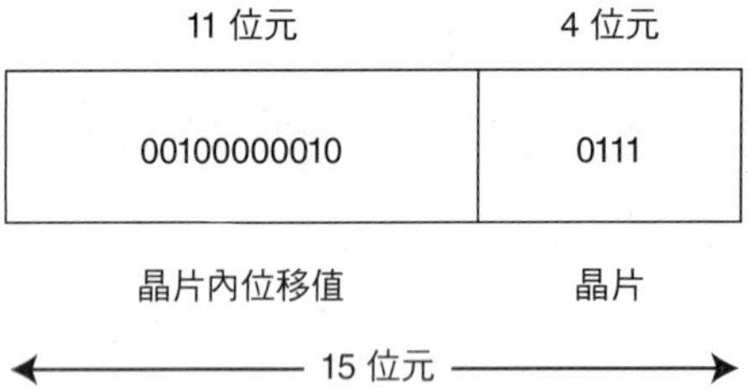

因此使用低序交錯時數據存於晶片 7 (0111_2) 中的位移值為 258 (00100000010_2) 處。

雖然低序交錯容許循序的記憶體位置（例如擺放陣列或程式中的指令時）被同時存取，高序交錯的方式似更自然。因此本書之後均假設採用高序交錯。

已經討論過的記憶體相關觀念均極重要並將在之後各章、特別是詳細討論記憶體的第六章中重複出現。要特別注意的關鍵觀念有：(1) 記憶體位址為無號二進數值（雖然為了方便常常會以十六進形式表示），以及 (2) 需被定址的項次數量、**非**項次本身的大小，決定了表示位址所需的位元數。雖然可以使用多於所需的位元數來表示位址，但是基於最小化這個在計算機設計中非常重要的觀念，很少有人這麼做。

4.7 插斷

我們已經介紹過扎實瞭解計算機架構所需的基礎硬體知識：CPU、匯流排、控制單元、暫存器、時脈、I/O 與記憶體。然而還有一個需要瞭解的是有關這些組件如何與處理器互動的觀念：**插斷** (interrupts) 是會改變（或插入、攪亂）系統中正常執行流程的那些事件。插斷可被各種原因觸發，包括：

- I/O 請求
- 算術錯誤（例如除以 0）
- 算術滿溢或短值
- 硬體錯動作（例如記憶體同位錯誤）
- 使用者定義的斷點（例如在做程式除錯時）
- 頁錯誤（將於第六章中詳述）
- 無效指令（往往肇因於指標事件）
- 其他原因

對每一種插斷採取的應對（稱為**插斷處理**，interrupt handling）相當歧異，例如告知 CPU 一項 I/O 已完成與程式發生除以 0 時強制其結束的方式非常不同，然而兩種處理都因必須改變正常的程式執行流程而均以插斷的方式處理。

插斷可以由使用者或系統來發起、可以是**可被遮蓋** (maskable)（禁止或忽略之）或**不可被遮蓋** (nonmaskable)（具高權限因而不可被禁止並且一定要回應的插斷）的、可在指令執行過程中或與指令的執行無關的、可以是同步（每次發生都是在程式執行到相同的地方時）或非同步的（無法預期其發生者），或在插斷處理完成後可造成程式結束或繼續執行者。4.9.2 節與第七章中將會更詳細討論插斷。

到目前為止計算機系統運作中必需具備的組件都已概略說明，接著將介紹一個簡單但可運作的架構來說明各項觀念。

4.8 MARIE

MARIE, a **M**achine **A**rchitecture that is **R**eally **I**ntuitive and **E**asy 是一個包含記憶體（以儲存程式與數據）與 CPU（包含一個 ALU 與數個暫存器）的簡單架構。它具有實用計算機所應具備的所有功能組件。MARIE 將有助於說明本章及之前三章中的各項觀念。以下數節說明 MARIE 的架構。

4.8.1 架構

MARIE 具有下列特性：

- 以二進制運作，數值採二的補數表示法
- 內儲程式，固定的字組長度
- 以字組（非位元組）為定址的對象
- 主記憶體有 4K 個字組的空間（這表示位址中需要 12 個位元）
- 16 位元長的數據（字組長度為 16）
- 16 個位元的指令：4 個位元表示運作碼及 12 個位元表示位址
- 一個 16 位元的累加（暫存）器 (AC)
- 一個 16 位元的指令暫存器 (IR)
- 一個 16 位元的記憶體緩衝暫存器 (MBR)
- 一個 12 位元的程式計數器 (PC)
- 一個 12 位元的記憶體位址暫存器 (MAR)
- 一個 8 位元的輸入暫存器
- 一個 8 位元的輸出暫存器

圖 4.8 表示 MARIE 的架構。

在繼續討論之前，必須先強調一個有關記憶體的重點。第三章中曾介紹一個以 D 正反器組成的簡單記憶體。再提醒一次：記憶體中每個位置均有唯一的（以二進表示的）位址且每個位置均可儲存值。對位置的位址與位置可儲存的值這二者有時會令人混淆。想避免混淆的話，看看郵局的情況：各個信箱有不

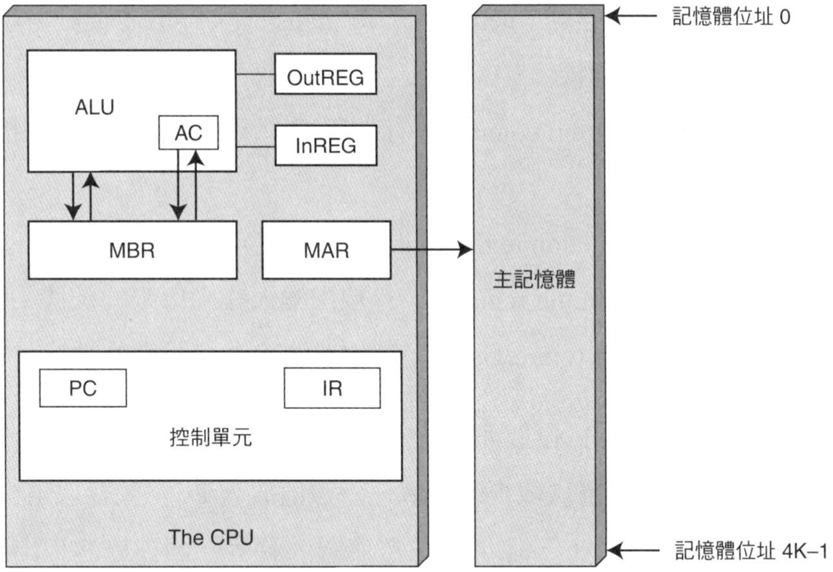

圖 4.8 MARIE 的架構

同的「地址」或編號，信箱中則有郵件；要取得郵件則一定要知道信箱地址。要從記憶體中存取數據或指令時也是如此：處理記憶體位址所指處的內容則必需先指明位址。我們將會看到指明這個位址的方法有很多。

4.8.2 暫存器與匯流排

暫存器是 CPU 中的儲存位置（如圖 4.8 所示）。CPU 中的 ALU 執行所有運算（算術運算、邏輯判斷…），暫存器則是在程式執行過程中用於非常特定的用途：作為值的暫存處（這些值可能是參考用的數字或運算過程中的中間結果等等）。指令本身經常已表示會用到的暫存器，這樣的例子將在 4.8.3 節說明 MARIE 的指令集時看到。

MARIE 中共有 7 個暫存器，說明如下：

- **AC：累加器** (accumulator)，存放數值。屬**通用型暫存器** (general-purpose register)，存放的是 CPU 需處理的數據。現在的計算機大部分都已經有許多個通用型暫存器（按：也因此多以編號 R0、R1、R2 來稱呼了）。
- **MAR：記憶體位址暫存器** (memory address register)，存放所要存取位置的記憶體位址。

- **MBR：記憶體緩衝暫存器** (memory buffer register)，存放才從記憶體讀入、或正要寫出至記憶體數據。
- **PC：程式計數器** (program counter)，存放程式中下一道要被執行的指令的位址。
- **IR：指令暫存器** (instruction register)，存放下一道要被執行的指令。
- **InREG：輸入暫存器** (input register)，存放由輸入設備傳來的數據。
- **OutREG：輸出暫存器** (out register)，存放要傳給輸出設備的數據。

MAR、MBR、PC 與 IR 存放非常特定的資訊並且不能用作任何上述以外的用途，例如不可以將從記憶體取得的一個任意數值放入 PC；要存放這樣的任意數值就一定要用 MBR 或 AC。除了這些暫存器，還有一個存放能指出 ALU 發生了滿溢、算術或邏輯運算的結果是否為 0、計算中是否產生了進位，以及結果是否為負值等資訊的**狀態** (status) 或稱**旗標暫存器** (flag register)；不過為了清晰起見，各圖中將不會顯示這個暫存器。

MARIE 是僅有少量暫存器且非常簡單的計算機。現在的 CPU 具有多個經常稱為**使用者可見的暫存器** (user-visible registers) 且功能類似 AC 的通用型暫存器。現在的 CPU 也有其他的暫存器；例如，有些計算機中有可將數據作移位的暫存器或是其他以整組視之則可用於一串列數據的暫存器組。

MARIE 如果沒有匯流排就不能將數據送進或送出暫存器。MARIE 中使用的是共用匯流排的方式。每個連接到匯流排的設備都需要有一個編號，設備要連接上匯流排之前，都要設定成具有那個辨識編號。還有一些能使執行更快速的通道：有一條通訊路徑位於 MAR 與記憶體間（MAR 提供記憶體的位址線輸入資訊），與另一條聯結了 MBR 與 AC；還有一條從 MBR 拉到 ALU 來容許 MBR 中的數據能直接用於算術運算的特殊通道；資訊也可以由 AC 經過 ALU 再回到 AC 中而不需使用到共用的匯流排。使用這些額外通道獲得的好處是在數據經由共同的匯流排傳送時其他數據可以同時經由這些通道傳送，使得不同事件可以平行進行。圖 4.9 表示 MARIE 中的數據通道（數據據以流動的通道）。

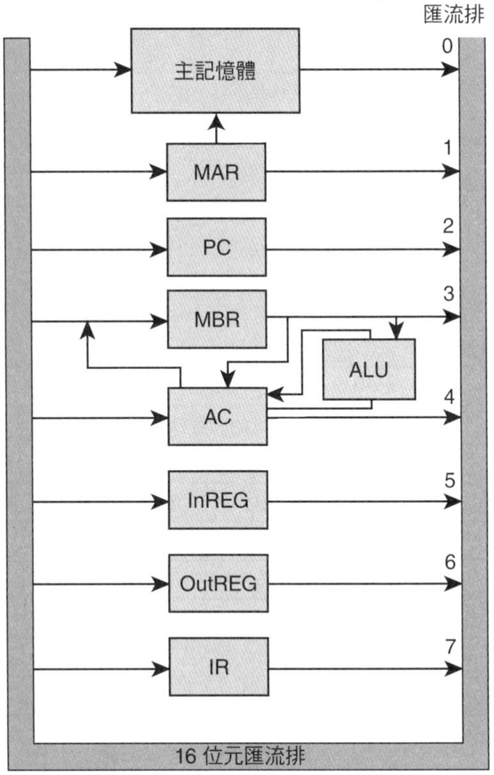

圖 4.9 MARIE 中的數據通道

4.8.3 指令集架構

MARIE 具有非常簡單但強大的指令集。機器的**指令集架構** (instruction set architecture, ISA) 指出計算機能執行的指令與每一道指令的格式。ISA 實質上是軟體與硬體間的介面。有些 ISAs 包含數百道指令。前曾述及 MARIE 中每道指令的長度均為 16 位元，最高位的 4 個位元，位元 12 至 15，組成說明指令運作內容的**運作碼** (opcode)（因此共可有 16 道指令）；最低位的 12 個位元，位元 0 至 11，則作為位址用（因此最大的記憶體位址是 $2^{12}-1$）。MARIE 的指令格式示於圖 4.10 中。

大部分 ISAs 中的指令可分為處理數據、移動數據與控制程式執行順序等三類。MARIE 指令集中的指令示於表 4.2 中。

Load 指令將記憶體中的數據（經由 MBR 與 AC）置入 CPU。所有記憶體中的數據（包括不是指令的任何資料）必須先進入 MBR 之後才送往 AC 或

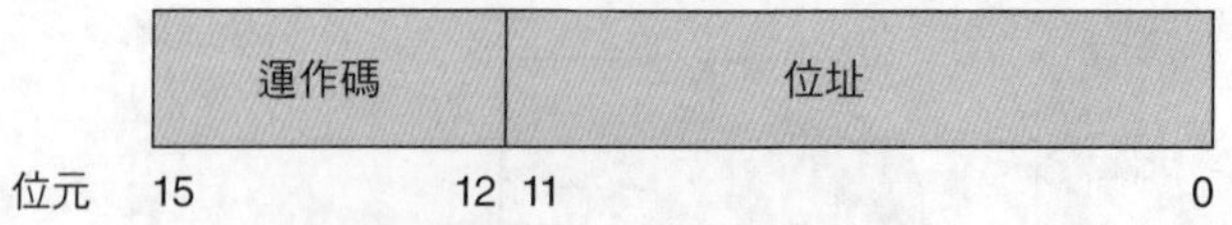

圖 4.10 MARIE 的指令格式

表 4.2 MARIE 的指令集

指令編號		指令	意義
二進形式	16 進形式		
0001	1	Load X	將位址 X 的內容載入 AC。
0010	2	Store X	將 AC 的內容儲存至位址 X 處。
0011	3	Add X	將位址 X 的內容加至 AC 中並儲存結果於 AC 中。
0100	4	Subt X	將位址 X 的內容自 AC 中減去並儲存結果於 AC 中。
0101	5	Input	從鍵盤輸入一個值至 AC 中。
0110	6	Output	將 AC 中的值輸出至顯示器上。
0111	7	Halt	結束程式。
1000	8	Skipcond	根據條件略過下一道指令。
1001	9	Jump X	將 X 的值載入 PC。

ALU；架構中沒有其他可行的方式。注意：Load 指令不需指出 AC 是其最終存放數據處；該暫存器在該指令中是隱喻的。其他指令也以類似方式使用 AC 暫存器。Store 指令將 CPU 中的數據移置記憶體中。Add 與 Subt 指令分別將 AC 中的值加入或減去位址 *X* 中的數據。位址 *X* 中的數據被複製入 MBR 中一直到算術運算完成。Input 與 Output 讓 Marie 與外界交換資料。

輸入與輸出是相對繁複的動作。目前的計算機中輸出入以 ASCII 形式進行。這表示若你於鍵盤上鍵入 32，機器真正的動作是讀入 ASCII 字元符號「3」以及之後的「2」。該二字元符號在存入 AC 前需先轉換成數值 32。因為我們要注重的是計算機內部如何動作，故先假設由鍵盤鍵入的值會「自動地」被恰當轉換。我們刻意忽略一個很重要的觀念：既然所有輸入與輸出都是以 ASCII 為之，計算機如何知道應該視某個 I/O 值為數值或 ASCII ？答案是計算機依據使用該數值當時的環境即可得知。在 MARIE 中我們假設輸出入均為數字。我們也允許數值以十進形式輸入並假設有「神奇轉換」將之轉換為二進值來儲存。不過這些都是計算機能夠恰當運轉前必須處理的問題。

Halt 指令使程式的執行終止。Skipcond 指令執行**條件分支** (conditional branching)（如我們在「while」迴圈或「if」敘述中所作的動作）。當執行 skipcond 指令時，需要檢視 AC 中的值：指令利用兩個位址位元（設使用兩個最靠近運作碼欄位的位址位元，位元 10 與 11）來指出測試的條件，若該二位址位元為 00，意為「若 AC 為負則略過」；若該二位址位元為 01（位元 11 為 0 而位元 10 為 1），意為「若 AC 為 0 則略過」；最後，若該二位址位元為 10（或 2），意為「若 AC 大於 0 則略過」。「略過 (skip)」的意思是跳過下一道指令。這可經由將 PC 加 1（也就是略過下一道指令、不去擷取它）來達成。Jump 指令是**非條件式分支** (unconditional branch)，也會改動 PC，該指令使 PC 內容被替換成數值 X，也就是下一道應被擷取的指令的位址。

我們希望使這個架構與指令集盡可能簡單但仍足以顯示出瞭解計算機運作所必需的資訊，因此省略了好幾個有用的指令，不過不久你就可瞭解這個指令集還是很有威力。一旦你熟悉機器如何運作，我們會擴充指令集來使編程更容易。

先檢視 MARIE 採用的指令格式。設有以下 16 位元指令：

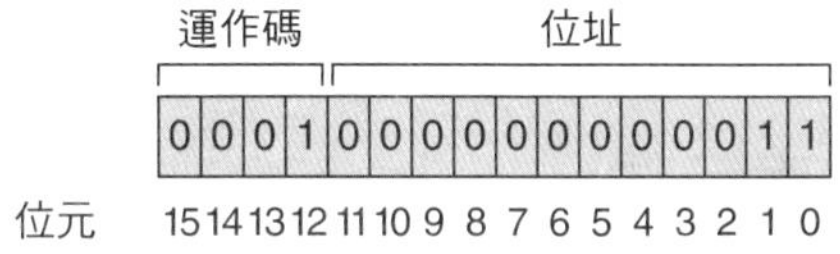

最左側四個位元表示運作碼或是指令要執行的動作：0001 是 1 的二進形式，代表 Load 指令；其餘 12 位元表示要載入的值所在位址，其為主記憶體的位址 3。該指令會將主記憶體位置 3 中的數據複製入 AC 中。再看另一指令：

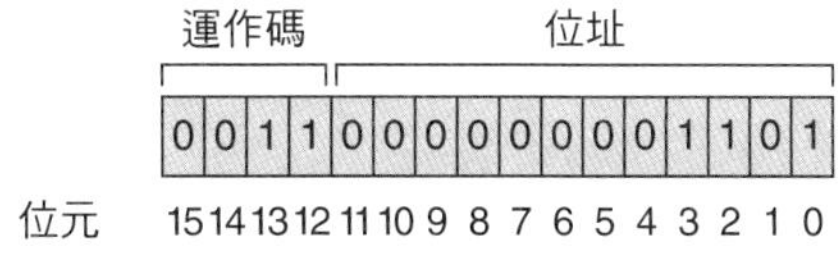

最左側四個位元 0011 等於 3，表示是 Add 指令；位址位元表示位址是十六進的 00D（或十進位 13），因此先至主記憶體中取得位址 00D 處的數據、並將該值加至 AC 中。AC 中的值將會等於新的和。再看一個例子：

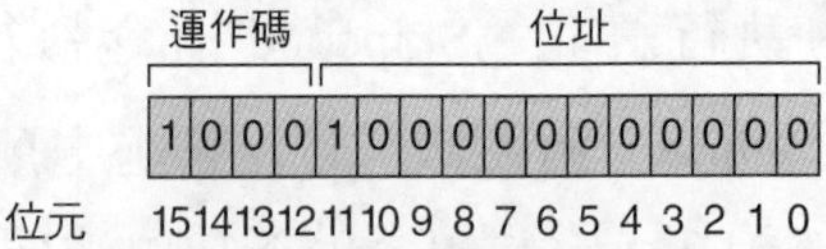

運作碼指出這是 Skipcond 指令：位元 11 與 10 是 10，其值為 2，表示「若 AC 大於 0 則略過」。若 AC 內容小於等於 0，該指令不發生作用且之後接著執行下一道指令；若 AC 內容大於 0，該指令使得 PC 值增加 1，造成程式中緊接在後的指令被略過（當你在下節中學到指令週期時要記住這點）。

這些例子帶出一個有趣的點：我們將以這個限縮的指令集撰寫程式，而你會喜歡用命令 Load、Add 與 Halt，還是它們的二進形式 0001、0011 與 0111，來寫程式呢？大部分人會希望使用指令的名稱或**助憶詞** (mnemonic)，而非指令的二進形式。二進形式的指令稱為**機器指令** (machine instructions)。對應的助憶詞指令就是我們所稱的**組合語言指令** (assembly language instructions)。組合語言指令與機器指令間具有一對一的關係（按：上述敘述並不正確；一般的組譯器允許一道組合語言指令可以對應至 0 至多道機器指令）。我們鍵入的組合語言程式（亦即使用表 4.2 中所列的指令）需要經由組譯器將之轉譯成對應的二進形式。我們將於 4.11 節中討論組譯器。

4.8.4 暫存器傳遞表示法

已知數位系統中有許多組件，包括算術邏輯單元、各暫存器、記憶體、解碼器與各控制單元。這些單元以多個匯流排互相聯結來使資訊在系統內流轉。上節中介紹的 MARIE 指令集含有一組上述組件用以執行程式的機器層級指令。每一指令看似非常簡單；然而若你檢視在組件層級中真正發生什麼事，每一指令都包含許多運作。例如，Load 指令將給定的記憶體位址中的內容載入 AC 暫存器中；但檢視組件層級中發生的動作時，我們發現有很多「小型指令」被執行了：首先指令中的位置需被載入 MAR，接著位於記憶體中該位址處的數據需被載入 MBR，之後 MBR 的內容需被載入 AC。這些小型指令稱為**微運作** (microoperations) 並界定可執行於暫存器中數據上的基本運作 (elementary operations)（按：基本運作指的是再分割就不太有意義了的運作，通常它們會在一個最小的機器時間單位內對一群群關係密切而不應分割的位元做運作）。

用以描述這些微運作行為的符號表示法稱為**暫存器傳遞表示法** (register transfer notation, RTN) 或**暫存器傳遞語言** (register transfer language, RTL)。符號 M[X] 表示儲存於記憶體位址 X 中的數據，而 ← 表示資訊的傳遞。實際上傳遞一個暫存器（的內容）至另一暫存器中總會需要由來源暫存器將資料放上匯流排以及之後由目的暫存器自匯流排將資料讀入，不過為了簡潔起見，我們假設你清楚在數據傳輸中一定要用到匯流排，因此不再贅述這些匯流排的動作。

現在對 MARIE ISA 中每一道指令介紹其暫存器傳遞表示的形式：

Load *X*

記得該指令會將記憶體位置 *X* 的內容載入 AC 中。不過位址 *X* 需先置入 MAR，之後 M[MAR]（或位址 *X*）處的數據被複製入 MBR，最後數據被置入 AC 中。

```
MAR ← X
MBR ← M[MAR]
AC ← MBR
```

因為 IR 必須使用匯流排將值 *X* 複製入 MAR，故在位置 *X* 處的數據被置入 MBR 之前，匯流排需先被使用兩次。因此這兩個運作以不同的行表示，來指出它們不可以在同一個時脈週期中發生。不過由於在 MBR 與 AC 間另有聯結，因此 MBR 至 AC 的數據傳輸可在數據置入 MBR 之後接著就進行而不需等待或占用匯流排。

Store *X*

該指令儲存 AC 的內容於記憶體位置 *X* 中：

```
MAR ← X, MBR ← AC
M[MAR] ← MBR
```

Add *X*

儲存於位址 *X* 中的數據值將被加進 AC 中。這將以下列方式完成：

```
MAR ← X
MBR ← M[MAR]
AC ← AC + MBR
```

Subt *X*

如同 Add，該指令將儲存於位址 *X* 中的值自累加器中減去並將結果回存 AC 中：

```
MAR ← X
MBR ← M[MAR]
AC ← AC – MBR
```

Input

從輸入設備中過來的輸入首先會傳送至 InREG 中，之後數據再傳遞至 AC 中。

```
AC ← InREG
```

Output

該指令使得 AC 內容被置入 OutREG，之後最終會送至輸出設備。

```
OutREG ← AC
```

Halt

不會對暫存器作動作；機器單純地停止程式執行。（按：想想看：除了停止程式執行之外，還應該作什麼事嗎？你的使用經驗有沒有給你一些提示？）

Skipcond

記得該指令以位址欄位中第 10 及 11 位置的位元來決定該對 AC 做什麼比較：依該等位元的組合，可對 AC 作負值、等於 0 或大於 0 的檢查。若所選的條件為真，則下一道指令會被略過；此目的可透過將 PC 加 1 來達成。

```
If IR[11-10] = 00 then                  {若 IR 中的位元 10 與 11 均為 0}
   If AC < 0 then PC ← PC + 1
else If IR[11-10] = 01 then             {若 IR 中的位元 11 = 0 且 10 = 1}
   If AC = 0 then PC ← PC + 1
else If IR[11-10] = 10 then             {若 IR 中的位元 11 = 1 且 10 = 0}
   If AC > 0 then PC ← PC + 1
```

若位置 11 與 10 中的位元均為 1，則發生錯誤。然而亦可將這些位元值定義成表示其他條件的檢查。

Jump *X*

該指令導致跳至所指位址 *X* 的無條件分支。因此執行該指令的結果 *X* 一定得載入 PC 中。

```
PC ← X
```

在指令暫存器中，低位的 12 個位元（即 lR[11-0]）即為 *X* 值。因此更恰當的傳輸應表為

```
PC ← lR[11-0]
```

不過我們認為 PC ← X 的表示法較易瞭解且反映指令原意，故擬使用之。

暫存器傳遞表示法是說明某指令執行時實際的各項動作的符號式方法。RTN 與數據通道緊密相關，因為譬如多個微運作必須都使用匯流排時，則它們必須循序地使用之，一個用完之後下一個才能開始。

4.9 指令的處理

現在我們已經有可用以對我們的計算機溝通我們想法的基本語言，我們接著談談到底一個程式是如何執行的。所有計算機都遵循基本的機器週期：擷取（指令）、解碼與執行的週期。

4.9.1 擷取 - 解碼 - 執行週期

擷取 - 解碼 - 執行週期 (fetch-decode-execute cycle) 表示計算機遵循以執行程式的各個步驟：CPU 擷取一道指令（將之由主記憶體傳遞至指令暫存器）、解碼它（判斷運作碼意義並擷取完成指令所需的任何數據）並執行它（執行指令所需的運作）。注意：這個週期中很大一部分是用於將數據由一處複製至另一處。在程式當初被載入時的第一道指令的位址則必須事先置入 PC 中。在這個過程中特定時脈週期中動作的各步驟如下所列。注意：步驟 1 與 2 形成擷取階段，步驟 3 形成解碼階段，而步驟 4 則是執行階段。

1. 將 PC 內容複製入 MAR 中：`MAR ← PC`。
2. 前往主記憶體擷取 MAR 中位址處的指令，並置入 IR；將 PC 遞增 1（現在 PC 指向程式中的下一道指令）：`IR ← M[MAR]` 且之後 `PC ← PC + 1`。（注意：因為 MARIE 以字組定址，故 PC 遞增 1，如此即可使 PC 內容成為下一字組的位址。若 MARIE 是以位元組定址，則因為指令大小是兩個位元組，PC 需增加 2 才能指向下一道指令在字組大小是 32 位元且以位元組定址的機器中，PC 將需要增加 4）。
3. 複製 IR 中右側 12 個位元進 MAR 中；同時解碼 IR 中左側 4 個位元來判斷 opcode 的意義：`MAR ← IR[11-0]` 與解碼 IR[15-12]。
4. 在指令需要時透過 MAR 中的位址前往記憶體擷取數據、置入 MBR（以及可能 AC）中、然後執行指令：`MBR ← M[MAR]` 並執行指令相關運作（按：至此似乎尚未包含 Store 指令所需執行的動作）。

這樣的週期示於圖 4.11 的流程圖中。

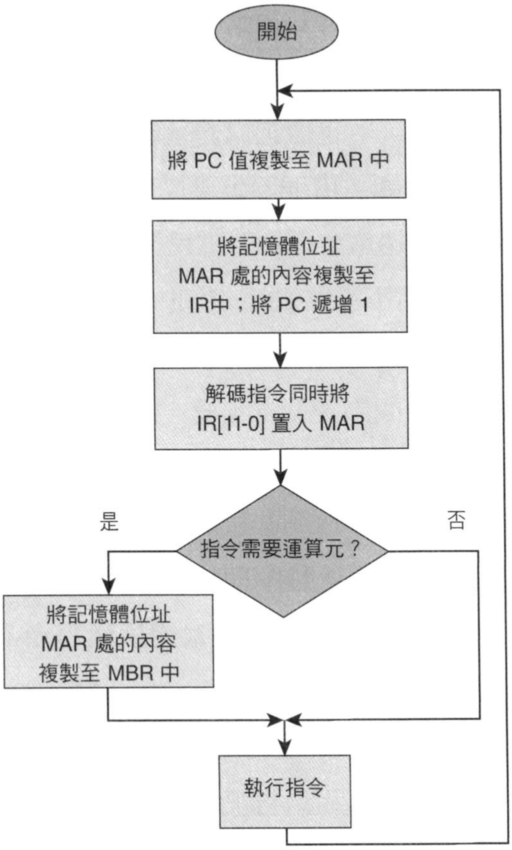
開始
將 PC 值複製至 MAR 中
將記憶體位址
MAR 處的內容複製至
IR中；將 PC 遞增 1
解碼指令同時將
IR[11-0] 置入 MAR
是
否
指令需要運算元？
將記憶體位址
MAR 處的內容
複製至 MBR 中
執行指令

圖 4.11 擷取 - 解碼 - 執行週期

注意：今天的計算機即使擁有很大的指令集、很大的指令、很大的記憶體，也能在瞬間執行百千萬次這樣的擷取 - 解碼 - 執行週期。

4.9.2 插斷與指令週期

所有計算機都提供可以插斷常態的擷取 - 解碼 - 執行週期的方法。這些插斷因各種理由而顯必要，包括程式出錯（如除以 0、算術滿溢、堆疊滿溢或試圖存取記憶體中受保護的區域）；硬體出錯（包括記憶體同位錯誤或供電異常）；I/O 完成（發生於請求讀取磁碟與數據傳輸完成時）；使用者插斷（如按 Ctrl-C 或 Ctrl-Break 來停止程式）；或由作業系統設定的計時器發出的中斷（如配置虛擬記憶體或執行某些簿記功能時所需做的）。這些事都有其共通點：它們插斷常態的擷取 - 解碼 - 執行週期，指示計算機停止其手上的工作並轉而做別的事。它們很自然地被稱為**插斷** (interrupts)。

計算機處理插斷的速度對決定計算機的整體效能具關鍵角色。**硬體插斷** (hardware interrupts) 可由系統中包括記憶體、硬碟、鍵盤、滑鼠甚至數據機等周邊設備產生。若不採用插斷，處理器也可以規律地不斷詢問硬體裝置來得知它們是否需要什麼服務；不過這會因為回應大都會是「否」而白白浪費 CPU 時間。插斷的好處就在於它們不需要 CPU 持續檢視這些設備，僅在有需求時由設備或事件主動告知 CPU。假設你需要一項資訊而朋友已答應為你取得，現在你有兩個選擇：間隔固定時間詢問朋友（按：此法稱為 polling，中譯輪詢，意即不斷詢問），但如果資訊尚未取得則會浪費他／她以及你自己的時間；或是等你的朋友取得資訊後主動通知你。當通知你時你可能正在與他人對話因而被「插斷」，不過這在處理不定時發生的事件時還是遠為有效率的方式。

計算機在各種軟體應用程式中也採用**軟體插斷** (software interrupts)，亦稱**設陷阱捕捉** (traps) 或**例外**（處理）(exceptions)。現在的計算機以**插斷處理器**（interrupt handlers，按：是一種軟體程序，因此不妨稱之為插斷處理程序，以與微處理器之「處理器」作區別）支援軟體與硬體插斷二者。這些處理程序就是在它們對應的插斷被偵知時被呼叫執行的程序。這些插斷連同相關的**插斷服務程序** (interrupt service routines, ISRs) 的相關資訊都儲存於**插斷向量表** (interrupt vector table) 中。

插斷如何融入擷取 - 解碼 - 執行週期中？ CPU 每完成一道指令即在擷取 - 解碼 - 執行週期開始時檢視是否有插斷需求發生，如圖 4.12 中所示。如果有的

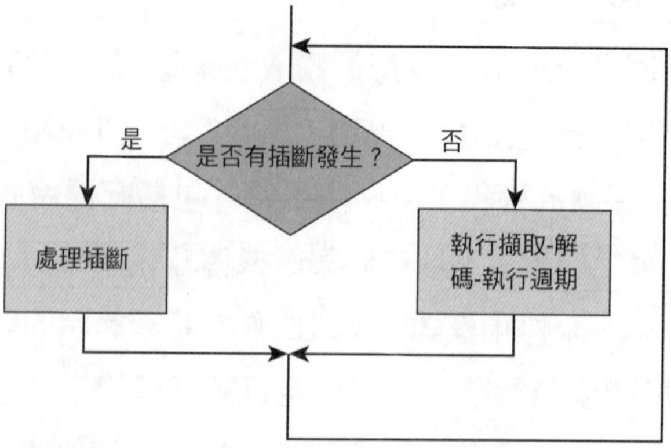

圖 4.12 加入插斷檢查的擷取 - 解碼 - 執行週期

話，一旦 CPU 回應一個插斷，則需立刻處理之。

上圖中「處理插斷」方塊的細節說明於圖 4.13 中。這個處理過程始於 CPU 偵知插斷訊號，不論引發的插斷類型為何都是如此。在做任何事之前，系統會利用保存程式的狀態與各種相關資訊來暫停任何正在執行中的程序；之後造成該插斷的設備的 ID 或插斷請求編號會被用作索引來查詢儲存於記憶體中位址很前面的插斷向量表；插斷服務程序的位址（一般稱為**位址向量**，address vector）由此取出並置入程式計數器中，然後重新開始對這個服務程序的程式執行（重新啟動擷取 - 解碼 - 執行週期）；在插斷服務完成後，系統重新復原插

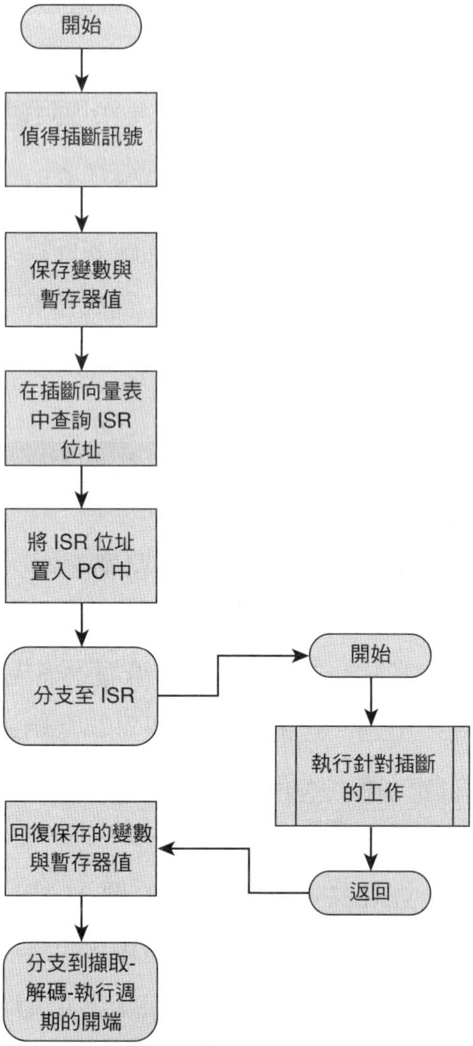

圖 4.13 處理插斷的過程

斷發生時執行中程式的資訊，並可能重新恢復其執行——除非又偵測到插斷且以前述方式前往處理之。

對非重大的插斷可利用位於旗標暫存器中的一個遮蓋插斷位元來表示暫不偵測對應的插斷要求。此稱之為**插斷遮蓋** (interrupt masking)，而可被遮蓋的插斷則稱為**可遮蓋的** (maskable) 插斷。**不可遮蓋** (nonmaskable) 的插斷不可以被遮擋，因為如果這樣做可能會使系統因為不能立刻處理重大的插斷請求而導致進入不穩定或無法預測的狀態。

組合語言提供特定指令來處理硬體與軟體插斷。撰寫組合語言程式的時候，最常見的工作之一就是以軟體插斷處理 I/O（見第七章中有關插斷驅動 I/O 的更多資訊）。的確，對新手組合語言程式師而言一個比較複雜的工作就是讀入輸入與寫至輸出，特別是因為這項工作一定要使用到插斷。MARIE 以避免在 I/O 時需要使用到插斷來簡化程式師處理 I/O 的過程。

4.9.3 MARIE 的 I/O

I/O 處理是計算機系統設計與編程最大的挑戰之一。我們的計算機模型經過簡化，使 MARIE 的功能僅足以達到完整。

MARIE 有兩個處理輸入與輸出的暫存器：第一個是輸入暫存器，存放從輸入設備傳送進計算機的數據；第二個是輸出暫存器，存放準備要送往輸出設備的資訊。對這兩個暫存器的時間控制非常重要。例如如果你從鍵盤輸入並且快速繕打，計算機一定要能夠讀取得到每一個進入輸入暫存器的字元符號；如果在計算機能夠處理目前的字元符號之前另外一個字元符號進入了這個暫存器，目前的字元符號將遺漏。不過更可能因為處理器非常快速而鍵盤輸入相對非常緩慢，處理器可能會對同一個字元符號從輸入暫存器讀取多次。這兩種情況都必須避免。

為了避免類似問題，MARIE 採用修改過的方式，以程式來處理 I/O（於第七章中討論）以便讓程式師直接控制 I/O。MARIE 的輸出動作只是簡單地將數值置入 OutREG；該暫存器可以被輸出控制器讀取並送往恰當的輸出設備如螢幕、印表機或磁碟等。在輸入方面，MARIE 這個再簡單不過的系統讓 CPU 一直等待直到字元符號進入 InREG，之後程式師需將 InREG 的內容複製到累加器中做後續處理。我們觀察到這個模型不提供同時性：該機器基本上只能空等輸入出現，不能同時處理別的事情。第七章說明其他能夠更有效利用機器資源的 I/O 方法。

4.10 簡單的程式

現在介紹為 MARIE 寫的簡單程式。在 4.12 節中我們介紹更多範例來說明這個極小化架構具有的能力，指出它甚至能用於執行程序化、使用各種迴圈構造與各種條件判斷的程式。

第一個程式將兩個（位於主記憶體中的）數字相加，之後儲存和於記憶體中（暫時不理會 I/O）。表 4.3 列出這樣的組合語言程式與對應的機器語言程式。指令欄位中列示的指令即為組合語言程式。擷取 - 解碼 - 執行週期始自擷取程式的第一道指令，這道指令的位址即是在程式載入準備執行時載入 PC 中的。為簡化事情，假設 MARIE 中的程式在載入時總是由位址（十六進的）100 處放置起。

在「記憶體位置中二進形式內容」欄位之下的指令即為機器語言程式。人類閱讀十六進形式時總是比二進形式容易，因此記憶體中的內容也以十六進表示。**為了避免使用下標 16，我們使用標準「0x」標記來表示十六進的數字**，例如不必使用 123_{16}，而可以寫成 0x123。

表 4.3 將二個數字相加的程式

十六進位址	指令	記憶體位址中二進內容	記憶體 16 進內容
100	Load 104	0001000100000100	1104
101	Add 105	0011000100000101	3105
102	Store 106	0010000100000110	2106
103	Halt	0111000000000000	7000
104	0023	0000000000100011	0023
105	FFE9	1111111111101001	FFE9
106	0000	0000000000000000	0000

該程式將 0x0023（或十進數字 35）載入 AC；之後對從位址 0x105 中讀到的值 0xFFE9（十進數字 -23）作加法；結果會將 AC 的內容改為 0x000C 或 12；最後 Store 指令將該值存入記憶體位置 0x106 中。程式結束時，位置 0x106 的內容成為 0000000000001100，亦即十六進 000C 或十進 12。圖 4.14 表示程式執行過程中各暫存器的值。

a) Load 104

步驟	RTN	PC	IR	MAR	MBR	AC
（初始值）		100	------	------	------	------
擷取	MAR ← PC	100	------	100	------	------
	IR ← M[MAR]	100	1104	100	------	------
	PC ← PC + 1	101	1104	100	------	------
解碼	MAR ← IR[11-0]	101	1104	104	------	------
	（解碼 IR[15-12]）	101	1104	104	------	------
取運算元	MBR ← M[MAR]	101	1104	104	0023	------
執行	AC ← MBR	101	1104	104	0023	0023

b) Add 105

步驟	RTN	PC	IR	MAR	MBR	AC
（初始值）		101	1104	104	0023	0023
擷取	MAR ← PC	101	1104	101	0023	0023
	IR ← M[MAR]	101	3105	101	0023	0023
	PC ← PC + 1	102	3105	101	0023	0023
解碼	MAR ← IR[11-0]	102	3105	105	0023	0023
	（解碼 IR[15-12]）	102	3105	105	0023	0023
取運算元	MBR ← M[MAR]	102	3105	105	FFE9	0023
執行	AC ← AC + MBR	102	3105	105	FFE9	000C

c) Store 106

步驟	RTN	PC	IR	MAR	MBR	AC
（初始值）		102	3105	105	FFE9	000C
擷取	MAR ← PC	102	3105	102	FFE9	000C
	IR ← M[MAR]	102	2106	102	FFE9	000C
	PC ← PC + 1	103	2106	102	FFE9	000C
解碼	MAR ← IR[11-0]	103	2106	106	FFE9	000C
	（解碼 IR[15-12]）	103	2106	106	FFE9	000C
取運算元	（不需要）	103	2106	106	FFE9	000C
執行	MBR ← AC	103	2106	106	000C	000C
	M[MAR] ← MBR	103	2106	106	000C	000C

圖 4.14 將二個數字相加的程式執行的過程

圖 4.14c 中最後那道以 RTN（按：RTN 是 register transfer notation 的字首）表示的指令將「和」置入所欲的記憶體位置。敘述句「decode IR[15-12]」只不過說明指令需經解碼以判斷該做的處理。這件解碼工作可由軟體（使用微程式）或硬體（使用硬連線電路）執行，這兩項觀念將於 4.13 節中詳細討論。

注意：在此組合語言與機器語言指令之間有一對一的對應關係。這可簡化組合語言程式轉換成機器碼的工作。透過本章中的指令表，你應能輕易以手動組譯任何範例程式。所以從現在開始我們只表示組合語言碼。不過在我們介紹更多程式範例之前，需要先看一下組譯的工作內容。

4.11 組譯器的討論

在表 4.3 所示的程式中，將組合語言指令（譬如 Load 104）轉換成機器語言指令 0x1104 相當簡單。但是何必這麼麻煩？為什麼不直接以機器碼編寫？雖然計算機處理這種二進數字形式的指令很有效率，人類對一連串的 0 與 1 卻既不易瞭解又不易編寫。我們擅長處理文字與符號遠勝於長長的數字，所以設計一個程式來為我們做這個簡單轉換的方式就很自然了。這樣的程式稱為**組譯器** (assembler)。

4.11.1 組譯器做什麼？

組譯器的工作是將（使用助憶詞的）組合語言程式轉換成（全部包含二進數字或長串的 0 與 1 的）機器語言程式。組譯器接受程式師寫的其中都是二進數字的代表符號的組合語言程式，並將之轉換為對應的二進形式指令或稱機器碼。組譯器讀入**來源檔** (source code) 並產出**目的檔** (object file)（即機器碼，machine code）。

以簡單的字母與數字取代運作碼會讓編程容易許多；也能以**標籤** (label)（一些簡單的名稱）來辨識或稱呼特定的記憶體位址，以使組合語言編程更容易。例如，在前述加總二個數字的程式中，可使用標籤來表示記憶體位址，則

表 4.4 使用標籤的例子

十六進位址	指令
100	Load X
101	Add Y
102	Store Z
103	Halt
104 X,	0023
105 Y,	FFE9
106 Z,	0000

指令連運算元真正的記憶體位址都不必知道了。表 4.4 說明這個觀念。

如果指令的位址欄是標籤而非真正位址，則組譯器還是得將之轉換為真實的主記憶體位址。大多數組譯器允許使用標籤。組譯器一般會規定組合指令的格式規則，包括如何使用標籤。例如，標籤名稱不得多於三個字元符號，並可能必須出現在指令的第一個欄位中。MARIE 規定標籤之後必須接一逗點。

標籤對程式師有幫助，但是也加重了組譯器的工作，因為其必須掃描程式兩次才能將標籤與實際位址的對應完成。這表示組譯器要將程式從開頭到結尾閱讀兩次：在第一次過程中組譯器建立稱為**符號表** (symbol table) 的一組對應關係。以上例而言，它建立內含三個符號：*X*、*Y* 及 *Z* 的表。因為組譯器由開頭逐指令作組譯，所以其難以將組合語言指令在第一次閱讀遇到時完整轉譯成機器碼；原因是如果指令中的數據部分（按：指的是位址欄）是一個標籤，其可能尚未能立即判斷標籤代表的位置在哪裡（按：因為標籤代表的指令所處的位置可能還在程式中的後方）。不過在建立符號表後，組譯器即可在第二次閱讀程式時「填入空白的格子」。

在前例中，組譯器第一次閱讀程式時會產生如下的符號表：

X	0x104
Y	0x105
Z	0x106

其同時也開始轉譯指令。在第一次閱讀結束後，轉譯出來的指令可能還不完整，如下所示：

1			X
3			Y
2			Z
7	0	0	0

在第二回合的轉譯時，組譯器根據符號表填入位址來得出對應的機器語言指令。因此在第二回合中，它就可以知道 X 位於位址 0x104，並以 0x104 取代 X。以相同方式取代 Y 與 Z，可得：

1	1	0	4
3	1	0	5
2	1	0	6
7	0	0	0

由於大部分人不熟悉十六進的表達形式，大部分組合語言對儲存於記憶體中的數值提供二進、十六進或十進的表示形式。一般可使用某類**組譯器指令**（assembler directive，專門對組譯器下達而且不應被譯成機器碼的指令）告知組譯器以何種基底顯示數值。在 MARIE 組合語言中，我們以 DEC 代表十進形式而 HEX 代表十六進。例如我們可另以表 4.5 來表示表 4.4 中的程式。

除了真正的二進數（以十六進形式的）表示法，也可透過指令 DEC 來逕以十進數表示數值。組譯器收到這項指令後就會將程式中的十進值先轉換為二進形式再作後續處理。再次聲明，這種指令不會被譯成機器語言；它們只用於指示組譯器一些特定事項。

表 4.5 使用與常數相關的指令例子

十六進位址		指令	
100		Load	X
101		Add	Y
102		Store	Z
103		Halt	
104	X,	DEC	35
105	Y,	DEC	-23
106	Z,	HEX	0000

另一類幾乎所有程式語言都使用的組譯器指令是**註解分界符號** (comment delimiter)。註解分界符號是用以告知組譯器（或編譯器）應忽略該行中任何在其之後的文字的特殊字元符號。MARIE 中的註解分界符號是向前的斜撇（「/」），它會使得自此至本行終了的所有文字被忽略。

4.11.2 為何使用組合語言？

介紹 MARIE 組合語言的主要用意是希望你感受該語言如何與架構關聯。瞭解如何以組合語言編程非常有助於瞭解架構（反之亦然）。你不但學到了計算機架構，也學到處理器到底如何運作，因而更可深入理解你正於其上編程的這個架構。組合語言編程在許多其他情況亦會顯得有用。

大部分程式師同意程式中約有 10% 的碼會耗掉 90% 的執行時間。在時間很緊的應用中，經常必須最佳化占用執行時間很多的部分。一般編譯器會幫我們做這工作。編譯器讀入高階語言（如 C++）程式並將其轉換為組合語言形式（之後再轉為機器碼）。編譯器已出現了很長一段時間，大部分情形下也都表現良好；不過偶爾程式師一定要繞過一些存在高階語言中的限制而直接使用組合碼，這樣做的話，程式師可以使程式在執行時間（與空間）上更有效率。這種混合的方式（程式大部分以高階語言寫，另有部分以組合語言重寫）使程式師得以善用兩種編程方式分別具有的優勢。

會有整個程式都應該以組合語言編程的情形嗎？如果程式整體大小或反應時間很關鍵，組合語言往往最適合。這肇因於編譯器往往難以分辨不同方式的時間成本這種資訊，以及程式師常常難以判斷編譯出來的程式效能如何。組合語言讓程式師可直接配合架構，因此能有更好的掌控。組合語言對程式師在高階語言欠缺某些指令或能力的情形下可能真有其必要。

一個有關反應時間與有限空間設計得很好範例可見於**嵌入式系統** (embedded systems) 中。這不是一般的計算機，但其中整合入了計算機的裝置。嵌入式系統必須具反應性且常用於具時間限制的環境中。這些系統的設計主要是用來執行單一任務或有限的幾項任務。你很可能每天都使用某種形式的嵌入式系統。消費性電子（譬如照相機、攝錄影機、手機、個人數位助理與互動遊戲）、消費性產品（譬如洗衣機、微波爐與洗脫烘衣機）、汽車（特別是引擎控制與防鎖死煞車）、醫療器材（譬如 CAT 掃描器與心跳監測器）與工業（程序控制與航空電子）都是一些我們可見到的嵌入式系統的例子。

嵌入式系統使用的軟體非常關鍵。嵌入式軟體程式一定要在非常特定的反應參數下工作並且只能耗用有限儲存空間。這些都是適合應用組合語言來編程的完美例證。第十章中將更深入討論這個主題。

4.12 擴充我們的指令集

雖然 MARIE 的指令集足以寫出任何程式，我們還是可以增加一些指令讓編程更容易。運作碼占了 4 個位元，表示我們可以有 16 個不同指令，而目前只用到 9 個。我們一定可以小心挑選指令加入指令集中來使許多編程工作更輕鬆。挑選出來的新指令整理於表 4.6 中。

`JnS`（跳躍並儲存，jump-and-store）指令讓我們能儲存返回指令所需的指標 (pointer) 同時設定 PC 值指向另一指令。這樣可讓我們呼叫程序或副程式，並於程序／副程式結束之後返回呼叫點（按：這道指令在其他指令集中一般稱為跳躍並聯結，jump-and-link）。Clear（清除）指令將累加器中的位元全清為 0；這樣做就不必將 0 由記憶體載入而可節省機器週期數。

因為 `AddI`、`JumpI`、`LoadI` 與 `StoreI` 這些指令，我們帶出了另一個**定址模式** (addressing mode)。所有之前的指令都假設指定的數據部分是指令所需的運

表 4.6 MARIE 的延伸指令集

指令編號（16 進形式）	指令	意義
0	`JnS X`	將 PC 儲存於位置 X 並跳躍至 X + 1。
A	`Clear`	在 AC 中全置入零。
B	`AddI X`	間接相加：去到位址 X。以 X 中的值作為要加至 AC 的數據運算元的真正位址。
C	`JumpI X`	間接跳躍：去到位址 X。以 X 中的值作為要跳躍去到的位置的真正位址。
D	`LoadI X`	間接載入：去到位址 X。以 X 中的值作為要載入 AC 的運算元的真正位址。
E	`StoreI X`	間接儲存：去到位址 X。以 X 中的值作為要儲存 AC 中的值的目的位址。

算元的**直接位址** (direct address)，而現在這些指令使用**間接定址模式** (indirect addressing mode)。不同於之前將指令中 X 欄位的數值作為真正位址，現在 X 欄位中的數值是作為指向記憶體位置的指標（按：如同直接位址），而該記憶體位置中的值才是我們要用於指令中的數據。例如在執行 AddI 400 時，先要前往位置 0x400，假設位置 0x400 中儲存的值是 0x240，則再前往位置 0x240 去取得指令真正的運算元。我們實際上已經在我們的語言中使用指標，讓我們有非常大的能力去建構複雜的資料結構並處理串列（第五章中將更深入討論定址模式）。

六道新指令以暫存器傳遞表示法詳列於下：

JnS

```
MBR ← PC
MAR ← X
M[MAR] ← MBR
MBR ← X
AC ← 1
AC ← AC + MBR
PC ← AC
```

Clear

```
AC ← 0
```

AddI *X*

```
MAR ← X
MBR ← M[MAR]
MAR ← MBR
MBR ← M[MAR]
AC ← AC + MBR
```

JumpI *X*

```
MAR ← X
MBR ← M[MAR]
PC ← MBR
```

LoadI *X*

```
MBR ← X
MBR ← M[MAR]
MAR ← MBR
MBR ← M[MAR]
AC ← MBR
```

StoreI *X*

```
MBR ← X
MBR ← M[MAR]
MAR ← MBR
MBR ← AC
M[MAR] ← MBR
```

表 4.7 整理出 MARIE 完整的指令集。

讓我們看一些使用完整指令集的範例。

表 4.7 MARIE 的完整指令集

運作碼	指令	RTN
0000	JnS X	MBR ← PC MAR ← X M[MAR] ← MBR MBR ← X AC ← 1 AC ← AC + MBR PC ← AC
0001	Load X	MAR ← X MBR ← M[MAR] AC ← MBR
0010	Store X	MAR ← X, MBR ← AC M[MAR] ← MBR
0011	Add X	MAR ← X MBR ← M[MAR] AC ← AC + MBR
0100	Subt X	MAR ← X MBR ← M[MAR] AC ← AC - MBR
0101	Input	AC ← InREG
0110	Output	OutREG ← AC
0111	Halt	
1000	Skipcond	If IR[11—10] = 00 then If AC < 0 then PC ← PC + 1 Else If IR[11-10] = 01 then If AC = 0 then PC ← PC + 1 Else If IR[11-10] = 10 then If AC > 0 then PC ← PC + 1
1001	Jump X	PC ← IR[11-0]
1010	Clear	AC ← 0
1011	AddI X	MAR ← X MBR ← M[MAR] MAR ← MBR MBR ← M[MAR] AC ← AC + MBR
1100	JumpI X	MAR X MBR M[MAR] PC MBR
1101	LoadI X	MAR ← X MBR ← M[MAR] MAR ← MBR MBR ← M[MAR] AC ← MBR
1110	StoreI X	MAR ← X MBR ← M[MAR] MAR ← MBR MBR ← AC M[MAR] ← MBR

範例 4.2 這是一個以迴圈將五個數字相加的範例：

```
十六進
位址           指令
100            Load     Addr   / 載入第一個要加的數字的位址
101            Store    Next   / 將該位址儲存作為下一個要加的數字的指標 Next
102            Load     Num    / 載入要加總的數字的數量
103            Subt     One    / 遞減 1
104            Store    Ctr    / 儲存該值於 Ctr 中作控制迴圈動作之用
105     Loop,  Load     Sum    / 將 Sum 載入 AC 中
106            AddI     Next   / 將位置 X 所指向的值加入 AC
```

```
十六進
位址          指令
107           Store      Sum     / 儲存和至 Sum
108           Load       Next    / 載入 Next
109           Add        One     / 遞增之以指向下一位址
10A           Store      Next    / 儲存回指標 Next 中
10B           Load       Ctr     / 載入迴圈控制變數
10C           Subt       One     / 將迴圈控制變數遞減 1
10D           Store      Ctr     / 將該新值儲存回迴圈控制變數的位置中
10E           Skipcond   000     / 若控制變數 < 0，略過下一道指令
10F           Jump       Loop    / 否則前往 Loop 處
110           Halt               / 結束程式
111   Addr,   Hex        117     / 要被加總的數字從位置 117 放起
112   Next,   Hex        0       / 指向下一個要加的數字的指標
113   Num,    Dec        5       / 要加總的數字的數量
114   Sum,    Dec        0       / 和
115   Ctr,    Hex        0       / 迴圈控制變數
116   One,    Dec        1       / 用於遞增 1 或遞減 1 時
117           Dec        10      / 要被加總的各個數值
118           Dec        15
119           Dec        20
11A           Dec        25
11B           Dec        30
```

注意：程式中的行編號僅用作參考，並不會用於 MarieSim 的環境中。

雖然註解的內容已經不難瞭解，我們還是再看範例 4.2 一次。回憶符號表儲存的是 [符號、位置] 配對內容。Load Addr 指令成為 Load 111，因為 Addr 位於實體記憶體位址 0x111。之後數值 0x117（儲存於 Addr 的數值）被存入 Next 處；其為讓我們可以逐個存取五個要加總的數值（位於十六進位址 117、118、119、11A 與 11B）的指標。變數 Ctr 記錄迴圈已執行過的圈數。因為檢查方式

是 Ctr 為負時結束迴圈，所以每做一圈就將 Ctr 遞減。迴圈開始了，先將（初值為 0 的）Sum 載入 AC。之後以 Next 作為欲加至 AC 的數據的位址。Skipcond 指令在 Ctr 為負時以略過「無條件分支至迴圈開端」指令的方式結束迴圈。程式接著在執行 Halt 指令後結束（按：原文意義略有誤，故稍予補正）。

範例 4.3　本範例說明如何使用 if/else 構造來作選擇。例如，其可實現：

```
if X = Y then
  X = X × 2
else
  Y = Y − X;
```

十六進位址		指令		
100	If,	Load	X	/ 載入第一個值
101		Subt	Y	/ 減去 Y 的值，儲存結果於 AC 中
102		Skipcond	400	/ 若 AC = 0，略過下一道指令
103		Jump	Else	/ 若 AC ≠ 0 則跳至 Else 部分
104	Then,	Load	X	/ 重新載入 X 以便將其值倍增
105		Add	X	/ 將 X 的值加倍
106		Store	X	/ 儲存新值
107		Jump	Endif	/ 略過為偽或稱 else 的部分，去到 if 的結束處
108	Else,	Load	Y	/ 開始 else 部分，先載入 Y
109		Subt	X	/ 自 Y 中減去 X
10A		Store	Y	/ 儲存 Y − X 至 Y 中
10B	Endif,	Halt		/ 結束程式（該指令並沒做多少事！）
10C	X,	Dec	12	/X 的位址，十進形式（按：原文內容誤植；已將之更正）
10D	Y,	Dec	20	/Y 的位址，十進形式（按：原文內容誤植；已將之更正）

範例 4.4　下列程式說明如何以間接定址將串列逐項讀取並輸出。串列以一個空字元 (null) 作結束。

```
十六進
位址  指令
100   Getch,   LoadI      Chptr              / 載入位址 Chptr 中的字元符號
101            Skipcond   400                / 若 AC = 0，略過下一道指令
102            Jump       Outp               / 否則繼續執行
103            Halt
104   Outp,    Output                        / 輸出字元符號
105            Load       Chptr              / 將指標指向下一個字元符號
106            Add        One
107            Store      Chptr
108            Jump       Getch              / 處理下一個字元符號
109   One,     Hex        0001
10A   Chptr,   Hex        10B                / 指標指向「目前」的字元符號
10B   String,  Dec        072      /H        / 字元符號串的定義由這裡開始
10C            Dec        101      /e
10D            Dec        108      /l
10E            Dec        108      /l
10F            Dec        111      /o
110            Dec        032      /[space]
111            Dec        119      /w
112            Dec        111      /o
113            Dec        114      /r
114            Dec        108      /l
115            Dec        100      /d
116            Dec        033      /!
117            Dec        000      /[null]
END
```

範例 4.4 透過印出串列說明 LoadI 與 StoreI 指令的用途。瞭解 C 與 C++ 程式語言的讀者應會熟悉這個模式：開始時先宣告串列中第一個字元符號的記憶

體位址並開始讀取串列直至取得空字元符號。一旦 LoadI 指令在累加暫存器中置入空字元符號，Skipcond 400 指令評估為真，即前往執行 Halt 指令。你會注意到為了處理串列中的每一個字元符號，我們遞增「目前的字元符號」指標 Chptr，以使其指向下一個要印出的字元符號。

範例 4.5 說明 JnS 與 JumpI 如何用於副程式呼叫。該程式使用了另一道組譯器指令 END，該指令告知組譯器程式的結束處在哪裡。其他可能的組譯器指令包括告知組譯器程式中第一道指令的位置者、如何配置記憶體者，以及一段碼是否為程序者。

範例 4.5　本範例說明如何以副程式將儲存於 *X* 的值倍增。

```
十六進
位址         指令
100          Load      X        / 載入第一個要被倍增的數字
101          Store     Temp     / 以 Temp 作為參數來傳遞值到 Subr 中
102          JnS       Subr     / 儲存返回位址、跳躍至程序
103          Store     X        / 儲存已倍增的第一個數字
104          Load      Y        / 載入第二個要被倍增的數字
105          Store     Temp     / 以 Temp 作為參數來傳遞值到 Subr 中
106          JnS       Subr     / 儲存返回位址、跳躍至程序
107          Store     Y        / 儲存已倍增的第二個數字
108          Halt               / 結束程式
109   X,     Dec       20
10A   Y,     Dec       48
10B   Temp,  Dec       0
10C   Subr,  Hex       0        / 在這裡儲存返回位址
10D          Load      Temp     / 倍增數字的副程式
10E          Add       Temp
10F          JumpI     Subr
             END
```

注意：程式中的行編號僅用作參考，並不會用於 MarieSim 的環境中。

使用 MARIE 的簡單指令集即足以讓你建構高階程式語言中的任何構造，譬如迴圈敘述句與 while 敘述句。這些將留作章末的習題。

4.13 解碼的討論：硬連線相對於微程式控制

控制單元實際如何運作？我們已作簡單說明但仍只限於其功效，讓你開始瞭解每一道指令都是由控制單元造成 CPU 正確地執行一序列的步驟。實際上是有一些控制訊號設定了各個數位組件上的控制線來使得事情如預期中發生（回憶第三章中的各種數位元件）。例如，如果在 MARIE 中執行組合語言指令 Add，我們因為 ALU 的控制線設為「做加法」，並且結果將被置入 AC 中而預期加運算會發生。ALU 有各種控制線來決定執行何種運作。現在要問的是「這些控制線是如何設定的？」

以處理器時脈驅動的控制單元負責解碼指令暫存器中二進形式的內容並產生所有必要的控制訊號；基本上，控制單元對程式中每一道指令都會以一連串「控制」步驟導引 CPU 執行。每一控制步驟會使控制單元再產生啟動適切微運作（稱為**控制字組**，control word）的下一組訊號。

有兩種方法可用來設定各控制線。稱為**硬連線控制** (hardwired control) 的第一種方法直接將真正的機器指令（經由邏輯電路來）產生各種控制訊號：指令中分成許多欄位，各欄位中的位元則接到驅動各種數位邏輯組件的各輸入線。稱為**微程式控制** (microprogrammed control) 的第二種方法則使用包含許多能執行指令中微運作的微指令的軟體。我們先原則性地說明機器控制，之後更仔細地討論這兩種控制方法。

4.13.1 機器控制

在 4.8 節與 4.12 節中，我們列出 MARIE 每一道指令的暫存器傳遞語言的說明。暫存器傳遞語言描述的各項微運作其實就定義了控制單元的動作。每一個微運作都代表（指令中）一個特殊的訊號樣式。這些樣式會被送往能為指令執行適當邏輯運作的控制單元中的組合電路。

之前的圖 4.9 表示 MARIE 的數據通道圖。可看見每個暫存器與記憶體都有其順著數據通道標示的位址（由 0 至 7）。這些以訊號樣式表示的位址被控制單元用來控制位元組在系統中的流動。為了方便之後舉例，我們定義兩組訊號：能允許從記憶體或一個暫存器讀取的 P_2、P_1、P_0，與能允許寫入一個暫存器或記憶體的 P_5、P_4、P_3。傳送這些訊號的控制線經過組合邏輯電路處理後連接至這些暫存器上。

圖 4.15 詳細表示 MARIE MBR（其位址是 3）如何連接至數據通道。因為每一個暫存器都以相同方式連接數據通道，我們必須避免它們同時「搶著用」匯流排。使用三態 (tri-state) 元件即可避免之。這種電路以具有三個輸入的三角形表示，透過一個輸入決定電路是否可以如開關般動作：如果該輸入是 1，元件接通於是值可以「流過」；如果該輸入是 0，元件斷路於是不允許值「流過」。用於控制這些元件的各個這種輸入來自於解碼器中的各個由 P_2、P_1、P_0

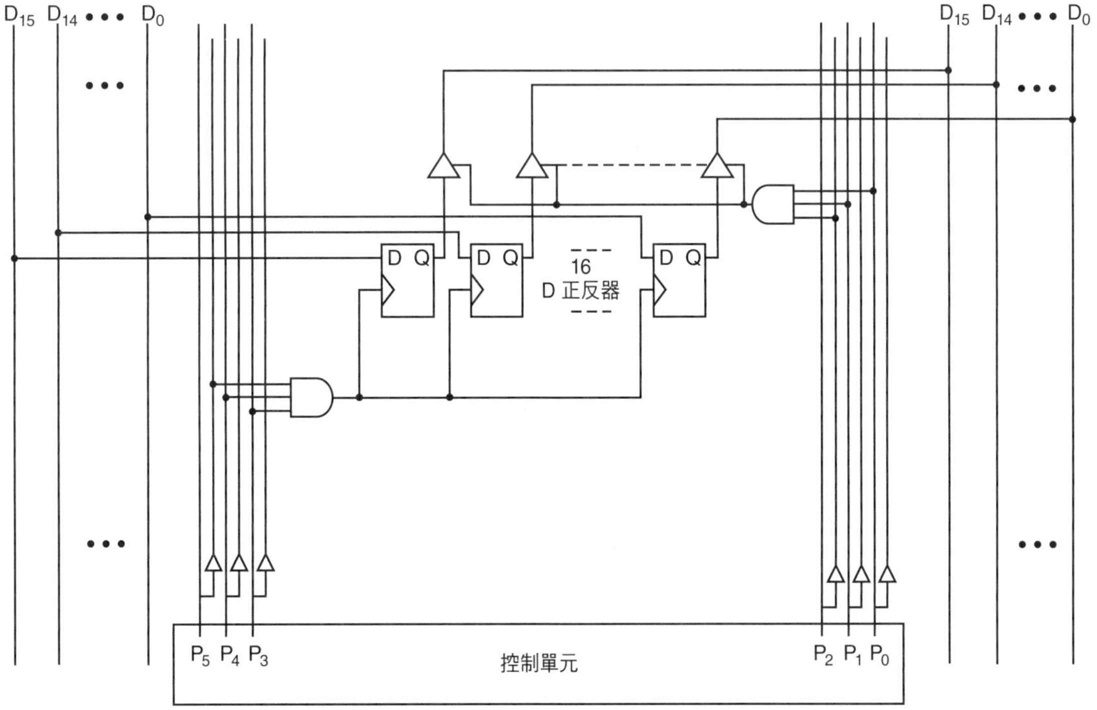

圖 4.15 MARIE 的 MBR 至數據通道的連接

取得輸入的 AND 閘。

在圖 4.15 中，我們看到若 P_1 與 P_0 為 high，則 AND 閘輸出 $P_2'P_1P_0$，當要選取 MBR 來讀取時就會輸出一個 1（表示 MBR 會將內容寫至匯流排上，或稱寫至 $D_{15} - D_0$）；此時任何其他暫存器都因它們的三態元件收到解碼器 AND 閘的 0 形成斷路而不能聯上匯流排。在圖 4.15 中我們也可看出值如何（由匯流排讀出）寫入 MBR：當 P_4 與 P_3 為 high，解碼器的 P_5、P_4、P_3 AND 閘輸出 1，使得 D 正反器被時脈觸動並將匯流排上的值存入 MBR 中（允許數據通道上其他個體讀寫的組合邏輯將留作習題）。

若你研讀 MARIE 的指令集，你會注意到 ALU 只有三種動作：加、減與清除。我們也需要顧慮到指令不牽涉 ALU 的情形，因此需要定義 ALU 的第四種情況「什麼都不做」。因此對於四種動作，MARIE 的 ALU 可以僅用二控制訊號 A_0 與 A_1 來控制。這兩條控制訊號與 ALU 相應的反應示於表 4.8 中。

計算機中的時脈以在恰當時間送出恰當訊號的方式引導一序列微運作工作。MARIE 指令需要用到的時脈數不盡相同。每一時脈週期中發生的各種動作由一個週期計數器發出的訊號作協調。要做到這樣的一個方法是將時脈接到一個同步的計數器上去，然後計數器的輸出接到解碼器中。假設任何指令所需的時脈週期不超過八，則只需使用 3 位元的計數器以及 3 × 8 的解碼器（按：或 8 位元的計數器且不需解碼器等）。解碼器的輸出訊號 T_0 至 T_7 則用以與組合元件與暫存器 AND 在一起以產生指令執行所需的行為。若指令僅需較少的時脈週期數，可在週期數足夠時以計數器重置訊號 C_r 來重置計數器，以備下一機器指令開始執行。

表 4.8 ALU 的各控制訊號與反應

ALU 控制訊號		ALU 反應
A_1	A_0	
0	0	什麼都不做
0	1	AC ← AC + MBR
1	0	AC ← AC − MBR
1	1	AC ← 0 (Clear)

在繼續討論之前，需要先介紹另外兩個觀念，第一個是 RTN 指令：`PC ← PC + 1`。我們已在 `Skipcond` 指令與擷取 - 解碼 - 執行週期的擷取部分中見到它。該動作較想像中複雜：常數 1 需來自某處，這常數與 PC 需輸入至 ALU 中，且結果需寫回 PC 中。因為在這情況下 PC 本質上就是個計數器，因此可以用如同圖 3.31 中的計數器來作為 PC；然而它又不可如此單純，因為我們也要能夠直接將值存入 PC（例如在執行 `Jump` 指令時）。因此我們需要具有額外輸入線能讓我們改寫其中數值的計數器。為了要遞增 PC 的值，我們在這個新電路中加上一個新控制訊號 **IncrPC**；每當這個訊號是設定的且時脈變換時，PC 值即遞增。

第二個要處理的是定在仔細檢視圖 4.9 的 MARIE 數據通道之後就很明顯了。注意：AC 不但能由匯流排讀取數值，也能由 ALU 獲得數值。MBR 也有類似的另一個數據來源，因為它也能讀取匯流排或直接由 AC 得到數值。圖 4.15 中可以加上多工器，並以 L_{ALT} 控制線選擇暫存器要載入的數據是哪一個：是預設的匯流排上的值 ($L_{ALT} = 0$)，還是另一個來源 ($L_{ALT} = 1$)。

將所有上述事項歸納在一起來看看 MARIE 的 Add 指令。其 RTL 是：

```
MAR ← X
MBR ← M[MAR]
AC ← AC+MBR
```

在 Add 被擷取之後，X 即位於 IR 的右側 12 個位元中，且 IR 在數據通道中的位址是 7，因此要將數據通道的三個讀取訊號 $P_2P_1P_0$ 均設為 high 來將 IR 的位元 0 至 11 放上匯流排。在位址 1 的 MAR 需以僅將 P_3 設為 high 來設定其為可寫入。下一句表示我們需至記憶體取得位於 MAR 所指位置中的數據並將之寫入 MBR：雖然似乎要先讀取 MAR 以取得位址，但是在 MARIE 中我們假設 MAR 直接接到記憶體上。由於在圖 3.32 中的記憶體只有一條寫入致能線（標示為 M_W），這種記憶體並不需要另有控制線來做設定即可作讀取。不過現在讓我們也加上一條讀取致能 (M_R) 來修改記憶體；如此 MARIE 即可應付記憶體可能引起的爭用數據匯流排的情形，理由與我們曾於圖 4.15 中使用三態元件類似。MBR 要取得記憶體中讀到的數值則需設定 P_4 與 P_3 為高以寫入之。最後，MBR 與 AC 中的值將相加，而結果將寫入 AC 中。由於 MBR 與 AC 都直接接到 ALU，僅需的控制是：(1) 設定 A_0 以執行加運算；(2) 設定 P_5 以允許 AC 被寫入；與 (3) 設定 L_{ALT} 以使 AC 由 ALU 而非匯流排取得數值。我們可以在 RTN 中加上訊號的樣式來表示各項動作需以前述方式設定相關訊號：

```
P3P2P1P0T3:        MAR ← X
P4P3T4MR:          MBR ← M[MAR]
CrA0P5T5LALT:      AC ← AC + MBR 〔重置時脈週期計數器〕
```

注意：我們是在時脈週期 T_3 開始這些動作，因為擷取已經使用了 T_0、T_1 與 T_2（來複製 PC 值進 MAR、複製記憶體中指定位置的值入 IR 以及遞增 PC 值）。前面列出的第一行（亦即複製 IR[11-0] 進 MAR）已經是「取運算元」動作。最後一行則包含了重置時脈週期計數器的控制訊號 C_r。

在 RTN 中，除了數據訊號 $(D_0...D_{15})$，所有其他訊號若沒有特別聲明則均假設是處於低狀態。圖 4.16 以圖示說明前述相關的訊號樣式順序：在時脈週期 C_3 中，除了 P_0、P_1、P_2、P_3 與 T_3 外，其他控制訊號均為低。設定 P_0、P_1、P_2 使 IR 可被讀取，設定 P_3 則使 MAR 可被寫入。這些動作仍需配合已設定的 T_3 才能發生。在時脈週期 C_4 中，除了 P_3、P_4、M_R 與 T_4 外，其他控制訊號均為低。這個在 T_4 中發生的機器狀態將主記憶體（匯流排上位址 0）中讀到的各個位元組連接到 MBR 的輸入。Add 指令中最後一個微指令在 T_5 中動作，此時和被寫入 AC（因此 L_{ALT} 為高）且時脈週期計數器被重置。

4.13.2 硬連線控制

硬連線控制將指令暫存器中的位元直接透過基本邏輯閘轉換為控制訊號。所有硬連線控制單元都一定需具備三個部分：指令解碼器、週期計數器與控制矩陣。根據系統的複雜性不同，可能還會增加各種特殊暫存器與狀態旗標。圖 4.17 表示一個簡化的控制單元。讓我們仔細檢視之。

第一個必要的部分是**指令解碼器** (instruction decoder)。其責任是將輸出線中

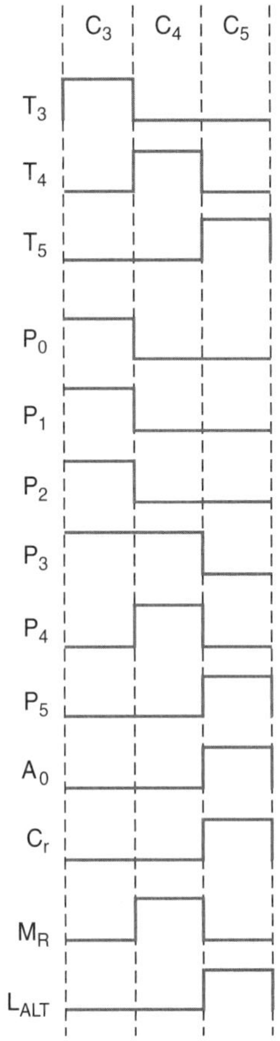

圖 4.16 MARIE Add 指令微運作時序圖

對應於指令暫存器中運作碼的那一組特定的訊號線拉高。若運作碼為 4 位元，則解碼器可以有多至 16 條輸出訊號線（原因？）。MARIE 指令集所使用的部分解碼器示於圖 4.18 中。

下一個重要的部分是控制單元的**週期計數器** (cycle counter)。它隨著系統時脈的變換產生許多各不相同的時間訊號 T_0、T_1、T_2、⋯、T_n。在到達 T_n 後，計數器會回到 T_0。指令集中所有指令需要用到的最大微運作數量決定這些不同時間訊號的數量（亦即 T_n 中的 n 值）。MARIE 在加入 Jns 時，計時器只需要算到七個步驟（T_0 至 T_6）（你可以仔細檢視表 4.7 來驗證這件事）。

能產出不斷重複的時間訊號的循序邏輯電路稱為環式計數器 (ring counter)（按：本敘述不完全正確；有興趣深入瞭解的讀者請參見數位設計相關文

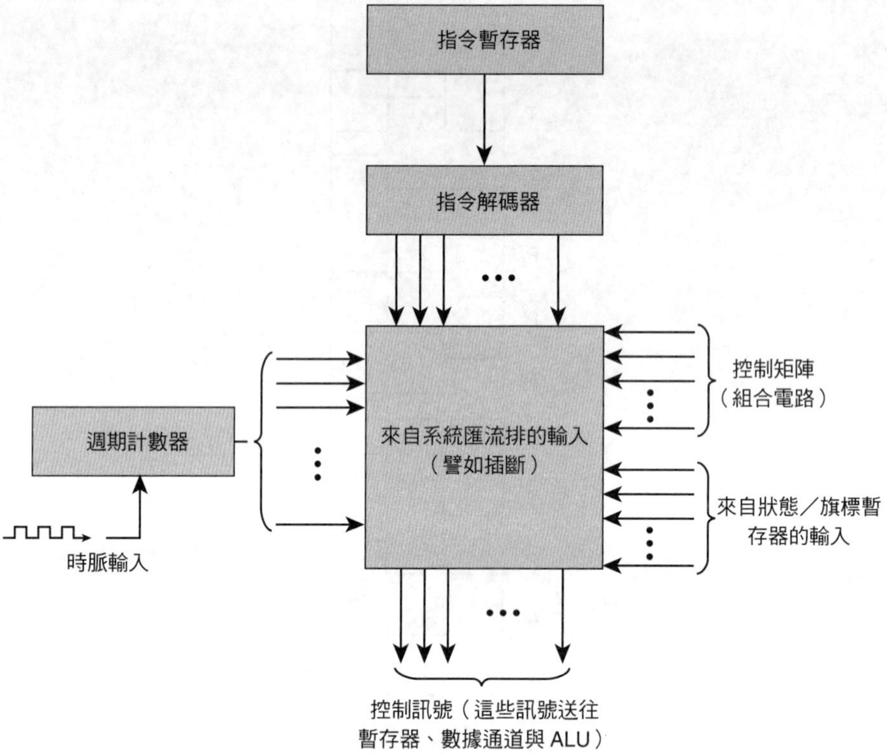

圖 4.17 硬連線形式的控制單元

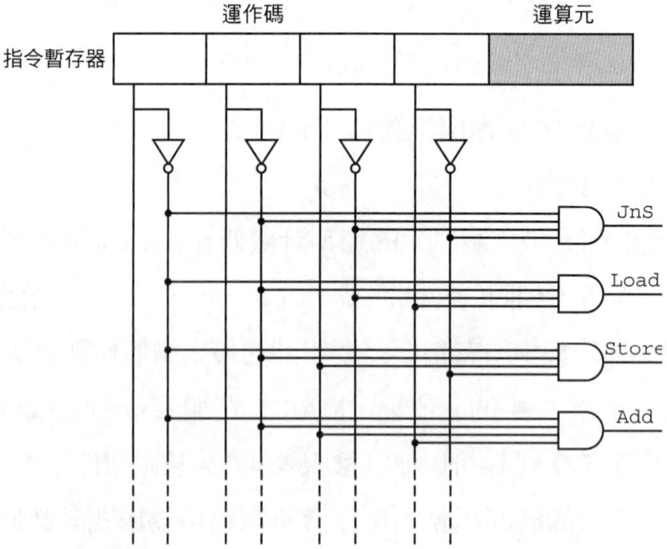

圖 4.18 MARIE 指令集指令解碼器的一部分

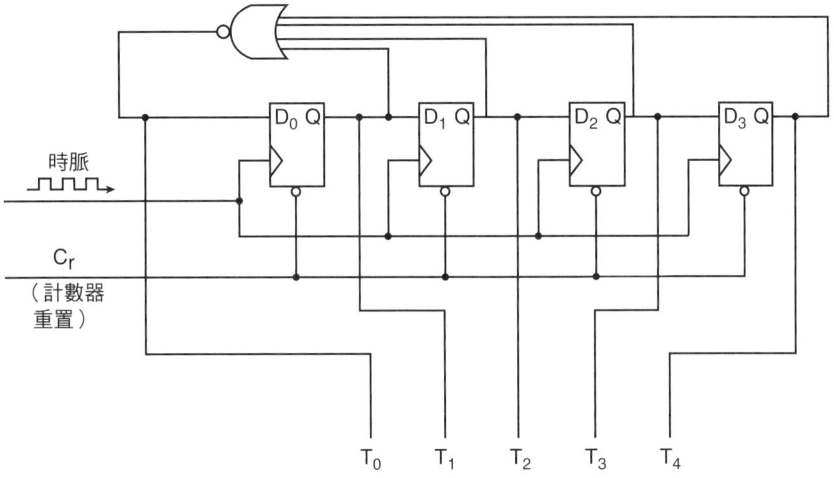

圖 4.19 使用 D 正反器的環狀計數器

獻）。圖 4.19 表示環式計數其中一種作法，設計中選用的是 D 正反器。假設一開始除了接到 D_0 的輸入外，所有其他正反器的輸入都是低（這是因為所有輸出作 NOR 的結果），因此在計數器初始狀態中，輸出 T_0 為高。下次時脈變換時，D_0 的輸出被拉高，（因為 NOR 閘）使得 D_0 的輸入被拉低，T_1 變高而 T_0 變低。不難看出我們已將一個「計時位元」由 D_0 正反器移至 D_1。如果正反器沒有被時脈重置訊號 C_r 重置的話，這個位元會在正反器形成的環中向前直抵 D_n。

來自計數器以及指令解碼器中的訊號會在**控制矩陣** (control matrix) 中共同產出一系列的訊號，來造成牽涉 ALU、暫存器以及數據通道的微運作能夠一路執行下去。

MARIE `Add` 指令的一序列控制訊號，不論是採用硬連線或微程式控制，其結果都是相同的。若採用硬連線控制，機器指令中的位元樣式 (`Add = 0011`) 會直接連到控制單元中的組合邏輯，控制單元於是發出上述的一系列訊號。思考圖 4.17 中的控制單元：最關鍵的部分是指令解碼器與控制單元中邏輯的連接。因為時序是系統中所有動作的關鍵因素，所以時序訊號配合指令中的位元就可導致需要的行為發生。`Add` 指令的硬連線邏輯示於圖 4.20 中。圖中可看到每一個時脈週期如何與指令中的位元 AND 在一起來產生恰當的訊號。每當時脈變換，不同的一群組合邏輯電路就會動作。

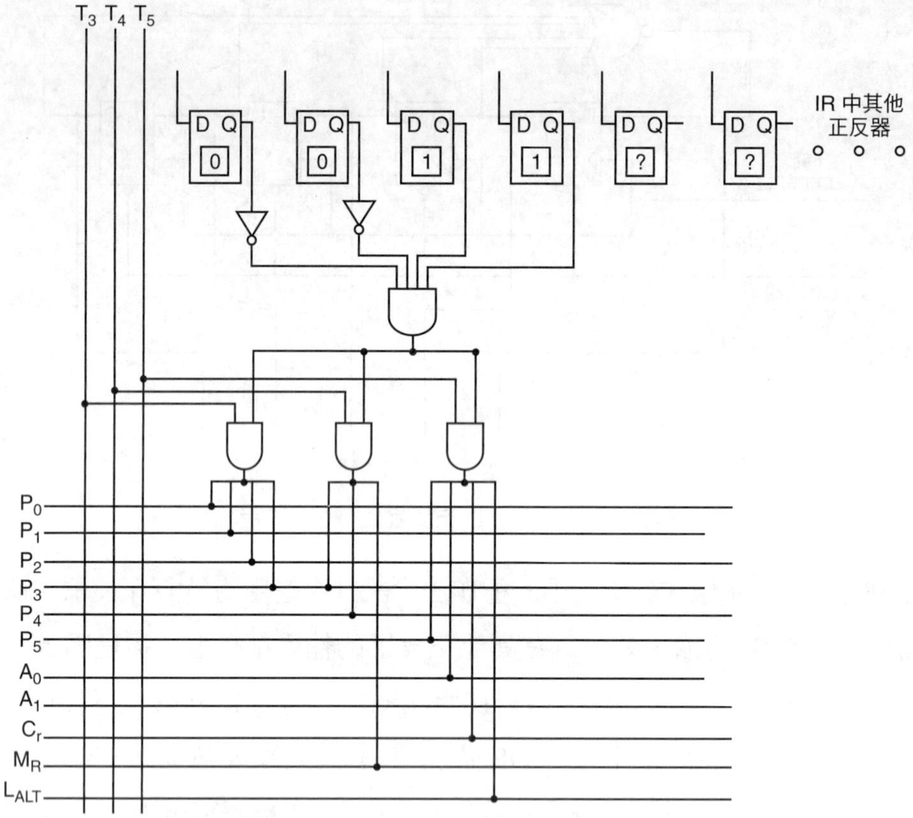

圖 4.20 作 MARIE Add 指令訊號控制的組合邏輯

硬連線控制的優勢是速度，劣勢是指令集與控制邏輯直接經由難以設計與更改的複雜電路結合在一起。如果我們設計一個硬連線的計算機但是稍後想要擴充指令集（如之前對 MARIE 所做的），則計算機中的一些硬體部件必需作更動。但是這樣做成本太高，因為不但需產製新晶片，而且需找到原有晶片的位置來更換。

4.13.3 微程式控制

訊號能控制位元組（其不過是任何我們視為位元組的一些訊號樣式）在計算機系統的數據通道中的流動。這些控制訊號產生的方式就是據以分辨硬連線控制與微程式控制的因素。在硬連線控制中，由時脈送來的時序訊號與組合邏輯電路 AND 在一起來拉高或拉低訊號。硬連線控制需要用到非常複雜的邏輯，使用各種邏輯閘來產生所有控制字組；對具有大指令集的計算機，硬連線控制可能根本不可行。在微程式控制中，則是用指令的**微碼** (microcode) 產出必需的控制訊號。一個通則性的微程式控制單元方塊圖示於圖 4.21 中。

所有機器指令都是作為一個特殊的可將機器指令轉換為一序列控制訊號的程式——**微程式** (microprogram)——的輸入。微程式本質上是一個以微碼寫成且存放在通常稱為**控制儲存區** (control store) 的韌體 (ROM、PROM 或 EPROM) 中的解譯器。每一時脈週期會有一道微碼中的微指令被讀取；哪一道（微）指令會被讀取則取決於當時的機器狀態以及一個像程式計數器般能指出控制儲存

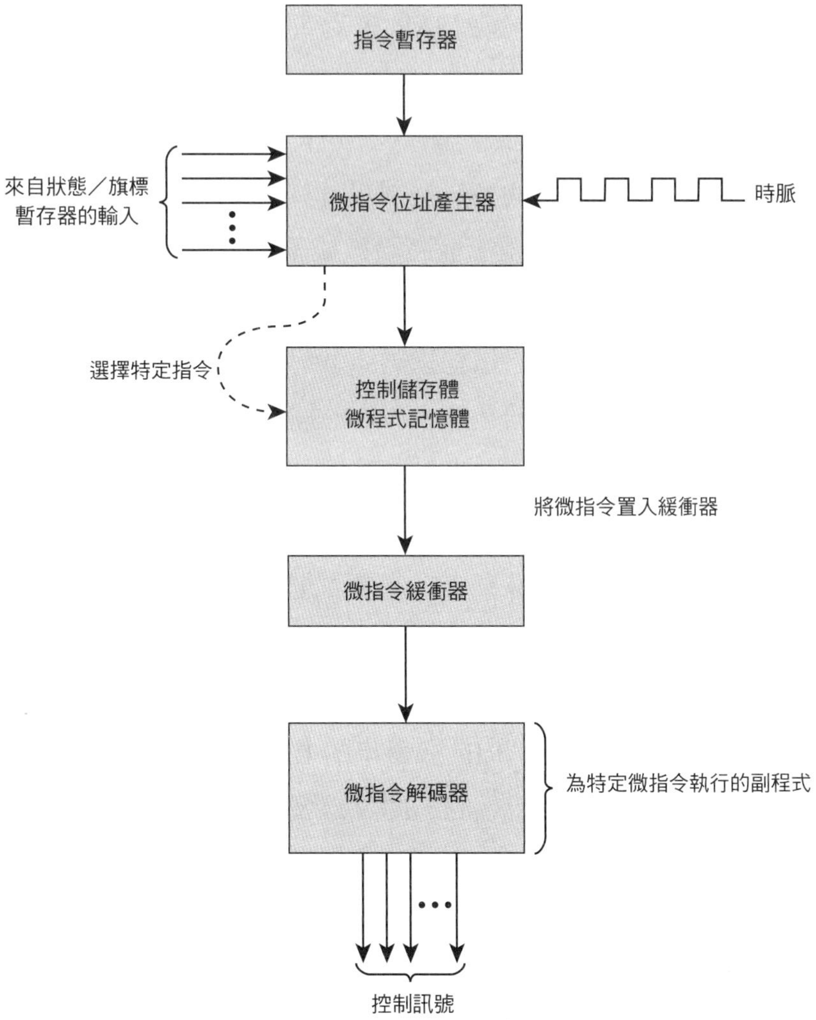

圖 4.21 微程式形式的控制單元

欄位名稱	微運作 1	微運作 2	跳躍	目的地
意義	第一個微運作	第二個微運作	布林變數：設定表示要跳躍	跳躍的目的位址
位元	17 13	12 8	7	6 0

圖 4.22 MARIE 的微指令格式

區中下一道（微）指令的**微循序器** (microsequencer) 的值。如果 MARIE 是微程式控制的，則其微指令的格式可能如圖 4.22 中所示。

每一個微運作對應於一組特定的控制線是否會致動電路。例如，微運作 `MAR ← PC` 必須設定控制訊號來將 PC 的內容放上數據通道，然後傳送至 MAR（包括將時脈訊號變高來使 MAR 接受新值）。微運作 `AC ← AC + MBR` 產生 ALU 作加法的控制訊號，同時也設定時脈來讓 AC 接受新值。微運作 `MBR ← M[MAR]` 產生控制訊號來根據儲存於 MAR 中的位址致動恰當的記憶體晶片（此舉將牽涉對恰當解碼器的多條控制訊號），設定記憶體為被讀取，將記憶體中的數據置於數據匯流排上，並將該數據讀入 MBR 中（這同樣需要循序電路被時脈驅動）。一道微指令可能需要數十（在更複雜的架構中，甚至需要數百或數千條）控制線被致動。這些控制訊號都相當複雜，因此我們假設讀者瞭解執行這些微運作其實就等於是產生所有的控制訊號，因而將討論集中在產生控制訊號的微運作上而不是這些控制訊號本身。另一種瞭解事情如何進行的方法是將每一道微運作與一個控制字組聯想在一起，此字組中的每個位元就是系統中一條（對解碼器、多工器，ALUs、記憶體、移位器、時脈等等的）控制線。微程式控制單元並不「執行」微運作，而只是找出對應該微運作的控制字組並將之傳送至硬體中。

`MicroOp1` 與 `MicroOp2` 是 MARIE 指令集的 RTN 敘述所對應的各個微運作二元碼。完整的（如表 4.7 中所示的）RTN 以及在擷取 - 解碼 - 執行週期中的 RTN 顯示一共只用到 22 個不同的微運作就足以實作出 MARIE 的整套指令集；不過還需要另外兩個微運作。第一個是 `NOP`，表示「沒有動作」。`NOP` 在系統必須等訊號穩定下來（按：意為等運作完成）、等數據從記憶體中讀取回來，或不需做事而只要填補空缺時可派上用場。第二個也是最重要的是，我們需要

表 4.9 微運作碼與對應的 MARIE RTL

微運作碼	微運作	微運作碼	微運作
00000	NOP	01101	MBR ← M[MAR]
00001	AC ← 0	01110	OutREG ← AC
00010	AC ← MBR	01111	PC ← IR[11-0]
00011	AC ← AC - MBR	10000	PC ← MBR
00100	AC ← AC + MBR	10001	PC ← PC + 1
00101	AC ← InREG	10010	If AC = 00
00110	IR ← M[MAR]	10011	If AC > 0
00111	M[MAR] ← MBR	10100	If AC < 0
01000	MAR ← IR[11-0]	10101	If IR[11-10] = 00
01001	MAR ← MBR	10110	If IR[11-10] = 01
01010	MAR ← PC	10111	If IR[11-10] = 10
01011	MAR ← *X*	11000	If IR[15-12] = MicroOp2[4-1]
01100	MBR ← AC		

能比對指令暫存器中前 4 個位元（IR[15-12]）與 MicroOp2 中前 4 個位元的微運作。這道指令對控制 MARIE 微程式的執行極為重要。MARIE 的每一道微運作都被指定一個二元碼，如表 4.9 所示。

MARIE 的整個微程式包含不到 128 個敘述句，因此七個位元即足以區別它們。這表示每一道微指令有七個位元的位址。當 Jump 位元被設定，表示 Dest 欄位含有有效位址。該位址將被置入微循序器中，於是控制會分支到 Dest 欄位所指的位址處繼續執行。

MARIE 的控制儲存區記憶體內含有以連續位址存放的完整微程式。該程式中有一跳躍表以及對應 MARIE 每一運作的一個區塊的碼。MARIE 微程式中（RTL 形式的）前九個敘述句表示於圖 4.23 中（使用 RTL 是為了清晰起見；微程式實際上是以二進的形式儲存）。當 MARIE 初始啟動時，硬體會將微循序器設為指向微程式的位址 0000000，運作亦即從這個進入點開始。可看出微程式中的最先四道敘述就是擷取 - 解碼 - 執行週期中的最先四道敘述。從位址 0000100 開始的包含各個「if」的敘述句是存放那些實現各機器指令的一組組敘述句位址的跳躍表的地方。這些「if」敘述句以分支到能設定控制訊號來實現機器指令的碼區塊的方式來「解碼」指令。

位址	微運作 1	微運作 2	跳躍	目的地
0000000	MAR ← PC	NOP	0	0000000
0000001	IR ← M[MAR]	NOP	0	0000000
0000010	PC ← PC + 1	NOP	0	0000000
0000011	MAR ← IR[11-0]	NOP	0	0000000
0000100	If IR[15-12] = MicroOP2[4-1]	00000	1	0100000
0000101	If IR[15-12] = MicroOP2[4-1]	01000	1	0101010
0000110	If IR[15-12] = MicroOP2[4-1]	00100	1	0101100
0000111	If IR[15-12] = MicroOP2[4-1]	00110	1	0101111
0001000	If IR[15-12] = MicroOP2[4-1]	00010	1	0100111
…	…	…	…	…
…	…	…	…	…
0101010	MAR ← *X*	MBR ← AC	0	0000000
0101011	M[MAR] ← MBR	NOP	1	0000000
0101100	MAR ← *X*	NOP	0	0000000
0101101	MBR ← M[MAR]	NOP	0	0000000
0101110	AC ← AC + MBR	NOP	1	0000000
0101111	MAR ← MAR	NOP	0	0000000
…	…	…	…	…

圖 4.23 挑選的 MARIE 微程式中一些敘述句

在第 0000111 行的敘述句 `If IR[15-12] = MicroOp2[4-1]` 會對第二個微運作欄位的最左 4 個位元與微程式中最前三行敘述句擷取到的指令中的運作碼作比較。這一句敘述句中，我們將運作碼與 MARIE 的 `Add` 運作的二進碼 0011 作比對。如果吻合，`Jump` 位元會被設為真，然後控制傳遞至位址 0101100。

在位址 0101100 處可見到 `Add` 指令對應的（RTN 形式的）微運作。在這些微運作執行時，各控制線會如 4.13.1 節中所述般設定。其中在 0101110 處的最後一道指令中，`Jump` 位元又是已設定的；設定了這個位元就會使得 0000000（跳躍的 `Dest`）移入微循序器中。這樣就能分支回程式最前方擷取週期的開始處。

特別要強調的是微程式控制單元本身就像是一個完整系統的縮影。若要從控制儲存區擷取一道指令，則需設定一些控制訊號。微循序器指向要讀取的指令並繼之遞增。這也就是為什麼微程式控制通常較硬連線控制緩慢的原因——

所有指令在執行時需經過又一層的解譯。不過效能並非一切；微程式具有彈性，設計上又簡單，因此很適用於強大（按：應說是複雜）的指令集。微程式控制很大的優勢是如果需要修改指令集，則僅需更動微程式來配合：不必改動到硬體。因此微程式控制單元的製造與維護成本較低。由於消費性用品的成本至關緊要，因此微程式控制在個人電腦市場上居主流地位。

4.14 計算機架構的實際範例

MARIE 架構設計須盡可能簡單，以便讀者瞭解各種基本的計算機概念而不致太過繁瑣。雖然 MARIE 的架構與組合語言強大得足以處理任何使用如 C++、Ada 或 Java 等高階語言的現代架構能夠完成的工作，但是這架構缺乏效率且程式的編撰與除錯不易！若在 MARIE 中加入更多暫存器來擴充 CPU 的儲存空間則可大大提升其效能。不過讓程式師更輕鬆的作法將有不同考慮。例如，若 MARIE 的程式師希望使用可接受參數的程序。雖然 MARIE 允許使用副程式（程式可分支至碼中各個不同的地方，執行該處的碼，然後返回原處），然並無支援參數傳遞的機制。固然程式可依沒有參數的方式撰寫，不過使用參數不但使程式更有效率（特別是在考慮重用性時），同時也更易於編撰與除錯。

為了允許參數傳遞，MARIE 需要有一個僅能由序列的其中一端存取內容且稱為**堆疊** (stack) 的資料結構。廚房櫃子裡的一疊盤子就是一種堆疊：（正常情況下）盤子繼續疊在上面且由上面取出。因此堆疊是一種**後進先出** (last-in-first-out) 的結構（請參閱書末的附錄 A 中各種資料結構的簡述）。

如果限制數據以這種方式存取，則可以利用主記憶體的一些位置來模擬出堆疊。例如，若以記憶體位置 0000 至 00FF 作為堆疊並以 0000 作開口端，則**推入**（pushing，加入）至堆疊上以及**爆出**（popping，移出）堆疊均僅能在開口端為之。若將數值 2 推入堆疊，其將置於位置 0000。之後若將數值 6 推入堆疊，其將置於位置 0001。之後若作爆出，則 6 將移出。**堆疊指標** (stack pointer)

用於追蹤數據要被推入或爆出的位置（按：即堆疊開口處）。

MARIE 具有許多現代化架構中的特性，只不過並不都是非常具體明顯。以下二節中將介紹兩個現代化的計算機架構來更明確地說明在嘗試接受 Leonardo da Vinci 的忠告的考慮下，為什麼 MARIE 中並不包含一些現代化架構具有的特性。首先介紹的是 Intel 架構（x86 與 Pentium 家族），之後則是 MIPS 架構。選擇這兩種架構的原因是雖然它們在某些方面相似，但卻是根據不同原理來設計的。Intel 架構的 x86 家族中每一成員都是習稱 CISC（complex instruction set computer，**複雜指令集計算機**）的機器，而 Pentium 家族與 MIPS 架構卻是歸屬於 RISC（reduced instruction set computer，**精簡指令集計算機**）的機器。

CISC 機器有很多指令，指令的長度不固定，格式也很複雜，其中會有不少指令相當複雜，一道指令執行起來就會牽涉多項運作（舉例而言，可能一道組合語言指令就可具有迴圈功能）。ClSC 機器基本的缺憾在於少許複雜的 ClSC 指令就可能足以大大拖累系統的速度。設計師們決定回歸到較不複雜的架構來採用少量（但已完整）的指令集並以硬連線的方式使之能極快速執行。這也表示編譯器有責任（按：也更易於）產生這種 lSA 的高效率程式碼。採用這種原理的機器稱為 RlSC 機器。

RlSC 這稱呼並不太恰當。指令的數目是縮減了，不過 RlSC 機器的主要目的是簡化指令使它們能執行得更快速。每一道指令只執行一個運作，指令長度都一樣，只使用少數的格式，以及所有算術運算都只能使用暫存器中的數據（記憶體中的數據則不可在此作為運算元）。在 1982 年之後出現的幾乎（對任何架構的）所有新指令集都是 RlSC，或是某種形式的 ClSC 與 RlSC 的組合。我們將在第九章中詳細討論 ClSC 與 RISC。

4.14.1 Intel 架構

Intel Corporation 發展了許多不同的架構，你可能也熟悉其中一些。Intel 第一個受歡迎的晶片 **8086** 於 1979 年面世並受 IBM PC 採用。它處理 16 位元的數據並具有 20 位元的位址，因此可定址百萬位元組的記憶體（8086 的近親，8 位元的 8088，也用於許多個人電腦中來降低成本）。8086 CPU 分成兩個部分：包含一般暫存器與 ALU 的**執行單元** (execution unit)，以及包含指令貯列、區段暫存器與指令指標的**匯流排介面單元** (bus interface unit)。

8086 具有四個稱為 AX（為主要的累加器）、BX（用於擴充定址能力的基底暫存器）、CX（計數暫存器）與 DX（數據暫存器）。每一個暫存器又分為兩部分：最重要的部分稱為「高位」部分（標記為 AH、BH、CH 與 DH），而最不重要的部分稱為「低位」部分（標記為 AL、BL、CL 與 DL）。不同的 8086 指令需要使用特定的暫存器，不過各暫存器也能用於其他用途。8086 也具有三個指標暫存器：用於表示堆疊中位移量的堆疊指標 (SP)；用於存取推入堆疊中的參數的基底指標 (BP)；與存放下一道指令的位址（類似 MARIE 的 PC）的指令指標 (IP)。還有兩個索引暫存器：作為串列運作中的來源指標的 SI（source index，來源索引）暫存器，與作為串列運作中的目的地指標的 DI（destination index，目的地索引）暫存器。8086 還有一個**狀態旗標暫存器** (status flags register)，暫存器中各個位元表示各種如滿溢、同位、進位觸發的插斷等等的狀態。

一個 8086 組合語言程式可劃分成不同的**區段** (segments)，各區段都是存放特定形態資訊的特別區域。一個是碼區段（存放程式用），一個是數據區段（存放程式的數據用），另一個是堆疊區段（存放程式的堆疊用）。要從任何一個這些區段中存取資訊都必須指定該項目從相關區段的開頭算起的位移量，因此也需要有這些區段指標來存放區段所處的位址。這些暫存器包含碼區段 (CS) 暫存器、數據區段 (DS) 暫存器與堆疊區段 (SS) 暫存器。還有第四個稱為額外區段 (ES) 暫存器，某些串列運作用以處理記憶體定址的區段暫存器。位址以使用區段／位移，以 *xxx:yyy* 形式呈現的定址方式定義，其中 xxx 是區段暫存器中的值而 yyy 是位移值。

在 1980 年 Intel 推出在 8086 機器指令集中加入浮點指令以及一個 80 位元寬的堆疊的 8087。許多新推出的晶片基本上都使用與 8086 相同的 ISA，包括 1982 年（可定址 16 百萬個位元組）的 80286 與 1985 年（可定址 4 個十億位元組的記憶體）的 80386。80386 是 32 位元的晶片，也是一般稱為 **IA-32**（代表 Intel Architecture，32 位元）這個家族中的第一個晶片。當 Intel 由 16 位元的 80286 走向 32 位元的 386 時，設計師們要求這些新的架構能夠**向後相容** (backward compatible)，意思是為較早期不夠強大的處理器編撰的程式要能在較新較快速的處理器上執行。例如，之前在 80286 上執行的程式也要能執行於 80386 上。因此 Intel 沿用了相同的架構與暫存器集（新功能會在每一個後繼機型中出現，所以不可能保證向前相容性 forward compatibility）。

從 16 位元變成 32 位元的 80386 對暫存器的命名規則是在名稱前加上前置的「E」（表示「extended」）。因此原來的 AX、BX、CX 與 DX 變成了 EAX、EBX、ECX 與 EDX。同樣的規則也用於所有其他暫存器上。不過程式師還是可以透過當初的各稱存取原來的暫存器，例如 AX、AH 與 AL。圖 4.24 以 AX 暫存器為例說明各種存取的方法。

80386 與 80486 都是 32 位元的機器，也都使用 32 位元的數據匯流排。80486 增加了一個可大大提升效能的高速**快取** (cache) 記憶體（更多快取與記憶體的細節請見第六章）。

Pentium 系列（見邊註欄「名稱的意義？」以瞭解為什麼 Intel 停止使用數字作為名稱而改用「Pentium」這個名稱）始自於擁有 32 位元暫存器與 64 位元數據匯流排並採用**超純量** (superscalar) 設計的 Pentium 處理器。超純量表示 CPU 具有多個 ALUs 並能在一個時脈週期中派發出多於一道指令（亦即允許指令平行進行）。Pentium Pro 加上了分支預測，Pentium II 再加上 MMX 技術（大部分人應同意它並非極為成功）來處理多媒體。Pentium III 加入更多（採用浮點指令的）對 3D 圖像的支援。傳統上 Intel 在它整個處理器系列中採用的都是典型的 ClSC 方式。較後期的 Pentium II 與 III 採用綜合的方式，以將 ClSC 指令轉換為 RlSC 指令的方式並使用 RlSC 核（按：亦稱核心，意即多核處理器中的各個核）來沿用 ClSC 的架構。Intel 也已配合著潮流漸漸從 ClSC 而向

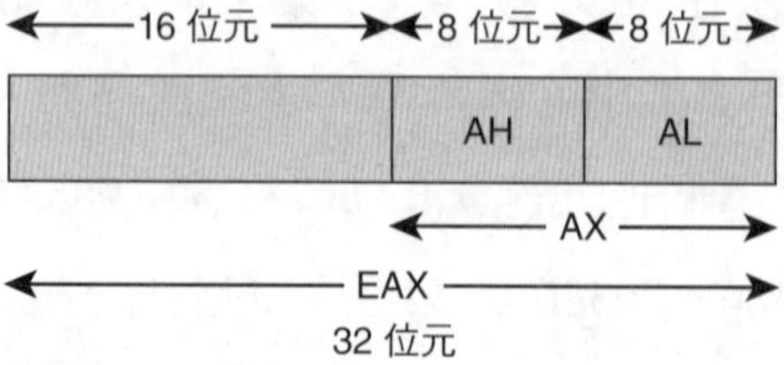

圖 4.24 EAX 暫存器，分為不同部分

RISC 靠攏。

Intel CPUs 家族的第七代稱為 Intel **Pentium IV**（亦稱 **Pentium 4**）。這個處理器與它的前身各代在幾個方面有所不同，其中數項並不屬於本書的範疇。取其大者而言，Pentium IV 處理器時脈速率高達 1.4 與 1.7GHz，CPU 使用至少 42 百萬個電晶體，並採用 **NetBurst 微架構** (NetBurst microarchitecture)。[直到本書完稿時 Pentium 家族中的處理器都是基於相同的這種**微架構** (microarchitecture)；這個名稱是用於說明指令集之下所採用的架構。] 這種架構包括四種明顯的進步：超管道化，是更寬的指令管道（管道化處理將於第五章中討論）以求同時處理更多指令；快速的執行引擎（Pentium IV 有兩個算術邏輯單元）；執行軌跡快取，是儲存解碼過的指令以求下次再用到時不必再對其解碼的快取（按：可知其指令解碼仍是冗長且不規則的過程，否則在管道化處理中此舉實無必要。）（按：此快取稱為 execution trace cache；另有一種 trace cache，其目的與作法均不同。）；與 400MHz 的匯流排。這些因素使得 Pentium IV 對多媒體應用極為有用。

Pentium IV 處理器也推出**超多緒處理** (hyperthreading, HT)。**緒** (threads) 是一個程序的環境中可各自獨立執行的工作。緒與其父程序共用碼與數據，然亦有其自有的資源，包括一個堆疊與一個指令指標。由於多個子緒與父程序共享資源，緒只能使用較一個程序為少的系統資源。擁有多個處理器的系統透過將多個緒在處理器上平行執行的方式提升效能。然而 Intel 的 HT 能夠將單一處理器模擬成兩個邏輯上（或虛擬）的處理器——於是作業系統實際上可將其實是單一的處理器看作兩個（要利用 HT 的話，作業系統一定要具備處理緒的能力）。HT 透過共享、提供多套，或分配包括暫存器、數學單元、計數器與快取記憶體等晶片資源的混合方式支援單處理器的多緒處理。

HT 複製多份處理器的架構狀態，然而允許緒間共用主要的執行資源。這樣的共享使得緒可以利用原本（例如在發生快取錯失的狀況下）可能閒置的資源，能在資源利用與潛在效能增益分別獲得高達 40% 與 25% 的改善。效能增益的程度與應用有關，而強調計算的應用可獲得最大的增益；常見的如文字處理程式與試算表等程式則最難以在 HT 技術中獲益。

名稱的意義？

Intel 公司為目前的微計算機製造大約 80% 的 CPUs。這個事情開始於 1971 年第一個上市的微處理器或「單晶片上的 CPU」，4 位元的 4004。四年之後，Intel 具有 6000 個電晶體的 8 位元 8080 被置入第一台個人電腦 Altair 8800 中。隨著晶片內可以放進更多電晶體，Intel 持續於 1978 年與 1979 年推出 16 位元的 8086 與 8088（兩者均使用大約 29,000 個電晶體）。這兩個處理器被使用在 IBM 個人電腦（稍後亦稱為 XT）中並成為業界標準而真正開啟了個人電腦的時代。

80186 於 1980 年推出，雖然顧客可以選擇 8 位元或 16 位元的版本，它卻從未被用於個人電腦中。到了 1982 年，Intel 推出 16 位元具有 134,000 個電晶體的 80286。不到五年時間，已有多於 1,400 萬台個人電腦使用了 80286（大部分人簡稱其為「286」）。在 1985 年，Intel 推出了第一個 32 位元的微處理器 80386。386 這顆多工的晶片以其 275,000 個電晶體與每秒 500 萬道指令的運作速度而獲得立即的成功。四年之後，Intel 推出 80486，擁有驚人的每晶片 120 萬電晶體並可於每秒完成 1,690 萬道指令！ 486 加上它內建的數學共處理器是第一個真正能與大型計算機相抗的微處理器。

在這麼鉅大的成功與品牌認同之下，為什麼 Intel 突然停止使用 80x86 名號，並於 1993 改稱後繼產品做 Pentium？在當時，很多公司在複製 Intel 的設計並使用相同的編號名稱。其中最成功的一家是超微 (Advanced Micro Devices, AMD) 公司。AMD486 處理器已被許多可攜式與桌上型計算機採用。另一家則是生產 486SLC 晶片的 Cyrix 公司。Intel 在推出它的下一個處理器前，詢問了美國專利商標局是否可將「586」這個名稱註冊為商標。在美國，數字不能作為商標（有些國家的確允許以數字作商標，譬如標緻汽車以三位數字、中間位數為 0 的型號作為商標）。Intel 的商標申請被拒絕，因此更改名稱為 Pentium（細心的讀者應會注意到 pent 意為 5，如用於五角型 pentagon 時）。

有趣的是當 Intel 採用新命名時大概也正是它大量張貼「Intel inside」（「裡面使用的是 Intel 產品」）標籤的時候。同樣有趣的是 AMD 推出了其稱之為 PR 評等系統的方法來比較它的 x86 處理器與 intel 處理器。PR 代表「Performance Rating」（效能評等）（而並非如許多人以為的是「Pentium Rating」Pentium 評等），目的是向顧客說明某特定處理器相對於 Pentium 其效能如何。

Intel 繼續以基於 Pentium 的命名方式製造晶片。第一個 Pentium 晶片上有 300 萬個電晶體，以每秒 2,500 萬道指令的速度運作，且時脈速度是 60 至 200MHz。Intel 使用了許多種 Pentium 名稱的變體，包括在 1997 年透過 MMX 指令集以求改善多媒體效能的 Pentium MMX。

其他製造商也繼續設計晶片來與 Pentium 產品線競爭。AMD 推出了 AMD5x86 以及之後的 K5 與 K6 來與 Pentium MMX 技術競爭。AMD 給它自己的 5x86 處理器「PR75」的評等，表示這處理器與以 75MHz 執行的 Pentium 同樣快速。Cyrix 推出了 6x86 晶片（或稱 M1）與 MediaGX，之後則是 Cyrix 6x86MX(M2) 來與 Intel MMX 競爭。

Intel 在 1995 年向前推進到 Pentium Pro。這顆處理器擁有 550 萬顆電晶體但晶片僅略大於 25 年前推出的 4004。Pentium II 是介於 Pentium MMX 與 Pentium Pro 之間的產物，包含 750 萬個電晶體。AMD 持續保持競爭力，並於 1998 年推出 K6-2，稍後繼以 K6-3。為了要提高低階市場的占有率，Intel 推出了稱為 Celeron 的初階版本且快取記憶體更小的 Pentium II。

Intel 於 1999 年推出 Pentium III。這顆包含 950 萬電晶體的晶片使用（擴充了 MMX 的）SSE 指令集。Intel 以直接將快取置入核 (core) 中讓快取的動作快上許多來繼續強化這個處理器。AMD 於 1999 年推出 Athlon 產品線來與 Pentium III 競爭（直到本書截稿，AMD 仍繼續生產 Athlon 系列的產品）。在 2000 年 Intel 推出 Pentium IV，視核的不同，晶片可包含 42 至 55 百萬個電晶體。Intel 在 2002 年的 Itanium 2 含有 2 億 2,000 萬個電晶體，而 2004 年的新的 Itanium 則有 5 億 9,200 萬個電晶體。到了 2008 年，Intel 做出了 7 億 3,100 萬電晶體的 Core i7。到了 2010 年，Core i7 中的電晶體數已經達到 10 億！ 2011 年中，推出的 Xeon 中含有超過 20 億個電晶體，隨後的 2012 年 Itanium 包含 30 億個電晶體而 Xeon 更有超過 50 億個！

明顯地，將它的處理器名稱由 x86 這個稱號改為基於 Pentium 的系列並未影響 Intel 的成功。不過因為 Pentium 是處理器領域中最知名的商標之一，業界觀察家們在 Intel 推出其 64 位元的 Itanium 處理器時並未納入 Pentium 字樣深感驚訝。有人相信這個晶片名稱引起了反效果，他們把這個晶片聯想到一艘沈沒的船造成一些人稱呼這晶片做 Itanic（按：那艘船的名稱是鐵達尼號 Tatanic）。

雖然上述討論中介紹了 Intel 處理器的編年，它也說明過去 30 年來摩爾定律非常精確地實現了。我們也僅只檢視 Intel 與模仿它的各種處理器。另有許多我們未曾提及的處理器，包括 Motorola、Zilog、TI、RCA 以及許多其他公司所生產者。隨著不斷提高的效能與降低的成本，幾可斷言微處理器已經是計算機市場上最廣受歡迎的處理器類型。更驚人的是這個趨勢在最近的將來毫無改變的徵兆。

在 2001 年 **Itanium** 的推出開始了 Intel 的第一個 64 位元晶片 (**IA-64**)。Itanium 使用以暫存器為基礎的程式語言並有非常豐富的指令集。它也採用硬體模仿器來保持對 IA-32/x86 指令集的向後相容性。這個處理器有四個整數單元、兩個浮點單元、大量且具有四個不同層次的快取記憶體（快取的層次於第六章中討論）、128 個浮點暫存器、128 個整數暫存器，以及多個用於在分支的情況下有效率載入指令的雜項暫存器。Itanium 可以定址高達 16GB 的主記憶體。Intel 也在 2006 年公布它廣受歡迎的「core」微架構。

一個架構的組合語言可以透露出架構的重要資訊。要比較 MARIE 與 Intel 兩種架構，可以先回顧範例 4.2 中 MARIE 以迴圈加總五個數字的程式。將該程式以 x86 組合語言重寫之則如範例 4.6 中所示。注意新加入了 `Data` 區段的指令與 `Code` 區段的指令。

範例 4.6　一個撰寫來執行於 Pentium 上以迴圈加總五個數字的程式。

```
        .DATA
Num1    DD      10                      ；將 Num1 初始化為 10
        DD      15                      ；Num1 之後每個字組也作初始化
        DD      20
        DD      25
        DD      30
Num     DB      5                       ；初始化迴圈計數器
Sum     DB      0                       ；初始化 Sum
        .CODE
        LEA     EBX,    Num1            ；將 Num1 的位址載入 EBX
        MOV     ECX,    Num             ；設定迴圈計數器
        MOV     EAX,    0               ；初始化 Sum
        MOV     EDI,    0               ；初始化（要被加總的數字的）位移值
Start:  ADD     EAX,    [EBX+EDI*4]     ；加第 EBXth 個數字至 EAX 中
        INC     EDI                     ；將位移值遞增 1
        DEC     ECX                     ；將迴圈計數器遞減 1
        JG      Start                   ；若計數器大於 0，回到 Start 處
        MOV     Sum,    EAX             ；將結果儲存於 Sum 中
```

我們可在這個程式中使用迴圈的敘述來使它更容易閱讀（也使它看起來更不像 MARIE 的組合語言）。語法上迴圈指令就像是 jump 指令，因為它同樣需要用到標籤。該迴圈可以改寫如下：

```
        MOV     ECX,    Num                 ；設定計數器
Start:  ADD     EAX,    [EBX + EDI * 4]
        INC     EDI
        LOOP    Start
        MOV     Sum,    EAX
```

x86 組合語言中的迴圈敘述很像 C、C++、Java 中的 `do...while` 結構。不同處在於沒有明確的迴圈變數——在這裡 ECX 被用作迴圈計數器。在執行迴圈指令時，處理器將 ECX 遞減 1，然後測試 ECX 是否為 0：若其不為 0，則控制跳至 Start；若其為 0，則迴圈結束。Loop 敘述是可以加入的指令形態，以減輕程式師的工作負擔，但並非不可或缺之一例。

4.14.2 MIPS 架構

MIPS 家族的 CPU 已是它所屬類別中最成功與具彈性者之一。MIPS R3000、R4000、R5000、R8000 與 R10000 是 MIPS Technologies, Inc. 的許多註冊商標中的一些。MIPS 的晶片除了計算機（例如 Silicon Graphics 機器）與各種用到計算機的玩具（Nintendo 與 Sony 在許多它們的產品中使用 MIPS CPU）外，主要用於嵌入式系統中。Cisco 是一家非常成功的網際網路路由器公司，也採用了 MIPS 的 CPUs。

第一個 MIPS ISA 是 MIPS I，之後又有 MIPS II 以至 MIPS V。目前的 ISAs 統稱 MIPS32（意為 32 位元架構）與 MIPS64（意為 64 位元架構）。本節的討論只針對 MIPS32。特別注意到 MIPS Technologies 作了一個與 Intel 類似的決定——在 ISA 演進的同時，保持著向後的相容性。以及與 Intel 一樣，每一個 ISA 的新版本都加入新運作與指令來提高效率與處理浮點數值。新的 MIPS32 與 MIPS64 架構在 VLSI 技術與 CPU 組織上有著顯著的改善。導致的結果是較

傳統架構有顯著的成本與效能優勢。

如同 IA-32 與 IA-64，MIPS ISA 包含一套豐富的指令集，內含算術、邏輯、比較、數據傳遞、分支、跳躍、移位與多媒體指令。MIPS 屬**載入／儲存式架構** (load/store architecture)，意思是所有指令（載入與儲存指令除外）一定只能以暫存器作為運算元（不得以記憶體內容作運算元）。MIPS32 擁有 168 道 32 位元的指令，但是有許多雷同。例如，有六道不同的加指令，全都做數字相加，只在使用的運算元與暫存器上有不同。這樣的同樣運作而有多種指令的作法在組合語言指令集中屬常見。MIPS 中也有另一道常見的指令 NOP，它除了耗去時間以外並不真正做任何事（NOPs 會用於管道化處理中，如第五章中所述）。

MIPS32 架構中的 CPU 具有 32 個 32 位元、編號由 r0 至 r31 的通用暫存器（其中兩個具有特殊功用：r0 接線成其值為 0，而 r31 是某些指令預設會使用到的暫存器，表示指令中不須特別指名它）。在 MIPS 組合語言中，這 32 個通用暫存器標示為 $0、$1、...、$31。暫存器 1 被保留作特別用途，而暫存器 26 與 27 由作業系統的核心使用。暫存器 28、29 與 30 是指標暫存器。其餘的暫存器可使用其編號來指名，或參考表 4.10 中它們命名的方式。例如，暫存器 8 可表以 $8 或 $t0。

另有兩個特殊用途暫存器 HI 與 LO 用來存放某些整數運作的結果。當然也會有一個 PC 暫存器，因此共有三個特殊用途暫存器。

MIPS32 具有 32 個 32 位元的浮點暫存器可用於單精確度浮點運作（而雙精確度數值則需存放於這些暫存器裡的一對編號連續、奇大於偶的暫存器中）。

表 4.10 MIPS32 暫存器命名慣例

命名慣例	暫存器編號	暫存器中的數值
$v0-$v1	2-3	Results, expressions
$a0-$a3	4-7	Arguments
$t0-$t7	8-15	Temporary values
$s0-$s7	16-23	Saved values
$t8-$t9	24-25	More temporary values

另有四個浮點單元使用的特殊目的浮點控制暫存器。

我們繼續以 MIPS32 組合語言撰寫範例 4.2 與 4.6 的程式來作比較。

範例 4.7

```
...
                .data
        # $t0 = sum
        # $t1 = loop counter Ctr
Value:  .word 10,15,20,25,30
        Sum = 0
        Ctr = 5
        .text
        .global main              # 宣告 main 是一個全域變數
main:   lw $t0, Sum               # 將存放 Sum 的暫存器初值設為 0
        lw $t1, Ctr               # 複製 Ctr 的值入暫存器中
        la $t2, value             #$t2 是指向目前數值的指標
while:  blez $t1, end_while       # 若計數器 < = 0 則迴圈已完成
        lw $t3, 0($t2)            # 載入距指標的位移量為 0 處的數值
        add $t0, $t0, $t3         # 將數值加入 Sum 中
        addi $t2, $t2, 4          # 前往下一筆數值
        sub $t1, $t1, 1           # 遞減 Ctr
        b while                   # 回到迴圈頂端
        la $t4, sum               # 載入 Sum 位址至暫存器中
        sw $t0, 0($t4)            # 將 Sum 寫入其記憶體位置中
...
```

這裡與 Intel 碼的相似處在於將迴圈計數器複製入一個暫存器中，在每個迴圈往復中遞減之，然後檢視其值是否小於等於 0。暫存器的稱呼看來可怕，不過一旦你瞭解命名的規則與意義，它們其實是更便於使用的。

如果你使用 MARIE 模擬器的經驗愉快並打算嘗試比較複雜的挑戰，一定會發現 **MIPS 組譯器與執行過程模擬器** (MIPS Assembler and Runtime Simulator, MARS)，會讓你喜歡。MARS 是 Kenneth Vollmar 與 Pete Sanderson 特別為學

士班教育設計、以 Java 撰寫的 MIPS R2000 與 R3000 模擬器。它以有效且讓人愛用的圖形介面提供所有重要的 MIPS 機器的功能。**SPIM** 是另一個廣受學生以及專業人士採用的 MIPS 模擬器。這兩個模擬器都可免費下載並可執行於 Windows XP 與 Windows Vista、Mac OS、Unix 與 Linux 上。欲取得更多資訊則請見章末的參考文獻。

檢視範例 4.2、4.6 與 4.7，可看出指令都相當類似。暫存器以不同的方式被參考到，命名的方式也不同，不過真正發生的動作基本上是相同的。有些組合語言有較大的指令集，讓程式師在撰寫各種演算法時有更多變化。不過正如我們在介紹 MARIE 時提到的，並非一定要有大的指令集才完成得了工作。

本章總結

本章介紹一個簡單的架構 MARIE 來作為瞭解基本擷取 - 解碼 - 執行週期以及計算機實際上如何運作的媒介。這個簡單架構加上一個 ISA 與一個組合語言，並輔以後二者間關聯性的詳述，即可讓我們為 MARIE 撰寫程式。

CPU 是任何計算機中的主要組件。其內含一數據通道（概為以匯流排連接的暫存器與 ALU）與一負責如何進行運算與數據傳遞、並產生時序訊號的控制單元。所有組件都使用這些時序訊號來共同運作。I/O 子系統負責將數據送入計算機並輸出數據給使用者。

MARIE 是一個設計來專為說明本章所介紹的觀念而不必糾纏於過多技術細節且非常簡單的架構。MARIE 具有 4K 個 16 位元字組的主記憶體，使用 16 位元的指令，並擁有七個暫存器。通用的暫存器只有 AC 一個。MARIE 的指令以 4 位元作為運作碼且以 12 位元作為位址。另外介紹了一種在暫存器層級上檢視每一道指令做什麼事且稱為暫存器傳遞標記法的符號式方法。

擷取 - 解碼 - 執行週期包含了計算機依循以執行（指令甚至一個）程式的過程。指令被擷取之後被解碼，任何（可能）需要用到的運算元也被擷取，最後該指令被執行。插斷在這種週期的開頭處被處理（按：實際上的可能性並不止於此），並於插斷處理程序處理完成後回到正常的擷取—解碼—執行狀態（按：注意此處並不一定指返回原程式被中斷處繼續執行，讀者閱讀文字時一定要用心體會）。

機器語言（程式）是代表可執行的機器指令的一序列二進數字，相對而言組合語言程式則是使用符號式的指令來代表機器語言程式中數字式的形式。組合語言是一種程式語言，但並不提供程式師許多種類的數據型態或指令。組合語言程式代表一種較低階的編程方法。

你可能會同意以 MARIE 組合語言來編程至少可以說是非常繁瑣的。我們看到了大部分分支一定要程式師以跳躍與分支指令明確地處理。從這個組合語言到例如 C++ 或 Ada 等高階語言間差異還非常大。不過組譯過程已是將源碼轉換成機器能瞭解的形式的過程中的一個步驟。我們介紹組合語言時並未期待你會衝動得立刻把自己變成組合語言程式師；這個介紹只不過想要讓你更清楚瞭解機器架構與指令和架構如何互相關聯。組合語言也應該使你具有在高階的 C++、Java 或 Ada 程式背後到底事情是如何發生的基本瞭解。雖然 x86 與 MIPS 的組合語言程式比 MARIE 者容易撰寫，但它們全都比高階語言程式更難撰寫與除錯。

基於兩個原因我們介紹了 Intel 與 MIPS 的組合語言與架構（但並非深入地）。第一，比較各種架構是有趣的，開始於非常單純的架構並漸及於更為複雜與細緻的架構。請特別注意彼此的相異與相似點。第二，雖然 Intel 與 MIPS 的組合語言看起來和 MARIE 的組合語言不同，它們其實非常類似。指令存取記憶體與暫存器，以及有傳遞數據的、進行算術與邏輯運算的和分支的指令。MARIE 的指令集非常簡單並缺乏許多存在 Intel 與 MIPS 指令集中的「對程式師友善」的指令。Intel 與 MIPS 也比 MARIE 多出許多暫存器。除了指令數量與暫存器數量的差異外，各種語言的功能性幾乎完全一樣。

進一步閱讀

MARIE 的模擬器可於本書首頁中取得。該模擬器可組譯並執行 MARIE 程式。

欲獲得 CPU 組織與 ISAs 更詳細的資訊，可參考 Tanenbaum (2013) 與 Stallings (2013) 的書。Mano 與 Ciletti (2006) 中有微程式架構的教材範例。Wilkes、Renwick 與 Wheeler (1958) 是微程式設計的極佳參考書。

關於 Intel 組合語言編程的更多資訊，可參考 Abel (2001)、Dandamudi (1998) 與 Jones (2001) 的書。Jones 的書以直接且簡單的方式介紹組合語言編程，而三本書都相當完整。如果你對其他組合語言有興趣，可參考 Struble (1975) 的有關 IBM 者；Gill、Corwin 與 Logar(1987) 的有關 Motorola 者；以及 SPARC International (1994) 的有關 SPARC 者。至於大略的嵌入式系統介紹則可見 Williams (2000)。

若對 MIPS 的編程有興趣，Patterson 與 Hennessy (2008) 有很好的解說，該書並另外包含有用資訊的附錄。Donovan (1972) 以及 Goodman 與 Miller (1993) 也有很完整的 MIPS 環境的說明。Kane 與 Heinrich (1992) 著作了最可信的 MIPS 機器的指令集與組合語言編程教科書。MIPS 的首頁也有豐富的相關資訊。

要瞭解更多 Intel 架構的話，可參考 Alpert 與 Avnon (1993)、Brey (2003)、Dulon (1998) 以及 Samaras (2001)。也許 Pentium 架構這個主題最好的書之一是 Shanley (1998)。Motorola、UltraSPARC 與 Alpha 架構的討論則分別見於 Circello 等人 (1995)、Horel 與 Lauterbach (1999) 以及 McLellan (1995) 中。對先進架構的一般性介紹則請見 Tabak (1994)。

若希望更瞭解 SPIM 模擬器，可參考 Patterson 與 Hennessy (2008) 或 SPIM 的首頁，其中有文件、手冊與其他各種可下載的資源。很好的 MARS MIPS 模擬器可於 Missouri State University 的 Vollmar 頁面 http://courses.missouristate.edu/KenVollmar/MARS/ 下載。Waldron (1999) 有很好的 RISC，也包括 MIPS 的組合語言編程介紹。

參考資料

Abel, P. *IBM PC Assembly Language and Programming,* 5th ed. Upper Saddle River, NJ: Prentice Hall, 2001.

Alpert, D., & Avnon, D. "Architecture of the Pentium Microprocessor." *IEEE Micro 13,* April 1993, pp. 11-21.

Brey, B. *Intel Microprocessors 8086/8088, 80186/80188, 80286, 80386, 80486 Pentium, and Pentium Pro Processor, Pentium II, Pentium III, and Pentium IV: Architecture, Programming, and Interfacing*, 6th ed. Englewood Cliffs, NJ: Prentice Hall, 2003.

Circello, J., Edgington, G., McCarthy, D., Gay, J., Schimke, D., Sullivan, S., Duerden, R., Hinds, C., Marquette, D., Sood, L., Crouch, A., & Chow, D. "The Superscalar Architecture of the MC68060." *IEEE Micro 15,* April 1995, pp. 10-21.

Dandamudi, S. P. *Introduction to Assembly Language Programming—From 8086 to Pentium Processors*. New York: Springer Verlag, 1998.

Donovan. J. J. *Systems Programming*. New York: McGraw-Hill, 1972.

Dulon, C. "The IA-64 Architecture at Work." *COMPUTER 31,* July 1998, pp. 24-32.

Gill, A., Corwin, E., & Logar, A. *Assembly Language Programming for the 68000*. Upper Saddle River, NJ: Prentice Hall, 1987.

Goodman, J., & Miller, K. *A Programmer's View of Computer Architecture*. Philadelphia: Saunders College Publishing, 1993.

Horel, T., & Lauterbach, G. "UltraSPARC III: Designing Third Generation 64-Bit Performance." *IEEE Micro 19,* May/June 1999, pp. 73-85.

Jones, W. *Assembly Language for the IBM PC Family*, 3rd ed. El Granada, CA: Scott Jones, Inc., 2001.

Kane, G., & Heinrich, J. *MIPS RISC Architecture,* 2nd ed. Englewood Cliffs, NJ: Prentice Hall, 1992.

Mano, M., & Ciletti, M. *Digital Design*, 3rd ed. Upper Saddle River, NJ: Prentice Hall, 2006.

McLellan, E. "The Alpha AXP Architecture and 21164 Alpha Microprocessor." *IEEE Micro 15,* April 1995, pp. 33-43.

MIPS home page: *www.mips.com.*

Patterson, D. A., & Hennessy, J. L. *Computer Organization and Design: The Hardware/Software Interface*, 4th ed. San Mateo, CA: Morgan Kaufmann, 2008.

Samaras, W. A., Cherukuri, N., & Venkataraman, S. "The IA-64 Itanium Processor Cartridge." *IEEE Micro 21*, Jan/Feb 2001, pp. 82-89.

Shanley, T. *Pentium Pro and Pentium II System Architecture.* Reading, MA: Addison-Wesley, 1998.

SPARC International, Inc. *The SPARC Architecture Manual: Version 9*. Upper Saddle River, NJ: Prentice Hall, 1994.

SPIM home page: *www.cs.wisc.edu/~larus/spim.html.*

Stallings, W. *Computer Organization and Architecture*, 9th ed. Upper Saddle River, NJ: Prentice Hall, 2013.

Struble, G. W. *Assembler Language Programming: The IBM System/360 and 370*, 2nd ed. Reading, MA: Addison Wesley, 1975.

Tabak, D. *Advanced Microprocessors*. 2nd ed. New York: McGraw-Hill, 1994.

Tanenbaum, A. *Structured Computer Organization*, 6th ed. Upper Saddle River, NJ: Prentice Hall, 2013.

Waldron, J. *Introduction to RISC Assembly Language*. Reading, MA: Addison Wesley, 1999.

Wilkes, M. V., Renwick, W., & Wheeler, D. J. "The Design of the Control Unit of an Electronic Digital Computer." *Proceedings of IEEE 105,* 1958, pp. 121-128.

Williams, A. *Microcontroller Projects with Basic Stamps*. Gilroy, CA: R&D Books, 2000.

必要名詞與觀念的檢視

1. CPU 的功能是什麼？
2. 數據通道要達成什麼目的？
3. 控制單元做什麼工作？
4. 暫存器位於哪裡並有哪些不同類型？
5. ALU 如何知道該執行哪種功能？
6. 為什麼匯流排往往成為通訊的瓶頸？
7. 點對點匯流排與多點匯流排的差異是什麼？
8. 為什麼匯流排協定很重要？
9. 說明數據匯流排、位址匯流排與控制匯流排間的差異。
10. 什麼是匯流排週期？
11. 說出三種不同型態的匯流排以及它們位於哪裡。
12. 同步匯流排與非同步匯流排的差異是什麼？
13. 四種不同型態的匯流排仲裁機制是什麼？

14. 說明時脈週期與時脈頻率的差異。
15. 系統時脈與匯流排時脈有何不同？
16. I/O 介面的功用是什麼？
17. 說明記憶體映射 I/O 與基於指令的 I/O 間的不同。
18. 位元組與字組有何不同？是什麼造成它們的差異？
19. 說明以位元組定址與以字組定址間的差異。
20. 為什麼位址對齊很重要？
21. 列出並說明兩種記憶體交錯的方式以及它們之間的差異。
22. 說明插斷如何運作，並說出四種不同的型態。
23. 可被遮蓋的插斷與不可被遮蓋的插斷有何不同？
24. 為什麼如果 MARIE 有 4K 字組的主記憶體，則位置一定要有 12 個位元？
25. 說明 MARIE 所有暫存器的功用。
26. 運作碼是什麼？
27. 說明 MARIE 中每一道指定如何運作。
28. 機器語言與組合語言如何不同？它們之間的轉換是否為一對一（一道組合指令等於一道機器指令）？
29. RTN 的重要性是什麼？
30. 一個微運作與一道機器指令是否是相同的東西？
31. 一個微運作與一道組合語言指令如何不同？
32. 說明擷取 - 解碼 - 執行週期中的各個步驟。
33. 插斷驅動的 I/O 如何運作？
34. 說明組譯器如何運作，包括如何產生符號表、怎樣處理源與目的碼，以及如何處理標籤。
35. 嵌入式系統是什麼？它如何與一般計算機不同？
36. 為範例 4.1 做出（類似於圖 4.14 的）執行軌跡。
37. 說明硬連線控制與微程式控制的差異。
38. 堆疊是什麼？為什麼它對編程重要？
39. 比較 CISC 機器與 RISC 機器。

40. Intel 架構與 MIPS 有何不同？

41. 舉出四種 Intel 處理器與四種 MIPS 處理器。

習題

1. CPU 的主要功能是什麼？

2. ALU 與 CPU 有什麼關係？其主要功能是什麼？

3. 說明當插斷發生時 CPU 應該做什麼。在你的答案中應包括 CPU 用來檢測插斷的方法、如何處理插斷以及完成插斷的服務後會發生什麼事。

4. 定址 2M × 32 的記憶體需要多少個位元，若其為

a) 以位元組定址？

b) 以字組定址？

5. 定址 4M × 16 的記憶體需要多少個位元，若其為

a) 以位元組定址？

b) 以字組定址？

6. 定址 1M × 8 的記憶體需要多少個位元，若其為

a) 以位元組定址？

b) 以字組定址？

7. 以高序位交錯而非低序位交錯來重作範例 4.1。

8. 假設在圖 4.6 與 4.7 中有 4 個記憶體模組而非 8 個。畫出各記憶體模組與它們包含的位址範圍，若其為

a) 高序位交錯

b) 低序位交錯

9. 要設計容量為 4096 位元組的記憶體，需要多少 256 × 8 的 RAM 晶片？

a) 位址中共有多少個位元？

b) 每個晶片需要有多少條連線？

c) 晶片選擇輸入共需要解碼多少條線？並說明解碼器的大小

10. 設 2M × 16 的主記憶體是以 256K × 8 的 RAM 晶片構成且記憶體是以字組定址。

- **a)** 共需多少個 RAM 晶片？
- **b)** 若需存取一個完整字組，必須使用到多少晶片？
- **c)** 每個 RAM 晶片需用多少個位址位元？
- **d)** 這個記憶體共有多少個排？
- **e)** 整個記憶體需用多少個位址位元？
- **f)** 若使用高序位交錯，位址 14（十六進的 E）將位於何處？
- **g)** 若使用低序位交錯，重作上題

11. 設 16M × 16 記憶體以 512K × 8 的 RAM 晶片構成，重作習題 10。

12. 若有 1G × 16 的 RAM 晶片組成高序位交錯的 32G × 64 的記憶體。（注意：這表示每個字組是 64 位元大小，而且共有 32G 個字組。）

- **a)** 共需多少個 RAM 晶片？
- **b)** 若每個排有四個晶片，共需多少個排？
- **c)** 每個晶片需要有多少條連線？
- **d)** 若為以字組定址，記憶體位址共需多少個位元？
- **e)** 對 d 部分的位元，以圖形表示有多少以及是哪些位元用於晶片選擇，而有多少以及是哪些位元用於定址晶片中的位置
- **f)** 若是低序位交錯，重作本題

13. 一數位計算機有以 24 位元為字組的記憶單元。指令集中有 150 種不同的運作。所有指令都有運作碼部分 (opcode) 與位址部分（只包含一個位址）。每一指令儲存於記憶體的一個字組中。

- **a)** 運作碼需占用多少個位元？
- **b)** 指令中的位址部分剩下多少個位元？
- **c)** 最大的可容許記憶體大小是多大？
- **d)** 可容納於一個記憶體字組中的最大無號數為何？

14. 一數位計算機有以 24 位元為字組的記憶單元。指令集中有 110 種不同的運作。所有指令都有運作碼部分（opcode）與兩個位址欄位：一個是記憶體位址而一個是暫存器位址。該系統有八個通用型可由使用者定址的暫存器。暫存器可由記憶體直接載入，記憶體也可由暫存器直接寫入。不支援直接的記憶體到記憶體數據傳遞。每一指令儲存於記憶體的一個字組中。

a) 運作碼需占用多少個位元？

b) 指令暫存器需要多少個位元？

c) 指令中的記憶體位址部分剩下多少個位元？

d) 最大的可容許記憶體大小是多大？

e) 可容納於一個記憶體字組中的最大無號數為何？

15. 設有一 2^{20} 位元組的記憶體。

◆**a)** 若記憶體是以位元組定址，最低與最高的位址各為何？

◆**b)** 若記憶體是以字組定址且字組大小是 16 位元，最低與最高的位址各為何？

c) 若記憶體是以字組定址且字組大小是 32 位元，最低與最高的位址各為何？

16. 設某計算機的 RAM 有 256M 個字組，字組大小是 16 位元。

a) 該記憶體以位元組為單位的大小為何？

b) 若該 RAM 為以位元組定址，位址需包含若干位元？

c) 若該 RAM 為以字組定址，位址需包含若干位元？

17. 你與同事正在設計全新的微處理器架構。你的同事要處理器具有 509 種不同的指令。你不同意，希望指令種類少很多。請勾勒出當你在向將作出最後決定的管理團隊作報告時的見解說明及其中的相關爭議。嘗試擬出可支持相反意見的各種論點。

18. 已知包含多個 64 × 8RAM 晶片的 2048 位元組記憶體，假設記憶體是以位元組定址，則下列七個圖中何者是使用位址中位元的正確方式？並說明之。

a)

10 位元的位址	
2 位元作晶片選擇	8 位元作晶片中位置

b)

64 位元的位址	
16 位元作晶片選擇	48 位元作晶片中位置

c)

11 位元的位址	
6 位元作晶片選擇	5 位元作晶片中位置

d)

6 位元的位址	
1 位元作晶片選擇	5 位元作晶片中位置

e)

11 位元的位址	
5 位元作晶片選擇	6 位元作晶片中位置

f)

10 位元的位址	
4 位元作晶片選擇	6 位元作晶片中位置

g)

64 位元的位址	
8 位元作晶片選擇	56 位元作晶片中位置

19. 說明擷取 - 解碼 - 執行週期中的各步驟。說明中應包含各暫存器中發生什麼事。

20. 將圖 4.11 與 4.12 中的流程圖合併以使插斷的檢查處於恰當位置。

21. 說明為什麼 MARIE 中的 MAR 長度是 12 個位元而 AC 是 16 個位元。（提示：思考數據與位址的差異。）

22. 列出下方程式的的十六進碼（手動組譯之）。

十六進位址	標籤	指令
100		LOAD A
101		ADD ONE
102		JUMP S1
103	S2,	ADD ONE
104		STORE A
105		HALT
106	S1,	ADD A
107		JUMP S2
108	A,	HEX 0023
109	One,	HEX 0001

◆**23.** 上述程式的符號表內容為何？

24. 思考下方的 MARIE 程式。

a) 列出每一道指令的十六進碼

b) 列出符號表

c) 當程式結束時 AC 中的值為何？

十六進位址	標籤	指令
100	Start,	LOAD A
101		ADD B
102		STORE D
103		CLEAR
104		OUTPUT
105		ADDI D
106		STORE B
107		HALT
108	A,	HEX 00FC
109	B,	DEC 14
10A	C,	HEX 0108
10B	D,	HEX 0000

25. 思考下方的 MARIE 程式。

a) 列出每一道指令的十六進碼

b) 列出符號表

c) 當程式結束時 AC 中的值為何？

十六進位址	標籤	指令
200	Begin,	LOAD Base
201		ADD Offs
202	Loop,	SUBT One
203		STORE Addr
204		SKIPCOND 800
205		JUMP Done
206		JUMPI Addr
207		CLEAR
208	Done,	HALT
209	Base,	HEX 200
20A	Offs,	DEC 9
20B	One,	HEX 0001
20C	Addr,	HEX 0000

26. 已知本章介紹的 MARIE 指令集，解譯下列各 MARIE 機器語言指令（寫出對應的組合語言指令）：

◆**a)** 0010000000000111

b) 1001000000001011

c) 0011000000001001

27. 寫出下列 MARIE 機器語言指令的對應組合語言指令：

a) 0111000000000000

b) 1011001100110000

c) 0100111101001111

28. 寫出下列 MARIE 機器語言指令的對應組合語言指令：

a) 0000010111000000

b) 0001101110010010

c) 1100100101101011

29. 以 MARIE 組合語言寫出下列的碼片段：

```
if X > 1 then
  Y = X + X;
  X = 0;
endif;
Y = Y + 1;
```

30. 以 MARIE 組合語言寫出下列的碼片段：

```
if x <= y then
  y = y + 1;
else if x != z
  then y = y - 1;
else z = z + 1;
```

31. 在下列為 MARIE 寫作的（製作一個副程式的）組合語言碼片段中可能有什麼問題（也許不只一個）？副程式假設參數是透過 AC 來傳遞且應將該值倍增。程式的 Main 部分有一個對副程式的示範性呼叫。假設該片段是較大程式中的一部分。

```
Main,  Load   X
       Jump   Sub1
Sret,         Store X
       . . .
Sub1,  Add    X
       Jump   Sret
```

32. 寫出計算表示式 A × B + C × D 的 MARIE 程式。

33. 寫出下列碼片段的 MARIE 組合語言程式。

```
X = 1;
while X < 10 do
  X = X + 1;
endwhile;
```

34. 寫出下列碼片段的 MARIE 組合語言程式。（提示：將 for 迴圈改成 while 迴圈。）

```
Sum = 0;
for X = 1 to 10 do
  Sum = Sum + X;
```

35. 以迴圈形式寫出以重複加法將二個正數相乘的 MARIE 程式。例如對 3 × 6，程式會加 3 六次，亦即 3 + 3 + 3 + 3 + 3 + 3。

36. 寫出二數相減的 MARIE 副程式。

37. 鏈結串列是含有許多節點的線性資料結構，其中除了最後一個外均指向串列中下一節點（附錄 A 中有更多鏈結串列的說明）。設有 5 個節點如下圖所示。該等節點已被下方的 MARIE 程式弄亂後重新放置。寫出可走訪該串列並依序印出存於各節點中數據的 MARIE 程式。

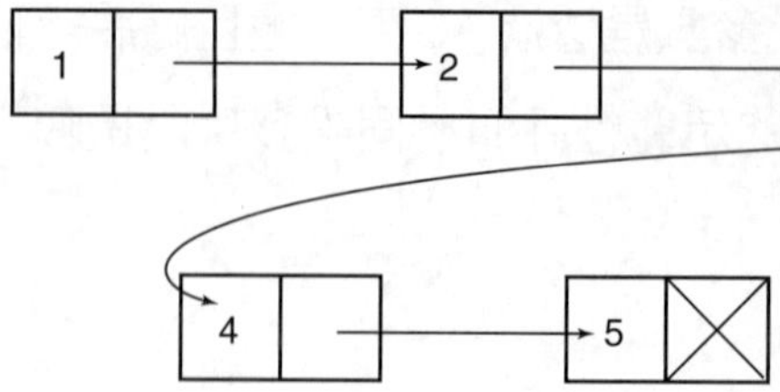

MARIE 程式片段：

位址（十六進）	標籤		
00D	Addr,	Hex ????	/ 串列指標的頭：填入 Node1 位址
00E	Node2,	Hex 0032	/ 節點中的數據是字元符號「2」
00F		Hex ????	/ Node3 的位址
010	Node4,	Hex 0034	/ 字元符號「4」
011		Hex ????	
012	Node1,	Hex 0031	/ 字元符號「1」
013		Hex ????	
014	Node3,	Hex 0033	/ 字元符號「3」
015		Hex ????	
016	Node5,	Hex 0035	/ 字元符號「5」
017		Hex 0000	/ 表示最後一個節點

38. 多些暫存器似乎是好的，應該能減少程式需作的記憶體存取數量。提出一個算術例證來支持這個論點。首先判斷使用 MARIE 指令與它的存放記憶體數據的兩個暫存器（AC 與 MBR）需要使用的記憶體存取數量。接著對能夠有多於三個存放記憶體數據的暫存器的處理器執行相同的算術運算。

39. MARIE 將副程式的返回位址保存在 JnS 指令指定的記憶體位置中。在一些架構中這個位址以暫存器存放，而在更多架構中則以堆疊存放之。這些方法中哪一個最適用於遞迴呼叫？並說明之。（提示：遞迴代表會有相當多的副程式呼叫。）

40. 寫出能執行三個基本堆疊運作：推入、窺視與爆出（並依上述順序）的 MARIE 程式。窺視運作的輸出是位於堆疊頂端的值。（若不熟悉堆疊的話，參考附錄 A 中的說明。）

41. 作出範例 4.3 的執行過程（類似圖 4.14 者）。

42. 作出範例 4.4 的執行過程（類似圖 4.14 者）。

43. 設若在 MARIE 的 ISA 中加入指令：

```
IncSZ Operand
```

該指令遞增有效位址 “Operand” 處的值，並於遞增後的值為 0 時將程式計數器遞增 1。基本上，該指令遞增運算元，且若新值等於 0 則略過下一道指令。以 RTN 說明該指令應如何執行。

44. 設若在 MARIE 的 ISA 中加入指令：

```
JumpOffset X
```

該指令會跳躍至累加器中的值加上位址欄位中的值 X 所指之處。以 RTN 說明該指令應如何執行。

45. 設若在 MARIE 的 ISA 中加入指令：

```
JumpIOffset X
```

該指令會跳躍至累加器中的值加上從記憶體的 X 位址讀出的值所指之處。以 RTN 說明該指令應如何執行。

46. 以圖 4.15 所示的格式畫出 MARIE 的 PC 與數據通道的連接方式。

47. 下表整理出 MARIE 數據通道中的各控制訊號。依據該資訊、表 4.9 與圖 4.20，畫出 MARIE 中 Load 指令的控制邏輯。

暫存器	記憶體	MAR	PC	MBR	AC	IN	OUT	IR
訊號 $P_2P_1P_0$（讀） $P_5P_4P_3$（寫）	000	001	010	011	100	101	110	111

48. 習題 47 中的表整理出 MARIE 數據通道中的各控制訊號。依據該資訊、表 4.9 與圖 4.20，畫出 MARIE 中 `JumpI` 指令的控制邏輯。

49. 習題 47 中的表整理出 MARIE 數據通道中的各控制訊號。依據該資訊、表 4.9 與圖 4.20，畫出 MARIE 中 `StoreI` 指令的控制邏輯。

50. 設某假想系統的控制單元中有一包含若干個 D 正反器的環式（循環）計數器。該系統以 1GHz 的速度執行並且每道指令最高的微運作數是 10。

a) 由每個正反器輸出的訊號其最大頻率（每秒的訊號脈衝數）為何？

b) 執行僅需 4 個微運作的指令需時若干？

51. 設需為一個很小的計算化裝置設計硬連線控制單元。該系統極為創新，因此設計師也為其構想全新的 ISA。一切都這麼創新，你也希望能在週期計數器中多放上一兩個正反器與訊號輸出。你為什麼應該會想這麼做？你又為什麼應該不會想這麼做？討論其取捨。

52. 基於習題 51 的想法，假設 MARIE 使用硬連線控制單元並欲加入一道需耗時 8 時脈週期來執行的新指令（這比最長的指令 `Jns` 還要多出一個週期）。簡要說明需要做什麼改變來納入這道新指令。

53. 以圖 4.16 的格式畫出 MARIE Load 指令的時序圖。

54. 以圖 4.16 的格式畫出 MARIE Subt 指令的時序圖。

55. 以圖 4.16 的格式畫出 MARIE AddI 指令的時序圖。

56. 以表 4.9 中的編碼將圖 4.23 中所示使用助憶詞的擷取 - 解碼 - 執行週期（圖中的前九行）微碼指令轉譯成二進形式。

57. 接續習題 56，寫出 MARIE 指令 `Jump X`、`Clear` 與 `AddI X` 的跳躍表的微碼。（使用全為 1 的 Destination 值。）

58. 依據圖 4.23，寫出 MARIE 中 `Load` 指令的二進形式微碼。設微碼的開始位置位於第 0110000_2 行。

59. 依據圖 4.23，寫出 MARIE 中 `Add` 指令的二進形式微碼。設微碼的開始位置位於第 0110100_2 行。

60. 你會推薦在 CPU 與記憶體間使用同步或非同步的匯流排？試說明理由。

◆**61.** 選擇一種（本章所不曾論及的）架構。研究並以 Intel 或 MIPS 的說明方式指出你的架構如何因應本章介紹的各種觀念。

62. 在下表中指出於執行 `JumpI` 指令時每一步驟中哪些控制訊號的值應為 1？

步驟	RTN	時間	P_5	P_4	P_3	P_2	P_1	P_0	C_r	IncrPC	M_r	M_w	L_{ALT}
擷取	MAR ← PC	T_0											
	IR ← M[MAR]	T_1											
解碼 IR[15-12]	PC ← PC + 1	T_2											
取運算元	MAR ← IR[11-0]	T_3											
執行	MBR ← M[MAR]	T_4											
	PC ← MBR	T_5											

63. 在下表中指出於執行 `StoreI` 指令時每一步驟中哪些控制訊號的值應為 1？

步驟	RTN	時間	P_5	P_4	P_3	P_2	P_1	P_0	C_r	IncrPC	M_r	M_w	L_{ALT}
擷取	MAR ← PC	T0											
	IR ← M[MAR]	T1											
	PC ← PC + 1	T2											
解碼 IR[15-12]	MAR ← IR[11-0]	T3											

步驟	RTN	時間	P_5	P_4	P_3	P_2	P_1	P_0	C_r	IncrPC	M_r	M_w	L_{ALT}
取運算元	MBR ← M[MAR]	T4											
執行	MAR ← MBR	T5											
	MBR ← AC	T6											
	M[MAR] ← MBR	T7											
		T8											

64. PC ← PC + 1 微運作於每個擷取週期的最後執行（以為下一道欲擷取的指令備妥）。不過若執行 Jump 或 JumpI 時，則 PC 中會被強制寫入新值，致使遞增 PC 值的微運作失去作用。說明關於這點可能如何修改 MARIE 的微程式來提高效率。

是非題

1. 若一計算機採用硬連線控制，則由微程式決定機器的指令集。除非架構重新設計，否則無法對指令集作更動。

2. 分支指令以改變 PC 來改變資訊的流動方式。

3. 暫存器是位於 CPU 中的儲存位置。

4. 掃描兩次來回的組譯器，一般於第一次中建立符號表，並於第二次完成由組合語言到機器指令的完整轉譯。

5. MARIE 中的 MAR、MBR、PC 與 IR 暫存器可用於存放任意的數據值。

6. MARIE 採用共用匯流排方式，意為多個組件分享匯流排。

7. 組譯器是一個接受符號式語言寫成的程式並產出二進式機器語言等效程式，形成組合語言源程式與機器語言目的程式間（指令的）一對一關係的程式。

8. 若計算機使用微程式控制，則微程式決定機器上的指令集。

9. 字組長度決定記憶體位址中需具有的位元數。

10. 若記憶體是 16 路交錯的，表示（由於 $2^4 = 16$，因此）記憶體是以 4 個排的方式製作。

第五章

指令集架構的仔細檢視

「每一個程式至少有一個錯誤且至少可縮減一道指令——從這些事實，根據歸納法，即可推論出每一個程式都可被縮減成只剩一道指令而且不會正確運作。」

——佚名

5.1 緒論

第四章中曾說明機器指令中含有各個運作碼與各個運算元。運作碼指出該進行的運作；運算元指出相關數據的暫存器或記憶體位置等。為什麼在我們有了像 C++、Java 與 Ada 這些語言後，還需要在意機器指令？以高階語言編程時，我們經常並不警覺到在第四章（或本章）中的各個主題，因為高階語言對程式師隱藏了架構的細節（按：這句敘述經常聽人提起，但其意義應予說明：高階語言除了希望提高程式師對演算法的專注以及工作上的產能，也是希望程式可適用於幾乎所有計算機中，與任何計算機實體的關係都不應改變這個事實，更不需也不應與特定架構緊密關聯）。雇主往往偏好僱用具有組合語言背景的人才，並非因為他們需要組合語言程式師，而是因為他們需要能瞭解計算機架構以便寫出更有效率與更有效力的程式的人才。

本章中，我們延續前一章中的主題，目的是更詳細探討機器指令集。我們將檢視有哪些指令類型與運算元類型，以及指令如何從記憶體中存取數據。你將瞭解不同指令集中的各種變化，也就是區分不同計算機架構的根據。瞭解應如何設計指令集以及它們如何動作有助於瞭解機器在架構上更複雜與彼此糾結的各項細節。

5.2 指令格式

已知一道機器指令具有一個運作碼與零至多個運算元。第四章中已介紹 MARIE 的指令長度是 16 個位元並可具有至多一個運算元。編碼一個指令集有很多不同的方法：架構依每道指令可以具有的位元數量（最常見的是 16、32 與 64 個位元）、依每道指令可以具有的運算元數量以及依架構中可以具有的指令形態與數據形態而作區分。明確地說，指令集依據下列特性作區分：

- 運算元的儲存方式（數據可儲存於堆疊結構或暫存器或兩者中）

- 每道指令中明確的運算元數量（零、壹、貳與參個最常見）
- 運算元的位置（指令可分類為暫存器至暫存器、暫存器至記憶體或記憶體至記憶體，指的不過就是這種每道指令可使用的運算元的組合情形）
- 運作（包括的不只是運作的類型，還有哪些指令可以存取記憶體以及哪些不可以）
- 運算元的形態與大小（運算元可以是位址、數字或甚至是字元符號）

5.2.1 指令集的設計決策

在計算機架構的設計階段，在做其他決策前一定要先決定指令集的格式。選擇格式時通常會因為指令集必須要符合架構的特性，而一個架構如果設計得好，往往可以維持數十年不變而成為一個重大的決定。設計階段所作的各種決定對架構的定型有著長遠的影響。

指令集架構根據不同的因素來定位，這些因素包括 (1) 程式可使用的空間；(2) 指令集的複雜度，以執行指令時所需作的解碼工作量與指令所執行工作的複雜度來反映；(3) 各指令的長度；以及 (4) 指令的總數。設計指令集時要考慮的事項包括下列各項：

- 短指令一般因占用較少記憶體空間且可較快擷取而較佳。然而如此則因為指令中能用於指定運作種類的位元不多而限制了指令的數量。較短的指令對運算元的大小與數量也較受限。
- 固定長度的指令較易解碼（甚至擷取），然而也較浪費空間。
- 記憶體的組織與指令格式有關。若記憶體使用例如 16 或 32 位元的字組且不以位元組定址，則難以存取單一的字元符號。因為這個原因，即使機器的字組大小是 16、32 或 64 位元，也大都是以位元組定址，即使字組包含多個位元組也給予每個位元組一個唯一的位址。
- 固定長度的指令並不一定表示運算元的數目固定。ISA 可設計成所有指令的長度都相同，但必要時允許運算元相關的欄位使用不同數量的位元。這種作法稱為**延伸運作碼** (expanding opcode) 並於 5.2.5 節中詳述。

- 存在許多不同形態的定址模式。第四章中 MARIE 使用了兩種定址模式：直接與間接。然而本章中將指出有非常多不同的定址模式。
- 若字組中包含多個位元組，在以位元組定址的機器中，這些位元組應以怎樣的順序存放？最低位的位元組應置於最高或最低的位元組位址中？這個小的或大的端 (little-/big-endian) 的辯論將於下節中討論。
- 架構中應有多少個暫存器，以及這些暫存器應如何安排？運算元在 CPU 中應如何存放？

小的或大的端的辯論、延伸運作碼與 CPU 中暫存器的安排將於以下各節中再作檢視。在討論這些主題的過程中我們也會觸及之前提到的其他設計議題。

5.2.2 小的或大的端

名稱端 (endian) 代表計算機架構中的「位元組順序」，或是計算機存放包含多個位元組的數據元素時使用的方式。目前幾乎所有計算機都是以位元組定址，因此也必須在存放多個位元組的資訊時有一套標準。例如有些機器在存放兩個位元組的整數時先存放較不重要的位元組（在較低的位址處），接著再存放較重要的位元組。因此在低位址的位元組較不重要。這類機器稱為**小的端** (little endian) 的機器。另一類機器存放兩位元組的整數時則先存放較重要的位元組，之後存放較不重要的位元組。這類機器因為將較重要的位元組存放在較低的位址中而稱為**大的端** (big endian) 的機器。大部分 UNIX 機器屬大的端，而大部分 PCs 屬小的端的機器。大部分新的 RISC 架構也屬大的端。

小的與大的端這兩個名稱是來自 Gulliver's Travels 這本書。你可能記得那個 Lilliputians（小人國的人）被分成兩個陣營的故事：那些吃蛋時先剝開「大」的端的人（稱之為 big endians）以及那些吃蛋時先剝開「小」的端的人（稱之為 little endians）。CPU 製造商也被分成兩派。例如 Intel 總是以「小的端」方式做事，而 Motorola 則總是以「大的端」方式做事（也請注意有不少 CPUs 對小的或大的端都能處理）。

位址 ⟶	00	01	10	11
大的端	12	34	56	78
小的端	78	56	34	12

圖 5.1 十六進值 12345678 以大的與小的端格式儲存的情形

例如，思考占用 4 個位元組的整數：

位元組 3	位元組 2	位元組 1	位元組 0

在小的端機器上，其在記憶體中的安排方式如下：

基底位址 ＋ 0 ＝ 位元組 0
基底位址 ＋ 1 ＝ 位元組 1
基底位址 ＋ 2 ＝ 位元組 2
基底位址 ＋ 3 ＝ 位元組 3

在大的端機器上，其在記憶體中的安排方式如下：

基底位址 ＋ 0 ＝ 位元組 3
基底位址 ＋ 1 ＝ 位元組 2
基底位址 ＋ 2 ＝ 位元組 1
基底位址 ＋ 3 ＝ 位元組 0

假設在以位元組定址的機器上，32 位元的十六進數值 12345678 存放於位址 0 中。每一位數占用一個 4 位元組，因此一個位元組可放置兩個位數。該十六進形式的值如圖 5.1 所示存放於記憶體中，陰影部分顯示記憶體真正的內容。範例 5.1 表示多個數字如何以兩種形式在連續位置中存放。

範例 5.1 假設計算機中有 32 位元的整數形態。假設記憶體每一位置中可存放一個位元組，下列數字 0xABCD1234、0x00FE4321 與 0x10 分別將如何依序地儲存於記憶體中 0x200 開始的位置中？

位元組順序

位置	大的端	小的端
0x200	AB	34
0x201	CD	12
0x202	12	CD
0x203	34	AB
0x204	00	21
0x205	FE	43
0x206	43	FE
0x207	21	00
0x208	00	10
0x209	00	00
0x20A	00	00
0x20B	10	00

注意：當使用大的端表示法，數字 0xABCD1234 可由位址 0x200 開始「正常地」讀出；我們先看到數字的高序位位元組 AB，接著是 CD，之後是 12，最後是 34。不過對小的端的表示法，位址 0x200 存放最低重要性的位元組 34。注意：我們並「不」在應用小的端時將數字存成 43、接著 21、接著 DC、接著 BA（按：此處以十六進的位數舉例，但其實機器真正看見的是二進形式的位數）；這已經是位數的反轉而非僅只是所規範的位元組反轉。再次說明，小與大的端指的是位元組的順序，非位數的順序。另外注意：我們已將最後一個數值補上 0 成為 0x00000010；在需要 32 個位元（或 8 個十六進位數）時這樣做是必需的。

兩種方式各有優劣，也沒有哪一種強過另一種。大的端對大部分人而言較自然，在閱讀十六進形式的傾印時也較容易。先印出高序位的位元組時，可以立刻從位移值是 0 的位置的位元組判斷數字的正負（將這個與小的端作比較，這時一定需要知道數字多長並一路跳過位元組，直到找到包含符號的位元組為止）。大的端的機器以相同順序儲存數字與串列，在某些串列運作上也較快。大部分位元映像 (bitmapped) 的圖形（或稱點陣圖）採用「最重要的位元在左側」的作法，表示處理大於一個位元組的圖形元件時架構可自然地進行。這對小的端的計算機則由於其在處理大的圖形物件時需不斷反轉位元組順序而限制了效能。在解碼以譬如 Huffman 或 LZW 編碼方法（將於第七章中討論）壓縮過的數據時，若其為以大的端方式儲存，則可利用編碼字作為對查詢表的索引（這對編碼也成立）。

不過大的端也有缺點。將 32 位元整數位址轉換為 16 位址時，大的端機器就必須籍助加法。高精確度算術在小的端機器上較快也較容易。大部分採用大的端方式的架構不允許字組以邊界是非字組位址的方式儲存（例如，若字組是 2 或 4 個位元組，則其一定不能由奇數的位元組位址存放起）；這樣做也會浪費空間。譬如 Intel 等小的端的架構允許奇數位址的讀寫，使這種機器上的編程容易得多 : 如果程式師寫出一道指令來以不對的字組大小讀一個非零數值，在大的端機器上永遠會唸到不正確的值；在小的端機器上有時候讀到的值會是對的（注意：Intel 也終於加入一道能反轉暫存器中位元組順序的指令了）。

計算機網路上採用大的端，表示當小的端形式的計算機要透過網路傳遞整數（譬如網路設備的位址）時，需要將數字轉換成網路上的順序。同樣地，當它們由網路接收到數字，也需要將數字轉換回它們自己內部的表示形式。

雖然你可能不熟悉這些小的端與大的端間的論戰，這對許多目前的軟體應用卻很重要。任何在檔案中讀或寫數據的程式一定要清楚機器上的位元組順序。例如 Windows BMP 圖學格式是在小的端機器上開發的，因此如果要在大的端機器上觀看 BMPs，則用於觀看的應用首先一定要反轉位元組順序。熱門軟體的軟體設計師都很清楚這些位元組順序的問題。例如 Adobe Photoshop 使用大的端、GIF 是小的端、JPEG 是大的端、MacPaint 是大的端、PC Paintbrush 是小的端、Microsoft 的 RTF 是小的端，而 Sun 的細線化檔案是大的端。有些應用同時支援這兩種格式：Microsoft WAV 與 AVI 檔案、TIF 檔案與 XWD（X Windows Dump，X 視窗傾印）一般以將一個識別符號編碼進檔案中來支援兩者。

5.2.3 CPU 的內部儲存：堆疊相對於暫存器

位元組在記憶體中的順序確定後，接著硬體設計師就需要決定 CPU 如何儲存數據。這也是區別 ISAs 的最基本方式。選擇有三種：

1. 堆疊架構
2. 累加器架構
3. 通用型暫存器（general-purpose register, GPR）架構

堆疊架構 (stack architectures) 在指令的執行中使用堆疊，運算元（隱喻地）位於堆疊頂端。雖然堆疊架構的機器具有碼大小與適於算術式運算的優勢，但是堆疊內容無法隨機存取，以致不易撰寫有效率的碼。另外堆疊在執行過程中也容易形成瓶頸。像 MARIE 這樣的**累加器架構** (accumulator architectures) 具有一個位於累加器中的隱喻運算元，大大簡化機器內部構造並使指令不致過長。不過由於累加器只是暫時的儲存空間，造成很大的記憶體交通量。**通用型暫存器架構** (general-purpose register architectures) 使用一組組通用型的暫存器，是目前最廣泛使用的機器架構模型。這些暫存器組比記憶體快，且易於編譯器使用，也便於有效及有效率的運用。加以硬體價格快速下降，以極少成本即可增加大量的暫存器。若記憶體的存取速度快，則基於堆疊的設計也許恰當；若記憶體速度緩慢，則使用暫存器通常較合適。這些就是為什麼過去十數年來大部分計算機都屬通用暫存器型。不過由於此時所有運算元都需明確指名，因此使用暫存器造成指令變長，擷取與解碼的時間也更長了（ISA 設計師的一個非常重要的目的是縮短指令）。設計師選擇 ISA 時一定要判斷在該特定應用環境中哪一個會運作得最好並仔細檢視各種取捨。

通用型架構又可依運算元所在位置而區分成三類：**記憶體-記憶體** (memory-memory) 架構的指令可以使用兩到三個在記憶體中的運算元，允許其在不使用暫存器的狀態下進行運作。**暫存器-記憶體** (register-memory) 架構的指令使用混合的、至少一個運算元位於暫存器中與至少一個運算元位於記憶體中的運作方式。**載入-儲存** (load-store) 架構則要求對任何暫存器中的數據作運作之前，這些數據都必須事先載入（按：如果你仍有困惑，那麼可以這樣說：對記憶體的運作只能夠使用載入與儲存指令；而對數據處理類的指令則只能使用暫存器，不可牽涉到記憶體中的數據；對控制流程類指令亦然）。Intel 與 Motorola 是暫存器-記憶體架構的例子；Digital Equipment 的 VAX 架構允許記憶體-記憶體類的指令動作；而 SPARC、MIPS、Alpha 與 PowerPC 則都屬載

入-儲存機器。

既然現在大部分架構都採用 GPR，我們就進一步檢視區分通用型暫存器架構的兩項主要指令集特性。這兩項特性分別是（按：每道指令中的）運算元數量與這些運算元如何定址。在 5.2.4 節中，我們檢視指令長度與其所能使用的運算元數量（二或三個運算元在 GPR 架構中是最常見的，我們也會將這些與零個以及一個運算元的架構作比較）。接著我們討論指令的類別。最後在 5.4 節中我們討論各種存在的定址模式。

5.2.4 運算元數目與指令長度

傳統上描述計算機架構的方法是說明其每道指令所能包含的最大數量的運算元或位址數。這項特性直接影響指令的長度。MARIE 採用內含 4 個運作碼位元與 12 個運算元位元的固定長度指令。各種架構中的指令可依兩種方式制定格式：

- **固定長度**——可能浪費空間，然而在指令階層的管道化處理中較快速而產生較好效能，如 5.5 節中所述。
- **可變長度**——解碼較複雜，然而節省儲存空間。

一般真實設計中的妥協作法是採用兩三種具有易於辨識及便於解碼的位元樣的指令長度。指令長度也一定要與機器的字組長度合併考慮，若指令長度正好等於字組長度，則儲存於記憶體中時可以完全對齊。指令在定址方式上會要求其以字組的型態來作對齊，因此指令大小是實際字組大小的一半、四分之一、兩倍或三倍的情形都可能浪費空間（按：兩倍的情形應該不會浪費空間）。可變長度的指令明顯地大小不同但又需作字組大小的對齊，因此也會浪費空間。

最常見的指令格式內含零個、一個、二個或三個運算元。第四章中已見到有些 MARIE 指令沒有運算元，而有些則有一個。算術與邏輯運作一般具有兩個運算元，不過在這種情形中如果累加器是隱喻的，則僅需指明另一個運算元（如我們在 MARIE 中所見）。這種作法可引申至以運算結果的儲存位置作為第三個運算元的三個運算元的情形中。另外也可以利用堆疊來使得指令不必指定運算元而成為零個運算元的指令。以下是一些常見的指令格式：

- **只有 OPCODE**（零個位址）
- **OPCODE + 一個位址**（通常是記憶體位址）
- **OPCODE + 二個位址**（通常是二個暫存器或暫存器與記憶體位址各一）
- **OPCODE + 三個位址**（通常是三個暫存器或暫存器與記憶體位址的各種組合）

所有架構都設有允許指令含有運算元數目的限制，例如 MARIE 中的限制是一個，雖然也有指令不需使用運算元（如 `Halt` 與 `Skipcond`）。前曾提及 0、1、2 與 3 個運算元最常見。1、2 以及甚至 3 個運算元的指令不難想像；但基於 0 個運算元而建構的完整 ISA 則乍看之下有些難以理解。

指令都沒有運算元的機器一定得藉由堆疊（那種在第四章提到並將於附錄 A 詳述的後進先出的資料結構）來執行那些理論上需要一或二（按：或更多亦可）個運算元的運作（例如加法）。基於堆疊方式的架構將運算元從堆疊的頂端存入或取出，CPU 可以對其頂端作存取而不必使用通用的暫存器。（注意機器架構中最重要的資料結構之一就是堆疊。這個結構不但是儲存複雜運算過程裡中間數據值的有效率的方式，同時也是程序呼叫過程中傳遞參數以及保存區域性區塊結構、和定義變數與副程式有效範圍的有效率的方式。）

在基於堆疊的架構中，大部分指令只含有運作碼；不過還是有僅有一個運算元的（將元素加入堆疊或自其中移除的）特殊指令。堆疊架構需要用到推入與爆出指令，它們各具有一個運算元：Push X 將記憶體位置 X 中的數值置於堆疊上；Pop X 移除堆疊頂端的元素並將之儲存在記憶體位置 X 中。只有特定指令可存取記憶體；所有其他指令在執行中只能自堆疊存取所需運算元。

對需要兩個運算元的運作，使用的運算元是堆疊頂端的兩個元素。例如，執行 Add 指令時 CPU 將堆疊頂端二個元素爆出相加，然後將和推入堆疊頂端。對如減法這類不具交換性的運算，第一個爆出的元素作為減數來從作為被減數的第二個爆出的元素中減去，之後再將差推入堆疊頂端。

堆疊構造對計算長的、以**反波蘭式表示法** (reverse Polish notation, RPN) 列出的算術表示式——由波蘭籍數學家、邏輯學者 Jan Lukasiewicz 於 1924 年所發明的算術表示式——非常有效。這種表示法將運算子以所謂的**後置表示法** (postfix notation) 置於各個運算元之後，而非如同**中置表示法** (infix notation) 般將運算子置於各個運算元之間，亦非如同**前置表示法** (prefix notation) 般將運算子置於各個運算元之前。例如：

$X + Y$ 用的是中置表示法
$+ X Y$ 用的是前置表示法
$X Y +$ 用的是後置表示法

當使用後置表示法（或 PRN）時，任何表示式中的運算子都跟在其運算元之後。若表示式中僅含有一個運算，則運算子位於第二個運算元的緊接著的後方。中置表示式「3 + 4」就是後序表示式的「3 4 +」；運算子 + 作用於運算元 3 與 4 上。若表示式複雜些，仍可以相同原則將中置式轉換為後置式。過程中僅需注意檢視表示式並判斷運算子之間的優先順序。

範例 5.2 思考中置表示式 12/(4 + 2)。其可轉換為後置表示式如下：

表示式	說明
12 / 4 2 +	加運算 4 + 2 在括號中故具優先度；以 4 2 + 取代之
12 4 2 + /	兩個新的運算元是 12 與 4、2 之和；將二運算元先後放置，並繼之以除的運算子

因此後置表示式 12 4 2 + / 即是中置表示式的 12/(4 + 2)。注意：運算元的次序不需更動，且已無需括號來表示加法的運算子具優先順序。

範例 5.3 思考下列中置表示式 (2 + 3) − 6/3。其可轉換為後置表示式如下：

表示式	說明
2 3 + − 6/3	加運算 2 + 3 在括號中故具優先度；以 2 3 + 取代之
2 3 + − 6 3 /	除運算子具優先度，故以 6 3 / 取代 6/3
2 3 + 6 3 / −	欲將 6/3 的商自 2 + 3 的和中減去，故將減運算子移置最後

因此後置表示式 2 3 + 6 3 / − 即是中置表示式的 (2 + 3) − 6/3。

所有算術表示式都可以上述的任一種表示法表示。不過其中後置表示法配合堆疊型式的暫存器是計算算術式最有效率的方式。事實上有些電子計算器（例如 Hewlett-Packard 的）即要求使用者以後置表示法輸入表示式。在這類計算器上稍作練習，可能很快就能計算包含很多層括號的長式子而不須遲疑運算中的配對。

使用堆疊來計算 RPN 表示式的演算法相當簡單：由左至右掃描表示式，每見一運算元（變數或常數）即將之推入堆疊，而遇到二個運算元的運算子時即自堆疊爆出二個運算元、執行運算並將結果推入堆疊中。

範例 5.4　思考 RPN 表示式 10 2 3 + /。以堆疊來計算該式並自左至右掃描，將會先推 10 入堆疊、繼之以 2、再來是 3，而得：

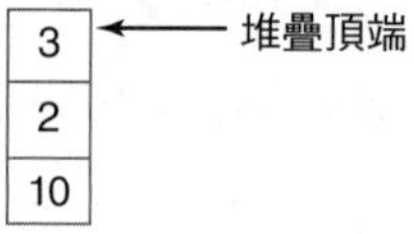

之後見到「 + 」運算子，於是其爆出 3 與 2、執行 (2 + 3)、再將結果 5 推入堆疊而得：

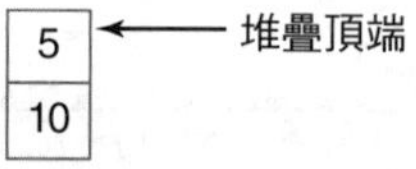

「/」運算子再導致 5 與 10 被從堆疊中爆出、10 被除以 5、之後結果 2 被推入堆疊中（注意：對不具交換性的運算如減與除，堆疊頂端的元素總是被當成第二個運算元）。

範例 5.5　思考下列中置表示式：

$$(X + Y) \times (W - Z) + 2$$

該算術式以 RPN 表示之，為：

$$X Y + W Z - \times 2 +$$

以堆疊求解該表示式時，先推入 X 與 Y，再自堆疊爆出以將之相加，之後儲存和 $(X + Y)$ 於堆疊上。接著推入 W 與 Z，再自堆疊爆出以將之相減，之後儲存差 $(W - Z)$ 於堆疊上。運算子 × 將 $(X + Y)$ 乘以 $(W - Z)$ 時將這兩個子項從堆疊中移除，並將積置入堆疊。接著我們推入 2，得到：

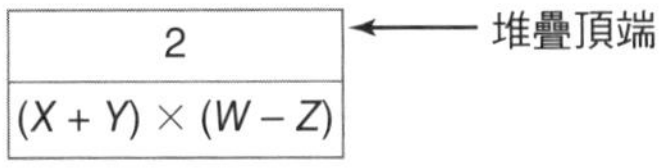

運算子 + 將堆疊頂端二元素爆出後相加，並將和推入堆疊，使 $(X + Y) \times (W - Z) + 2$ 置於堆疊頂端。

範例 5.6　將 RPN 表示式：

$$8\ 6\ +\ 4\ 2\ -\ /$$

轉換成中置表示式。

回憶每個運算子都是跟在運算元之後。因此運算子「+」的運算元是 8 與 6，而運算子「−」的運算元是 4 與 2。運算子「/」一定要用 8 與 6 的和作第一個運算元以及 4 與 2 的差作第二個運算元。在中置表示法中該運算無法避免使用括號（以確保加、減在除之前運算），使得中置表示式成為：

$$(8 + 6) / (4 - 2)$$

為便於說明零個、一個、二個與三個運算元的觀念，讓我們分別以這些形式撰寫一個計算算術式的簡單程式。

範例 5.7　設欲計算下式：

$$Z = (X \times Y) + (W \times U)$$

一般在允許使用三個運算元時，其中至少有一個需位於暫存器中，且第一個運算元一般是目的運算元（按：即放置結果處）。使用三位址的指令來計算該式的碼撰寫如下：

```
Mult   R1, X, Y
Mult   R2, W, U
Add    Z,  R2, R1
```

若是使用具二個位址的指令，則通常其中一個位址指的是暫存器（二個位址的指令少有允許二運算元均為記憶體位置者）。另一運算元可為暫存器或記憶體位址。使用二位址指令的碼如下：

```
Load   R1, X
Mult   R1, Y
Load   R2, W
Mult   R2, U
Add    R1, R2
Store  Z, R1
```

注意：第一個運算元可以作為來源或是目的運算元；在上列指令中，設其為目的運算元（這點對需要撰寫 Intel 以及 Motorola 組合語言的程式師經常形成困擾——Intel 組合語言將第一個運算元作為目的運算元，而 Motorola 組合語言將第一個運算元作為來源運算元）。

若是使用（如 MARIE 中的）一個位址的指令，則必需假設某暫存器（通常是累加器）是預設為指令放置結果的目的地。計算 Z 的碼則成為：

```
Load   X
Mult   Y
Store  Temp
Load   W
Mult   U
Add    Temp
Store  Z
```

注意：若減少指令中容許的運算元的數量，相同功能所需用到的指令數應會增加。這在架構設計裡是典型的空間／時間取捨中的例證——指令較短而程式則較長。

若是在堆疊形態的機器上以零個位址的指令編程則程式又是如何呢？堆疊形態的架構中類似 `Add`、`Subt`、`Mult` 或 `Divide` 等指令不需具備運算元欄位。而這裡需要有一個堆疊與兩個對它的運作：Pop 與 Push。與堆疊相關的運作需要以一位址欄位來指定爆出或推入堆疊的運算元相關的記憶體位址（而所有其他運作均不再需要指定位址）。Push 將運算元置於堆疊頂端。Pop 將堆疊頂端的元素移除並置入所指定運算元位置。這種架構在計算上述表示式時會導致最長的程式。如果算術運算會爆出堆疊頂端的恰當數量的元素作為運算元、然後推入運算的結果，則其程式如下所示：

```
Push   X
Push   Y
Mult
Push   W
Push   U
Mult
Add
Pop    Z
```

指令長度當然受運作碼長度與指令中可具有的運算元數量影響。若運作碼長度固定，則解碼會容易很多。不過為了向後相容與彈性，可以允許運作碼長度變動。不固定的運作碼長度造成的問題和變動的指令長度是一樣的。許多設計師對此所採的折衷作法是採用擴充的運作碼。

5.2.5 擴充的運作碼

已知指令中運算元的數量如何受指令長度影響；供作運作碼以及各運算元位址用的位元數均需足夠，但是各種指令所需運算元的數量卻不盡相同。

擴充的運作碼 (expanding opcode) 代表的是對一套豐富的運作碼、但又希望運作碼——以及因而指令——能夠很短的願望之間的折衷作法。作法是讓一些運作碼很短，但在有需要時又可以有方法加入較長的形式。如果運作碼短小，

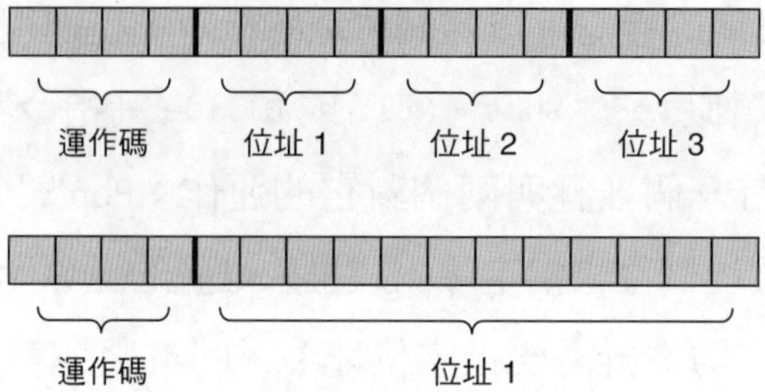

圖 5.2 16 位元指令格式的兩種可能安排

就會勻出很多位元來供指定運算元用（表示指令中可以有二或三個運算元）。當不需用到運算元時（例如 Halt 或堆疊機器中的某些指令），所有位元均可用作運作碼，因此可容許很多不同的指令存在。折衷的情況就是有長些的運作碼使用少些運算元欄位，以及短些的運作碼使用多些運算元欄位。

思考使用 16 位元指令且具有 16 個暫存器的機器。因為有了一組暫存器而非（如 MARIE 中）僅一累加器，故需以 4 個位元方足以指定任一暫存器。因此可編碼出 16 道指令且每道可具有三個暫存器運算元（表示此處要使用到的數據需先載入暫存器中），或是將 4 個位元作為運作碼而另外 12 個位元作為記憶體位址（如 MARIE 者，並假設記憶體大小是 4K。不過如果所有記憶體中的數據都需先載入暫存器集裡的暫存器中，則指令使用 4 個位元（設共有 16 個暫存器）即可選用特定的數據元素。這兩種選擇表示於圖 5.2 中。

不過何需限制運作碼於 4 個位元中？如果允許運作碼變動長度，則也會改變剩餘的可用於運算元位址的位元數量。使用擴充的運作碼可允許需要使用兩個暫存器運算元的 8 位元的運作碼；或是允許需要使用一個暫存器運算元的 12 位元的運作碼；或是允許不需要使用運算元的 16 位元的運作碼。這些格式表示於圖 5.3 中。

唯一的問題是需要有一方法判斷指令應以 4 位元、8 位元、12 位元或 16 位元運作碼的格式解讀。技巧是利用一個「跳出的運作碼 (escape opcode)」來表示應該使用的格式是哪一種。這種作法最好以範例來說明。

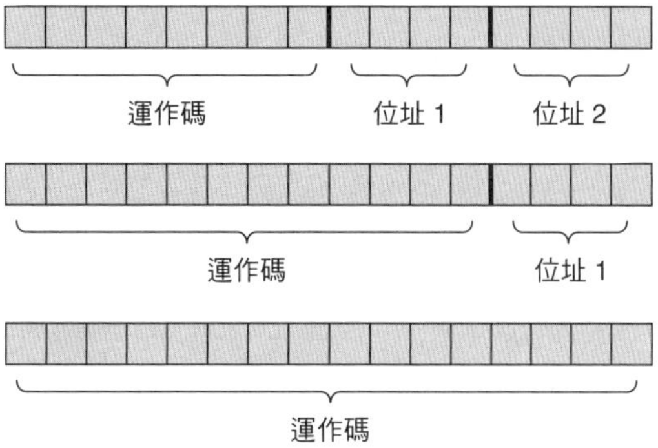

圖 5.3 16 位元指令格式的另外三種可能安排

範例 5.8 設欲編碼下述所有指令：

- 15 道具有三個位址的指令
- 14 道具有二個位址的指令
- 31 道具有一個位址的指令
- 16 道不具有位址的指令

我們可否以 16 位元編碼這樣的指令集？答案是肯定的，如果我們運用擴充的運作碼的話。編碼結果如下：

```
0000 R1   R2   R3  }
...                } 15 種三個位址的碼
1110 R1   R2   R3  }
1111 - 跳出的運作碼
1111 0000 R1   R2  }
...                } 14 種二個位址的碼
1111 1101 R1   R2  }
1111 1110 - 跳出的運作碼
1111 1110 0000 R1  }
...                } 31 種一個位址的碼
1111 1111 1110 R1  }
1111 1111 1111 - 跳出的運作碼
```

```
1111 1111 1111 0000
...                    16 種 0 個位址的碼
1111 1111 1111 1111
```

可看出在第一群三個位址的指令中使用跳出的運作碼的方法：當最先的4位元為1111，即表示該指令並非具有三個運算元欄位而是只有二個、一個或沒有（而到底是哪一種則取決於接下來的一組組的4個位元）。對第二群二個位址的指令，其跳出的運作碼是11111110（任何具有這個或更高的運作碼的指令不可以具有多於一個運算元欄位）。對第三群一個位址的指令，其跳出的運作碼是111111111111（具有這個形式的運作碼的指令沒有運算元欄位）。

擴充的運作碼方法雖然提供了更多樣的指令，卻使得解碼複雜些。單純地以特定欄位中的位元樣式來判斷指令是什麼已不再可行，而需以下述方式解碼指令：

```
if (leftmost four bits != 1111 ) {
   Execute appropriate three-address instruction}
else if (leftmost seven bits != 1111 111 ) {
   Execute appropriate two-address instruction}
else if (leftmost twelve bits != 1111 1111 1111 ) {
   Execute appropriate one-address instruction }
else {
   Execute appropriate zero-address instruction
}
```

每一階段中，有一個勻出來的編碼——跳出的運作碼——用來表示應該要檢視更多個位元。這是硬體設計師持續會面對的各種形態的取捨的又一例：這裡我們在運作碼位元數與運算元位元數間作取捨。

在使用擴充的運作碼時如何得知所欲的指令集可以完成編碼？首先必須判斷是否有足夠的位元以產生所需數量的位元樣式。在判斷這點可行之後，即可著手設計指令集的各個恰當的跳出的運作碼。

範例 5.9 回顧範例 5.8 中的指令集。欲說明可以有足夠的位元樣式總數的話，則需計算每一種指令格式所需的位元樣式數量：

- 前 15 道指令共需 $15 \times 2^4 \times 2^4 \times 2^4 = 15 \times 2^{12} = 61440$ 種位元樣式（每一個暫存器位址都可以是 16 種不同位元樣式之一）
- 接著的 14 道指令占用 $14 \times 2^4 \times 2^4 = 14 \times 2^8 = 3584$ 種位元樣式
- 接著的 31 道指令占用 $31 \times 2^4 = 496$ 種位元樣式
- 最後的 16 道指令占用 16 種位元樣式

加總起來，則得 $61440 + 3584 + 496 + 16 = 65536$。因為共有 16 個位元，意為可以有 $2^{16} = 65536$ 個不同位元樣式（完全相符，沒有浪費任何位元樣式）。

範例 5.10 是否可能設計出擴充的運作碼以容納下列各群指令於 12 個位元的指令格式中？假設暫存器運算元需占用 3 個位元且指令集不允許指令中直接使用記憶體位址。

- 4 道指令具有三個暫存器欄位
- 255 道指令具有一個暫存器欄位
- 16 道指令具有 0 個暫存器欄位

前 4 道指令共需 $4 \times 2^3 \times 2^3 \times 2^3 = 2^{11} = 2048$ 種位元樣式。接著的 255 道指令共需 $255 \times 2^3 = 2040$ 種位元樣式。最後的 16 道指令共需 16 種位元樣式。

12 個位元共可提供 $2^{12} = 4096$ 種位元樣式。若加總各種指令格式所需的位元樣式數量，則得 $2048 + 2040 + 16 = 4104$。共需 4104 種位元樣式方足敷該指令集所需，然 12 個位元至多僅有 4096 種可能的位元樣式。因此即使指令集使用擴充的運作碼也無法符合所需。

讓我們再以最後一個範例從頭到尾看一遍這個方法。

範例 5.11 設指令長度是 8 位元，是否可能以擴充的運作碼編碼下列指令？若是，則說明如何編碼。

- 3 道指令具有二個 3 位元的運算元欄位
- 2 道指令具有一個 4 位元的運算元欄位
- 4 道指令具有一個 3 位元的運算元欄位

首先，需判斷編碼是否可能成功：

- $3 \times 2^3 \times 2^3 = 3 \times 2^6 = 192$
- $2 \times 2^4 = 32$
- $4 \times 2^3 = 32$

加總所需的位元樣式數量，可得 $192 + 32 + 32 = 256$。而 8 個位元的指令表示共可有 $2^8 = 256$ 種位元樣式，二者完全吻合（表示編碼可以成功，不過所有位元樣式都將用在這種編碼上）。

可以使用的編碼方式如下所示：

```
00 xxx xxx  }
01 xxx xxx  } 3 道具有二個 3 位元運算元欄位的指令
10 xxx xxx  }
11 - 跳出的運作碼
1100 xxxx  } 2 道具有一個 4 位元運算元欄位的指令
1101 xxxx  }
1110 - 跳出的運作碼
1111 - 跳出的運作碼
11100 xxx  }
11101 xxx  } 4 道具有一個 3 位元運算元欄位的指令
11110 xxx  }
11111 xxx  }
```

5.3 指令類型

大部分的計算機指令對數據作運作；不過有些並不如此。計算機製造商經常將指令分類成這幾類：數據搬移類、算術類、布林類、位元操作類（移位與旋轉）、I/O 類、控制轉移類與特殊目的類。以下各節逐一討論這些類別的指令。

5.3.1 數據搬移

數據搬移類指令是最常用到的指令。數據由記憶體移入暫存器中，由暫存器移入暫存器中，也由暫存器移入記憶體中；許多機器也依據不同的來源與目的地提供不同的指令。例如，可能有一道必須使用兩個暫存器運算元的 MOVER 指令，而另有一道可以有一個暫存器運算元與一個記憶體運算元的 MOVE 指令。有些架構例如 RISC 中，為了提升執行速度，會限制只有某些指令能將數據移出、移入記憶體。許多機器有各種型態的載入、儲存與搬移指令來處理不同長度的數據。例如可能分別有處理位元組的 LOADB 指令與處理字組的 LOADW 指令。數據搬移類指令包含有 MOVE、LOAD、STORE、PUSH、POP、EXCHANGE 與它們的各種變形。

5.3.2 算術運作

算術運作類指令包括使用整數與浮點數的指令。許多指令集對不同數據長度提供不同的算術指令。如同在數據搬移類指令中一般，有時對不同的暫存器以及各種定址模式取得的記憶體運算元組合也有不同的指令。對有號或無號數字或是不同基底的運算元也都可能有相關的算術運算指令。在算術類指令中運算元經常是隱喻的：例如，乘指令可能假設被乘數處於特定暫存器中，因此不需在指令中指明。這類指令也可能會設定（舉其數例）值為零、進位與溢位等位元而改變了旗標暫存器。算術類指令包含 ADD、SUBTRACT、MULTIPLY、DIVIDE、INCREMENT、DECREMENT 與 NAGATE（改變符號）等。

5.3.3 布林邏輯指令

布林邏輯類指令以非常近似算術運作類指令的方式執行布林運作。這些指令可以將位元作設定、清除或倒反。邏輯運作一般用於控制 I/O 設備。如同算術運作般，邏輯指令也能夠影響旗標暫存器中的位元，甚至包括進位與溢位位元。通常會有執行 AND、NOT、OR、XOR、TEST 與 COMPARE 等的指令。

5.3.4 位元操作指令

位元操作類指令用於設定、清除數據字組中的個別位元（或是一群位元）。它們包含算術與邏輯 SHIFT 指令，各自均可向左或右進行。邏輯移位指令單純地將位元向左或右移動所指定的位元位數，並將空出來的位置補零。例如，設有 8 位元的暫存器內含值 11110000，若對其作邏輯左移一位，則結果為 11100000；若暫存器內含 11110000 且對其作邏輯右移一位，則結果為 01111000。

算術移位指令一般用於乘或除以 2，並視數據為有號的二的補數而不改變最左側位元，因為它代表了正負號。在算術右移時，符號位元會被複製進其右側的位元位置中：若數字為正，則最右側的那些空出的位元填入 0；若數字為負，則最右側的那些空出的位元填入 1。算術右移相當於除以 2 的次方。例如，若值為 00001110 (+14) 並對其作算術右移一位，結果成為 00000111 (+7)；若值為負譬如是 11111110 (−2)，則結果成為 11111111 (−1)。在算術左移時，位元移向左方，空出的位置補上 0，然而符號位元並不參與移位。算術左移相當於乘以 2 的次方。例如，若暫存器中含有 00000011 (+3) 並對其作算術左移一位，結果成為 00000110 (+6)。若暫存器中含有譬如 11111111 (−1)，對其作算術左移一位會得到 11111110 (−2)。若最後一個移出的具權重的位元（不包括符號位元）與符號位元不同，則發生了滿溢或短值。例如，若數字為 10111111 (−65) 並對其作算術左移一位，結果為 11111110 (−2)，但是由於「移出」的位元是 0 且與符號不同，因此發生了滿溢。

旋轉指令不過是在移位指令中將移出的位元移入空出來的位置的指令——

基本上就是環狀的移位。例如，在向左旋轉一位元（位置）時，最左側的位元被移出並繞回來成為最右側的位元。若將值 00001111 向左旋轉一位元，則得 00011110。若 00001111 向右旋轉一位元，則得 10000111。在旋轉時對符號位元不需做任何特殊處理。

除了移位與旋轉，有些計算機架構還具有清除特定位元、設定特定位元與反轉特定位元的指令。

5.3.5 輸入／輸出指令

不同架構中 I/O 指令的差異很大。輸入（或讀）指令將數據由設備或埠傳送到記憶體或特定的暫存器中；輸出（或寫）指令將數據由暫存器或記憶體傳送到特定的埠或設備中。對數值類的數據或字元符號類的數據可能有各自的 I/O 指令。通常字元符號與串列數據使用某些類型的區塊式 I/O 指令，讓串列自動作大量輸出入。處理 I/O 的基本方式有程式控制的 I/O、插斷驅動的 I/O 與直接記憶體存取 (direct memory access, DMA)。這些都將於第七章中詳細介紹。

5.3.6 控制轉移指令

控制類指令用於改變程式執行的正常順序。這類指令有分支、程序呼叫、返回與程式終止。分支可以是無條件式的（如跳躍）或是條件式的（如依條件來跳躍）。「略過下一道指令」指令（其也可以是條件式的或無條件式的）基本上就是使用隱喻位址的分支指令。這種指令可以不必用到定址相關的運算元，因此往往將位址欄位的位元用於指定各種條件（回想 MARIE 中的 Skipcond 指令）。有些語言中納入了結合條件式與無條件式跳躍的迴圈循環 (looping) 指令。

程序呼叫是會自動保存返回位址的特殊分支指令。不同機器會使用不同方法來保存這個位址：有些將這個位址保存於記憶體的特定位置中，有些則保存於暫存器中，更有些將返回位址推入堆疊中。

5.3.7 特殊目的指令

特殊目的類指令包括用於串列處理、高階語言支援、保護、旗標控制、字組／位元組轉換、快取控制、暫存器存取、位址計算、無運作以及任何其他不適宜歸類於前述類別的指令。大部分架構提供串列處理、包括串列運算與搜尋的指令。占用了空間與時間但並不使用數據且基本上不做事的無運作指令則常用於占用位置，以便未來代之以有用的指令或是用於管道中（見 5.5 節）。

5.3.8 指令集正交性

不論架構是硬線編碼的或是微程式控制的，重要的是架構是否具有完整的指令集。不過設計師也一定要注意不要加入多餘的指令，因為任一指令都需要以電路或微程式中的程序來實現其功能。是故每一指令應具有獨特的功能，不與任何其他指令重複。有些人稱這個特性為**正交性** (orthogonality)。現實中，正交性還要更進一步：不但指令要彼此獨立，而且指令集要有一致性。例如，正交性說的是各種運作是否都同樣地（且一致地）可以使用各種運算元與定址模式的程度。這句話的意思是運算元可以使用的定址模式必須與運算元本身無關（定址模式於 5.4.2 節中再詳細討論）。具有正交性時，運算元／運作間的關係不能有限制（譬如不能有特別的暫存器專給某些指令使用）。此外，具有乘指令而沒有除指令的指令集就不能說是正交的。因此，正交性的意義包括指令集中的（按：各欄位間的）互相獨立性與一致性二者。一個具正交性的指令集會使得撰寫編譯器容易得多；但是具正交性的指令集一般會使用相當長的指令（各個運算元欄位會因為一致性的要求而相當長），表示程式較大、使用較多記憶體。

5.4 定址

雖然定址只不過是指令設計中的一環與指令格式中的一部分，它卻牽涉許多考慮，值得有一個專門的小節來討論。在此我們說明定址考慮中最重要的兩點：可被定址的數據的形態以及各種定址模式。我們僅介紹基本的定址模式；而較特殊的模式也是由本節中這些基本模式建構出來的。

5.4.1 數據類型

在討論數據如何定址之前，先簡要地看看指令可以使用的各種數據的類型。指令要以特定類型使用該類型的數據的話則必須藉由硬體的協助。第二章中曾介紹過包括數字與字元符號的數據類型。數值類的數據包括整數與浮點。整數可以是有號或無號的且可宣稱為具有各種長度，例如在 C++ 中整數可以是 *short*（16 個位元）、*int*（長度為該架構的字組大小）或 *long*（32 個位元，）；浮點數字具有 32、64 或 128 個位元。ISA 中具有個別的特殊的可接受不同長度數字型態的指令並非少見，如我們之前已見過的。例如，可能有一道 MOVE 指令處理 16 位元的整數以及另一道 MOVE 指令處理 32 位元的整數。

非數字的數據形態包括了串列（按：在此應特指位元或字元符號等類型的串列）、布林及指標。串列類指令一般包含如複製、搬移、搜尋或修改等運作。布林運作有 AND、OR、XOR 與 NOT。指標實際上就是記憶體中的位址；雖然指標其實本質上是數字，它們卻需以不同於整數或浮點數字的方式處理。MARIE 以間接定址的模式來達成指標數據形態的功能。使用這種定址模式的指令中的運算元其實就是指標。在使用指標的指令中，其運算元本質上就是位址並且必需以這樣的目的來使用它。

5.4.2 定址模式

第四章提到 MARIE 指令中 12 位元的運算元欄位可作兩種不同解釋：該處的 12 個位元可稱為運算元的記憶體位址或是對實際記憶體的指標。這 12 個位元也可以用許多不同的方式解釋，因而提供了多種不同的**定址模式** (addressing modes)。定址模式讓我們能夠指定指令的真正運算元位於何處：定址模式可以指定該等位元即是所需的常數，或是所需的值在某暫存器或某記憶體位置中；有些模式使用較少的位元，有些則讓我們得以計算出稱為**有效位址** (effective address) 的運算元的真正位址。以下說明幾種最基本的定址模式。

立即定址 (immediate addressing) 因所需使用的值就在指令中置於運作碼的旁邊而得名，也就是說要拿來使用的數據就是指令中的一個部分。例如，若運算元的定址模式是立即且指令為 `Load 008`，則數字值 8 會載入 AC 中。12 位元的運算元欄位並不用於指定位址；它們用於表示指令所需的真正運算元。立即定址由於所需取得的值包含於指令中而運作快速，不過該值在編譯時已固定，較缺乏使用上的彈性。

直接定址 (direct addressing) 因所需使用的值可由直接在指令中指出其所處的記憶體位址來取得而得名。例如，若運算元的定址模式是直接且指令為 `Load 008`，則在記憶體位置 008 中取得的數字值會載入 AC 中。直接定址一般算是相當快速，因為雖然需取得的值並不在指令中，但是它很快就可取得了。這模式因為要使用的運算元是任何在該位置中存放的值，不需在編譯時就固定下來，故也較立即定址有彈性。

在**暫存器定址** (register addressing) 中是以暫存器內容而非記憶體中的內容作為運算元。它與直接定址很像，只不過位址欄位中的不是記憶體位址而是暫存器索引（按：亦即暫存器位址，只不過習慣上談到記憶體時我們常稱位址，而談到暫存器時則常稱索引）。該暫存器的內容即為所欲的運算元。

間接定址 (indirect addressing) 是能提供高度彈性的強大的定址模式。在該模式中，位址欄位內容表示的是會被當成指標來使用的數據的記憶體位址。運算元的有效位址即存在於這個記憶體位置中。例如，若運算元的定址模式是間接且指令為 `Load 008`，在記憶體位置 0x008 中取得的數字還只是真正運算元的有效位置。設位置 0x008 中的值是 0x2A0，0x2A0 才是「真正的」運算元位址；該位置中的值就可以載入 AC 中了。

這方法的一種變化是以位址欄位中的位元來指定暫存器而非記憶體位址。這種習稱**暫存器間接定址** (register indirect addressing) 模式的作法除了使用暫存器而非記憶體的內容來指向真正運算元以外，其餘與間接定址模式完全相同。例如，若指令為 `Load R1` 且使用暫存器間接定址模式，則 R1 的內容是所欲運算元的有效位址。

在**索引定址** (indexed addressing) 模式中，有一個用於存放位移值 (offset 或

displacement) 的（或是明確指定的或是預設指定的）索引暫存器會被加到指令格式中的運算元中以得出真正運算元的有效位址。例如，若指令 Load X 中的運算元 *X* 是用於索引定址，設 R1 是索引暫存器且其值為 1，則真正運算元的有效位址是 *X* + 1。**基底定址** (based addressing) 模式除了使用的是基底位址暫存器而非索引暫存器之外，其餘與之相同。理論上這兩種模式的差異在於它們如何被看待，而非在於取得運算元的過程。索引暫存器存放作為相對於指令中位址欄位位址的位移值；基底暫存器存放基底位址，而位址欄位用於表示從基底算起的位移值。這兩種定址模式對存取陣列元素以及串列中的字元符號很適當。事實上大部分組合語言在串列運作中都提供特定的隱喻索引暫存器。指令集設計中也可以將通用型暫存器用於此模式中。

在**堆疊定址** (stack addressing) 模式中運算元存取自堆疊中，其工作方式見 5.2.4 節。

上述各種方法還具有許多變化。例如，有些機器具有同時使用間接定址與索引定址的**間接索引定址** (indirect indexed addressing)。也有將位移值加到特定基底暫存器中、再將結果與指令中運算元相加以得出指令真正運算元的有效位址的**基底／位移定址** (base/offset addressing)。還有**自動遞增** (auto-increment) 與**自動遞減** (auto-decrement) 模式。這些模式自動將相關暫存器的增減，可降低程式大小，這在譬如嵌入式系統的應用中可能極為重要。**自我相對定址** (self-relative addressing) 以指令本身位置與運算元位置間的位移量來計算運算元位址。還有更多模式；不過熟習立即、直接、暫存器、間接、索引與堆疊等定址模式即可幫助你瞭解所有你會遇到的定址模式。

以下以一例說明各種模式。設有指令 `Load 800` 且記憶體與暫存器 R1 如圖 5.4 所示。在對運算元欄位的 0x800 應用各種定址模式、並假設 R1 是索引定址模式中的隱喻的暫存器，從表 5.1 中可看出真正載入 AC 中的值是什麼：指令 `Load R1` 若使用暫存器定址模式，會將 0x800 載入累加器中，而若使用暫存器間接定址模式，則會將 0x900 載入累加器中。

表 5.2 綜合整理了各種基本的定址模式。

計算機如何得知對某個運算元應該使用哪種定址模式呢？之前已曾見過處

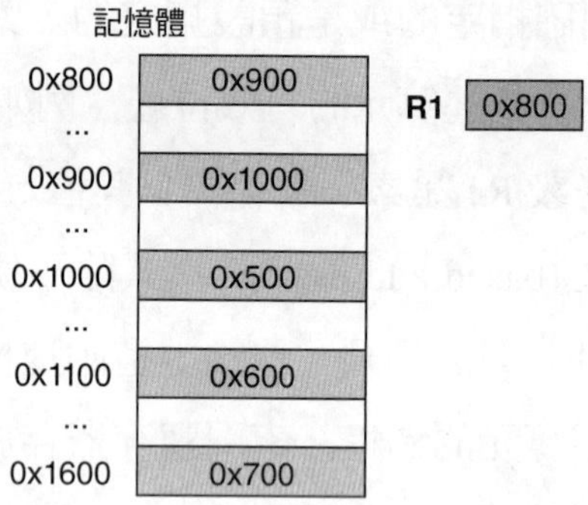

圖 5.4 執行 Load 800 後的記憶體內容

表 5.1 對圖 5.4 中的記憶體應用各種定址模式的結果

模式	載入 AC 的值
立即	0x900
直接	0x800
間接	0x1000
索引	0x700

表 5.2 基本定址模式的綜合整理

定址模式	找尋運算元的方式
立即	運算元的值就存在指令中
直接	運算元的有效位址在位址欄位中
暫存器	運算元的值在暫存器中
間接	位址欄位指向真正運算元的位址
暫存器間接	暫存器中放的是真正運算元的位址
索引或基底的	運算元的有效位址由將暫存器的值加上位址欄位的值而得
堆疊	運算元位在堆疊中

理這個問題的一種方法。在 MARIE 中，有兩道 JUMP 指令——JUMP 與 JUMPI。ADD 指令也有兩道——ADD 與 ADDI。指令本身即含有計算機可用以判斷應使用的定址模式的資訊。許多語言都對一種指令有多樣的形式，每一種形式使用不同的定址模式與／或不同的數據形態。

當定址模式種類不多時，將定址模式編碼於運作碼中是恰當的。但是在定址模式種類多時，則適合在指令中使用另外的欄位來指出指令中的運算元應該使用的定址模式。

多樣性的定址方式較之僅限於使用一、二種模式讓我們得以表示更大範圍的位置。不過這一定要做取捨。我們一般會選擇犧牲位址計算的簡易性和受限的記憶體存取區域而寧可要具有彈性的定址與較大的位址範圍。

5.5 指令的管道化處理

到現在你應已相當瞭解第四章中介紹的擷取 - 解碼 - 執行週期。觀念上，每個計算機時脈的脈衝即是用於將這個順序推進一個步驟，不過有時可能可以使用額外的脈衝來控制每個步驟中更細微的動作。有些 CPUs 將擷取 - 解碼 - 執行週期分成更小的步驟，以便不同指令間的這些小步驟可以平行地執行。這樣的重疊加快了執行。這個所有目前的 CPUs 都採用的方法即是所謂的**管道化** (pipelining)。指令的管道化處理是一個用於**開發指令階層平行度** (instruction-level parallelism, ILP) 的方法（其他方法包括超純量與 VLIW）。我們因為機器的 ISA 會影響指令的管道化處理能有多成功，所以將指令的管道化處理納入本章中。

假設擷取 - 解碼 - 執行週期已被分成以下的「迷你步驟」：

1. 擷取指令
2. 解碼運作碼
3. 計算運算元的有效位址
4. 擷取運算元
5. 執行指令
6. 儲存結果

管道化處理就像是汽車組裝線，計算機的管道中每個步驟完成指令的一部分工作。如同汽車組裝線，不同步驟平行（按：指同時）地完成不同指令中的不同部分，而這些步驟每一個都稱為一個**管道階** (pipeline stage)。各階連接起來形成一個管道，指令由一端進入，逐步在不同階中前進，然後從另一端離開。分割階段的目的在於平衡每一管道階所耗的時間（亦即，多少要與任何其他管道階所耗的時間很接近）。若各階耗時不均勻，不久之後較快的階段就會開始等候較慢的階段。要觀察現實生活中像這樣的失衡的例子，想想洗衣服的過程：若僅有一洗衣機與一乾衣機，通常最後都會在等乾衣機結束；如果將洗衣想成是第一階而乾衣是下一階，可想見較耗時的乾衣階將造成衣服在兩階間堆積起來；如果加上摺衣物的第三階，則這個階將一直都在等候較慢的其他二階。

圖 5.5 是計算機管道化處理並且表示出指令間各階重疊的圖示。可看出每一時脈週期中每道指令的每個階段（其中 S1 代表擷取，S2 代表解碼，S3 是計算階，S4 是運算元擷取，S5 是執行，而 S6 是儲存）。從圖 5.5 中可看出一旦指令 1 已被擷取且正在解碼時，即可開始擷取指令 2。當指令 1 擷取運算元時，指令 2 也正在解碼，此時可開始擷取指令 3。注意：這些事情都可以平行地發生，就像在汽車組裝線中一樣。

設有 k 階的管道。若時脈週期時間是 t_p；亦即每階的耗時為 t_p。又若有 n 道指令（亦可視為**工作**，tasks）需執行。工作 $1(T_1)$ 需時 $k \times t_p$ 來完成。其餘的 $n - 1$ 件工作逐週期一一進入管道中，表示這些工作共需時 $(n - 1)t_p$。因此欲以 k 階的管道完成 n 件工作共需：

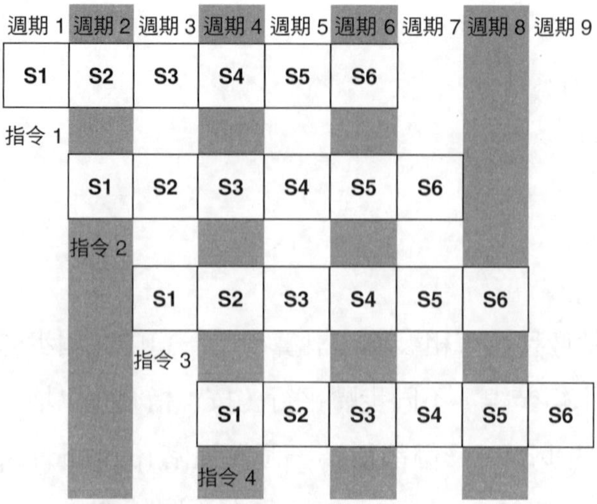

圖 5.5 四道指令通過 6 階的管道

$$(k \times t_p) + (n - 1)t_p = (\mathrm{k} + n - 1)t_p$$

或 $k + (n - 1)$ 個時脈週期。

接著計算使用管道所能得到的加速。如果不使用管道化處理（按：但假設管道的硬體已劃分成 k 個階段並且由共用的時脈訊號驅動指令執行），則需時為 nt_n 且 $t_n = k \times t_p$。因此，加速（不作管道處理時的耗時除以作管道處理時的耗時）是：

$$\text{Speedup } S = \frac{nt_n}{(k + n - 1)t_p}$$

若在 n 趨近無限大的條件下，$(k + n - 1)$ 趨近於 n，則得理論上的加速是：

$$\text{Speedup } S = \frac{k \times t_p}{t_p} = k$$

理論上的加速 k 就是管道中的階數。

以下請看一個範例。

範例 5.12　設有 4 階的管道，其中：

- S1 = 擷取指令
- S2 = 解碼與計算有效位址
- S3 = 擷取運算元
- S4 = 執行指令並儲存結果

我們另外必須假設架構能夠容許同時平行地擷取數據與指令。這點可利用個別的指令與數據通道辦到；不過大部分記憶體系統不能同時進行多於一個的存取。因此之故，希望這麼做的記憶體系統以快取來提供運算元，因而在大部分情形下允許指令與運算元同時作存取（按：為求管道中所有階的耗時一致，此時程式碼大概也會以快取、而且是另一個獨立的快取，來存放）。接著再假設指令 I3 是可能改變執行順序的條件分支指令（因此在它之後執行的就是 I8 而非 I4 了）。這樣會造成如圖 5.6 中所示的管道運作。

時間週期 →	1	2	3	4	5	6	7	8	9	10	11	12	13
指令：1	S1	S2	S3	S4									
2		S1	S2	S3	S4								
（分支）3			S1	S2	S3	S4							
4				S1	S2	S3							
5					S1	S2							
6						S1							
8							S1	S2	S3	S4			
9								S1	S2	S3	S4		
10									S1	S2	S3	S4	

圖 5.6 包含條件式分支的指令管道例

注意：I4、I5 與 I6 會在不同階中被擷取及繼續處理，但是一到 I3（即分支指令）執行完畢，I4、I5 與 I6 已不再需要而不應繼續。一直要到週期 6 結束、當分支已執行後，才能擷取下一道要執行的指令 (I8)，然後管道再漸漸填入工作。時間週期 6 至 9 間只完成了一道指令。完美的情形下，在管道中已經充滿工作後的每一週期中，都應有一道指令執行完成。然而如本例所示，這個理想不見得真能達成。

請注意：並非所有指令都需走過管道中的每一階。若指令不需運算元，則不需用到階段 3。然而為了簡化管道化處理的硬體與時序控制，不論指令是否需要，都規定其逐步走過所有各階。

從之前的加速性討論中，似乎表示管道中切分成更多個階則所有工作會進行得更快。但這只在某個範圍內成立。將數據在記憶體與暫存器間搬移會耗費一定量的時間。管道中所需控制電路的大小也隨階數成正比增加，因而延緩整體執行。更甚者，有一些會引起「管道衝突」的情況，使我們無法達成每時脈週期執行完成一道指令的目標。這些情況包括：

- 資源衝突
- 數據相依性
- 條件式分支

資源衝突 [resource conflicts，亦稱**結構危障** (structural hazards)] 是指令階層平行性中一項重要顧慮。例如，若一指令正對記憶體儲存一值而另一指令正從記憶體被擷取，兩者都需使用記憶體。通常解決的方式是讓指令執行繼續、而指令擷取先等待。有些衝突也能經由同時提供兩個個別的處理方式來解決：例如在此給予記憶體讀寫的數據與指令兩條不同的路徑。

數據相依性 (data dependencies) 肇因於某道指令的結果在其尚未完成時就被之後的指令用作運算元。例如，參考兩道連續的指令 $X = Y + 3$ 與 $Z = 2 * X$。

時間週期 →	1	2	3	4	5
$X = Y + 3$	擷取指令	解碼	擷取 Y	執行並儲存 X	
$Z = 2 * X$		擷取指令	解碼	擷取 X	

問題出在時間週期四。第二道指令需要擷取 X，但是第一道指令在執行完成前未能儲存結果，故 X 在時間週期結束前仍未可用。

有許多方法可處理這類型的管道衝突。可加入特殊硬體來偵測是否有以管道中前方指令的結果作為來源運算元的指令；這個硬體可在管道中插入短暫延遲（通常是一或數道不真正做事的無運作指令），來提供足夠時間使這種衝突消失。也可以使用特殊硬體來偵測這種衝突、然後在管道各階之間的額外特殊路徑上繞送數據，如此則可提前指令取得所需運算元的時間點。架構還可以麻煩編譯器來處理衝突：編譯器已可設計成能對指令重新排序，以求在不影響程式的邏輯與效能的前題下，盡量延後發生了衝突的數據的擷取。

分支指令使我們得以改變程式中執行的路徑，而這在管道化處理中會造成重大問題：如果每時脈週期都會擷取入一道指令，則也許有好幾道指令會在一道分支指令執行完之前隨著其後被擷取甚至解碼。條件式分支特別難處理。許多架構會作**分支預測** (branch prediction)，以邏輯電路作接下來要執行的指令是哪一道的預測（基本上它們就是預測條件式分支的執行結果）。編譯器也以重新排列機器碼來達成**延遲的分支** (delayed branch) 以應對分支問題；這個重排指令的方法嘗試在分支指令之後仍然放置數道不論分支是否發生都應執行的指令，如不可能則放置 no-op 指令來維持管道執行順暢且不會出錯（按：此處原文說明不甚清晰，故譯者自行加註）。有些機器對條件分支的另一處理方式是向分支的兩條可能路徑均擷取、處理指令，並同時保留至分支執行完成、得知「真正的」執行路徑為何。

為了想要在晶片中再擠出更多效能，新式的 CPUs 運用較管道化處理更進一步的超純量設計（已於第四章中介紹）。超純量晶片中具有多個 ALUs 且能在每個時脈週期中派發出多於一道指令，因此平均的每指令所需時脈週期數可以低於一。不過偵測與處理危障的邏輯會更加複雜；用於排序各項運算的邏輯經常比執行用的還要多。而且即使使用很繁複的邏輯，因此想要在管道運作過程中（英文的慣用詞是「on the fly」）毫無滯礙地排程出平行的運作仍舊非常困難。

動態排程的各項限制使機器設計師思考一種非常不同的、**明確地平行的指令計算機** (explicitly parallel instruction computers, EPIC) 架構，第四章中討論過的 Itanium 架構即為一例。EPIC 機器有很長的指令（回想 Itanium 的指令長度有 128 個位元），表示了好幾個可平行進行的運作。因為設計中具有這種既有的平行度，EPIC 的指令集非常依賴編譯器能力（意思是使用者需要能利用指令格式中的平行度來取得顯著的效能提升的複雜編譯器）。排程各項運作的責任由處理器移至編譯器上，能用於求得好的排序以及分析潛在管道衝突的時間也更多（按：甚至不受限）了。

為了減少條件式分支引起的管道化處理的問題，IA-64 應用了**待決定的** (predicated) 指令。比較指令設定決定用的位元，就好像 x86 機器設定其中的狀態位元般（不過這裡共有 64 個決定用的位元）。每個運作有一個相關的決定（用的）位元；其只有在決定位元等於 1 時才能執行。實際製作中所有運作都會進行，惟結果只能在決定位元等於 1 時才會存入暫存器檔中。造成的影響是執行了更多的指令，但不需停頓管道來等待狀態產生。

平行性有許多層次，也有單純與繁複的。所有計算機都多少會利用平行性，譬如指令以字組（典型是 16、32 或 64 個位元長）為運算元而非一次處理一個位元。更進階的平行性態樣需要有更特定與複雜的硬體與作業系統的支援。

雖然深入的平行性研究超出本書範圍，但是不妨簡要地看看一般視為兩種極端的平行性：程式階層平行性 (program-level parallelism, PLP) 與指令階層平行性 (instruction-level parallelism, ILP)。PLP 可允許程式中各部分執行於多於一台計算機上。這件事聽來不難，但是必需要在演算法編寫正確的前題下來得到平行性，以及仔細在各個不同軟體模組間作同步。

ILP 談的是如何使指令重疊地執行。基本上，這裡希望同一個程式中有多於一道指令可同時執行。ILP 有兩種：第一種將指令的執行過程分成各階並重疊數個指令的不同階。這正是管道化處理所做的。第二種 ILP 則是將個別指令重疊（亦即，處理器可在同時間內執行多道指令）（按：更清楚地說，同時間平行地派發、執行多道指令。詳見下一段文字）。

除了管道化的架構以外，超純量、超管道化與非常長指令字 (very long instruction word, VLIW) 架構中也都具有 ILP。超純量架構（回憶第四章中所述）以多條平行管道來同時執行多個運作。超純量架構的例子包括 IBM 的 PowerPC、Sun 的 UltraSparc 與 DEC 的 Alpha。**超管道化** (superpipelining) 架構於管道化處理中結合超純量觀念，將管道階作更細的劃分（按：以上句子的前半句不妥；超管道化與超純量是不同且可各自獨立的兩個作法）。IA-64 架構屬於 **VLIW** 架構，表示每一指令中可具有多個純量運作（編譯器在一道指令中放入多個運作。按：意思是，將許多道指令打包成一個 VLIW—超長的指令字）。超純量與 VLIW 機器每週期擷取且執行多於一道指令。

5.6 ISA 的實際範例

以下介紹第四章中討論過的兩種架構 Intel 與 MIPS，瞭解這些處理器的設計師在應對本章提及的議題上：指令格式、指令類型、運算元數量、定址方式與管道化處理上如何作出選擇。同時也會介紹 Java Virtual Machine（Java 語言虛擬機器）來說明軟體如何可以完全掩蓋機器的真實 ISA，製造出一個 ISA 的抽象處理能力。最後介紹你或許還沒聽說過然而非常可能每天都用到的 ARM 架構。

5.6.1 Intel

Intel 採用小的端、二個位址的架構，且指令長度可以不同。Intel 的處理器使用暫存器 - 記憶體架構，意思是所有指令可以對記憶體位置運作，然而另一運算元則必須是暫存器。這個 ISA 可以作各種長度的運作，可對長度為 1、2 或 4 個位元組的數據運作。

8086 至 80486 採用單階管道的架構。架構師認為若管道設計恰當的話，則使用兩個會更好，因此 Pentium 中有兩個可平行運作執行指令的稱為 U pipe 與 V pipe 的五階管道。這些管道中的階包括預取、指令解碼、位址產生、執行與寫回。為求效果，兩條管道中必須保持充滿指令，這需要指令可以平行地派發出去。編譯器有責任確實地保持這種平行性。Pentium II 將階數增加到 12，包括預取、長度解碼、指令解碼、重命名／資源配置、UOP（按：micro-operation，微運作）排程／發送、執行、寫回與退休。大部分新的階是為了因應 Intel 的 MMX 技術——對該架構的延伸以處理多媒體數據的技術——而增加的。Pentium III 增加至 14 階，之後 Pentium IV 再增至 24 階。新增的階（超過本章所介紹的）包括為了決定指令長度的階、產生微運作的階與「認可」指令（確認它執行完畢且結果可被永久接受。按：即讓指令退休）的階。Itanium 中的指令管道只有 10 階：指令指標產生、擷取、旋轉、延伸、重命名、字組線解碼、暫存器讀取、執行、例外偵測與寫回。

Intel 的架構允許使用本章所介紹過的所有基本定址模式，此外還包括許多這些模式形成的組合。8086 共有 17 種不同的存取記憶體的方法，其中大部分都是這些基本模式的變化形式。Intel 較近期的 Pentium 架構也如同之前的處理器納入了相同的定址模式，另外還增加了新的、主要用於有助維持向後相容性的新模式。IA-64 在記憶體定址模式上的貧乏令人驚訝，它只有一種：暫存器間接定址 [另有可選用的事後遞增 (post-increment)]。這看來雖是不尋常地受限，但是遵循了 RISC 的概念。位址計算之後會儲存於通用暫存器中。較複雜的定址模式需要用到特殊的硬體；限制定址模式的種類可使 IA-64 架構將對這種特殊硬體的需求降至最低。

5.6.2 MIPS

MIPS（原始代表的是「Microprocessor without Interlocked Pipeline Stages，微處理器而無互相鎖住的管道各階」）架構是小的端、以字組定址、3 位址、長度固定的 ISA。其屬載入儲存式架構，意思是只有載入與儲存指令可存取記憶體。所有其他指令只能以暫存器作為運算元，表示這個 ISA 需要使用大的暫存器檔。MIPS 也限制只能作固定長度的運作（即對固定長度的數據運作）。

有些 MIPS 處理器（如 R2000 與 R3000）使用 5 階的管道（擷取、指令解碼、執行、記憶體存取與寫回）。R4000 與 R4400 使用 8 階的超管道（指定擷取前半、指令擷取後半、暫存器擷取、執行、數據擷取前半、數據擷取後半、標籤檢查與寫回）。R10000 的管道很有趣，管道中的階數依指令需經過的功能單元而異：對整數指令有五階，載入儲存指令有六階，以及浮點指令有七階。MIPS 5000 與 10000 二者均為超純量。

MIPS 的 ISA 很單純，具有五種基本類型的指令：簡單算術（加、XOR、NAND、移位）、數據搬移（載入、儲存、搬移）、控制（分支、跳躍）、多週期（乘、除）與其他類指令（保存 PC、依條件保存暫存器）。MIPS 程式師可使用立即、暫存器、直接、暫存器間接、基底與索引等定址模式。不過在 ISA 本身中只提供了一種（基底定址）；其餘的模式則由組譯器提供。MIPS64 在嵌入式系統的優化中還可使用兩種額外的定址模式。

第四章中介紹的 MIPS 指令可有多達四個欄位：一個運作碼、兩個運算元位址與一個結果位址。基本上有三種指令格式：I (immediate) 型、R (register) 型與 J (jump) 型。

R 型指令具有 6 位元的運作碼、5 位元的來源暫存器、第二個 5 位元的來源暫存器、5 位元的目標暫存器、5 位元的移位量與 6 位元的功能。I 型指令具有 6 位元的運作碼、5 位元的來源暫存器、5 位元的目標暫存器或分支條件與 16 位元的立即值或分支位址位移值（按：原文此處有誤；已作適當修正）。J 型指令具有 6 位元的運作碼與 26 位元的（按：部分）目標位址。

MIPS ISA 與 Intel ISA 不同的原因部分是由於二者間的設計理念不同。Intel

在記憶體非常昂貴的時期就設計了 8086 的 ISA，需要將指令集設計成程式會極端地節省空間。這就是 Intel 採用可變長度指令的主要原因。8086 中具有的很少的暫存器，並不能儲存多少數據；因此採用二運算元的指令（相對於 MIPS 中的三個）。在 Intel 進入到 IA-32 ISA 時基於其廣大的顧客基礎，向後相容成為必需的要求。

5.6.3 Java 虛擬機器

Java 這個已經普受歡迎的語言很有趣的是它是與執行的平台無關的。這表示程式可以在一個架構（譬如 Pentium）上編譯，而不需修改或甚至重新編譯即可執行於另一不同的架構（譬如 Sun 工作站）上（按：常常提到的 Java 語言有兩種：有高階的 Java source language，其為 C 語言的延伸；以及 Java bytecode，其為機器碼。而可跨平台的指的是 Java bytecode。其因為採用零個運算元指令格式的堆疊架構，機器中不需要存在任何特定的暫存器，而可達到在幾乎任何硬體平台上都能夠執行的目的。至於執行 Java bytecode 的方式，可以有直接採用 Java bytecode 處理器、或間接透過 JVM 的兩種方式）。

Java 編譯器在編譯程式時對將要用來執行程式的機器的架構，例如暫存器的數量、記憶體大小、I/O 埠等，不作任何要求。不過在編譯完成後要執行程式時，則需要在進行執行的架構上使用 **Java 虛擬機器** (Java Virtual Machine, JVM)。[**虛擬機器** (virtual machine) 是一個在真實機器上的軟體擬真器。] JVM 本質上就是一個隱藏真正硬體架構並使之顯現不同樣貌的「包裝」，因此可以使 Java 碼與平台無關。Pentium 上使用的 JVM 與 Sun 工作站上使用的 JVM 會不相同，且又與 Macintosh 上使用的 JVM 不同等等。不過一旦某個架構上有了 JVM，則該 JVM 即可執行任何 ISA 的平台上編譯出來的任何 Java 程式。執行過程中載入、檢查、找到與執行位元組碼（按：英文是 bytecode，指的是 Java 的機器語言碼）則均屬 JVM 的責任。JVM 雖然是虛擬的，卻也是 ISA 設計中的一個很好的例子。

特定架構的 JVM 是以該架構本身的指令集來撰寫的。它以解譯器的方式運作，讀取 Java 位元組碼並將之解譯成對應於該機器真正的機器指令序。Java

高階語言程式經編譯後會產生**位元組碼** (bytecodes)。這些位元組碼之後會作為 JVM 的輸入。JVM 可被視為一個巨大的 switch（或 case）敘述，一次解析一道位元組碼指令。每一道位元組碼指令導致到特定區塊，且能完成該道位元組碼指令功能的程序的跳躍。

這種作法與你可能熟悉的其他高階語言的作法有很大的不同。例如，在編譯 C++ 程式時，產出的目的碼是專門用於該架構上的（編譯 C++ 程式會產出組合語言程式之後會再轉變為機器碼）。如果要在不同的平台上執行該 C++ 程式，則必須對標的架構重新編譯之。以編譯方式處理的語言 (compiled languages) 會被轉換成可執行的二進形式的機器碼檔案。這個產生出來的碼也只能在標的架構上執行。以編譯方式處理的語言一般具有優越效能並能與作業系統作良好溝通。以編譯方式處理的語言包括如 C、C++、Ada、FORTRAN 與 COBOL。

有些語言如 LISP、PhP、Perl、Python、Tcl 與大部分的 BASIC 是以解譯方式來處理的。源碼在每一次執行時都需重新解譯。以解譯方式處理的語言（按：英文是 interpreted languages）這種不須鎖定在固定平台上的好處的代價是較差的效能——通常是 100 倍的差異（在第八章會對這點再作討論）。

也有（編譯與解譯）兩種方式都使用的語言。它們通常稱為 **P- 碼語言** (P-code languages)。以這種語言撰寫的源碼會被編譯成一種稱為 P 碼的中間形式，之後 P 碼將以解譯的方式執行。P 碼語言一般較以編譯方式處理的語言在執行上慢上 5 到 10 倍。Python、Perl 與 Java 其實都是 P 碼語言，雖然一般它們是被視為以解譯方式處理的語言。

圖 5.7 顯示 Java 編程環境的概觀。

也許比 Java 的平台獨立性更重要的，特別是與本章涵蓋的主題間的相關性更強的，是 Java 位元組碼是一種基於堆疊的語言，其中包含相當數量的零位址指令這件事。每道指令中有一個位元組的運作碼，後接零或數個運算元。運作碼會指出之後是否有後續的運算元，以及若有則其形式為何。許多指令不需使用運算元。

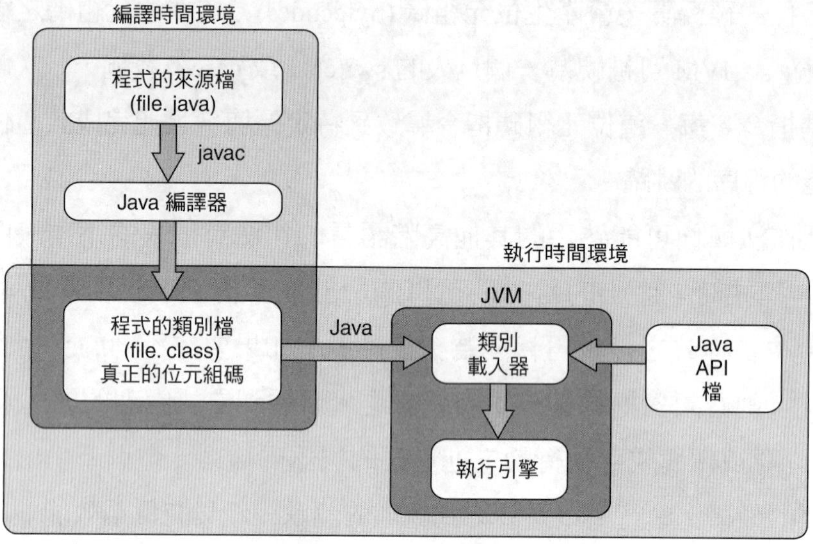

圖 5.7 Java 的編程環境

Java 使用二的補數表示有號整數但不允許無號整數。字元符號以 16 位元的統一碼編碼。Java 具有四個暫存器來對記憶體中五個不同區域作存取。所有對記憶體的存取都是相對於這些暫存器的位移量進行；指標或絕對（按：即直接定址的另一常見稱呼）記憶體位址則完全不允許。由於 JVM 屬堆疊機器，因此不具有通用型暫存器。缺乏通用型暫存器造成需要使用更多記憶體存取，不利執行效能，因此其以犧牲一些效能來換取可攜性。

接下來看看一個簡短的 Java 程式以及對應的位元組碼。範例 5.13 表示一個可指出兩數字中較大者的 Java 程式。

範例 5.13 一個可指出兩數字中較大者的 Java 程式。

```
public class Maximum {

  public static void main (String[] Args)
  { int X,Y,Z;
    X = Integer.parseInt(Args[0]);
    Y = Integer.parseInt(Args[1]);
    Z = Max(X,Y);
```

```
    System.out.println(Z);
  }

  public static int Max (int A, int B)
  { int C;
    if (A > B) C = A;
    else C = B;
    return C;
  }
}
```

在（以 javac）編譯上述程式之後，可透過下述命令反組譯之，以檢視其位元組碼：

```
javap -c Maximum
```

可得下列結果：

```
Compiled from Maximum.java
public class Maximum extends java.lang.Object {
    public Maximum();
    public static void main(java.lang.String[]);
    public static int Max(int, int);
}
Method Maximum()
   0 aload_0
   1 invokespecial #1 <Method java.lang.Object()>
   4 return
Method void main(java.lang.String[])
   0 aload_0
   1 iconst_0
   2 aaload
   3 invokestatic #2 <Method int parseInt(java.lang.String)>
```

```
    6 istore_1
    7 aload_0
    8 iconst_1
    9 aaload
   10 invokestatic #2 <Method int parseInt(java.lang.String)>
   13 istore_2
   14 iload_1
   15 iload_2
   16 invokestatic #3 <Method int Max(int, int)>
   19 istore_3
   20 getstatic #4 <Field java.io.PrintStream out>
   23 iload_3
   24 invokevirtual #5 <Method void println(int)>
   27 return
Method int Max(int, int)
    0 iload_0
    1 iload_1
    2 if_icmple 10
    5 iload_0
    6 istore_2
    7 goto 12
   10 iload_1
   11 istore_2
   12 iload_2
   13 ireturn
```

各行的編號代表位移值，亦即該指令距所屬函式——在 Java 中特稱為方法 (method)——的開頭以位元組數量表示的距離。注意：

```
z = Max(x, y);
```

被編譯成了以下的位元組碼：

```
14 iload_1
15 iload_2
16 invokestatic #3 <Method int Max(int, int)>
19 istore_3
```

很明顯地 Java 位元組碼是堆疊式的。例如，`iadd` 指令由堆疊中爆出二個數字，加總，然後將結果推回堆疊中。不會有像「add r0, r1, f2」或「add AC, *X*」這種寫法。`iload_1`（整數載入）指令也將空格 1 推入堆疊中而使用到了堆疊（空格 1 在 main 中存放 *X*，故 *X* 被推入堆疊）。*Y* 被指令 15 推入堆疊。`invokestatic` 指令實際上執行了對 `Max` 函式的呼叫。當函式結束時，`istore_3` 指令爆出堆疊頂端的元素並將之存入 *Z*。

第八章中將作更多 Java 語言與 JVM 的討論。

5.6.4 ARM

ARM 是可見於今日許多可攜式設備中的類 RISC (reduced instruction set computers) 處理器核家族的名稱。事實上，它是最廣為採用的 32 位元指令集架構，可見於 95% 以上的智慧型手機中、80% 的數位相機中以及 40% 以上的數位電視中。成立於 1990 年的 ARM (Advanced RISC Machines) 公司原先由 Apple、Acorn 與 VLSI 共同出資成立，現在則由在英國的 ARM Holdings 提供使用授權。ARM Holdings 並不產製這些處理器；它出售授權，而實際的核則由各取得 ARM 架構授權的公司自行獨立地開發。這種模式讓開發者得以用任何方式來增刪晶片功能以求最適其所需。

ARM 有許多家族，包括 ARM1、ARM2 一直上到 ARM11，其中 ARM7、ARM9 與 ARM10 是目前主要的可授權家族。ARM 處理器有三個架構方向或稱系列：Cortex-A（是為第三方應用程式的完整作業系統所設計）；Cortex-R（是為嵌入式及即時應用所設計）；以及 Cortex-M（是為微控制器情境所設計）。對 ARM 處理器的實作可以有相當的差異。例如，許多這類處理器採用標準馮紐曼架構，像是 ARM7，而其他的採用哈佛架構，像是 ARM9。雖然最新的 ARM 架構支援 64 位元計算，這裡的討論只限於最常見的 32 位元處理器。

ARM 屬載入／儲存架構，故其數據運算類指令必須對暫存器中而不可以是記憶體中的數據作處理。其採用固定長度、三運算元的指令以及簡單定址模式，雖然它的索引（基底加上位移值）定址模式也堪稱非常強大。這些特性再加上 16 個 32 位元的通用暫存器的大暫存器檔有利於管道化的處理。所有 ARM 處理器都有至少 3 階的管道（包含擷取、解碼與執行）；較新的處理器會有較深的管道（階數較多），例如非常常見的 ARM9 一般是五階的管道（與 MIPS 類似）；有些 ARM8 的實際製作中使用 13 階的整數管道（其中的擷取分成二階，解碼五階，而執行是六階）。

ARM 架構中實際上共有 37 個暫存器；不過因為它們是由不同的處理器模式共同使用，因此處理器在某些特定模式中時只能看見（用得上）某些暫存器。處理器模式對可進行的運作的類型與可存取的數據的範疇會形成規範與限制；處理器正在採用的模式會是什麼基本上取決於其操作環境。有特權的模式可以直接存取硬體與記憶體；無特權的模式對是否能夠使用哪些暫存器與其他硬體則有所限制。ARM 處理器支援各種不同的處理器模式，並因架構的版本而有所不同。模式一般包括 (1) 管理者 supervisor 模式，是一個作業系統使用的受保護的模式；(2) FIQ [按：代表快速插斷請求 (fast interrupt request)] 模式，是一種用來支援高速數據傳輸的有特權模式，用以處理高優先度的插斷；(3) IRQ [按：代表插斷請求 (interrupt request)] 模式，是用於一般用途插斷的有特權模式；(4) 中止模式，是用於處理違反記憶體存取規定的有特權模式；(5) 未定義的（指令）Undefined 模式，是用於處理遇到未定義或不合法指令的情況的有特權模式；(6) 系統 System 模式，是用於執行有特權的作業系統工作的有特權模式；與 (7) 使用者 User 模式，是用以執行大部分應用程式的無特權模式。

與各種模式相關的限制條件決定了暫存器應如何被使用。暫存器 0 至 7 在所有處理器模式中的使用方式都一樣。不過有些暫存器則有多份且分別屬於不同的排 (banks)，並由目前的模式決定真正要使用的排是哪一個。例如暫存器 13 與 14 在大部分特權模式中都「有它們的排」；意思是這些模式中各有其自己的一份暫存器 13 與 14。除了暫存器 15 以外，這兩個暫存器本質上也有兩種用途；暫存器 13、14 與 15 除了可以直接以索引來存取以外，在某些模式中暫存器 13 也可用作堆疊指標，暫存器 14 也可用作聯結暫存器，而暫存器 15 也用作程式計數器。

所有 ARM 處理器都能執行位元間的邏輯與比較運作，以及加、減和乘；另有少數包括除法指令。ARM 處理器提供標準數據搬移類指令，包括用於將數據從記憶體移動到暫存器、暫存器到記憶體與暫存器到暫存器的指令。除了一般的單一暫存器搬移，ARM 也允許多個暫存器的搬移：ARM 可使用一道指定來從記憶體的連續位置中載入或儲存至記憶體的連續位置中任何 16 個通用型暫存器的子集合。控制流程類的指令包括無條件與條件分支以及程序呼叫（使用的是能保存返回地址於暫存器 14 中的分支與聯結指令）。

大部分指令在沒有管道危障或指令不需要存取記憶體的情況下能在一個週期中執行。為了盡量降低週期數，ARM 採取了多項技術。例如，當遇見分支指令時，該分支指令一般會條件式地執行（按：應更詳細地說明為：將分支發生或不發生的兩條路徑在路徑短於一定程度時，分別改為在同一條路徑上兩組條件式執行的指令而不使用分支指令）。ARM 也支援自動索引模式，允許索引暫存器的值在執行載入／儲存指令的時候自動做改變。另外，ARM 有數個「特別」的指令與暫存器，例如若指令指定暫存器 15 作為目的暫存器，則 ALU 運算的結果自動會作為下一道指令的位址。若 PC 用於記憶體存取指令中，則下一道指令會自動由記憶體中被擷取。

一個將二整數中較大者存於暫存器 1 中的 ARM 的樣本程式表示於下方。比較指令 (cmp) 將暫存器 1 中的值自暫存器 2 中減去，不過結果的差值僅被用來設定之後的分支指令會使用到的狀態暫存器中的旗標，而不會被儲存下來。分支指令 (bge) 只有在暫存器 2 中的值大於或等於暫存器 1 中的值時會跳至別處。注意：這種組合語言與 MARIE、Intel 與 MIPS（如第四章中所示）的是多麼相像。

```
    ldr    r1,Num1       ; load the first number into register 1
    ldr    r2,Num2       ; load the second number into register 2
    cmp    r1,r2         ; compare the two numbers
    bge    end           ; if r1 has the larger value we are finished
    mov    r1, r2        ; if not, r2 has the larger value so copy it
                         ; into register 1
    end
Num1   dcd  &13579246
Num2   dcd  &13578246
   end
```

大部分 ARM 架構上可使用兩種不同的指令集：正常的 32 位元 ARM 指令集與 16 位元的 Thumb 指令集。支援 Thumb 的晶片會有一個「T」字母在其名稱中（有些核具有 Jazelle 能力，能夠執行 Java 的位元組碼；這些處理器會在其 CPU 名稱後跟著一個「J」）。雖然 ARM 有在一個週期中執行完成的指令，這些較快（按：也因此工作量較少）的指令會造成程式較長，因而使用較多記憶體。在速度很重要以外的所有其他情況下，記憶體的成本比處理器的執行速度還重要；因此 Thumb 可作為許多 ARM 晶片在想要改善碼的密度來降低儲存空間需求時的選項。應注意處理器其實只能執行一種指令集；當處理器在 Thumb 模式中運作時，處理器（透過晶片中專門目的的硬體）將每一道 Thumb 指令擴展為等效的 ARM32 位元指令後才真正執行它（按：有些較近期的 ARM 處理器也可以直接解碼、執行 Thumb 指令以求速度不因此而被延緩）。在 Thumb 模式中，不再能使用全部的 16 個通用型暫存器；能使用的數量（除了 PC、堆疊指標與聯結指標暫存器外）降低為 8。

實際上 Thumb 指令集有兩種形式：全部是 16 位元固定長度指令的 Thumb，以及（之後的核中推出的）可與 Thumb 向後相容另外還包含 32 位元指令的 Thumb-2。雖然 Thumb 是小型且濃縮過的語言（其較之 ARM 程式使用約略少 40% 的空間）並採用較短的運作碼來使碼的密度較佳，卻因而達不到使用 ARM 指令集時所表現的效能。Thumb-2 的效能約略比 Thumb 好 25%，且仍可同時提供好的碼密度與能源效率。

ARM 小型而不需使用太多電晶體，因此需要的功耗也較低。這造成其效能 - 功耗比良好，是使用於可攜裝置中的理想處理器。ARM 處理器目前用於——聊舉數例——智慧型手機、數位相機、GPS 設備、運動器材、閱讀器、MP3 播放器、智能玩具、電器、販賣機、印表機、遊戲機、平板電腦、無線區域網路盒、USB 控制器、藍芽控制器、醫療掃描器、路由器與汽車中。雖然也有其他公司設計了目前已用於可攜裝置中的行動用處理器（最有名的是 Intel 的 Atom x86 處理器），咸認 ARM 仍將主導行動市場一段很長的時間。

本章總結

指令集架構的核心要素包括記憶體模型（字組大小以及位址空間如何劃分）、暫存器、數據型態、指令格式、定址與指令類別。雖然目前大部分計算機都有通用型暫存器檔，並能指定記憶體與暫存器位置的組合作為運算元，指令在大小、類型、格式與可使用的運算元數量上差異仍大。指令對運算元的位置也有嚴格規定：運算元可位於堆疊上、暫存器中、記憶體中或是三者的組合。

在設計 ISA 時需作出多項決定。較大的指令集則需使用較長的指令，也表示較長的擷取與解碼時間。長度固定的指令較易解碼，然而卻可能浪費空間。擴充的運作碼作法代表在需要大的指令集與希望指令短些之間的妥協。也許最精采的是小的或者是大的端的位元組順序之間的論戰。

CPU 內部的儲存方式有三種選擇：堆疊，一個累加器，或是多個通用型暫存器。每一種選擇都有其優劣，並需要同時考慮所提架構的應用環境的特性。內部儲存方式對指令格式有直接影響，特別是對指令可以使用的運算元方面。堆疊架構的指令不需指定運算元，且適於 RPN 表示式的處理。

指令可區分為下列類別：數據搬移、算術、布林、位元操作、I/O、控制移轉與特殊目的。有些 ISAs 在每一類別中都有許多指令，有些則在每一類別中僅有少許指令，也有許多使用混合不同類別的指令。正交的指令集具一致性，在運算元與運作碼的相關性上並無限制。

記憶體技術上的進步造成更大容量記憶體的出現，也促成了對多樣定址模式的需求。本書已介紹過的定址模式有立即、直接、間接、暫存器、索引與堆疊。有了這些模式，即可不必改變 CPU 的基本運作而提供程式師彈性與便利。

指令階層的管道化處理是指令階層平行性之一例。它是常見但複雜的可加速擷取 - 解碼 - 執行週期的技術（按：其通常還會導致單一指令的全部處理時間拉長；但是對於一群連續的指令而言則有加速的效果）。使用管道化的技術可重疊指令間的執行，因而平行地執行多道指令。不過平行的程度受限於管道中產生的衝突。管道化同時執行多道指令的不同階段，而超純量架構則允許多個運作同時（平行地）進行。還有 VLIW 與混合了超純量與管道化的超管道，也都簡要介紹過。平行性的種類很多，然而在計算機組織與架構層次上，真正重要的主要還是 ILP。

本章以及第四章介紹了 Intel 與 MIPS 有有趣的 ISAs。而 Java Virtual Machine 的 ISA 因為是以軟體建構故顯獨特，能讓 Java 程式在任何支援 JVM 上的機器執行。第八章將詳述 JVM。ARM 是支援多種 ISAs 的架構的一例。

進一步閱讀

指令集、定址與指令格式在幾乎每一本計算機架構書中都會詳細述及。Patterson 與 Hennessy (2009)、Stallings (2013)、與 Tanenbaum (2013) 的書在這些領域都有極佳的論述。許多書籍，例如 Brey (2003)、Messmer (2001)、Abel (2001) 與 Jones (2001) 都專門討論 Intel x86 的架構。如果對 Motorola 68000 系列感興趣，則建議參考 Wray、Greenfield 與 Bannatyne (1999) 或 Miller (1992) 的書。

Sohi (1990) 中有指令階層管道化很好的討論。Kaeli 與 Emma (1991) 中有趣的分支如何影響管道效能的概述。不錯的管道處理歷史可見於 Rau 與 Fisher

(1993) 中。要更瞭解管道處理的限制與困難的話則可參考 Wall (1993)。

第四章探討了一些特定的架構，然而值得一提的重要指令集架構還有很多。Atanasoff 的 ABC 計算機（Burks 與 Burks [1988]）、von Neumann 的 EDVAC 與 Mauchly 和 Eckert 的 UNIVAC（Stern [1981] 中有兩者的資訊）有非常簡單的指令集架構但是編程卻必須以機器語言進行。Intel 8080（單位址指令機器）是第四章中介紹的 80x86 家族晶片的前身。完整易讀的 Intel 處理器家族介紹可見於 Brey (2003)。Hauck 與 Dent (1968) 提供 Burroughs 的零位址機器很完整的介紹。Struble (1984) 中有 IBM 360 家族的很好的說明。Brunner (1991) 中有 DEC 的更為複雜的使用二位址架構指令集的 VAX 系統的相關細節。SPARC (1994) 中有 SPARC 架構很好的概述。Meyer 與 Downing (1991)、Lindholm 與 Yellin (1999) 和 Venners (2000) 提供 JVM 很好的完整資訊。

有一篇 Mashey (2009) 的很好的文章將 32 位元到 64 位元的歷史發展製圖編年。作者說明了架構上的決定如何可能造成意外與影響久遠的結果。

參考資料

Abel, P. *IBM PC Assembly Language and Programming*, 5th ed. Upper Saddle River, NJ: Prentice Hall, 2001.

Brey, B. *Intel Microprocessors 8086/8088, 80186/80188, 80286, 80386, 80486 Pentium, and Pentium Pro Processor, Pentium II, Pentium III, and Pentium IV: Architecture, Programming, and Interfacing*, 6th ed. Englewood Cliffs, NJ: Prentice Hall, 2003.

Brunner, R. A. *VAX Architecture Reference Manual*, 2nd ed. Herndon, VA: Digital Press, 1991.

Burks, A., & Burks, A. *The First Electronic Computer: The Atanasoff Story.* Ann Arbor, MI: University of Michigan Press, 1988.

Hauck, E. A., & Dent, B. A. "Burroughs B6500/B7500 Stack Mechanism." *Proceedings of AFIPS SJCC 32,* 1968, pp. 245-251.

Jones, W. *Assembly Language Programming for the IBM PC Family*, 3rd ed. El Granada, CA: Scott/Jones Publishing, 2001.

Kaeli, D., & Emma, P. "Branch History Table Prediction of Moving Target Branches Due to Subroutine Returns." *Proceedings of the 18th Annual International Symposium on Computer Architecture*, May 1991.

Lindholm, T., & Yellin, F. *The Java Virtual Machine Specification*, 2nd ed., 1999. Online at java.sun.com/docs/books/jvms/index.html.

Mashey, J. "The Long Road to 64 Bits." *CACM 52*:1, January 2009, pp. 45-53.

Messmer, H. *The Indispensable PC Hardware Book*. 4th ed. Reading, MA: Addison-Wesley, 2001.

Meyer, J., & Downing, T. *Java Virtual Machine*. Sebastopol, CA: O'Reilly & Associates, 1991.

Miller, M. A. *The 6800 Microprocessor Family: Architecture, Programming, and Applications*, 2nd ed. Columbus, OH: Charles E. Merrill, 1992.

Patterson, D. A., & Hennessy, J. L. *Computer Organization and Design, The Hardware/Software Interface*, 4th ed. San Mateo, CA: Morgan Kaufmann, 2009.

Rau, B. R., & Fisher, J. A. "Instruction-Level Parallel Processing: History, Overview and Perspective." *Journal of Supercomputing 7*:1, January 1993, pp. 9-50.

Sohi, G. "Instruction Issue Logic for High-Performance Interruptible, Multiple Functional Unit, Pipelined Computers." *IEEE Transactions on Computers*, March 1990.

SPARC International, Inc. *The SPARC Architecture Manual: Version 9*. Upper Saddle River, NJ: Prentice Hall, 1994.

Stallings, W. *Computer Organization and Architecture*, 9th ed. Upper Saddle River, NJ: Prentice Hall, 2013.

Stern, N. *From ENIAC to UNIVAC: An Appraisal of the Eckert-Mauchly Computers.* Herndon, VA: Digital Press, 1981.

Struble, G. W. *Assembler Language Programming: The IBM System/360 and 370*, 3rd ed. Reading, MA: Addison-Wesley, 1984.

Tanenbaum, A. *Structured Computer Organization*, 6th ed. Upper Saddle River, NJ: Prentice Hall, 2013.

Venners, B. *Inside the Java 2 Virtual Machine*, 2000. Online at www.artima.com.

Wall, D. W. *Limits of Instruction-Level Parallelism.* DEC-WRL Research Report 93/6, November 1993.

Wray, W. C., Greenfield, J. D., & Bannatyne, R. *Using Microprocessors and Microcomputers, the Motorola Family*, 4th ed. Englewood Cliffs, NJ: Prentice Hall, 1999.

必要名詞與概念的檢視

1. 說明暫存器到暫存器、暫存器到記憶體、記憶體到記憶體指令間的不同。

2. 指令集設計相關的決定有許多項。舉出四項並說明之。

3. 擴充的運作碼是什麼？

4. 若以字組大小是 32 位元並以位元組定址的機器儲存十六進的值 98765432，說明該值在小的端與大的端機器中分別將如何存放。為何「端」的差異重要？
5. 架構可設計成堆疊式、累加器式或通用型暫存器式。說明各種方式的差異並舉各種方式優於其他方式的例證。
6. 記憶體 - 記憶體、暫存器 - 記憶體與載入 - 儲存架構間的差異為何？相似點又為何？
7. 固定長度與可變長度指令的優劣各為何？何者在目前較普及？
8. 基於零個運算元的架構如何能自記憶體取得數據？
9. 何者較長（使用較多指令）：為零位址架構撰寫的程式，為一位址架構撰寫的程式，或是為二位址架構撰寫的程式？為何如此？
10. 堆疊架構中的算術表示式為何可能是以反波蘭表示法表示？
11. 列出數據處理指令的七種類型並分別說明之。
12. 算術移位與邏輯移位的差異為何？
13. 指令集為正交的意思是什麼？
14. 定址模式的意思是什麼？
15. 舉出立即、直接、暫存器、間接、暫存器間接與索引定址的例子。
16. 索引定址與基底定址有何差異？
17. 為何需要有這麼多種定址模式？
18. 說明指令管道化處理的觀念。
19. 時脈週期為 20ns 的 4 階管道處理 100 件工作時其理論的加速值為何？
20. 會造成管道變慢的管道衝突有哪些？
21. 兩類 ILP 是什麼，差異又為何？
22. 說明超純量、超管道化與 VLIW 架構。
23. 列出 Intel 與 MIPS ISAs 間的不同點，並列出其相同點。
24. 說明 Java 位元組碼。
25. 舉出目前的堆疊架構例與 GPR 架構例。它們間有何不同？

習題

1. 設有使用 32 位元整數、以位元組定址的機器，若欲儲存十六進數值 1234 於位址 0：

◆**a)** 表示出該值如何儲存於大的端機器中

◆**b)** 表示出該值如何儲存於小的端機器中

c) 若欲將十六進值增大至 123456，在哪一種位元組安置方式、即大的或小的端中會較有效率？並說明之

2. 表示出字組大小是 32 位元、以位元組定址的機器會如何以小的端以及大的端格式儲存下列數值。設各值均儲存於位址開始於 10_{16} 的位置。畫一記憶體圖示，就各值對應兩種格式分別將數值置入標註了位址的正確記憶體位置中。

a) 0x456789A1

b) 0x0000058A

c) 0x14148888

3. 設以 16 位元儲存數值且機器採二的補數表示法，試完成下表。

整數	二進形式	十六進形式	4 位元組大的端（記憶體中以十六進值表示）	4 位元組小的端（記憶體中以十六進值表示）
28				
2216				
−18675				
−12				
31456				

4. 假設計算機使用 32 位元的整數。若每位址容納一位元組，表示出下列各值自記憶體位址 0x100 放置起的全部依序儲存的情形。注意：要擴充每個值到包含恰當的位元數。表中需要加入更多列（位址）才能存放所有的數值。

位元組順序

位址	小的端	大的端
0x100		
0x101		
0x102		
0x103		
0x104		
0x105		
0x106		
0x107		

a) 0xAB123456

b) 0x2BF876

c) 0x8B0A1

d) 0x1

e) 0xFEDC1234

5. 設有 32 位元的十六進數字儲存於記憶體中如下：

位址	數值
100	2A
101	C2
102	08
103	1B

a) 若機器採大的端並以二的補數表示整數，寫出位址 100 所儲存的 32 位元整數（可將數字表以十六進形式）。

b) 若機器採大的端並以 IEEE 單精確度浮點格式表示數字，則該數為正或負？

c) 若機器採大的端並以 IEEE 單精確度浮點格式表示數字，寫出位址 100 所儲存數字的十進形式（可將數字以科學表示法呈現，表為某數字的 10 的若干次方）。

d) 若機器採小的端並以二的補數表示整數，寫出位址 100 所儲存的 32 位元整數（可將數字表以十六進形式）。

e) 若機器採小的端並以 IEEE 單精確度浮點格式表示數字，則該數為正或負？

f) 若機器採小的端並以 IEEE 單精確度浮點格式表示數字，寫出位址 100 所儲存數字的十進形式（可將數字以科學表示法呈現，表為某數字的 10 的若干次方）。

6. 2M × 16 的主記憶體中最前兩個位元組具有下列十六進值：

- 位元組 0 是 FE
- 位元組 1 是 01

若該等位元組存放的是 16 位元二的補數整數，則在下列情形下其真正十進值為何？

a) 記憶體採大的端

b) 記憶體採小的端

7. 若將數據由大的端機器搬移至小的端機器，端的差異會造成哪些問題？並說明之。

8. 人口研究院監控美國的人口。在 2008 年該院撰寫程式以產生各州人口數以及全美人數的檔案。該執行於 Motorola 處理器上的程式以多種規則例如平均年出生、死亡率來預測人口數。該院並將執行產生的輸出檔案傳送至各州的機構以便數據資料可作為各種應用的輸入。然而 Pennsylvania 州一個機構使用的全是 Intel 的機器，並因下列問題而遭遇困難：當 32 位元的無號整數 $1D2F37E8_{16}$（代表 2013 年全美人口預測）作為輸入時，機構的程式即將該輸入值作為輸出，因為全美人口在 2014 年的預測值太大了。可否說明什麼方面可能出了差錯，以便幫忙這個 Pennsylvania 機構？（提示：數據被用於不同處理器上。）

9. 機器設計師有許多理由希望指令長度一致。這對堆疊機器為何不適用？

10. 某計算機指令長 32 位元且位址長 12 位元。設有 250 道二位址的指令。則可編碼出若干道一位址指令？並說明之。

11. 將下列表示式由中置轉換為反波蘭（後置）表示法。

a) (8 − 6)/2

b) (2 + 3) × 8/10

c) (5 × (4 + 3) × 2 − 6)

12. 將下列表示式由中置轉換為反波蘭（後置）表示法。

◆**a)** $X \times Y + W \times Z + V \times U$

b) $W \times X + W \times (U \times V + Z)$

c) $(W \times (X + Y \times (U \times V)))/(U \times (X + Y))$

13. 將下列表示式由反波蘭（後置）表示法轉換為中置表示法。

a) $12\ 8\ 3\ 1 + - /$

b) $5\ 2 + 2 \times 1 + 2 \times$

c) $3\ 5\ 7 + 2\ 1 - \times 1 + +$

14. 將下列表示式由反波蘭（後置）表示法轉換為中置表示法。

a) $W\ X\ Y\ Z - + \times$

b) $U\ V\ W\ X\ Y\ Z + \times + \times +$

c) $X\ Y\ Z + V\ W - \times Z + +$

15. 說明堆疊如何用於求解習題 13 中的各 RPN 表示式。

16. a) 將下列表示式以後置（反波蘭）表示法表之。記得算術運算子間的優先次序！

$$X = \frac{A - B + C \times (D \times E - F)}{G + H \times K}$$

b) 寫出在使用零位址指令（故僅 Pop 與 Push 可存取記憶體）的堆疊式計算機上求解上述算術敘述的程式。

17. a) 在計算機指令格式中，指令長度 11 位元而一個位址欄位長 4 位元。是否可能含有：

5　道二位址指令
45 道一位址指令
32 道零位址指令？
並證明之。

b) 假設計算機架構師已依據上述格式設計 6 道二位址的指令與 24 道零位址的指令。則指令集中還可以容納多少道一位址的指令？

18. 若計算機中指令格式可具有運作碼空間以及或是三個暫存器索引值或是一個暫存器索引值加上一個位址的空間。則其 ADD 指令可使用的各種指令格式為何？

19. 設暫存器共 32 個，則 16 位元的指令是否可能以擴充的運作碼來編碼下列各指令群？若是，表示其編碼。若否，說明之。

- 60 道具有二暫存器運算元的指令
- 30 道具有一暫存器運算元的指令
- 3 道具一個 10 位元位址的指令
- 26 道具零個運算元的指令

20. 使用直接與間接定址間的差異為何？舉例說明之。

21. 設有一指令 `Load 1000`。已知記憶體中與 R1 的值如下：

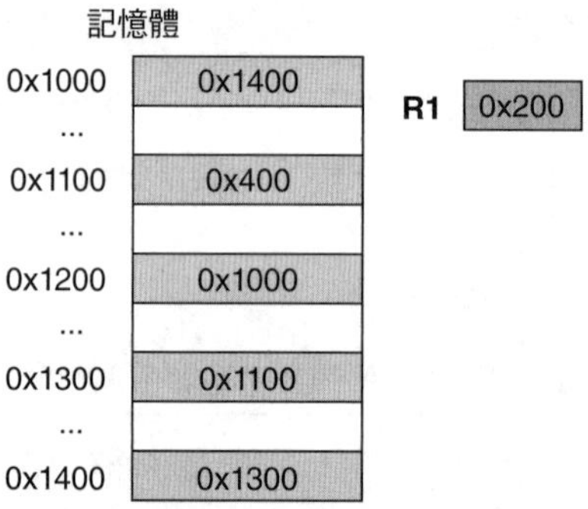

並設在索引定址模式中 R1 是隱喻的。判斷載入累加器中的值為何，並完成下表：

模式	載入 AC 的值
立即	
直接	
間接	
索引	

22. 設有一指令 `Load 500`。已知記憶體中與 R1 的值如下：

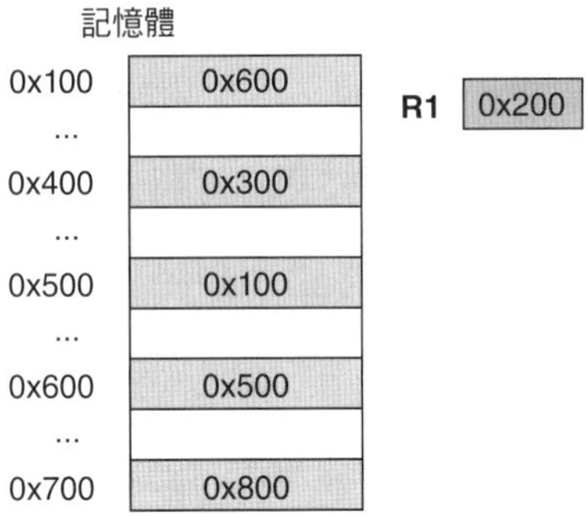

並設在索引定址模式中 R1 是隱喻的。判斷載入累加器中的值為何，並完成下表：

模式	載入 AC 的值
立即	
直接	
間接	
索引	

23. 一個非管道化的系統需時 200ns 以處理一件工作。同樣的工作也可在時脈週期為 40ns 的五階管道中處理。計算管道在處理 200 件這項工作中的加速率。管道化的設計相較於非管道化的設計最大的加速可達若干？

24. 一個非管道化的系統需時 100ns 以處理一件工作。同樣的工作也可在時脈週期為 20ns 的五階管道中處理。計算管道在處理 100 件這項工作中的加速率。管道化的設計相較於非管道化的設計理論的加速可達若干？

25. 設使用範例 5.12 中的各階，說明下列各碼片段中可能的管道危障（如果有的話）。

a) $X = R2 + Y$

$R4 = R2 + X$

b) $R1 = R2 + X$

$X = R3 + Y$

$Z = R1 + X$

26. 在三、二、一與零位址機器上撰寫計算表示式 $A = (B + C) \times (D + E)$ 的碼。依據程式語言的一般作法，計算表示式時不應改變其運算元的值。

◆**27.** 一數位計算機具有字組大小為 24 位元的記憶體單元。指令集中具有 150 種不同運作。所有指令都具有運作碼部分 (opcode) 與一個位址（只允許一個位址）。每一指令存於一個記憶體字組中。

a) opcode 所需位元數若干？

b) 給指令中位址部分使用的位元數若干？

c) 一個記憶體字組中能容納的最大無號二進數字為若干？

28. 計算機中的記憶體單元具有 256K 個字組大小為 32 位元的位置。計算機的指令格式中有四個欄位：運作碼欄位；用以指定七種定址模式之一的模式欄位；用以指定 60 個暫存器之一的暫存器位址欄位；與記憶體位址欄位。設指令長度為 32 位元。回答下列問題：

a) 模式欄位需多長？

b) 暫存器欄位需多長？

c) 位址欄位需多長？

d) 運作碼欄位需多長？

29. 設在非管道化的 CPU 中指令需要四個週期來執行：一個週期擷取指令，一個週期解碼指令，一個週期作 ALU 運作，以及一個週期儲存結果。在具有四階管道的 CPU 中，指令仍需四個週期來執行，因此何以管道可加速程式的執行？

***30.** 任選一個（本章未曾討論過的）架構。做些研究來瞭解該架構如何與 Intel、MIPS 以及 Java 般地在設計中以什麼方式來應對本章中介紹過的各種觀念。

是非題

1. 大部分計算機屬於以下三種 CPU 組織類型之一：(1) 通用暫存器組織；(2) 單累加器組織；或 (3) 堆疊組織。
2. 零位址指令計算機的優勢是它們有短的程式；劣勢是指令需要用許多個位元編碼，因而非常長。
3. 一道指令在使用指令管道的處理器上比在不使用指令管道的處理器上需要較短的執行時間。
4. 名稱「端」(endian) 談的是架構中位元組擺放的順序。
5. 堆疊架構具有好的碼密度與簡單的計算表示式的模型，但是不允許隨機存取，因而在產出有效率的碼這方面會造成問題。
6. 今天大部分的架構都是基於單一累加器。
7. 固定長度的指令格式一般較可變長度指令格式有較佳的效能。
8. 擴充的運作碼會使得指令解碼較之不使用它容易許多。
9. 指定集正交性指的是在指令集架構中每一指令都有一功能相同的「後備」指令的特性。
10. 運算元的有效位址是它在記憶體中真正位址的值。
11. 管道中的資源衝突發生於存在多道指令同時需要相同的資源時。
12. 管道中的數據相依性發生於多道指令需要 CPU 時。

第六章

記憶體

RAM/節錄/：少有恰當的記憶體，因為計算機中的記憶體越大，就會越快發出錯誤訊息。

——佚名

640K［的記憶體］對任何人來說都夠了。

——佚名

6.1 緒論

大部分計算機都是依循以記憶體為中心的馮紐曼模型而建造的。執行處理工作的程式也是儲存於記憶體中。第三章中曾檢視一個小小的 4×3 位元的記憶體，第四與五章中並習得如何對記憶體定址。記憶體在邏輯上以線性陣列的位置組成，位址由 0 至處理器可定址的最大記憶體大小。本章將檢視各種型態的記憶體，以及每一種如何形成記憶體階層系統中的一部分。之後再說明快取記憶體（一種高速記憶體）與將記憶體使用到極致且以分頁製作的虛擬記憶體的方法。

6.2 記憶體類型

人們常會問的一個問題是：「為什麼有這麼多不同類型的計算機記憶體？」答案是新科技不斷被推出以試圖趕上 CPU 設計的進步——記憶體的速度必須趕得上 CPU 的步伐，否則記憶體即成為運算上的瓶頸。雖然過去幾年 CPU 中已有許多改善，改善主記憶體以跟上 CPU 的步伐的工作實際上由於使用了**快取記憶體** (cache memory) 而變得並不那麼關鍵。快取記憶體是用於作為常用數據的緩衝器的一種小型高速（也因此高成本）類型的記憶體。使用非常快速的科技來製作記憶體產生的額外花費並不一定都值得，因為較慢的記憶體常常可以被高效能的快取記憶體「隱藏」在後面。不過在討論快取記憶體之前，先來說明各種記憶體技術。

雖然目前存在許多記憶體的技術，記憶體的基本類型可分為兩種：**隨機存取記憶體** (random access memory, RAM)，與**唯讀記憶體** (read-only memory, ROM)（按：以分類而論，與隨機存取記憶體並列的應該是循序存取記憶體與半循序存取記憶體；而與唯讀記憶體並列的應該是讀寫記憶體）。RAM 是個有點錯誤的名稱；較恰當的名稱是讀寫記憶體。RAM 是計算機規格中對記憶體的稱呼：在購買擁有 1 億 2,800 萬位元組記憶體的計算機時，表示它具有 128MB

(secondary memory)；當 CPU 需要使用其中數據時，這些內容必須先搬移入主記憶體中。硬碟機可能是磁性或**固態電子式** (solid state)（較旋轉式的磁碟機更快且更堅固的快閃式硬碟機）。**離線的大容量記憶體** (off-line bulk memory) 包括**第三級的記憶體** (tertiary memory) 與**離線的儲存體** (off-line storage)，其需要人員或機械的介入才能存取其中的數據；且數據必得先由這種儲存媒介搬移入次級記憶體中。第三級的記憶體包括光學的自動點唱機 (jukeboxes) 與通常由機器手臂控制（機器手臂來裝上與卸下磁帶與磁碟）的磁帶庫。它用於大系統與網路中的企業級儲存體中，並不是一般的計算機使用者容易接觸到的。這些設備一般都具有不一致的存取時間的特性，至少是因為取得數據所需的時間需視裝置是否已裝上而定。離線儲存體包括那些需先接上、載入數據、然後由系統取下的如軟碟、快閃記憶體裝置、光碟，甚至是可卸除的硬碟機。透過這種階層的方式即可改善記憶體的有效存取速度，其中僅需使用少量快速（而昂貴）的晶片。設計師因此可以設計出效能不錯且價格合理的計算機。

記憶體也可以根據其相對於處理器的「距離」來分類，而距離是以存取時所需的機器週期數表示。記憶體距離處理器越近的意思就表示它越快。而記憶體如果接得離處理器很遠時，也較能容忍長些的存取時間；因此會將較慢的技術應用在這些記憶體上，而較快的技術應用在靠 CPU 近些的記憶體中。使用較好技術的記憶體也會快些且貴些。因為成本的考量，快的記憶體一般也較小。

在談論記憶體階層時使用的術語如下：

- **命中**——所欲的數據存在某記憶體階層中。
- **錯失**——所欲的數據不存在某記憶體階層中。
- **命中率**——在某記憶體階層中命中的記憶體存取所占百分比。
- **錯失率**——在某記憶體階層中錯失的記憶體存取所占百分比。附記：錯失率 = 1 − 命中率。
- **命中時間**——在某記憶體階層中存取所欲的數據所需的時間。
- **錯失懲罰**——處理錯失所需的時間，包括在較高階層中置換一個區塊，再加上傳送所欲數據給處理器的時間（處理錯失所需的時間通常比處理命中所需時間明顯大得多。按：約 10 至數 10 億倍之譜）。

圖 6.1 表示記憶體階層。金字塔的形狀是幫助表達不同種類記憶體間大小關係之用。越近頂端的各層記憶體往往越小，然而這些較小的記憶體相對於金字塔下方階層中的記憶體有較佳效能也因此較高的（每位元）成本。金字塔左側的數字表示典型存取時間，一般是由上往下漸增。暫存器的存取時間一般是一個時脈週期。

在各階層的存取時間往下而漸增的趨勢中存在一個例外，部分原因來自新科技的出現。離線的記憶體裝置一般具有較之大部分第三級裝置更快的存取時間。特別值得注意的是 USB 快閃裝置：固態硬碟機與 USB 快閃裝置二者用的是同樣的技術；因此二者在存取其中數據方面也表現出類似的存取時間。不過 USB 快閃裝置因為使用 USB 介面而較固態硬碟機為慢；即便如此，USB 快閃碟還是比其他非固態類型的離線儲存體快：可卸除的磁式硬碟機具有 12~40ms 的存取時間，而 USB 快閃碟的存取時間是 0.5~33.8ms。光是看存取時間，USB 快閃碟就不應用於階層金字塔的底層。

圖 6.1 不只說明記憶體的階層，也代表了儲存體的階層。最應注意到的是包含暫存器、快取、主記憶體與**虛擬記憶體** (virtual memory)（非屬系統中的記

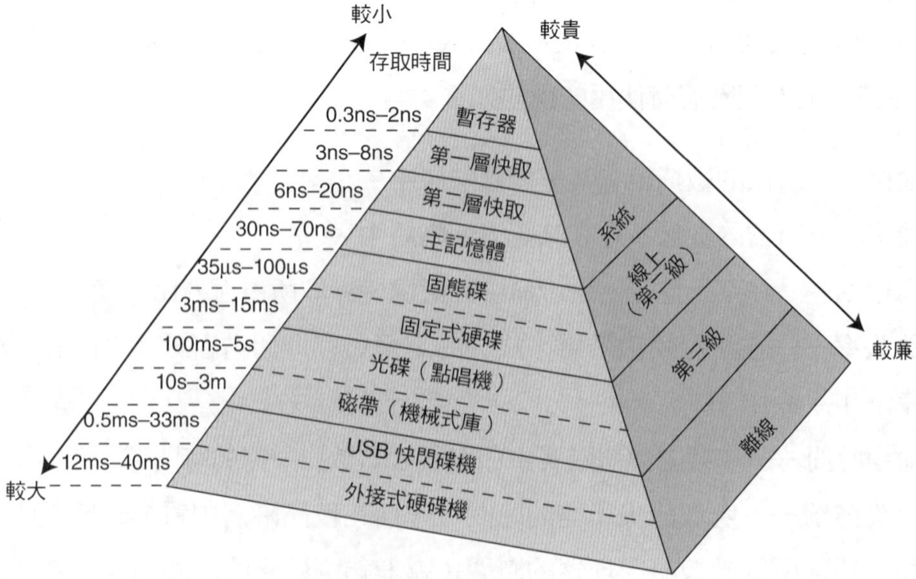

圖 6.1 記憶體階層

憶體而僅是作為主記憶體的延伸——這點將於本章稍後詳述）。虛擬記憶體一般以硬碟機實現之；它在程式事實上可能是以許多零散的片段散處於主記憶體及硬碟中時提供了程式仍可擁有大而連續的主記憶體空間的感覺。虛擬記憶體將記憶體空間延伸到可以橫跨 RAM 與硬碟來增加程式可用的記憶體量。一般而言，記憶體階層應止於硬碟機層級，不過由於固態儲存設備的出現，虛擬記憶體的定義正在改變。之前曾提到 USB 快閃碟有很快的存取時間，它們是這麼快，因此事實上有些作業系統（包括一些 Unix 的版本以及 Windows XP 及後續產品）允許使用者將 USB 快閃碟作為虛擬記憶體。提到過的那些 Windows 系列的作業系統具有稱為 ReadyBoost 的、允許各種類型的如 USB 快閃碟與 SD 卡等可卸除固態裝置來作為硬碟快取以擴增虛擬記憶體能力的軟體。這些固態儲存裝置較傳統硬碟機的速度快上近百倍；雖然它們並非用以取代硬碟，卻很快變成重要的效能提升因素。

處理器在需要使用數據時，會將請求送往記憶體中最快、最小的那一部分（一般指的是快取，因為暫存器是以較為特定的方式來使用）。若數據存在快取中，則可很快地載入 CPU；若其不在快取中，則請求被繼續送往階層中下一個較低層級。接著同樣的搜尋過程會再次進行：若數據存在該階層中，則包含該筆數據的整個區塊會被送進快取中；若數據不存在該階層中，則請求被繼續送往下一個較低層級，並可依此類推。關鍵的想法是當階層中較低（較慢、較大、也較便宜）的層級回應了較高層級存取位置 X 的請求時，它們同時也會連同 X「附近的」數據（...、$X-2$、$X-1$、X、$X+1$、$X+2$、...）傳回，也就是傳回一整個區塊的數據到較高層級的記憶體中。這樣做是希望其他數據在不久的將來也會被用到，而在大部分情形中也的確如此。記憶體階層式的設計之所以有效是因為程式往往顯現稱為區域性 (locality) 的性質，也就是處理器有存取傳回的 $X-2$、$X-1$、$X+1$、$X+2$ 等數據的傾向。因此雖然快取中有了一次對 X 的錯失，接著卻可以因為區域性而有許多次對新取得區塊中數據的命中。

6.3.1 參考的區域性

在實際情況中，處理器傾向以某種模式存取記憶體。例如，在沒有分支的情況下，MARIE 中的 PC 在每次指令擷取後都會遞增。因此如果記憶體位置 X 在時間 t 被存取，則記憶體位置 $X = 1$ 非常可能會在最近被存取。這種一群記憶體參考形成群聚的現象就是**參考的區域性** (locality of references) 的一例。區域性可以經由將記憶體作成階層式來善加利用；處理錯失時，與其單純地只將需要的數據傳回較高的層級，不如將包含該數據的整個區塊都傳回。由於參考的區域性，非常可能區塊中的其他數據也很快會被用到，而如果真的如此，這些數據就可以很快地從較快的記憶體中取得了。

區域性有三種基本形式：

- **時間區域性**——最近存取過的項次往往很快就會再度被存取。
- **空間區域性**——連續的存取往往在位址空間形成群聚（例如在陣列或迴圈中）。
- **循序區域性**——指令（按：以及結構性的數據等）傾向被循序地存取。

區域性原則提供系統一個使用少量非常快速的記憶體來有效加速大部分記憶體存取的機會。一般而言，整個記憶體空間在一段時間中只有少量的區域會被存取，而且空間中的這些位置會被反覆地存取。因此我們可以將這些數據從較慢的記憶體複製到階層中較小但是較快的高層中。如此則可形成一個儲存大量資訊於大而廉價的記憶體中、卻又能以幾乎等同於使用非常快速但是價格昂貴的記憶體的速度來作存取的記憶體系統。

6.4 快取記憶體

計算機中的處理器非常快速而且持續地從記憶體中讀取資訊，表示由於記憶體的存取速度較處理器速度為緩慢，因此其經常需要等待資訊傳回。快取記憶體就是一個處理器用於暫存那些可能很快會再次使用的資訊且為小容量、暫時性但是快速的記憶體。[按：英文的快取 (cache) 有妥善存放或藏匿之意。]

非屬計算機領域的快取例證在生活中隨處可見。回想起這些例子將有助於你瞭解計算機中記憶體快取的運用。思考屋主在車庫中有一個大型工具箱的情形。假如你是屋主並且有一個位於地下室的居家改善工程。這個工程需要用到鑽子、扳手、鐵錘、捲尺、好幾種鋸子與許多不同類型與大小的螺絲起子。你首先想要量度並裁切一些木料。你跑到車庫、從好大的工具箱中拿了捲尺、跑到地下室量度木料、又跑回車庫放下捲尺、拿起鋸子、然後回到地下室來鋸木料。接著你想要將一些木塊栓在一起。所以你跑到車庫、拿起鑽子組、又回到地下室、鑽好上螺絲的孔、跑回車庫、放下鑽子組、拿了一支扳手、回到地下室、發現扳手的大小錯了、跑回車庫裡的工具箱、拿了另一支扳手、跑下樓……等等！你真的會這麼做嗎？不！身為一個有理性的人，你會思考：「如果我需要一支扳手，反正很可能不久就需要另外一個不同大小的扳手，為什麼不把整組扳手都帶上呢？」再進一步，你想到：「一旦我用完了某件工具，很可能就會用到另外一種，所以為什麼不整理一個小的工具箱把它帶到地下室呢？」就這樣，你把需要的工具都放在手邊，就能很快取得。你已經把一些工具「快取」往來方便取得、快速使用了！你可能比較不會用到的工具仍然儲存在更遠的、需要更多時間存取的位置。這就是快取記憶體做的事：它將最近被存取過以及 CPU 最近可能要存取的數據儲存在比較快也比較靠近的記憶體中。

另外一個類似快取的情形是購買雜貨。就算曾經這樣做過，你也鮮少去雜貨店單單購買一件物品。除了立刻要用的東西以外，你還會購買任何未來很可能會用到的各種物品。雜貨店猶如主記憶體，而你的家猶如快取。再舉一例，想想有多少人會隨身帶著整本電話簿。我們大都會用一本小的地址簿，將常用的人名、號碼寫在其中；在這本地址簿中查詢號碼比使用電話簿必須要先找到電話簿、再在其中尋找名字並於之後找到號碼快上許多。地址簿一般都放在手邊，而電話簿可能埋藏在家裡的邊桌上或書櫃中。電話簿不是常用的東西，因此可以忍受將其放在有點偏遠的地方。比較地址簿與電話簿的大小，地址簿的「記憶」容量遠為小；但是當我們打電話時，是打給地址簿中存在的人的機率已很高。

正在做研究的學生是又一種常見的快取例證。設想你正撰寫有關量子計算的論文。你會去到圖書館、借一本書、回家、從書中取得所需資訊、回到圖書館、借另外一本書、回家、如此地反覆行動？不；你應該會去到圖書館借出所有可能需要的書全部帶回家。圖書館猶如主記憶體，而你的家再一次地，猶如快取。

再舉最後一例，想想你的這兩位作者如何使用她的辦公室。所有她不需要用到的東西（或超過六個月沒用到的東西）就會被歸檔到一個大檔案櫃裡。不過常用的「數據」仍舊堆積在她的桌上，靠近手邊方便找到（有時吧）。如果她需要檔案中的東西，她很可能取出整個檔案而不僅止其中的幾張紙。於是整個檔案被放在她桌上的一疊文件中。存檔的櫃子就是她的「主記憶體」，而她的書桌（和許多疊看似凌亂的文件）就是快取。

快取記憶體根據先前各例相同的原則運作，將常用數據複製入快取而非要求存取必須要去到主記憶體以獲得數據。快取可能是像作者的書桌般凌亂或是像你的地址簿般整齊，不過不論如何，數據必須能被存取（被定位）。計算機中的快取與真實生活中的例子在一個重要的方面有所不同：計算機其實無法在事前知道哪些數據最可能會被用到，因此它根據區域性原則而在每次必須存取主記憶體時將一整個區塊從主記憶體搬進快取中。如果用到區塊中其他數據的可能性夠高，則搬移整個區塊可節省存取時間。快取以什麼位置存放這個新區塊與兩個因素有關：快取對映策略（於下節中討論），以及快取大小（會影響是否仍有給新區塊用的位置）。

快取記憶體的容量可以有非常大的彈性。典型個人電腦的第二層 (L2) 快取是 256K 或 512K。第一層 (L1) 快取小很多，一般是 8K 到 64K。L1 快取位在處理器晶片上，而 L2 快取往往處於 CPU 與主記憶體間，因此 L1 快取較 L2 快取快速。L1 與 L2 快取間的關係可用雜貨店的例子說明：若將主記憶體比喻為雜貨店，則可將冰箱想像成 L2 快取，而餐桌就像是 L1 快取。我們也注意到在較新的處理器中，有些 CPU 其實除了 L1 快取，也已包含了 L2 快取，而非將其外接於主機板上。另外，許多系統已使用 L3 快取；它設計成能夠和 L1 與 L2 兩個快取共同運作。

快取的目的是透過將最近用過的數據儲存得靠近 CPU 而非僅存於主記憶體中來加速記憶體存取。雖然快取沒有主記憶體大，它卻快得多。相較於主記憶體一般是以存取時間是譬如 50ns 的 DRAM 組成，快取一般是以 SRAM 組成，可提供較 DRAM 遠為小的週期時間，因此存取快上許多（典型的快取存取時間是 10ns）。快取並不需要很大才能表現得好。經驗告訴我們，快取應做得足夠小，因此整體的平均每位元成本接近主記憶體者，然而也足夠大到能提供好處。因為這種快速的記憶體相當昂貴，使用快取的製作技術來作出整個主記憶體並不恰當。

什麼事使得快取「特別」？快取並非根據位址做存取；它是根據內容作存取。因此快取有時也稱為**以內容定址的記憶體** (content addressable memory) 或 CAM。在大部分的快取對映方式中，快取中的項次必須要被檢查或搜尋過，以判斷所要存取的值是否存在快取中。為了簡化這樣的尋找所需數據的處理方式，因此採用了許多種快取對映的演算法。[按：此處原書說法有誤。以上文字是原文照譯，並需作以下補充：以上所述只是存取記憶體時快取控制器對所收到記憶體位址的處理方式；所謂以內容定址指的是位址中標籤 (tag) 的比對。]

6.4.1 快取對映方式

要使快取發揮功能，則其必須儲存有用的數據；不過如果 CPU 無法在其中找出各筆數據那它也沒有用處了。在存取數據或指令時，CPU 首先會產出主記憶體的位址。若數據已複製入快取中，它在快取中的位址並不會與主記憶體中的位址相同。例如，主記憶體位置 0x2E3 中的數據在快取中也許會落在第一個位置中。那當數據複製入快取中時，CPU 會怎麼放置它呢？（按：其實這不是 CPU 的事，而是快取中一個稱為快取控制器的元件的事。此處姑且根據原文照譯。）CPU 會使用一個特定的將主記憶體位址「轉換」成快取位置的對映方式。

這種位址轉換對主記憶體位址中的位元會給予特殊的意義。首先將所有位元分成稱為各**欄位** (fields) 的幾群，依不同的對映方式，可能會有二或三個欄位。欄位如何運用則視使用的不同對映方式而定。對映方式決定了數據最初複製入快取時放置何處，以及 CPU 在快取中搜尋先前置入的數據時尋找的方法。對映的方式有直接對映、全關聯對映與集合關聯對映。

在討論這些對映方式之前，應先瞭解數據是如何複製入快取中的。主記憶體與快取中都劃分成同樣大小的區塊（大小可以有不同選擇）。當收到要存取的記憶體位址時，首先搜尋快取以得知所需位址中的數據是否存在；若所需數據不在快取中，則其所屬的整個主記憶體區塊就會被載入快取中。如前述及，這種作法因為區域性原則故效果良好——若有一位址被存取，很有機會在其前後的位址也會很快被用到；因此一個錯失的位址往往帶來多個跟著會命中的位址。例如，當你在地下室開始需要工具時，會有了第一個「錯失因此必須去一趟車庫。如果帶齊一些可能會用到的工具回到地下室，你會希望在居家改善工程中接著有好幾次使用不同工具的「命中」而不需多跑車庫好幾趟。因為存取快取中的數據（猶如工具已在地下室）較存取主記憶體中的數據（又得再跑去車庫！）為快速，於是快取記憶體加快了整體存取。

所以快取如何使用主記憶體位址中的各欄位呢？主記憶體位址中的一個區塊（或稱索引）(block field 或 index field) 欄位指向如果數據存在快取中的話 [這種情形稱為**快取命中** (cache hit)] 它會存在的位置，或是不在快取中的話 [這種情形稱為**快取錯失** (cache miss)] 它將會被放置的位置（這方式與不久就會討論到的關聯對映式快取中的又還會稍有不同）。接著要檢查這個要存取的快取區塊是否有效（按：有效係指是否已經存放了數據，還是仍然是空著），因此每一快取區塊都附上了一個**有效位元** (valid bit)。若有效位元為 0，表示該快取區塊無效（發生快取錯失），於是必須去存取主記憶體；若有效位元為 1，表示其有效（可能發生快取命中，但是需要再進一步確認）。之後將快取區塊中的標籤與位址中的**標籤欄位** (tag field) 作比較（標籤是由主記憶體位址中得知並與相關的快取區塊放置在一起的一群特別的位元）：若標籤相同，則所需的快取區塊已找到（快取命中）。最後需要在區塊中定位所需的數據；這就要用到主記憶體位址中另一個稱為**位移欄位** (offset field) 的部分。所有的快取對映方式都應該使用位移（按：以及標籤）欄位；至於另一欄位則可依對映方式而定。接著討論三種主要的快取對映方式。在以下範例中假設：若快取區塊是空著，則其無效；若已存有數據，則其有效。因此不再將有效位元列入討論。

在討論對映方式之前，再提一個重點。有些計算機以位元組定址，也有些以字組定址。瞭解對應方式如何運作的一個關鍵是必須知道主記憶體、快取與一個區塊中各有多少個位址。若機器是以位元組定址，則以位元組的數量作討論；若是以字組定址，則不論字組大小，均以字組的數量作討論。

直接對映快取

直接對映快取以取餘數的方式來作快取中的位置對映。因為主記憶體中的區塊數比快取中多，明顯地主記憶體區塊需要去搶用快取中的位置。直接對映方式將主記憶體區塊 X 對映至快取區塊 $Y = X \bmod N$，N 表示快取中的區塊數量。例如，若快取中有 4 個區塊，則主記憶體區塊 0 對映至快取區塊 0、主記憶體區塊 1 對映至快取區塊 1、主記憶體區塊 2 對映至快取區塊 2、主記憶體區塊 3 對映至快取區塊 3、主記憶體區塊 4 對映至快取區塊 0、並依此類推。這個方式表示於圖 6.2 中。在圖 6.2a 中可見到有 8 個主記憶體區塊對映到 4 個快取區塊，導致每兩個主記憶體區塊對映到 1 個快取區塊。圖 6.2b 中有 16 個主記憶體區塊對映到 4 個快取區塊；主記憶體的大小加倍了，對每一個快取區塊的爭奪也加倍了（很快將會說明這種爭奪的情形是直接對映快取的劣勢之一）。

會不會奇怪如果主記憶體區塊 0 與 4 都對映到快取區塊 0，則 CPU 如何得知哪一個區塊在什麼時候存在快取區塊 0 之中？答案是區塊在複製入快取中時即以之前提到的標籤作識別，意思是區塊的標籤也一定要與區塊一起儲存在快取中，如後所述。

為了作直接對映，二進位的主記憶體位址將分成如圖 6.3 所示的各個欄位。每個欄位的大小依主記憶體與快取的實際參數而定。**位移** (offset) 欄位要能指出該區塊中唯一的位址；因此其應包含恰當數量的位元。每區塊中的位元組數（若機器是以位元組定址）或字組數（若機器是以字組定址）決定位移欄位

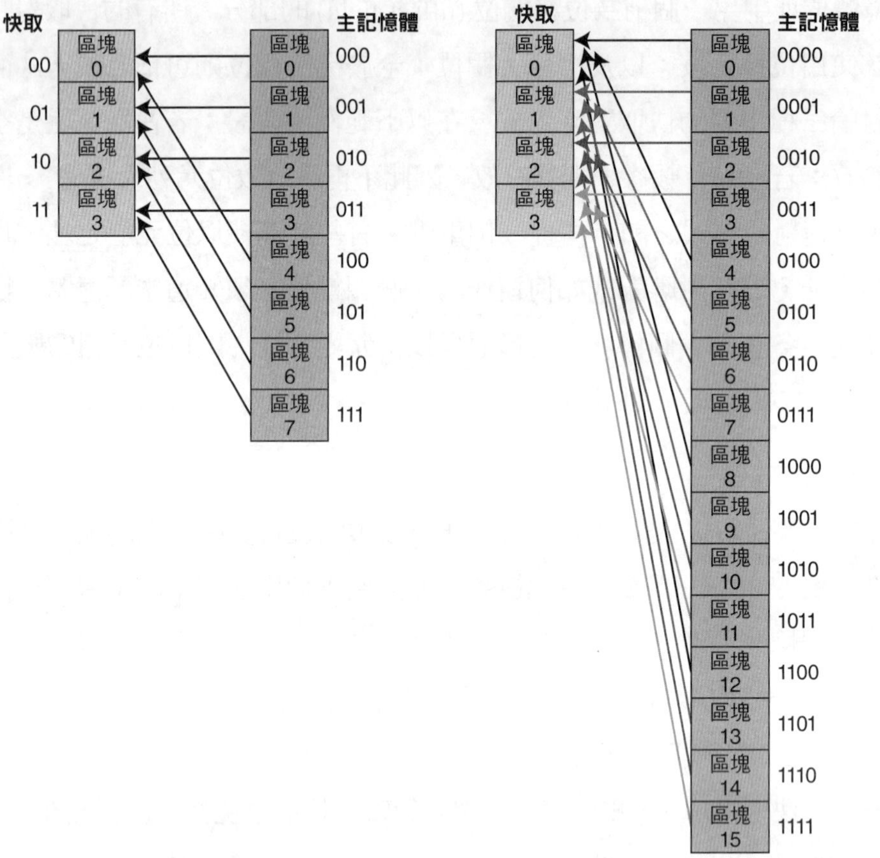

a) 8 個記憶體區塊對映 4 個快取區塊　　b) 16 個記憶體區塊對映 4 個快取區塊

圖 6.2　主記憶體區塊至快取區塊的直接對映

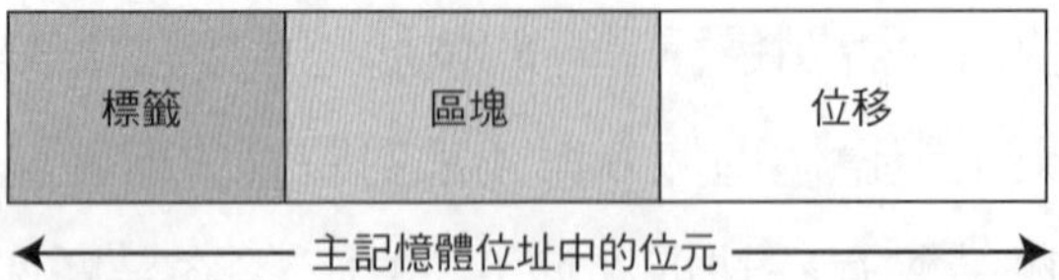

圖 6.3　主記憶體位址使用直接對映時的格式

中的位元數。相同的想法也適用於**區塊** (block) 欄位——它包含的位元數需足以在快取中定位出唯一的區塊（快取中的區塊數決定了區塊欄位中的位元數）。[按：也有許多文獻稱區塊 (block) 欄位為索引 (index) 欄位。] **標籤** (tag) 欄位包含所有剩下的位元。當主記憶體的區塊被複製到快取中時，這個標籤即與區塊儲存在一起，並能唯一地用以識別這個區塊。三個欄位加總起來當然一定要等於主記憶體位址的大小（按：在最經濟合理的設計中的確是如此，但是這個事實並非絕對成立）。接下來請看幾個範例。

範例 6.1 思考大小是 4 個區塊的以位元組定址的主記憶體以及大小是兩個區塊的快取，且每個區塊包含四個位元組。這表示主記憶體的區塊 0 與 2 對映到快取中的區塊 0，且主記憶體的區塊 1 與 3 對映到快取中的區塊 1（這點只要應用取餘數算術即可得知，因 0 mod 2 = 0，1 mod 2 = 1，2 mod 2 = 0 ，而 3 mod 2 = 1，不過也想想看主記憶體位址如何被分成各欄位，以及這裡使用的欄位包含哪些位元）。根據標籤、區塊與位移等欄位即可知道主記憶體位址如何如圖 6.4 般對映到快取中，並說明如下。

首先必須決定對映的位址格式。區塊大小是 4 個位元組，因此位移欄位必須包含 2 位元；快取中有兩個區塊，因此區塊欄位必須包含 1 位元；於是剩下 1 位元作為標籤（由於共有 2^4 = 16 個位元組，因此主記憶體位址的長度是 4 位元）。這個格式表示於圖 6.4a 中。

設需存取主記憶體位置 0x03（二進形式 0011）。將 0011 依圖 6.4a 中格式劃分，可得圖 6.4b，可知主記憶體位址對映至快取區塊 0（因區塊欄位為 0）。圖 6.4c 表示該對映，包含與數據一起儲存的標籤在內。

再嘗試存取主記憶體位置 0x0A = 1010_2。透過相同的位址格式，可知其對映至快取區塊 0（見圖 6.4d）；但是當比較位址 1010 中的標籤（其值為 1）與快取區塊 0 目前存放的標籤（其值為 0）時，它們並不相等。因此數據將由記憶體的區塊 3 中取得，覆蓋寫入快取區塊 0 並同時寫入標籤，得出圖 6.4e（按：若快取區塊 0 原本包含了最新的寫入過的資訊，則該區塊被覆蓋寫入前須先將資訊更新回主記憶體中）。

接下來是規模比較大的例子。

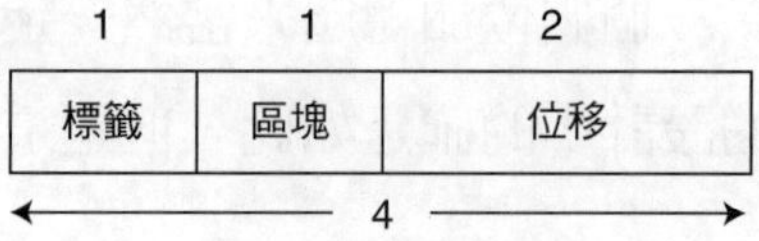

a) 主記憶體位址的格式

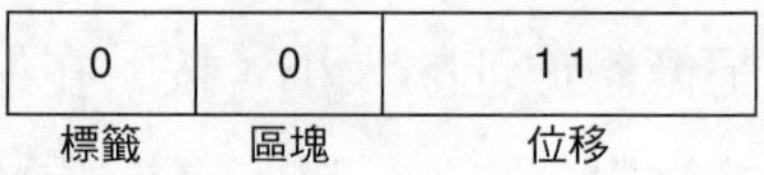

b) 位址 0011 劃分成各欄位

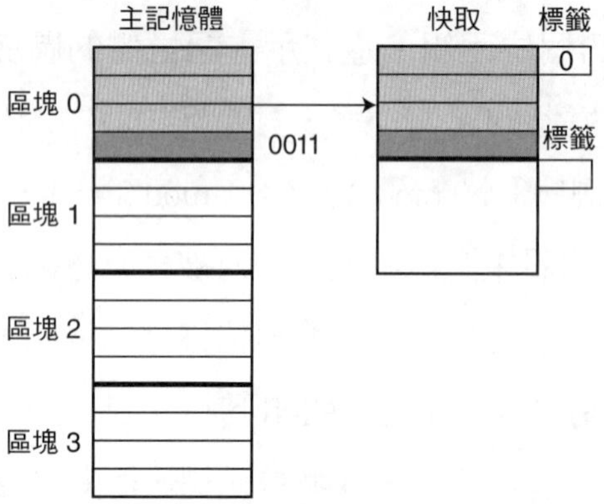

c) 包含位址 0011 = 0x3 的區塊的對映

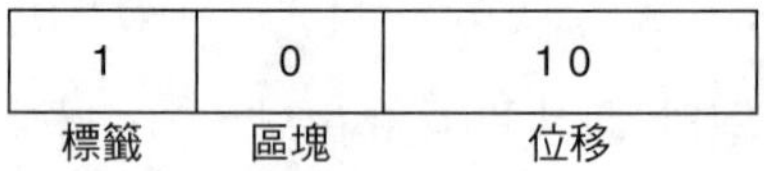

d) 位址 1010 劃分成各欄位

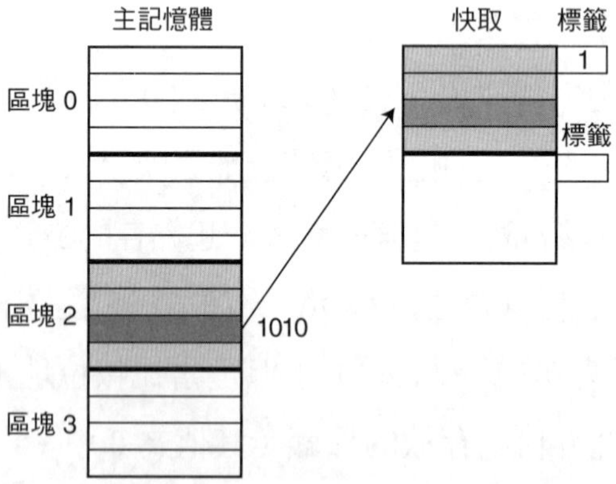

e) 包含位址 1010 = 0xA 的區塊的對映

圖 6.4 範例 6.1 中的各圖

範例 6.2 設以位元組定址的記憶體含有 2^{14} 個位元組，快取含有 16 個區塊，每個區塊大小是 8 個位元組。據此可知記憶體中有 $\frac{2^{14}}{2^{3}} = 2^{11}$ 個區塊。主記憶體位址需使用 14 個位元。在這 14 個位元中，最右側的 3 位元表示

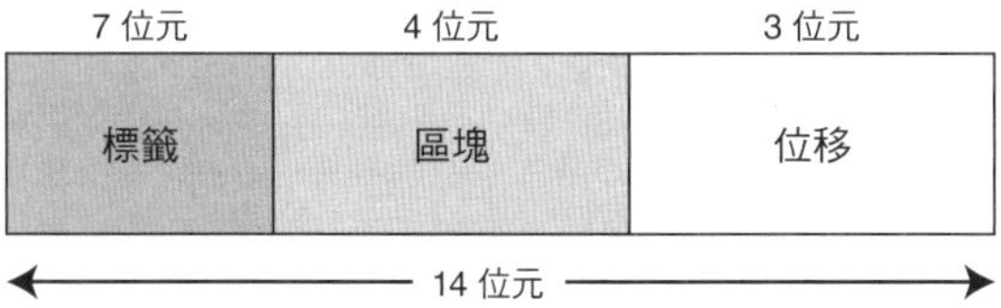

圖 6.5 範例 6.2 中的主記憶體位址格式

位移欄位（需要 3 個位元來指出區塊中 8 個位元組中唯一的位元組）。在快取中選擇一個特定的區塊需要 4 個位元，因此區塊欄位包含位於中間的 4 個位元。剩下的 7 個位元作為標籤欄位。各欄位與它們的大小表示於圖 6.5 中。

之前提到，每個區塊的標籤在快取中與區塊存放在一起。本例中，由於區塊 0 與 16 均對映至快取區塊 0，標籤欄位可讓系統用以區分區塊 0 與區塊 16。區塊 0 的二進位址與區塊 16 者其最高位的 7 位元不同，因此它們的標籤各異而且也都是唯一的。

範例 6.3　再看略大些的例子。設有以位元組定址的使用直接對映的系統具有 16 位元組並分成 8 個區塊（故每區塊有 2 位元組）的主記憶體。又設快取大小為 4 個區塊（故共含 8 個位元組）。圖 6.6 表示主記憶體區塊如何對映至快取中。

已知：

- 主記憶體位址是 4 位元長（因為其中有 2^4 或 16 個位元組）。
- 4 位元的主記憶體位址分為三個欄位：位移欄位 1 位元（僅需 1 位元來分辨區塊中的兩個位元組）；區塊欄位 2 位元（快取記憶體中有 4 個區塊，需要 2 位元來唯一地指出每一區塊）；且標籤欄位 1 位元（這些是全部剩下的）。

因此主記憶體位址劃分成如圖 6.7 所示的欄位。

主記憶體	對映至	快取
(000) 區塊 0 (位址 0x0, 0x1)	→	區塊 0 (00)
(001) 區塊 1 (位址 0x2, 0x3)	→	區塊 1 (01)
(010) 區塊 2 (位址 0x4, 0x5)	→	區塊 2 (10)
(011) 區塊 3 (位址 0x6, 0x7)	→	區塊 3 (11)
(100) 區塊 4 (位址 0x8, 0x9)	→	區塊 0 (00)
(101) 區塊 5 (位址 0xA, 0xB)	→	區塊 1 (01)
(110) 區塊 6 (位址 0xC, 0xD)	→	區塊 2 (10)
(111) 區塊 7 (位址 0xE, 0xF)	→	區塊 3 (11)

圖 6.6 範例 6.3 中的記憶體對映至快取

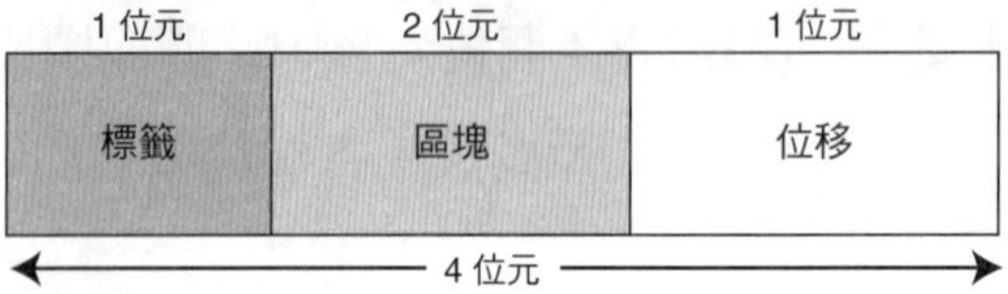

圖 6.7 範例 6.3 中的主記憶體位址格式

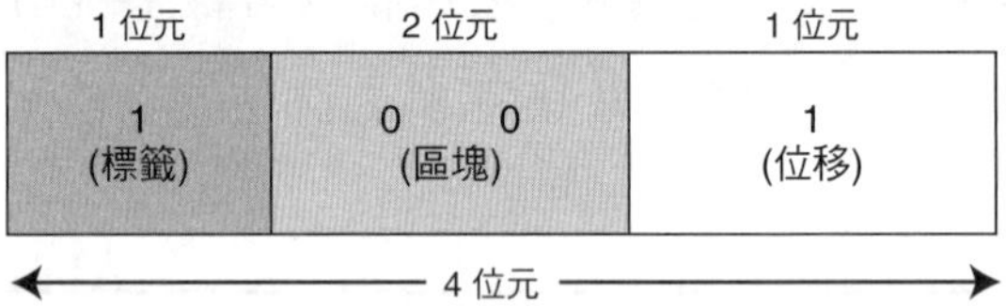

圖 6.8 主記憶體位址 $9 = 1001_2$ 劃分成各欄位

設主記憶體存取位址是 0x9。由圖 6.6 中的對映方式可知 0x9 位於主記憶體區塊 4 中且需對映至快取區塊 0（表示主記憶體區塊 4 的內容應該要複製到快取區塊 0 中）。計算機會根據真正的主記憶體位址來判斷對映到的快取區塊。該位址以二進形式表示於圖 6.8 中。

CPU 產生這個位址後，快取會先根據區塊欄位的位元 00 去到快取中的恰當區塊。00 表示應該去查看快取區塊 0。若該快取區塊有效，則接著比對（主記憶體位址中）標籤欄位的值 1 與快取區塊 0 中的標籤：若快取中該標籤亦為 1，則區塊 4 現在的確存在快取區塊 0 中；若該標籤為 0，則存在快取區塊 0 中的一定是主記憶體區塊 0（要看出這點，比較主記憶體位址 $0x9 = 1001_2$、其存在於區塊 4 中，與主記憶體位址 $0x1 = 0001_2$、其存在於區塊 0 中。這兩個位址只有在最左側的位元不同，而該位元就是快取用以作為標籤者）。若標籤相符，表示主記憶體中的區塊 4（包含位址 0x8 與

0x9）存在快取區塊 0 中，於是位移欄位值 1 會用以選擇區塊中的兩個位元組之一；由於該位元是 1，故選擇位移值為 1 的位元組，於是取得由主記憶體位址 0x9 中複製過來的數據。

又設這次 CPU 產生位址 0x4 = 0100_2。中間兩個位元 (10) 指向快取區塊 2。若該區塊有效，則最左側的標籤位元 (0) 將與該快取區塊中的標籤位元作比對：若二者相符，該區塊中的第一個位元組（其位移值為 1）將會傳回給 CPU。為了確認你已瞭解這個過程，可試着作一個主記憶體位址是 0xC = 1100_2 的類似練習。

繼續看一個大些的例子。

範例 6.4　設有以位元組定址的系統使用 16 位元的主記憶體位址且快取中有 64 個區塊。若每區塊有 8 個位元組，可知主記憶體的 16 位元位址可劃分成 3 位元的位移欄位、6 位元的區塊欄位與 7 位元的標籤欄位。若 CPU 送出主記憶體位址如下：

其將會去快取區塊 0 中查看，且若查到的標籤是 0000010，則該區塊中位於位移值 4 處的位元組就會回傳給 CPU。

因此作一總結，直接對映快取採用一種主記憶體區塊會以位址取餘數的方式對映到快取區塊的對映方式。要瞭解這種對映如何進行，必須先知道以下數點：

- 主記憶體位址包含多少個位元（這個由主記憶體中有多少個位置決定）
- 快取中有多少個區塊（這個會決定區塊欄位的大小）
- 一個區塊含有多少個位址（這個會決定位移欄位的大小）

一旦有了這些參數，即可利用直接對映中的位址格式來定位主記憶體區塊對映到的快取中的區塊。一旦定位了快取區塊，即可以比對標籤來判斷此時在快取中的這個區塊是不是所需要的。若（記憶體位址欄位中的與快取中的）標籤相符，即可利用位移欄位來取得該快取區塊中的所需數據。

全關聯式快取

直接對映快取因為對映方式中不需用到搜尋故較他種快取簡易。每個主記憶體區塊對映到快取中都只有一個特定的位置；當主記憶體位址轉換為快取位置後，CPU 只需查看區塊欄位中的位元就可知道要到快取中的哪個位置去尋找該記憶體區塊。這情況類似使用住址簿：通常每頁都有按字母排列的索引，因此若查看的是「Joe Smith」，則只需在標示「S」處尋找。

除了對每一主記憶體區塊指定在快取中存放的特定位置，也有一種相反的極端的作法：允許主記憶體區塊在快取中可存放在任何位置。在快取中尋找以這個方式對映進來的區塊時需要查看整個快取（這個情況很像是在說作者的書桌！）。這件事使得整個快取（按：其實只有需要被搜尋的存放標籤的部分）都需要以**關聯式記憶體** (associative memory) 來構成才能使它平行地被搜尋。也就是說，一個搜尋就必須把欲存取位址的標籤與快取中的所有標籤做比對，以便判斷所需的數據區塊是否存在快取中。關聯式記憶體需要特別的硬體來進行關聯式的搜尋，因而相當地昂貴。

讓我們詳細地看看關聯式記憶體以瞭解它為何昂貴。之前已提到全關聯式快取允許一記憶體區塊放置於快取中的任何位置，表示也需要作全面搜尋來找到它；如果要使搜尋有效率，則應以平行的方式進行。但是在硬體中又應如何做到？第一，在快取中每一區塊均需具有一比較器；該電路在兩個輸入相同時會輸出 1。主記憶體位址中的標籤會同時地與每個快取區塊的標籤作比對，如圖 6.9a 所示。這樣的記憶體因為不但在所搜尋的快取區塊中需要額外的一組比較器電路，被尋獲時還需要一組多工器來選擇出該數據區塊，因而變得昂貴。圖 6.9b 表示全關聯式快取所需電路的簡圖。

使用關聯式對映時，主記憶體位址劃分成標籤與位移兩個部分。回想之前

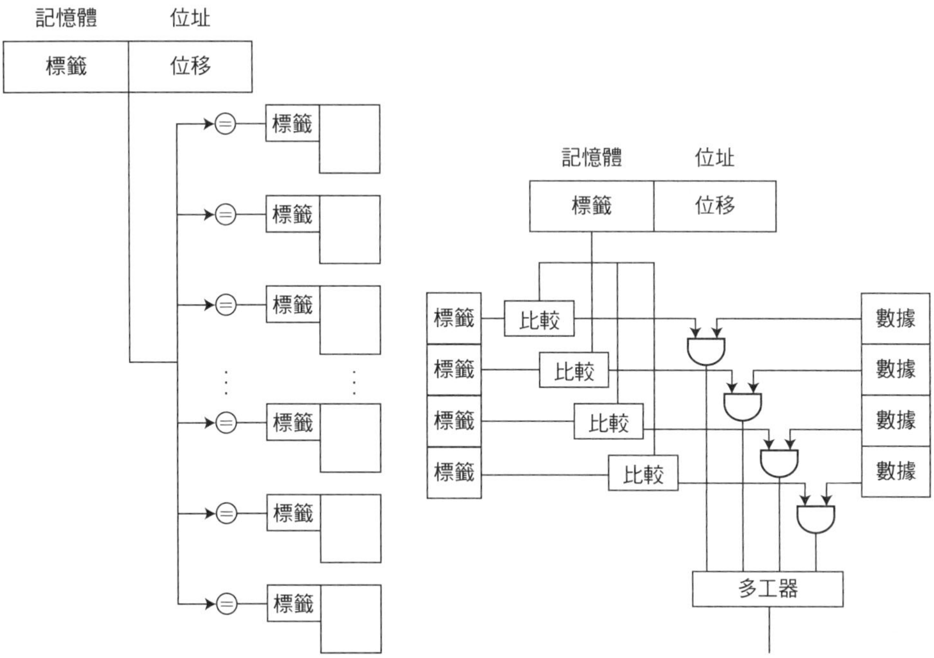

圖 6.9 關聯式快取

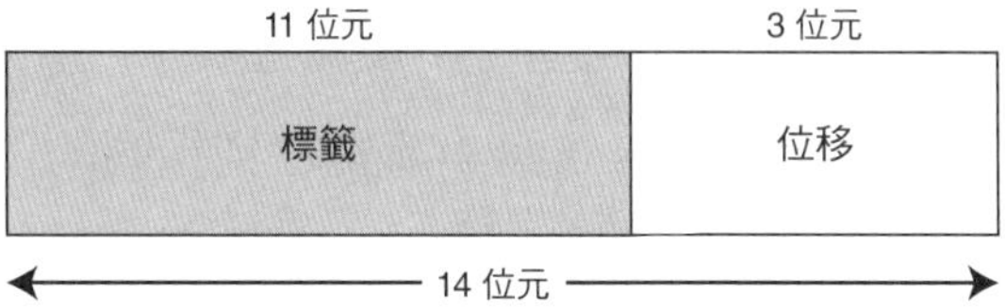

圖 6.10 關聯式對映的主記憶體位址格式

在範例 6.2 中有一個 2^{14} 個位元組的記憶體、一個 16 區塊大小的快取且區塊大小是 8 位元組。使用全關聯式對映而不要用直接對映的話，由圖 6.10 可知位移值欄位仍為 3 個位元，但是標籤欄位成為 11 個位元。這樣的標籤需存放在每一個快取區塊中。當要在快取中搜尋特定主記憶體區塊時，主記憶體位址中的標籤欄位將與快取中所有有效標籤欄位作比對；若有符合者，則找到該區塊了（記住：標籤唯一地代表了一個主記憶體區塊）。若無符合者，則發生快取錯失且區塊需由主記憶體傳送過來。

在直接對映中，若快取新取得的區塊所應放置處已有一個區塊在其中，則目前已在快取中的區塊會被覆蓋寫入（若其曾被改動則會寫回主記憶體中，或未曾被改動則單純地將之覆蓋即可）。使用全關聯式對映時，若快取已經滿了，則需要有一置換演算法來判斷要將哪一個區塊覆蓋，這個區塊稱為**犧牲區塊** (victim block)。簡單的先進先出演算法或是複雜的最久沒被用到演算法都可以使用。可以使用的置換演算法很多，6.4.2 節中將會介紹更多種方法。

因此作一總結，全關聯式快取允許一個主記憶體區塊對映至快取中的任何區塊位置。在主記憶體區塊置入快取中之後，要在快取中尋找特定位元組時，主記憶體位址中的標籤欄位需要與快取中的所有標籤（在一次比較動作中）作比較。如果找到了所需的快取區塊，則可使用位移欄位來指出區塊中所需數據的位置；若記憶體位址中的標籤無法在快取中找到符合者，則需將所需的記憶體區塊傳送儲存至快取中。將區塊傳送進快取中時，可能需要選擇一個犧牲區塊，並可能需要先將它的內容更新至主記憶體中。

集合關聯式快取

關聯式快取因速度較慢且電路複雜而顯得昂貴。直接對映雖然比較簡單快速，使用上卻缺乏彈性。要瞭解直接對映如何限制快取的彈性，想像有一程式執行於範例 6.3 的架構上。設程式在執行中使用區塊 0、接著區塊 4、接著區塊 0、接著區塊 4、並長此以往。區塊 0 與 4 都對映到相同的快取位置，表示即使快取中還有空餘的位置，程式會不斷地以 4 覆蓋 0、接著以 0 覆蓋 4。全關聯式快取以允許主記憶體中的區塊放置在任何位置來修正這個問題。不過這個方法除了要使用特殊硬體來同時間搜尋快取中所有的區塊（表示快取會變得更昂貴），還需要有更大的標籤與區塊儲存在一起（使得快取需要更大些）。我們會希望有介於這兩個極端之間的方法。

第三種要介紹的對映方式是 ***N* 路集合關聯式快取對映** (*N*-way set-associative cache mapping)，它兼融了上述的兩種方法。這方式在透過位址來對映區塊至特定快取位置上與直接對映快取的作法相同，但是差異是位址對映的結果並不是只對映至一個快取區塊，而是包含數個快取區塊的一個**集合** (set)。快取中的所有這種集合其大小都一樣，不過不同快取可以採用不同的集合大小。例如，在二路集合關聯式快取中，每集合中有兩個快取區塊，如圖 6.11 所示。以二維快

a) 2 路集合關聯式快取邏輯圖示

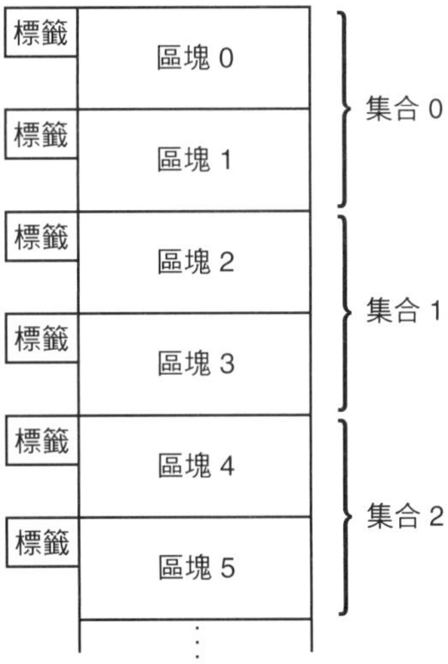

b) 2 路集合關聯式快取線性圖示

圖 6.11 2 路集合關聯式快取

取的邏輯角度來瞭解集合關聯式快取會容易些。圖 6.11a 表示 2 路集合關聯式快取，其中每集合包含 2 個區塊，使快取中具有列與行。其實快取記憶體是線性的；圖 6.11b 說明如何以線性的記憶體作出集合關聯式快取。4 路集合關聯式快取每個集合中有 4 個區塊；8 路每個集合中則有 8 個區塊；依此類推。一旦確定所需的集合，對該集合就可如同關聯式記憶體般處理；主記憶體位址的標籤需與集合中每一個區塊的標籤作比對。集合關聯式快取並不需要給快取中每個區塊配置一個比較器，至多僅需要給各集合中相對於每個區塊配置一個比較器。例如，若快取共有 64 個區塊，採用 4 路集合關聯式對映，其總共僅需 4 個比較器而非 64 個。直接對映快取是 N 路集合關聯式快取對映中集合大小等於一的一個特例；具有 n 個區塊的全關聯式快取則是集合關聯式快取對映中僅有

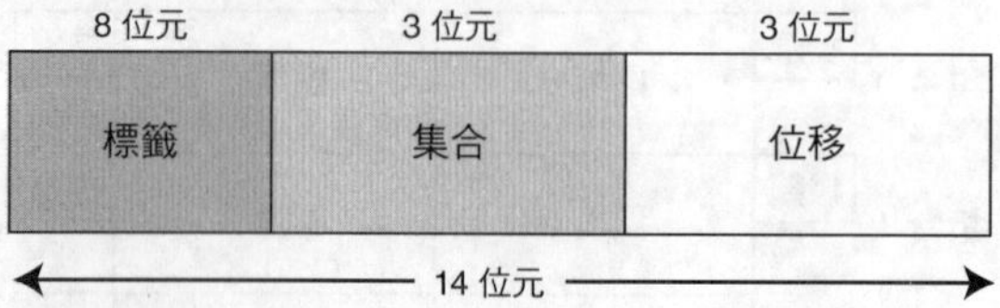

圖 6.12 範例 6.5 中的集合關聯式對映的格式

一個大小等於 *n* 的集合的特例。

在集合關聯式快取對映中，主記憶體位址被劃分成三部分：標籤欄位、集合欄位（按：許多教科書中仍然稱此欄位為索引欄位）與位移欄位。標籤與位移欄位的功用均同前；集合欄位指出一個主記憶體區塊會被對映到快取的哪個集合中，如下列範例中所說明。

範例 6.5　設採用 2 路集合關聯式對映，以位元組定址的主記憶體有 2^{14} 個位元組，快取則有大小為 8 個位元組的區塊 16 個。因快取共有 16 個區塊且每集合中有 2 個區塊，故快取中共有 8 個集合。因此集合欄位大小是 3 位元，位移欄位是 3 位元，而標籤欄位則是 8 位元。此格式表示於圖 6.12 中。

主記憶體位址的集合欄位表示快取中可存放該主記憶體區塊的唯一的集合。於是存取時所有該集合中的區塊都需作標籤比對。這種情況應該要使用關聯式搜尋，不過搜尋的對象僅限於在該集合中而不是對整個快取。這使得相關特殊硬體的成本大大地降低。例如對 2 路集合關聯式快取，硬體僅對 2 個區塊同時搜尋。

下面以範例說明不同對映方式的差異。

範例 6.6　設以位元組定址的記憶體容量為 1MB，且快取中含有 32 個大小是 16 位元組的區塊。以直接對映、全關聯式對映以及 4 路集合關聯式對映，判斷主記憶體位址 0x326A0 將對映到快取的哪一個區塊或集合中。

首先注意主記憶體位址包含 20 個位元。位址對應於直接對映快取的格式以圖 6.13 表示：

圖 6.13 範例 6.6 中的直接對映記憶體的格式

若將該主記憶體位址 0x326A0 以二進制表之並套用上述格式，則得圖 6.14 中各欄位：

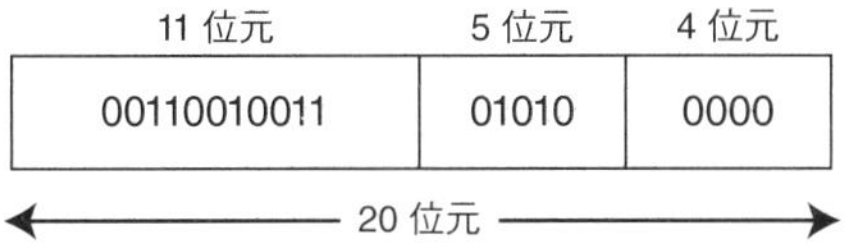

圖 6.14 範例 6.6 中位址 0x326A0 因為直接對映劃分成各個欄位

其表示主記憶體位址 0x326A0 對映至快取區塊 01010（或區塊 10）。

若採用全關聯式快取，記憶體位址的格式如圖 6.15 所示：

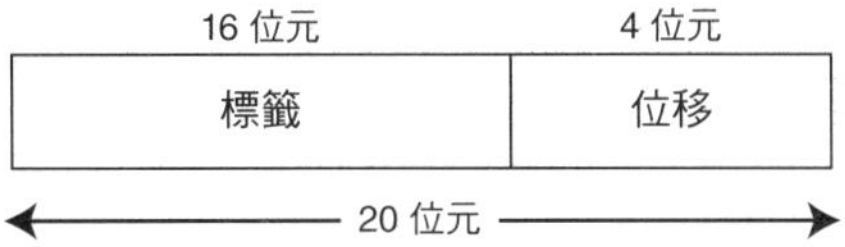

圖 6.15 範例 6.6 中的全關聯記憶體的格式

不過以這些欄位標示主記憶體位址並不能幫助指出包含這個位址的主記憶體區塊會對映到的位置，因為區塊在全關聯式快取中可對映到任何位置。若採用 4 路關聯式對映，則對應的記憶體位址格式如圖 6.16 所示：

圖 6.16 範例 6.6 中的 4 路集合關聯對映的記憶體的格式

集合欄位因為快取中僅有 8 個集合（每集合中有 4 區塊）故有 3 位元。若將主記憶體位址劃分成這些欄位，可得如圖 6.17 所示結果：

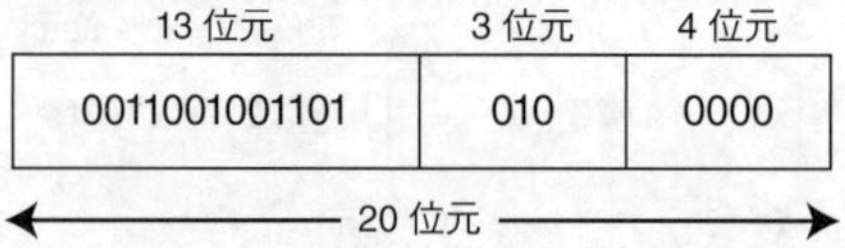

圖 6.17 範例 6.6 中位址 0x326A0 因為集合關聯對映劃分成各個欄位

指出主記憶體位址 0x326A0 對映至快取中的集合 $010_2 = 2$。不過接下來仍需搜尋整個集合（將位址中的標籤與快取的集合 2 中所有標籤作比對）來找出所需的區塊。

以下再看一個範例來加強我們對快取對映的各項觀念。

範例 6.7 設有以位元組定址的計算機與能儲存 8 個 4 位元組大小的區塊的快取。設記憶體位址長度為 8 位元且快取原本是空的，對每一種快取對映技術：直接對映、全關聯式與二路集合關聯式，當程式依序存取下列位址時，追蹤記錄快取被使用的情形：0x01、0x04、0x09、0x05、0x14、0x21、及 0x01。

先談直接對映。首先看出位址被劃分成怎樣的格式：區塊大小是 4 個位元組，故位移欄位中需要有 2 個位元；快取中共有 8 個區塊，故區塊欄位中需要有 3 個位元；位址中共有 8 個位元，故有 3 個位元位元作為標籤欄位，結果形成：

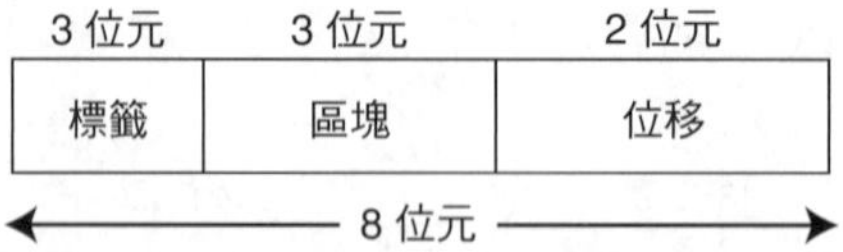

知道了位址形成的格式後，即可開始追蹤記錄程式的執行。

存取的位址	二進形式位址（已劃分欄位）	命中或錯失	說明
0x01	000 000 01	錯失	錯失比對快取區塊 000 中標籤是否為 000 時，可知未有有效資訊。故將位址 0x00、0x01、0x02 與 0x03 的數據複製入該快取區塊並於標籤處儲存 000。
0x04	000 001 00	錯失	錯失比對快取區塊 001 中標籤是否為 000 時，可知是錯失，故將位址 0x04、0x05、0x06 與 0x07 的數據複製入該快取區塊並於標籤處儲存 000。
0x09	000 010 01	錯失	錯失比對快取區塊 010 (2) 中標籤是否為 000 時，發現是錯失，故將位址 0x08、0x09、0x0A 與 0x0B 的數據複製入該快取區塊並於標籤處儲存 000。
0x05	000 001 01	命中	命中比對快取區塊 001 中標籤是否為 000 時，結果是命中。於是以位移值 01 取出所需的位元組。
0x14	000 101 00	錯失	錯失比對快取區塊 101 (5) 中標籤是否為 000 時，但是其中並未有資料。故將位址 0x14、0x15、0x16 與 0x17 的數據複製入該快取區塊並於標籤處儲存 000。
0x21	001 000 01	錯失	錯失比對快取區塊 000 中標籤是否為 001 時，發現標籤是 000（表示該區塊並非所尋找者），故將位址 0x20、0x21、0x22 與 0x23 的數據複製、覆蓋既有數據寫入該快取區塊並於標籤處儲存 001。
0x01	000 000 01	錯失	錯失雖然包含位址 0x01 的區塊曾經被擷取過一次，在擷取包含位址 0x21 的區塊時卻又把它覆蓋了（檢視快取中區塊 0 的標籤即可知其為 001 而非 000）。因此必須覆蓋快取區塊 0 的內容而寫入位址 0x00、0x01、0x02 與 0x03 的數據並於標籤處儲存 000。

注意幾件事情：任何時候發生錯失時，總是會將整個區塊由記憶體複製入快取中。快取並不會根據造成錯失的位址來開始讀取 4 個位元組；一定要讀取包含了錯失位址的 4 位元組大小的區塊。例如，當對記憶體位址 0x09 發生錯失時，寫入快取區塊中的 4 個位元組的數據是由位址 0x08 開始的。因為 0x09 是在區塊中位移量等於 1 的地方，亦可得知區塊中的開始位址是 0x08。另外注意使用快取區塊 0 造成的衝突：這是直接對映式快取中的典型情況。快取中最終的內容是：

區塊	快取中內容（以位址代表）	標籤
0	0x00, 0x01, 0x02, 0x03	000
1	0x04, 0x05, 0x06, 0x07	000
2	0x08, 0x09, 0x0A, 0x0B	000
3		
4		
5	0x14, 0x15, 0x16, 0x17	000
6		
7		

使用全關聯式快取會造成什麼差異呢？第一，位址中的格式會成為：

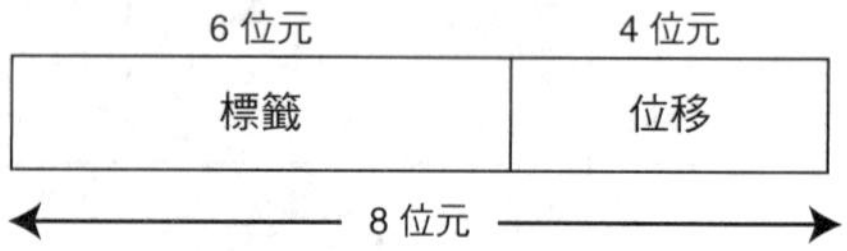

使用全關聯式快取時，記憶體傳來的區塊可儲存於快取任何位置中。設新區塊會儲存於最靠近前面的第一個可用位置中；若所有位置都已滿，則「繞回頭」再從第一個位置放起。

存取的位址	二進形式位址（已劃分欄位）	命中或錯失	說明
0x01	000000 01	錯失	錯失比對整個快取來尋找標籤 000000，而且會找不到它。故將位址 0x00、0x01、0x02 與 0x03 的數據複製入快取區塊 0 中並於標籤處儲存 000000。
0x04	000001 00	錯失	錯失比對整個快取來尋找標籤 000001，並且在知道找不到它時，將位址 0x04、0x05、0x06 與 0x07 的數據複製入快取區塊 1 中並於標籤處儲存 000001。
0x09	000010 01	錯失	錯失在快取中找不到標籤 000010，故將位址 0x08、0x09、0x0A 與 0x0B 的數據複製入快取區塊 2 中並於標籤處儲存 000010。
0x05	000001 01	命中	命中比對整個快取來尋找標籤 000001，並且在快取區塊 1 中找到它。於是以位移值 01 取出所需的位元組。
0x14	000101 00	錯失	錯失比對整個快取來尋找標籤 000101，但是它並未存在快取中。故將位址 0x14、0x15、0x16 與 0x17 的數據複製入快取區塊 3 中並於標籤處儲存 000101。
0x21	001000 01	錯失	錯失比對整個快取來尋找標籤 001000，但是找不到它；故將位址 0x20、0x21、0x22 與 0x23 的數據複製入快取區塊 4 中並於標籤處儲存 001000。
0x01	000000 01	命中	命中比對整個快取來尋找標籤 000000，並且在快取區塊 0 中找到它。於是以位移值 01 取出所需的位元組。

快取中最終的內容是：

區塊	快取中內容（以位址代表）	標籤
0	0x00, 0x01, 0x02, 0x03	000000
1	0x04, 0x05, 0x06, 0x07	000001
2	0x08, 0x09, 0x0A, 0x0B	000010
3	0x14, 0x15, 0x16, 0x17	000101
4	0x20, 0x21, 0x22, 0x23	001000
5		
6		
7		

再看看採用 2 路集合關聯式快取的情形。由於快取中有 8 個區塊而每一集合中有 2 個區塊，因此快取共有 4 個集合。採用 2 路集合關聯式快取時位址的格式成為：

4 位元	2 位元	2 位元
標籤	集合	位移

← 8 位元 →

追蹤記錄記憶體存取過程可得下列結果：

存取的位址	二進形式位址（已劃分欄位）	命中或錯失	說明
0x01	000000 01	錯失	錯失比對快取中的集合 0 來尋找標籤是 0000 的區塊，而且會找不到它。故將位址 0x00、0x01、0x02 與 0x03 的數據複製入快取的集合 0 中（因此集合 0 中有一已使用的區塊與一未使用的區塊）並於該區塊標籤處儲存 0000。使用集合中的哪一個區塊並不重要；為求一致，將數據置於第一個區塊中。
0x04	000001 00	錯失	錯失比對集合 1 來尋找標籤是 0000 的區塊，並且在知道找不到它時，將位址 0x04、0x05、0x06 與 0x07 的數據複製入集合 1 中並於該區塊標籤處儲存 0000。
0x09	000010 01	錯失	錯失比對集合 2(10) 來尋找標籤是 0000 的區塊，但是找不到它，故將位址 0x08、0x09、0x0A 與 0x0B 的數據複製入集合 2 中並於該區塊標籤處儲存 0000。
0x05	000001 01	命中	命中比對集合 1 來尋找標籤是 0000 的區塊，並且找到它。於是以區塊中的位移值 01 取出所需的位元組。
0x14	000101 00	錯失	錯失比對集合 1 來尋找標籤是 0001 的區塊，但是它並未存在快取中。故將位址 0x14、0x15、0x16 與 0x17 的數據複製入集合 1 中並於該區塊標籤處儲存 0001。注意集合 1 現在已經滿了。
0x21	001000 01	錯失	錯失比對快取中的集合 0 來尋找標籤是 0010 的區塊；找不到它，故將位址 0x20、0x21、0x22 與 0x23 的數據複製入集合 0 中並於該區塊標籤處儲存 0010。注意集合 0 現在已經滿了。
0x01	000000 01	命中	命中比對快取中的集合 0 來尋找標籤是 0000 的區塊，並且會找到它。於是以區塊中的位移值 01 取出所需的數據。

快取中最終的內容是：

集合	區塊	快取中內容（以位址代表）	標籤
0	第一路	0x00, 0x01, 0x02, 0x03	0000
	第二路	0x20, 0x21, 0x22, 0x23	0010
1	第一路	0x04, 0x05, 0x06, 0x07	0000
	第二路	0x14, 0x15, 0x16, 0x17	0001
2	第一路	0x08, 0x09, 0x0A, 0x0B	0000
	第二路		
3	第一路		
	第二路		

集合關聯式快取的對映方式是直接對映與全關聯式快取間的很好折衷。研究顯示其表現出良好效能，且 2 路至 16 路的快取就能以少量的成本而表現得幾乎與全關聯式快取一樣好。因此今天大部分的計算機使用某種形式的集合關聯式快取對映，而 4 路集合關聯是最常用者之一。

6.4.2 置換原則

在直接對映快取中若發生快取區塊衝突，只有一種可能的作法：原來的區塊需要被移除以安置新的區塊。這個過程稱為**置換** (replacement)。在直接對映中因為安置新區塊的位置已很明確，所以不需要有特別的置換策略。不過對全關聯式快取與集合關聯式快取則需要有置換演算法來選擇將自快取中移除的「犧牲」區塊。當使用全關聯式快取時，一個主記憶體區塊可對映至 K 個可能的快取位置（K 是快取中的區塊數）。在 N 路集合關聯式對映中，一主記憶體區塊可對映至某集合中 N 個不同區塊中的任何一個位置。如何決定要置換快取中哪一個區塊呢？用以決定置換的演算法即稱為**置換原則** (replacement policy)。

常用的置換原則有許多種。一個並不實際但是可當作標竿來評量其他原則的方式稱為**最佳** (optimal) 演算法。我們會希望在快取中保存即將要用到的數據，而在必要時移除已經不再需要、或很長一陣子之後才會用到的區塊。如果有能夠看見未來並根據這兩條準則明確決定保留或移除哪些區塊的演算法就最好了。最佳演算法就是假設能夠做到這件事：我們希望置換掉未來最久之後才會用到的區塊。例如，如果在區塊 0 與區塊 1 間要選出一個犧牲區塊，且區塊 0 在 5 秒鐘之後會再用到而區塊 1 在 10 秒鐘之內都還不會用到，則會移除區塊 1。務實一點來看，我們無法預知未來，但是卻可以事先執行一個程式，然後當再次執行它時，我們實質上真的能夠預知未來，於是就能夠在下次執行時用上最佳演算法了。最佳演算法保證可能的最低錯失率。由於我們不可能知道所有執行的程式的行為，最佳演算法只能在事後作為判斷真實演算法優劣之用。演算法的執行表現越接近最佳演算法者則為越佳。

演算法要能盡量如同最佳演算法般運算。可能採用的作法有數種。例如，如果參考時間區域性。也許可以推測任何最近沒有被用到的數據也不可能很快會再使用到。記錄每個區塊最後一次被使用的時間（給予該區塊一個時間戳記）並選擇已經最久沒被用到的區塊作為犧牲區塊，此即稱為**最久沒被使用** (least recently used, LRU) 演算法。不幸地，LRU 要求系統記錄每一個快取區塊的（按：最後一次）存取記錄，要用到相當的空間並延緩快取的運作（按：要選出其中最後一次使用時間最早的區塊是更為艱難的工作，因此四路以上的快取幾乎都已無法採用真正的 LRU 置換方式）。有一些方法可以模擬 LRU，不過這些內容超出本書的範圍（更多資料可參考章末的參考文獻）。

先進先出 (first-in, first-out, FIFO) 是另一常用方法。採用這種演算法時，在快取中已存在最久的區塊（不論其多近被用過）會被選來作下一個從快速記憶體移除的犧牲區塊。

另一個方法是**隨機** (random) 選擇犧牲者。LRU 與 FIFO 的難處在於會造成一種**翻滾** (thrash)（不斷地將一個區塊置換出去、很快又拿回來、很快又置換出去、很快又拿回來）的惡化的記憶體存取狀況。有些人聲稱雖然隨機置換有時不免會將不久就要用到的資料置換出去，卻不會造成翻滾。不幸地是實際上非常難以實作出真正的隨機置換，而這個結果也許會降低平均效能。

如何選擇演算法經常視系統的應用方式而定。沒有任何一個（實際可行的）演算法在任何情況下都能表現得最好。因此設計師會採用在很多種情況下都還能表現得不錯的演算法。

6.4.3 有效存取時間與命中率

階層式記憶體的效能是以它的**有效存取時間** (effective access time, EAT)，也就是以每次存取所需的平均時間來表示。EAT 是以各前後階層間的命中率與相對存取時間分別加上權重後的平均。每個階層的真實存取時間取決於製作的技術以及存取使用的方法。

在計算平均存取時間之前，必須要瞭解快取與記憶體如何運作。當需要由快取存取數據時，可以有兩種方式：可以同時（平行地）對快取與記憶體作存取，若數據在快取中取得，則停止對記憶體的存取，而且因為存取是同時進行而不會造成額外的時間耗費。若數據並不存在快取中，對記憶體的存取也早就開始了。這個作法在快取錯失時有助於降低（時間上的）耗費。另外也可以將存取循序地進行：首先檢查快取，若存取命中，工作就完成了；若數據並不存在快取中，則開始從記憶體取得數據。不同作法會影響（有效）存取時間，如以下的說明。

例如，假設快取存取時間是 10ns，主記憶體存取時間是 200ns，且快取命中率是 99%。採用重疊（平行）的存取，則處理器對該兩層式記憶體的平均存取時間會是：

$$\text{EAT} = \underbrace{0.99(10\text{ns})}_{\text{快取命中}} + \underbrace{0.01(200\text{ns})}_{\text{快取錯失}} = 9.9\text{ns} + 2\text{ns} = 11\text{ns}$$

採用不重疊（循序）的存取，則平均存取時間會變成：

$$\text{EAT} = \underbrace{0.99(10\text{ns})}_{\text{快取命中}} + 0.01\underbrace{(\overbrace{10\text{ns}}^{\text{檢查快取}} + \overbrace{200\text{ns}}^{\text{去主記憶體存取}})}_{\text{快取錯失}} = 9.9\text{ns} + 2.1\text{ns} = 12\text{ns}$$

這到底代表什麼意義？若觀察存取時間很長一段時間，則系統表現得就好像它擁有唯一的一個存取時間是 11ns 或 12ns 的大記憶體。99% 的快取命中率讓這個二階的記憶體即使以較緩慢存取時間是 200ns 的技術建構很大部分的記憶體，還是表現得很好。

計算包含快取與主記憶體的二階式記憶體有效存取時間的公式如下：

$$\text{EAT} = H \times \text{Access}_C + (1 - H) \times \text{Access}_{MM}$$

其中 H = 快取命中率，Access_C = 快取存取時間，而 Access_{MM} = 主記憶體存取時間。

上述公式可延伸應用到三、甚至於四階的記憶體，這點將於不久後說明。

6.4.4 快取何時不適用？

當程式具有區域性，快取的應用表現良好。不過如果程式的區域性很低，則採用快取不再恰當且記憶體階層的效能低落。明顯的例子有物件導向的編程會造成程式較不理想的區域性。另一區域性不佳的例子是二維陣列存取。陣列一般依以列為主的順序 (row-major order) 儲存。為了舉例的目的，假設一列正好可放進一個快取區塊中而整個陣列要放進快取中的話會正好多出一列。同時假設快取採用先進先出的置換方式。若程式一次使用一列，第一次存取一個列時一定會造成錯失，不過一旦列放入快取中之後，接下來對該列中其他元素的存取都會是命中。因此對 5×4 陣列的 20 次存取（假設陣列中每個元素都會依以列為主的順序存取）將會產生 5 次錯失以及 15 次命中。若程式依以行為主 (column-major) 的順序存取陣列，第一次存取行中元素，即項次 (1, 1) 時造成一次錯失，之後整個列被帶進快取中。不過對該行第二個存取的對象是項次 (2, 1)，又造成錯失。對項次 (3, 1) 存取造成錯失，對項次 (4, 1) 時也是。讀取項次 (5, 1) 時又造成錯失，但是將第五列帶進來時需要將第一列移除。因為第一列已被移除，下一個對項次 (1, 2) 的存取又會造成錯失。這些錯失在整個陣列存取過程不斷發生；由於陣列的存取方式是依以行為主的順序，為每個列傳送過來的數據並未被進一步利用。因為快取不應作得太大，20 次的存取在這個例子中就造成 20 次錯失。第三個例子是程式反覆地存取一個無法全部放在快取中的陣列的所有元素。當記憶體在這種情形下使用時其區域性將大大降低。

6.4.5 快取寫入原則

設計師除了要選擇犧牲區塊來置換以外，也要決定如何處理快取中俗稱**污染區塊** (dirty blocks) 的已改動過的區塊。當處理器寫數據至記憶體系統中，如果假設處理器可能不久又會再要讀取它，則數據可能只會寫在快取中而不會寫到主記憶體裡。在快取區塊被改動後，快取的**寫入原則** (write policy) 決定在何時將主記憶體中的對應區塊更新成與快取區塊的內容一致。有兩個基本寫入原則：

- **寫透**——寫透原則在每次的寫都寫入快取與主記憶體。它較寫回需要耗用更長的時間，不過可確保快取與主記憶體內容一致。明顯的缺失是每次寫都需要作主記憶體存取。採用寫透原則時每個對快取的寫入也會寫入至主記憶體，延緩了系統運作（處理器的寫入動作都會使系統的速度受限於主記憶體速度）。然而在實際應用中，大部分存取都是讀取，這種原因的延緩也許可以忽略。
- **寫回**——寫回 [亦稱**複製回** (copyback)] 原則僅於更新過的區塊被選為犧牲區塊必須由快取移除時才更新主記憶體中的對應區塊。由於並不再於每次寫入動作中都寫至主記憶體，這方式一般較寫透節省時間。至記憶體的交通流量也降低了。缺失則是在任何時間主記憶體與快取中的資料未必是一樣的，因此如果程式在更新主記憶體前（例如發生錯誤且無法收拾而）被結束，有些快取中的數據可能會遺失。

欲改善快取效能，必須以較恰當的對映演算法提高命中率（約可提升高至 20%）、以較恰當的對寫動作的處理策略（約可提升高至 15%）、以較恰當的置換演算法（約可提升高至 10%）與如之前範例中所示的以列或行為主存取方式的較恰當的編程方式（高達 30% 的命中率提升）來達成。簡單地增加快取容量可能改善命中率 1~4%，但是並不保證一定可以達到。

以快取與雜湊方式處理以及其與位元數量的關係，天哪！

假設有一大型數據組，且正在撰寫一程式對其進行搜尋。你可以採陣列的形式儲存數據，且因此可有兩種作法：若陣列未作排序，則可採用線性（即循序）的搜尋來尋找特定的資訊；若數據已經排序，則可採用二分搜尋法。但是不論如何，兩種搜尋方式的執行時間都與該數據組的大小有關。

雜湊 (hashing) 是一種與數據組大小無關且能夠以平均時間來儲存以及檢索數據的處理方式。雜湊只不過是一個透過將關鍵值（亦稱鍵值）轉換成位址以在結構式數據中加入或尋找一筆項目的方法。一般我們使用**雜湊表** (hash table) 來儲存已雜湊進來的數值，以及**雜湊函數** (hashing function) 來作關鍵值到位址的轉換。當欲尋找一值時，可將該值的關鍵值輸入雜湊函數，而輸出即為表中該值儲存位置的位址。雜湊表是撰寫編譯器的人在 1960 年代為了處理符號表（如第四章所述）而發明的。

設想你已厭煩了在非常厚的電話簿中尋找名字。就算名字都已排序好了，但是有這麼多頁，還是會花費你很多的時間來找到特定的電話號碼。你可以建立一個雜湊函數來將這些名字與號碼儲存在計算機的雜湊表中。找尋電話號碼時只要將名字輸入雜湊函數，它就會指引你到雜湊表中放置對應的電話號碼的位置上。以計算機處理的索引也經常使用雜湊表來儲存字彙以及它們的定義，這樣的話查詢時間會比使用二分搜尋快上許多。

雜湊可行的原因來自於好的雜湊函數——好的雜湊函數即使在關鍵值分布不平均的情況下也能產出均勻的位址分布。完美的雜湊函數對各關鍵值能夠在表中產生一對一的對應。不過完美的雜湊函數很難求得。會把很多值對映到同一個位置的雜湊函數只要在**碰撞**（collision，指兩個值被對映到同一個位置的情況）極少的情況下還是可以使用的。處理碰撞的方法很多，其中最簡單的就是鏈結。**鏈結** (chaining) 只不過是將對映到相同位置的項次產出一個項次串列的處理方式。當一個關鍵值對映到一個串列的時候，因為可能需要搜尋整個串列，所以需要多一些時間來尋找這個項次。

雜湊函數從簡單到複雜的都有。使用數值式關鍵值的簡單雜湊函數包括 (1) 取餘數算術，方法是估計表的大小，將這個估計值用作除數來除關鍵值，並以餘數作為雜湊值；(2) 基數轉換，是將數位式關鍵值的數系基底改變得到另外一串位數，並以其中某一「部分數位串」作為雜湊值的作法；(3) 關鍵值換位，將關鍵值中的位數位置隨意攪亂，並以所得的新關鍵值作為雜湊值的作法；以及 (4)

折疊，將關鍵值分成多個部分、加總各部分並取結果的一部分作為雜湊值的作法。對上述的電話簿例子，我們可以將名字中每一個字母代以其 ASCII 值，然後採用基底轉換、選取某基數、將每一個值乘以該基數的次方並加總之作為雜湊值，例如，若名字是「Tim」且基數是 8，則雜湊值將是 $(84 \times 8^2) = (105 \times 8^1) = (109 \times 8^0) = 6325$，表示可以在雜湊表中位置 6325 處找到 Tim。

雜湊可見於許多計算機科學的應用中。例如，網頁瀏覽器使用雜湊快取來儲存近期瀏覽過的網頁。雜湊也用於儲存及檢索索引式資料庫系統中的內容。密碼學、訊息認證與錯誤檢查中也使用了許多有名的雜湊函數。在大型檔案系統中快取與雜湊（用以判斷檔案位置）技術都會被用來提升效能。

注意雜湊的方法與本章介紹的快取對映方式間的相似性：用於快取對映的「關鍵值」是位址中位於中段的欄位，也就是直接對映快取使用的區塊欄位與集合關聯式快取使用的集合欄位。直接對映與集合關聯式對映中使用的雜湊函數就是取餘數算術（而全關聯式對映不使用雜湊且需要搜尋整個快取以找到所需數據）。在直接對映中，若發生碰撞，則新的區塊會將原有的區塊置換掉。在集合關聯式快取中，一個集合很像是鏈結中的一個串列——若發生碰撞，視集合的大小，數個雜湊到相同位置的項目可以共存於集合中。要在集合關聯式快取中找尋一個值（按：指位址）時，在位址中段的位元指向快取中（集合）的位置後，並需要在集合中搜尋所需的值。回想有一個與值儲存在一起的標籤就是作為辨識所需項目用的。

雜湊中可使用不同項目作為關鍵值。在快取對映中用的是實體位址的中段位元。但是為什麼使用中段位元？因為低位位元（位址中最右方的欄位）是用於作為區塊中位移值的。不過高位的位元（位址中最左方的標籤欄位）卻可用來取代中段位元而作為關鍵值（於是中段位元就因而可以作為標籤用）。為什麼設計師選擇使用中段位元呢？

記憶體交錯的方法有兩種選擇：高位序交錯與低位序交錯。高位序交錯以高位的位元來決定記憶體模組的位置，並將連續的記憶體位址置於同一個模組中。這正是如果我們以記憶體位址中的高位序位元來決定快取位置的情況—連續記憶體位址中的數據會對映到快取的相同位置中。空間區域性表示鄰近的記憶體位置可能成群地被用到；如果鄰近的記憶體位置對映到同樣的區塊或集合，空間區域性意謂會造成碰撞（而較大的集合可以使碰撞數降低）。不過如果以中段位元作為關鍵值，鄰近的記憶體位置就會對映至不同快取區塊，使得碰撞更少，因此最終會有較好的命中率。

6.4.6 指令與數據快取

在快取的討論中，主要專注於稱為**合併式** (unified) 或**整合的快取** (integrated cache)，也就是存放近來用到的數據以及指令的快取。不過許多新式的計算機採用**哈佛式快取** (Harvard caches)，意思是使用了獨立的數據與指令快取。

數據快取 (data cache) 專門用於儲存數據。在對記憶體發出數據存取時，則先檢查這個快取；若找到該筆數據，則由數據快取提供該筆數據，而若是找不到，則由記憶體提供該筆數據並同時存入數據快取中。具有良好區域性的數據可使命中率提高。例如，對陣列作的數據存取會比對鏈結串列的存取具有較高的區域性。因此如何編程會影響數據快取的命中率。

如同希望有高的數據快取命中率，高的**指令快取** (instruction cache) 命中率對良好效能也非常重要。程式中大部分指令是循序地執行，僅偶爾在程序呼叫、迴圈與條件指令處作分支。因此程式指令傾向具有高區域性。甚至在呼叫程序或執行迴圈時，這些模組也往往小得放得進一個指令快取的區塊中（這也是使用小小的程序的良好動機！），因此可以提升效能。

在快取中將指令與數據分開存放能夠使得存取更不零散且更群聚在一起。不過有些設計師偏好整合式的快取；如果要獲得與使用各別的數據與指令快取的系統相同的效果，整合式的快取當然需要更大，也因此使得取得資料所需的延遲更長。此外，整合式的快取對數據與指令僅有一個共用的存取埠，造成兩者間發生存取衝突。

有些處理器還有所謂的**犧牲者快取** (victim cache)，其可用於保存衝突中被置換出去的區塊的小小的關聯式快取。想法是如果犧牲區塊在不久之後又被用到，則可在較記憶體為低的時間懲罰的情形下由犧牲者快取中取得之。這樣做基本上給予由快取中犧牲的資料在它真正需要被送回記憶體之前還有被用到的「第二次機會」。另一類特殊的快取稱為**軌跡快取** (trace cache)，是指令快取的變體。軌跡快取儲存的是（解碼了的）實際執行過程中的指令序，因此如果這些指令再次被執行的話，從區塊中取得的指令將被充分用到且過程順暢（再加上可能不必再解碼）。處理器因此可能可以不必顧慮執行過程中分支的問題。

這種快取因為儲存的是動態的指令流，使得原本並不相鄰的指令能夠連在一起存放而得名。Intel 的 Pentium 4 就是使用這種快取來提升效能。

6.4.7 快取層級

顯然地，在命中率夠高的條件下使用快取可以提升效能。增加快取的容量可能是第一個會讓人想到的提高命中率的方法；但是大些的快取就會慢些（存取時間增加）。多年以來製造商都嘗試選擇出恰當大小的快取，以求在大些的快取會同時造成較高命中率與延遲之間作取捨。然而許多設計師正在將多層記憶體的觀念應用於快取記憶體，已經在大部分系統中使用**多層快取階層** (multilevel cache hierarchy)——快取也要使用快取以提升效能。

已經出現的情形是第一層 (L1) 快取是稱呼位於晶片上的快取的名稱，也是最快、最小的快取。經常也稱為內部快取的 L1 快取的容量一般是從 8KB 到 64KB。CPU 發出記憶體存取需求時首先會在典型存取時間是 4ns 的 L1 快取中尋找。若 L1 中找不到相關資料，則至第二層 (L2) 快取中尋找。L2 快取一般位於處理器外，其存取速度是 15~20ns。L2 快取可能是在另一晶片中、位於系統主機板甚至擴充板上。L2 快取較 L1 快取大但是也較慢。L2 快取的容量一般是從 64KB 到 2MB。若資料不在 L1 中而在 L2 中找到，其會先載入 L1 快取中（在有些架構裡 L1 中被置換掉的資料會與 L2 中被需要的資料互換位置）。越來越多製造商開始在他們的架構中將 L2 快取製造在晶片上，以便 L2 快取也能以 CPU 的速度執行（但是並不像 L1 快取般是與 CPU 設計成同一個電路）。如此可以將 L2 快取的存取時間縮減到約略 10ns。**L3 快取** (L3 cache) 是在處理器將 L2 快取作為其架構本身的一部分時，處理器與記憶體間額外的快取（之前經常被稱為 L2 快取）的目前的名稱。L3 快取的容量一般是從 8MB 到 256MB（按：在本譯本發行時，上述的速度與大小參數都有了至少大約 10 倍的進步了）。

包含式的各快取 (inclusive caches) 指的是不同層級的快取間位於較上層的快取中的數據也可以同時存在於較下層快取中。例如，在 Intel Pentium 家族中，在 L1 中找得到的數據也可能會存在於 L2 中。嚴格的**包含式的各快取**

(strictly inclusive caches) 則保證某層級的快取中的資料一定會存在下一階層中。**互斥的或不包含式的各快取** (exclusive caches) 則確保資料至多只會存在一個層級的快取中。

前一節已談過個別的數據與指令快取。架構在 L2 與 L3 這兩個層級一般會採用整合式的快取。不過許多架構在 L1 使用個別的指令與數據快取，例如 Intel Celeron 就是如此。除了這項好的設計特性之外，Intel 也採用**非阻斷式快取** (nonblocking cache) 作為其 L2 快取。快取在同一時間內一般都只能處理一個存取（因此快取錯失時需要等待記憶體提供所需的數據並將之載入快取中）；非阻斷式快取則可在錯失時繼續處理後續的命中（甚至更多的錯失）（按：原文中的敘述稍嫌偏頗，因此中譯文字與原文稍有不同以求符合實際情形）。

6.5 虛擬記憶體

已知使用快取可以讓計算機由較小也較快的快取記憶體中存取經常用到的數據。快取用於接近記憶體階層頂端處。另一項階層中的重要觀念是**虛擬記憶體** (virtual memory)。虛擬記憶體的目的是將硬碟作為 RAM 的延伸，增加程序可使用的記憶位址空間。大部分個人電腦有相對少量的主記憶體（一般是 4GB 左右）。這樣的記憶體往往不足以同時存放作業系統以及多個像是文字處理、電子郵件程式與圖形程式等應用。使用虛擬記憶體能讓計算機的定址空間大於實際的主記憶體容量，並以硬碟來存放額外的資料。硬碟上使用到的區域因為是以主記憶體中大塊資料的形式儲存而稱為**頁檔** (page file)。瞭解虛擬記憶體最簡單的方式是將它想像成一個所有定址相關的事件都是由作業系統來處理的想像中的記憶體位置。

實作虛擬記憶體最常見的方式是使用**頁處理** (paging)，一個將主記憶體劃分成固定大小的區塊而且程式也劃分成相同大小區塊的方法。程式中的區塊在有需要時就將之帶入記憶體中。程式中連續的區塊並不需要存放在主記憶體連續的區域中。由於各程式片段不需存放在連續的位置，因此每當 CPU 產生記憶體存取位址，該位址必須要被轉譯成主記憶體中的位址。記得，在快取應用中，主記憶體位址須要轉換為快取位置。使用虛擬記憶體時這一點也是必須的；每一個虛擬位址都必須被轉譯成實體位址。怎麼做呢？在對虛擬記憶體作更深入的說明前，先定義根據頁處理來製作的虛擬記憶體中一些常用的名詞：

- **虛擬位址** (virtual address)——程序使用的邏輯或程式中的位址。CPU 所發出的位址全都是虛擬位址空間中的位址。
- **實體位址** (physical address)——實體記憶體中真正的位址。
- **對映方式** (mapping)——虛擬位址轉換成實體位址所使用的機制（與快取對映很相似）。
- **頁框** (page frame)——主記憶體（實體記憶體）被劃分成的那些相同大小的大塊或區塊。
- **頁** (page)——虛擬記憶體（邏輯上的記憶體空間）被劃分成的那些與頁框的大小相同的大塊或區塊。虛擬頁在被使用到之前會儲存於磁碟上。
- **頁處理** (paging)——將一個虛擬頁由碟片複製到主記憶體的一個頁框中的處理方式。
- **破碎** (fragmentation)——（按：使用主記憶體的過程中產生了小塊而）不能利用的記憶體（區域的這種現象）。
- **頁錯誤** (page fault)——被存取的頁不存在主記憶體中且必須由碟片中複製入主記憶體的處理過程。

由於主記憶體與虛擬記憶體都被劃分成同樣大小的頁框／頁，使得程序中位址空間的一塊塊可以不需要位置相連地放置在主記憶體中這件事更容易做到。如前所述，整個程序不需一次就完整地放入主記憶體；虛擬記憶體容許程式僅在某些部分的內容存在主記憶體中的情況下即可執行。目前不需用到的部分仍然存放在碟片的頁檔中即可。

虛擬記憶體可透過不同的技術，包括頁處理、區段處理或綜合二者來製作，其中以頁處理最常用（這議題在作業系統的討論中會有很詳盡的說明）。頁處理的效果就像快取的效果一樣，有賴區域性原則：當所需數據不存在主記憶體中的時候，基於對同一頁中其他資料非常可能在程式繼續執行時會用到的期待，其所屬的頁會被整個由碟片中複製入主記憶體。

6.5.1 頁處理

頁處理根據的基本想法非常簡單：將實體記憶體以固定大小的一塊塊（即頁框）配置給有需要的各個程序，並以**頁表** (page table) 記錄對應的程序其各個頁位於何處。每個程序都有它自己的一般都是位於主記憶體中的頁表，其中記錄程序的每個虛擬頁的實體位置。頁表中有 N 列，N 即是程序中虛擬頁的數量。若程序中有目前並不在主記憶體中的頁，則頁表以將**有效位元** (valid bit) 設為 0 表之；而在主記憶體中的頁其有效位元將被設為 1。因此頁表中每一項次有二欄位：有效位元與頁框位址。

項次中通常還會加上更多欄位來表達更多資訊。例如，**污染位元**或**修改位元** (dirty bit 或 modify bit) 可用來表示頁是否已改動過，如此則在其未被修改而必須被置換時，不必寫回碟片中。另一個**使用位元** (usage bit) 可用來表示頁的使用狀況：每次使用該頁時就設定該位元；在若干時間後則清除該位元；再存取該頁時則又再設定該位元。因此若一個頁的使用位元為 0 則可視為該頁已經一段時間沒被使用，將該頁框冗出來讓有需要的頁使用應有益處。採用這種方式的話，系統會釋放這種頁的位置讓之後程序會需要的頁使用（按：釋放久未用到的頁的時機會在需求發生且主記憶體已無其他閒置頁框的時候才會進行，並不需要在事前做）（在介紹置換演算法時會對此作更詳細的討論）。

虛擬記憶體頁的大小與實體記憶體頁框的大小相同。程序的記憶體空間劃分成這樣的固定大小的頁，造成當最後一個頁複製入實體記憶體時會有**內部破碎** (internal fragmentation) 的可能：該最後一頁並不需要用到整個頁框，但是可能也不會有其他程序要共用那個頁框（按：不是不能，而是共用的話管理會相當複雜）；因此該最後一頁的頁框中未使用的部分其實就浪費了。程序的確可能本身並不需用到整個頁，但是在複製入主記憶體時卻又會占用了整個頁框。內部破碎指的是在記憶體中一個劃分好的區域（在這裡的例子中指的是頁）內用不到的部分。

在瞭解頁處理之後，接著看看它如何運作：每當程序產生虛擬位址，作業系統必須動態地將該虛擬位址轉換成數據實際位置的主記憶體中的實體位址（為了簡單明瞭，假設並無快取記憶體）。例如，觀察一程式，若假設指令與數據長度均為一位元組且位址自 0x00 開始，則僅有 10 位元組長的程式其最後位元組的邏輯位址為 0x09。不過當要真正載入主記憶體中時，邏輯位址 0x09（在組合語言程式中可能以對標籤 X 作存取的方式呈現）可能實際上存在實體位址 0x39 中，表示程式在實體位址 0x30 處開始存放。一定要有一個將邏輯或稱虛擬位址 0x09 轉換成實體位址 0x39 的簡易方法。

要做到這樣的位址轉換，可將虛擬位址劃分成兩個欄位：**頁欄位** (page field) 與**位移欄位** (offset field)，來表示所需數據位置的虛擬頁碼與在頁中的位移。位址轉換的過程與在快取對映演算法中將主記憶體位址劃分成數個欄位的方式很類似，且與快取區塊類似的是，頁大小通常也是 2 的次方；這樣做簡化了從虛擬位址中抽取出頁碼與位移的工作。

要從某虛擬位址存取數據時，系統進行下列步驟：

1. 由虛擬位址中抽取頁碼。

2. 由虛擬位址中抽取位移。

3. 將頁碼透過查詢頁表轉換為實體頁框碼：

  A.（以虛擬頁碼作為索引）在頁表中查詢頁碼。

  B. 檢查該頁的有效位元。

    (1) 若有效位元 = 0，系統發出頁錯誤且作業系統必須介入以：

      a. 在碟片中找到所需的頁。

      b. 找到可用的頁框（若主記憶體已滿則需將一「犧牲」頁移除並視需要複製回碟片中）。

      c. 將所需的頁由碟片複製入主記憶體的可用頁框中。

      d. 更新頁表（剛才載入的虛擬頁需更改其頁表中的頁框碼與有效位元。若也有「犧牲」頁，則將其有效位元設為 0）。

      e. 恢復發生頁錯誤的程序的執行，繼續進行步驟 B2。

(2) 若有效位元 = 1，則頁存在主記憶體中。

a. 將虛擬位址中的虛擬頁碼以真正的頁框碼取代。

b. 在實體頁框中將位移加到該虛擬頁的頁框碼中來存取在實體頁框中位移處的數據（按：這裡的加指的是連接成一串，concatenate）。

注意：若程序發生頁錯誤時，在主記憶體中仍有可用的頁框，則新載入的頁可置於任一可用頁框中。不過如果配置給該程序的主記憶體已經用完了，則必須選出一個犧牲頁。用於選擇犧牲者的演算法與用於快取中者很相像。FIFO、隨機與 LRU 都是可用來選擇犧牲頁的置換演算法（更多置換演算法的資訊可見於章末的參考文獻中）。

以下為一範例。

範例 6.8 設已知一程序的虛擬位址空間是 2^8 個位元組（意為程式產生的位址範圍是 0x00 至 0xFF，亦即十進制的 0 至 255），且實體記憶體共有 4 個頁框。又設頁的大小是 32 個位元組。虛擬位址是 8 位元長，而實體位址是 7 位元長（4 個 32 位元組的頁框共有 128 或 2^7 個位元組）。再設程序中已有數個頁進入主記憶體。圖 6.18 表示系統的目前狀態。

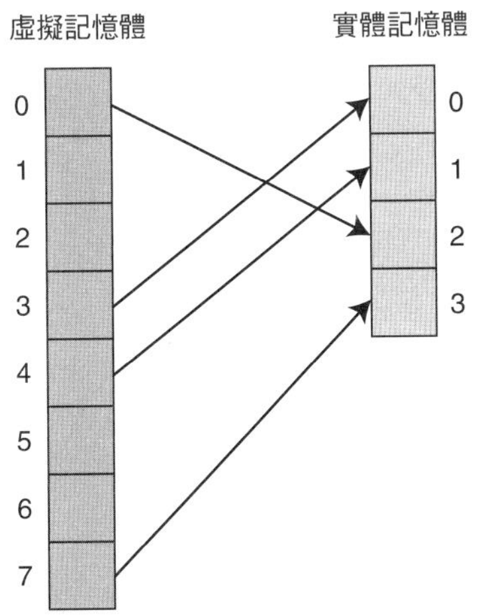

頁表

頁	框 #	有效位元
0	2	1
1	-	0
2	-	0
3	0	1
4	1	1
5	-	0
6	-	0
7	3	1

圖 6.18 使用頁與其相關頁表的目前狀態

每一虛擬位址有 8 位元並被劃分成二欄位：頁欄位有 3 個位元，表示虛擬記憶體中共有 2^3 個頁，$\left(\dfrac{2^8}{2^5}\right) = 2^3$。每頁有 $2^5 = 32$ 位元組，故需 5 個位元作為頁中的位移值（設記憶體為以位元組定址）。因此 8 位元的虛擬位址具有圖 6.19 所示的格式。

設目前系統產生了虛擬位址 0x0D = 00001101_2。將二進形式的位址劃分成頁與位移欄位（見圖 6.20）後，可知頁欄位 P = 000_2 且位移欄位 = 01101_2。進行位址轉換時，以頁欄位的值 000 作為索引來查詢頁表：去到頁表中項次 0 處，可知虛擬頁 0 對映實體頁框 2 = 10_2。因此轉換後的實體位址就是頁框 2 中位移位置 13 處。注意：實體位址僅有 7 位元（其中因為共有 4 個頁框故以 2 個指出頁框，另 5 個作為位移值）。將這兩個欄位以二進形式表示則為 1001101_2，或是 0x4D，如圖 6.21 所示。

以下為真實（但小型）系統中完整的範例（如前，設無快取）。

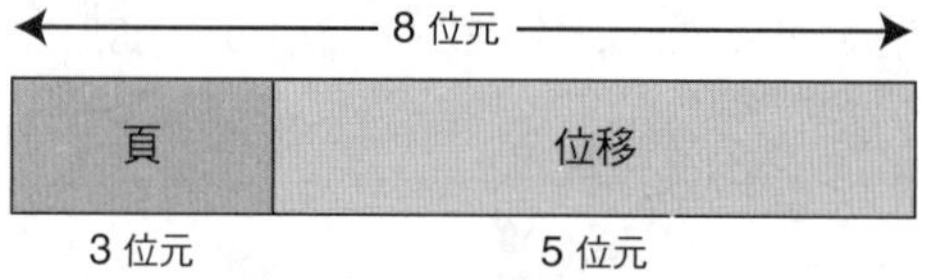

圖 6.19 使用 $2^5 = 32$ 個位元組的頁大小的 8 位元虛擬位址格式

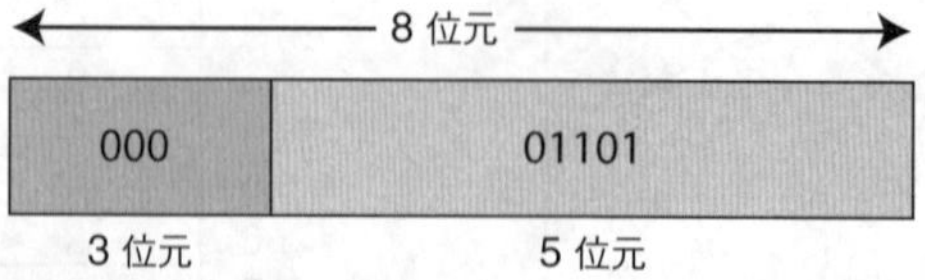

圖 6.20 虛擬位址 0000 1101_2 = 0x0D 的格式

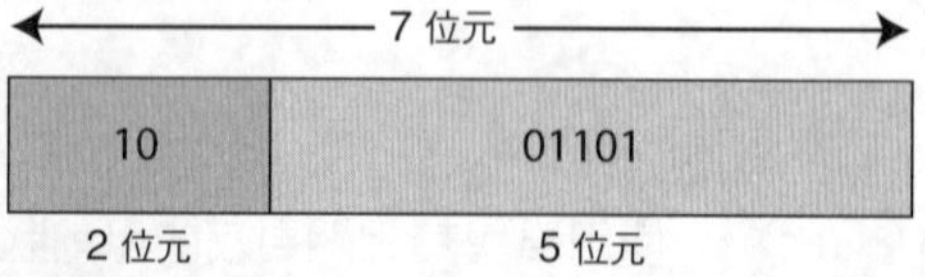

圖 6.21 實體位址 100 1101_2 = $4D_{16}$ 的格式

範例 6.9 設程式長度為 16 位元組，可存取以位元組定址的 8 位元組記憶體，且頁大小為 2 個位元組。程式執行時會產生下列位址存取順序：0x0、0x1、0x2、0x3、0x6、0x7、0xA、0xB（該位址存取順序表示首先存取位址 0x0、之後位址 0x1、之後位址 0x2、之後類推）。開始時主記憶體中沒有這個程式的頁。當要求位址 0x0 時，（在頁 0 中的）位址 0 與位址 1 都複製進了主記憶體中的頁框 2（這個可能是因為主記憶體的頁框 0 與 1 都已被其他程序占用了）。上述是頁錯誤的情形，程式所需的頁要由碟片中擷取。當存取位址 0x1 時，數據已經存在主記憶體中（故發生頁命中）。當存取位址 0x2 時，又造成一個頁錯誤，於是程式的頁 1 被複製入主記憶體的頁框 0 中。這個過程持續著，在所有位址都存取過且相關的頁都由碟片中複製入主記憶體後，系統的狀態將如圖 6.22a 所示。由圖可知含有數值「A」的程式位址 0x0 現在存在主記憶體位址 0x4 = 100_2 中。因此系統一定要能將虛擬位址 0x0 轉換成實體位址 0x4，使用的轉換方式就是之前已說明過的。注意：主記憶體位址有 3 個位元（主記憶體中有 8 個位元組），而（程式發出的）虛擬位址需要有 4 個位元（因為虛擬位址空間有 16 個位元組）。因此轉換中 4 位元的位址必須被轉換成 3 位元的位址。

圖 6.22b 表示這過程在所有相關的頁都已被存取後產出的頁表。可見到程序的頁 0、1、3 與 5 有效，表示它們存在主記憶體中，頁 2、6 與 7 無效，且若再被存取則均會導致頁錯誤。

仔細檢視這個轉換過程：採用範例 6.9 中的架構，假設現在 CPU 第二次發出程式或虛擬位址 0xA = 1010_2。由圖 6.22a，該位址的數據「K」存在主記憶體位置 0x6 = 0110_2 中。不過計算機仍需進行轉換程序來尋找該數據。要達成目的，虛擬位址 1010_2 要劃分成頁欄位與位移欄位。因為程式中有 8 頁，故頁欄位有 3 位元。剩下 1 位元作位移值，符合每頁中有 2 字組的需要。欄位劃分表示於圖 6.22c 中。

有了這個格式後，計算機將虛擬位址轉換成實體位址就很容易了。頁欄位

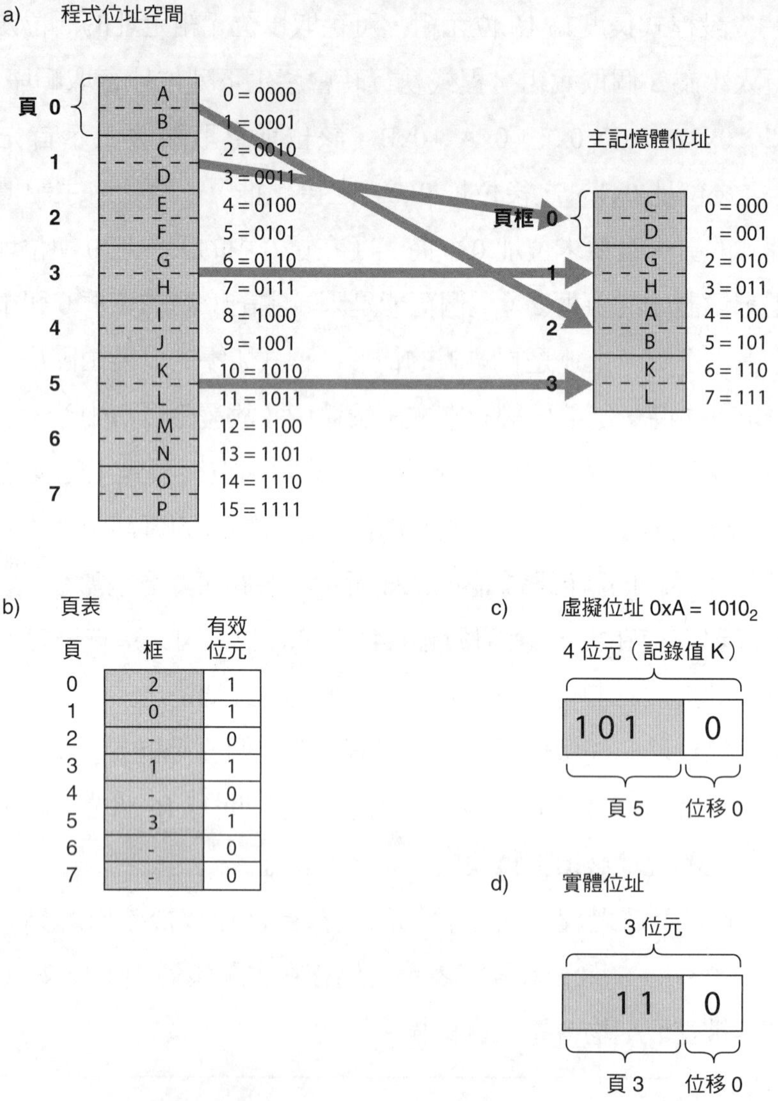

圖 6.22 範例 6.9 中使用頁處理的小記憶體

中的值 101_2 用於索引頁表：$101_2 = 5$，故以 5 作為頁表中項次的位移值（如圖 6.22b）並得知虛擬頁 5 對映至實體頁框 3。故將 $5 = 101_2$ 代之以 $3 = 11_2$，而保留原來的位移值，所得出的實體位址是 110_2，如圖 6.22d 所示。這個過程成功地將 4 個位元的虛擬位址轉換成 3 個位元的實體位址。

在作過小型的範例之後，來作一個大些、更實際的範例。

範例 6.10 設虛擬位址空間為 8K 位元組，以位元組定址的實體記憶體大小是 4K 位元組，且頁的大小是 1K 位元組（該系統中也沒有快取，但是隨著對記憶體運作上更多的瞭解，最終會有使用頁處理與快取的範例）。虛擬位址中共有 13 個位元 ($8K = 2^{13}$)，其中 3 位元用於頁欄位（共有$\frac{2^{13}}{2^{10}} = 2^3$ 個虛擬頁），10 位元用於位移（頁的大小是 2^{10} 個位元組）。實體記憶體的位址中僅有 12 個位元 ($4K = 2^{12}$)，其中 2 位元用於頁欄位（主記憶體中僅有 2^2 個頁框），其餘 10 位元用作頁中的位移。虛擬位址與實體位址的格式表示於圖 6.23a 中。

為完成本範例，設有如圖 6.23b 所示的頁表。圖 6.23c 則列出一些本例中說明轉換過程時要用到的各個主記憶體頁框位址的範圍。

設 CPU 產生出虛擬位址 0x1553 = 1010101010011_2。圖 6.23d 表示該位址如何劃分成頁與位移欄位以及其如何被轉換成實體位址 0x553 = 010101010011_2。基本上，由於（如頁表所示）頁 5 對映至頁框 1，虛擬位址中的頁欄位 101 會被頁框號碼 01 取代。圖 6.23e 表示虛擬位址 0x802 被轉換成實體位址 0x002。圖 6.23f 表示虛擬位址 0x1004 會產生頁錯誤；頁 4 = 100_2 在頁表中顯示是無效的。

範例 6.11 假設計算機使用 32 位元虛擬位址、頁大小是 4K，且以位元組定址的主記憶體大小是 1GB。已知上述的部分頁表，試將虛擬位址 0x0011232A 轉換為實體位址。範例中使用的頁編號與頁框編號均以十六進型式表示。

虛擬記憶體位址劃分欄位後如圖 6.24 所示：虛擬位址中共有 32 個位元，且（因為頁的大小是 $4K = 2^{12}$，）必須有 12 個位元用於表示頁中的位移值；其餘 20 個位元用於表示虛擬頁碼：$0000\ 0000\ 0001\ 0001\ 0010_2$ = 0x00112。實體位址的格式示於圖 6.25 中：位移欄位仍需具有 12 個位元，不過實體位址中僅有 30 個位元 ($1GB = 2^{30}B$)，故框欄位僅有 18 個位

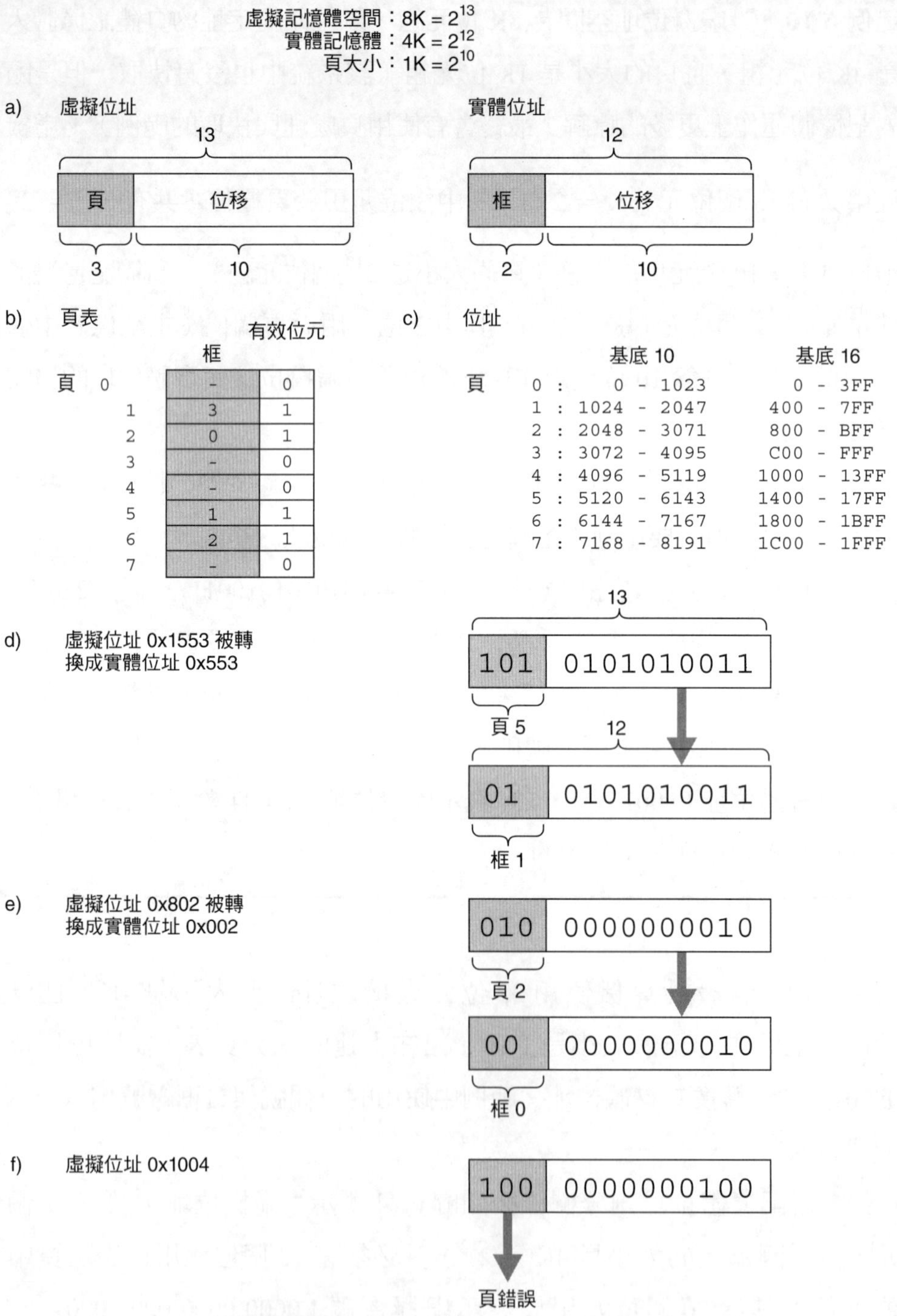

虛擬記憶體空間：8K = 2^13
實體記憶體：4K = 2^12
頁大小：1K = 2^10
a) 虛擬位址
13
頁
位移
3
10
實體位址
12
框
位移
2
10
b) 頁表
有效位元
框
頁 0 - 0
1 3 1
2 0 1
3 - 0
4 - 0
5 1 1
6 2 1
7 - 0
c) 位址
基底 10
基底 16
頁 0 : 0 - 1023 0 - 3FF
1 : 1024 - 2047 400 - 7FF
2 : 2048 - 3071 800 - BFF
3 : 3072 - 4095 C00 - FFF
4 : 4096 - 5119 1000 - 13FF
5 : 5120 - 6143 1400 - 17FF
6 : 6144 - 7167 1800 - 1BFF
7 : 7168 - 8191 1C00 - 1FFF
d) 虛擬位址 0x1553 被轉換成實體位址 0x553
13
101 0101010011
頁 5
12
01 0101010011
框 1
e) 虛擬位址 0x802 被轉換成實體位址 0x002
010 0000000010
頁 2
00 0000000010
框 0
f) 虛擬位址 0x1004
100 0000000100
頁錯誤

圖 6.23 使用頁處理的大記憶體的例子

頁表

頁	框	有效
0000	00000	1
…	…	…
00111	0A121	1
00112	3F00F	1
00113	2AC11	1
…	…	…

圖 6.24 虛擬位址 0x0011232A 的格式

圖 6.25 實體位址 0x3F00F32A 的格式

元。若在頁表中查詢虛擬頁 00112，可知其有效且對映至框編號 3F00F，將 3F00F 代入框欄位，則得實體位址 11 1111 0000 0000 1111_2 = 0x3F00F32A，如圖 6.25 所示。

另外一提，選擇恰當的頁大小非常困難。較大的頁使頁表變小並節省其占用的主記憶體空間；不過過大的頁又會使內部破碎惡化。較大的頁也會因為每次傳遞的資料量較多而用到少些次數的由碟片至主記憶體的資料傳遞。不過頁太大時區域性開始變弱，可能導致傳遞不會用到的資料而浪費了資源。

6.5.2 使用頁處理的有效存取時間

研讀快取時，曾經介紹了有效存取時間這個觀念。在使用虛擬記憶體時也需要考慮 EAT。虛擬記憶體會導致時間上的懲罰（按：指額外消耗）：對處理器發出的每一次記憶體存取，現在都必須經過兩次實體記憶體的存取——一次是查詢頁表以及一次存取真正需要的資料。這如何影響有效存取時間甚為明顯：設主記憶體存取需時 200ns 且頁錯誤率是 1%（亦即 99% 的情形所需的頁會存在主記憶體中）；又設存取不在主記憶體中的頁需時 10ms（該 10ms 的時間包括將頁傳送入主記憶體、更新頁表並完成處理器存取資料所需的時間）。

虛擬頁編號	實體頁編號
-	-
5	1
2	0
-	-
-	-
1	3
6	2

圖 6.26 圖 6.23 的 TLB 的目前狀態

因此有效存取時間成為：

$$EAT = .99(200ns + 200ns) + .01(10ms) = 100{,}396ns$$

即便所有頁都 100% 存在主記憶體中，有效存取時間也會是：

$$EAT = 1.00(200ns + 200ns) = 400ns,$$

亦即是主記憶體存取時間的兩倍。存取頁表時由於頁表本身儲存於主記憶體中，所以會耗費額外的記憶體存取。

頁表的查詢可經由將最近查看過的頁資訊儲存在稱為**轉譯側查緩衝器** (translation look-aside buffer, TLB) 的頁表快取中來改善。TLB 中每一項次包含一虛擬頁碼與對應的頁框碼。圖 6.26 表示的是範例 6.10 中頁表的 TLB 的一種可能狀態。

TLB 一般以關聯式快取作成，因此任何一組虛擬頁／頁框都可對映到 TLB 中任何位置。以下是使用 TLB 時位址轉換所需採取的步驟（參見圖 6.27）：

1. 由虛擬位址中抽出頁碼。
2. 由虛擬位址中抽出位移值。
3. 在 TLB 中以平行搜尋方式尋找虛擬頁是否存在。
4. 若＜虛擬頁 #、頁框 #＞組存在 TLB 中，將位移值加在實體頁框碼之後，存取該記憶體位置。
5. 若產生 TLB 錯失，則由頁表尋找所需的框編號。若頁處於記憶體中，則以對應的框編號並加上位移值來表示實體位址。
6. 若頁不處於記憶體中，發出頁錯誤並在頁錯誤處理完成後重新作存取。

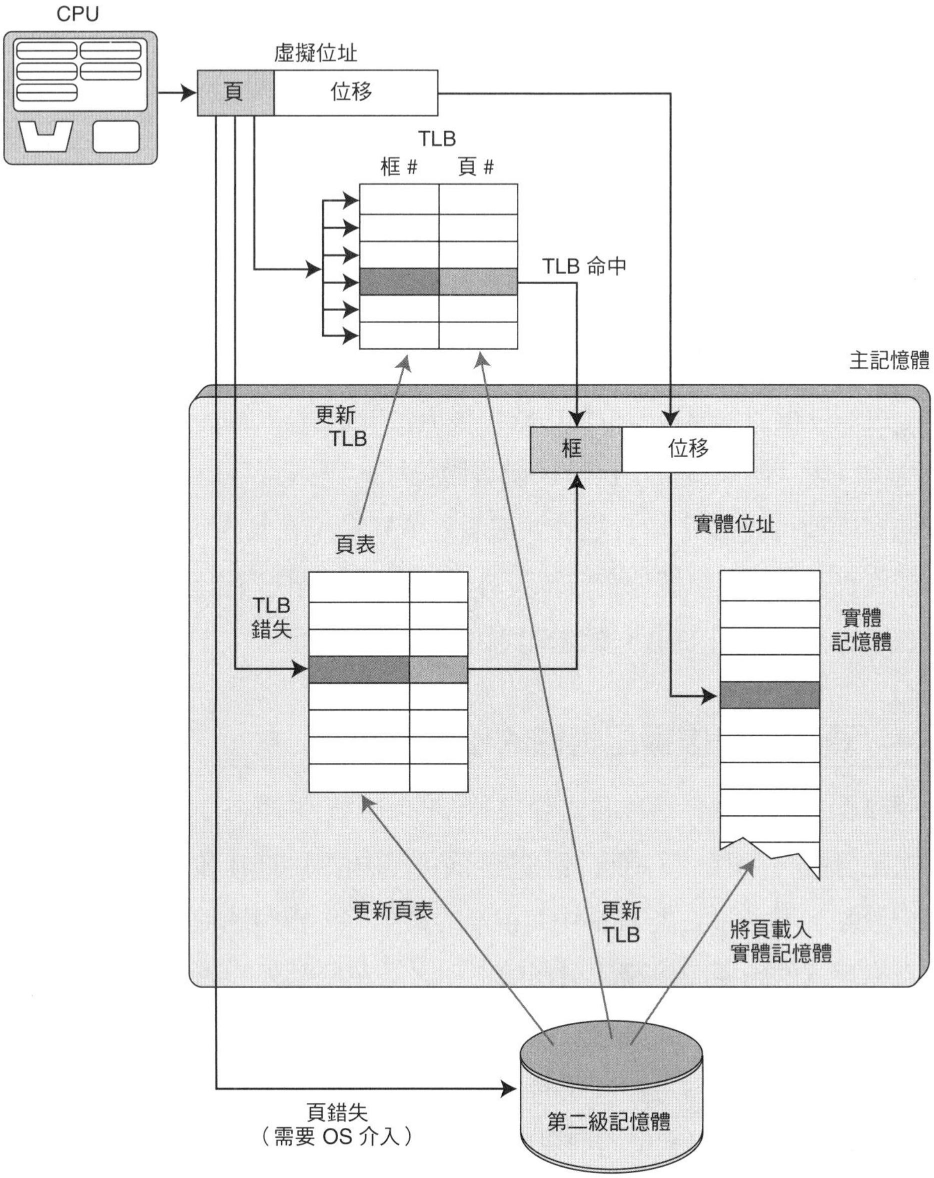

圖 6.27 使用 TLB

6.4 節中介紹了快取記憶體。在頁處理的討論中，又介紹了另一類的快取——快取（按：英文快取有妥善存放或藏匿之意）頁表中項次的 TLB。TLB 採用關聯式對映。如同 L1 快取的應用情形般，計算機常常使用兩個個別的 TLBs——一個用於指令與另一個用於數據。

6.5.3 綜合整理：使用快取、TLBs 與頁處理

由於 TLB 基本上就是快取，同時面對所有這些相關的觀念可能令人困惑。完整檢視整個記憶體存取的過程有助於掌握整體概念。當 CPU 產生一個位址時，這個位址是程式所認為的位址，或稱虛擬位址。這個虛擬位址必須轉換成實體位置之後才能用來取得數據。有兩種途徑可以做到這件事：(1) 在 TLB 的這些最近保存下來的＜頁、框＞組中搜尋對應的框編號；或 (2) 若發生 TLB 錯失，則由頁表找出對應的主記憶體中的框編號（一般情形是 TLB 也在此時作更新）。這個框編號會與虛擬位址中的位移值合併成實體位址。

到了這個時候虛擬位址已轉換成實體位址，不過資料還沒有被存取。存取資料時有兩種可能情況：(1) 搜尋快取看看資料在不在其中；或 (2) 在快取錯失時，前往真正的主記憶體位置取得資料（一般情形是快取也在此時作更新）。

圖 6.28 表示使用 TLB、頁處理與快取的處理過程。

6.5.4 頁處理與虛擬記憶體的優點與缺點

6.5.2 節討論了為什麼以頁處理來製作的虛擬記憶體在存取數據時需要多耗費一次記憶體的存取。這項時間上的懲罰可經由使用 TLB 作為頁表內容的快取來部分減輕。不過即使在 TLB 中有很高的命中率，轉換過程還是會造成額外負擔。頁處理式的虛擬記憶體的另一項不利之處在於額外的資源使用（儲存頁表所需的額外記憶體）。在（程式非常大的）極端情況下，頁表可能占用實體記憶體中相當的部分。對這個問題的一種解法是也對頁表作頁處理，這可能的確很令人困惑！而且虛擬記憶體與頁處理也需要特殊硬體與作業系統的支援。

使用虛擬記憶體的優點必須要大於這些缺點才會對計算機系統有用。不過虛擬記憶體與頁處理的優勢有哪些？很明顯地：程式不再受限於可使用的實體記憶體大小。虛擬記憶體讓我們可以執行虛擬記憶體空間大於實體記憶體的程式（也就是說，一個程序可以使用大於實體記憶體的程式記憶體空間）。這件事使得編程時程式師不再需要擔憂實體位址空間的限制而容易得多。由於每個程式在執行時可以少用實體記憶體，虛擬記憶體也使得可以同時執行的程式數

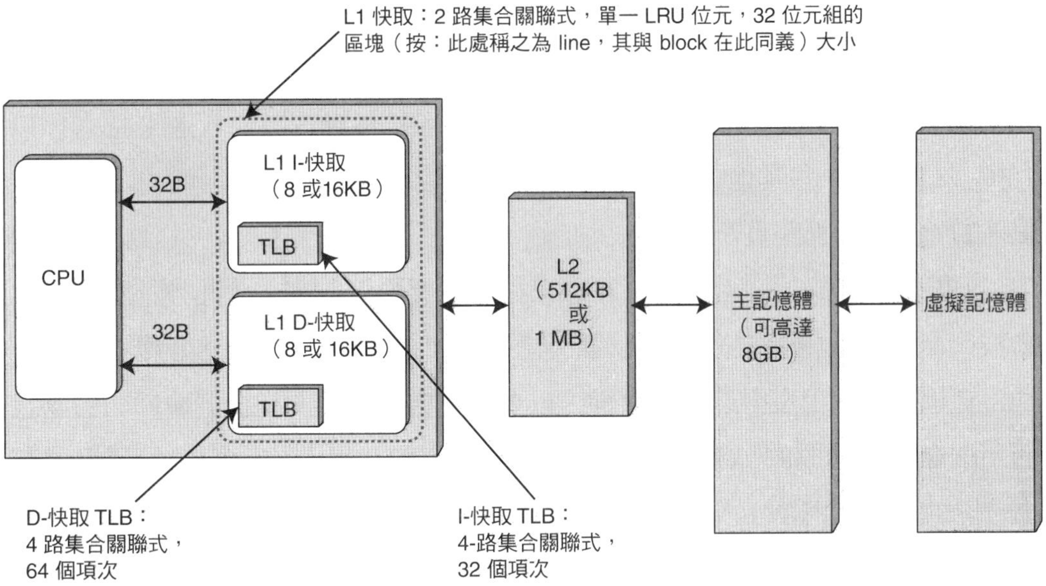

圖 6.29 Pentium 的記憶體階層

本章總結

記憶體組織成一個階層，其中較大的記憶體價格較低但較慢，而較小的記憶體較快但較貴。在典型記憶體階層中，有快取、主記憶體與次級記憶體（通常是硬碟機）。區域性原則有助於利用不同記憶體的特性差異來形成這種階層，以給予程式師一個很快又很大的記憶體的觀感，而不必關心資料如何在這樣的階層中各層級間傳遞的細節。

快取是保存最近用到的主記憶體中的區塊的緩衝器，且位置靠近 CPU。記憶體階層的一個目的是讓處理器得到非常接近快取存取時間的有效存取時間。能否達成這個目的與執行中程式的行為特性、快取的大小與構造以及快取的置換原則都有關。處理器的存取在快取中得以完成的敬稱為快取命中；若是無法在快取中找到，則稱為快取錯失。錯失時所需的數據則由主記憶體擷取，並且是包含該數據的整個區塊都載入快取中。合併式的快取存放數據與指令兩者，而哈佛式的快取採用個別的快取分別存放數據與指令。多層的快取階層也用於提升快取效能。

快取的構造會使得在其中搜尋記憶體位址的方法不同。快取可以有不同的構造：直接對映、全關聯式或集合關聯式。直接對映的快取不需考慮置換演算法；而全關聯式與集合關聯式可在快取滿了且又有新區塊要放進來時選擇以 FIFO、LRU 或一些其他置換方式來決定要移除以騰出空間的區塊。LRU 提供很好的效果但是很難實作出來。

記憶體階層的另一目的是以硬碟來擴充主記憶體的容量，此亦稱虛擬記憶體技術。虛擬記憶體讓我們得以執行虛擬位址空間大於實體記憶體容量的程式。它也讓多個程序得以同時執行。以頁處理方式製作的虛擬記憶體的劣勢包括（儲存頁表造成的）額外資源消耗，與（存取頁表造成的）額外記憶體存取，除非能夠使用 TLB 來暫時存放最近用到的虛擬／實體位址組。虛擬記憶體也帶來將虛擬位址轉換成實體位址的時間消耗以及在所需的頁存在碟片上而非主記憶體中時處理頁錯誤的時間消耗。虛擬記憶體與主記憶體間的關係類似於主記憶體與快取間的關係。由於這種相似性，快取記憶體與 TLB 的觀念往往混淆在一起。實際上 TLB 也是一個快取。你一定要瞭解虛擬位址一定要先被轉換成實體位址才能進行其他事情，而這正是 TLB 的工作。雖然快取與分頁的記憶體看起來很像，二者目的並不相同：快取的目的是改善存取主記憶體的有效存取時間，而頁處理的目的是擴充主記憶體的容量。

進一步閱讀

Mano (2007) 中有對於 RAM 很好的說明。Stallings (2013) 也有很好的 RAM 的說明。Hamacher、Vranesic 與 Zaky (2002) 中有豐富的快取的討論。要取得虛擬記憶體的廣泛資訊則可參考 Stallings (2012)、Tanenbaum (2013) 或 Tanenbaum 與 Woodhull (2006)。對於一般性記憶體管理的更多資訊，可試試 Flynn 與 McHoes (2010)、Stallings (2013)、Tanenbaum 與 Woodhull (2006) 或 Silberschatz、Galvin 與 Gagne (2013)。Hennessy 與 Patterson (2012) 討論了判斷快取效能的議題。由 www.kingston.com/tools/umg 可取得記憶體技術的線上教

材。George Mason University 也有一些計算機相關主題的練習。虛擬記憶體相關的練習則位於 cs.gmu.edu/cne/workbenches/vmemory.html。

參考資料

Flynn, I. M., & McHoes, A. M. *Understanding Operating Systems*, 6th ed. Boston, MA: Thomson Course Technology, 2010.

Hamacher, V. C., Vranesic, Z. G., & Zaky, S. G. *Computer Organization*, 5th ed. New York: McGraw-Hill, 2002.

Hennessy, J. L., & Patterson, D. A. *Computer Architecture: A Quantitative Approach*, 5th ed. San Francisco: Morgan Kaufmann, 2012.

Mano, M. *Digital Design*, 4th ed. Upper Saddle River, NJ: Prentice Hall, 2007.

Silberschatz, A., Galvin, P., & Gagne, G. *Operating System Concepts*, 9th ed. New York, NY: John Wiley & Sons, 2013.

Stallings, W. *Computer Organization and Architecture*, 9th ed. Upper Saddle River, NJ: Prentice Hall, 2013.

Stallings, W. *Operating Systems*, 7th ed. Upper Saddle River, NJ: Prentice Hall, 2012.

Tanenbaum, A. *Structured Computer Organization*, 6th ed. Englewood Cliffs, NJ: Prentice Hall, 2013.

Tanenbaum, A., & Woodhull, S. *Operating Systems, Design and Implementation*, 3rd ed. Englewood Cliffs, NJ: Prentice Hall, 2006.

必要名詞與概念的檢視

1. SRAM 與 DRAM 何者較快？
2. 以 DRAM 來構成主記憶體有什麼好處？
3. 舉出三種經常會用到 ROMs 的不同應用。
4. 說明記憶體階層的觀念。為什麼作者們選擇以金字塔形狀來表示它？
5. 說明存取區域性的觀念，並敘述它對記憶體系統的重要性。
6. 區域性的三種形式是哪些？

7. 舉出快取這個觀念的兩個非計算機方面的例證。
8. L1 與 L2 快取何者較快？何者較小？為何其較小？
9. 快取由它的＿＿＿＿＿作存取，而主記憶體由它的＿＿＿＿＿作存取。
10. 直接對映式快取中，記憶體位址被劃分成哪三個欄位？它們如何用於存取快取中的位置？
11. 關聯式記憶體與一般記憶體有何不同？哪一種的線路較複雜以及為什麼？
12. 說明全關聯式快取與直接對映式快取的差異。
13. 說明集合關聯式快取如何結合了直接對映式與全關聯式快取的作法。
14. 直接對映式快取是集合關聯式快取在集合的大小為 1 時的特例。因此全關聯式快取也是集合關聯式快取在集合的大小為＿＿＿＿＿時的特例。
15. 集合關聯式對映快取中，記憶體位址被劃分成哪三個欄位？它們如何用於存取快取中的位置？
16. 說明本章中介紹的四種快取置換原則。
17. 最佳快取置換原則為何重要？
18. 使用 LRU 與 FIFO 快取置換原則時可能發生的快取行為最糟狀況是什麼？
19. 準確地說，有效存取時間 (EAT) 是什麼？
20. 說明如何推導有效存取時間計算式。
21. 什麼情況下使用快取的表現會不好？
22. 污染了的區塊是什麼？
23. 說明兩個快取寫入原則的優勢與劣勢。
24. 說明合併式快取與哈佛式快取的差異。
25. 哈佛式快取的優勢是什麼？
26. 系統為何要使用犧牲快取？為何要使用軌跡快取？
27. 說明 L1、L2 與 L3 快取間的不同。
28. 說明包含式 (inclusive) 與互斥式 (exclusive) 快取間的不同。
29. 非阻斷式快取的優勢是什麼？
30. 虛擬記憶體位址與實體記憶體位址間的差異是什麼？哪一種位址空間較大？為什麼？

31. 頁處理的目的是什麼？

32. 討論頁處理的優劣。

33. 頁錯失是什麼意思？

34. 內部破碎是怎麼造成的？

35. 虛擬位址中包含哪些部分（欄位）？

36. TLB 是什麼，它又如何改善 EAT ？

37. 虛擬記憶體有什麼優劣？

38. 系統在什麼情況下需要以頁處理來處理它的頁表？

39. 外部破碎是怎麼造成的，又該如何因應？

習題

◆**1.** 設採用直接對映式快取的計算機具有容量為 2^{20} 個位元組的以位元組定址的主記憶體以及 32 個區塊的快取，每個快取區塊內含 16 個位元組。

a) 主記憶體中有多少個區塊？

b) 快取所見的記憶體位址格式為何？也就是標籤、區塊與位移的欄位大小各若干？

c) 記憶體位址 0x0DB63 會對映到哪個快取區塊？

2. 設採用直接對映式快取的計算機具有容量為 2^{32} 個位元組的以位元組定址的主記憶體以及 1024 個區塊的快取，每個快取區塊內含 32 個位元組。

a) 主記憶體中有多少個區塊？

b) 快取所見的記憶體位址格式為何？也就是標籤、區塊與位移的欄位大小各若干？

c) 記憶體位址 0x000063FA 會對映到哪個快取區塊？

3. 設採用直接對映式快取的計算機具有容量為 2^{32} 個位元組的以位元組定址的主記憶體以及 512 個位元組的快取，每個快取區塊內含 64 個位元組。

a) 主記憶體中有多少個區塊？

b) 快取所見的記憶體位址格式為何？也就是標籤、區塊與位移的欄位大小各若干？

c) 記憶體位址 0x13A4498A 會對映到哪個快取區塊？

◆**4.** 設採用全關聯式快取的計算機具有容量為 2^{16} 個位元組的以位元組定址的主記憶體以及 64 個區塊的快取，每個快取區塊內含 32 個位元組。

a) 主記憶體中有多少個區塊？

b) 快取所見的記憶體位址格式為何？也就是標籤與位移的欄位大小各若干？

c) 記憶體位址 0xF8C9 會對映到哪個快取區塊？

5. 設採用全關聯式快取的計算機具有容量為 2^{24} 個位元組的以位元組定址的主記憶體以及 128 個區塊的快取，每個快取區塊內含 64 個位元組。

a) 主記憶體中有多少個區塊？

b) 快取所見的記憶體位址格式為何？也就是標籤與位移的欄位大小各若干？

c) 記憶體位址 0x01D872 會對映到哪個快取區塊？

◆**6.** 設系統中記憶體的容量是 128MB。區塊大小是 64 個位元組，且快取中有 32K 個區塊。若快取是 2 路集合關聯式且系統以位元組定址，表示主記憶體位址的格式。確實標示各欄位及其大小。

7. 某 2 路集合關聯式快取內有 4 個集合。主記憶體中有 2K 個大小是 8 個位元組的區塊且以位元組定址。

a) 表示主記憶體位址在用於快取時的格式。確實標示各欄位及其大小。

b) 計算由位址 0x8 至 0x33 並反覆 3 次的程式的命中率。可將命中率以分數表示。

8. 設採用集合關聯式快取的以位元組定址的計算機具有 2^{16} 個位元組的主記憶體與 32 個區塊的快取，且每個快取區塊內含 8 個位元組。

a) 若快取是 2 路集合關聯式，則快取所見的記憶體位址格式為何？也就是標籤、區塊與位移的欄位大小各若干？

b) 若快取是 4 路集合關聯式，則快取所見的記憶體位址格式為何？也就是標籤、區塊與位移的欄位大小各若干？

9. 設採用集合關聯式快取的以位元組定址的計算機具有 2^{21} 個位元組的主記憶體與 64 個區塊的快取，且每個快取區塊內含 4 個位元組。

a) 若快取是 2 路集合關聯式，則快取所見的記憶體位址格式為何？也就是標籤、區塊與位移的欄位大小各若干？

b) 若快取是 4 路集合關聯式，則快取所見的記憶體位址格式為何？也就是標籤、區塊與位移的欄位大小各若干？

***10.** 設有記憶體位址對應的字組大小是 8 位元的計算機。該計算機具有 16 位元組、區塊大小是 4 位元組的快取。計算機於執行程式的過程存取了一些記憶體位置。

設該計算機採用直接對映式快取。快取所見的記憶體位址格式如下：

標籤 4 位元	區塊 2 位元	位移 2 位元

系統依照以下次序存取記憶體位址：0x6E、0xB9、0x17、0xE0、0x4E、0x4F、0x50、0x91、0xA8、0xA9、0xAB、0xAD、0x93 與 0x94。最先四次存取的記憶體位址已被載入下列的快取區塊中（標籤的內容以二進形式表現，而快取的「內容」則不過是以位址存於該位置中）。

	標籤內容	快取內容（以位址表示）
區塊 0	1110	0xE0
		0xE1
		0xE2
		0xE3

	標籤內容	快取內容（以位址表示）
區塊 1	0001	0x14
		0x15
		0x16
		0x17

	標籤內容	快取內容（以位址表示）
區塊 2	1011	0xB8
		0xB9
		0xBA
		0xBB

	標籤內容	快取內容（以位址表示）
區塊 3	0110	0x6C
		0x6D
		0x6E
		0x6F

a) 若前四次存取都是錯失，上述整個記憶體存取序列的命中率是多少？

b) 在最後一個位址存取之後，哪些記憶體區塊會存在快取中？

11. 對於容量 256 位元組的以位元組定址的記憶體，假設記憶體傾印的結果如下。各記憶體位置的位址以列與行的位置表示。例如，記憶體位置 0x97 位於第 9 列、第 7 行處，存放的值是十六進的 43；記憶體位置 0xA3 存放的值是十六進的 58。

	0	1	2	3	4	5	6	7	8	9	A	B	C	D	E	F
0	DC	D5	9C	77	C1	99	90	AC	33	D1	37	74	B5	82	38	E0
1	49	E2	23	FD	D0	A6	98	BB	DE	9A	9E	EB	04	AA	86	E5
2	3A	14	F3	59	5C	41	B2	6D	18	3C	9D	1F	2F	78	44	1E
3	4E	B7	29	E7	87	3D	B8	E1	EF	C5	CE	BF	93	CB	39	7F
4	6B	69	02	56	7E	DA	2A	76	89	20	85	88	72	92	E9	5B
5	B9	16	A8	FA	AE	68	21	25	34	24	B6	48	17	83	75	0A
6	40	2B	C4	1D	08	03	0E	0B	B4	C2	53	FB	E3	8C	0C	9B
7	31	AF	30	9F	A4	FE	09	60	4F	D7	D9	97	2E	6C	94	BC
8	CD	80	64	B3	8D	81	A7	DB	F1	BA	66	BE	11	1A	A1	D2
9	61	28	5D	D4	4A	10	A2	43	CC	07	7D	5A	C0	D3	CF	67
A	52	57	A3	58	55	0F	E8	F6	91	F0	C3	19	F9	BD	8B	47
B	26	51	1C	C6	3B	ED	7B	EE	95	12	7C	DF	B1	4D	EC	42
C	22	0D	F5	2C	62	B0	5E	DD	8E	96	A0	C8	27	3E	EA	01
D	50	35	A9	4C	6A	00	8A	D6	5F	7A	FF	71	13	F4	F8	46
E	1B	4B	70	84	6E	F7	63	3F	CA	45	65	73	79	C9	FC	A5
F	AB	E6	2D	54	E4	8F	36	6F	C7	05	D8	F2	AD	15	32	06

做出上述記憶體傾印的系統具有 4 區塊大，每區塊內含 8 個位元組的快取。設有下列的一序列記憶體位址發出：0x2C、0x6D、0x86、0x29、0xA5、0x82、0xA7、0x68、0x80 與 0x2B。

a) 主記憶體中有多少個區塊？

b) 設採用直接對映式快取：

- **i.** 在主記憶體位址中以標示欄位及其大小的方式表示快取所見的格式
- **ii.** 繪製快取並表示上述 10 個記憶體存取之後其中的內容與標籤
- **iii.** 該快取對上述記憶體存取的命中率為何？

c) 設採用全關聯式快取：

- **i.** 在主記憶體位址中以標示欄位及其大小的方式表示快取所見的格式
- **ii.** 設快取中所有區塊開始時是空的，區塊在載入時會使用第一個可用的快取位置，且快取採用先進先出置換原則。上述 10 個記憶體存取之後快取中的內容與標籤為何？

iii. 該快取對上述記憶體存取的命中率為何？

d) 設採用 2 路集合關聯式快取：

i. 在主記憶體位址中以標示欄位及其大小的方式表示快取所見的格式

ii. 上述 10 個記憶體存取之後快取中的內容與標籤為何？（按：建議仍然設快取中所有區塊開始時是空的，區塊在載入時會使用第一個可用的快取位置，且快取採用先進先出置換原則，並可嘗試其他置換方式。）

iii. 該快取對上述記憶體存取的命中率為何？

iv. 若快取在命中時可於 5ns 取得數據，而由記憶體取得數據需時 25ns。假設所有記憶體存取都表現出與上述 10 個存取相同的命中率，且假設系統採用非重疊的（循序的）存取策略，則快取的平均有效存取時間為何？

12. 一直接對映式快取含有 8 個區塊。以位元組定址的主記憶體中有 4 個大小為 8 位元組的區塊。快取的存取時間是 22ns，且由主記憶體將區塊送進快取共需時 300ns（包含判斷快取錯失與將之置入快取的時間）。設存取時會平行地搜尋快取與存取主記憶體（因此若快取中找不到，不需在記憶體存取以外多耗費時間）。若區塊不在快取中，所需區塊會完整地載入快取，之後重啟快取存取。一開始時快取是空的。

a) 表示主記憶體位址對映至快取時使用的位址格式；標示所需的欄位及其大小

b) 計算在記憶體中從位址 0x0 至 0x43 反覆存取 4 次的程式的命中率

c) 計算上述程式的有效存取時間

13. 設有採用 24 位元位址、以位元組定址、具有容量為 64KB、區塊大小是 32 位元組的快取的計算機。對下述快取結構分別表示快取所見的 24 位元記憶體位址格式：

a) 直接對映式

b) 全關聯式

c) 4 路集合關聯式

***14.** 設有以位元組定址、使用 4 路集合關聯式快取、具有 2^{16} 個字組（字組大小是 32 個位元）的主記憶體、快取含有 32 個 4 字組大小的區塊的計算機。表示該機器快取所見的主記憶體位址格式。（提示：由於該架構是以位元組定址，且位址的數量，亦即其所需的位元數量，對判斷位址格式非常關鍵，因此必須將所有資訊依位元組方式表示。）

15. 設有容量 4096 位元組、區塊大小 16 位元組的直接對映式快取。若位址長 32 位元組且快取開始時為空，完成下表。（答案應以十六進數字表示。）若各個位址依所示次序存取，哪些存取會造成衝突（使才被寫入的區塊又被強制覆蓋掉）？

位址	標籤	快取中位置（區塊）	區塊中位移
0x0FF0FABA			
0x00000011			
0x0FFFFFFE			
0x23456719			
0xCAFEBABE			

16. 假設快取是 16 路集合關聯式，重作習題 15。

位址	標籤	快取中位置（區塊）	區塊中位移
0x0FF0FABA			
0x00000011			
0x0FFFFFFE			
0x23456719			
0xCAFEBABE			

17. 設某程序的頁表內含如下的項次。使用圖 6.18 中的格式，指出程序的各頁位於主記憶體中何處。

框	有效位元
1	1
-	0
0	1
3	1
-	0
-	0
2	1
-	0

◆**18.** 設某程序的頁表內含如下的項次。使用圖 6.18 中的格式，指出程序的各頁位於主記憶體中何處。

框	有效位元
-	0
3	1
-	0
-	0
2	1
0	1
-	0
1	1

19. 設有以位元組定址的虛擬記憶體系統具有八個大小 64 位元組的虛擬頁，與四個頁框。設頁表如下所示，回答下列問題：

頁 #	框 #	有效位元
0	1	1
1	3	0
2	-	0
3	0	1
4	2	1
5	-	0
6	-	0
7	-	0

a) 虛擬位址中的位元數若干？

b) 實體位址中的位元數若干？

c) 對應於下列各虛擬位址的實體位址分別為何？（若位址造成頁錯誤，直接指出之即可。）

i. 0x0

ii. 0x44

iii. 0xC2

iv. 0x80

20. 設有虛擬記憶體 2^{10} 位元組與實體主記憶體 2^{8} 位元組。頁大小是 2^{4} 位元組。

a) 虛擬記憶體中有多少頁？

b) 主記憶體中有多少頁框？

c) 使用所有虛擬記憶體空間的程序其頁表中有多少項次？

***21.** 程序 P 有一以位元組定址的具有 2 項次的 TLB 的虛擬記憶體系統、一 2 路集合關聯式快取，以及一頁表。設快取區塊大小是 8 位元組、頁大小是 16 位元組。在下列系統中，主記憶體分成以字母代表的各個區塊。兩個區塊形成一個頁框。

頁	框
0	3
4	1

TLB

	標籤	數據	標籤	數據
集合 0	00	C	01	I
集合 1	00	D	10	H

快取

	框	有效
0	3	1
1	0	1
2	-	0
3	2	1
4	1	1
5	-	0
6	-	0
7	-	0

頁表

框		區塊
0	C	0
	D	1
1	I	2
	J	3
2	G	4
	H	5
3	A	6
	B	7

主記憶體程序

頁		區塊
0	A	0
	B	1
1	C	2
	D	3
2	E	4
	F	5
3	G	6
	H	7
4	I	8
	J	9
5	K	10
	L	11
6	M	12
	N	13
7	O	14
	P	15

P的虛擬記憶體

已知系統狀態如上，回答下述問題：

a) 程序 P 的虛擬位址中的位元數若干？並說明之

b) 實體位址中的位元數若干？並說明之

c) 表示虛擬位址 0x12 在系統將之轉換為實體位址時使用的位址格式（指出各欄位的名稱與大小），並將之轉換成對應的實體位址（提示：將位址以二進形式表示且將之劃分成恰當的欄位）說明這些欄位如何用於轉換至對應的實體位址

d) 已知虛擬位址 0x06 會轉換成實體位址 0x36。對實體位址表示其用以決定對應的快取位置時使用的格式（指出各欄位的名稱與大小）。說明如何經由這樣的格式決定實體位址 0x36 會對應到快取中的哪個位置（提示：將 0x36 以二進形式表示，然後再劃分成適當欄位）

e) 已知虛擬位址 0x19 位於虛擬頁 1 的位移 9 處。說明這個位址如何轉譯成它的實體位址、以及數據如何存取。在說明中應包含如何使用 TLB、頁表、快取與記憶體

22. 一虛擬記憶體系統具有一個 TLB、一個快取與一個頁表。假設：

- TLB 命中需時 5ns
- 快取命中需時 12ns
- 主記憶體存取需時 25ns
- 碟片存取需時 200ms（包括更新頁表、快取與 TLB）
- TLB 命中率是 90%
- 快取命中率是 98%
- 頁錯誤率是 .001%
- TLB 或快取錯失時，存取所需的時間包括 TLB 與／或快取更新，不過存取並不會重新開始
- 頁錯失時，頁由碟片中取得、執行所有的更新、不過存取會重新開始
- 所有存取都循序地發生（不重疊、沒有平行的動作）

分別指出下列各種情形是否可能。若可能，說明存取所需數據耗費的時間。

a) TLB 命中、快取命中

b) TLB 錯失、頁表命中、快取命中

c) TLB 錯失、頁表命中、快取錯失

d) TLB 錯失、頁表錯失、快取命中

e) TLB 錯失、頁表錯失

寫出計算有效存取時間的計算式。

23. TLB 錯失是否一定表示相關的頁不在主記憶體中？並說明之。

24. 某系統以單層頁表的方式為每一個程序製作頁處理型式的虛擬位址空間。虛擬位址空間的最大容量是 16MB。正在執行中的程序其頁表包含以下有效項次（→號表示虛擬頁對映至某頁框；亦即其正位於該頁框中）：

虛擬頁 2 → 頁框 4　　虛擬頁 4 → 頁框 9

虛擬頁 1 → 頁框 2　　虛擬頁 3 → 頁框 16

虛擬頁 0 → 頁框 1

頁大小是 1024 個位元組且機器的最大實體記憶體大小是 2MB。

a) 虛擬位址中需要有多少個位元？

b) 實體位址中需要有多少個位元？

c) 頁表中的項次最多可達若干？

d) 虛擬位址 0x5F4 會轉換成什麼實體位址？

e) 什麼虛擬位址會轉換成實體位址 0x400 ？

25. a) 若你是試圖使你的系統愈有價格競爭力愈好的計算機生產者，你會為它的記憶體階層採用哪些特性與何種組織？

b) 若你是試圖由系統得到最佳效能的計算機採購者，你會希望在它的記憶體階層中具有哪些特性？

***26.** 思考具有多個處理器的系統，每個處理器擁有自己的快取，然而所有處理器共用主記憶體。

a) 你會採用哪種寫入原則？

b) **快取一致性問題** (cache coherence problem)。關於上述系統，若某處理器在其快取中有 A 的數據，而另一同樣在其快取中有 A 數據的處理器稍後對主記憶體的區塊 A 作變更，會造成哪些問題？你能想出一個（或更多）能夠預防這種情形或至少降低其影響的方法嗎？

*27. 任選一個（本章未曾討論過）的特定架構。如同我們對 Intel 的 Pentium 討論時所作的介紹般，研究你的架構如何因應本章中介紹過的各種概念。

28. 身為程式師，指出可以提升快取效能的兩種方法。

29. 尋找一份特定廠商的記憶體規格書，指出其記憶體存取時間、快取存取時間與快取命中率（以及廠商提供的任何其他數據）。

第七章

輸入／輸出與儲存系統

誰是那位失敗將軍 [General Failure，general (failure) 也有「總是、大概都會（出錯）」的涵義]，他又為什麼在讀我的碟片？

——佚名

7.1 緒論

人們往往認為計算機在作為資訊儲存與檢索的工具比作為計算工具更為有用。的確，但如果沒有將數據放入計算機以及從計算機取出資訊的方法，則 CPU 與記憶體也沒有什麼用處了，而要與這些組件互動則唯有透過連接在它們上面的 I/O 裝置。

例如在個人系統中，鍵盤與滑鼠是主要的使用者輸入裝置。標準的顯示器是將結果呈現給使用者且僅能輸出的裝置。雖然大部分印表機能提供連接於其上的主系統裝置本身狀態的資訊，它們仍應歸類於僅能輸出的裝置。碟片機由於數據可以寫入以及讀出而稱為輸出入裝置。I/O 裝置也可與主系統交換控制與狀態資訊。I/O 這個詞一般可用作形容詞或名詞：計算機有 I/O 裝置連接於其上，而欲獲得良好效能，應盡量降低碟片的 I/O 動作。

在研讀本章後，你將瞭解輸入、輸出與 I/O 裝置如何與它們的主系統互動的細節，以及各種控制 I/O 的方法。我們也討論高容量儲存裝置與將它們用於大型計算機系統中的一些方法。企業等級的儲存系統採用許多於本章中介紹的想法，不過它們也需要使用到數據網路的基礎架構。因此我們會等到第十三章再來討論儲存系統。

7.2 I/O 與效能

我們希望我們的計算機系統能夠有效率地儲存與檢索數據，並能快速地完成給予的命令。如果處理的時間比使用者的「思考時間」還長，我們會抱怨計算機「好慢」。有時這種緩慢會造成以金錢衡量的嚴重產能衝擊。這個問題的根本原因往往並非來自處理器或記憶體，而是系統如何處理它的輸入與輸出 (I/O)。

I/O 不僅止於檔案儲存與檢索；表現不佳的 I/O 系統會產生連帶效應，拖累整個計算機系統。前一章中曾說明虛擬記憶體，亦即系統如何將記憶體區塊分頁至碟片中來騰出主記憶體空間給更多使用者程序使用。如果碟片系統遲緩，程序執行會變慢，導致 CPU 與碟片的工作貯列都積壓更多工作。單純的解法是在系統中投入更多資源：買更多記憶體；買更快的處理器。如果用很嚴苛的方式，也可以單純地限制並行程序的數目。

這些對策即便不稱之為不負責任，也很浪費。如果真正瞭解計算機系統中運作的情形，就可以對既有資源作最佳運用，而只有在絕對需要的時候才增購那些昂貴的資源。有很多工具可用於判斷提升效能最有效的方法，安朵定律 (Amdahl's) 就是其中之一。

7.3 安朵定律

每當某個微處理器公司宣布它最新與最偉大的 CPU 的時候，全世界的頭條新聞都競相報導這項最新的科技飛躍進步。全世界的計算機擁護者也會認為這樣的進步值得讚佩與大肆宣揚。但是當類似的進步發生在 I/O 技術上時，報導通常只會出現在名氣不大的商業雜誌中很後面的譬如第 29 頁上。在媒體渲染的光芒下，很容易讓人忽略了計算機系統整體性的本質。某個部件 40% 的加速當然不會使整個系統加速 40%，即便媒體作了這種違反事實的暗示。

在 1967 年，Gene Amdahl 體認到所有組件對計算機整體效率間都存在相關性。他將觀察所得以公式量化，提出我們現在所知的安朵定律。本質上，安朵定律敘述：計算機系統的整體加速 (speed up) 需視特定組件提供的加速以及這個組件能夠用在系統中多少比例而定。以符號表示：

$$S = \frac{1}{(1-f) + f/k}$$

其中

S 是整體系統加速；

f 是加快的組件所處理工作的占比；與

k 是新組件的加速性。

例如你的大部分日間工作項目中 CPU 執行占了 70% 的時間、另有 30% 的時間花在磁碟機的運作上。另假設有人試圖賣給你快上 50%、索價 \$10,000 的處理器陣列升級方案。一天前還有人致電推銷一組 \$7,000 的磁碟機；這些新磁碟保證比你的原有磁碟快上 150%。你瞭解系統效能已經不足，必須有所行動。你應選擇何者以得到最少開銷下的最佳效能改善？（按：原文文字不妥；應是問何者有較佳成本效能比。）

對更新處理器這個選項，可知：

$$f = .70,\ k = 1.5\text{，因此 } S = \frac{1}{(1 - 0.7) + 0.7 / 5} = 1.30$$

為了取得新處理器的 \$10,000 的花費可換來 1.3 倍的整體加速，或 30% 的改善。

對更新磁碟機這個選項，可知：

$$f = .30,\ k = 2.5\text{，因此 } S = \frac{1}{(1 - 0.3) + 0.3 / 2.5} \approx 1.22$$

為了取得新磁碟機的 \$7,000 的花費可換來 1.22 倍的整體加速，或 22% 的改善。

所有條件都相當，這是一個差異很小的選擇：由處理器升級換來的每 1% 效能增進的成本是 \$333。由磁碟機升級換來的每 1% 效能增進的成本是 \$318。所以僅僅根據花費換來的效能提升的話，磁碟機升級是略勝一籌的選擇。當然，其他因素也會影響你的決定。例如，如果磁碟機已經該換或是空間不夠了，那麼即便是更換磁碟機會比更換處理器更貴，你也可能會這麼做。

「加速」到底是什麼意思？

安朵定律以變數 K 代表特定組件的加速。但是「加速」到底是什麼意思？

「加速」這個觀念可以用許多不同的方式來看待。例如，也許有人會說 A 是 B 的兩倍快；另一人則會說 A 比 B 快上 100%。如果你要應用安朵定律的話，就應該要瞭解這兩種說法的差異。

常見的錯誤觀念是認為 A 是 B 的兩倍快的意思是 A 比 B 快了 200%。但是這並不正確。顯然地，如果 A 是 B 的兩倍快，這裡頭包括了 2 這個倍數。例如，如果 Bob 在賽跑中花了 15 秒而 Sue 花了 30 秒，顯然地 Bob 是 Sue 的兩倍快。如果 Bob 平均跑出 4mph，則 Sue 一定會平均跑出 2mph。當轉換到「百分比」這種說法時混淆就發生了：Bob 的速度並不是 Sue 的速度的再增加 200%；增加的部分只有 100%。這點在我們談論「快上多少 %」的定義時就會清楚了。

$$\text{A 比 B 快 N\% 若 } \frac{\text{時間 B}}{\text{時間 A}} = 1 + \frac{N}{100}$$

Bob 因為 30/15 = 1 + 100/100，故比 Sue 快了 100%（N 的值等於 100）。Bob 耗時對 Sue 耗時的比值 (30/15) 代表加速（Bob 是 Sue 的兩倍快）。看待安朵式子中的 k 要用的就是這個觀念；應用安朵定律得到的加速性也是這樣的觀念。

假設我們換掉 CPU 後想要利用安朵定律來計算系統的整體加速。如果 80% 的時間是花在使用 CPU 而且想要更新的 CPU 會比現有系統中的快上 50%。必須知道新品的加速性才能應用安朵定律。在這裡的變數 k 不是 50% 或 0.5；它是 1.5（因為新的 CPU 是原有的 1.5 倍快）：

$$\frac{\text{原有 CPU 耗時}}{\text{新 CPU 耗時}} = 1 + \frac{50}{100} = 1.5$$

因此，根據安朵定律可得：

$$S = \frac{1}{(1 - 0.8) + 8 / 1.5} = 1.36$$

表示整體加速是 1.36；使用新的 CPU，系統會是 1.36 倍快。新的系統快了 36%。

安朵定律除了可用在硬體加速的計算，也可用於評估編程。眾所周知，一般而言，程式耗費大部分執行時間於一小部分的碼上面。程式師將往往專注於提升該小部分的碼的效能。他們可透過安朵定律判斷這樣做對程式執行時間的整體性影響。

如果你撰寫了一個程式並判斷 80% 的時間耗費在程式的某區段上。你檢視程式並相信可以將該區段的時間減半（亦即加速性等於 2）。應用安朵定律，可知對整個程式的整體效果是

$$S = \frac{1}{(1-0.8)+0.8/2} = 1.67$$

表示整個程式會在改善後執行得 1.67 倍快。

再看最後一個例子。程式師也可選擇將耗用 10% 執行時間的碼區段加速成 100 倍快。你估計要花上一個月的時間（時間與薪資）來改寫程式。你估計也可以將之花六個月加速成 1,000,000 倍快。該怎麼做呢？應用安朵定律，100 倍的加速可得到：

$$S = \frac{1}{(1-0.1)+0.1/100} = 1.1098$$

因此整體程式得到 1.1 倍的加速（約略 11% 的增益）。若花上六個月來提升效能至 1,000,000 倍整體程式的執行加速是：

$$S = \frac{1}{(1-0.1)+0.1/1000000} = 1.1111$$

最好情況下的額外加速性也極低。因此顯然地花費額外的時間與薪資來進一步加速這個碼區段並不合算。做平行編程的程式師經常應用安朵定律來判斷將程式平行化的好處。

安朵定律可用於許多計算機硬體與軟體的領域，包括一般性編程、記憶體階層設計、硬體更新、處理器組的設計、指令集設計與平行編程。不過，安朵定律對任何會面對漸減的收益這種現象的事情都很重要；即使是商業經理人也在推動與分析不同經營流程時運用安朵定律。

不過在作成更新磁碟機的決定前，你仍須知道還有哪些考慮。下一節將有助建立 I/O 架構方面原則性的瞭解，並將特別強調磁碟的 I/O。磁碟的 I/O 是除了 CPU 與記憶體之外決定計算機系統的整體表現最重要的因素。

7.4 I/O 架構

輸入／輸出在此的定義是能夠在外部裝置與包含 CPU 與主記憶體的主系統

間傳遞數據且由若干組件組成的子系統。I/O 子系統應包含、但不限於：

- 主記憶體中專門用於 I/O 目的的各區段
- 藉以將數據搬移入或出系統的各匯流排
- 主系統與周邊裝置中的各控制模組
- 對外部組件如鍵盤與磁碟的各介面
- 主系統與其周邊間的接線或通訊聯結

圖 7.1 表示所有這些組件如何結合在一起以形成整體的 I/O 子系統。各 I/O 模組處理主記憶體與特定裝置的介面間的數據傳遞。介面是為了和某些形態的裝置如鍵盤、磁碟或印表機作溝通而特別設計的。各介面負責確認裝置已準備好處理下一批數據，或主系統已準備好接受來自周邊裝置／傳送至周邊裝置的下一批數據的相關細節。

在傳送方與接收方交換的訊號的確實形式與意義由稱之為**協定**（protocol，亦稱規約）的一套規範來界定。協定中包含命令訊號，如「印表機重置」；狀態訊號，如「磁帶機備妥」；或數據傳送訊號，如「這些是你要求的位元

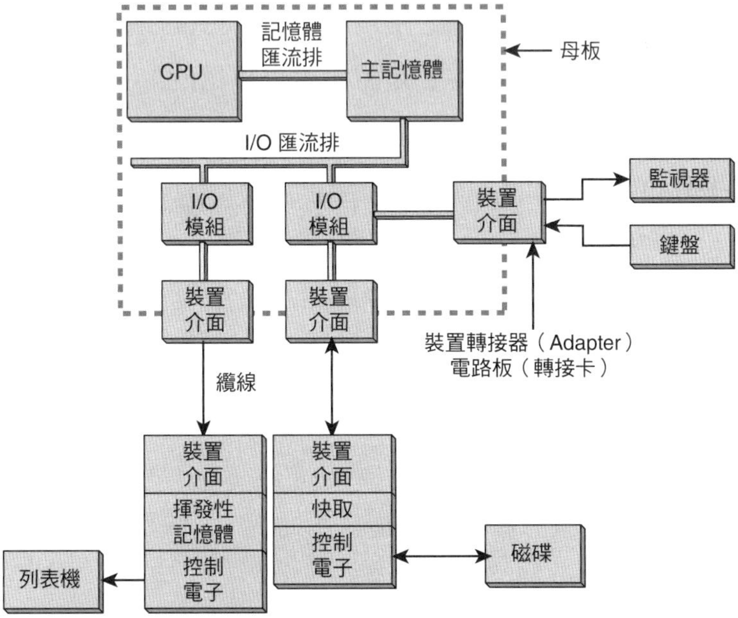

圖 7.1 典型的 I/O 結構

組」。在大部分數據交換協定中，接收方必須對送給它的命令與數據作出回應、或表示它已可接收數據。這種交換資訊類型的協定稱為**握手** (handshake)。

各種處理大區塊式數據的外部裝置（譬如印表機與磁碟／磁帶機）往往也配置有緩衝記憶體。緩衝器使主系統得以用可能最快的方式傳送大量數據給周邊裝置，而不需要等待緩慢的機械式裝置真正完成數據的接收。專用於磁碟機中緩衝的記憶體通常是快速的各式快取，而印表機中通常則使用較慢的 RAM。

裝置的控制電路在電路板上的緩衝器中存或取數據並確保數據抵達目的地。若是寫入磁碟，則要確保磁碟妥善就位、數據寫入指定的位置。若是印表機，則這些電路移動印表頭或雷射光束至下一個字元符號位置、啟動列印、送出紙張以及處理其他事項。

磁碟與磁帶都是**耐久儲存體** (durable storage) 的形式，因為記錄在其上的數據較之在可揮發性的主記憶體中能保存得更久。然而沒有任何儲存方式是永久的。這些媒體如為磁性物質，其上數據的生命期約可達 5 至 30 年，而光學物質則可高達 100 年。

7.4.1 I/O 控制方法

由於各式各樣 I/O 設備間控制方法與傳輸模式上的巨大差異，將它們都直接連接至系統匯流排上並不恰當，因而出現了專用的 I/O 模組來作為 CPU 與其周邊的介面。這些模組執行包括控制設備的行為、緩衝數據、從事錯誤偵測及與 CPU 互動等的許多功能。本節中，我們特別專注於 I/O 模組與 CPU 的通訊方法，以及如何控制 I/O 動作。計算機系統可採用五種一般性的 I/O 控制方法，這五種分別是**程式控制的 I/O** (Programmed I/O)、**插斷驅動的 I/O** (interrupt-driven I/O)、**記憶體映射的 I/O** (memory-mapped I/O)、**直接記憶體存取** (direct memory access) 與**附著於通道的 I/O** (channel-attached I/O)。雖然方法之間不宜比較優劣，計算機用以控制其 I/O 的方式卻會大大影響整體的系統設計以及效能。研讀的目的是瞭解某一計算機架構採用的 I/O 方法對該系統的應用而言是否合宜。

程式控制的 I/O

最直覺的 CPU 與 I/O 設備互動的方法是**程式控制的 I/O** (Programmed I/O)，有時也稱作**輪詢式 I/O**（polled I/O，或**埠 I/O**，port I/O）。CPU 持續地監測 [**輪詢** (polls)] 每一個 I/O 埠相關的控制暫存器。當一筆數據抵達某埠中，相關控制暫存器中有一個位元也會被設定。CPU 始終會輪詢到這個埠並得知該「數據備妥」控制位元已被設定。CPU 於是重置該位元，取出該筆數據，並依據對該埠編程好的指令處理該筆數據。完成處理之後，CPU 繼續如前地輪詢各個控制暫存器。

採用這方法的好處是對每個設備的行為可以依所需進行控制。只要更動幾行程式碼，就可處理系統中不同數量與類型的設備，以及它們在輪詢中的優先次序與週期。然而不斷的輪詢也是問題：CPU 除了真正在處理 I/O 請求外會不斷地執行「忙碌的等待」的迴圈。除了處理 I/O 外它並沒有做任何有生產力的事。另一問題是判斷應該多頻繁地輪詢；有些設備可能需要更常或更少被檢測。因為這些特性，程式控制的 I/O 最適用於如自動櫃員機與監控環境變異的嵌入式系統等特殊目的系統。

插斷驅動的 I/O

更常用而且效率較好的控制方法是**插斷驅動的 I/O** (interrupt-driven I/O)。插斷驅動的 I/O 可以想成是程式控制的 I/O 的相反作法：設備在有數據要傳輸時主動告知 CPU，而不是由 CPU 不斷輪詢連接其上的設備是否需要處理。CPU 如常地執行各種工作直到有任何需要服務的設備對 CPU 發出插斷請求。這些插斷一般是每要傳輸一個字組就會產生一次。在大部分採用插斷驅動的 I/O 的系統中，這種聯繫會透過一個中介的插斷控制器來進行。該電路處理來自系統中所有 I/O 設備的插斷訊號；一旦該電路收到附於其上的設備的插斷請求，就會致動系統匯流排中的一條作為插斷訊號的控制線。這條控制線一般是直接接到 CPU 的腳位上，圖 7.2 表示一種可能的接線方式。系統中每一個周邊設備都具有可發出插斷請求的控制線，而插斷控制晶片對每條插斷請求都提供一個輸入。每當有任一插斷請求發出時，控制器辨識該插斷來源並拉高接到 CPU

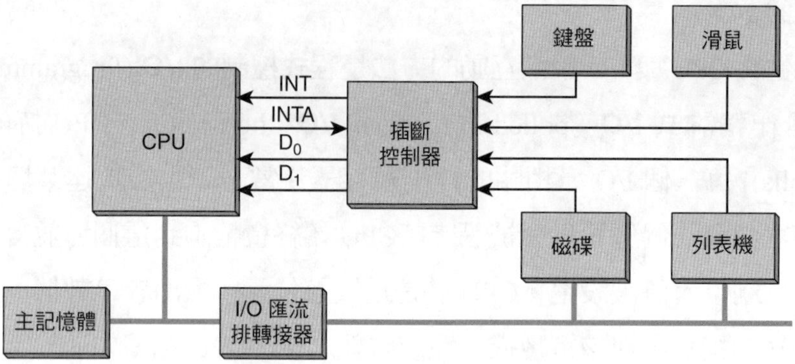

圖 7.2 使用了插斷的 I/O 子系統

的插斷 Interrupt (INT) 輸入。CPU 準備好處理該插斷時，即設定 Interrupt Acknowledge (INTA) 訊號。一旦插斷處理器收到這個回應，其即可拉低它的 INT 訊號。若有二或多個 I/O 插斷同時發出，插斷處理器會依據要求作 I/O 的各設備的時間急迫性決定何者應優先被處理。鍵盤與滑鼠的 I/O 通常最沒有急迫性。

系統設計師決定在多個設備同時發出插斷時各設備間的優先度。決定好的插斷優先權於是被設計成 I/O 控制器中的硬體線路，使得這些優先度幾乎不再能變動。每個使用相同作業系統與插斷控制器的計算機將低優先度的設備（如鍵盤）都接到同一條插斷請求線。插斷請求線的數量當然是有限的，而在有些情況下，插斷線也可以共用：如果非常確定不會有任何兩個設備會在同一時間需要同樣的插斷，共用插斷請求線不會造成問題。例如，掃描機與印表機通常可平順地共用插斷。而這點對採用序列式通訊的滑鼠與數據機則不妥，因為如果讓這些設備共用插斷往往會造成兩者的奇怪的行為。

第四章曾提到插斷處理如何影響擷取 - 解碼 - 執行週期。圖 7.3 重複圖 4.12 的內容，表示 CPU 如何結束目前指令的執行並在每個擷取 - 解碼 - 執行週期的開始檢查其（不止是 I/O 的）插斷輸入的狀態。一旦 CPU 回應插斷，它會保存它的目前狀態然後處理該插斷（如也是從第四章取材的圖 7.4 所示）。

插斷驅動的 I/O 與程式驅動的 I/O 在可以修改處理程序來配合硬體的更動這方面是相同的。由於在採用相同類型與層次的作業系統的系統中，用於指向

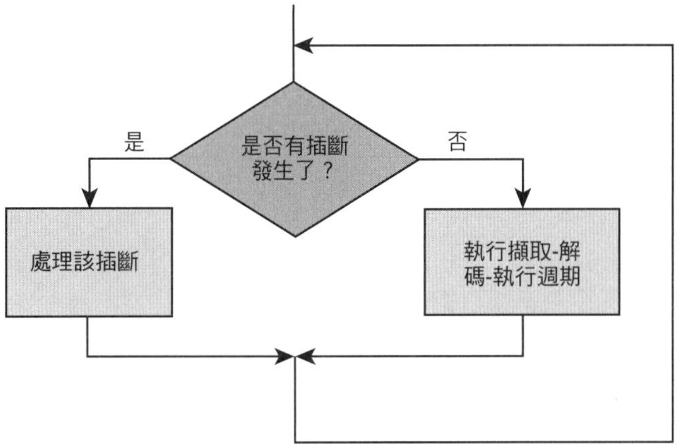

圖 7.3 加入插斷檢查的擷取 - 解碼 - 插斷週期

各種周邊硬體的向量（按：這些向量表示一連串指向這些周邊的位址或其他類似資訊）通常都放在相同的位置，這些向量可以很容易地修改成指向專為不同廠商所製作的碼。例如，若有常用作業系統中還不支援的新型磁碟機出現，相關的製作商可提供一份與標準設備的**設備驅動器** (device driver) 程式一起都放在記憶體中的特製的設備驅動器。這個設備驅動器程式在安裝時需要變更磁碟 I/O 向量來指向這個專為該磁碟機撰寫的程式。第四章曾提到 I/O 插斷通常是可被遮蓋的，而且 I/O 設備在遇到如被移除或 I/O 設備毀壞等自己無法處理的錯誤時也能發出不可被遮蓋的插斷。稍後在第十章談到嵌入式系統時會繼續討論這件事。

記憶體映射的 I/O

有關系統 I/O 控制方法所作的決定會大大地影響整體系統架構的選擇。如果決定採用程式控制的 I/O，配備兩條分開的匯流排來處理記憶體的傳輸與 I/O 的傳輸，以便持續的輪詢且不致影響記憶體存取的方式會有其優勢。這時系統需要有額外的一組 I/O 控制指令。更重要的是，系統需要知道如何檢視設備的狀態，將位元組傳送至設備或接收設備傳來的位元組，與確認傳輸已正確無誤地完成。這種方式有些嚴重的限制。舉其一例，在系統中加入新的設備型態時可能有必要作處理器控制儲存區內容或是硬連線控制電路的更動。

一種較簡易且優雅的方式是讓 I/O 設備與主記憶體共用同樣記憶體空間的

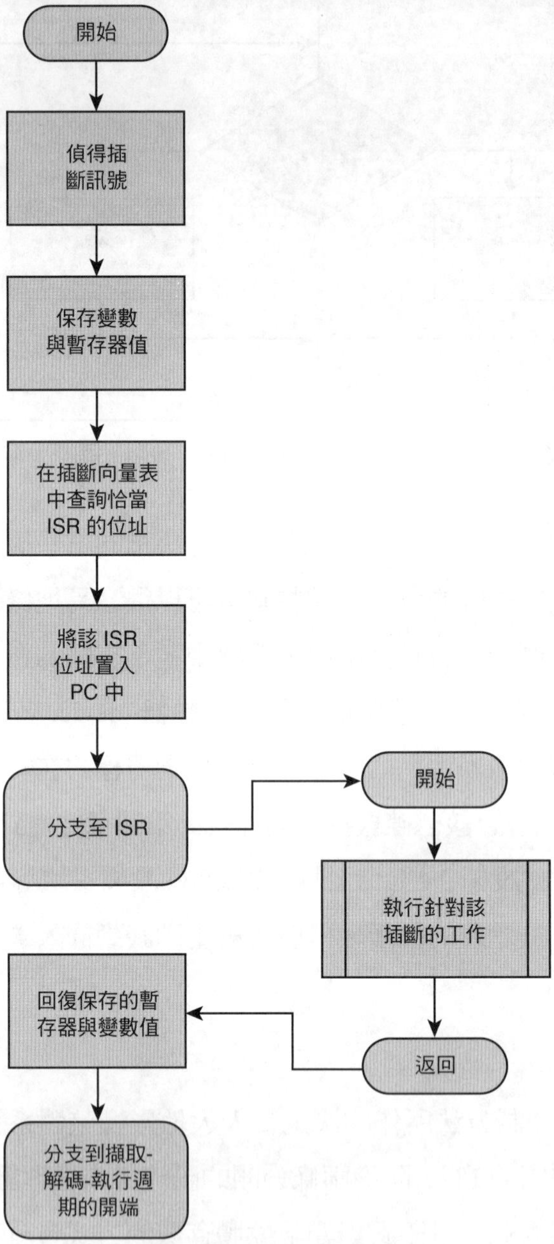

圖 7.4 處理插斷

記憶體映射的 I/O (memory-mapped I/O)。如此每個 I/O 設備在記憶體中會有它自己的保留的區塊。對 I/O 設備的數據傳輸都以對這個設備對應的記憶體位址作位元組讀取或寫入的方式進行。因此從 CPU 的觀點，記憶體映射的 I/O 看起來就像是在作記憶體存取一樣。這表示同樣的一組數據傳輸指令可用於 I/O 以及記憶體兩方面，大大簡化系統的設計。

在小型系統中，數據傳輸的低階細節一般交由 I/O 設備中內建的 I/O 控制器處理，如圖 7.1 所示。CPU 不須關注在設備是否已備妥、計算傳輸中的位元組數目有多少或錯誤修正碼的計算上。

直接記憶體存取

在程式控制的 I/O 與插斷驅動的 I/O 中，CPU 負責處理數據對 I/O 設備間的傳輸。在 I/O 期間 CPU 執行類似下列虛擬碼的一組指令：

```
WHILE More-input AND NOT (Error or Timeout)
       ADD 1 TO Byte-count
       IF Byte-count > Total-bytes-to-be-transferred THEN
         EXIT
       ENDIF
       Place byte in destination buffer
       Raise byte-ready signal
       Initialize timer
       REPEAT
         WAIT
       UNTIL Byte-acknowledged, Timeout, OR Error
ENDWHILE
```

顯然地，這些指令不難直接製作成一個專用的晶片。這一點就是採用**直接記憶體存取** (direct memory access, DMA) 背後的想法。系統採用 DMA 的話，CPU 即可免於執行這些繁瑣而重複的 I/O 指令。要啟動傳輸時，CPU 將要傳送的位元組的位置、數量與目標設備或記憶體位址提供給 DMA 控制器。這些訊息往往透過一些位於 CPU 中的特殊 I/O 暫存器即可完成。圖 7.5 表示一個可行的採用 DMA 的系統構成方式。在這個構成方式中，I/O 設備與記憶體共用同一個位址空間，因此它也是一種記憶體映射的 I/O 的型態。

一旦所需的資訊置入這些暫存器後，CPU 即通知 DMA 子系統，之後並可以進行它的其他工作，而由 DMA 來處理 I/O 的所有細節（按：在 DMA 過程

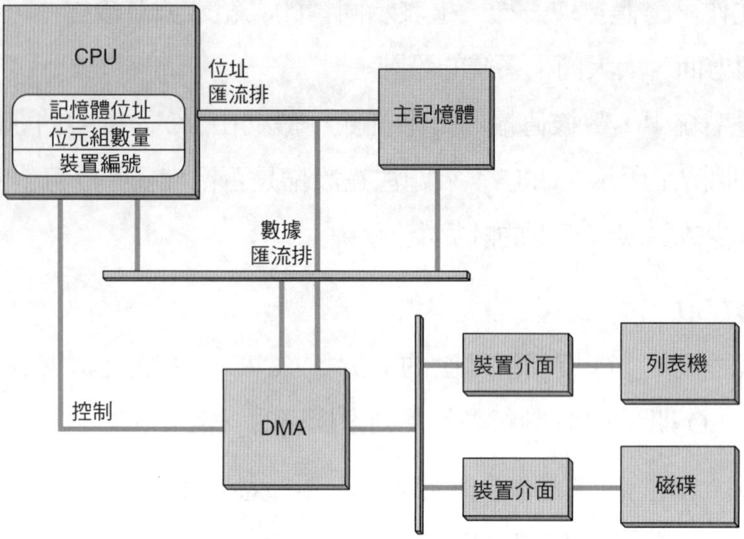

圖 7.5 DMA 結構的參考樣本

中，記憶體基本上已忙於 I/O 工作而除非另有專門提供給 CPU 的存取匯流排或甚至其他記憶體外，一般 CPU 是無法存取記憶體來繼續工作的）。在 I/O 完成（或被錯誤中斷）之後，DMA 子系統會以另一種插斷訊號來通知 CPU。

在圖 7.5 中可看出 DMA 控制器與 CPU 共用匯流排，任何時間只能由二者之一取得匯流排的控制權，也就是成為匯流排上的**主控器** (bus master)。一般而言，由於許多 I/O 設備在運作時間上有較嚴格的規定，因此較諸 CPU 的程式指令與數據存取，I/O 動作對記憶體可具有較高的優先性。如果 I/O 設備在指定的時間內沒有偵測到需求，則會**逾時** (timeout) 並中止 I/O 程序。為免設備逾時，DMA 會在 CPU 使用記憶體的過程中也介入使用記憶體。此稱為**週期盜取** (cycle stealing)。所幸 I/O 傾向於在匯流排上產生**爆量的** (bursty) 流量：數據以區塊或叢集的形式傳送。雖然這種形式的存取過程還不致於久到招致系統被譏為「在 I/O 時緩慢如爬行」，在各群爆量式的 I/O 間最好還是允許 CPU 使用匯流排。

圖 7.6 表示 CPU 與 DMA 控制器間的各個相關動作。這個游泳水道圖明確指出 DMA 如何從 CPU 將 I/O 處理分擔過來。

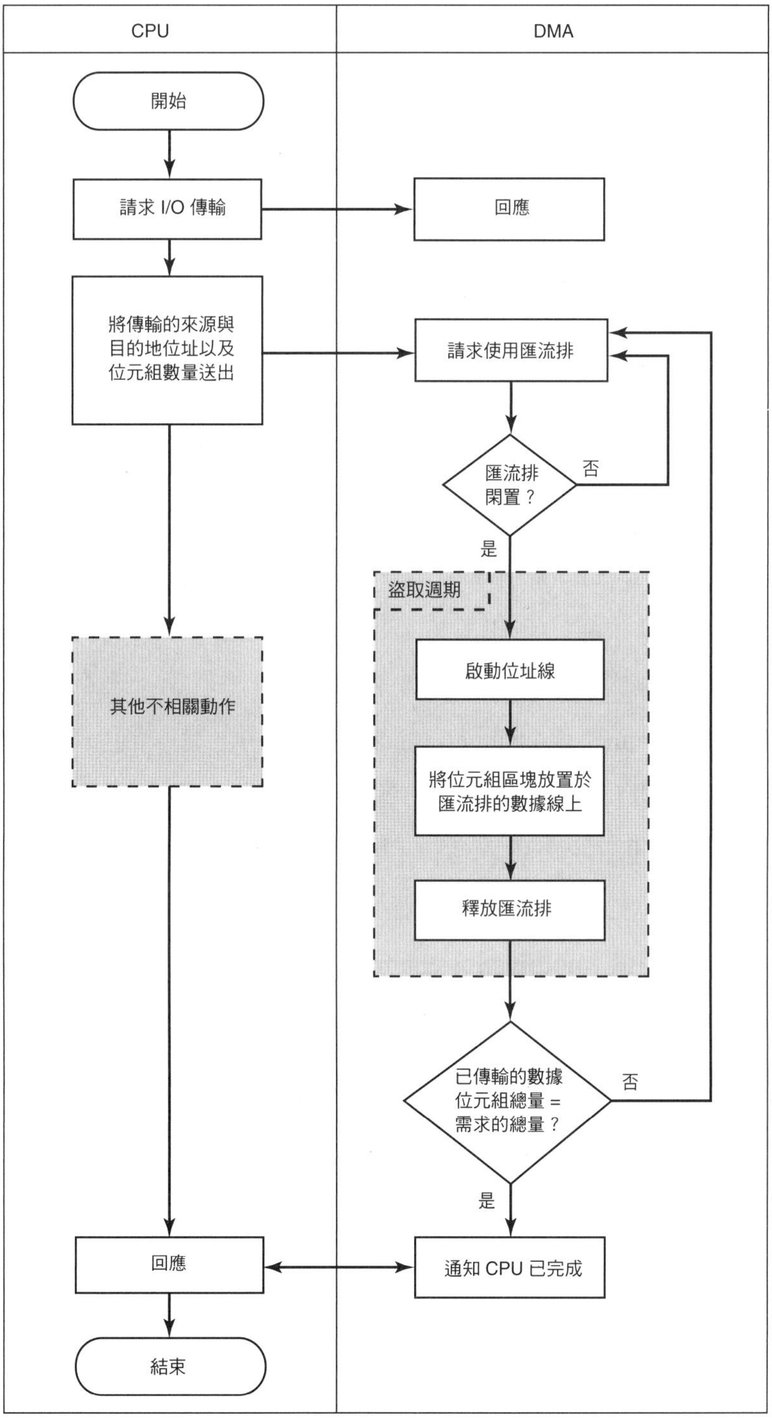

圖 7.6 表示 CPU 與 DMA 控制器間互動的游泳水道圖

(附著於)通道的 I/O

以程式控制的 I/O 一次僅傳送一個位元組的數據。插斷驅動的 I/O 隨著相關設備型態的不同而可以一次處理一個位元組或一小區塊的數據。像鍵盤這種較慢的設備較諸磁碟或印表機會對相同的數據傳輸量產生較多的插斷。DMA 方式一律以區塊的形態進行,且只會在完成(或無法完成)傳輸一群位元組之後才對 CPU 發出插斷。在 DMA 表達 I/O 已完成後,CPU 也許又會給它下一個要讀取或寫入的記憶體區塊的位址。如果 DMA 表達的是 I/O 無法完成,則由 CPU 獨自負責採取恰當的措施。因此 DMA I/O 只比插斷驅動的 I/O 要少煩擾 CPU 一點點。這種程度的 CPU 額外負擔對小型的單一使用者系統還好;不過對像大型計算機這種龐大的多使用者系統,這樣的額外負擔卻增加得很迅速。大部分大型計算機系統使用一種稱為 **I/O 通道** (I/O channel) 的智慧型 DMA 介面。雖然通道的 I/O 傳統上是用於大型計算機,它在檔案伺服器與儲存體網路上已漸趨普及。儲存體網路與其他高效能 I/O 設計將於第十三章中介紹。

在**通道 I/O** (channel 或 channel-attached I/O) 中,有一到多個 I/O 處理器用於控制稱為**通道通路** (channel paths) 的各種 I/O 通路。對「慢速」設備如終端機與印表機,它們的通道通路可以合併 [複合或稱**多工** (multiplexed)] 在一起,讓一個控制器就可以管控好幾個慢速設備。在 IBM 大型主機中,有一條稱為合併器通道 [或**多工器通道** (multiplexor channel)] 的合併的通道通路。硬碟機與其他「快速」設備的各個通道則稱為**選擇器通道** (selector channels)。

I/O 通道受專為 I/O 作優化且稱為 **I/O 處理器** (I/O processors, IOPs) 的小型 CPUs 所控管。IOPs 不像 DMA 電路,它們具有執行包含算術邏輯與分支等指令程式的能力。圖 7.7 表示一個簡要通道的 I/O 構成方式。

IOPs 執行被主控處理器置放在主要的系統記憶體中的程式。這些由一連串**通道命令字** (channel command words, CCWs) 構成的程式不但包含實際傳遞數據的指令,也具有控制各 I/O 設備的命令。這些命令聊舉數例,包含譬如設備初始化、印表機送紙、磁帶倒帶等。在 I/O 程式置入記憶體後,主控處理器發出一道**啟動子通道** (start subchannel, SSCH) 命令以告知 IOP 程式位於記憶體中何處。在 IOP 完成工作後,將完成的資訊置於記憶體中並向 CPU 送出插斷。接

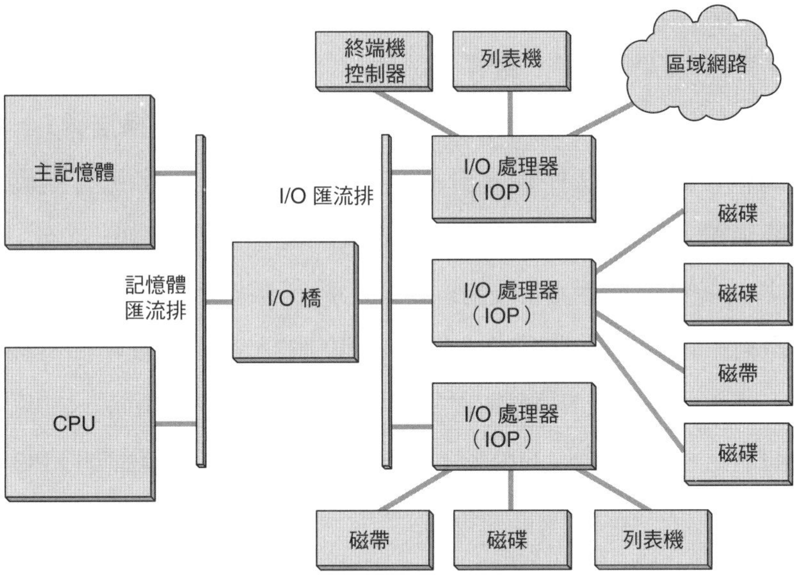

圖 7.7 通道的 I/O 的結構

著 CPU 取出完成的資訊並對送回的碼進行適當的處理。

獨立的 DMA 與通道的 I/O 的主要差異在於 IOP 略具智慧。IOP 溝通協定、發出對設備的命令並作儲存體編碼與記憶體編碼間的轉換，而且不需要主控 CPU 的介入就能傳送整個檔案或很多組的檔案。主控器僅須在程式中使用 I/O 運作類的指令啟動 IOP 並告知 IOP 這些指令的位置。

IOP 如同獨立的 DMA 般也必須從 CPU 盜用記憶體週期。但是與獨立 DMA 不同的是使用通道的 I/O 的系統配置有額外的 I/O 匯流排，使主控 CPU 免於受 I/O 的傳送干擾。因此通道的 I/O 是一種**隔離的 I/O** (isolated I/O)。例如，在將檔案由磁碟複製至磁帶時，IOP 只會在由主記憶體擷取指令時才會使用到系統的記憶體匯流排，其他傳輸都只用到 I/O 匯流排。IOP 的處理運算能力加上匯流排是額外且專用的，使得通道的 I/O 適用於高流量交易處理的環境，在這種環境下它的價昂與複雜度才能得以發揮。

7.4.2 字元 I/O 相對於區塊 I/O

每按下計算機鍵盤上的一個鍵會啟動將這個動作視為單一事件來處理的一

連串動作（不論你打字多快！）。這樣做的理由是因為鍵盤的機械結構：每個鍵連接至在鍵盤內部矩陣形式縱橫交錯的導體線交叉點的按壓導通式開關上。每當按壓一個按鍵開關，鍵盤中的電路會收到對應的特定**掃描碼** (scan code)；這個掃描碼會被送往一個序列式介面電路來將之轉換成字元符號碼；介面將該字元符號碼置入經常要保持存量不會太高的鍵盤緩衝器中，之後立刻發出 I/O 插斷訊號。許多字元符號在緩衝區中耐心等待被接收端一次一個地讀取（或直至緩衝器被重置）。鍵盤線路只有在之前的輸入都已送往緩衝器後才能處理新的按壓。雖然同時壓下兩個鍵當然是可能的，但是每次還是只能處理一個按壓。考慮前述這種鍵盤輸入的隨機且循序的本質，以插斷驅動的 I/O 方式來處理最適宜。

磁碟與磁帶以區塊的形式儲存數據，因此宜以區塊作單位來處理磁碟與磁帶的 I/O。區塊式的 I/O 對 DMA 或通道的 I/O 處理都很恰當。視相關硬體、軟體與應用的不同，區塊的大小也可能不同；要調校系統來發揮最佳效能時，選擇理想的區塊大小往往是一項重點。高效能的系統以大區塊進行處理時會比處理小區塊更有效率。速度慢的系統則應以位元組的形式來對小些的區塊作處理，否則系統在作 I/O 的期間會對使用者要求反應遲緩。

7.4.3 I/O 匯流排運作

第一章中以圖 7.8 的形式介紹了計算機匯流排架構。圖中傳達的重要概念包括：

- 系統匯流排是計算機系統中許多組件共用的一項資源。
- 對這項共用資源的使用必須做控管。這也是為何需要有控制匯流排的原因。

由上節中的討論，顯然地記憶體匯流排與 I/O 匯流排可以各自獨立。事實上，將它們獨立分開往往更好。讓記憶體使用它自有的匯流排的一項好理由是記憶體傳輸可以是**同步的** (synchronous)，以 CPU 時脈週期的某個倍數來檢索主記憶體中的數據。在恰當運作的系統中，記憶體從來就不會發生那些會困擾周

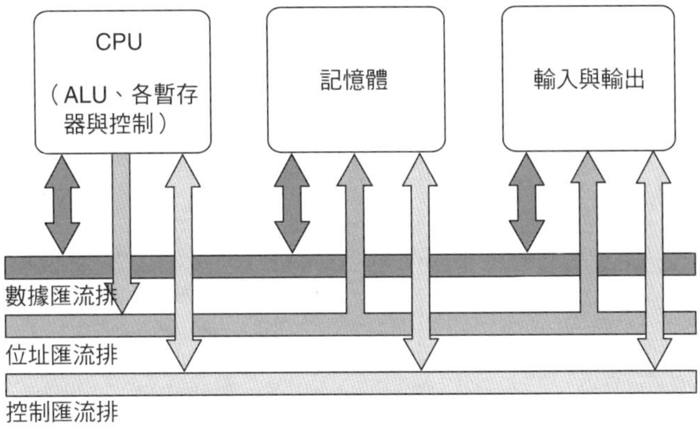

圖 7.8 系統匯流排的高階圖示

邊設備如印表機缺紙等的離線或持續相同類型錯誤的問題。

另一方面，I/O 匯流排無法以同步的方式運作；它們必須顧慮到 I/O 設備不可能永遠準備好處理 I/O 傳輸的這個事實。在 I/O 匯流排上以及各 I/O 設備中的控制電路共同協調以決定每一設備在何時可以使用匯流排。因為每次使用匯流排之前都要經過這種握手協調，所以 I/O 匯流排稱為是**非同步的** (asynchronous)。經常用以分辨同步或非同步傳輸的方式是：在同步傳輸中傳送端與接收端必須使用相同的時脈訊號。而在非同步匯流排協定中也必須有一個關於位元傳送時間的時脈，來規範訊號的變換速度。以下範例會釐清這個觀念。

再次思考圖 7.5 中的構造。DMA 電路與設備介面電路間的聯結詳如表示出個別元件的匯流排的圖 7.9 所示。

圖 7.10 表示磁碟介面如何連接至所有三條匯流排的細節。位址與數據這兩條匯流排包含許多個別的導體線，每一條上面傳送一個位元的資訊。匯流排中數據線（按：即導線）的數量就是匯流排的**寬度** (width)。具有八條數據線的數據匯流排一次可傳送一個位元組。位址匯流排則一般具有足以明確指名匯流排上每一個設備的導線數量。

圖 7.10 中表示的一組控制線是為了以下說明所需的最起碼的一組。真實 I/O 匯流排一般具有十多條控制線（最早的 IBM PC 具有多於 20 條！）。控制線協調匯流排與附著其上的設備間的動作。要對磁碟寫入數據，這個範例匯流

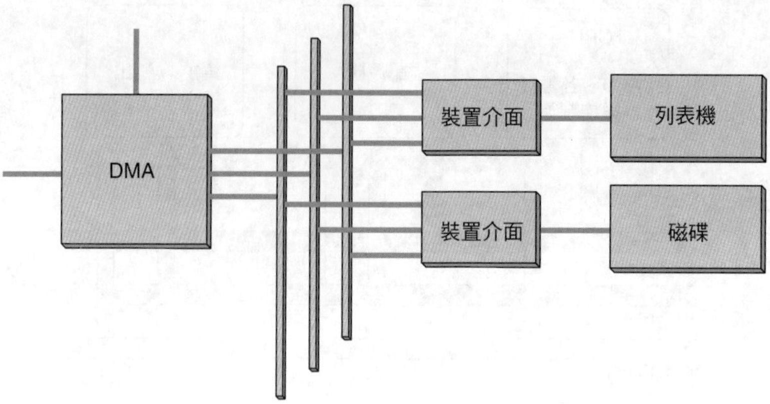

圖 7.9 表示出個別的位址、數據與控制線的 DMA 結構

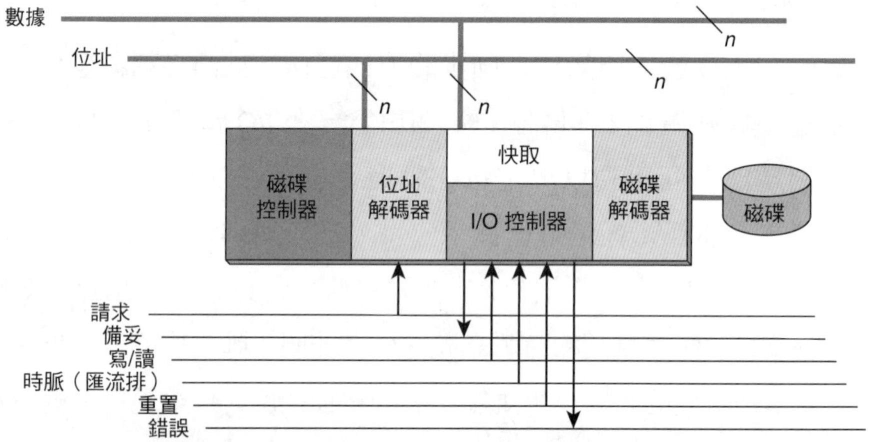

圖 7.10 可連接到 I/O 匯流排上的磁碟控制器介面

排會執行以下一系列運作：

1. DMA 電路將磁碟控制器的位址置於位址線上，並拉高（設定）`Request` 與 `Write` 訊號。
2. 控制器中的解碼電路看到 `Request` 訊號被設定後即查看位址線內容。
3. 若位址即是指向自己，則解碼器啟動磁碟控制電路。若磁碟可以被寫入數據，則控制器設定 `Ready` 線。此時 DMA 與控制器間的握手即已完成。`Ready` 訊號拉高時其他設備即不得使用匯流排。
4. 接著 DMA 電路將數據置於匯流排導線上並拉低 `Request` 訊號。

5. 當磁碟控制器得知 `Request` 訊號下降，即將數據線上的位元組寫入磁碟緩衝區，之後再拉低其 Ready 訊號。

為使事情更清晰且明確，工程師會以**時序圖** (timing diagram) 來描述匯流排的運作。磁碟寫入運作的時序圖示於圖 7.11 中：標記為 t_0 至 t_{10} 的垂直線說明各種訊號的時間長短。在實際的時序圖中，各段時間區間會標以準確的時間長短，該值大約是 50ns 左右。匯流排上的訊號只能在時脈訊號變化時作改變。注意：圖中顯示的訊號並不會瞬間升高或降低，這反映出匯流排的真實物理現象：訊號的準位需要一小段時間來穩定下來或「settle down」。到達**穩定的時間** (settle time) 雖然很小，對過程冗長的 I/O 傳輸卻會造成相當的延遲。

時序圖中很少標示每一條位址與數據線，往往是以群來標示。上圖中，我

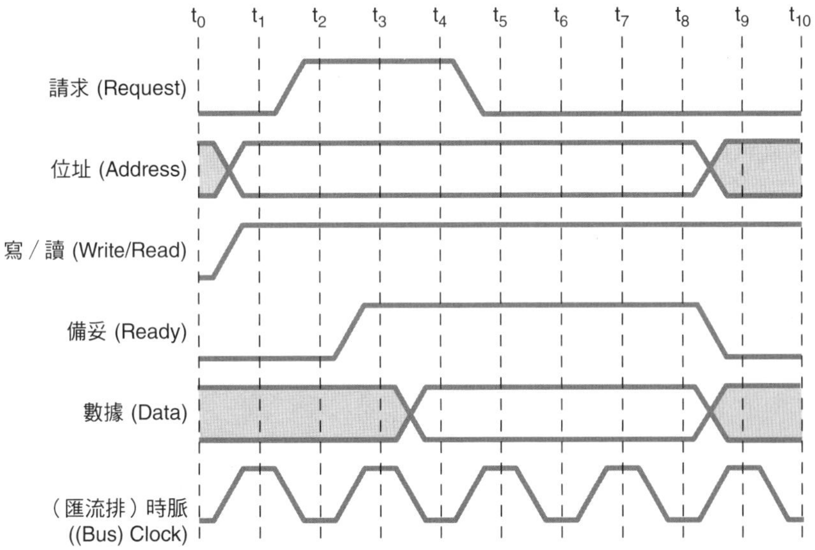

時間	顯著的匯流排訊號	意義
t_0	設定寫	需要使用匯流排作寫入（不是讀）
t_0	設定位址	表示要將位元組寫入何處
t_1	設定請求	請求對位址線上的位址作寫入
t_2	設定寫備妥	回應寫的請求，並將位元組置於數據線上
t_3–t_7	數據線	寫入數據（需要數個週期）
t_8	拉低備妥線	釋放匯流排

圖 7.11 匯流排時序圖

們以一對線來表示一群線。當位址與數據線由動作中進入不動作的狀態，則以兩線交叉來表示。如果不需在意這些線的內容時，則在兩線間的區域表以陰影，以示這些線上的狀態是沒有被定義的。

許多真實的I/O匯流排不像上例般，是沒有分開兩組的個別位址與數據傳輸線的。因為I/O匯流排的非同步本質，數據線也可用來傳送設備位址，所要增加的只有一條用來指出在數據線上的訊號是位址還是數據的控制線。這種方式與同步的記憶體匯流排必須同時提供位址與數據資訊形成不同的對比（按：作者在此處的描述原則上正確，但是如果使用多一些時脈週期，同步的通訊協定仍然可以使用合併或多工式的位址／數據匯流排）。

7.5 數據傳輸模式

在主系統與周邊設備間傳送位元組時可以一次傳送一個位元或一個位元組。這兩種方式分別稱為**循序** (serial) 與**平行** (parallel) 傳輸模式。兩種傳輸模式各需建立其自有的主系統與設備的介面間的通訊協定。

位元組、數據與資訊……請明確記錄（意為鄭重聲明）

有太多的人以資訊 (information) 這名稱作為數據 (data) 的同義語，以及將數據作為位元組 (bytes) 的同義語。事實上我們也常常在本書中把數據當成位元組來提高可讀性，並希望文章本身可以清楚表達真正的意義。不過我們也必須指出這些名詞間在意義上的確有很大的差異。

在文法上 data（數據）這個字是複數名詞。它源自拉丁文單數名詞 datum。因此欲表達多於一筆數據時，應適切地使用 data 這個字。事實上對我們的聽覺上，說「近期的死亡數據指出 (data indicate) 人類目前較一世紀前能活得更久」較為順耳。但是我們難以解釋為什麼當有人說出類似「當數據 (data are) 由記憶體置換到磁碟時就是因為有頁錯誤發生了」時我們要沈默不語。當我們使用 data 來表示某件儲存於計算機系統中的事物時，我們其實是把 data 想成一種「不可進一步區分的整體」且正如同我們想到空氣或水時一般的東西。空氣和水含有各種稱為分子的可區分的粒子。類似地，一大群的數據包含稱為 data 的個別數據

（按：英文原文是 a mass of data consists of discrete elements called data）。受過教育而且英語無礙的人不會說他呼吸 airs 或是在 waters 中沐浴。因此看來合理的說法是「…… data is 由記憶體置換到磁碟時……」。大部分學術資料，包括美國的 American Heritage Dictionary，在這種使用情形下已經將 data 視為單數形的集合名詞。

嚴格地說，計算機的儲存媒體並不儲存數據。它們儲存稱為位元組的位元樣式。例如，若使用二進形式的磁碟扇區編輯器檢視磁碟內容，可能會看見樣式 01000100。但是看見它又能讓你瞭解什麼呢？你頂多能知道這個位元樣式可能是程式的二進碼、作業系統結構的一部分、相片、甚至是某人的銀行結餘。如果已確知這些位元表示的是數字（而不會是如程式碼或影像檔等）且是採用二的補數形式，即可有把握地說這是十進數 68。但是仍未能得知真正數據為何。這個數字一定要基於某種規範才能得知其數據的意義：是某人的年齡或身高嗎？是開罐器的型號嗎？如果知道 01000100 是來自自動氣象站的氣溫讀數檔，那它就可以算是一筆數據了。磁碟上的這個檔案於是可以恰當地稱之為一個數據檔。

現在你可能猜想這些氣溫數據是以華氏度數表示，因為地球上還沒有地方達到過攝氏 68°。但是你還是沒有足夠資訊。這筆數據仍然沒有意義：它是 Amsterdam 當地目前氣溫？是 Miami 在三年前 2:00 AM 測得的溫度？數據只有在對人們有意義時才能稱之為資訊 (information)。

另外一個最近也被承認可以當單數形使用的拉丁文中的複數名詞是 media（媒體）這個字。之前，有教育水準的人只有在想要表達多於一種 medium 時才使用這個字。新聞報紙是一種通訊的媒體 (medium)。電視廣播是另外一種。歸納而言，它們是 media；不過現在有些編輯已接受單數形的用法，如「目前，各種新聞媒體已聚集在首都 (At this moment, the news media is gathering at the Capital.)。」

就像藝術家可以用水彩媒介或是油彩媒介，計算機的數據記錄設備也可以寫到某一種像是磁帶或是磁碟的電磁媒體 (medium) 中。歸納而言，這些都是電磁媒體 (media)；但是極少看見有相關從業人員刻意地依循文法使用這些詞彙。更常見到的表達方式是有如：「第二卷退出。請在磁帶機中放進新的媒體 (media)。」在這種情形下，值得思考大部分人甚至是否真能瞭解這個指令「...place a new medium into the tape drive.」

像這種語意上的矛盾是計算機專業人士在嘗試將人類想法以數位形式表達（或反之）時所面對的這類問題的徵候。轉換中一定會有一些意義遺漏掉了。

7.5.1 平行數據傳輸

平行通訊系統以類似主系統中記憶體匯流排運作的方式進行。它們需要至少八條數據線（每個位元一條）與一條有時候稱之為**閃控** (strobe) 的線來作同步。平行的連線僅在短距離時（通常是少於 30 呎）有效，距離並視訊號的強弱、頻率與纜線的品質而異。在更長距離時，纜線中的訊號由於導體中的電阻而開始減弱。電氣訊號因時間或距離而損耗稱之為**衰減** (attenuation)。看過一個範例後衰減帶來的問題就會清楚了。

圖 7.12 表示一個印表機平行介面的簡化時序圖。標示 `nStrobe` 與 `nAck` 的線是以在低電壓時表示為被設定的閃控與回應兩個訊號。`Busy` 與 `Data` 訊號則是在高電壓時表示為被設定。亦即 `Busy` 與 `Data` 是採用正邏輯的訊號，而 `nStrobe` 與 `nAck` 採用的是負邏輯。數據訊號代表八條不同的線，其中每一條都可以是高或低電壓（訊號 1 或 0）。在 `nStrobe` 訊號被設定前以及 `nAck` 訊號被設定後在這些線上的訊號是沒有意義的（圖中以陰影表示）。任取的時間參考點以 t_0 至 t_6 表示於圖形上方。任二個時間參考點間的差值 Δt 決定了傳輸的速度。一般 Δt 的範圍是 1ms 至 5ms。

圖 7.12 中表示的訊號包括了（在主系統中的）印表機介面電路與採用平行介面的印表機中與主系統介面的握手方式。過程始於八條數據線上都被放上恰當位元時。接著檢查 `Busy` 線是否為低；一旦 `Busy` 線成為低，即設定 `nStrobe` 訊號來讓印表機知道數據線上已有數據。一旦印表機偵知 `nStrobe`，其即讀取

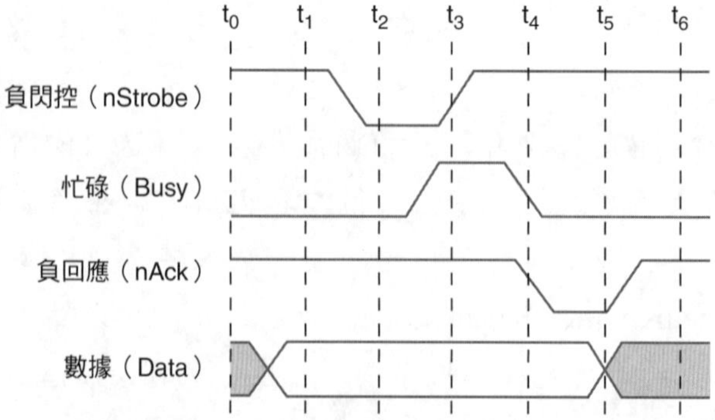

圖 7.12 平行列表機匯流排的簡化時序圖

數據線並拉高 Busy 以防止主系統在數據線上放上更多數據。在印表機讀取數據線後，其拉低 Busy 訊號並設定 nAck 訊號來告知主系統數據已接收完成。

注意：雖然數據訊號已被告知收悉，但這並不保證它們是正確的。主系統與印表機都假設收到的訊號與傳送出來的相同。在短矩離中這假設確實妥當，但是長距離時可能並非如此。

假設匯流排在 ±5 伏特下操作。任何 0 至 +5 伏特即當作是「高」而任何 0 至 −5 伏特即當作是「低」。主系統對數據位元組中每個 1 或 0 分別在數據線上放上 +5 與 −5 伏特。接著它將 nStrobe 設為 −5 伏特。

在「溫和」衰減的情形下，印表機可能會較慢偵測到 nStrobe 訊號或者主系統可能會較慢偵測到 nAck 訊號。在印表機的情況下這種遲緩幾乎難以察覺，但是對期望其作立即回應的磁碟機平行介面而言就是驚人的延遲了。

在很長的纜線中，到達印表機的伏特值可能會非常不同：當訊號到達時，「高」可能是 +1 伏特而「低」可能是 −3 伏特。如果 1 伏特不是適當地高過邏輯 1 的臨界電壓，最後在應該是 1 的地方可能得到 0，因而攪亂了這個過程的結果。還有，在長距離時 nStrobe 訊號可能在數據位元之前先到達印表機。於是印表機印出它在偵知 nStrobe 設定後從數據線上讀到的任何內容（極端的例子是文字字元符號被錯讀成控制字元符號。這樣會造成奇特的古怪印表機行為與浪費許多紙張）。

7.5.2 序列數據傳輸

已知平行數據傳輸中如何在數據匯流排上一次傳輸一個位元組：每個位元都用到一條數據線；所有數據線都依據一條獨立的閃控 strobe 線中的脈衝而動作。序列數據傳輸與平行數據傳輸的不同則在於只使用一條導線來以單一數據線中的多個脈衝一次傳送一個位元的數據。其他導線則用以提供所採用的協定中定義的特殊訊號。RS-232-C 就是需要額外訊號線的序列協定；而數據本身只透過一條線來傳送（見第十二章）。儲存體的序列介面會在協定所定義的在數據行經的路徑上傳遞的傳輸框中加入這些特殊訊號。第十三章中將檢視一些序列儲存協定。一般而言，當距離較大時，序列數據流較之平行的數據流可以穩當地以較快的速率傳送。這個原因使得序列傳輸在高效能介面中更為恰當。

序列傳輸方法也可用於對時間敏感的等時性 (isochronous) 數據的傳送。等時性協定適用於即時性數據如語音和視訊訊號。因為語音與影片是應該被人們的感官所感受，偶爾的傳輸錯誤往往不會被注意到。數據的大致即可的特性使得錯誤控制可較寬鬆；因此數據可以在最少的協定造成的延遲下由送出端往目的地傳送。

7.6 磁碟技術

在磁碟機技術出現之前，像打孔卡與磁性或紙帶等的循序性媒體是當時僅有的耐久性儲存方式。如果需要的數據位於一卷帶子的末端，則整卷磁帶都需要一次一筆記錄地讀到底。緩慢的讀取設備與少少的系統記憶體使得這個過程慢得難以忍受。帶子與卡片不但緩慢，而且由於其物理特性以及所處環境的影響，使得它們的功能快速遞減：紙帶常被拉長且易斷裂。裸露的磁帶卷不但易受拉扯，也承受操作員的不當處理。卡片則可能破損、遺落且翹曲。

在這樣的技術條件下，不難瞭解為什麼 IBM 在 1956 年推出第一台商用且採用磁碟的稱為**隨機存取式會計與控制** (Random Access Method of Accounting and Control，簡稱 RAMAC) 計算機時，根本地改變了計算機的世界。以今日的標準而言，在這個早期機器中的磁碟是難以想像的龐大且緩慢：每一片碟片的直徑有 24 吋，每一面只能存放 50,000 個 7 位元的字元符號這麼多數據。50 片雙面的碟片組裝在轉軸上並包覆在大小如同花園中小儲藏室漂亮的玻璃外殼中。每一軸上的總儲存量只有 5 百萬個字元符號，且平均需時一整秒來存取碟片上的數據。整個機制重逾一噸且租金高達數百萬美元（當時 IBM 不肯出賣這種設備）。

然而到了 2000 年早期，IBM 開始推銷一種用於掌上型計算機與數位相機中的高容量磁碟機。這種碟片的直徑 1 吋 (2.5cm)，容量 1GB，平均存取時間 15ms。機構的重量不到 1 盎司而零售價則不到 $300 ！之後其他製造商也生產出更廉價且容量更大的 1 吋磁碟機。

磁碟機是一種**隨機** [random，有時亦稱為直接 (direct)] 存取裝置，原因是磁碟上每一個稱為**扇區** (sector) 的儲存單元都有其特有的位址並且可以單獨作存取，與其周圍的扇區無關（按：隨機存取的主要意義應為：不論之前存取的單元是哪些，每一次對任一單元存取所需的時間均相同）。如圖 7.13 所示，扇區是稱為**磁軌** (tracks) 的各個同心圓上的一小段弧形。在大部分系統中每個磁軌包含的扇區數目都一樣，每個扇區中的位元組數目也一樣。因此靠近碟片中心處記錄的數據較之靠近外緣處更為「密集」。於是有些製造商將扇區作成大小約略相同、在外方磁軌上置入較其內側磁軌更多扇區的方式來增加其磁碟的容量。這種方式稱為**分區位元** (zoned-bit) 記錄法。由於分區位元記錄法需要用到較傳統方法更為複雜的機構控制電路，因此並不多見。

碟片上的磁軌由最外側開始從 0 依序編號。不過扇區不一定沿著磁軌作連續的編號；它們有時候會「跳過」以便電路在讀取下一個扇區前有足夠時間處理目前讀到的扇區內容。這種方式稱為**交錯** (interleaving)，交錯的方式隨碟片

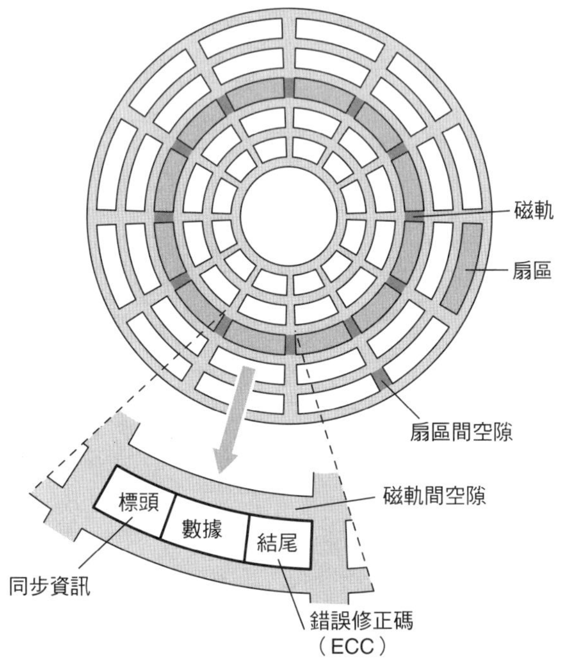

圖 7.13 表示出扇區間空隙與邏輯扇區格式的磁碟扇區

轉速以及電路和緩衝器的速度而異。大部分目前的固定式磁碟機一次讀取一個磁軌而非一個扇區，因此交錯式讀取漸趨少見。

7.6.1 硬碟機

硬（或固定式）碟機包含控制電路與一或多片金屬或玻璃材質的稱為**盤** (platters) 且上面塗布有薄薄一層可磁化物質的碟片。碟盤疊在一個由機殼中的馬達轉動的轉軸上。碟盤可以高達每分鐘 15,000 轉 (rpm)，最常見的則是 5,400rpm 與 7,200rpm。讀／寫頭通常是安裝在可經由環繞其軸的線圈所產生的磁場而在碟盤上由圓心向輻射方向來回掃動至適當位置的**驅動臂** (actuator arm) 上（見圖 7.14）。在驅動臂動作時，所有排列成梳狀的讀／寫頭一起朝向碟盤中心或外方移動。

儘管磁碟技術不斷進步，要量產完全不會出差錯的產品仍未可能。雖然出錯的可能性很小，還是要預期它會發生。減少碟片表面錯誤的機制有兩種：數據本身的特殊編碼方式與錯誤修正演算法（這類特殊編碼與一些錯誤修正碼已於第二章中論及）。硬碟機中另有負責磁頭定位與磁碟時間控制的電路。

在一疊碟盤中，所有在同樣投影位置的磁軌形成一個**磁柱** (cylinder)。一群梳狀的讀／寫頭同時間能存取一個磁柱。磁柱在每一個碟片上形成一個圓形。

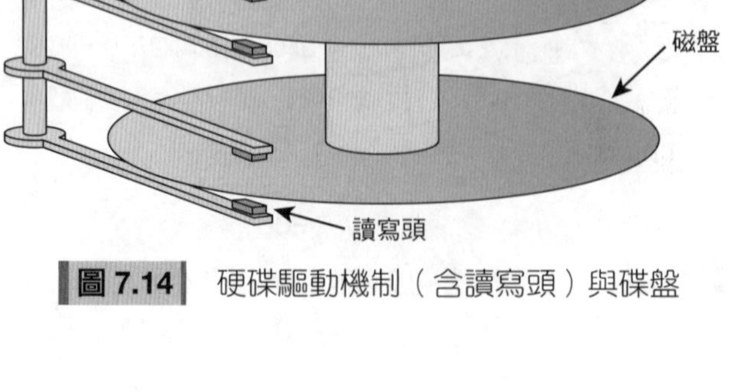

圖 7.14 硬碟驅動機制（含讀寫頭）與碟盤

通常在每一個碟片可使用的表面上就會有一個讀／寫頭（早期的碟片——特別是可移除的碟片——並不使用到頂端碟片的朝上面與最下方碟片的朝下面）。固定式硬碟機的頭不會觸碰到碟片的表面，而是間隔幾微米厚的空氣懸浮在碟片表面之上。在關閉電源的時候這些頭退到一個安全的地方停駐。這項工作稱為**停駐讀寫頭** (parking the heads)。如果讀寫頭碰觸到碟片表面，碟片就會損壞，這種情況稱為讀／寫頭**刮損**（head crash，原意是墜毀或撞壞）。

在硬碟機早期的應用中讀寫頭刮損經常發生。第一代硬碟機的機械與電子部分相較於碟盤相當昂貴。為了要以最低的成本來獲得最高的儲存量，計算機製造商製造出使用稱為**碟組** (disk packs) 的可拆裝碟片的硬碟機。當機器的外殼打開時，空氣中漂浮的雜質像是灰塵與水蒸氣等就會進入機器內部，因此需要使用較大的頭與碟片間的間隙來防止這些雜質造成讀／寫頭刮損（即使如此刮損還是經常發生，甚至於有些公司的產品其刮損待修的時間與運作的時間幾乎相當）。而加大了的頭與碟片的間隙造成的代價就是大大降低了的數據記錄的密度。頭與碟片間的距離越大，要讀取數據時磁性塗布物上具有的磁通量就必須更大。更大的磁通量需要有更多的磁分子來提供磁力線，結果就造成了磁碟機的數據密度降低。

終於，控制電路與機械組件成本的下降使得密封式的磁碟機廣受採用。IBM 在內部稱為「Winchester」的發展專案中發明了這種技術。很快地 **Winchester** 成為各種密封式硬碟機的通稱；不過到現在已經沒有人生產可拆裝碟片的硬碟機，因此也不必再用不同名稱來作分辨了。密封式的硬碟機容許更接近的頭與碟片間隙、提高數據密度、也可以有更高轉速。而這些因素也代表了硬碟機的效能特性。

尋找時間 (seek time) 指的是讀／寫臂將自己移動到目標磁軌上所需的時間。尋找時間並不包含讀／寫頭讀取磁碟目錄的時間。**磁碟目錄** (disk directory) 將邏輯檔案的資訊譬如 `my_story.doc` 對映到實際扇區位置譬如磁軌 7、表面 3、扇區 72 上。有些高效能磁碟機在每一個可用的磁碟表面上對每一個磁軌都放上讀／寫頭來免除掉尋找時間。因為系統中沒有可移動臂，存取數據的唯一延遲來自於旋轉延遲。

旋轉延遲 (rotational delay) 指的是目標扇區到達讀／寫頭下方所需的時間。旋轉延遲與尋找時間的和也稱為**存取時間** (access time)。存取時間再加上自碟片讀取數據所需的時間就是**傳輸時間** (transfer time)，當然它與讀取數據的量有關。**延遲** (latency) 是旋轉速度的直接函數，指的是在讀／寫臂移動到目標磁軌之後，目標扇區旋轉到讀／寫頭下方所需的時間。它通常以平均值表示，計算的方法是：

$$\frac{\dfrac{60\text{秒}}{\text{碟片旋轉速度}} \times \dfrac{1000\text{ms}}{\text{秒}}}{2}$$

如果想瞭解這些術語如何表達磁碟技術，可以參考圖 7.15 中的一個典型磁碟規格表。

由於在所有數據讀取或寫入動作之前一定要先讀取磁碟目錄，因此目錄的位置對磁碟機整體效能的影響很大。最外側的磁軌上有最低的位元密度，因此也較內側磁軌不容易發生位元錯誤。如果要確保最大可靠度，可以把磁碟目錄放在最外側的磁軌，磁軌 0 上。這表示對每一次存取，手臂都必須移動到磁軌 0 上然後再前往目標數據所在的磁軌。效能因為這種大角度的手臂移動而將受損。

記錄技術與錯誤修正演算法的進步使得目錄可以放在能夠提供最佳效能的位置：最內側的磁軌上。這樣大大降低了手臂的移動，提供最佳可能的處理量。已有一些、但並非所有的新近系統將目錄放置在中央的磁軌上。

目錄的放置是磁碟邏輯組織上的一項因素。磁碟的邏輯組織是由使用它的作業系統所定義。邏輯組織中一項主要考慮是扇區對映的方式；固定式磁碟包含如此多的扇區，因此不宜對每個扇區都附上標籤。思考規格表中的磁碟：每個磁軌內有 746 個扇區，磁碟每個表面有 48,000 個磁軌，且共有 8 個表面。因此磁碟中共有多於 2 億 8600 萬個扇區，一個記載每個扇區狀態（以一位元組來記錄狀態）的配置表將會耗用 200MB 以上的磁碟空間。這不只是相當大的磁碟空間額外負擔，而且在需要檢視扇區狀態而讀取這個資料結構時也會耗費過

結構：		可靠度與維修：	
格式化後的容量，GB	1500	MTTF	300,000 hours
整合式的控制器	SATA	啟動／停止週期數	50,000
編碼方法	EPRML	設計的使用壽命	5 年（至少）
緩衝器大小	32MB	數據錯誤	
磁盤數	8	（非無法回復的）	每讀取 10^{15} 個位元中 <1
記錄數據的表面數	16	效能：	
每個表面的磁軌數	16,383	尋找時間	
磁軌密度	190,000tpi	磁軌至磁軌	
記錄密度	1,462Kbpi	讀	0.3ms
每扇區位元組數	512	寫	0.5ms
每磁軌扇區數	63	平均	
實體：		讀	4.5ms
高	26.1mm	寫	5.0ms
長	147.0mm	平均延遲	4.17ms
寬	101.6mm	旋轉速度	
重量	720g	(+/–0.20%)	7,200rpm
溫度（°C）		數據傳輸率：	
操作範圍	5°C to 55°C	從磁碟	1.2MB/sec
非操作／儲存範圍	–40°C to 71°C	到磁碟	3GB/sec
相對濕度	5% to 95%	啟動時間	
噪音	33dBA, idle	（0 至磁碟機備妥）	9 sec

功耗需求

模式	+5VDC +5% – 10%	功耗 +5.0VDC
開始旋轉	500mA	16.5W
讀／寫	1,080mA	14.4W
閒置	730mA	9.77W
待命	270mA	1.7W
休眠	250mA	1.6W

圖 7.15 磁碟機製造商提供的典型硬碟規格

多時間（但這是經常需要做的工作）。因此作業系統以稱為**區塊** (blocks) 或**叢集** (clusters) 的整組方式定址扇區，來簡化檔案管理。區塊內的扇區數目影響配置表的大小：如果配置區塊較小些，在檔案無法用完整個區塊時浪費的空間就少；不過較小的區塊會使配置表變得大些以及緩慢些。下一節介紹軟碟的時候會深入討論目錄與檔案配置結構間的關聯性。

有關圖 7.15 磁碟規格中的最後一項評論：在標題「可靠度與維修 (Reliability and Maintenance)」項下可見到有關磁碟可靠度的估計。根據製造商提供的資料，這個特定的磁碟機是設計來運作五年之久，並可容忍 50,000 次的啟動與停止運作。在同一個標題下，「**到發生故障的平均時間** (mean time to failure, MTTF)」表示是 300,000 小時。當然這個數字不能夠被拿來表示預期的磁碟生命期是 300,000 小時——如果磁碟持續運作的話，這個時間還超過了 34 年。規格中提到這個機制是設計來運作五年而已。這個顯見的矛盾來自於在製造工業中常用的品質管制方法。除非磁碟是在政府合約之下生產，否則 MTTF 的確實計算方法可以由製造商斟酌使用。通常過程裡包括從生產線上隨機取樣、然後讓這些磁碟在不盡理想的環境下運作若干個小時——一般是多於 100 小時，然後將故障的數目畫成機率曲線來取得導致的 MTTF 數值。簡單地說，「設計的生命期」數字更為可信與容易瞭解。

7.6.2 固態機

磁性硬碟有許多限制。首先，從磁碟取得數據所需的時間比從主記憶體要長很多——大約長上一百萬倍。磁碟也很脆弱；即便是「強固化」的機型在強大震動下也會損壞。它們內部許多會動的零件容易磨損與故障。還有——對可攜式設備最麻煩的是——磁碟非常耗電。

對這些問題明確的應對方法是將硬碟以非揮發性的 RAM 取代。的確，這種變化在數十年前超高效能的計算機中已經發生過，不過直到最近記憶體的價錢才降低到對工業、軍事與消費性的產品產生誘因。

固態機 (solid state drives, SSDs) 中包含一個微控制器與一種 NAND- 或 NOR- 型式的稱為快閃記憶體的記憶體陣列。快閃記憶體與標準記憶體的不同在於它必須先被（「快如閃電地」）清除之後才能被寫入。NOR- 型態的快閃是以位元組定址，較之像磁碟般以區塊（稱為頁）構成的 NAND- 型態的快閃記憶體為昂貴。

當然我們都很愛用可以放進口袋的記憶棒、大姆哥碟與跳接碟 (jump drives)。我們可能還沒驚訝地想到這類小裝置足以把整個圖書館的資訊放到我們的鑰匙圈上。快閃碟由於低功耗與耐用的特性，在可攜式設備中已經常常用來取代標準的磁碟。相關的應用也受惠於效能的快速提升：SSDs 的存取時間與傳輸率一般約比傳統磁碟機快上 100 倍。不過 SSDs 的存取還是比 RAM 慢上 100,000 倍（按：這裡的 RAM 應是指 IC 型式用於個人電腦中的 DRAM 與 SRAM）。

雖然 SSDs 的容量漸與磁碟接近，它們卻大約是磁碟的 2 到 3 倍貴。可以預期隨著 SSD 技術的持續發展，價格的差異將大大縮小。而對大型數據中心來說，大量採用 SSDs 所增加的成本將可由降低的用電與空調費用獲得彌補。

除了成本方面，SSDs 相較於磁碟的另一劣勢是快閃儲存體中的位元細胞在對該頁 30,000 到 1,000,000 次更新後就會損壞。這個看起來像是個很長的工作期間 (duty cycle)，不過 SSDs 可能會被用來存放高揮發性的像是虛擬記憶體頁檔的這類數據。標準磁碟會傾向於不斷重用同樣的一些扇區，因此會慢慢地逐漸使用到更多磁碟空間。如果同樣的方式應用在 SSD 上，則機制中的一些部分會提早損壞無法再使用。因此為了延長 SSDs 的壽命，一項稱為**損壞均攤** (wear leveling) 的技術會將數據以及清除／寫入週期平均分布在整個 SSD 中。機制內建的微控制器可用來管理 SSD 中的可用空間，以確保各頁以循環的形式 (round-robin-type) 輪流地被使用。這個方式的確造成一些效能優勢：由於頁需要先清除之後才能寫入，因此如果一個頁不是立刻要重用的話，這個頁的清除可以在寫入其他已清除的頁時同時進行。

設計來給伺服器使用的 SSDs 稱為**企業等級的 SSDs** (enterprise-grade SSDs)。這種 SSDs 裡配有快取記憶體來追求最佳效能，還有小小的備援電源以便在供電失效時能將快取中的最新內容更新至快閃中。圖 7.16 是 Intel 910 800GB 固態機的照片，微控制器與快閃記憶晶片占用了卡片上大部分面積。這個機制可以與其他插在匯流排上的卡片一樣輕易地安裝在伺服器中。

SSD 與 HDDs 的規格有很多相同的項目。圖 7.17 是一個企業級 SSD 的規格表範例。比較圖 7.17 與圖 7.15 這兩張規格表，可看出沒有了碟盤、轉速或任何有關旋轉碟片外形的資料。不過機制的物理特性、存取時間、傳輸速率與功耗仍然是重要的參數。

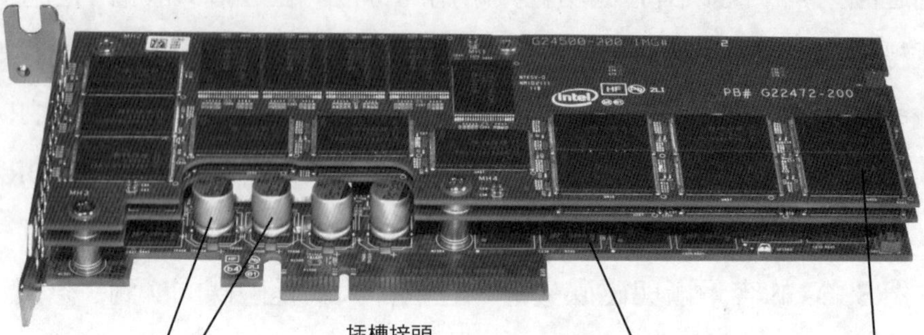

圖 7.16 Intel 910 800GB SSD（Intel 公司惠予提供）

結構：		可靠度與維修：	
容量，GB	800	MTTF	2,000,000 hours
整合式的控制器	SATA 3.0	耐久性	450 TBW
密碼編碼	AES 256-bit	數據耐久性	3 個月
快取大小	1GB	數據錯誤數（UBER）	每 10^{17} 個扇區 <1
每扇區位元組數	512	效能：	
實體：		平均延遲	（循序）
高	7mm	讀	50μs
長	100mm	寫	65μs
寬	70mm	I/O 運作/秒（IOPS）	（隨機）
重量	170g	8KB 讀	47,500 IOPS
溫度（°C）		8KB 寫	5,500 IOPS
操作範圍	0°C to 70°C	數據傳輸率：	
非操作／儲存範圍	–55°C to 95°C	讀	500MB/sec
相對濕度	5% – 95%	寫	450MB/sec
噪音	0dB	啟動時間	
		（0 至 SSD 機備妥）	3 sec

功耗需求

模式	+3.3VDC +5% – 10%	功耗 +3.3VDC
工作中	1,500mA	5W
閒置	106mA	0.350W

圖 7.17 SSD 的數據表

Joint Electron Devices Engineering Council (JEDEC) 訂定了 SSD 的效能與可靠度參數。其中最重要的兩項是無法回復的**位元錯誤率** (Unrecoverable Bit Error Rate, UBER) 與**已寫的 terabytes** (terabytes written, TBW)。UBER 以模擬的生命期過程中工作負載的型態將數據的錯誤數除以讀取的位元數求得。TBW 則是在機制失效前在符合速度及錯誤率的條件下可以寫入的 terabytes 數。TBW 是機制耐久性（或工作的生命期）的量度而 UBER 則是機制可靠度的量度。

在數據檢索的速度很重要的應用中，昂貴的企業等級 SSDs 可以說是物有所值。現在常使用一個稱為**短衝程** (short stroking) 的作法來將 HDD 效能提升到極致。短衝程的作法需要加裝許多額外磁碟機，每一個上面只使用少量的磁軌，以保持讀／寫臂的移動距離最少。減少臂的移動距離可以降低存取時間，在每次磁碟存取中節省下若干毫秒。因此企業在比較 HDDs 與 SSDs 的花費時一定要考慮可用的儲存空間、整體可靠性以及企業級 SDDs 的低電耗。

隨著 SSDs 的價格持續下降，它們一定會開始在較尋常的商業應用中出現。根據某些預測，SSDs 的價格在 2010 年代末期將與 HDDs 相當。

7.7 光碟

光學儲存系統在與磁帶價格相當的條件下（實質上）提供了無限的數據儲存容量。光碟具有多種格式，最常見的格式是隨處可見且可以儲存多於 0.5GB 數據量的 CD-ROM（小型碟唯讀記憶體，compact disc-read only memory）。CD-ROMs 是唯讀的媒體，非常適用於軟體與數據的傳遞。**CD-R**（**可錄 CD**，CD-recordable）、**CD-RW**（**可重複錄製 CD**，CD-rewritable）與 **WORM**（**錄製一次讀取多次**，write once read many）碟都是常用於長期數據存檔與大量數據輸出的光學儲存裝置。CD-R 與 WORM 提供文件與數據無限量的防篡改的儲存量。對於要長期建檔的數據，有些計算機系統將輸出直接送到光學儲存體中而不是紙張或微縮膠片上。這種輸出稱為**計算機輸出雷射碟** (computer output laser disc, COLD)。稱為**光學點唱機** (optical jukeboxes) 的機械控制儲存庫可以對大量光碟直接存取。點唱機中可以存放數十到數百張碟片，總容量可以高達 50GB 到 1,200GB 甚至更多。光儲存的擁護者宣稱光碟不像磁性物質，可以儲存數據達百年之久而不致有顯著的衰減（有誰能活這麼久來質疑這個說法？）。

7.7.1 CD-ROM

CD-ROM 碟由直徑 120mm（4.8 吋）且內有可反射光線鋁膜的聚碳酸酯（塑膠）製成。鋁膜以丙烯酸塗布密封以防刮擦及鏽蝕。鋁膜可反射由碟片下方的綠光雷射二極體發出的光線。反射的光線經過稜鏡，轉向進入光感測器。光感測器將光線脈衝轉換成電訊號並送到機制的解碼電路中（見圖 7.18。）

CD 在塑膠材質中由中心到外緣沿著一條螺旋形軌跡以作出凸點的形式寫入資料。這些凸點從碟片上方看起來好像是凹點，因此稱為**凹處** (pits)。凹處之間沿著軌道的區域稱為**陸地** (lands)。凹處寬度 0.5μm，長度介於 0.83μm 與 3.56μm 間（凹處的前緣與後緣相對於二進值的兩個 1）。凹處反面形成的凸點的高度是雷射二極體產生光波波長的四分之一。這樣的意義是凸點以雷射光束的反射光來干擾由雷射光源射入的光線時正好可以把入射光抵銷掉。如此會造成光線的亮與暗兩種情形，而機制的電路會將之解讀成二進位的值。

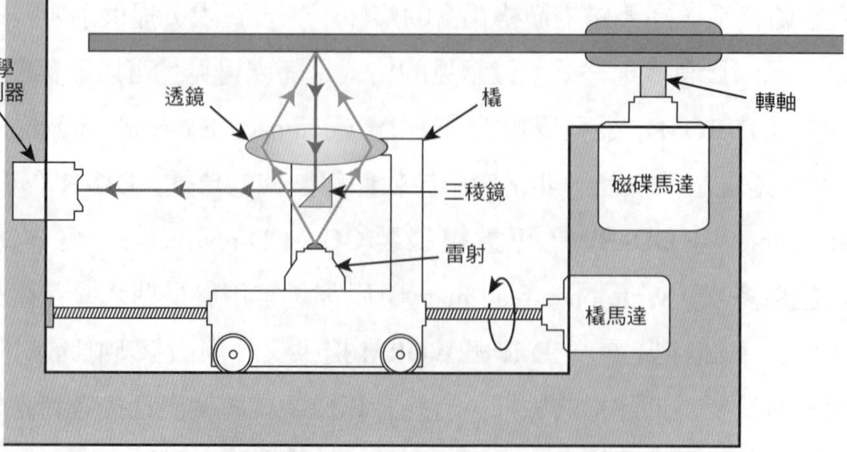

圖 7.18 CD-ROM 機的內部構造

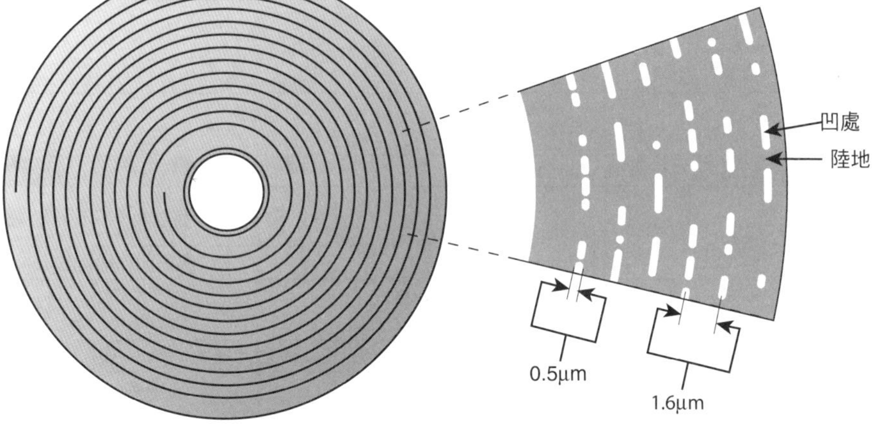

圖 7.19 CD 的軌道螺旋紋與軌道放大圖

鄰近兩道螺旋軌跡間的距離稱為**軌距** (track pitch)，其寬度必須至少 1.6μm（見圖 7.19）。如果把 CD-ROM 或音訊 CD 的軌道拉直開來，這一串的凹處與陸地可延伸近 5 哩（8 公里）長（而它只有 0.5μm 寬——比人髮的一半還細——沒有儀器輔助的眼睛要很小心才能看出來）。

雖然 CD 上只有一條軌跡，在大部分光碟文獻中還是稱涵蓋 360° 的這種含有凹處與平坦處的軌跡為一個軌道。而與磁碟不同的是光碟中靠近中心或外緣的軌道都有相同的位元密度。

CD-ROMs 是設計來儲存音樂與其他循序性的音訊的。儲存數據的應用是事後才想到的，其方式可以由圖 7.20 中的數據扇區的格式表示。數據以 2,352 個位元組為一群的形式儲存於沿著軌道的稱為扇區的區域中。扇區以 98 個 588 位元的稱為**通道框** (channel frame) 的基本單位組成。如圖 7.21 所示，通道框含有同步資訊、標頭與 33 個 17 位元的符號的酬載 (payload)。17 位元的符號是以稱為 **EFM**（**8 至 14 調變**，eight-to-fourteen modulation）使用 RLL(2, 10) 編碼的方式進行編碼。碟片機制中的電路讀取並解譯（解調變，demodulate）通道框以產生另一種稱為**小框** (small frame) 的資料結構。小框寬 33 位元組，其中 32 個位元組是使用者的數據，另一個位元組則是用於放置**子通道** (subchannel) 資料。子通道共有八條，稱為 P、Q、R、S、T、U、V 與 W。除了（用以表示開

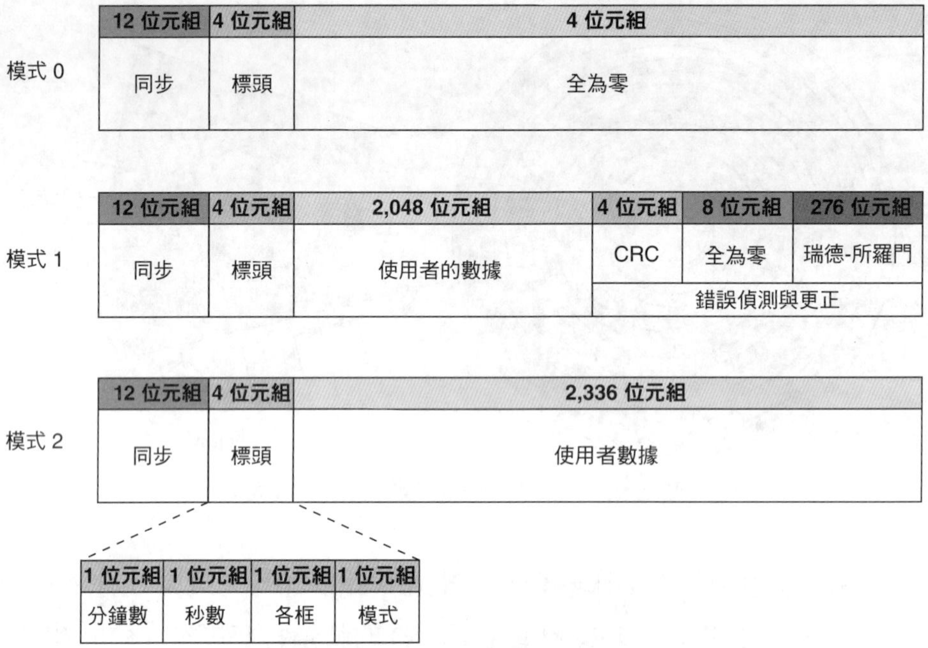

圖 7.20 CD 數據扇區的格式

始與停止時間的）P 與（包含控制資訊的）Q 以外只在音訊的應用中有意義。

大部分 CD 以**固定線性速度** (constant linear velocity, CLV) 運作，表示扇區經過雷射的速率不論其位置靠近碟片的開頭或末端都會是固定的。維持這種固定速度的方式是在存取較外側軌道時則以較慢的速度旋轉。扇區可以依在它與碟片開頭（最中心處）間的軌道的分鐘與秒的數值來定址。這些「分鐘與秒」的數值是根據 CD 播放器每秒處理 75 個扇區來測定的。計算機的 CD-ROM 機制遠較這個速度為快，是音訊 CDs 速度的 52 倍，達 7.8MBps（未來速度一定還會更快）。要定位到特定扇區時，載運橇依其最佳預測的扇區位置沿碟片軌道的垂直方向移動前往。在讀取到任意扇區後，讀寫頭即循著軌道前往所欲的扇區。

扇區的格式依用以記錄數據的模式不同而有三種。而模式共有三種：用於記錄音樂的模式 0 與 2 不具錯誤修正能力；用於記錄數據的模式 1 具有兩種不同層次的錯誤偵測與修正能力。這些格式表示於圖 7.20 中。以模式 1 記錄的 CD 總容量是 650MB。模式 0 與 2 可容納 742MB，但是無法用來作為可靠的數據記錄。

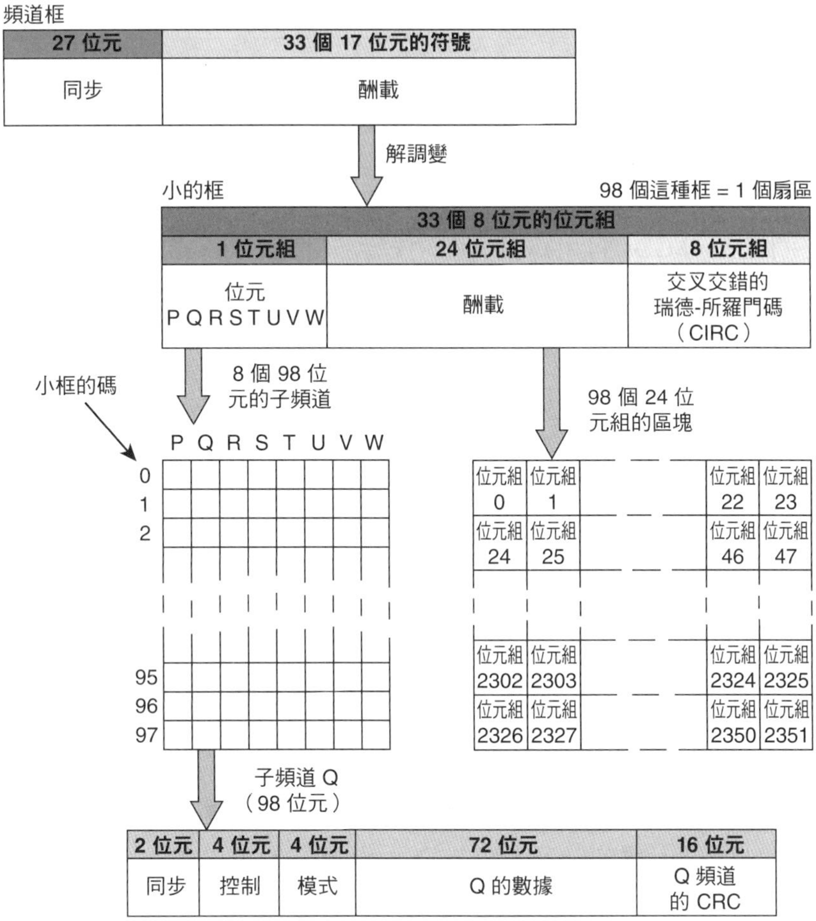

圖 7.21 CD 的實體與邏輯格式

如果 CD 的錄製內容分成多個**段落** (sessions) 時軌距可以大於 1.6μm。音訊 CDs 上面記錄的是許多首歌，如果從下方觀察，看起來好像有好幾個寬寬的同心圓。在 CD 也被用於儲存數據時，音樂的「記錄的段落」作法也（毫不修改地）沿用到數據的記錄的段落中。CDs 上可有多達 99 個段落，各段落前方有一個 4,500 個扇區（1 分鐘）且包含段落內數據的目錄導入 (lead-in) 部分及後方有一個 6,750 或 2,250 個**扇區的導出** (lead-out 或 runout) 部分（碟片上第一個段落的導出部分是 6,750 個扇區，之後段落的導出部分則較短）來劃分界限。在 CD-ROMs 上，導出部分用於存放區段內數據的目錄資訊。

7.7.2 DVD

數位多功能碟片 (digital versatile discs, DVDs) [之前稱為**數位視訊碟片** (digital video discs)] 可以看成是四倍密度的 CDs。DVDs 以大約三倍於 CDs 的速度旋轉。DVD 的凹處大小約為 CD 凹處的一半 (0.4μm 至 2.13μm)，軌距為 0.74μm。它們也如同 CDs 有可錄製與不可錄製的種類。和 CDs 不同的是 DVDs 可以是單面或雙面，以及單層或雙層的。各層可經由調整雷射焦距來存取，如圖 7.22 所示。單層、單面的 DVDs 可儲存 4.78GB，而雙層、雙面的 DVDs 可容納 17GB 的數據。儲存音樂、數據與視訊的 DVD 扇區格式都是同樣的 2,048 位元組格式。預期具有更大數據密度與更高存取速度的 DVDs 在長期的數據保存與傳遞上終將取代 CDs。

DVD 在很多方面改善了 CD，其中很重要的一項是 DVD 使用 650nm 的雷射而 CD 使用 780nm 的。這表示 DVD 上的特性尺寸可以更小，因此每個位元在軌道上所占的線性長度較短：DVD 上最短的凹處長度是 0.4μm 而 CD 上的是 0.83μm。DVD 的軌道也可靠得更近：DVD 上的軌距是 0.74μm 而 CD 上的是 1.6μm。這表示 DVD 上的螺旋軌道更長：記得 CD 上的軌道長度約有 5 哩（8 公里），相較之下，DVD 的軌道長度可達 7.35 哩（11.8 公里）。

第二個重大改進是 DVD 軌道格式較 CD 者遠為精簡。此外，DVD 有較 CD 者遠為有效率的錯誤修正演算法。DVD 的錯誤修正能夠使用比 CD 少許多的額外位元而提供更好的保護。

DVD 具有更大的數據密度與更高的存取速度，可使它成為理想的長期數據保存與檢索的媒體。不過其他相當有競爭力的媒體還有許多。

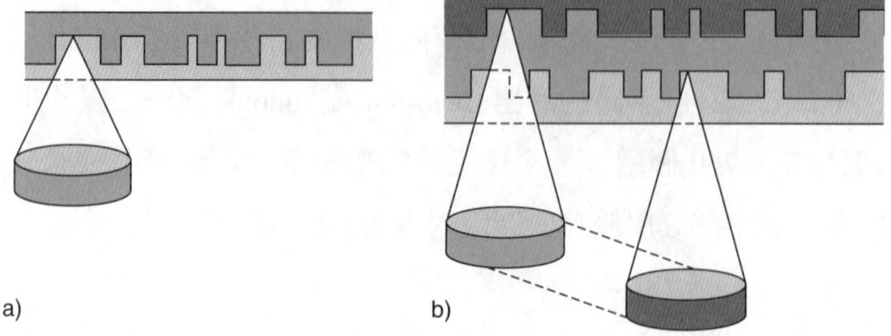

圖 7.22 聚焦在 a) 單層 DVD 與 b) 雙層 DVD、一次讀取一層的雷射

7.7.3 藍紫雷射光碟

如果 DVD 的 650nm 雷射可以提供 CD 的 750nm 雷射兩倍的記錄密度，那麼藍紫光雷射 405nm 的波長可以打破更多限制。邇來的雷射科技發展提供我們可以整合在許多消費性產品中的平價藍紫光雷射碟片機制。兩種不相容的藍紫光碟格式 **Blu-Ray** 與 **HD-DVD** 在 2000 年代中期競逐市場主導地位。它們各有優勢：HD-DVD 與傳統 DVDs 可向後相容，而 Blu-Ray 的儲存容量較高。

Blu-Ray Disc 格式是由九個消費性電子製造商的協會 Blu-Ray Disc Association 所研擬。這個由 MIT 帶領的團體包括如 Sony、Samsung 與 Pioneer 等著名公司。Blu-Ray 碟是 120mm、數據寫在一條螺旋軌道上的塑膠碟片。軌道上凹處的最小長度是 0.13nm，軌距是 0.32nm。單層碟的總記錄容量是 25GB。許多層可「堆疊」在碟片中（本書撰寫時可到達六層），不過家庭用的碟片還是只有兩層。Blu-Ray 最終因為 Sony 在電影工業中的主導性，特別是因為非常流行的 PlayStation 3 的推出而且它採用 Blu-Ray 碟來儲存數據，而在藍紫光碟格式的競爭中勝出。

對工業等級的數據儲存，Sony 與 Plasmon Corporation 都推出了特別設計來作數據儲存建檔的藍光雷射媒體。兩種產品都是為了大型數據中心作設計，因此都對傳輸速度做最佳化（已驗證的上傳速度是 6MB/s）。Sony 的 **Professional Disc for Data** (PDD) 與 Plasmon 的第二代 **Ultra Density Optical** (UDO-2) 碟分別可存放高達 23GB 與 60GB 的數據。

7.7.4 光碟記錄方法

許多種技術可用於錄製 CDs 與 DVDs。最低價的——最常用的——方法使用熱感染料。CD 中染料夾在塑膠底盤與反射塗面之間。在被雷射光照射到時，染料在塑膠底盤上產生一個凹處。這個凹處會影響反射塗面的光學性質。

可重複寫入的光學媒體如 CD-RW 等將 CD-R 中的染料與反射塗層代之以含有銦、碲、銻、銀等元素的金屬合金。在未被改變的狀態下，這種金屬塗布對雷射光具反射性。在被雷射加熱到 500℃時，其發生分子變化，變得較不具

反射性 [化學家與物理學家稱這個現象為**相變** (phase change)]。塗布在溫度下降到 200℃時回復到原來的反射狀態，如此可以改變其代表的數據無數次（不過業界專家提醒相變 CD 可能「只」能重複記錄 1,000 次）。

通常用於大型系統中的 WORM 機制使用較一般個人用的系統中的能量更高的雷射來記錄數據。之後讀取數據時則可使用較低能量的雷射。高能量雷射可以作不同方式——也更耐久——的數據記錄。其中的三種方法是：

- **改變構造** (Ablative)：高能量雷射在碟片的保護層之間的反射金屬塗布上熔出一個凹處。
- **雙金屬合金** (Bimetallic Alloy)：有兩層金屬封在碟片表面的保護塗層間。雷射將兩層金屬燒熔在一起，使得下層金屬的反射性改變。雙金屬合金 WORM 碟製造商聲稱這樣的媒體可保持其完整性達 100 年。
- **泡泡形成** (Bubble-Forming)：有一層對溫度敏感的物質夾在兩層塑膠間。雷射光打到它時，物質中會形成泡泡，造成反射性改變。

雖然 CD-R 與 CD-RW 碟片也能採用與 CD-ROM 相同的框格式，它們在有些 CD-ROM 機器中無法被讀取。不相容的原因是因為 CD-ROMs 是將全部內容一次全部寫（或壓）完；而 CD-Rs 與 CD-RWs 則與軟碟一樣最大的價值在於可以逐漸寫入。最早的 CD-ROM 規格 ISO 9660 假設全部內容都一次就錄製完成，因而不允許碟片上有多於 99 個段落。既然知道 ISO 9660 中的限制縮小了 CD-R 與 CD-RW 的使用範圍，相關的主要製造商就組織了一個協會來因應這個困境。在他們的努力之下提出了**通用碟片格式規格** (Universal Disk Format Specification)，允許碟片上有不限數目的段落。這個新格式的關鍵點是將每一段落相關的目錄代之以浮動式的目錄這種作法。浮動式目錄稱為**虛擬配置表** (virtual allocation table, VAT)，在碟片上放置的位置是在最後一個使用者數據的扇區之後的導出部分中。在新的數據又再加入到上次寫入的數據之後時，VAT 就會再次寫入到新數據之後。這個過程可以持續到 VAT 已經寫到碟片上的最後一個扇區為止。

7.8 磁帶

磁帶在所有大量儲存用的設備中是最古老也最合算的。第一代的磁帶以與類比式磁帶機所使用者相同的材料製成。半吋 (1.25cm) 寬的多細胞醋酸鹽薄膜的一面塗布了磁性氧化物。1,200 呎長的這種材料卷成一卷，使用時在磁帶機上以手動方式將它引導就位。磁帶機的大小有如小型冰箱（按：美國一般家庭中的小型冰箱可不小）。早期的磁帶容量頂多 11MB，但是需要大約半小時才能讀或寫完整卷。

數據一次一個位元組地寫入磁帶，其中每個位元都寫在不同的軌道上。另外加上一條做同位的軌道，因此磁帶上共有九條軌道，如圖 7.23 所示。九軌的磁帶以相調變方式編碼並採奇同位。奇位元保證了在資料庫數據中常見的長串零（沒數據）情形下至少還會有一個「逆向」的磁通變化。

多年來磁帶技術的演進顯著，製造商不斷地在每一吋帶子中放進更多數據。高容量磁帶不但在購買與儲存上更為經濟，讀寫的速度也會更快。這表示如果系統在備份檔案時一定要離線的話，離線的時間將可以更短。如果數據在寫入磁帶前可以先壓縮那就更經濟了（見章末的「專論數據壓縮」）。

這些創新的磁帶技術導致的代價是出現了太多的標準與個人或機構專有的技術。各種尺寸與容量的卡帶取代了九軌的磁帶卷。類似於數位錄製用磁帶上

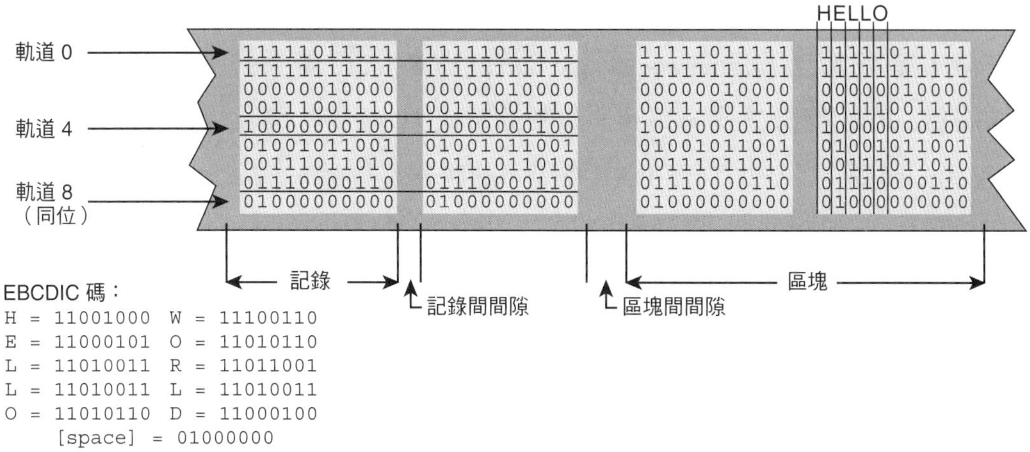

圖 7.23 九軌磁帶格式

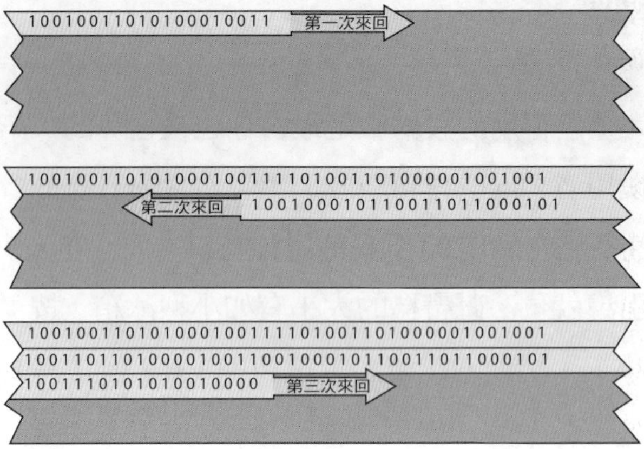

圖 7.24 以蛇形方式記錄的磁帶上 3 次記錄的來回

所使用的薄膜塗料也取代了氧化物塗料。不同的磁帶可能支援不同的軌道密度與採用蛇形或螺旋形掃描的記錄方式。

蛇形的 (serpentine) 錄製方式在磁帶上循序地擺放位元。不同於九軌格式中每一個位元組都擺放成垂直於磁帶的邊緣，位元組中的位元乃至於連續的位元組都是平行於磁帶的邊緣「一路向前」擺放下去。一串數據逐位元地沿著磁帶的方向寫下去直到磁帶的盡頭；接著磁帶反向轉動，下一軌緊貼著先前軌道的下方寫入（見圖 7.24）。過程繼續直到磁帶中所有軌道都寫滿為止。**數位線性磁帶** (digital linear tape, DLT) 與**四分之一吋卡帶** (quarter inch cartridge) 使用蛇形的錄製方式，磁帶上有 50 或更多條軌道。

數位音訊磁帶 (digital audio tape, DAT) 與 8mm 磁帶系統採用**螺旋形掃描** (helical scan) 的錄製方式。在其他錄製的系統中，磁帶以類似錄音機的方式直接經過一個固定的磁頭。而 DAT 系統中的磁帶是經過一個如圖 7.25 所示、具有兩個讀取頭與兩個寫入頭的斜置且可旋轉的鼓狀物 [**旋轉轆轤** (capstan)]（在錄製過程中，讀取頭在數據一寫入就驗證其完整性）。旋轉轆轤向磁帶行進方向相反的方向以 2,000rpm 旋轉（這種構造與 VCR 中所用的機構類似）。兩個讀／寫頭組件以彼此呈 40 度角來錄製數據。兩個頭寫入的數據重疊在一起，因此增加了錄製的密度。螺旋形掃描的系統速度較慢，使用的磁帶也較磁帶行進路徑相對單純的蛇形系統容易磨損。

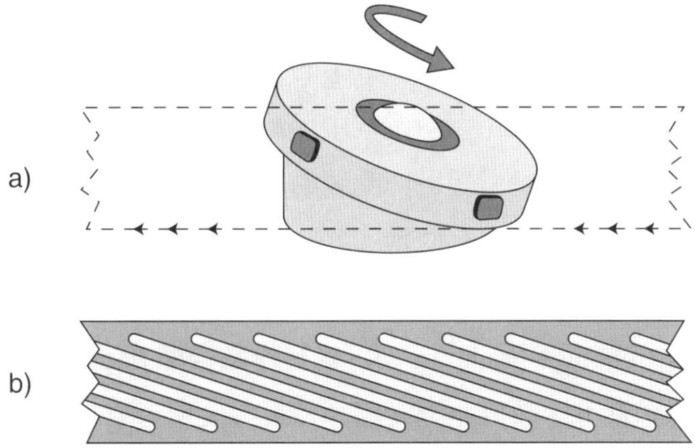

圖 7.25 螺旋形掃描的記錄方式。a) 在旋轉轆轤上的讀／寫頭；b) 寫在磁帶上數據的樣式

LTO：線性磁帶開放 (Linear Tape Open)

多年以來，製造商小心保護他們磁帶機中使用的技術，造成用於一種品牌磁帶機的磁帶無法用於其他機種。有時甚至同一品牌的不同機型都不相容。瞭解這種情況對任何人都沒有好處之後，Hewlett-Packard、IBM 與 Seagate Technologies 在 1997 年共同擬定一個稱為**線性磁帶開放** (Linear Tape Open) 或簡稱 LTO 的磁帶格式最佳形式的開放規格。在一個少見的競爭廠商間的協力合作之下，LTO 的軌道格式、卡匣設計、錯誤修正演算法與壓縮方法都結合了每一家製造商最好的想法。LTO 是希望被設計成便於在未來數個「產品世代」中作改良，每一個世代的容量希望可以是上一個世代中的加倍。世代 5 在 2010 年推出，這種磁帶在不作壓縮下的容量與傳輸率分別可達每秒 1.4TB 與 280MB，而且高達 2：1 的壓縮應可達成，使容量與傳輸率可再加倍。

LTO 的可靠性與可管理性遠優於之前所有格式。深度錯誤修正演算法確保爆量式錯誤與單位元錯誤同樣可以復原。卡帶中的記憶電路可儲存包括使用過的次數、磁帶中出過錯的位置與類型與這卷卡帶中儲存的數據的目錄。LTO 與 DAT 一樣都是採同時讀／寫的手段來確保數據的可靠性。在這過程中發現的錯誤會記錄在卡帶記憶體中以及磁帶本身上。之後數據會重新記錄到磁帶的好的區段上。由於 LTO 的優越可靠性和高數據密度與傳輸率，已廣受製造商支持及消費者肯定。

磁帶儲存體自始就是大型主機環境中的主要機制。磁帶能以廉價提供似乎「無窮盡」的儲存量。它們在大型系統中仍舊是檔案保存與系統備份的主要媒體。雖然這種媒體本身不貴，編目與處理的成本卻相當高，尤其是在磁帶庫中存在成千上萬卷磁帶的時候。有些廠商體認到這個困難，因此設計出各種能夠在數秒內按目尋找、擷取與載入磁帶的機械設備。在很多數據中心都可見到這種**機械式磁帶庫** (robotic tape libraries)，也稱作**磁帶櫃** (tape silos)。最大型的機械式磁帶庫系統容量可達數百兆位元組，並可在使用者要求下半分鐘不到即載入卡匣。

磁帶的長遠的未來

由於磁帶被認為是「老技術」，有些人認為它已在現代計算領域失去角色。加之有些磁帶卡匣的價格超過 US$100，更易使人覺得碟片儲存體在每百萬位元組的成本低於磁帶。這種「淺顯」的看法肇因於碟 - 對 - 碟的備份方式較碟 - 對 - 帶的備份方式可省下一大筆金錢。

的確，碟 - 對 - 碟的「熱」鏡像備份（「hot」 mirroring）是在超高可用度構造中唯一的作法。這種構造含有一組與主要碟片機完全相同、先後做更新的備份碟片機。鏡像備份的碟片甚至可位於距數據中心數哩之遙的安全地點。如果數據中心發生重大事故，仍可有一份數據保存下來。

僅僅倚賴碟 - 對 - 碟備份的最大顧慮在於仍然沒有數據的存檔備份。磁帶備份一般會遵循輪流的排程：除了不少次的每週或每日備份外，還會執行二、三次的月份備份並輪替移地存放。每套系統依據數據的重要性、數據更新的頻繁性 [其**變動性** (volatility)] 以及複製數據至磁帶上所需時間等若干因素來決定磁帶輪替的排程。因此異地備份中最早的情境可能是數個月前錄製的。

這樣的「古老」數據拷貝可用以恢復因人為及編程錯誤導致損毀的資料庫。例如，破壞性的錯誤可能要在程式誤動作數日或數週後才被發現。資料庫鏡像備份的拷貝可能與主要數據集含有相同的錯誤數據，因而在修復錯誤上並無幫助。如果備份能恰當地處理，很有機會至少可以從更早的備份磁帶恢復部分數據。

有些人抱怨將數據寫入磁帶需時太久而且交易活動無法暫停太久來複製數據入磁帶：**備份窗** (backup window) 時間不足。人們免不了會認為如果碟 - 對 - 碟備份窗的時間不足，那可能以磁帶作備份也應不行。不過磁帶機的傳輸率與磁碟的傳輸率相當；如果在數據寫入磁帶之前作壓縮，則磁帶的傳輸率更優於磁碟。如果對磁碟或磁帶的備份的備份窗都太小，則應採用鏡像備份的方法——由鏡像數據組作備份。這種方法稱為**碟 - 對 - 碟 - 對 - 帶** (disk-to-disk-to-tape, D2D2T) 備份方法。

另一項考慮是判斷儲存媒體的成本與儲存於其中的數據的價值是否契合的**資訊生命週期管理** (information lifecycle management, ILM)。最重要的數據應該儲存於最方便存取且可靠的媒體中。像是美國 2002 年的 Sarbanes-Oxley 法案與國稅局 (Internal Revenue Service) 法規需要作長期大量的數據保存，不過如果沒有急迫的事務性需要而必須做立即的數據存取，那為什麼要將數據保存在線上呢？ILM 的實務指出有時數據需要加密、由原有儲存體中移除、置於庫房中。大部分機構中的設備管理也應該明智地不要把價值 $10,000 的磁碟陣列送到異地去無限期地保存。

因為這些原因，磁帶在很多年之內持續會是建檔用的最佳媒體。在你檢索數據時相較於多年前它們是記錄於磁碟儲存體中，使用磁帶的成本可說是合算多了。

7.9 RAID

在 IBM 推出 RAMAC 計算機之後的 30 年間，只有最大型的計算機配備具有磁碟儲存系統。早期的磁碟機非常昂貴而且相對於它們的儲存量占用了太多地板面積。它們也需要嚴格控管的環境：溫度太高會損壞控制電路，濕度太低則會導致靜電累積、可能干擾磁碟表面的磁場極化過程。磁頭刮損以及其他無法回復的故障造成商業、科研與學術等方面生產力上難以估計的損失。發生在一天快結束時的磁頭刮損會造成所有數據都必須由上次備份時——通常是前一天晚上——重新產生起。

明顯地，這種情況令人難以接受而且在大家都越來越倚賴電子式的數據儲存的情況下，事情一定會變得更嚴重。一個徹底解決問題的方法久久未曾出現。畢竟，我們不是已經盡可能地把磁碟做得可靠了嗎？不過其實把磁碟本身做得更可靠只解決了一部分的問題。

在 University of California at Berkeley 的 David Patterson、Garth Gibson 與 Randy Katz 發表於 1988 年的論文「A Case for Redundant Arrays of Inexpensive Disks」中訂出了 **RAID**（按：意為冗餘廉價磁碟陣列）這個英文字首縮寫。他們說明大型主機的磁碟系統如何使用一些「廉價」的小磁碟（像那些微計算機中使用的）而不是大型系統通常採用的**單一大型高價磁碟** (single large expensive disks, SLEDs) 而可以同時獲得可靠度與效能的改善。因為廉價這種說法是相對性的而且可能誤導，現在這個英文字首縮寫的恰當意義一般已將之視為冗餘獨立磁碟陣列（按：譯者認為廉價是這個設計中很重要的特性及優點，而且陣列中各磁碟在許多 RAID 組態中運用上並不完全彼此獨立，因此名稱仍應為冗餘廉價磁碟陣列，稱 I 代表 independent 反而不宜）。

Patterson、Gibson 與 Katz 在他們的論文中定義了五種型態（稱為等級 levels）的 RAID，每一種各有不同效能與可靠度特性。這幾個原有的等級分別編以 1 至 5 號。RAID 階等級 0 與 6 是稍後才提出的。各個製造商也發明出通常是組合已廣為接受的 RAID 等級的其他等級；這些在未來也可能成為新的標準。本節簡要地分別檢視七個 RAID 等級以及一些組合不同 RAID 等級來滿足特定效能或可靠度目標的混合式系統。

每一個企業等級儲存系統的製造商都提供至少一種 RAID 產品。但是並非所有儲存系統都自動受到 RAID 保護。不具備 RAID 保護能力的系統稱為**僅是一組磁碟** (just a bunch of disks, JBOD)。

7.9.1 RAID Level 0

RAID 等級 0 或 RAID-0 將數據區塊以橫跨多個磁碟表面的帶狀形式將一筆記錄放置於多個磁碟表面的許多扇區中，如圖 7.26 所示。這方式也稱為**磁碟機橫跨** (drive spanning)、區塊交錯數據帶狀處理或**磁碟帶狀處理** (disk striping)

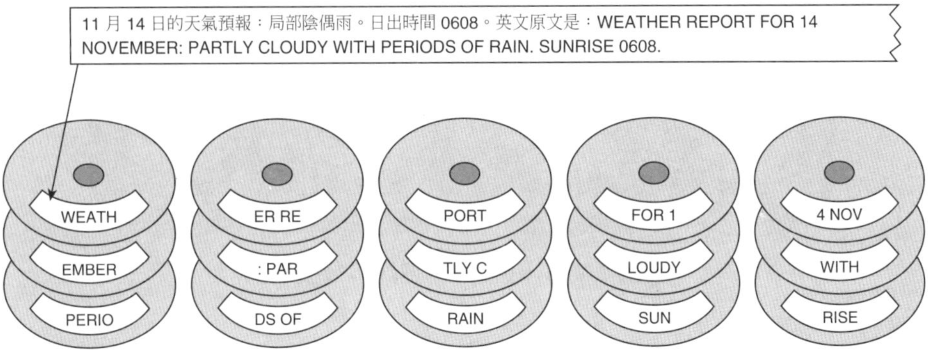

圖 7.26 一個使用 RAID-0 寫入的記錄，數據以帶狀的形式無冗餘地作區塊交錯

（帶狀處理就是將邏輯上循序的數據分段並將各段跨寫在多個實體設備中。這些段落可以小至一個位元、如在 RAID-0 中，或是其他特定的大小）。

由於在所有 RAID 形式中 RAID-0 並不提供冗餘，因此它的效能最佳，特別是在每個磁碟個別使用了控制器與快取的情形下。RAID-0 也非常廉價。它的問題在於系統的整體可靠性僅及單一磁碟的一部分。明確地說，如果陣列中含有五個磁碟、每一磁碟的生命期設計是 50,000 小時（約為六年），則整體系統的期望生命期設計是 50,000/5 = 10,000 小時（約為 14 個月）。磁碟數量更多時故障的機率將會提高，並且更偏向於時間一到事情一定會發生。RAID-0 由於不具備冗餘因此沒有容錯能力。它唯一的優勢是效能。其缺乏可靠性極為可怕，建議在數據需要高速的讀寫且不具關鍵性（或不常變動且固定做備份時）、或影響不大、或用於譬如視訊與影像編輯時才採用 RAID-0。

7.9.2 RAID Level 1

RAID 等級 1 或 RAID-1 [亦稱**磁碟鏡像複製** (disk mirroring)] 在所有 RAID 方式中提供最佳故障保護。每當數據寫入時會同時複製在另一組稱為**鏡像組** (mirror set) 或**影子組** (shadow set) 的磁碟中（如圖 7.27 所示）。這種方式提供可接受的效能，特別是在鏡像磁碟與主磁碟在旋轉角度相差 180° 同步旋轉的情形下。雖然寫入的速度（由於需要寫入二次而）較 RAID-0 為慢，讀取卻因為可以由較接近欲讀取扇區的磁頭來讀取而快多了：這個作法在讀取時將旋轉延

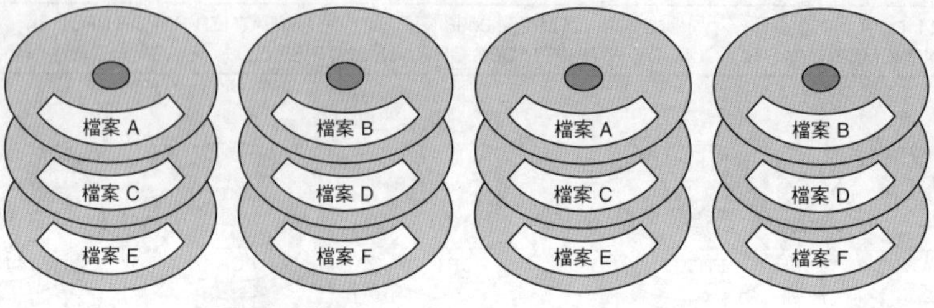

圖 7.27 RAID-1，磁碟鏡像複製

遲降低了一半。RAID-1 最適用的情形是對交易性的、高可用度環境的與其他需要高容錯力如會計或薪資處理等的應用。

7.9.3 RAID Level 2

RAID-1 的主要缺失在於成本太高：需要兩倍的磁碟空間以存放一份數據。更好的方式可能是將一或多個磁碟用來存放與其他磁碟中的數據有關的（容錯）資訊。RAID-2 定義了一個這樣的方法。

RAID-2 將數據帶狀處理的想法發揮到極致。與其將數據以任意的區塊大小寫入，RAID-2 以一位元的區塊大小作帶狀寫入（如圖 7.28 所示）。這樣會需要至少八個碟片才足以容納數據。另以額外的磁碟機存放以漢明碼產出的錯誤修正資訊，要修正一個錯誤所需的漢明碼使用的磁碟機數量正比於要保護的數

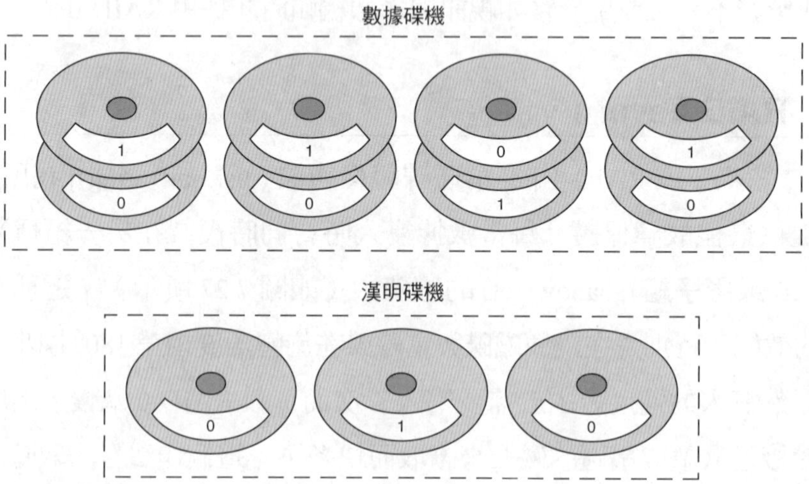

圖 7.28 RAID-2，數據配以漢明碼以位元交錯的方式作帶狀寫入

據磁碟機數量的對數。如果這組磁碟機中任何一個失效，漢明碼字組即可用於修正失效機體的內容（顯然地，漢明碼磁碟失效時亦可經由數據磁碟修正其內容）。

由於每一筆數據僅在一個磁碟中寫入一個位元，整個 RAID-2 磁碟機組看起來就好像是一個大的磁碟機，可用的總儲存量即是數據磁碟機儲存量的總和。所有的磁碟機——包括存放漢明碼者——必須完全同步，否則數據被弄混而漢明碼也無所用武了。產生漢明碼相當耗時；因此 RAID-2 對大部分商用機器太過緩慢。事實上，大部分現在的硬碟機具有內建的 CRC 錯誤修正能力。不過 RAID-2 在理論上銜接了 RAID-1 與 RAID-3 的作法，而上述二者都有實際的應用。

7.9.4 RAID Level 3

RAID-3 與 RAID-2 一樣以一個磁碟一個位元的方式帶狀地（即交錯地）將一筆數據跨存於所有磁碟機上。不過與 RAID-2 不同的是，RAID-3 只用了一個磁碟來存放單純的同位位元，如圖 7.29 所示。同位計算（設為偶同位）可如下式經由硬體對每一數據位元（以 b_n 表示）作互斥或 (XOR) 運算快速地完成：

$$\text{Parity} = b_0 \text{ XOR } b_1 \text{ XOR } b_2 \text{ XOR } b_3 \text{ XOR } b_4 \text{ XOR } b_5 \text{ XOR } b_6 \text{ XOR } b_7$$

或是

$$\text{Parity} = (b_0 + b_1 + b_2 + b_3 + b_4 + b_5 + b_6 + b_7) \bmod 2$$

一個失效磁碟的內容可經由同樣計算回復。例如，第 6 號磁碟失效並需替換，則其他七個數據磁碟與同位磁碟可用於如下的計算：

$$b_6 = b_0 \text{ XOR } b_1 \text{ XOR } b_2 \text{ XOR } b_3 \text{ XOR } b_4 \text{ XOR } b_5 \text{ XOR Parity XOR } b_7$$

RAID-3 也與 RAID-2 般需要冗餘與同步，但是其僅以一個位元來作數據保護，較 RAID-1 或 RAID-2 都更經濟。RAID-3 被一些商品化的系統採用多年，可惜它並不適用於交易導向的應用。RAID-3 在例如影像或視訊應用的這些讀寫大型區塊的環境中最為適用。

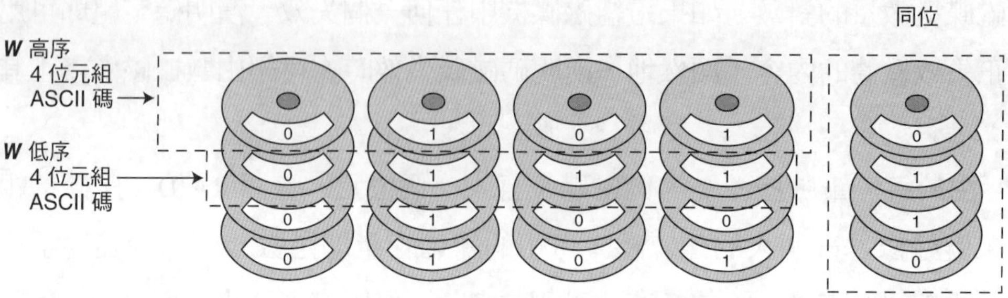

字母	ASCII	同位（偶）	
		高序 4位元組	低序 4位元組
W	0101 0111	0	1
E	0100 0101	1	0
A	0100 0001	1	1
T	0101 0100	0	1
H	0100 1000	1	1
E	0100 0101	1	0
R	0101 0010	0	1

圖 7.29 RAID-3，數據配以一個同位磁碟以位元交錯的方式作帶狀寫入

7.9.5 RAID Level 4

RAID-4（與 RAID-2 一般）是另一個「理論上的」RAID 等級。在 Patterson 等人的說法中 RAID-4 真的做出來的話效能將不佳。RAID-4 陣列和 RAID-3 一樣包含一組數據磁碟與一個同位磁碟。RAID-4 並不將數據一個個位元地跨寫入所有磁碟中，而是如 RAID-0 般以固定大小的帶狀將數據寫入，形成橫跨所有磁碟的帶狀。而帶狀數據中的位元彼此 XOR 之後產生帶狀同位位元。

你可以將 RAID-4 想像成具有同位的 RAID-0。不過加上同位資訊會導致搶著使用同位磁碟時造成的顯著效能損失。例如，假設我們要寫入一片橫跨五個磁碟的帶狀（四個用於存放數據、一個存放同位位元）中的第三個磁碟上的數據（稱為 Strip 3），如圖 7.30 所示。首先我們必須讀取目前 Strip 3 中的數據以及對應的所有同位位元。原有的相關數據需與新數據作互斥或以求出新的同位。接著新數據與同位位元都要分別寫入。

想像一下如果我們正忙著處理這些在同位區塊中的位元時還有其他等待中的寫入請求、譬如一個要寫入 Strip 1 而另一個要寫入 Strip 4 的話，會發生什麼事？如果我們採用的是 RAID-0 或 RAID-1，上述兩個等待中的請求都可以與

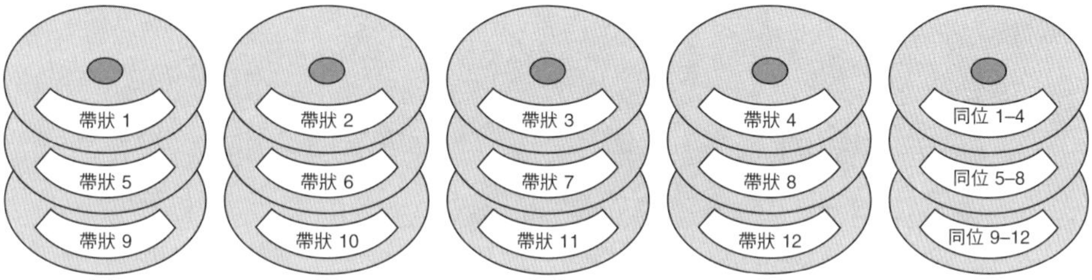

同位 1–4 =（帶狀 1）XOR（帶狀 2）XOR（帶狀 3）XOR（帶狀 4）

圖 7.30 RAID-4，數據配以一個同位磁碟以區塊交錯的方式作帶狀寫入

Strip 3 的寫入同時進行。所以同位磁碟會形成瓶頸，將多個磁碟系統所有可能提供的效能增益都減損掉了。

有些文章建議 RAID-4 的效能可以透過將帶狀的寬度最佳化成所儲存數據的一筆數據的大小來提升。然而，這麼做對數據以相同大小的記錄呈現的應用（譬如語音或視訊處理）可能是正確的；不過大部分資料庫應用中涉及大小變異很大的記錄，使得想要對資料庫中任何比例夠高的記錄訂出「最佳的」大小都不可能辦到。由於難以期望 RAID-4 能有好的效能表現，它並不適用於商品化中。

7.9.6 RAID Level 5

大部分人同意 RAID-4 足以提供單一磁碟失效的保護。不過同位磁碟導致的瓶頸問題使得 RAID-4 不適用於需要有高交易處理量的環境中。當然，如果作一些負載平衡來將同位資訊寫入多個磁碟中而不是只有一個，處理量就可以提高些。RAID-5 就是這樣做的。RAID-5 是將同位磁碟從唯一一個變成分散在所有陣列中的磁碟上的 RAID-4，如圖 7.31 所示。

RAID-5 能夠平行地處理一些服務要求，因此在所有提供同位功能的形式中具有最好的讀取處理量，與可接受的寫入處理量。例如，在圖 7.31 中，磁碟陣列可以同時處理磁碟 4 中 Strip 6 與磁碟 1 中 Strip 7 的寫入，因為這兩個動作牽涉到的數據與同位資訊用到的都是不同的磁碟讀寫頭。不過 RAID-5 在所有等級中需要用到的磁碟控制器是最複雜的。

相較於其他 RAID 系統，RAID-5 以最低的付出卻能提供很高的保護。因此

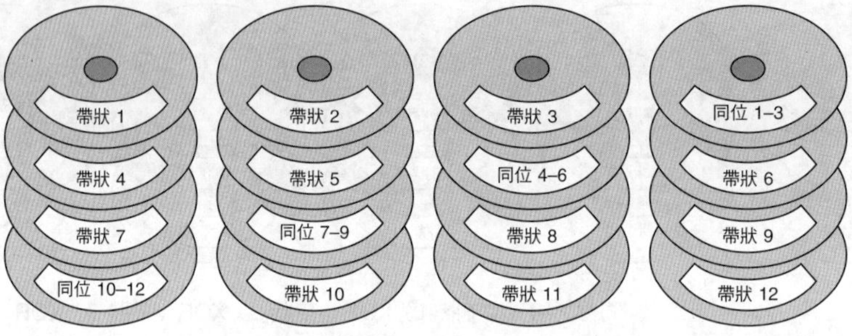

圖 7.31 RAID-5，數據以及分散的同位以區塊交錯的方式作帶狀寫入

其有很成功的商品應用，在所有 RAID 系統中有最高的裝機數。建議的應用範圍包括檔案與應用伺服器、電子郵件與新聞伺服器、資料庫伺服器與網路伺服器。

7.9.7 RAID Level 6

之前談到的大部分 RAID 系統一次最多可以容忍一個磁碟錯誤。不過麻煩的是在大型系統中磁碟機的錯誤往往叢集地發生。理由有兩個：首先，大約同時製造的磁碟機也會大約同時接近生命末期。因此如果你被告知你的新磁碟機有六年的可用壽命，你可預期六年後會出現問題，可能還是同時出現多個磁碟的問題。

第二，磁碟機失效往往是由重大災難事件如電壓遽增所造成。電壓遽增在同時間加諸所有磁碟，最脆弱的磁碟機先故障、接著第二個、……。接連發生的像這樣的故障可能持續數日甚至數週。如果它們竟然在包括通知時間和人員差旅期間的修復的平均時間之內 (MTTR) 就發生了，則在第一個故障排除前第二個磁碟可能也故障了，導致整個陣列無法修復因而無可利用。

需要具備高可用度的系統必須能夠容忍多於一個磁碟發生故障，特別是在 MTTR 值很高的情況下。如果所有陣列都可以設計成可容忍兩個磁碟機同時故障，則等於可容許兩倍時間的 MTTR。RAID-1 就具有這種存活力；其實，只要一個磁碟與它的鏡像磁碟沒有同時故障，RAID-1 陣列可以在一半磁碟故障時仍維持運作。

RAID-6 在多磁碟故障的情況下提供一種經濟的解法。其對每一**橫列**（rank，或水平列）的磁碟機使用兩組錯誤修正的帶狀資訊。更進一層的保護是在同位之外還使用了瑞德 - 所羅門 (Reed-Solomon) 錯誤修正碼。在每一個數據帶中使用兩組錯誤偵測的帶狀資訊的確增加了儲存負擔：如果數據在不受保護時儲存量占用 N 個磁碟，加上 RAID-6 保護時則需 N ＋ 2 個磁碟。RAID-6 因為使用 2 維同位造成寫入時的效能低落。RAID-6 的構造表示於圖 7.32 中。

直到最近，RAID-6 長久以來都沒有商品應用。其理由有二：首先，使用 Reed-Solomon 碼會在儲存需求上產生相當的額外負擔懲罰。其次，更新磁碟上的錯誤修正碼需要用到兩倍之多的讀／寫動作。而 IBM 首先將 RAID-6 應用在它的 RAMAC RVA 2 Turbo 磁碟陣列中。RVA 2 Turbo 陣列透過將磁碟帶狀資訊的運作「記錄 (logs)」保存於磁碟控制器內的快取記憶體中來消除 RAID-6 的寫入懲罰。數據記錄讓陣列得以一次處理一片帶狀的數據，並只在整個帶狀的數據寫入磁碟之前才計算所有的同位與錯誤修正碼。在作這樣的更新前數據一定不會重複寫入它所處的帶狀區域中；一旦需變動的帶狀區域被寫在別處（即指磁碟快取中），其原先所處的帶狀位置即被標記為可用空間（亦即不會在這裡作相關的讀寫）。

7.9.8 RAID DP

一個新近的 RAID 技術中使用一對同位區塊來保護重疊的各組數據區塊。這個方法的名稱因不同磁碟機製造商而異（製作的方式亦會稍有不同）。在本

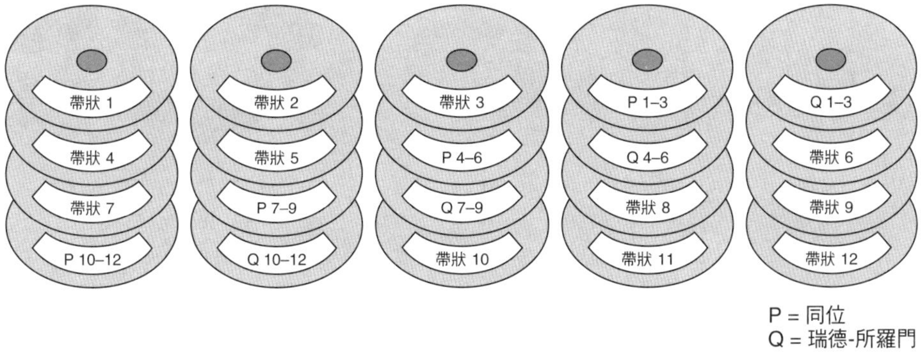

圖 7.32 RAID-6，數據以及兩重錯誤保護以區塊交錯的方式作帶狀寫入

書寫作時最普遍的名稱似乎是**雙同位 RAID** (double parity RAID, RAID DP)。文獻中出現過的其他名稱包括**偶奇** (EVENODD)、**對角同位** (diagonal parity RAID，也叫 RAID DP)、**RAID 5DP**、**先進數據保衛 RAID** (advanced data guarding RAID, RAID ADG) 或是——弄錯了的！——RAID 6。

基本的想法是任何單一磁碟的數據區塊都受到兩個線性互相獨立的同位函數的保護。RAID DP 像 RAID 6 一樣能容忍同時折損兩個磁碟機而仍可復原數據。在圖 7.33 中，注意在磁碟 P1 中每一個 RAID 表面的內容都是它左側相同水平位置所有磁碟表面的內容的函數。例如，AP1 是 A1、A2、A3 與 A4 的函數。P2 的內容是不同對角線上各個表面內容的函數。例如，BP2 是 A2、B3、C4 與 DP1 的函數。注意：AP1 與 BP2 在使用 A2 上有重疊。這樣的重疊使得任何兩個磁碟機都可以透過反覆恢復重疊表面內容來重建。這樣的過程表示於圖 7.34 中。

因為這樣的兩個同位函數，對包含許許多多實體磁碟的陣列，RAID DP 比僅使用單純同位保護的 RAID 5 能提供更可靠的保護。依製造商的喜好，數據可以以帶狀或區塊狀作單元。單純的同位函數遠較 RAID 6 中 Reed-Solomon 更正碼的運算效率為高。不過 RAID DP 的寫入效率因為需要雙重的讀取與寫入，多少還是比 RAID 5 的為低，但是換得的是大為改善的可靠度。

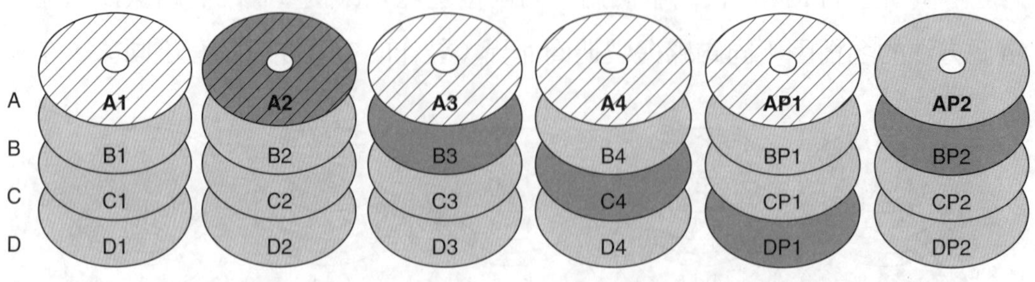

$$AP1 = A1 \oplus A2 \oplus A3 \oplus A4 \qquad AP2 = A1 \oplus B2 \oplus C3 \oplus D4$$
$$BP1 = B1 \oplus B2 \oplus B3 \oplus B4 \qquad BP2 = A2 \oplus B3 \oplus C4 \oplus DP1$$
$$CP1 = C1 \oplus C2 \oplus C3 \oplus C4 \qquad CP2 = A3 \oplus B4 \oplus CP1 \oplus D1$$
$$DP1 = D1 \oplus D2 \oplus D3 \oplus D4 \qquad DP2 = A4 \oplus BP1 \oplus C1 \oplus D2$$

圖 7.33 RAID DP 中的錯誤恢復方式，A2 的恢復經由計算式子 AP1 以及 BP2 二者來完成

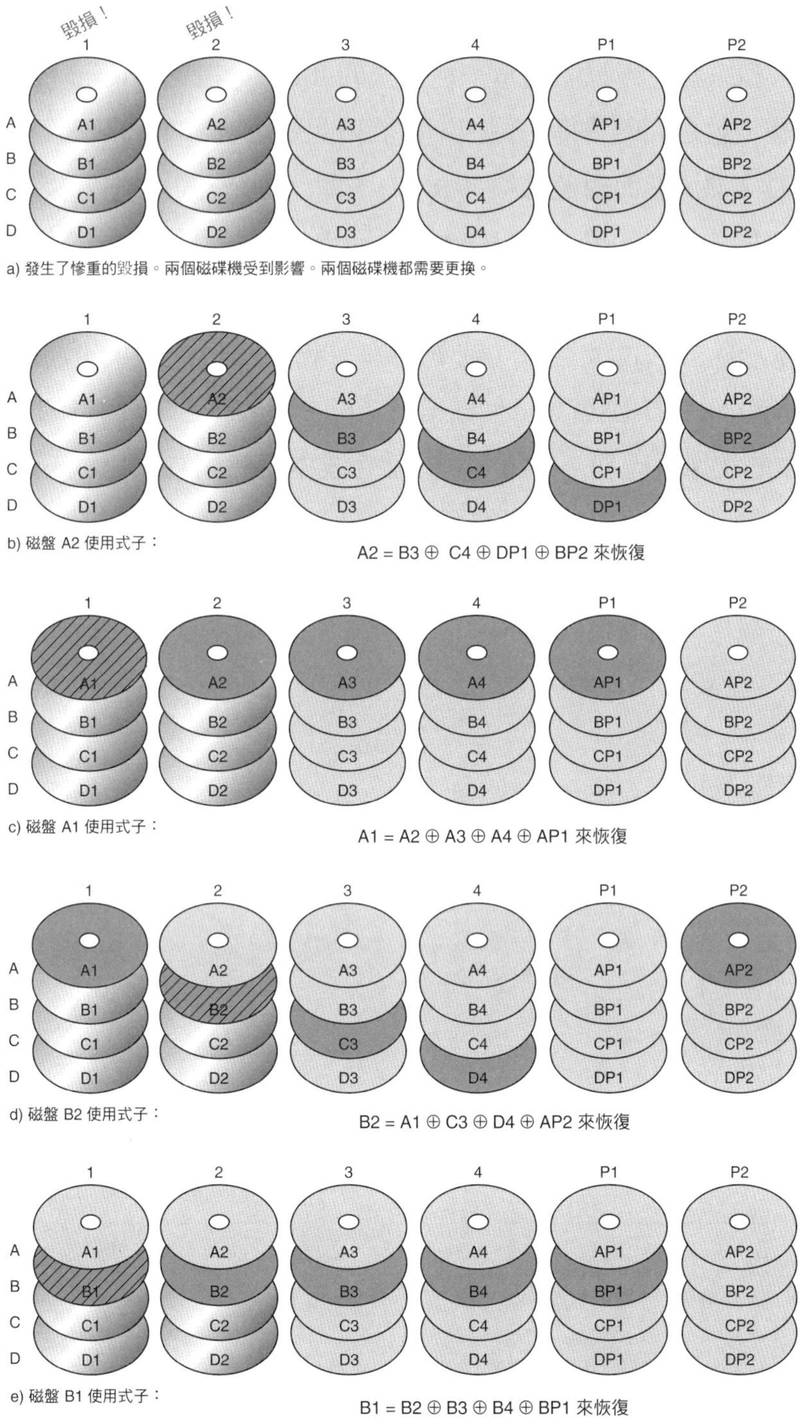
毀損！
毀損！
1 2 3 4 P1 P2
A B C D
A1 A2 A3 A4 AP1 AP2
B1 B2 B3 B4 BP1 BP2
C1 C2 C3 C4 CP1 CP2
D1 D2 D3 D4 DP1 DP2
a) 發生了慘重的毀損。兩個磁碟機受到影響。兩個磁碟機都需要更換。
b) 磁盤 A2 使用式子：
A2 = B3 ⊕ C4 ⊕ DP1 ⊕ BP2 來恢復
c) 磁盤 A1 使用式子：
A1 = A2 ⊕ A3 ⊕ A4 ⊕ AP1 來恢復
d) 磁盤 B2 使用式子：
B2 = A1 ⊕ C3 ⊕ D4 ⊕ AP2 來恢復
e) 磁盤 B1 使用式子：
B1 = B2 ⊕ B3 ⊕ B4 ⊕ BP1 來恢復

圖 7.34 使用 RAID DP 來恢復兩個毀損的磁盤組

7.9.9 混合式 RAID 系統

許多大型系統並不只使用單一種形式的 RAID。在有些情況下還需要作高可用度與經濟性之間的權衡。例如，我們可能要以 RAID-1 來保護存放作業系統檔案的磁碟機，然而對數據檔案 RAID-5 即已足夠。對於在冗長執行過程中使用的「草稿」性質的檔案 RAID-0 即已足夠，並可因為其快速的磁碟運作而可能縮短這些運算的執行時間。

有時 RAID 方法也能合併（或疊合在一起）來形成新的 RAID 形式。圖 7.35a 中表示的 RAID-10 就是一個這樣的系統。它合併了 RAID-0 的帶狀式處理與 RAID-1 的鏡像式處理。RAID-10 的儲存成本雖然極為高昂，不過可以提供最佳的讀取效能，同時也有最高的可用度。另外一種混合的等級是 RAID 0 + 1 或 RAID 01（勿與 RAID 1 混淆），可用於共用與複製數據。它與 RAID 10 一樣都合併了鏡像複製與帶狀處理，但是如圖 7.35b 所示採用相反的構造。RAID

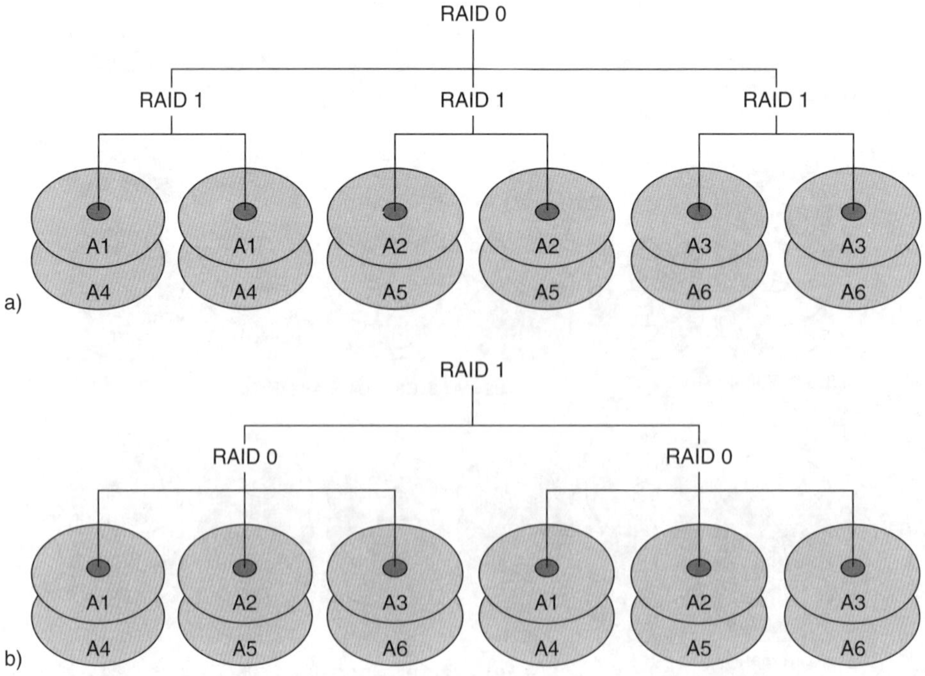

圖 7.35 混合式的 RAID 等級：a) RAID 10，帶狀式的鏡像處理；b) RAID 01，鏡像式的帶狀處理

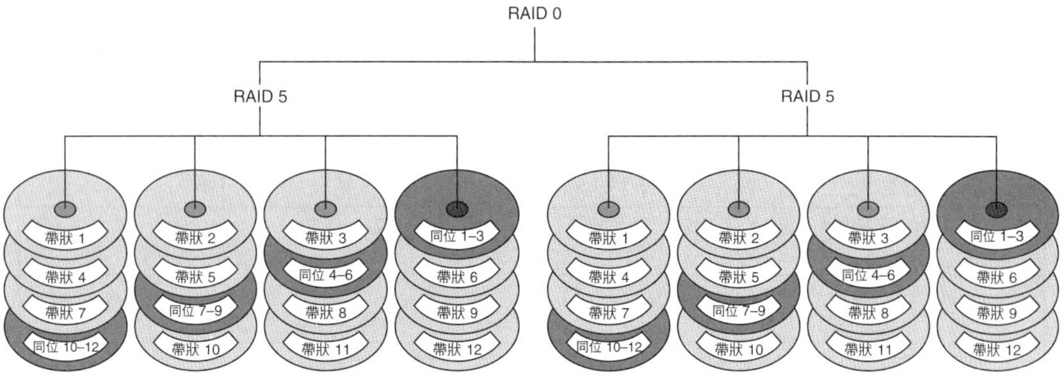

圖 7.36 RAID 50，帶狀處理與同位

01 允許磁碟陣列即使在同一個鏡像組中有多於一個磁碟故障時仍可繼續運作，並具有明顯提升的讀取與寫入效能。圖 7.36 所示的 RAID 50 合併了帶狀處理與分散的同位，這樣的 RAID 構造在需要好的容錯與高容量的情況下適用。各種 RAID 等級幾乎可以以任意方式合併；雖然一般作疊合時僅限於兩層，三層疊合的構造也正在被研究是否具有實用性。

看完前述各節後，應該已經顯示編號高的 RAID 等級並不一定就是「比較好」的 RAID 等級。不過很多人自然地會以為編號較高的某些東西總是比編號較低的那些東西好。因為這個緣故，已有一些人想要重新安排或是重新命名這些介紹過的 RAID 系統。我們在本書中選擇保留「Berkeley」的用語，因為它們還是最通用的稱呼。表 7.1 歸納了上述的各種 RAID 等級。

7.10 數據儲存的未來

至今還沒有人敢對磁碟儲存的技術作出類似摩爾定律的預測。事實上還完全相反：過去多年來，每隔幾年就會有專家預測磁碟儲存的極限已經達到，也一再地在不久後又有製造商公布超越最新的「理論儲存極限」的產品時被推翻。在 1970 年代磁碟儲存體的密度極限被認為是大約 $2MB/in^2$。目前一般磁碟都支援高於 $20GB/in^2$。因此這種「不可能」已經被超越一萬倍地達成。這些

表 7.1 RAID 能力的綜合整理

RAID 等級	說明	可靠性	處理量	優劣
0	數據做區塊交錯的帶狀處理	比單一磁碟還糟	很好	成本最低，但是沒有保護
1	數據在另一組相同的磁碟上做鏡像	極佳	較單一磁碟在讀取時為佳，寫入時卻稍差	極佳的保護，但高成本
2	數據配以漢明碼以位元交錯的方式做帶狀寫入	好	很好	效能好，成本高，實際上不會使用
3	數據配以一個同位磁碟以位元交錯的方式做帶狀寫入	好	很好	效能好，成本合理
4	數據配以一個同位磁碟以區塊交錯的方式做帶狀寫入	很好	在寫入時比單一磁碟差很多，讀取時很好	成本合理，效能不佳，實際上不會使用
5	數據以及分散的同位以區塊交錯的方式做帶狀寫入	很好	在寫入時不如單一磁碟，讀取時很好	效能好，成本合理
6	數據以及兩重錯誤保護以區塊交錯的方式做帶狀寫入	極佳	在寫入時比單一磁碟差很多，讀取時很好	效能好，成本合理，實作複雜
10	鏡像式的磁碟帶狀處理	極佳	讀取時較單一磁碟好，寫入時不如單一磁碟那麼好	效能好，高成本，極佳的保護
50	同位與帶狀處理	極佳	極佳的讀取效能。比 RAID 5 好；不如 RAID 10 那麼好	效能好，高成本，保護佳
DP	數據以區塊交錯的方式做帶狀寫入並有兩個同位磁碟	極佳	讀取時較單一磁碟好，寫入時不如單一磁碟那麼好	效能好，成本合理，極佳的保護

成就是由好幾項不同科技的進步造成，包括磁性材料科學、磁光錄寫頭與更有效率的錯誤更正碼的發明。不過隨著數據密度的增加，在一個位元單元的範圍內磁性粒子的數量已經越來越少的這個事實無可迴避。在磁碟的溫度特性會導致排列好的磁性粒子自然而然地改變極性方向、使得儲存的內容由 1 變 0 或由 0 變 1 時，可能的最小位元單位面積即已達到。這樣的改變內容的現象稱為**超常磁性** (superparamagnetism)，其剛開始發生時的位元密度稱為**超常磁性的極限** (superparamagnetic limit)。本書寫作時，一般認為超常磁性的極限介於 150GB/in^2 與 200GB/in^2 之間。就算是這個猜測與實情差上十的數次方倍，磁碟數據密度的最大增長應該也已經發生過了。未來在數據儲存密度上如果還要有指數式的成長的話，幾乎一定會要使用全新的儲存技術才可能實現。因為有了這個認知，有關想要發明能取代磁碟的生物性、全像（攝影）式或機械式的研究都正在進行中。

生物性材料能夠以許多不同方式儲存數據。當然，DNA 表現出最極致的數據儲存方式，在一小股基因物質中可編碼入數兆則不同的訊息。不過要作出實用的 DNA 儲存設備可能還要數十年。較務實的方法是結合無機磁性材料（譬如鐵）與生物性材料（譬如油或蛋白質）。成功的原型設備鼓舞了對能夠提高數據密度到 $1Tb/in^2$ 的生物性材料的期待。可量產的生物性儲存設備可能在 21 世紀的第二個或第三個十年中出現。

全像 (hologram) 是由雷射光束製作出來的三維圖像。信用卡與一些有版權的 CDs 與 DVDs 都飾以這樣的七彩閃動的全像來防偽。至少 50 年來，全像式數據儲存的想法激發了科幻小說家與計算機研究人員的各種想像。受惠於聚合物科學的進步，全像式儲存技術終於能夠從雜誌文章中進步到走進數據中心。

在如圖 7.37 所示的**全像式數據儲存** (holographic data storage) 構造中，一雷射光束被分解成目標光束與參考光束兩束光束。**目標光束** (object beam) 穿過一調變器後產生編碼過的數據樣式。調變後的目標光束與**參考光束** (reference beam) 交會並在聚合物記錄媒體中產生干擾樣式。當這個媒體被參考光束照射

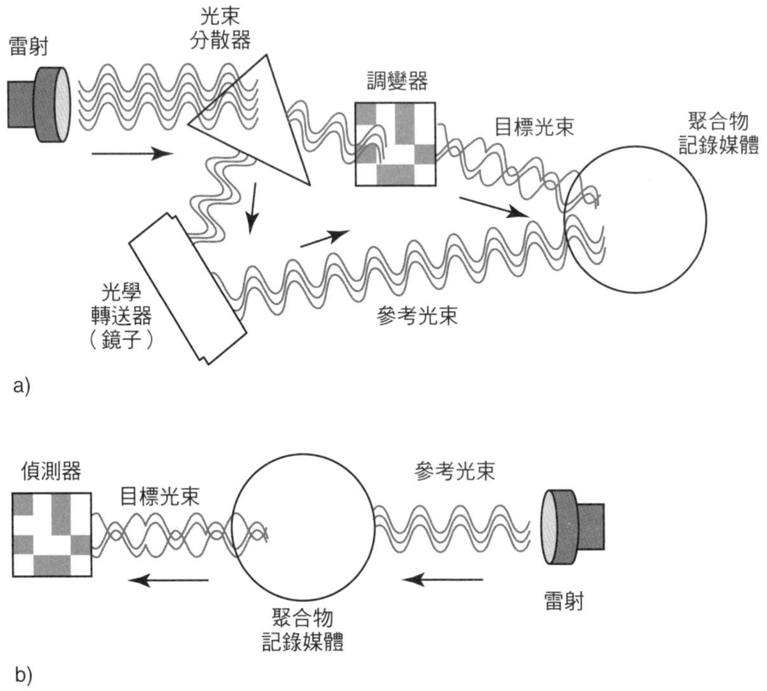

圖 7.37 全像式儲存。a) 寫入數據；b) 讀取數據

時即可復原媒體中的數據，因而重新得到原始編碼過的目標光束。

全像式數據儲存因為數個理由而令人興奮，其中最重要的是三維媒體可獲致極高的數據密度。初步的實驗性系統可達 30GB/in^2 與大約 1GBps 的傳輸率。全像式數據儲存體在作為以內容定址的大量儲存體這方面有獨特的能力，這表示全像式儲存體將可不必用到如目前磁碟中所具備的目錄系統。所有的存取將可直接前往檔案所在之處而不需先查詢任何檔案配置表。

全像式數據儲存體商品化最大的挑戰是如何作出恰當的聚合物媒體。這方面雖然已有很大的進步，要作出便宜、可重複寫入、穩定的媒體看來還需要好幾年。

微機電 (micro-electro-mechanical, MEMs，按：最後一個字 S 代表英文字 system) 裝置提供另一種超越磁碟極限的方法。一個這樣的裝置是 IBM 的 Millipede。Millipede 內含數千個微小的懸臂，它們以加熱的微小尖端按壓聚合物基底作為記錄二進位 1 的方式。在讀取時若感覺到聚合物表面有壓出來的凹陷則讀到的值是 1。實驗室原型機已達到 100GB/in^2 以上的密度，技術改善之後預期可獲得 1Tb/in^2。圖 7.38 表示 Millipede 中懸臂的電子顯微圖。

即使使用傳統磁碟，企業級儲存體的容量與複雜度仍在持續增加。Terabyte 大小的儲存系統目前已屬常見。未來儲存方面的困難似乎漸漸不在於擴充容量，而在於如何在儲存的數據中搜尋有用的資訊。這個困難可能將會是所有問題中最難以掌握的。

碳奈米管 (carbon nanotubes, CNTs)，亦稱奈米碳管，是奈米科技領域中許多新發現之一。如其名稱所指，CNTs 是碳元素形成的管壁厚度僅為一個原子的圓柱狀形式，碳奈米管可以做成如開關般動作，以開與關來表示儲存的位元值。科學家設計出好幾種不同的奈米管記憶體構造。圖 7.39 表示 Nantero, Inc. 在它的 NRAM 產品中採用的構造：奈米管懸掛在稱為閘的導體之上（圖 7.39a），這種狀態表示狀態 0；要將閘設為 1 時，可對閘施以足以吸引奈米管的電壓（圖 7.39b）；奈米管會保持這種形狀直到對它施以釋放的電壓。因此位元細胞除了在讀取或寫入之外，完全不消耗任何功率。

CNTs 擁有約略 3ns 的存取時間，被認為將取代揮發性的 RAM 以及快閃記

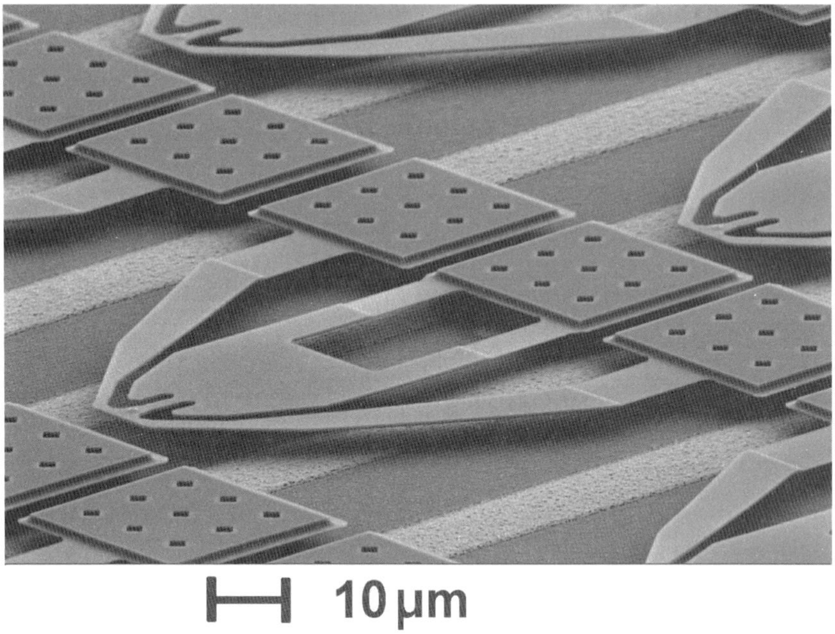

圖 7.38 IBM "Millipede" 儲存裝置中三接頭整合式懸臂的掃描式電子顯微鏡影像。懸臂有 70μm 長、75μm 寬。懸臂外側的支臂僅有 10μm 寬。International Business Machines Corporation © 2006 International Business Machines Corporation 惠允重印。

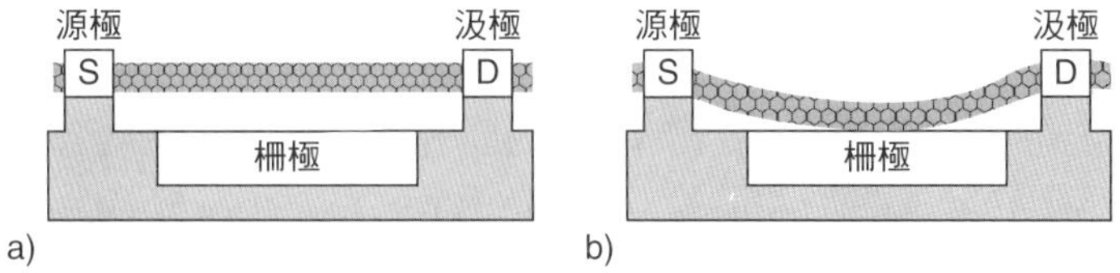

圖 7.39 奈米碳管的位元儲存。a) 設定為 0；b) 設定為 1

憶體。雖然在本書著作時 CNT 記憶體仍未進入量產，其已經展示出可產製性。顯然地一旦大容量 CNT 記憶體可經濟地生產，將會改變儲存系統階層的現況，並可能使得它在大型計算機系統中，除了還需要至少一層的快取記憶體外不再需要其他的了。

憶阻器記憶體 (memristor memories) 如同 CNTs 是一種非揮發性的 RAM。憶阻器是相當近期才發現的，其在記憶體中結合了電阻特性的電子元件；也就是說，可以控制元件中對電流的阻抗以便分別以「高」與「低」的狀態來代表儲存的位元。高與低阻抗的狀態可經由外加不同臨界電流以改變所採用半導體材料的物理性質來控制。如同 CNTs，憶阻器記憶體也足以取代快閃記憶體並且減少儲存階層中的階層數。這個目標要在大容量憶阻器可以經濟地生產時方能達成。

業界與各國政府都大力投入研究資金以促使新儲存技術商品化。我們對稱為**大數據** (big data) 且可用以推論各種趨勢與預測人們行為的數據——可運用的數據——的渴求似無止境。然而大數據在 terabytes 容量的磁碟儲存體日夜不停地旋轉、過程中消耗 gigawatts 電力的情形下已經越來越昂貴了。即使流入這些新技術的開發資金有數十億美元之多，其回報可能將會更高——10 的數次方那麼高。

本章總結

本章提供你有關計算機輸入／出與儲存系統許多方面廣泛的概觀。你已看到不同等級的機器需要輔以不同的 I/O 架構。大型系統與小些的系統在儲存與讀寫數據的方式上存在基本的差異：對非常小型的計算機——例如嵌入式處理器——以程式控制的 I/O 最為恰當；而在通用型系統中它雖靈活但效能不高。對於單使用者的系統，插斷驅動的 I/O 是最佳選擇，特別是在多工處理的情形下。單使用者的中型系統一般會採用 CPU 將 I/O 交由 DMA 電路處理的 DMA I/O。通道的 I/O 對高性能系統最為適宜；其調配各高容量通路以達成大量數據的傳輸。

I/O 能夠以逐字元符號或區塊的方式進行。字元符號的 I/O 最宜於循序數據傳輸中。區塊式的 I/O 則可用於循序或平行數據傳輸。說明 IBM 的 RAMAC 系統的原始文獻可於 Lesser & Haanstra (2000) 與 Noyes & Dickinson (2000) 中找到。

你已見到數據如何儲存於不同的媒體中，包括磁帶、磁碟與光學媒體。如果你的工作與撰寫程式、系統設計或問題診斷情況下的磁碟效能分析有關，你對磁碟動作的瞭解將對你特別有益。

對 RAID 各系統的討論應能幫助你瞭解 RAID 如何能對我們使用的系統同時提升效能與提高可用度。在實際應用中最重要的 RAID 作法列於表 7.1 中。

我們希望透過我們所有的討論，你已能夠理解在幾乎所有系統決策中所應考慮的權衡。你已知道我們如何經常地必須在這樣多個我們剛剛習得的領域中在「比較好」與「比較快」之間、「比較快」與「比較便宜」之間作出選擇。當你在系統性的計畫中負起領導責任時，必得要確知你的顧客也都瞭解這些取捨。經常你還需要以外交家的機敏來徹底說服你的顧客天下不會有白吃的午餐。

進一步閱讀

你可以閱讀安朵的原始論文 (Amdahl, 1967) 來進一步瞭解他的定律。Hennessy 與 Patterson (2011) 中有安朵定律額外的闡述。Gustavson 的計算機匯流排教案 (1984) 很值得一讀。

Rosch (1997) 中包含大量與本章提及的許多議題相關的細節，不過他主要針對的是小型的計算機系統。文章結構恰當，筆法清晰易讀。Anderson 的文章 (2003) 對本章論及的議題有稍微不同的見解。

Rosch (1997) 也提出 CD 儲存技術的很好概述。更完整的、包括 CD-ROM 的物理、數學與電機的學理支撐的描述可見於 Stan (1998) 與 Williams (1994)。

Patterson、Gibson 與 Katz (1988) 提出 RAID 架構基礎的論文。Blaum et al. (1994) 與 Corbett et al. (2004) 的論文中有 RAID DP 的清晰說明。

IBM Corporation 經營了目前最好的有關詳細技術資訊的網頁。IBM 獨力為搜尋者提供數量驚人的極佳文件。這個網站的首頁可見於 www.ibm.com。IBM 也有許多個網站專注於特定的領域，除了伺服器產品線 (www.ibm.com/eservers) 外還包括儲存系統 (www.storage.ibm.com)。IBM 的各研究與開發網頁內含有各項萌芽中的技術相關的最新資訊。高品質的學術研究期刊可經由 www.research.ibm.com/journal 取得聯結。Jaquette 的 LTO 文章 (2003) 很適切地說明了這個主題。

全像式儲存在過去多年引起過大大小小的討論。兩篇近期的文章是 Ashley et al. (2000) 與 Orlov (2000)。IBM Zurich Research Laboratory 網頁 (www.zurich.ibm.com/st) 的造訪者將收到 MEMS 儲存系統炫麗照片與詳盡說明的獎賞。兩篇關於這個主題的好文章是 Carley、Ganger 與 Nagle (2000) 和 Vettiger (2000)。

Michael Cornwell 有關固態碟的 (2012) 文章為讀者提供一些很好的一般性資訊。各製造商的網頁中則充滿有關這些裝置的技術文件。SanDisk(http://www.sandisk.com)、Intel(http://www.intel.com) 與 Hewlett-Packard(http://www.hp.com/) 就是三個這類型的網站。

Kryder 與 Kim (2009) 的文章前瞻了一些本章論及和本章未論及不過卻有趣的儲存技術的發展。更多憶阻器的資訊可見於 Anthes (2011) 與 Ohta (2011) 兩篇文章中。你也可以在 Bichoutskaia et al. (2008)、Zhou et al. (2007) 與 Paulson (2004) 的文章中探索 CNTs 的驚奇世界。我們鼓勵你持續關注憶阻器與 CNT 儲存領域的重大新聞。這兩種技術極有可能將旋轉式碟片打入歷史。

參考資料

Amdahl, G. M. "Validity of the Single Processor Approach to Achieving Large Scale Computing Capabilities." *Proceedings of AFIPS 1967 Spring Joint Computer Conference 30,* April 1967, Atlantic City, NJ, pp. 483-485.

Anderson, D. "You Don't Know Jack about Disks." *ACM Queue,* June 2003, pp. 20-30.

Anthes, G. "Memristors: Pass or Fail?" *Communications of the ACM 54*:3, March 2011, pp. 22-23.

Ashley, J., et al. "Holographic Data Storage." *IBM Journal of Research and Development 44*:3, May 2000, pp. 341-368.

Bichoutskaia, E., Popov, A. M., & Lozovik, Y. E. "Nanotube-Based Data Storage Devices." *Materials Today 11*:6, June 2008, pp. 38-43.

理器）以 1GHz 運作，使得系統比她原有的 300MHz 系統快上三倍。你會怎麼告訴她？（提示：思考安朵定律如何應用。）

8. 假設日間處理的負載中 60% 是 CPU 動作而 40% 是磁碟動作。你的客戶抱怨系統很慢。經過一些研究，你得知可以花 $8,000 將磁碟升級成現在的 2.5 倍快。你還知道可以花 $5,000 將 CPU 升級成 1.4 倍快。

a) 你會選擇哪一種方法來以最少花費換取最好的效能改善？

b) 如果你不在意花費但是要系統快些，會選擇哪一個方式？

c) 兩個升級的方式在什麼情形下花費與換得的效能相同？也就是說，我們要對新 CPU 收費多少（或者磁碟一只改變其中一者的收費）才會使二者每提升效能 1% 的花費相同？

◆**9.** 如果習題 8 的系統負載中 55% 是處理器時間而 45% 是磁碟動作，你又會如何回答？

10. 安朵定律對軟體與其對硬體般同樣可用。編程中經常提到的一個真相說道程式耗費 90% 的時間執行其中 10% 的碼。因此調校程式中少部分的碼往往可以在軟體產品的整體效能上有很大的效果。在下列情形下判斷其整體系統的加速：

a) 程式的 90% 變成執行得 10 倍那麼快（快上 900%）

b) 程式的 80% 變成執行得快上 20%

11. 說出四種 I/O 架構的名稱。它們分別通常會用在哪裡，以及為什麼會用在那裡？

◆**12.** 一個採用插斷驅動 I/O 的 CPU 正在忙於處理磁碟請求。正當 CPU 執行磁碟服務程序到一半時，另一個 I/O 插斷發生了。

a) 接下來會發生什麼？

b) 這樣會有問題嗎？

c) 如果沒有，那是為什麼？如果會有，那可以採取什麼作法嗎？

13. 一般的 DMA 控制器包含下列組件：

- 位址產生器
- 位址匯流排介面

- 數據匯流排介面
- 匯流排請求器
- 插斷信號電路
- 區域周邊控制器

區域周邊控制器是 DMA 用以選擇連接其上的周邊電路。該電路在有匯流排請求發生後即啟動。其他上述每一個組件的目的為何，以及何時動作？（以圖 7.6 引導思考。）

14. 在程式控制的 I/O、插斷驅動的 I/O、DMA 或通道的 I/O 中，何者最適於下列應用的 I/O 處理：

a) 滑鼠

b) 遊戲控制器

c) CD

d) 大姆哥或記憶棒

說明你的答案。

15. 為什麼 I/O 匯流排上也可以使用時脈訊號？

16. 若位址匯流排需能定址八個裝置，則需多少條導線？如果這些裝置每一個也需要對 I/O 控制裝置回話，又如何？

17. 某數據匯流排的協定示於下表中。繪製對應的時序圖。可參考圖 7.11。

時間	顯著變動的匯流排訊號	意義
t_0	設定讀取	匯流排是要用以讀取（非寫入）
t_1	設定位址	指出位元組寫入的位址
t_2	設定請求	請求對位址線上的位址讀取
t_3-t_7	數據線	讀取數據（需數個週期）
t_4	設定備妥	回應讀取請求，位元組已置於數據線上
t_4	拉低請求	請求訊號已不再需要
t_8	拉低備妥	釋放匯流排

18. 有關圖 7.11 與習題 17，我們尚未提供任何類型例如位址線上的位址無效或記憶體因硬體錯誤而無法讀取等的錯誤的處理能力。在我們的匯流排模型中我們可以如何因應這些事件？

19. 我們曾指出 I/O 匯流排並不需要獨立的位址線。繪出類似圖 7.11 的說明在寫

入動作中 I/O 控制器與磁碟控制器間握手的時序圖。（提示：你需要增加一個控制訊號）

*20. 如果圖 7.11 中所示的每個時間區間是 50ns，傳輸 10 個位元組的數據需時若干？設計匯流排協定，使用你需要的任何數量的控制線，來縮短這樣的傳輸所需的時間。如果不提供位址線並且以數據匯流排來作定址用，將會如何？（提示：可能需要一條額外的控制線）

21. 定義名詞尋找時間、旋轉延遲與傳輸時間。說明它們間的關係。

◆22. 你為什麼認為名詞隨機存取裝置對磁碟機是有點錯誤的稱呼？

23. 為什麼不同的系統將碟片的索引放在碟片不同的軌道位置上？使用你提到的每個位置各有哪些優點？

◆24. 確認在圖 7.15 的磁碟機規格中所述的平均延遲時間。計算過程中為何要除以 2？

25. 檢視圖 7.15，你對磁碟機是否採用分區位元記錄方式有什麼看法？

26. 圖 7.15 的磁碟規格指出由磁碟讀取時數據傳輸率是每秒 60MB 而寫入時是每秒 320MB。這些數字為什麼會不同？（提示：要想到緩衝的作用）

27. 你信得過磁碟機的 MTTF 數據嗎？說明之。

◆28. 設一磁碟機具有下列特色：

- 4 個面
- 每面 1,024 個磁軌
- 每磁軌 128 個扇區
- 512 位元組／扇區
- 扇區至扇區尋找時間是 5ms
- 旋轉速度是 5,000rpm

a) 磁碟機的容量是多大？

b) 存取時間是多少？

29. 設一磁碟機具有下列特色：

- 5 個面
- 每面 1,024 個磁軌

- 每磁軌 256 個扇區
- 512 位元組／扇區
- 扇區至扇區尋找時間是 8ms
- 旋轉速度是 7,500rpm

a) 磁碟機的容量是多大？

b) 存取時間是多少？

c) 這個磁碟機比習題 28 所述的要快嗎？說明之。

30. 設一磁碟機具有下列特色：

- 6 個面
- 每面 16,383 個磁軌
- 每磁軌 63 個扇區
- 512 位元組／扇區
- 扇區至扇區尋找時間是 8.5ms
- 旋轉速度是 7,200rpm

a) 磁碟機的容量是多大？

b) 存取時間是多少？

31. 設一磁碟機具有下列特色：

- 6 個面
- 每面 953 個磁軌
- 每磁軌 256 個扇區
- 512 位元組／扇區
- 扇區至扇區尋找時間是 6.5ms
- 旋轉速度是 5,400rpm

a) 磁碟機的容量是多大？

b) 存取時間是多少？

c) 這個磁碟機比習題 30 所述的要快嗎？說明之。

◆**32.** 磁碟機的傳輸速度不能快過位元密度（位元數／磁軌）乘以磁碟旋轉速度。圖 7.15 中的數據傳輸率是 112GB/sec。假設平均磁軌長度是 5.5 吋。磁碟的平均位元密度為何？

33. 每個磁碟叢集中具有的扇區數量少會有哪些優點和缺點？（提示：你也許要思考數據取得時間以及檔案所要求的生命期）

34. 光碟安置數據的方式與磁碟有何不同？

35. SSD 安置數據的方式與磁碟有何不同？又有何相同？

36. 在 7.6.2 節中，我們說相較於主記憶體磁碟顯得很耗電。你為什麼認為會是如此？

37. 說明耗損均攤以及 SSDs 為何需要這樣做。我們說耗損均攤對持續的虛擬記憶體頁檔更新很重要。耗損均攤又會使頁檔的什麼問題惡化？

38. 比較分列於圖 7.15 與 7.17 中的 HDD 碟與 SSD 碟規格。哪些項目相同？為什麼？哪些項目不同？為什麼？

◆**39.** 若 800GB 伺服器等級的 HDDs 價值 $300，電費每千瓦小時 $0.10，其他設施費每 GB 每月 $0.01。參考圖 7.15 的磁碟規格來計算在線上存放 8TB 的數據 5 年需費用若干。假設 HDD 在 25% 的時間有動作。可以怎麼樣降低這個費用？提示：使用圖 7.15 所示的「讀／寫」與「閒置」電耗需求。依據下列各表解題。

規格	
小時／年	8,760
每 kWh 費用	0.1
運作百分比	0.25
運作時瓦數	
閒置百分比	
閒置時瓦數	

運作小時數／年	0.25 × 8,760 = 2,190	
運作所耗 kWatts		
閒置小時數／年		
閒置所耗 kWatts		
	總 kWatts	
	能源費用／年	
	× 5 個磁碟	
	× 5 年	
	+ 磁碟費用 $300 × 10	

設施	
每 GB 每月的固定費用	0.01
GB 數	× 8,000
每月總費用	
月數	
設施總費用	

總和：	

40. 連接在你公司伺服器群（或稱場，server farm）中伺服器上的磁碟機均已逼近使用年限。主管正考慮將 8TB 的磁碟容量代之以 SSDs。有人強調 SSDs 與傳統磁碟間的價差可由 SSDs 省下的電費彌補。800GB 的 SSDs 費用是 \$900。800GB 的伺服器等級 HDDs 費用是 \$300。根據圖 7.15 與 7.17 的磁碟規格來確認或推翻這個說法。假設 HDD 與 SSD 的動作時間都占了 25% 以及電費是每千瓦小時 \$0.10。提示：使用圖 7.15 所示的「讀／寫」與「閒置」電耗需求。

41. 一間業務上需要有快速回應時間的公司甫接到一個新系統的投標案，投標案中的儲存容量遠較招標文件中的需求為高。當公司向提案廠商提出為何增加儲存容量的疑問時，廠商回以其提供的磁碟機組已是產品中容量最小的。為何廠商不以少一些數量的磁碟來投標？

42. 討論 DLT 與 DAT 記錄數據方式的差異。你為什麼會說其中一個方法比另一個好？

43. 光學文件儲存系統的錯誤更正需求與相同的資訊以文字形式儲存時的錯誤更正需求會有什麼不同？在光學儲存設備中提供不同等級的錯誤更正能力具有什麼好處？

44. 你需要對龐大數量的數據建檔。你正在思考要用磁帶或是光儲存的方式。這些數據本身以及它們未來使用方式的哪些特性會影響你的決定？

45. 討論以磁碟或磁帶來作備份的好處及壞處。

46. 假設你有一個存放在能支援 60MBps 傳輸率的磁碟陣列中的 100GB 資料庫以及一個使用 200GB 卡帶、能支援傳輸率 80MBps 的卡帶機。備份該資料庫需時若干？若可作 2：1 壓縮則傳輸時間又為若干？

***47.** 某高效能計算機系統已作為網路上的電子商務伺服器。該系統可支援每小時 \$10,000 的總交易量。估計每小時淨利為 \$1,200。亦即，若系統停擺，在修復前公司每小時將損失 \$1,200。而且在損壞磁碟上的所有數據將會遺失。這些數據有部分可以從前一次備份中恢復，其他則永遠消失了。可以想見，時間不巧的磁碟損壞可以造成你公司數十萬的立即營業額損失以及不可見的成千上萬的永久性營業損失。系統中沒有採用任何形態的 RAID 令

你不安。

雖然你的主要顧慮是數據完整性與系統可用性，團隊中其他人則在意系統效能。他們認為如果在加裝 RAID 後系統會變慢，長久下來將損失更多的營業額。他們曾明確地說如果系統加上 RAID 後只能以目前一半的速度運作的話，將會使每小時總營業額下降到每小時 $5,000。

整體而言，系統中電子商務運算有 80% 牽涉資料庫交易。資料庫交易中有 60% 是讀取而 40% 是寫入。平均磁碟存取時間是 20ms。

系統中的磁碟都快滿載也都接近使用年限了，應盡快訂購新品。你感覺即使要買額外的磁碟這也是建置 RAID 的好時機。適合你系統使用的磁碟每 10GB 一軸價格 $2,000。新磁碟的平均存取時間是 15ms，MTTF 20,000 小時以及 MTTR 4 小時。你預估需要 60GB 的容量以容納目前的數據以及未來 5 年預期的量（所有既有磁碟均需更新）。

a) 反對在系統中建置 RAID 的人認為磁碟慢上 50% 會導致營業額下降到每小時 $5,000 的看法是否正確？說明你的看法。

b) 如果你決定採用 RAID-1，你的系統上的平均磁碟存取時間會是若干？

c) 使用兩組的四個磁碟的 RAID-5 陣列而且 25% 的資料庫交易必須等待一個交易完成、磁碟再度有空時，你的系統上的平均磁碟存取時間會是若干？

d) RAID-1 與 RAID-5 何者有較好的成本效益？

48. a) 本章所述的哪些種 RAID 系統無法容忍單一的磁碟失效？

b) 又有哪些種可以容忍多於一個的同時磁碟失效？

49. 我們對 RAID 的討論適用於標準的旋轉式磁碟。RAID 對 SSD 儲存體是否需要？若否，這是否會使 SSD 儲存體對企業體稍稍減輕負擔？若其有需要，則對 SSD 其冗餘磁碟是否也一定要是 SSD ？

專論數據壓縮

7A.1 緒論

不論儲存體變得多廉價，也不論我們購置多少，我們似乎永遠都覺得不夠。新的超大磁碟很快就放滿了我們希望能放在原有磁碟上的各種事物。不久之後，我們又到市面上找尋另一組新磁碟。沒有幾個人或公司能擁有無限的資源，因此我們必須對所擁有的資源作最佳運用。這樣做的一個方法是使數據更緊緻，在將之寫入磁碟前先作壓縮（事實上，我們甚至能以某種壓縮法來冗出同位或鏡像組的空間，可「免費地」在系統中加入 RAID ！）。

數據壓縮可以做得比節省空間更多。它也能節省時間與有助資源的最佳運用。例如，如果壓縮與解壓縮由 I/O 處理器執行，對儲存子系統傳輸數據出入所需的時間變少，讓 I/O 匯流排多出時間作其他工作。

數據壓縮在使用通訊線路傳送資訊上提供明確的優勢：傳輸時間減少而且主機上的儲存量降低。雖然深入的研究超出本書範圍（見參考資料節中的一些資料），你仍應瞭解一些基本數據壓縮的觀念來補足你對 I/O 與數據儲存的瞭解。

在我們評估各種壓縮演算法與壓縮硬體時，我們往往最注重壓縮演算法執行得多快以及做了壓縮之後檔案變小多少。**壓縮因素** [(compression factor)，有時稱為壓縮率或**壓縮比** (compression ratio)] 是一個可以快速算出也幾乎相關的人都能懂的統計數字。用來計算壓縮因素的不同方法有好幾種。我們採用的是這個：

$$\text{壓縮因素} = 1 - \left[\frac{\text{壓縮後的大小}}{\text{不壓縮的大小}}\right] \times 100\%$$

例如，設有 100KB 的檔案且以某種壓縮法壓縮之。在運算結束後，檔案大小變成 40KB。因此可稱該壓縮法對該檔案得到 (1 − (40/100)) × 100% = 60% 的壓縮因素。在推論該演算法能得到 60% 的檔案壓縮率之前則應先進行徹底的研究。不過一旦我們有了一些理論基礎之後，也可以判斷對特定資訊或資訊類別的期望壓縮率。

數據壓縮技術的研究是一個稱為**資訊理論** (information theory) 的較廣泛研究領域中的一個分支。資訊理論研究的是資訊的儲存與編碼方式。該領域始於 Bell Laboratories 中一位科學家 Claude Shannon 在 1940 年代末期的研究。Shannon 建立了若干資訊的衡量標準，其中最基礎的就是**熵** (entropy)。熵是訊息中資訊內容的量度，熵值高的訊息較熵值低者包含更多資訊。這個定義指出包含較少資訊內容的訊息應可較包含較多資訊內容的訊息壓縮得更小。

想要求得訊息的熵值就需要先求出訊息中使用的每個符號的出現頻率。最簡單的方式就是將符號出現的頻率想像成它的概率。例如，在常見的程式輸出：

HELLO WORLD!

中，出現字母 L 的概率是 3/12 或 1/4，以式子表示：$P(L) = 0.25$。將該概率以二進形式編碼字組表示時，我們選擇採該數的 2 的對數。在此，將字母 L 的概率編碼所需的最少位元數是 $-\log_2 P(L)$ 或是 2。訊息的熵值則是編碼訊息中每個符號所需位元數的加權平均。若訊息中某符號 x 出現的概率是 $P(x)$，則 x 的熵值 H 是：

$$H = -P(x) \times \log_2 P(x)$$

整個訊息中平均的熵值是訊息中所有 n 個符號加權概率的總和：

$$\sum_{i=1}^{n} = 1 - P(x_i) \times \log_2 P(x_i)$$

熵值表示了編碼一則訊息所需使用的位元數的下限。明確地說，將整個訊息中字元符號的數目乘以加權的熵值，即得在不損失資訊的條件下編碼該訊息所需位元數的理論極小值。在這個下限數目外多使用的位元也不會增加資訊的內容，因此多使用的位元是**冗餘的** (redundant)。數據壓縮的目的即是在保留資訊的條件下消除冗餘。我們可以將一個長度為 n、內含長度為（英文字母）l 的編碼字組的編碼訊息中每一個字元符號的平均冗餘量化如下：

$$\sum_{i=1}^{n} - P(x_i) \times 1_i - \sum_{i=1}^{n} - P(x_i) \times \log_2 P(x_i)$$

這道式子在對特定訊息比較各種編碼方法的有效性時最為有用。就數據壓縮而言，對訊息造成最少冗餘量的編碼方法就是比較好的方法（當然，譬如編碼速度與計算複雜度以及應用中特殊的要求都應納入考慮之後才能判斷何種方法較佳）。

對文字訊息求取熵值與冗餘時直接應用上述公式即可。對固定長度的碼如 ASCII 或 EBCDIC 等，上述式子左方的和即為編碼的長度，通常是 8 個位元。在 *HELLO WORLD!* 例子中（使用式子中右方的和），可得符號的平均熵值是 3.022。這表示如果我們使用得上理論上最高的熵值，則每個字元符號將只需要用到 3.022 個位元、乘以 12 個字元符號 = 36.26，或是 37 個位元，即可編碼整則訊息。因此，8 位元的 ASCII 方式表示的訊息中有 96 − 37 或 59 個冗餘位元。

7A.2 統計式編碼

之前介紹的熵這個量度可用作評估編碼方式是否已將壓縮的訊息中冗餘降至最低的基礎。通常使用統計式的壓縮都是相對緩慢而且 I/O 很多的過程，需要經過兩次掃描來先讀取檔案一次再執行壓縮並寫出至壓縮檔。

掃描檔案兩次是必須的，因為第一次是用於清點每一個符號出現幾次，目的是計算出原訊息中每一個不同符號出現的概率。根據計算的概率，即可將原訊息中每一個符號代之以某值；這些值加上解碼時所需的資訊形成壓縮後的檔案。如果這個編碼過的檔案——當然也要算上解碼所需的符號與值的對應表——比原來的檔案小的話，就稱為數據被壓縮了。

赫夫曼與算術式編碼是兩個基本的統計式數據壓縮法。這兩個方法的變化形式可見於大量的常用數據壓縮程式中。我們在以下小節檢視這些方法，並由赫夫曼編碼談起。

7A.2.1 赫夫曼 (Huffman) 編碼

假設在我們計算原檔案中每一個符號的出現概率之後，以不固定長度的編碼方式將最短的編碼字組用來代表出現概率最高的符號。如果各編碼字組較原來的資訊字組為短，則得出的壓縮過的訊息應該也會比原訊息為短。David A. Huffman 在 1952 年的一篇正式發表中整理了這個觀念。有趣的是，**赫夫曼編碼** (Huffman coding) 的一種形式摩斯碼 (Morse code) 早在 1800 年代早期即已出現。

摩斯碼依據英文寫作中字母的典型出現頻率作設計。如圖 7A.1 中所示，較短的碼用於代表英文中較常使用的字母。這些典型頻率顯然不見得適用於任何一則訊息。明顯的例外可能是在 Zanzibar 度假的 Uncle Zachary 發出的電報希望收到一點錢 (quid) 來買一夸脫 (quart) 的奎寧 (quinine) 來痛飲 (quaff) ！因此最準確的統計模型應是對每一則訊息個別處理。為了準確地指派編碼字組，赫夫曼演算法根據原訊息中的各符號出現概率建構一個二元樹。走訪這個樹即可得出訊息中每一個符號被指派的位元樣式。我們藉由簡單的童詩來說明這個過程；為了更易明白，該童詩全部以大寫字母且不使用標點符號表示如下：

HIGGLETY PIGGLETY POP
THE DOG HAS EATEN THE MOP
THE PIGS IN A HURRY THE CATS IN A FLURRY
HIGGLETY PIGGLETY POP

A •–	J •–––	S •••	1 •––––
B –•••	K –•–	T –	2 ••–––
C –•–•	L •–••	U ••–	3 •••––
D –••	M ––	V •••–	4 ••••–
E •	N –•	W •––	5 •••••
F ••–•	O –––	X –••–	6 –••••
G ––•	P •––•	Y –•––	7 ––•••
H ••••	Q ––•–	Z ––••	8 –––••
I ••	R •–•	0 –––––	9 ––––•

圖 7A.1 國際摩斯碼

表 7A.1 字母出現的頻率

字母	次數	字母	次數
A	5	N	3
C	1	O	4
D	1	P	8
E	10	R	4
F	1	S	3
G	10	T	10
H	8	U	2
I	7	Y	6
L	5	<ws>	21
M	1		

首先將童詩中每個字母以及其出現頻率列表。縮寫 <ws>（表 white space）則用以代表字間的空格以及換行這兩個字元符號（見表 7A.1）。

在建構樹狀結構過程中，每個字母的頻率附在該字母上而使用了樹中的兩個節點。這整批最初始的二節點樹 [形成一個**樹林** (forest)] 依字母頻率排列如下：

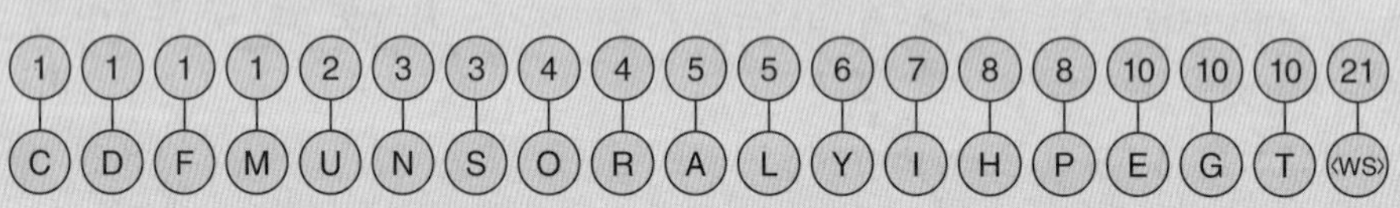
1 1 1 1 2 3 3 4 4 5 5 6 7 8 8 10 10 10 21
C D F M U N S O R A L Y I H P E G T ‹WS›

之後建構二元樹的第一步是聯結頻率最小的兩個節點。因為最小的頻率共有四例，我們任擇最左方二個節點。二節點合併後的頻率總和是 2，另以一標以此總和的父節點表之；並將此二元樹依父節點標示值重新置於樹林中恰當位置如下（按：若有頻率相同的情形時位置次序可任意，不過一般可將較大的樹置於較靠低出現頻率的一側）：

1 1 2 2 3 3 4 4 5 5 6 7 8 8 10 10 10 21
F M 1 1 U N S O R A L Y I H P E G T ‹WS›
C D

對目前具有最低頻率的兩個樹重複上述過程：

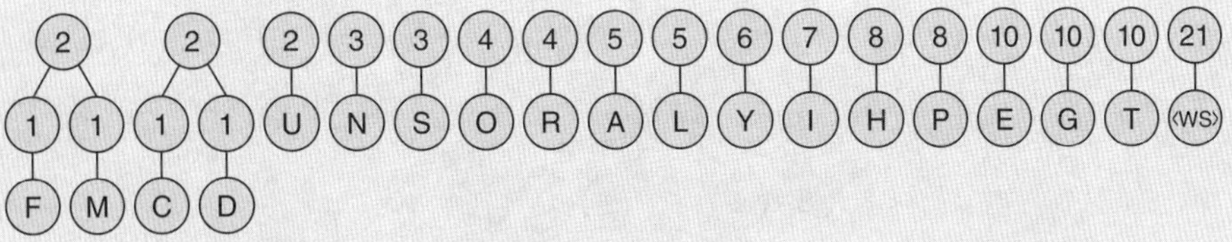

兩個最小的節點是 F、M、C 與 D 的父節點。[按：此時比較大小看的是樹的根節點 (root node)；以下亦同。] 合併之後它們的頻率總和是 4，位置是樹林中由左側算起第四個位置：

最左側的兩個節點加總成 5。形成的樹在樹林中的新位置如下所示：

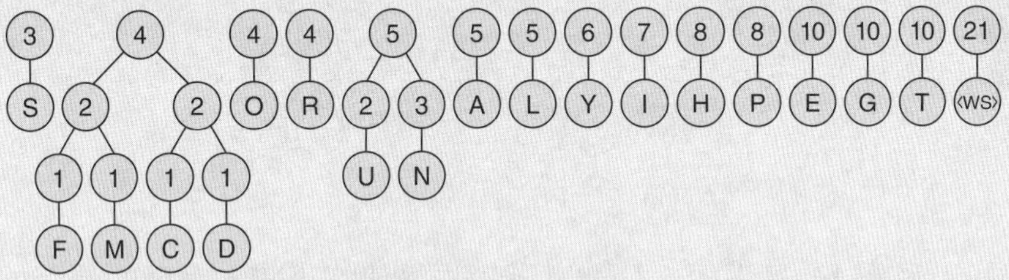

現在最小的兩個節點加總成 7。加上一個頻率是 7 的父節點後並將這個（子）樹移置樹林中與其他頻率是 7 的樹放在一起：

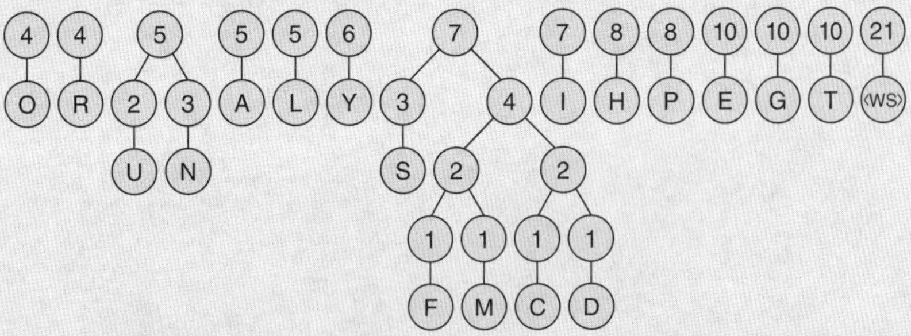

最左側兩節點合併產生頻率是 8 的父節點。重新置入樹林中如下：

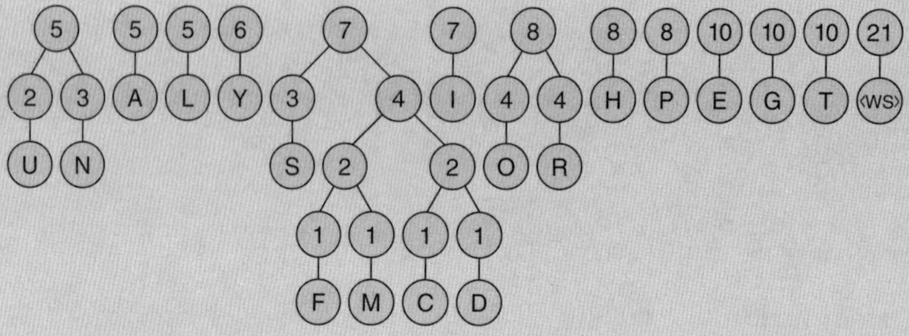

如此反覆處理幾次之後，完成的樹如下：

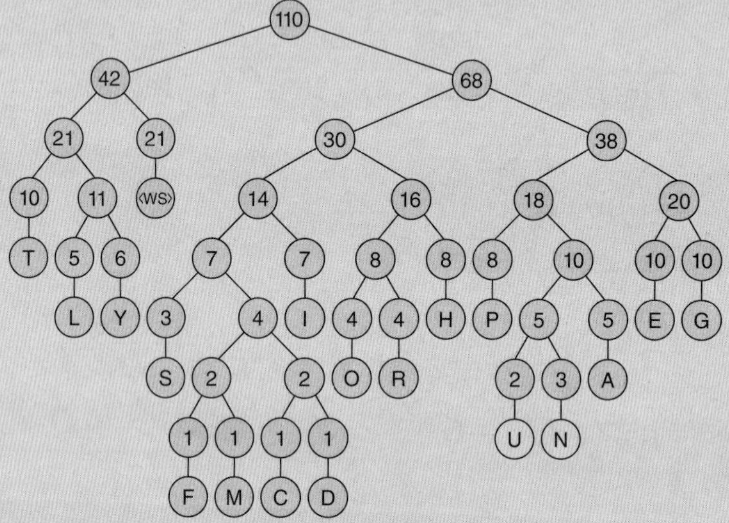

該樹打下了對訊息中每一符號賦予赫夫曼值的基礎。處理的過程始於對每一條向右的分支標以二進值 1，而向左的分支標以二進值 0。這個步驟的結果表示如下（為求清晰，已將標示頻率的節點移除）：

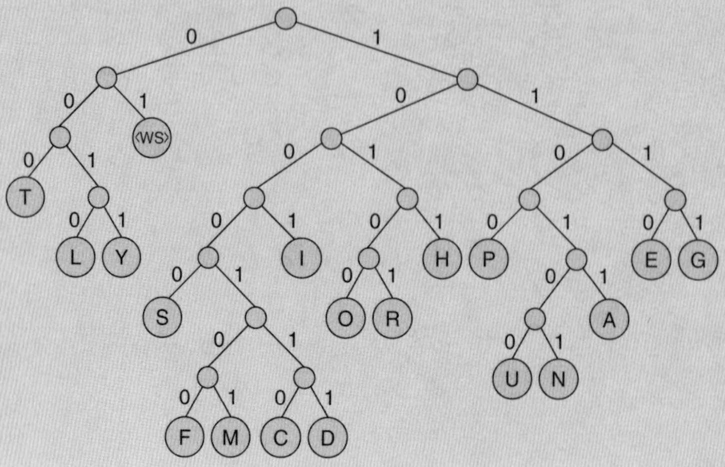

表 7A.2 編碼方式

字母	編碼	字母	編碼
<ws>	01	O	10100
T	000	R	10101
L	0010	A	11011
Y	0011	U	110100
I	1001	N	110101
H	1011	F	1000100
P	1100	M	1000101
E	1110	C	1000110
G	1111	D	1000111
S	10000		

接下來我們僅需在樹中由根節點開始直接走訪到每一個葉節點，並記錄沿途遇到的二進位元。完成的編碼方法示於表 7A.2 中。

由表可知，訊息中頻率最高的符號編碼時所用的位元數最少。該訊息的熵值約為每個符號 3.82 個位元；因此訊息的理論壓縮下限是每符號平均 3.82 位元 × 110 個符號 = 421 位元。上述赫夫曼碼以 426 個位元呈現該訊息，或稱較理論上所需多出 1%。

7A.2.2 算術式編碼

赫夫曼編碼因為受限於所採編碼需使用整數個位元而不能總是達成理論上的最佳壓縮。在上節的童詩例中，符號 S 的熵值約為 1.58。最佳編碼中每次遇到 S 時應使用 1.58 個位元作編碼。在赫夫曼編碼中在此則受限於至少需使用兩個位元。這種缺乏精確性的事實造成結果中出現 5 個冗餘位元。不算太差，不過看來我們可以做得更好。

赫夫曼編碼難以達到最佳化的原因是因為它嘗試將實數類型的概率值對映到有限數量的整數上。這樣當然是有問題的！那麼何不設計一種實數到實數的對映方式來做數據壓縮？在 1963 年，Norman Abramson 想出了一個這種對映方式，不久之後由 Peter Elias 發表。這種實數到實數的數據壓縮法稱為**算術式編碼** (arithmetic coding)。

表 7A.3 HELLO WORLD! 的機率區間對映情形

符號	機率	區間	符號	機率	區間
D	$\frac{1}{12}$	[0.0 ... 0.083)	R	$\frac{1}{12}$	[0.667 ... 0.750)
E	$\frac{1}{12}$	[0.083 ... 0.167)	W	$\frac{1}{12}$	[0.750 ... 0.833)
H	$\frac{1}{12}$	[0.167 ... 0.250)	<space>	$\frac{1}{12}$	[0.833 ... 0.917)
L	$\frac{3}{12}$	[0.250 ... 0.500)	!	$\frac{1}{12}$	[0.917 ... 1.0)
O	$\frac{2}{12}$	[0.500 ... 0.667)			

觀念上，算術式編碼將實數線 0 與 1 的區間根據訊息中使用到的符號集合中各符號出現的概率作劃分。出現頻率較高的符號會取得區間中較大的區塊。

回到我們喜愛的程式輸出 HELLO WORLD!，這則名句中有 12 個字元符號。所有符號的概率中最低的是 1/12。其他的概率都是它的倍數。因此可將 0~1 的區間分成 12 等分。除了 L 與 O 以外的符號都賦予該區間的 1/12。L 與 O 分別得到 3/12 與 2/12 的比例。這樣的概率至區間的對映示於表 7A.3 中。

訊息可經由連續地將值之間的區間（始於 0.0 直至 1.0）劃分成正比於賦予某符號的區間來編碼。例如，若「目前的區間」是 1/8 且 L 可得到目前區間的 1/4，則若欲編碼 L，可將 1/8 乘以 1/4 而得目前的區間值 1/32。若下一個字元符號是另一個 L，則 1/32 乘以 1/4 而得目前的區間值 1/128。依此方式繼續處理直至整個訊息編碼完成。在檢視以下虛擬碼後這個過程就會更清楚；該虛擬碼處理 *HELLO WORLD!* 的過程示於圖 7A.2 中。

```
ALGORITHM Arith_Code (Message)
  HiVal ← 1.0                          */ Upper limit of interval. /*
  LoVal ← 0.0                          */ Lower limit of interval. /*
  WHILE (more characters to process)
       Char ← Next message character
       Interval ← HiVal - LoVal
       CharHiVal ← Upper interval limit for Char
       CharLoVal ← Lower interval limit for Char
       HiVal ← LoVal +  Interval * CharHiVal
       LoVal ← LoVal +  Interval * CharLoVal
  ENDWHILE
  OUTPUT (LoVal)
END Arith_Code
```

符號	區間	字元符號低值	字元符號高值	低值	高值
				0.0	1.0
H	1.0	0.167	0.25	0.167	0.25
E	0.083	0.083	0.167	0.173889	0.180861
L	0.006972	0.25	0.5	0.1756320	0.1773750
L	0.001743	0.25	0.5	0.17606775	0.17650350
O	0.00043575	0.5	0.667	0.176285625	0.176358395
<sp>	0.00007277025	0.833	0.917	0.1763462426	0.1763523553
W	0.00000611270	0.75	0.833	0.1763508271	0.1763513345
O	0.00000050735	0.5	0.667	0.1763510808	0.1763511655
R	0.00000008473	0.667	0.75	0.1763511373	0.1763511444
L	0.00000000703	0.25	0.5	0.1763511391	0.1763511409
D	0.00000000176	0	0.083	0.1763511391	0.1763511392
!	0.00000000015	0.917	1	0.176351139227	0.176351139239
				0.176351139227	

圖 7A.2 以算術式編碼對 HELLO WORLD! 作編碼

編碼後的訊息可依相同的處理過程反轉後，如以下的虛擬碼所示，作解碼。該虛擬碼處理的過程示於圖 7A.3 中。

```
ALGORITHM Arith_Decode (CodedMsg)
    Finished ← FALSE
    WHILE NOT Finished
       FoundChar ← FALSE   */ We could do this search much more    /*
       WHILE NOT FoundChar  */ efficiently in a real implementation. /*
          PossibleChar ← next symbol from the code table
          CharHiVal ← Upper interval limit for PossibleChar
          CharLoVal ← Lower interval limit for PossibleChar
          IF CodedMsg < CharHiVal AND CodedMsg > CharLoVal THEN
             FoundChar ← TRUE
          ENDIF        */ We now have a character whose interval   /*
       ENDWHILE        */ surrounds the current message value.     /*
       OUTPUT(Matching Char)
       Interval ← CharHiVal - CharLoVal
    CodedMsgInterval ← CodedMsg - CharLoVal
    CodedMsg ← CodedMsgInterval / Interval
```

符號	低值	高值	區間	編碼的訊息區間	編碼的訊息
					0.176351139227
H	0.167	0.25	0.084	0.009351139227	0.112664328032
E	0.083	0.167	0.250	0.029664328032	0.353146762290
L	0.25	0.5	0.250	0.103146762290	0.412587049161
L	0.25	0.5	0.167	0.162587049161	0.650348196643
O	0.5	0.667	0.084	0.15034819664	0.90028860265
<sp>	0.833	0.917	0.083	0.0672886027	0.8010547935
W	0.75	0.833	0.167	0.051054793	0.615117994
O	0.5	0.667	0.083	0.11511799	0.6893293
R	0.667	0.75	0.250	0.0223293	0.2690278
L	0.25	0.5	0.083	0.019028	0.076111
D	0	0.083	0.083	0.0761	0.917
!	0.917	1	1	0.000	0.000

圖 7A.3 以算術式編碼對 HELLO WORLD! 做編碼

```
        IF CodedMsg = 0.0 THEN
            Finished ← TRUE
        ENDIF
    END WHILE
    END Arith_Decode
```

你可能注意到了上述的算術式編碼／解碼演算法都沒有作錯誤檢查。這樣做是為了讓事情更清晰。真正的程式則除了要確保結果中的位元數量對資訊的熵值而言足夠以外，另需防範浮點短值的發生。

浮點表示法之間的差異也可能造成演算法在解碼時不知如何處理值為 0 時的情況。事實上，在編碼時通常會在訊息的結束處加入訊息結尾 (end-of-message) 字元符號以防範解碼時發生這種問題。

7A.3 Ziv-Lempel (LZ) 字典系統

雖然算術式編碼可產出接近最佳的壓縮，不過在編碼與解碼的過程中都必須用到的浮點運算使得這方法比赫夫曼編碼更耗時。如果速度是最重要的考慮，那麼即使所得結果並非完美，我們可能也會考慮其他壓縮方法。的確，如果可以避免掃描原始訊息兩次，應該可以大大加速。這就是為什麼有了字典方法的緣故。

Jacob Ziv 與 Abraham Lempel 率先思考如何在讀取資訊的過程建構字典並寫出編碼完成的結果。基於字典的這類演算法的輸出包含文字以及指向之前放置在字典中資訊的指標。每當在訊息中有足夠次數的「區域性」冗餘——譬如長串的空格或零——基於字典的作法表現得格外地好。雖然俗稱 LZ 字典系統，當提及作者的全名時 “Ziv-Lempel” 的稱呼較之 “Lempel-Ziv” 更為恰當。

Ziv 與 Lempel 於 1977 年發表了他們的第一個演算法。這個俗稱 **LZ77 壓縮演算法** (LZ77 compression algorithm) 的演算法使用了一個文字窗配上一個前瞻緩衝器。前瞻緩衝器內含有要被編碼的資訊。文字窗作為字典使用。如果前瞻緩衝器中任何字元符號（串）存在字典中，則這段文字在窗中的位置與長度即寫至輸出（按：來取代原來的文字）。如果文字不存在字典中，則未經編碼的符號（串）將隨同一個說明該符號（串）應直接用於文字中的旗標寫出。

LZ77 有許多衍生形式，它們全都是基於相同的基本想法。我們將透過另一首童詩以例題說明這個作法的基本方式。童詩中所有空格均以底線表示，以求清晰：

STAR_LIGHT_STAR_BRIGHT_
FIRST_STAR_I_SEE_TONIGHT_
I_WISH_I_MAY_I_WISH_I_MIGHT_
GET_THE_WISH_I_WISH_TONIGHT

為方便說明起見，我們採用 32 位元組大小的文字窗與 16 位元組大小的前瞻緩衝器（實際上，這兩者的大小可大至數千個位元組）。文字首先被讀進前瞻緩衝器中。因為文字窗中未有任何內容，*S*（按：即童詩中第一個字母）會以三連式的格式置於文字窗中，格式中包含：

1. 文字窗中該文字位置的位移量
2. 已經比對吻合的文字串長度
3. 前瞻緩衝器中該片斷中的第一個符號

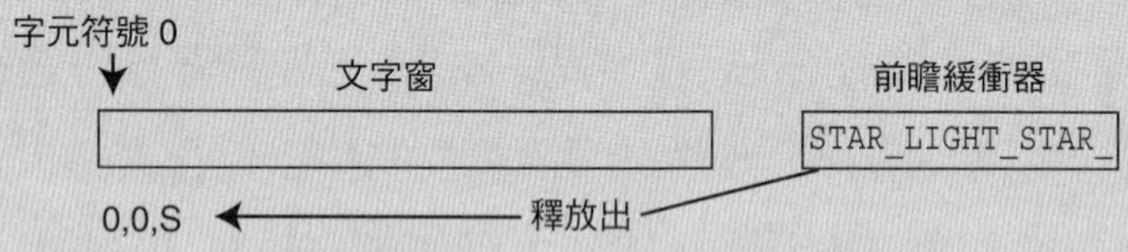

在上例中，文字未發生任何比對吻合，因此位移量與文字串長度均為 0。前瞻緩衝器中第二個字元符號也未有任何比對吻合，因此也以位移索引與長度均為零的文字寫入。

繼續寫入文字直至 *T* 成為前瞻緩衝器中的下一個文字。這個 *T* 與文字窗中位置 1 的 *T* 吻合。前瞻緩衝器 *T* 之後的字元符號是底線，也成為寫至文字窗的三連格式中的第三個項目。

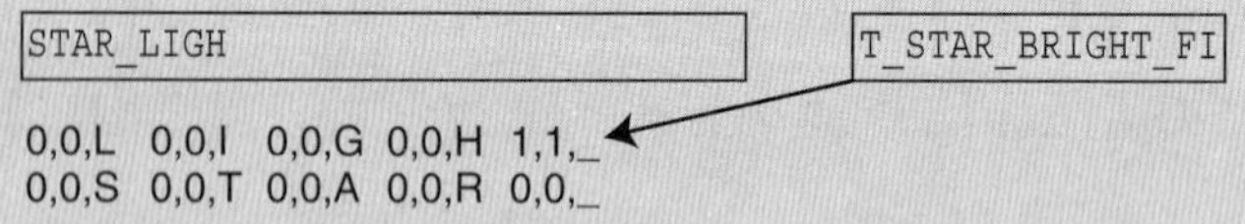

之後前瞻緩衝器移位二個字元符號。*STAR_* 現在位於前瞻緩衝器最前方。*STAR_* 與文字窗中第一個字元符號位置（位置 0）有一吻合。因此我們將 0, 5, B 寫出，因為 *B* 是緩衝器中出現在 *STAR_* 之後的字元符號。

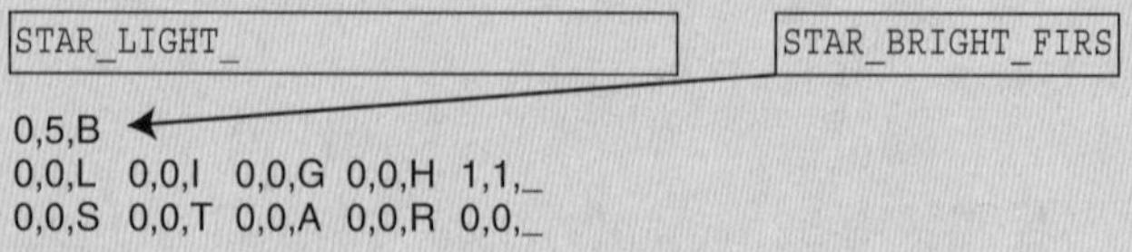

我們將前瞻緩衝器移位六個字元符號來尋找與 *R* 的吻合。在文字窗中位置 3 找到了，於是寫出 3, 1, I。

```
STAR_LIGHT_STAR_B          RIGHT_FIRST_STAR

0,5,B  3,1,I  ←
0,0,L  0,0,I  0,0,G  0,0,H  1,1,A
0,0,S  0,0,T  0,0,A  0,0,R  0,0,_
```

現在 *GHT_* 位於緩衝器最前方。它與文字窗中位置 7 開始的文字有四個字元符號的吻合。我們寫出 7, 4, F。

```
STAR_LIGHT_STAR_BRI          GHT_FIRST_STAR_I

0,5,B  3,1,I  7,4,F  ←
0,0,L  0,0,I  0,0,G  0,0,H  1,1,A
0,0,S  0,0,T  0,0,A  0,0,R  0,0,_
```

在數次處理之後，文字窗已經快要填滿了：

```
STAR_LIGHT_STAR_BRIGHT_FIRST_          STAR_I_SEE_TONIG

0,5,B  3,1,I  7,4,F  6,1,R  0,2,_
0,0,L  0,0,I  0,0,G  0,0,H  1,1,A
0,0,S  0,0,T  0,0,A  0,0,R  0,0,_
```

在處理完 *STAR_* 與文字窗中位置 0 開始的字元符號吻合後，*STAR_I* 這六個字元符號移出緩衝器進入文字窗中。為了容納這六個字元符號，文字窗必須在處理 *STAR_* 之後左移三個字元符號的位置。

```
STAR_LIGHT_STAR_BRIGHT_FIRST_          STAR_I_SEE_TONIG

0,5,I  ←
0,5,B  3,1,I  7,4,F  6,1,R  0,2,_
0,0,L  0,0,I  0,0,G  0,0,H  1,1,A
0,0,S  0,0,T  0,0,A  0,0,R  0,0,_
```

在寫出 *STAR_I* 並將文字窗移位後，*_S* 位於緩衝器最前方。這些字元符號與位置 7 處的文字吻合：

```
R_LIGHT_STAR_BRIGHT_FIRST_STAR_I          _SEE_TONIGHT_I_W

0,5,I  7,2,E  ←
0,5,B  3,1,I  7,4,F  6,1,R  0,2,_
0,0,L  0,0,I  0,0,G  0,0,H  1,1,A
0,0,S  0,0,T  0,0,A  0,0,R  0,0,_
```

以這種方式繼續下去，終於到達了文字的末端。最後被處理的一些字元符號是 *IGHT*。它們與位置 4 處的文字吻合。因為在緩衝器中 *IGHT* 之後已經沒有字元符號，最後寫出的三連格式會另外標以檔案結尾的字元符號 *<EOF>*：

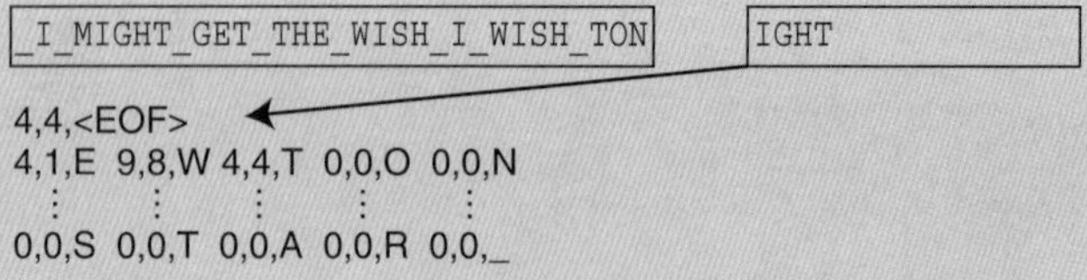

這個例子中總共有 36 個三連格式寫至輸出中。如果使用 32 個位元組的文字窗，用於指向任一個文字字元符號的索引（按：亦即位移量）僅需 5 個位元。由於前瞻緩衝器有 16 個位元組位置，能夠做吻合比對的最長串列是 16 個位元組，則最多需要 4 個位元來儲存長度。以 5 位元表示索引、4 位元表示串列長度以及 7 位元表示各 ASCII 字元符號，因此每個三連格式需要 16 個位元或是 2 個位元組。童詩中有 103 個字元符號，未經壓縮的形式會需要以 103 個位元組儲存。壓縮後的資訊僅需 72 個位元組，其壓縮因素是 $(1 - (72/103)) \times 100\% = 30\%$。

如果我們將文字窗擴大，應該能夠提高找到前瞻緩衝器中字元符號串吻合的可能性。例如，*_TONIGHT* 字串出現在童詩中第四十一個位置以及之後又出現在第 96 個位置。因為 *_TONIGHT* 的兩個位置間相隔了 48 個字元符號，如果使用 32 個字元符號的文字窗的話，則第一次的出現不可能被作為第二次出現的字典項次。擴大文字窗到 64 個位元組即可讓第一次的 *_TONIGHT* 用來編碼第二次的出現，如此也僅會在編碼的三連格式中增加一個索引位元。不過在本例中，擴大成 64 位元組的文字窗只將輸出減少了兩個三連格式：由 36 個減為 34 個。因為對擴大了的文字窗索引需要有 6 個位元，每個三連格式將有 17 個位元。因此壓縮後的訊息一共使用 $17 \times 34 = 578$ 位元，或約略 73 位元組。因此，本例中較大的文字窗實際上使用更多位元。

在壓縮過程中如果無論如何文字窗與緩衝器間沒有任何吻合就發生了惡化的情況。例如，如果我們遇到了包含所有英文字母與數字 0 到 9 的 36 個字元符號的字串 ABC…XYZ012…9，我們將不會有任何吻合。演算法的輸出將具有 36 個形式是 0,0,? 的三連格式。我們將得到數量與原來文字串一樣的三連格式，或是數據量擴大成 200%。

所幸像上述這種不尋常的例子實際上極少發生。各種 LZ77 的衍生方法可見於大量常用且包括隨處可見的 PKZIP 的壓縮工具中。好幾種磁帶與磁碟機的廠牌直接將 LZ77 做在磁碟控制電路中。這樣的壓縮以硬體的速度進行，使用者會完全感覺不出這個過程的存在。

基於字典的壓縮自從 Ziv 與 Lempel 在 1977 年發表他們的演算法以來一直是個活躍的研究領域。一年後 Ziv 與 Lempel 在發表他們的俗稱 LZ78 的第二個基於字典的演算法時改善了他們的方法。LZ78 與 LZ77 的不同在於打破了固定大小的文字窗的限制。其採用一個稱為查找樹 (trie) 的特別樹狀資料結構，該樹由讀取輸入時取得的標誌符號組成（樹中的內部節點視需要可以具有任意數量的子節點）。不像 LZ77 般將字元符號寫入磁碟中，LZ78 在查找樹中寫的是對標誌符號的指標。整棵查找樹附在編碼後的訊息之後寫入磁碟中，並於解碼時先行讀出（見附錄 A 中更多有關查找樹的資訊）。

7A.4 GIF 與 PNG 壓縮

LZ78 方法中最大的挑戰就是對標誌符號 (tokens) 形成的查找樹進行有效的管理。如果字典變得太大則指標可能會比原來的數據更占空間。已有許多解決這個問題的方法提出，其中一個引起了的激烈的爭辯與法律動作。

1984 年一位 Sperry Computer Corporation（現在的 Unisys）雇員 Terry Welsh 發表了一篇說明管理 LZ78 型式字典的有效演算法的論文。他的方法包括了如何控制查找樹中標誌符號的大小，稱為 LZW（代表 Lempel-Ziv-Welsh）**數據壓縮** (LZW data compression)。LZW 壓縮是由 CompuServe 的工程師們開發並因全球資訊網而熱門的**圖形交換格式** (graphics interchange format, GIF，讀音如 “jiff”) 的基礎演算法。由於 Welsh 是部分基於他在 Sperry 的工作職責設計出他的演算法，因此 Unisys 行使其權力就這個方法提請專利。之後每當 GIF 用於服務供應商或大量使用的用戶時，它也對此索取少量的權利金 [1]。LZW 並非專為

[1] GIF 的美國專利於 2003 到期。

GIF 設計；它也用於標籤式影像檔格式 (tagged image file format, TIFF)、其他壓縮程式（包括 Unix 的 Compress）、各種軟體應用（譬如 PostScript 與 PDF）以及硬體設備（最明顯的是數據機）中。不意外地，Unisys 提出的授權金請求在網路社群中並未廣為接受，有些網站甚至憤怒地誓言杯葛 GIFs 到底。較理性的人則以提出較佳（或至少不同）的演算法來規避這個爭議，其中一個方法稱為 PNG（portable network graphics，**可移植網路圖學法**）。

光只是授權金的爭議還不足以造成 PNG（讀音「ping」）的出現，不過它們一定加速了其發展。在 1995 年的幾個月時間裡，PNG 由草案而成為了國際標準。神奇的是，直到 2005 年 PNG 的規格也不過經過了兩次小修訂。

PNG 較 GIF 有許多進步，包括：

- 使用者可選擇的模式：以 0 到 3 的尺度代表的「較快」或「較好」程度
- 較 GIF 更好的壓縮率，典型是好上 5% 到 25%
- 32 位元 CRC (ISO 3309/ITU-142) 的錯誤偵測
- 漸進式顯像模式中更快的初步顯示
- 開放的國際標準，由全球資訊網聯盟 (W3C) 與許多組織及企業認可可以自由使用

PNG 採用兩層次的壓縮：首先，資訊透過赫夫曼編碼來縮減。之後赫夫曼碼再經 32KB 大小的文字窗的 LZ77 壓縮。

GIF 可以做到一件 PNG 做不到的事：支援在同一個檔案中有多個影像，產生動畫的效果（雖然有點生硬）。為了修正這個限制，網際網路社群提出**多影像網路圖學** (multiple-image network graphics 或 MIN，讀音「ming」) 演算法。MNG 是能夠允許多個影像壓縮進一個檔案的 PNG 的延伸。這些檔案可以是任何型態的，例如灰階、全彩，或甚至於 JPEGs（見下節）。MNG 的版本 1.0 於 2001 年一月推出，之後也一定會有改進與強化。在 PNG 與 MNG 兩者於網際網路上都可免費使用（包括源碼！）的情況下，我們趨向於相信上述的 GIF 爭議隨著時間終將成為過去。

7A.5 JPEG 壓縮

當我們觀看像是照片或印刷圖片或計算機螢幕這些圖像的時候，我們真正在觀看的是一群稱為像素 (pixels 或 picture elements) 的小點。像素在低影像品質的媒體像是報紙與漫畫書上特別明顯；當像素很小且緊密時，人眼即感覺到「好品質」的影像。「好品質」這種主觀的評價至少約需每英吋中具有 300 個像素 (120 pixels/cm)。要求高的話，大部分人會同意每吋 1,600 個像素 (640 pixels/cm) 的影像即便不極佳也已經是「好」的。

像素中含有影像中的能被顯示器或印表機解讀的二進形式編碼。像素能以任何數量的位元編碼。譬如如果我們要做出黑白的線條，則每像素使用一位元即可辦到，這個位元表示黑 (pixel = 0) 或白 (pixel = 1)。如果覺得需要灰階，則需想想約需多少種深淺才足夠：若需八種深淺，每像素需有三個位元；黑會是 000，白是 111，所有其他介於其間的則是不同深淺的灰色。

彩色像素由紅綠藍三個成分的組合產生。如果要以紅綠藍各八種深淺來顯示影像則每個色彩成分需使用三個位元；因此每個像素需要九個位元，可表示 $2^9 - 1$ 種不同色彩。黑色還是全為 0：R = 000、G = 000、B = 000；白色還是全為 1：R = 111、G = 111、B = 111；「純」綠色會是 R = 000、G = 111、B = 000；R = 011、G = 000、B = 101 會是某種紫色；而黃色則是由 R = 111、G = 111、B = 000 構成。用於表示每種色彩的位元越多，則得到的影像越能接近我們所見的「真正顏色」。許多計算機系統以每種色彩八個位元——可顯示 256 種深淺——來試圖顯示真正的顏色。24 個位元的像素可以顯示大約 1,600 萬種不同顏色。

例如我們要以在觀賞或印出時具有「合理的」好品質的方式儲存一張 4in × 6in (10cm × 15cm) 相片的影像。在每吋 300 像素解析度下以 24 個位元（3 個位元組）表示一個像素時，需要 300 × 300 × 6 × 4 × 3 = 6.48MB 儲存這張影像。若該 4in. × 6in. 像片是網路上行銷資料的一部分，則會有如果使用電話與數據機的客戶瞭解經過 20 分鐘而他們還未能完整下載該資料而損失該等客戶的風險。如果每英吋中有 1,600 像素的話，儲存量遽增至將近 1.5GB，幾乎不可能下載及儲存。

JPEG 是特別為因應這個困難而設計的壓縮演算法。幸運的是，圖像中有相當份量的冗餘資訊。再者，某些具有高的理論熵值的資訊往往對影像的整體影響不大。根據這些看法，ISO 與 ITU 共同組織了一個團體來制定一個國際影像壓縮標準。這個團體稱為**聯合圖像專家團體** (Joint Photographic Experts Group，或 JPEG，讀音為「jay-peg」)。第一個 JPEG 標準 10928-1 於 1992 年定案。1997 年開始了對該標準的重大修訂與強化；產出的新標準稱為 JPEG2000 並於 2000 年 12 月定案。

JPEG 是一套在允許稍微減損影像中資訊的情況下能提供極佳壓縮效果的演算法。直到現在我們所提到的都是**無減損的數據壓縮** (lossless data compression)：在壓縮過程後經回復得出的數據除了計算與儲存所產生的誤差外會與壓縮前的數據完全相同。如果可以容忍些許資訊減損的話，有時可以獲得更好的壓縮結果。而圖像極為適合**有減損的數據壓縮** (lossy data compression)，因為人眼具有補償圖像中微小缺陷的能力。當然，有些影像含有真實的資訊，只有在明確界定的「品質」能確保時才應該作有減損的壓縮。醫療診斷影像如 X 光片與心電圖即屬此類。而家庭相簿與行銷資料中的圖像則是允許減損大量「資訊」而仍然具有其視覺「品質」的另一類圖像。

JPEG 一項最重要的特性在於使用者可以經由事先設定參數來控制資訊減損量。即使要求 100% 準確時，JPEG 也具有可觀的壓縮能力。在 75% 時，「減損」的資訊已難以察覺，而影像檔僅為原始檔案大小的極小部分。圖 7A.4 顯示灰階影像以不同品質參數壓縮的結果（以原始的 7.14KB 點陣圖作為輸入透過所示的品質參數進行處理）。

如上所示，JPEG 只在最低品質參數下減損才會造成問題。也可看出影像在最高壓縮情況下如何地顯現出縱橫字謎 (crossword puzzle) 框架的形狀。理由在你瞭解 JPEG 如何作用後就會很清楚了。

在壓縮彩色影像時，JPEG 做的第一件事是將 RGB 成分轉換成**亮度** (luminance) 與**彩度** (chrominance)，亮度表示色彩的光亮度而彩度就是色彩本身。人眼對彩度較亮度為不敏感，因此在壓縮的過程中亮度的成分較不會被減

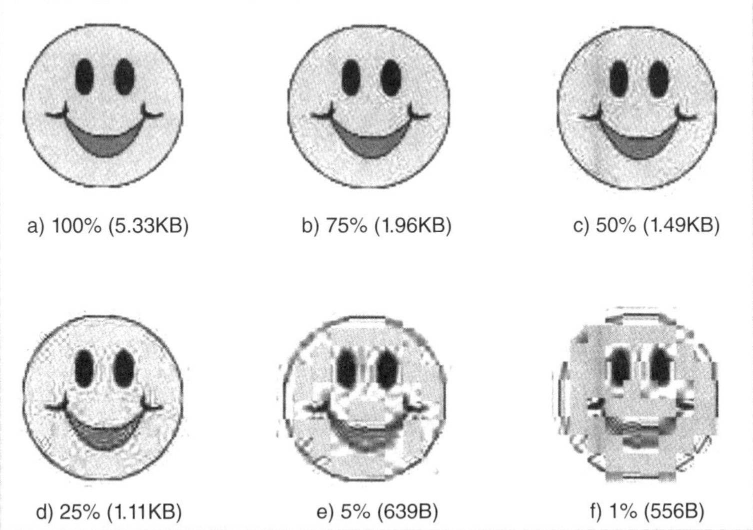

圖 7A.4 對 7.14KB 的點陣圖以不同量化程度作 JPEG 壓縮

損。而灰階影像則不需作這種轉換。

接著影像被分成邊長為 8 個像素的方塊。這些 64 像素的方塊會由空間域 (x, y) 以離散餘弦轉換 (discrete cosine transform, DCT) 以下述方式轉換至頻率域 (i, j)：

$$\text{DCT}(i, j) = \frac{1}{4} C(i) \times C(j) \sum_{x=0}^{7} \sum_{y=0}^{7} \text{pixel}(x, y) \times \cos\left[\frac{(2x+1)\,i\pi}{16}\right] \times \cos\left[\frac{(2y+1)\,j\pi}{16}\right]$$

其中

$$C(a) = \begin{cases} \frac{1}{\sqrt{2}} \text{ 若 } a=0\text{，} \\ 1 \text{ 若否。} \end{cases}$$

轉換之後的輸出是一個含有值為 $-1{,}024$ 至 $1{,}023$ 的整數形成的 8×8 矩陣。位於 $i = 0$，$j = 0$ 處的像素稱為 DC（直流）係數 (DC coefficient)，表示原始方塊中 64 個像素值的加權平均；其他 63 個值稱為 AC（交流）係數 (AC coefficients)。由於餘弦函數的行為 $(\cos 0 = 1)$，得出的頻率矩陣 (i, j) 矩陣會將值較小的數字與 0 聚集在右下角；值較大的數字則會向矩陣的左上角聚攏。這種樣式使其適用於許多不同的壓縮方法，但是我們還沒完全準備好進行這個步驟。

頻率矩陣在壓縮之前，矩陣中每一個值均會被除以在**量化矩陣** (quantization matrix) 中與其處於相同位置的元素。這個量化步驟的目的是將 DCT 的 11 位元輸出縮減成 8 位元的值。這也是 JPEG 中會造成資訊減損的步驟，減損的程度可由使用者作選擇。JPEG 規格提供數種量化矩陣供參考，使用者可自行決定採用其中任何一種。所有這些標準矩陣都可確保在量化步驟中頻率矩陣裡包含最多資訊的元素（最接近左上角的那些）減損的資訊量也最少。

在量化步驟之後，頻率矩陣的右下角變得**稀疏** (sparse)——表示其中多數的項次值為零。其值相同的大區域的項次可透過**串列長度編碼** (run-length coding) 輕易地壓縮。

串列長度編碼是一種簡單的壓縮方法，其並非編碼成 XXXXX，而可直接編碼成 5, X 來表示一串 5 個 X。儲存 5, X 而非 XXXXX 時，如果不計可能必要的分界符號的話可節省三個位元組。顯然地，最有效的方法是先盡量將值相同的元素排列成相鄰，以使具相同值的元素的串列長度盡可能地最長。JPEG 以之字形掃描 (zig-zag scan) 頻率矩陣可達成這個目的（按：之字形掃描始自矩陣左上角而終於其右下角）。這個步驟的結果是一個通常會包含長串 0 的一維矩陣（或向量）。圖 7A.5 表示之字形掃描如何動作。

矩陣中每一個 AC 係數都以串列長度編碼進行壓縮。DC 係數則是以其原始值與之前方塊（如果有的話）DC 值的差值編碼。

產出的串列長度編碼過的向量將進一步以赫夫曼或算術編碼作壓縮。由於數個算術編碼的專利的關係，赫夫曼編碼應較適宜。

圖 7A.6 綜整之前所述的 JPEG 演算法各步驟。解碼則可經由將這個過程逆轉而得。

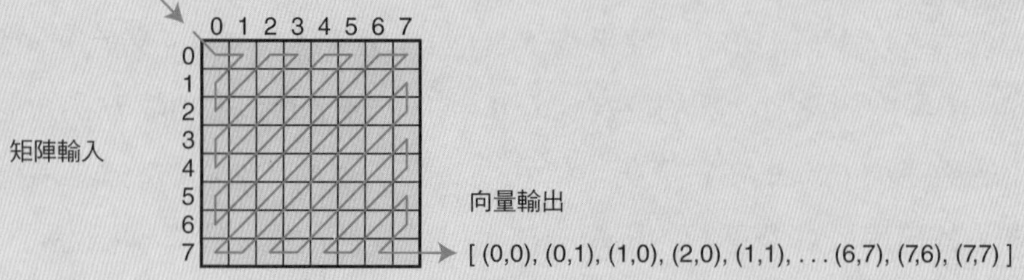

圖 7A.5 JPEG 頻率矩陣的之字形掃描

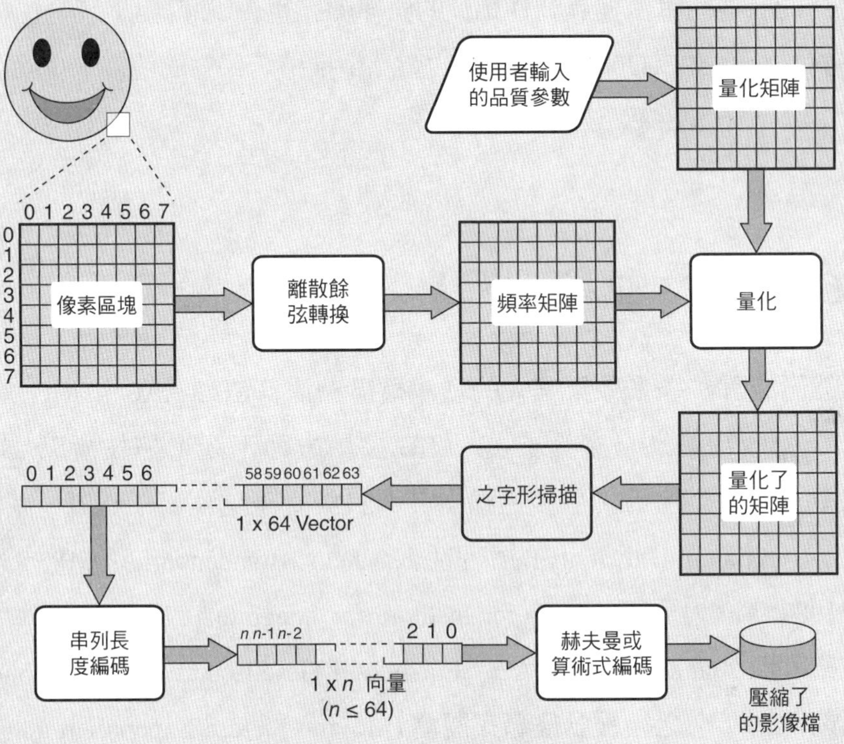

圖 7A.6 JPEG 的壓縮演算法

JPEG2000 較 JPEG 在 1997 的標準提供了多項改善：採用的數學更加複雜，且容許在量化參數上更多彈性以及可將多張影像置入一個 JPEG 檔案中。最震撼的 JPEG2000 特色之一是允許使用者定義**強調的各區域** (regions of interest) 的能力。強調的區域是可作為焦點（按：意為注目點）的影像中的一個區域，它並不會以與其他部分相同程度的減損方式來進行壓縮處理。例如，如果在一張相片中一個朋友站在湖岸，你可以在 JPEG2000 中設定朋友的位置是注目點。背景的湖與樹可以壓縮得更緊直到幾不可辨；而你的朋友的影像在低品質的背景中即便不作強化也仍可保持清晰。

JPEG2000 將 JPEG 中的離散餘弦轉換改為小波轉換（小波轉換是對影像或任何一組訊號採樣與編碼的另一種方法）。JPEG2000 中的量化方法採用的是正弦函數而非如在之前版本中使用的單純分割。這些更繁複的算術運算較之 JPEG 需要多許多的處理器資源，在某些應用中會造成明顯的效能下降。JPEG2000 各步驟採用的有些演算法與專利權相關的法律顧慮也受到了關切，因此許多軟體供應商對是否將 JPEG2000 加入他們的產品中抱持著保守的態度。JPEG2000 要在 JPEG 中普及必然還需要假以時日。

7A.6　MP3 壓縮

雖然已有許許多多效果強大的音訊檔壓縮演算法如 AAC、OGG 與 WMA 等，MP3 仍極為普及且廣受支援。MP3 採用數種不同壓縮技術以及利用些許的人類生理機能。雖然許多機構對其改良與實現均作出了貢獻，咸認德國 Erlangen-Nuremberg University 的博士生 Karlheinz Brandenburg 是 MP3 的主要架構師。1987 年該大學與 Fraunhofer Institute for Integrated Circuits 結盟，從事以電子電路實現 Brandenburg 的想法。Fraunhofer-Gesellschaft 對 Brandenburg 的作法提出的改善不久之後被**動畫專家團體** (Moving Picture Experts Group, MPEG) 採用來作動畫中音訊部分的壓縮。**MP3** 的正式名稱是 **MPEG-1 音訊階層 III** (MPEG-1 Audio Layer III) 或 **MPEG-1 第 3 部分** (MPEG-1 Part 3)，是多個相關音訊壓縮標準之一。它在 1993 年被 International Organization for Standards 採用為 **ISO/IEC 11172-3-1993**。要注意：該標準僅描述壓縮的方法；而其相關的實作——編碼器與解碼器的電子電路——則留給製造商發揮。要完全領略 MP3 壓縮的能耐則首先需要瞭解聲音訊號如何記錄於數位化的媒體中。聲音是以某些方式擾動空氣，以產生最終能被人耳中微細結構偵知的振動。這些振動是類比式且具有頻率與振幅的波。類比波的數位化轉換可透過對類比波形以特定時間間隔取樣而得。取樣越頻繁，編碼用的位元數越多，可表示的類比波形代表的聲音也越準確。

這個概念表示於圖 7A.7 的 a 至 c 中。圖中 y 軸上有八個值，用來編碼轉換為數位形式之後再以 3 個位元表示的波幅。可以看出軸上振幅並非對各數值作等分，而是在數位值域的中間區域切分較密；類比波形量化為最接近的整數值，因此這種切分法對聲音發生最密集的區域會有較佳的解析度或更吻合的

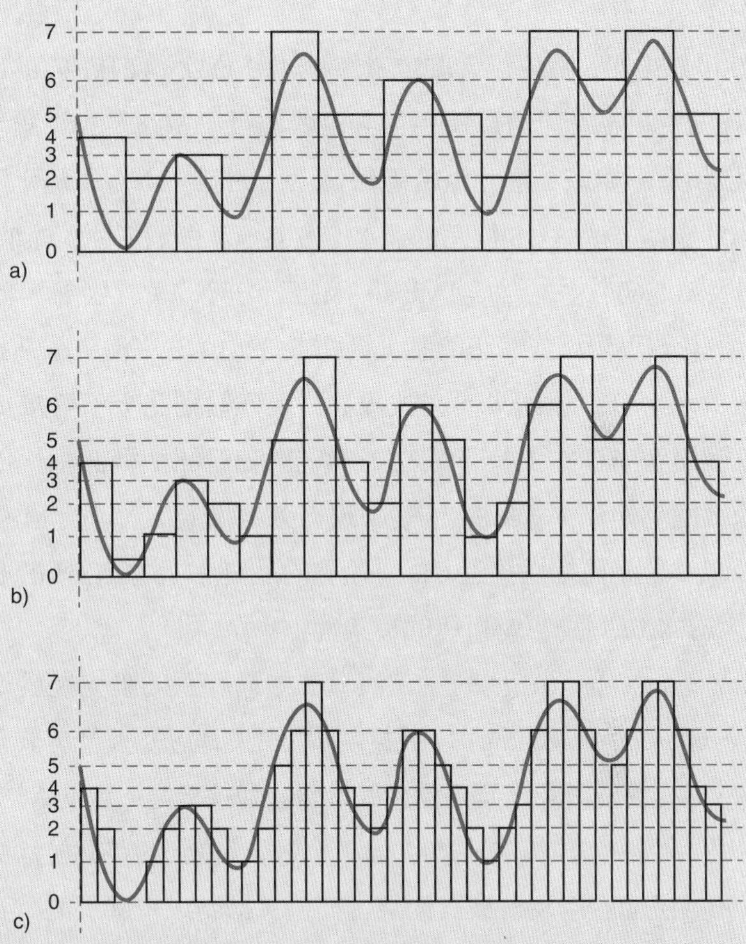

圖 7A.7 聲音波形取樣。a) 每秒 1 × 次取樣；b) 每秒 2 × 次取樣；c) 每秒 3 × 次取樣

轉換。這種類比訊號至數位訊號的轉換方式就是習稱的**脈衝碼調變** (pulse code modulation, PCM)。標準的音訊脈衝碼調變沿著 y 軸上使用了 16 個位元。

下一件要解決的事是取樣的速度。圖 7A.7a 中，垂直方向的長條形代表了對該波形舉例的取樣區間。不難看出波形的許多部分與長方形區域並不太像。如果將取樣速度如圖 7A.7b 般加倍，結果可較為接近原來的波形。如果以三倍速度取樣，結果如圖 7A.7c 所示會更加接近。任何學過微積分的學生都知道我們可以（增加取樣速度以）使得長方形更窄，直到數位訊號與類比訊號之間的差異小到難以量測。不過這種「完美」的代價高昂，因為每一個長方形在 PCM 中都需要兩個位元組來編碼。編碼後的音訊檔案在某個時候就會變得太大而不實用。

在 1970 年代後期，數位錄音確定了每秒 44,100 次 (44.1kHz) 的取樣率。以 44.1kHz 取樣的結果，音訊可以使用符合實際的電子電路足夠精確地呈現。在 44.1kHz 取樣頻率下並以 2 位元組編碼每個脈衝的話，所需的位元速率是每立體聲道 44,100 樣本／秒 × 16 位元／樣本 ＝ 705,600 位元／秒；標準 PCM 數位訊號總共需要 705,600 × 2 ＝ 1.41Mb/s。因此三分鐘的（立體聲）歌曲以 PCM 訊號播放（不計錯誤偵測或修正的話）會需要 32MB 的串流。雖然這樣的檔案大小對 CDs 尚可容許，但如果要在數據網路上傳輸則完全不可接受。在 1988 年動畫專家團體在 ISO 的支持下成立了制定壓縮音訊與視訊檔案的方法。過程中考慮過數個壓縮標準，MP3 是其中最有效且廣為人知者。MP3 可以用每 PCM 樣本少於 2 位元而提供接近 CD 立體聲的品質。上述的 31MB 檔案可縮小 8 倍，成為大約 4MB 這種更為可行的檔案大小。[2]

Karlheinz Brandenburg 在他的壓縮演算法中最聰慧的眼光在於他用了**聲學心理編碼** (psychoacoustic coding)：方法中利用了人耳感知聲音方式上的不完美之處。編碼的過程需要辨認人耳不會感知的聲音並捨棄之。因此 MP3 可以做到減損的程度很高而不會讓未經訓練的人耳造成感覺得到的差異。捨棄的聲音包括聽覺可感知的邊緣處以及會被其他聲音掩蓋（抑制或主宰）的聲音。此外，聲音的可感知的各臨界點因頻率以及音量而異；低頻音域必須比高頻聲音響亮些才能引起相同的注意；因此低音量低頻率的聲音由於聽的人反正聽不到而可以捨棄。

聲學心理編碼只是高度複雜的 MP3 壓縮過程中的其中一點——雖然也是最有效的一點。圖 7A.8 是 MP3 編碼的概要描述。雖然這過程中每一個步驟的詳細討論遠超出本書範圍，我們還是可以大致說明每一件事（相關細節均可在章末的多篇參考文獻中找到）。

MP3 編碼程序的輸入是一個 PCM 音訊串，並被發送到兩個平行路徑上。路徑之一是**帶通濾波器排** (bandpass filterbank)，其將音訊串分離成 32 個頻率範

[2] 降低取樣率可使 MP3 檔案更小，不過也會降低聲音品質。常用的數位音訊取樣率包括 8,000Hz、11,025Hz、16,000Hz、22,050Hz、44,100Hz、48,000Hz 與 96,000Hz。

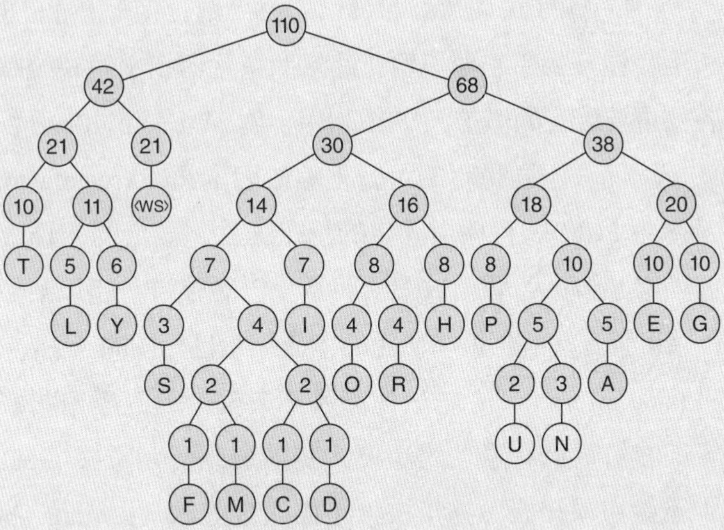

圖 7A.8 一般化的 MP3

圍，每個頻率範圍再細分成 18 個子頻帶，因此產生一共 576 個子頻帶的輸出以供修改過的離散餘弦轉換處理之用。

快速傅立葉轉換 (fast Fourier transform) 對該 PCM 串做預處理以利後續的聲學心理模型分析。我們知道並非所有 576 個子頻帶在產出高品質聲音中都有必要；因此其中僅有部分須做處理。**聲學心理模型** (psychoacoustic model) 進行判斷哪些聲音是在人類聽覺範圍之外，以及哪些會被其他附近頻帶的聲音遮蔽（遮蔽的各個臨界值是頻率的函數：在可感知聲音的中頻範圍臨界值較高）。之後聲學心理模型將用於修改過的離散餘弦轉換以及量化處理中。

修改過的離散餘弦轉換 (modified discrete cosine transform, MDCT) 處理將聲學心理模型應用於帶通濾波器排輸出的 576 個子頻帶上。一般而言，離散餘弦轉換 DCT 的目的是將影像強度或聲音振幅形式的輸入對映至以餘弦函數表示的頻域中。MP3 中的 DCT 稱為修改過的原因是因為它不像「純粹」的 DCT，而是以一組重疊的窗框的形式來處理這 576 個子頻帶濾波器排的輸出。重疊是為了防止之後進行編碼的過程中在窗間的邊界上出現雜訊。

餘弦函數形式的 MDCT 輸出接著被送往將實數值的餘弦函數對映至整數域的量化函數。這種量化一定會減損資訊，因為在第二章中已提到實數無法精確地對映入整數域中。MP3 可使用每秒 64 或 128 個位元於其量化值，當然 128 個位元的解析度較佳。聲學心理模型在此幫助量化器找出對映至整數域的最好選擇，降低各種重要聲音的減損。MP3 利用了對聲音的不同部分依據人耳對該聲音部分的敏感度而作不同量化的可變化**縮放因素頻帶** (scalefactor bands)，而不是如上所示產生 PCM 碼且採用固定的量化方法。較低的人耳敏感度可容許較寬廣的縮放因素頻帶。各個縮放因素與量化後的聲音一起以某類赫夫曼編碼進行壓縮，以確保聲音在解壓縮時使用的縮放因素是相同的一個。

邊註資訊 (side information) 是一種描述赫夫曼編碼過程相關事項、各個縮放因素頻帶、與在解碼過程中非常重要的其他資訊的元數據（metadata，又譯詮釋數據、中繼數據或後設數據；按：是描述數據的數據 /data about data）。這項資訊會壓縮並組織成對單聲道音訊串是 17 個而對立體音訊串是 32 個位元組的資訊框。

最後的步驟是組成 MP3 框。MP3 框包含一個 32 位元的標頭、可選用的 CRC 區塊、邊註資訊、MP3 數據酬載與可選用的輔助數據。MP3 框的實際長度因 PCM 取樣的位元率以及用於量化數據的各個縮放因素的不同而不同。

不難看出這種程度的複雜性需要以硬體製作才足以即時地編碼音訊，以及夠快地解碼以便將輸出以原始 PCM 訊號串取樣的 44.1kHz 速率重新呈現。MP3 的各類編碼器 - 解碼器（**編解碼器**，codecs）可由多家供應商平價取得。

MP3 的「神奇」是先進的數學方法、許多出色的演算法與數位電路共同創造出來的。它使得將各種類型的音樂透過不昂貴的管道發送成為可行，改變了整個音樂工業。結果是幾個大的音樂公司主宰音樂工業的情況結束了，因為許多其他公司可以便宜地進入這個行業。MP3 也為網路上傳族群創造的媒體帶來了普及性，造就世界性的新聞與資訊的分享。大學中的演說與研討在幾次點擊之下就可傳送到任何可攜式播放器上。MP3 使用的數學、演算法與電子電路真的很精妙，但是更重要的是這些事情如何改變了我們的生活，我們已很難想像沒有這些的話生活會是怎樣。

7A.7 總結

這個特別的小節介紹了簡要的資訊理論與數據壓縮的評述。我們瞭解壓縮為的是移除數據中冗餘的資訊而只留存有意義的資訊。如此可以在存檔時節省儲存空間並改善數據傳輸速度。文中介紹好幾種常見的數據壓縮方法，包括統計式的赫夫曼編碼、Zif-Lempel 字典式編碼與網際網路上的壓縮方法 JPEG、GIF 與 MP3。字典系統以一次掃描即完成數據壓縮；其他方法至少需要兩次來回：一次來收集有關被壓縮數據的相關資訊，以及第二次執行壓縮處理。最重要的是現在你對每一種類型的數據壓縮有了足夠的基礎，能夠為任何特定的應用選擇最好的方法。

進一步閱讀

數據壓縮的理論與應用最完整可靠的資料來源包括 Salomon (2006)、Lelewer 與 Hirschberg (1987)、與 Sayood (2012) 的著作。Sayood 的著作中有整套 MPEG 壓縮演算法的深入描述。Nelson 與 Gailly (1996) 的完整整理——包括源碼——清晰易讀。他們使得學習數據壓縮這樣晦澀難懂的藝術成為非常愉快的經驗。與數據壓縮相關的豐富資訊也可以在網路上找到。如果你搜尋本章中提到的任何關鍵的數據壓縮名詞，任何好的搜尋引擎都會帶你指向數百個聯結。小波理論在數據壓縮與數據通訊領域中更形重要。如果你要深入學習這個讓人興奮的領域，也許應該由 Vetterli 與 Kovačević (1995) 開始。這本書也包含詳盡的影像壓縮說明，包括 JPEG 以及當然 JPEG2000 背後的小波理論。

我們在這一個小節裡只談到 MP3 複雜性的粗淺表面。如果想瞭解細節，Sripada (2006) 的碩士論文裡有很好且關於這個處理方法的豐富內容。Pan (1995) 與 Noll (1997) 文章裡對這個題目也有詳細的討論。大量有關 MPEG 編碼方法的資訊可見於 http://www.mpeg.org/MPEG/audio.html 中。完整可信的 MP3 歷史張貼於 http://www.mp3-history.com，值得你花時間瞭解這個故事如何展開。

參考資料

Lelewer, D. A. and Hirschberg, D. S. "Data Compression." *ACM Computing Surveys 19:*3, 1987, pp. 261-297.

Nelson, M., & Gailly, J. *The Data Compression Book*, 2nd ed. New York: M&T Books, 1996.

Noll, P. "MPEG Digital Audio Coding," *IEEE Signal Processing Magazine 14*:5, September 1997, pp. 59-81.

Pan, D. "A Tutorial on MPEG/Audio Compression." *IEEE Multimedia 2*:2, Summer 1995, pp. 60-74.

Salomon, D. *Data Compression: The Complete Reference*, 4th ed. New York: Springer, 2006.

Sayood, K. *Introduction to Data Compression*, 4th ed. San Mateo, CA: Morgan Kaufmann, 2012.

Sripada, P. "MP3 Decoder in Theory and Practice." Master's Thesis: MEE06:09, Blekinge Tekniska Högskola, March 2006. Available at http://sea-mist.se/fou/cuppsats.nsf/all/857e49b9bfa2d753c125722700157b97/$file/Thesis%20report-%20MP3%20Decoder.pdf. Retrieved September 1, 2013.

Vetterli, M., & Kovacˇevic´, J. *Wavelets and Subband Coding*. Englewood Cliffs, NJ: Prentice Hall PTR, 1995.

Welsh, T. "A Technique for High-Performance Data Compression." *IEEE Computer 17*:6, June 1984, pp. 8-19.

Ziv, J., & Lempel, A. "A Universal Algorithm for Sequential Data Compression." *IEEE Transactions on Information Theory 23*:3, May 1977, pp. 337-343.

Ziv, J., & Lempel, A. "Compression of Individual Sequences via Variable-Rate Coding." *IEEE Transactions on Information Theory 24*:5, September 1978, pp. 530-536.

習題

1. 誰是資訊理論科學的創始者？他在哪一個時期完成他的工作？

2. 什麼是資訊的熵值，它又如何與資訊中的冗餘有關？

3. a) 說出兩種類型的統計式編碼。

b) 說出統計式編碼的一個優勢與一個劣勢。

4. 使用算術式編碼來壓縮你的姓名。在壓縮後你可以還原它嗎？

5. 計算圖 7A.4 中每一個 JPEG 影像的壓縮因素。

6. 對 7A.3 節中的「Star Bright」童詩建出赫夫曼樹並註記赫夫曼碼。以 < ws> 而不要使用底線來代表空格。
7. 完成 7A.3 節中展示的 LZ77 數據壓縮。
8. JPEG 對壓縮如圖 7A.4 的線條畫是不恰當的方式。你認為為什麼是這樣？會建議什麼不同的壓縮法？說明如此選擇的正當理由。
9. a) LZ77 屬於哪一種類的數據壓縮演算法？
   b) 說出赫夫曼編碼優於 LZ77 的一個優勢。
   c) 說出 LZ77 優於赫夫曼編碼的一個優勢。
   d) 哪一種方法比較好？
10. 說出你可以用來說服別人 PNG 是一種比 GIF 更好的演算法的特性。

第八章

系統軟體

程式是對計算機下的魔咒，會將輸入資料變成一堆錯誤訊息。

——佚名

8.1 緒論

在你的職涯中，可能會面臨因為某個系統是唯一能執行公司所需的特定軟體產品者而被迫購置「不是最好的」計算機硬體。雖然你也許會認為這個情況是對你優秀判斷力的侮辱，但也必須瞭解整體系統需要包含軟體以及硬體。軟體是使用者得以掌控系統的窗口；如果軟體無法依據使用者的期待提供服務，則不論硬體品質如何，他們總會認為整個系統設計不當。

在第一章中，我們曾以分為六個機器階層、從閘階層以上每一階層都對其下的階層以抽象形式呈現的方式介紹了計算機組織。在第四章中，我們也曾研讀組譯器以及組合語言與架構間的關係。在本章中，我們探討在第三個階層中的軟體並且將相關內容與第四以及第五個階層中的軟體作關聯。這三個階層中的所有軟體在應用程式之下以及指令集架構階層之上運作。與你的應用程式源碼互動的「機器」就是這些軟體組件。這些階層中的各個程式共同合作來允許應用程式中執行各項命令時得以使用所需的硬體資源。然而將計算機系統視為從應用程式源碼一路下到閘階層都只有單一個緒在執行將會侷限我們對計算機系統的瞭解。我們會因而忽略了每一個階層中所能提供的非常多樣的服務。

雖然我們使用的計算機模型只有將作業系統置於「系統軟體」階層中，系統軟體的討論中往往也將編譯器與其他公用程式、還有一類有人稱之為中介軟體 (middleware) 的複雜程式納入。一般而言，中介軟體是對提供在作業系統層級之上、但在應用程式層級之下的各項服務的軟體的一個廣泛歸類。你也許還記得在第一章中曾提到存在於實體組件與高階語言和應用程式間的語意差距。我們知道這種語意差距一定不可以讓使用者感覺出來，而中介軟體就是彌合這種差距的軟體。由於作業系統是所有系統軟體的基礎，幾乎所有系統軟體都多少要與作業系統互動。我們由作業系統內部運作的簡要介紹開始，進而介紹更高層次的軟體。

8.2 作業系統

原本作業系統的主要角色是協助各式各樣的應用與計算機的硬體互動。作業系統提供各式軟體套件能夠控制計算機硬體的一組必要的功能。如果沒有作業系統，每一個程式將需要有它自己的視訊卡、音訊卡、硬碟機等等的驅動程式。

雖然新近的作業系統仍然具備這些功能，使用者對作業系統的期待卻已有很大變化。他們認為作業系統應該能讓他們輕易地管理系統以及其中各項資源。這種期待導致了「拖放式」(drag and drop) 的檔案管理，以及「隨插即用」(plug and play) 的設備管理。以程式師觀之，作業系統掩蓋了系統中架構較底層的細節，讓他們可以更專注於高層次的問題求解。我們已經瞭解以機器語言或組合語言編程並不容易。作業系統配合眾多各種軟體元件，創造出可以有效且輕易運用系統資源但不需要作機器碼編程的友善環境。作業系統不僅提供程式師這樣的介面，也是應用軟體與機器的真實硬體間的中介層。不論是在使用者眼中或是對應用程式的一行行指令而言，作業系統在本質上是一個提供硬體與軟體間介面的虛擬機器。它處理了真實設備與真實硬體的相關事項，免除應用程式與使用者的麻煩。

作業系統本身比一般軟體稍微具有更多功能。它與大部分其他軟體的不同在於它是在啟動計算機時即載入且立刻被處理器執行。由於作業系統的工作之一是將需要用到 CPU 的各程序做排程，因此必須要具備控制處理器（以及其他資源）的能力。它可以在各種應用程式執行期間將 CPU 的控制權交給它們；之後在應用程式不再需要 CPU 或等待其他資源而暫不使用 CPU 時，作業系統要依賴處理器來讓它重新掌控。

如前所述，對使用者與應用程式而言，作業系統是它們與底層硬體間的重要介面。除了這個介面的角色，作業系統另有三項主要任務：程序管理可能是三者中最重要的；其他二項則是系統資源管理與保護這些資源不受錯亂程序的干擾。在討論這些任務前，首先介紹作業系統發展的簡要歷史，以便明瞭它如何與計算機硬體的演進同時並進。

8.2.1 作業系統的歷史

目前的作業系統追求最容易的使用方式，提供豐富的圖形工具來幫助初學以及有經驗的使用者。但是事情並非一向如此。不多久之前計算機資源是如此地珍貴，每一個機器週期都必須用於有用的工作。由於非常高昂的計算機硬體成本，計算機時間必須極端仔細地分配。在那段期間，如果你希望使用計算機，第一步要做的就是登記要使用機器的時間。輪到你使用時，你輸入一疊打孔卡片，並以單一使用者的互動的方式使用機器。而且在載入程式之前，你還必須先載入編譯器。輸入的一疊卡片中最前面的一批卡片含有能將之後的卡片載入的啟動載入器 (bootstrap loader)。走到這一步，你就可以編譯你的程式了。如果在程式中有錯誤，你必須很快找出它，重打造成錯誤的卡片，並重新輸入這一疊卡片到計算機中來試圖重新編譯這個程式。如果沒有辦法很快解決問題，就必須登記更多時間並稍後再來嘗試。如果程式可以編譯完成，下一步就是去聯結目的碼與程序庫的檔案來建立真正能執行的可執行檔。這是對昂貴的計算機——以及人類——很糟糕的時間浪費。為了讓更多人可以使用硬體，於是有了**批次處理** (batch processing) 的作法。

在批次處理中，專業的操作員透過恰當的指令，將許多疊卡片集合成一個批次或一捆，以便它們在最少干擾的情況下進行處理。這些批次往往是由類似型態的程式集合而成。例如，可能有一個批次的 Fortran 程式以及另一個批次的 COBOL 程式。這種作法可以讓操作員將機器設定來執行 Fortran 程式，讀取並執行所有這些程式，然後再轉換成 COBOL 環境。一個稱為**常駐監控器** (resident monitor) 的程式可以讓程式處理過程中（除了將一疊疊卡片放進讀卡機中以外）不需人員介入。

監控器是今日作業系統的先驅。它們的角色很單純：它們讓一件工作開始執行，使這件工作取得計算機的控制權，並且在工作完成後重新控制這個機器。原來由人類進行的工作現在可以由計算機來處理，因此提高了效率與資源的利用。不過作者們還記得批次處理的工作要等到結果出來的時間還蠻久的。（我們還記得在數據中心櫃檯交付一整疊組合語言卡片等候處理的那些美好過去時光。而如果只要等待不足二十四小時就能拿回結果，我們就會充滿驚喜！）在批次處理中除錯是很困難的，或者更明確地說，非常耗時。程式中的無限迴圈會造成系統非常大的混亂。因此，計時器被應用來監測以防止一個程序獨占系統太久。不過監測器有一個嚴重的限制，那就是它們無法提供進一步的保護。如果沒有保護機制，一個批次工作可能會影響其他等待中的工作（例如一個「壞」工作可能讀取太多卡片，造成下一個程式的錯誤）。另外，一個批次工作甚至可能影響監控器的程式碼！為了修正這個問題，可以在計算機中加入特殊的硬體來讓計算機可以在監控器模式或使用者模式中運作。應用程式在使用者模式中運作，並且只在需要使用某些系統呼叫時切換至監控器模式。

CPU 效能的持續提升終究使得打孔卡方式的批次處理越來越沒有效率。讀卡機就是不足以保持 CPU 忙碌。磁帶機曾經是能使一疊疊卡片處理得更快的方法之一。其作法是將讀卡機與印表機連接在較小的計算機上來把一疊疊卡片讀進磁帶中。一卷磁帶可以包含許多件工作，這種方式讓大型主機的 CPU 可以不必在各項工作的切換間讀取卡片。在輸出結果時採取的方式也是類似：先將輸出寫至磁帶中，然後將磁帶移至小型計算機中執行真正的列印工作。監控器必須週期性地檢查是否有 I/O 運作需要進行。因此我們需要在工作中加入計時器來短暫中斷它自己，以便監控器可以將等待中的 I/O 送到磁帶機處理。這種作法使得 I/O 與 CPU 計算可以平行並進。這種在 1960 年代晚期到 1970 年代晚期廣受採用的處理過程稱之為**同時線上周邊運作** (Simultaneous Peripheral Operation Online，或 SPOOLing)，這也是多程式處理的最簡單形式。這個名詞一直存在計算機詞彙中，不過它現在代表的意思是先寫入到磁碟之後才送到印表機的列印輸出。

多程式處理系統 (multiprogramming systems)（從 1960 年代後期開始出現以來一直延續到現在）將同時進行線上周邊運作與批次處理的觀念延伸到能夠允許許多執行中的程式同時存在記憶體中。作法是輪流執行這些程序，讓每一個程序都使用 CPU 一小片段的時間。監控器能夠某種程度地管理多程式處理。它們可以啟動各工作，讓運作輪流進行、執行 I/O、在使用者工作間切換，並提供各工作一些保護。但是監控器的工作變得越來越複雜，需要在軟體中加入更完善的功能。因為這個原因，監控器演進成為我們今天所知道的**作業系統** (operating system)。

雖然作業系統讓程式師（與操作員）省去很大的工作負擔，使用者還是希望與計算機有比較緊密的互動。特別是批次處理這種想法並不讓人喜歡。如果使用者可以互動地交付他們自己的工作並立刻得到回應，那不是很好嗎？**分時系統** (time-sharing systems) 就是為了這個目的。系統接上許多終端機來讓很多使用者同時使用。在互動式的編程提供分時處理（或稱**時間切割**，timeslicing）功能之後，批次處理很快地被淘汰了。在分時系統中，CPU 在使用者處理過程間非常快速地切換，提供每個使用者一小片段的處理器時間。這個在程序間切換的過程稱為程序切換或**環境切換** (context switching)。作業系統快速地做程序切換，讓使用者感覺擁有了他個人的但是其實是虛擬的機器。

分時系統可以讓許多使用者共用一個 CPU。更進一步，系統也可以讓許多使用者共用一個應用程式。像機票預訂系統這種大型互動系統同時可以服務數千個使用者。就如同在分時系統中一般，大型互動系統的使用者並不會察覺系統中其他使用者的存在。

要做到多程式處理與分時處理的話，作業系統的軟體需要更為複雜。作程序切換時，正在執行的程序中所有有關的資訊都需要作保存，以便在這個程序又被安排來使用 CPU 時，能夠被回復到它被插斷時完全一樣的狀態。作業系統需要知道所有硬體的細節才能做到這一點。回想第六章中提到現在的系統都使用虛擬記憶體與頁處理。在程序切換時頁表與其他虛擬記憶體相關的資訊都需要作保留。當程序切換發生時由於 CPU 的暫存器中含有目前執行中程序的狀態，因此也需要作保留。這樣的程序切換就資源使用與時間耗費而言並不輕鬆。為了有效切換程序，作業系統必須快速且有效率地完成上述工作。

請注意：架構的進步與作業系統的演進間緊密的關聯性。第一代計算機使用真空管與繼電器，速度很緩慢。因為機器不能同時處理多件工作，真的不需要用到作業系統。那時是由操作人員處理工作管理上的事務。第二代計算機以電晶體構建，速度與 CPU 容量都增加了。雖然 CPU 的容量增加了，機器還是非常昂貴而必須要作最大可能程度的運用。批次處理就是作為保持 CPU 忙碌的方法而出現的。監控器幫助進行這種處理，並提供最起碼的保護與處理插斷。第三代計算機的特色是採用積體電路，再次提升處理速度。只靠同時線上周邊運作 (SPOOLing) 已不足以保持 CPU 忙碌，因此又再加上分時處理。而虛擬記憶體與多程式處理也需要監控器具有更多的功能，使得它逐漸演變成我們今天所稱的作業系統。第四代電腦使用的技術——超大型積體造成個人計算市場的蓬勃發展。網路作業系統配合分散式系統是在這個科技發展之下的自然產物。電路的小型化也節省了晶片上的面積，讓管理管道化處理、陣列處理與多處理的相關電路有更多空間可資利用。

早期各個作業系統在設計上相當不同。製造商常常對一個硬體平台設計出一或多個作業系統。對不同的平台，同一個製造商設計出來的作業系統也可能在運作上以及提供的服務上都有很大差異。當計算機推出一個新型號的時候，製造商也會推出新的作業系統，這件事並不奇怪。而 IBM 在 1960 年代中期推出 360 系列的計算機時停止了這種作法。雖然在 360 機器家族中每一個計算機在效能以及目標客戶群上都有很大差異，所有的計算機卻都採用相同的基本作業系統 OS/360。

Unix 是單一作業系統且可以應用在許多不同硬體平台上這個想法的另一個例證。AT&T 的 Bell Laboratories 人員 Ken Thompson 在 1969 年開始開發 Unix。他原本以組合語言撰寫 Unix；而因為組合語言與特定硬體相關，為一個平台撰寫的程式在不同的平台上必須要重新撰寫及組譯。Thompson 對他的 UNIX 程式碼在每一個不同機器上都需要重寫這件事感到洩氣，為了省掉將來的麻煩，他發明了一種新的稱為 **B** 的解譯式高階語言。不過 B 的速度太慢，不足以支援作業系統的各種運作。不久之後，Dennis Ritchie 和 Thompson 一起開發 C 程式語言，於 1973 年推出了第一個 C 編譯器。Thompson 與 Ritchie 以 **C** 重寫了 Unix 作業系統，一舉打破作業系統必須以組合語言撰寫的迷思。Unix 因為是以高階語言撰寫而能編譯給不同平台來使用，因此具高度可攜性。這個對傳統作法的重大變革使得 Unix 廣受採用，雖然它進入市場的速度緩慢，也已經有數百萬個使用者選擇它作為作業系統。Unix 對平台硬體的開放性容許使用者根據他們的應用來選擇最好的硬體，而不必限制在特定的平台上。時至今日，保守估計已有數百種不同種類的 Unix 可供採用，包括 Sun 的 Solaris、IBM 的 AIX、Hewlett-Packard 的 HP-UX 與 PC 還有伺服器上的 Linux。

即時、多處理器與分散式／聯網式系統

近年來對作業系統設計師最大的挑戰也許是即時、多處理器與分散式／聯網式系統的出現。**即時系統** (real-time systems) 用於譬如製造工廠、組裝線、機器人與像是太空站這種複雜系統中的程序控制。即時系統有嚴格的時間限制，如果指定的截止期限無法確保，就可能發生實質損害或是其他對人員財產不利的影響。由於這些系統必須對外部事件作出反應，正確的程序排程極為關鍵。想像一下一個控制核能發電廠的系統無法對反應爐心溫度過高的警告訊號快速反應的後果！在**硬即時系統** (hard real-time systems)（如果無法趕上截止期限就可能有致命後果的系統）中，不允許有任何的差錯發生。在**軟即時系統** (soft real-time systems) 中，趕得上截止期限固然很好，但是即使錯過了也不致產生重大的後果。QNX 就是一個設計來確保嚴格的排程要求的**即時作業系統** (real-time operating system, RTOS) 很好的實例。由於 QNX 的功能強大但是所需記憶體甚少（按：英文中一種習慣的非正式說法是 small footprint），並且相當安全可靠，因此也適用於嵌入式系統。

多處理器系統 (multiprocessor systems) 有其特有的一些挑戰，因為在它們裡頭需要排程處理的處理器多於一個。作業系統設計中的一個主要考慮就是如何將各個程序指派給不同的處理器。一般在多處理的環境中。各個 CPU 互相合作來解決問題，同時進行工作來達成共同的目的。處理器中各項動作的協調需要依賴它們之間具有彼此通訊的方法。系統同步的不同要求決定了這些處理器應該要以緊密耦合或鬆散耦合的通訊方式來設計。

緊密耦合多處理器 (tightly coupled multiprocessors) 共用單一的集中式記憶體，需要倚賴作業系統將各個程序小心地同步來確保對所有程序的保護。這種耦合的方式一般用於包含 16 或更少數處理器的多處理器系統中。**對稱的多處理器** (symmetric multiprocessors, SMPs) 是緊密耦合架構常用的形式。這些系統中含有共用記憶體與 I/O 設備的多個處理器。所有的處理器都具有相同的功能，處理的負荷也可分配在所有處理器上。

鬆散耦合多處理器 (loosely coupled multiprocessors) 也稱為**分散式系統** (distributed systems)，具有實際上散處在各處的記憶體。分散式系統可以用兩種不同的方式來看待：第一種是一群以 LAN 聯結的分散工作站，每一個都擁有自身的作業系統，一般稱為**聯網的系統** (networked system)。這樣的系統構造肇因於多個計算機需要共用資源。一個網路作業系統提供譬如遠端命令執行、遠端檔案存取與遠端登入等必須的功能來將機器連接上網路。使用者的程序也有能力透過網路與其他機器上的程序通訊。聯網的系統最重要的應用之一是網路檔案系統。網路檔案系統能夠讓多個機器共用同一個邏輯檔案系統，即便這些機器處於不同的地理位置而且可能採用不同的架構與互不相干的作業系統。這些系統間的同步是一個重要議題，但是通訊問題更為重要，因為每次通訊可能需要跨越很大的網路距離。雖然聯網的系統可能分散在不同的地理位置上，它們卻不被認為是真正的分散式系統。第九章中將作更多分散式系統的討論。

第二種是真正的分散式系統，它在一個重要的方面與聯網的工作站不同：分散式作業系統同時在所有機器上執行，呈現給使用者單一機器的感覺。相對地，在聯網的系統中，使用者會知道存在著不同的機器。因此在分散式系統中通透性（transparency，按：指的是使用者不會看見許多機器的存在而感覺面對的是單一機器）會是一個重要的議題。使用者應該不需要因為檔案存放在不同的位置而必須使用不同的名稱，或是對不同的機器下達不同的命令，抑或者只因為機器所處位置的不同而必須作任何特殊的互動。

在大部分情形下，多處理器使用的作業系統並不需要與單處理器使用的作業系統有什麼重大的不同。不過在那些主要的不同之中，其中之一的排程必須能夠保持許多個 CPU 有足夠的工作。如果不作適當的排程，則多處理器先天具有的平行度優勢將無法充分發揮；尤其是如果作業系統並不提供開發平行度的恰當工具，則效能必然受損。

之前提到即時系統需要有特別設計的作業系統。即時與嵌入式系統都要求作業系統盡量小型化並使用最少的資源。結合了嵌入式系統輕巧特性以及聯網系統各種特性的無線網路也激發了作業系統設計中的一些創意。

個人電腦作業系統

個人電腦作業系統的設計目標與大型系統者不同。大型系統要提供的是極佳的效能與硬體利用度（同時使系統容易使用），而個人電腦作業系統卻有另一個主要目的：使系統對使用者友善。

當 Intel 在 1974 年推出 8080 微處理器的時候，公司要求 Gary Kildall 撰寫作業系統。Kildall 製作了一個軟碟機的控制器，將軟碟機接到 8080，然後為作業系統寫了一個軟體來控制這樣的系統。Kildall 稱這個基於軟碟的作業系統做 CP/M（微計算機的控制程式，Control Program for Microcomputers）。**BIOS** (basic input/output system) 提供與輸入／輸出設備間必須的互動能力，讓 CP/M 可以輕易地移植到不同型式的 PCs 上。由於 I/O 設備可能是系統間差異性最大的元件，如果把所有對這些設備的介面功能都納入一個模組中，則只要改變 BIOS，真正運作的作業系統對不同的機器都可以維持是同樣的一份。

Intel 錯估了認為基於磁碟的機器將會前途黯淡。在決定不要使用這一個新的作業系統之後，Intel 將 CP/M 的權利給予了 Kildall。而到了 1980 年 IBM 需要有一個給 IBM PC 使用的作業系統。雖然 IBM 首先接觸了 Kildall，這項交易最後由已經以 $15,000 購買了一個以磁碟為基礎且由 Seattle Computer Products Company 設計的作業系統中的 Microsoft 來完成，這個作業系統稱為 **QDOS** (Quick and Dirty Operating System)，而這個軟體被重新命名為 **MS-DOS**，至於其他一切已都成為歷史。

早期個人電腦的作業系統是經由以鍵盤輸入的命令來運作。在兩項新的概念——由兩位 Xerox Palo Alto Research Center 人員 Alan Key 所發明的 **GUI** (graphical user interface) 與 Doug Engelbart 所發明的滑鼠整合入作業系統之後，已經永遠改變了作業系統運作的樣貌。經由他們的努力，輸入命令的提示符號已經被視窗、圖像與拖拉的選單所取代。Microsoft 經由 Windows 系列的作業系統：Windows 1.x、2.x、3.x、95、98、ME、NT、2000、XP、Windows 7 與 Windows 8 使得這些想法更為普及（但是並不是發明它們）。比 Windows GUI 還早上幾年就開始發展的 Macintosh 圖形式作業系統 **MacOS** 也已經經過了好幾個版本的發展。Unix 正在以 Linux 與 OpenBSD 的形式逐漸在個人電腦的世界裡流行。還有許多基於磁碟的作業系統（譬如 DR DOS、PC DOS 與 OS/2），但是沒有一種能夠像 Windows 與各種形式的 Unix 那樣流行。

8.2.2 作業系統的設計

由於作業系統是計算機使用的軟體中唯一最重要的一個，所以它的設計需要特別注意。作業系統控制了包括記憶體管理與 I/O 這些基本功能，更不要說它決定了計算機給人的「觀感」。作業系統與其他軟體的不同在於它是**事件驅動** (event driven)，也就是它依據命令、應用程式、I/O 設備與插斷來工作。

作業系統的設計需要注意四項因素：效能、功能、成本、與相容性。到現在你應該瞭解作業系統是什麼，但是由目前存在的各種作業系統看來，還存在許多認為作業系統應該是其他不同觀點的歧見。大部分作業系統是有類似的介面，但是它們達成任務的方式卻有很大差異。有些作業系統設計得非常精簡，只具備最基本的功能；但是有一些卻嘗試包含所有可能的功能。有些具備非常好的介面，但是在其他方面卻有不足；也有一些在記憶體管理與 I/O 方面功能極佳，但是在使用者友善度方面不夠。不過卻沒有一個作業系統在各方面都是最好的。

在作業系統設計中有兩個關鍵的元件：核心與各種系統程式。**核心** (kernel) 是作業系統的中心。程序管理器、排程器、資源管理器與 I/O 管理器都會用到它。核心負責排程、同步、保護／安全、記憶體管理與插斷處理。它具有控制主要系統硬體的能力，包括插斷、控制暫存器、狀態字組與計時器等。它負責載入所有裝置驅動程式，提供常用的公用程式，並統合所有的 I/O 動作。核心必須知道硬體的細節才能把各種軟體整合到一個正常工作的系統中。

核心設計的兩種極端形式是**微核心** (microkernel) 架構與**完整的** (monolithic) 核心。微核心只提供基本的作業系統功能，並需要由其他模組來執行特定工作，因此將許多常見的作業系統服務交由使用者負責。這種作法能夠讓許多工作不需要經過整個作業系統的運行就能夠進行，然而因為在使用者層級執行的工作對系統資源的使用有其限制，因此微核心必須提供安全功能。微核心較之完整的核心更容易客製化與移植至其他硬體上。不過因為核心與其他模組間的通訊需要再予建立，因此系統往往變得比較慢且無效率。微核心的主要特性是它的大小較小、易於移植，以及一系列的功能是在核心之上的層級執行而非核心內。微核心發展的主要動力來自於 SMP 與其他多處理器系統的成長。微核心作業系統的例子包括 MINIX、Mach 與 QNX。

完整的核心在一個程序內提供它們所有的不可或缺的功能，因此它們比微核心顯著地大上許多。完整的核心一般都是為特定硬體而設計並且與硬體直接互動，因此比微核心作業系統更容易作最佳化；不過也因為這個原因，完整的核心不容易移植。完整核心作業系統的例子包括 Linux、MacOS 與 DOS。

作業系統也會消耗資源，因此除了管理資源的能力之外設計師也要考慮作業系統本身的整體大小。例如很常見的 Linux 版本 Ubuntu 12.04，完整架設起來的話將會占據 5MB 的磁碟空間；Windows 7 與 8 都是這個大小的三倍有多。這些數字證實了作業系統的功能在過去兩個十年間大量增加，而 MS-DOS 1.0 可以輕易放在 100KB 的軟碟上。

8.2.3 作業系統的服務

在之前作業系統架構的討論中，已經提到了一些作業系統提供的最重要的服務項目。作業系統掌管所有重要的系統管理工作，包括記憶體管理、程序管理、保護以及與 I/O 設備的互動。以它作為介面的角色而言，作業系統決定使用者如何與計算機互動，居中協調使用者與硬體。這些功能每一項都是決定整體系統效能與可用度的重要因素。事實上有時候我們願意為了系統更方便使用而接受稍低的效能。這種取捨在圖形使用者介面上表現得最為明顯。

人的介面

作業系統在使用者與機器的硬體間提供了一層抽象概念。因為作業系統以一層介面隱藏了機器的真實細節，使用者或應用程式都不會直接看見硬體。作業系統對不同目的的人提供三種不同角度的基本介面：硬體開發人員希望作業系統是針對硬體的介面；應用程式發展人員將作業系統當成對不同應用程式與服務的介面；一般使用者最熟悉圖形介面，這也是*介面*這個詞最常表達的情境。

作業系統的使用者介面可以概分為兩大類：**命令行介面** (command line interfaces) 與**圖形使用者介面** (graphical user interfaces, GUIs)。各種命令行介面使用能讓使用者於其後輸入各種命令，包括複製檔案、刪除檔案、提供目錄清單與處理目錄結構等的提示符號 (prompt)。使用者使用命令行介面時需要瞭解系統的語法，但是這對一般使用者而言太過複雜了。不過對已經熟練了特殊命令詞彙的人而言，直接下命令比起使用圖形介面而言工作可以進行得更有效率。另一方面，GUIs 對不熟練的使用者提供更方便的介面。新進的 GUIs 使用顯示於螢幕桌面上的各種視窗，它們包含可以經由滑鼠操作的圖像符號 (icons) 與其他各類型檔案的圖形表示。命令行介面的例子有 Unix shell（按：原意為殼，作用是命令解譯器）與 DOS。GUIs 的例子有各種版本的 Microsoft Windows 與 MacOS。各種設備特別是處理器與記憶體的成本下降使得在各種作業系統中加入 GUIs 更為可行。特別值得注意的是許多 Unix 作業系統使用的是一般性 X Window System。

使用者介面是一個程式或者一小群程式所形成的**顯示管理器** (display manager)。這個模組通常不屬於作業系統的核心功能。大部分現代的作業系統將介面功能、檔案處理以及其他與核心密切相關的應用等模組包裹成整體作業系統套件。這些模組如何互相聯結是決定作業系統特性的因素。

程序管理

程序管理是作業系統服務項目的核心。它包括從產生程序（對每一個程序產生出記錄相關資訊的恰當結構）到安排各程序如何使用各種資源，再到程序結束後刪除程序並清除相關資訊。作業系統追蹤管理每一個程序的狀態（包括程序變數的值、CPU 暫存器的內容與目前狀態——執行中、備妥或等待中）、它使用中的各種資源以及它需要的各種資源。作業系統持續掌握每一個程序的動作以防範同時運作的程序卻使用了共用資源的**同步問題** (synchronization problem)。這些行為一定要小心監控以避免數據的不一致與意外的互相干擾。

任何時候核心都管理著一群程序，其中包括使用者程序與系統程序。大部分程序都獨立運作。不過當它們需要互動以達成共同目標時，則需依賴作業系統提供它們在程序間互相通訊的能力。

程序排程是作業系統例行任務中的一項重點。首先，作業系統需要決定哪些程序可以被接受進入系統中（一般稱為**長期排程**，long-term scheduling）；之後它需要決定在任何時間哪一個程序能夠使用 CPU（**短期排程**，short-term scheduling）。執行短期排程時，作業系統透過備妥程序列表的形式，來區分等待資源的程序與已經備妥等待執行的程序。如果一個執行中的程序需要正被占用的 I/O 或者其他資源，它就會自願釋放 CPU 並將自己置入等待列表，而另一個程序就會被排入執行。這一連串的事件形成了**程序切換** (context switch)。

在程序切換過程中，所有正在執行中的程序的相關資訊都會被保留，以便當這個程序重啟執行的時候，可以回復到它被插斷時完全相同的狀態。程序切換時要保存的資料包括所有 CPU 暫存器的內容、頁表以及與虛擬記憶體相關的資訊。一旦這些資訊安全地收藏好，之前被插斷的程序（準備還要使用 CPU 的那一個）就重新恢復成它被插斷前完全一樣的狀態並繼續執行（當然，如果是新的程序就不會需要恢復之前的狀態）。

程序可以經由兩種方式放棄 CPU：在**非先占式排程** (nonpreemptive scheduling) 中，程序可自願放棄 CPU（可能是因為它需要另一個未被排程進來的資源）。不過如果系統是設定成具有時間片段的話，程序可能會被作業系統由執行中狀態改變成等待狀態，這樣就稱為**先占式排程** (preemptive scheduling)，因為程序的執行地位被占據而且 CPU 的使用權被剝奪了。先占的情形在程序根據優先權排程與插斷時也會發生，例如如果一個低優先度的工作正在執行中而一個高優先度的工作需要使用 CPU，則（經過程序切換後）低優先度的工作會被置入備妥貯列中，而讓高優先度的工作立刻開始執行。

作業系統在程序排程中的主要工作是決定哪一個程序可以接著使用 CPU。影響排程決定的因素包括 CPU 利用率、處理量、完成所需時間、等待時間與回應時間。短期排程的方式有好幾種，包括先到先服務、最短工作優先、循環（輪流）與依據優先度排程。在**先到先服務排程** (first-come, first-served scheduling, FCFS) 中，依據程序提出要求的次序來配置予處理器資源；執行中的程序在結束時釋放出 CPU。FCFS 排程是非占先式的排程法，具有易於製作的優勢。不過因為程序等待使用 CPU 平均所耗時間具有很大的變異度而並不適合於多使用者的系統。另外，一個程序可能長期獨占 CPU，造成其他等待執行程序的難以預期的延遲。

在**最短工作優先排程** (shortest job first scheduling, SJF) 中，執行時間最短的程序較系統中所有其他程序有更高的優先權。SJF 可被證明是最佳的排程方式，不過它主要的問題是沒有方法可以事先知道到底一個工作需要執行多久。使用 SJF 的系統以某種探索方式來「推估」工作執行時間，不過這些探索方式離完美甚遠。SJF 可以是先占式的或非先占式的（先占式的方法通常稱為**最短剩餘時間優先**，shortest remaining time first）。

循環排程 (round-robin scheduling) 是一種公平而簡單的先占式排程方法：每一個程序都被配置一個 CPU 時間片段；當一個程序的時間片段結束時如果它仍在執行中，則會被程序切換置換出去，而等待中的下一個程序則會得到它的時間片段。循環排程廣泛應用於分時系統中。如果排程器使用足夠小的時間片段，使用者不會感覺到他們正在共用系統的各項資源。不過時間片段不應該小到使程序切換的時間相對過大。

依據**優先度的排程** (priority scheduling) 賦予每個程序一個優先度。在短期排程器從貯列中選擇程序時，具有最高優先度的程序將被挑選。FCFS 給予所有程序相同的優先度。SJF 給予最短的工作最高的優先度。依據優先度排程的最大問題在於可能發生餓死或無限期的阻斷。你可以想像，嘗試在忙碌的系統上執行一個大型工作時，如果其他使用者不斷送進那些會在你的工作之前就先執行的較短工作時，會多令人沮喪嗎？過去曾經聽說，有一個大型大學的主機停機時，在備妥貯列中發現了一個已經等待執行好幾年的工作！

有些作業系統提供合併式的排程方式。例如，系統可能使用先占式、依據優先度、先到先服務的排程。支援企業等級系統的高複雜度作業系統允許使用者擁有相當程度的時間片段期間、可同時執行的工作數與不同工作等級優先度的控制能力。

多工處理 (multitasking)（可以讓多個程序同時執行）與**多緒處理** (multithreading)（可以讓一個程序再細分為不同的控制緒）對 CPU 排程形成特

殊的挑戰。**緒** (thread) 是系統中可排程的最小單元。與它們的父程序一樣，各緒也共用同一個包括 CPU 暫存器與頁表的執行環境。因為這樣，緒之間的切換造成的額外負擔較少，因此可以較程序的切換更快完成。依據不同的同時性需求，可以採用的形式是具有一個緒的一個程序、許多緒的一個程序、許多單緒的程序或者許多多緒的程序。支援多緒的作業系統一定要能夠處理上述的所有情況。

資源管理

除了程序管理，作業系統也管理系統的各項資源。因為這些資源都相當珍貴，讓它們能夠共用是較好的作法。例如，多個程序可以共用一個處理器、多個程式可以共用實體記憶體以及多個使用者與檔案可以共用一個磁碟。有三項資源是作業系統最關注的：CPU、記憶體與 I/O。排程器控管 CPU 的使用。記憶體與 I/O 的使用則需要另外一組控制與功能來控管。

回想第六章中提到大部分現代的系統都有某種形式的虛擬記憶體來延伸 RAM 空間。這表示有多個程式可以都將部分內容共存於記憶體中，每個程序也都必須具備頁表。最早期在作業系統設計成能處理虛擬記憶體之前，程式師採取**重疊** (overlay) 的技術來實現虛擬記憶體：如果程式太大放不進記憶體，程式師必須將它分為多個片段，在任何時候只將需要用到的數據與指令載入記憶體；需要用到新的數據與指令時，仍需靠程式師（利用一些編譯器提供的幫助）來確認正確的片段存在記憶體中。程式師要負責管理記憶體。現在作業系統已經接手這件繁瑣的工作：作業系統將虛擬位址轉換為實體位址、從磁碟來回傳遞頁並維護記憶體的所有頁表。作業系統也決定主記憶體的配置並掌握可用的頁框。在配置記憶體空間的時候，作業系統執行垃圾回收，這是一個將可用的小塊記憶體空間集中以形成便於利用的較大空間的過程。

各個程序除了共用同一個有限的記憶體之外，也共用 I/O 設備。大部分輸入與輸出都是因應應用程式的需求而執行。作業系統提供輸入與輸出的必要管理功能。應用程式也可以不透過作業系統來處理它們自己的 I/O，不過這樣不但重複了工作，也造成保護與存取方面的顧慮：如果多個程序同時想要使用同一個 I/O 設備，則這些請求需要作協調。這項工作由作業系統負責：作業系統提供一個通用型的可作各種系統呼叫的 I/O 介面功能；應用程式可以經由這些呼叫來要求作業系統提供 I/O 服務。之後作業系統就可以啟動針對這個特定 I/O 設備且能夠實踐一組標準功能的設備驅動程式。

作業系統也作磁碟檔案管理。作業系統處理檔案建立、檔案刪除、目錄建立、目錄刪除，並提供處理檔案與目錄的基本功能以及它們如何對映到次級儲存設備中的支援。I/O 設備驅動程式可處理許多特定的細節，而作業系統則協調各個設備驅動程式在執行 I/O 系統功能過程中的各項活動。

安全與保護

作業系統作為資源與程序的管理者，一定要確認所有事情都進行得正確、公平與有效率。不過要共用各項資源，就會造成資源暴露於相關程序中，引發可能的非法使用或更改數據等問題。因此作業系統也必須負責保護資源，確保「壞人」與錯誤的軟體不會破壞任何東西。同時執行的軟體一定要被保護不受彼此干擾，作業系統中的程序也一定要被保護不受使用者程序干擾。沒有了這些保護，使用者程式甚至可能清除掉作業系統中用於處理譬如說插斷的程式碼。多使用者系統需要額外的安全服務來保護共用的資源（譬如記憶體與 I/O 設備）與非共用的資源（譬如個人的檔案）。記憶體保護保障了使用者程式裡的錯誤不致影響其他的程式，或者一個惡意的程式控制整個系統。CPU 保護機制確保使用者程式不會卡在無限迴圈中，以免浪費掉其他工作也需要的 CPU 時間。

作業系統經由許多方式提供安全服務。首先，運作中的程序會受限只能在它們自己的記憶體空間中執行。再者程序所有對 I/O 或者其他資源的請求都必須通過作業系統，由它來進行分派。作業系統在使用者模式中執行大部分的命令，還有一些則在核心模式中執行。這種方式可以保護資源不受到未經允許的使用。作業系統也提供控管使用者使用資源的功能，一般採用的是經由登錄姓名與密碼的方式。更嚴格的保護則可以採用限制程序在固定的子系統或分區中運作的方式來達成。

8.3 受保護的環境

為了提供保護，多使用者的作業系統會防範系統中狂亂執行的程序。程序執行的動作一定要與作業系統以及其他程序隔離開來。對共用資源的使用一定需要受到控制與協調來避免衝突。在系統中建立這種保護性阻隔物的方法有許多種。本節中我們檢視其中的三種：虛擬機器、子系統與分區 (partitions)。

8.3.1 虛擬機器

1950 年代與 1960 年代的分時系統不斷地與共用的資源如記憶體、磁性儲存裝置、讀卡機、印表機與處理器週期等引發的相關問題糾纏奮戰。那個時期的硬體並不足以應付許多計算機科學家所希望的運算需求。更好的情境是每一個使用者程序都可以擁有它自己的機器——一個想像中且能和平地與許多其他想像中的機器共存於真實機器中的機器。到了 1960 年代晚期與 1970 年代早期，硬體終於豐富到足以在通用型分時計算機中提供這些「虛擬」機器所需的功能。

虛擬機器在觀念上相當簡單。真實計算機中的真實硬體完全受到一個**控制程式**（controlling program，或稱核心程式）的指揮。控制程式可產生出任意數量且執行於核心程式之下的虛擬機器，其就如同普通的使用者程序般且與任何執行於使用者空間的程式同樣受到相同的限制。控制程式對每一個虛擬機器提供如同擁有真實機器的硬體環境的感覺；於是虛擬機器「看見」一個包含 CPU、暫存器、I/O 設備與（虛擬） 記憶體的環境，就好像這些資源都是專門為了讓這個虛擬機器使用而存在。因此，各個虛擬機器都是想像中的機器，它們就像是一個個各項資源都完備的系統。如圖 8.1 所示，使用者程式在虛擬機器的範圍內執行時能夠存取任何容許它使用的系統資源。例如，當一個程式呼叫系統服務以寫入數據到磁碟中時，它會如同執行於真實系統上般地作呼叫。虛擬機器收到 I/O 要求時，會將這個要求遞交給控制程式，以便在真實硬體上進行恰當的動作。

要讓虛擬機器使用不同於這個核心程式所屬作業系統的另一個作業系統是

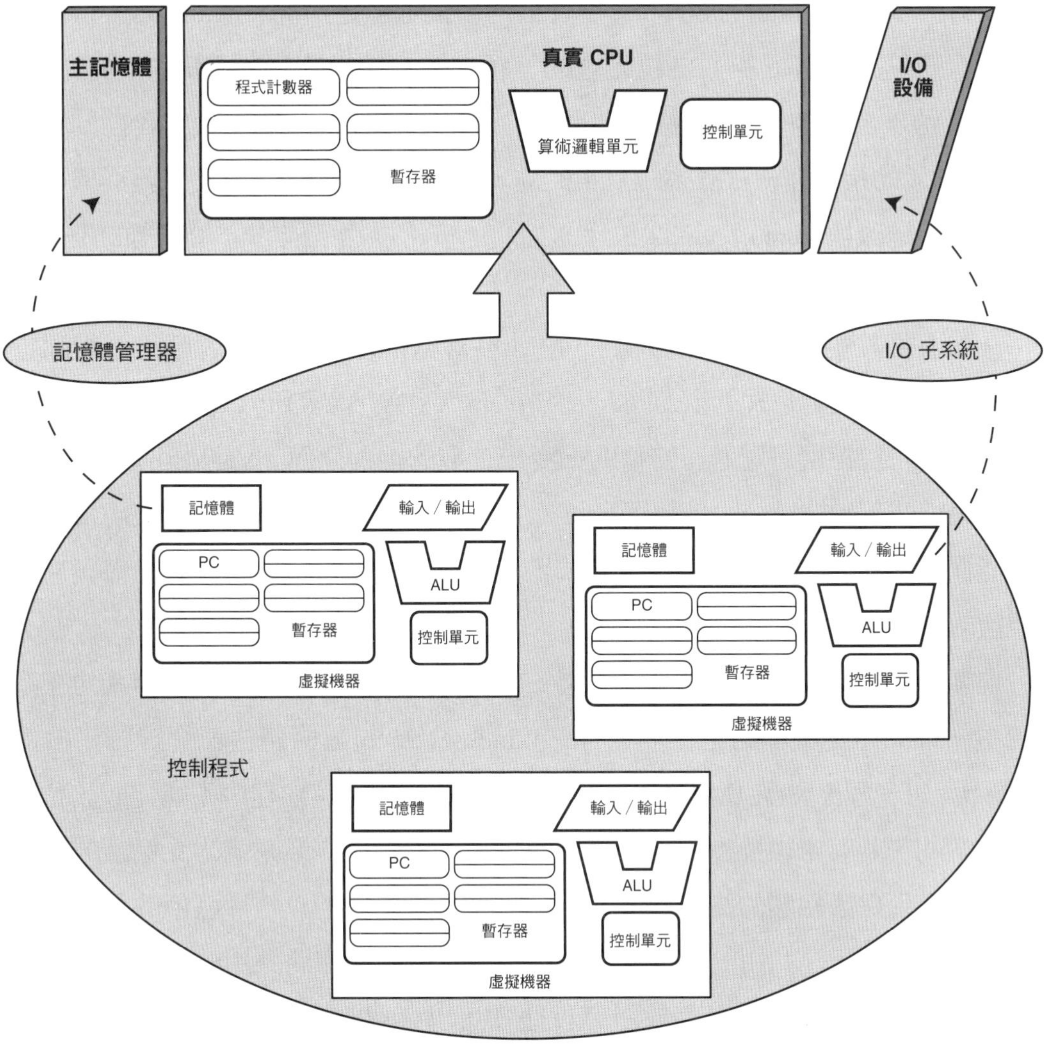

圖 8.1 執行於控制程式之下的虛擬機器

完全可行的。要讓真實系統中的每一個虛擬機器使用不同的作業系統也是可行的。事實上這也是經常實際發生的情形。

如果你曾經使用過 Microsoft Windows（由 95 到 XP）「MS-DOS」命令中的提示符號，你就已經開啟了一個虛擬機器環境。這些 Windows 版本的控制程式稱為 Windows **虛擬機器管理器** (Virtual Machine Manager, VMM)。VMM 是產生、執行、監控並結束各虛擬機器的 32 位元且處於保護模式中的子系統（見下一節）。VMM 於啟動時載入記憶體中。在經由命令介面呼叫後，VMM 產生一個執行於 16 位元 Intel 8086/8088 處理器的虛擬環境之中的「MS-DOS」機器。雖然真正的系統有更多（32 位元寬的）暫存器，執行於 DOS 環境中的各工作只能看見 8086/8088 處理器特性中具有的少量 16 位元暫存器。VMM 控制程式將 16 位元的指令在執行於系統真正的處理器上面之前轉換 [或者以虛擬機器的語言來說是**改換** (thunk)] 成 32 位元的指令（按：這裡所稱的位元數指的是位址空間的位元數）。

為了要對硬體插斷提供服務，VMM 每當 Windows 啟動時會載入一組界定好的**虛擬設備驅動程式** (virtual device drivers, VxDs)。VxD 可以模擬外部硬體，或者它也可以模擬可透過有特權的指令來存取的編程介面。VMM 可以與 32 位元保護模式下動態鏈結的各種程序庫（於 8.4.3 中說明）共同運作，使虛擬設備也能攔截插斷與錯誤。藉由這種方式，其得以控制應用程式對硬體設備與系統軟體的存取。

當然，虛擬機器採用虛擬記憶體，該虛擬記憶體需與作業系統和其他在系統中執行的虛擬機器的記憶體共存。Windows 95 的記憶體位址配置圖示於圖 8.2 中：每一程序受配 1MB 至 1GB 的私有位址空間，其他程序不能存取該私有位址空間。若有未經授權的程序嘗試使用另一程序或作業系統的受保護的記憶體，即發生**保護相關的錯誤** (protection fault)（會粗暴地以一片藍色的螢幕上打出訊息來表達）。共用的記憶體區域則是提供來作程序間共用的數據與程式碼之用。區域中的上方除了存放所有程序都可以存取的 DLLs（動態聯結的程序庫，Dynamic Link Libraries）外，也存放系統虛擬機器的各組件。區域中的下方不可定址，以作為偵測指標錯誤的一種方式。

如果新式的系統支援虛擬機器的話，它們最好也能提供大型企業級計算機必備的保護、安全與可管理性。虛擬機器也提供涵蓋無數種硬體平台的相容性。一個這樣的稱為 Java Virtual Machine 的機器將於 8.5 節中介紹。

8.3.2 子系統與分區

Windows VMM 是一個在 Windows 啟動後就會開始的**子系統** (subsystem)。Windows 也會開始其他特殊目的子系統來作檔案管理、I/O 與組態的管理。各

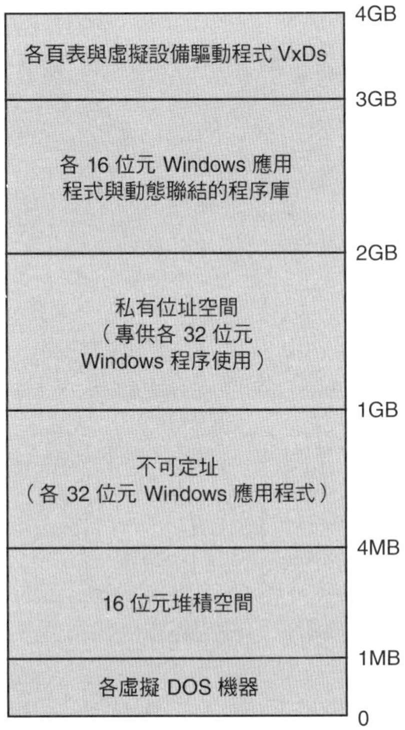

圖 8.2 Windows 95 的記憶體配置圖

子系統建立邏輯上各自獨立、可各自組構與管理的環境。各子系統執行於作業系統核心之上，核心則提供它們存取必須在各子系統間共用的基本系統資源，如 CPU 排程器等。

每一子系統都必須定義在控制它的系統環境中。定義的內容包括例如磁碟檔案、輸出入貯列等資源的描述，以及其他例如終端機時段與印表機等硬體元件。定義給子系統的資源並不一定總是能被底層的核心程式看到，但是可以透過那個因為它才定義了這個子系統的該子系統而看見。定義給一個子系統的資源也許可以或者不可以與其他同儕子系統共用。圖 8.3 表示概念性的各子系統與其他系統資源間關係的圖示。

各子系統協助大型、高度複雜的計算機系統管理各項活動。由於每一個子系統都自成一個個別的可管理單元，系統管理者可以個別啟動或停止每一個子系統而不須干擾核心程式或者任何其他正在運作中的子系統。每一個子系統也可作系統資源重新配置來個別調校，譬如增加或移除所能使用的磁碟空間或記

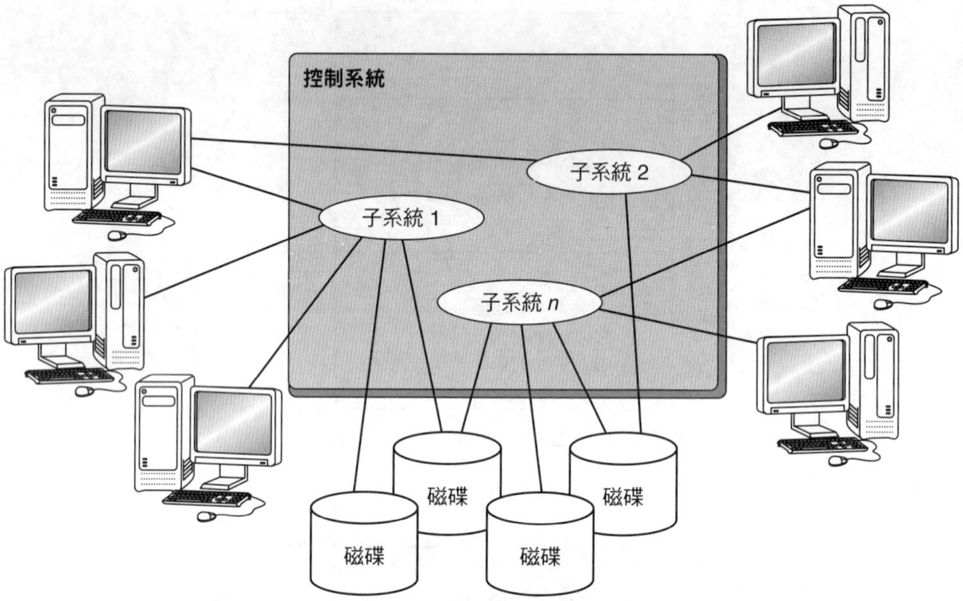

圖 8.3 一項資源可被定義成供給多個子系統使用

憶體。另外，如果一個程序在子系統中失去控制——甚至拖垮該子系統——通常只有這個程序所屬的子系統會受到影響。因此子系統的作法不但使得系統更易於管理，也使得它們更為強健。

在非常大的計算機系統中，各個子系統對於在機器以及它所擁有的資源上作區段分隔這方面作得還不夠徹底。有時需要使用到更複雜的障礙物來強化安全與資源管理，這時一個系統可以被分成各個**邏輯分區** (logical partitions) 也稱為 **LPARs**，如圖 8.4 所示。LPARs 在一個實體系統中創造出多個不同的機器，它們彼此之間也並沒有預先設定的共用資源。每個分區的資源對另外一個分區來講，都不會比各個分區在不同的獨立實體上的系統中執行時更容易做存取。例如，如果一個系統具有兩個分區 A 與 B，則分區 A 要從分區 B 讀取一個檔案的時候，只有在這兩個分區都同意建立一個共用的資源譬如一個管道或者訊息貯列時，方得以進行。一般而言，檔案只能透過使用檔案傳輸協定或系統業者為這個目的而寫的工具程式方得以在不同的分區間複製。

這些邏輯分區在創造「沙盒 (sandbox)」環境來進行使用者訓練或測試新程式時特別有用。沙盒環境這個名稱是因為只要限制在沙盒的範圍內，任何使用

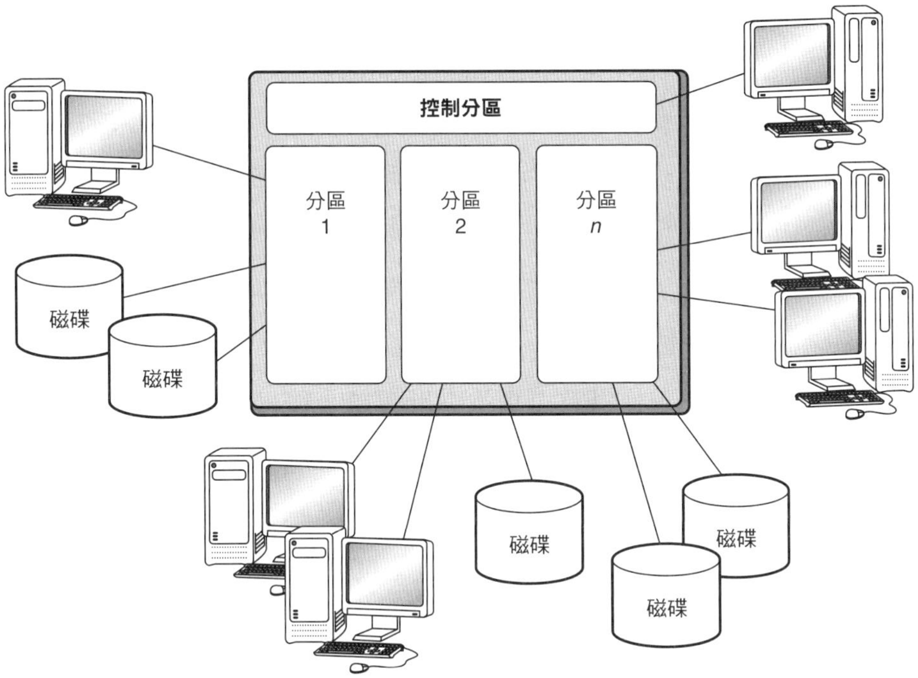

圖 8.4 各邏輯分區與它們的控制系統：資源不能輕易在不同分區間共用

這個環境的人都能盡情地自在「揮灑」的這個想法而得。沙盒環境設定對系統各項資源進行嚴格的存取限制；在某一分區中執行的程序絕對不能有意地或不小心地存取別的分區中的數據或程序。因此分割成各分區的這種作法可提升系統的安全層次，主要是經由把各項資源與不該能存取它們的程序隔絕開來。

雖然子系統形式的作法與分區形式的作法在彼此定義各自組成的資源項目方式上有所不同，你可以把它們都想成是計算機階層式系統架構的迷你模型。在分區的環境下，各階層看起來就像個多層生日蛋糕，從硬體層一直延伸到應用層。另一方面，各子系統彼此並不那麼不同，而大部分的差異來自於系統軟體層級。

8.3.3 受保護的環境與系統架構的演進

直到最近，虛擬機器、子系統與邏輯分區都被視為大型主機系統中「舊科技」的產品。在整個 1990 年代中，人們普遍認為較小型的機器比大型主機系統更有成本效益。「客戶 - 伺服器」的使用方式也被認為對變動的商業環境更具使用者友善性與反應力。小型系統上的應用程式開發很快地募集到各路編程人才。像是文字處理與行程管理這類辦公室自動化程式，在以小型檔案伺服器為基礎的合作聯網環境中得以發揚。列印伺服器則控制著可在一般紙張上印出細緻清晰的輸出，而且比大型主機的逐行列印機在特殊形式用紙上印出模糊輸出的速度更快的可聯網雷射印表機。不論怎麼看，桌上型與小型伺服器平台能夠以大型主機基礎計算能力所需花費的一部分就足以提供相同的基礎計算能力以及便利性。不過基礎計算能力只是企業級計算系統中的一個面向。

當辦公室自動化的工作轉移至桌上型計算機上後，辦公室網路即被建構來連接各桌上型系統與存放文件與其他重要商業記錄的檔案伺服器。應用伺服器則存放具備核心企業管理功能的程式。在公司具備聯結網際網路的能力後，網路上就會加上電子郵件與網際網路伺服器。如果有任何伺服器因忙碌而變慢，簡單的處置就是加上另一個伺服器來分擔工作。到了 1990 年代末期，大型企業往往擁有為數數百、處於環控及安全設施中的個別伺服器所形成的龐大**伺服器群**（或稱「場」，server farm）。伺服器群很快地耗費大量的人力，每一台伺服器不時就需要許多管理人員的大量關注：每一台伺服器的內容都需要備份入磁帶上，之後磁帶為了安全理由還要輪流保存到其他地方；每台伺服器都可能是造成故障的原因，使得問題診斷與軟體修補也成為日常工作。不久之後大家漸漸認為小且廉價的系統並不如之前以為的那麼划算。這點對那些使用了數百台小型伺服器系統的公司尤其是如此。

所有主要的企業級計算機製造商現在都提供**伺服器整合** (server consolidation) 式的產品。不同製造商對問題採取不同作法，其中最有趣的例子之一是在一部非常大的計算機中產生出各個包含許多虛擬機器邏輯分區的這種想法。伺服器整合的眾多優點包含以下各項：

- 管理一個大型系統比管理許多小型系統容易。
- 一個大型系統所耗電力少於具有相同計算能力的一群較小的系統。
- 使用較少電力就會產生較少的熱，節省了空調費用。
- 較大的系統可提供較佳的故障切換（failover，亦稱故障換手或故障轉移）

保護（熱備用的磁碟與處理器往往已包括在系統中）。

- 單一的系統較易備份與復原。
- 單獨的系統占用較少地板面積，降低建築物相關成本。
- 單一大型系統的軟體授權費用應該較大量小系統者為低。
- 在從事系統以及使用者程式軟體升級時一個系統所需的人力較多個系統為少。

如 IBM、Unisys 與 Hewlett-Packard 等大型系統製造商在努力掌握伺服器整合契機方面行動迅速。IBM 的大型主機與中型產品系列被重製成 eSeries Servers。System/390 大型主機則以 zSeries Servers 之名再起。zSeries Servers 可支援多至 60 個邏輯分區，每個執行 IBM Virtual Machine 作業系統的分區則可定義數千個虛擬 Linux 系統。圖 8.5 顯示典型的 zSeries/Linux 組態。每一個虛擬 Linux 系統都和真正的 Linux 系統一樣足以支撐企業的應用與電子商務的活動而更免除了管理上的額外負擔。因此一群占地如足球場般大的伺服器群可以被一個僅略大於家用電冰箱的 zSeries「盒子」取代。你可以說伺服器整合的過程是作業系統演進的典型作法：系統製造者在運用機器中持續進步的各項資源時，不斷地使他們的系統即使變得更強大卻也更容易管理。

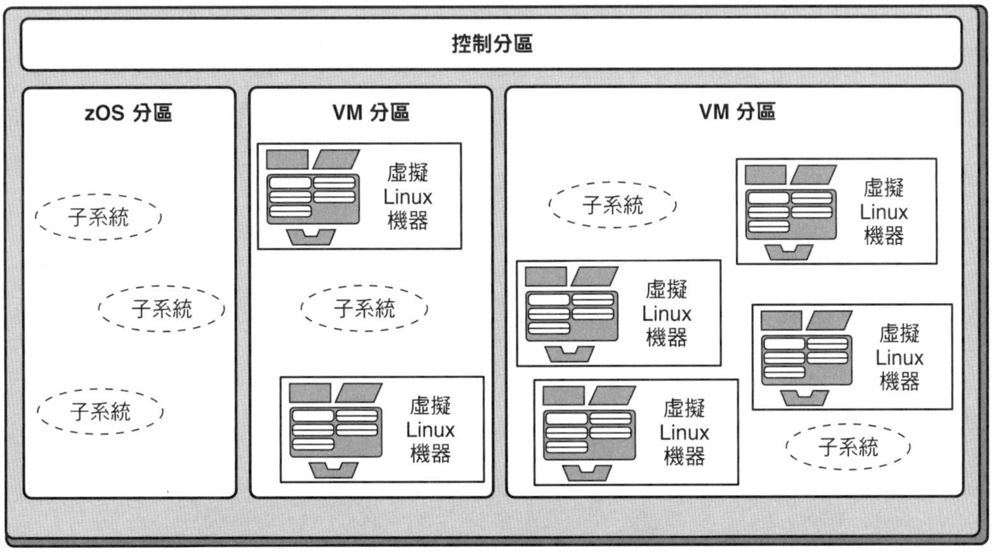

圖 8.5 IBM zSeries Server 的各邏輯分區中的 Linux 機器

8.4 編程工具

作業系統與它的一整套應用程式提供了撰寫程式的使用者與執行這些程式的系統間的介面。其他公用程式，或稱編程工具，則是建立軟體時執行較制式的工作所必須用到的。我們在以下各節中討論它們。

8.4.1 組譯器與組合語言

在我們的階層式的系統中，在作業系統層的緊接在其上方的階層是組合語言層。在第四章中，我們介紹了一個簡單的假想機器架構，我們稱之為 MARIE。這個架構是如此簡單，事實上，不會有真實機器會採用它。一個原因是，持續需要由記憶體擷取運算元就足以使得這個系統非常緩慢。真實的系統以提供足夠數量的晶片中可定址暫存器來減少對記憶體的擷取。此外，任何真實系統的指令集架構也會遠較 MARIE 的豐富。許多微處理器在它的指令集中具有千個不止的不同指令。

雖然我們介紹的機器與真實的機器相當不同，我們描述的組合過程卻很真實。幾乎所有目前使用的組譯器都會掃描原始碼兩次：第一次過程中它會盡可能地作組譯，同時建立符號表；第二次則藉由從第一次過程中建立的符號表中取得的位址值完成二進形式的指令。

大部分組譯器的輸出是**可重置的** (relocatable) 一連串的二進形式指令。二進碼在運算元的位址如果是以相對於作業系統載入該程式至記憶體中的位置表示時即稱為可重置的，如此則作業系統可任意將這個程式載入到記憶體中的任何地方。以下列摘自表 4.5 的 MARIE 碼為例：

```
   Load x
   Add y
   Store z
   Halt
x, DEC 35
y, DEC -23
z, HEX 0000
```

組譯後的輸出碼看起來可能像這樣：

```
1+004
3+005
2+006
7000
0023
FFE9
0000
```

例子中的「+」號不應以字面解釋。它是用以告知程式載入器（這是作業系統中的一個組件）第一道指令中的 004 是相對於程式起始位址的位移值。試想如果載入器將程式載入記憶體的位置始於位址 0x250 的情形，記憶體中的內容將如表 8.1 所示。但是如果載入器認為位址 0x400 處的記憶體是載入程式更恰當的位置，則記憶體中的內容將如表 8.2 所示。

相對於可重置的碼，**絕對位置的碼** (absolute code) 是一定要載入到特定記

表 8.1 程式由位址 0x250 處開始載入時的記憶體

位址	記憶體內容
0x250	1254
0x251	3255
0x252	2256
0x253	7000
0x254	0023
0x255	FFE9
0x256	0000

表 8.2 程式由位址 0x400 處開始載入時的記憶體

位址	記憶體內容
0x400	1404
0x401	3405
0x402	2406
0x403	7000
0x404	0023
0x405	FFE9
0x406	0000

憶體位址的可執行二進形式碼。不可重置的碼是在某些計算機中用於特定的目的。這類應用往往牽涉所連接設備的特定控制或是系統軟體的運作，因此會希望特定的軟體程序能處於明確定義的位置中。

當然，二進形式機器指令中不能使用「＋」符號來區別可重置或是不可重置的碼。用來作區別的特定方式依所用來執行該程式碼的作業系統的設計而定。用來區別這兩種程式碼的最簡單方法之一是使用不同的檔案型態，檔名延伸 (extension)。MS-DOS 作業系統使用檔名延伸 .COM（COMmand 檔）來代表不可重置的碼以及用 .EXE (EXEcutable) 來代表可重置的碼。.COM 檔案永遠從位址 0x100 處開始載入；.EXE 檔案則可載入至任何地方，它們甚至不必占用連續的記憶體空間。可重置的碼與不可重置的碼也可利用在可執行的二進碼之前加上字首或前言來讓載入器在從磁碟讀取程式檔時知道應該如何處理的方式來區別彼此。

在可重置的碼載入記憶體時，通常會有特殊的暫存器指出程式的基底位址。程式中的所有位址因此都可以視為是存於該暫存器中的基底位址的位移值。在表 8.1 中顯示載入器將程式碼置於位址 0x0250 處，一個真實的系統會將 0x0250 存於程式基底位址暫存器中並且不需修改地使用該程式，如表 8.3 所示，而每一個運算元的位址在加上儲存於基底位址暫存器中的 0x0250 後即為其有效位址。

不論是可重置碼或不可重置碼，程式的指令與數據都必須**聯結** (bound) 到真正的實體位址。這個指令與數據至記憶體位址的聯結可以在編譯時、載入時或執行時進行。絕對位置的碼是**編譯時聯結** (compile-time binding) 的一例，其

表 8.3 程式在使用基底位址暫存器時載入位址 0x250 後的記憶體

位址	記憶體內容
0x250	1004
0x251	3005
0x252	2006
0x253	7000
0x254	0023
0x255	FFE9
0x256	0000

指令與數據的位址在程式編譯時聯結至各個實體位址。編譯時聯結只有在程式載入的記憶體位置可以在事前知道的情形下方才可行。不過在編譯時聯結的作法中，如果程式的開始位置改變了，則程式必須重新編譯。如果在編譯時程式載入的記憶體位置尚未可知，則會產出可重置的碼，其可以在載入時或執行時再作實體位址的聯結。**載入時聯結** (load-time binding) 在二進碼載入記憶體時在每一個記憶體存取中將程式的開始位置加入位址內。不過程式在執行的過程中不可移動位置，因為整個過程中該程式的開始位置必須保持不變。**執行時聯結** (run-time binding 或 execution-time binding) 將聯結的工作延遲到程序真正執行時。這樣的話可以允許程序在執行過程中在記憶體中移動位置。執行時聯結需要有特殊硬體來**支援位址對映** (address mapping)，亦即由程序中的邏輯位址轉換成實體位址。有一個特殊的基底暫存器用來儲存程式的開始位址；這個位址會被加到 CPU 所發出的每一個位址中來產生記憶體位址。一旦程序在記憶體中的位置改變，基底暫存器就會更新來反映程序新的開始位址。另外還需要有額外的虛擬記憶體硬體來快速進行這種位址轉換。

8.4.2 聯結編輯器

在大部分系統中，程式編譯後的輸出在其能於目標系統中執行之前必須先經由**聯結編輯器**或**聯結器** (link editor 或 linker) 處理。聯結是將程式中的外部 (external) 符號與其他檔案中的輸出 (exported) 符號作對映，以產出一個不再有未解決的外部符號的完整二進檔案。聯結編輯器的主要任務，如圖 8.6 所示，是結合相關程式檔案成一個完整且可載入的模組（圖中範例使用具 DOS/Windows 環境特色的檔案延伸名稱）。這種二進檔案的組成方式視應用的需求而不同，可以是完全由使用者撰寫的，或是由標準系統程序庫合成出來的。此外，二進形式的聯結編輯器輸入可以是由任何編譯器產生的。這事實以及其他一些事實讓程式的不同部分可以用不同語言來撰寫，因此其一部分為了易於編撰可能採用 C++，而程式中另一特別緩慢的部分可能為了加速執行而以組合語言來編撰。

如同組譯器般，大多數聯結編輯器需要經過兩次來回處理才能產出包含所

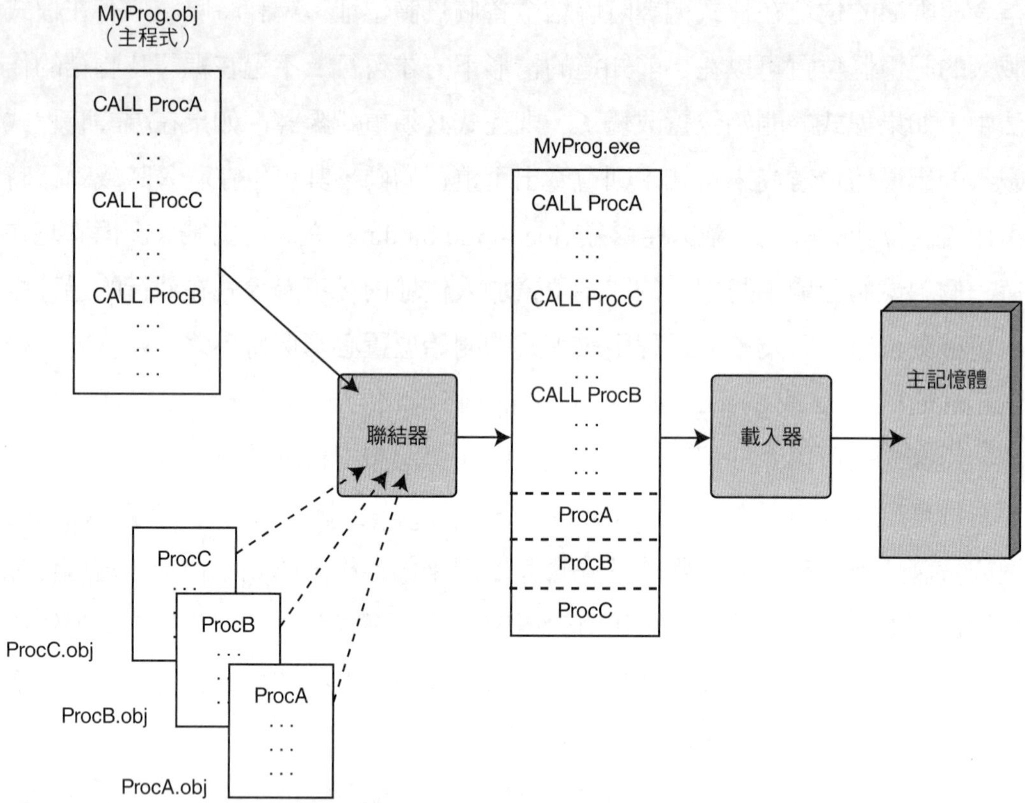

圖 8.6 聯結與載入各個二進碼模組

有從外部傳送進來的模組的一個完整可載入模組。在第一次處理中，聯結編輯器作出一個全域的外部符號表，其中包含所有外部模組的名稱，以及它們相對於整個聯結好的模組開端的開始位址。在第二次處理中，所有在那些（之前是分開的與外部的）模組間作出的參考都會被從符號表中取得的那些模組的位移值所取代。在聯結器的第二次處理中，平台相關的碼也可以加入到合併的模組中來產出完整的可載入的二進程式檔。

8.4.3 動態聯結的程序庫

有些作業系統譬如 Microsoft Windows 在產出可執行的模組之前並不要求所有程式中用到的程序都要經過聯結編輯。如果在源碼中使用適當語法，就可以在執行時才聯結某些外部模組。這些外部模組由於其只會在程式或模組第一次被啟動時才會作聯結，因而稱為**動態聯結的程序庫** (dynamic link libraries, DLLs)。動態的聯結過程圖示於圖 8.7 中。在每一個程序載入時，其位址即記錄於主程式模組中的交互參照表中。

這樣的方法有多項優點：首先，如果一個外部模組被多個程式一再地使用，靜態的聯結將會需要每個程式都包含一份這個模組的二進形式的碼。明顯地，到處都有多份同樣的碼會浪費磁碟空間，因此可以在執行時才作聯結來節省空間。動態聯結的第二項優點是如果一個外部模組中的碼改變了，此時每一個曾經與它作過聯結的模組並不需要重新作聯結才能維持程式的一致性。此外，對大型的系統要記得哪一個模組使用了哪一個外部模組可能很困難——甚至於不可能。第三，動態聯結提供了第三方可以製作共用程序庫的方式，任何在這樣的系統上編程的人都可以假設這樣的共用程序庫的存在。也就是說，如

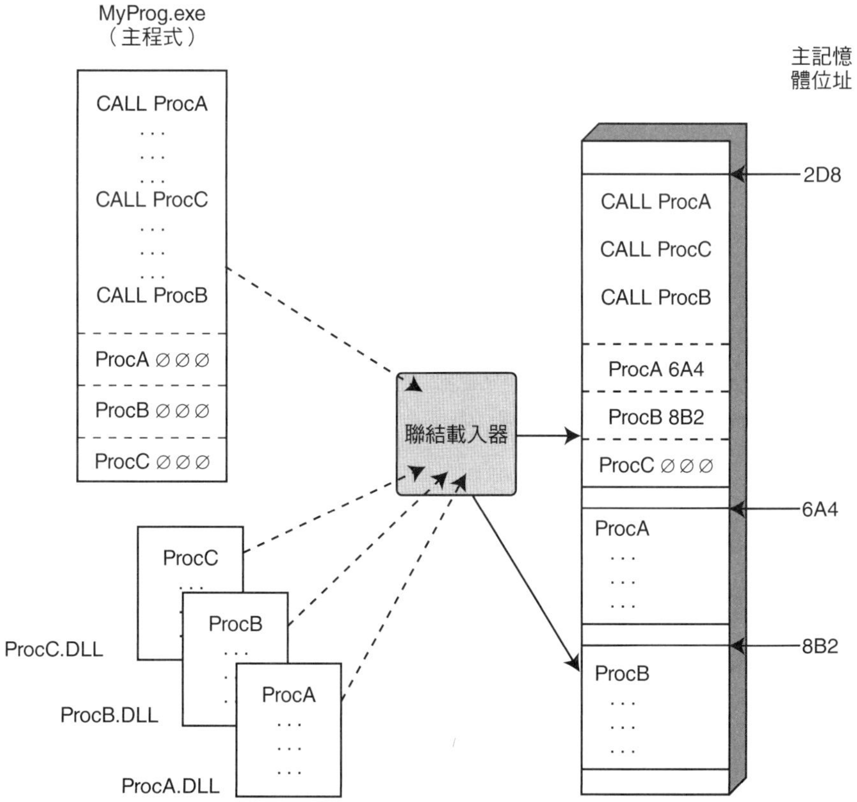

圖 8.7 採用載入時間位址解析的動態聯結

果你正在某個作業系統環境中撰寫程式，你大可放心地假設在每一個使用該作業系統的計算機中都可以使用該特定的程序庫。你不必去注意作業系統的版本或修補層次或任何其他會經常變動的事項，只要這個程序庫不被刪除，它就可以被用在動態聯結上。

動態聯結可以在程式載入時或是在程式執行時第一次呼叫一個未聯結的程序時進行。在載入時作動態聯結會導致程式啟動的延遲。作業系統並不是只是將程式的二進碼從磁碟中讀出並執行之，而是不但會載入主程式，還會將程式用到的所有模組的二進碼載入。載入器在執行程式的第一道敘述之前提供主程式會用到的每一個模組的載入位址。在使用者啟動程式時到程式真正執行起來間的時間差對某些應用而言可能無法接受。然而因為執行時聯結中的模組只有在被呼叫時才會被聯結，因此並不會造成如載入時聯結般的啟動懲罰。這個作法在程式的模組僅有極少數會真正被用到時可以節省大量的工作。不過，當執行中的程式經常暫停來載入程序庫程序時，有些使用者會不喜歡這種感覺得出來的不穩定回應時間。

動態聯結另一個較不明顯的困擾是撰寫該模組的程式師不能直接控制動態聯結程序庫中程序的內容。因此，如果所聯結程序庫的作者決定要改變它的功能，他們可以逕行修改而不須取得那些使用程序庫的人的同意甚至知曉。另外，如同任何寫過商用程式的人都可以告訴你的，在這些程序庫中最微小的改動都可能在整個系統中引發漣波效應。這些效應可能會分裂流竄，因而很難追溯其源頭。幸運的是這類意外甚少發生，因此動態聯結仍然是各種類別的作業系統上商用二進碼發行所普遍採用的方法。

8.4.4 編譯器

組合語言編程可以做到許多較高階語言做不到的事。首先也是最重要的，組合語言讓程式師直接接觸實質的機器架構。由於一些組合語言中具有的特殊指令，通常在較高階語言中並不會存在，因此用於控制與／或聯繫周邊設備的程式典型均以組合語言撰寫，例如程式師不需依賴作業系統的功能來控制通訊埠。使用組合語言你就可以讓機器做任何事，甚至是一些作業系統的功能所不具備的。特別是程式師往往以組合語言來利用特殊的硬體，因為較高階語言的編譯器並非設計來應對不尋常或是不常用到的設備。此外，撰寫合宜的組合碼也執行得非常快速；每一道指令都可以選用最基礎且恰當的，以便在系統上產生最快速且有效的行動。

不過這些優點對一般性應用的開發仍未足以成為夠強的使用組合語言的理由。事實上以組合語言編程仍是困難且容易犯錯的。程式在維護上更難於撰寫，特別是在維護程式師並非原始撰寫人時。最重要的是，組合語言在不同機器架構間並不可移植。基於這些原因，大多數通用型系統的軟體即便有也只會包含極少量的組合指令。組合語言碼只有在絕對必要時才會用到。

目前幾乎所有系統與應用程式都只使用較高階的語言。當然，「較高階」是相對的說法，易於引起誤解。一種被接受的程式語言分類方式是稱二進機器碼為「第一代」計算機語言 (**1GL**)。這個 1GL 的程式師一開始是以系統控制台上的切換開關直接輸入程式指令！更「會利用特權」的使用者將二進的指令打在紙帶或卡片上。在第一個組譯器於 1950 年代早期寫出來之後，編程的生產力於是向上提升了。這些「第二代」的語言 (**2GLs**) 消除了當指令以人工轉換成機器碼時會造成的錯誤。下一個生產力的躍升來自於 1950 年代末期可編譯的符號式語言，或稱「第三代」語言 (**3GLs**) 的出現。Fortran (Formula Translation) 是這些語言中的第一個，於 1957 年由 John Backus 與他的 IBM 團隊推出。之後數年間，程式語言領域出現了各種的 3GLs。它們的名稱有些是響亮的縮寫，譬如 COBOL、SNOBOL 與 COOL；有些則是以人物命名，像是 Pascal 與 Ada；也有不在少數的 3GLs 是依它們的設計者的想法而定名，如同 C、C++ 與 Java 這些例子。

每個新的程式語言「世代」都會更接近人類如何思考問題並且更遠離機器如何解決問題。有些第四代與第五代的語言是極為容易使用以致於之前須由訓練過的專業程式師來作的編程工作可輕易由終端使用者完成，主要的差異在於使用者僅需告知計算機要做什麼、而非怎麼去做：編譯器會處理剩下的工作。在簡化使用者工作這個方向上，這些較晚世代的語言將大量的額外負擔交付計算機系統。不論如何，所有指令始終都將完整穿越過整個語言階層，因為真正從事執行工作的數位硬體只能執行二進形式的指令。

第四章中曾指出在組合語言敘述句與機器真正執行的二進碼間存在一對一的對應（按：前已指出這個說法並不完全正確）。在編譯式的語言中，這種關係是一對多。例如，為了允許對變數的儲存位置作型態定義，高階語言敘述句 x = 3*y 在 MARIE 組合語言中將需要用到至少 12 句程式敘述句。源碼中指令數與二進機器碼指令數的比率隨着高階語言的複雜度而變低。語言越「高階」，每一行程式產生的機器指令數一般就越多。這種關係表示於圖 8.8 的程式語言階層中。

自從 1950 年代晚期第一個編譯器完成以來，編譯器寫作的技術不斷進步。經由編譯器建構能力的提升，軟體工程的科學證實了它將看起來難以掌握的問題轉換成常見編程工作的能力。問題難以掌握的原因就在於對人類有意義的敘述句與對機器有意義的敘述句間語意的差異。

大多數編譯器以如圖 8.9 所示的六個階段的過程達成這種轉換。編譯的第一個步驟稱為**語彙分析** (lexical analysis)，目的在由一連串的文字碼中擷取出有意義的語言基本元素或稱**記號**或**符號** (tokens)。這些記號包含該語言中使用的保留字（例如 if、else）、布林與數學的運算子、文字（例如 12.27）與程式師定義的變數。在語彙分析器正在產出記號形成的串列時，它也同時建立起符號表的基本架構。在這個時候符號表非常可能包含使用者定義的記號（變數與程序

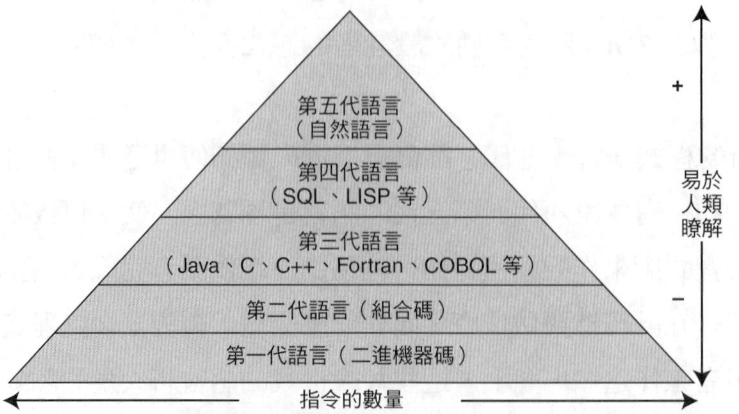

圖 8.8 程式語言的階層

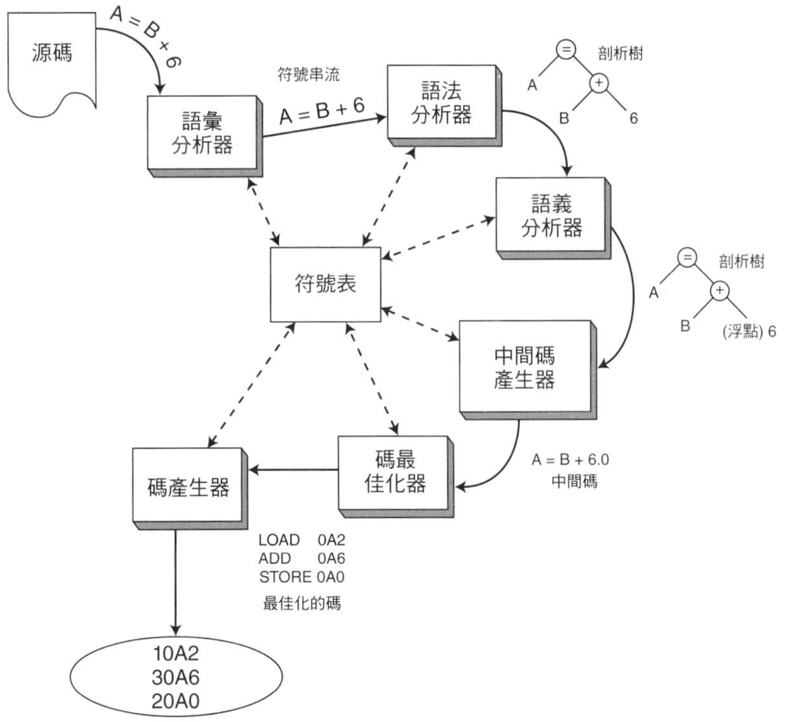

圖 8.9 程式編譯的六個階段

的名稱）以及它們的位置與數據型態的註記。當源碼中發現與該語言無關或不認得的字元符號或文字結構時，即發生語彙上的錯誤。例如，程式師定義的變數 1DaysPay 會因為變數名稱一般不能以數字作開頭而產生語彙上的錯誤。如果沒有語彙上的錯誤，則編譯器接著分析記號串的語法。

對記號串的語法分析或稱**剖析** (parsing) 會產出一個稱為**剖析樹** (parse tree) 或**語法樹** (syntax tree) 的資料結構。剖析樹的中序 (inorder) 走訪通常會得回剛才剖析的表示式。例如，思考下列程式敘述：

```
monthPrincipal = payment - (outstandingBalance * interestRate)
```

一個正確的語法樹表示於圖 8.10 中。

剖析器檢查符號表來確認樹中出現的記號是否為程式師定義的變數。如果剖析器遇到符號表中沒有提及的變數，則會發出錯誤訊息。剖析器也偵測如 $A = B + C = D$ 這樣的非法結構。不過剖析器不會做的是檢查 = 或是 + 這些運

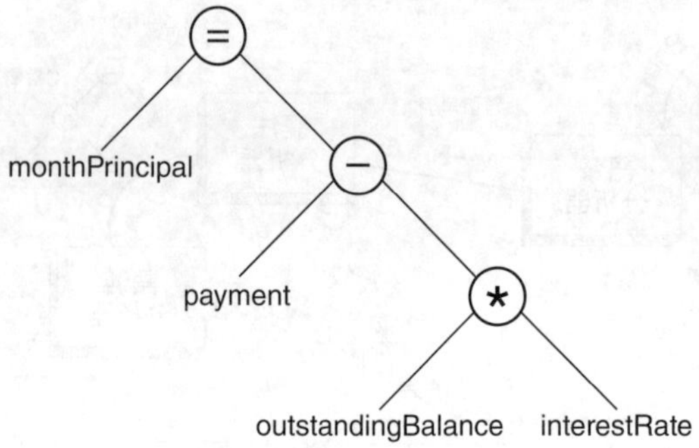

圖 8.10 語法樹

算子是否對 *A*、*B*、*C* 與 *D* 有效。**語意分析器** (semantic analyzer) 會在下一個階段做這件事：它以剖析樹作為輸入並利用符號表中的資訊來檢查數據型態是否恰當。語意分析器也做恰當的數據型態升級，譬如將整數改為浮點的值或變數型態，如果這種改變或升級是語言規則所支援的話。

在編譯器完成了各種分析工作後，就利用由語意分析階段中得出的語法樹開始它的合成階段。程式碼合成中的第一步是由語法樹產生虛擬組合碼。這種碼因為支援如 $A = B + C$ 這種大部分組合語言不支援的敘述而一般稱之為**三位址碼** (three-address code)。使用這個中間碼讓編譯器得以移植到許多不同類型的計算機上。

一旦所有的記號擷取、樹建立與語意分析完成後，要設計出三位址碼轉譯器來為不同指令集產生輸出已經是相對容易的工作。大多數系統的 ISA 採用二位址碼，因此在轉換過程中定址模式間的差異需作處理（回憶 MARIE 的指令集屬單一位址的架構）。然而，編譯器最後一個階段往往還會做中間碼至組合語言指令轉換以外的事：好的編譯器會做一些程式碼最佳化的嘗試，將不同的記憶體與暫存器組織納入考慮以及挑選執行各項工作時最有力的指令。程式碼最佳化也包括刪除不必要的暫時變數、有多個重複的運算式時只需保留一個以及標示死的（無法到達的）碼片段。

在所有指令都已生成且可能的最佳化都已做完後，編譯器產出適於在目標系統上聯結以及執行的二進形式目標碼。

8.4.5 解譯器

解譯式語言與編譯式語言類似的是在源碼敘述句與可執行機器指令間都存在一對多的關係。不過，解譯器不像編譯器那樣會在產出整串二進形式碼之前讀取整個源碼檔案；它一次只處理源碼中的一句敘述。

解譯器現場要處理的事情是如此多，以致它一般會比編譯器慢上許多。編譯器需要處理的六個步驟中至少有五個步驟是解譯器也必須做的，而且這些步驟是解譯器需要「即時」做的。在這個方式中沒有作程式碼最佳化的機會；而且解譯器能做的錯誤偵測一般僅止於語言的語法以及變數型態檢查。例如，少有解譯器能在非法的算術運算執行前偵知，或是在陣列長度超出邊界前提醒程式師。

有些早期的解譯器在客製化的編輯器中進行語法檢查。例如，如果使用者鍵入「esle」而不是「else」，則編輯器會立刻對這件事發出訊息。另外一些編輯器允許使用通用型的文字編輯器，並且延遲到執行時才做語法檢查。這樣的方式應用在商業的重要程式中時特別需要小心：如果應用程式正巧執行到未查驗語法是否妥當的部分時程式當掉了，留下不幸的使用者瞪著出現得很古怪的系統提示符號，而且他的檔案可能只有部分已更新。

即便執行速度遲緩而且錯誤檢查延後了，使用解譯式的語言還是有其道理的，其中最重要的是解譯式語言可以進行源碼形式的除錯，是入門的程式師與終端用戶理想的語言。這也就是為什麼在 1964 年兩位 Dartmouth 的教授 John G. Kemeny 與 Thomas E. Kurtz 發明了 **BASIC (the Beginners All-purpose Symbolic Instruction Code)** 的背景原因。當時學生們的最初編程經驗是將 Fortran 指令打在 80 行的紙卡上；之後大型主機的編譯器檢查這些紙卡，處理的時間往往需要好幾個小時；有時候清除所有編譯錯誤並完成執行都是好幾天之後的事了。BASIC 與以批次方式作編譯大相逕庭，讓學生能夠在與機器互動的過程中邊執行程式邊在終端機上鍵入程式中的敘述句；持續不斷在機器上執行的 BASIC 解譯器給予學生立即的反應，使他們得以很快更正語法與邏輯上的錯誤，營造出較為正面且有效的學習經驗。

BASIC 也因為這些理由而成為最早期個人電腦上使用的語言。許多第一次購買計算機的人都不是有經驗的程式師，也因此需要一種能讓他們方便自行學習編程的語言。BASIC 對這個目的最適合。而且在單使用者的個人系統上，不會有幾個人在意解譯式的 BASIC 比編譯式的語言慢很多這件事。

8.5 JAVA：包含以上所有特性

在 1990 年代早期，James Gosling 博士與他在 Sun Microsystems 的團隊著手開發一個能夠在所有計算機平台上執行的程式語言。它的口頭禪式的咒語是創造一個「撰寫一次就可在任何地方執行 (write once, run everywhere)」的計算機語言。1995 年 Sun 推出第一版的 Java 程式語言；由於它的可攜性與開放的規格而變得極為普及。Java 碼幾乎可在小自手持裝置、大至大型主機的任何計算機平台上執行。Java 出現的時機也再好不過了：它是在大規模網際網路商業活動開端的時間點出現的實用跨平台語言，可說是一個跨平台計算的完美典範。雖然 Java 與它的一些特性已於第五章中簡述，這裡再補述更多的細節。

如果你研讀過 Java 程式語言，就會知道 Java 編譯器的輸出是一個二進形式的**類別** (class) 檔。該 class 檔可被在許多方面都類似真實機器的 **Java 虛擬機器** (Java Virtual Machine, JVM) 執行。該虛擬機器對執行的程序提供僅可被該程序存取的私有記憶體區域。該虛擬機器有其自有的真實指令集架構。這個 ISA 是堆疊式的以求機器設計簡單且可移植到幾乎所有的計算平台上。

當然，Java 虛擬機器並非真實的機器；它是位於作業系統與應用程式間的一個軟體層，一個二進形式的 class 檔。Class（類別）檔有變數與對這些變數作**運算的方法**（methods，亦即程序）這兩類。

圖 8.11 表示 JVM 如何作為一個計算機器，包括它所擁有的記憶體與方法區域的簡圖。注意：記憶體中的堆積 (heap)、方法的碼與「本地的方法介面」區域是所有執行於此機器中的程序所共用的（按：「本地的方法介面」是這些方法與執行的底層計算平台間的介面）。

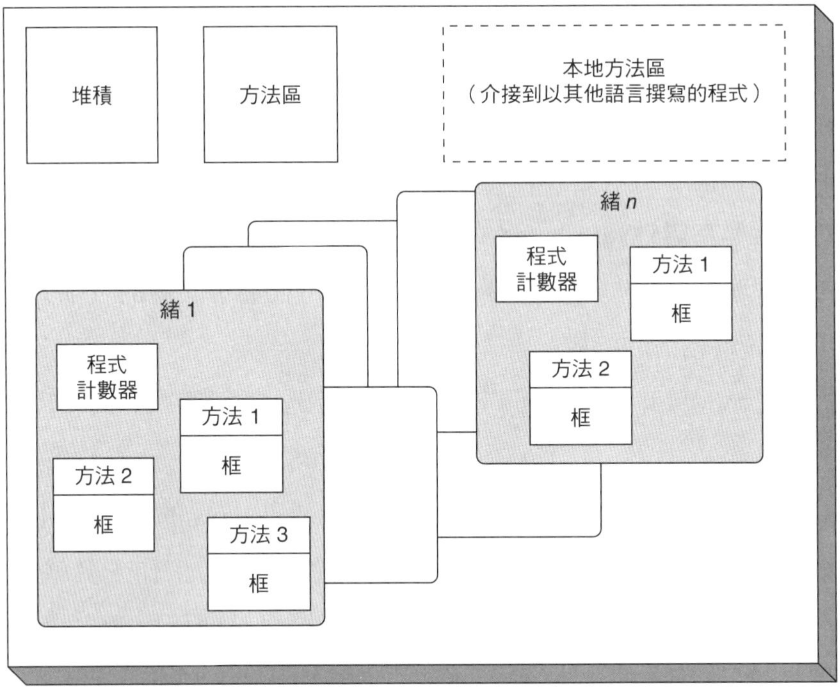

圖 8.11 Java 虛擬機器

記憶體中的**堆積** (heap) 是在緒的執行過程中，相關的資料結構在建立與移除時所配置與取消的主記憶體空間。Java 的移除堆積記憶體空間（不優雅地）稱為**垃圾收集** (garbage collection)，是由 JVM（而非作業系統）自動進行。Java 的**本地方法區** (native method area) 提供 Java 外部的二進目的碼（譬如編譯好的 C++ 或組合語言模組）工作的區域。Java 的**方法區** (method area) 中放置執行 JVM 中存在的各個應用緒所需的二進碼。這是放置這些類別檔所需的類別變數資料結構與程式敘述句的地方。Java 的可執行程式敘述句存放在已於第五章中介紹過的稱為**位元組碼** (bytecode) 的中間碼中。

Java 方法的位元組碼透過多個緒的程序來執行。許多個緒的程序由 JVM 自動啟動，主程式緒就是這些緒之一。每個緒中同時間只能有一個方法可以處於運作中，而程式可以產生更多的緒來提供並行度。當緒呼叫一個方法時，會為該方法建立一個記憶體框。記憶體框中的一部分用於方法的區域變數，另一部分用於其私有堆疊。在緒定義出方法的堆疊後，即推入方法的參數並將程式計數器指向方法的第一道可執行敘述。

每個 Java 類別中包含一種稱為**常數池** (constant pool) 的符號表，是一個包含類別中每一個變數的數據型態與初始值，以及該變數的存取權限旗標（例如，它對該類別是公開的或是私有的）等資訊的陣列。常數池也包含數個不是程式師定義的結構；這就是為什麼 Sun Microsystems 稱呼常數池中的項目（即陣列中的元素）為**屬性** (attributes) 的原因。在每個 Java 類別的這些屬性中，可以找到內部管理所需的項目，如 Java 源檔名稱、它繼承階層的一部分與指向其他 JVM 內部資料結構的指標。

為了說明 JVM 如何執行一個方法的位元組碼，思考圖 8.12 所示的 Java 程式。

Java 要求這個類別的源碼需存放在名為 Simple.java 的文字檔中。Java 編譯器讀取 Simple.java 並進行所有其他編譯器都會做的工作。其輸出是名為 Simple.class 的位元組碼的位元串。Simple.class 檔可被任何與產生該 class 的編譯器同版本或更新版本的 JVM 執行。這些步驟示於圖 8.13 中。

執行時，Java 虛擬機器必須執行於主系統上。在 JVM 載入類別檔時，做的第一件事是檢查類別檔格式，檢查位元組碼指令格式，與確認沒有任何非法的參考來驗證位元組碼的完整性。成功地完成這個初步的驗證後，載入器在將位元組碼載入記憶體時會再進行數項執行時間的檢查。

```
public class Simple {
  public static void main (String[ ] args) {
    int i = 0;
    double j = 0;
    while (i < 10) {
      i = i + 1;
      j = j + 1.0;
    } // while
  } // main()
} // Simple()
```

圖 8.12 簡單的 Java 程式

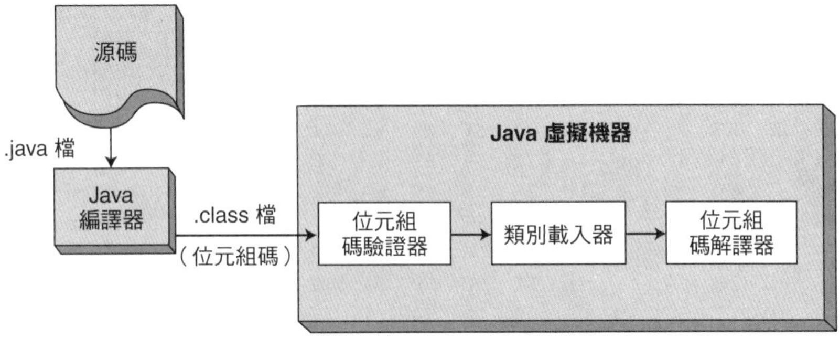

圖 8.13 Java 類別的編譯與執行

在所有檢查步驟完成後，載入器啟動位元組碼的解譯器。解譯器在進行的六個階段中會：

1. 如果它們尚未被載入的話，則要求載入器提供所有參考到的類別與系統二進碼，以進行位元組碼指令的聯結編輯。
2. 建立並初始化主堆疊與區域變數。
3. 建立並啟動（各）執行緒。
4. 在（各）緒執行時，以移除不再使用的儲存體來管理堆積儲存體。
5. 隨著每個緒結束，移除它的各項資源。
6. 在程式結束時，停止任何還遺留的緒並結束 JVM。

圖 8.14 表示十六進形式的 `Simple.class` 位元組碼。每個位元組的位址可由將第一列（以陰影表示）的位移量加上第一行（以陰影表示）的值求得。為求方便，在二進值具有有意義的 7- 位元 ASCII 值時以字元符號表示位元組碼。可看出來源檔名稱 `Simple.java` 始於位址 0x06D 處。類別名稱始於位址 0x080。熟悉 Java 的讀者會知道 Simple 這個類別也就是 `.this` 類別，而它的超類別 (superclass) 是 `Java.lang.Object`，它的名稱始於位址 0x089 處。

注意：我們的類別檔的開頭是十六進數字 CAFEBABE。它是指出類別檔開端的**神奇數字** (magic number)（是的，這是政治上不正確的！）。跟在這個神奇數字之後的是一個指出這個類別檔的語言版本的 8 個位元組的序列。如果該序列的數字大於解譯的 JVM 能支援的版本，則這項檢查會終止 JVM。

	+0	+1	+2	+3	+4	+5	+6	+7	+8	+9	+A	+B	+C	+D	+E	+F	Characters
000	CA	FE	BA	BE	00	03	00	2D	00	0F	0A	00	03	00	0C	07	-
010	00	0D	07	00	0E	01	00	06	3C	69	6E	69	74	3E	01	00	<init>
020	03	28	29	56	01	00	04	43	6F	64	65	01	00	0F	4C	69	()V Code Li
030	6E	65	4E	75	6D	62	65	72	54	61	62	6C	65	01	00	04	neNumberTable
040	6D	61	69	6E	01	00	16	28	5B	4C	6A	61	76	61	2F	6C	main ([Ljava/l
050	61	6E	67	2F	53	74	72	69	6E	67	3B	29	56	01	00	0A	ang/String;)V
060	53	6F	75	72	63	65	46	69	6C	65	01	00	0B	53	69	6D	SourceFile Sim
070	70	6C	65	2E	6A	61	76	61	0C	00	04	00	05	01	00	06	ple.java
080	53	69	6D	70	6C	65	01	00	10	6A	61	76	61	2F	6C	61	Simple java/la
090	6E	67	2F	4F	62	6A	65	63	74	00	21	00	02	00	03	00	ng/Object !
0A0	00	00	00	00	02	00	01	00	04	00	05	00	01	00	06	00	
0B0	00	00	1D	00	01	00	01	00	00	00	05	2A	B7	00	01	B1	*
0C0	00	00	00	01	00	07	00	00	00	06	00	01	00	00	00	01	
0D0	00	09	00	08	00	09	00	01	00	06	00	00	00	46	00	04	F
0E0	00	04	00	00	00	16	03	3C	0E	49	A7	00	0B	1B	04	60	< I `
0F0	3C	28	0F	63	49	1B	10	0A	A1	FF	F5	B1	00	00	00	01	<(cI
100	00	07	00	00	00	1E	00	07	00	00	00	03	00	02	00	04	
110	00	04	00	05	00	07	00	06	00	0B	00	07	00	0F	00	05	
120	00	15	00	09	00	01	00	0A	00	00	00	02	00	0B	00	3D	=

圖 8.14 Simple.class 的十六進形式

可執行的位元組碼始於位址 0x0E6 處。位於位址 0x0E5 的十六進數字 16 告訴解譯器該可執行的位元組碼長度是 22 個位元組。如在各種組合語言中一樣，每一道可執行的位元組碼會有一個對應的助憶詞。目前 Java 定義了 204 個不同的位元組碼指令，因此全部的運作碼僅需以一個位元組表示。這些小巧的運作碼使得撰寫成的類別也很小，因此載入快速、在主系統上轉換成二進指令時也很容易。

由於小的常數在計算機程式中使用得非常頻繁，位元組碼特別設計成在需要時能提供這樣的常數。例如，助憶詞形式的 `iconst_5` 將整數 5 推入堆疊。如果要推入堆疊的常數較大則需使用兩道位元組碼，第一道是運作碼而第二道是運算元。如前所述，每個類別中的區域變數是以陣列的形式安置。一般而言陣列前方的幾個變數是最常用到的，因此有特別用來定址這些前頭的區域變數陣列元素的位元組碼。存取陣列中的其他位置則需要使用二位元組的指令：一個作為運作碼而第二個作為陣列元素的位移量。

說明到這裡，讓我們看一看 `Simple.class` 的 `main( )` 方法的位元組碼。我們從圖 8.14 抽取出相關的位元組碼，並將之配上助憶詞與一些註解列示於圖

在一個平台上建立並儲存，然後在另外一個完全不一樣的平台上執行。例如我們可以在 Alpha RISC 伺服器上撰寫、編譯一個 Java 程式，而它下載到 CISC 的 Pentium 等級的用戶端上也會執行得一樣好。這個「撰寫一次，就可在任何地方執行」的情境對擁有互不相同且地域分散的各種系統的企業而言具有莫大好處。Java 的小應用程序（applets，在瀏覽器中執行的位元組碼）對網路交易與電子商務不可或缺。基本上使用者只要執行（還算）近期的瀏覽器軟體就應該沒有問題。有了這樣的可攜性與易用性，Java 語言與其虛擬環境於是成為中介軟體的理想平台。

8.6 資料庫軟體

一個企業所擁有的最珍貴的資產中，辦公空間或是廠房都遠不及它所擁有的數據重要。不論企業的本質是什麼——私人事業、教育機構或是政府機關——它在歷史與目前定位上最具代表性的記錄都記載在其數據中。如果數據與企業的現況不一致或是數據本身即有不一致處，其可用性需受質疑，而且一定會出問題。

任何支撐一個企業的計算機系統就是各種相關應用的運作平台。這些程式隨著企業的演進即時地更新數據。一群群互相牽連的程式會有如一個整體般共同合作，而且每個程式單獨來看作用也都不大，因此通常稱為各個**應用系統** (application systems)。應用系統中各組成份子共用同樣一組數據，而且雖非必要，通常也共用相同的計算環境。目前應用系統使用的平台有很多種：桌上型微計算機、檔案伺服器或大型主機。隨著網路型態的協同計算興起，有時我們不清楚甚至不會在意應用程式在哪裡執行。雖然不同平台在數據管理科學上皆有其獨特的優勢與挑戰，資料庫管理軟體的基本概念在過去三十多年來都未曾改變。

早期的應用系統以磁帶或打孔卡記錄數據。由於它們循序的本質，基於效率的考量，磁帶與打孔卡的更新需要以一組的方式透過批次處理模式進行。由於磁碟上的任何一個數據元素都可直接作存取，於是這樣的系統架構使得對**扁平檔案** (flat files) 的批次處理式的更新已不再是必須的。不過既有的習慣難以革除，重寫程式也會代價高昂。因此在大部分讀卡機成為博物館展示品之後的很多年裡，扁平檔案的處理仍維持著舊有的方式。

在扁平檔案系統中，每一個應用程式都可以自行定義任何所需的數據物件，因此如何確保對這樣的系統具有一致的看法將很困難。例如，我們有一個應收帳款系統，是一個追蹤記錄誰積欠了多少錢以及多久的應用系統。產出月報表的程式也許以稱為 CUST_OWE 的 6 個位數的欄位（或稱數據元素）表示月交易量。不過負責每月結算的人也可以稱呼這個欄位為 CUST_BAL，並且以為它包含 5 個位數。幾乎可以確定的是在某個時空資料終將遺失，混淆終將發生。在某個月份期間數千美元無法歸帳之後，檢查人員終將發現 CUST_OWE 與 CUST_BAL 是相同的數據元素，而問題則來自截短或欄位滿溢的情形。

資料庫管理系統 (database management systems, DBMSs) 即是用以防範這類情況。它們在基於檔案的應用系統中維持動作的正確次序與資料的一致性。在資料庫系統中，程式師不再能任意地描述以及存取數據元素。在資料庫管理系統中數據元素只會有一個一唯一的一個一定義。這個定義是系統的**資料庫概觀**（database schema，按：schema 意為輪廓、概要或略圖，在此表示資料庫所採用的架構與格式）。一些系統中會對程式師所見的資料庫 [稱為該資料庫的**邏輯上的概觀** (logical schema)] 與計算機系統所見的資料庫 [稱為該資料庫的**實際上的概觀** (physical schema)] 作區隔。資料庫管理系統整合資料庫的實際情況與邏輯觀點：應用程式在資料庫管理系統與作業系統的監控下使用資料庫管理系統提供的邏輯概觀來讀取與更新實際概觀中的數據。圖 8.17 說明這樣的關係。

在資料庫概觀中定義出的個別數據元素會組成稱為**記錄** (records) 的邏輯結構。這些記錄進一步形成**檔案** (files)。相關的檔案共同形成資料庫。

資料庫架構師在設計邏輯概觀與實際概觀時都會深刻切記應用的需求與效能。一般的設計目的是使用最少冗餘以及浪費的空間並且能保持所希望的效能水準（一般以應用程式的回應時間表示）。例如銀行系統不會把顧客姓名與住址附在資料庫的支票註銷記錄中。這些資訊應會記錄在以帳戶號碼作為**鍵值欄**

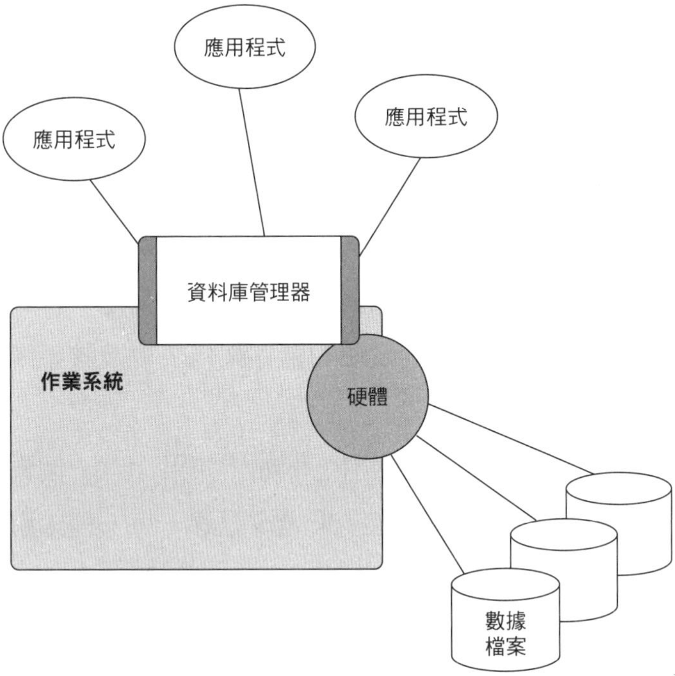

圖 8.17 資料庫管理系統與其他系統組件的關係

位 (key field) 的帳戶主檔案中。之後每張註銷的支票只需記載帳戶號碼以及該支票相關的資訊。

資料庫管理系統在如何實際擺放數據上有很大差異。幾乎每一個資料庫廠商都發展自有的管理與索引檔案的方式。大部分系統採用 B+ 樹資料結構的變化形式（詳情見附錄 A 中）。資料庫管理系統一般獨立於作業系統進行磁碟儲存管理。在這個過程中略過作業系統層，資料庫系統即可根據資料庫概觀與索引設計來最佳化它的讀寫動作。

第七章中介紹了磁碟檔案構造。我們學到大部分磁碟系統以大塊的形式讀取數據，最小的可定址單位是扇區。大部分大型系統一次會讀取整個磁軌。隨著索引結構變得很深，我們在走訪索引樹時會需要作多於一次讀取的可能性也提高了。所以我們要怎麼結構索引樹來使得磁碟 I/O 盡可能少發生呢？是不是應該採用非常大的內部索引節點以便一個節點可以放得下更多筆記錄的值？這樣可以使得每一階層中的節點數量少些，甚至可能在一次讀取中就取得樹中的整個階層。或者，是不是應該維持內部節點小些，以便我們可以在一次讀取中讀到索引中的更多層？對所有這些問題的答案都只有在資料庫所執行於其上的那個特定系統的環境中才能明確得到。最佳的結果甚至會與數據本身有關。例如，如果鍵值很**稀疏** (sparse)，亦即如果有許多可能的鍵值不會被用到的話，我們可能會採用某種特殊索引組織的方式；不過如果索引的結構很緊密，我們可能選用其他方式。不論實作的方式如何，資料庫調校都是一件不容易的工作，需要瞭解資料庫管理相關的軟體，系統的儲存架構，以及該系統所管理的各種資料的相關特性。

資料庫檔案經常包含不只一個索引。例如，如果你有一個顧客資料庫，最好能夠以顧客的帳戶號碼或是他的名字來尋找記錄。每一種索引當然都會增加系統在空間（為了儲存這個索引）與時間（因為當記錄加入或刪除時所有索引都必須同時更新）的額外負擔。系統設計師面對的主要挑戰之一是確保在大部分情形下會有足夠的各種索引以便快速取得記錄，而且不至於多到造成系統中過多的管理負擔。

資料庫管理系統的目標是對大量數據提供及時且容易的存取，且須以絕對能確保資料庫完整性的方式進行。這表示資料庫管理系統一定要讓使用者對某些關鍵數據元素能夠定義並管理他自己的規則或是**限制** (constraints)。有時這些限制只不過是例如「客戶編號欄不可空著」的簡單規定。較複雜的規則也許會規定哪一個特定使用者可以看見哪些數據元素，以及含有相關數據元素的檔案應如何更新。安全與數據完整性相關限制的定義及維護，對任何一個資料庫管理系統的實用性都具有關鍵性。

另一個資料庫管理系統的核心組件是它的交易管理器。**交易管理器** (transaction manager) 以確保資料庫恆處於一致的狀態下的方式來控管對數據物件的更新。正式地 ，交易管理器要控管數據狀態的變化使每筆交易能具備下列性質：

- **不可分割性** (atomicity)——所有相關的更新都在交易的時間範圍內發生，或者沒有更新能發生效果。

- **一致性** (consistency)——所有更新都須符合對所有數據元素的限制。
- **隔離性** (isolation)——每筆交易都不能干擾其他交易中的動作或更新。
- **耐久性** (durability)——成功的交易會儘快地寫入「耐久」的媒體（例如磁碟）中。

這四個項目就是習知的交易管理中的 **ACID 性質** (ACID properties)。ACID 性質的重要性可透過下列的舉例輕易瞭解。

假設你已償付了月份信用卡消費，在寄出帳款之後很快地，你走到附近商店去刷卡購物。同時假設在店員刷你的卡的同一瞬間，銀行的會計人員也正在輸入你的付款至銀行的資料庫中。圖 8.18 表示中央計算機系統處理這些交易動作的一種可能方式。

圖中會計人員在店員刷卡前完成更新，使你的未付餘額是 $300。交易也很可以輕易變成像圖 8.19 那樣，店員先完成更新，於是帳戶最後的結餘是 $0.00 而你免費得到你的物品！

雖然得到免費物品可能會讓你高興，但是同樣可能你會需要付這張帳單兩次（或者與會計人員爭執直到你的記錄被更正為止）。我們剛才提到的狀況稱為**賽跑情形** (race condition)，因為資料庫的最後狀態不只與各項更新是否正確有關，也與哪一筆交易最後完成有關。

交易管理器經由確保不可分割性與隔離性來防止賽跑情形。它們以在數據

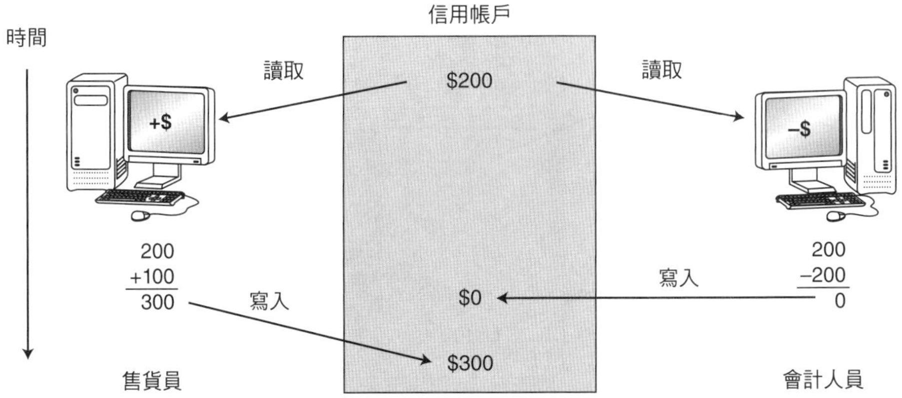

圖 8.18 一次交易的情況

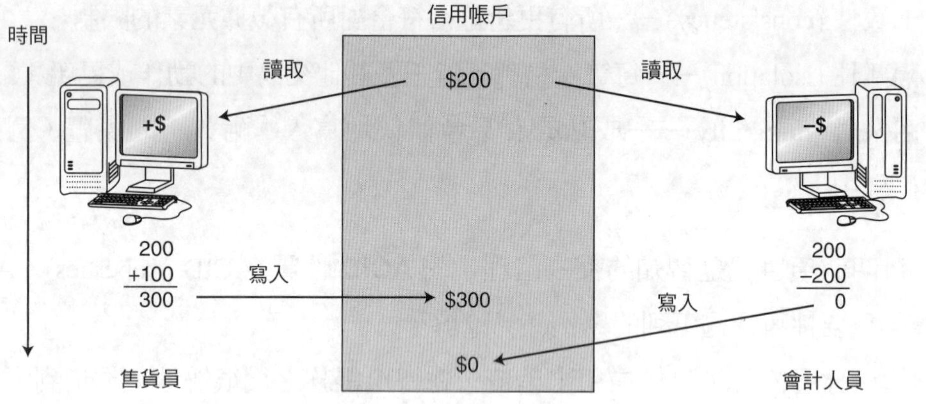

圖 8.19 另一次交易的情況

記錄中放置各種形態的鎖來達成這點。在我們的圖 8.18 例子中，會計人員應該被給予一個在你的信用卡上的「排他」的鎖。這個鎖只有在更新後的結餘寫回磁碟後才會打開。在會計人員的交易正在執行時，店員會收到一個系統忙碌中的訊息。在更新完成後，交易管理器釋放會計人員的鎖並立刻為店員放上另一把鎖。修正後的交易示於圖 8.20 中。

這種作法有一些風險。在一個複雜系統中任何時候如果有東西被鎖定，就

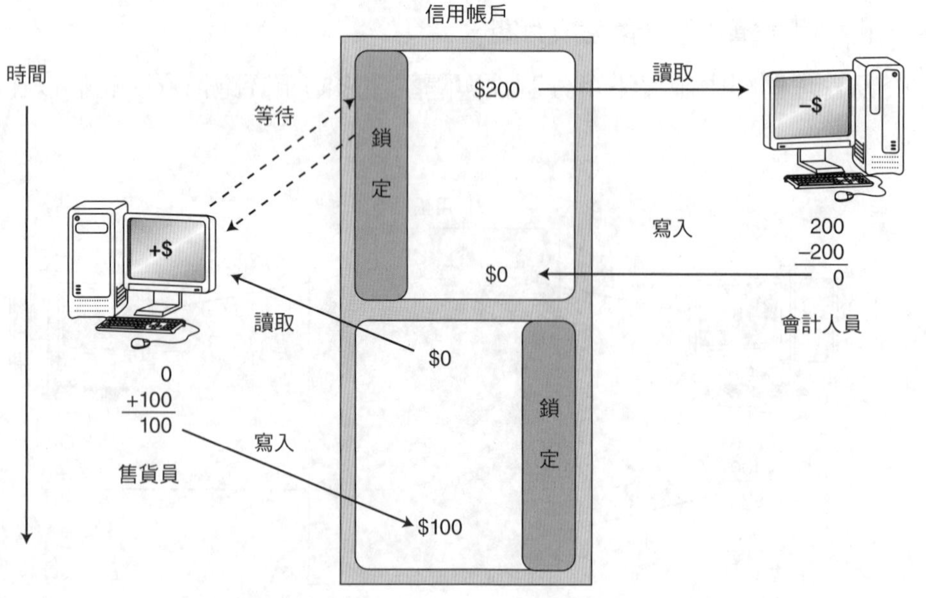

圖 8.20 一個隔離的，不可分割的交易

有可能發生鎖死（按：意思是各個交易都分別鎖住一些資源不肯放手，以致於沒有任何一個交易可以推進）。系統可以聰明地管理它們的鎖來降低鎖死的風險，不過每種避免或偵測鎖死的方式都會對系統造成更多額外負擔；進行太多栓鎖管理一定會減損交易的效能。一般而言，鎖死避免與偵測的重要性低於效能考慮：鎖死情況少有發生，然而效能在每一筆交易中都受注目。

另一個效能的障礙是數據登載。在更新各筆記錄（包括刪除記錄）的過程中，資料庫交易管理器將交易的相關資訊寫入**登載檔** (log file) 中。因此每一次更新至少需要用到兩次寫入：一次寫至主要檔案中，另一次寫入登載檔。登載檔的重要性在於如果交易因為錯誤必須中止時，它有助系統維持交易的完整性。例如，如果資料庫管理系統取得了被更新的記錄在更新前的內容，這份原來的內容可立刻寫回磁碟中，如此就清除了之前對這筆記錄的所有更新。在一些系統中，「之前」和「之後」的內容都會被登載，使錯誤恢復更容易一些。

利用資料庫登載記錄作為**審計記錄**（或**審計軌跡**，audit trails）來釐清誰在什麼時候對什麼檔案作了什麼更新、改變的數據元素是什麼，這件事上也很有用。有些謹慎的系統管理者將這些登載檔案保存在安全的磁帶庫中許多年。

登載檔在數據備份與復原上是特別重要的工具。有些資料庫就是太大而不適合每晚備份到磁帶或光碟上——太耗時了。因此完整的資料庫檔案備份只會每一或二週做一次，而登載檔則每晚都保存下來。如果在完整備份之間大災難來襲，前幾天中交易的登載檔即可用於**向前復原** (forward recovery) 中，像是從好幾天前開始使用者重新將每天的一筆筆交易鍵入完整資料庫的內容中來重建每天的交易。

剛才說到的資料庫存取控制——安全、索引管理與栓鎖管理——會耗用大量系統資源。事實上，這些額外負擔在早期系統上是如此巨大，以致於有些人成功爭取繼續使用他們的基於檔案的系統，因為他們的主計算機無法負荷資料庫管理的負載。即使使用現在非常強大的系統，如果資料庫系統不恰當地調校與維護，處理量仍將深受影響。高交易量的環境通常需要由唯一職責就是維持系統在最佳效能下工作的系統程式師與資料庫分析師的用心照顧。

8.7 交易管理器

改善資料庫效能的一個方法就是要求資料庫將它的一些功能交給其他系統組件來減輕工作。交易管理就是一個經常從資料庫管理系統的數據管理功能的核心中被分派出去的資料庫組件。獨立的交易管理器通常也負責不適合包括在資料庫核心軟體中的負載平衡與其他優化功能，因此也能改善整體系統功效。交易管理器在企業的交易橫跨二或多個資料庫時特別有用：沒有任何參與的資料庫可以負責它們的同儕資料庫的完整性，而處於外部的交易管理器卻可以維持它們全都協調一致。

最早期也最成功的交易管理器之一是 IBM 的客戶資訊與控制系統 (Customer Information and Control System, CICS)。CICS 已存在超過四十多年，於 1968 年上市。CICS 是第一套整合了交易處理（簡寫是 TP）、資料庫管理、與通訊管理於一套應用工具中的產品，值得注目。不過 CICS 中各組件（直到目前還是）並非緊密結構在一起，如此提供了每個組件可被視為獨立組件來做調校、管理的彈性。CICS 中的通訊管理組件控管簡單終端機與主系統間的稱為**交談** (conversation) 的互動。資料庫與應用程式免除了協定管理的負擔後可以更有效地從事它們的工作。

CICS 是首先在客戶 - 伺服器環境中採用遠端程序呼叫的應用系統之一。在其新近的形態中，CICS 能夠在數千位使用者與大型主機系統間作交易處理的管理。不過即使時至今日，CICS 還是承繼了它的 1960 年代版本的架構；這架構也成為從當時以來幾乎每一個新出現的交易管理系統的典範。現代 CICS 的架構圖示於圖 8.21 中。

如圖所示，稱為**交易處理監控器** (transaction processing monitor, TP monitor) 的程式是系統中的關鍵組件。它接受來自遠端通訊管理器的輸入，並依據包含哪些使用者被授權進行哪些交易的清單的各個數據檔來作交易認證。有時這項安全相關的資訊包含例如哪些地區可以從事特定交易（例如網內或網際網路）等的特殊資訊。一旦監控器認證了這筆交易，就啟動使用者請求的相關應用程式。如果應用程式需要用到某些數據，TP 監控器會向資料庫管理軟體送出請

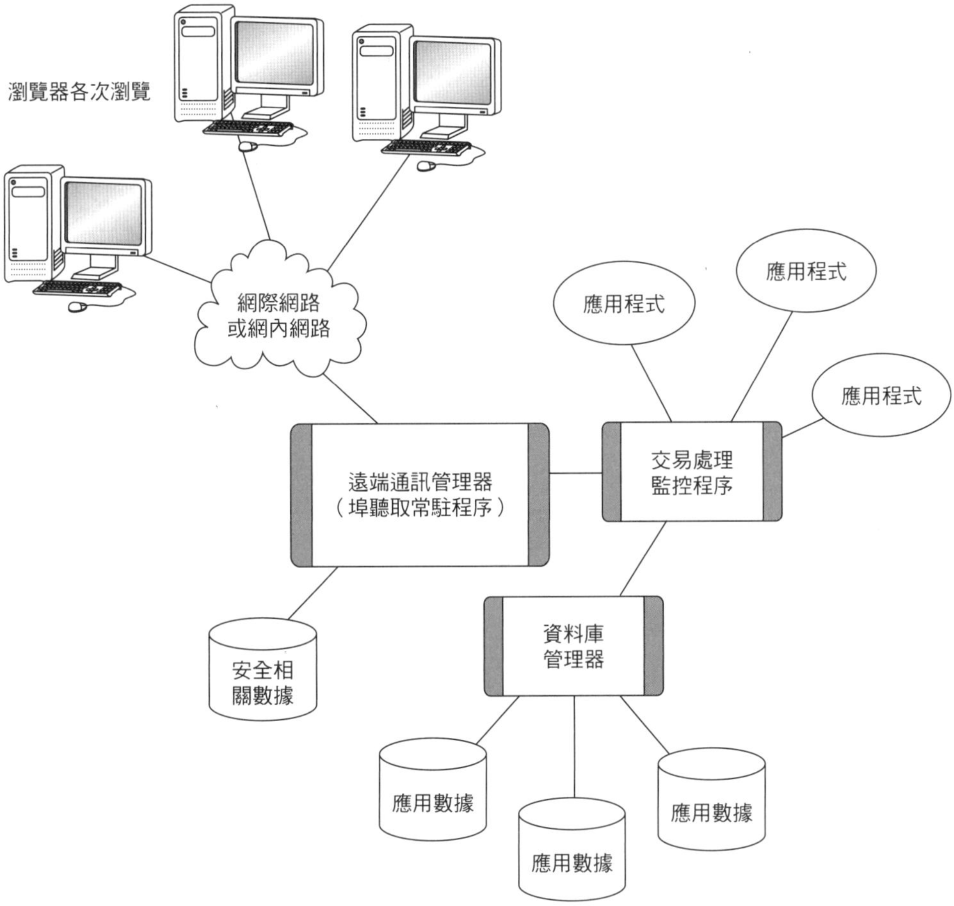

圖 8.21 CICS 的架構

求。它進行所有這些工作時會在許多同時運作的應用程序間保持不可分割性與隔離性。

你可能正在思考應該沒有理由要所有這些 TP 軟體組件都處於同一個主計算機中。的確，沒有理由要把它們放在一起。一些分散式架構以一群小型伺服器來專門執行 TP 監控器。這些小型系統與包含資料庫管理系統的系統是不同的實體。而且同時執行 TP 監控器的系統也不必與執行資料庫軟體的系統屬於相同等級。例如，你可以用數個 Sun Unix RISC 系統進行通訊管理而以一個 Unisys ES/7000 在 Windows Datacenter 作業系統下執行資料庫的軟體。交易則可能由桌上型或可攜式個人電腦送出。這種組態就是習知的 **3 層式架構** (3-tiered architecture)，每一種平台代表一個層級，一般化的情況則為 *n* 層

(*n*-tiered) 或**多層** (multitiered) 的**架構** (architecture)。隨著網路計算與電子商務的出現，n 層的 TP 架構更為普及。包括 Microsoft、Netscape、Sybase、SAP AG 與 IBM 的 CICS 等多家廠商已在支援各類型 n 層交易系統方面相當成功。當然，它們當中哪一個會對某特定企業「較好」無法論定，每一個都有其優點與劣勢。謹慎的系統架構師在決定哪一種架構對任何特定環境最適合之前，在設計一個 TP 系統時都會顧慮到所有成本與可靠性相關的各項因素。

本章總結

本章說明了計算機硬體與軟體的相互關聯性。系統軟體與系統硬體合作以共同營造出具功能性與效率性的系統。包括作業系統至應用軟體的系統中的軟體是使用者與硬體間的一個介面，容許使用者以抽象的概念來對待計算機的低階架構。這種作法提供使用者一個可以專注於問題解決而不必糾纏於系統的實際運作中的環境。

硬體與軟體間的互動與深刻相關性在作業系統的設計中最能彰顯。在它們的歷史發展過程中作業系統最初採取的是「開放式店面」的方式，之後演變成為操作員驅動的批次處理方式，接著再演變成支援互動的多程式處理與分散式計算。現代作業系統除了包括記憶體管理、程序管理、一般性資源管理、排程與保護等各式各樣的服務之外，還提供使用者介面。

作業系統觀念的相關知識對每一位計算機專業人士都非常重要。幾乎所有系統的動作都與作業系統提供的服務有關。如果作業系統失效，整個系統都會失效。不過你要瞭解不是所有計算機都有或者需要作業系統。這對嵌入式系統特別是如此，將如我們在第十章中所見。在你的汽車裡或微波爐中的計算機要執行的工作是如此簡單，以致於並不需要使用作業系統。不過對不只於執行單一程式這種工作型態過於簡單的計算機而言，作業系統對效率以及使用方便性都是必須的。作業系統是大型軟體系統許多例證中的一種，研究它們將有助於獲得可以應用到一般軟體發展上非常有價值的經驗。因為這個以及許多其他的原因，我們衷心希望你對作業系統的設計與發展作更深入的研讀。

組譯器與編譯器提供將人可以閱讀的計算機語言轉換成適合計算機執行的二進形式碼的方法。解譯器也能產生二進碼，但是這種碼通常並不會像組譯器產生的碼那樣的快速與有效率。

Java 程式語言產生的程式碼會被處於它的位元組碼與作業系統之間的虛擬機器作解譯。Java 程式碼執行得比二進形式的程式慢很多，但是它在非常多種不同的平台上均可執行。

資料庫系統軟體控制著對數據檔案的存取，這件工作一般是經由交易處理系統來進行。資料庫系統的 ACID 四項特性確保數據恆常處於一致的狀態。

建構大型、可靠的系統是計算機科學家今天面對的一項重大挑戰。現在你應該已經瞭解一個計算機系統是遠多於硬體與程式而已。企業等級的系統是許多互相關聯的各種功能的程序的集合體，其中的每一個都有它自己的目的與功用。任何一個程序的失效或效能低下就會對整個系統有破壞性的影響——如果只就對使用者的感受而言。在你的事業與學習的過程中，你會不斷學習到許多本章中相關主題的更多細節。如果你是系統管理者或系統程式師，你會在這些知識應用到特定操作環境的情境中的時候更加能夠掌握它們的概念。

不論我們多聰明地撰寫程式，如果執行程式時用到的系統組件效能低落，也都難以彌補。

進一步閱讀

系統軟體領域中最引人興趣的資訊就是那些廠商產品相關的資料。事實上，你通常可以根據所準備文件的品質與細緻度來判斷廠商產品的品質。瀏覽廠商的網站有時候也能夠給予你關於他們產品理論基礎的非常好的介紹與收穫。本書寫作時最好的廠商網站中的兩個是 IBM 與 Sun 的：www.software.ibm.com 與 java.sun.com。繼續找下去的話，你一定還會找到其他的好網站。

Hall (1994) 關於主從式（或客戶端 - 伺服器，client-server）系統的書有非常好的主從式的理論介紹。他也探討了寫作時期的好幾個當時受歡迎的產品。

Stallings (2012)、Tanenbaum 與 Woodhull (2006) 以及 Silberschatz、Galvin 與 Gagne (2009) 都提供本章中介紹的作業系統觀念非常完整的內容，並涉及一些進階的主題。Stallings 的書中有一些各種作業系統以及它們與機器中真實硬體間關聯性的詳細範例。在 Brooks (1995) 中可以找到 OS/360 發明過程的清楚說明。

Gorsline (1988) 有關組合語言的書是一本不錯的討論組譯器如何工作的書。他也深入說明聯結與巨集組譯的細節。Aho、Sethi 與 Ullman (1986) 撰寫了「最完整可靠」的編譯器教科書。這本書因為它的封面插畫而經常被稱為「恐龍書 (The Dragon Book)」；因為它清楚並完整地探討了編譯器的理論，因此二十餘年來不斷重新付印。每一位認真的計算機科學家都應該把這本書放在身邊。

IEEE Computer 2005 年五月的期刊專門探討虛擬化技術。Smith 與 Nair 的文章特別受到推薦。Rosenblum 與 Garfinkel 以歷史的觀點作了在設計虛擬機器監控器時面對的各項挑戰的有趣討論。

伺服器群（或場，server farm）極少有未曾採用某種方式的整合與虛擬化的。虛擬化的伺服器作業系統屬於高獲利的利基市場。想知道更多的話，可以拜訪 VM 軟體領導廠商，包括 Citrix (Citrix.com)、VMWare (vmware.com)、Microsoft (microsoft.com/hyper-v-server) 與 IBM (ibm.com) 等的網站。

Sun Microsystems 是任何有關 Java 語言事項的主要資料來源。Addison-Wesley 發行了一系列說明 Java 各項細節的書籍。Lindholm 與 Yellin (1999) 所著的 The Java Virtual Machine Specification 是這個系列中的一本書。它可以提供我們在之前大致評論過的有關建構類別檔案的一些特別事項。Lindholm 與 Yellin 的書也包含了 Java 位元組指令以及它們對應的二進形式的完整清單。仔細閱讀這些資料一定會讓你對這個語言有新的看法。

雖然有些過時，Gray 與 Reuter (1993) 的交易處理相關的書非常完整且易於閱讀。它可以提供你在這個領域進一步研究得很好的基礎。一個有關資料庫理論與應用的深受重視並且涵蓋完整的著作則是 Silberschatz、Korth 與 Sudarshan (2010)。

參考資料

Aho, A. V., Sethi, R., & Ullman, J. D. *Compilers: Principles, Techniques, and Tools.* Reading, MA: Addison-Wesley, 1986.

Brooks, F. *The Mythical Man-Month*. Reading, MA: Addison-Wesley, 1995.

Gorsline, G. W. *Assembly and Assemblers: The Motorola MC68000 Family.* Englewood Cliffs, NJ: Prentice Hall, 1988.

Gray, J., & Reuter, A. *Transaction Processing: Concepts and Techniques.* San Mateo, CA: Morgan Kaufmann, 1993.

Hall, C. *Technical Foundations of Client/Server Systems.* New York: Wiley, 1994.

Lindholm, T., & Yellin, F. *The Java Virtual Machine Specification*, 2nd ed. Reading, MA: Addison-Wesley, 1999.

Rosenblum, M., & Garfinkel, T. "Virtual Machine Monitors: Current Technology and Future Trends." *IEEE Computer 38*:5, May 2005, pp. 39–47.

Silberschatz, A., Galvin, P., & Gagne, G. *Operating System Concepts*, 8th ed. Reading, MA: Addison-Wesley, 2009.

Silberschatz, A., Korth, H. F., & Sudarshan, S. *Database System Concepts*, 6th ed. Boston, MA: McGraw-Hill, 2010.

Smith, J. E., & Nair, R. "The Architecture of Virtual Machines." *IEEE Computer 38*:5, May 2005, pp. 32–38.

Stallings, W. *Operating Systems*, 7th ed. New York: Macmillan Publishing Company, 2012.

Tanenbaum, A., & Woodhull, A. *Operating Systems, Design and Implementation*, 3rd ed. Englewood Cliffs, NJ: Prentice Hall, 2006.

必要名詞與概念的檢視

1. 與今日作業系統的各項目標作比較，早期作業系統的主要目標是什麼？

2. 常駐的監控器為計算機的運作帶來哪些改進？

3. 有關列表機的輸出，名詞 spool 是如何演化出來的？

4. 說明多程式處理系統在運作上與分時系統有何不同。

5. 在硬即時系統的運作上最關鍵的因素是什麼？

6. 多處理器系統可以根據它們通訊的方式作分類。在本章中它們是如何被分類的？

7. 分散式作業系統如何與網路作業系統不同？
8. 透通性指的是什麼？
9. 說明有關作業系統核心設計上兩個分歧的方向。
10. GUI 式的作業系統介面有哪些好處與缺點？
11. 長期程序排程如何與短期程序排程不同？
12. 先占式 (preemptive) 排程代表什麼意思？
13. 在分時的環境中哪一種程序排程方法最為有用？
14. 哪一種程序排程方法可被證明是最佳的？
15. 說明在執行本文切換中所牽涉到的各個步驟。
16. 作業系統除了程序管理，另外兩個重要的功能是什麼？
17. 什麼是記憶體管理中的重疊 (overlay) ？為什麼重疊在大型計算機系統中已經不再需要？
18. 作業系統與使用者程式對虛擬機器分別存有不同的感覺。解釋為什麼它們會不同。
19. 子系統與邏輯分區的差異是什麼？
20. 指出伺服器整合的一些好處。伺服器整合對所有企業是不是都是好的作法？
21. 說明何謂程式語言階層。為什麼一個三角形的圖示是代表這個階層的恰當方式？
22. 絕對位置的程式碼如何與可重置的程式碼不同？
23. 聯結編輯器的目的是什麼？其與動態聯結的程序庫如何不同？
24. 說明編譯器每一個階段的目的。
25. 解譯器如何與編譯器不同？
26. Java 程式語言有什麼最顯著的特性使得它能夠在各種非常不同的硬體環境中都具有可移植性？
27. 組譯器產出在經過聯結編輯之後可以執行的機器碼。Java 編譯器產出在執行時以解譯的方式進行的__________。

28. 用於識別一個 Java 類別檔案的神奇數字是什麼？
29. 邏輯的資料庫概觀 (schema) 如何與實際的資料庫概觀不同？
30. 最常用於對資料庫作索引的資料結構是哪一種？
31. 為什麼資料庫重新組織是必要的？
32. 解釋資料庫系統中的 ACID 特性。
33. 賽跑的情形是怎樣的？
34. 資料庫登載為的是兩個目的。它們是什麼？
35. 交易管理器提供哪些服務項目？

習題

1. 你認為沒有作業系統的計算機的限制是什麼？使用者將如何載入並執行一個程式？
2. 微核心 (microkernels) 的目的是做出一個盡可能小的核心，並將許多作業系統的支援功能放在其他模組中。你認為核心一定要提供的服務有哪些？
3. 如果你正在為即時作業系統編程，你可能要在這個系統中加入哪些限制？提示：想想看會造成不可預測的反應時間的事件的類型（例如，記憶體存取如何可能被延緩？）。
4. 多程式處理與多處理器處理的差異是什麼？多程式處理與多緒處理呢？
◆5. 你在什麼情況之下收集一群群的程序與程式來放進執行於一個大型計算機中的子系統內會有好處？在這個系統中產生各個邏輯分區又會有哪些優勢？
6. 在同一個機器上同時使用子系統與邏輯分區會有哪些優勢？
◆7. 什麼時候適合使用非可重置的二進程式碼？
8. 假設不會有可重置程式碼這回事，則記憶體頁處理的過程將會變得複雜多少？
◆9. 討論動態聯結的優勢與劣勢。

10. 如果要對來源檔案在一次掃描的處理過程中就產出完整的二進碼，則組譯器必須要克服的問題有哪些？為一次掃描處理的組譯器撰寫的程式碼會與為兩次掃描處理的組譯器撰寫的程式碼有什麼不同？

11. 為什麼一般應用的開發中應該避免使用組合語言？在什麼情況之下組合語言會比較好或者是必要的？

12. 在什麼情況之下你會認為使用組合語言碼來開發應用程式會比較好？

13. 使用編譯式的語言相較於使用解譯式的語言具有哪些優勢？在什麼情況下你會選擇解譯式的語言？

14. 討論下列有關編譯器的問題：

a) 編譯器中哪一個階段會給你語法錯誤訊息？

b) 哪一個階段會檢查未定義的變數？

c) 如果你在一個字元符號串列中置入一個整數，哪一個編譯器階段會發出錯誤訊息？

15. 為什麼 Java 類別的執行環境被稱為虛擬機器？這個虛擬機器與執行以 C 語言編寫的程式碼的真實機器有什麼不同？

16. 你為什麼會假設 JVM 的方法區域 (method area) 對所有執行於虛擬機器環境中的緒都是全域 (global) 的？

17. 我們曾經說過在 JVM 中執行的每一個緒中只有一個方法可以處於執行中。你認為為什麼會是這樣？

18. 對一個類別的用於存取區域變數陣列的 Java 位元組碼長度最多只能有兩個位元組：一個位元組用於表示運作碼而另一個表示在陣列中的位移量。區域變數陣列中可以有多少個變數？如果這個數量超過了你認為會發生什麼事？

◆**19.** Java 被稱為是解譯式的語言；然而 Java 是編譯式的語言，會產生二進形式的輸出。說明為什麼這個語言既是編譯式的又是解譯式的。

20. 我們曾經說過執行於 JVM 中的 Java 程式的效能不可能與一般的編譯式的語言相提並論。請說明為什麼會這樣。

◆**21.** 回答下列有關資料庫處理的問題：

a) 競賽情形是什麼？並舉一例。

b) 如何可預防競賽情形的發生？

c) 預防競賽情形會有哪些風險？

22. n 層的交易處理架構在哪些方面優於單層的架構？哪一種通常成本較高？

23. 為了改善效能，你的公司決定將產品資料庫複製到數個伺服器中以避免所有的交易都集中在一個系統上。有哪些種類的議題需要仔細思考？

24. 我們說任何時候有系統資源被鎖定的話就都會有鎖死的風險。說明一種鎖死會發生的情況。

*__25.__ 研究各種命令列介面（例如 Unix、MS-DOS 與 VMS）與各種視窗介面（例如任何一種 Microsoft Windows 產品、MacOS 與 KDE）。

a) 思考幾種主要命令，例如取得索引清單、刪除檔案或變動索引。說明這些命令在每一個你所研究過的各種作業系統中是如何做到的。

b) 列出並說明使用命令列介面會比使用 GUI 較為容易做到的一些命令。列出並說明使用 GUI 會比使用命令列介面較為容易做到的一些命令。

c) 你偏好哪一種界面？為什麼？

第九章

其他可能架構

品質從來不是意外或偶然的：它永遠都是明智的努力產生的結果。

——John Ruskin

看起來似乎我們已經到達透過計算機科技所可能達成的極限，雖然我們應該謹慎使用這樣的詞句，因為它們非常可能不到 5 年之後聽起來就變得好愚昧。

——John von Neumann, 1949

經 Marina von Neumann Whitman 允許重印。

9.1 緒論

之前各章旨在遍覽計算科技的背景資訊。以實際從事計算機科學的人員的觀點來說，介紹的內容專注在單處理器系統上。希望你已具備對各種硬體組件功能上的瞭解，知道每一件如何影響整體系統的效能。這種瞭解不僅攸關硬體設計的良窳，對演算法實作的效率也是如此。大多數人熟悉計算機硬體的方式是經由他們對個人電腦與工作站的經驗而得的。這種方式造成計算機架構中一個重要的領域未被觸及：有關其他可能的架構。因此，本章的重點就是介紹幾種優於古典馮紐曼方式的架構（按：架構有很多種可能的方式，彼此雖不同但也不適宜談論優劣；應該做的是深入思考它們各適用於哪些情況中）。

本章討論 RISC 機器——利用及開發指令階層平行性的架構，與多處理架構（以及平行處理的簡單介紹）。內容以有名但不恰當的 RISC －對－ CISC 論戰談起，以便建立這兩種 ISA 之間的差異及個別相對具有的優勢與劣勢的觀念。之後介紹用以分類各種架構的分類法之一，同時說明在這種分類法中如何定位各種平行架構。接著討論與指令階層平行性相關的議題，其中強調超純量架構並再次介紹 EPIC (explicitly parallel instruction computers)，明確平行指令計算機。之後重新提及 VLIW（其利用的是指令階層平行性）並介紹向量處理器（按：其利用的是數據階層平行性）來檢視 RISC 與 CISC 之外的其他可能架構。最後，我們提出有關多處理器系統以及一些平行性相關的其他形式，包括心跳陣列、資料流計算、神經網路與量子計算的簡要介紹。

計算機硬體設計師於 1980 年代早期開始重新評估各種架構原則。重新評估的工作中第一個目標是指令集架構：設計師們懷疑為什麼一個機器的指令集中大部分情形下往往只有 20% 的指令被用到的時候，還需要這麼豐富的一套複雜指令。這個問題導致 RISC 機器的開發，我們先前已於第四章與第五章中介紹過它；在本章中我們以一個完整的節來專門討論它。RISC 設計的大量普及造成了 RISC 與 CISC 獨特的結合形式：有許多架構現在採用 RISC 的核來製作出 CISC 的架構。

第四章與第五章說明新的架構例如 VLIW、EPIC 與多處理器等如何在硬體市場上逐漸占有更大的比例。能夠開發、利用指令階層平行性架構的發明導致了能夠在程式碼中分支指令執行之前就準確預測分支結果的技術出現。根據這些預測結果來預先擷取指令可大大提升計算機的效能。除了預測下一道要擷取的指令之外，高度的指令階層平行性也促成了像是處理器在分支結果確定之前就先繼續執行指令的投機式執行觀念的出現。

各種其他可能架構這個主題也包括多處理器系統。面對這些架構，我們先重溫從我們的祖先以及友善的公牛的故事中學得的知識：如果我們要藉由一頭公牛拔起一棵樹可是樹卻太大了，我們不會嘗試養育一頭更大的公牛；取而代之的是我們會使用兩頭牛。多處理架構與多頭牛的情況是類似的：我們如果要撼動那些難以掌握的問題的樹樁時就需要用到它們。然而多處理器系統也帶給我們獨特的挑戰，特別是在有關快取一致性與記憶體一貫性的方面。

我們注意到雖然其他可能架構中有些已具實效，但它們真正的進展卻仍需視它們增加的成本而定。現在先進系統所提供的效能與它們的成本之間的關係並非線性，在大多數情形中成本的增加遠超過效能上的增益。這個現象使得要將這類架構整合入主流應用中的時候成本上並不容許。不過這些其他可能架構在市場上的確有其地位：高度數值導向的科學與工程應用需要使用效能高於標準單處理器系統的機器。成本對這類型的計算機通常並不會去顧慮。

你閱讀本章時，要記住在第一章中所介紹的計算機各個先前世代。許多人相信因為這些其他可能架構，我們已進入了一個新的世代，尤其是在平行處理的領域中。

9.2 RISC 機器

我們已於第四章中以描述一些範例系統的方式介紹過 RISC。RISC 更像是一種設計思維而不太算是一種架構。回想 RISC 機器是因為它們原先提供比 CICS 機器為小的指令集而得名。在 RISC 機器接下來的發展中，「縮減 (reduced)」這個用詞變得不太恰當，到現在更是如此。原始的想法是提供最小的一套能完成所有必要運作的指令：數據搬移、ALU 運作與分支。也只有明確使用 `load` 與 `store` 指令才允許作記憶體的存取。

複雜指令集設計的動機來自記憶體的高成本。將更多複雜度擠壓進每一道指令應該能使程式大小變小而占用較少儲存空間。當記憶體很小時，程式小些是很重要的事情，因此自然發展成 CISC 主宰了當時的計算機技術。CISC 的 ISAs 採用可變長度的指令，讓簡單的指令保持短小同時允許有長些且更複雜的指令存在。另外，CISC 架構中包含大量會直接存取記憶體的指令。如此就使得我們有了緊密、功能強大、長度不定的指令集，也導致指令執行所需的時脈週期數不定。有些複雜的指令、特別是那些會去存取記憶體的指令，需要用到高達數百個週期。某些狀況下計算機設計師還必須放慢系統的時脈（讓時脈訊號變動之間的時間間隔變大）來讓指令有足夠時間完成。這些都累積成更長的執行時間。

人類語言中也有類似 RISC 與 CISC 的性質，可用來說明這兩者的不同。假設你有一位美國筆友。又假設你們二位都能流利地讀寫中文以及英文。你們雖然樂於見到長的信，卻也都希望將通信的負擔降到最低。你可以選擇使用昂貴的航空郵件用的紙張來節省可觀的郵費，或一般紙張而付出較高的郵費。第三種作法則是在每一個書寫頁中塞入更多的資訊。

相對於中文，英文比較簡單但是文字較長。中文的文字較英文文字為複雜，然而可能要用上 200 個英文字母時中文也許僅需 20 個字。以中文對答時需要的符號較少，可節省紙張以及郵費。不過讀寫中文時因為每個符號含有較多資訊而會較費力（按：姑妄聽之吧！）。英文字猶如 RISC 指令，而中文字則類似 CISC 指令。對大多數說英文的人而言，「處理」英文中的字母較不費時，卻也同時較耗費實體資源。

雖然有許多資料硬將 RISC 說成全新與革命性的設計，它的種子早已經在 1970 年代中期經由 IBM 的 John Cocke 的工作中播下。Cocke 於 1975 年開始建構他的實驗性的 Model 801 大型主機。這個系統一開始並不受到矚目，相關細節直到許多年後才被揭露。這段期間，David Patterson 與 David Ditzel 於 1980 年發表了他們廣受喝采的「Case for a Reduced Instruction Set Computer」論文。這篇論文促成了對計算機架構根本上全新的思考方式並且將縮寫 **CISC** 與 **RISC** 加進了計算機科學的詞彙中。Patterson 與 Ditzel 所提議的新架構倡導簡單的指令，而且全部都具有相同的長度。每一道指令都將執行較少量的工作，不過執行指令需要的時間將會是固定而且可預測的。

對 RISC 機器的支持也來自於在 CISC 機器上編程時觀察的所得。多項研究顯示數據搬移類指令約占所有指令的 45%、ALU 運作（包括算術、比較與邏輯運作）約占 25%，以及分支（或流向控制）約占 30%。雖然也有許多複雜的指令，卻極少被用到。這個發現配合上更便宜與更充裕的記憶體的出現以及 VLSI 技術的進步，催生了一個不同型態的架構。較便宜的記憶體表示程式可以使用更多儲存空間；而更大的、包含簡單可預測指令的程式則能夠取代較小的、包含複雜與變動長度指令的程式。簡單的指令應該有利於採用較短的時脈週期。另外，可容許的指令數較少應該表示晶片上需要的電晶體數較少；較少量的電晶體表示較低的製造成本與更多的晶片面積可用於其他方面。指令的可預測性加上 VLSI 的進展將可容許在硬體中應用各種如管道化處理等效能增益的作法。CISC 中則不能提供這一系列形色各殊的效能增益的可能性。

RISC 與 CISC 間的差異可藉由如下的基本計算機效能計算式來量化：

$$\frac{\text{時間}}{\text{程式}} = \frac{\text{時間}}{\text{一個時脈}} \times \frac{\text{時脈數}}{\text{指令}} \times \frac{\text{指令數}}{\text{程式}}$$

以程式執行時間來表示的計算機效能是直接正比於時脈週期時間、每指令平均所需時脈週期數與程式中的指令數（按：更正確的說法是程式所需執行過的指令數）。如果在可能情況下縮短時脈週期即可提升 RISC 與 CISC 的效能。除此之外，CISC 機器以減少完成程式所需執行的指令數來提升效能，而 RISC 機器則盡可能降低平均的每道指令所需時脈週期數。兩種架構也都可以在約略相當的時間內產出相同的結果。在邏輯層級上兩種系統進行的工作量都一樣（按：首先，說工作量一樣是對問題太過簡化的說法；另外，RISC 的確較快，因為它強調了一件 CISC 不易做到的事：管道化處理）。所以在程式階層到邏輯閘階層的中間到底發生了什麼事呢？（按：指二者在處理的方式上是否有什麼不同，以及造成了什麼差異呢？）

CISC 機器藉由微程式碼來處理指令的複雜性：微碼在處理器上執行每一道指令。為求效能，微碼應做得緊緻且有效率，當然其一定要正確。然而微碼的效率受限於長度不定的指令，因其會延緩解碼過程；也受限於每道指令所需的不同時脈週期數，因其會使得指令管道的製作困難；此外，微碼在每道指令由記憶體中擷取入時解讀指令，而這項額外的解讀也耗用時間；指令集越複雜，用以檢視指令並選用適合硬體來配合的時間也越長。

RISC 架構採用不同的處理方式。大多數 RISC 指令以一個時脈週期執行（按：RISC 指令也需要多個時脈週期來執行；只不過如果管道化處理時指令間重疊良好，則每道指令單獨額外占用的時間僅需一個時脈週期）。要達成這樣的加速，微碼的控制方式被代以執行起指令更快的硬連線式的控制。這使得指令的管道式處理更容易，不過在硬體的層次上要處理其複雜性則較難。在 RISC 系統中，指令集中降低的複雜性被上推一個層次至編譯器中。

為便於說明，看看這一道指令：假設要計算 5 × 10 的乘積。CISC 機器中的碼可能是這樣：

```
mov ax, 10
mov bx, 5
mul bx, ax
```

最起碼的 RISC ISA 不會有乘法指令。因此在 RISC 系統中乘法的處理會像是這樣：

```
        mov ax, 0
        mov bx, 10
        mov cx,5
Begin:  add ax, bx
        loop Begin ; 此行造成迴圈執行 cx 次
```

CISC 的碼較短，一般卻需耗用較多時脈週期來執行。假設在兩種架構上暫存器至暫存器的搬移、加與迴圈運作均耗用一個時脈週期。又設乘法運作需要

30 個時脈週期。[1] 比較這兩個程式片段可知：

使用 CISC 指令：

總時脈週期數 = (2 個 movs × 1 個時脈週期) + (1 個 mul × 30 個時脈週期)
= 32 個時脈週期

使用 RISC 指令：

總時脈週期數 = (3 個 movs × 1 個時脈週期) + (5 個 adds × 1 個時脈週期)
+ (5 個迴圈執行 × 1 個時脈週期
= 13 個時脈週期

再加上 RISC 的時脈週期一般較 CISC 者為短，RISC 雖然使用較多指令，實際的執行時間卻較 CISC 為短。這就是 RISC 設計的主要想法。

之前說過降低指令複雜性可簡化晶片。之前執行 CISC 指令時所使用的電晶體現在可將部分移作管道化、快取與暫存器之用。在這三種用途中，更多的暫存器可換取最大的效能增益的可能性最高，因此似應思考增加更多暫存器並將之作創新的使用。一個這種創新作法使用了**暫存器窗組** (register window sets)。雖然它並不像其他和 RISC 相關的創意那麼廣受採用，將暫存器劃分成多個窗的確是個有趣的想法，簡要介紹如下：

高階語言以模組化來提高編程效率。運用模組化自然的副作用是程序呼叫與參數傳遞。呼叫一個程序不是件簡單的工作：它包括保存返回位址、保存各暫存器原有值、（以推入堆疊或利用暫存器來）傳遞參數、跳躍至副程式、並執行該副程式；完成副程式後，在返回原呼叫程式繼續執行前，所產出或修改過的參數值必須留存、先前的各暫存器值也必須恢復。保存各暫存器原有值、傳遞參數與恢復各暫存器原有值牽涉大量工作與資源。而 RISC 晶片可容納多達數百個暫存器，使得保存與恢復原值（按：也包括參數的傳遞）的處理動作可縮減成單純地改變這些暫存器的環境。

為了瞭解這個作法，設想所有的暫存器被分成一組組。當程式在一種環境下執行時，只能使用某一組暫存器組。如果程式（譬如因為程序呼叫而）

[1] 這並非不實際的數字——在 Intel 8088 上兩個 16 位元的數字相乘需要 133 個時脈週期。

變換至另一種環境，則新的環境中能使用的暫存器組會改變。例如主程式執行時，假設它只能使用暫存器 0 到 9；當一個程序被呼叫時，它能使用的暫存器就換成 10 到 19。真實 RISC 架構的一般情形是每組（或稱一個**暫存器窗**，windows）32 個暫存器的 16 組暫存器。任何時候 CPU 都限制在單一個窗的範圍內運作。因此以程式師的角度觀之，可用的暫存器僅有 32 個。

僅僅劃分暫存器窗並不一定能夠有助於程序呼叫或是參數傳遞。不過如果小心地疊合這些窗，使得相鄰的兩個窗要藉以用來傳遞參數的暫存器正好是重疊的、同屬相鄰兩個窗的暫存器，則從一個程式模組傳遞參數至另一個程式模組的行動，就可輕易經由從一個暫存器組移動到相鄰的另一個來完成。如果將暫存器窗內部劃分為不同的部分，分別是**本地暫存器**（local registers，僅用於該窗中）、**輸入暫存器**（input registers，其與前一個窗的輸出暫存器重疊，亦即是使用相同的暫存器）與**輸出暫存器**（output registers，其與下一個窗的輸入暫存器重疊，亦即是使用相同的暫存器）；另外還有一些暫存器形成稱為**全域暫存器** (global registers) 的部分，它是所有窗的一部分，用於存放程式中的全域變數（按：原書中相關文字不夠清晰；上述文字已作意義上的釐清）。當 CPU 由一個程式切換至另一個時，它也會切換至不同的暫存器窗，然而全域暫存器以及彼此重疊的窗使得參數，可以經由將呼叫程序的輸出暫存器轉換成被呼叫程序的輸入暫存器而完成傳遞。另有一個**目前窗指標** (current window pointer, CWP) 用以在任何時候都指向目前可以使用的窗。

思考 `Procedure One` 正在呼叫 `Procedure Two` 的情形。每一組的 32 個暫存器中，設有 8 個是全域、8 個是本地、8 個是輸入以及 8 個是輸出暫存器。在 `Procedure One` 要呼叫 `Procedure Two` 時，有任何需要傳遞的參數就將之置於輸出暫存器中。`Procedure Two` 開始執行後，該等暫存器就成了 `Procedure Two` 的輸入暫存器。這個過程表示於圖 9.1 中。

另一項有關 RISC 機器中的暫存器窗的重要特性是這些窗的循環往復特性。對於含有深度巢狀呼叫的程式，可能會用盡所有暫存器（窗）。如果這情形發生了，則可以將用於暫存最先前程序相關數值的那些窗存到主記憶體中來空出一些位置。新出現的（用來給最新的程序使用的）最高位置的暫存器窗因

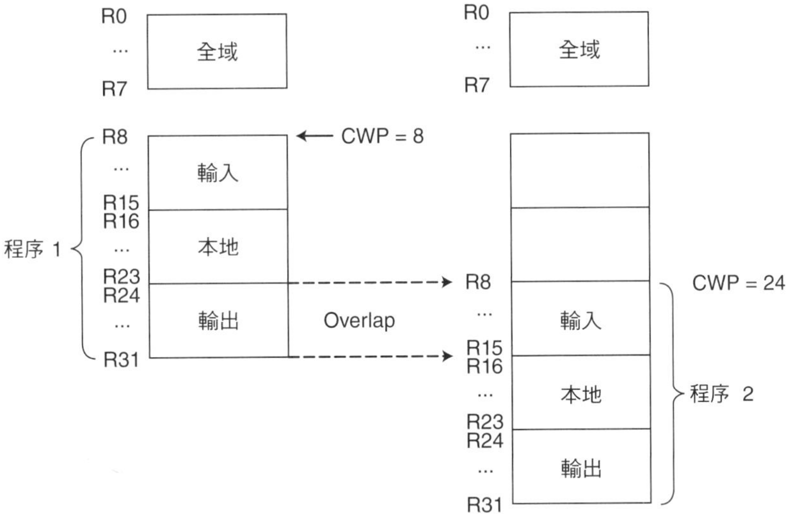

圖 9.1 重疊各暫存器窗

此可以繼續產生，如果碰到暫存器的盡頭時則繞到另一頭來繼續。執行程序的返回時，巢狀呼叫的深度隨之遞減；而這時如果有溢出至主記憶體的暫存器窗的話，就可以適時將之復位了。

除了簡單且固定長度的指令以外，RISC 中有效率的管道給予了這些架構極大的速度提升。簡單的指令不必使用太多晶片面積，如此不但讓出了更多可用空間，也使得晶片更容易也更快地就可設計、製造出來。

你應注意到大多數 CPU 架構逐漸演變成 RISC 與 CISC 的綜合體，因此要將現在的處理器作 RISC 或 CISC 的歸類已經越來越困難。區隔這兩種架構的線已經越來越模糊了。有些目前的架構兼採兩種方式。如果你翻閱一些新晶片的手冊，會發現現在的 RISC 機器會有比一些 CISC 機器更奢侈鋪張與更複雜的指令。例如，歸類為 RISC 的 PowerPC 比歸類為 CISC 的 Pentium 有一個更大的指令集。今天大多數 RISC 處理器都已經增加了乘法與除法指令並以微碼執行這些指令。另一方面，大多數現在的 CISC 處理器多少已經以 RISC 作為設計基礎；主要的一個例證是 Intel 的 x86 架構：x86 的 CISC 指令會在執行前先轉換成其機器內部的 RISC 格式，而對複雜的指令就透過微碼將它們轉換成一些較簡單的指令，然後以硬體執行之。當 VLSI 技術持續使得電晶體變小變便宜，在 RISC-CISC 的論戰中指令集需要多高的硬體製作成本已漸非重點，而暫存器的運用與載入／儲存架構逐漸更受重視（按：這句話的意思就是完善的管道化處理是最終目的，而各種管道化處理相關事項的效率以及其所能造成的效能提升逐漸更受重視）。

經過這些討論之後，我們仔細地以表 9.1 作為 RISC 與 CISC 間典型差異的綜整。

我們曾提到 RISC 是一個不太恰當的稱呼。雖然其原始目的是縮小指令集（按：的複雜性，特別是其中具有的不規律性），RISC 的設計觀念也已改變。如 Paul DeMone 所言，現在 RISC 的主要訴求可綜合如下：「其功能可經由一序列其他指令達成的指令或定址模式均不應納入 ISA 中，除非這些新指令的納入在考量其對硬體製作上數據通道與控制複雜性的增加、時脈速率的降低以及現有指令的有效率製作上具有的負面影響後，仍可具體顯示充分的效能提升。」另一個次要的設計觀念則是要求 RISC 處理器對任何可在編譯時間以軟體方式處理的工作均不應在執行時以硬體處理。

我們已說明雖然 CISC 與 RISC 這兩個架構最初的差異涇渭分明，它們已漸漸演進成包容對方的特性，以致於今日的許多計算機架構已不能完全歸屬於哪一類。事實上，RISC 與 CISC 這兩個名詞基本上已經失去它們的重要性——而這個情形直到嵌入式系統，特別是移動式計算出現時又有了改變。手機與平板

表 9.1 RISC 機器與 CISC 機器特性的比較

RISC	CISC
多個暫存器組，往往包含多於 256 個暫存器	單一暫存器組，經常是總共 6 至 16 個暫存器
每道指令允許使用三個暫存器運算元（例：`add R1, R2, R3`）	每道指令允許使用一或二個暫存器運算元（例：`add R1, R2`）
參數經由有效率的晶片上暫存器窗傳遞	參數經由沒有效率的晶片外記憶體傳遞
單一週期的指令（除了 load 與 store 之外）	多週期的指令
硬連線的控制	微程式式控制
高度管道化	較不管道化
數量很少的簡單指令	許多複雜指令
長度固定的指令	不固定長度的指令
複雜度在於編譯器	複雜度在於微程式
只有載入與儲存指令可以存取記憶體	許多指令可以存取記憶體
極少定址模式	許多定址模式

電腦需要使用成本相對低廉以及可有效率利用記憶體、CPU 時間與功耗的處理器；RISC 的設計觀念在這種環境中非常適合。

在 RISC-CISC 的論戰伊始時，焦點放在晶片面積與處理器設計的複雜度，但是現在電能與功耗成了焦點議題。有兩個激烈爭取市場控制權的競爭者特別值得一提：ARM 與 Intel。Intel 一向注重產品的效能，在伺服器市場居領先地位；而 ARM 則專注於效率，在移動及嵌入式系統市場處於領先（事實上，ARM 的新的 64 位元處理器對重新思考 RISC-CISC 論戰中雙方的許多互補特性的重視方面貢獻良多）。Intel 正嘗試藉由其 Atom 處理器在移動式產品的市場中勝出；然而 Atom 受困於它的 CISC 本質（特別是它那太大的指令集），這也是為什麼像 ARM 與 MIPS 這些 RISC 架構在這個市場受歡迎的原因。即使 Intel 使用了一些巧妙的方法來加速執行，遲緩的解碼硬體與包含太多用不上的指令的指令集仍是很大的顧慮。

如前曾提及的，雖然有許多說法稱許 RISC 各項革命性的創新，許多 RISC 機器採用的觀念（包括管道式處理與簡單的指令）在 1960 與 1970 年代就已在大型主機中這麼做了。許多所謂的新設計並非真的新穎，只不過是重新拿來用罷了。創新與改革並不一定表示發明新的東西；它也可以是想到了既有方法的最佳應用這麼簡單的事情。這件事情對你在計算機領域的處事會很有幫助。

9.3 弗林分類法

多年以來，已有許多人嘗試尋找分類計算機架構的好方法。雖然還沒有完美的方法，目前最被採用的分類法是 Michael Flynn 於 1972 年所提出的。**弗林分類法** (Flynn’s taxonomy) 思考兩項因素：流入處理器的指令流與數據流的數量。一個機器可以有一或多條數據流，也可以有一或多個處理器對這些數據作處理。這樣可以形成四種可能的組合：**單指令流單數據流** (single instruction stream, single data stream, SISD)、**單指令流多數據流** (single instruction stream, multiple data stream, SIMD)、**多指令流單數據流** (multiple instruction stream, single data stream, MISD) 與**多指令流多數據流** (multiple instruction stream, multiple data stream, MIMD)。

單處理器是 SISD 機器。僅有一個控制點（按：指進行控制的指令流僅可以有一個）的 SIMD 機器可透過一道指令同時對許多份數據作處理。SIMD 類別中包括陣列處理器、向量處理器與心跳陣列。MISD 類機器以多道指令流在一道數據流上作處理。採用多個控制點的 MIMD 類機器中有許多獨立的指令流與數據流。多處理器與現在的大多數平行系統屬於 MIMD 機器。SIMD 機器較 MIMD 機器容易設計，不過在應用上也遠為缺少彈性：所有 SIMD 類的多處理器同一時間必須執行同一道指令。想到這一點，就會瞭解執行簡單如條件式分支這種指令在這樣的環境下卻會變得很昂貴而且複雜。

弗林分類法在好幾個方面有所不足。其一是似乎極少（即使有的話）MISD 可發揮的應用存在。再來是弗林假設平行性是同質性的。然而一群處理器可能是同質的或是異質的；一個機器可以想像成具有四個浮點加法器、兩個（浮點）乘法器與一個整數單元。因此這個機器可平行執行七個運作，但是它卻並不能剛好契合弗林的分類系統。

這個分類法的另一個問題與 MIMD 這個類別有關。含有多個處理器的架構即歸屬這個類別，卻未能進一步表達這些處理器彼此如何連接或是它們對記憶體的關係分別為何。曾經有過多項改善 MIMD 類別的努力，包括進一步將 MIMD 分類來分辨共用或不共用記憶體的系統，或是處理器是以匯流排或是交換器的方式來連接。

共用記憶體系統是那種所有處理器都能存取全域記憶體，並如同各個程序在單處理器中的情形一樣透過共用變數來作通訊的系統。如果多個處理器不共用記憶體，則每個處理器必須擁有一部分的記憶體。於是所有處理器必須以可能昂貴且無效率的訊息傳遞方式作通訊。一些人對於以記憶體作為分類硬體的判斷因素的關切是：共用記憶體或訊息傳遞其實是編程模型而非硬體模型。因此它們更適宜歸類於系統軟體的領域中。

兩個主要的平行架構形態，**對稱式多處理器** (symmetric multiprocessors, SMPs) 與**大量平行處理器** (massively parallel multiprocessors, MPPs)，均屬

MIMD 架構，但是在使用記憶體方面並不相同。SMP 機器如雙處理器 Intel PC 與 Silicon Graphics Origin 3900（可擴充至 512 個處理器）處理器均共用記憶體；而 MPPs 如 nCube、CM5 與 Cray T3E 則否。這幾個 MPP 機器一般在一個大型機櫃中容納數千個 CPUs 並且連接至數百 GB 的記憶體上。這些系統的價格可高達數百萬美元。

最初 *MPP* 這個名稱用於稱呼緊密耦合的 SIMD 多處理器如 Connection Machine 與 Goodyear 的 MPP。不過現在 MPP 則用於表示包含許多內含私有記憶體的獨立節點且這些節點也都具有透過網路作通訊的能力的平行架構。區別 SMP 與（根據目前的定義的）MPP 的簡單方法如下：

MPP = 許多的處理器 + 分散的記憶體 + 通訊是透過網路進行

與

SMP = 較少的處理器 + 共用的記憶體 + 通訊是透過記憶體進行

MPP 計算機上的編程因為程式師需要讓獨立於 CPUs 上執行的各個程式部分可以互相通訊而較為困難；然而 SMP 機器也會在多個處理器同時間試圖存取同一個記憶體時面臨嚴重的瓶頸。採用 MPP 或 SMP 的決定應基於應用——若問題易於切割成許多部分，MPP 應較適合。大型公司經常採用 MPP 系統儲存客戶數據（亦即作數據倉儲）並且對該等數據進行數據探勘。

分散式計算是 MIMD 架構的另一形式。**分散式計算** (distributed computing)（將於 9.4.5 小節詳細介紹）一般被定義為一組以網路聯結在一起，並能共同合作來解決問題的計算機。而合作可以經由許多不同的方式來進行。

以**網路聯結的工作站** (network of workstations, NOW) 是一群分散式的、在不是像一般工作站一樣獨立運作的時候，也可以共同平行運作的工作站。NOWs 通常包含異質的系統，含有不同的處理器與軟體，並且透過網際網路作通訊。個別的使用者必須建立恰當網路聯結後才能加入平行計算。在組織中 NOWs 往往是以建築物或組織的內部網路部署起來的，所有的工作站也都能在控制之中。**工作站叢集** (cluster of workstations, COW) 是類似於 NOW 的一組工作站，但是需要有一個負責管理的機器。各個節點通常有相同的軟體，而且使用者如果可以使用一個節點，通常就可以使用所有的節點。專用的**叢集平行計算機** (dedicated cluster parallel computer, DCPC) 是一群專門收集來處理特定平行計算的工作站，這些工作站有相同的軟體與檔案系統，全部接受一個機器的管理，透過內部網路通訊，而且不會當作個別工作站來使用。**PC 群** (pile of PCs, PoPC) 是專用的，由大眾市場中各種異質性的硬體商品化組件 (commodity components, COTs) 所形成的叢集組成的平行系統。相較於 DCPC 一般含有較少而較昂貴且快速的組件，PoPC 使用大量較慢而相對價廉的節點。NOWs、COWs、DCPCs 與 PoPCs 都是**叢集計算** (cluster computing) 的例子，將計算分散到所有在相同管理領域中的資源上，致力於群組的任務。

在 1994 年由 Goddard Space Flight Center 的 Thomas Sterling 與 Donald Becker 所作的 BEOWULF 計畫是一個成功將特殊設計的軟體與不同硬體平台結合的 PoPC 架構，可得到具有整體性的平行機器的外觀與使用上的感受。一個 BEOWULF 叢集會具有三項明確的特色：現成的個人電腦、快速數據交換以及開放源碼軟體。BEOWULF 網路上的節點以私有 Ethernet 或光纖網路相聯。如果你有一個舊的 SunSPARC、一些 486 機器、一個 DEC Alpha（或者就是一堆塵封的 Intel 機器！）以及把它們聯成一個網路的方法，就可以安裝 BEOWULF 軟體來做出你自己的個人而且極為強大的平行計算機。

弗林分類法最近被擴大加入**單程式多數據** (single program multiple data, SPMD) 架構。SPMD 內包含每個處理器都有其數據集與程式記憶體的多處理器。同一個程式在每一個處理器上執行，也會在各個全域的控制點上進行同步。雖然每個處理器都載入相同的程式，各個卻可能執行不同的指令。例如，程式可能有這樣的內容：

```
If myNodeNum = 1 do this, else do that
```

這樣可以讓不同節點執行相同程式中不同的指令。SPMD 實際上就是 MIMD 機器的一種編程方式，而與 SIMD 的不同在各處理器可以在同一時間做不同的事。超級計算機往往採用 SPMD 設計。

我們需要在弗林作出他的分類上面一層加上一個特性的因素，就是這個架

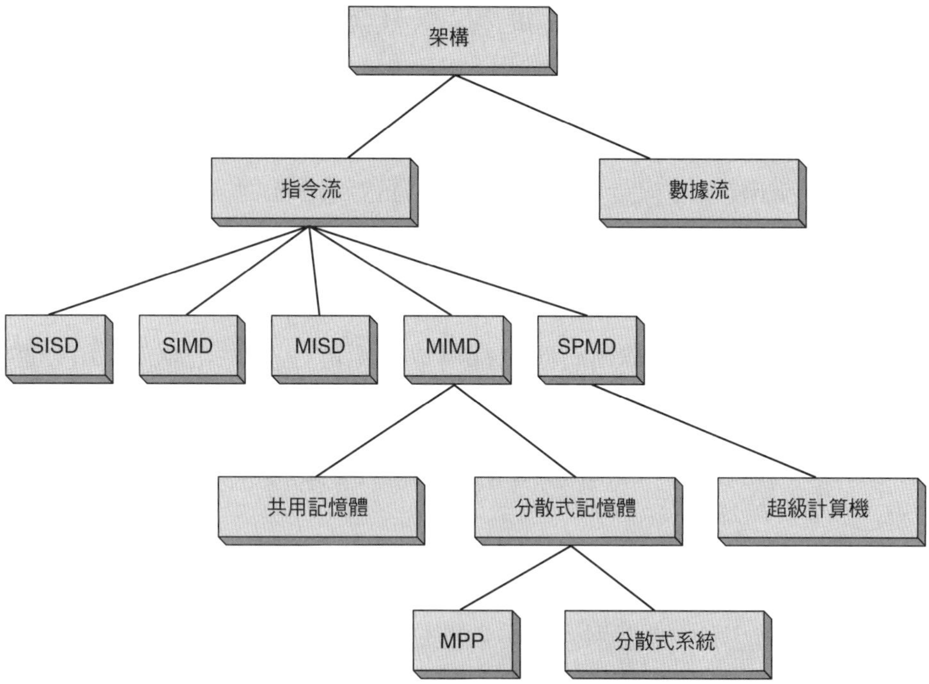

圖 9.2 一種計算機架構的分類法

構是指令驅動的還是數據驅動的。傳統馮紐曼架構屬指令驅動類：所有的處理器動作都由一序列的程式碼決定；程式中的指令作用於數據上。數據驅動或**數據流** (dataflow) 的架構作法正好相反：數據的情況決定處理器中事件的次序。我們在 9.5 節中詳細說明這個想法。

加入數據流計算機與對 MIMD 分類的改良後，可以得到圖 9.2 所示的分類。在閱讀以下各節時你可能想要參考它。我們由圖中左側分支開始討論與 SIMD 與 MIMD 相關的架構。

9.4 平行與多處理器架構

從有計算的歷史以來，科學家們就不斷努力嘗試使機器更好更快地解題。微小化的技術使得電路改進，而且在晶片上可以容納更多電路。時脈變得越來越快，使得 CPUs 已經在 GHz 的範圍運作。不過我們知道有物理性質上的障礙限制了單一處理器效能可以改善的程度：熱與電磁干擾限制了晶片上電晶體的密度。就算這些問題解決了（不知道會是幾時），處理器速度仍然永遠受到光速的限制。除了這些物理限制以外，還有經濟方面的限制：到了某個程度之後，把處理器繼續做得快一點的成本增加將會超過任何人願意付出的價格上升。最後，我們都會再也找不到增加處理器效能的恰當方法，除非是把計算的工作量分配到多個處理器上。因為這些原因，平行度越來越受到重視。

不過很重要的是，並非所有應用都可以從平行性獲益。例如多重處理中的平行性能力會增加成本（譬如程序同步與其他方面的程序控管）。如果一個應用並不適合採用平行處理，那它在多重處理的平行架構上就不會具有成本效益。

如果恰當實施的話，平行性可以提供較高的處理量、較佳的容錯能力與更吸引人的價格效能比。雖然平行性可以提供可觀的加速，這種加速永遠不可能完美。設有 n 個處理器平行地執行，完美的加速表示計算工作可以在 $1/n$ 時間內完成，產生 n 倍的能力提升（或者說執行時間降低至 $1/n$）。我們僅需回顧安朵定律就可以瞭解為什麼完美的加速不可能獲得。如果兩個處理元件以不同的速度執行，較慢的速度將具有決定性。這個定律也決定了一個計算問題使用平行處理器時可以獲得的加速：不論你能將一個問題平行化得多好，永遠都會有小部分的工作一定要循序地在一個處理器上執行；其他的處理器除了等循序處理完成以外，也不能做什麼事。事實的前提是任何一個演算法都會有循序的部分，始終就會限制了使用多處理器能夠獲得的加速；循序處理的部分越大，使用多處理平行架構的成本效益就越低。

對一件工作採用多個處理器只是許多不同形式的平行性裡頭的一種。在之前各章中我們介紹了其他一些形式，包括管道化處理、VLIW 與指令階層平行性 (ILP)，來激發各式平行處理的想法。另有一些平行架構要處理的是多項（或平行）的數據。例子包括如向量、神經與心跳處理器等 SIMD 機器。而有許多架構可以容許多個或是平行的程序，所有 MIMD 的機器都具有這種性質。要注意：「平行」可以有許多不同的意義，而區別它們之間的不同是非常重要的。

我們在這一節將以討論 ILP 架構的例證作為開始，然後接著探討 SIMD 與

MIMD 的各種架構。最後一節介紹其他可能的（也較非主流的）平行處理方式，包括心跳陣列、神經網路與數據流計算。

9.4.1 超純量與 VLIW

本節中我們再次回顧超純量架構的觀念並將之與 VLIW 架構作比較。超純量與 VLIW 架構二者均顯示指令階層平行性，然而在處理的方式上不同。為了建立討論的基礎，先定義何謂超管道處理。回想在管道化處理中，指令擷取 - 解碼 - 執行這一個過程被劃分成多個階段，而一群指令在同一時間分別處於管道中的不同階段。在理想情況下，每個時脈週期會有一道指令從管道中完成；不過因為分支指令與程式碼中的數據相依關係等因素，每週期一道指令的目標始終不太能夠達成。

超管道化 (superpipelining) 處理是指在管道中有些階段僅需少於半個時脈週期即可執行完成。在這種情形下可以加入一個內部時脈，如果它在外部時脈兩倍速度運行時就可以在每一個外部時脈週期中完成兩件工作。雖然超管道化處理可同樣應用於 RISC 與 CISC 架構中，其最常應用於 RISC 處理器中。超管道化處理是超純量處理設計中的一個面向，也因為這個理由，在分辨這兩者時有時顯得混淆。

因此，到底什麼是超純量處理器？我們知道 Pentium 處理器是超純量，但是還沒提到這件事的真正意義。**超純量** (superscalar) 是一個允許多道指令在一個時脈週期中同時執行的方式。雖然超純量與管道化處理如即將談到的在許多方面不同，它們最終的效果卻是相同的。超純量設計獲得加速的方法與在忙碌的單線高速公路上增加一條車道這個想法是一樣的。這裡需要用到額外的管道所需的「硬體」，但是最終更多車輛（指令）可以在相同的時間範圍內從 A 點到達 B 點。

超純量中類似於高速公路額外車道的組件稱為**執行單元** (execution units)。執行單元可以是浮點加法器與乘法器、整數加法器與乘法器以及其他特殊的組件。雖然這些單元也可以獨立運作，很重要的是架構必須要讓足夠數量的這些單元能夠同時處理數道指令。複製執行單元也並非少見；例如系統中可以有一對相同的浮點單元。經常這些執行單元也是管道化的，以便提供更好的效能。

這種架構中一個很重要的組件是特殊設計且能夠同時從記憶體中取得多道指定的**指令擷取單元** (instruction fetch unit)。然後這個單元將指令傳遞給一個複雜且決定指令間是否互相獨立（故而可以同時間執行），或是存在某些相依關係（如此則並非所有指令都能同時間執行）的**解碼單元** (decoding unit)。

以下將 IBM RS/6000 作為一例。這個處理器中有一個指令擷取單元與兩個各包含一個 6 階浮點單元與一個 4 階整數單元的處理器。指令擷取單元具有兩階的管道，第一階中擷取含有四道指令的封包，第二階則將指令送往適當的處理單元。

超純量計算機是透過管道化處理與複製硬體來形成平行性的架構。超純量設計中包含超管道化處理、同時多道指令擷取、能夠決定指令相依關係並動態組織可同時執行的指令來確保沒有違反相依關係的複雜解碼器，與平行執行多道指令的足夠數量的資源。我們注意到雖然這類平行性需要用到非常特定的硬體，超純量架構還是需要複雜的編譯器來對運作作排程來盡可能使用機器的資源。

超純量處理器需要硬體（來仲裁各個相依關係）與編譯器（來產生恰當的排程）的能力，而 VLIW 處理器則完全依賴編譯器。VLIW 處理器將互相獨立的指令，包裹入一個直接告訴執行單元如何處理的長指令中。許多人認為因為編譯器可以檢測程式中比較全面的相依關係，這個方法可以得到較佳的效能；但是也因為編譯器無法得知執行時間程式軌跡的完整情形，因此在排程中必須非常保守。

在 VLIW 編譯器產生非常長指令時，其也仲裁所有的相依關係。這些在編譯時期就已經確定下來的長指令通常包含四至八道一般的指令。由於指令已經固定，任何可能影響指令排程結果的改變（例如改變記憶體的延遲時間），都會導致需要對程式重新編譯（按：這句話指的是編譯器必須重寫，然後當然程式也必須以這個新的編譯器重新編譯）；如此可能對軟體製造商造成非常多問題。VLIW 支持者指出這項科技將複雜性移至編譯器，簡化了硬體。超純量的支持者對此反駁說 VLIW 可能因而造成所產生的程式碼變大很多；例如，當長指令中安排給程式控制指令的位置沒用上的話，這裡的記憶體空間與頻寬就浪費了。事實上，一個常見的 Fortran 程式在 VLIW 機器上編譯的話，其組合碼會膨脹到它正常大小的兩倍甚至於三倍。

Intel 的 Itanium（採用 IA-64 架構）是 VLIW 處理器的一例。回想 IA-64 使用 EPIC 類型的 VLIW 處理器。EPIC 架構較一般 VLIW 處理器具有一些優勢：如同 VLIW，EPIC 也將指令捆紮在一起以便之後送往各個執行單元；不過不同於 VLIW，各捆的長度不必相同；特殊的分界符號會指出一個捆紮結束、另一個開始的位置。指令字組以硬體預取，這個硬體同時也辨認各個捆紮，並根據它們彼此之間是否可以平行執行來作排程以進行平行執行。這樣做是想要克服編譯器對程式在執行時期缺乏瞭解的限制。在捆紮中的指令可以不必顧慮相依性平行地執行，因此也不必顧慮它們的執行次序。根據大多數人的定義，EPIC 其實就是 VLIW。雖然 Intel 會強調這些差異點，頑固的架構師也會引用上述的（以及一些其他的）微小差異，不過 EPIC 其實就是 VLIW 的增進版。

9.4.2 向量處理器

經常被稱為超級計算機的**向量處理器** (vector processors) 是特殊化與高度管道化，且能對整個向量執行有效率地運作的多個 SIMD 類型的處理器。這類型的處理器適合可受惠於高度平行性的應用，例如氣象預報、醫療診斷與影像處理等。

要瞭解向量處理，則必須先瞭解向量算術。向量是固定長度的一維的數值陣列或是有次序的一系列純量。包括加、減與乘等各種運算對向量都有其定義。

向量計算機都是高度管道化的，以便多個算術運算可以重疊地進行。一道指令會指定一組要對整個向量執行的運算。例如，假設要將向量 V1 與 V2 相加，結果置入 V3。在一般的處理器上，程式碼也許包含迴圈如下：

```
for i = 0 to Vector Length
    V3[i] = V1[i] + V2[i];
```

不過在向量處理器中，程式碼會是

```
LDV   V1, R1; 載入向量 V1 於向量暫存器 R1 中
LDV   V2, R2
ADDV  R3, R1, R2
STV   R3, V3    ; 儲存向量暫存器 R3 於向量 V3 中
```

向量暫存器 (vector registers) 是同時可以存放多個向量元素的特殊暫存器。暫存器的內容一次一個元素地送進向量管道中，管道產出的結果同樣也是一次一個元素地送進向量暫存器中。所以這些暫存器是能夠存放多個值的 FIFO 貯列。向量處理器一般具有好幾個這種暫存器。向量處理器的指令集包含載入這些暫存器、對暫存器中的元素進行處理與儲存向量數據回記憶體的各種指令。

向量處理器根據其指令如何存取它們的運算元而經常被分類為兩類：**暫存器-暫存器向量處理器** (register-register vector processors) 要求所有運作都以暫存器作為來源以及目的運算元。**記憶體-記憶體向量處理器** (memory-memory vector processors) 則容許來自記憶體中的各運元直接繞接至算術單元；之後運算的結果可直接流回記憶體中存放。暫存器 - 暫存器向量處理器的弱點在於長向量必須分成小得足以容納於暫存器中的固定長度的區段來運算。不過記憶體 - 記憶體向量處理器則會因為記憶體的很大延遲時間而有很大的啟始時間。（啟始時間是開始執行一道指令與這道指令的第一個結果從管道中出現之間的時間。）然而在管道中充滿數據之後，就不會再有這種問題了。

向量指令的效率來自於兩個原因：首先，機器可大量減少需擷取的指令，這也意謂著更少的解碼、控制單元額外負擔與記憶體頻寬的耗用。其次，處理器知道要用到連續的數據，因此可以用更有效率的方式連續地存取數值；如果使用交錯式的記憶體，更可以同時存取許多筆數值（按：此處原文稍不完美，故在譯文中已略作修飾）。最有名的向量處理器是 Cray 各系列的超級計算機。它們在過去 25 年時間裡採用的基本架構改變也極少。

9.4.3 互聯網路

在共用記憶體多處理器與分散式計算機等的平行 MIMD 系統中，通訊的目的主要是為了取得處理上與數據共用上的同步。訊息在系統各組件間傳送的方式決定了整體系統的設計。兩種可能的選擇是使用共用記憶體或是互相聯結網路模型。共用記憶體系統會具有一個可以被所有處理器以相同的速度與權限存取的大記憶體。在互聯的系統中各處理器均有其自有的記憶體，而處理器也可以透過網路存取其他處理器的記憶體。當然，兩種選擇各有其強項與弱點。

互聯網路常根據拓樸、尋徑策略及切換技術作分類。**網路拓樸** (network topology) 表示各個節點互相聯結的方式，是訊息傳遞負擔的決定性因素。訊息傳遞的效率受限於：

- **頻寬** (bandwidth)——網路傳送資訊的能力。
- **訊息延遲** (message latency)——訊息中第一個位元到達其目的地所需耗費的時間。
- **傳輸延遲** (transport latency)——訊息耗費在網路中的時間。
- **額外負擔** (overhead)——傳送端與接收端處理訊息的各項動作。

因此網路設計的目的是嘗試將所需傳送的訊息以及訊息必須行經的距離作最小化。

互聯網路可以是**靜態** (static) 或**動態** (dynamic) 的。在動態網路中兩個點（或者是兩個處理器，或者是一個處理器與一個記憶體）間的路徑在不同時間的通訊裡可以改變，而在靜態網路中則不允許如此。互聯網路也可以是**阻斷式** (blocking) 或**非阻斷式** (nonblocking)。非阻斷式的網路在有其他同時間的通訊使用網路時允許網路以不同的方式作聯結，而阻斷式的網路則否。

靜態互聯網路主要用於訊息傳遞且形式多樣，你可能也熟知其中若干。處理器一般是以靜態網路聯結，而節點為處理器 - 記憶體的系統則往往採用動態網路。

完全聯結網路 (completely connected networks) 的作法中所有組件都與所有其他組件直接相聯。其線路非常昂貴，而且有新成員加入時處理困難。**星狀聯**

結網路 (star-connected networks) 中有一所有訊息都須經過的中心點；雖然其中心點可能成為瓶頸，在該網路中卻極易作聯結。在**線型陣列** (linear array) 或**環狀網路** (ring network) 中節點可直接與其兩個鄰居通訊，任何其他的通訊則須透過相關節點逐步到達目的地（環狀網路其實就是線型陣列將兩個端點節點在聯結起來的一種變體）。**網狀網路** (mesh network) 中的每一個節點連接到四或六（視其為二維或三維而定）個鄰居。這種網路的延伸包括加上繞回的聯結，就像線型陣列可繞回而形成環狀。

樹狀網路 (tree networks) 將節點安排成非循環式的結構，因此在其根節點處可能會形成通訊的瓶頸。**超立方體網路** (hypercube networks) 是網狀網路的高維度形式的延伸，其節點在每一個維度上都兩兩相聯（按：因此可推知 n 維超立方體網路中包含的節點數為 2^n，且各節點能夠以 n 位元的標籤標示，標示的方法是所有相鄰節點間標籤中都僅有一個位元值相異）（超立方體中的節點通常是處理器，而非處理器 - 記憶體型態的節點）。二維超立方體中包含一對對若且唯若其二進表示式的標籤中有一個位元位置的值不同則以連線聯結的處理器。在 n 維超立方體中，每一個處理器都與其他 n 個處理器直接連接。請注意：超立方體中兩個標籤之間位元值不同的位置數目稱為它們的**漢明距離** (Hamming distance)，這也是用來表示兩個處理器間最短路徑上包含的通訊聯結數目的用詞。圖 9.3 顯示各類型的靜態網路。

動態網路允許網路以下列兩種方式之一動態地形成組態：使用匯流排，或是使用能夠改變在網路中的繞徑路線的交換器。**基於匯流排的網路** (bus-based networks) 如圖 9.4 所示為在成本考量且節點數不多的情況下最簡單且最有效率。顯然地，其主要缺失是在節點數目過大的情況下爭奪匯流排時可能會形成瓶頸。多條平行匯流排可減輕這個問題，然而成本也相當高。

交換網路使用交換器來動態地改變尋徑結果。交換器有兩類：縱橫交換器與 2 × 2 交換器。**縱橫交換器** (crossbar switches) 就是或者打開或者關上的交換器。任何節點都可以透過關上與另一個節點之間的交換器（指將交換器接上）聯結其他節點。在這種利用縱橫交換器的網路中任何節點可以直接與任何其他節點通訊，而且同時可以在不同的處理器 - 記憶體間（按：即為在不同的節點

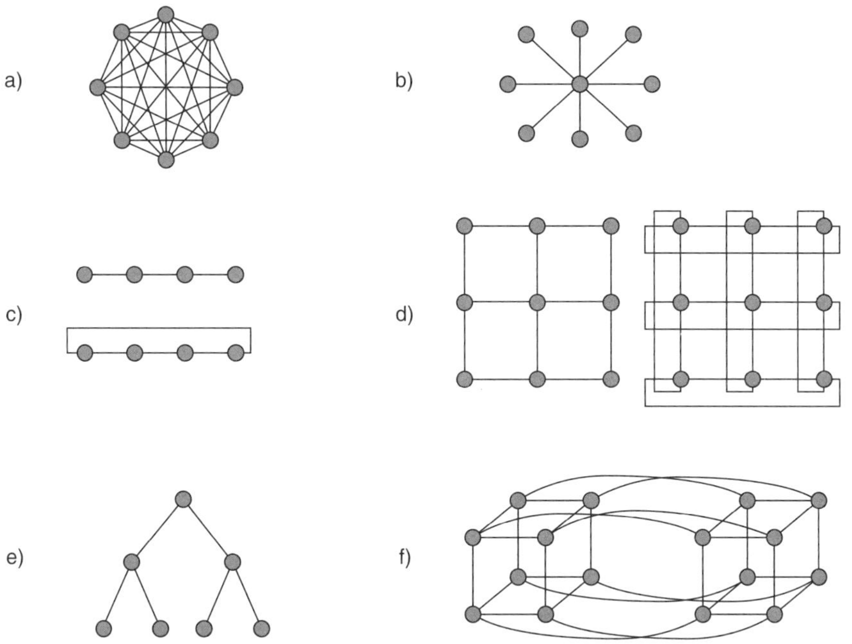

圖 9.3 靜態網路拓樸。a) 完全聯結網路；b) 星狀；c) 線型與環狀；d) 網狀與網狀環；e) 樹狀；f) 四維超立方體

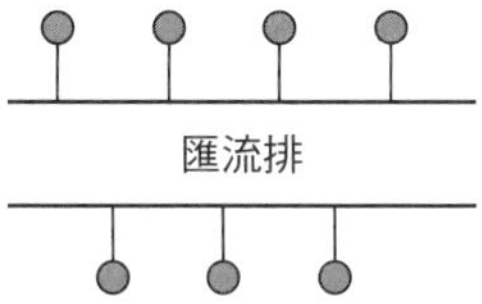

圖 9.4 基於匯流排的網路

對間）通訊，所以是全聯結式的（不過在任何時間任何處理器最多只能有一個聯結）。只要關上（接上）交換器，就可以進行傳輸。因此縱橫網路是非阻斷式的網路。不過如果在每一個交叉點都要有一個交換器的話，n 個節點就需要有 n^2 個交換器。在真實情況中，許多個多處理器在每一個交叉點都需要用到多個交換器；管理這麼大量的交換器很快就會變得困難且昂貴。縱橫網路只有在高速的多處理器向量計算機中適用。一個縱橫交換器網路的構造示於圖 9.5 中。灰色的交換器代表關上了的交換器。處理器一次只能連接到一個記憶體，因此在每一行中至多只有一個關上了的交換器。

第二類交換器是 **2 × 2 交換器** (2 × 2 switch)。它與縱橫交換器類似，但是

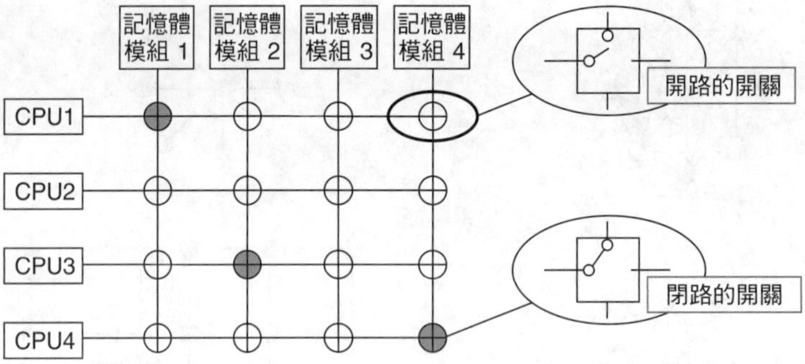

圖 9.5 縱橫網路

可以將它的兩個輸入繞送到不同的輸出，而縱橫交換器只能選擇打開或接上它的唯一通訊通道。2 × 2 互換交換器具有兩個輸入與兩個輸出。在任何時候 2 × 2 交換器可以處於下列四種狀態之一：**直接通過** (through)、**交叉** (cross)、**由上方廣播** (upper broadcast) 與**由下方廣播** (lower broadcast)，如圖 9.6 所示。在直接通過的狀態中，上方的輸入被導向上方的輸出且下方的輸入被導向下方的輸出。更簡單地說，輸入直接穿過交換器。在交叉的狀態中，上方的輸入被導向下方的輸出而下方的輸入被導向上方的輸出。在由上方廣播的狀態中，上方的輸入對上方以及下方的輸出作廣播。在由下方廣播的狀態中，下方的輸入對上方以及下方的輸出作廣播。直接通過與交叉是與互聯網路有關的兩種狀態。

網路中最先進的一種，**多階互聯網路** (multistage interconnection networks)，由 2 × 2 交換器構成。其概念是採用好幾階的交換器，一般將處理器置於一側以及記憶體位於另一側，並以一序列的交換元件作為網路的內部節點。這些交換器動態地切換各自的狀態來形成從任何處理器到達任何記憶體的路徑。一條通訊通道中包含的交換器數以及階數就代表路徑的長度。交換器判斷將訊息從特定來源送到所需目的地的要求下其需要進入的狀態時可能會造成些許時間消

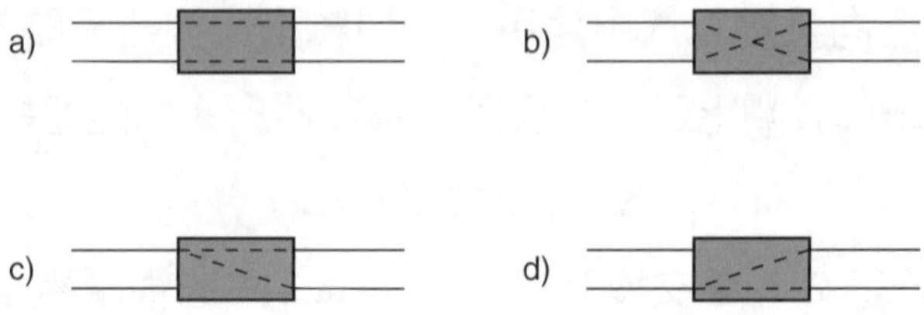

圖 9.6 2 × 2 交換器的狀態。a) 直接通過；b) 交叉；c) 由上方廣播；d) 由下方廣播

耗。這類多階互聯網路因為交換器間聯結的樣式而通常稱為**洗牌網路** (shuffle networks)。

對多階交換網路拓樸的提議已有許多種。這些網路可以用來在鬆散耦合的分散式系統中聯結各處理器，或者在緊密耦合系統中控制處理器至記憶體間的通訊。交換器在任何時間必須處於一種狀態中，因此顯然地阻斷將會發生。例如，思考這些網路中的一個簡單拓樸：圖 9.7 中所示的**歐米茄網路** (Omega network)。可能的情形是如果交換器 1A 與交換器 2A 都設定成直接通過，表示 CPU 00 要與記憶體模組 00 通訊；因此在同一時間 CPU10 不可能與記憶體模組 01 通訊：如果二者要通訊的話，則交換器 1A 與交換器 2A 將需要被設定成交叉的狀態。因此這個歐米茄網路是阻斷式的網路。如果要建構非阻斷式的多階網路，則需要加入更多的交換器與更多的階層。一般而言，n 個節點的歐米茄網路需要有 $\log_2 n$ 個階層，每階中有 $n/2$ 個交換器。

請注意：設定交換器狀態這件事並不像看起來那麼困難。在訊息要行經網路中時，可以利用目的節點位置的二進形式表示式來設定各個交換器的狀態。如果在每階中檢視一個目的節點位址的對應位元，則交換器就可以根據這個位元的值來設定狀態：若位元為 0，則交換器的輸入繞接至上方的輸出；若位元為 1，則輸入繞接至下方的輸出。例如假設 CPU00 欲與記憶體模組 01 通訊。可利用目的地節點位置的第一個位元 (0) 來設定交換器 1A 為直接通過（如此會將輸入繞接至上方的輸出），並利用第二個位元 (1) 來設定交換器 2A 為交叉

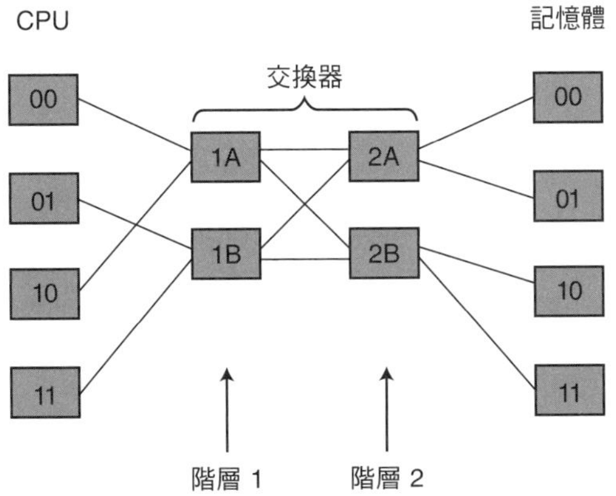

圖 9.7 兩個階層的歐米茄網路

（如此會將輸入繞接至下方的輸出）。若 CPU11 欲與記憶體模組 00 通訊，則會設定交換器 1B 為交叉且交換器 2A 為交叉（因為兩個交換器的輸入都必須繞接至上方的輸出）（按：注意這裡的重點在於輸出應該在交換器上方的輸出或是下方的輸出出現；如果假設輸出應該在交換器上方的輸出出現的話，則若輸入來自於上方輸入時，交換器應被設為直接通過狀態，而若輸入來自於下方輸入時，交換器應被設為交叉）。

另外一個決定交換器狀態設定的看法是：比較來源節點與目的節點位置的二元表示形式對應的位元值。若該二位元相等，則交換器應設定為直接通過；若該二位元不同，則交換器應設定為交叉。例如假設 CPU00 欲與記憶體模組 01 通訊。比較二者位置的第一個位元（0 與 0），並據以設定交換器 1A 為直接通過；再比較第二個位元（0 與 1），並設定交換器 2A 為交叉。

每一種多處理器的互聯方法都有其優勢與劣勢。例如基於匯流排的網路在處理器的數量不多時最為簡單與有效率；不過如果許多處理器都同時發出記憶體存取需求，則匯流排將會成為瓶頸。我們以表 9.2 對匯流排、縱橫網路與多階互聯網路作比較。

9.4.4 共用記憶體多處理器

我們曾經提到多處理器可以根據記憶體如何組織來作分類。緊密耦合的系統使用一份記憶體，因此也稱作**共用記憶體（多）處理器** (shared memory processors；按：一般稱為 shared memory multiprocessors, SMM)。這並不表示所有處理器必須共用一個大記憶體；每個處理器還是可以有本地的記憶體，但是這份記憶體必須與其他處理器共用。另外也可能是系統具有單一的全域記

表 9.2 各種互聯網路的一些特性

特性	匯流排	縱橫網路	多階互聯
速度	低	高	中
成本	低	高	中
可靠性低	高	高	高
可組態性	高	低	中
複雜性	低	高	中

憶體，另外各處理器分別使用其本地的快取記憶體。這三種作法表示於圖 9.8 中。

共用記憶體多處理器的觀念始於 1970 年代。第一個 SMM 機是在 Carnegie-Mellon University 以縱橫網路連接 16 個處理器與 16 個記憶體模組構成的。早期 SMM 機器中最受讚許的是具有 16 個 PDP-11 處理器與 16 個記憶體排 (bank) 並以樹狀網路聯結的 cm* 系統：全域共用記憶體均分配置於處理器旁。處理器存取記憶體時會先檢視其本地記憶體；若位址不存在本地記憶體中，則被送

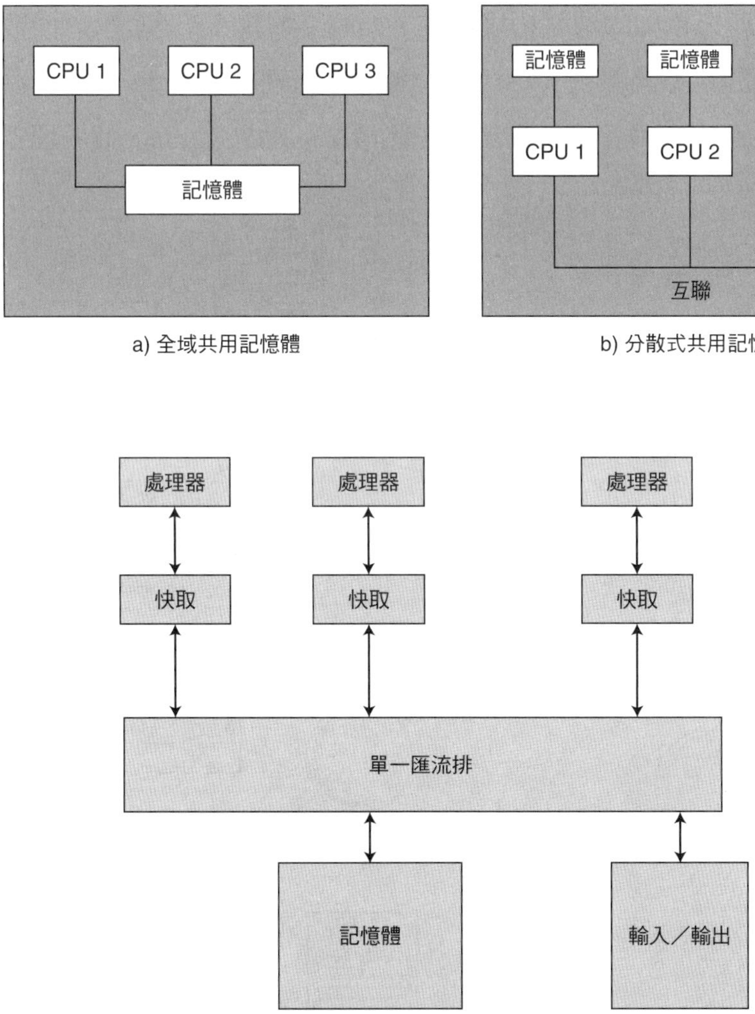

a) 全域共用記憶體

b) 分散式共用記憶體

c) 全域共用記憶體以及處理器上個別的快取

圖 9.8 各種共用記憶體的結構

往一個控制器中。控制器會嘗試找出包含該位址的處理器所形成的子樹的根節點。如果這樣還是不能定位出該位址所在的子樹，則存取請求將被送往樹中的上一層繼續尋找，直到找到位置或是系統中已無法找到該位址為止。

市面上有一些商用的 SMMs，但是它們並非那麼被廣泛採用。最早商用化的 SMM 計算機之一是 BBN (Bolt, Beranek, and Newman) 的 Butterfly，其使用 256 個 Motorola 的 68000 處理器。(Kendall Square Research 的) KSR-1 最近已經推出且應該很適合計算科學的應用。每個 KSR-1 處理器含有一個快取，然而系統中並無主記憶體；數據經由每個處理器中維護著的快取目錄來存取。KSR-1 中的各個處理單元以單向的環狀拓樸聯結，如圖 9.9 所示。所有訊息與數據在環中僅能依一個固定方向傳遞。每個第一階的環可連接 8 至 32 個處理器；第二階的環可連接多至 34 個第一階的環，因此最多可以包含 1,088 個處理器。若

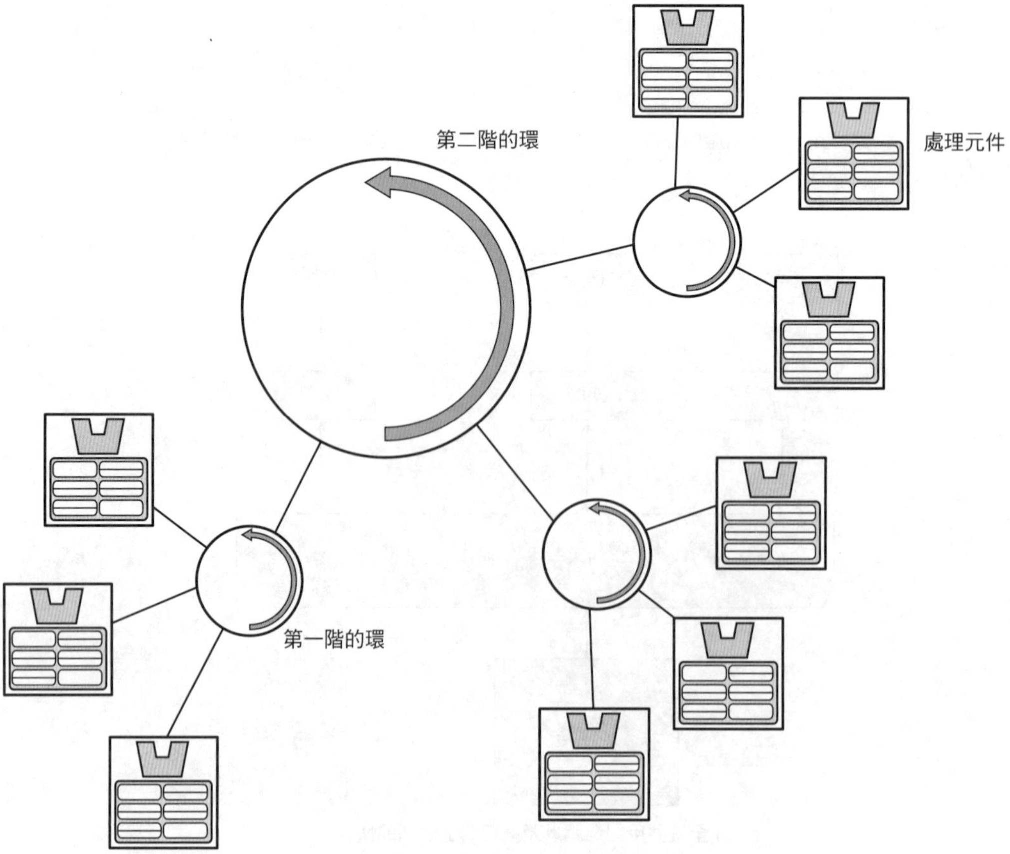

圖 9.9 KSR-1 的階層式環狀拓樸

處理器要存取位置 x，則含有位置 x 的處理器快取會將被存取到的快取區塊置於環上。該（包含所需數據的）快取項次在環上移動直至抵達發出請求的處理器。屬於此類的分散式共用記憶體系統稱為**共用虛擬記憶體系統** (shared virtual memory system)。

共用記憶體 MIMD 機器可依它們如何同步記憶體相關的運作而區分為兩類。**一致的記憶體存取** (uniform memory access, UMA) 系統中的所有記憶體存取需要的時間都相同。UMA 機器中有一個共用記憶體集中存放的地方，並經由匯流排或交換網路連接至一群處理器。所有處理器依據互聯網路協定可以公平地存取記憶體。處理器到達一定數量時，UMA 機器中的交換式互聯網路（需要用到 $2n$ 個聯結點）很快就會變得很貴。匯流排式的 UMA 系統在匯流排的頻寬變得不足以應付系統中這種數量的處理器時就會呈現飽和。在處理器數量很大時多階網路也會受到接線太多的限制而且延遲嚴重。因此 UMA 機器的規模受限於互聯網路的性質。對稱式多處理器就是一種有名的 UMA 架構。UMA 機器的一些實例有 Sun 的 Ultra Enterprise、IBM 的 iSeries 與 pSeries 伺服器、Hewlett-Packard 900 與 DEC 的 AlphaServer。

非一致的記憶體存取 (nonuniform memory access, NUMA) 機器以給予每個處理器其私有的一塊記憶體來迴避 UMA 先天的問題。這種機器將整個記憶體空間分配在所有處理器中，而且所有處理器也都可將記憶體視為連續且完整的一塊。雖然 NUMA 的記憶體是一個完整的可定址空間，使用者對它的分處各地的本質卻並非完全感覺不到。遠近不同的記憶體也會耗費不同的時間來存取，因此機器中位址空間不同部位的記憶體存取時間均不一致。NUMA 架構的實例有 Sequent 的 NUMA-Q 與 Silicon Graphics 的 Origin2000。

NUMA 機器容易造成**快取一致性** (cache coherence) 問題。為了降低記憶體存取時間，每個 NUMA 處理器會使用私有快取。不過如果處理器更改了在其本地私有快取中的數據，其他地方的同一份數據就變成不對了。例如，假設處理器 A 與處理器 B 兩者在其快取記憶體中都有數據元素 x 的複本。設 x 的值為 10。若處理器 A 將 x 設為 20，則處理器 B 的快取（其中 x 的值仍為 10）所持有的是過去的或**舊的** (stale) x 值。像這樣的數據不一致性是不能容許的，所以一定要有機制來確保快取的一致性。可以用稱為**窺探式快取控制器** (snoopy cache controllers) 的特別設計的硬體單元來監控系統中所有快取，使它們執行系統中的快取一致性協定。採用窺探式快取以維持快取一致性的 NUMA 機器稱為具有**快取一致的 NUMA** (cache coherent NUMA, CC-NUMA) 架構。

確保快取一致最簡單的方法就是要求含有舊值的快取將 x 從它的快取刪除或更新 x 的值。如果每當 x 的值改變就立刻這麼做，則稱該系統採用**寫透** (write-through) 的快取更新協定。如果採用**寫透且更新** (write-through with update) 協定，則會以訊息的方式將 x 的新值廣播至所有其他快取控制器以便它們更新各自的快取。如果採用**寫透且取消** (write-through with invalidation) 協定，則廣播的訊息中會要求所有快取控制器將 x（的舊值）從它們的快取中移除。寫入並取消 (write-invalidate) 的方式只在同一個處理器連續對 x 寫入的第一次需要使用網路，因而減輕了網路的負擔。寫入並更新 (write-update) 的方式讓所有快取都可擁有最新的值，如此可以不耽擱程式處理；但是這會增加通訊量。

維持快取一致的第二個方法是使用在更新數據時只改動該快取中數據的**寫回** (write-back) 協定。主記憶體除非在更新過的快取區塊要被置換且因而必須寫回記憶體中時，才作更新。採用這個協定則數據的值會如常地讀取；但是要寫入新值時，執行寫入的處理器（按：應該說是快取）必須取得該數據的唯一擁有權。快取以請求對該數據的擁有權來達成這個目的。當給予該快取擁有權之後，其他處理器中的任何副本都必須被取消。如果有其他處理器要讀取這個數據，則它們必須向擁有該數據的處理器請求取得新值；然後具有擁有權的處理器可以放棄所有權，並將數據的新值送往主記憶體。

9.4.5 分散式計算

分散式計算是多重處理的另外一種形式。雖然它逐漸成為計算能力的一個重要來源，但是不同的人對它還是有不同的看法。某方面而言，所有多處理器系統也是分散式系統，因為處理的負載是分散在這一群共同工作以解決問題的處理器上。不過當大多數人使用**分散式系統** (distributed system) 這個名詞的時候，他們指的是一個非常鬆散地耦合的多計算機系統。回想多處理器可以經由區域匯流排聯結在一起（如圖 9.8c 所示），或是經由網路聯結在一起，如圖 9.10 所示。鬆散耦合的分散式計算機需依賴網路來作處理器間的通訊。

這個想法可以用一個近來使用個別微計算機以及 NOWs 來組成分散式計算系統的實作來說明。這類系統可以將閒置的 PC 處理器用於處理大型問題中的一個小部分。一個最近的密碼方面的問題就是經由數千台個人計算機這樣的資源、每一台對一小組可能的訊息鑰匙進行暴力式的密碼分析而解決的。

網格計算 (grid computing) 是分散式計算中一個很好的例子。網格計算使用許多以網路（通常是網際網路）相聯的計算機來處理對任何單一台超級計算機都顯得太大的計算問題。網格計算機利用的是散處各處且分屬不同管理範疇的各種類型，但又並非正在使用中的資源（一般指的或者是 CPU 週期數或者是磁碟儲存空間）。本質上網格計算就是以虛擬的方式運用可取得的計算資源，網格計算與稍早討論過的叢集計算的主要差異在於：網格的資源並不需要全部處於同一個管理範疇內，這也表示網格必須支援跨越不同擁有者與控制者的領域來從事計算。真正重要的是建立並且確保恰當的授權技術，來允許遠端使用者從他們所處的領域取得並運用計算的各項資源。

公共資源計算 (public-resource computing)，也稱為**全域運算** (global computing)，是網格計算中一個由志願者，許多還是不具名並能提供計算能

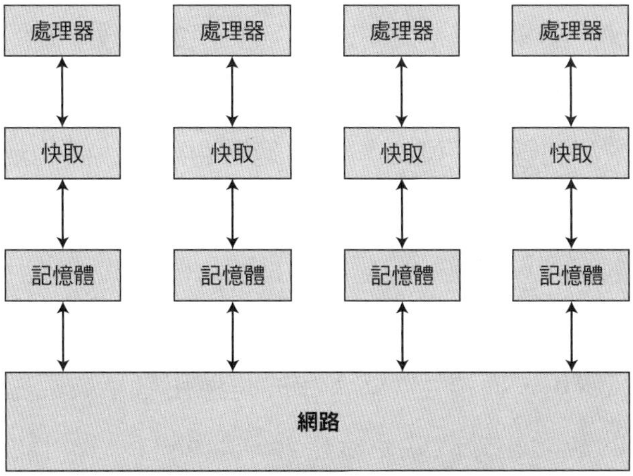

圖 9.10 以網路聯結的多處理器

量的特例。這個方法嘗試從數百萬個個人電腦、工作站與伺服器中努力運用閒置的計算機時間，以求解各種難以掌握的問題。University of California at Berkeley 設計了開放源碼來讓科學社群裡的人，方便使用來自全世界捐贈的處理器與磁碟能力的資源。**Berkeley Open Infrastructure for Network Computing (BOINC)** 就是由 Berkeley 有名的 SETI@Home 計畫中發展出來的。SETI@Home（代表的是 Search for Extra Terrestrial Intelligence at Home）計畫要分析由無線電望遠鏡蒐集到的數據來嘗試辨認出可能表示有智能的通訊訊息的模式。為了有助於這個計畫，個人電腦使用者在家中裝設了 SETI 的螢幕保護模式；這個螢幕保護模式也是計畫中能夠在處理器應該閒置時轉而用於分析訊號數據的一部分。在 PC 閒置時，SETI 螢幕保護模式（利用磁碟空間）由 SETI 伺服器中下載數據，同時（利用 CPU 週期）分析數據以判斷其中的模式，回報結果給伺服器，並且要求更多數據。如果在這過程中 PC 又要被喚醒了，則螢幕保護模式中止，並且在下次 PC 閒置的時候繼續這項工作。如此則這項處理工作不會與使用者的應用發生牴觸。這個計畫非常成功，在六年的執行期間累積了兩百萬年的 CPU 時間與 50TB 的數據。2005 年 12 月 15 日 SETI@Home 計畫結束，現在 SETI 這個倡議已完全在 BOINC 贊助之下運作。除了繼續 SETI 的工作以外，BOINC 還進行包括氣候預測與生醫研究等的其他計畫。

其他全域與網格計畫的努力致力於其他工作項目，包括蛋白質折疊、癌症研究、天氣模型、分子構模、金融構模、地震模擬與數學問題等。這些計畫大多以螢幕保護模式來利用閒置的處理器時間，分析那些原本可能需要極端昂貴的計算能力才能求解的數據。例如，SETI 有數百萬個小時的無線電望遠鏡數據需要分析，以及癌症研究的蛋白質癌症治療方法牽涉數百萬種化合物的組合方式。如果不採用網格計算，這類問題即使是使用最快的超級計算機也會需要許多年才能求解。

對一般的計算應用，通透性（按：指的是使用者不會感覺到任何特殊性存在的這種性質）的觀念在分散式系統中非常重要。只要可能的話，處理器分散在網路上的這個本質就應盡量隱藏起來。使用遠方的系統資源也應該不比使用本地的資源更為麻煩。這個通透性的意義在融合於環境中的、易於使用的、完全聯結的、往往是可移動的與常常是不可見的**無所不在計算** (ubiquitous computing；或稱**滲透式計算** pervasive computing) 系統中最為明顯。咸認是無所不在計算之父的 Mark Weiser 曾經有過關於這個主題的一段話：

> 無所不在計算開創了計算領域的第三波浪潮，它現在正在開展。第一波是大型主機，每一台都由許多人共用。我們現在正處於個人計算時代，人與機器正隔著書桌不安地對望著。即將來到的是無所不在計算或者是沈默技術的時代，這個時候科技會後退到我們生活的背景中。

Weiser 預見了每一個人隨時都會與數百台計算機互動，而他並不會看得見這些計算機，計算機之間也以無線的方式彼此通訊。對網際網路的聯結則也許是透過你的電話或者是家用電器，而不是你的桌上型計算機來進行，也不需要主動地聯結上網際網路——設備會自動地完成這件事。Weiser 以類似於伺服馬達的設備來比喻計算機：不久之前這種馬達非常龐大並且需要專門的關注；然而這些設備現在已經這麼的小型與常見，以致於我們基本上已經忽視了它們的存在。無所不在的計算的目標就是這樣——以它們可以不被感知的方式嵌入許多小型、高度特化的計算機在我們的環境中。無所不在計算的例子有可穿戴裝置、智慧教室與能夠感知環境的住家與辦公室。無所不在的計算屬於分散式的計算，雖然它和之前討論過的分散式系統有相當的差異。

分散式計算需要有大型分散式計算基礎架構的支援。**遠端程序呼叫** (remote procedure calls, RPCs) 將分散式計算的觀念延伸來提供資源共用時必要的通透性。經由使用 RPCs，計算機可呼叫一個程序來使用另一台計算機上可用的資源。程序本身處於遠方的機器上，但是呼叫的方式是猶如其處於呼叫的系統中般來進行的。RPCs 被 Microsoft 的 Distributed Component Object Model (DCOM)、Open Group 的 Distributed Computing Environment (DCE)、Common Object Request Broker Architecture (CORBA) 與 Java 的 Remote Method Invocation (RMI) 採用。現在的軟體設計師偏向於以物件導向的觀點來看分散式計算，促成了 DCOM、CORBA、RMI 和現在的 SOAP 的流行。SOAP（起初是一個代表 Simple Object Access Protocol 的縮寫，但是在這個協定的新近幾個版本中已不使用它）使用 XML (extensible markup language) 來將要送往遠方程序或收到由遠方程序傳來的數據包夾於其中。雖然任何傳送的模式都可用於 SOAP 呼叫中，過去最常使用的是 HTTP。

一個新近出現的分散式計算的變形是雲計算，已於第一章中提及。雲計算指的是計算的服務是由一群鬆散的系統，經由網際網路這種「雲」聯結起來，以提供給消費者。計算服務的消費者、客戶，理論上不會知道或在意何時是由哪一個硬體來提供服務。因此，客戶僅在意雲計算為其提供的服務。在特定的雲中，其實是在某處的伺服器農場中，第一個有空的系統就會來處理需要被處理的請求。恰當規劃的雲對所有相關系統提供冗餘與可縮放性，因而有好的故障換手與回應時間。

雲計算因為只依所提供的服務，而非當應用來時執行於其上的明確硬體架構來定義自己，因而與傳統的分散式計算不同。雲會將服務提供者與服務接受者區隔開來，因此它提供了將一般商業服務例如會計、薪給外包的便利模式。採用這種服務的企業，所持的理由是如此則其不須為了這些在雲中處理的應用購買與維護自有的伺服器；其僅需就所使用的服務付費。不願使用外包式雲計算的公司則表示其對安全與隱私的顧慮，這些問題在網際網路成為公司中計算基礎架構策略的一部分時一定會更加浮現。

9.5 其他可能平行處理方法

有些書全部都專注於討論某種特定的不同且進階的架構。雖然我們不能在短短一節內討論所有方法，在此我們介紹幾種值得注意且不同於傳統馮紐曼架構的方法。這些系統採用了計算機與計算的新思維。介紹的方法有數據流計算、神經網路與心跳陣列。

9.5.1 數據流計算

馮紐曼機器表現出循序的控制流（按：控制流指的是執行處理的流程控制），由一個程式計數器來指向下一道要執行的指令。數據與指令是隔離開的；數據可以改變執行次序的唯一方法是：根據會參考該數據值的指令的執行結果來改變程式計數器的值。

在**數據流** (dataflow) 計算中，程式的控制直接與數據聯結。方法很簡單：指令在所需數據備妥後即執行。因此，指令的先後排列與它們真正執行的次序並無關聯。執行的次序完全視數據相關性而定。這類系統中並無所謂共用數據儲存體的觀念，也不必使用程式計數器來控制執行過程；數據不斷地流動並可同時供多道指令使用；每道指令可視為一個程序；指令不會去參考記憶體，而是等待其他相關指令的執行結果；數據則是在指令間傳遞。

我們可經由檢視**數據流圖** (dataflow graph) 以瞭解數據流計算機執行的過程。在數據流圖中節點代表指令，弧線則表示指令間的數據相依關係。數據以**數據符號** (data token) 的形式在圖中流動。當一道指令已經有了所有需要的數據符號，則該**節點觸發** (fires)。當節點觸發時，其使用數據符號與執行所需運作，並將產出的數據符號置於輸出弧線上。這個觀念表示於圖 9.11 中。

圖 9.11 中的數據流圖是**靜態** (static) 數據流架構的一例，圖中符號以階段式的管道化方式流動。在**動態** (dynamic) 數據流架構中，符號則是標示以內容的資訊並儲存於記憶體中。在每個時脈週期中，搜尋記憶體以找出一組在節點觸

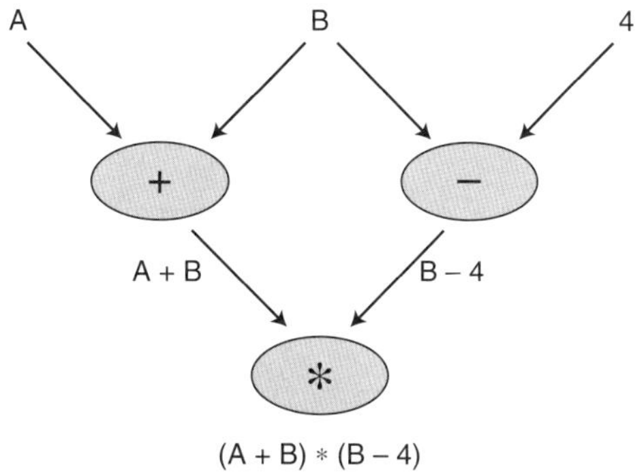

圖 9.11 計算 $N = (A + B) * (B - 4)$ 的數據流圖

發時所需要的符號。節點只有在它們找到完整一組內容符合的輸入符號時才會觸發。

數據流機器的程式一定要以特別為這類架構設計的語言來撰寫；它們包括 VAL、Id、SISAL 與 LUCID。編譯數據流程式會產生一個與圖 9.11 所示者類似的數據流圖。程式執行時，所有符號即沿著弧線向前流動。

思考下列計算 *N*! 的程式碼：

```
(initial j <- n; k <- 1
 while j > 1 do
   new k <- k * j;
   new j <- j - 1;
return k)
```

對應的數據流圖示於圖 9.12 中。兩個數值 N 與 1 輸入至圖中。*N* 成為符號 *j*。當 *j* 與 1 作比較，若其大於 1，則可通行並且值複製為兩份，其中一份值送往「−1」節點而另一份值送往乘法節點。若 *j* 不大於 1，則值 *k* 通過成為程式的輸出。乘法節點只在新的 *j* 符號與新的 *k* 符號備妥時才能觸發。*N* 與 1 所餵入的指向右方的三角形是**合併** (merge) 節點，並於任一輸入備妥時觸發。一旦 *N* 與 1 輸入圖中，它們立即被「用掉」且新的 *j* 與新的 *k* 值都可以導致合併節點的觸發。

University of Utah 的 Al Davis 在 1977 年建造了第一台數據流機器。第一台多處理器數據流系統（內含 32 個處理器）是 1979 年在法國的 CERT-ONERA

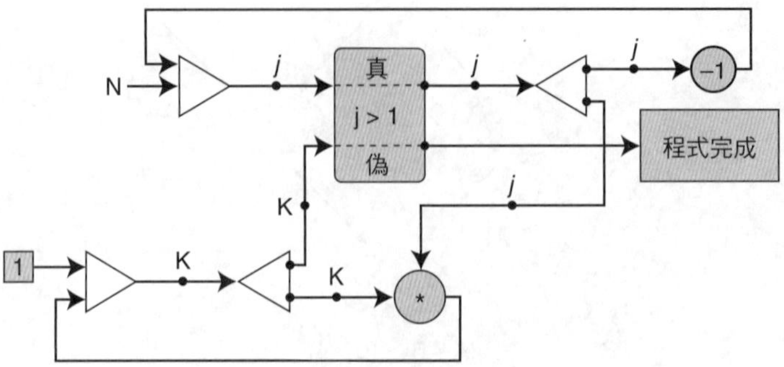

圖 9.12 對應計算 *N*! 程式的數據流圖

發展出來的。University of Manchester 於 1981 年做出第一台標示符號的數據流計算機。可供商用的 **Manchester tagged dataflow model** 是使用動態標示的強有力的數據流計算典範。這種特定的架構被稱為有標示的，因為數據值（符號）都被標以唯一的辨識碼來識別目前的反覆處理層數。因為程式可以是可**重新進入的** (reentrant)、意思是同樣的碼可用於不同的數據，因此標籤是必須的：透過比較標籤，系統可以知道哪一筆數據應該用於哪一次的反覆處理中；而對一道指令而言，標籤相符的符號才可以將之觸發。

迴圈可作為說明為何要附加標籤這個觀念的好例子。如果將迴圈的每一次反覆都以另一個子圖來執行的話，將可得到更高的同時性；而這個子圖也不過就是原圖的翻版。不過如果迴圈中有很多次反覆的話，就會產生太多個子圖。與其複製這個圖，不如在圖的不同反覆中共用節點應該會更有效率。每次反覆中的符號都應該可以區別，作法就是指派給它們各自不同的標籤；每個符號的標籤就表示它屬於哪一次的反覆。這樣一來，譬如說應該給第三次反覆使用的符號，就不會造成第四次反覆中的節點觸發了。

數據流機器的架構中包含許多必須彼此通訊的處理單元。每一個處理單元有一個可循序接受符號，並將之儲存於記憶體的**致能單元** (enabling unit)。如果現在這個符號相關的節點觸發了，節點的各輸入符號將從記憶體中取出並結合該節點形成一個可執行的封包；之後處理單元中的**功能單元** (functional unit) 計算出任何需要的輸出值，並加上它們的目的地位址以形成其他符號。這些符號又被送回致能單元，然後可能再觸發其他節點。在標示符號的機器中，致能單元分成兩個部分：**匹配單元** (matching unit) 與**擷取單元** (fetching unit)。匹配單元儲存符號於其記憶體中，並判斷某目的節點的某一次執行是否已經可以被致能。在使用標籤的架構中，目的節點的位址與標籤必須相符；當節點所需的符號均已符合時，它們即被送往可以將這些符號與節點的功能結合成一個封包的擷取單元，這個封包之後會送至功能單元執行。

在數據流系統中因為數據驅動運算，數據流多處理器中並不會發生控制驅動型多處理器中困擾設計師的爭搶資源與快取一致性問題。值得注意的是，名字用於傳統計算機架構中稱呼 von Neumann 瓶頸的 von Neumann 本人也曾研究本質上與數據流機器一樣的數據驅動架構的可行性。特別是他也研究過神經網路——本質上也是數據驅動並將於下一節中討論——的可行性。

9.5.2 神經網路

傳統架構對於快速算術運算與執行上具明確性的程式均相當適合。不過它們對於大量平行的應用、容錯或對變動環境的調適力仍有不足。而神經網路在無法以明確演算法掌握，或是處理方式需視過去累積的行為而定的動態環境中將更適合。

von Neumann 計算機是基於處理器／記憶體的構造，而**神經網路** (neural networks) 根據的則是人腦的平行架構。它們嘗試作出簡化的生物神經網路形態。神經網路呈現多處理器計算的另外一種形式，採用高度的聯結與簡單的處理元件。它們可以處理不精確的與機率性的資訊，並有可以調適處理元件間互動模式的機制。神經網路，如同生物體的網路，可以從經驗中學習。

神經網路計算機中有大量簡單處理元件，其中每一個都只處理大型問題中的一小部分。簡單地說，神經網路包含多個**處理元件** (processing elements, PEs)，能夠對輸入乘以不同的各組權重，以產生一個輸出值。實際牽涉的計算極度簡單；神經網路真正的威力來自於互相聯結的處理單元的平行處理，以及該組權重的可調適性本質。設計神經網路的困難點在於如何連接各神經元，每條聯結上的權重值應該是多少，以及各權重應該採用什麼臨界值。此外，神經網路在學習的過程中可能會犯錯；發生錯誤時，各權重值與臨界值一定要作改變以補償錯誤。網路的**學習演算法** (learning algorithm)，就是一套主導這些改變應該如何進行的規則。

神經網路還有許多不同名稱，包括**聯結系統** (connectionist systems)、**調適系統** (adaptive systems) 與**平行分散式處理系統** (parallel distributed processing systems)。這些系統在存在許多前例可供神經網路由過往經驗中學習的大型資料庫可資參考的情況下顯得特別有威力。它們已經成功地應用於許多真實世界的應用中，包括品質控制、氣象預報、金融與經濟預測、語音與影像辨識、石油與天然氣開採、健康照護成本縮減、破產預測、機器診斷、安全交易與市場定位。特別注意這些神經網路每一個都是特別設計來從事某項工作，因此我們不應預期設計來作天氣預測的神經網路可以在經濟預測上有好的表現。

神經網路中最簡單的例子是稱為**感知元** (perceptron) 的單一可訓練的神經元。感知元根據其數個輸入的值產出布林輸出。感知元的臨界值與各輸入的權重值均可調整，故稱可訓練。圖 9.13 表示具布林或實數的輸入 x_1、x_2、⋯、x_n 的感知元。Z 為其布林輸出。w_i 表示各聯線上的權重，其值為實數。T 是實數形態的臨界值。本例中，輸出 Z 在淨輸入 $w_1x_1 + w_2x_2 + \cdots + w_nx_n$ 大於臨界值 T 時為真 (1)，否則為偽 (0)。

感知元根據所受訓練對輸入產生輸出。如果訓練得正確，則其應可接受任何可能的輸入並產生合理的正確輸出。感知元應可對前所未見的輸入決定恰當的輸出。而輸出所謂的「合理」則有賴感知元受訓的品質。

感知元使用受監督或不受監督的學習演算法受訓。**受監督的學習** (supervised learning) 假設已有之前正確結果的知識，並且是在神經網路受訓期間納入參考：學習期間，神經網路會被告以最後結果是否正確；若不正確，則網路調整輸入的權重以產出所欲結果。**不受監督的學習** (unsupervised learning) 在受訓期間不提供網路正確的輸出作參考；網路僅能依據輸入作調適，學習如何看出各組輸入中的樣態與構造。我們在以下例子中假設採用的是受監督的學習。

訓練神經網路最好的方法是去編輯出範圍寬廣，而且能表達你所在意的特性的各種範例。神經網路至多只能表現得和訓練數據一樣好，所以一定要極度小心、選擇出足夠數量的正確範例。例如，如果有一個小孩他唯一看過的鳥類

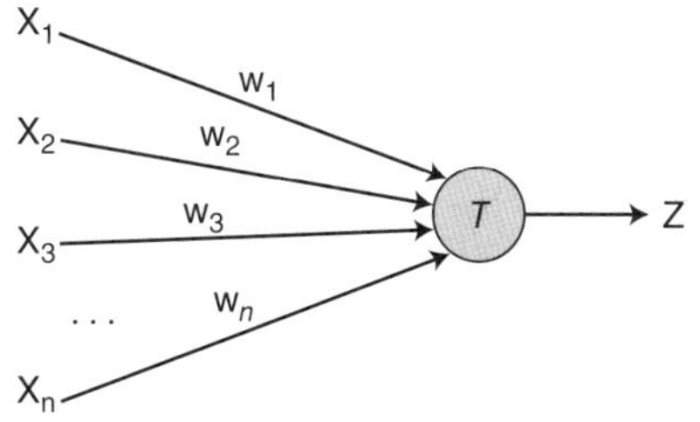

圖 9.13 感知元

是雞的話，你應該不會期望他能夠辨認所有的鳥類。訓練是以對感知元提供輸入然後檢查其輸出來進行。如果輸出不正確，則通知感知元改變其權重值與可能包括其臨界值，來避免未來犯同樣的錯誤。此外，如果我們讓小孩看一隻雞、一隻麻雀、一隻鴨子、一隻老鷹、一隻鵜鶘、一隻烏鴉，我們不應該期待小孩看過一次之後就能記住它們之間的相似處與相異點。同樣地，神經網路必須在看過同樣範例許多次之後，才能推論出輸入數據中你所在意的特性。

感知元可以很容易地訓練來辨識 AND 邏輯運算。假設有 n 個輸入，輸出只有在所有輸入都為 1 時才應該為 1。如果感知元的臨界值設為 n 且所有聯線的權重設為 1，則可得出正確的輸出。另一方面，如欲計算一組輸入的邏輯 OR，只要臨界值設為 1 即可；如此則若至少一個輸入為 1，輸出即為 1。

對 AND 與 OR 這兩個運算子，我們清楚知道臨界值與權重值應該是多少。但是在複雜的問題中這些值卻難以明確指出。不過舉例而言如果我們不知道 AND 應該使用的權重，則可以從 0.5 試起，接受各種感知元輸入，並在輸出不正確時修改權重。這就是神經網路訓練的方式。一般網路是以介於 -1 與 1 之間的隨機權重作初始化。恰當的訓練需要數千個步驟的過程。訓練的時間也與網路的規模有關；隨著感知元數量增加，可能「狀態」的數目也會增加。

思考一個更複雜的例子：判斷是不是有坦克車藏在照片中。神經網路可以配置成使得每個輸出值都與一個像素相關。如果像素是坦克影像的一部分，網路應該輸出一個 1；否則網路應該輸出 0。輸入的資訊非常可能包含像素的顏色。網路應該被餵以許多包含或者沒有包含坦克的圖片來訓練。訓練應該持續到網路能夠正確判斷圖片中是否包含坦克。

美國軍方進行了一個恰如我們所敘述的研究計畫。他們照了一百張坦克藏在大樹後與樹叢中的照片，以及另外一百張沒有坦克的一般風景照。先把其中的 50 張照片「藏起來」，另外的 50 張則用來訓練神經網路。一開始輸入訓練照片前神經網路被賦予隨機的權重。如果網路的判斷不正確，則它會調整它的輸入權重直到得到正確輸出為止。在訓練結束後，各組 50 張「藏起來」的照片就可以拿來測試網路。神經網路正確地辨識出每一張照片中坦克車是否存在。

此時真正的問題與訓練有關——神經網路真的學會辨識坦克了嗎？五角大

廈這個自然會產生的懷疑啟動了更多的測試：更多的相關照片被輸入網路中，但是讓研究人員失望難堪的是結果相當分歧。神經網路並不能正確辨認照片中的坦克。在相當的調查之後，研究人員判斷在當初的一組 200 張照片中，所有有坦克的照片都是在陰天照的，而所有沒有坦克的照片都是在晴天照的。神經網路恰當地區分了這兩組照片，但是根據的是天空的顏色而不是是否有隱藏的坦克。政府現在成為非常昂貴的能夠正確分辨晴朗或者陰暗天氣的神經網路的驕傲擁有者！

這是一個代表許多人對神經網路最大顧慮的好例子。如果有多於 10 到 20 個神經元，則人類已經不可能瞭解這個網路如何推導出它的結果。我們無法知道這個網路是根據正確資訊，或是如上述例子中完全不相關的資訊來作判斷。神經網路在從過於複雜以致於人類不能分析的數據中，推導出意義與擷取樣態方面有顯著的能力；不過有些人相信神經網路，只可以在它們被訓練的領域中具備專長。神經網路已被使用在譬如銷售預測、風險管理、顧客研究、海底礦藏探測、臉部辨識與數據驗證。雖然神經網路很有前景，而且過去數十年來的進步已經造成相當資金投入神經網路研究，許多人仍然對這種人類無法完全瞭解的東西存有疑慮。

9.5.3 心跳陣列

心跳陣列 (systolic array) 計算機，因為類似於血液如何有節奏地流經生物體的心臟而取名。它們是處理單元組成的、有韻律地將數據在系統中，循環流動來進行計算的網路。心跳陣列是 SIMD 計算機中採用具有向量管道，來提高數據流量的簡單處理器形成的大型陣列的變化形式，如圖 9.14b 所示。自從它們於 1970 年代被提出以來，在特殊用途計算上具有重要的影響。其中 CMU 的 iWarp 處理器是有名的心跳陣列，Intel 並曾於 1990 年製作過它。該系統包含一個線性的以雙向數據匯流排聯結的處理器陣列。

雖然圖 9.14b 中表示的是一維的心跳陣列，二維的這種陣列也相當常見。三維的陣列也隨著 VLSI 技術進展而逐漸普遍。

心跳陣列（經由管道化來）採取高度平行處理，能夠維持非常高的處理

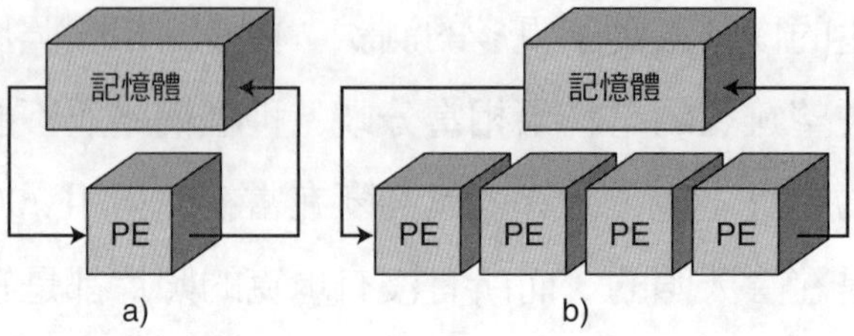

圖 9.14 a) 簡單的處理元件 (PE)；b) 心跳陣列處理器

量。處理單元間的聯線一般很短，而且設計簡單因此具高度規模調適性。其特性是強健、非常緊緻、有效率且製造成本低廉。缺點在於它們是高度特殊化的，因此對於能處理的問題類型與大小彈性不大。

心跳陣列應用的一個好例子是多項式的計算。要計算多項式 $y = a_0 + a_1x + a_2x_2 + \cdots + a_kx_k$，我們可以使用 Horner 規則：

$$y = ((((a_nx + a_{n-1}) \times x + a_{n-2}) \times x + a_{n-3}) \times x \cdots a_1) \times x + a_0$$

一個將處理器安排成對的**線性心跳陣列** (linear systolic array) 可用於採用 Horner 規則來計算多項式，如圖 9.15 所示。一個處理器將它的輸入乘以 x，然後將結果傳向右方（的成對的另一個處理器）。如此繼續下去直到所有處理器都忙碌為止。在開始的 $2n$ 個週期的初始延遲過後，即可於每個週期中完成一個多項式的計算。

心跳陣列一般用於高度重複的工作，包括傅立葉轉換、影像處理、數據壓縮、最短路徑問題、排序、訊號處理與各種矩陣計算（如反轉與相乘）。簡言之，心跳陣列計算機適用於具有平行計算解法，且可以使用大量簡單處理單元的計算問題。

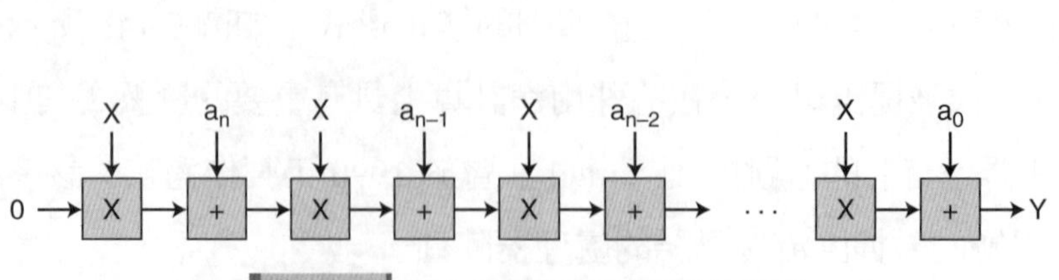

圖 9.15 以心跳陣列來計算多項式

9.6 量子計算

到目前為止所有介紹過的傳統計算機架構都有一個共同特徵：它們使用布林邏輯，處理各個狀態是開或關的位元。從基本的馮紐曼架構到最複雜的平行處理系統，所有機器都使用二元算術，而且也全都是以電晶體技術製作。不過預言單晶片上電晶體數目每 18 個月都將倍增的摩爾定律不可能永遠成立；物理定律顯示最終電晶體將會變得太小，以致於電子可以在它們之間流動而造成致命的短路。這表示我們需要嘗試不同的技術以尋求解決方法。

一個可能的出路是**光學**或**光的計算** (optical 或 photonic computing)。光學計算機使用雷射中的光子而非電子來進行計算機中的邏輯運算。光在光子線路中的速度可以接近光在真空中的速度，並且具有不發熱的額外優勢。而光線可以平行地行進也表示其具有速度與效能上額外的增益。即使真有可能，要在我們的桌子上看到光學計算機也許還要許多年——許多人認為光學計算只能用在特殊目的的一些應用上。

另外一個很有希望的技術是使用有生命的有機體，而非無機的矽元件作為組件的**生物計算** (biological computing)。相關的一個計畫是「leech-ulator」，一些美國的科學家在這個計畫中，建構了一個由水蛭的神經元做出來的計算機。另一例證是以 DNA 作為軟體，酵素作為硬體的 **DNA 計算** (DNA computing)。DNA 可以複製、編程來執行大量平行的工作，其中一項是旅行推銷員問題，運算時平行度只會受限於 DNA 中**股** (strands) 的數量。DNA 計算機（亦稱分子計算機，molecular computers）基本上就是一組特別選擇，且同時對所有可能解法作測試以找出答案的 DNA 股。科學家也正對某些可以把基因，以可控制的方式開啟或關上的細菌作測試：研究人員已成功編程了 *E. coli* 細菌來放出紅或綠（亦即 0 或 1）的螢光。

最近研發的相關科技中最受注目的也許就是**量子計算** (quantum computing) 了。相對於傳統計算機採用 on 或 off 的許多位元，量子計算機採用的是許多可以有多種狀態的**量子位元** (quantum bits, qubits)。回想物理學的磁場中電子可以有兩種可能狀態：自旋可以是順或逆磁場；觀測其旋轉時即可以查知。不過粒子可以處於包含這兩種狀態，而且兩種狀態可以同時存在的**重疊** (superposition) 中：三個量子位元可以同時作解讀成數字 0 至 7，因為每個量子位元是處於重疊的狀態中（要得到一個整體數值則必須對每一個量子位元作量測）。因此在三個量子位元的處理中可利用所有可同時存在的值進行計算，即同時作八種計算，並因而獲得**量子平行性** (quantum parallelism)。含有 600 個量子位元的系統其重疊數共有 2,600 種狀態，傳統架構上幾乎無法對這樣的數量作模擬。除了幾乎比它們以矽製作的相關機器快上十數億倍，量子計算機理論上還能不耗能量地運作。

重疊並無新意；它只不過是表示可以一起看待兩件事情的方式。在第三章中當我們介紹時脈訊號時，即曾將數個時脈重疊以形成具多個階的時脈。正弦波形也可以重疊來產生代表其各種成分組合成的波形。雙鏈結串列可經由對目前指標與其左方（或右方，視需求而定）的指標作互斥 OR 並產出代表下一個欲前往節點位址的重疊狀態來走訪。對時脈訊號、正弦波形與節點指標作重疊正是為什麼多個量子位元能夠在同一時間中保持多種狀態的作法。

D-Wave Computers 是世界上第一家製作販賣它所謂量子計算機的公司（有人認為那一個計算機還未達量子化的地步；參見 Jones 所著參考文獻來瞭解相關論點）。該公司的目標是延伸科學的極限，並建造可以用於探索最先進物理研究的計算機。利用量子力學，D-Wave 正在建構有效且有效率的計算機，希望得到超越一般電晶體相關科技能夠得到的計算加速。這種計算機使用的是 qubits（亦稱 **sqids**——superconducting quantum interference devices）而非處理器。在這些機器中，一個 qubit 基本上是一個金屬超導環，冷卻到幾乎是絕對零度，在其中量子化的電流可以以順時鐘與逆時鐘的方向同時流動。允許電流在不同方向繞著環流動，系統即可同時處於兩種狀態中。Qubits 與其他物體互動，從而選擇其最終狀態。

D-Wave 的第一台機器是售予 University of Southern California 用於其 Lockheed Martin Quantum Computation Center 中。這個實驗室的重點是研究量子計算機如何作用。USC 已經將該計算機用於基本的研究來確認譬如什麼會導致量子計算結果中的錯誤，或是計算機的架構如何影響程式師推演計算的方式，以及增加問題的規模會與機器處理這個問題的困難度有什麼關聯性等這類問題的答案。USC 的量子計算機原先包含 128 個 qubits；之後它已經被升級到 512 個 qubits。

在 2013 年 Google 買了一個 D-Wave 計算機置於它位於 NASA 的新實驗室 the Quantum Artificial Intelligence Lab 中。與 USC 實驗室中不同的是這間實驗室主要是執行機器學習演算法。該 D-Wave 量子計算機包含 512 個超導 qubits。編程該計算機時，使用者指派給它一件工作；接著該計算機利用演算法來將計算工作分派給各 qubits。能夠處於多種不同狀態中的能力使得 D-Wave 計算機在處理風險分析、車輛路線選擇與分派、交通號誌同步與火車班表等的組合最佳化問題方面非常有用。

這件事引發一個有趣的問題：哪些演算法可以在量子計算機上執行？答案是：任何可以在一般馮紐曼計算機（也就是在量子計算機社群中稱呼「傳統機器」時所用的架構名稱）上執行的都可以在量子計算機上執行；畢竟，任何物理學家都可以驗證這一點：傳統只是量子的部分集合。另一個常見的問題是有關於量子計算機到底比傳統計算機在運算能力上高出多少。雖然答案與要處理的問題特色有關，研究人員仍然無法提出完整答案，因為量子計算機的能耐遠超過實驗測試能涵蓋的範圍；這些計算機基本上對任何有意義的理論分析而言都「太量子化」了。不過我們確知量子計算機真正的能耐在於它們適合於執行**量子演算法** (quantum algorithms)。這些包括能開發量子平行度的各種演算法是不適於執行在傳統計算機上，但卻極適合用在量子計算機上的演算法。

這類演算法中的一個例子是在密碼學與編碼上很有用的尋找質數乘積的約分的 Shor's 演算法。貝爾實驗室 (Bell Labs) 的 Peter Shor 設計出能利用量子平行性來約分大質數——非常困難因此被採用為目前最常用的公共金鑰編碼方式 RSA 編碼中的基礎——的演算法。這對 RSA 是個不幸的消息，因為量子計算機可以在數秒之內破解這種編碼，使得目前所有根據這個方法的編碼軟體完全失效。要破解一種編碼的話，程式師只需叫量子計算機模擬出問題中的每一種可能狀態（也就是每一個密碼的所有可能鑰匙），就能找出正確結果而破解它。除了量子密碼的用途，量子計算機也可處理極端繁忙的通訊與強化錯誤修正與偵測等問題。

一個可能與日常生活更有關的量子計算應用是產出真正隨機數值的能力。傳統計算機只能產出類似隨機的數字，因為它們使用的演算法總會包含某種循環或重複。在量子計算機中，qubits 狀態的重疊會有一些機率的成分（亦即每種狀態都有一個代表它出現機率的數值係數）。在我們之前使用三個 qubits 的例子中，八個數字每一個都有相同的出現機率，可以用於真正隨機數值的產出。

這些計算機在一些像是我們提到過的困難問題的處理上能夠表現得很好的原因，是量子計算機程式師能夠使用傳統物理方法基本上無法做到的運作。在這些機器上面編程時需要有完全不同的思考方式：在這裡沒有所謂的時脈訊號或擷取-解碼-執行週期。另外也沒有閘這種概念：雖然量子計算機可以用閘的模型來建構，這樣做似乎只是因為我們習慣這種方式，而不是為了做出有效率的機器。量子計算機可以採用許多不同的架構。請注意：如同（預測積體電路中電晶體密度的）摩爾定律，量子計算機則有 **Rose's Law**（以 D-Wave 的創辦人與技術長 Geordie Rose 而命名）。Rose's Law 敘述可用來組成能夠成功執行計算的 qubits 數量將在每 12 個月中倍增；而這在過去九年中已經的確如此。

在量子計算機能夠成為常見的桌上型機器之前仍有相當數量的困難必須克服。一個困難是 qubits 會退化成為具有單一不一致狀態（稱為變成不一致 decoherence）的傾向，造成資訊的毀壞與無法避免而且不可修復的錯誤；近來的研究成果已經在具錯誤修復功能的量子編碼上有明顯進展。也許有關量子計算發展的最大限制因素是我們仍不具備能夠做到相當規模的製造生產能力。這與好久之前 Charles Babbage 面對的困難非常類似：我們有這種眼光，我們只不過沒有需要的工具來製造出機器。如果能夠克服這些障礙，量子計算機就會像電晶體造成對真空管的影響——使它們成為已消逝時代中古老而奇怪的物品——一樣地影響矽科技。

量子計算的實現促使許多人思考所謂的**科技轉捩點** (technological

singularity)——一個理論上當人類科技進步到一個程度使得它會完全地而且不可逆地改變了人類的發展方式的時間點；當文明改變到它使用的科技是之前世代所無法理解的程度時的那個轉捩點。John von Neumann 是在他的談話「持續加速發展的科技與人類生活模式的改變，顯現出正在邁向我們這個物種的歷史中的一個無法避免的轉捩點，經過這個轉捩點之後，人類的各種已知的活動將無法再一如往常」中第一個使用 singularity 這個詞的人，也就是當「科技進步變得無法想像的快而且複雜」時候的意思。在 1980 年代早期，Vernor Vinge（一位計算機科學教授與作家）介紹名詞 technological singularity 並將之定義為當我們創造出比我們自己擁有的更高的智能的時間點——基本上就是當機器取代人類成為這個星球上主導力量的時間點。從那個時候開始，許多人修訂過這個定義。Ray Kurzwell（一位作者與受歡迎的轉捩點行動家）將科技轉捩點定義成「未來的一段科技改變非常迅速的期間，這種改變衝擊深遠，使得人類生活將會產生無法回復的轉變」。James Martin（一位計算機科學家與作家）定義轉捩點為「人類發展過程中由於科技進步速度放緩而造成的中止」。Kevin Kelly（Wired Magazine 共同創辦人）將之定義為「過去一百萬年所有的變化都將被接下來 5 分鐘的變化所取代」的時間點。不論使用哪一個定義，許多人相信轉捩點還很早；另一些人（譬如 D-Wave 的 Geordie Rose）則認為那個科技發展的轉捩點已經發生了。

量子計算是一個充滿各種巨大挑戰，卻也具有無限前景的領域。這個領域還處於萌芽期，然而卻正以超過人們預期的速度發展中。大量資金已投入相關的研發，許多適用於量子計算機的演算法也已開發出來。我們正處於能觀察這些系統成熟且成為實用設備，並且在相當程度改變我們對計算機的認知以及編程方式的獨特環境中。想要接觸量子計算的話，可以聯繫 USC 的實驗室或 Google 實驗室來申請量子計算機上的使用時間。

本章總結

本章概略介紹了多處理器與多計算機系統的一些重要觀念。這些系統對原本應該無法處理的問題提供有效的解決方式。

RISC 與 CISC 優劣的爭議已經越來越偏向晶片架構的比較而非 ISAs。真正重要的是程式執行時間，而 RISC 與 CISC 的設計師仍將持續改善其效能。

Flynn 分類法將各種架構依指令流與數據流的數量作分類。MIMD 機器則應再區別是否使用共用記憶體。

今天數位計算機的威力令人驚訝。超純量處理與超管道化的架構經由處理器內部的平行性來提升效能。處理器原本在一個時刻只能處理一件事；但是現在它們同時進行許多項運作已經是很常見了。向量處理器支援向量運作，而 MIMD 機器則將多個處理器整合在一個機器中。

SIMD 與 MIMD 中的處理器透過互相聯結網路彼此聯結。共用記憶體多處理器視所有實體記憶體的集合為單一個實體，而分散式記憶體架構則只容許處理器對它自身的記憶體作存取。兩種架構都讓一般使用者以可負擔的價格而能得到超級計算的容量。最常見的多處理器架構是 MIMD、共用記憶體與基於匯流排的系統。

某些高度複雜的問題無法使用傳統計算模型來處理。不同的架構對特定應用而言是必要的。數據流計算機以數據來驅動計算，而非如傳統採用的相反模式。神經網路透過學習來處理最高複雜度的問題。心跳陣列駕馭許多小型處理單元的運算能力，將數據不斷推入整個陣列中直到問題解決為止。計算機所採用的技術漸漸由矽基材轉向生物、光學與量子方式，非常可能即將引導計算科技進入一個全新的世代。

進一步閱讀

欲取得最新的有關 RISC 與 CISC 的比較，可參閱 Blem et al. (2013)。

有許多人嘗試修訂 Flynn 的分類法：Hwang (1987)、Bell (1989)、Karp (1987) 以及 Hockney 與 Jesshope (1988) 都曾經以某種程度對這個分類法作延伸。

在進階的架構方面有許多好的教科書，包括 Hennessy 與 Patterson (2006)、Hwang (1993) 與 Stone (1993)。Stone 的書中除了向量機器與平行處理之外，也有非常詳盡的管道化處理與記憶體組織的說明。如果想參考現代化 RISC 處理器中超純量處理詳盡的說明，請見 Grohoski (1990)。有關 RISC 原則的完整討論與指令管道的清楚說明，請見 Patterson (1985) 以及 Patterson 與 Ditzel (1980)。

要找到 VLSI 技術與計算機處理器設計之間關係的好文章，請見 Hennessy (1984)。Leighton (1982) 稍微過期但是對架構與演算法有很好的觀點，而且是互相聯結網路的很好參考資料。Omondi (1999) 中有關於計算機微架構實際製作方面權威性的講述。

要找到數據流架構很好的概觀介紹以及各種數據流機器間的比較，請參閱 Dennis (1980)、Hazra (1982)、Srini (1986)、Treleaven et al. (1982) 與 Vegdahl (1984)。

Foster 與 Kesselman (2003) 以及 Anderson (2004、2005) 中都有網格計算詳細的資訊。欲得到有關 BOINC 的更多資訊，請見 http://boinc.berkeley.edu。對量子計算有興趣的讀者，Brown(2000) 中有對量子計算、量子物理與奈米科技很好的介紹。Williams 與 Clearwater(1998) 中對初學者而言有很完整的內容，Johnson (2003) 也是如此。

欲參考本章中各個主題的更多內容，請見 Stallings (2009)、Goodman 與 Miller (1993)、Patterson 與 Hennessy (2008) 以及 Tanenbaum (2005)。對於互相聯結網路的歷史觀點與效能資訊方面，請見 Byuyan et al. (1989)、Reed 與 Grunwald (1987) 以及 Siegel (1985)。Circello et al. (1995) 中有 Motorola 在 MC68060 晶片中所使用超純量架構的整體說明。

64 位元機器的架構決策、挑戰與取捨在 Horel 與 Lauterback (1999) 中作了討論；IA-64 架構以及它如何利用指令階層平行性都仔細說明於 Dulong(1998)

中。完整的管道化計算機討論可見於 Kogge (1981) 中，該文章也被認為是有關管道化處理第一篇正式的完整論述。Trew 與 Wilson (1991) 是一篇較早期但是非常好的有關平行機器的概述，也包含對於不同形式平行性的討論。Silc et al.(1999) 則是有關發掘微處理器中平行性的各種架構方法與實作技術的探討。

參考資料

Amdahl, G. "The Validity of the Single Processor Approach to Achieving Large Scale Computing Capabilities." *AFIPS Conference Proceedings 30*, 1967, pp. 483-485.

Anderson, D. P. "BOINC: A System for Public-Resource Computing and Storage." *5th IEEE/ACM International Workshop on Grid Computing,* November 8, 2004, Pittsburgh, PA, pp. 4-10.

Anderson, D. P., Korpela, E., & Walton, R. "High-Performance Task Distribution for Volunteer Computing." IEEE International Conference on e-Science and Grid Technologies, 5-8 December 2005, Melbourne.

Bell, G. "The Future of High Performance Computers in Science and Engineering." *Communications of the ACM 32,* 1989, pp. 1091-1101.

Bhuyan, L., Yang, Q., & Agrawal, D. "Performance of Multiprocessor Interconnection Networks." *Computer*, *22*:2, 1989, pp. 25-37.

Blem, E., Menon, J., & Sankaralingam, K. "Power Struggles: Revisting the RISC vs. CISC Debate on Contemporary ARM and x86 Architectures." 19th IEEE International Symposium on High Performance Computer Architecture (HPCA), February 23-27, 2013, pp. 1-12.

Brown, J. *Minds, Machines, and the Multiverse: The Quest for the Quantum Computer.* New York: Simon & Schuster, 2000.

Circello, J., et al. "The Superscalar Architecture of the MC68060." *IEEE Micro*, *15*:2, April 1995, pp. 10-21.

DeMone, P. "RISC vs CISC Still Matters." Real World Technologies, February 13, 2000. Last accessed September 1, 2013, at http://www.realworld tech.com/risc-vs-cisc/

Dennis, J. B. "Dataflow Supercomputers." *Computer 13*:4, November 1980, pp. 48-56.

Dulong, C. "The IA-64 Architecture at Work." *Computer 31*:7, July 1998, pp. 24-32.

Flynn, M. "Some Computer Organizations and Their Effectiveness." *IEEE Transactions on Computers* C-21, 1972, p. 94.

Foster, I., & Kesselman, C. *The Grid 2: Blueprint for a New Computing Infrastructure.* San Francisco: Morgan-Kaufmann Publishers, 2003.

Goodman, J., & Miller, K. *A Programmer's View of Computer Architecture.* Philadelphia: Saunders College Publishing, 1993.

Grohoski, G. F. "Machine Organization of the IBM RISC System/6000 Processor." *IBM J. Res. Develop. 43*:1, January 1990, pp. 37-58.

Hazra, A. "A Description Method and a Classification Scheme for Dataflow Architectures." *Proceedings of the 3rd International Conference on Distributed Computing Systems*, October 1982, pp. 645-651.

Hennessy, J. L. "VLSI Processor Architecture." *IEEE Trans. Comp. C-33*:12, December 1984, pp. 1221-1246.

Hennessy, J. L., & Patterson, D. A. *Computer Architecture: A Quantitative Approach*, 4th ed. San Francisco: Morgan Kaufmann, 2006.

Hockney, R., & Jesshope, C. *Parallel Computers 2*. Bristol, UK: Adam Hilger, Ltd., 1988.

Horel, T., & Lauterbach, G. "UltraSPARC III: Designing Third Generation 64-Bit Performance." *IEEE Micro 19*:3, May/June 1999, pp. 73-85.

Hwang, K. *Advanced Computer Architecture*. New York: McGraw-Hill, 1993.

Hwang, K. "Advanced Parallel Processing with Supercomputer Architectures." *Proc. IEEE 75,* 1987, pp. 1348-1379.

Johnson, G. *A Shortcut Through Time—The Path to a Quantum Computer.* New York: Knopf, 2003.

Jones, N. & Nature Magazine. "D-Wave's Quantum Computer Courts Controversy." *Scientific American*, June 19, 2013.

Karp, A. "Programming for Parallelism." *IEEE Computer 20*:5, 1987, pp. 43-57.

Kogge, P. *The Architecture of Pipelined Computers*. New York: McGraw-Hill, 1981.

Leighton, F. T. *Introduction to Parallel Algorithms and Architectures*. New York: Morgan Kaufmann, 1982.

MIPS home page: *www.mips.com.*

Omondi, A. *The Microarchitecture of Pipelined and Superscalar Computers.* Boston: Kluwer Academic Publishers, 1999.

Patterson, D. A. "Reduced Instruction Set Computers." *Communications of the ACM 28*:1, January 1985, pp. 8-20.

Patterson, D., & Ditzel, D. "The Case for the Reduced Instruction Set Computer." *ACM SIGARCH Computer Architecture News*, October 1980, pp. 25-33.

Patterson, D. A., & Hennessy, J. L. *Computer Organization and Design: The Hardware/Software Interface*, 4th ed. San Mateo, CA: Morgan Kaufmann, 2008.

Reed, D., & Grunwald, D. "The Performance of Multicomputer Interconnection Networks." *IEEE Computer*, June 1987, pp. 63-73.

Siegel, H. *Interconnection Networks for Large Scale Parallel Processing: Theory and Case Studies*. Lexington, MA: Lexington Books, 1985.

Silc, J., Robic, B., & Ungerer, T. *Processor Architecture: From Dataflow to Superscalar and Beyond.* New York: Springer-Verlag, 1999.

SPIM home page: *www.cs.wisc.edu/~larus/spim.html.*

Srini, V. P. "An Architectural Comparison of Dataflow Systems." *IEEE Computer*, March 1986, pp. 68-88.

Stallings, W. *Computer Organization and Architecture*, 8th ed. Upper Saddle River, NJ: Prentice Hall, 2009.

Stone, H. S. *High Performance Computer Architecture,* 3rd ed. Reading, MA: Addison-Wesley, 1993.

Tanenbaum, A. *Structured Computer Organization*, 5th ed. Upper Saddle River, NJ: Prentice Hall, 2005.

Treleaven, P. C., Brownbridge, D. R., & Hopkins, R. P. "Data-Driven and Demand-Driven Computer Architecture." *Computing Surveys 14*:1, March 1982, pp. 93-143.

Trew, A., & Wilson, A., Eds. *Past, Present, Parallel: A Survey of Available Parallel Computing Systems*. New York: Springer-Verlag, 1991.

Vegdahl, S. R. "A Survey of Proposed Architectures for the Execution of Functional Languages." *IEEE Transactions on Computers C-33*:12, December 1984, pp. 1050-1071.

Williams, C., & Clearwater, S. *Explorations in Quantum Computing.* New York: Springer-Verlag, 1998.

必要名詞與概念的檢視

1. 當初為何提出 RISC 架構的觀念？

2. RISC 處理器為何較 CISC 處理器容易作管道化？

3. 說明為什麼暫存器窗的作法可以讓程序呼叫更有效率？

4. Flynn 分類法根據兩個特性分類計算機架構。它們是什麼？

5. MPP 與 SMP 處理器的差別是什麼？

6. 我們建議對 Flynn 分類法多增加一個層級。在這個更高的層級中，用以區分計算機的特性是什麼？

7. 是否所有的編程問題都適宜作平行處理？什麼會是限制的因素？

8. 定義超管道化處理。
9. 超純量設計與超管道設計有何不同？
10. VLSI 設計在哪些方面與超管道設計不同？
11. EPIC 與 VLIW 間有何異同？
12. 說明暫存器 - 暫存器式向量處理架構的先天限制。
13. 提出向量處理器具備高效能的兩個理由。
14. 繪製六個主要互相聯結網路的拓樸圖。
15. 有三種類型的共用記憶體組織。它們分別是什麼？
16. 說明本章提到過的快取一致性協定中的一種。
17. 說明網格計算，並舉出一些它適宜處理的應用。
18. SETI 是什麼？它又如何運用分散式計算的模型？
19. 什麼是無所不在運算？
20. 什麼造成了數據流架構與「傳統」計算架構的差異？
21. 什麼是可重新進入 (reentrant) 的程式碼？
22. 神經網路中的基礎計算單元是什麼？
23. 說明神經網路如何「學習」。
24. 心跳陣列是因為什麼比喻而得名？為什麼這種比喻適當貼切？
25. 哪些類型的問題適合以心跳陣列求解？
26. 量子計算機如何與傳統計算機不同？在量子計算中必須克服哪些障礙？

習題

◆1. 為什麼 RISC 機器只對暫存器的內容作運算？
2. RISC 系統的哪些特性可以直接製作在 CISC 系統中？ RISC 機器的哪些特性（根據列出在表 9.1 中的定義出兩種不同架構的各項特性而）不可以直接製作在 CISC 機器中？

•**3.** 「Reduced instruction set computer」中 reduced 的真正的意義是什麼？

4. 假設一個 RISC 機器使用的重疊的暫存器窗具有下列參數：

- 10 個全域暫存器
- 6 個輸入參數暫存器
- 10 個區域暫存器
- 6 個輸出參數暫存器

則每一個可重疊暫存器窗的大小為何？

•**5.** 一個 RISC 處理器具有 8 個全域暫存器與 10 個暫存器窗。每個窗有 4 個輸入暫存器、8 個區域暫存器與 4 個輸出暫存器。該 CPU 中一共有多少個暫存器？（提示：記得，因為這些窗循環的特性，最後一個窗的輸出暫存器與第一個窗的輸入暫存器是共用的。）

6. 一個 RISC 處理器共有 152 個暫存器，其中 12 個用作全域暫存器。10 個暫存器窗各有 6 個輸入暫存器與 6 個輸出暫存器。每一個暫存器窗集合中各有多少個區域暫存器？

7. 一個 RISC 處理器共有 186 個暫存器，其中 18 個是全域暫存器。共有 12 個暫存器窗，各有 10 個區域暫存器。每一個暫存器窗中各有多少個輸入／輸出暫存器？

8. 假設 RISC 機器使用重疊的暫存器窗在程序間傳遞參數。機器中共有 298 個暫存器。每個暫存器窗有 32 個暫存器，其中 10 個用於全域變數以及 10 個用於區域變數。回答下列問題：

a) 多少個暫存器可用於輸入參數？

b) 多少個暫存器可用於輸出參數？

c) 共有多少個暫存器窗可用？

d) 在每一次程序呼叫時，目前窗指標 (Current window pointer, CWP) 應該要遞增若干（按：指應該要跳過多少個暫存器）？

•**9.** 回憶在第八章中關於程序切換的討論；切換發生於一個程序停止使用 CPU 而且另外一個程序開始使用時。以這點來說，暫存器窗可視為 RISC 的一個可能弱點。說明為什麼有這種可能。

10. 假設 RISC 機器使用五個暫存器窗。

a) 在暫存器必須保存到記憶體中之前，程序呼叫可以呼叫得多深？（也就是在必須將任何暫存器保存到記憶體中之前，有的最大數量的「動作中」程序呼叫可以是多少？）

b) 假設在達到 a）題中的最大值之後又作了兩次程序呼叫，則有多少個暫存器窗需要保存至記憶體中？

c) 現在假設最後呼叫的程序返回了。說明會發生什麼事。

d) 現在假設又作了一個程序呼叫。有多少個暫存器窗需要保存至記憶體中？

11. 在 Flynn 分類中：

◆**a)** SIMD 代表什麼？作簡要敘述並提供一個例子

b) MIMD 代表什麼？作簡要敘述並提供一個例子

12. Flynn 分類中包含四種主要的計算模型。對每一種分類簡要說明之，並提出一個這種分類可能適用的高階問題的例子。

◆**13.** 說明鬆散耦合與緊密耦合架構間的差異。

14. 說明 MIMD 多處理器之所以有別於多計算機系統或計算機網路的各項特性。

15. SIMD 與 MIMD 有何相似之處？又有何相異之處？注意你並不是要去定義這兩個名詞，而是要去比較這兩個模型。

16. SIMD 與 SPMD 有何相異之處。

◆**17.** SIMD 最適用於哪種類型的程式層級的（數據或控制）平行性？ MIMD 又最適用於哪種類型的程式層級的平行性？

18. 就指令階層平行性而言，分別簡要說明 VLIW 與超純量模型，並作比較。

◆**19.** VLIW 與超純量模型何者對編譯器設計上有更大的挑戰？為什麼？

◆**20.** 比較並指出超純量架構與 VLIW 架構間的差異。

◆**21.** 分散式系統具有哪些優勢？

22. UMA 與 NUMA 的不同是什麼？

◆**23.** 使用縱橫網路作為互相聯結網路的主要問題是什麼？互相聯結網路中的匯流排又有哪些問題？

24. 已知下列可以讓 8 個 CPUs（P0 至 P7）存取 8 個記憶體模組（M0 至 M7）的 Omega 網路：

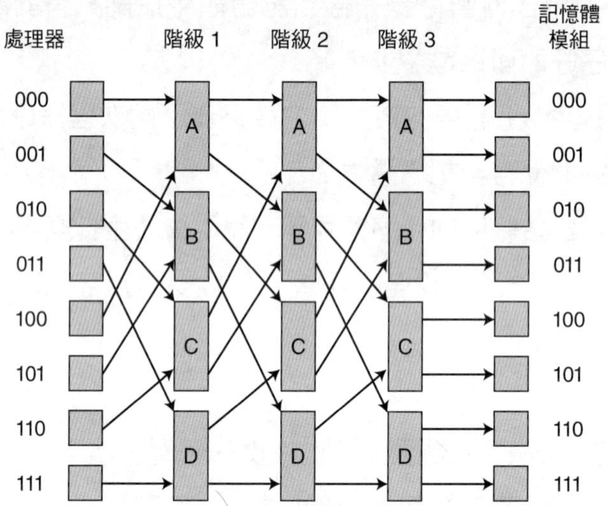

a) 表示網路中下列各種連接方式是如何完成的（即說明每一個交換器應如何設定）。以 1A、2B、……代表各交換器：

i) P0 → M2

ii) P4 → M4

iii) P6 → M3

b) 這些聯結是否可以同時存在，或者它們彼此是否會有衝突？並說明之

c) 提出一種會與 P0 → M2 有衝突（因而會被阻擋）而且並沒有列在 a）中的處理器至記憶體的存取

d) 提出一種不會與 P0 → M2 有衝突而且並沒有列在 a）中的處理器至記憶體的存取

◆**25.** 說明當用於共用記憶體系統中時的寫透與寫回快取更新的方式，以及這兩種作法的優勢與劣勢。

26. 數據流系統中的記憶體應該是內容關聯性的（associative）或是根據位址（address based）的？並說明之。

◆**27.** 神經網路是否以循序的方式處理資訊？並說明之。

28. 比較並指出在神經網路中受監督的學習與不受監督的學習間的不同。

◆**29.** 以數學的觀點敘述神經網路中受監督的學習過程。

30. 下列是兩個有關於神經網路中單一個感知元（perceptron）的問題：

a) 邏輯 NOT 較 AND 與 OR 麻煩，但是還是可以處理。在這個情況中只會有一個布林輸入。這個感知元的權重與臨界值應為若干以進行邏輯 NOT 的運算？

b) 證明使用單一感知元不可能對二個輸入 x1 及 x2 作 XOR 運算。

31. 說明如果心跳陣列是一維的，則 SIMD 與心跳陣列的計算間有何不同。

32. 在 Flynn 分類中，心跳陣列應歸屬哪一類？又工作站的叢集呢？

33. 以在空格中填入 **C**（代表 CISC）或 **R**（代表 RISC）表示下列各項敘述是否適用於 CISC 或 RISC：

________ 1. 簡單的指令平均需要一個時脈週期來執行

________ 2. 單一暫存器集

________ 3. 複雜性由編譯器來處理

________ 4. 高度管道化

________ 5. 任何指令都允許存取記憶體

________ 6. 各指令由微程式來詮釋

________ 7. 固定長度、易於解碼的指令格式

________ 8. 高度特殊化、少會用到的一些指令

________ 9. 使用重疊的許多窗框

________10. 相對較少的定址模式種類

34. 作量子計算的研讀並提出對這個題目新近文獻的歸納與綜合整理。

第十章

嵌入式系統的議題

〔一般用途〕微處理器〔終〕將〔不復存在〕。你也不會再看得見插座。這些現象會首先發生在嵌入式的領域中。事情會變成交付整個系統，而不只是一個處理器。

——Greg Papadopoulos

Sun Microsystems 技術長（Chief Technology Officer）

於 2003 Microprocessor Forum（微處理器論壇）, San Jose, California

10.1 緒論

Greg Papadopoulos 是許多相信嵌入式處理器是計算機硬體領域裡下一件大事的許多人之一。支持一般用途微處理器的人可能會對這個說法感到不舒服——即使不是非常激動。不過也很容易看出為什麼會有人下這種論斷，因為實際上每一個會跟現實世界互動的設備都會包括某種形式的與計算機相關的控制功能。在我們進行日常活動時，我們實際上會接觸到大量的嵌入式處理器，然而可能只會用到一兩個一般用途的系統。

嵌入式系統確切的定義很難釐清。不管怎麼說，它們是真實的計算機，擁有一個 CPU、記憶體以及某種類型的 I/O 能力。但是它們只是在一個大型體系（按：指的是如汽車、冰箱等任何日常生活中使用的系統）的範圍內執行有限的一些工作，因此與一般用途計算機不同。而最可能的是這個大型體系並不是計算機。嵌入式系統可以存在於單純且無關緊要如咖啡機與網球鞋，以及複雜且事關重大如商用客機這類物品中都找得到。現在許多汽車中已有數十百個嵌入式處理器，每一個管理一個特定的子系統。這些子系統例如有燃油噴射、排放控制、防鎖死煞車與巡航控制。另外，車用處理器也彼此通訊以求工作協調並且適合於車輛所處的情境；例如，一旦防鎖死煞車啟動時巡航控制即解除。嵌入式系統也可見於其他計算機中。磁碟機控制器是一個計算機處於計算機中的例子；控制器定位磁碟的讀寫頭，並在數據寫入與讀出時作編碼與解碼。

嵌入式系統的設計與程式編撰需要有不同的思維。我們首先要瞭解硬體與軟體的分野不易釐清而且隨時可以改變。在一般用途計算中，我們事前就知道執行我們所撰寫程式的硬體能力。在嵌入式系統設計中卻常常不是如此：在系統設計過程中硬體所需具備的能力隨時可以作調整。硬體與軟體等效的原則是系統開發中最高的指導原則。硬體與軟體功能上的劃分是主要的——有時也是充滿爭議的——議題。

嵌入式系統開發與一般用途計算者非常不同的第二個方面是需要有對底層硬體非常深入的瞭解。以高階語言如 Java 或 C++ 撰寫應用程式的人可能完全不知道或不在意系統中數據儲存的細節，或者是什麼時間會發生什麼樣的插斷。然而這些考慮對嵌入式系統程式師而言卻是最為重要的。

和這些同時存在的是嵌入式系統工作時必須面對的許多極度嚴苛的限制。這些限制包括嵌入式系統的受限的 CPU 速度、受限的記憶體、重量方面的限制、受限的功耗、無法控制而且經常是非常嚴苛的作業環境、有限的空間以及對反應需求上毫無彈性的要求。另外，嵌入式系統設計師也必須不斷地面對嚴苛的設計與實作兩方面的成本限制而奮戰。對嵌入式系統設計上的強化或者是錯誤修正都可能造成整個系統在功耗或記憶體需求上超出限制。今天的嵌入式系統程式設計師很像他們的祖父輩當年為 1950 年代大型主機編程一樣，可能要花掉一大部分的時間計算機器的時脈週期數——因為每一個機器時脈週期都至關重要。

在先前提到的各項限制中，功耗限制經常是在設計過程中最重要的一項。低功耗意謂著較低的散熱量，因此也意謂著較少的散熱裝置——較少的元件花費與較小的整體體積。較低的功耗也意謂電池備援更為可行，因此提供不中斷與可靠的運作。

大多數嵌入式系統可以依據它們的能耗需求被歸類成三個類別：以電池供電、固定功耗與高（功耗）密度系統。以電池供電的系統像是可攜式音訊設備等，需要將電池壽命最大化同時最小化設備的大小。固定功耗的系統像是公用電話或呼叫器等，具有有限的電源供應（例如來自電話線的供電），目標是在有限的功耗限制下提供最佳效能。高密度系統（高效能與多處理器系統）主要是因為散熱的考慮而更在意功耗效率。例如 IP 電話 (VOIP) 系統在語音訊號中整合入數據，並且需要用到大量的元件，而這也表示會產生可觀的熱量。這類系統通常具有不受限的電源供應，但是必須限制功率消耗以防過熱。

第四個也許也是最難處理的嵌入式系統的特性是訊號的時間控制。嵌入式系統設計師需要對外部世界的事件所觸發的訊號與嵌入式系統內部常規性進行的事件的相關訊號之間的關係保持著明確而且精確的警覺性。任何一組事件可以在任何時間以任何次序發生。而對這些事件的反應通常需要在毫秒的範圍內作出。在硬即時系統中，遲了的反應等同於失敗。

嵌入式系統必須功能正確並具有彈性，同時要小型且（在研發與製造上）

廉價。功耗永遠是主要的考慮。我們在以下各節中申論這些觀念，首先從嵌入式的硬體談起。

10.2 嵌入式硬體概論

用於控制大型客機遙測裝置的嵌入式處理器與用於控制複雜咖啡機咖啡品質的嵌入式處理器極端地不同。這兩種應用在複雜度與時間模型上都不相同，因此它們需要採用差異極大的硬體應對方式。對最簡單的控制應用而言，現成的微控制器往往已經非常合用。複雜度較高的應用可能需要用到超過標準元件在效能、功耗與成本方面的表現；也許對這種工作可以採用可作配置的 (configurable) 電路製作方法。對於高度特殊性的應用或者反應能力極端重要的話，則必須重新設計晶片。因此我們將嵌入式處理器區分為三大類：標準化的處理器、可作配置的處理器與完全客製化的處理器。在說明每一種類型之後，我們會檢視在選擇哪一種方法之前必須考慮的取捨。

10.2.1 標準化的嵌入式系統硬體

VLSI 技術的進步在我們想到不斷提升的桌上型、膝上型與 PDA 系統的運算能力時感覺最為深刻。過去百萬美元水冷式大型主機的運算能力今天已經能夠放進上衣口袋中，而且它的價錢比一套西裝還便宜。然而有一些最重要的 VLSI 技術應用卻可能並未引人注目，即使這些已經日常性地發生在我們周遭。

微控制器

我們日常（而且不自覺地）賴以取得生活便利與安全的嵌入式處理器是以往尖端一般性處理器的衍生物。雖然這些早期的處理器能力不足以執行今日常見的桌上型軟體，它們卻具有超過一般控制應用所需的能力。而且這些處理器現在的售價僅為原始價格的一小部分，因為它們的製造商早已在它們廣泛應用於個人電腦時回收了開發的成本。Motorola 銷量很高的 68HC12 與它應用於第一個 Apple 電腦的處理器晶片 6800 處理器有共同的前身。摩托羅拉已經賣出了數十億個 68HC12 與它較不複雜的前身。因為銷量這麼大，現在 MC68H12 可以花費比最初 Apple 使用者買一條列表機纜線更低的價錢買到。Intel 的 8051 則是最早 IBM PC 的處理器 8086 的後代。

微控制器與一般用途處理器非常類似，都一樣可作編程，也可以連接各種周邊裝置。不同於一般用途處理器，微控制器的時脈速度遠低，記憶體位址空間小得多，使用者一般也無法改變它的軟體。

圖 10.1 表示一個簡化的微控制器範例。其中包括一個 CPU 核心、儲存程式與數據的記憶體、I/O 埠、I/O 與系統匯流排控制器、一個時脈與一個看門狗計時器。這些組件中，看門狗計時器是唯一未曾在之前各章中詳細討論的元件。

如其名稱所示，**看門狗計時器** (watchdog timers) 監看著微控制器中的一些事情。它們在偵測到問題的時候提供故障安全的防護機制。一般用途計算機因為直接與人類互動而不需要用到看門狗計時器。如果系統失效不動了，人類通常重新啟動計算機來修正這種情況。然而人類不可能如此密切地關注我們身邊這些無數的嵌入式系統；尤有甚之，嵌入式系統通常裝設在我們無法觸及的地方。誰能夠按下遙遠太空探測器的重置按鈕？我們如何重置心律調整器？經過太長時間才知道需要這樣做會不會為時已晚？

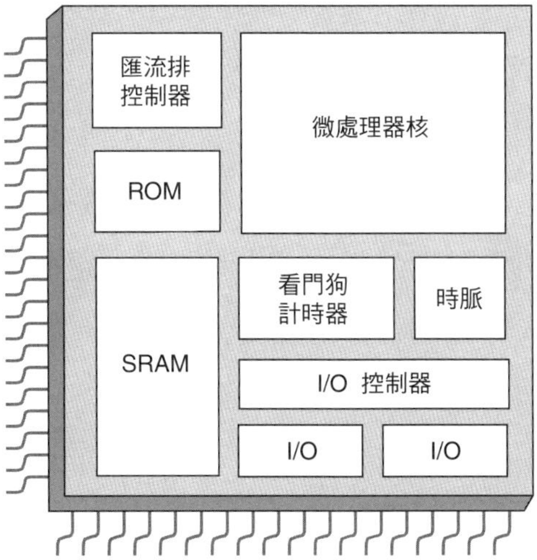

圖 10.1 典型的 I/O 結構

看門狗計時器的設計與運作觀念上很簡單：計時器被賦予一個初始整數值並且每經過一段時間就把這個數值減 1；而微控制器裡的應用程式周期性地重新開始這個動作來將計數回復到它的初始值。如果計時器的值到達零，看門狗電路就會發出一個系統重置訊號。計時器重新開始計時的責任歸屬微控制器中的應用程式。該程式可能有如下的構造：

```
main() {
  boolean error = false;
  do while not (error) {
      resetWatchdog();          // 重新賦予看門狗計時器初始整數值
      error = function1();      // 執行第一個使用者函數
      if (error)
           exit while;
      endif;
      resetWatchdog();          // 告知計時器重新開始監看
      error = function2();      // 執行第二個使用者函數
      if (error)
           exit while;
      endif;
      resetWatchdog();
      error = function3();      // 執行第三個使用者函數 @@@@)
  }
}
```

如果 function1 至 function3 其中任何一個函數卡在無限迴圈中或者就是停頓住了的話，看門狗計時器的數值就會減為零。這種編程的目的就是要確保沒有函數的執行時間、包括過程中可能發生的插斷，會比看門狗的截止時間更長。

實際上有數百種不同種類的微控制器，有些還是為了特定應用而設計的。其中最有名的一些是 Intel 的 8051、PIC (Programmable Intelligent Computer) 家族中一員的 Microchip 的 16F84A、Motorola 所謂 68000 (68K) 系列許多晶片中的 68HC12 等。微控制器可以具有適用於非離散式的真實世界控制應用的類比式介面，以及為連續而且高容量處理設計的 I/O 緩衝器。微控制器的 I/O 控制可採用第七章中提及的任何方法。特別注意與一般用途系統不同的是，程式控制的 I/O 控制方法也適用於嵌入式控制的應用中。

微控制器的 CPU 可以小到 4 個位元或者大到 64 個位元，記憶體則可以從數個 KBs 到數個 MBs。為了使它們的線路盡量小並且盡量快，微控制器的 ISAs 一般是堆疊式的，並且可以對特定的特殊應用領域作最佳化。儘管使用的是「老技術」，微控制器持續在非常多方面的消費性產品與工業機械中廣泛被採用。我們深信這個趨勢在未來許多年仍將如此。

看門狗計時器的工程決策

嵌入式系統設計師可能會花費許多時間辯論在看門狗計時器時間截止時應該立刻進行系統重置，還是應該啟動一個插斷程序。如果啟動插斷，則可以在進行系統重置之前取得有價值的除錯資訊。除錯資訊往往可以顯示時間截止的真正原因，便於分析並修正問題；而如果直接重置系統，就會失去大部分診斷資訊。然而，失效過的系統可能會變得蹣跚，以致於不能可靠地執行任何工作，包括插斷處理程序，以致於系統重置可能永遠不會從插斷程序發出。這種無法回復的錯誤可能是由簡單如毀壞了的堆疊指標或 I/O 埠的錯誤訊號所造成。不過如果直接進行系統重置，可以確定的是——不考慮重大硬體錯誤的話——系統會在數個毫秒之內重回可預期的狀態。

嵌入式控制器的重置不會像個人電腦重新開機一樣，它只會耗費極少的時間，甚至於重置發生得如此之快，以致於我們往往都不會感覺到發生過重置（按：因而不知道需要作檢查或除錯）。這個問題使得插斷方法優於系統重置方法的論點更為有力。這個爭議點的另外一個方面則是還有一種硬體解決方法：謹慎的工程師會在處理器的重置接線上連接一個栓鎖 (latch) 與一個發光二極體 (LED)；發生重置後 LED 會持續發亮來表示曾經發生過問題。如果 LED 位於人可以看見的地方，則重置事件遲早會被注意到。

兩種方法當然可以合併使用。我們可以把計時器的截止時間設成較啟動除錯用的插斷程序的時間還早。如果截止時間到了，就可以確定系統有問題，於是看門狗將會隨後進行系統重置。希望提供「有品質」的產品的公司應該考慮一下這種作法。

不過對於不僅止於想要提供「有品質」的產品而且要提供「高度可靠」的系統的公司還要稍微深思。看門狗計時器一般會與它們應該要去監看的系統共用矽晶片與各項資源。如果晶片上發生了重大的硬體失效那會怎樣呢？如果系統的時脈停頓了呢？工程師為這種可能的意外提供在另外一個晶片上的備援看門狗計時器。這個額外的電路只會增加系統數美元的成本，如果真的用上了的話卻可能省下數千美元——甚至人命。於是現在的爭論點變成了在時間截止時，這個備援看門狗計時器應該進行系統重置，或是應該由插斷程序來進行處理。

單晶片系統

我們觀察到微控制器就是小型化的計算機系統。它們包含一個 CPU、記憶體與 I/O 埠。不過它們並不稱為單晶片系統，這個名稱通常是保留來稱呼更複雜的裝置。

單晶片系統 (systems on a chip, SOCs) 與微控制器的區別在於它們的複雜度以及晶片上更多的資源。微控制器通常還需要其他支援的電路，例如訊號處理器、解碼器、訊號轉換器等等。一個單晶片系統是一片包含所有需要的電路來提供一套功能的晶片。一個單晶片系統甚至可以包含多於一個處理器，多個處理器可能是鬆散耦合的處理器，也不一定要共用相同的時脈訊號或記憶體位址空間。每個處理器的功能可以客製化成它們個別的 ISAs 是特別設計來便於在不同的特定應用領域裡作編程；例如一個網際網路路由器（或稱尋徑器）可能有數個 RISC 處理器來處理通訊的交通，以及一個 CISC 處理器來設定組態以及管理路由器本身。雖然微控制器的記憶體通常以千位元組作為單位，SOCs 的記憶體則是以百萬位元組作為單位。SOCs 的各種較大記憶體可以容納完整功能的即時作業系統（這點將於第 10.3.2 節中討論）。SOCs 相較於它們可以取代掉的多個晶片而言，明顯的優勢是一個晶片會更快、更小、更可靠而且更省電。

雖然已經有很多現成的 SOCs，有時候還是需要以客製化來支援特殊應用。如果不想支付從頭開始設計 SOC 的成本，也可以嘗試從專業設計與測試電路的公司取得各種電路的智慧財產 (intellectual property, IP) 來製作半客製化的晶片。經過授權的 IP 模組的設計結合客製化的電路可用來製作電路的光罩；完成的光罩可以送到電路製作廠商 (fab) 來蝕刻矽晶片。這個過程非常昂貴：光罩的花費現在已經接近一百萬美元。因此在製作過程中一定要小心考慮如何撙節成本；如果標準化的 SOC 也能提供同樣的功能——即使效能稍差——那麼是否要多花一百萬美元就值得考慮了。稍後我們會再討論這件事。

10.2.2 可設定組態的硬體

有些應用非常特殊，沒有現成的微控制器可以滿足需要。當設計師面對這個情況時，他們有兩個選擇：他們可以選擇重新設計一個晶片，或者使用**可編程的邏輯裝置** (programmable logic device, PLD)。如果速度與晶片大小不是主要的考慮，則 PLD 可能是個好選擇。PLDs 一般有三種：可編程的陣列邏輯、可編程的邏輯陣列與現場可編程的閘陣列。這三種都可以作為將既有 IP 電路組件聯結在一起的**膠合邏輯** (glue logic)。可編程的邏輯裝置通常是以第三章中介紹的組合式邏輯元件所組成。我們一直等到現在才來討論這種裝置，因為瞭解它們最能發揮功能的環境有助於瞭解它們本身如何運作。

可編程的陣列邏輯

可編程的陣列邏輯 (programmable array logic, PAL) 是能夠設定組態來提供各種邏輯功能的最早的邏輯裝置。如圖 10.2 所示，PALs 包含可編程的 AND 閘陣列與固定的 OR 閘陣列連接的一組輸入與一組輸出。PAL 的輸出是其輸入的積之和函數。電路編程的方式是將聯結各個輸入與所有 AND 閘的輸入端的那些導線形成的陣列中（按：參考圖 10.2 中 AND 平面範圍內，垂直與水平線的交點即形成該陣列）的保險絲熔斷（或可視為切換開關）。在 PAL 中的任一個保險絲熔斷以後，對應的 AND 閘輸入就會成為邏輯 0（按：或邏輯 1，視所採用的電路與邏輯而定）。[1] 最後以 OR 閘集合 AND 閘的輸出來完成所需要的電

[1] PLD 中的保險絲具有兩種類型。第一種類型需要使用高於正常的電壓加在保險絲上來熔斷它，使用的目的是用於形成通路。第二種類型有的時候稱為反保險絲，因為其原始的狀態是斷路，而當反保險絲被燒熔的時候，融化的薄薄絕緣層會在兩個導線間形成導通的路徑。這種行為與我們一般以為的保險絲相反。在本章的討論中我們假設採用的是第一種類型——也就是熔斷保險絲，表示將導通的路徑切斷。

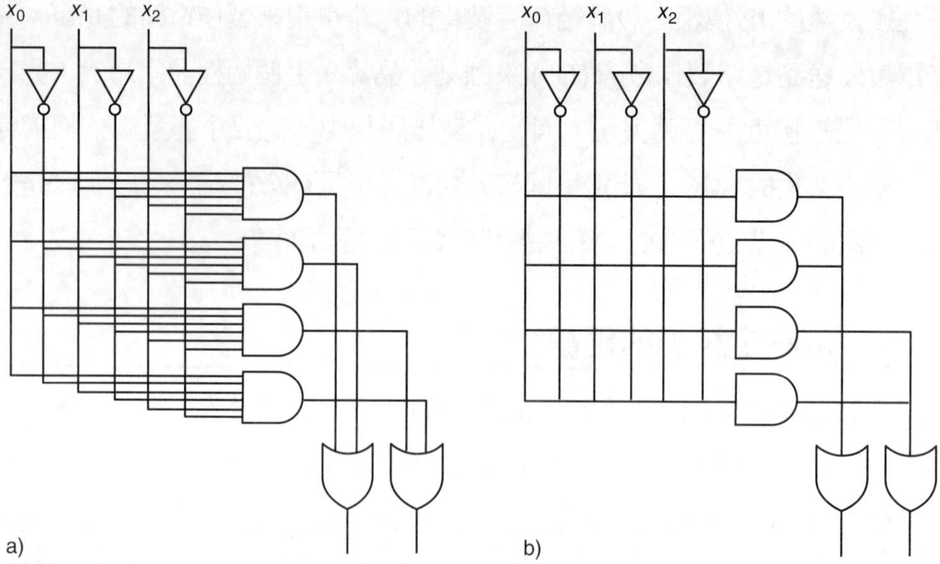

圖 10.2 可編程的陣列邏輯 (PAL)。a) PAL 的詳細邏輯圖；b) 該 PAL 的簡化表示法

路功能。

圖 10.3 表示 3 個輸入、2 個輸出的 PAL。標準的商用 PALs 提供多個輸入以及數十個輸出。在圖中很容易可以看出不可能對所有輸入可能造成的輸出提供輸出端。同樣地，也不可能將一個積項給超過一個 OR 閘使用，因此在多於一個 OR 閘需要使用某積項的時候，這個積項就需要重複地以額外的邏輯電路來產生。

圖 10.3 表示的 PAL 已對 $x'_0x_1x'_2 + x_1x_2$ 以及 $x'_0x_1x'_2 + x'_1x_2$ 編程。電路中以 × 表示「熔斷了」的保險絲（有時候 PAL 會用 × 來表示通路，也就是保險絲沒有被熔斷）。圖中可看到最小項 $x'_0x_1x'_2$ 需重複產生。看起來也許我們可以允許在 OR 平面中有更多連線的可能，使得邏輯電路的運用更有效率。可編程的邏輯陣列就是提供這種額外可設定組態能力的裝置。

可編程的邏輯陣列

我們可以看出 PAL 的輸出只能是陣列中那些 AND 閘產生的邏輯積項形成的邏輯和。在之前的說明例中，每個輸出函數可以包含兩個最小項，不論這是不是我們需要的。可編程的邏輯陣列 (programmable logic arrays, PLAs) 以在

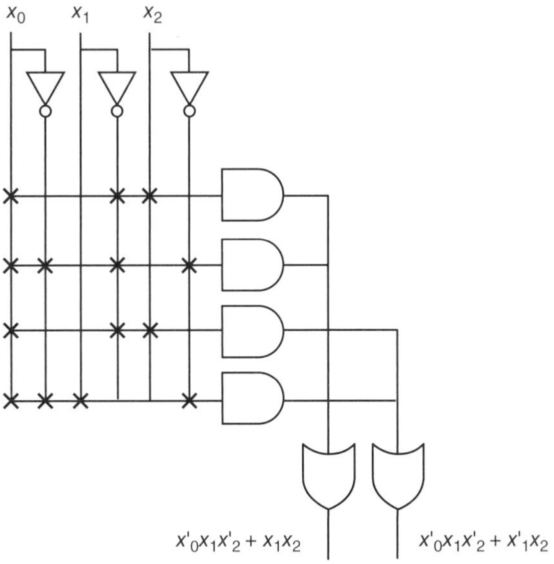

圖 10.3 編程後的 PAL

AND 陣列與 OR 陣列中都提供保險絲（或開關）來解除這項限制，如圖 10.4 所示。熔斷的保險絲或切換的開關形成對 AND 閘與 OR 閘的邏輯 0 輸入。

PLAs 較 PALs 有彈性，但也較慢且較昂貴。因此在速度與成本才是主要考量時，PAL 中偶爾才需要重複用到的冗餘最小項只不過是小缺失。為了盡量提

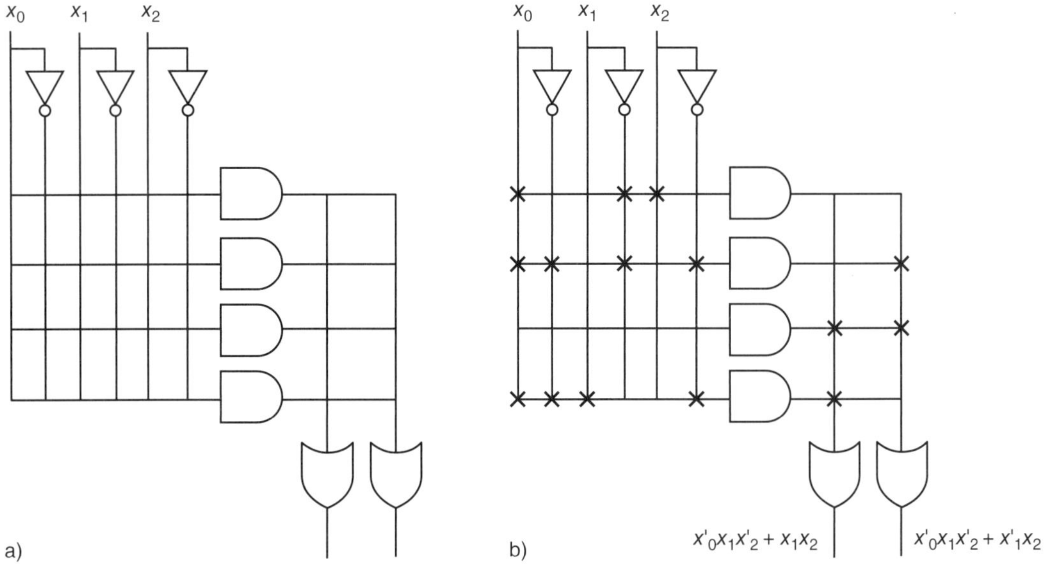

圖 10.4 a) 可編程的邏輯陣列；b) 重複使用了一個最小項的 PLA

高功能與彈性，PLA 與 PAL 晶片常常在一個晶片中置入多個陣列；兩種強化了的類型均通稱為**複雜可編程的邏輯裝置** (complex programmable logic devices, CPLDs)。

現場可編程的閘陣列

第三種 PLD 是**現場可編程的閘陣列** (field-programmable gate array, FPGA)，是以更改查詢表而非改變晶片內接線的方式來提供可編程的邏輯電路。

圖 10.5 表示典型 FPGA 中包含記憶體細胞與多工器的邏輯元件。多工器（標以 MUX）的輸入經過邏輯函數的輸入 x 與 y 的值來選擇成為輸出。這些輸入用於作為圖中以「？」標示的對應記憶體細胞所聯結的多工器的選擇訊號。因此儲存於記憶體細胞中的值就可以經由選擇成為多工器的輸出。

舉一簡單範例，思考第三章中介紹過的 XOR 函數。二輸入 XOR 的真值表表示於左方的圖 10.6a 中。而該表也已經編程入 FPGA 中如圖中右方所示。你應該可以看出真值表中的值與記憶體細胞中的值的直接對應關係。例如，當 y 訊號為高（邏輯 1），每一對記憶體細胞中下方的值就會被最左方那對多工器選擇。當 x 訊號為高（邏輯 1），被 y 控制的位置較低的多工器將被選擇，使得 x 多工器的輸出值成為邏輯 0。這個結果與真值表的內容相符：1 XOR 1 ＝ 0，而圖 10.6b 則表示 FPGA 對 AND 的編程。

FPGA 中的邏輯元件以某種包含交換器與聯結用的多工器的繞徑架構互相聯結在一起。一個典型的聯結方式稱為**島狀架構** (island architecture)，表示於圖 10.7 中。每一個聯結用的多工器與交換器方塊可編程來將一個邏輯元件的輸出

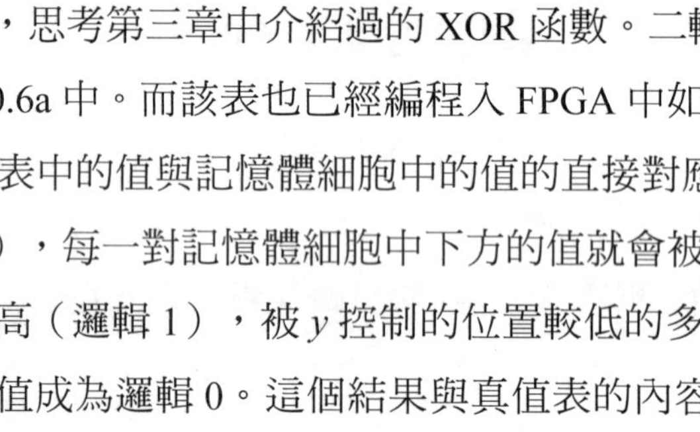

圖 10.5 現場可編程的閘陣列中邏輯元件的邏輯圖

x	y	x XOR y
0	0	0
0	1	1
1	0	1
1	1	0

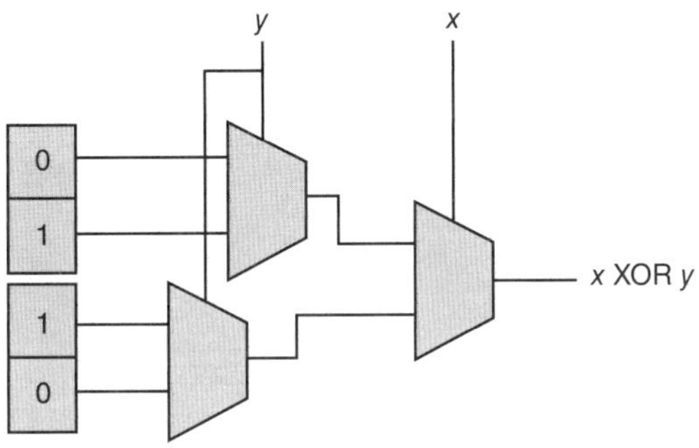

a)

x	y	x AND y
0	0	0
0	1	0
1	0	0
1	1	1

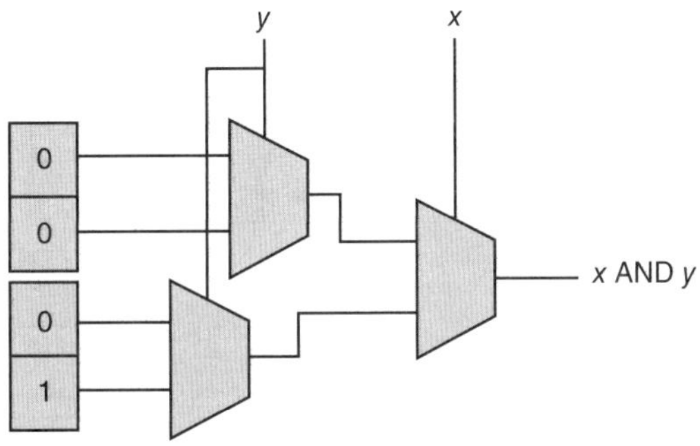

b)

圖 10.6 現場可編程的閘陣列的邏輯圖

連接到另外一個邏輯元件的輸入去。很大一部分的晶片面積通常大約 70% 是用於聯結與繞徑，這是讓 FPGAs 緩慢且昂貴的很多原因之一。

為了降低成本並且改善速度與功能性，有些 FPGAs 也配備了一些微處理器核。像這樣的晶片看起來似乎可以給予設計者各種最好的條件：微處理器可以執行它能作得最好與最快的一些功能；而在微處理器的功能性並不恰當時就可以將 FPGA 部分作編程來補其不足。此外，這樣的編程過程可以一再重複：FPGA 可以在線路除錯與調校效能的過程中持續作改變。

FPGAs 在非常多種應用中可以用合理的價格與可接受的效能提供各種邏輯功能。也由於 FPGAs 可以幾乎無限次數地重新編程，它們對客製化電路設計的原型製作方面特別有用。事實上 FPGAs 甚至於可以編程來重新編程它們自己！因為這個原因，很多人認為基於 FPGA 的系統是一種可以根據工作負擔的變化或者是元件失效的情況而動態地重新組構它們自己的新品種計算機裡頭的第一個例子。它們具有對運作於條件不利或高度風險環境中的重要嵌入式處理器提

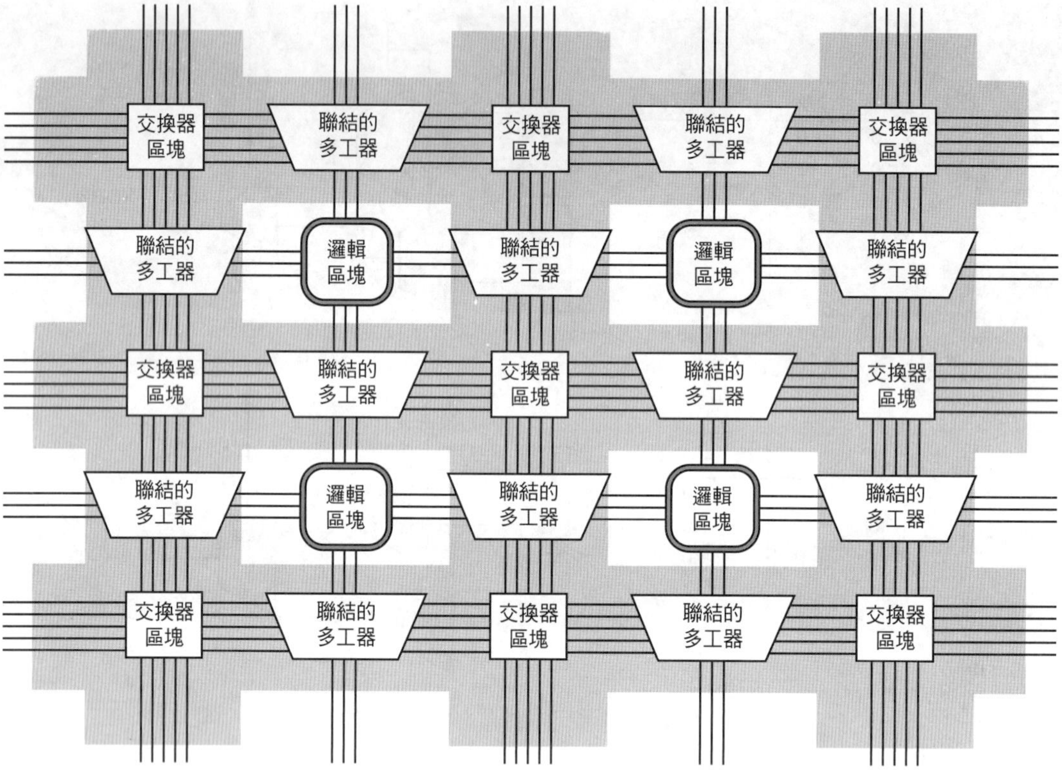

圖 10.7 「島狀」的 FPGA 結構

升可靠度層次的潛力。它們可以在人類無法接觸到——或無法夠快地接觸到它們來避免重大災難的情況下修復它們自己。

可重設組態的計算機

任何人都很難不去注意到我們的世界已經淹沒在各種電子的小裝置中。一個裝備良好的大學生可能攜帶了筆記型計算機、手機、個人數位助理、CD 播放機以及可能有一個電子書閱讀器。所以一個人要如何面對有這麼多電子裝置必須吃力地隨身攜帶？

衣飾製造商已經針對這個問題提供了服裝與背包上頭許多的專門用途的口袋。至少有一個服裝製造商已經做出了有內建的「人身區域網路」的服飾！

對於小裝置充斥這個問題的「工程解法」就是給予每個小裝置更大的功能性來減少它們的數量。而面對的最重大的挑戰就在於克服這些消費性電子產品的功率消耗與成本等限制所帶來的障礙。當然，筆記型計算機可以做到幾乎所有我們希望它做的事，但是代價是它的重量與很高的電耗。於是我們求助於可重設組態的電子設備：單一一個不昂貴的可以作為手機、PDA、照相機、甚至於音樂播放器，並且有很長電池壽命的電子裝置。

當然這個想法遠超過今日我們能力所能及。今天可重設組態的設備主要包含 FPGAs。今天的 FPGAs 太慢、太耗電，且大量作為消費性電子而言也太昂貴了。這個領域的研究有幾個方向：第一個方向是有關於 FPGA 晶片中繞徑的架構。在某些應用中有些拓樸已經證明較其他的更有效；最明顯的是線性的組態設定較適用於移位器，因為位元移位本質上是線性的運作。許多公司也正在研究三維的方式；這樣的拓樸將控制元件置於邏輯元件之下，能夠讓整個封裝更緊緻、路徑也更短。

另外一個與拓樸有關的考慮是晶片中不一致的訊號反應速度。流經繞徑結構中較長距離的訊號需要比那些經過較短距離的訊號更長的時間；這樣會拖慢整個晶片，因為似乎沒有辦法事前知道一個運作會用到的邏輯元件是位於較近處的或較遠處的，而時脈速度則受限於最糟的情況。電子設計語言的編譯器（見下文）中對 FPGA 設計的最佳化有助於這個方面的進展。

邏輯細胞中記憶體的功耗是 FPGA 研究中一個活躍的方向。這個記憶體通常是 SRAM，是揮發性的。這表示每一次 FPGA 在打開開關的時候都要設定組態，而設定組態的資訊則必須儲存於 ROM 或快閃記憶體中。各種非揮發性的記憶體已經被不同的且（就現在而言）對一般性的市場而言奇特的材料製作出來，而大量製造終將降低它們的成本。

還有一種可能是製作混合式，且包含這類裝置中各種功能都會用到的各個一般性電路的 FPGA 晶片。晶片中其餘的面積則可用於可以視需要而設定其組態或移除的特定功能的邏輯。

短期而言，可重新設定組態的電路可併用於特殊的應用，譬如手機通訊協定模組中。具有有彈性模組的手機可以在一個不同區域就會採用不同通訊協定的全國或國際手機電話網路中有效率地操作。這樣的想法不但當然對消費者的荷包很有吸引力，同時也意謂著在固體狀垃圾場裡發現的丟棄電話將變少，因而能改善這個越來越受重視的環境問題。

10.2.3 客製化嵌入式硬體

為了要為他們的產品在這個最大的市場中取得主導權，嵌入式處理器製造商在他們的晶片裡頭盡量放入了最多項功能。購買這些複雜且設計固定的處理器的主要缺失是晶片上的有些功能可能並無需要。沒有使用到的電路不但造成晶片運行緩慢，它們也會產生熱並耗用珍貴的電能。在具有明確目標的應用中，可編程的邏輯裝置也因為運行較慢及耗電較多而並不適用。簡言之，在某些情況中唯一合理的作法是製作完全客製化的**應用導向積體電路** (application-specific integrated circuit, ASIC)。

設計全客製化的 ASICs 需要有三個方面思考晶片的設計：從行為的方面，我們要明確地定義晶片應該具備的功能：如何根據哪些輸入來產生所需要的各個輸出？從結構的方面，我們要決定哪些邏輯組件可以造成所需的行為。從實體的方面，我們思考這些組件應如何放置在矽晶片上，以便最有效利用晶片面積同時又能縮減組件間連線的距離。

每一個方面都是一個獨特的問題領域，需要使用不同的一組工具。這些面向間的關聯性可以經由 Daniel Gajski 所設計的邏輯合成 Y 圖（圖 10.8）來清楚表示。

Gajski 的圖中三個軸每一個都標示出晶片設計的每一個面向的細緻程度。

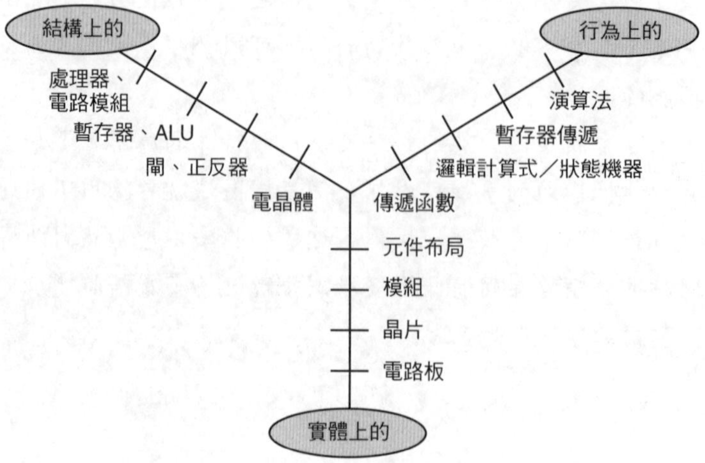

圖 10.8 Gajski 的邏輯合成 Y 型圖

舉一例，思考一個二進計數器，在最高的行為層次（演算法的層次）上計數器會將它的目前值遞增以產生新值。在下一個較低層次上，我們瞭解要作出這種功能則必須使用某種暫存器來保存計數器的值。我們以暫存器傳遞敘述如 AC ← AC + 1 來說明這個觀念。

關於結構方面，我們指出暫存器應該有的大小。暫存器中包含邏輯閘與正反器，它們都是由電晶體構成。要做出計數器的矽晶片，每一個儲存細胞應該要以最佳利用晶片空間的方式擺放及連接。

直接以人工來合成邏輯組件只有對相當小的線路是恰當的。今天的 ASICs 動輒包含數十萬個閘與數百萬個電晶體。這樣的晶片其複雜度已超出人類所能掌握。已有各種工具與設計語言可以幫助處理這種複雜度，但是持續增加的閘密度迫使設計的過程必須再增加更高層次的抽象化。這些工具中有一種是**硬體定義語言** (hardware definition language, HDL)。硬體定義語言讓設計者只需在演算法層級上清楚描述電路的行為；設計者不需要以閘與其間接線的方式思考電路，而只需要對變數與控制的結構透過類似第二代或第三代程式語言的方法來描述它。HDL 的源碼並不會被轉換成一系列的二進形式機器碼，而是被轉換成稱為**聯結網清單** (netlist) 的閘與連線的完整規格。聯結網清單對最終要產出矽晶片布局的軟體而言是恰當的輸入形式。

HDLs 已經存在了數十年。它們之中最早的一些是晶片製造商私有的語言。其中的一個語言是由 Gateway Design Automation 於 1983 年設計出來的 **Verilog**，直到二十世紀末它已成為這方面兩個領導的設計語言之一。1989 年 Cadence Design Systems 併購了 Gateway，並於次年將 Verilog 放置於公開的領域中。Verilog 於 1995 年成為 IEEE 的標準，其最新的版本是 IEEE 1364-2001。

Verilog 由於採用了 C 程式語言的格式而被認為是一種容易學習的語言。因為 C 是常常用來撰寫嵌入式系統軟體的語言，工程師可以相對容易地在撰寫軟體與設計硬體之間來回悠遊。Verilog 以兩種抽象化的層次來產出聯結網清單：較高的層次是暫存器轉移層次 (RTL)，使用類似 C 語言程式的結構，其中的變數則代之以暫存器與訊號；必要時 Verilog 也能夠以閘與晶體的層次來建構電路。

第二個具主導性的 HDL 是 **VHDL**，它是 Very high-speed integrated circuit) Hardware Design Language 的縮寫形式。VHDL 是由 U.S. Defense Advanced Research Program Agency (DARPA) 一個於 1983 年委託給 Intermetrics、IBM 與 Texas Instruments 的合約所產出的。該語言於 1985 年 8 月推出，並於 1987 年成為 IEEE 的標準。它的最新的版本是 IEEE 1097-2002。

VHDL 的語法與 Ada 程式語言相似，該語言曾經一度是任何的國防部計畫中唯一允許使用的語言。VHDL 以高於 Verilog 的層次來描述電路。與 Ada 類似，這是一個強烈具有類型並允許使用者定義類型的語言。與 Verilog 不同的是，VHDL 支援同時的程序呼叫，這對多處理器設計是必要的能力。

一直以來，VHDL 與 Verilog 越來越努力想要跟上 VLSI 技術的進步。但是要用這兩個語言來描述並測試新近的數百萬閘的電路非常繁瑣、容易發生錯誤而且成本高昂。不過越來越明顯地，晶片設計中抽象化的層次一定要再度提高來允許設計師將更多注意力放在思考功能性、處理流程與系統上，而不應是專注在閘、訊號與接線上。已經有好幾個系統層級的設計語言被提出來用以填補這個需求的不足。它們之中已經逐漸形成兩個突出的語言正在互相競爭：SystemC 與 SpecC。

SystemC 是由 C++ 延伸而來、並且包含了專為處理嵌入式系統中描述時間關係、事件、反應行為與並行性的類型 (classes) 與程式庫。它是結合了多家電子設計自動化 (electronic design automation, EDA)（按：這個名詞長久以來已經被當成專有名詞使用）與嵌入式系統公司努力的成果。其中最有影響力的參與公司有 Synopsys、CoWare 與 Frontier Design。他們幾乎獲得這個行業裡所有其他主要公司的支持。還有一個業界與學界專家組成的稱為 the Open SystemC Initiatives 的協會也會協助這個語言的演進與推廣。

SystemC 設計的主要目標是創造出一種不受限於架構並應該可以在電子設計族群中廣為散播且受支持的規格描述語言，因此任何人只要同意 SystemC 授權的條款就可以下載這個語言的源碼與必要的類型程序庫。任何合乎 ANSI 要求的 C++ 編譯器也能產出 SystemC 的可執行模組。

SystemC 以兩個層次描述一個設計：在最高的層級中只需規範電路的功

能；透過這樣的規範即足以產出數套模擬測試（的程式或數據）與聯結網清單。如果需要更細節的內容，SystemC 也可以以功能敘述或是 RTL 的形態來產出硬體實作層級的系統或模組。

SpecC 是引起 EDA 業界關注的另一個系統層級的設計語言。SpecC 最初是在 University of California at Irvine 由 Daniel Gajski、Jianwen Zhu、Rainer Dömer、Andreas Gerstlauer 與 Shuqing Zhao 所開發的。它從那個時候開始就在由多位學術與工業領導人組成的 SpecC Open Consortium 的監管之下。SpecC 的編譯器與相關工具及文件可以在 SpecC 網站中找到。

SpecC 語言與 SystemC 在兩個基本的方向上不同：首先，它是由 C 程式語言修改來配合嵌入式系統設計的需要而得。使用 SpecC 的設計師發現他們的目標並不能簡單地經由加入程序庫而可達成（使用 SystemC 也是如此）。

SpecC 與 SystemC 的第二個——也是最明顯的——不同是 SpecC 也在套件中加入了一個設計方法論。這個方法論可以引導工程師經由四個面向來進行系統開發：規格、架構、通訊通路與實作。

的確，使用這幾種系統層級規範語言中的任何一個都必須採用與過去數十年來設計嵌入式系統的設計方式稍有不同的方法。傳統的方法一般是遵循圖 10.9 中所表示的過程，處理的流程如下：

- 依據由設計師對於要裝設該嵌入式系統的產品功能描述推導出詳細的規格。在這個階段，市場部門可以提供根據顧客反應的產品改善方案。
- 根據上述規格以及銷量預估，工程師決定應該採用現成的處理器或者另外做出客製化的處理器。
- 下一步是將系統區分成硬體部分與軟體部分。思考的因素是有哪些可用的智財設計，以及所規劃的處理器會用到多少記憶體與功耗。
- 完成系統化；一般性的軟體與深入的硬體設計於是展開。軟體設計可以進行到不致受完成後產品的底層機器架構所影響的程度為止。在底層機器的結構確定以後，程式撰寫也可以接著完成。
- 可能會有一個硬體原型製作出來以便讓軟體於其上測試。如果無法製作原

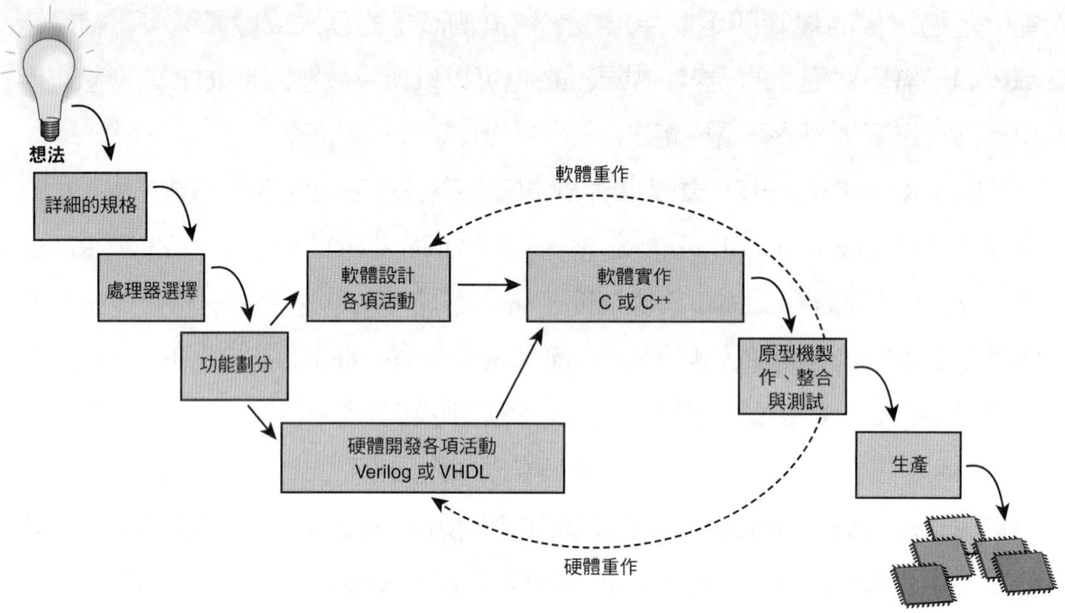

圖 10.9 傳統的嵌入式系統設計過程

型，則可以改採完整處理器的軟體模擬的方式。整合測試通常包括作出包含在處理器執行程式時每一根處理器接腳上訊號的二進狀態的測試數據向量。模擬形式的測試會在模擬器中花費許多個小時的執行時間，因為新處理器上的每一個時脈過程都需要使用測試向量作為一個複雜程式的輸入與輸出來進行模擬。

- 在所有人都對測試滿意以後，確認了的設計就會送往製造單位來產出完成的微處理器。

不論如何，這都是事情應該進行的方式。不過也不一定是永遠如此：圖中反向的箭頭表示兩條在發現錯誤之後可以採行的路徑。由於硬體與軟體是由兩個不同的團隊進行開發，很容易發生關鍵的功能被忽略或者需求被誤解的事情；對需求的誤解還可能會在整個流程中蔓延，導致製作步驟完成之後必須重新設計。在最壞的情形下，設計瑕疵在處理器放置到最終產品中之後才被發現。這麼晚才發現的錯誤修正起來不論是在重啟硬體或軟體或兩者的設計方面，還是在錯過市場時機方面，都是極端昂貴的。

現在晶片的複雜度已經是以指數的型態遠超過當初 Verilog 與 VHDL 發明時候的情況。傳統嵌入式系統開發的方式已經是越來越容易出錯，而且更不適用於今日短促的產品開發時限的趨勢。具有處理器加持的消費性產品會在因為處理器設計時程延誤造成上市時間延後的情況下喪失競爭優勢。這個情形導致不使用複雜處理器的類似產品主宰了市場，直到更複雜的產品出現為止。為了要讓有處理器加持的產品的製造商保持競爭力，很明顯地嵌入式系統的設計方式必須改變。像 SystemC 與 SpecC 這些系統層級的語言就是促成這項改變的因素。這些語言不但提高了設計中抽象化的層級，它們也將傳統嵌入式處理器開發計畫中許多惱人的障礙去除。

在傳統設計的生命週期中第一個存在的限制是開發團隊並不都使用相同的語言。「有想法的人」以一般口語陳述他們的需求。根據他們的需求，會有一個結構性的系統層級設計產出。接著規格會被轉換成 Verilog 或 VHDL 形式以進行硬體設計。然後硬體設計會轉交給「配合不太緊密的」軟體設計師，而他們通常以 C、C++ 或組合語言進行工作。在這個脫節的處理過程中多次的來回可能會導致程式設計以至少兩種不同的語言重新進行。

在整個處理器的設計過程中，如果每一個人都使用相同的語言，而且如果每一個人基於相同的模型進行工作，事情會變得輕鬆許多！的確，SystemC 或 SpecC 提供的最大好處之一就是它們都能夠呈現一個一致的高層次的系統概觀。這種一致性造成了**共開發** (codevelopment)，讓硬體與軟體可以同時進行設計。於是產品設計週期可以大大縮短，並且處理器設計的品質也同時獲得改善。

順暢的共設計 (codesign) 方法中的生命週期表示於圖 10.10 中。圖中可以看出步驟數已較少：

- 一個系統層級的處理器模擬工作根據輸入、輸出與其他由詳細的規格所導出的限制以 SpecC 或 SystemC 的形式制定。這是系統的**行為模型** (behavioral model)。行為模型可以驗證設計者對處理器功能的瞭解程度。這個模型也會被用於驗證完成後的設計行為。

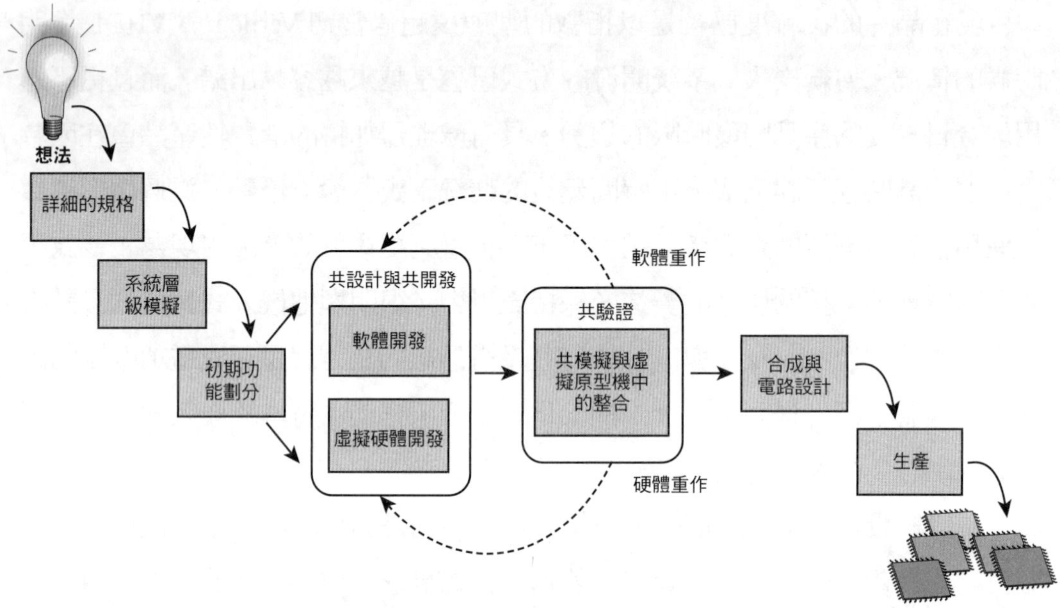

圖 10.10 嵌入式處理器共開發

- 接著在系統**共設計階段** (codesign phase) 中，軟體開發與虛擬硬體開發經由逐步對系統規格作分割與改善來同時進行。分割的決定中包含了一些常見的考慮，包括時間與空間的取捨。不過因為在這個時候只會模擬硬體的設計，分割這件工作就成為持續變動的活動而不是為了提供一個（相當）固定的硬體原型、並且要求軟體配合著進行開發。
- 在每個改善步驟中系統的行為模型都會被用來與模擬的處理器在一個稱為**共驗證** (coverification) 的過程中作比對。因為硬體設計在這個時候是最終產品的建模與模擬的形式，因此修正設計可以非常迅速。另外因為開發團隊間的密切關係，反覆進行的次數通常可以降低。
- 一旦程式撰寫與虛擬硬體模型完成之後，它們的功能可以使用一個虛擬的處理器模型同時進行測試。這個動作稱為**共模擬** (cosimulation)。
- 在硬體與軟體兩者的功能性都經由與原始行為模型作比對驗證之後，就可以合成出聯結網清單並且進行電路布局與製作。

雖然 SystemC 與 SpecC 是最早的兩個語言，它們不會是系統層級發展語言裡最後的一個。將 Java 與 UML 修改來滿足這個目的的努力也正進行中。支援工具的製造商與他們的客戶將會決定這些語言誰會勝出。明顯地，只能以 VHDL 或 Verilog 設計電路的時代正在結束。另外如果對標準語言是哪一種能夠獲得共識，則各種具有智財權的設計就可以很經濟地流通。製造商應該不再需要冒選擇哪一種單一設計語言的風險，也不再需要負擔支援好幾種語言的花費。精神應該用在發展更好的設計上，而不是將設計在不同語言之間作轉換。

嵌入式系統的各項取捨

設計一個全客製化晶片這種昂貴的工作只有在沒有現成的晶片能夠具備所需的功能性、功耗條件或者速度——或是已經有了這樣的晶片但是卻貴得不合理——的情況下才應該採用。

由於嵌入式系統是以其他產品中一個不會被注意到的部分進行銷售，要設計或者購買的決定很少能不經過大量市場分析就作成。兩個問題在決定中影響重大：產品預期的市場需求是如何？以及製作客製化處理器會花上多少時間才能將產品上市？

雖然設計製造一個處理器極端昂貴，在量很大時經濟的規模可能傾向於客製化的作法。這個觀念可以用下面的處理器成本公式表示：

全部的處理器成本 = 固定成本 + （單位生產成本 × 單位數）

固定成本是無法回收的工程 (non-recurring engineering, NRE) 花費，包括設計與測試處理器、產生光罩與生產的準備等。單位生產成本是在生產準備完成後生產每一個單位所需要的費用。

舉例而言，假設我們從事的是視訊遊戲事業。如果將於六月上演的電影版的 Gulliver's Travels 預期會掀起一個最熱門的新遊戲熱潮（遊戲的方式是控制小人國人們的滑稽動作）。我們的銷售人員相信如果即時推出我們的遊戲，銷量可達 50,000 個單位，並且可以將定價標成每單位產生 $12 的利潤。根據先前經驗，我們知道這種產品的全部 NRE 支出會是 $750,000，而且每生產一個處理器將會花費 $10。因此這些遊戲機處理器的全部成本是：

遊戲機處理器單位成本 = $750,000 + ($10 × 50,000) = $1,250,000

另一個方法是不客製化地生產處理器，而是去購買一個稍慢而且每單位稍貴的處理器。如果這些處理器以一批 10,000 個的方式購買，則每單位成本是 $30，則遊戲機中所有處理器的總成本是：

$$\text{遊戲機處理器單位成本} = \$0 + (\$30 \times 50{,}000) = \$1{,}500{,}000$$

因此客製化設計的方法在所有處理器的成本上可以節省 $250,000。這表示我們可以將顧客的購買價格降低，或增加每單位利潤，或是同時考慮兩者。

很明顯地，我們的成本模型是根據銷售 50,000 個單位的假設而設計的。如果這個假設正確，則選擇應該很明顯。不過我們沒有考慮的一件事是因為製作處理器而拖長了的上市時間。

如果市場部門做出了月份銷售量預測如下表所示。根據他們對電影主題遊戲的經驗，銷售人員知道有一些遊戲機會在電影上映前就賣出；銷售量會在電影上映後的一個月之內達到高峰；而之後的六個月則平穩地下降。

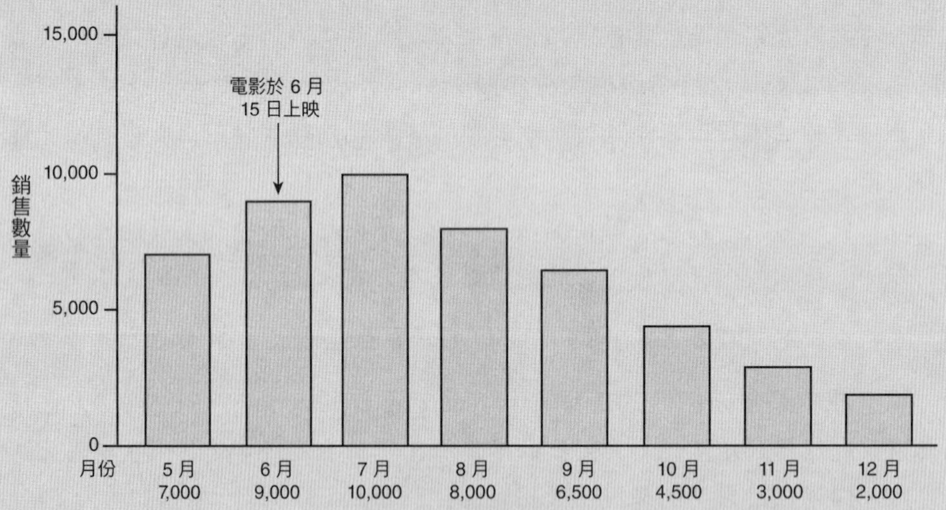

月份遊戲機銷售預估

如果要銷售 50,000 個單位，產品必須於 5 月 1 日在商店裡上架。如果設計與生產客製化的處理器造成錯過五月份商品推出達三個月或更久，則最好的作法應該是使用單位成本更高效率也較差的現成處理器。

上述（極端）簡化的例子說明了當產品推出的時機對利潤有絕對關聯性時的取捨。另一個選擇現成處理器或 FPGA 的理由可能是在銷售數據不明朗時，也就是說如果市場需求不明朗，則使用標準零件而不投入客製化處理器的 NRE 花費以盡量降低最初的投資是有道理的。如果產品證明可以熱銷，則之後再推出可能造成更高銷量並改進的新產品機型（包含一個較快客製化的處理器）所需的 NRE 花費就合理了。

10.3 嵌入式軟體概論

由於虛擬記憶體與處理器 gigahertz 的時脈速度，一般性應用的程式師通常不需要太過關注執行程式的硬體。此外，當他撰寫應用程式時，使用的可能是 C 或 Java，通常只有在接到一些使用者抱怨之後才會處理效能相關的問題。有時候問題可經由調整程式碼來解決；有時候則可經由在執行這個緩慢程式的機器中加入硬體元件來解決。嵌入式系統的程式師一般只能以組合語言來撰寫程式，而且不能享有事發之後才作效能調整的這種奢侈：效能方面的問題一定要在消費者使用這個程式之前找出來並修正；使用的演算法與執行程式的硬體密切相關。簡言之，嵌入式系統編程需要有不同的思維，而且需要深切瞭解程式在哪裡以及如何被執行。

10.3.1 嵌入式系統記憶體組織

嵌入式系統的記憶體組織在兩個主要方向上與一般用途計算機的記憶體組織相異。第一，嵌入式系統少有採用虛擬記憶體的。這一點的主要理由是大多數嵌入式系統都是執行有時間限制的工作。恰當的系統運作需要所有動作都在明確定義的時間區間內進行。因為虛擬記憶體存取時間可以差異到十的數次方之鉅，如此的時間模型對嵌入式系統的製作上變成無法接受地不可確定。還有，虛擬記憶體頁表的維護會耗用珍貴且可以作更有價值事情的記憶體與機器週期數。

第二個明顯的嵌入式系統記憶體特徵是各形各色且差異極大的記憶體架構。不像一般系統的程式師，嵌入式程式師永遠要瞭解可以使用的記憶體的型態與容量。一個嵌入式系統中可以包含隨機存取記憶體 (RAM)、ROM 與快閃記憶體。記憶體位址空間並非永遠是連續的，所以有些記憶體位址可能是無效的。圖 10.11 表示一個代表性的執行環境，其中包含好幾個事先定義好的位址區塊。保留的系統記憶體空間包含保存各個插斷服務程序 (ISR) 位址的插斷向量。ISR 程式會在有訊號在控制處理器有關聯的接腳上發生而必須作反應時被啟動（程式師則不能決定哪一根接腳與哪一個向量連動）。

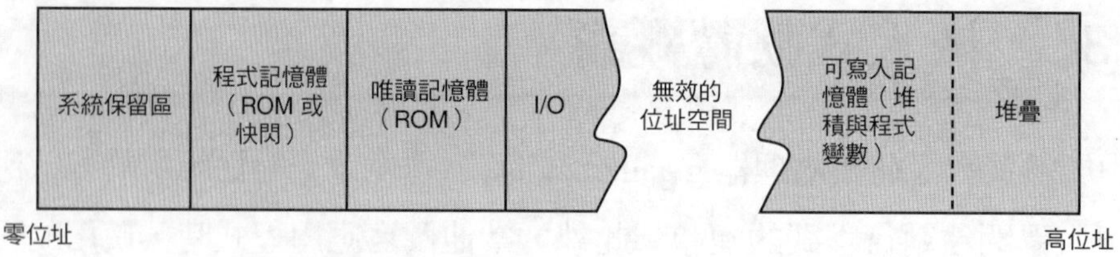

圖 10.11 嵌入式系統記憶體模型

也請注意：這個記憶體空間區分了程式記憶體、可寫入數據記憶體與唯讀記憶體。唯讀記憶體包含嵌入式程式需要用到的常數與文字。由於小型嵌入式系統通常只執行一個程式，常數可以儲存於 ROM 中以保護它們不會被意外地覆蓋掉。在許多嵌入式系統中，設計者決定如何放置程式碼以及程式碼應該置於 RAM、ROM 或快閃記憶體中。堆疊與堆積往往會置於靜態 RAM 中來避免對 DRAM 重新恢復（刷新）內容時花費的週期。嵌入式系統也許會或不會使用到堆積。有些程式設計師因為基於避免使用虛擬記憶體相同的理由：將記憶體清除乾淨帶來的額外負擔會導致無法預期的存取延遲，因而完全避免動態記憶體配置。更重要的是：清除乾淨記憶體這件事應該要例行性地進行以避免堆積空間不夠用的風險。嵌入式系統記憶體流失的處理是很嚴肅的一件事，因為有些系統可能經年累月地運作而沒有機會重新開機。如果沒有特別地去清除或重開機，即便是最少的記憶體流失最終也會消耗掉整個堆積，造成系統可能發生後果嚴重的毀損。

10.3.2 嵌入式作業系統

簡單的微控制器主要是執行單一、複雜度只有從低到中等的應用。因為這樣，微控制器並不需要程式能力所及之外的工作或資源管理。隨著嵌入式硬體能力的不斷提高，嵌入式的應用也變得更多樣化且複雜。今天的高階嵌入式處理器能夠支援多個同時的程式。如第八章中曾經說明的，如果不具備作業系統一般都會提供的複雜多工與其他資源管理能力，則將很難發揮現在這些強而有力的處理器的能量——但是並非所有作業系統都是如此。嵌入式作業系統在兩個主要方面與一般用途的作業系統有差異：首先，嵌入式作業系統允許（應用程式作）直接的硬體控制，不像一般用途的作業系統其目標是防止這類事情發生。第二而且更重要的，嵌入式作業系統的反應能力 (responsiveness) 必須明確定義並且讓使用者清楚瞭解。

嵌入式作業系統並不一定需要是即時的作業系統。在第八章中我們曾經提到有兩類即時系統：「硬」即時表示系統反應必須在嚴格規範的時間參數下進行。「軟」即時系統則有較寬鬆的時間限制，但是其仍需在所處的環境中於明確定義的時間範圍內作出反應。

只與人類作互動來進行工作的嵌入式設備，在時間要求上並不會比一般桌上型電腦的更為嚴格。手機或 PDA 遲緩的反應讓人惱怒，但是通常也不是很嚴重的事。然而在即時系統中，反應能力卻是決定它的行為是否正確的必要因素。簡言之，如果一個即時系統的反應慢了，就等於是它錯了。

評估即時作業系統時兩個最重要的評估參數是程序切換時間與插斷延遲。**插斷延遲** (interrupt latency) 指的是從發生插斷請求到執行插斷服務程序中第一道指令的經過時間。

插斷處理是即時系統設計的重心。程式師必須恆記在心，插斷可以在任何時候發生這個事實，即便是其他非常重要的動作正在進行時也是一樣。因此如果一個最高優先度的使用者緒正在執行的時候發生了一個高優先度的插斷，作業系統應該怎麼辦？有些系統會繼續處理使用者緒，同時將插斷保存在貯列中直到使用者緒處理完成為止。這個方法視應用與硬體的速度，而可能或可能不會造成問題。

在硬即時的應用中系統一定要立刻對外部事件作出反應。因此硬即時排程器一定要是先占式 (preemptive) 的。最好的即時嵌入式作業系統可以允許寬鬆範圍的工作與插斷優先度的指派。不過優先度反轉（按：也就是先執行優先度低的工作）卻可能造成問題。緒的優先度反轉發生於高優先度工作需要由優先度較低的工作來提供服務的情況中，或是當低優先度的工作擁有一個高優先度工作需要使用才能完成運算的某項資源時。一旦這種情形發生，高優先度的工作除了等待低優先度工作完成以外，無計可施。可以想像的是系統將會進入死結。有些嵌入式作業系統以優先度繼承的方法處理優先度反轉：一旦發現這種情形，就把所有競爭中的工作優先度都設成一樣，以便它們都可以完成。

第二類的優先度反轉與插斷有關。在處理插斷的時候其他插斷可以被禁止，如此可以防止稱為**插斷巢狀化** (interrupt nesting) 的情形，這是指插斷服務程序可以又被插斷以處理其他插斷請求，嚴重的話可能會造成堆疊滿溢。這種作法會使得這個問題發生於當一個高優先度的插斷請求出現在處理低優先度插斷的時候：如果將插斷禁止，高優先度的插斷請求就會先被存放在貯列中直到低優先度插斷服務程序的處理完成為止。高等級的系統可以允許插斷巢狀化，會辨認高優先度插斷的發生並且暫停低優先度插斷服務程序。

在考慮反應能力之後，選擇作業系統時下一個最重要的考慮通常就是記憶體足跡。採用小型有效率的作業系統核心就表示在每個設備中需要設置的記憶體較少。這在成本的考慮上就等於是權衡作業系統授權費用與記憶體晶片價格。如果記憶體昂貴，就值得支付小型、最佳化作業系統的額外授權費。如果記憶體非常昂貴或者其大部分是必須用來儲存應用程式的，則值得以人工撰寫全客製化的作業系統。如果記憶體便宜，則較大且具有很好工具支援的作業系統可能是較佳的選擇。

嵌入式作業系統廠商將他們的系統盡可能地模組化，以便達成平衡提供多功能或小足跡兩個方向的目標。核心通常包含排程器、程序間通訊管理器、基本 I/O 功能以及一組保護機制如旗標等，甚至於一些其他功能。所有其他作業系統的功能例如檔案管理、網路支援與使用者介面都只是可選配的；如果不需要就不必安裝它們。

在選擇作業系統的時候，其遵循各項標準的程度也可能非常關鍵。最重要的標準之一是 IEEE 1003.1-2001 可攜式作業系統介面 (Portable Operating System Interface, POSIX，讀音是 paw-zicks)，這是一個標準化的 UNIX 規格，現在也包含了即時特性方面的延伸。POSIX 即時規格中包含有如何提供計時器、訊號、共用記憶體、排程與互斥 (mutexes)。與 POSIX 相容的即時作業系統必須將這些功能經由標準所規範的各項介面來製作。許多主要嵌入式作業系統製造商都為他們的產品向 IEEE 取得符合 POSIX 規範的認證。這項認證在與美國政府與軍隊有合約關係的工作中是一定需要的。

可以選擇的嵌入式作業系統至少有數十種，其中最常用的是 QNX、Windows 8 Embedded 與 Embedded Linux。QNX 是其中最有歷史的，記憶體足跡也是最小的，大小不到 10 kilobytes。QNX 符合 POSIX，並且可安裝 GUI、檔案系統與包括 PCI、SCSI、USB、各種串列埠與平行埠的 I/O 系統與網際網路通訊能力。在過去超過二十年中，QNX 被用在 PowerPC、MIPS 與 Intel 架構上管理科學與醫學相關的系統。

Linux 自始就符合 POSIX，但是因為它不具備先占式排程器，因此（不作修改的話就）不適用於硬即時系統。在 2003 年九月 Linus Torvalds 與 Andrew Morton 推出 Linux 核心的版本 2.6，版本中包含一個更有效率的先占式排程演算法。核心中有一些程序（也就是系統呼叫）是可以被先占的。虛擬記憶體可以選擇性地安裝（而許多嵌入式系統設計師不會安裝它）。它僅具基本功能時的最小足跡只有 250KB，全功能的版本則需要 500KB。在 Linux 核心範圍以外幾乎任何東西都可以安裝——甚至於是對鍵盤、滑鼠與螢幕的支援。嵌入式 Linux 可用於每一個主要處理器，也包括好幾個常用的微控制器，的架構上。

Microsoft 提供了數個嵌入式作業系統，每一個都針對不同等級的嵌入式系統與可攜式裝置。與過去不同的是，這個 Windows Embedded 套組不但支援 x86 等級的處理器，也支援 ARM 處理器。加入對 ARM 的支援能力是保持 Microsoft 在這個競爭場合中具有競爭力的關鍵之舉。Microsoft 在嵌入式領域巨大的投資已經在市場上產出了一系列令人感覺頭暈目眩的產品與授權條款，提供的項目包括以下這些：

- **Windows Embedded 8 Standard**，是一個模組化的 Windows 8 版本，容許設計師針對任何特定應用只選用需要的功能。可選擇的功能包括網路聯結、多媒體支援與安全。
- **Windows Embedded 8 Pro**，是一個完整的 Windows 8 版本，並且有修訂過的適合嵌入式市場的授權模式。
- **Windows Embedded 8 Industry**，是一個特別為零售、金融服務與客服工業的需要修改過的 Windows 8 版本。針對銷售點設備、品牌推廣與安全提供了強化的支援。

- **Windows Phone 8**，是一個精簡的、具有針對支援 Windows 電話平台功能的 Windows 8 版本。
- **Windows Embedded 8 Handheld**，是一個 Windows Phone 8 專為工業手持式裝置譬如掃描器與生產控制產品等所修改的版本。
- **Windows Embedded Compact 2013**，是一個 Windows 8 的模組化且甚至於比 Windows 8 Compact 更有效率的版本。完整的這種作業系統一般就是儲存在 ROM 上。
- **Windows Embedded Automotive 7**，是一個 Windows 7 Compact 特殊化且專門為了汽車應用所設計的形式。

如果不是運作在高度資源受限的應用中，Windows Embedded 8 系列可以為傳統軟體開發人員提供容易轉換入嵌入式領域的環境。開發人員已經很熟悉的這些工具，譬如 Visual Studio，可以不經修改地使用於 Windows Embedded 8 開發工作中。於是 Microsoft 開啟了讓許多傳統應用可以移植到移動式環境中的門，而門後面的這個空間在此之前都被 Android 與 iOS 所主宰。理論上基於 Windows 的嵌入式產品應該可以較其他競爭系統更快上市，因為 Windows 工具可以使得程式撰寫更為容易。更早上市意謂著金流更早開始；這也表示有更多資金可用於記憶體晶片與作業系統授權費用。當然，成本模型從來就不是那麼簡單而已。

另一個在嵌入式系統中廣受採用的作業系統是 MS-DOS。雖然它從來不是想要用來支援即時的硬體，卻能夠提供許多應用中需要對底層硬體的恰當控制能力與反應能力。如果不需要多工處理的話，它那很小的記憶體足跡（大約 64KB）與低廉的授權費用使得它成為非常有吸引力的嵌入式作業系統選擇。另外，因為 MS-DOS 已經存在很久了，工具與驅動程式的支援非常完整。畢竟，如果越來越沒有舞台的桌上型處理器找到了新生命，理所當然地它們的作業系統也可以因而跟著找到新的出路。

10.3.3 嵌入式系統軟體開發

一般性應用程式的開發常常是一個高度來回往復的過程。原型製作一些最成功的開發方法會像是向系統的使用者提供產品的已經能夠相當程度運作的實物模型，來讓他們審閱與評論的過程；接著根據使用者的意見進行原型修改並再次讓系統的使用者審閱評論。這個過程可能會一再重複若干次。這種方法如此成功的原因是它終將產出一組明確的且可以以恰當方式表達，以利軟體製作的功能性需求。

雖然來回往復的方法適用於一般性應用的開發，嵌入式系統開發卻需要更為嚴格且線性的開發過程。在硬體或軟體的工作開始之前，一定要非常詳盡地列述所有功能性需求。為了這個目的，正規語言在規範嵌入式程式的行為上非常有用，因為這類語言明確且便於測試。此外，不同於在一般性的應用中可以容忍稍微的時程延宕，嵌入式開發的時程一定要小心地規劃與監控，以確保軟體開發可以配合硬體開發的時程。不幸的是即使是最嚴謹的開發工作，還是會出現一些需求被忽略、造成程式發展過程中最後階段令人慌亂的「危機時刻」。

對複雜的一般性應用的軟體開發通常需要進行工作劃分，以便委託給好幾個由程式師組成的團隊。如果不將工作劃分，則對一個大型計畫幾乎沒有機會能夠符合時程。如果系統與它的模組能夠恰當地經過分析與規範，則通常不難決定哪一個模組應該指派給哪一個團隊。

相反地，嵌入式軟體難以劃分成適合數個團隊合作的多個區塊。許多嵌入式程式在系統啟動後立刻開始執行主程式。之後程式在一個大迴圈中不斷地執行與輪詢可能由外部事件觸發的訊號。

長久以來嵌入式程式師不斷爭論的一個議題，是有關全域變數與非結構性程式碼的使用。你或許知道全域變數是程式中定義了名稱並且在任何位置都可存取的記憶體空間。使用全域變數的風險是它的副作用：它們也許會因為程式執行路徑的各種可能性而在程式師預料之外被更動了。使用全域變數時，基本上我們無法確知在任何時刻變數的值應該處於哪種狀況。

而全域變數帶來的好處則是效能。如果一個變數的範圍限制在特定程序或函數內，則每當這個子程式被啟動，就需要在程式的名稱空間中產生這個變數。這項工作在一般用途系統中只會產生可忽略的執行時間延遲；但是如果每一個時脈週期都要小心計算時，那麼產生區域變數的額外負擔就可能是個問題。這情形在函數或副程式為了例如處理例行性的事件而經常被呼叫時，會變得特別明顯。

支持在嵌入式系統中使用全域變數的人往往也是傾向於使用非結構性（義大利麵式的）程式碼的人。結構良好的程式會呈現一條主要執行路徑來呼叫一連串的程序或函數，這些程序或函數可能又會呼叫更多的程序或函數。在10.2.1 節中的程式片段就是一個結構良好的程式主要執行路徑的範例。在非結構性的程式碼中，大部分——如果不是全部的話——模組的碼都位於程式的主程序迴圈中。非結構性的程式碼以分支 (goto) 敘述而非呼叫模組的方式來控制程式的執行。

非結構性程式碼的困擾是它可能很難維護。這在程式很大並且包含許多分支敘述時特別明顯。在這種情形下很容易犯錯，特別是如果沒有很好的方法可以辨識經過任何特定的碼區塊的執行路徑時。一個碼區塊如果有多個進入點與多個離開點，將會是除錯人員的惡夢。

非結構性嵌入式程式編程的支持者指出副程式呼叫會引起很大的額外負擔。返回位址需推入堆疊中，副程式位址需由記憶體中取出，區域變數（如果有的話）需要產生，然後返回位址需要由堆疊中爆出。還有，如果程式位址空間很大的話，副程式與返回的地址可能占用數個位元組，在呼叫的開始與結束處都需要多次堆疊推入與爆出。看到這些事情之後，你一定不禁懷疑限制真的那麼大的話，為什麼不改而使用更好的處理器呢？軟體工程的直覺會促使我們去尋找一些不是全域變數或是義大利麵式編碼的方法來幫助我們將效能最佳化。

嵌入式程式師最大的挑戰之一是如何處理事件。不同事件可能隨時以各種次序發生，基本上也不可能測試所有可能的事件順序。即使在成功處理多個事件後，下一個事件到來時仍一定有失敗的風險。因此嵌入式系統設計師會小心規劃正規的測試計畫，以便進行嚴謹與深入的測試。在可能的範圍內，產品在上市之前一定要確認它的運作恰當。要修補標準桌上型軟體的錯誤已經夠困難了，如果要修補可能為數數百萬而且它們的位置都可能無法追蹤的裝置上面的軟體，那就幾乎是不可能了。

對嵌入式系統進行除錯時通常要比設定幾個斷點與逐步執行做得更多。的確，如果懷疑事件的時間關係是問題的話，逐步執行可能不是處理問題的最好方法。因此許多嵌入式處理器中含有整合在內的除錯電路，以幫助我們瞭解晶片中的實際動作。Motorola 對它的嵌入式處理器提供**背景除錯模式** (Background Debug Mode, BDM)。BDM 的輸出可以利用一個特殊的「n-wire」接頭連接到一個診斷系統。IEEE 1149.1 Joint Test Action Group (**聯合測試行動團體**，JTAG) 介面則是經由一個序列且連結到晶片上所有欲測試的點的迴路來對訊號採樣。Nexus (IEEE-5001) 是特別為汽車系統設計的除錯器。而對嵌入式軟體除錯的人常常會發現：他們使用示波器與邏輯分析儀的機會與他們使用傳統軟體除錯工具的機會差不多。

電路中的擬真器 (in-circuit emulator, ICE) 在很多緊要的時機幫助過許多嵌入式系統設計師。ICE 是一種整合了包括微處理器執行控制、記憶體存取、讀寫與即時軌跡記錄等功能的測試儀器。它含有一個微處理器、影子記憶體 (shadow memory) 與控制其本身運作的邏輯。ICE 板的設計與功能具有多樣性，購買或製作它們可能非常昂貴，也不容易學習如何使用。不過長遠而論，因為使用它們而節省的時間與懊惱應該數倍於花費在它們的成本。

如同在一般性應用的開發中一樣，在嵌入式系統的工作中工具的支援像是使用編譯器、組譯器與除錯器都很重要。事實上工具的支援程度可能是選擇使用哪一個處理器的主要考慮。各處理器由於架構不同，可能分別需要一套特殊且不相容於其他處理器類別的工具。此外，單純地將編譯器從一個處理器移植到另一個上，可能無法得到一個能對底層架構作最佳運用以產出最佳程式碼的編譯器。例如，將一個 CISC 系統的編譯器移植到 RISC 系統的話可能無法得到一個能善用 RISC 系統中很大數量的暫存器的編譯器。

對客製化開發的處理器而言，工具支援可能缺然。這樣的系統可能也是在資源方面最受限的，需要相當的人工最佳化來從最少資源中擠出最大效果。如果處理器受限於功耗，它的設計師可能希望時脈越慢越好，使得最佳化對於設計的是否成功更為重要。因此在沒有編譯器、組譯器或是高階語言除錯器的幫助下設計一個系統將會是嵌入式軟體開發中最繁瑣與昂貴的方式。不過如果恰當從事的話，結果可以是極端有效率與強固的。

本章總結

我們每天都會接觸數百種嵌入式系統。它們的多樣化使我們難以定義它們。設計與對這些系統撰寫程式時我們需要以不同的方式思考硬體、軟體與作業系統。硬體與軟體等效的原則賦予設計師在追求效能與經濟性時擁有最大的彈性。為嵌入式系統撰寫程式需要有對硬體的深入瞭解，以及以時間需求與事件隨時都可能發生的觀點來思考的能力。嵌入式系統的設計師需要用到他們在計算機科學與工程教育中學到的所有知識。在這個領域中對計算機組織與架構各項原則的專精是成功的必備條件。作業系統觀念的深入瞭解有助於資源管理與事件處理。在軟體工程訓練上的良好教育是寫出扎實程式並保證其品質的基礎。由學習演算法建立的穩固基礎有助於嵌入式系統設計師不必使用譬如全域變數這種危險的捷徑而能寫出有效率的程式。在嵌入式系統的設計中需要改變思維，顧全計算中所有的相關面向，包括如何劃分硬體與軟體的功能。

許多被認為「過時」的桌上型計算使用的處理器與作業系統仍舊使用於嵌入式系統中。它們方便程式撰寫而且價格低廉。最明顯的裝置例子是微控制器，其一般包括一個 CPU 核、記憶體 (ROM 與 RAM)、各 I/O 埠、I/O 控制器、系統匯流排、時脈訊號與看門狗計時器。

稱為單晶片系統 (SOCs) 且更複雜的嵌入式處理器可能包含多於一個 CPU，各個處理器也不一定使用相同的時脈或指令集。每一個處理器都可能特別設計來負責系統中的特定工作。有些 SOCs 是將授權自專門設計、製作與測試特殊功能電路的公司的各種智慧財產 (IP) 電路組成的。

嵌入式系統的開發與原型製作的成本可以採用可編程邏輯裝置來降低。可編程邏輯裝置有三大種類：可編程陣列邏輯 (PALs)、可編程邏輯陣列 (PLAs) 與現場可編程閘陣列 (FPGAs)。PALs 與 PLAs 是以燒斷保險絲作為編程的方法。它們的輸出是輸入的積之和與和之積函數，含有記憶體元件與多工器的 FPGAs 可以根據其記憶體細胞中儲存的值而提供任何邏輯功能。FPGAs 甚至可以編程來對它們自己重新作編程。

購買嵌入式系統中的微控制器或微處理器可能比製作它們更為經濟。通常在需要非常大量的晶片或是其反應能力或功耗限制很緊而非客製化的 ASIC 莫辦的情況下，設計可能較購買更為恰當。傳統上，硬體與軟體設計活動在開發工作的生命週期中會遵循不同的路徑：軟體以 C、C++ 或組合語言作設計；而硬體以 Verilog 或 VHDL 作設計。新的系統層級規範語言促成了硬體設計師與軟體設計師團隊之間的合作進行共設計與共驗證。雖然 SystemC 與 SpecC 已經受到廣泛的支持，能夠被大多數人採用的系統層級語言至今尚未出現。

嵌入式系統中記憶體的組織可能與一般用途計算機中的組織大大不同。尤其是大區塊的記憶體位址可能並不適用。虛擬記憶體極少被採用。程式與常數值通常儲存於唯讀記憶體中。

並非所有嵌入式系統都需要作業系統。如果需要的話，選擇作業系統的重要考慮包括記憶體足跡、反應能力、授權費用與是否符合相關標準。硬即時嵌入式系統需要使用具有明確定義的反應能力規範的作業系統，表示它們要使用先占式排程與具備優先度處理能力，特別是在插斷處理方面。市面上有數十種嵌入式作業系統，最有名的有 QNX、Windows CE、Windows Embedded 8 與 Embedded Linux。

嵌入式系統的軟體開發通常更需要監控並且較一般應用軟體開發的進程更具線性特質，也需要具備對底層硬體架構的徹底瞭解。嵌入式系統必須經過嚴格測試，因為設計錯誤造成的額外成本將會是非常鉅大。

進一步閱讀

許多書提供深入的嵌入式設計與開發的內容。Berger (2002) 是一本非常好且適合初學者的完整嵌入式設計相關活動介紹。Heath (2003) 在涵蓋嵌入式程式撰寫方面是其強處。Vahid 與 Givargis (2002) 在明確描述嵌入式系統各個組件方面值得注目，也包括了寫得非常好的關於嵌入式控制應用（各種 PID 控制器）完整的一章。

Embedded Systems Programming 雜誌發行了三期非常好的看門狗計時器相關文章。其中兩篇是 Jack Ganssle (2003) 寫的，第三篇則是 Niall Murphy 所著。三篇都值得一讀。

可重新組構且具調適性的系統在嵌入式系統的未來以及一般用途計算機的未來中都顯得益形突出。在這個題目上有許多好文章，其中的一些是 Andrews et al. (2004)、Compton 與 Hauck (2002)、Prophet (2004)、Tredennick 與 Shimato (2003) 與 Verkest (2003)。

Berger (2002) 提供了傳統嵌入式系統設計生命週期的詳細說明。在他的闡述中說明了在開發過程中許多可能會偏離正道的形式。之後還有幾章敘述了超出本章討論範圍的測試與除錯方法。Goddard (2003)、Neville-Neil (2003)、Shahri (2003) 與 Whitney (2003) 的文章清楚說明了對客製化處理器編程的最重大挑戰中兩個方面：硬體 - 軟體劃分與缺乏開發工具支援。類似地，Daniel Gajski (1997) 也提供了許多有關線路建構細節的資訊。

由於不斷增加的電路複雜度，嵌入式系統共設計與共驗證成為益形重要的領域。很好的介紹性文章包括 De Micheli 與 Gupta (1997) 與 Ernst (1998)。Wolf (2003) 追溯了十年的硬體／軟體共設計歷史，以及 Benini et al. (2003) 說明了 SystemC 在共設計中應如何使用。各種硬體定義語言相關細節的資訊可以由下列網站中取得：

SpecC: www.specc.org

SystemC: www.systemc.org

Real-time UML: www.omg.org

Verilog 與 VHDL: www.accellera.org

Bruce Douglass (1999、2000) 寫了最值得參考的兩本即時 UML 書籍。閱讀它們可以使你獲得新的與更深的即時軟體開發的瞭解以及對 UML 的新觀點。Stephen J. Mellor (2003) 說明可執行與可轉譯的 UML 可以用於即時系統的開發中。Lee (2005) 的文章列出計算機科學思維受到嵌入式系統發展挑戰的各個面向。

截至目前最好的嵌入式系統資訊來源可於製造商網站中找到。下列就是一些最好的網站：

ARM: www.arm.com

Cadence Corporation: www.cadence.com

Ilogix: www.ilogix.com

Mentor Graphics: www.mentor.com

Motorola Corporation: www.motorola.com

Synopsis Corporation: www.synopsis.com

Wind River Systems: www.windriver.com

Xilinx Incorporated: www.xlinx.com

一些很好的資訊網站包括：

EDN (Electronic Design News): www.edn.com

Embedded System Journal: www.embedded.com

嵌入式作業系統網站包括：

Embedded Linux: www.embeddedlinux.com

Microsoft optrating systems: www.embeddedwindows.com 與 www.microsoft.com

POSIX: www.opengroup.org

如果你覺得嵌入式系統這個主題已經使你興起繼續學習並且作為未來行業的想法，Jack Ganssle (2002) 在他的文章「Breaking into Embedded」裡提供了許多你應該採取的步驟來使自己朝這個目標邁進。其中他強調的一件事是學習嵌入式編程的最好方法就是真正去作嵌入式的編程。他強烈建議有志成為嵌入式系統設計師的人造訪 www.stampsinclass.com 來取得購買為教育目的而設計的微控制器套件與手冊的資訊。他們最近新增加的一個產品是 Javelin Stamp，這是一個可以以 Java 來編寫程式的 PIC（也可以使用其他語言）。

參考資料

Andrews, D., Niehaus, D., & Ashenden, P. "Programming Models for Hybrid CPU/FPGA Chips." *IEEE Computer,* January 2004, pp. 118-120.

Benini, L., Bertozzi, D., Brunni, D., Drago, N., Fummi, F., & Poncino, M. "SystemC Cosimulation and Emulation of Multiprocessor SoC Designs." *IEEE Computer,* April 2003, pp. 53-59.

Berger, A. *Embedded Systems Design: An Introduction to Processes, Tools, & Techniques*. Lawrence, KS: CMP Books, 2002.

Compton, K., & Hauck, S. "Reconfigurable Computing: A Survey of Systems and Software." *ACM Computing Surveys 34*:2, June 2002, pp. 171-210.

De Micheli, G., & Gupta, R. K. "Hardware/Software Co-Design." *Proceedings of the IEEE 85*:3, March 1997, pp. 349-365.

Douglass, B. P. *Real-Time UML: Developing Efficient Objects for Embedded Systems,* 2nd ed. Upper Saddle River, NJ: Addison-Wesley, 2000.

Douglass, B. P. *Doing Hard Time: Developing Real-Time Systems with UML, Objects, Frameworks, and Patterns.* Upper Saddle River, NJ: Addison-Wesley, 1999.

Ernst, E. "Codesign of Embedded Systems: Status and Trends." *IEEE Design and Test of Computers,* April-June 1998, pp. 45-54.

Gajski, D. D. *Principles of Logic Design*. Englewood Cliffs, NJ: Prentice-Hall, 1997.

Ganssle, J. "Breaking into Embedded." *Embedded Systems Programming,* August 2002.

Ganssle, J. "L'il Bow Wow." *Embedded Systems Programming*, January 2003.

Ganssle, J. "Watching the Watchdog." *Embedded Systems Programming*, February 2003.

Goddard, I. "Division of Labor in Embedded Systems." *ACM Queue,* April 2003, pp. 32-41.

Heath, S. *Embedded Systems Design,* 2nd ed. Oxford, England: Newnes, 2003.

Lee, E. A. "Absolutely, Positively on Time: What Would It Take?" *IEEE Computer*, July 2005, pp. 85-87.

Mellor, S. J. "Executable and Translatable UML." *Embedded Systems Programming,* January 2003.

Murphy, N. "Watchdog Timers." *Embedded Systems Programming*, November 2000.

Neville-Neil, G. V. "Programming Without a Net." *ACM Queue,* April 2003, pp. 17-22.

Prophet, G. "Reconfigurable Systems Shape Up for Diverse Application Tasks." *EDN Europe,* January 2004, pp. 27-34.

Shahri, H. "Blurring Lines between Hardware and Software." *ACM Queue,* April 2003, pp. 42-48.

Tredennick, N., & Shimato, B. "Go Reconfigure." *IEEE Spectrum,* December 2003, pp. 37-40.

Vahid, F,, & Givargis, T. *Embedded System Design: A Unified Hardware/Software Introduction.* New York: John Wiley & Sons, 2002.

Verkest, D. "Machine Camelion: A Sneak Peek Inside the Handheld of the Future." *IEEE Spectrum,* December 2003, pp. 41-46.

Whitney, T., & Neville-Neil, G. V. "SoC: Software, Hardware, Nightmare, or Bliss." *ACM Queue,* April 2003, pp. 25-31.

Wolf, W. "A Decade of Hardware/Software Codesign." *IEEE Computer,* April 2003, pp. 38-43.

必要名詞與觀念的檢視

1. 嵌入式系統與一般用途計算機在哪些方面不同？
2. 嵌入式系統編程與一般應用程式的開發如何不同？
3. 在許多嵌入式系統中為什麼看門狗計時器是必須的？
4. 微控制器與單晶片系統的不同是什麼？
5. PLA 與 PAL 的不同是什麼？
6. 應該如何編程 FPGA ？
7. 指出 Gajski 清楚說明的三個數位合成的方面是什麼。
8. 說明選擇 SystemC 而不是 Verilog 的各項理由。
9. SpecC 與 SystemC 在哪些方面不同？
10. 為什麼虛擬記憶體不常用在嵌入式系統中？

11. 為什麼記憶體漏失的預防在嵌入式系統中如此重要？

12. 即時作業系統如何與非即時作業系統不同？

13. 為嵌入式系統選擇一個作業系統時主要的考慮有哪些？

14. 作業系統軟體開發如何與一般用途軟體開發不同？

習題

1. 如果一個無限迴圈裡包含了一個看門狗計時器重置，會發生什麼事？指出一個方法可以防止這種事情發生。

◆**2.** 在一個有關看門狗計時器工程決策的邊註欄中我們曾說到重新啟動一個嵌入式系統所耗費的時間通常較重新啟動一部個人電腦為少。你認為為什麼會這樣？

3. a) 指出在表示於下方的 PAL 中如何製作一個二輸入的 XOR 閘。

b) 指出在表示於下方的 PAL 中如何製作一個二輸入的 NAND 閘。

4. 以表示於下方的 FPGA 製作一個全加器。清楚標示各個輸出。畫出各細胞元間的接線來表示邏輯函數間的聯結。

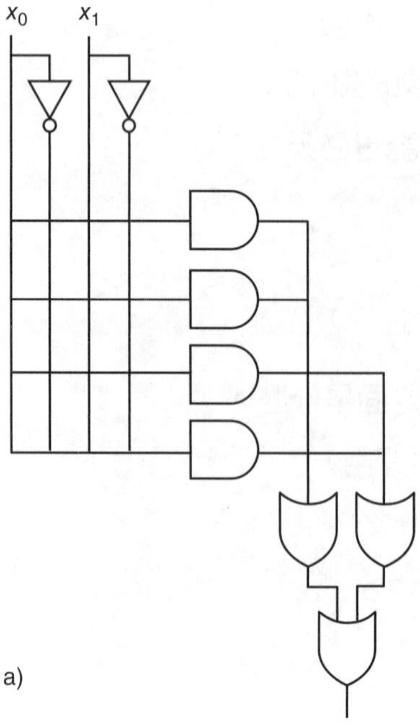

a)

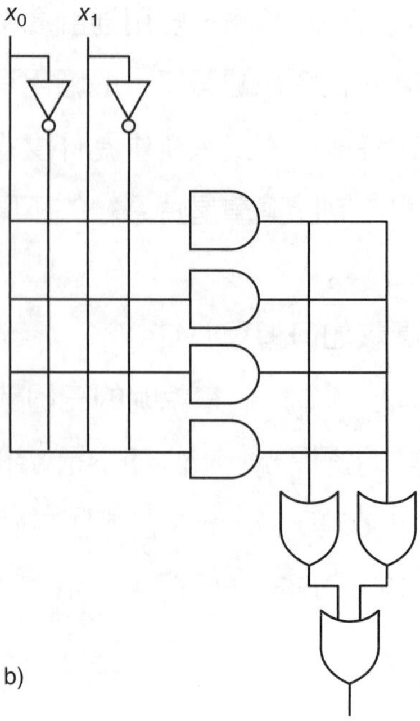

b)

5. 畫出可用於 FPGA 中的多工器的詳細邏輯圖。
6. 提出使用動態記憶體於嵌入式系統中的各項正面與反面論點。它是否應該在所有情形中都禁止使用？為何如此或不必如此？
7. 我們說在嵌入式作業系統中，如果高優先度的插斷發生於最高優先權使用者的緒正在執行時，大多數的作業系統會繼續執行使用者緒並將插斷保存於貯列中直到執行完成。在什麼情況下這種作法會是或不會是一個問題？各舉一例說明。
◆8. 解釋插斷延遲。它與程序切換時間的關聯性是什麼？
9. 在理想的嵌入式作業系統中，所有非核心的緒會不會永遠都以低於插斷的優先度來執行？
10. 說明嵌入式軟體開發的各項挑戰。設計師如何因應這些挑戰？

附錄 A

資料結構與計算機

文明會在人民種植樹木並且絕不坐在它們的樹蔭下（懈怠）的時候興盛（意謂：文明因前人種樹給後人乘涼而興盛）。

——希臘諺語

A.1 緒論

在這本教科書中，我們理所當然地認為讀者應該已經瞭解計算機資料結構的基本知識。這樣的瞭解對於本教科書的整體瞭解並非必要，然而將會有助於掌握計算機組織與架構中某些更為細緻的論點。這個附錄的目的是為那些未曾接受過正式資料結構介紹的讀者作為補充的專門詞典用，同時它也可以為很久之前學習過資料結構的讀者作為複習的教材。因為這個目的，我們在這裡的介紹必須要簡明扼要而且（當然！）偏向於硬體相關的考慮。對於希望更深入瞭解這一個精彩學習領域的讀者，歡迎閱讀本附錄末的參考資料中提到的任何書籍。在閱讀本附錄的過程中，請注意範例中所有記憶體位址都是以十六進位的形式表示。如果你還沒有開始閱讀本附錄的話，那你應該在閱讀第二章之後再開始閱讀本章。

A.2 基本的結構

A.2.1 陣列

名詞「**資料結構**」(data stucture) 指的是相關的各項資訊安排的方式，以便處理的程序可輕易存取所需的數據。安排的方式是邏輯上的，並不需要是實際上如此；因此資料結構往往與它們的實際製作方式是互相獨立的。

所有資料結構中最簡單的形式是線性陣列。由編程的經驗中應該知道：一個線性陣列是你的程式中指定了名稱的一個連續的計算機記憶體區域。儲存於這個連續區域中的一群個體一定需具備同質性（它們必須有相同的大小與型態）並可個別定址，一般是以標示下標來表示。例如，如果有如下的 Java 宣告：

```
char [] charArray[10]
```

作業系統會指派給這個變數 `charArray` 一個與其儲存位置相關的數值來代表這個陣列的**基底位址** [(base address)，或開始位址 (beginning address)]。對其中之後字元符號的存取則是經由指出其與基底位置的偏移量來達成。偏移量以陣列的基本數據型態（在本例中是 char）的大小作遞增的單位。字元符號在 Java 中是 16 位元寬，因此這個字元符號陣列的偏移量是每陣列元素兩個位元組。例如，假設 charArray 結構儲存於位址 80A2 處。程式敘述句：

```
char aChar = charArray[3];
```

將會取得於記憶體位址 80A8 處的兩個位元組。由於 Java 語言對陣列會由 0 開始索引，因此我們剛剛所作的是將陣列中的第四個元素儲存於字元符號型態的變數 aChar 中：

$$80A2+\frac{2\text{ 個位元組}}{\text{每字元符號}}\times\text{由基底位址起 3 個字元符號的偏移量}=80A2+6=80A8$$

二維陣列是包含多個一維陣列的線性陣列，因此記憶體位址偏移量的值除了需要知道陣列的基本數據型態大小外，還需要考慮列的大小。例如，思考下列 Java 宣告：

```
char[ ] charArray[4][10];
```

在此我們定義了四個大小各有 10 個儲存位置的線性陣列。然而將該結構視為一個 4 列 10 行的二維陣列更為恰當。若 `charArray` 的基底位址仍為 80A2，則元素 `charArray[1][4]` 將會位於位址 80BE 處。原因是陣列的列 0 占用位址 80A2 至 80B5，列 1 始於 80B6，而我們存取的是列 2 中的第五個元素：

$$80B6+\frac{2\text{ 個位元組}}{\text{每字元符號}}\times\text{由基底位址起 4 個字元符號的偏移量}=80B6+8=80BE$$

陣列儲存的方式在程式要處理的問題適合以陣列的儲存方式存放數據時是恰當的選擇。西洋雙陸棋遊戲的程式即為一例。例如，每個「點」對應「棋盤」陣列中的一個位置。在每一步之前，程式將只檢查擲骰子結果的合法移動的相關棋盤位置。

陣列的另一個恰當應用是根據一天中不同時間或是一個月份中不同日子的數據收集工作。例如，我們可能會計算一天中不同時間通過高速公路上特定地點的車輛數。之後如果有人詢問 9:00AM 與 9:59AM 之間的平均交通流量，則我們只需將收集了數據的期間每天 24 小時的陣列中第 10 個元素取出求平均即可（假設午夜至 1:00AM 的數據是第零個元素）。

A.2.2 貯列與鏈結串列

在根據服務請求進行處理時陣列也許不適用。服務的工作通常是依請求發出的時間先後來作回應。換句話說，先來者先受到服務。

思考處理使用者經由網際網路發出 Hypertext Transfer Protocol (HTTP) 請求的網路伺服器。送進來的請求的順序可能如表 A.1 中所示。可以想像我們可以把這些請求一一放入陣列，並於可以服務下一個請求時搜尋陣列、找出時間戳記值最低的請求。不過這種作法完全沒有效率，因為每次都需要檢視陣列中的每一個元素。此外，在請求數量異常多的日子裡我們還要冒陣列中空間不夠的險。因為這些原因，**貯列** (queue) 才是先到先接受服務應用中恰當的資料結構。貯列資料結構中的元素以它們到達的次序被移除。銀行與超級市場中的等待線都是貯列的好例子。

實作貯列的方法有很多，不過所有的貯列實作都包含四個部分：指向貯列中第一個項次的記憶體變數 [貯列的**頭** (head)]、指向貯列尾端位置的記憶體變數 [它的**尾端** (tail)]、可存放貯列項次的記憶體位置以及一組特別用於貯列資料結構的運作。指向貯列開頭的指標表示下一個要服務的項次是哪一個。指向尾端的指標用於在貯列中加入項次時。若開頭指標為空（零），表示貯列是空

表 A.1 對網路伺服器的 HTTP 請求

時間	來源地址	HTTP 指令
07:22:03	10.122.224.5	http://www.spiffywebsite.com/sitemap.html
07:22:04	10.167.14.190	http://www.spiffywebsite.com/shoppingcart.html
07:22:12	10.148.105.67	http://www.spiffywebsite.com/spiffypix.jpg
07:23:09	10.72.99.56	http://www.spiffywebsite.com/userguide.html

的。貯列的運作一般包括在貯列尾端加入項次 (enqueue)、由貯列的開頭刪除項次 (dequeue) 與檢查貯列是否為空。

實作貯列的常用方法是使用**鏈結串列** (linked list)。在鏈結串列形成的貯列中，每個項次都具有一個指向貯列中下一個項次的指標。在項次被刪除時，開頭指標即是藉由甫被刪除的項次中的資訊來指向下一個項次。因此在上述網路伺服器的例子中，在項次 1 處理完（且自貯列中刪除）後，貯列開頭指標會設定成指向項次 2。

在表 A.1 的例中，假設貯列的開頭位於位址 7049 處，內含第一個 HTTP 請求 *www.spiffwebsite.com/sitemap.html*。貯列開頭指標會設定為 7049。在記憶體位址 7049 處的項次內容應該是：

07:22:03, 10.122.224.5, www.spiffywebsite.com/sitemap.html, 70E6,

其中 70E6 是下一個項次：

07:22:04, 10.167.14.190, www.spiffywebsite.com/shoppingcart.html, 712A,

的位址。貯列的完整內容示於表 A.2 中。

指向貯列開頭的指標設定成 7049，指向尾端的指標則是設定成 81B3。若有另一使用者請求來到，系統會為它在記憶體中找到一個位置，並更新貯列中原本最末項次的內容（來指向這個新項次）以及指向尾端的指標。注意在使用這樣的指標時，不同於在陣列中，數據元素在記憶體中的位置不須連續。如此則這種結構可視需要不斷變大，而且前後的位址不需是漸增或漸減的，如前所

表 A.2 製作於記憶體中的 HTTP 請求貯列

記憶體位址	貯列中的數據元素			指向下一個元素的指標
7049	07:22:03	10.122.224.5	http://www.spiffywebsite.com/sitemap.html	70E6
...	...	...	...	...
70E6	07:22:04	10.167.14.190	http://www.spiffywebsite.com/shoppingcart.html	712A
...	...	...	...	...
712A	07:22:12	10.148.105.67	http://www.spiffywebsite.com/spiffypix.jpg	81B3
...	...	...	...	...
81B3	07:23:09	10.72.99.56	http://www.spiffywebsite.com/userguide.html	null

述。貯列中的各項次分別可置於記憶體中任何位置；貯列中項次的次序則由各個指標表示。

前述貯列架構可修改成為固定大小的貯列，通常稱之為循環 (circular) 貯列，或者其中一些項次可以不依序來處理的**優先度貯列** (priority queue)。即使增加這些複雜性，貯列還算是容易實作的資料結構。

A.2.3 堆疊

貯列亦稱為**先進先出** (first-in, first-out, FIFO) 串列，理由應很清楚。有些應用需要的是相反的特性，或稱**後進先出** (last-in, first-out, LIFO)。**堆疊** (stacks) 則是適用於 LIFO 次序的資料結構。它們因類似餐廳提供顧客餐盤的方式而得名。餐廳服務生將濕熱乾淨的餐盤置入下方有彈簧的管狀空間，將乾而冷的盤子推向下方。下一位顧客會由堆疊頂端取用餐盤。這種順序表示於圖 A.1 中：圖 A.1a 表示一疊餐盤，標示為 1 的是置入堆疊的第一個餐盤，而標示為 7 的是最後一個。第 7 號餐盤首先被取用，如圖 A.1b 所示。下一個編號第 8 號的餐盤到達時會置於堆疊頂端如圖 A.1c 所示。在堆疊上加上一個項次的動作稱為**推入** (pushing)；移除一個項次則稱為**爆出** (pop) 它。要查看堆疊的頂端項次而不移除它則是**窺視** (peek) 它。

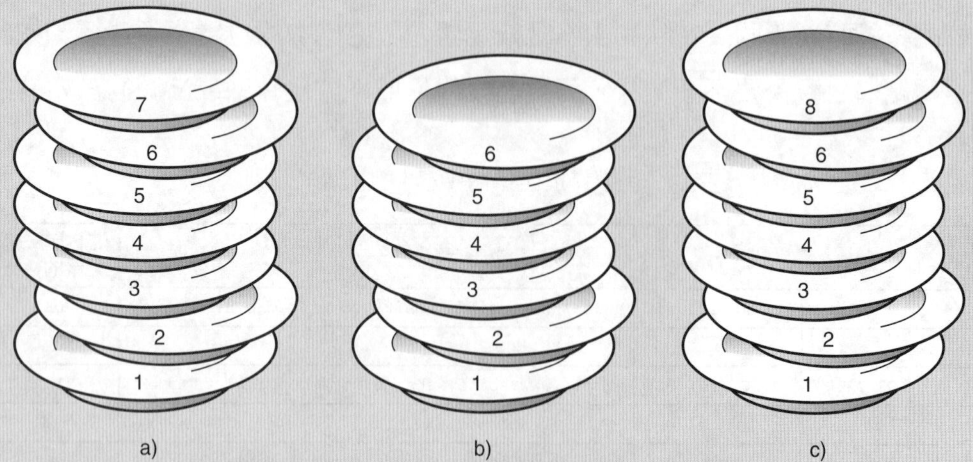

圖 A.1 盤子的堆疊。a) 最初的堆疊；b) 第七個盤子被移除（爆出）；c) 第八個盤子被加入（推入）

在處理程式中一連串巢狀的副程式呼叫時，堆疊是一個有用的資料結構。如果在分支到副程式之前將目前程式執行的位址推入堆疊頂端，則可根據這個推入的位址回到呼叫處；因此在巢狀副程式呼叫返回時，僅需依需要一一爆出堆疊中存放的位址即可。舉一個日常生活中的例子，譬如我們依序訪問了許多城市：

1. New York, NY
2. Albany, NY
3. Buffalo, NY
4. Erie, PA
5. Pittsburgh, PA
6. Cleveland, OH
7. St. Louis, MO
8. Chicago, IL

從 Chicago 我們如何回到 New York ？人類只要直接拿出地圖（並找到一個比較直接的路線），或者就是知道要找到州際公路 80 並往東走。計算機一定沒有我們那麼聰明，因此最簡單的方法是回溯它原來走的路線。一個（如表 A.3 所示的）堆疊正是做這件事的恰當資料結構：計算機只需在行進中將目前所處城市的位置推入到堆疊頂端；於是返回的路線只要從堆疊中逐一爆出之前所行經的城市就可輕易得知。

表 A.3 造訪過的城市的堆疊

堆疊中的位置	城市
7（頂端）	St. Louis, MO
6	Cleveland, OH
5	Pittsburgh, PA
4	Erie, PA
3	Buffalo, NY
2	Albany, NY
1	New York, NY

堆疊可以用各種方式實作，最常用的軟體實作方法是使用線性陣列或鏈結陣列。（硬體式的）系統堆疊則是以固定的記憶體配置，使用一個專用於堆疊的記憶體區塊來完成。需要用來管理堆疊的有兩個記憶體變數：一個變數指向堆疊頂端（也就是最後推入堆疊的項次位置），而另一個變數記錄堆疊中項次的數量。最大的堆疊大小（或允許的最高記憶體位址）以常數的形式儲存起來以方便偵錯。每當有項次推入堆疊，堆疊指標（內含堆疊頂端的記憶體位址）就會依堆疊內容資料型態的大小作遞增。

思考我們希望儲存字母集中最後三個字母、然後以相反的次序取回它們的例子。這三個字母的 Java (Unicode) 十六進形式編碼是：

X = 0058，Y = 0059，Z = 005A

記憶體位址 808A 到 80CA 保留給堆疊使用。常數 MAXSTACK 設定為 20（十六進形式）。由於堆疊一開始是空的，堆疊指標設為無效的值，而且堆疊計數器的值為零。表 A.4 表示在這三個 Unicode 字元符號儲存過程中堆疊與管理它的變數的變化軌跡。

要取回數據時會產生三次爆出。每一次爆出堆疊指標就會遞減二。當然在每一次推入與取回時都一定要先檢查堆疊的狀況，以確認我們不會將項次加至

表 A.4 將字母 X、Y 與 Z 加入堆疊。（虛線表示無關的記憶體內容）
a) X (0058) 加入了並且堆疊指標依據數據元素（2 位元組）的大小遞增
b) Y (0059) 加入了並且堆疊指標再遞增 2
c) Z (005A) 加入了

記憶體位址	堆疊內容
8091	---
8090	---
808F	---
808E	---
808D	---
808C	---
808B	00
808A	58

堆疊頂端 = 808A
a)

記憶體位址	堆疊內容
8091	---
8090	---
808F	---
808E	---
808D	00
808C	59
808B	00
808A	58

堆疊頂端 = 808C
b)

記憶體位址	堆疊內容
8091	---
8090	---
808F	00
808E	5A
808D	00
808C	59
808B	00
808A	58

堆疊頂端 = 808E
c)

已滿的堆疊，或試圖從空的堆疊中移除項次。堆疊普遍用於計算機系統的韌體與軟體中。

A.3 樹

貯列、堆疊與陣列對處理串列、而且串列中各項次的（相對）位置不論項次數量多少都不會改變時很有用。不過這種性質在日常生活的各種數據集合中並不多見。思考管理通訊錄的程式：排列數據的一種有用方式是依據姓氏的次序。**二元搜尋** (binary search) 逐次將名單的搜尋範圍減半，可以很快找到名單中的任何名字。以二元搜尋尋找知名數學家名單中的名字 Kleene 的過程表示於圖 A.2 中。開始時決定名單的中間點 (`Hilbert`)，並將該處的值與所欲搜尋的鍵值 (`Kleene`) 作比較：若吻合，則已找到所需項次；若鍵值較中間值大，則往後方的一半名單中搜尋，如圖 A.2b 所示（如此可以有效將搜尋空間減半）。之後確認後半名單的中間值 (`Markov`)。若鍵值 (`Kleene`) 較此新的中間值小，則捨棄名單的後半並繼續向其前半搜尋，如圖 A.2c 所示。如果鍵值仍找不到，則再將名單減半；如此連續將名單減半直到找到鍵值（或確認其並不存在名單中）為止。這個例子有意設計來表示最糟狀況：在 16 個項次的名單中一共用了 4 次搜尋才找到鍵值；如果要搜尋的是 `Hilbert`，則第一次搜尋就會找到。而不論名

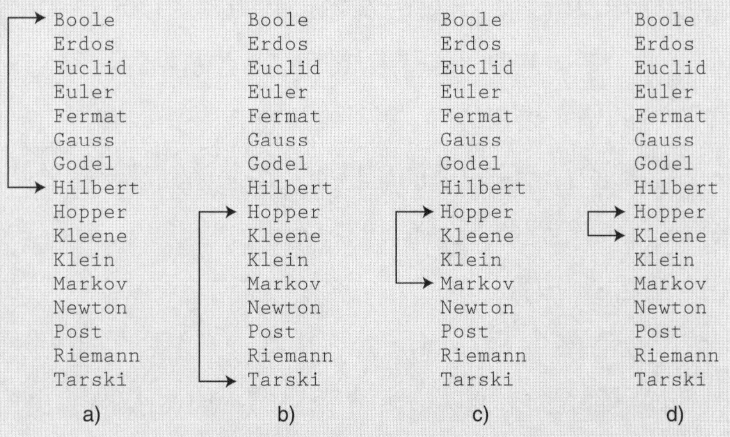

圖 A.2 對 Kleene 的二元搜尋

單多大，任何名字都可以在正比於名單中項次數量 2 的對數的時間內確認是否存在。

顯然二元搜尋需要先將數據依照鍵值排序。因此如果要在通訊錄中加入一個名字會需要怎麼做？該名字一定要放在恰當的地方，二元搜尋才能發揮作用。如果名錄以線性陣列儲存，則我們很容易看出新的項次應該置於何處，譬如說位置 k。但是要插入這個項次，則必須在陣列中挪出空間，表示一定要先將位於 k 到 n（名單中最後項次的位置）的所有項次移往位置 $k+1$ 至 $n+1$；在通訊錄很大時，移動的過程可能要比想像中還慢。另外如果陣列只能存放 n 個項次，問題就更大了：必須定義出一個新的陣列並將名單由原陣列中載入，這會耗費更多時間。

此時鏈結串列也不怎麼好用，因為要找到串列中間點的值非常困難。搜尋鏈結串列唯一的方法是循串列中項次的鏈結逐步往前直至到達所搜尋的內容該存在的位置為止。若串列很長，線性的搜尋方式並不適合——它的速度無法讓任何人滿意。

因此一個易於維護的可存放有順序的陣列的恰當資料結構應該能讓我們快速搜尋內容，同時在加入或刪除項次時不致於產生太高額外負擔。有幾種資料結構符合這些要求，其中最簡單的是**二元樹**。如同鏈結串列般，二元樹以指向記憶體位址的指標來表示鄰近的資料項次；另外也如同鏈結串列般，它們也能無限制的擴大，不過這種擴大是以能夠讓它容易從樹中取得任何鍵值的方式來進行。二元樹之所以稱為二元是因為在它們的圖形表示形式中，每一個節點至多有兩個下方（**子**）節點 [具有多於兩個下方節點的樹稱為 ***n* 元樹** (*n*-ary tree)]。一些二元樹的例子表示於圖 A.3 中。不要因為這些圖形看起來像顛倒了的樹而困擾一在數學的意義上它們的確是樹。每個節點都聯結於圖中（表示每個節點都可從第一個節點到達），而且圖中不包含**循環**（cycles，表示我們在搜尋時不可能在一個循環中繞圈）。

樹中最上方的節點稱為**根** (root)，是樹中唯一必須在外部另外記錄位置的部分；所有其他節點都是從根開始、每個節點透過使用兩個記憶體指標的值而可走訪得到。每個指標指向節點的**左方子節點** (left child) 或**右方子節點** (right

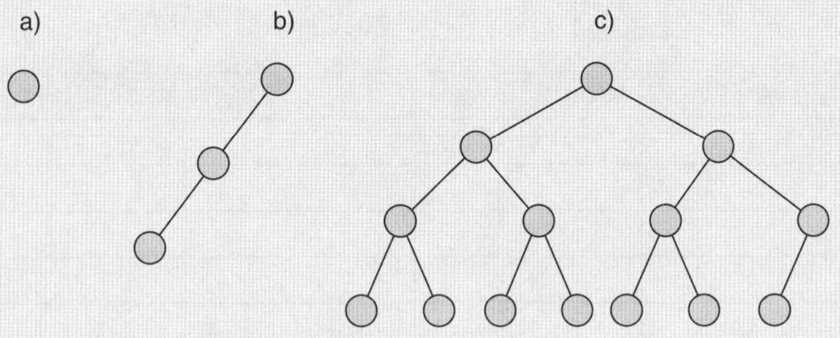

圖 A.3 一些二元樹

child)。**樹的葉** (leaves) 是那些位於最底下的節點，其子節點指標則具有空值。樹中由葉至根節點的距離，亦即層數，稱為它的**高度** (height)。樹中不屬於葉的節點稱為樹的**內部節點** (internal nodes)；內部節點至少含有一個**子樹** (subtree)（即使它只是一個葉節點）。

二元樹的節點中除了指標，也含有數據（或數據的鍵值），而樹就是根據這些鍵值來建構的：二元樹通常會建構成所有鍵值小於某特定節點中鍵值的節點均儲存於其左方子樹中，而鍵值大或等於的節點則位於其右方子樹中。圖 A.4 表示這種作法的例子。

圖 A.4 中的二元樹是**平衡的** (balanced)。正式地說，平衡的二元樹指的是其中任何節點的左、右子樹深度至多差異為 1 的二元樹。它代表的重要性在於其中任何數據項次搜尋起來都可以在正比於樹中節點數的 2 的對數值的時間內定位。因此包含 65,535 個數據（鍵值）的樹中至多僅需 15 次的查詢即可定位其中包含的任何特定元素（或確知其不存在樹中）。不同於排序好的串列儲存於線性陣列中（其搜尋時間也是線性的）的情形，維護一組二元樹中的鍵值的方式要容易多了：加入元素時僅需重新設定數個記憶體指標而不必重組整個串

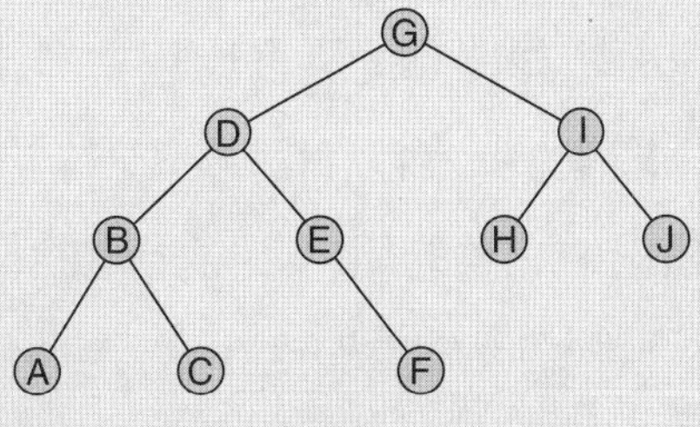

圖 A.4 以非遞減的鍵值排序的二元樹

表 A.5 圖 A.4 中二元樹的記憶體圖示

字元符號（鍵值）	ASCII 碼（十六進）	字元符號（鍵值）	ASCII 碼（十六進）
A	41	F	46
B	42	G	47
C	43	H	48
D	44	I	49
E	45	J	4A

	0	1	2	3	4	5	6	7	8	9	A	B	C	D	E	F
0	--	--	--	--	--	--	--	00	46	00	--	--	00	45	07	--
1	00	43	00	--	00	48	00	--	--	--	--	--	--	--	--	--
2	--	00	4A	00	--	2B	44	0C	--	--	--	31	42	10	--	--
3	--	00	41	00	--	--	25	47	3B	--	--	14	49	21	--	--

列。加入與刪除平衡二元樹中的項次的執行時間也是正比於樹中項次數量的 2 的對數。因此對於維護已經排序好的數據元素而言，這樣的資料結構遠優於陣列或簡單的鏈結串列。

雖然圖形使我們容易瞭解樹的邏輯結構，不過計算機記憶體位置的真實排列是線性的，因此圖示只是抽象的概念。表 A.5 表示圖 A.4 中的樹儲存於 64 位元組的記憶體中的情形。為便於閱讀，我們以表的方式表示這些內容；例如表示為 1 的列（我們稱之為列 1）中標示為 5 的行（行 5）中的位元組其 16 進位址為 15，而列 0 行 0 為位址 0。節點的鍵值則以十六進制的 ASCII 編碼表示於記憶體表列之上的另表中。

在記憶體表列中，樹的根節點位於位址 36 至 38（列 3、行 6-8），它的鍵值則是位於位址 37。根節點的左子樹（子）位於位址 25，右子樹位於位址 3B。位址 3B 中存放鍵值 I，其左子樹位於位址 14 而右子樹位於位址 21。而位址 21 中存放葉節點，其二個子指標均為零。

二元樹在例如編譯器與組譯器等的許多應用中非常有用。不過如果要從非常大的數據組中儲存與讀取鍵值的話，有許多資料結構遠優於二元樹。例子之一是思考設計一個人口超過 8 百萬的紐約市線上電話簿的設計：假設電話簿中有大約 8 百萬個電話號碼，則二元樹會有至少 23 層；另外超過一半的節點會是葉節點，表示搜尋號碼時大部分的時間會耗費在讀取 22 個指標上。

雖然對這個應用二元樹設計表現得並不是那麼糟糕，我們還是可以作改善。一個較好的方法是使用稱為查找樹（trie，讀音是「try」）的 *n* 元樹；查找樹只儲存部分鍵值而非完整的鍵值於每一個節點中：完整的鍵值於搜尋在查找樹中進行時才逐漸組合成形；中間的內部節點會包含足夠數量的指標來引導搜尋前往所尋找的鍵或到達查找樹中的下一層。查找樹在鍵的長度不固定、譬如電話簿的情形中特別適合：短的鍵靠近頂端，而長的鍵則位於資料結構的底層。

圖 A.5 描繪了包含著名數學家名字的查找樹：圖中表示每個中間節點包含 26 個字母。數據的本質表示有比所示的更為有效率的查找樹結構（我們注意到要找到一個名字以 ZQX 開始的著名數學家將很困難）。事實上設計中間節點的結構是建構查找樹最困難的部分：隨著鍵值的不同，可以有多於一個字母用作索引。例如，假設我們可以使用一組組字母而非個別的字母作為獨立的單元，那麼在改變了圖 A.5 根節點中鍵的字母數之後，查找樹可以減少一個層級變得更扁平。改變後的樹示於圖 A.6 中。如果小心地將查找樹變得更扁平，那麼結果會使搜尋的速度更快。圖 A.6 中我們選擇將兩個鍵 ER 與 EU 變大來減少一個層級，如果我們將所有鍵包含的字母數變成兩個，那麼根節點將包含 676（= 262）個鍵（AA 至 ZZ），這將使得這個資料結構對它所儲存的數據量而言變得不必要的大與笨拙。

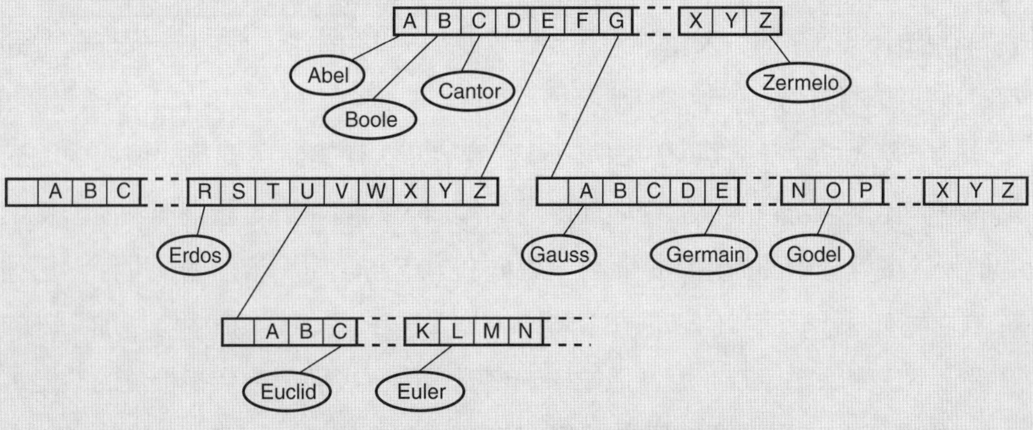

圖 A.5 著名數學家名字形成的查找樹

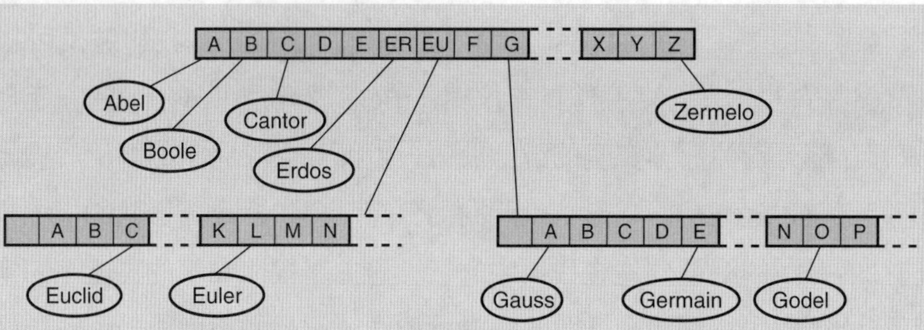

圖 A.6 著名數學家名字形成的較扁平的查找樹

實際中，大量數據的儲存與檢索構造中，因為採用的媒體不同性質所作的相關考慮會比因為數據本身的性質而作的考量更多。索引節點往往會設法作成與樹中某層的某個數量的中間節點都可以經由一次磁碟機讀取而取得。一個這樣的資料結構是 B+ 樹，其常用於大型資料庫系統中。

B+ 樹 (B+tree) 是包含指向索引構造或真正數據記錄指標的階層式構造。在資料庫中加入或刪除記錄時，B+ 的葉節點需作更新；如果既存的葉不可能作更動，則加入額外的分支（中間節點）。B+ 樹中所有中間節點統稱為其**索引部分** (index part)，而葉節點因為它們一直都會保持循序次序而稱為**循序部分** (sequence part)。部分 B+ 樹的圖示列於圖 A.7 中。

圖中所示的數字是記錄的鍵值。資料庫管理系統（見第八章）對 B+ 樹的葉節點中每一個鍵值都維護了一個指向實際記錄位置的指標。作業系統會使用這個指標值來從磁碟檢索記錄。因此實際記錄幾乎可以放置在任何位置，但是資料結構中的循序部分永遠都需要保持次序。走訪 B+ 樹的方式確保任何記錄都可以根據其鍵值快速地被找到。

使用圖 A.7 中所示 B+ 樹來搜尋一個鍵值時，僅需將所要找的值與中間節點的值作比對。若鍵值小於中間節點內的鍵值，則向左方走訪該樹；而若檢索的值大於或等於中間節點內的鍵值，則向右方走訪該樹。若一個中間節點已經有了左右兩個子樹而我們仍需在資料庫中加入一筆記錄，則樹中需增加額外的層級。不過刪除記錄時並不會造成樹立刻變得扁平，而只會作指標值的改變。B+ 樹的層級會在稱為**資料庫重組織** (database reorganization 或 reorg) 的過程中重新壓得扁平。重組織對大型資料庫可能非常耗時，因此它們只在絕對必要時

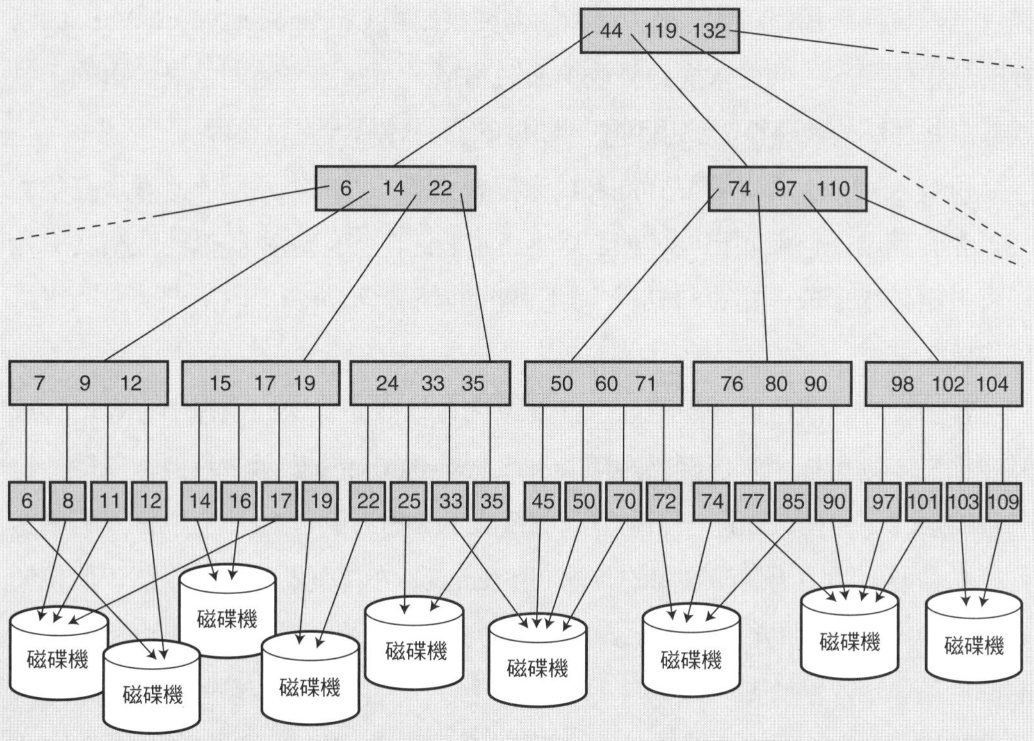

圖 A.7 圖 A.7 部分的 B+ 樹

才會進行。

最好的資料庫索引方法會考慮執行它的系統的下層儲存體的架構。特別是如果要獲得最好的系統效能，應盡可能避免存取磁碟。除非資料檔案索引的相當份量內容已經儲存在記憶體中，否則記錄的存取需要至少兩次的讀取：一次讀取索引，另一次檢索記錄。對於頻繁使用的檔案的 B+ 樹索引，樹中最高的幾層是從快取記憶體而非從磁碟讀取。因此磁碟的讀取只有在檢索樹中較低的索引層級與資料記錄本身時才需要進行。

A.4 網路圖

根據定義樹狀結構不包含任何循環。這使得樹對資料儲存與檢索僅為低計算複雜度的工作而言相當有用。較困難的問題形式則需用到較複雜的資料結構。例如，思考我們在 A.2 節中提到的需要找出由 Chicago 回到 New York 的路徑的繞徑問題。我們從未提到要找出最短路徑，而回溯來路則是最簡單的。尋找最短路徑或最佳路徑需要用到不同類型的資料結構，包含循環。

n-ary 樹可以允許葉節點指向彼此來變成更有彈性的網路圖。不過現在我們必須允許圖中任何節點指向任何其他 $n - 1$ 個節點。如果我們單純地擴展二元樹資料結構來形成網絡資料結構，則每個節點將需要 $n - 1$ 個指標。我們可以做得更好。

若要設計的網路是靜態的，也就是說它在執行演算法的過程中不會增加或減少節點，則可以用鄰近**關係矩陣** (adjacency matrix) 來表示。鄰近關係矩陣是二維的矩陣，每個節點以一個列與一個行表示。思考圖 A.8a 中有六個互相聯結的節點圖形。圖中兩個節點間的聯線 [**邊** (edges)] 在鄰近關係矩陣中以一個位於表示其中一個節點的行與表示另一個節點的列的交叉位置處的 1 來表示。完整的鄰近關係矩陣示於圖 A.8b 中。

暫時回到先前尋找二城市間最佳路徑的例子：我們以表以具**權重** (weighted) 的邊（即聯線）的圖來代表地圖，邊上的權重即代表二城市間的距離，或由一城市前往另一城市的「成本」。在鄰近關係矩陣中如果兩城市有路徑相通，則於對應位置填入距離而不是 1。

聯接的圖也可以用一個鏈結的鄰近**關係串列** (adjacency list) 來表示。鄰近關係串列結構的實作通常是將圖中的節點置於一個指向其鄰近節點的串列線性

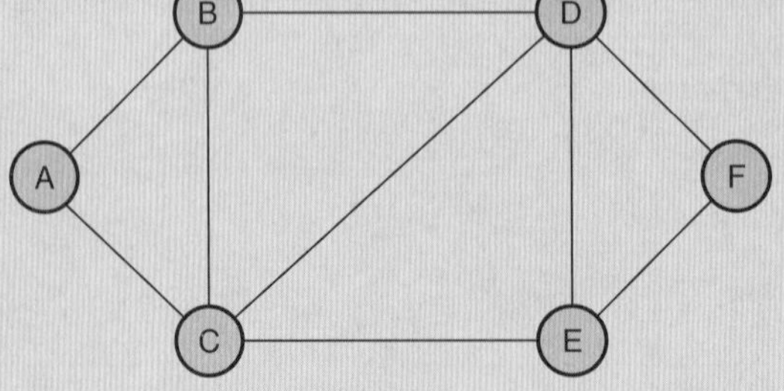

a)

	A	B	C	D	E	F
A	1	1	1	0	0	0
B	1	1	1	1	0	0
C	1	1	1	1	1	0
D	0	1	1	1	1	1
E	0	0	1	1	1	1
F	0	0	0	1	1	1

b)

圖 A.8 a) 一般化的圖；b) 圖的鄰近關係矩陣

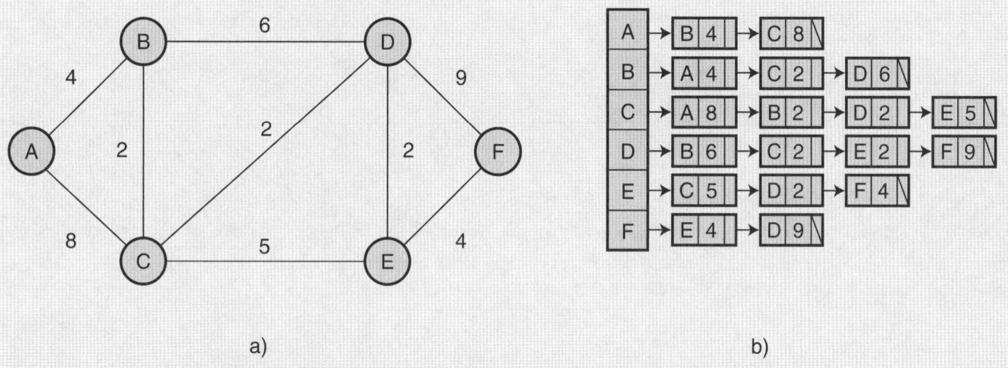

圖 A.9 a) 具權重的圖；b) 圖的鄰近關係矩陣

陣列中。這種方式的優點是我們可輕易定位圖中任何節點，且陣列的串列元素中可以同時存放兩個相關節點間的距離。圖 A.9 表示一個有權重的圖與它的鄰近關係串列資料結構。

如我們已介紹過的一般性的圖普遍用於求解通訊中的尋徑問題。這類問題最重要的演算法中有一個是根據圖中的最短路徑應會包含所有節點間最短鏈結的這個想法的 **Dijkstra 演算法**。這個演算法一開始檢視圖中起始節點所有相連的路徑，並更新各節點中由起始節點至此的距離；之後檢視所有至相鄰節點的路徑，並更新到達該節點的距離。若節點中已有一個距離，則只有在旅行到該節點的距離小於節點中原記錄的距離時才會將之選為下一個目的地。這個過程示於圖 A.10 中。

在圖 A.10a 中，先將能經過所有節點的距離設為無限大。檢視從第一個節點聯接其鄰近節點的路徑，並將節點的值更新為去到該節點的距離（圖 A.10b）。接著檢視從下一個距離較近的節點到它的鄰近節點的路徑，並且在那些節點中已記錄的距離大於目前能到達它的距離時更新為較小的距離。這就是為什麼圖 A.10c 中左下角節點的值要被更新。這個過程一直重複直至得到最短路徑為止，如圖 A.10f 所示。Dijkstra 演算法中巧妙之處在於用到了好幾種資料結構：不但用到了圖本身，聯接到每一個節點的路徑也必須用某種方法記錄下來，以便有需要時檢索。我們將如何表示所需的資料結構以及撰寫 Dijkstra 演算法虛擬碼以處理這些資料結構的事留作習題。

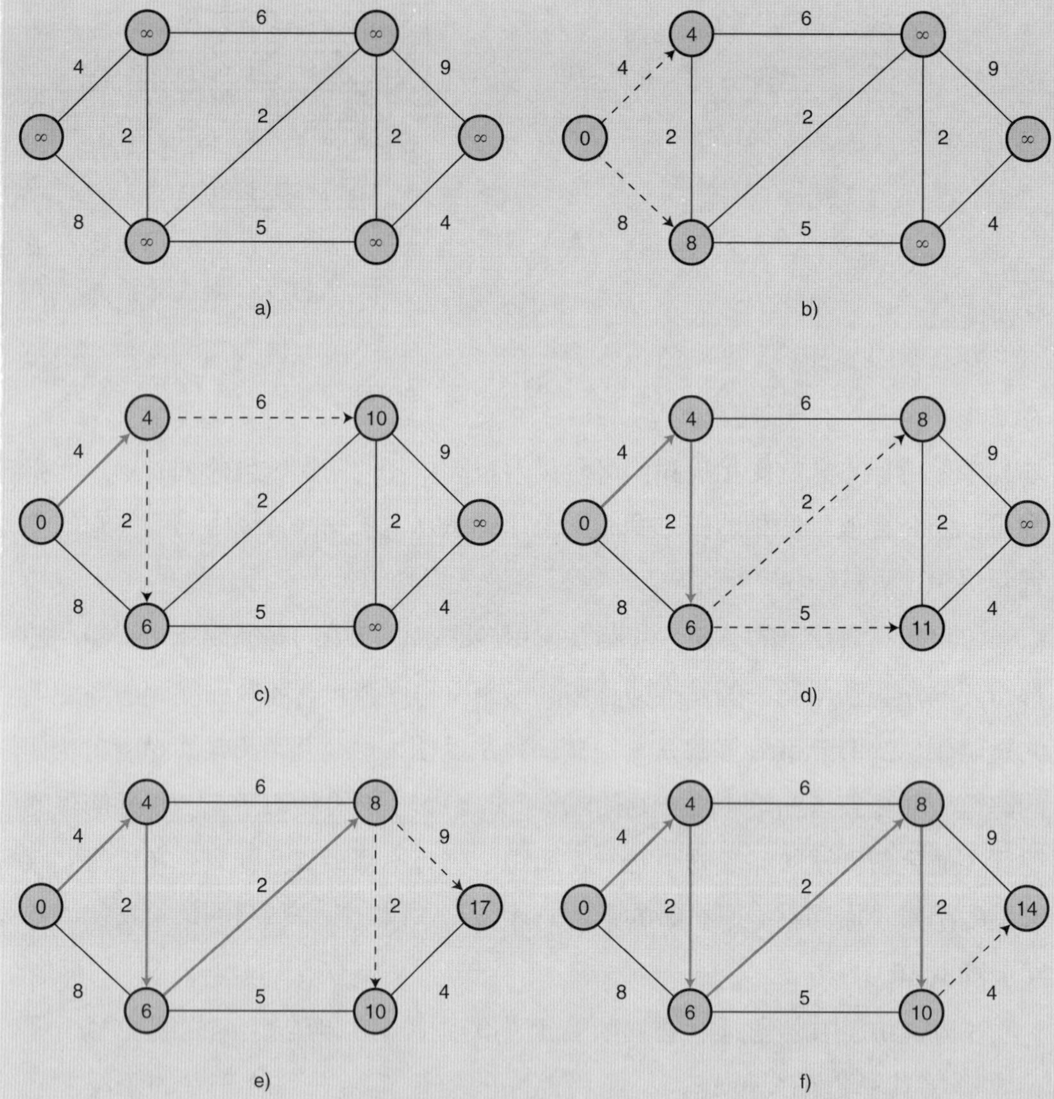

圖 A.10 Dijkstra 演算法

總結

本附錄說明一些計算機中經常採用的資料結構。堆疊與貯列在系統的最低幾層中最為重要，因為這些資料結構的單純與這些層級中運作的單純性配合良好。在系統軟體層中，編譯器與資料庫系統非常倚重樹的結構來達成快速資訊儲存與檢索。最複雜的資料結構則見於高階語言層中。這些結構中可能會包含多種輔助的資料結構，有如之前我們使用了陣列與鏈結串列來完整描述的網路圖例子中所見到的。

進一步閱讀

在繼續研讀計算機系統與程式撰寫時，有必要瞭解這個簡要附錄中討論到的各個主題。如果這是你第一次在這個附錄中見到這些資料結構，我們鄭重建議你閱讀 Rawlins 所著的演算法書籍 (1992)。該書引人興致，寫作優良且多彩多姿。如果對更為完整且進階的內容有興趣，那麼 Knuth (1998) 與 Cormen、Leiserson、Rivest 與 Stein (2001) 的書本中涵蓋了更多細節。Weiss (1995) 以及 Horowitz 與 Sahni (1983) 兩本書中介紹了本附錄中提及的資料結構大部分重要議題相關的簡要與容易閱讀的內容。

參考資料

Cormen, T. H., Leiserson, C. E., Rivest, R. L., & Stein, C. *Introduction to Algorithms*, 2nd ed. Cambridge, MA: MIT Press, 2001.

Horowitz, E., & Sahni, S. *Fundamentals of Data Structures*. Rockville, MD: Computer Science Press, 1983.

Knuth, D. E. *The Art of Computer Programming*, 3rd ed. Volumes 1, 2, and 3. Reading, MA: Addison-Wesley, 1998.

Rawlins, G. J. E. *Compared to What? An Introduction to the Analysis of Algorithms*. New York: W. H. Freeman and Company, 1992.

Weiss, M. A. *Data Structures and Algorithm Analysis*, 2nd ed. Redwood City, CA: Benjamin/Cummings Publishing Company, 1995.

習題

1. 舉出下列資料結構會最恰當的應用至少一例：

a) 陣列

b) 貯列

c) 鏈結串列

d) 堆疊

e) 樹

2. 附錄文中敘述的優先度貯列是一個允許其中項次在滿足特定條件時可移至貯列開頭的貯列。設計優先度貯列的資料結構與適當演算法。

◆ **3.** 假設你不想用樹的結構來存放一組排序好的數據元素而選用顯然沒有效率的鏈結串列。該串列以鍵值作遞增的排序，亦即最低的鍵值位於串列開頭。要檢索一個數據元素時可循序搜尋串列，直至找到一個大於所欲搜尋項次之鍵值的鍵值為止。如果搜尋的目的是要在串列中插入另外一個項次，應如何完成這個插入？寫出說明每一個步驟的虛擬演算法。你可以稍微改變串列的資料結構以使演算法更有效率。

4. 下列記憶體內容表示一棵二元樹。畫出這棵樹。

	0	1	2	3	4	5	6	7	8	9	A	B	C	D	E	F
0	--	--	--	--	--	00	45	00	--	--	--	--	--	--	--	--
1	00	41	00	--	--	--	--	--	--	05	46	37	--	--	--	00
2	43	00	--	--	--	--	--	--	--	--	--	--	10	42	1F	--
3	--	--	2C	44	19	--	--	00	47	00	--	--	--	--	--	--

◆ **5.** 下列記憶體內容表示一棵二元樹。畫出這棵樹。

	0	1	2	3	4	5	6	7	8	9	A	B	C	D	E	F
0	--	--	--	--	--	--	--	--	24	46	12	--	--	--	00	42
1	30	--	00	45	00	--	--	--	--	--	--	--	--	--	--	--
2	--	--	--	--	0E	47	00	--	--	--	00	43	00	--	--	--
3	00	44	00	--	--	--	--	--	--	--	--	--	08	41	2A	--

6. 下列記憶體內容表示一棵二元樹。葉中包含鍵 H(48)、I(49)、J(4A)、K(4B)、L(4C)、M(4D)、N(4E) 與 O(4F)。畫出這棵樹。

	0	1	2	3	4	5	6	7	8	9	A	B	C	D	E	F
0	00	2E	46	39	00	4B	00	48	35	44	04	14	11	41	08	35
1	FF	19	42	22	3F	FF	01	43	3C	00	48	00	48	20	41	00
2	4A	15	00	49	00	42	00	4E	00	47	0C	45	16	08	00	4C
3	00	00	4F	00	43	00	4A	00	45	00	4D	00	26	47	31	41

7. 設計一個表示 n 層二元樹中能夠放入的最大節點數的公式。

8. 圖走訪指的是要行經圖中每一個節點。走訪對在樹中以某種次序（可能是隨機的）加入節點、以某種其他次序進行檢索時很有用。三種常用的走訪：前序 (preorder)、中序 (inorder) 與後序 (postorder) 表示於下圖中：圖 (a) 表示前序走訪，圖 (b) 表示中序走訪，而圖 (c) 表示後序走訪。

a) 重新安排前述的樹以便後序走訪會依字母順序列印出節點鍵值。只能改變節點中的鍵值。接著再對中序走訪重作本題。

b) 對習題 8a 中重新畫出的樹作其他兩種走訪。

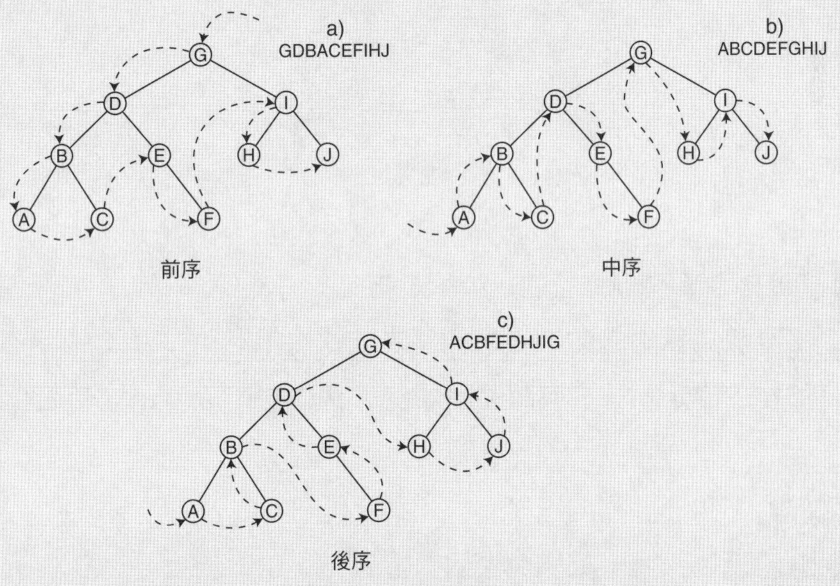

9. 大多數有關演算法與資料結構的書以遞迴程序的形式表示走訪演算法（遞迴程序也就是會呼叫自己的副程式或函數）。不過計算機是以反覆執行的方式達成遞迴！下述演算法利用堆疊來執行樹的反覆前序走訪（參見習題 8）。每走訪至一個節點，即應如上圖方式印出其鍵值。

```
ALGORITHM Preorder
    TreeNode : node
    Boolean : done
    Stack: stack
    Node ← root
    Done ← FALSE
    WHILE NOT done
        WHILE node NOT NULL
            PRINT node
            PUSH node onto stack
            node ← left child node pointer of node
        ENDWHILE
        IF stack is empty
            done ← TRUE
        ELSE
            node ← POP node from stack
            node ← right child node pointer of node
        ENDIF
    ENDWHILE
END Preorder
```

a) 修改該演算法成進行的是中序走訪。

b) 修改該演算法成進行的是後序走訪（提示：在你離開一個節點並向它的左子樹走訪時，可將節點中的一個值標示成表示這個節點已被走訪過）。

10. 有關圖 A.6 中查找樹的根節點，如果我們要找的著名數學家名字是 Ethel 會碰到什麼麻煩？應如何避免這個問題？

11. 應用 Dijkstra 的演算法，依據下方所示的鄰近關係矩陣中哩程數尋找由 New York 至 Chicago 的最短路徑。表中「無限大」的值（∞）表示二城市間無直通的路線。

	Albany	Buffalo	Chicago	Cleveland	Erie	New York	Pittsburgh	St. Louis
Albany	0	290	∞	∞	∞	155	450	∞
Buffalo	290	0	∞	∞	100	400	∞	∞
Chicago	∞	∞	0	350	∞	∞	∞	300
Cleveland	∞	∞	350	0	100	∞	135	560
Erie	∞	100	∞	100	0	∞	130	∞
New York	155	400	∞	∞	∞	0	∞	∞
Pittsburgh	450	∞	∞	135	130	∞	0	∞
St. Louis	∞	∞	300	560	∞	∞	∞	0

12. 建議一種可以占用較少記憶體空間的儲存鄰近關係矩陣的方法。

13. 設計一個能實現 Dijkstra 演算法並使用恰當資料結構的演算法。

14. 本附錄曾經介紹的資料結構中，哪一種最適於文字處理器中拼字檢查用的字典？

部分習題解答與提示

第一章

1. 在硬體與軟體之間，一個提供速度，另一個提供更多彈性（不過哪一個是哪一個呢？）。硬體與軟體之間的關係可經由硬體與軟體等效性原則來瞭解。會有其中一個能解決而另外一個不能解決的問題嗎？

3. 一百萬或 10^6

10. 0.75 微米（micron）

第二章

1. a) 121222_3

b) 10202_5

c) 4266_7

d) 6030_9

7. a) 11010.11001

b) 11000010.00001

c) 100101010.110011

d) 10000.000111

16. a) 符號-大小：01001101

1 的補數：01001101

2 的補數：01001101

超 -127: 11001100

b) 符號-大小：10101010

1 的補數：11010101

2 的補數：11010110

超 -127: 1010101

28. 最小的負數：100000 (−31)　　最大的正數：011111 (31)

32. a) 10110000

b) 00110000

c) 10000000

34. a) 00111010

b) 00101010

c) 01011110

36. a) 111100

38. a) 1001

40. 104

42. 提示：開始推演如下：

j	（二進形式）	k	（二進形式）
0	0000	−3	1100
1	0001	−4	1011 (1100 + 1110)（其中最後一個進位加回和中以完成一的補數加法）
2	0010	−5	1010 (1011 + 1110)
3	0011	−6	1001 (1010 + 1110)
4	0100	−7	1000 (1001 + 1110)
5	0101	7	0111 (1000 + 1110)（這是滿溢——但是可以忽略它）

46.

0	1	1	1	1	0	1	0

Error = 2.4%

57. a)	二進值	00000000	00000001	00100111
b)	ASCII	10110010	00111001	00110101
c)	擠壓的 BCD	00000000	00101001	01011100

68. 錯誤發生在位元 5。

73. a) 1101 餘數 110

b) 111 餘數 1100

c) 100111 餘數 110

d) 11001 餘數 1000

77. 編碼字組：1011001011

第三章

1. a)

x	y	z	yz	$(xy)'$	$z(xy)'$	$yz + z(xy)'$
0	0	0	0	1	0	0
0	0	1	0	1	1	1
0	1	0	0	1	0	0
0	1	1	1	1	1	1
1	0	0	0	1	0	0
1	0	1	0	1	1	1
1	1	0	0	0	0	0
1	1	1	1	0	0	1

b)

x	y	z	$(y' + z)$	$x(y' + z)$	xyz	$x(y'+z) + xyz$
0	0	0	1	0	0	0
0	0	1	1	0	0	0
0	1	0	0	0	0	0
0	1	1	1	0	0	0
1	0	0	1	1	0	1
1	0	1	1	1	0	1
1	1	0	0	0	0	0
1	1	1	1	1	1	1

3. $F(x, y, z) = xy'(x + z)$

$$F'(x, y, z) = (xy'(x + z))'$$

$$= (xy')' + (x + z)'$$

$$= (x' + y) + (x'z')$$

5. $F(w, x, y, z) = xz'(x'yz + x) + y(w'z + x')$

$F'(w, x, y, z) = (xz'(x'yz + x) + y(w'z + x'))'$

$= (xz'(x'yz + x))'(y(w'z + x'))'$

$= ((xz')' + (x'yz + x)')(y' + (w'z + x')')$

$= ((x' + z'') + (x'' + y' + z')(x'))(y' + ((w'' + z')(x'')))$

$= ((x' + z) + (x + y' + z')(x'))(y' + (w + z')(x'))$

8. 無效的。證明的一個方法是使用真值表。更有挑戰性的使用恆等式的方法會用到 a XOR $b = ab' + a'b$。

15. a) $x(yz + y'z) + xy + x'y + xz = x(yz + y'z) + y(x + x') + xz$ 分配律

$= x(yz + y'z) + y(1) + xz$ 反轉律

$= x(yz + y'z) + y + xz$ 恆等律

$= xz(y + y') + y + xz$ 分配律與交換律

$= xz(1) + y + xz$ 反轉律

$= xz + xz + y$ 恆等律與交換律

$= xz + y$ 等效律

b) $xyz'' + (y + z)' + x'yz = xyz + (y + z)' + x'yz$ 雙重取補數律

$= xyz + y'z' + x'yz$ 笛摩根律

$= xyz + x'yz + y'z'$ 交換律

$= xz(y' + y) + y'z'$ 分配律

$= xz(1) + y'z'$ 反轉律

$= xz + y'z'$ 恆等律

c) $z(xy' + z)(x + y') = z(xxy' + xy'y' + xz + y'z)$ 分配律／交換律

$= z(xy' + xy' + xz + y'z)$ 等效律

$= xy'z + xy'z + xzz + y'zz$ 分配律／交換律

$= xy'z + xz + y'z$ 等效律

$= xy'z + y'z + xz$ 交換律

$= y'z(x + 1) + xz$ 分配律

$= y'z(1) + xz$ 無效律

$= y'z + xz$ 恆等律

17. a) $x(y+z)(x'+z') = x(x'y + yz' + x'z + zz')$ 分配律／交換律

$= xx'y + xyz' + xx'z + xzz'$ 分配律

$= 0 + xyz' + 0 + 0$ 反轉律／無效律

$= xyz'$ 恆等律

19. $x(x'+y) = xx' + xy$ 分配律

$= 0 + xy$ 反轉律

$= xy$ 恆等律

22. $F(x, y, z) = x'y'z' + x'yz' + xy'z + xyz' + xyz$

25.

x	y	z	xy'	$x'y$	xz	$y'z$	$xy' + x'y + xz + y'z$
0	0	0	0	0	0	0	0
0	0	1	0	0	0	1	1
0	1	0	0	1	0	0	1
0	1	1	0	1	0	0	1
1	0	0	1	0	0	0	0
1	0	1	1	0	1	1	1
1	1	0	0	0	0	0	0
1	1	1	0	0	1	0	1

兩個積項之和的補數形式是 $(x'y'z' + x'y'z)'$。

33.

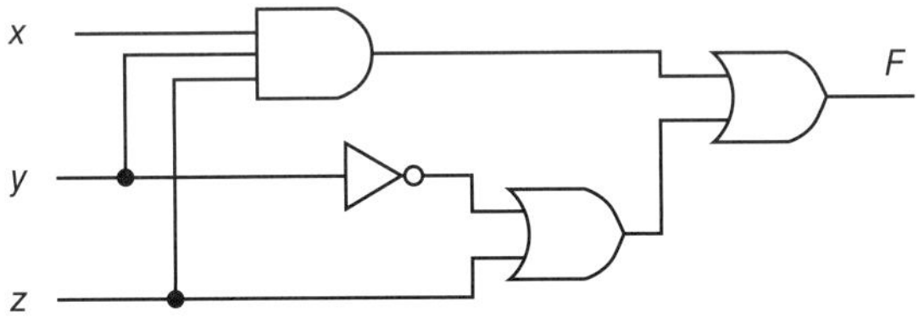

36.

x	y	z	F
0	0	0	1
0	0	1	1
0	1	0	1
0	1	1	1
1	0	0	0
1	0	1	1
1	1	0	0
1	1	1	1

49. 輸入（卡片上的編碼）的被設定的值決定了讀卡機的設計方式。一種編碼方法示於下表中：

編碼	雇員類別	授權可進入				
		器材櫃	伺服器室	員工休息室	主管休息室	主管盥洗室
00	IT 員工		x	x		
01	助理	x		x	x	
10	大老闆				x	x
11	管理員	x	x	x	x	x

根據這種編碼，伺服器室的讀卡機可以製作如下：

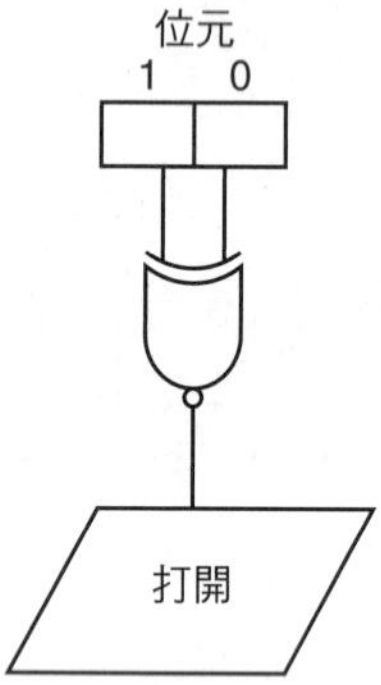

其餘各讀卡機應如何設計？

50.

			下一個狀態	
X	*Y*	*A*	*A*	*B*
0	0	0	0	1
0	0	1	1	0
0	1	0	0	1
0	1	1	0	1
1	0	0	1	1
1	0	1	1	0
1	1	0	1	0
1	1	1	0	1

54.

			下一個狀態	
X	*Y*	*Z*(*Q*)	*S*	*Q*
0	0	0	0	0
0	0	1	1	0
0	1	0	1	0
0	1	1	0	1
1	0	0	1	0
1	0	1	0	1
1	1	0	0	1
1	1	1	1	1

57. 從將正反器間的線編號如下作起：

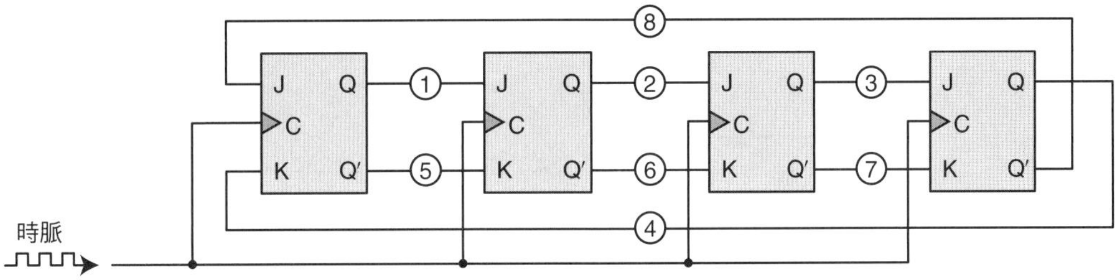

從 0 至 8 完成下表：

時間	狀態為“off”的線	狀態為“on”的線
0	1,2,3,4	5,6,7,8
1	????	????
…	…	…
8	????	????

第三章　專論卡諾圖

3A.1. a) $x'z + xz'$

b) $x'z + x'y + xy'z'$

3A.4. a) $w'z' + w'y'z' + wyz$

b) $w'x' + wx + w'y + yz' + x'z'$　或　$w'x' + wx + xy + x'z'$

3A.6. a) $x'z' + w'xz + w'xy$

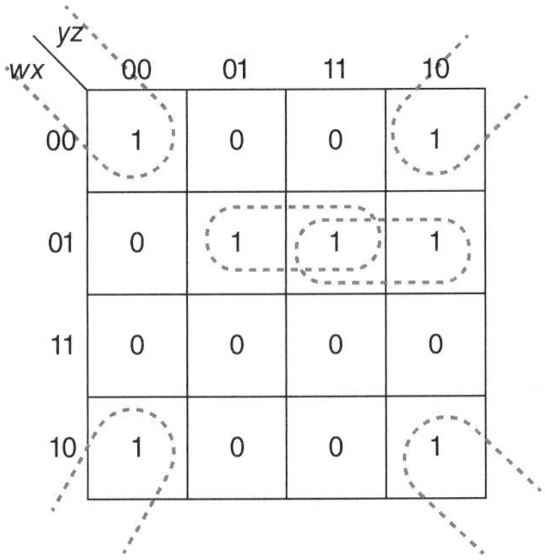

3A.6. b) $x'y' + wx'z'$

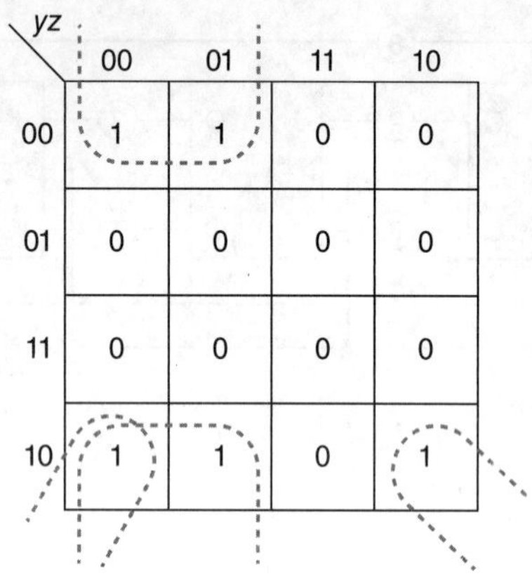

3A.8. $x'y'z + x'yz + xy'z + xyz = x'z(y' + y) + xz(y' + y)$

$= x'z + xz$

$= z(x' + x)$

$= z$

3A.9. a) $x + y'z$（我們不考慮「無所謂」因為它對我們沒有幫助。）

b) $x'z' + w'z$

第四章

4. a) 共有 2M × 4 個位元組，等於總共有 $2 \times 2^{20} \times 2^2 = 2^{23}$ 個位元組，因此位址中需要有 23 個位元。

b) 共有 2M 個字元，等於 $2 \times 2^{20} = 2^{21}$ 個，因此位址中需要有 21 個位元。

10. a) 16（8 個 2 行的列）

b) 2

c) $256K = 2^{18}$，故需 18 個位元

d) 8

e) $2M = 2^{21}$，故需 21 個位元

f) 第 0 排 (000)

g) 第 6 排 (110)

15. a) 共有 2^{20} 個位元組，全部都可以以 20 個位元的位址、位址 0 至 $2^{20}-1$ 定址。

b) 共只有 2^{19} 個字組，要對每一個定址需要用到位址 0 至 $2^{19}-1$。

23.

A	108
One	109
S1	106
S2	103

26. a) `Store 007`

第五章

1.

位址 ⟶	00	01	10	11
a) 大的端	00	00	12	34
b) 小的端	34	12	00	00

6. a) $0xFE01 = 1111\ 1110\ 0000\ 0001_2 = -511_{10}$

b) $0x01FE = 0000\ 0001\ 1111\ 1110_2 = 510_{10}$

10. 6×2^{12}

12. a) $X Y \times W Z \times V U \times + +$

21.

模式	值
立即值	0x1000
直接	0x1400
間接	0x1300
索引	0x1000

27. a) 8

b) 16

c) 2^{16}

d) $2^{24}-1$

第六章

1. a) $2^{20}/2^{4} = 2^{16}$

b) 20 個位元的位址中 11 個為標籤欄位，5 個屬於區塊欄位，以及 4 個屬於位移欄位。

c) 區塊 22（或區塊 0x16）

4. a) $2^{16}/2^{5} = 2^{11}$

b) 16 個位元的位址中標籤欄位有 11 個位元以及位移欄位有 5 個位元。

c) 因為是全關聯式的快取，所以可以對映到任何位置。

6. 每個位址有 27 個位元，其中 7 個屬於標籤欄位，14 個屬於集合欄位，以及 6 個屬於位移欄位。

18.

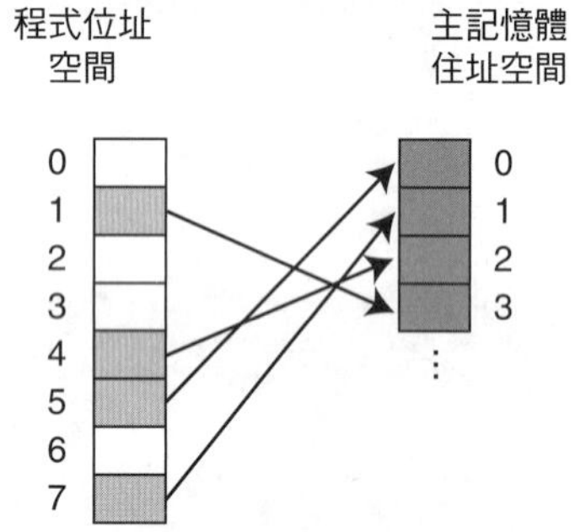

第七章

1. 1.28 或 28%（$S = 1.2766$；$f = 0.65$；$k = 1.5$）

9. a) 選擇升級磁碟。這樣作相對於升級 CPU，每 1% 的改善花費是 \$216.20 而非 \$268.24。

b) 磁碟的升級可造成較大的改善：36.99% 而非處理器的 18.64%。

c) 效果相同的點會是在磁碟升級花費 \$9922 或 CPU 升級花費 \$4031 時。

12. a) CPU 在進入插斷服務程序之前應封鎖所有插斷，因插斷根本不應該會發生。

b) 這不會是問題。

c) 如果插斷被禁止了，第二個插斷絕對不會發生，因此這不會是問題。

22. 有些人認為從特別的磁碟中檢索特定數據並非「隨機」的行為。

24. 旋轉延遲（平均延遲）的解法是求旋轉一圈所需時間的一半，故：7200 RPM = 120 圈 / 秒 = 0.008333 秒 / 圈 = 8.333 毫秒 / 圈（換言之，每分 60,000 毫秒 / 每分 7200 轉 = 每圈 8.333 毫秒）。而平均是這個值的一半，或 4.17 毫秒。

28. a) 256 MB (1 MB = 2^{20} B)

b) 11 ms

32. 28.93 MB/ 磁軌

39.

規格	
小時 / 年	8760
每 kWh 費用	0.1
運作百分比	0.25
運作時瓦數	14.4
閒置百分比	0.75
閒置時瓦數	9.77

運作小時數 / 年	0.25 × 8760 = 2190	
運作所耗 kWatts 2190 × 14.4 ÷ 1000		= 31.536
閒置小時數 / 年	0.75 × 8760 = 6570	
閒置所耗 kWatts 6570 × 9.77 ÷ 1000		= 64.1889
	總 kWatts	95.7249
	能源費用／年	$9.57
	× 5 個磁碟	$47.85
	× 5 年	$239.25
	＋ 磁碟費用 $300 × 10	$3,239.25

設施	
每 GB 每月的固定費用	0.01
GB 數	× 8000
每月總費用	= 80
月數	× 60
設施總費用	$4,800.00

總和：	$8,039.25

第八章

5. 如果多個程序共用特定一組資源，將它們視為一個子系統應該是合理的。如果有一組程序是用來測試系統的，可能應該將它們視為一個子系統，因為如果它們毀壞了或作出奇怪的事，也只有它們執行於其中的子系統會受到影響。如果你將特定範圍的時間或資源的使用權賦予特定的一群人，你也可能希望這些使用者的程序被視為一個子系統。

7. 非可重置的碼常用於程式需要更為緊緻時，因此在空間受限（例如微波爐或車用計算機中）的嵌入式系統中經常使用。非可重置的碼也較快，因此也用於要求短時間延遲的系統例如即時系統中。可重置的碼需要有硬體支援，因此非可重置的碼會用於可能沒有這種支援（如在 Nintendo 中）的情況下。

9. 動態聯結節省磁碟空間（為什麼？），導致較少的系統錯誤（為什麼？），並允許程式碼共用。不過動態聯結可能在執行時增加了載入時間延遲，而且如果動態聯結的程序庫程序作了改變，使用改變過的程序庫的其他程序可能會出現難以追索的錯誤。

19. Java 先編譯成位元組碼。這個中間形式的位元組碼接著會被 JVM 以解譯的方式執行。

21. a) 當不同的計算結果（譬如輸出、數據變數的值）依據不同的時序出現，並造成各個緒、程序或交易中的敘述句以不同的次序執行時，就出現了賽跑的情況。假設有下列存取一個原始餘額為 500 的帳戶的兩項交易：

交易 A	交易 B
取得帳戶餘額	取得帳戶餘額
將 100 加入餘額	將 100 由餘額減去
儲存新的餘額	儲存新的餘額

新餘額的值依兩個交易中動作執行的次序而定。可能的新餘額值有哪些？

b) 賽跑的情況可以經由將交易隔離開來執行，並且提供不可分割性來避免。資料庫中的不可分割的交易是經由鎖定來確保。

c) 使用鎖定可能造成鎖死。假設交易 T1 取得對數據項 X 的排他性鎖定（表示沒有其他交易可以共用這項鎖定），之後交易 T2 取得對數據項 Y 的排他性鎖定。現在假設 T1 需要保有 X 但是又需要使用 Y，而 T2 需要保有 Y 但是又需要使用 X。因為它們彼此都在等待對方但是又不會釋放已經取得的鎖定，因此就發生了鎖死。

第九章

1. RISC 機器中限制能存取記憶體的指令只有載入與儲存指令。這表示所有其他指令都只能使用暫存器。這樣做能夠讓指令使用較少個時脈週期數並加速程式碼的執行，也因此提升硬體的效能。RISC 架構的目標是能夠在單一週期內完成一道指令的執行，而這在該等其他指令需要使用到記憶體而不只是暫存器時是不可能辦到的。

3. 「Reduced」原來表示的是提供一組最小的、能夠完成所有必要運作：數據搬移、ALU 運作與分支的指令集。然而今日 RISC 機器的主要目的是簡化指令以便它們能更快地執行。每一道指令只從事一個動作，它們的長度都一樣，它們只使用少數不同的格式，以及所有算術運作都必須對暫存器中的值來進行（記憶體中的數據則不能被當成這種運作的運算元）。

5. 128

9. 在程序切換中，所有有關目前正在執行的程序的資訊，包括暫存器窗中的值，都必須被保留。在恢復這個程序時，暫存器窗中的值也必須恢復。窗的大小不同時，這件事可能會非常耗時。

11. a）SIMD：單一指令流、多個數據流。某一特定指令對多份數據執行動作。例如向量處理器使用一道指令將陣列相加（C[i] = A[i] + B[i]），並視處理器中有多少 ALUs 而對多份數據同時執行動作（C[1] = A[1] + B[1]、C[2] = A[2] + B[2]、C[3] = A[3] + B[3]、⋯）。

13. 鬆散耦合與緊密耦合是用來說明處理器如何使用記憶體的名詞。如果使用的是一個大的、集中的共用記憶體，我們就說這個系統是緊密耦合的。如果有多個、實際上分散各處的記憶體，我們就說這個系統是鬆散耦合的。

17. SIMD：數據平行性；MIMD：控制或工作平行性。為什麼？

19. 相較於超純量處理器依賴硬體（來仲裁相依關係）與編譯器（來產生約略的排程），VLIW 則全然依賴編譯器。因此 VLIW 將複雜性完全交由編譯器來處理。

20. 是兩種架構都採用少量的平行管道來處理指令。不過 VLIW 架構依賴編譯器來事先將指令排列並排程成正確且有效率的方式。在超純量架構中指令的排程由硬體來安排。

21. 分散式系統既可作分工也可以作冗餘。

23. 在縱橫網路中加入處理器時，縱橫網路中的交換器數量會很快地增加到難以處理。匯流排網路則受限於匯流排容易成為瓶頸與競搶的問題。

25. 在寫透時，新值會立刻一路寫至伺服器中。這樣可常保伺服器中有最新資料，但是寫動作較耗時（降低快取一般可獲得的加速）。在寫回時，新值往往過一陣才寫入伺服器中。這樣可維持加速性，但若伺服器在新值寫入前故障，可能會遺失一些數據。這是一個說明提高效能時往往會有代價的好例證。

27. 是的，各別神經元讀取輸入、進行處理並產生輸出。之後輸出會被其他「接續在後」的神經元使用。不過神經元會同時進行工作。

29. 在網路進行學習時，不正確的輸出現象會被用來調適網路中的各個權重。調適的方法會根據不同的最佳化演算法而定。學習的過程在計算權重後得到的結果向某一特定值收斂時就完成了。

第十章

2. 小型嵌入式系統不需要執行個人電腦所執行的複雜的開機自我測試 (power-on self-test, POST) 過程。第一個原因是嵌入式系統記憶體小很多，因此可花較少時間做開機檢查。第二是就算嵌入式系統有任何周邊設備，也一定既少且也較大部分個人電腦使用的為簡單。這表示需要檢查的硬體較少而且就算有也只有少數驅動程式需要載入。

8. 插斷延遲指的是從插斷發生到執行插斷服務程序 (ISR) 中第一道指令的經過（牆上時鐘）的時間。為了要執行 ISR 中的第一道指令，正在 CPU 中執行的緒要暫停：會發生程序切換。因此插斷延遲一定會比程序切換花費的時間更長。

附錄 A

3. 更有效率的一種鏈結串列實作方法會將三個指標放到串列中的每一個節點上。額外的指標會指向哪裡？

5.

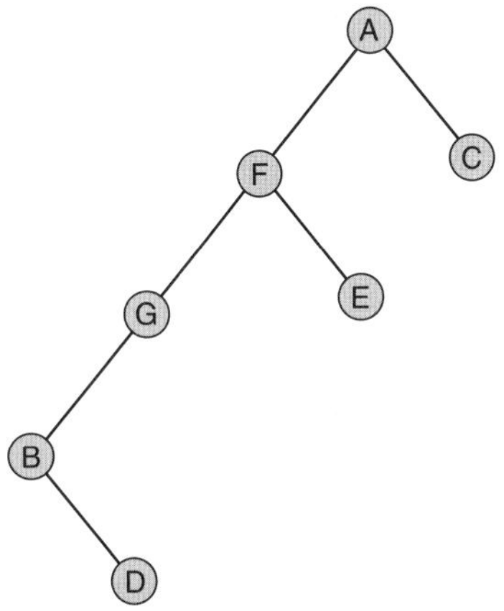

索引

2 × 2 交換器　2 × 2 switch　653
3 層式架構　3-tiered architecture　621
4 位元組　nibbles 或 nybbles　66
8 路交錯　8-way interleaved　255
ACID 性質　ACID properties　617
AGP　accelerated graphics port　14
B+ 樹　B+tree　744
BASIC　the Beginners All-purpose Symbolic Instruction code　605
DeepQA　Deep Question and Answer　55
DNA 計算　DNA computing　673
D 正反器　data flip-flop　191
EIDE　enhance inttrgated drive electronics　13
GUI　graphical user interface　578
I/O 處理器　I/O processors, IOPs　476
I/O 通道　I/O channel　476
I/O 匯流排　I/O buses　246
Java 虛擬機器　Java Virtual Machine, JVM　366, 606
JK 正反器　JK flip-flop　191
L3 快取　L3 cache　426
LCD　liquid crystal display　14
LZ77 壓縮演算法　LZ77 compression algorithm　549
MIPS 組譯器與執行過程模擬器　MIPS Assembler and Runtime Simulator, MARS　311
MPEG-1 音訊階層 III　MPEG-1 Audio Layer III　560
MPEG-1 第 3 部分　MPEG-1 Part 3　560
N- 型　N-type　32
NetBurst 微架構　NetBurst microarchitecture　305
n 元樹　*n*-ary tree　740
N 型金氧半導體　N-type metal-oxide semiconductor，N 指負，negative　202
N 路集合關聯式快取對映　N-way set-associative cache mapping　410
P- 型　P-type　32
PC 群　pile of PCs, PoPC　644
PROM　programmable read-only memory　391
P 型金氧半導體　P-type metal-oxide semiconductor，P 指正，positive　202
QDOS　Quick and Dirty Operating System　578
SR 正反器　SR flip-flop　189

1 劃

一致性　consistency　617
一致的記憶體存取　uniform memory access, UMA　659
乙太網路　Ethernet　18

2 劃

二元搜尋　binary search　739
二進位數字　binary digit　66
二進編碼的十進數　binary-coded decimal, BCD　111
二極管　diode tube　29
二極體　diode　32
八進位的位數　octet　73
十六進位的位數　hextet　73
十億赫茲　gigahertz, GMz　10

3 劃

三位址碼　three-address code　604
三極管　audio tube 或 triode　30

大的端　big endian　332
大量平行處理器　massively parallel multiprocessors, MPPs　642
大數據　big data　524
子系統　subsystem　588
子樹　subtree　741
子通道　subchannel　497
小於　less than　612
小的端　little endian　332
小框　small frame　497
工作　tasks　358
工作站叢集　cluster of workstations, COW　643
已寫的 terabytes　terabytes written, TBW　495

4 劃

四極管　tetrodes　30
不包含式的各快取　exclusive caches　427
不可分割性　atomicity　616
不可被遮蓋　nonmaskable　259
不可遮蓋　nonmaskable　274
不列顛標準局　British Standards Institution, BSI　21
不受監督的學習　unsupervised learning　669
不歸零　non-return-to-zero, NRZ　148
不歸零反相　non-return-to-zero-invert, NRZI　149
中央處理單元　central processing unit, CPU　46, 242
中置表示法　infix notation　339
互補金氧半導體　complementary metal-oxide semiconductor, CMOS　203
介面　interface　251
介接　interface　13
內部破碎　internal fragmentation　429
內部節點　internal nodes　741
公共資源計算　public-resource computing　661
冗餘位元　redundant bits　121
冗餘的　redundant　539
分支預測　branch prediction　361
分時系統　time-sharing systems　574
分區位元　zoned-bit　487
分散式系統　distributed systems　577, 660
分散式計算　distributed computing　643
匹配單元　matching unit　667
反之　NOT　160
反波蘭式表示法　reverse Polish notation, RPN　339
反饋　feed-back　188
心跳陣列　systolic array　671
支援位址對映　address mapping　597
方法區　method area　607
且　AND　160

5 劃

五極管　pentrodes　30
主記憶體　main memory　392
主記憶體系統　main memory system　46
主動　master　244
主動式矩陣　active matrix　15
主控器　bus master　474
代數的場　algebraic field　118
以內容定址的記憶體　content addressable memory　399
以加倍的方式逐位數處理　double-dabble 或 double-dibble　76
以字組為可定址單位　word addressable　252
以位元組為可定址單位　稱 byte addressable　252
以電機方式可擦掉的 EPROM　electrically erasable PROM, EEPROM　392
凹處　pits　496
功能單元　functional unit　667
包含式的各快取　inclusive caches　426
包含式的各快取　strictly inclusive caches　426
半加器　half-adder　179
卡諾圖　Karnaugh maps, Kmaps　174, 226
可重置的　relocatable　594
可被遮蓋　maskable　259

可編程的陣列邏輯　programmable array logic, PAL　697
可編程的邏輯裝置　programmable logic device, PLD　697
可遮蓋的　maskable　274
可錄 CD　CD-recordable, CD-R　495
可動複錄製 CD　CD-rewritable, CD-RW　495
可擦掉的 PROM　erasable PROM, EPROM　392
右方子節點　right child　740
四分之一吋卡帶　quarter inch cartridge　504
外部破碎　external fragmentation　442
外觀比例　aspect ratio　15
左方子節點　left child　740
布氏演算法　Booth's algorithm　89
布林代數　Boolean algebra　158
布林函數　Boolean function　160
布林和　Boolean sum　160
布林表示式　Boolean expressions　160
布林乘積　Boolean product　160
平台即服務　Platform as a Service, PaaS　44
平行　parallel　482
平行分散式處理系統　parallel distributed processing systems　668
平行計算機　parallel computers　50
平衡的　balanced　741
弗林分類法　Flynn's taxonomy　641
打包的 BCD　packed BCD　111
本地方法區　native method area　607
本地暫存器　local registers　638
正反器　flip-flop　187, 188
正交性　orthogonality　352
正規化　normalization　100
正規化的　normalized　100
正規的　canonical　168
生物計算　biological computing　673
由上方廣播　upper broadcast　654
由下方廣播　lower broadcast　654
目的檔　object file　277
目前窗指標　current window pointer, CWP　638
目標光束　object beam　521
立即定址　immediate addressing　354

6 劃

交叉　cross　654
交易處理監控器　transaction processing monitor, TP monitor　620
交易管理器　transaction manager　616
交談　conversation　620
交錯　interleaving　487
企業等級的 SSDs　enterprise-grade SSDs　493
先占式排程　preemptive scheduling　582
先到先服務排程　first-come, first-served scheduling, FCFS　582
先進先出　first-in, first-out, FIFO　419, 736
先進數據保衛 RAID　advanced data guarding RAID, RAID ADG　516
光學或光的計算　optical 或 photonic computing 673
光學微影技術　photomicrolithography　33
光學點唱機　optical jukeboxes　496
全加器　full-adder　180
全域運算　global computing　661
全域暫存器　global registers　638
全像　hologram　521
全像式數據儲存　holographic data storage　521
共用記憶體（多）處理器　shared memory processors　656
共用虛擬記憶體系統　shared virtual memory system　659
共設計階段　codesign phase　710
共通的通道　common pathway　244
共開發　codevelopment　709
共模擬　cosimulation　710
共識定理　Consensus Theorem　166
共驗證　coverification　710
合併　merge　666
合併式　unified　425
同位　parity　115

同位元產生器 parity generator 183
同位元檢查器 parity checker 184
同步（的） synchronous 187, 391, 478
同步動態隨機存取記憶體 synchronous dynamic random access memory 11
同步問題 synchronization problem 581
同步匯流排 synchronous buses 247
同步聯結 Synchronous-Link, SL 391
同時線上周邊運作 Simultaneous Peripheral Operation Online，或 SPOOLing 573
向前復原 forward recovery 619
向後相容 backward compatible 304
向量處理器 vector processors 649
向量暫存器 vector registers 650
回應時間 response time 15
多工 multiplexed 476
多工處理 multitasking 52, 583
多工器 multiplexer 183
多工器通道 multiplexor channel 476
多指令流多數據流 MIMD, multiple instruction stream, multiple data stream 642
多指令流單數據流 MISD, multiple instruction stream, single data stream 641
多核架構 multicore architectures 51
多核處理器 multicore processors 51
多排 DRAM Multibank DRAM, MDRAM 391
多處理器系統 multiprocessor systems 576
多程式處理系統 multiprogramming systems 573
多階互聯網路 multistage interconnection networks 654
多緒處理 multithreading 52, 583
多層 multitiered 622
多層快取階層 multilevel cache hierarchy 426
多影像網路圖學 multiple-image network graphics 554
字組 words 66
字組大小 word size 66
存取時間 access time 490
安朵定律 Amdahl's Law 53
有限狀態機 finite-state machine, FSM 192
有效存取時間 effective access time, EAT 420
有效位元 valid bit 400, 429
有效位址 effective address 353
有效數字 significand 98
有減損的數據壓縮 lossy data compression 556
有號整數 signed integers 74
有權重的數字系統 weighted numbering system 67
次級記憶體 secondary memory 392
污染位元或修改位元 dirty bit 或 modify bit 429
污染區塊 dirty blocks 422
百萬赫茲 megahertz, MHz 10
米利機器 Mealy machine 193
自我相對定址 self-relative addressing 355
自動遞減 auto-decrement 355
自動遞增 auto-increment 355
色彩深度 color depth 16
行為模型 behavioral model 709

7 劃

串列長度編碼 run-length coding 558
伺服器整合 server consolidation 592
伺服器群 server farm 592
位元 bit 66
位元移位 bit shifting 185
位元細胞 bit cells 149
位元組 byte 66
位元組碼 bytecodes 367, 607
位元錯誤率 Unrecoverable Bit Error Rate, UBER 495
位址向量 address vector 273
位址線 address lines 246
位移 offset 401
位移欄位 offset field 401, 430
低序交錯 low-order interleaved 255
作業系統 operating system 574
助憶詞 mnemonic 266

即時作業系統 real-time operating system, RTOS 576
即時系統 real-time systems 576
完全聯結網路 completely connected networks 651
完整的 monolithic 579
尾端 tail 734
尾數 mantissa 98
快取 cache 13, 304
快取一致性 cache coherence 659
快取一致性問題 cache coherence problem 458
快取一致的 NUMA cache coherent NUMA, CC-NUMA 660
快取命中 cache hit 400
快取記憶體 cache memory 390, 392
快取錯失 cache miss 400
快閃記憶體 flash memory 392
快速頁模式 Fast-Page Mode, FPM 391
快速傅立葉轉換 fast Fourier transform 563
快速進位前瞻 fast carry-lookahead 89
批次處理 batch processing 572
改換 thunk 588
每個步驟之後作移位 shifting each time we complete a step 91
系統性錯誤偵測 systematic error detection 118
系統時脈 system clock 250
系統匯流排 system bus 247
系統匯流排模型 system bus model 47
序列進階技術聯結 serial advanced technology attachment 或 serial ATA, SATA 13

8 劃

事件驅動 event driven 579
使用自我選擇的分散式仲裁 distributed arbitration using self-selection 249
使用位元 usage bit 429
使用者可見的暫存器 user-visible registers 262
使用碰撞偵測的分散式仲裁 distributed arbitration using collision detection 249
來源檔 source code 277
具確定性的有限自動機 deterministic finite automata, DFA 196
刮損 head crash 489
到發生故障的平均時間 mean time to failure, MTTF 492
受監督的學習 supervised learning 669
周邊元件聯結 Peripheral Component Interconnect, PCI 14
命令行介面 command line interfaces 581
和之積形式 product-of-sums form 168
固定成本是無法回收的工程 non-recurring engineering, NRE 711
固定線性速度 constant linear velocity, CLV 498
固態電子式 solid state 393
固態機 solid state drives, SSDs 492
垃圾收集 garbage collection 442, 607
定址模式 addressing mode 281, 353
定點 fixed-point 99
延伸的 BCD 區域式十進位格式 EBCDIC zoned decimal format 111
延伸的二進制編碼的十進數交換碼 Extended Binary Coded Decimal Interchange Code, EBCDIC 113
延伸匯流排 expansion buses 247
延伸運作碼 expanding opcode 331
延遲 latency 490
延遲的分支 delayed branch 361
或 OR 160
明確地平行的指令計算機 explicitly parallel instruction computers, EPIC 362
服務水準合約 service-level agreement, SLA 42
狀態 status 262
狀態旗標暫存器 status flags register 303
直接位址 direct address 282
直接定址 direct addressing 354
直接記憶體存取 direct memory access, DMA 468, 473
直接通過 through 654
股 strands 673

表面音波接觸感測 surface acoustic wave touch sense 19
金氧半導體場效電晶體 metal-oxide semiconductor field effect transistor, MOSFET 202
長度受限 run-length-limited, RLL 152
長期排程 long-term scheduling 582
阻斷式 blocking 651
附著於通道的 I/O channel-attached I/O 468
非一致的記憶體存取 nonuniform memory access, NUMA 659
非正規化 denormalized 105
非先占式排程 nonpreemptive scheduling 582
非同步（的） asynchronous 187, 479
非同步匯流排 asynchronous buses 247
非阻斷式 nonblocking 651
非阻斷式快取 nonblocking cache 427
非條件式分支 unconditional branch 265

9 劃

亮度 luminance 16, 556
保護相關的錯誤 protection fault 588
前置表示法 prefix notation 339
哈佛式快取 Harvard caches 425
哈佛架構 Harvard architecture 50
待決定的 predicated 362
後進先出 last-in, first-out, LIFO 301, 736
後置表示法 postfix notation 339
恆等式 identities 162
扁平檔案 flat files 614
指令快取 I-cache 444
指令快取 instruction cache 425
指令集架構 instruction set architecture, ISA 3, 263
指令解碼器 instruction decoder 292
指令暫存器 instruction register 262
指令擷取單元 instruction fetch unit 648
星狀聯結網路 star-connected networks 651
架構 architecture 622
段落 sessions 499
洗牌網路 shuffle networks 655
相位調變 phase modulation, PM 150
相變 phase change 502
看門狗計時器 watchdog timers 693
科技轉捩點 technological singularity 676
紅外線接觸感測 infrared touch sense 19
美國國家標準局 American National Standards Institute, ANSI 21
美國標準資訊交換碼 American Standard Code for Information Interchange, ASCII 113
美國標準資訊交換碼區域式十進位格式 ASCII zoned decimal format 111
耐久性 durability 617
耐久儲存體 durable storage 468
背板匯流排 backplane bus 246
背景除錯模式 Background Debug Mode, BDM 721
致能單元 enabling unit 667
計算上不可行 computationally infeasible 2
計算機架構 computer architecture 3
計算機組織 computer organization 3
計算機輸出雷射碟 computer output laser disc, COLD 495
軌距 track pitch 497
軌跡快取 trace cache 425
重新進入的 reentrant 667
重置 reset 190
重疊 overlay 584
重疊 superposition 674
重疊 superpositioning 154
限制 constraints 616
頁 page 428
頁表 page table 429
頁框 page frame 428
頁處理 paging 427, 428
頁錯誤 page fault 428
頁檔 page file 427
頁欄位 page field 430

10 劃

修改的頻率調變　modified frequency modulation, MFM　151
修改過的離散餘弦轉換　modified discrete cosine transform, MDCT　563
剖析　parsing　603
剖析樹　parse tree　603
射極耦合邏輯　emitter-coupled logic, ECL　203
島狀架構　island architecture　700
差分法　method of difference　23
差異向量　difference vectcr　124
扇區　sector　487
扇區的導出　lead-out 或 runout　499
時序圖　timing diagram　481
時脈　clock　187, 250
時脈偏斜　clock skew　247
時脈速率　clock rate　247
時脈週期時間　clock cycle time　187, 249
時脈週期數　clock cycles　249
時脈頻率　clock freqency　249
時間切割　timeslicing　574
核心　kernel　579
根　root　740
根據指令的 I/O　instruction-based I/O　251
浮點的模仿　floating-point emulation　98
浮點單元　floating-point units　87
真空管　vacuum tube　29
真值表　truth table　160
破碎　fragmentation　428
神奇數字　magic number　609
神經網路　neural networks　668
索引定址　indexed addressing　354
索引部分　index part　744
脈衝碼調變　pulse code modulation, PCM　561
衰減　attenuation　484
訊息延遲　message latency　651
記憶體 - 記憶體　memory-memory　336
記憶體交錯　memory interleaving　255
記憶體位址暫存器　memory address register 261
記憶體位置　momory location　252
記憶體映射（的）I/O　memory-mapped I/O 251, 468, 472
記憶體 - 記憶體向量處理器　memory-memory vector processors　650
記憶體緩衝暫存器　memory buffer register　262
記錄　records　614
閃控　strobe　484
除法中出現短值　divide underflow　87
高序交錯　high-order interleaved　255
高度　height　741

11 劃

偏移的　biased　99
停駐讀寫頭　parking the heads　489
偶奇　EVENODD　516
動畫專家團體　Moving Picture Experts Group, MPEG　560
動態　dynamic　16, 651, 665
動態 RAM　dynamic RAM　391
動態聯結的程序庫　dynamic link libraries, DLLs 599
區　zone　111
區段　segments　303
區段表　segment table　442
區段處理　segmentation　441
區域式十進制格式　zoned decimal format　111
區域匯流排　local buses　247
區塊　block　402, 491
參考光束　reference beam　521
參考的區域性　locality of references　396
唯讀記憶體　read-only memory, ROM　390
啟動子通道　start subchannel, SSCH　476
國際電信聯盟　International Telecommunications Union, ITU　21
國際標準組織　International Organization for Standardization, ISO　21

埠　ports　13
埠 I/O　port I/O　469
執行時聯結　run-time binding 或 execution-time binding　597
執行單元　execution unit　303, 647
通用序列匯流排　universal serial bus, USB　14
基底／位移定址　base/offset addressing　355
基底位址　base address　733
基底定址　based addressing　355
基於匯流排的網路　bus-based networks　652
基數　radix　66
基數點　radix point　70
基礎架構即服務　Infrastructure as a Service, IaaS　44
堆積　heap　607
堆疊　stack　301, 736
堆疊定址　stack addressing　355
堆疊指標　stack pointer　301
堆疊架構　stack architectures　336
密集（或爆量）錯誤　burst errors　129
帶通濾波器排　bandpass filterbank　562
常數池　constant pool　608
常駐監控器　resident monitor　572
強調的各區域　regions of interest　559
彩度　chrominance　556
捲積編碼　convolutional coding　204
掃描碼　scan code　478
控制字組　control word　288
控制柵　control grid　29
控制矩陣　control matrix　295
控制單元　control unit　41, 242, 244
控制程式　controlling program　586
控制線　control lines　246
控制儲存區　control store　297
推入　pushing　301, 736
旋轉延遲　rotational delay　490
旋轉轆轤　capstan　504
曼徹斯特編碼　Manchester coding　150
條件分支　conditional branching　265
深藍基因　Blue Gene　51
現場可編程的閘陣列　field-programmable gate array, FPGA　699
符號　tokens　602
符號-大小表示法　sign-magnitude representation　74
符號邏輯　symbolic logic　158
累加器　accumulator　261
累加器架構　accumulator architectures　336
組合語言指令　assembly language instructions　266
組合邏輯　combinational logic　179
組譯器指令　assembler directive　279
統一碼　Unicode　116
處理元件　processing elements, PEs　668
處理器 - 記憶體匯流排　processor-memory buses　246
蛇形的　serpentine　504
被動　slave　244
被動式矩陣　passive matrix　15
被減數　minuend　77
設定　set　190
設陷阱捕捉　traps　272
設備驅動器　device driver　471
軟即時系統　soft real-time systems　576
軟體即服務　Software as a Service, SaaS　43
軟體插斷　software interrupts　272
通用序列匯流排　universal serial bus, USB　13
通用型暫存器　general-purpose register　261
通用型暫存器架構　general-purpose register architectures　336
通用閘　universal gate　171
通用碟片格式規格　Universal Disk Format Specification　502
通道 I/O　channel 或 channel-attached I/O　476
通道命令字　channel command words, CCWs　476
通道框　channel frame　497
通道通路　channel paths　476

部分反應最大相似度　partial response maximum likelihood, PRML　155
陰極　cathode　29
陸地　lands　496
備份窗　backup window　507

12 劃

第三級的記憶體　tertiary memory　393
單一大型高價磁碟　single large expensive disks, SLEDs　508
單指令流多數據流　SIMD, single instruction stream, multiple data stream　641
單指令流單數據流　SISD, single instruction stream, single data stream　641
單晶片系統　systems on a chip, SOCs　696
單程式多數據　SPMD, single program multiple data　644
單精確度　single precision　104
單體元件　discrete-component　32
場效電晶體　field effect transistors, FETs　202
媒體處理器　media processors　50
尋找時間　seek time　489
嵌入式系統　embedded system　210
嵌入式系統　embedded systems　280
循序　serial　482
循序部分　sequence part　744
循序邏輯　sequential logic　179
循環　cycles　740
循環冗餘檢查　cyclic redundancy check, CRC　118
循環排程　round-robin scheduling　583
插斷　interrupts　259, 272
插斷向量表　interrupt vector table　272
插斷延遲　interrupt latency　715
插斷服務程序　interrupt service routines, ISRs　272
插斷巢狀化　interrupt nesting　716
插斷處理　interrupt handling　259
插斷處理器　interrupt handlers　272
插斷遮蓋　interrupt masking　274
插斷驅動的 I/O　interrupt-driven I/O　468, 469
握手　handshake　468
握手協定　handshaking protocol　248
晶片　chips　32
最久沒被使用　least recently used, LRU　419
最大相似性　maximum likelihood　208
最小項　minterm　226
最小漢明距離　minimum Hamming distance　122
最佳　optimal　418
最短工作優先排程　shortest job first scheduling, SJF　583
最短剩餘時間優先　shortest remaining time first　583
無所不在計算　ubiquitous computing　663
無所謂　don9t care　236
無減損的數據壓縮　lossless data compression　556
畫面緩衝器　frame buffer　17
登載檔　log file　619
短期排程　short-term scheduling　582
短衝程　short stroking　495
硬即時系統　hard real-time systems　576
硬連線　hardwired　41
硬連線控制　hardwired control　288
硬體定義語言　hardware definition language, HDL　705
硬體插斷　hardware interrupts　272
硬體與軟體等效原則　Principle of Equivalence of Hardware and Software　4
稀疏　sparse　558, 616
程式計數器　program counter　46, 244, 262
程式控制的 I/O　Programmed I/O　468, 469
程序切換　context switch　582
結構危障　structural hazards　361
絕對位置的碼　absolute code　595
虛擬位址　virtual address　428
虛擬記憶體　virtual memory　394, 427
虛擬配置表　virtual allocation table, VAT　502

虛擬設備驅動程式 virtual device drivers, VxDs 588
虛擬機器 virtual machine 39, 42, 366
虛擬機器管理器 Virtual Machine Manager, VMM 587
註解分界符號 comment delimiter 280
貯列 queue 734
超 - M 表示法 excess-M representation 86
超 -15 excess-15 99
超立方體網路 hypercube networks 652
超多緒處理 hyperthreading, HT 305
超純量 superscalar 304, 647
超常磁性 superparamagnetism 520
超常磁性的極限 superparamagnetic limit 520
超管道化 superpipelining 363, 647
超頻 overclocking 250
週期計數器 cycle counter 293
週期盜取 cycle stealing 474
量子平行性 quantum parallelism 674
量子位元 quantum bits, qubits 673
量子計算 quantum computation 50, 673
量子演算法 quantum algorithms 675
量化矩陣 quantization matrix 558
開發指令階層平行度 instruction-level parallelism, ILP 357
間接定址 indirect addressing 354
間接定址模式 indirect addressing mode 282
間接索引定址 indirect indexed addressing 355
陽極 anode 29
階層式記憶體 hierarchical memory 392
集中式平行仲裁 centralized parallel arbitration 248
集合 set 410
雲計算 cloud computing 42
雲儲存 cloud storage 44
馮紐曼系統 von Neumann systems 46
馮紐曼架構 von Neumann architecture 46
馮紐曼瓶頸 von Neumann bottleneck 46
黑箱 black box 181

13 劃

傳輸延遲 transport latency 651
傳輸時間 transfer time 490
僅是一組磁碟 just a bunch of disks, JBOD 508
匯流排 bus 10, 244
匯流排介面單元 bus interface unit 303
匯流排協定 bus protocol 245
匯流排時脈 bus clock 250
匯流排週期 bus cycle 246
微架構 microarchitecture 305
微核心 microkernel 579
微循序器 microsequencer 298
微晶片 microchip 33
微程式 microprogram 297
微程式控制 microprogrammed 41
微程式控制 microprogrammed control 288
微運作 microoperations 266
微碼 microcode 297
微機電 micro-electro-mechanical, MEMs 522
感知元 perceptron 669
感知計算機 cognitive computers 50
損壞均攤 wear leveling 493
極板 plate 29
瑞德 - 所羅門 Reed-Solomon, RS 129
碰撞 collision 423
節點觸發 fires 665
置換 replacement 418
置換原則 replacement policy 418
補式 Complement 166
補數 complements 74
解析度 native resolution 15
解碼單元 decoding unit 648
解碼器 decoder 181
資料庫重組織 database reorganization 或 reorg 744
資料庫概觀 database schema 614
資料庫管理系統 database management systems, DBMSs 614

資料結構　data stucture　732
資訊生命週期管理　information lifecycle management, ILM　507
資訊理論　information theory　539
資源衝突　resource conflicts　361
載入 - 儲存　load-store　336
載入／儲存式架構　load/store architecture　310
載入時聯結　load-time binding　597
運作碼　opcode　263
運算的方法　methods　606
閘　gates　170
隔離性　isolation　617
隔離的 I/O　isolated I/O　477
電阻式　resistive　19
電容式　capacitive　19
電晶體 - 電晶體邏輯　transistor-transistor logic, TTL　202
電源線　power lines　246
電路中的擬真器　in-circuit emulator, ICE　721
電機與電子工程師學會　Institute of Electrical and Electronics Engineers, IEEE　21

14 劃

像素　pixels　15
圖形交換格式　graphics interchange format, GIF 553
圖形使用者介面　graphical user interfaces, GUIs 581
圖學處理單元　graphics processing unit　14, 17
實際上的概觀　physical schema　614
實體位址　physical address　428
對比率　contrast ratio　16
對角同位　diagonal parity RAID，也叫 RAID DP 516
對映方式　mapping　428
對偶原則　duality principle　162
對稱式多處理器　symmetric multiprocessors, SMPs　642
對稱的多處理器　symmetric multiprocessors, SMPs　576
對齊　alignment　253
旗標暫存器　flag register　262
滲透式計算 pervasive computing　663
滿溢　overflow　70, 75
演算法則狀態機　algorithmic state machine, ASM 195
漢明距離　Hamming distance　122, 652
漢明碼　Hamming codes　121
漣波進位加法器　ripple-carry adder　181
碟組　disk packs　489
碟 - 對 - 碟 - 對 - 帶　disk-to-disk-to-tape, D2D2T 507
碳奈米管　carbon nanotubes, CNTs　522
磁柱　cylinder　488
磁軌　tracks　487
磁帶櫃　tape silos　506
磁通逆轉　flux reversal　148
磁碟目錄　disk directory　489
磁碟帶狀處理　disk striping　508
磁碟機橫跨　drive spanning　508
磁碟鏡像複製　disk mirroring　509
算術右移　right arithmetic shift　96
算術左移　left arithmetic shift　95
算術式編碼　arithmetic coding　545
算術移位　arithmetic shift　93
算術邏輯單元　arithmetic logic unit, ALU　46, 185, 244
管道化　pipelining　357
管道階　pipeline stage　357
綜合症狀　syndrome　118
維特比解碼器　Viterbi decoder　203
網狀網路　mesh network　652
網格自動機　cellular automata　50
網格計算　grid computing　661
網路介面卡　network interface card, NIC　18
網路拓樸　network topology　651

網路聯結的工作站 network of workstations, NOW 643
緊密耦合多處理器 tightly coupled multiprocessors 576
緒 threads 52, 305, 584
語法樹 syntax tree 603
語彙分析 lexical analysis 602
語意分析器 semantic analyzer 604
語義上的差距 semantic gap 39
赫夫曼編碼 Huffman coding 541
赫茲 hertz 10
閥 valve 29

15 劃

審計軌跡 audit trails 619
寫入原則 write policy 422
寫回 write-back 660
寫透 write-through 660
寫透且更新 write-through with update 660
寫透且取消 write-through with invalidation 660
寬度 width 479
彈性 elasticity 44
影子組 shadow set 509
摩爾定律 Moore's Law 38
摩爾機器 Moore machine 193
數位分析 digital analysis 209
數位合成 digital synthesis 209
數位多功能碟片 digital versatile discs, DVDs 500
數位至類比轉換器 digital-to-analog converter, DAC 17
數位音訊磁帶 digital audio tape, DAT 504
數位訊號處理器 digital signal processors, DSPs 50
數位視訊碟片 digital video discs 500
數位電路 digital circuits 170
數位線性磁帶 digital linear tape, DLT 504
數據快取 data cache 425
數據快取 D-cache 444
數據流 dataflow 645, 665
數據流計算 dataflow computation 50
數據流圖 dataflow graph 665
數據相依性 data dependencies 361
數據符號 data token 665
數據通道 datapath 242
數據匯流排 data bus 246
數據編碼 data encoding 148
數據壓縮 LZW data compression 553
暫存器 registers 46, 243
暫存器 - 記憶體 register-memory 336
暫存器定址 register addressing 354
暫存器窗組 register window sets 637
暫存器間接定址 register indirect addressing 354
暫存器傳遞表示法 register transfer notation, RTN 267
暫存器傳遞語言 register transfer language, RTL 267
暫存器 - 暫存器向量處理器 register-register vector processors 650
歐洲標準化委員會 Comité Européen de Normalisation, CEN 21
標準的 standardized 168
標籤 label 277
標籤 tag 402
標籤欄位 tag field 400
歐米茄網路 Omega network 655
熱離子發射 thermionic emission 29
熵 entropy 539
盤 platters 488
價 valence 31
線性心跳陣列 linear systolic array 672
線性磁帶開放 Linear Tape Open 505
線型陣列 linear array 652
編解碼器 codecs 564
編碼字組 code word 121
編碼後的數據 encoded data 148
編譯時聯結 compile-time binding 596

膠合邏輯 glue logic 697
複製回 copyback 422
複雜可編程的邏輯裝置 complex programmable logic devices, CPLDs 699
調適系統 adaptive systems 668
輪詢 polls 469
輪詢式 I/O polled I/O 469
餘數算術 residue arithmetic 89

16 劃

學習演算法 learning algorithm 668
憶阻器記憶體 memristor memories 523
整合式機制電子介面 integrated drive electronics, IDE 13
整合的快取 integrated cache 425
整流器 rectifier 29
樹林 forest 542
樹狀網路 tree networks 652
樹的葉 leaves 741
機械式磁帶庫 robotic tape libraries 506
機器指令 machine instructions 266
橫列 rank 515
積之和形式 sum-of-products form 168
積體電路 integrated circuits, ICs 175
窺探式快取控制器 snoopy cache controllers 660
窺視 peek 736
輸入與輸出設備 input and output, I/O, devices 251
輸入暫存器 input register 262, 638
輸出入系統 I/O system 46
輸出暫存器 out register 262
輸出暫存器 output registers 638
選擇器通道 selector channels 476
隨插即用 Plug-and-Play 14
隨機 random 419, 487
隨機存取式會計與控制 Random Access Method of Accounting and Control，簡稱 RAMAC 486
隨機存取記憶體 random access memory, RAM 390
霍夫曼編碼 Huffman coding 152
靜態 static 16, 651, 665
靜態 RAM static RAM 391
頭 head 734
頻率調變 frequency modulation, FM 151
頻寬 bandwidth 651
錄製一次讀取多次 write once read many, WORM 495

17 劃

優先度的排程 priority scheduling 583
優先度貯列 priority queue 736
叢集平行計算機 dedicated cluster parallel computer, DCPC 644

18 劃

壓縮比 compression ratio 538
壓縮因素 compression factor 538
應用系統 application systems 613
應用導向積體電路 application-specific integrated circuit, ASIC 704
檔案 files 614
檢查位元 check bits 121
環狀網路 ring network 652
環境切換 context switching 574
縮放因素頻帶 scalefactor bands 564
縮減的基數的補數 diminished radix complement 79
縱橫交換器 crossbar switches 652
聯合圖像專家團體 Joint Photographic Experts Group，或 JPEG 556
聯結 bound 596
聯結系統 connectionist systems 668
聯結網清單 netlist 705
聯結編輯器或聯結器 link editor 或 linker 597
聯網的系統 networked system 577

聲學心理模型 psychoacoustic model 563
聲學心理編碼 psychoacoustic coding 562
螺旋形掃描 helical scan 504
賽跑情形 race condition 617
鍵值欄位 key field 615
隱藏的 1 hidden 1 104
隱藏的位元 hidden bit 104
點對點 point-to-point 244
叢集 clusters 491
叢集計算 cluster computing 644

19 劃

擴充的運作碼 expanding opcode 343
擴充的數據輸出 Extended Data Out, EDO 391
擴充槽 expansion slots 14
擷取單元 fetching unit 667
擷取 - 解碼 - 執行週期 fetch-decode-execute cycle 46, 270
歸納化簡機器 reduction machine 50
翻滾 thrash 419
舊的 stale 659
轉譯側查緩衝器 translation look-aside buffer, TLB 438
雙同位 RAID double parity RAID, RAID DP 516
雙極性 CMOS bipolar CMOS, BiCMOS 203
雙精確度 double precision 104
雙數據速率 Double Data Rate, DDR 391
雙數據速率型態三 double data rate type three 11
雛菊鏈仲裁 daisy chain arbitration 248
雜湊 hashing 423
雜湊函數 hashing function 423
雜湊表 hash table 423
離線的大容量記憶體 off-line bulk memory 393
離線的儲存體 off-line storage 393
額外負擔 overhead 651
鬆散耦合多處理器 loosely coupled multiprocessors 577
爆出 pop 736
爆出 popping 301
爆量的 bursty 474
穩定的時間 settle time 481
邊 edges 746
鏈結 chaining 423
鏈結串列 linked list 735
鏡像組 mirror set 509
關係串列 adjacency list 746
關係矩陣 adjacency matrix 746
關聯式記憶體 associative memory 408
類別 class 606
類神經網路 neural networks 50

21 劃

屬性 attributes 608
欄位 fields 400
犧牲者快取 victim cache 425
犧牲區塊 victim block 410
驅動臂 actuator arm 488

22 劃

權重 weighted 746

23 劃

變動性 volatility 506
邏輯上的概觀 logical schema 614
邏輯上等效 logically equivalent 168
邏輯分區 logical partitions, LPARs 590
邏輯家族 logic families 202
顯示管理器 display manager 581